DINÂMICA CLÁSSICA
DE PARTÍCULAS E SISTEMAS

TRADUÇÃO DA 5ª EDIÇÃO NORTE-AMERICANA

Stephen T. Thornton
Professor de Física, Universidade da Virgínia

Jerry B. Marion
Professor de Física (in memorian), Universidade de Maryland

Dados Internacionais de Catalogação na Publicação (CIP)
(Câmara Brasileira do Livro, SP, Brasil)

Thornton, Stephen T.
   Dinâmica clássica de partículas e sistemas /
Stephen T. Thornton, Jerry B. Marion ; tradução All
Tasks ; revisão técnica Fábio Raia. – São Paulo :
Cengage Learning, 2023.

   5. reimpr. da 1. ed. de 2011.
   Título original: Classical dynamics of particles
and systems.
   ISBN 978-85-221-0906-7

   1. Dinâmica I. Marion, Jerry B. II. Título.

10-13804   CDD-531.11

Índice para catálogo sistemático:

1. Dinâmica : Física 531.11

DINÂMICA CLÁSSICA
DE PARTÍCULAS E SISTEMAS

TRADUÇÃO DA 5ª EDIÇÃO NORTE-AMERICANA

Stephen T. Thornton
Professor de Física, Universidade da Virgínia

Jerry B. Marion
Professor de Física (in memorian), Universidade de Maryland

Tradução
All Tasks

Revisão Técnica
Fábio Raia
Professor doutor da Universidade Presbiteriana Mackenzie e da Fundação Armando Álvares Penteado nas disciplinas mecânica vibratória I e II.

Austrália • Brasil • México • Cingapura • Reino Unido • Estados Unidos

Dinâmica Clássica de Partículas e Sistemas – tradução da 5ª edição norte-americana

Stephen T. Thorton e Jerry B. Marion

Gerente Editorial: Patricia La Rosa

Supervisora de Produção Editorial: Fabiana Alencar Albuquerque

Editora de Desenvolvimento: Monalisa Neves

Título Original: Classical Dynamics of Particles and Systems – 5th edition

ISBN Original:
 13: 978-0-495-55610-7
 10: 0-495-55610-6

Tradução: All Tasks

Revisão Técnica: Fábio Raia

Copidesque: All Tasks

Revisão: All Tasks e Fernanda Batista dos Santos

Diagramação: All Tasks

Capa: Souto Crescimento de Marca

© 2004, Brooks/Cole uma parte da Cengage Learning.
© 2011 Cengage Learning.

Todos os direitos reservados. Nenhuma parte deste livro poderá ser reproduzida, sejam quais forem os meios empregados, sem a permissão, por escrito, da Editora. Aos infratores aplicam-se as sanções previstas nos artigos 102, 104, 106 e 107 da Lei nº 9.610, de 19 de fevereiro de 1998.

Esta editora empenhou-se em contatar os responsáveis pelos direitos autorais de todas as imagens e de outros materiais utilizados neste livro. Se porventura for constatada a omissão involuntária na identificação de algum deles, dispomo-nos a efetuar, futuramente, os possíveis acertos.

A editora não se responsabiliza pelo funcionamento dos links contidos neste livro que possam estar suspensos.

Para informações sobre nossos produtos, entre em contato pelo telefone **+55 11 3665-9900**.

Para permissão de uso de material desta obra, envie pedido para **direitosautorais@cengage.com**.

ISBN 13: 978-85-221-0906-7
ISBN 10: 85-221-0906-0

Cengage
WeWork
Rua Cerro Corá, 2175 – Alto da Lapa
São Paulo – SP – CEP 05061-450
Tel.: (11) +55 11 3665-9900

Para suas soluções de curso e aprendizado, visite **www.cengage.com.br**.

Impresso no Brasil
Printed in Brazil
5. reimpr. – 2023

Para
a Dra. Kathryn C. Thornton
Astronauta e Esposa

Enquanto ela flutua e caminha no espaço
que a sua vida possa estar segura e realizada
e que as mentes de nossos filhos fiquem abertas
para tudo o que a vida tem a oferecer.

Prefácio

Das cinco edições deste texto, esta é a terceira que preparei. Ao fazê-lo, tentei me ater ao objetivo original do falecido Jerry Marion no sentido de produzir uma descrição moderna e razoavelmente completa da mecânica clássica de partículas, sistemas de partículas e corpos rígidos para estudantes de física em nível avançado de graduação. Os três propósitos deste livro continuam sendo:

1. Apresentar um tratamento moderno dos sistemas mecânicos clássicos de forma que a transição para a teoria quântica da física possa ser efetuada com a menor dificuldade possível.
2. Apresentar novas técnicas matemáticas aos estudantes e, se possível, proporcionar-lhes prática suficiente na resolução de problemas de modo que eles possam adquirir razoável proficiência em sua utilização.
3. Transmitir ao estudante, no período crucial de sua carreira acadêmica entre a física "introdutória" e a física "avançada", algum grau de sofisticação no tratamento do formalismo teórico e da técnica operacional de solução de problemas.

Após a apresentação de uma fundamentação sólida nos métodos vetoriais no Capítulo 1, métodos matemáticos adicionais são desenvolvidos ao longo do livro, conforme as necessidades de cada momento. É aconselhável que os alunos continuem estudando matemática avançada em cursos separados. O rigor matemático deverá ser aprendido e apreciado pelos estudantes de física. Porém, em pontos onde a continuidade da física poderia ser comprometida pela insistência sobre generalidade total e rigor matemático, a física teve precedência.

Alterações na quinta edição

Os comentários e sugestões de muitos usuários da obra *Dinâmica Clássica* foram incorporados a esta quinta edição. Sem o *feedback* dos muitos professores que utilizaram este texto não seria possível produzir um livro-texto de valor significativo para a comunidade de física. Após a revisão abrangente da quarta edição, as alterações nesta edição foram relativamente menores. Somente algumas mudanças na disposição do material foram efetuadas. Porém, vários exemplos, especialmente os numéricos, e muitos problemas de final de capítulo foram acrescentados. Os usuários não queriam grandes mudanças nos tópicos abordados, mas sim exemplos adicionais para os alunos, e uma gama mais ampla de problemas é sempre solicitada.

viii   Dinâmica clássica de partículas e sistemas

Um grande esforço continua a ser feito para corrigir as soluções dos problemas disponíveis nos Manuais de Soluções do Professor e do Aluno. Agradeço aos muitos usuários que enviaram comentários relativos às soluções dos vários problemas e muitos de seus nomes estão relacionados a seguir. As respostas aos problemas com números pares foram mais uma vez incluídas ao final do livro, e as referências selecionadas e a bibliografia geral foram atualizadas.

Adequação ao curso

O livro é adequado a um curso de graduação (7º ou 8º semestre), com um ou dois semestres, em mecânica clássica, ministrado após um curso introdutório de física com a utilização do cálculo diferencial e integral. Na Universidade da Virgínia, ministramos um curso de um semestre com base principalmente nos primeiros 12 capítulos, com várias omissões de algumas seções a critério do professor. As seções que podem ser omitidas sem comprometer a continuidade estão indicadas como opcionais. Porém, o professor também pode saltar outras seções (ou capítulos inteiros), como desejar. Por exemplo, o Capítulo 4 (Oscilações Não Lineares e Caos) pode ser saltado em sua totalidade para um curso de um semestre. Alguns professores optam por não abordar o material de cálculo de variações no Capítulo 6. Outros podem preferir iniciar pelo Capítulo 2, saltar a apresentação matemática do Capítulo 1 e apresentar os conceitos matemáticos conforme a necessidade. Essa técnica de lidar com a apresentação matemática é perfeitamente aceitável e a comunidade se divide em termos desse assunto, com uma ligeira preferência pelo método aqui utilizado. O livro também é adequado para uso em um ano acadêmico completo, enfatizando métodos matemáticos e numéricos, conforme desejado pelo professor.

O livro é apropriado para aqueles que desejam ministrar cursos da forma tradicional, sem cálculos computacionais. Entretanto, um número cada vez maior de professores e alunos está familiarizado com cálculos numéricos e os adota. Além disso, podemos aprender muito ao efetuar cálculos nos quais os parâmetros podem ser variados e condições do mundo real, como atrito e resistência do ar, podem ser incluídas. Antes da 4ª edição, decidi deixar a escolha do método a cargo do professor e/ou aluno, para a seleção das técnicas computacionais a serem utilizadas. Essa decisão se confirmou, pois existem muitos software excelentes (incluindo Mathematica, Maple e Mathcad, somente para citar três deles) disponíveis para uso. Além disso, alguns professores têm alunos que codificam programas de computador, o que constitui uma importante habilidade a ser adquirida.

Característica especial

O autor manteve uma característica popular da obra original de Jerry Marion: o acréscimo de notas de rodapé históricas espalhadas ao longo de todo o texto. Vários usuários indicaram o valor que esses comentários históricos têm. A história da física foi praticamente eliminada dos currículos atuais e, como resultado, o aluno muitas vezes não conhece as informações básicas de um tópico específico. Essas notas de rodapé se destinam a aguçar o apetite e incentivar o aluno a pesquisar a história de seu campo de atuação.

Materiais para o professor

Os auxílios de aula para acompanhar o livro estão disponíveis on-line na página do livro, em www.cengage.com.br O Manual do Professor contém soluções para todos os problemas de final de capítulo. Esse recurso é protegido por senha e está disponível aos professores que comprovadamente adotam a obra.

Prefácio   **ix**

Agradecimentos

Gostaria de agradecer imensamente às pessoas que enviaram problemas ou sugestões por escrito sobre o texto, responderam aos questionários ou analisaram partes da 4ª edição. Entre elas:

William L. Alford, *Auburn University*
Philip Baldwin, *University of Akron*
Robert P. Bauman, *University of Alabama, Birmingham*
Michael E. Browne, *University of Idaho*
Melvin G. Calkin, *Dalhousie University*
F. Edward Cecil, *Colorado School of Mines*
Arnold J. Dahm, *Case Western Reserve University*
George Dixon, *Oklahoma State University*
John J. Dykla, *Loyola University of Chicago*
Thomas A. Ferguson, *Carnegie Mellon University*
Shun-fu Gao, *University of Minnesota, Morris*
Reinhard Graetzer, *Pennsylvania State University*
Thomas M. Helliwell, *Harvey Mudd College*
Stephen Houk, *College of the Sequoias*
Joseph Klarmann, *Washington University at St. Louis*

Kaye D. Lathrop, *Stanford University*
Robert R. Marchini, *Memphis State University*
Robert B. Muir, *University of North Carolina, Greensboro*
Richard P. Olenick, *University of Texas, Dallas*
Tao Pang, *University of Nevada, Las Vegas*
Peter Parker, *Yale University*
Peter Rolnick, *Northeast Missouri State University*
Albert T. Rosenberger, *University of Alabama, Huntsville*
Wm. E. Slater, *University of California, Los Angeles*
Herschel Snodgrass, *Lewis and Clark College*
J. C. Sprott, *University of Wisconsin, Madison*
Paul Stevenson, *Rice University*
Larry Tankersley, *United States Naval Academy*
Joseph S. Tenn, *Sonoma State University*
Dan de Vries, *University of Colorado*

Esta 5ª edição não teria sido possível sem a assistência de muitas pessoas que fizeram sugestões de alterações no texto, enviaram comentários sobre a solução de problemas, responderam o questionário ou revisaram capítulos. Agradeço sinceramente a sua ajuda e dedico a minha gratidão a:

Jonathan Bagger, *Johns Hopkins University*
Arlette Baljon, *San Diego State University*
Roger Bland, *San Francisco State University*
John Bloom, *Biola University*
Theodore Burkhardt, *Temple University*
Kelvin Chu, *University of Vermont*
Douglas Cline, *University of Rochester*
Bret Crawford, *Gettysburg College*
Alfonso Diaz-Jimenez, *Universidad Militar Nueva Granad, Colombia*
Avijit Gangopadhyay, *University of Massachusetts, Dartmouth*
Tim Gfroerer, *Davidson College*
Kevin Haglin, *Saint Cloud State University*
Dennis C. Henry, *Gustavus Adolphus College*
John Hermanson, *Montana State University*
Yue Hu, *Wellesley College*

Pawa Kahol, *Wichita State University*
Robert S. Knox, *University of Rochester*
Michael Kruger, *University of Missouri*
Whee Ky Ma, *Groningen University*
Steve Mellema, *Gustavus Adolphus College*
Adrian Melott, *University of Kansas*
William A. Mendoza, *Jacksonville University*
Colin Morningstar, *Carnegie Mellon University*
Martin M. Ossowski, *Naval Research Laboratory*
Keith Riles, *University of Michigan*
Lyle Roelofs, *Haverford College*
Sally Seidel, *University of New Mexico*
Mark Semon, *Bates College*
Phil Spickler, *Bridgewater College*
Larry Tankersley, *United States Naval Academy*
Li You, *Georgia Tech*

Gostaria de agradecer especialmente a Theodore Burkhardt da Temple University, que graciosamente permitiu a utilização de vários de seus problemas (e as soluções fornecidas) para inclusão nos finais de capítulos. Agradeço também a ajuda de Patrick J. Papin, San Diego State University, e Lyle Roelofs, Haverford College, que checaram a precisão do manuscrito. Além disso, gostaria de agradecer a assistência de Tran ngoc Khanh, que me ajudou consideravelmente com as soluções dos problemas da quinta edição, bem como a Warren Griffith e Brian Giambattista, que prestaram um serviço similar na quarta e terceira edições, respectivamente.

Um enorme agradecimento à equipe de profissionais da Brooks/Cole Publishing por sua orientação e ajuda.

Gostaria de receber sugestões ou notificações de erros em qualquer um desses materiais. Meu endereço de contato é STT@Virginia.edu.

Stephen T. Thornton
Charlottesville, Virginia

Sumário

1 Matrizes, vetores e cálculo vetorial 1

1.1 Introdução 1
1.2 Conceito de uma grandeza escalar 1
1.3 Transformações de coordenadas 2
1.4 Propriedades de matrizes de rotação 5
1.5 Operações matriciais 8
1.6 Definições adicionais 11
1.7 Significado geométrico das matrizes de transformação 12
1.8 Definições de uma grandeza escalar e um vetor em termos de propriedades de transformação 18
1.9 Operações escalares e vetoriais elementares 18
1.10 Produto escalar de dois vetores 19
1.11 Vetores unitários 21
1.12 Produto vetorial de dois vetores 22
1.13 Diferenciação de um vetor em relação a uma grandeza escalar 25
1.14 Exemplos de derivadas – velocidade e aceleração 27
1.15 Velocidade angular 30
1.16 Operador gradiente 33
1.17 Integração de vetores 36
Problemas 38

2 Mecânica Newtoniana – partícula única 43

2.1 Introdução 43
2.2 Leis de Newton 44
2.3 Sistemas de referência 47
2.4 Equação do movimento para uma partícula 48
2.5 Teoremas da conservação 68
2.6 Energia 73
2.7 Limitações da mecânica newtoniana 78
Problemas 80

xii Dinâmica clássica de partículas e sistemas

3 Oscilações 87

3.1 Introdução 87
3.2 Oscilador harmônico simples 88
3.3 Oscilações harmônicas em duas dimensões 91
3.4 Diagramas de fase 94
3.5 Oscilações amortecidas 95
3.6 Forças senoidais de impulsão 104
3.7 Sistemas físicos 108
3.8 Princípio da sobreposição – Séries de Fourier 112
3.9 Resposta dos osciladores lineares a funções de força de impulsão (Opcional) 115
Problemas 122

4 Oscilações não lineares e caos 129

4.1 Introdução 129
4.2 Oscilações não lineares 130
4.3 Diagramas de fase para sistemas não lineares 134
4.4 Pêndulo plano 138
4.5 Saltos, histerese e retardos de fase 142
4.6 Caos em um pêndulo 145
4.7 Mapeamento 150
4.8 Identificação do caos 154
Problemas 158

5 Gravitação 161

5.1 Introdução 161
5.2 Potencial gravitacional 162
5.3 Linhas de força e superfícies equipotenciais 171
5.4 Quando o conceito de potencial é útil? 172
5.5 Marés oceânicas 174
Problemas 179

6 Alguns métodos de cálculo de variações 183

6.1 Introdução 183
6.2 Formulação do problema 183
6.3 Equação de Euler 185
6.4 A "segunda forma" da equação de Euler 191
6.5 Funções com diversas variáveis dependentes 193
6.6 As equações de Euler quando condições auxiliares são impostas 193
6.7 A notação δ 198
Problemas 199

7 Princípio de Hamilton – Dinâmica de Lagrange e Hamilton 201

7.1 Introdução 201
7.2 Princípio de Hamilton 202

Sumário **xiii**

7.3   Coordenadas generalizadas 205
7.4   As equações de movimento de Lagrange em coordenadas generalizadas 208
7.5   Equações de Lagrange com multiplicadores indeterminados 218
7.6   Equivalência das equações de Newton e Lagrange 224
7.7   A essência da dinâmica de Lagrange 226
7.8   Um teorema relacionado à energia cinética 227
7.9   Teoremas de conservação revistos 228
7.10   Equações canônicas de movimento – Dinâmica hamiltoniana 233
7.11   Alguns comentários a respeito de variáveis dinâmicas e cálculos de variação em física 239
7.12   Espaço de fase e teorema de Liouville (opcional) 241
7.13   Teorema do virial (opcional) 244
       Problemas 246

8   Movimento sob uma força central 253

8.1   Introdução 253
8.2   Massa reduzida 253
8.3   Teoremas da conservação – Primeiras integrais do movimento 254
8.4   Equações de movimento 256
8.5   Órbitas em um campo central 260
8.6   Energia centrífuga e potencial efetivo 261
8.7   Movimento planetário – Problema de Kepler 264
8.8   Dinâmica orbital 269
8.9   Ângulos apsidais e precessão (opcional) 275
8.10   Estabilidade de órbitas circulares (opcional) 279
       Problemas 285

9   Dinâmica de um sistema de partículas 291

9.1   Introdução 291
9.2   Centro de massa 292
9.3   Quantidade de movimento linear do sistema 294
9.4   Quantidade de movimento angular do sistema 298
9.5   Energia do sistema 301
9.6   Colisões elásticas de duas partículas 306
9.7   Cinemática das colisões elásticas 313
9.8   Colisões inelásticas 318
9.9   Seções transversais de espalhamento 322
9.10   Fórmula de espalhamento de Rutherford 328
9.11   Movimento de foguetes 330
       Problemas 336

10   Movimento em um sistema de referência não inercial 345

10.1   Introdução 345
10.2   Sistemas de coordenadas em rotação 345
10.3   Forças centrífugas e forças de Coriolis 349
10.4   Movimento em relação à Terra 352
       Problemas 364

xiv Dinâmica clássica de partículas e sistemas

11 Dinâmica de corpos rígidos 367

11.1 Introdução 367
11.2 Movimento planar simples 368
11.3 Tensor de inércia 370
11.4 Momento angular 374
11.5 Eixos de inércia principais 379
11.6 Momentos de inércia de corpos em sistemas de coordenadas diferentes 382
11.7 Propriedades adicionais do tensor de inércia 386
11.8 Ângulos de Euler 393
11.9 Equações de Euler para um corpo rígido 397
11.10 Movimento livre de força de um pião simétrico 400
11.11 Movimento de um pião simétrico com um ponto fixo 405
11.12 Estabilidade das rotações de corpos rígidos 410
Problemas 413

12 Oscilações acopladas 419

12.1 Introdução 419
12.2 Dois osciladores harmônicos acoplados 420
12.3 Acoplamento fraco 423
12.4 Problema geral de oscilações acopladas 425
12.5 Ortogonalidade dos autovetores (opcional) 430
12.6 Coordenadas normais 432
12.7 Vibrações moleculares 438
12.8 Três pêndulos planos linearmente acoplados –
um exemplo de degeneração 442
12.9 O fio carregado 445
Problemas 453

13 Sistemas contínuos; ondas 457

13.1 Introdução 457
13.2 Fio contínuo como um caso limitante do fio carregado 458
13.3 Energia de um fio vibratório 461
13.4 Equação de onda 463
13.5 Movimento forçado e amortecido 465
13.6 Soluções gerais da equação de onda 467
13.7 Separação da equação de onda 470
13.8 Velocidade de fase, dispersão e atenuação 475
13.9 Velocidade de grupo e pacotes de ondas 479
Problemas 483

14 Teoria especial da relatividade 487

14.1 Introdução 487
14.2 Invariância de Galileu 488

14.3	Transformação de Lorentz 489	
14.4	Verificação experimental da teoria especial 495	
14.5	Efeito Doppler relativístico 497	
14.6	Paradoxo dos gêmeos 500	
14.7	Quantidade de movimento relativístico 501	
14.8	Energia 504	
14.9	Espaço-tempo e quadrivetores 507	
14.10	Função lagrangiana na relatividade especial 515	
14.11	Cinemática relativística 516	
	Problemas 520	

Apêndices

A Teorema de Taylor 526

Problemas 529

B Integrais elípticas 531

B.1	Integrais elípticas de primeiro tipo 531	
B.2	Integrais elípticas de segundo tipo 531	
B.3	Integrais elípticas de terceiro tipo 532	
	Problemas 535	

C Equações diferenciais ordinárias de segunda ordem 536

C.1	Equações lineares homogêneas 536	
C.2	Equações lineares não homogêneas 540	
	Problemas 543	

D Fórmulas úteis 544

D.1	Expansão binomial 544	
D.2	Relações trigonométricas 545	
D.3	Séries trigonométricas 546	
D.4	Série exponencial e logarítmica 546	
D.5	Quantidades complexas 546	
D.6	Funções hiperbólicas 547	
	Problemas 548	

E Integrais úteis 549

E.1	Funções algébricas 549	
E.2	Funções trigonométricas 550	
E.3	Funções gama 551	

xvi Dinâmica clássica de partículas e sistemas

F Relações diferenciais em sistemas de coordenadas diferentes 552

F.1 Coordenadas retangulares 552
F.2 Coordenadas cilíndricas 552
F.3 Coordenadas esféricas 553

G Uma "prova" da relação $\sum_{\mu} x_{\mu}^2 = \sum_{\mu} x_{\mu}'^2$ 555

H Solução numérica para o Exemplo 2.7 557

Referências selecionadas 560

Referências bibliográficas 562

Respostas aos problemas de numeração par 566

Índice remissivo I-1

CAPÍTULO 1

Matrizes, vetores e cálculo vetorial

1.1 Introdução

Os fenômenos físicos podem ser discutidos de forma concisa e elegante por meio da utilização de métodos vetoriais.[1] Ao aplicarmos as "leis" físicas a situações particulares, os resultados devem ser independentes da nossa escolha de um sistema de coordenadas retangulares ou cilíndricas bipolares. Eles também devem ser independentes da escolha exata da origem das coordenadas. A utilização de vetores nos dá essa independência. Uma determinada lei física ainda será representada corretamente de forma independente do sistema de coordenadas que consideramos o mais conveniente para descrever um problema particular. Além disso, a utilização da notação vetorial oferece um método extremamente compacto de expressar até os resultados mais complicados.

Nos tratamentos elementares de vetores, a discussão pode começar com a afirmação de que "um vetor é uma quantidade que pode ser representada como um segmento de linha orientado". Esse tipo de desenvolvimento seguramente produzirá os resultados corretos e é até benéfico para transmitir uma certa sensação da natureza física de um vetor. Partimos da premissa de que o leitor esteja familiarizado com esse tipo de desenvolvimento, porém não consideraremos essa abordagem neste texto, pois desejamos enfatizar o relacionamento entre um vetor e uma transformação de coordenadas. Portanto, apresentamos as matrizes e a notação matricial para descrever não somente a transformação, como também o vetor. Apresentamos um tipo de notação que é prontamente adaptado à utilização de tensores, apesar de não encontrarmos esses objetos até que o curso normal dos eventos exija sua utilização (veja o Capítulo 11).

Não tentaremos efetuar uma exposição completa dos métodos vetoriais. Em seu lugar, consideraremos somente os tópicos necessários para um estudo dos sistemas mecânicos. Desse modo, trataremos neste capítulo dos fundamentos da álgebra matricial e vetorial, e do cálculo vetorial.

1.2 Conceito de uma grandeza escalar

Considere o arranjo de partículas mostrado na Figura 1.1a. Cada partícula do arranjo está rotulada de acordo com a sua massa, digamos, em gramas. Os eixos de coordenadas são mostrados de modo que possamos especificar uma partícula individual por meio de um par de números (x, y). A massa M da partícula em (x, y) pode ser expressa como $M(x, y)$. Desse modo, a massa da partícula

---

[1]Josiah Willard Gibbs (1839–1903) merece muito do crédito pelo desenvolvimento da análise vetorial em torno de 1880–1882. Uma boa parte da notação vetorial atual se originou do trabalho de Oliver Heaviside (1850–1925), um engenheiro elétrico inglês, e data de 1893 aproximadamente.

em $x = 2$, $y = 3$ pode ser expressa como $M (x = 2, y = 3) = 4$. Considere agora uma rotação e um deslocamento dos eixos da forma mostrada na Figura 1.1b. A massa de 4 g se encontra agora posicionada em $x' = 4$, $y' = 3,5$; ou seja, a massa é especificada por $M (x' = 4, y' = 3,5) = 4$. Além disso, em geral,

$$M(x, y) = M(x', y') \tag{1.1}$$

pois a massa de qualquer partícula não é afetada por uma mudança nos eixos de coordenadas. As quantidades que são *invariáveis sob uma transformação de coordenadas* – que obedecem a uma equação desse tipo – são denominadas **grandezas escalares**.

Apesar de ser possível descrever a massa de uma partícula (ou a temperatura, velocidade etc.) em relação a qualquer sistema de coordenadas por meio do mesmo número, algumas propriedades físicas associadas à partícula (como o sentido de movimento da partícula ou o sentido de uma força eventualmente atuando sobre a partícula) não podem ser especificadas por meio dessa forma simples. A descrição dessas quantidades mais complexas requer a utilização de **vetores**. Do mesmo modo pelo qual uma grandeza escalar é definida como uma quantidade que permanece invariável sob uma transformação de coordenadas, um vetor também pode ser definido em termos de propriedades de transformação. Vamos inicialmente considerar como as coordenadas de um ponto mudam quando o sistema de coordenadas efetua uma rotação em torno de sua origem.

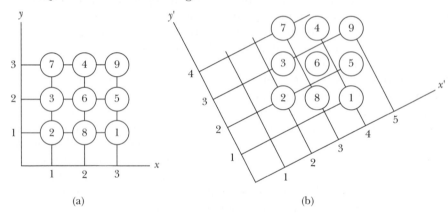

FIGURA 1.1 Um arranjo de partículas em dois sistemas de coordenadas diferentes.

1.3 Transformações de coordenadas

Considere um ponto P com coordenadas (x_1, x_2, x_3) em relação a um certo sistema de coordenadas.[2] A seguir, considere um sistema de coordenadas diferente, que pode ser gerado a partir do sistema original por meio de uma simples rotação. Considere as coordenadas do ponto P em relação ao novo sistema de coordenadas como sendo (x'_1, x'_2, x'_3). A situação é ilustrada na Figura 1.2 para um caso bidimensional.

A nova coordenada x'_1 é a soma da projeção de x_1 sobre o eixo x'_1 (a linha $\overline{Oa}$) com a projeção de x_2 sobre o eixo x'_1 (a linha $\overline{ab} + \overline{bc}$); ou seja,

$$\begin{aligned} x'_1 &= x_1 \cos \theta + x_2 \operatorname{sen} \theta \\ &= x_1 \cos \theta + x_2 \cos\left(\frac{\pi}{2} - \theta\right) \end{aligned} \tag{1.2a}$$

---

[2] Rotulamos os eixos como x_1, x_2, x_3 em vez de x, y, z para simplificar a notação quando da realização das somatórias. Nesse momento, a discussão se limita a sistemas de coordenadas cartesianas (ou retangulares).

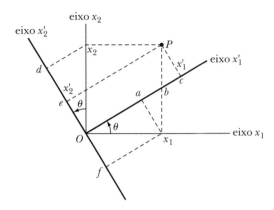

FIGURA 1.2 A posição de um ponto P pode ser representada em dois sistemas de coordenadas, um deles derivado pela rotação a partir do outro.

A coordenada é a soma de projeções similares: $x'_2 = \overline{Od} - \overline{de}$, porém, a linha $\overline{de}$ também é igual à linha $\overline{Of}$. Portanto,

$$x'_2 = -x_1 \operatorname{sen} \theta + x_2 \cos \theta$$
$$= x_1 \cos\left(\frac{\pi}{2} + \theta\right) + x_2 \cos \theta \quad \text{(1.2b)}$$

Vamos apresentar a notação a seguir: expressamos o ângulo entre o eixo x'_1 e o eixo x_1 como (x'_1, x_1) e, em geral, o ângulo entre o eixo x'_i e o eixo x_j é indicado por (x'_i, x_j). Além disso, definimos um conjunto de números λ_{ij} por

$$\lambda_{ij} \equiv \cos(x'_i, x_j) \quad \text{(1.3)}$$

Portanto, para a Figura 1.2, temos

$$\left.\begin{aligned}\lambda_{11} &= \cos(x'_1, x_1) = \cos \theta \\ \lambda_{12} &= \cos(x'_1, x_2) = \cos\left(\frac{\pi}{2} - \theta\right) = \sin \theta \\ \lambda_{21} &= \cos(x'_2, x_1) = \cos\left(\frac{\pi}{2} + \theta\right) = -\sin \theta \\ \lambda_{22} &= \cos(x'_2, x_2) = \cos \theta\end{aligned}\right\} \quad \text{(1.4)}$$

As equações de transformação (Equação 1.2) agora se tornam

$$\begin{aligned}x'_1 &= x_1 \cos(x'_1, x_1) + x_2 \cos(x'_1, x_2) \\ &= \lambda_{11} x_1 + \lambda_{12} x_2\end{aligned} \quad \text{(1.5a)}$$
$$\begin{aligned}x'_2 &= x_1 \cos(x'_2, x_1) + x_2 \cos(x'_2, x_2) \\ &= \lambda_{21} x_1 + \lambda_{22} x_2\end{aligned} \quad \text{(1.5b)}$$

Desse modo, em geral, para três dimensões temos

$$\left.\begin{aligned}x'_1 &= \lambda_{11} x_1 + \lambda_{12} x_2 + \lambda_{13} x_3 \\ x'_2 &= \lambda_{21} x_1 + \lambda_{22} x_2 + \lambda_{23} x_3 \\ x'_3 &= \lambda_{31} x_1 + \lambda_{32} x_2 + \lambda_{33} x_3\end{aligned}\right\} \quad \text{(1.6)}$$

ou, em notação de somatória,

$$x'_i = \sum_{j=1}^{3} \lambda_{ij} x_j, \quad i = 1, 2, 3 \tag{1.7}$$

A transformação inversa é

$$x_1 = x'_1 \cos(x'_1, x_1) + x'_2 \cos(x'_2, x_1) + x'_3 \cos(x'_3, x_1)$$
$$= \lambda_{11} x'_1 + \lambda_{21} x'_2 + \lambda_{31} x'_3$$

ou, em geral,

$$x_i = \sum_{j=1}^{3} \lambda_{ji} x'_j, \quad i = 1, 2, 3 \tag{1.8}$$

A quantidade λ_{ij} é denominada **cosseno diretor** do eixo x'_i em relação ao eixo x_j. É conveniente organizar λ_{ij} em um arranjo quadrado denominado **matriz**. O símbolo em negrito $\boldsymbol{\lambda}$ indica a totalidade dos elementos individuais λ_{ij} quando dispostos como segue:

$$\boldsymbol{\lambda} = \begin{pmatrix} \lambda_{11} & \lambda_{12} & \lambda_{13} \\ \lambda_{21} & \lambda_{22} & \lambda_{23} \\ \lambda_{31} & \lambda_{32} & \lambda_{33} \end{pmatrix} \tag{1.9}$$

Uma vez encontrados os cossenos diretores relativos aos dois conjuntos de eixos de coordenadas, as Equações 1.7 e 1.8 fornecem as regras gerais para a especificação das coordenadas de um ponto em qualquer sistema.

Quando $\boldsymbol{\lambda}$ é definido desse modo e ele especifica as propriedades de transformação das coordenadas de um ponto, é chamado de **matriz de transformação** ou **matriz de rotação**.

EXEMPLO 1.1

Um ponto P é representado no sistema (x_1, x_2, x_3) por $P(2, 1, 3)$. Em outro sistema de coordenadas, o mesmo ponto é representado como $P(x'_2, x'_1, x'_3)$, onde x_2 sofreu rotação na direção de x_3 em torno do eixo x_1 por um ângulo de 30° (Figura 1.3). Encontre a matriz de rotação e determine $P(x'_1, x'_2, x'_3)$.

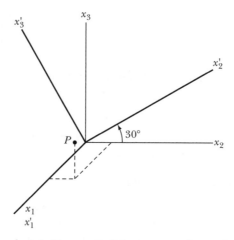

FIGURA 1.3 Exemplo 1.1. Um ponto P é representado em dois sistemas de coordenadas, um deles obtido por meio da rotação a partir do outro por 30°.

CAPÍTULO 1 – Matrizes, vetores e cálculo vetorial **5**

Solução. Os cossenos diretores λ_{ij} podem ser determinados a partir da Figura 1.3, utilizando a definição da Equação 1.3.

$$\lambda_{11} = \cos(x_1', x_1) = \cos(0°) = 1$$
$$\lambda_{12} = \cos(x_1', x_2) = \cos(90°) = 0$$
$$\lambda_{13} = \cos(x_1', x_3) = \cos(90°) = 0$$
$$\lambda_{21} = \cos(x_2', x_1) = \cos(90°) = 0$$
$$\lambda_{22} = \cos(x_2', x_2) = \cos(30°) = 0,866$$
$$\lambda_{23} = \cos(x_2', x_3) = \cos(90° - 30°) = \cos(60°) = 0,5$$
$$\lambda_{31} = \cos(x_3', x_1) = \cos(90°) = 0$$
$$\lambda_{32} = \cos(x_3', x_2) = \cos(90° + 30°) = -0,5$$
$$\lambda_{33} = \cos(x_3', x_3) = \cos(30°) = 0,866$$

$$\boldsymbol{\lambda} = \begin{pmatrix} 1 & 0 & 0 \\ 0 & 0,866 & 0,5 \\ 0 & -0,5 & 0,866 \end{pmatrix}$$

e utilizando a Equação 1.7, $P(x_2', x_1', x_3')$ é

$$x_1' = \lambda_{11}x_1 + \lambda_{12}x_2 + \lambda_{13}x_3 = x_1 = 2$$
$$x_2' = \lambda_{21}x_1 + \lambda_{22}x_2 + \lambda_{23}x_3 = 0,866x_2 + 0,5x_3 = 2,37$$
$$x_3' = \lambda_{31}x_1 + \lambda_{32}x_2 + \lambda_{33}x_3 = -0,5x_2 + 0,866x_3 = 2,10$$

Observe que o operador de rotação preserva o comprimento do vetor de posição.

$$r = \sqrt{x_1^2 + x_2^2 + x_3^2} = \sqrt{x_1'^2 + x_2'^2 + x_3'^2} = 3,74$$

1.4 Propriedades de matrizes de rotação[3]

Para iniciar a discussão das matrizes de rotação, vamos recordar dois resultados trigonométricos. Considere, como na Figura 1.4a, um segmento de linha se estendendo em certa direção no espaço. Escolhemos uma origem para o nosso sistema de coordenadas que se encontre em algum ponto da linha. A linha então forma alguns ângulos definidos com cada um dos eixos de coordenadas. Tomemos os ângulos formados com os eixos x_1-, x_2-, x_3- como sendo α, β, γ. As quantidades de interesse são os cossenos desses ângulos; $\cos \alpha$, $\cos \beta$, $\cos \gamma$. Essas quantidades são denominadas **cossenos diretores** da linha. O primeiro resultado de que precisamos é a identidade (veja o Problema 1.2)

$$\cos^2 \alpha + \cos^2 \beta + \cos^2 \gamma = 1 \tag{1.10}$$

Em segundo lugar, se temos duas linhas com cossenos diretores $\cos \alpha$, $\cos \beta$, $\cos \gamma$ e $\cos \alpha'$, $\cos \beta'$, $\cos \gamma'$, o cosseno do ângulo θ entre essas linhas (veja a Figura 1.4b) é fornecido (veja o Problema 1.2) por

$$\cos \theta = \cos \alpha \cos \alpha' + \cos \beta \cos \beta' + \cos \gamma \cos \gamma' \tag{1.11}$$

---

[3]Uma boa parte das Seções 1.4–1.13 lida com métodos matriciais e propriedades de transformação e não será necessária até o Capítulo 11. Desse modo, o leitor poderá saltar essas seções até quando elas forem necessárias, se desejado. Essas relações absolutamente necessárias – produtos escalares e vetoriais, por exemplo – já deverão ser familiares dos cursos introdutórios.

Com um conjunto de eixos x_1, x_2, x_3, vamos agora efetuar uma rotação arbitrária sobre algum eixo através da origem. Na nova posição, rotulamos os eixos como x'_1, x'_2, x'_3. A rotação das coordenadas pode ser especificada fornecendo-se os cossenos de todos os ângulos entre os vários eixos, em outras palavras, por meio de λ_{ij}.

Nem todas as nove quantidades λ_{ij} são independentes. Na realidade, seis relações existem entre os λ_{ij}, de modo que somente três são independentes. Encontramos essas seis relações utilizando os resultados trigonométricos informados nas Equações 1.10 e 1.11.

Em primeiro lugar, o eixo x'_1 pode ser considerado ele próprio como sendo uma linha no sistema de coordenadas (x_1, x_2, x_3). Os cossenos diretores dessa linha são $(\lambda_{11}, \lambda_{12}, \lambda_{13})$. Similarmente, os cossenos diretores do eixo x'_2 no sistema (x_1, x_2, x_3) são fornecidos por $(\lambda_{21}, \lambda_{22}, \lambda_{23})$. Pelo fato de o ângulo entre o eixo x'_1 e o eixo x'_2 ser $\pi/2$, temos, da Equação 1.11,

$$\lambda_{11}\lambda_{21} + \lambda_{12}\lambda_{22} + \lambda_{13}\lambda_{23} = \cos\theta = \cos(\pi/2) = 0$$

ou[4]

$$\sum_j \lambda_{1j}\lambda_{2j} = 0$$

E, em geral,

$$\sum_j \lambda_{ij}\lambda_{kj} = 0, \quad i \neq k \tag{1.12a}$$

A Equação 1.12a fornece três (uma para cada valor de i ou k) das seis relações entre os λ_{ij}.

Pelo fato de a soma dos quadrados dos cossenos diretores de uma linha ser igual à unidade (Equação 1.10), temos para o eixo x'_1 no sistema (x_1, x_2, x_3),

$$\lambda_{11}^2 + \lambda_{12}^2 + \lambda_{13}^2 = 1$$

ou

$$\sum_j \lambda_{1j}^2 = \sum_j \lambda_{1j}\lambda_{1j} = 1$$

e, em geral,

$$\sum_j \lambda_{ij}\lambda_{kj} = 1, \quad i = k \tag{1.12b}$$

que constituem as três relações restantes entre os λ_{ij}.

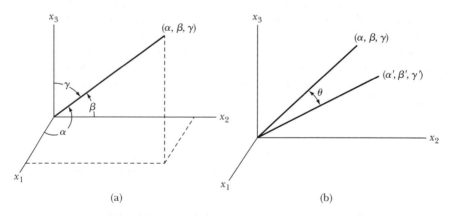

FIGURA 1.4 (a) Um segmento de linha é definido por ângulos (α, β, γ) a partir dos eixos de coordenadas. (b) Outro segmento de linha é adicionado, definido pelos ângulos $(\alpha', \beta', \gamma')$.

---

[4]Todas as somatórias nesta seção são entendidas como se estendendo de 1 a 3.

CAPÍTULO 1 – Matrizes, vetores e cálculo vetorial **7**

Podemos combinar os resultados fornecidos pelas Equações 1.12a e 1.12b como

$$\sum_{j} \lambda_{ij} \lambda_{kj} = \delta_{ik}$$ (1.13)

onde δ_{ik} é o **símbolo delta de Kronecker**[5]

$$\delta_{ik} = \begin{cases} 0, & \text{se } i \neq k \\ 1, & \text{se } i = k \end{cases}$$ (1.14)

A validade da Equação 1.13 depende das coordenadas dos eixos em cada um dos sistemas sendo mutuamente perpendiculares. Esses sistemas são **ortogonais**, e a Equação 1.13 é a **condição de ortogonalidade**. A matriz de transformação λ, que especifica a rotação de qualquer sistema de coordenadas ortogonais, deverá então obedecer à Equação 1.13.

Se considerássemos os eixos x_i' como linhas no sistema de coordenadas x e efetuássemos um cálculo análogo aos nossos cálculos precedentes, encontraríamos a relação

$$\sum_{i} \lambda_{ij} \lambda_{ik} = \delta_{jk}$$ (1.15)

As duas relações de ortogonalidade que derivamos (Equações 1.13 e 1.15) parecem ser diferentes. (*Observação:* Na Equação 1.13, a somatória é efetuada sobre os *segundos* índices dos λ_{ij}, ao passo que, na Equação 1.15, a somatória é efetuada sobre os *primeiros* índices.) Desse modo, parece que dispomos de um sistema excessivamente determinado: doze equações com nove incógnitas.[6] Entretanto, esse não é o caso, pois as Equações 1.13 e 1.15 não são realmente diferentes. Na realidade, a validade de qualquer uma dessas equações implica a validade das outras. Isso fica claro em bases físicas (pois as transformações entre os dois sistemas de coordenadas em qualquer direção são equivalentes) e, portanto, omitiremos uma prova formal. Consideramos a Equação 1.13 ou a Equação 1.15 como fornecendo as relações de ortogonalidade para nossos sistemas de coordenadas.

Na discussão precedente relativa à transformação das coordenadas e às propriedades de matrizes de rotação, consideramos o ponto P como sendo fixo e permitimos a rotação dos eixos de coordenadas. Essa interpretação não é a única; poderíamos muito bem ter mantido os eixos fixos e permitido que o ponto efetuasse uma rotação (sempre mantendo a distância à origem constante). Em qualquer evento, a matriz de transformação é a mesma. Por exemplo, considere os dois casos ilustrados nas Figuras 1.5a e b. Na Figura 1.5a, os eixos x_1 e x_2 são eixos de referência, e os eixos x_1' e x_2' foram obtidos por meio de uma rotação por um ângulo θ. Portanto, as coordenadas do ponto P em relação aos eixos girados podem ser encontradas (veja as Equações 1.2a e 1.2b) a partir de

$$\left. \begin{array}{l} x_1' = x_1 \cos\theta + x_2 \operatorname{sen}\theta \\ x_2' = -x_1 \operatorname{sen}\theta + x_2 \cos\theta \end{array} \right\}$$ (1.16)

Entretanto, se os eixos forem fixos e o ponto P puder girar (como na Figura 1.5b) por um ângulo θ sobre a origem (mas no sentido oposto daquele dos eixos girados), as coordenadas P' serão exatamente aquelas fornecidas pela Equação 1.16. Portanto, podemos dizer que a transformação atua sobre o *ponto* fornecendo um novo estado do ponto expresso em relação

---

[5] Apresentado por Leopold Kronecker (1823–1891).
[6] Lembre que cada uma das relações de ortogonalidade representa seis equações.

a um sistema de coordenadas fixo (Figura 1.5b) ou que a transformação atua sobre o *sistema de eixos de referência* (o sistema de coordenadas), como na Figura 1.5a. Matematicamente, as interpretações são inteiramente equivalentes.

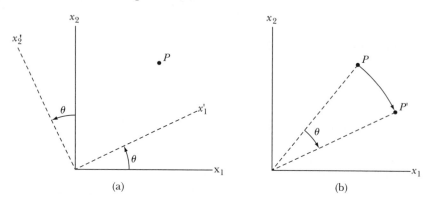

FIGURA 1.5 (a) Os eixos de coordenadas x_1, x_2 são girados por um ângulo de θ, mas o ponto P permanece fixo. (b) Nesse caso, as coordenadas do ponto P sofrem rotação até um novo ponto P', mas não o sistema de coordenadas.

1.5 Operações matriciais[7]

A matriz $\boldsymbol{\lambda}$ fornecida na Equação 1.9 tem os mesmos números de linhas e colunas, sendo portanto chamada de **matriz quadrada**. Uma matriz não precisa ser quadrada. Na realidade, as coordenadas de um ponto podem ser expressas como uma matriz **coluna**

$$\mathbf{x} = \begin{pmatrix} x_1 \\ x_2 \\ x_3 \end{pmatrix} \tag{1.17a}$$

ou como uma matriz **linha**

$$\mathbf{x} = (x_1 \ x_2 \ x_3) \tag{1.17b}$$

Devemos agora estabelecer regras de multiplicação de duas matrizes. Essas regras deverão ser consistentes com as Equações 1.7 e 1.8 ao optarmos por expressar os x_i e os x_i' em forma matricial. Vamos considerar uma matriz coluna para as coordenadas. Temos então as expressões equivalentes a seguir:

$$x_i' = \sum_j \lambda_{ij} x_j \tag{1.18a}$$

$$\mathbf{x}' = \boldsymbol{\lambda} \mathbf{x} \tag{1.18b}$$

$$\begin{pmatrix} x_1' \\ x_2' \\ x_3' \end{pmatrix} = \begin{pmatrix} \lambda_{11} & \lambda_{12} & \lambda_{13} \\ \lambda_{21} & \lambda_{22} & \lambda_{23} \\ \lambda_{31} & \lambda_{32} & \lambda_{33} \end{pmatrix} \begin{pmatrix} x_1 \\ x_2 \\ x_3 \end{pmatrix} \tag{1.18c}$$

---

[7] A teoria das matrizes foi primeiramente desenvolvida de forma abrangente por A. Cayley em 1855, porém muitas dessas ideias resultaram do trabalho de Sir William Rowan Hamilton (1805–1865), que discutiu os "operadores de vetores lineares" em 1852. O termo **matriz** foi utilizado pela primeira vez por J. J. Sylvester em 1850.

$$
\left.\begin{array}{l}
x'_1 = \lambda_{11}x_1 + \lambda_{12}x_2 + \lambda_{13}x_3 \\
x'_2 = \lambda_{21}x_1 + \lambda_{22}x_2 + \lambda_{23}x_3 \\
x'_3 = \lambda_{31}x_1 + \lambda_{32}x_2 + \lambda_{33}x_3
\end{array}\right\} \qquad \textbf{(1.18d)}
$$

As Equações 1.18a–d especificam completamente a operação de multiplicação de uma matriz de três linhas e três colunas por uma matriz de três linhas e uma coluna. (Para manter a consistência com a convenção padrão de matrizes, escolhemos $\mathbf{x}$ e $\mathbf{x}'$ como as matrizes coluna. A multiplicação do tipo mostrado na Equação 1.18c não estará definida se $\mathbf{x}$ e $\mathbf{x}'$ forem matrizes linha.)[8] Devemos agora estender nossa definição de multiplicação para incluir matrizes com quantidades arbitrárias de linhas e colunas.

A multiplicação de uma matriz $\mathbf{A}$ e uma matriz $\mathbf{B}$ estará definida somente se a quantidade de *colunas* de $\mathbf{A}$ for igual à quantidade de *linhas* de $\mathbf{B}$. (A quantidade de linhas de $\mathbf{A}$ e a quantidade de colunas de $\mathbf{B}$ são ambas arbitrárias.) Portanto, em analogia com a Equação 1.18a, o produto $\mathbf{AB}$ é dado por

$$
\boxed{\begin{array}{l}
\mathbf{C} = \mathbf{AB} \\
C_{ij} = [\mathbf{AB}]_{ij} = \sum_k A_{ik} B_{kj}
\end{array}} \qquad \textbf{(1.19)}
$$

Como exemplo, vamos consierar as duas matrizes $\mathbf{A}$ e $\mathbf{B}$ como sendo

$$
\mathbf{A} = \begin{pmatrix} 3 & -2 & 2 \\ 4 & -3 & 5 \end{pmatrix}
$$

$$
\mathbf{B} = \begin{pmatrix} a & b & c \\ d & e & f \\ g & h & j \end{pmatrix}
$$

Multiplicamos as duas matrizes por

$$
\mathbf{AB} = \begin{pmatrix} 3 & -2 & 2 \\ 4 & -3 & 5 \end{pmatrix} \begin{pmatrix} a & b & c \\ d & e & f \\ g & h & j \end{pmatrix} \qquad \textbf{(1.20)}
$$

O produto das duas matrizes, $\mathbf{C}$, é

$$
\mathbf{C} = \mathbf{AB} = \begin{pmatrix} 3a - 2d + 2g & 3b - 2e + 2h & 3c - 2f + 2j \\ 4a - 3d + 5g & 4b - 3e + 5h & 4c - 3f + 5j \end{pmatrix} \qquad \textbf{(1.21)}
$$

Para obter o elemento C_{ij} na i-ésima linha e na j-ésima coluna, definimos primeiro as duas matrizes adjacentes como fizemos na Equação 1.20 na ordem $\mathbf{A}$ e, a seguir $\mathbf{B}$. Multiplicamos então os elementos individuais na i-ésima linha de $\mathbf{A}$, um a um da esquerda para a direita, pelos elementos correspondentes na j-ésima coluna de $\mathbf{B}$, um a um de cima para baixo. Adicionamos todos esses produtos e a soma constituirá o elemento C_{ij}. Agora fica mais fácil verificar por que uma matriz $\mathbf{A}$ com m linhas e n colunas deve ser multiplicada por outra matriz $\mathbf{B}$ com n linhas e qualquer número de colunas, digamos, p. O resultado será uma matriz $\mathbf{C}$ de m linhas e p colunas.

---

[8]Ainda que sempre que operamos sobre $\mathbf{x}$ com a matriz $\boldsymbol{\lambda}$ a matriz de coordenadas $\mathbf{x}$ deva ser expressa como uma matriz coluna, também podemos expressar $\mathbf{x}$ como uma matrix linha (x_1, x_2, x_3), para outras aplicações.

10   Dinâmica clássica de partículas e sistemas

EXEMPLO 1.2

Encontre o produto **AB** das duas matrizes listadas abaixo:

$$\mathbf{A} = \begin{pmatrix} 2 & 1 & 3 \\ -2 & 2 & 4 \\ -1 & -3 & -4 \end{pmatrix}$$

$$\mathbf{B} = \begin{pmatrix} -1 & -2 \\ 1 & 2 \\ 3 & 4 \end{pmatrix}$$

Solução.   Seguimos o exemplo das Equações 1.20 e 1.21 para multiplicar as duas matrizes.

$$\mathbf{AB} = \begin{pmatrix} 2 & 1 & 3 \\ -2 & 2 & 4 \\ -1 & -3 & -4 \end{pmatrix}\begin{pmatrix} -1 & -2 \\ 1 & 2 \\ 3 & 4 \end{pmatrix}$$

$$\mathbf{AB} = \begin{pmatrix} -2+1+9 & -4+2+12 \\ 2+2+12 & 4+4+16 \\ 1-3-12 & 2-6-16 \end{pmatrix} = \begin{pmatrix} 8 & 10 \\ 16 & 24 \\ -14 & -20 \end{pmatrix}$$

O resultado da multiplicação de uma matriz 3×3 por uma matriz 3×2 é uma matriz 3×2.

Fica evidente da Equação 1.19 que a multiplicação de matrizes não é comutativa. Desse modo, se **A** e **B** forem ambas matrizes quadradas, as somas

$$\sum_k A_{ik} B_{kj} \quad \text{e} \quad \sum_k B_{ik} A_{kj}$$

estarão ambas definidas, porém, em geral, não serão iguais.

EXEMPLO 1.3

Demonstre que a multiplicação das matrizes **A** e **B** neste exemplo é não comutativa.

Solução.   Se **A** e **B** forem as matrizes

$$\mathbf{A} = \begin{pmatrix} 2 & 1 \\ -1 & 3 \end{pmatrix}, \quad \mathbf{B} = \begin{pmatrix} -1 & 2 \\ 4 & -2 \end{pmatrix}$$

então

$$\mathbf{AB} = \begin{pmatrix} 2 & 2 \\ 13 & -8 \end{pmatrix}$$

mas

$$\mathbf{BA} = \begin{pmatrix} -4 & 5 \\ 10 & -2 \end{pmatrix}$$

desse modo

$$\mathbf{AB} \neq \mathbf{BA}$$

1.6 Definições adicionais

Uma **matriz transposta** é aquela derivada de uma matriz original pela permuta entre linhas e colunas. Indicamos a **transposta de uma matriz A** por $\mathbf{A}^t$. De acordo com a definição, temos

$$\boxed{\lambda_{ij}^t = \lambda_{ji}} \qquad (1.22)$$

Evidentemente,

$$(\boldsymbol{\lambda}^t)^t = \boldsymbol{\lambda} \qquad (1.23)$$

A Equação 1.8 pode, portanto, ser expressa como qualquer uma das expressões equivalentes a seguir:

$$x_i = \sum_j \lambda_{ji} x_j' \qquad (1.24a)$$

$$x_i = \sum_j \lambda_{ij}^t x_j' \qquad (1.24b)$$

$$\mathbf{x} = \boldsymbol{\lambda}^t \mathbf{x}' \qquad (1.24c)$$

$$\begin{pmatrix} x_1 \\ x_2 \\ x_3 \end{pmatrix} = \begin{pmatrix} \lambda_{11} & \lambda_{21} & \lambda_{31} \\ \lambda_{12} & \lambda_{22} & \lambda_{32} \\ \lambda_{13} & \lambda_{23} & \lambda_{33} \end{pmatrix} \begin{pmatrix} x_1' \\ x_2' \\ x_3' \end{pmatrix} \qquad (1.24d)$$

A **matriz identidade** é aquela que, ao ser multiplicada por outra matriz, deixa essa última inalterada. Desse modo,

$$\mathbf{1A} = \mathbf{A}, \quad \mathbf{B1} = \mathbf{B} \qquad (1.25)$$

ou seja,

$$\mathbf{1A} = \begin{pmatrix} 1 & 0 \\ 0 & 1 \end{pmatrix} \begin{pmatrix} A_1 \\ A_2 \end{pmatrix} = \begin{pmatrix} A_1 \\ A_2 \end{pmatrix} = \mathbf{A}$$

Vamos considerar a matriz de rotação ortogonal para o caso bidimensional:

$$\boldsymbol{\lambda} = \begin{pmatrix} \lambda_{11} & \lambda_{12} \\ \lambda_{21} & \lambda_{22} \end{pmatrix}$$

Então

$$\boldsymbol{\lambda}\boldsymbol{\lambda}^t = \begin{pmatrix} \lambda_{11} & \lambda_{12} \\ \lambda_{21} & \lambda_{22} \end{pmatrix} \begin{pmatrix} \lambda_{11} & \lambda_{21} \\ \lambda_{12} & \lambda_{22} \end{pmatrix}$$

$$= \begin{pmatrix} \lambda_{11}^2 + \lambda_{12}^2 & \lambda_{11}\lambda_{21} + \lambda_{12}\lambda_{22} \\ \lambda_{21}\lambda_{11} + \lambda_{22}\lambda_{12} & \lambda_{21}^2 + \lambda_{22}^2 \end{pmatrix}$$

Utilizando a relação de ortogonalidade (Equação 1.13), encontramos

$$\lambda_{11}^2 + \lambda_{12}^2 = \lambda_{21}^2 + \lambda_{22}^2 = 1$$
$$\lambda_{21}\lambda_{11} + \lambda_{22}\lambda_{12} = \lambda_{11}\lambda_{21} + \lambda_{12}\lambda_{22} = 0$$

12 Dinâmica clássica de partículas e sistemas

de modo que, para o caso especial de matriz de rotação ortogonal $\boldsymbol{\lambda}$, temos[9]

$$\boldsymbol{\lambda}\boldsymbol{\lambda}^t = \begin{pmatrix} 1 & 0 \\ 0 & 1 \end{pmatrix} = 1 \qquad (1.26)$$

A **inversa** de uma matriz é definida como a matriz que, ao ser multiplicada pela matriz original, produz a matriz identidade. A inversa da matriz $\boldsymbol{\lambda}$ é indicada por $\boldsymbol{\lambda}^{-1}$:

$$\boldsymbol{\lambda}\,\boldsymbol{\lambda}^{-1} = 1 \qquad (1.27)$$

Comparando as Equações 1.26 e 1.27, encontramos

$$\boxed{\boldsymbol{\lambda}^t = \boldsymbol{\lambda}^{-1}} \qquad \text{para matrizes ortogonais} \qquad (1.28)$$

Portanto, a transposta e a inversa da matriz de rotação $\boldsymbol{\lambda}$ são idênticas. Na realidade, a transposta de *qualquer* matriz ortogonal é igual à sua inversa.

Para resumir algumas das regras da álgebra matricial:

1. Em geral, a multiplicação de matrizes não é comutativa:

$$\mathbf{AB} \neq \mathbf{BA} \qquad (1.29a)$$

O caso especial da mutiplicação de uma matriz por sua inversa é comutativo:

$$\mathbf{AA}^{-1} = \mathbf{A}^{-1}\mathbf{A} = 1 \qquad (1.29b)$$

A matriz identidade sempre comuta:

$$\mathbf{1A} = \mathbf{A1} = \mathbf{A} \qquad (1.29c)$$

2. A multiplicação de matrizes é associativa:

$$[\mathbf{AB}]\mathbf{C} = \mathbf{A}[\mathbf{BC}] \qquad (1.30)$$

3. A adição de matrizes é efetuada por meio da adição dos elementos correspondentes das duas matrizes. Os componentes de $\mathbf{C}$ da adição $\mathbf{C} = \mathbf{A} + \mathbf{B}$ são

$$C_{ij} = A_{ij} + B_{ij} \qquad (1.31)$$

A adição estará definida somente se $\mathbf{A}$ e $\mathbf{B}$ tiverem as mesmas dimensões.

1.7 Significado geométrico das matrizes de transformação

Considere a rotação de eixos de coordenadas no sentido anti-horário[10] por um ângulo de 90° sobre o eixo x_3, como mostra a Figura 1.6. Nessa rotação, $x_1' = x_2$, $x_2' = -x_1'$, $x_3' = x_3$.

Os únicos cossenos que não se anulam são

$$\cos(x_1', x_2) = \quad 1 = \lambda_{12}$$
$$\cos(x_2', x_1) = -1 = \lambda_{21}$$
$$\cos(x_3', x_3) = \quad 1 = \lambda_{33}$$

---

[9]Este resultado não é válido para matrizes em geral. Ele é verdadeiro somente para matrizes *ortogonais*.

[10]Determinamos o sentido de rotação ao observar ao longo da porção positiva do eixo de rotação no plano sendo rotacionado. Essa definição é consistente com a "regra da mão direita", na qual a direção positiva é a de avanço de um parafuso com rosca à direita quando girado no mesmo sentido.

portanto, a matriz **λ** para esse caso é

$$\boldsymbol{\lambda}_1 = \begin{pmatrix} 0 & 1 & 0 \\ -1 & 0 & 0 \\ 0 & 0 & 1 \end{pmatrix}$$

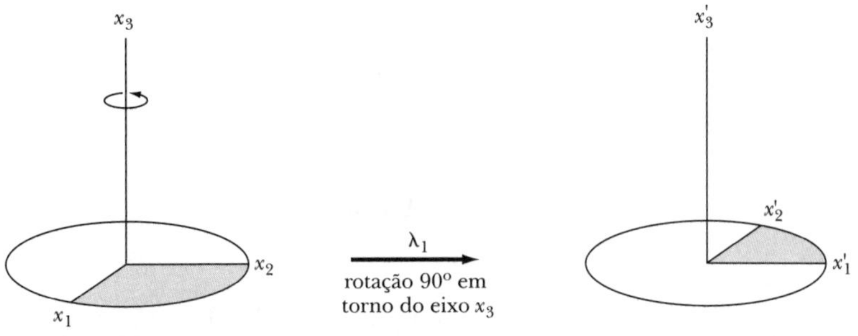

FIGURA 1.6 O sistema de coordenadas x_1, x_2, x_3 sofre rotação de 90° no sentido anti-horário sobre o eixo x_3. Isso é consistente com a regra da mão direita de rotação.

Considere agora a rotação no sentido anti-horário por 90° sobre o eixo x_1, como mostra a Figura 1.7. Temos $x'_1 = x_1$, $x'_2 = x_3$, $x'_3 = -x_2$, e a matriz de transformação é

$$\boldsymbol{\lambda}_2 = \begin{pmatrix} 1 & 0 & 0 \\ 0 & 0 & 1 \\ 0 & -1 & 0 \end{pmatrix}$$

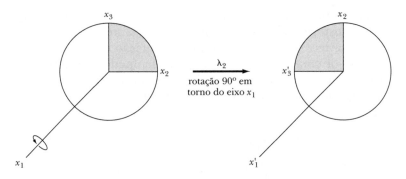

FIGURA 1.7 O sistema de coordenadas x_1, x_2, x_3 sofre rotação de 90° no sentido anti-horário sobre o eixo x_1.

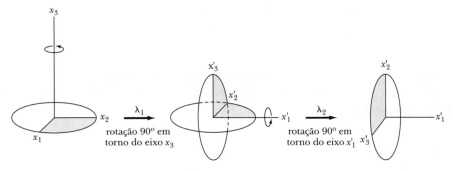

FIGURA 1.8 O sistema de coordenadas x_1, x_2, x_3 sofre rotação de 90° no sentido anti-horário sobre o eixo x_3, seguido por rotação de 90° sobre o eixo x'_1 intermediário.

14 Dinâmica clássica de partículas e sistemas

Para encontrar a matriz de transformação para a transformação combinada na rotação sobre o eixo x_3, seguida pela rotação sobre o novo eixo x' (veja a Figura 1.8), temos

$$\mathbf{x}' = \lambda_1 \mathbf{x} \tag{1.32a}$$

e

$$\mathbf{x}'' = \lambda_2 \mathbf{x}' \tag{1.32b}$$

ou

$$\mathbf{x}'' = \lambda_2 \lambda_1 \mathbf{x} \tag{1.33a}$$

$$
\begin{pmatrix} x''_1 \\ x''_2 \\ x''_3 \end{pmatrix} = \begin{pmatrix} 1 & 0 & 0 \\ 0 & 0 & 1 \\ 0 & -1 & 0 \end{pmatrix} \begin{pmatrix} 0 & 1 & 0 \\ -1 & 0 & 0 \\ 0 & 0 & 1 \end{pmatrix} \begin{pmatrix} x_1 \\ x_2 \\ x_3 \end{pmatrix} = \begin{pmatrix} 0 & 1 & 0 \\ 0 & 0 & 1 \\ 1 & 0 & 0 \end{pmatrix} \begin{pmatrix} x_1 \\ x_2 \\ x_3 \end{pmatrix} = \begin{pmatrix} x_2 \\ x_3 \\ x_1 \end{pmatrix} \tag{1.33b}
$$

Portanto, as duas rotações já descritas podem ser representadas por uma matriz de transformação única:

$$
\lambda_3 = \lambda_2 \lambda_1 = \begin{pmatrix} 0 & 1 & 0 \\ 0 & 0 & 1 \\ 1 & 0 & 0 \end{pmatrix} \tag{1.34}
$$

e a orientação final é especificada por $x''_1 = x_2$, $x''_2 = x_3$, $x''_3 = x_1$. Observe que a ordem na qual as matrizes de transformação operam em $\mathbf{x}$ é importante porque a multiplicação não é comutativa. Na outra ordem, resultando em uma orientação totalmente diferente. A Figura 1.9 ilustra as diferentes orientações finais de um paralelepípedo que sofre rotações correspondentes a duas matrizes de rotação λ_A, λ_B quando sucessivas rotações são efetuadas em ordem diferente. A parte superior da Figura representa a matriz produto $\lambda_B \lambda_A$, e a parte inferior representa o produto $\lambda_A \lambda_B$.

$$
\lambda_4 = \lambda_1 \lambda_2
$$

$$
= \begin{pmatrix} 0 & 1 & 0 \\ -1 & 0 & 0 \\ 0 & 0 & 1 \end{pmatrix} \begin{pmatrix} 1 & 0 & 0 \\ 0 & 0 & 1 \\ 0 & -1 & 0 \end{pmatrix}
$$

$$
= \begin{pmatrix} 0 & 0 & 1 \\ -1 & 0 & 0 \\ 0 & -1 & 0 \end{pmatrix} \neq \lambda_3 \tag{1.35}
$$

Considere a seguir a rotação de coordenadas ilustrada na Figura 1.10 (que é a mesma mostrada na Figura 1.2). Os elementos da matriz de transformação em duas dimensões são fornecidos pelos cossenos a seguir:

$$\cos(x'_1, x_1) = \cos\theta = \lambda_{11}$$
$$\cos(x'_1, x_2) = \cos\left(\frac{\pi}{2} - \theta\right) = \operatorname{sen}\theta = \lambda_{12}$$
$$\cos(x'_2, x_1) = \cos\left(\frac{\pi}{2} + \theta\right) = -\operatorname{sen}\theta = \lambda_{21}$$
$$\cos(x'_2, x_2) = \cos\theta = \lambda_{22}$$

Portanto, a matriz é

$$\boldsymbol{\lambda}_5 = \begin{pmatrix} \cos\theta & \operatorname{sen}\theta \\ -\operatorname{sen}\theta & \cos\theta \end{pmatrix} \tag{1.36a}$$

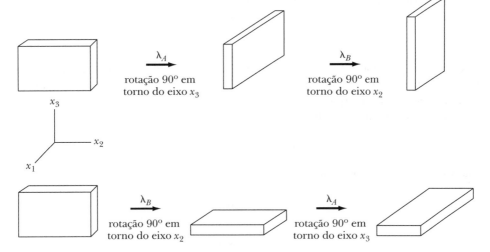

FIGURA 1.9 Um paralelepípedo sofre duas rotações sucessivas em ordens diferentes. Os resultados são diferentes.

Se essa rotação fosse tridimensional com $x'_3 = x_3$, teríamos os seguintes cossenos adicionais:

$$\cos(x'_1, x_3) = 0 = \lambda_{13}$$
$$\cos(x'_2, x_3) = 0 = \lambda_{23}$$
$$\cos(x'_3, x_3) = 1 = \lambda_{33}$$
$$\cos(x'_3, x_1) = 0 = \lambda_{31}$$
$$\cos(x'_3, x_2) = 0 = \lambda_{32}$$

e a matriz de transformação tridimensional será

$$\boldsymbol{\lambda}_5 = \begin{pmatrix} \cos\theta & \operatorname{sen}\theta & 0 \\ -\operatorname{sen}\theta & \cos\theta & 0 \\ 0 & 0 & 1 \end{pmatrix} \tag{1.36b}$$

Como exemplo final, considere a transformação que resulta na reflexão através da origem de todos os eixos, como mostra a Figura 1.11. Essa transformação é chamada de **inversão**. Nesse caso, $x'_1 = -x_1$, $x'_2 = -x_2$, $x'_3 = -x_3$ e

$$\boldsymbol{\lambda}_6 = \begin{pmatrix} -1 & 0 & 0 \\ 0 & -1 & 0 \\ 0 & 0 & -1 \end{pmatrix} \tag{1.37}$$

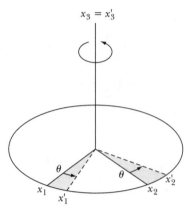

FIGURA 1.10 O sistema de coordenadas x_1, x_2, x_3 sofre rotação por um ângulo θ no sentido anti-horário sobre o eixo x_3.

Nos exemplos precedentes, definimos a matriz de transformação $\boldsymbol{\lambda}_3$ como sendo o resultado de duas rotações sucessivas, cada uma das quais sendo uma transformação ortogonal: $\boldsymbol{\lambda}_3 = \boldsymbol{\lambda}_2 \boldsymbol{\lambda}_1$. Podemos provar que a aplicação sucessiva de transformações ortogonais sempre resulta em uma transformação ortogonal. Escrevemos

$$x'_i = \sum_j \lambda_{ij} x_j, \qquad x''_k = \sum_i \mu_{ki} x'_i$$

Combinando essas expressões, obtemos

$$x''_k = \sum_j \left(\sum_i \mu_{ki} \lambda_{ij} \right) x_j$$

$$= \sum_j [\boldsymbol{\mu\lambda}]_{kj} x_j$$

Desse modo, obtemos a transformação de x_i para x''_i, operando sobre x_i com a matriz $(\boldsymbol{\mu\lambda})$. A transformação combinada será então comprovada como sendo ortogonal se $(\boldsymbol{\mu\lambda})^t = (\boldsymbol{\mu\lambda})^{-1}$. A transposta de uma matriz produto é o produto das matrizes transpostas tomadas na ordem inversa (veja o Problema 1.4), ou seja, $(\mathbf{AB})^t = \mathbf{B}^t \mathbf{A}^t$. Portanto,

$$(\boldsymbol{\mu\lambda})^t = \boldsymbol{\lambda}^t \boldsymbol{\mu}^t \tag{1.38}$$

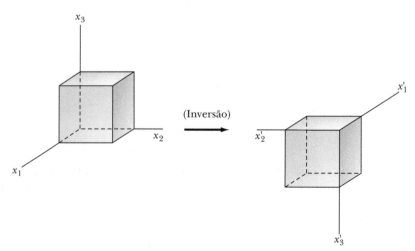

FIGURA 1.11 Um objeto sofre uma inversão, que é uma reflexão sobre a origem de todos os eixos.

Porém, pelo fato de $\boldsymbol{\lambda}$ e $\boldsymbol{\mu}$ serem ortogonais, $\boldsymbol{\lambda}^t = \boldsymbol{\lambda}^{-1}$ e $\boldsymbol{\mu}^t = \boldsymbol{\mu}^{-1}$. Multiplicando a equação acima por $\boldsymbol{\mu}\boldsymbol{\lambda}$ a partir da direita, obtemos

$$
\begin{aligned}
(\boldsymbol{\mu}\boldsymbol{\lambda})^t\boldsymbol{\mu}\boldsymbol{\lambda} &= \boldsymbol{\lambda}^t\boldsymbol{\mu}^t\boldsymbol{\mu}\boldsymbol{\lambda} \\
&= \boldsymbol{\lambda}^t 1 \boldsymbol{\lambda} \\
&= \boldsymbol{\lambda}^t \boldsymbol{\lambda} \\
&= 1 \\
&= (\boldsymbol{\mu}\boldsymbol{\lambda})^{-1}\boldsymbol{\mu}\boldsymbol{\lambda}
\end{aligned}
$$

Desse modo

$$(\boldsymbol{\mu}\boldsymbol{\lambda})^t = (\boldsymbol{\mu}\boldsymbol{\lambda})^{-1} \tag{1.39}$$

e a matriz $\boldsymbol{\mu}\boldsymbol{\lambda}$ é ortogonal.

Os determinantes de todas as matrizes de rotação nos exemplos precedentes podem ser calculados de acordo com a regra padrão para a avaliação dos determinantes de segunda ou terceira ordem:

$$|\boldsymbol{\lambda}| = \begin{vmatrix} \lambda_{11} & \lambda_{12} \\ \lambda_{21} & \lambda_{22} \end{vmatrix} = \lambda_{11}\lambda_{22} - \lambda_{12}\lambda_{21} \tag{1.40}$$

$$|\boldsymbol{\lambda}| = \begin{vmatrix} \lambda_{11} & \lambda_{12} & \lambda_{13} \\ \lambda_{21} & \lambda_{22} & \lambda_{23} \\ \lambda_{31} & \lambda_{32} & \lambda_{33} \end{vmatrix}$$

$$= \lambda_{11}\begin{vmatrix} \lambda_{22} & \lambda_{23} \\ \lambda_{32} & \lambda_{33} \end{vmatrix} - \lambda_{12}\begin{vmatrix} \lambda_{21} & \lambda_{23} \\ \lambda_{31} & \lambda_{33} \end{vmatrix} + \lambda_{13}\begin{vmatrix} \lambda_{21} & \lambda_{22} \\ \lambda_{31} & \lambda_{32} \end{vmatrix} \tag{1.41}$$

onde o determinante de terceira ordem foi expandido em determinantes menores da primeira linha. Portanto, para as matrizes de rotação utilizadas nesta seção, encontramos

$$|\boldsymbol{\lambda}_1| = |\boldsymbol{\lambda}_2| = \cdots = |\boldsymbol{\lambda}_5| = 1$$

mas

$$|\boldsymbol{\lambda}_6| = -1$$

Desse modo, todas as transformações resultantes das *rotações iniciadas a partir do conjunto original de eixos* têm determinantes iguais a $+1$. Porém, uma *inversão* não pode ser gerada por nenhuma série de rotações, e o determinante de uma matriz de inversão é igual a -1. As transformações ortogonais, cujas matrizes têm determinante igual a $+1$, são denominadas de **rotações apropriadas**. Aquelas com determinantes iguais a -1 são denominadas **rotações inapropriadas**. *Todas* as matrizes ortogonais devem ter um determinante igual a $+1$ ou -1. Nesse ponto, concentramos nossa atenção no efeito de rotações apropriadas e não consideramos as propriedades especiais de vetores manifestadas nas operações inapropriadas.

EXEMPLO 1.4

Demonstre que $|\boldsymbol{\lambda}_2| = 1$ e $|\boldsymbol{\lambda}_6| = -1$.

Solução.

$$|\boldsymbol{\lambda}_2| = \begin{vmatrix} 1 & 0 & 0 \\ 0 & 0 & 1 \\ 0 & -1 & 0 \end{vmatrix} = +1\begin{vmatrix} 0 & 1 \\ -1 & 0 \end{vmatrix} = 0 - (-1) = 1$$

18 Dinâmica clássica de partículas e sistemas

$$|\lambda_6| = \begin{vmatrix} -1 & 0 & 0 \\ 0 & -1 & 0 \\ 0 & 0 & -1 \end{vmatrix} = -1 \begin{vmatrix} -1 & 0 \\ 0 & -1 \end{vmatrix} = -1(1-0) = -1$$

1.8 Definições de uma grandeza escalar e um vetor em termos de propriedades de transformação

Considere uma transformação de coordenadas do tipo

$$x_i' = \sum_j \lambda_{ij} x_j \tag{1.42}$$

com

$$\sum_j \lambda_{ij} \lambda_{kj} = \delta_{ik} \tag{1.43}$$

Se, sob essa transformação, uma quantidade ϕ não é afetada, então ϕ é denominada uma **grandeza escalar** (ou **invariante escalar**).

Se um conjunto de quantidades (A_1, A_2, A_3) é transformado do sistema x_1 para o sistema x_1' por uma matriz de transformação $\boldsymbol{\lambda}$ com o resultado

$$\boxed{A_i' = \sum_j \lambda_{ij} A_j} \tag{1.44}$$

então as quantidades transformam as coordenadas de um ponto (isto é, de acordo com a Equação 1.42), e a quantidade $\mathbf{A} = (A_1, A_2, A_3)$ é denominada **vetor**.

1.9 Operações escalares e vetoriais elementares

Nas expressões a seguir, $\mathbf{A}$ e $\mathbf{B}$ são vetores (com componentes A_i e B_i) e ϕ, ψ e ξ são grandezas escalares.

Adição

$$A_i + B_i = B_i + A_i \quad \text{Lei comutativa} \tag{1.45}$$

$$A_i + (B_i + C_i) = (A_i + B_i) + C_i \quad \text{Lei associativa} \tag{1.46}$$

$$\phi + \psi = \psi + \phi \quad \text{Lei comutativa} \tag{1.47}$$

$$\phi + (\psi + \xi) = (\phi + \psi) + \xi \quad \text{Lei associativa} \tag{1.48}$$

Multiplicação por uma grandeza escalar ξ

$$\xi \mathbf{A} = \mathbf{B} \quad \text{é um vetor} \tag{1.49}$$

$$\xi \phi = \psi \quad \text{é uma grandeza escalar} \tag{1.50}$$

A Equação 1.49 pode ser demonstrada como segue:

$$B_i' = \sum_j \lambda_{ij} B_j = \sum_j \lambda_{ij} \xi A_j$$

$$= \xi \sum_j \lambda_{ij} A_j = \xi A_i' \tag{1.51}$$

e $\xi \mathbf{A}$ transforma como um vetor. De forma similar, $\xi \phi$ transforma como uma grandeza escalar.

1.10 Produto escalar de dois vetores

A multiplicação de dois vetores **A** e **B** para formar o **produto escalar** é definida como

$$\boxed{\mathbf{A} \cdot \mathbf{B} = \sum_i A_i B_i} \tag{1.52}$$

onde o ponto entre **A** e **B** indica a multiplicação escalar. Essa operação é algumas vezes denominada como **produto escalar**.

O vetor **A** tem componentes A_1, A_2, A_3, e a magnitude (ou o comprimento) de **A** é fornecida por

$$|\mathbf{A}| = +\sqrt{A_1^2 + A_2^2 + A_3^2} \equiv A \tag{1.53}$$

onde a magnitude é indicada por $|\mathbf{A}|$ ou, se não houver nenhuma possibilidade de confusão, simplesmente por A. Dividindo ambos os lados da Equação 1.52 por AB, temos

$$\frac{\mathbf{A} \cdot \mathbf{B}}{AB} = \sum_i \frac{A_i}{A} \frac{B_i}{B} \tag{1.54}$$

A_1/A é o cosseno do ângulo α entre o vetor **A** e o eixo x_1 (veja a Figura 1.12). Em geral, A_i/A e B_i/B são os cossenos diretores Λ_i^A e Λ_i^B dos vetores **A** e **B**:

$$\frac{\mathbf{A} \cdot \mathbf{B}}{AB} = \sum_i \Lambda_i^A \Lambda_i^B \tag{1.55}$$

A soma $\sum_i \Lambda_i^A \Lambda_i^B$ é simplesmente o cosseno do ângulo entre **A** e **B** (veja a Equação 1.11):

$$\cos(\mathbf{A}, \mathbf{B}) = \sum_i \Lambda_i^A \Lambda_i^B$$

ou

$$\boxed{\mathbf{A} \cdot \mathbf{B} = AB \cos(\mathbf{A}, \mathbf{B})} \tag{1.56}$$

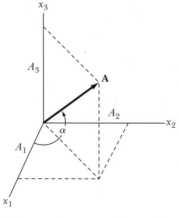

FIGURA 1.12 Um vetor **A** é mostrado em um sistema de coordenadas com os seus componentes vetoriais A_1, A_2 e A_3. O vetor **A** é orientado em um ângulo α com o eixo x_1.

20 Dinâmica clássica de partículas e sistemas

Que o produto $\mathbf{A} \cdot \mathbf{B}$ é de fato uma grandeza escalar pode ser demonstrado da seguinte forma. $\mathbf{A}$ e $\mathbf{B}$ transformam como vetores:

$$A'_i = \sum_j \lambda_{ij} A_j, \qquad B'_i = \sum_k \lambda_{ik} B_k \tag{1.57}$$

Portanto, o produto $\mathbf{A}' \cdot \mathbf{B}'$ torna-se

$$\mathbf{A}' \cdot \mathbf{B}' = \sum_i A'_i B'_i$$

$$= \sum_i \left(\sum_j \lambda_{ij} A_j \right) \left(\sum_k \lambda_{ik} B_k \right)$$

Rearranjando as somas, podemos escrever

$$\mathbf{A}' \cdot \mathbf{B}' = \sum_{j,k} \left(\sum_i \lambda_{ij} \lambda_{ik} \right) A_j B_k$$

Porém, de acordo com a condição de ortogonalidade, o termo entre parênteses é simplesmente δ_{jk}. Desse modo,

$$\mathbf{A}' \cdot \mathbf{B}' = \sum_j \left(\sum_k \delta_{jk} A_j B_k \right)$$

$$= \sum_j A_j B_j$$

$$= \mathbf{A} \cdot \mathbf{B} \tag{1.58}$$

Pelo fato de o valor do produto se manter inalterado pela transformação de coordenadas, o produto deve ser uma grandeza escalar.

Observe que a distância da origem até o ponto (x_1, x_2, x_3), definido pelo vetor $\mathbf{A}$, denominado **vetor posição**, é fornecida por

$$|\mathbf{A}| = \sqrt{\mathbf{A} \cdot \mathbf{A}} = \sqrt{x_1^2 + x_2^2 + x_3^2} = \sqrt{\sum_i x_i^2}$$

De forma similar, a distância do ponto (x_1, x_2, x_3) até outro ponto $(\bar{x}_1, \bar{x}_2, \bar{x}_3)$, definido pelo vetor $\mathbf{B}$, é

$$\sqrt{\sum_i (x_i - \bar{x}_i)^2} = \sqrt{(\mathbf{A} - \mathbf{B}) \cdot (\mathbf{A} - \mathbf{B})} = |\mathbf{A} - \mathbf{B}|$$

Ou seja, podemos definir o vetor que conecta qualquer ponto com qualquer outro ponto como a diferença dos vetores de posição que definem os pontos individuais, como mostra a Figura 1.13. A distância entre os pontos é então a magnitude do vetor de diferença. Além disso, porque essa magnitude é a raiz quadrada de um produto escalar, ela é invariante para uma transformação de coordenadas. Esse é um fato importante e pode ser resumido pela afirmação de que *transformações ortogonais são transformações que preservam a distância*. Além disso, o ângulo entre dois vetores é preservado sob uma transformação ortogonal. Esses dois resultados são essenciais para aplicarmos com sucesso a teoria da transformação a situações físicas.

O produto escalar obedece às leis cumulativa e distributiva:

$$\mathbf{A} \cdot \mathbf{B} = \sum_i A_i B_i = \sum_i B_i A_i = \mathbf{B} \cdot \mathbf{A} \tag{1.59}$$

$$\mathbf{A} \cdot (\mathbf{B} + \mathbf{C}) = \sum_i A_i (B + C)_i = \sum_i A_i (B_i + C_i)$$

$$= \sum_i (A_i B_i + A_i C_i) = (\mathbf{A} \cdot \mathbf{B}) + (\mathbf{A} \cdot \mathbf{C}) \tag{1.60}$$

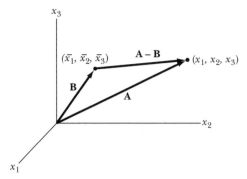

FIGURA 1.13 **A** é o vetor de posição do ponto (x_1, x_2, x_3), e **B** é o vetor de posição do ponto $(\bar{x}_1, \bar{x}_2, \bar{x}_3)$. O vetor $\mathbf{A} - \mathbf{B}$ é o vetor de posição a partir de $(\bar{x}_1, \bar{x}_2, \bar{x}_3)$ até (x_1, x_2, x_3).

1.11 Vetores unitários

Algumas vezes, queremos descrever um vetor em termos dos componentes ao longo dos três eixos de coordenadas juntamente com uma especificação conveniente desses eixos. Para isso, apresentamos os **vetores unitários**, que são vetores de comprimento igual à unidade de comprimento utilizada ao longo dos eixos de coordenadas particulares. Por exemplo, o vetor unitário ao longo da direção radial descrita pelo vetor **R** é $\mathbf{e}_R = \mathbf{R}/(|\mathbf{R}|)$. Existem diversas variantes dos símbolos dos vetores unitários; exemplos dos conjuntos mais comuns são (**i**, **j**, **k**), (**e**₁, **e**₂, **e**₃), (**e**ᵣ, **e**_θ, **e**_φ) e ($\hat{\mathbf{r}}, \hat{\boldsymbol{\theta}}, \hat{\boldsymbol{\phi}}$). As formas de expressão a seguir para o vetor **A** são equivalentes:

$$\left.\begin{array}{l}\mathbf{A} = (A_1, A_2, A_3) \quad \text{ou} \quad \mathbf{A} = \mathbf{e}_1 A_1 + \mathbf{e}_2 A_2 + \mathbf{e}_3 A_3 = \sum_i \mathbf{e}_i A_i \\ \quad\quad\quad\quad\quad \text{ou} \quad \mathbf{A} = A_1 \mathbf{i} + A_2 \mathbf{j} + A_3 \mathbf{k}\end{array}\right\} \quad (1.61)$$

Embora os vetores unitários (**i**, **j**, **k**) e ($\hat{\mathbf{r}}, \hat{\boldsymbol{\theta}}, \hat{\boldsymbol{\phi}}$) sejam um pouco mais fáceis de se utilizar, temos a tendência de utilizar vetores unitários, como (**e**₁, **e**₂, **e**₃), por causa da facilidade da notação de somatória. Obtemos os componentes do vetor **A** pela projeção sobre os eixos:

$$A_i = \mathbf{e}_i \cdot \mathbf{A} \quad (1.62)$$

Vimos (Equação 1.56) que o produto escalar de dois vetores tem uma magnitude igual ao produto das magnitudes individuais multiplicado pelo cosseno do ângulo entre os vetores:

$$\mathbf{A} \cdot \mathbf{B} = AB \cos(\mathbf{A}, \mathbf{B}) \quad (1.63)$$

Se dois vetores unitários quaisquer são ortogonais, temos

$$\boxed{\mathbf{e}_i \cdot \mathbf{e}_j = \delta_{ij}} \quad (1.64)$$

EXEMPLO 1.5

Dois vetores de posição são expressos em coordenadas cartesianas como $\mathbf{A} = \mathbf{i} + 2\mathbf{j} - 2\mathbf{k}$ e $\mathbf{B} = 4\mathbf{i} + 2\mathbf{j} - 3\mathbf{k}$. Encontre a magnitude do vetor do ponto A ao ponto B, o ângulo θ entre **A** e **B** e o componente de **B** na direção de **A**.

Solução. O vetor do ponto A ao ponto B é $\mathbf{B} - \mathbf{A}$ (veja a Figura 1.13).

$$\mathbf{B} - \mathbf{A} = 4\mathbf{i} + 2\mathbf{j} - 3\mathbf{k} - (\mathbf{i} + 2\mathbf{j} - 2\mathbf{k}) = 3\mathbf{i} - \mathbf{k}$$
$$|\mathbf{B} - \mathbf{A}| = \sqrt{9 + 1} = \sqrt{10}$$

22 Dinâmica clássica de partículas e sistemas

Da Equação 1.56

$$\cos \theta = \frac{\mathbf{A} \cdot \mathbf{B}}{AB} = \frac{(\mathbf{i} + 2\mathbf{j} - 2\mathbf{k}) \cdot (4\mathbf{i} + 2\mathbf{j} - 3\mathbf{k})}{\sqrt{9}\sqrt{29}}$$

$$\cos \theta = \frac{4 + 4 + 6}{3(\sqrt{29})} = 0,867$$

$$\theta = 30°$$

O componente de $\mathbf{B}$ na direção de $\mathbf{A}$ é $B \cos \theta$ e, da Equação 1.56,

$$B \cos \theta = \frac{\mathbf{A} \cdot \mathbf{B}}{A} = \frac{14}{3} = 4,67$$

1.12 Produto vetorial de dois vetores

Consideramos a seguir outro método de combinar dois vetores – o **produto vetorial** (algumas vezes denominado **produto cruzado**). Em muitos aspectos, o produto vetorial de dois vetores se comporta como um vetor e devemos tratá-lo como tal.[11] O produto vetorial de $\mathbf{A}$ e $\mathbf{B}$ é indicado por um sinal de multiplicação em negrito ×,

$$\mathbf{C} = \mathbf{A} \times \mathbf{B} \tag{1.65}$$

onde $\mathbf{C}$ é o vetor resultante dessa operação. Os componentes de $\mathbf{C}$ são definidos pela relação

$$\boxed{C_i \equiv \sum_{j,k} \varepsilon_{ijk} A_j B_k} \tag{1.66}$$

onde o símbolo ε_{ijk} é o **símbolo de permutação** ou (**densidade de Levi-Civita**) e tem as propriedades abaixo:

$$\varepsilon_{ijk} = \left. \begin{array}{ll} 0, & \text{se algum índice é igual a qualquer outro índice} \\ +1, & \text{se } i, j, k \text{ formarem uma permutação } \textit{par} \text{ de } 1, 2, 3 \\ -1, & \text{se } i, j, k \text{ formarem uma permutação } \textit{ímpar} \text{ de } 1, 2, 3 \end{array} \right\} \tag{1.67}$$

Uma permutação par tem um número par de trocas de posição dos dois símbolos. Permutações cíclicas (por exemplo, $123 \rightarrow 231 \rightarrow 312$) são sempre pares. Desse modo,

$$\varepsilon_{122} = \varepsilon_{313} = \varepsilon_{211} = 0, \quad \text{etc.}$$

$$\varepsilon_{123} = \varepsilon_{231} = \varepsilon_{312} = +1$$

$$\varepsilon_{132} = \varepsilon_{213} = \varepsilon_{321} = -1$$

Utilizando a notação precedente, os componentes de $\mathbf{C}$ podem ser avaliados explicitamente. Para o primeiro subscrito igual a 1, os únicos ε_{ijk} não canceláveis são ε_{123} e ε_{132} – ou seja, para $j, k = 2, 3$ em qualquer ordem. Portanto,

$$C_1 = \sum_{j,k} \varepsilon_{1jk} A_j B_k = \varepsilon_{123} A_2 B_3 + \varepsilon_{132} A_3 B_2$$

$$= A_2 B_3 - A_3 B_2 \tag{1.68a}$$

De modo similar,

$$C_2 = A_3 B_1 - A_1 B_3 \tag{1.68b}$$

$$C_3 = A_1 B_2 - A_2 B_1 \tag{1.68c}$$

---

[11] O produto realmente produz um vetor *axial*, porém o termo *produto vetorial* é utilizado para se manter consistência com o uso popular.

Considere agora a expansão da quantidade $[AB\,\text{sen}(\mathbf{A},\mathbf{B})]^2 = (AB\,\text{sen}\,\theta)^2$:

$$A^2B^2\text{sen}^2\theta = A^2B^2 - A^2B^2\cos^2\theta$$

$$= \left(\sum_i A_i^2\right)\left(\sum_i B_i^2\right) - \left(\sum_i A_i B_i\right)^2$$

$$= (A_2B_3 - A_3B_2)^2 + (A_3B_1 - A_1B_3)^2 + (A_1B_2 - A_2B_1)^2 \qquad (1.69)$$

onde a última igualdade requer alguma álgebra. Identificando os componentes de **C** na última expressão, podemos escrever

$$(AB\,\text{sen}\,\theta)^2 = C_1^2 + C_2^2 + C_3^2 = |\mathbf{C}|^2 = C^2 \qquad (1.70)$$

Se tomarmos a raiz quadrada positiva de ambos os lados dessa equação,

$$C = AB\,\text{sen}\,\theta \qquad (1.71)$$

Essa equação afirma que se $\mathbf{C} = \mathbf{A} \times \mathbf{B}$, a magnitude de **C** é igual ao produto das magnitudes de **A** e **B** multiplicado pelo seno do ângulo entre eles. Geometricamente, $AB\,\text{sen}\,\theta$ é a área do paralelogramo definido pelos vetores **A** e **B** e o ângulo entre eles, como mostra a Figura 1.14.

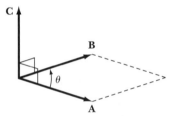

FIGURA 1.14 A magnitude do vetor **C** determinado por $\mathbf{C} = \mathbf{A} \times \mathbf{B}$ é fornecida pela área do paralelogramo $AB\,\text{sen}\,\theta$, onde θ é o ângulo entre os vetores **A** e **B**.

EXEMPLO 1.6

Utilizando as Equações 1.52 e 1.66, demonstre que

$$\mathbf{A} \cdot (\mathbf{B} \times \mathbf{D}) = \mathbf{D} \cdot (\mathbf{A} \times \mathbf{B}) \qquad (1.72)$$

Solução. Utilizando a Equação 1.66, temos

$$(\mathbf{B} \times \mathbf{D})_i = \sum_{j,k} \varepsilon_{ijk} B_j D_k$$

Utilizando a Equação 1.52, temos

$$\mathbf{A} \cdot (\mathbf{B} \times \mathbf{D}) = \sum_{i,j,k} \varepsilon_{ijk} A_i B_j D_k \qquad (1.73)$$

De modo similar, para o lado direito da Equação 1.72, temos

$$\mathbf{D} \cdot (\mathbf{A} \times \mathbf{B}) = \sum_{i,j,k} \varepsilon_{ijk} D_i A_j B_k$$

A partir da definição (Equação 1.67) de ε_{ijk}, podemos trocar dois índices adjacentes de ε_{ijk}, o que trocará o sinal.

$$\mathbf{D} \cdot (\mathbf{A} \times \mathbf{B}) = \sum_{i,j,k} -\varepsilon_{jik} D_i A_j B_k$$

$$= \sum_{i,j,k} \varepsilon_{jki} A_j B_k D_i \qquad (1.74)$$

Pelo fato de os índices i, j, k serem falsos e poderem ser renomeados, os lados direitos das Equações 1.73 e 1.74 são idênticos, e a Equação 1.72 é demonstrada. A Equação 1.72 também pode ser expressa como $\mathbf{A} \cdot (\mathbf{B} \times \mathbf{D}) = (\mathbf{A} \times \mathbf{B}) \cdot \mathbf{D}$, indicando que os produtos escalares e

24 Dinâmica clássica de partículas e sistemas

vetoriais podem ser trocados enquanto os vetores permanecerem na ordem **A**, **B**, **D**. Observe que, se fizermos **B** = **A**, teremos

$$\mathbf{A} \cdot (\mathbf{A} \times \mathbf{D}) = \mathbf{D} \cdot (\mathbf{A} \times \mathbf{A}) = 0$$

demonstrando que **A** × **D** deve ser perpendicular a **A**.

A × **B** (isto é, **C**) é perpendicular ao plano definido por **A** e **B**, pois **A** · (**A** × **B**) = 0 e **B** · (**A** × **B**) = 0. Pelo fato de uma área do plano poder ser representada por um vetor normal ao plano e de magnitude igual à área, **C** é evidentemente esse vetor. A direção positiva de **C** é escolhida para ser a direção de avanço de um parafuso com rosca à direita quando girado de **A** para **B**.

A definição do produto vetorial agora está completa: foram fornecidos componentes, magnitude e interpretação geométrica. Portanto, podemos esperar razoavelmente que **C** seja realmente um vetor. Entretanto, o teste final é examinar as propriedades de transformação de **C**, e **C** realmente transforma como um vetor sob uma rotação apropriada.

Devemos observar as propriedades a seguir do produto vetorial como resultado das definições:

$$(a) \quad \mathbf{A} \times \mathbf{B} = -\mathbf{B} \times \mathbf{A} \tag{1.75}$$

mas, em geral,

$$(b) \quad \mathbf{A} \times (\mathbf{B} \times \mathbf{C}) \neq (\mathbf{A} \times \mathbf{B}) \times \mathbf{C} \tag{1.76}$$

Outro resultado importante (veja o Problema 1.22) é

$$\mathbf{A} \times (\mathbf{B} \times \mathbf{C}) = (\mathbf{A} \cdot \mathbf{C})\mathbf{B} - (\mathbf{A} \cdot \mathbf{B})\mathbf{C} \tag{1.77}$$

EXEMPLO 1.7

Encontre o produto de $(\mathbf{A} \times \mathbf{B}) \cdot (\mathbf{C} \times \mathbf{D})$.

Solução.

$$(\mathbf{A} \times \mathbf{B})_i = \sum_{j,k} \varepsilon_{ijk} A_j B_k$$

$$(\mathbf{C} \times \mathbf{D})_i = \sum_{l,m} \varepsilon_{ilm} C_l D_m$$

O produto escalar é então calculado conforme a Equação 1.52:

$$(\mathbf{A} \times \mathbf{B}) \cdot (\mathbf{C} \times \mathbf{D}) = \sum_i \left(\sum_{j,k} \varepsilon_{ijk} A_j B_k \right) \left(\sum_{l,m} \varepsilon_{ilm} C_l D_m \right)$$

Rearranjando as somatórias, temos

$$(\mathbf{A} \times \mathbf{B}) \cdot (\mathbf{C} \times \mathbf{D}) = \sum_{\substack{l,m \\ j,k}} \left(\sum_i \varepsilon_{jki} \varepsilon_{lmi} \right) A_j B_k C_l D_m$$

onde os índices dos ε foram permutados (duas vezes cada, de modo que não ocorra nenhuma troca de sinal) para colocar na terceira posição o índice sobre o qual a soma é efetuada. Podemos agora utilizar uma propriedade importante do ε_{ijk} (veja o Problema 1.22):

$$\boxed{\sum_k \varepsilon_{ijk} \varepsilon_{lmk} = \delta_{il}\delta_{jm} - \delta_{im}\delta_{jl}} \tag{1.78}$$

Portanto, temos

$$(\mathbf{A} \times \mathbf{B}) \cdot (\mathbf{C} \times \mathbf{D}) = \sum_{\substack{j,k \\ l,m}} (\delta_{jl}\delta_{km} - \delta_{jm}\delta_{kl}) A_j B_k C_l D_m$$

CAPÍTULO 1 – Matrizes, vetores e cálculo vetorial **25**

Efetuando as somatórias sobre j e k, os deltas de Kronecker reduzem a expressão para

$$(\mathbf{A} \times \mathbf{B}) \cdot (\mathbf{C} \times \mathbf{D}) = \sum_{l,m} (A_l B_m C_l D_m - A_m B_l C_l D_m)$$

Essa equação pode ser rearranjada para obter

$$(\mathbf{A} \times \mathbf{B}) \cdot (\mathbf{C} \times \mathbf{D}) = \left(\sum_l A_l C_l\right)\left(\sum_m B_m D_m\right) - \left(\sum_l B_l C_l\right)\left(\sum_m A_m D_m\right)$$

Uma vez que cada termo entre parênteses no lado direito pode ser simplesmente um produto escalar, temos, finalmente,

$$(\mathbf{A} \times \mathbf{B}) \cdot (\mathbf{C} \times \mathbf{D}) = (\mathbf{A} \cdot \mathbf{C})(\mathbf{B} \cdot \mathbf{D}) - (\mathbf{B} \cdot \mathbf{C})(\mathbf{A} \cdot \mathbf{D})$$

A ortogonalidade dos vetores unitários $\mathbf{e}_i$ requer que o produto vetorial seja

$$\mathbf{e}_i \times \mathbf{e}_j = \mathbf{e}_k \quad i, j, k \text{ em ordem cíclica} \tag{1.79a}$$

Podemos agora utilizar o símbolo de permutação para expressar esse resultado como

$$\boxed{\mathbf{e}_i \times \mathbf{e}_j = \sum_k \mathbf{e}_k \, \varepsilon_{ijk}} \tag{1.79b}$$

O produto vetorial $\mathbf{C} = \mathbf{A} \times \mathbf{B}$, por exemplo, pode ser expresso como

$$\mathbf{C} = \sum_{i,j,k} \varepsilon_{ijk} \, \mathbf{e}_i \, A_j B_k \tag{1.80a}$$

Por meio de expansão direta e comparação com a Equação 1.80a, podemos verificar uma expressão de determinante para o produto vetorial:

$$\mathbf{C} = \mathbf{A} \times \mathbf{B} = \begin{vmatrix} \mathbf{e}_1 & \mathbf{e}_2 & \mathbf{e}_3 \\ A_1 & A_2 & A_3 \\ B_1 & B_2 & B_3 \end{vmatrix} \tag{1.80b}$$

Fornecemos as identidades a seguir sem demonstração:

$$\mathbf{A} \cdot (\mathbf{B} \times \mathbf{C}) = \mathbf{B} \cdot (\mathbf{C} \times \mathbf{A}) = \mathbf{C} \cdot (\mathbf{A} \times \mathbf{B}) \equiv \mathbf{ABC} \tag{1.81}$$

$$\mathbf{A} \times (\mathbf{B} \times \mathbf{C}) = (\mathbf{A} \cdot \mathbf{C})\mathbf{B} - (\mathbf{A} \cdot \mathbf{B})\mathbf{C} \tag{1.82}$$

$$\begin{aligned}
(\mathbf{A} \times \mathbf{B}) \cdot (\mathbf{C} \times \mathbf{D}) &= \mathbf{A} \cdot [\mathbf{B} \times (\mathbf{C} \times \mathbf{D})] \\
&= \mathbf{A} \cdot [(\mathbf{B} \cdot \mathbf{D})\mathbf{C} - (\mathbf{B} \cdot \mathbf{C})\mathbf{D}] \\
&= (\mathbf{A} \cdot \mathbf{C})(\mathbf{B} \cdot \mathbf{D}) - (\mathbf{A} \cdot \mathbf{D})(\mathbf{B} \cdot \mathbf{C})
\end{aligned} \tag{1.83}$$

$$\begin{aligned}
(\mathbf{A} \times \mathbf{B}) \times (\mathbf{C} \times \mathbf{D}) &= [(\mathbf{A} \times \mathbf{B}) \cdot \mathbf{D}]\mathbf{C} - [(\mathbf{A} \times \mathbf{B}) \cdot \mathbf{C}]\mathbf{D} \\
&= (\mathbf{ABD})\mathbf{C} - (\mathbf{ABC})\mathbf{D} = (\mathbf{ACD})\mathbf{B} - (\mathbf{BCD})\mathbf{A}
\end{aligned} \tag{1.84}$$

1.13 Diferenciação de um vetor em relação a uma grandeza escalar

Se uma função escalar $\phi = \phi(s)$ é diferenciada em relação à variável escalar s, então, uma vez que nenhuma parte da derivada pode ser alterada sob uma transformação de coordenadas, a própria derivada não poderá, e não deverá, portanto, ser uma grandeza escalar; ou seja, nos sistemas x_i e x_i' de coordenadas $\phi = \phi'$ e $s = s'$, portanto $d\phi = d\phi'$ e $ds = ds'$. Desse modo,

$$\frac{d\phi}{ds} = \frac{d\phi'}{ds'} = \left(\frac{d\phi}{ds}\right)'$$

De forma similar, podemos definir formalmente a diferenciação de um vetor **A** em relação a uma grandeza escalar s. Os componentes de **A** transformam de acordo com

$$A'_i = \sum_j \lambda_{ij} A_j \quad (1.85)$$

Portanto, na diferenciação, obtemos (pelo fato de λ_{ij} serem independentes de s')

$$\frac{dA'_i}{ds'} = \frac{d}{ds'} \sum_j \lambda_{ij} A_j = \sum_j \lambda_{ij} \frac{dA_j}{ds'}$$

Como s e s' são idênticos, temos

$$\frac{dA'_i}{ds'} = \left(\frac{dA_i}{ds}\right)' = \sum_j \lambda_{ij} \left(\frac{dA_j}{ds}\right)$$

Desse modo, as quantidades dA_j/ds transformam como os componentes de um vetor e, portanto, *são* os componentes de um vetor, que podemos escrever como $d\mathbf{A}/ds$.

Podemos fornecer uma interpretação geométrica para o vetor $d\mathbf{A}/ds$ como segue. Em primeiro lugar, para que $d\mathbf{A}/ds$ exista, **A** deve ser uma função contínua da variável s: $\mathbf{A} = \mathbf{A}(s)$. Suponha que essa função seja representada pela curva contínua Γ na Figura 1.15. No ponto P, a variável tem o valor s e, em Q, ela tem o valor $s + \Delta s$. A derivada de **A** em relação a s será então fornecida na forma padrão por

$$\frac{d\mathbf{A}}{ds} = \lim_{\Delta s \to 0} \frac{\Delta \mathbf{A}}{\Delta s} = \lim_{\Delta s \to 0} \frac{\mathbf{A}(s + \Delta s) - \mathbf{A}(s)}{\Delta s} \quad (1.86a)$$

As derivadas das somas e dos produtos vetoriais obedecem às regras do cálculo vetorial comum. Por exemplo,

$$\frac{d}{ds}(\mathbf{A} + \mathbf{B}) = \frac{d\mathbf{A}}{ds} + \frac{d\mathbf{B}}{ds} \quad (1.86b)$$

$$\frac{d}{ds}(\mathbf{A} \cdot \mathbf{B}) = \mathbf{A} \cdot \frac{d\mathbf{B}}{ds} + \frac{d\mathbf{A}}{ds} \cdot \mathbf{B} \quad (1.86c)$$

$$\frac{d}{ds}(\mathbf{A} \times \mathbf{B}) = \mathbf{A} \times \frac{d\mathbf{B}}{ds} + \frac{d\mathbf{A}}{ds} \times \mathbf{B} \quad (1.86d)$$

$$\frac{d}{ds}(\phi \mathbf{A}) = \phi \frac{d\mathbf{A}}{ds} + \frac{d\phi}{ds} \mathbf{A} \quad (1.86e)$$

e, de forma similar, para diferenciais totais e derivadas parciais.

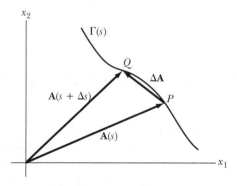

FIGURA 1.15 O vetor $\mathbf{A}(s)$ delineia a função $\Gamma(s)$ à medida que a variável s muda.

1.14 Exemplos de derivadas – velocidade e aceleração

De particular importância no desenvolvimento da dinâmica de partículas pontuais (e de sistemas de partículas) é a representação do movimento dessas partículas por meio de vetores. Para essa abordagem, desejamos representar a posição, velocidade e aceleração de uma determinada partícula por meio de vetores. É costume especificar a *posição* de uma partícula em relação a um sistema de eixos de referência por meio de um vetor $\mathbf{r}$, o qual é, em geral, uma função do tempo: $\mathbf{r} = \mathbf{r}(t)$. O vetor de *velocidade* $\mathbf{v}$ e o vetor de *aceleração* $\mathbf{a}$ são definidos conforme

$$\mathbf{v} \equiv \frac{d\mathbf{r}}{dt} = \dot{\mathbf{r}} \tag{1.87}$$

$$\mathbf{a} \equiv \frac{d\mathbf{v}}{dt} = \frac{d^2\mathbf{r}}{dt^2} = \ddot{\mathbf{r}} \tag{1.88}$$

onde um ponto sobre o símbolo indica a primeira derivada temporal e dois pontos indicam a segunda derivada temporal. Em coordendas retangulares, as expressões para $\mathbf{r}$, $\mathbf{v}$ e $\mathbf{a}$ são

$$\left. \begin{array}{ll} \mathbf{r} = x_1\mathbf{e}_1 + x_2\mathbf{e}_2 + x_3\mathbf{e}_3 = \sum_i x_i\mathbf{e}_i & \text{Posição} \\[2mm] \mathbf{v} = \dot{\mathbf{r}} = \sum_i \dot{x}_i\mathbf{e}_i = \sum_i \frac{dx_i}{dt}\mathbf{e}_i & \text{Velocidade} \\[2mm] \mathbf{a} = \dot{\mathbf{v}} = \ddot{\mathbf{r}} = \sum_i \ddot{x}_i\,\mathbf{e}_i = \sum_i \frac{d^2x_i}{dt^2}\mathbf{e}_i & \text{Aceleração} \end{array} \right\} \tag{1.89}$$

O cálculo dessas quantidades em coordenadas retangulares é direto, pois os vetores unitários $\mathbf{e}_i$ são constantes no tempo. Entretanto, em sistemas de coordenadas não retangulares, os vetores unitários na posição da partícula, à medida que ela se move no espaço, não são necessariamente constantes no tempo, e os componentes das derivadas temporais de $\mathbf{r}$ não constituem mais relações simples, como mostra a Equação 1.89. Não vamos discutir sistemas de coordenadas curvilíneas nesse texto, porém coordenadas *polares planas*, coordenadas *esféricas* e coordenadas *cilíndricas* são suficientemente importantes para garantir uma discussão de velocidade e aceleração nesses sistemas de coordenadas.[12]

Para expressar $\mathbf{v}$ e $\mathbf{a}$ em coordenadas polares planas, considere a situação na Figura 1.16. Um ponto se move ao longo da curva $s(t)$ e, no intervalo de tempo $t_2 - t_1 = dt$, ele se move de $P^{(1)}$ a $P^{(2)}$. Os vetores unitários $\mathbf{e}_r$ e $\mathbf{e}_\theta$, que são ortogonais, mudam de $\mathbf{e}_r^{(1)}$ a $\mathbf{e}_r^{(2)}$ e de $\mathbf{e}_\theta^{(1)}$ a $\mathbf{e}_\theta^{(2)}$. A mudança em $\mathbf{e}_r$ é

$$\mathbf{e}_r^{(2)} - \mathbf{e}_r^{(1)} = d\mathbf{e}_r \tag{1.90}$$

que é um vetor normal a $\mathbf{e}_r$ (e, portanto, na direção de $\mathbf{e}_\theta$). De modo similar, a mudança em $\mathbf{e}_\theta$ é

$$\mathbf{e}_\theta^{(2)} - \mathbf{e}_\theta^{(1)} = d\mathbf{e}_\theta \tag{1.91}$$

que é um vetor normal a $\mathbf{e}_\theta$. Podemos então escrever

$$d\mathbf{e}_r = d\theta\mathbf{e}_\theta \tag{1.92}$$

e

$$d\mathbf{e}_\theta = -d\theta\mathbf{e}_r \tag{1.93}$$

onde o sinal de menos entra na segunda relação, pois $d\mathbf{e}_\theta$ tem direção *oposta* a $\mathbf{e}_r$ (veja a Figura 1.16).

As Equações 1.92 e 1.93 são talvez mais fáceis de visualizar consultando a Figura 1.16. Nesse caso, $d\mathbf{e}_r$ subtende um ângulo $d\theta$ com lados unitários, de modo que ele tenha uma mag-

---

[12] Consulte as Figuras no apêndice F para obter a geometria desses sistemas de coordenadas.

nitude de $d\theta$. Ele também aponta na direção de $\mathbf{e}_\theta$, portanto, temos $d\mathbf{e}_r = -d\theta\,\mathbf{e}_\theta$. De modo similar, $d\mathbf{e}_\theta$ subtende um ângulo $d\theta$ com lados unitários. Desse modo, ele também tem uma magnitude de $d\theta$, porém, conforme a Figura 1.16, vemos que $d\mathbf{e}_\theta$ aponta na direção de $-\mathbf{e}_r$. Portanto, temos $d\mathbf{e}_\theta = -d\theta\,\mathbf{e}_r$.

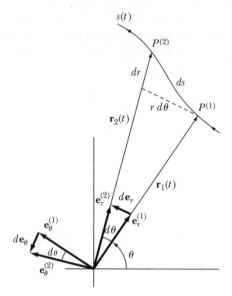

FIGURA 1.16 Um objeto traça a curva $s(t)$ ao longo do tempo. Os vetores unitários $\mathbf{e}_r$ e $\mathbf{e}_\theta$ e seus diferenciais são mostrados para dois vetores de posição $\mathbf{r}_1$ e $\mathbf{r}_2$.

Dividindo cada lado das Equações 1.92 e 1.93 por dt, temos

$$\boxed{\dot{\mathbf{e}}_r = \dot{\theta}\mathbf{e}_\theta} \tag{1.94}$$

$$\boxed{\dot{\mathbf{e}}_\theta = -\dot{\theta}\mathbf{e}_r} \tag{1.95}$$

Se expressarmos $\mathbf{v}$ como

$$\mathbf{v} = \frac{d\mathbf{r}}{dt} = \frac{d}{dt}(r\mathbf{e}_r)$$
$$= \dot{r}\mathbf{e}_r + r\dot{\mathbf{e}}_r \tag{1.96}$$

teremos imediatamente, utilizando a Equação 1.94,

$$\boxed{\mathbf{v} = \dot{\mathbf{r}} = \dot{r}\mathbf{e}_r + r\dot{\theta}\mathbf{e}_\theta} \tag{1.97}$$

portanto, a velocidade é resolvida em um componente *radial* $\dot{r}$ e um componente *angular* (ou *transverso*) $r\dot{\theta}$.

Uma segunda diferenciação fornece a aceleração:

$$\mathbf{a} = \frac{d}{dt}(\dot{r}\mathbf{e}_r + r\dot{\theta}\mathbf{e}_\theta)$$
$$= \ddot{r}\mathbf{e}_r + \dot{r}\dot{\mathbf{e}}_r + \dot{r}\dot{\theta}\mathbf{e}_\theta + r\ddot{\theta}\mathbf{e}_\theta + r\dot{\theta}\dot{\mathbf{e}}_\theta$$
$$= (\ddot{r} - r\dot{\theta}^2)\mathbf{e}_r + (r\ddot{\theta} + 2\dot{r}\dot{\theta})\mathbf{e}_\theta \tag{1.98}$$

desse modo, a aceleração é resolvida em um componente radial $(\ddot{r} - r\dot{\theta}^2)$ e um componente angular (ou transverso) $(r\ddot{\theta} + 2\dot{r}\dot{\theta})$.

CAPÍTULO 1 – Matrizes, vetores e cálculo vetorial   **29**

As expressões para ds, ds^2, v^2 e **v** nos três sistemas de coordenadas mais importantes (veja também o Apêndice F) são

Coordenadas retangulares (x, y, z)

$$\left.\begin{array}{l} d\mathbf{s} = dx_1\mathbf{e}_1 + dx_2\mathbf{e}_2 + dx_3\mathbf{e}_3 \\ ds^2 = dx_1^2 + dx_2^2 + dx_3^2 \\ v^2 = \dot{x}_1^2 + \dot{x}_2^2 + \dot{x}_3^2 \\ \mathbf{v} = \dot{x}_1\mathbf{e}_1 + \dot{x}_2\mathbf{e}_2 + \dot{x}_3\mathbf{e}_3 \end{array}\right\}$$

(1.99)

Coordenadas esféricas (r, θ, ϕ)

$$\left.\begin{array}{l} d\mathbf{s} = dr\mathbf{e}_r + rd\theta\mathbf{e}_\theta + r\,\text{sen}\,\theta\,d\phi\mathbf{e}_\phi \\ ds^2 = dr^2 + r^2d\theta^2 + r^2\text{sen}^2\theta\,d\phi^2 \\ v^2 = \dot{r}^2 + r^2\dot{\theta}^2 + r^2\text{sen}^2\theta\,\dot{\phi}^2 \\ \mathbf{v} = \dot{r}\mathbf{e}_r + r\dot{\theta}\mathbf{e}_\theta + r\,\text{sen}\,\theta\,\dot{\phi}\mathbf{e}_\phi \end{array}\right\}$$

(1.100)

(As expressões para coordenadas polares planas resultam da Equação 1.100, fazendo $d\phi = 0$.)

Coordenadas cilíndricas (r, ϕ, z)

$$\left.\begin{array}{l} d\mathbf{s} = dr\mathbf{e}_r + rd\phi\mathbf{e}_\phi + dz\mathbf{e}_z \\ ds^2 = dr^2 + r^2d\phi^2 + dz^2 \\ v^2 = \dot{r}^2 + r^2\dot{\phi}^2 + \dot{z}^2 \\ \mathbf{v} = \dot{r}\mathbf{e}_r + r\dot{\phi}\mathbf{e}_\phi + \dot{z}\mathbf{e}_z \end{array}\right\}$$

(1.101)

EXEMPLO 1.8

Encontre os componentes do vetor de aceleração **a** em coordenadas cilíndricas.

Solução. Os componentes de velocidade em coordenadas cilíndricas foram fornecidos na Equação 1.101. A aceleração é determinada utilizando-se a derivada temporal de **v**.

$$\mathbf{a} = \frac{d}{dt}\mathbf{v} = \frac{d}{dt}(\dot{r}\mathbf{e}_r + r\dot{\phi}\mathbf{e}_\phi + \dot{z}\mathbf{e}_z)$$
$$= \ddot{r}\mathbf{e}_r + \dot{r}\dot{\mathbf{e}}_r + \dot{r}\dot{\phi}\mathbf{e}_\phi + r\ddot{\phi}\mathbf{e}_\phi + r\dot{\phi}\dot{\mathbf{e}}_\phi + \ddot{z}\mathbf{e}_z + \dot{z}\dot{\mathbf{e}}_z$$

Precisamos encontrar a derivada temporal dos vetores unitários $\mathbf{e}_r$, $\mathbf{e}_\phi$ e $\mathbf{e}_z$. O sistema de coordenadas cilíndricas é mostrado na Figura 1.17 e, em termos dos componentes (x, y, z), os vetores unitários $\mathbf{e}_r$, $\mathbf{e}_\phi$ e $\mathbf{e}_z$ são

$$\mathbf{e}_r = (\cos\phi, \text{sen}\,\phi, 0)$$
$$\mathbf{e}_\phi = (-\text{sen}\,\phi, \cos\phi, 0)$$
$$\mathbf{e}_z = (0, 0, 1)$$

As derivadas temporais dos vetores unitários são encontradas utilizando-se as derivadas dos componentes.

$$\dot{\mathbf{e}}_r = (-\dot{\phi}\,\text{sen}\,\phi, \dot{\phi}\cos\phi, 0) = \dot{\phi}\mathbf{e}_\phi$$
$$\dot{\mathbf{e}}_\phi = (-\dot{\phi}\cos\phi, -\dot{\phi}\,\text{sen}\,\phi, 0) = -\dot{\phi}\mathbf{e}_r$$
$$\dot{\mathbf{e}}_z = 0$$

Substituímos as derivadas temporais dos vetores unitários na expressão acima para **a**.

$$\mathbf{a} = \ddot{r}\mathbf{e}_r + \dot{r}\dot{\phi}\mathbf{e}_\phi + \dot{r}\dot{\phi}\mathbf{e}_\phi + r\ddot{\phi}\mathbf{e}_\phi - r\dot{\phi}^2\mathbf{e}_r + \ddot{z}\mathbf{e}_z$$
$$= (\ddot{r} - r\dot{\phi}^2)\mathbf{e}_r + (r\ddot{\phi} + 2\dot{r}\dot{\phi})\mathbf{e}_\phi + \ddot{z}\mathbf{e}_z$$

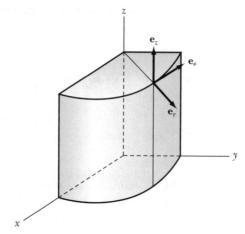

FIGURA 1.17 O sistema de coordenadas cilíndricas (r, ϕ, z) é mostrado em relação ao sistema cartesiano (x, y, z).

1.15 Velocidade angular

Um ponto ou uma partícula se movendo arbitrariamente no espaço pode ser sempre considerado(a), *em um determinado instante*, como se movendo em um caminho plano e circular sobre um determinado eixo, ou seja, o caminho descrito por uma partícula durante um intervalo de tempo infinitesimal δt pode ser representado como um arco infinitesimal de círculo. A linha que passa através do centro do círculo e perpendicular à direção instantânea de movimento é chamada de **eixo instantâneo de rotação**. Como a partícula se move no caminho circular, a taxa de variação da posição angular é denominada **velocidade angular**:

$$\omega = \frac{d\theta}{dt} = \dot{\theta} \tag{1.102}$$

Considere uma partícula que se move instantaneamente em um círculo de raio R sobre um eixo perpendicular ao plano de movimento, como mostra a Figura 1.18. Faça o vetor de posição **r** da partícula ser traçado a partir de uma origem localizada em um ponto arbitrário O sobre o eixo de rotação. A taxa temporal de variação do vetor de posição é o vetor de velocidade linear da partícula, $\dot{\mathbf{r}} = \mathbf{v}$. Para o movimento em um círculo de raio R, a *magnitude* instantânea da velocidade linear é fornecida por

$$v = R\frac{d\theta}{dt} = R\omega \tag{1.103}$$

A *direção* da velocidade linear **v** é perpendicular a **r** e no plano do círculo.

Seria muito conveniente se pudéssemos elaborar uma representação vetorial da velocidade angular (digamos, **ω**), de modo que todas as quantidades de interesse no movimento da partícula pudessem ser descritas em uma base comum. Podemos definir uma *direção* para a velocidade angular como segue. Se a partícula se move instantaneamente em um plano, a normal àquele plano define uma direção precisa no espaço ou, melhor dizendo, *duas* direções. Podemos escolher como *positiva* a direção correspondente à direção de avanço de um parafuso de rosca à direita quando girado no mesmo sentido que a rotação da partícula (veja a Figura 1.18). Podemos também escrever a magnitude da velocidade linear observando que $R = r \operatorname{sen} \alpha$. Desse modo,

$$v = r\,\omega \operatorname{sen}\alpha \tag{1.104}$$

1.16 Operador gradiente

Vamos analisar agora o mais importante membro de uma classe denominada **operadores diferenciais vetoriais** – o **operador gradiente**.

Considere uma grandeza escalar ϕ que é uma função explícita das coordenadas x_i e, além disso, é uma função contínua de valor único dessas coordenadas em uma certa região de espaço. Sob uma transformação de coordenadas que transporta x_1 em x_1', $\phi'(x_1', x_2', x_3') = \phi x_1, x_2, x_3$, e pela regra da cadeia de diferenciação, podemos escrever

$$\frac{\partial \phi'}{\partial x_1'} = \sum_j \frac{\partial \phi}{\partial x_j}\frac{\partial x_j}{\partial x_1'} \tag{1.109}$$

O caso é similar para $\partial\phi'/\partial x_2'$ e $\partial\phi'/\partial x_3'$, portanto, em geral temos

$$\frac{\partial \phi'}{\partial x_i'} = \sum_j \frac{\partial \phi}{\partial x_j}\frac{\partial x_j}{\partial x_i'} \tag{1.110}$$

A transformação de coordenadas inversa é

$$x_j = \sum_k \lambda_{kj} x_k' \tag{1.111}$$

Diferenciando,

$$\frac{\partial x_j}{\partial x_i'} = \frac{\partial}{\partial x_i'}\left(\sum_k \lambda_{kj} x_k'\right) = \sum_k \lambda_{kj}\left(\frac{\partial x_k'}{\partial x_i'}\right) \tag{1.112}$$

Porém, o termo entre os últimos parênteses é simplesmente δ_{ik}, portanto

$$\frac{\partial x_j}{\partial x_i'} = \sum_k \lambda_{kj}\delta_{ik} = \lambda_{ij} \tag{1.113}$$

Substituindo a Equação 1.113 na Equação 1.110, obtemos

$$\frac{\partial \phi'}{\partial x_i'} = \sum_j \lambda_{ij}\frac{\partial \phi}{\partial x_j} \tag{1.114}$$

Pelo fato de seguir a equação de transformação correta de um vetor (Equação 1.44), a função $\partial\phi/\partial x_j$ é o j-ésimo componente de um vetor denominado **gradiente** da função ϕ. Observe que, apesar de ϕ ser uma grandeza escalar, o *gradiente* de ϕ é um *vetor*. O gradiente de ϕ é escrito como **grad** ϕ ou $\nabla\phi$ ("del" ϕ).

Pelo fato de a função ϕ ser uma função escalar arbitrária, é conveniente definir o operador diferencial descrito acima em termos do *operador gradiente*:

$$(\mathbf{grad})_i = \nabla_i = \frac{\partial}{\partial x_i} \tag{1.115}$$

Podemos expressar o operador gradiente vetorial completo como

$$\boxed{\mathbf{grad} = \nabla = \sum_i \mathbf{e}_i \frac{\partial}{\partial x_i}} \quad \text{Gradiente} \tag{1.116}$$

O operador gradiente pode (a) operar diretamente sobre uma função escalar, como em $\nabla\phi$; (b) ser utilizado em um produto escalar com uma função vetorial, como em $\nabla \cdot \mathbf{A}$ (o *divergente* (div) de $\mathbf{A}$); ou (c) ser utilizado em um produto vetorial com uma função vetorial, como em $\nabla \times \mathbf{A}$ (o *rotacional* de $\mathbf{A}$). Apresentamos gradiente, divergente e rotacional:

34 Dinâmica clássica de partículas e sistemas

$$\mathbf{grad}\ \phi = \nabla\phi = \sum_i \mathbf{e}_i \frac{\partial\phi}{\partial x_i} \tag{1.117a}$$

$$\mathrm{div}\ \mathbf{A} = \nabla\cdot\mathbf{A} = \sum_i \frac{\partial A_i}{\partial x_i} \tag{1.117b}$$

$$\mathbf{rotacional}\ \mathbf{A} = \nabla\times\mathbf{A} = \sum_{i,j,k} \varepsilon_{ijk} \frac{\partial A_k}{\partial x_j} \mathbf{e}_i \tag{1.117c}$$

Para observar uma interpretação física do gradiente de uma função escalar, considere os mapas tridimensionais e topográficos da Figura 1.20. Os trajetos fechados da parte b representam linhas de altura constante. Vamos utilizar ϕ para indicar a altura de qualquer ponto $\phi = \phi(x_1, x_2, x_3)$. Então

$$d\phi = \sum_i \frac{\partial\phi}{\partial x_i} dx_i = \sum_i (\nabla\phi)_i\, dx_i$$

Os componentes do vetor deslocamento $d\mathbf{s}$ são os deslocamentos incrementais na direção dos três eixos ortogonais:

$$d\mathbf{s} = (dx_1,\ dx_2,\ dx_3) \tag{1.118}$$

Portanto,

$$\boxed{d\phi = (\nabla\phi)\cdot d\mathbf{s}} \tag{1.119}$$

Tomemos $d\mathbf{s}$ como sendo direcionado tangencialmente ao longo de uma das linhas de contorno (isolatitude) (isto é, ao longo de uma linha para a qual ϕ = const.), como indicado na Figura 1.20. Pelo fato de ϕ = const. para este caso, $d\phi = 0$. Porém, pelo fato de que nem $\nabla\phi$ nem $d\mathbf{s}$ são geralmente zero, eles deverão, portanto, ser perpendiculares entre si. Desse modo, $\nabla\phi$ é normal à linha (ou em três dimensões, à superfície) para a qual ϕ = const.

O valor máximo de $d\phi$ resulta quando $\nabla\phi$ e $d\mathbf{s}$ se encontram na mesma direção; desse modo,

$$(d\phi)_{\mathrm{max}} = |\nabla\phi|\, ds, \quad \text{para} \quad \nabla\phi\,\|ds$$

ou

$$|\nabla\phi| = \left(\frac{d\phi}{ds}\right)_{\mathrm{max}} \tag{1.120}$$

Portanto, $\nabla\phi$ está na direção da maior mudança em ϕ.

Podemos resumir esses resultados como segue:

1. O vetor $\nabla\phi$ é, em qualquer ponto, normal às linhas para as quais ϕ = const.
2. O vetor $\nabla\phi$ tem a direção da mudança máxima em ϕ.
3. Pelo fato de que qualquer direção no espaço pode ser especificada em termos do vetor unitário $\mathbf{n}$ naquela direção, a taxa de variação de ϕ na direção de $\mathbf{n}$ (a *derivada direcional* de ϕ) pode ser encontrada a partir de $\mathbf{n}\cdot\nabla\phi \equiv \partial\phi/\partial n$.

A operação sucessiva do operador gradiente produz

$$\nabla\cdot\nabla = \sum_i \frac{\partial}{\partial x_i}\frac{\partial}{\partial x_i} = \sum_i \frac{\partial^2}{\partial x_i^2} \tag{1.121}$$

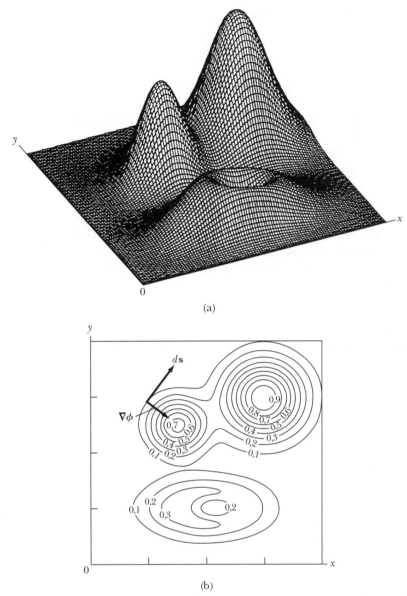

FIGURA 1.20 (a) Um mapa de contorno tridimensional pode ser representado por (b) um mapa topográfico de linhas ϕ representando altura constante. O gradiente $\nabla\phi$ representa a direção perpendicular às linhas ϕ constantes.

Esse operador produto importante, denominado **Laplaciano**,[13] também é expresso como

$$\boxed{\nabla^2 = \sum_i \frac{\partial^2}{\partial x_i^2}} \tag{1.122}$$

Quando o Laplaciano opera sobre uma grandeza escalar, temos, por exemplo,

$$\nabla^2 \psi = \sum_i \frac{\partial^2 \psi}{\partial x_i^2} \tag{1.123}$$

---

[13] Em homenagem a Pierre Simon Laplace (1749–1827); a notação ∇^2 é atribuída a Sir William Rowan Hamilton.

1.17 Integração de vetores

O vetor resultante da integração de volume de uma função vetorial $\mathbf{A} = \mathbf{A}(x_i)$ sobre um volume V é fornecido por[14]

$$\int_V \mathbf{A}\,dv = \left(\int_V A_1\,dv,\ \int_V A_2\,dv,\ \int_V A_3\,dv \right) \tag{1.124}$$

Desse modo, integramos o vetor $\mathbf{A}$ sobre V simplesmente efetuando três integrações comuns separadas.

A integral sobre uma superfície S da projeção de uma função vetorial $\mathbf{A} = \mathbf{A}(x_i)$ sobre a normal àquela superfície é definida como sendo

$$\int_S \mathbf{A} \cdot d\mathbf{a}$$

onde $d\mathbf{a}$ é um elemento da área da superfície (Figura 1.21). Escrevemos $d\mathbf{a}$ como uma quantidade vetorial, pois podemos atribuir a ele não somente uma magnitude da, mas também uma direção correspondendo à normal à superfície no ponto em questão. Se o vetor normal unitário é $\mathbf{n}$, então

$$d\mathbf{a} = \mathbf{n}\,da \tag{1.125}$$

Portanto, os componentes de $d\mathbf{a}$ são as projeções do elemento de área sobre os três planos mutuamente perpendiculares definidos pelos eixos retangulares:

$$da_1 = dx_2\,dx_3,\quad \text{etc.} \tag{1.126}$$

Desse modo, temos

$$\int_S \mathbf{A} \cdot d\mathbf{a} = \int_S \mathbf{A} \cdot \mathbf{n}\,da \tag{1.127}$$

ou

$$\int_S \mathbf{A} \cdot d\mathbf{a} = \int_S \sum_i A_i\,da_i \tag{1.128}$$

A Equação 1.127 afirma que a integral de $\mathbf{A}$ sobre a superfície S é a integral do componente normal de $\mathbf{A}$ sobre essa superfície.

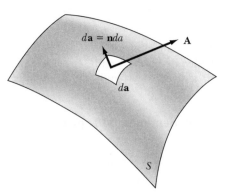

FIGURA 1.21 O diferencial $d\mathbf{a}$ é um elemento de área da superfície. Sua direção é normal à superfície.

---

[14] O símbolo $\int_V$ representa realmente uma integral *tripla* sobre um certo volume V. De modo similar, o símbolo $\int_S$ indica uma integral *dupla* sobre uma certa superfície S.

A normal a uma superfície pode ser considerada como estando em uma de duas direções possíveis ("para cima" ou "para baixo"). Desse modo, o sinal de **n** é ambíguo. Se a superfície é *fechada*, adotamos a convenção de que a normal *para fora* é positiva.

A **integral de linha** de uma função vetorial $\mathbf{A} = \mathbf{A}(x_i)$ ao longo de um determinado caminho que se estende do ponto B ao ponto C é fornecida pela integral do componente de **A** ao longo do caminho

$$\int_{BC} \mathbf{A} \cdot d\mathbf{s} = \int_{BC} \sum_i A_i \, dx_i \qquad (1.129)$$

A quantidade $d\mathbf{s}$ é um elemento de comprimento ao longo do caminho determinado (Figura 1.22). A direção de $d\mathbf{s}$ é tomada como sendo positiva ao longo da direção na qual o caminho é percorrido. Na Figura 1.22, no ponto P, o ângulo entre $d\mathbf{s}$ e **A** é menor do que $\pi/2$, portanto, $\mathbf{A} \cdot d\mathbf{s}$ é positivo nesse ponto. No ponto Q, o ângulo é maior do que $\pi/2$, e a contribuição à integral nesse ponto é negativa.

Com frequência, é útil relacionar algumas integrais de superfície a integrais de volume (**teorema de Gauss**) ou integrais de linha (**teorema de Stokes**). Considere a Figura 1.23, que mostra um volume fechado V envolvido pela superfície S. Considere o vetor **A** e suas primeiras derivadas como sendo contínuos em todo o volume. O teorema de Gauss afirma que a integral de superfície de **A** sobre a superfície fechada S é igual à integral de volume do divergente de **A** ($\nabla \cdot \mathbf{A}$) em todo o volume V envolvido pela superfície S. Escrevemos essa afirmação matematicamente como

$$\int_S \mathbf{A} \cdot d\mathbf{a} = \int_V \nabla \cdot \mathbf{A} \, dv \qquad (1.130)$$

O teorema de Gauss é algumas vezes também denominado *teorema do divergente*. O teorema é particularmente útil para tratar a mecânica de meios contínuos.

Consulte a Figura 1.24 para obter a descrição física necessária para o teorema de Stokes, que se aplica a uma superfície aberta S e ao caminho de contorno C que define a superfície. O rotacional do vetor **A** ($\nabla \times \mathbf{A}$) deverá existir e ser integrável sobre toda a superfície S. O teorema de Stokes afirma que a integral de linha do vetor **A** em torno do caminho de contorno C é igual à integral de superfície do rotacional de **A** sobre a superfície definida por C. Escrevemos essa afirmação matematicamente como

$$\int_C \mathbf{A} \cdot d\mathbf{s} = \int_S (\nabla \times \mathbf{A}) \cdot d\mathbf{a} \qquad (1.131)$$

onde a integral de linha se encontra em torno do caminho de contorno fechado C. O teorema de Stokes é particularmente útil na redução de algumas integrais de superfície (bidimensionais) para, espera-se, uma integral de linha mais simples (unidimensional). Tanto o teorema de Gauss como o de Stokes têm ampla aplicação no cálculo vetorial. Além da mecânica, eles também são úteis em aplicações eletromagnéticas e na teoria do potencial.

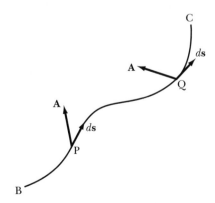

FIGURA 1.22 O elemento $d\mathbf{s}$ é um elemento de comprimento ao longo do caminho fornecido de B a C. Sua direção é ao longo do caminho em um determinado ponto.

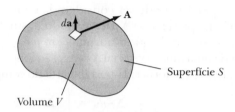

FIGURA 1.23 O diferencial $d\mathbf{a}$ é um elemento de área sobre uma superfície S que envolve um volume fechado V.

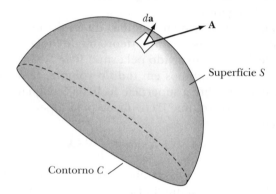

FIGURA 1.24 Um caminho de contorno C define uma superfície aberta S. Uma integral de linha em torno do caminho C e uma integral de superfície sobre a superfície S são necessárias para o teorema de Stokes.

PROBLEMAS

1.1. Encontre a matriz de transformação que gira o eixo de um sistema de coordenadas retangulares $45°$ na direção de x_1 em torno do eixo x_2.

1.2. Demonstre as Equações 1.10 e 1.11 a partir de considerações trigonométricas.

1.3. Encontre a matriz de transformação que gira um sistema de coordenadas retangulares por um ângulo de $120°$ sobre um eixo que forma ângulos iguais com os três eixos de coordenadas originais.

1.4. Demonstre

(a) $(\mathbf{AB})^t = \mathbf{B}^t\mathbf{A}^t$ (b) $(\mathbf{AB})^{-1} = \mathbf{B}^{-1}\mathbf{A}^{-1}$

1.5. Demonstre por expansão direta que $|\boldsymbol{\lambda}|^2 = 1$. Para fins de simplicidade, considere $\boldsymbol{\lambda}$ como sendo uma matriz de transformação ortogonal bidimensional.

1.6. Demonstre que a Equação 1.15 pode ser obtida utilizando-se o requisito de que a transformação deixa inalterado o comprimento de um segmento de linha.

1.7. Considere um cubo unitário com um vértice na origem e três lados adjacentes colocados ao longo dos três eixos de um sistema de coordenadas retangulares. Encontre os vetores que descrevem as diagonais do cubo. Qual é o ângulo entre qualquer par de diagonais?

CAPÍTULO 1 – Matrizes, vetores e cálculo vetorial   **39**

1.8. Considere **A** como sendo um vetor a partir da origem até um ponto **P** fixo no espaço. Considere **r** como sendo um vetor a partir da origem até um ponto variável $Q(x_1, x_2, x_3)$. Demonstre que

$$\mathbf{A} \cdot \mathbf{r} = A^2$$

é a equação de um plano perpendicular a **A** e passando através do ponto P.

1.9. Para os dois vetores

$$\mathbf{A} = \mathbf{i} + 2\mathbf{j} - \mathbf{k}, \quad \mathbf{B} = -2\mathbf{i} + 3\mathbf{j} + \mathbf{k}$$

encontre
(a) $\mathbf{A} - \mathbf{B}$ e $|\mathbf{A} - \mathbf{B}|$ (b) componente de **B** ao longo de **A**   (c) ângulo entre **A** e **B**
(d) $\mathbf{A} \times \mathbf{B}$ (e) $(\mathbf{A} - \mathbf{B}) \times (\mathbf{A} + \mathbf{B})$

1.10. Uma partícula se move em uma órbita elíptica plana descrita pelo vetor de posição

$$\mathbf{r} = 2b \operatorname{sen} \omega t\, \mathbf{i} + b \cos \omega t\, \mathbf{j}$$

(a) Determine **v**, **a** e a velocidade da partícula.
(b) Qual é o ângulo entre **v** e **a** no tempo $t = \pi/2\omega$?

1.11. Demonstre que o *produto escalar triplo* $(\mathbf{A} \times \mathbf{B}) \cdot \mathbf{C}$ pode ser escrito como

$$(\mathbf{A} \times \mathbf{B}) \cdot \mathbf{C} = \begin{vmatrix} A_1 & A_2 & A_3 \\ B_1 & B_2 & B_3 \\ C_1 & C_2 & C_3 \end{vmatrix}$$

Demonstre também que o produto não é afetado por uma troca das operações de produto escalar e vetorial ou por uma mudança na ordem de **A**, **B**, **C**, desde que eles se encontrem em ordem cíclica, ou seja,

$$(\mathbf{A} \times \mathbf{B}) \cdot \mathbf{C} = \mathbf{A} \cdot (\mathbf{B} \times \mathbf{C}) = \mathbf{B} \cdot (\mathbf{C} \times \mathbf{A}) = (\mathbf{C} \times \mathbf{A}) \cdot \mathbf{B},$$

Podemos, portanto, utilizar a notação **ABC** para indicar o produto escalar triplo. Finalmente, forneça uma interpretação geométrica de **ABC** por meio do cálculo do volume do paralelepípedo definido pelos três vetores **A**, **B**, **C**.

1.12. Considere **a**, **b**, **c** como sendo três vetores constantes traçados a partir da origem até os pontos A, B, C. Qual é a distância da origem até o plano definido pelos pontos A, B, C? Qual é a área do triângulo ABC?

1.13. **X** é um vetor desconhecido que satisfaz as relações a seguir envolvendo os vetores conhecidos **A** e **B** e a grandeza escalar ϕ,

$$\mathbf{A} \times \mathbf{X} = \mathbf{B}, \quad \mathbf{A} \cdot \mathbf{X} = \phi.$$

Expresse **X** em termos de **A**, **B**, ϕ e a magnitude de **A**.

1.14. Considere as matrizes a seguir:

$$\mathbf{A} = \begin{pmatrix} 1 & 2 & -1 \\ 0 & 3 & 1 \\ 2 & 0 & 1 \end{pmatrix}, \quad \mathbf{B} = \begin{pmatrix} 2 & 1 & 0 \\ 0 & -1 & 2 \\ 1 & 1 & 3 \end{pmatrix}, \quad \mathbf{C} = \begin{pmatrix} 2 & 1 \\ 4 & 3 \\ 1 & 0 \end{pmatrix}$$

Determine
(a) $|\mathbf{AB}|$ (b) $\mathbf{AC}$ (c) $\mathbf{ABC}$ (d) $\mathbf{AB} - \mathbf{B}^t\mathbf{A}^t$

1.15. Encontre os valores de α necessários para efetuar a seguinte ortogonal de transformação.

$$\begin{pmatrix} 1 & 0 & 0 \\ 0 & \alpha & -\alpha \\ 0 & \alpha & \alpha \end{pmatrix}$$

40 Dinâmica clássica de partículas e sistemas

1.16. Qual superfície é representada por const. $= \mathbf{r} \cdot \mathbf{a}$, que é descrita se $\mathbf{a}$ é um vetor de magnitude constante e direção a partir da origem e $\mathbf{r}$ é o vetor de posição até o ponto $P(x_1, x_2, x_3)$ na superfície?

1.17. Obtenha a lei do cosseno da trigonometria plana interpretando o produto $(\mathbf{A} - \mathbf{B}) \cdot (\mathbf{A} - \mathbf{B})$ e a expansão do produto.

1.18. Obtenha a lei do seno da trigonometria plana interpretando o produto $\mathbf{A} \times \mathbf{B}$ e a representação alternativa $(\mathbf{A} - \mathbf{B}) \times \mathbf{B}$.

1.19. Derive as expressões a seguir utilizando álgebra vetorial:
(a) $\cos(\alpha - \beta) = \cos\alpha\cos\beta + \mathrm{sen}\,\alpha\,\mathrm{sen}\,\beta$
(b) $\mathrm{sen}(\alpha - \beta) = \mathrm{sen}\,\alpha\cos\beta - \cos\alpha\,\mathrm{sen}\,\beta$

1.20. Demonstre que

(a) $\displaystyle\sum_{i,j} \varepsilon_{ijk}\,\delta_{ij} = 0$ (b) $\displaystyle\sum_{j,k} \varepsilon_{ijk}\,\varepsilon_{ljk} = 2\delta_{il}$ (c) $\displaystyle\sum_{i,j,k} \varepsilon_{ijk}\,\varepsilon_{ijk} = 6$

1.21. Demonstre (veja também o Problema 1.11) que

$$\mathbf{ABC} = \sum_{i,j,k} \varepsilon_{ijk} A_i B_j C_k$$

1.22. Avalie a soma $\displaystyle\sum_{k} \varepsilon_{ijk}\varepsilon_{lmk}$ (contendo 3 termos), considerando o resultado de todas as possíveis combinações de i, j, l, m; ou seja,

(a) $i = j$ (b) $i = l$ (c) $i = m$ (d) $j = l$ (e) $j = m$ (f) $l = m$
(g) $i \neq l$ ou m (h) $j \neq l$ ou m

Demonstre que

$$\sum_{k} \varepsilon_{ijk}\varepsilon_{lmk} = \delta_{il}\delta_{jm} - \delta_{im}\delta_{jl}$$

e, a seguir, utilize esse resultado para provar

$$\mathbf{A} \times (\mathbf{B} \times \mathbf{C}) = (\mathbf{A} \cdot \mathbf{C})\mathbf{B} - (\mathbf{A} \cdot \mathbf{B})\mathbf{C}$$

1.23. Utilize a notação ε_{ijk} e derive a identidade

$$(\mathbf{A} \times \mathbf{B}) \times (\mathbf{C} \times \mathbf{D}) = (\mathbf{ABD})\mathbf{C} - (\mathbf{ABC})\mathbf{D}$$

1.24. Considere $\mathbf{A}$ como sendo um vetor arbitrário e $\mathbf{e}$ como sendo um vetor unitário em alguma direção fixa. Demonstre que

$$\mathbf{A} = \mathbf{e}(\mathbf{A} \cdot \mathbf{e}) + \mathbf{e} \times (\mathbf{A} \times \mathbf{e})$$

Qual é o significado geométrico de cada um dos dois termos da expansão?

1.25. Encontre os componentes do vetor de aceleração $\mathbf{a}$ em coordenadas esféricas.

1.26. Uma partícula se move com $v = $ const. ao longo da curva $r = k(1 + \cos\theta)$ (uma *cardioide*). Encontre $\ddot{\mathbf{r}} \cdot \mathbf{e}_r = \mathbf{a} \cdot \mathbf{e}_r$, $|\mathbf{a}|$ e $\dot{\theta}$.

1.27. Se $\mathbf{r}$ e $\dot{\mathbf{r}} = \mathbf{v}$ são ambas funções explícitas do tempo, demonstre que

$$\frac{d}{dt}[\mathbf{r} \times (\mathbf{v} \times \mathbf{r})] = r^2\mathbf{a} + (\mathbf{r} \cdot \mathbf{v})\mathbf{v} - (v^2 + \mathbf{r} \cdot \mathbf{a})\mathbf{r}$$

1.28. Demonstre que

$$\nabla(\ln|\mathbf{r}|) = \frac{\mathbf{r}}{r^2}$$

1.29. Encontre o ângulo entre as superfícies definidas por $r^2 = 9$ e $x + y + z^2 = 1$ no ponto $(2, -2, 1)$.

1.30. Demonstre que $\nabla(\phi\psi) = \phi\nabla\psi + \psi\nabla\phi$.

CAPÍTULO 1 – Matrizes, vetores e cálculo vetorial **41**

1.31. Demonstre que

(a) $\nabla r^n = nr^{(n-2)}\mathbf{r}$ 　　(b) $\nabla f(r) = \dfrac{\mathbf{r}}{r}\dfrac{df}{dr}$ 　　(c) $\nabla^2(\ln r) = \dfrac{1}{r^2}$

1.32. Demonstre que

$$\int(2a\mathbf{r}\cdot\dot{\mathbf{r}} + 2b\dot{\mathbf{r}}\cdot\ddot{\mathbf{r}})\,dt = ar^2 + b\dot{r}^2 + \text{const.}$$

onde $\mathbf{r}$ é o vetor da origem ao ponto (x_1, x_2, x_3). As quantidades r e $\dot{r}$ são as magnitudes dos vetores $\mathbf{r}$ e $\dot{\mathbf{r}}$, respectivamente, e a e b são constantes.

1.33. Demonstre que

$$\int\left(\dfrac{\dot{\mathbf{r}}}{r} - \dfrac{\mathbf{r}\dot{r}}{r^2}\right)dt = \dfrac{\mathbf{r}}{r} + \mathbf{C}$$

onde $\mathbf{C}$ é um vetor constante.

1.34. Avalie a integral

$$\int\mathbf{A}\times\ddot{\mathbf{A}}\,dt$$

1.35. Demonstre que o volume comum aos cilindros de interseção definidos por $x^2 + y^2 = a^2$ e $x^2 + z^2 = a^2$ é $V = 16a^3/3$.

1.36. Determine o valor da integral $\int_S \mathbf{A}\cdot d\mathbf{a}$, onde $\mathbf{A} = x\mathbf{i} - y\mathbf{j} + z\mathbf{k}$ e S é a superfície fechada definida pelo cilindro $c^2 = x^2 + y^2$. A parte superior e a parte inferior do cilindro se encontram em $z = d$ e 0, respectivamente.

1.37. Determine o valor da integral $\int_S \mathbf{A}\cdot d\mathbf{a}$, onde $\mathbf{A} = (x^2 + y^2 + z^2)(x\mathbf{i} + y\mathbf{j} + z\mathbf{k})$ e a superfície S é definida pela esfera $R^2 = x^2 + y^2 + z^2$. Calcule a integral diretamente e também utilizando o teorema de Gauss.

1.38. Determine o valor da integral $\int_S (\nabla\times\mathbf{A})\cdot d\mathbf{a}$ se o vetor $\mathbf{A} = y\mathbf{i} + z\mathbf{j} + x\mathbf{k}$ e S é a superfície definida pelo paraboloide $z = 1 - x^2 - y^2$, onde $z \geq 0$.

1.39. Um plano passa através de três pontos $(x, y, z) = (1, 0, 0), (0, 2, 0), (0, 0, 3)$.
(a) Encontre um vetor unitário perpendicular ao plano. (b) Determine a distância do ponto (1, 1, 1) até o ponto mais próximo do plano e as coordenadas do ponto mais próximo.

1.40. A altura de uma colina em metros é fornecida por $z = 2xy - 3x^2 - 4y^2 - 18x + 28y + 12$, onde x é a distância a leste e y é a distância a norte da origem. (a) Onde se encontra o cume da colina e qual é a sua altura? (b) Qual é o declive da colina em $x = y = 1$, ou seja, qual é o ângulo entre um vetor perpendicular à colina e o eixo z? (c) Em qual direção da bússola se encontra a inclinação mais íngreme em $x = y = 1$?

1.41. Para quais valores de a os vetores $\mathbf{A} = 2a\mathbf{i} - 2\mathbf{j} + a\mathbf{k}$ e $\mathbf{B} = a\mathbf{i} + 2a\mathbf{j} + 2\mathbf{k}$ são perpendiculares?

CAPÍTULO 2
Mecânica Newtoniana –
partícula única

2.1 Introdução

A ciência da mecânica busca fornecer uma descrição precisa e consistente da dinâmica das partículas e dos sistemas de partículas, ou seja, um conjunto de leis físicas descrevendo matematicamente os movimentos de corpos e agregados de corpos. Para isso, precisamos de alguns conceitos fundamentais, como distância e tempo. A combinação dos conceitos de distância e tempo nos permite definir a **velocidade** e a **aceleração** de uma partícula. O terceiro conceito fundamental, a **massa**, requer alguma elaboração, que será fornecida quando discutirmos as leis de Newton.

As *leis físicas* devem se basear em fatos experimentais. Não podemos esperar *a priori* que a atração gravitacional entre dois corpos deva variar exatamente com o inverso do quadrado da distância que os separa. Porém, a experiência indica que ela atua dessa forma. Uma vez correlacionado um conjunto de dados experimentais e formulado um postulado em relação ao fenômeno ao qual os dados se referem, várias implicações podem ser trabalhadas. Se essas implicações forem todas verificadas pela experimentação, podemos acreditar que o postulado é verdadeiro de modo geral. O postulado assume então o *status* de uma **lei física**. Se alguns experimentos discordam das previsões da lei, a teoria deverá ser modificada para ficar consistente com os fatos.

Newton forneceu as leis fundamentais da mecânica. Enunciamos essas leis em termos modernos neste texto, discutimos seu significado e, a seguir, derivamos as implicações das leis em várias situações.[1] Porém, a estrutura lógica da ciência da mecânica não é deduzida diretamente. Nossa linha de raciocínio na interpretação das leis de Newton não é a única possível.[2] Não estamos em busca de nenhum detalhe da filosofia da mecânica, mas, em vez disso, fornecemos apenas uma elaboração suficiente das leis de Newton que nos permita prosseguir na discussão da dinâmica clássica. Devotamos nossa atenção neste capítulo ao movimento de uma partícula única, deixando a discussão sobre sistemas de partículas para os Capítulos 9 e 11-13.

---

[1] Truesdell (Tr68) comenta que Leonhard Euler (1707–1783) esclareceu e desenvolveu os conceitos newtonianos. Euler "transformou a maior parte da mecânica em sua forma moderna" e "tornou a mecânica simples e fácil" (p. 106).

[2] Ernst Mach (1838–1916) expressou sua visão em seu famoso livro publicado primeiramente em 1883; E. Mach, **Die Mechanic in ihrer Entwicklung historisch-kritisch dargestellt** [A ciência da mecânica] (Praga, 1883). Uma tradução de uma edição posterior está disponível (Ma60). Discussões interessantes são também fornecidas por R. B. Lindsay, H. Margeneau (Li36) e N. Feather (Fe59).

44   Dinâmica clássica de partículas e sistemas

2.2 Leis de Newton

Iniciamos pelo enunciado simples, na forma convencional, das leis da mecânica de Newton:[3]

I.   *Um corpo permanece em repouso ou em movimento uniforme, exceto sob a atuação de uma força.*

II.   *Um corpo sob a atuação de uma força se move de tal forma que a taxa temporal de variação da quantidade de movimento se iguala à força.*

III.   *Se dois corpos exercem forças entre si, essas forças serão iguais em magnitude e opostas em termos de direção.*

Essas leis são tão familiares que algumas vezes tendem a se afastar de seu significado real (ou a falta dele) como leis físicas. Por exemplo, a Primeira Lei perde o sentido sem o conceito de "força", uma palavra que Newton utilizou em todas as três leis. De fato, por si só, a Primeira Lei oferece um sentido preciso apenas para *força zero*; ou seja, um corpo que permanece em repouso ou em movimento uniforme (isto é, não acelerado, retilíneo) não está sujeito a nenhuma força. Um corpo que se move dessa forma é denominado um **corpo livre** (ou **partícula livre**). A questão do sistema de coordenadas de referência em relação ao qual o "movimento uniforme" deve ser medido será discutido na próxima seção.

Ao apontar a falta de conteúdo na Primeira Lei de Newton, Sir Arthur Eddington[4] observou, de modo um pouco jocoso, que toda a lei na realidade afirma que "todas as partículas mantêm seu estado de repouso ou movimento uniforme em uma linha reta exceto quando ela não o faz". Essa afirmação é muita severa com Newton, que forneceu um significado muito definido com o seu enunciado. Porém, ela enfatiza que a Primeira Lei por si só oferece somente uma noção qualitativa em termos de "força".

A Segunda Lei fornece um enunciado explícito: A força está relacionada à taxa temporal de variação da *quantidade de movimento*. Newton definiu a **quantidade de movimento** de forma apropriada (apesar de ter utilizado o termo *quantidade de movimento*) como sendo o produto da massa com a velocidade, de modo que

$$\mathbf{p} \equiv m\mathbf{v}$$

(2.1)

Portanto, a Segunda Lei de Newton pode ser expressa como

$$\mathbf{F} = \frac{d\mathbf{p}}{dt} = \frac{d}{dt}(m\mathbf{v})$$

(2.2)

A definição de força torna-se completa e precisa somente ao definirmos a "massa". Portanto, a Primeira e a Segunda Leis não são "leis" no sentido usual; em vez disso, elas podem ser consideradas como *definições*. Como comprimento, tempo e massa são conceitos já normalmente entendidos, utilizamos a Primeira e a Segunda Leis como a definição operacional de força. A Terceira Lei de Newton é realmente uma **lei**. Ela é uma afirmação referente ao mundo físico real e contém toda a física nas leis do movimento de Newton.[5]

---

[3] Enunciadas em 1687 por Sir Isaac Newton (1642–1727) em sua obra **Philosophiae naturalis principia mathematica** [**Princípios matemáticos da filosofia natural**, normalmente denominada **Principia**] (Londres, 1687). Anteriormente, Galileu (1564–1642) generalizou os resultados de seus próprios experimentos matemáticos com enunciados equivalentes a Primeira e Segunda Leis de Newton. Porém, Galileu não conseguiu completar a descrição da dinâmica, pois não apreciava a significância daquilo que se tornaria a Terceira Lei de Newton − e, portanto, não trabalhou com um significado preciso de força.

[4] Sir Arthur Eddington (Ed30, p. 124).

[5] O raciocínio apresentado aqui, a saber, que a Primeira e a Segunda Leis são, na realidade, definições, e que a Terceira Lei contém a física, não é a única interpretação possível. Lindsay e Margenau (Li36), por exemplo, apresentam as primeiras duas Leis como leis físicas e, a seguir, derivam a Terceira Lei como consequência.

CAPÍTULO 2 – Mecânica Newtoniana – partícula única **45**

Entretanto, nos apressamos a acrescentar que a Terceira Lei não constitui uma lei **geral** da natureza. A lei não se aplica quando a força exercida por um objeto (pontual) é direcionada ao longo da linha que conecta os objetos. Essas forças são chamadas de **forças centrais**. A Terceira Lei se aplica se uma força central é atrativa ou repulsiva. As forças gravitacionais e eletrostáticas são forças centrais, de modo que as leis de Newton podem ser utilizadas em problemas que envolvem esses tipos de forças. Algumas vezes, as forças elásticas (que são na realidade manifestações macrocóspicas de forças eletrostáticas microscópicas) são do tipo central. Por exemplo, dois objetos pontuais conectados por uma mola reta ou cordão elástico estão sujeitas a forças que obedecem a Terceira Lei. Qualquer força que dependa das velocidades dos corpos em interação é do tipo não central, e a Terceira Lei não pode ser aplicada. As forças dependentes de velocidade são características das interações que se propagam com velocidade finita. Desse modo, a força entre cargas elétricas em *movimento* não obedece a Terceira Lei, pois ela se propaga com a velocidade da luz. Até a força gravitacional entre corpos em *movimento* depende da velocidade, porém o efeito é pequeno e difícil de detectar. O único efeito observável é a precessão do periélio dos planetas internos (veja a Seção 8.9). Retornaremos à discussão da Terceira Lei de Newton no Capítulo 9.

Para demonstrar o significado da Terceira Lei de Newton, vamos parafraseá-la da seguinte maneira, incorporando a definição apropriada de massa:

III'. *Se dois corpos constituem um sistema ideal e isolado, as acelerações desses corpos serão sempre nas direções opostas e a relação entre as magnitudes da aceleração será constante. Essa relação constante é a relação inversa entre as massas dos corpos.*

Com essa afirmação, podemos fornecer uma definição prática de massa e, portanto, um significado preciso para as equações que resumem a dinâmica de Newton. Para dois corpos isolados, 1 e 2, a Terceira Lei afirma que

$$\mathbf{F}_1 = -\mathbf{F}_2 \tag{2.3}$$

Utilizando a definição de força fornecida pela Segunda Lei, temos

$$\frac{d\mathbf{p}_1}{dt} = -\frac{d\mathbf{p}_2}{dt} \tag{2.4a}$$

ou com massas constantes,

$$m_1\left(\frac{d\mathbf{v}_1}{dt}\right) = m_2\left(-\frac{d\mathbf{v}_2}{dt}\right) \tag{2.4b}$$

e, já que a aceleração é a derivada temporal da velocidade,

$$m_1(\mathbf{a}_1) = m_2(-\mathbf{a}_2) \tag{2.4c}$$

Desse modo,

$$\frac{m_2}{m_1} = -\frac{a_1}{a_2} \tag{2.5}$$

onde o sinal negativo indica que os dois vetores de aceleração têm direções opostas. A massa é considerada como sendo uma quantidade positiva.

Podemos sempre selecionar, digamos, m_1 como a *massa unitária*. A seguir, comparando a relação das acelerações quando se permite que interaja com qualquer outro corpo, podemos determinar a massa do outro corpo. Para medir as acelerações, devemos dispor de relógios e hastes de medição adequadas. Além disso, devemos escolher um sistema de coordenadas ou um sistema de eixos apropriado. A questão de um "sistema de eixos apropriado" será discutida na próxima seção.

Um dos métodos mais comuns para se determinar a massa de um objeto é por meio de **pesagem** – por exemplo, comparando seu peso com um peso padrão, utilizando uma balança. Este procedimento se baseia no fato de que, em um campo gravitacional, o peso de um corpo é simplesmente a força gravitacional atuando sobre o mesmo, ou seja, a equação de Newton

46 Dinâmica clássica de partículas e sistemas

$\mathbf{F} = m\mathbf{a}$ torna-se $\mathbf{W} = m\mathbf{g}$, onde $\mathbf{g}$ é a aceleração por causa da gravidade. A validade da utilização desse procedimento se baseia em uma premissa fundamental: a massa m que aparece na equação de Newton, e definida de acordo com o Enunciado III, é igual à massa m que aparece na equação da força gravitacional. Essas duas massas são denominadas **massa inercial** e **massa gravitacional**, respectivamente. As definições podem ser enunciadas como segue:

Massa inercial: *A massa que determina a aceleração de um corpo sob a ação de uma determinada força.*

Massa gravitacional: *A massa que determina as forças gravitacionais entre um corpo e outros corpos.*

Galileu foi a primeira pessoa a testar a equivalência entre massa inercial e massa gravitacional em seu (talvez apócrifo) experimento com pesos em queda na Torre de Pisa. Newton também considerou o problema e mediu os períodos de pêndulos de comprimentos iguais, porém com prumos de materiais diferentes. Nem Galileu nem Newton encontraram qualquer diferença, porém seus métodos eram muito rudimentares.[6] Em 1890, Eötvös[7] concebeu um método engenhoso para testar a equivalência entre as massas inercial e gravitacional. Utilizando dois objetos feitos de materiais diferentes, ele comparou o efeito da força gravitacional da Terra (isto é, o peso) com o efeito da força inercial provocado pela rotação da Terra. O experimento envolveu um método de **anulação** utilizando uma balança de torção sensível e, portanto, altamente precisa. Experimentos mais recentes (especialmente aqueles de Dicke[8]), utilizando essencialmente o mesmo método, têm melhorado a precisão, e agora sabemos que as massas inercial e gravitacional são idênticas em uma proporção de poucas partes em 10^{12}. Este resultado é consideravelmente importante na teoria geral da relatividade.[9] A afirmação da igualdade **exata** entre massa inercial e massa gravitacional é denominada **princípio da equivalência.**

A Terceira Lei de Newton é enunciada em termos de dois corpos que constituem um sistema isolado. É impossível obter tal situação ideal, pois todos os corpos no universo interagem uns com os outros, embora a força de interação possa ser tão fraca e não ter nenhuma importância prática se as distâncias envolvidas forem muito grandes. Newton evitou a questão de como separar os efeitos desejados de todos os efeitos externos. Porém, essa dificuldade prática somente enfatiza a grandeza do enunciado de Newton na Terceira Lei. Ele é um tributo à profundidade de sua percepção e intuição física de forma que a conclusão, com base em observações limitadas, ofereceu suporte aos testes experimentais durante 300 anos. Somente no século 20 medições com detalhamento suficiente revelaram certas discrepâncias em relação às previsões da teoria newtoniana. A busca por esses detalhes levou ao desenvolvimento da teoria da relatividade e da mecânica quântica.[10]

Outra interpretação da Terceira Lei de Newton se baseia no conceito de quantidade de movimento. Rearranjando a Equação 2.4a temos

$$\frac{d}{dt}(\mathbf{p}_1 + \mathbf{p}_2) = 0$$

ou

$$\mathbf{p}_1 + \mathbf{p}_2 = constante \tag{2.6}$$

A afirmação de que a quantidade de movimento se conserva na interação isolada de duas partículas é um caso especial da **conservação da quantidade de movimento linear mais geral**. Os físicos amam as leis gerais de conservação e acreditam que a conservação da quanti-

---

[6] No experimento de Newton, ele poderia ter detectado uma diferença de somente uma parte em 10^3.

[7] Roland von Eötvös (1848-1919), um barão húngaro; sua pesquisa sobre problemas gravitacionais levou ao desenvolvimento de um gravímetro, que foi utilizado em estudos geológicos.

[8] P. G. Roll, R. Krotkov e R. H. Dicke, Ann. Phys. (N.Y.) **26**, 442 (1964). Veja também Braginsky e Pavov, Sov. Phys.-JETP **34**, 463 (1972).

[9] Veja, por exemplo, as discussões de P. G. Bergmann (Be46) e J. Weber (We61). O livro de Weber também fornece uma análise do experimento de Eötvös.

[10] Veja também a Seção 2.8.

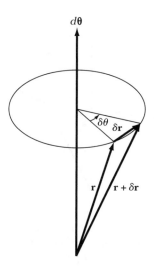

FIGURA 1.19 O vetor de posição **r** muda para **r** + δ**r** por um ângulo de rotação infinitesimal δθ.

Vamos considerar que uma rotação δθ₁ utiliza **r** em **r** + δ**r**₁, onde δ**r**₁ = δθ₁ × **r**. Se ela for seguida por uma segunda rotação δθ₂ em torno de um eixo diferente, o vetor de posição inicial para essa rotação é **r** + δ**r**₁. Desse modo,

$$\delta \mathbf{r}_2 = \delta \boldsymbol{\theta}_2 \times (\mathbf{r} + \delta \mathbf{r}_1)$$

e o vetor de posição final para δθ₁ seguido por δθ₂ é

$$\mathbf{r} + \delta \mathbf{r}_{12} = \mathbf{r} + [\delta \boldsymbol{\theta}_1 \times \mathbf{r} + \delta \boldsymbol{\theta}_2 \times (\mathbf{r} + \delta \mathbf{r}_1)]$$

Desprezando os infinitesimais de segunda ordem, temos

$$\delta \mathbf{r}_{12} = \delta \boldsymbol{\theta}_1 \times \mathbf{r} + \delta \boldsymbol{\theta}_2 \times \mathbf{r} \qquad (1.107)$$

De modo similar, se δθ₂ for seguido por δθ₁, teremos

$$\mathbf{r} + \delta \mathbf{r}_{21} = \mathbf{r} + [\delta \boldsymbol{\theta}_2 \times \mathbf{r} + \delta \boldsymbol{\theta}_1 \times (\mathbf{r} + \delta \mathbf{r}_2)]$$

ou

$$\delta \mathbf{r}_{21} = \delta \boldsymbol{\theta}_2 \times \mathbf{r} + \delta \boldsymbol{\theta}_1 \times \mathbf{r} \qquad (1.108)$$

Os vetores de rotação δ**r**₁₂ e δ**r**₂₁ são iguais, de modo que os "vetores" de rotação δθ₁ e δθ₂ comutam. Portanto, parece razoável que δθ na Equação 1.106 é realmente um vetor.

δθ é de fato um vetor que permite a representação da velocidade angular por um vetor, pois a velocidade angular é a relação entre uma rotação infinitesimal e um tempo infinitesimal:

$$\boldsymbol{\omega} = \frac{\delta \boldsymbol{\theta}}{\delta t}$$

Portanto, dividindo a Equação 1.106 por δt, temos

$$\frac{\delta \mathbf{r}}{\delta t} = \frac{\delta \boldsymbol{\theta}}{\delta t} \times \mathbf{r}$$

ou, passando para o limite, δt → 0,

$$\mathbf{v} = \boldsymbol{\omega} \times \mathbf{r}$$

como antes.

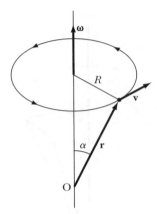

FIGURA 1.18 Uma partícula se movendo no sentido anti-horário sobre um eixo, em conformidade com a regra da mão direita, tem uma velocidade angular $v = \omega \times r$ sobre aquele eixo.

Uma vez definidas uma direção e uma magnitude para a velocidade angular, observamos que se escrevemos

$$\boxed{v = \omega \times r} \tag{1.105}$$

então essas definições são satisfeitas e temos a representação vetorial desejada da velocidade angular.

Devemos observar nesse ponto uma importante distinção entre rotações finitas e infinitesimais. Uma **rotação infinitesimal** pode ser representada por um vetor (na realidade, um vetor *axial*), porém uma **rotação finita** não pode. A impossibilidade de descrever uma rotação finita por um vetor resulta do fato que essas rotações não comutam (veja o exemplo da Figura 1.9) e, portanto, em geral, resultados diferentes serão obtidos dependendo da ordem na qual as rotações são efetuadas. Para ilustrar essa afirmação, considere a aplicação sucessiva de duas rotações finitas descritas pelas matrizes de rotação λ_1 e λ_2. Vamos associar os vetores **A** e **B** um a um com essas rotações. A soma vetorial é $C = A + B$, equivalente à matriz $\lambda_3 = \lambda_2 \lambda_1$. Porém, pelo fato de a adição vetorial ser comutativa, temos também $C = B + A$, com $\lambda_4 = \lambda_1 \lambda_2$. No entanto, sabemos que operações com matrizes não são comutativas, de modo que em geral $\lambda_3 \neq \lambda_4$. Portanto, o vetor **C** não é único e, desse modo, não podemos associar um vetor a uma rotação finita.

Rotações *infinitesimais* não sofrem desse defeito de não comutação. Portanto, esperamos que uma rotação infinitesimal possa ser representada por um vetor. Embora essa expectativa seja, de fato, atendida, o teste final da natureza vetorial de uma quantidade se encontra em suas propriedades de transformação. Damos somente um argumento qualitativo nesse texto.

Consulte a Figura 1.19. Se o vetor de posição de um ponto muda de **r** para $r + \delta r$, a situação geométrica estará representada corretamente se escrevermos

$$\delta r = \delta \theta \times r \tag{1.106}$$

onde $\delta\theta$ é uma quantidade cuja magnitude é igual ao ângulo de rotação infinitesimal, com uma direção ao longo do eixo instantâneo de rotação. O simples fato de que a Equação 1.106 descreve corretamente a situação ilustrada na Figura 1.19 não é suficiente para estabelecer que $\delta\theta$ é um vetor. (Reiteramos que o teste real deve se basear nas propriedades de transformação de $\delta\theta$.) Porém, se demonstrarmos que dois "vetores" de rotação infinitesimais – $\delta\theta_1$ e $\delta\theta_2$ – realmente *comutam*, a única objeção para representar uma rotação finita por um vetor terá sido removida.

CAPÍTULO 2 – Mecânica Newtoniana – partícula única **47**

dade de movimento linear deve sempre ser obedecida. Mais adiante, modificarermos nossa definição de quantidade de movimento a partir da Equação 2.1 para altas velocidades, próximas à velocidade da luz.

2.3 Sistemas de referência

Newton percebeu que, para que as leis de movimento tivessem um significado, o movimento dos corpos deveriam ser medidos em relação a algum sistema de eixos de referência. Um sistema de eixos de referência é denominado de **sistema de referência inercial** se as leis de Newton forem realmente válidas naquele sistema de eixos; ou seja, se um corpo não está sujeito a nenhuma força externa e se move em linha reta com velocidade constante (ou permanece em repouso), o sistema de coordenadas que estabelece esse fato é um sistema de referência inercial. Esta é uma definição operacional clara e que também deriva da teoria geral da relatividade.

Se as leis de Newton são válidas em um sistema de referência, elas também serão válidas em qualquer outro sistema de referência em movimento uniforme (isto é, não acelerado) em relação ao primeiro sistema.[11] Este é um resultado do fato que a equação $\mathbf{F} = m\ddot{\mathbf{r}}$ envolve a segunda derivada temporal de $\mathbf{r}$: Uma mudança de coordenadas envolvendo velocidade constante não influencia a equação. Este resultado é denominado **invariância galileana** ou **princípio da relatividade newtoniana.**

A teoria da relatividade demonstrou que os conceitos de *repouso absoluto* e sistema de referência inercial *absoluto* não têm sentido. Portanto, mesmo que adotemos convencionalmente um sistema de eixos de referência descrito em relação às estrelas "fixas" – e realmente nesse sistema as equações newtonianas são válidas com alto grau de precisão –, esse sistema de eixos não é, de fato, um sistema inercial absoluto. Entretanto, podemos considerar que as estrelas "fixas" definem um sistema de referência que se aproxima de um sistema inercial "absoluto" em uma extensão suficiente para os nossos objetivos presentes.

Ainda que o sistema de referência das estrelas fixas constitua um sistema definido de forma conveniente e adequado a muitos propósitos, devemos enfatizar que a definição fundamental de um sistema inercial não menciona nenhuma estrela fixa ou qualquer outra. Se um corpo não está sujeito a nenhuma força e se move com velocidade constante em um certo sistema de coordenadas, esse sistema, por definição, é inercial. Apesar de a descrição do movimento de um objeto físico real ser normalmente difícil no mundo físico real, recorremos geralmente a idealizações e aproximações em graus variados. Ou seja, comumente desprezamos as forças menores atuando sobre um corpo quando essas forças não afetam de forma significativa o movimento do corpo.

Se desejamos descrever o movimento, digamos, de uma partícula livre e decidimos escolher para esse fim algum sistema de coordenadas em um sistema inercial, a equação (vetorial) de movimento da partícula precisa ser independente da *posição* da origem do sistema de coordenadas e da sua *orientação* no **espaço**. Além disso, o **tempo** precisa ser homogêneo, ou seja, uma partícula livre movimentado-se com uma certa velocidade constante no sistema de coordenadas durante um certo intervalo de tempo não deverá, durante um intervalo de tempo posterior, ser detectada em um movimento com velocidade diferente.

Podemos ilustrar a importância dessas propriedades por meio do exemplo a seguir. Considere, como mostra a Figura 2.1, uma partícula livre se movendo ao longo de um certo caminho *AC*. Para descrever o movimento da partícula, vamos escolher um sistema de coordenadas retangulares cuja origem se move em um círculo, como mostrado. Para fins de simplificação, consideremos a orientação dos eixos como fixa no espaço. A partícula se move

---

[11] No Capítulo 10, discutimos a modificação das equações de Newton a serem efetuadas para descrever o movimento de um corpo em relação a um sistema de referência **não inercial**, ou seja, um sistema que é acelerado em relação a um sistema inercial.

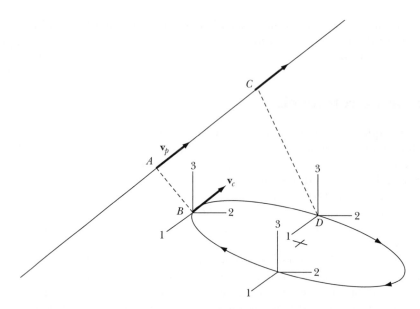

FIGURA 2.1 Optamos pela descrição da trajetória de uma partícula livre se movendo ao longo do caminho AC em um sistema de coordenadas retangulares, cuja origem se move em um círculo. Este não é um sistema de referência inercial.

com uma velocidade $\mathbf{v}_p$ em relação a um sistema de referência inercial. Se o sistema de coordenadas se move com uma velocidade linear $\mathbf{v}_c$ quando no ponto **B**, e se $\mathbf{v}_c = \mathbf{v}_p$, então a partícula (em A) parecerá estar *em repouso* para um observador colocado no sistema de coordenadas em movimento. Entretanto, em algum tempo posterior, quando a partícula se encontrar em C e o sistema de coordenadas estiver em D, a partícula parecerá estar acelerada em relação ao observador. Portanto, devemos concluir que o sistema de coordenadas em rotação não se qualifica como um sistema de referência inercial.

Essas observações não são suficientes para se decidir se o tempo é homogêneo. Para obter essa conclusão, medições repetitivas devem ser efetuadas em situações idênticas em vários tempos. Se resultados idênticos forem obtidos, eles indicariam a homogeneidade do tempo.

As equações de Newton não descrevem o movimento de corpos em sistemas não inerciais. Podemos elaborar um método para descrever o movimento de uma partícula por meio de um sistema de coordenadas em rotação. Porém, como veremos no Capítulo 10, as equações resultantes contêm vários termos que não aparecem na equação newtoniana simples $\mathbf{F} = m\mathbf{a}$. Por ora, restringiremos nossa atenção aos sistemas de referência inerciais para descrever a dinâmica das partículas.

2.4 Equação do movimento para uma partícula

A equação de Newton $\mathbf{F} = d\mathbf{p}/dt$ pode ser expressa de forma alternativa como

$$\mathbf{F} = \frac{d}{dt}(m\mathbf{v}) = m\frac{d\mathbf{v}}{dt} = m\ddot{\mathbf{r}} \tag{2.7}$$

se considerarmos a premissa de que a massa m não varia com o tempo. Esta é uma equação diferencial de segunda ordem que pode ser integrada para encontrarmos $\mathbf{r} = \mathbf{r}(t)$, se a função $\mathbf{F}$ é conhecida. A especificação dos valores iniciais de $\mathbf{r}$ e $\dot{\mathbf{r}} = \mathbf{v}$ permite-nos então avaliar as duas constantes arbitrárias de integração. Determinamos então o movimento de uma partícula por meio da função $\mathbf{F}$ e dos valores iniciais de posição $\mathbf{r}$ e velocidade $\mathbf{v}$.

A força **F** pode ser uma função de qualquer combinação de posição, velocidade e tempo, sendo geralmente indicada como **F**(**r**, **v**, t). Para um determinado sistema dinâmico, desejamos normalmente conhecer **r** e **v** como uma função do tempo. A solução da Equação 2.7 ajuda essa tarefa por meio da solução para $\ddot{\mathbf{r}}$. A aplicação da Equação 2.7 a situações físicas é uma parte importante da mecânica.

Neste capítulo, examinamos vários exemplos nos quais a função de força é conhecida. Começamos examinando as funções de força simples (constantes ou dependentes somente de **r**, **v** ou t) em uma dimensão espacial somente, como uma recordação dos cursos de física anteriores. É importante desenvolver bons hábitos de solução de problemas. Aqui estão algumas técnicas úteis de resolução de problemas.

1. Faça um esboço do problema, indicando forças, velocidades etc.
2. Anote as quantidades fornecidas.
3. Anote equações úteis e o que precisa ser determinado.
4. A estratégia e os princípios de física deverão ser utilizados na manipulação das equações para se encontrar a quantidade buscada. Manipulações algébricas, bem como diferenciação ou integração são normalmente necessárias. Algumas vezes, os cálculos algébricos utilizando computadores constituem o método de solução mais fácil, senão o único.
5. Finalmente, insira os valores reais para os nomes das variáveis consideradas de modo a determinar a quantidade buscada.

Vamos considerar o problema de deslizar um bloco sobre um plano inclinado. Considere o ângulo do plano inclinado como sendo θ e a massa do bloco sendo 100 g. O esboço do problema é mostrado na Figura 2.2a.

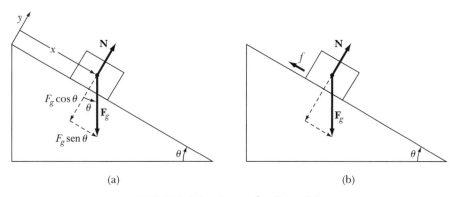

FIGURA 2.2   Exemplos 2.1 e 2.2.

EXEMPLO 2.1

Se um bloco desliza sem atrito para baixo em um plano inclinado fixo com $\theta = 30°$, qual é a aceleração do bloco?

Solução.   Duas forças agem sobre o bloco (veja a Figura 2.2a): a força gravitacional e a força normal ao plano **N** empurrando o bloco para cima (sem atrito neste exemplo). O bloco está restrito a ficar sobre o plano e a única direção na qual ele pode se mover é a direção x, para cima e para baixo sobre o plano. Vamos considerar a direção $+x$ como sendo para baixo sobre o plano. A força total $\mathbf{F}_{\text{líquida}}$ é constante e a Equação 2.7 se torna

$$\mathbf{F}_{\text{net}} = \mathbf{F}_g + \mathbf{N}$$

50 Dinâmica clássica de partículas e sistemas

e por ser $\mathbf{F}_{\text{líquida}}$ a força líquida resultante que atua sobre o bloco,

$$\mathbf{F}_{\text{líquida}} = m\ddot{\mathbf{r}}$$

ou

$$\mathbf{F}_g + \mathbf{N} = m\ddot{\mathbf{r}} \qquad (2.8)$$

Este vetor deverá ser aplicado em duas direções: x e y (perpendicular a x). O componente de força na direção y é zero, pois nenhuma aceleração ocorre nessa direção. A força $\mathbf{F}_g$ é dividida vetorialmente em suas componentes x e y (linhas tracejadas na Figura 2.2a). A Equação 2.8 se torna

direção y

$$-F_g \cos\theta + N = 0 \qquad (2.9)$$

direção x

$$F_g \operatorname{sen}\theta = m\ddot{x} \qquad (2.10)$$

com o resultado requerido

$$\ddot{x} = \frac{F_g}{m}\operatorname{sen}\theta = \frac{mg\operatorname{sen}\theta}{m} = g\operatorname{sen}\theta$$

$$\ddot{x} = g\operatorname{sen}(30°) = \frac{g}{2} = 4,9 \text{ m/s}^2 \qquad (2.11)$$

Portanto, a aceleração do bloco é constante.

Podemos determinar a velocidade do bloco após sua movimentação a partir do repouso até uma distância x_0 para baixo sobre o plano, multiplicando a Equação 2.11 por $2\dot{x}$ e integrando

$$2\dot{x}\ddot{x} = 2\dot{x}g\operatorname{sen}\theta$$

$$\frac{d}{dt}(\dot{x}^2) = 2g\operatorname{sen}\theta\,\frac{dx}{dt}$$

$$\int_0^{v_0^2} d(\dot{x}^2) = 2g\operatorname{sen}\theta\int_0^{x_0} dx$$

Em $t = 0$, e, em $x = \dot{x} = 0$, e, em $t = t_{\text{final}}$, $x = x_0$, a velocidade $\dot{x} = v_0$.

$$t = t_{\text{final}},\ x = x_0,$$

$$v_0^2 = 2g\operatorname{sen}\theta\,x_0$$

$$v_0 = \sqrt{2g\operatorname{sen}\theta\,x_0}$$

EXEMPLO 2.2

Se o coeficiente de atrito estático entre o bloco e o plano no exemplo precedente é $\mu_s = 0,4$, em qual ângulo θ o bloco começará a deslizar se ele estava inicialmente em repouso?

Solução. Precisamos de um novo esboço para indicar a força de atrito adicional f (veja a Figura 2.2b). A força de atrito estática tem o valor máximo aproximado

$$f_{\max} = \mu_s N \qquad (2.12)$$

CAPÍTULO 2 – Mecânica Newtoniana – partícula única **51**

e a Equação 2.7 se torna, na forma de componentes,

direção y

$$-F_g \cos \theta + N = 0 \qquad (2.13)$$

direção x

$$-f_s + F_g \sin \theta = m \ddot{x} \qquad (2.14)$$

A força de atrito estática f_s precisará ter um valor $f_s \le f_{max}$ necessário para manter $\ddot{x} = 0$ – ou seja, para manter o bloco em repouso. Entretanto, à medida que o ângulo do plano aumenta, a força de atrito estática será finalmente incapaz de manter o bloco em repouso. Nesse ângulo θ', f_s se torna

$$f_s(\theta = \theta') = f_{max} = \mu_s N = \mu_s F_g \cos \theta$$

e

$$m\ddot{x} = F_g \sin \theta - f_{max}$$
$$m\ddot{x} = F_g \sin \theta - \mu_s F_g \cos \theta$$
$$\ddot{x} = g(\sin \theta - \mu_s \cos \theta) \qquad (2.15)$$

Imediatamente antes do início do deslizamento do bloco, a aceleração $\dot{x} = 0$, portanto

$$\sin \theta - \mu_s \cos \theta = 0$$
$$\text{tg } \theta = \mu_s = 0{,}4$$
$$\theta = \text{tg}^{-1}(0{,}4) = 22°$$

EXEMPLO 2.3

Após o início do deslizamento do bloco no exemplo anterior, o coeficiente de atrito cinético (de deslizamento) se torna $\mu_k = 0{,}3$. Determine a aceleração para o ângulo $\theta = 30°$.

Solução. De modo similar ao Exemplo 2.2, o atrito cinético se torna (aproximadamente)

$$f_k = \mu_k N = \mu_k F_g \cos \theta \qquad (2.16)$$

e

$$m\ddot{x} = F_g \sin \theta - f_k = mg (\sin \theta - \mu_k \cos \theta) \qquad (2.17)$$

$$\ddot{x} = g (\sin \theta - \mu_k \cos \theta) = 0{,}24 \, g \qquad (2.18)$$

Geralmente, a força de atrito estático ($f_{max} = \mu_s N$) é maior do que a de atrito cinético ($f_k = \mu_k N$). Isto pode ser observado por meio de um experimento simples. Se reduzirmos o ângulo θ abaixo de 16,7°, constataremos que $\ddot{x} < 0$ e o bloco irá finalmente parar. Se aumentarmos o ângulo novamente acima de $\theta = 16{,}7°$, constataremos que o bloco não reinicia o deslizamento até que $\theta \ge 22°$ (Exemplo 2.2). O atrito estático determina quando ele se moverá novamente. Não existe uma aceleração descontínua à medida que o bloco começa a se mover, por causa da diferença entre μ_s e μ_k. Para velocidades pequenas, o coeficiente de atrito muda rapidamente de μ_s para μ_k.

O assunto atrito ainda constitui uma área de pesquisa interessante e importante. Ainda existem surpresas. Por exemplo, mesmo se calcularmos o valor absoluto da força de atrito

52 Dinâmica clássica de partículas e sistemas

como $f = \mu N$, a pesquisa tem demonstrado que a força de atrito não é diretamente proporcional à carga, mas sim à área microscópica de contato entre os dois objetos (em contraste com a área de contato aparente). Utilizamos μN como uma aproximação pois, à medida que N aumenta, a área de contato real também aumenta em nível microscópico. Por centenas de anos antes da década de 1940, aceitava-se que a carga — e não a área — era diretamente responsável. Também acreditamos que a força de atrito estática é maior do que a força de atrito cinético, pois a ligação dos átomos entre os dois objetos não tem tempo suficiente para se desenvolver em movimento cinético.

Efeitos das forças de retardo

Devemos enfatizar que a força $\mathbf{F}$ na Equação 2.7 não é necessariamente constante e, na realidade, pode consistir de várias partes distintas, como visto nos exemplos anteriores. Por exemplo, se uma partícula cai em um campo gravitacional constante, a força gravitacional é $\mathbf{F}_g = m\mathbf{g}$, onde $\mathbf{g}$ é a aceleração da gravidade. Além disso, se uma força de retardo $\mathbf{F}_r$ existe e é alguma função da velocidade instantânea, a força total será

$$\mathbf{F} = \mathbf{F}_g + \mathbf{F}_r$$
$$= m\mathbf{g} + \mathbf{F}_r(v) \tag{2.19}$$

Com frequência, é suficiente considerar que $\mathbf{F}_r(v)$ é simplesmente proporcional a alguma potência da velocidade. Em geral, as forças de retardo *reais* são mais complexas, porém a aproximação da lei da potência é útil em muitas instâncias nas quais a velocidade não varia muito. Mais especificamente, se $F_r \propto v^n$, a equação de movimento poderá ser normalmente integrada de forma direta, ao passo que, se fôssemos utilizar a dependência da velocidade real, provavelmente a integração numérica seria necessária. Com a aproximação da lei da potência, podemos escrever

$$\mathbf{F} = m\mathbf{g} - mkv^n \frac{\mathbf{v}}{v} \tag{2.20}$$

onde k é uma constante positiva que especifica a intensidade da força de retardo e onde $\mathbf{v}/v$ é um vetor unitário na direção de $\mathbf{v}$. Experimentalmente, constatamos que, para um objeto relativamente pequeno se movendo no ar, $n \cong 1$ para velocidades menores do que aproximadamente 24 m/s ($\sim$ 80 pés/s). Para velocidades mais altas, porém abaixo da velocidade do som ($\sim$ 330 m/s ou 1.100 pés/s), a força de retardo é aproximadamente proporcional ao quadrado da velocidade.[12] Para fins de simplificação, a dependência em v^2 é normalmente considerada para velocidades acima da velocidade do som.

O efeito da resistência do ar é importante para uma bola de tênis de mesa arremessada para um oponente, uma rebatida de softball em grande altura para fora do campo, uma tacada *chip shot* do golfista e um morteiro lançado contra um inimigo. Tabulações extensas de projéteis de todos os tipos têm sido feitas para fins de balística militar, relacionando a velocidade como função do tempo de vôo. Há várias forças atuando sobre um projeto real em vôo. A força da resistência do ar é denominada arrasto $\mathbf{W}$ e é oposta à velocidade do projétil, como mostra a Figura 2.3a. A velocidade $\mathbf{v}$ não se encontra normalmente ao longo do eixo de simetria do cartucho. O componente de força atuando perpendicularmente ao arrasto é denominado força ascencional $\mathbf{L}_a$. Também podem existir várias outras forças decorrentes da

---

[12] O movimento de uma partícula em um meio no qual existe uma força resistiva proporcional à velocidade ou ao quadrado da velocidade (ou uma combinação linear de ambos) foi examinado por Newton em sua obra **Principia** (1687). A extensão de qualquer potência da velocidade foi efetuada por Johann Bernoulli em 1711. O termo **lei da resistência de Stokes** é, algumas vezes, aplicado à força resistiva proporcional à velocidade; a lei da resistência de Newton é uma força de retardo proporcional ao quadrado da velocidade.

rotação e oscilação do projétil e um cálculo da trajetória balística de um projétil é bastante complexo. A expressão de Prandtl para a resistência do ar[13] é

$$W = \frac{1}{2} c_W \rho A v^2 \quad (2.21)$$

onde c_W é o coeficiente de arrasto adimensional, ρ é a densidade do ar, v é a velocidade e A é a área da seção transversal do objeto (projétil) medida perpendicularmente à velocidade. Na Figura 2.3b, colocamos em um gráfico alguns valores típicos para c_W; nas Figuras 2.3c e d, mostramos a resistência calculada do ar W, utilizando a Equação 2.21 para um projétil com 10 cm de diâmetro e utilizando os valores de c_W mostrados. A resistência do ar aumenta drasticamente próximo à velocidade do som (Número de Mach M = velocidade/velocidade do som). Abaixo de velocidades aproximadas de 400 m/s fica evidente que uma equação no mínimo de segundo grau será necessária para descrever a força resistiva. Para velocidades mais altas, a força de retardo varia aproximadamente de forma linear com a velocidade.

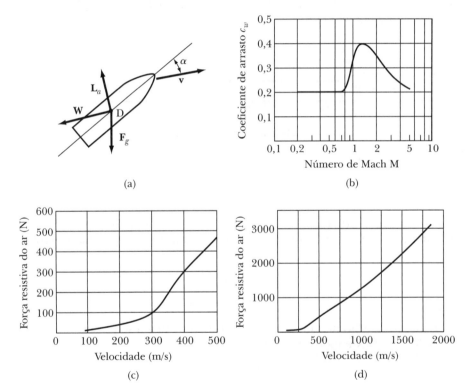

FIGURA 2.3 (a) Forças aerodinâmicas atuando sobre um projétil. **W** é o arrasto (força resistiva do ar), oposto à velocidade do projétil **v**. Observe que **v** pode estar em um ângulo α em relação ao eixo de simetria do projétil. A componente da força atuando perpendicular ao arrasto é denominada força ascensional $\mathbf{L}_a$. O ponto D é o centro de pressão. Finalmente, a força gravitacional $\mathbf{F}_g$ atua para baixo. Se o centro de pressão não se encontra no centro de massa do projétil, também existirá um torque em torno do centro de massa. (b) O coeficiente de arrasto C_W, conforme a lei da resistência de Rheinmetall (Rh82), está colocado em gráfico *versus* o número de Mach M. Observe a grande mudança próximo à velocidade do som, onde M = 1. (c) A força resistiva do ar W (arrasto) é mostrada como uma função da velocidade para um projétil com diâmetro de 10 cm. Observe a inflexão próximo à velocidade do som. (d) O mesmo que (c) para velocidades mais altas.

---

[13] Veja o artigo de E. Melchior e M. Reuschel em **Handbook on Weaponry** (Rh82, p. 137).

54 Dinâmica clássica de partículas e sistemas

Vários exemplos de movimento de uma partícula sujeita a várias forças são mostrados a seguir. Esses exemplos são particularmente bons para iniciar os cálculos computacionais utilizando qualquer um dos programas de matemática e planilhas comercialmente disponíveis, ou para que os alunos codifiquem seus próprios programas. Os resultados de computador, especialmente os gráficos, podem frequentemente ser comparados com os resultados analíticos aqui apresentados. Algumas das figuras mostradas nesta seção foram produzidas utilizando-se um computador e os vários problemas de final de capítulo se destinam a desenvolver a prática de programação do aluno, se assim desejado pelo professor ou aluno.

EXEMPLO 2.4

Como um exemplo mais simples do movimento com resistência de uma partícula, determine o deslocamento e a velocidade de movimento horizontal em um meio no qual a força de retardo é proporcional à velocidade.

Solução. Um esboço do problema é mostrado na Figura 2.4. A equação newtoniana $F = ma$ fornece a equação de movimento:

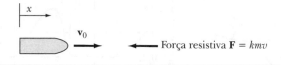

FIGURA 2.4 Exemplo 2.4.

direção x

$$ma = m\frac{dv}{dt} = -kmv \tag{2.22}$$

onde kmv é a magnitude da força resistiva (k = constante). Esta forma não implica que a força de retardo depende da massa m; ela simplesmente simplifica a matemática envolvida. Então,

$$\int \frac{dv}{v} = -k \int dt$$
$$\ln v = -kt + C_1 \tag{2.23}$$

A constante de integração na Equação 2.23 pode ser avaliada se prescrevermos a condição inicial $v(t = 0) \equiv v_0$. Desse modo, $C_1 = \ln v_0$, e

$$v(t = 0) \equiv v_0. \tag{2.24}$$

Podemos integrar esta equação para obter o deslocamento x como uma função do tempo:

$$v = \frac{dx}{dt} = v_0 e^{-kt}$$
$$x = v_0 \int e^{-kt} dt = -\frac{v_0}{k} e^{-kt} + C_2 \tag{2.25a}$$

A condição inicial $x(t = 0) \equiv 0$ implica $C_2 = v_0/k$. Portanto,

$$x = \frac{v_0}{k}(1 - e^{-kt}) \tag{2.25b}$$

Este resultado mostra que x se aproxima assintaticamente do valor v_0/k à medida que $t \to \infty$.

Podemos também obter a velocidade como uma função do deslocamento, escrevendo

$$\frac{dv}{dx} = \frac{dv}{dt}\frac{dt}{dx} = \frac{dv}{dt} \cdot \frac{1}{v}$$

de modo que

$$v\frac{dv}{dx} = \frac{dv}{dt} = -kv$$

ou

$$\frac{dv}{dx} = -k$$

do qual encontramos, utilizando as mesmas condições iniciais,

$$v = v_0 - kx \qquad (2.26)$$

Portanto, a velocidade diminui linearmente com o deslocamento.

EXEMPLO 2.5

Determine o deslocamento e a velocidade de uma partícula submetida a um movimento vertical em um determinado meio com uma força de retardo proporcional à velocidade.

Solução. Vamos considerar que a partícula esteja caindo com uma velocidade inicial v_0 de altura h em um campo gravitacional constante (Figura 2.5). A equação do movimento é

direção z

$$F = m\frac{dv}{dt} = -mg - kmv \qquad (2.27)$$

onde $-kmv$ representa uma força positiva *para cima* se considerarmos z e $v = \dot{z}$ como sendo positivos para cima e o movimento como descendente — ou seja, $v < 0$, de modo que $-kmv > 0$. Da Equação 2.27, temos

$$\frac{dv}{kv + g} = -dt \qquad (2.28)$$

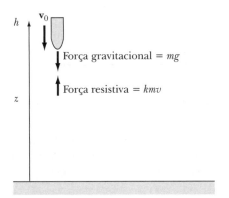

FIGURA 2.5   Exemplo 2.5.

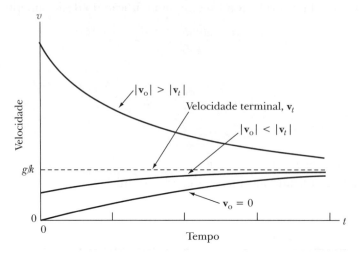

FIGURA 2.6 Resultados do Exemplo 2.5 indicando as velocidades para baixo para várias velocidades iniciais $|v_0|$ à medida que se aproximam da velocidade terminal.

Integrando a Equação 2.28 e definindo $v(t = 0) \equiv v_0$, temos (observando que $v_0 < 0$)

$$\frac{1}{k} \ln(kv + g) = -t + c$$

$$kv + g = e^{-kt+kc}$$

$$v = \frac{dz}{dt} = -\frac{g}{k} + \frac{kv_0 + g}{k} e^{-kt} \tag{2.29}$$

Integrando mais uma vez e avaliando a constante por meio da definição de $z(t = 0) \equiv h$, encontramos

$$z = h - \frac{gt}{k} + \frac{kv_0 + g}{k^2}(1 - e^{-kt}) \tag{2.30}$$

A Equação 2.29 mostra que, à medida que o tempo se torna muito longo, a velocidade se aproxima do valor limite $-g/k$; este valor é denominado **velocidade terminal**, v_t. A Equação 2.27 produz o mesmo resultado, pois a força será anulada — e, desse modo, nenhuma aceleração posterior ocorrerá — quando $v = -g/k$. Se a velocidade inicial excede a velocidade terminal em magnitude, o corpo começa imediatamente a desacelerar e v se aproxima do valor da velocidade terminal a partir da direção oposta. A Figura 2.6 ilustra esses resultados para velocidades de queda (valores positivos).

EXEMPLO 2.6

Trataremos a seguir do movimento de projétil em duas dimensões, sendo que a primeira será sem considerar a resistência do ar. Considere a velocidade do projétil na boca da arma como sendo v_0 e o ângulo de elevação como θ (Figura 2.7). Calcule o deslocamento, a velocidade e o alcance do projétil.

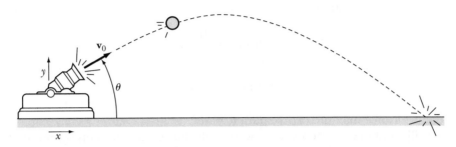

FIGURA 2.7 Exemplo 2.6.

Solução. Utilizando $\mathbf{F} = m\mathbf{g}$, os componentes de força tornam-se

direção x
$$0 = m\ddot{x} \tag{2.31a}$$

direção y
$$-mg = m\ddot{y} \tag{2.31b}$$

Despreze a altura da arma e suponha $x = y = 0$ em $t = 0$. Então,

$$\ddot{x} = 0$$
$$\dot{x} = v_0 \cos\theta$$
$$x = v_0 t \cos\theta \tag{2.32}$$

e

$$\ddot{y} = -g$$
$$\dot{y} = -gt + v_0 \operatorname{sen}\theta$$
$$y = \frac{-gt^2}{2} + v_0 t \operatorname{sen}\theta \tag{2.33}$$

A velocidade e o deslocamento total são funções do tempo e determinadas como sendo

$$v = \sqrt{\dot{x}^2 + \dot{y}^2} = (v_0^2 + g^2 t^2 - 2v_0 gt \operatorname{sen}\theta)^{1/2} \tag{2.34}$$

e

$$r = \sqrt{x^2 + y^2} = \left(v_0^2 t^2 + \frac{g^2 t^4}{4} - v_0 gt^3 \operatorname{sen}\theta\right)^{1/2} \tag{2.35}$$

Podemos encontrar o alcance determinando o valor de x quando o projétil cai de volta ao solo, ou seja, quando $y = 0$.

$$y = t\left(\frac{-gt}{2} + v_0 \operatorname{sen}\theta\right) = 0 \tag{2.36}$$

Um valor de $y = 0$ ocorre para $t = 0$ e o outro para $t = T$.

$$\frac{-gT}{2} + v_0 \operatorname{sen}\theta = 0 \tag{2.37}$$

58 Dinâmica clássica de partículas e sistemas

O alcance R é determinado por

$$x(t = T) = \text{alcance} = \frac{2v_0^2}{g} \operatorname{sen} \theta \cos \theta \qquad (2.38)$$

$$R = \text{alcance} = \frac{v_0^2}{g} \operatorname{sen} 2\theta \qquad (2.39)$$

Observe que o alcance máximo ocorre para $\theta = 45°$.

Vamos utilizar alguns números reais nesses cálculos. Os alemães utilizaram um canhão de longo alcance chamado de Big Bertha na Primeira Guerra Mundial para bombardear Paris. A velocidade do projétil na boca do canhão era de 1.450 m/s. Determine o alcance previsto, a altura máxima do projétil e o tempo de voo do projétil se $\theta = 55°$. Temos $v_0 = 1.450$ m/s e $\theta = 55°$, portanto o alcance (da Equação 2.39) torna-se

$$R = \frac{(1450 \text{ m/s})^2}{9,8 \text{ m/s}^2}[\operatorname{sen}(110°)] = 202 \text{ km}$$

O alcance real do Big Bertha era de 120 km. A diferença resulta do efeito real da resistência do ar.

Para encontrar a altura máxima prevista, precisamos calcular y para o tempo $T/2$, onde T é o tempo de voo do projétil:

$$T = \frac{(2)(1450 \text{ m/s})(\operatorname{sen}55°)}{9,8 \text{ m/s}^2} = 242 \text{ s}$$

$$y_{\max}\left(t = \frac{T}{2}\right) = \frac{-gT^2}{8} + \frac{v_0 T}{2} \operatorname{sen} \theta$$

$$= \frac{-(9,8 \text{ m/s})(242 \text{ s})^2}{8} + \frac{(1450 \text{ m/s})(242 \text{ s}) \operatorname{sen}(55°)}{2}$$

$$= 72 \text{ km}$$

EXEMPLO 2.7

A seguir, adicionamos o efeio da resistência ao movimento do projétil no exemplo anterior. Calcule a redução no alcance sob a premissa de que a força provocada pela resistência do ar é diretamente proporcional à velocidade do projétil.

Solução. As condições iniciais são as mesmas do exemplo anterior.

$$\left. \begin{array}{l} x(t = 0) = 0 = y(t = 0) \\ \dot{x}(t = 0) = v_0 \cos \theta \equiv U \\ \dot{y}(t = 0) = v_0 \operatorname{sen} \theta \equiv V \end{array} \right\} \qquad (2.40)$$

Entretanto, as equações de movimento (Equação 2.31) tornam-se

$$m\ddot{x} = -km\dot{x} \qquad (2.41)$$

$$m\ddot{y} = -km\dot{y} - mg \qquad (2.42)$$

A Equação 2.41 é exatamente aquela utilizada no Exemplo 2.4. Portanto, a solução é

$$x = \frac{U}{k}(1 - e^{-kt}) \qquad (2.43)$$

De modo similar, a Equação 2.42 é a mesma equação do movimento no Exemplo 2.5. Podemos utilizar a solução encontrada naquele exemplo, considerando $h = 0$. (O fato de termos considerado a partícula a ser projetada *para baixo* no Exemplo 2.5 não traz nenhuma consequência. O sinal da velocidade inicial leva este fato automaticamente em conta.) Portanto,

$$y = -\frac{gt}{k} + \frac{kV + g}{k^2}(1 - e^{-kt}) \tag{2.44}$$

A trajetória é mostrada na Figura 2.8 para vários valores da constante da força de retardo k para um determinado voo de projétil.

O alcance r', que inclui a resistência do ar, pode ser determinado como anteriormente, calculando o tempo T necessário para percorrer toda a trajetória e, a seguir, substituindo este valor na Equação 2.43 para x. O tempo T é encontrado como anteriormente, determinando $t = T$ quando $y = 0$. Da Equação 2.44, encontramos

$$T = \frac{kV + g}{gk}(1 - e^{-kT}) \tag{2.45}$$

Esta é uma equação transcendental e, portanto, não podemos obter uma expressão analítica para T. No entanto, ainda dispomos de métodos poderosos para resolver esses problemas. Apresentamos dois deles aqui: (1) um *método da perturbação* para encontrar uma solução aproximada, e (2) um *método numérico*, que poderá ser normalmente tão preciso como desejado. Iremos comparar os resultados.

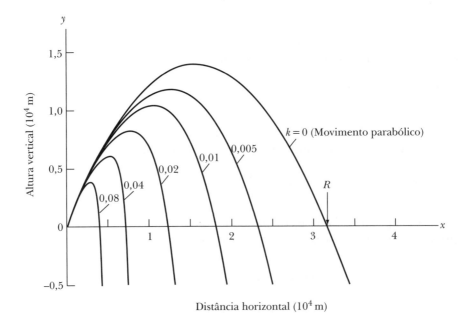

FIGURA 2.8 Trajetórias calculadas de uma partícula na resistência do ar ($F_{res} = -kmv$) para vários valores de k (em unidades de s^{-1}). Os cálculos foram realizados para valores de $\theta = 60°$ e $v_0 = 600$ m/s. Os valores de y (Equação 2.44) estão lançados no gráfico *versus* x (Equação 2.43).

Método da Perturbação Para utilizar o método da perturbação, determinamos um *parâmetro de expansão* ou *constante de acoplamento*, o qual é normalmente pequeno. No caso atual, este parâmetro é a constante da força de retardo k, pois já resolvemos o problema presente com $k = 0$, e agora gostaríamos de voltarmos à força de retardo, mas fazendo o valor de k ser pequeno. Portanto, expandimos o termo exponencial da Equação 2.45 (veja a Equação D.34

60   Dinâmica clássica de partículas e sistemas

do Apêndice D) em uma série de potências com a intenção de manter somente os termos mais baixos de k^n, onde k é nosso parâmetro de expansão.

$$T = \frac{kV + g}{gk}\left(kT - \frac{1}{2}k^2T^2 + \frac{1}{6}k^3T^3 - \cdots\right) \qquad (2.46)$$

Se mantivermos na expressão somente os termos até k^3, esta equação pode ser rearranjada para produzir

$$T = \frac{2V/g}{1 + kV/g} + \frac{1}{3}kT^2 \qquad (2.47)$$

Temos agora o parâmetro de expansão k no denominador do primeiro termo no lado direito dessa equação. Precisamos expandir este termo em uma série de potências (série de Taylor, veja a Equação D.8 do Apêndice D).

$$\frac{1}{1 + kV/g} = 1 - (kV/g) + (kV/g)^2 - \cdots \qquad (2.48)$$

onde mantivemos somente os termos até k^2, pois temos somente os termos até k na Equação 2.47. Se inserirmos essa expansão da Equação 2.48 no primeiro termo no lado direito da Equação 2.47 e mantivermos somente os termos em k para a primeira ordem, temos

$$T = \frac{2V}{g} + \left(\frac{T^2}{3} - \frac{2V^2}{g^2}\right)k + O(k^2) \qquad (2.49)$$

onde decidimos desprezar $O(k^2)$, os termos de ordem k^2 e acima. No limite $k \to 0$ (sem resistência do ar), a Equação 2.49 fornece o mesmo resultado como no exemplo anterior:

$$T(k = 0) = T_0 = \frac{2V}{g} = \frac{2v_0\,\text{sen}\,\theta}{g}$$

Portanto, se k é pequeno (porém não anulável), o tempo de voo será *aproximadamente* igual a T_0. Se utilizarmos então esse valor aproximado para $T = T_0$ no lado direito da Equação 2.49, temos

$$T \cong \frac{2V}{g}\left(1 - \frac{kV}{3g}\right) \qquad (2.50)$$

que é a expressão aproximada desejada para o tempo de voo.

A seguir, escrevemos a equação para x (Equação 2.43) na forma expandida:

$$x = \frac{U}{k}\left(kt - \frac{1}{2}k^2t^2 + \frac{1}{6}k^3t^3 - \cdots\right) \qquad (2.51)$$

Pelo fato de que $x(t = T) \equiv R'$, temos aproximadamente para o alcance

$$R' \cong U\left(T - \frac{1}{2}kT^2\right) \qquad (2.52)$$

onde novamente mantemos os termos somente até a primeira ordem de k. Podemos agora avaliar esta expressão utilizando o valor de T da Equação 2.50. Se mantivermos somente os termos lineares em k, encontramos

$$R' \cong \frac{2UV}{g}\left(1 - \frac{4kV}{3g}\right) \qquad (2.53)$$

A quantidade $2UV/g$ pode agora ser escrita (utilizando as Equações 2.40) como

$$\frac{2UV}{g} = \frac{2v_0^2}{g} \text{sen } \theta \cos \theta = \frac{v_0^2}{g} \text{sen } 2\theta = R \quad (2.54)$$

que será reconhecida como o alcance R do projétil quando a resistência do ar é desprezada. Portanto,

$$R' \cong R\left(1 - \frac{4kV}{3g}\right) \quad (2.55)$$

Sobre qual faixa de valores de k esperaríamos que nosso método de perturbação estivesse correto? Se observarmos a expansão na Equação 2.48, vemos que a expansão não convergirá exceto se $kV/g < 1$ ou $k < g/V$ e, de fato, gostaríamos que $k \ll g/V = g/(v_0 \text{ sen } \theta)$.

Método Numérico A Equação 2.45 pode ser resolvida numericamente utilizando-se um computador por uma variedade de métodos. Definimos um *loop* para resolver a equação para T para muitos valores de k até 0,08 s^{-1}: $T_i(k_i)$. Esses valores de T_i e k_i são inseridos na Equação 2.43 para encontrarmos o alcance R'_i, exibido na Figura 2.9. O alcance cai rapidamente à medida que a resistência do ar aumenta, como esperado, porém ele não exibe a dependência linear sugerida pela solução da Equação 2.55 pelo método da perturbação.

Para o movimento de projétil descrito nas Figuras 2.8 e 2.9, a aproximação linear é imprecisa para valores de k tão baixos como 0,01 s^{-1} e exibe incorretamente o alcance como zero para todos os valores de k acima de 0,014 s^{-1}. Esta discrepância com o método da perturbação não causa surpresa, pois o resultado linear para o alcance R' dependia de $k \ll g/V = g/(v_0 \text{ sen } \theta) = 0,02$ s^{-1}, o qual é dificilmente verdadeiro mesmo para $k = 0,01$ s^{-1}. A concordância deverá ser adequada para $k = 0,005$ s^{-1}. Os resultados mostrados na Figura 2.8 indicam que, para valores de $k > 0,005$ s^{-1}, o arrasto dificilmente poderá ser considerado como uma perturbação. Na realidade, para $k > 0,01$ s^{-1} o arrasto se torna o fator dominante no movimento do projétil.

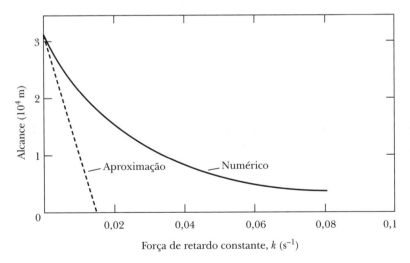

FIGURA 2.9 Os valores de alcance calculados aproximada e numericamente para os dados de projétil fornecidos na Figura 2-8 estão lançados no gráfico como uma função da força de retardo constante k.

O exemplo anterior indica a complexidade que pode ser atingida no mundo real. Nesse exemplo, ainda tivemos de fazer suposições não físicas – por exemplo, que a força de retardo é

62 Dinâmica clássica de partículas e sistemas

sempre linearmente proporcional à velocidade. Até o nosso cálculo numérico não é preciso, pois a Figura 2.3 mostra que uma suposição melhor seria também a inclusão de um termo de retardo v^2. A adição desse termo não seria difícil com o cálculo numérico e faremos um cálculo similar no próximo exemplo. Enfatizamos que existem muitas formas de se efetuar cálculos numéricos com computadores e o aluno provavelmente desejará adquirir proficiência em várias delas.

EXEMPLO 2.8

Utilize os dados mostrados na Figura 2.3 para calcular a trajetória de um projétil real. Suponha uma velocidade de 600 m/s na boca do canhão, elevação de 45° e massa de projétil de 30 kg. Faça o gráfico da altura y *versus* a distância horizontal x e o gráfico de y, e *versus* tempo com e sem resistência do ar. Inclua somente a resistência do ar e a gravidade e ignore outras eventuais forças, como a força ascensional.

Solução. Em primeiro lugar, elaboramos uma tabela de força de retardo *versus* velocidade, lendo a Figura 2.3. Leia a força a cada 50 m/s na Figura 2.3c e a cada 100 m/s na Figura 2.3d. Podemos então utilizar uma interpolação de linha reta entre os valores da tabela. Utilizamos o sistema de coordenadas mostrado na Figura 2.7. As equações de movimento tornam-se

$$\ddot{x} = -\frac{F_x}{m} \tag{2.56}$$

$$\ddot{y} = -\frac{F_y}{m} - g \tag{2.57}$$

onde F_x e F_y são as forças de retardo. Suponha que g é constante. F_x será sempre um número positivo, porém $F_y > 0$ para o projeto em ascensão, e $F_y < 0$ para o projétil retornando ao solo. Consideremos θ como sendo o ângulo de elevação do projétil em relação à horizontal em qualquer tempo.

$$v = \sqrt{\dot{x}^2 + \dot{y}^2} \tag{2.58}$$

$$\operatorname{tg} \theta = \frac{\dot{y}}{\dot{x}} \tag{2.59}$$

$$F_x = F \cos \theta \tag{2.60}$$

$$F_y = F \operatorname{sen} \theta \tag{2.61}$$

Podemos calcular F_x e F_y em qualquer tempo, conhecendo $\dot{x}$ e $\dot{y}$. Em um intervalo de tempo pequeno, é possível calcular os próximos $\dot{x}$ e $\dot{y}$.

$$\dot{x} = \int_0^t \ddot{x} \, dt + v_0 \cos \theta \tag{2.62}$$

$$\dot{y} = \int_0^t \ddot{y} \, dt + v_0 \operatorname{sen} \theta \tag{2.63}$$

$$x = \int_0^t \dot{x} \, dt \tag{2.64}$$

$$y = \int_0^t \dot{y} \, dt \tag{2.65}$$

Codificamos um pequeno programa de computador incluindo nossa tabela das forças de retardo e para executar os cálculos de $\dot{x}$, $\dot{y}$, x e y como uma função do tempo. Devemos calcular as integrais por meio de somatórias sobre intervalos curtos de tempo, pois as forças dependem do tempo. A Figura 2.10 mostra os resultados.

Observe a grande diferença provocada pela resistência do ar. Na Figura 2.10a, a distância horizontal (alcance) do trajeto do projétil é aproximadamente 16 km quando comparada aos quase 37 km sem nenhuma resistência do ar. Nosso cálculo ignorou o fato de que a densidade do ar depende da altitude. Se levarmos em conta a redução na densidade do ar com a altitude, obtemos a terceira curva com um alcance de 18 km, mostrada na Figura 2.1-a. Se incluirmos também a força ascensional, o alcance ficará ainda maior. Observe que a mudança nas velocidades nas Figuras 2.10c e 2.10d refletem a força resistiva do ar da Figura 2.3. As velocidades decrescem rapidamente até alcançar a velocidade do som e, a seguir, a taxa de variação das velocidades se mantém constante em alguma extensão.

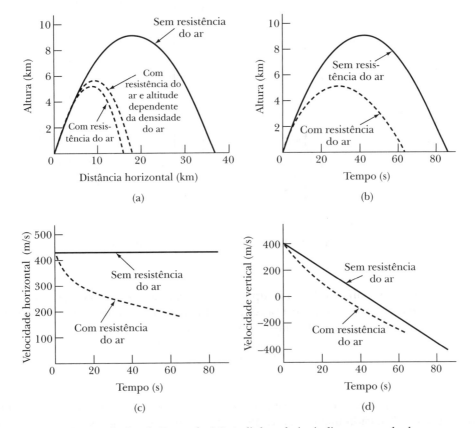

FIGURA 2.10 Resultados do Exemplo 2.8. As linhas cheias indicam os resultados sem a inclusão da resistência do ar, ao passo que as linhas tracejadas incluem os resultados da adição de uma força resistiva do ar. Em (a) incluímos também o efeito da dependência da densidade do ar, que se torna cada vez menor à medida que o projeto sobe.

Isto conclui nossa subseção sobre os efeitos das forças de retardo. Muito mais poderia ser feito para incluir efeitos realistas, porém o método está claro. Normalmente, adiciona-se um efeito por vez e os resultados são analisados antes da adição de outro efeito.

Outros exemplos de dinâmica

Concluímos esta seção com dois exemplos padrão adicionais de comportamento dinâmico tipo partícula.

EXEMPLO 2.9

A máquina de Atwood consiste de uma polia lisa com duas massas suspensas por um fio leve em cada extremidade (Figura 2.11). Determine a aceleração das massas e a tensão no fio (a) quando o centro da polia se encontra em repouso e (b) quando a polia está descendo em um elevador com aceleração constante α.

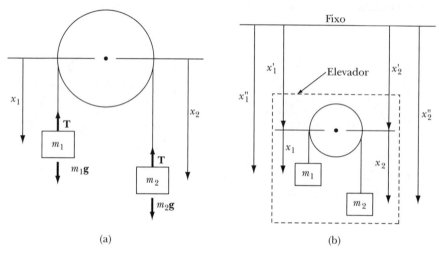

FIGURA 2.11 Exemplo 2.9; máquina de Atwood.

Solução. Desprezamos a massa do fio e supomos que a polia é lisa — ou seja, não existe nenhum atrito sobre o fio. A tensão T deverá ser a mesma em toda extensão do fio. As equações de movimento tornam-se, para cada massa, no caso (a),

$$m_1\ddot{x}_1 = m_1 g - T \qquad (2.66)$$

$$m_2\ddot{x}_2 = m_2 g - T \qquad (2.67)$$

Observe novamente a vantagem do conceito de força: precisamos identificar somente as forças que atuam sobre cada massa. A tensão T é a mesma em ambas as equações. Se o fio é inextensível, então $\ddot{x}_2 = -\ddot{x}_1$, e as Equações 2.66 e 2.67 podem ser combinadas

$$m_1\ddot{x}_1 = m_1 g - (m_2 g - m_2\ddot{x}_2)$$
$$= m_1 g - (m_2 g + m_2\ddot{x}_1)$$

Rearranjando,

$$\ddot{x}_1 = \frac{g(m_1 - m_2)}{m_1 + m_2} = -\ddot{x}_2 \qquad (2.68)$$

CAPÍTULO 2 – Mecânica Newtoniana – partícula única   **65**

Se $m_1 > m_2$, então $\ddot{x}_1 > 0$, e $\ddot{x}_2 < 0$. A tensão pode ser obtida das Equações 2.68 e 2.66:

$$T = m_1 g - m_1\ddot{x}_1$$

$$T = m_1 g - m_1 g\frac{(m_1 - m_2)}{m_1 + m_2}$$

$$T = \frac{2m_1 m_2 g}{m_1 + m_2} \tag{2.69}$$

Para o caso (b), no qual a polia se encontra em um elevador, o sistema de coordenadas com origens no centro da polia não constitui mais um sistema inercial. Precisamos de um sistema inercial com a origem na parte superior do poço do elevador (Figura 2.11b). As equações de movimento no sistema inercial ($x_1'' = x_1' + x_1$, $x_2'' = x_2' + x_2$) são

$$m_1\ddot{x}_1'' = m_1(\ddot{x}_1' + \ddot{x}_1) = m_1 g - T$$

$$m_2\ddot{x}_2'' = m_2(\ddot{x}_2' + \ddot{x}_2) = m_2 g - T$$

desse modo,

$$\left.\begin{array}{l} m_1\ddot{x}_1 = m_1 g - T - m_1\ddot{x}_1' = m_1(g - \alpha) - T \\ m_2\ddot{x}_2 = m_2 g - T - m_2\ddot{x}_2' = m_2(g - \alpha) - T \end{array}\right\} \tag{2.70}$$

onde $\ddot{x}_1' = \ddot{x}_2' = \alpha$. Temos $\ddot{x}_2 = -\ddot{x}_1$ e, portanto, resolvemos para $\ddot{x}_1$ como antes, eliminando T:

$$\ddot{x}_1 = -\ddot{x}_2 = (g - \alpha)\frac{(m_1 - m_2)}{m_1 + m_2} \tag{2.71}$$

e

$$T = \frac{2m_1 m_2(g - \alpha)}{m_1 + m_2} \tag{2.72}$$

Observe que os resultados para aceleração e tensão são obtidos como se a aceleração da gravidade fosse reduzida pelo valor da aceleração do elevador α.
A mudança para um elevador em ascensão deverá ser óbvia.

EXEMPLO 2.10

Em nosso último exemplo nesta revisão muito longa das equações de movimento de uma partícula, vamos examinar o movimento da partícula em um campo eletromagnético. Considere uma partícula carregada entrando em uma região de campo magnético uniforme **B** – por exemplo, o campo da Terra – como mostra a Figura 2.12. Determine seu movimento subsequente.

Solução.   Escolha um sistema de coordenadas cartesianas com o seu eixo y paralelo ao campo magnético. Se q é a carga da partícula; **v**, sua velocidade; **a**, sua aceleração; e **B**, o campo magnético da Terra, então

$$\mathbf{v} = \dot{x}\mathbf{i} + \dot{y}\mathbf{j} + \dot{z}\mathbf{k}$$

$$\mathbf{a} = \ddot{x}\mathbf{i} + \ddot{y}\mathbf{j} + \ddot{z}\mathbf{k}$$

$$\mathbf{B} = B_0\mathbf{j}$$

A força magnética $\mathbf{F} = q\mathbf{v} \times \mathbf{B} = m\mathbf{a}$, portanto,

$$m(\ddot{x}\mathbf{i} + \ddot{y}\mathbf{j} + \ddot{z}\mathbf{k}) = q(\dot{x}\mathbf{i} + \dot{y}\mathbf{j} + \dot{z}\mathbf{k}) \times B_0\mathbf{j} = qB_0(\dot{x}\mathbf{k} - \dot{z}\mathbf{i})$$

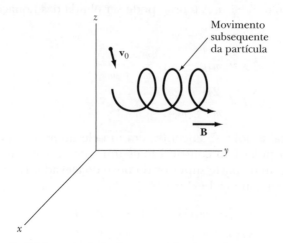

FIGURA 2.12 Exemplo 2.10; uma partícula em movimento adentra uma região de campo magnético.

Igualando-se componentes vetoriais similares, temos

$$\left.\begin{array}{l} m\ddot{x} = -qB_0\dot{z} \\ m\ddot{y} = 0 \\ m\ddot{z} = qB_0\dot{x} \end{array}\right\} \quad (2.73)$$

A integração da segunda dessas equações, $m\ddot{y} = 0$, produz

$$\dot{y} = \dot{y}_0$$

onde $\dot{y}_0$ é uma constante e é o valor inicial de $\dot{y}$. Integrando novamente, temos

$$y = \dot{y}_0 t + y_0$$

onde y_0 também é uma constante.

Para integrar a primeira e a última equação da Equação 2.73, faça $\alpha = qB_0/m$, de modo que

$$\left.\begin{array}{l} \ddot{x} = -\alpha\dot{z} \\ \ddot{z} = \alpha\dot{x} \end{array}\right\} \quad (2.74)$$

Essas equações diferenciais simultâneas acopladas podem ser facilmente desacopladas por meio da diferenciação de uma e sua substituição na outra, produzindo

$$\dddot{z} = \alpha\ddot{x} = -\alpha^2\dot{z}$$
$$\dddot{x} = -\alpha\ddot{z} = -\alpha^2\dot{x}$$

de modo que

$$\left.\begin{array}{l} \dddot{z} = -\alpha^2\dot{z} \\ \dddot{x} = -\alpha^2\dot{x} \end{array}\right\} \quad (2.75)$$

Ambas equações diferenciais têm a mesma forma de solução. Utilizando a técnica do Exemplo C.2, Apêndice C, temos

$$x = A\cos\alpha t + B\,\text{sen}\,\alpha t + x_0$$
$$z = A'\cos\alpha t + B'\,\text{sen}\,\alpha t + z_0$$

onde A, A', B, B', x_0 e z_0 são constantes de integração determinadas pela posição e velocidade iniciais da partícula e pelas equações de movimento, Equação 2.74.

CAPÍTULO 2 – Mecânica Newtoniana – partícula única **67**

Essas soluções podem ser reescritas

$$\left.\begin{array}{l} (x - x_0) = A\cos\alpha t + B\operatorname{sen}\alpha t \\ (y - y_0) = \dot{y}_0 t \\ (z - z_0) = A'\cos\alpha t + B'\operatorname{sen}\alpha t \end{array}\right\} \qquad (2.76)$$

As coordenadas x e z são conectadas pela Equação 2.74, de modo que, substituindo as Equações 2.76 na primeira equação da Equação 2.74, temos

$$-\alpha^2 A\cos\alpha t - \alpha^2 B\operatorname{sen}\alpha t = -\alpha(-\alpha A'\operatorname{sen}\alpha t + \alpha B'\cos\alpha t) \qquad (2.77)$$

Uma vez que a Equação 2.77 é válida para todos t, particularmente $t = 0$ e $t = \pi/2\alpha$, a Equação 2.77 produz

$$-\alpha^2 A = -\alpha^2 B'$$

de modo que

$$A = B'$$

e

$$-\alpha^2 B = \alpha^2 A'$$

fornecendo

$$B = -A'$$

Temos agora

$$\left.\begin{array}{l} (x - x_0) = A\cos\alpha t + B\operatorname{sen}\alpha t \\ (y - y_0) = \dot{y}_0\, t \\ (z - z_0) = -B\cos\alpha t + A\operatorname{sen}\alpha t \end{array}\right\} \qquad (2.78)$$

Se em $t = 0$, $\dot{z} = \dot{z}_0$ e $\dot{x} = 0$, então a partir da Equação 2.78, diferenciando e definindo $t = 0$, temos

$$\alpha B = 0$$

e

$$\alpha A = \dot{z}_0$$

desse modo,

$$(x - x_0) = \frac{\dot{z}_0}{\alpha}\cos\alpha t$$

$$(y - y_0) = \dot{y}_0 t$$

$$(z - z_0) = \frac{\dot{z}_0}{\alpha}\operatorname{sen}\alpha t$$

Finalmente,

$$\left.\begin{array}{l} x - x_0 = \left(\dfrac{\dot{z}_0 m}{qB_0}\right)\cos\left(\dfrac{qB_0 t}{m}\right) \\[2mm] (y - y_0) = \dot{y}_0 t \\[2mm] (z - z_0) = \left(\dfrac{\dot{z}_0 m}{qB_0}\right)\operatorname{sen}\left(\dfrac{qB_0 t}{m}\right) \end{array}\right\} \qquad (2.79)$$

Essas são equações paramétricas de uma espiral circular de raio $\dot{z}_0 m/qB_0$. Desse modo, quanto mais rapidamente a partícula adentrar o campo ou quanto maior for sua massa, maior será o raio da espiral. E quanto maior for a carga na partícula ou quanto mais intenso for o campo magnético, mais comprimida será a espiral. Observe também como a partícula carregada é capturada pelo campo magnético – simplesmente desviando na direção do campo. Neste exem-

68 Dinâmica clássica de partículas e sistemas

plo, a partícula não tinha nenhuma componente inicial de sua velocidade ao longo do eixo x, porém, mesmo se tivesse, ela não desviaria ao longo desse eixo (veja o Problema 2.31). Finalmente, observe que a força magnética sobre a partícula atua sempre perpendicularmente à sua velocidade e, dessa forma, não pode acelerá-la. A Equação 2.79 demonstra esse fato.

O campo magnético da Terra não é tão simples como o campo uniforme deste exemplo. Todavia, este exemplo fornece alguma percepção em um dos mecanismos pelos quais o campo magnético da Terra captura raios cósmicos de baixa energia e o vento solar para criar os cinturões de Van Allen.

2.5 Teoremas da conservação

Vamos agora conduzir uma discussão detalhada da mecânica newtoniana de uma partícula única e derivar teoremas importantes em termos das quantidades conservadas. Devemos enfatizar que não estamos *provando* a conservação das várias quantidades. Estamos simplesmente derivando as consequências das leis da dinâmica de Newton. Essas implicações deverão ser testadas experimentalmente e sua verificação fornecerá então uma medida de confirmação das leis dinâmicas originais. O fato é que esses teoremas da conservação têm sido realmente comprovados como sendo válidos em muitas instâncias e fornecem uma parte importante da prova da correção das leis de Newton, no mínimo em física clássica.

O primeiro dos teoremas de conservação se relaciona à **quantidade de movimento linear** de uma partícula. Se a partícula é *livre*, ou seja, se a partícula não encontra nenhuma força, a Equação 2.2 torna-se simplesmente $\dot{\mathbf{p}} = 0$. Portanto, $\mathbf{p}$ é um vetor constante no tempo e o primeiro teorema da conservação torna-se

I. *A quantidade de movimento linear total* $\mathbf{p}$ *de uma partícula é conservada quando a força total sobre ela é zero.*

Observe que este resultado é derivado de uma equação vetorial, $\dot{\mathbf{p}} = 0$ e, portanto, aplica-se cada componente da quantidade de movimento linear. Para expressar o resultado em outros termos, consideremos $\mathbf{s}$ como algum vetor constante, de modo que $\mathbf{F} \cdot \mathbf{s} = 0$, independente do tempo. Então,

$$\dot{\mathbf{p}} \cdot \mathbf{s} = \mathbf{F} \cdot \mathbf{s} = 0$$

ou, integrando em relação ao tempo,

$$\mathbf{p} \cdot \mathbf{s} = \text{constante} \tag{2.80}$$

que expressa o fato de que a *componente da quantidade de movimento linear em uma direção na qual a força se anula é constante no tempo.*

A **quantidade de movimento angular** $\mathbf{L}$ de uma partícula em relação a uma origem, a partir da qual o vetor de posição $\mathbf{r}$ é medido, é definida como

$$\boxed{\mathbf{L} \equiv \mathbf{r} \times \mathbf{p}} \tag{2.81}$$

O **torque** ou **momento da força** $\mathbf{N}$ em relação à mesma origem é definido como

$$\boxed{\mathbf{N} \equiv \mathbf{r} \times \mathbf{F}} \tag{2.82}$$

onde $\mathbf{r}$ é o vetor de posição a partir da origem até o ponto no qual a força $\mathbf{F}$ é aplicada. Pelo fato de $\mathbf{F} = m\dot{\mathbf{v}}$ para a partícula, o torque se torna

$$\mathbf{N} = \mathbf{r} \times m\dot{\mathbf{v}} = \mathbf{r} \times \dot{\mathbf{p}}$$

Agora

$$\dot{\mathbf{L}} = \frac{d}{dt}(\mathbf{r} \times \mathbf{p}) = (\dot{\mathbf{r}} \times \mathbf{p}) + (\mathbf{r} \times \dot{\mathbf{p}})$$

mas

$$\dot{\mathbf{r}} \times \mathbf{p} = \dot{\mathbf{r}} \times m\mathbf{v} = m(\dot{\mathbf{r}} \times \dot{\mathbf{r}}) \equiv 0$$

desse modo,

$$\boxed{\dot{\mathbf{L}} = \mathbf{r} \times \dot{\mathbf{p}} = \mathbf{N}} \tag{2.83}$$

Se nenhum torque estiver atuando sobre uma partícula (isto é, se $\mathbf{N} = 0$), então $\dot{\mathbf{L}} = 0$ e $\mathbf{L}$ é um vetor constante no tempo. O segundo teorema importante da conservação é

II. *O momento angular de uma partícula não sujeita a qualquer torque é conservado.*

Lembramos ao aluno que uma seleção criteriosa da origem de um sistema de coordenadas com frequência permitirá a solução de um problema de forma muito mais fácil do que uma escolha negligente. Por exemplo, o torque será zero em sistemas de coordenadas centralizados ao longo da linha resultante de força. A quantidade de movimento angular será conservada nesse caso.

Se uma força $\mathbf{F}$ exerce trabalho sobre uma partícula na transformação da partícula da Condição 1 para a Condição 2, esse **trabalho** é definido como sendo

$$\boxed{W_{12} \equiv \int_{1}^{2} \mathbf{F} \cdot d\mathbf{r}} \tag{2.84}$$

Se $\mathbf{F}$ é a força líquida resultante atuando sobre a partícula,

$$\mathbf{F} \cdot d\mathbf{r} = m\frac{d\mathbf{v}}{dt} \cdot \frac{d\mathbf{r}}{dt}dt = m\frac{d\mathbf{v}}{dt} \cdot \mathbf{v}dt$$

$$= \frac{m}{2}\frac{d}{dt}(\mathbf{v} \cdot \mathbf{v})\,dt = \frac{m}{2}\frac{d}{dt}(v^2)\,dt = d\left(\frac{1}{2}mv^2\right) \tag{2.85}$$

A integração na Equação 2.84 é, portanto, uma diferencial exata e o trabalho efetuado pela força total $\mathbf{F}$ atuando sobre a partícula é igual à variação de sua energia cinética:

$$W_{12} = \left(\frac{1}{2}mv^2\right)\bigg|_{1}^{2} = \frac{1}{2}m(v_2^2 - v_1^2) = T_2 - T_1 \tag{2.86}$$

onde $T \equiv \frac{1}{2}mv^2$ é a **energia cinética** da partícula. Se $T_1 > T_2$, então $W_{12} < 0$, e a partícula efetuou trabalho com um decréscimo resultante na energia cinética. É importante perceber que a força $\mathbf{F}$ que leva à Equação 2.85 é a **força total** (isto é, a resultante líquida) sobre a partícula.

Vamos examinar a integral que aparece na Equação 2.84 sob um ponto de vista diferente. Em muitos problemas físicos, a força $\mathbf{F}$ tem a propriedade de que o trabalho necessário para mover uma partícula de uma posição à outra sem nenhuma alteração na energia cinética depende somente das posições original e final, e não do caminho exato utilizado pela partícula. Por exemplo, suponha que o trabalho efetuado para mover a partícula do ponto 1 na Figura 2.13 para o ponto 2 é independente dos caminhos reais a, b ou c utilizados. Esta propriedade é exibida, por exemplo, por um campo de força gravitacional constante. Desse modo, se uma partícula de massa m é elevada até uma altura h (por *qualquer* caminho), uma quantidade de trabalho mgh terá sido efetuada sobre a partícula, e esta poderá efetuar uma quantidade de trabalho equivalente para retornar à sua posição original. A capacidade de efetuar trabalho é denominada **energia potencial** da partícula.

Podemos definir a energia potencial de uma partícula em termos do trabalho (efetuado pela força **F**) necessário para transportar a partícula de um ponto 1 para um ponto 2 (sem nenhuma alteração líquida na energia cinética).

$$\int_1^2 \mathbf{F} \cdot d\mathbf{r} \equiv U_1 - U_2 \tag{2.87}$$

O trabalho efetuado na movimentação da partícula é, portanto, simplesmente a diferença na energia potencial U entre os dois pontos. Por exemplo, se levantarmos uma mala da posição 1 sobre o chão até a posição 2 no porta-malas de um carro, nós, como agentes externos, estamos efetuando trabalho contra a força da gravidade. Considere a força **F** na Equação 2.87 como sendo a força gravitacional e, no levantamento da mala, $\mathbf{F} \cdot d\mathbf{r}$ torna-se negativa. O resultado da integração na Equação 2.87 mostra que $U_1 - U_2$ é negativa, de modo que a energia potencial na posição 2 no porta-malas do carro é maior do que aquela na posição 1 sobre o chão. A variação na energia potencial $U_2 - U_1$ é a negativa do trabalho efetuado pela força gravitacional, como pode ser visto multiplicando-se ambos os lados da Equação 2.87 por -1. Como agentes externos, efetuamos trabalho positivo (contra a gravidade) para elevar a energia potencial da mala.

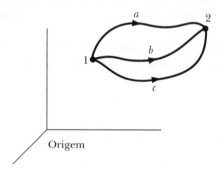

FIGURA 2.13 Para algumas forças (identificadas mais adiante como *conservativas*), o trabalho efetuado pela força para mover uma partícula da posição 1 para a posição 2 é independente do caminho (a, b ou c).

A Equação 2.87 pode ser reproduzida[14] se escrevermos **F** como o gradiente da função escalar U:

$$\boxed{\mathbf{F} = -\text{grad } U = -\nabla U} \tag{2.88}$$

Então,

$$\int_1^2 \mathbf{F} \cdot d\mathbf{r} = -\int_1^2 (\nabla U) \cdot d\mathbf{r} = -\int_1^2 dU = U_1 - U_2 \tag{2.89}$$

Na maioria dos sistemas de interesse, a energia potencial é uma função da posição e, eventualmente, do tempo: $U = U(\mathbf{r})$ ou $U = U(\mathbf{r}, t)$. Não consideramos os casos nos quais a energia potencial é uma função da velocidade.[15]

É importante perceber que a energia potencial é definida somente dentro de uma constante aditiva; ou seja, a força definida por $-\nabla U$ não é diferente daquela definida por $-\nabla(U + \text{constante})$. Portanto, a energia potencial não tem nenhum significado absoluto; somente as *diferenças* da energia potencial têm um significado físico (como na Equação 2.87).

---

[14] A condição necessária e suficiente que permite a representação de uma função vetorial pelo gradiente de uma função escalar é que o **rotacional** da função vetorial seja anulado de forma idêntica.
[15] Potenciais dependentes da velocidade são necessários em algumas situações, por exemplo, no eletromagnetismo (os assim chamados potenciais de Liénard–Wiechert).

CAPÍTULO 2 – Mecânica Newtoniana – partícula única   **71**

Se escolhermos um certo sistema de referência inercial para descrever um processo mecânico, as leis de movimento são as mesmas que em qualquer outro sistema de referência em movimento uniforme em relação ao sistema original. A velocidade de uma partícula é, em geral, diferente dependendo do sistema de referência inercial escolhido como base para a descrição do movimento. Portanto, consideramos ser impossível atribuir uma *energia cinética absoluta* a uma partícula da mesma forma que é impossível atribuir qualquer significado absoluto à energia potencial. Ambas limitações resultam do fato de que a escolha de uma *origem* do sistema de coordenadas utilizado para a descrição dos processos físicos é sempre arbitrária. O físico escocês do século 19 James Clerk Maxwell (1831–1879) resumiu a situação como segue.[16]

> Devemos, portanto, considerar a energia de um sistema material como a quantidade da qual podemos determinar o aumento ou a diminuição à medida que o sistema passa de uma condição definida para outra. O valor absoluto da energia na condição padrão é desconhecido e não teria nenhum valor se o conhecêssemos, pois todos os fenômenos dependem das variações de energia e não de seu valor absoluto.

Em seguida, definimos a **energia total** de uma partícula como sendo a soma das energias cinética e potencial:

$$\boxed{E \equiv T + U} \tag{2.90}$$

A derivada temporal total de E é

$$\frac{dE}{dt} = \frac{dT}{dt} + \frac{dU}{dt} \tag{2.91}$$

Para avaliar as derivadas temporais que aparecem no lado direito dessa equação, observamos primeiro que a Equação 2.85 pode ser expressa como

$$\mathbf{F} \cdot d\mathbf{r} = d\left(\frac{1}{2}mv^2\right) = dT \tag{2.92}$$

Dividindo por dt,

$$\frac{dT}{dt} = \mathbf{F} \cdot \frac{d\mathbf{r}}{dt} = \mathbf{F} \cdot \dot{\mathbf{r}} \tag{2.93}$$

Temos também

$$\frac{dU}{dt} = \sum_i \frac{\partial U}{\partial x_i}\frac{dx_i}{dt} + \frac{\partial U}{\partial t}$$

$$= \sum_i \frac{\partial U}{\partial x_i}\dot{x}_i + \frac{\partial U}{\partial t}$$

$$= (\nabla U) \cdot \dot{\mathbf{r}} + \frac{\partial U}{\partial t} \tag{2.94}$$

Substituindo as Equações 2.93 e 2.94 na 2.91, encontramos

$$\frac{dE}{dt} = \mathbf{F} \cdot \dot{\mathbf{r}} + (\nabla U) \cdot \dot{\mathbf{r}} + \frac{\partial U}{\partial t}$$

$$= (\mathbf{F} + \nabla U) \cdot \dot{\mathbf{r}} + \frac{\partial U}{\partial t}$$

$$\frac{dE}{dt} = \frac{\partial U}{\partial t} \tag{2.95}$$

---

[16] J. C. Maxwell, **Matter and Motion** (Cambridge, 1877), p. 91.

72 Dinâmica clássica de partículas e sistemas

porque o termo $\mathbf{F} + \nabla U$ se anula em vista da definição da energia potencial (Equação 2.88) caso a força total seja a força conservativa $\mathbf{F} = -\nabla U$.

Se U não é uma função explícita do tempo (isto é, se $\partial U/\partial t = 0$; lembre que não consideramos potenciais dependentes da velocidade), o campo de força representado por $\mathbf{F}$ é **conservativo**. Sob essas condições, temos o importante terceiro teorema da conservação:

III. *A energia total E de uma partícula em um campo de força conservativo é constante no tempo.*

Deve-se reiterar que não *provamos* as leis de conservação da quantidade de movimento linear, quantidade de movimento angular e energia. Somente derivamos as várias consequências das leis de Newton: ou seja, *se* essas leis são válidas em uma certa situação, então a quantidade de movimento e a energia serão conservadas. Porém, ficamos tão apaixonados por esses teoremas de conservação que os elevamos à condição de leis e *insistimos* que eles são válidos em todas as teorias físicas, mesmo aquelas aplicáveis a situações nas quais a mecânica newtoniana não é válida, por exemplo, na interação de cargas em movimento ou nos sistemas de mecânica quântica. Na realidade, não temos leis de conservação nessas situações, mas *postulados* de conservação, os quais forçamos na teoria. Por exemplo, se temos duas cargas elétricas isoladas em movimento, as forças eletromagnéticas entre elas não são conservativas. Portanto, fornecemos uma certa quantidade de energia ao campo eletromagnético de modo que a conservação de energia será válida. Este procedimento é satisfatório somente se as consequências não entram em contradição com nenhum fato experimental, e este é, de fato, o caso de cargas em movimento. Portanto, estendemos o conceito usual de energia para incluir a "energia eletromagnética" para satisfazer nossa noção preconcebida de que a energia deve ser conservada. Isto pode parecer um passo arbitrário e drástico a ser dado, porém, como se diz, nada é tão bem-sucedido como o sucesso, e essas "leis" de conservação têm sido o conjunto mais bem-sucedido de princípios em física. A recusa em desistir da conservação de energia e quantidade de movimento levou Wolfgang Pauli (1900–1958) a postular em 1930 a existência do neutrino para levar em conta a energia e a quantidade de movimento "faltantes" no decaimento radioativo β. Este postulado permitiu que Enrico Fermi (1901–1954) construísse uma teoria bem-sucedida do decaimento β em 1934, porém a observação direta do neutrino só foi possível em 1953 quando Reines e Cowan realizaram seu famoso experimento.[17] Ao se manter a convicção de que energia e quantidade de movimento devem ser conservadas, uma nova partícula elementar foi descoberta, de grande importância nas teorias modernas de física nuclear e de partículas. A descoberta é somente um dos muitos avanços no entendimento das propriedades da matéria que resultaram diretamente da aplicação das leis da conservação.

Devemos aplicar esses teoremas da conservação a várias situações físicas no restante deste livro, entre eles o espalhamento de Rutherford e o movimento planetário. Um exemplo simples aqui indica a utilidade dos teoremas da conservação.

EXEMPLO 2.11

Um camundongo de massa m salta sobre a borda externa de um ventilador de teto de giro livre e com inércia rotacional I e raio R. Qual será a razão de alteração da velocidade angular?

Solução. O momento angular deverá ser conservado durante o processo. Estamos utilizando o conceito de inércia rotacional aprendido em física elementar para relacionar a quantidade de movimento angular L com a velocidade angular ω: $L = I\omega$. A quantidade de movimento angular inicial deverá ser igual à quantidade de movimento angular L (ventilador mais camundongo) após o salto do camundongo. A velocidade da borda externa é $v = \omega R$.

---

[17] C. L. Cowan, F. Reines, F. B. Harrison, H. W. Kruse e A. D. McGuire, **Science 124**, 103 (1956).

$$L = I\omega + mvR = \frac{v}{R}(I + mR^2)$$

$$L = L_0 = I\omega_0$$

$$\frac{v}{R}(I + mR^2) = I\frac{v_0}{R}$$

$$\frac{v}{v_0} = \frac{I}{I + mR^2}$$

e

$$\frac{\omega}{\omega_0} = \frac{I}{I + mR^2}$$

2.6 Energia

O conceito de energia não era tão popular no tempo de Newton como nos dias de hoje. Mais adiante estudaremos duas novas formulações da dinâmica, diferentes da formulação de Newton, com base em energia: os métodos Lagrangiano e Hamiltoniano.

Em meados do século 19, ficou claro que o calor era outra forma de energia e não uma forma de fluido (denominado "calórico") que fluía entre corpos quentes e frios. O Conde de Rumford[18] geralmente recebe o crédito pela percepção de que a grande quantidade de calor gerado durante a furação de um canhão era provocado pelo atrito e não pelo calórico. Se a energia de atrito é simplesmente a energia calorífica, que pode ser convertida em energia mecânica, a conservação total de energia poderá ocorrer.

Durante todo o século 19, os cientistas realizaram experimentos sobre conservação de energia, resultando na importância que a energia recebe nos dias de hoje. Hermann von Helmholtz (1821–1894) formulou a lei geral de conservação da energia em 1847. Ele baseou suas conclusões principalmente nos experimentos calorimétricos de James Prescott Joule (1818–1889) iniciados em 1840.

Considere uma partícula pontual sob a influência de uma força conservativa com potencial U. A conservação da energia (na realidade, energia mecânica, para ser preciso) é refletida na Equação 2.90.

$$E = T + U = \frac{1}{2}mv^2 + U(x) \tag{2.96}$$

onde consideramos somente o caso unidimensional. Podemos reescrever a Equação 2.96 como:

$$v(t) = \frac{dx}{dt} = \pm\sqrt{\frac{2}{m}[E - U(x)]} \tag{2.97}$$

e, por meio de integração,

$$t - t_0 = \int_{x_0}^{x} \frac{\pm dx}{\sqrt{\frac{2}{m}[E - U(x)]}} \tag{2.98}$$

---

[18] Benjamin Thompson (1753–1814) nasceu em Massachusetts e emigrou para a Europa em 1776 como um refugiado leal ao império britânico. Entre as atividades de sua renomada carreira militar e, a seguir, científica, ele supervisionou a construção de canhões como chefe do departamento de guerra da Bavária.

onde $x = x_0$ em $t = t_0$. Resolvemos formalmente o caso unidimensional na Equação 2.98, ou seja, encontramos $x(t)$. O que falta fazer é inserir o potencial $U(x)$ na Equação 2.98 e integrar, utilizando técnicas computacionais, se necessário. Mais adiante estudaremos os potenciais com algum nível de detalhe $U = \frac{1}{2}kx^2$ para oscilações harmônicas e $U = -k/x$ para a força gravitacional.

Podemos aprender muito sobre o movimento de uma partícula simplesmente examinando um gráfico de um exemplo de $U(x)$, como mostra a Figura 2.14. Em primeiro lugar, observe que $\frac{1}{2}mv^2 = T \geq 0, E \geq U(x)$ para qualquer movimento físico real. Vemos na Figura 2.14 que o movimento é *limitado* para as energias E_1 e E_2. Para E_1, o movimento é *periódico* entre os *pontos de reversão* x_a e x_b. Similarmente, para E_2, o movimento é periódico, mas existem duas regiões possíveis: $x_c \leq x \leq x_d$ e $x_e \leq x \leq x_f$. As partículas não podem "saltar" de um "bolsão" para outro; uma vez em um bolsão, elas deverão permanecer ali para sempre se a energia permanece em E_2. O movimento de uma partícula com energia E_0 tem somente um valor, $x = x_0$. A partícula estará em repouso com $T = 0$ [$E_0 = U(x_0)$].

O movimento de uma partícula com energia E_3 é simples: A partícula vem do infinito, para e inverte seu movimento em $x = x_g$; a seguir, ela retorna ao infinito — de forma similar a uma bola de tênis sendo rebatida contra uma parede de exercício. Para a energia E_4, o movimento não é limitado e a partícula poderá estar em qualquer posição. Sua velocidade será alterada, pois ela depende da diferença entre E_4 e $U(x)$. Se ela estiver se movendo para a direita, ela irá acelerar e desacelerar, mas seguirá em direção ao infinito.

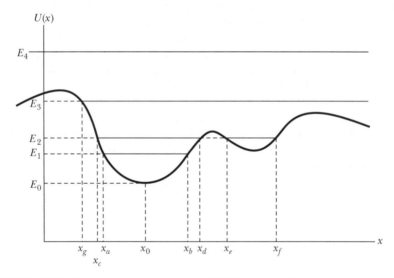

FIGURA 2.14 Curva da energia potencial $U(x)$ com a indicações das várias energias E. Para algumas energias, por exemplo E_1 e E_2, o movimento é limitado

O movimento de uma partícula de energia E_1 é similar àquele de uma massa na extremidade de uma mola. O potencial na região $x_a < x < x_b$ pode ser aproximado por $U(x) = \frac{1}{2}k(x - x_0)^2$. Uma partícula com energia ligeiramente acima de E_0 irá oscilar em torno do ponto $x = x_0$. Chamamos esse ponto de **ponto de equilíbrio**, pois se a partícula for colocada em $x = x_0$ ela permanecerá aí. O equilíbrio poderá ser estável, instável ou neutro. O equilíbrio que acabamos de discutir é *estável*, pois, se a partícula fosse colocada em qualquer lado de $x = x_0$, ela acabaria retornando a esse ponto. Podemos utilizar uma cuba de mistura hemisférica com uma esfera de aço como um exemplo. Com o lado direito da cuba para cima, a esfera poderá rolar em torno do lado interno da cuba, mas acabará parando no fundo — em outras palavras, existe um equilíbrio estável. Se virarmos a cuba de cabeça para baixo e colo-

CAPÍTULO 2 – Mecânica Newtoniana – partícula única **75**

carmos a esfera no lado externo, precisamente em $x = x_0$, ela permanecerá nesse ponto em equilíbrio. Se colocarmos a esfera em qualquer lado de $x = x_0$ na superfície arredondada, ela rolará para fora; dizemos que este é um equilíbrio *instável*. O equilíbrio *neutro* se aplicaria quando a esfera rola sobre uma superfície horizontal plana e lisa.

Em geral, podemos expressar o potencial $U(x)$ em uma série de Taylor sobre um determinado ponto de equilíbrio. Para fins de simplificação matemática, vamos supor que o ponto de equilíbrio seja em $x = 0$, em vez de $x = x_0$ (caso contrário, podemos sempre redefinir o sistema de coordenadas para que isso ocorra). Então, teremos

$$U(x) = U_0 + x\left(\frac{dU}{dx}\right)_0 + \frac{x^2}{2!}\left(\frac{d^2U}{dx^2}\right)_0 + \frac{x^3}{3!}\left(\frac{d^3U}{dx^3}\right)_0 + \cdots \tag{2.99}$$

O subscrito zero indica que a quantidade deve ser avaliada em $x = 0$. A energia potencial U_0 em $x = 0$ é simplesmente uma constante que podemos definir como zero sem nenhuma perda de generalidade. Se $x = 0$ é um ponto de equilíbrio, então

$$\left(\frac{dU}{dx}\right)_0 = 0 \quad \text{Ponto de equilíbrio} \tag{2.100}$$

e a Equação 2.99 se torna

$$U(x) = \frac{x^2}{2!}\left(\frac{d^2U}{dx^2}\right)_0 + \frac{x^3}{3!}\left(\frac{d^3U}{dx^3}\right)_0 + \cdots \tag{2.101}$$

Próximo ao ponto de equilíbrio $x = 0$, o valor de x é pequeno e cada termo na Equação 2.101 é consideravelmente menor do que o anterior. Portanto, mantemos somente o primeiro termo na Equação 2.101:

$$U(x) = \frac{x^2}{2}\left(\frac{d^2U}{dx^2}\right)_0 \tag{2.102}$$

Podemos determinar se o equilíbrio em $x = 0$ é estável, examinando $(d^2U/dx^2)_0$. Se $x = 0$ é um equilíbrio estável, $U(x)$ deverá ser maior (mais positivo) em qualquer lado de $x = 0$. Como x^2 é sempre positivo, as condições de equilíbrio são

$$\left(\frac{d^2U}{dx^2}\right)_0 > 0 \quad \text{Equilíbrio estável}$$

$$\left(\frac{d^2U}{dx^2}\right)_0 < 0 \quad \text{Equilíbrio instável} \tag{2.103}$$

Se $(d^2U/dx^2)_0$ é zero, os termos de mais alta ordem deverão ser examinados (veja os Problemas 2-45 e 2-46).

EXEMPLO 2.12

Considere o sistema de polias, massas e fio mostrado na Figura 2.15. Um fio leve de comprimento b é preso no ponto A, passa sobre uma polia no ponto B localizada a uma distância $2d$ e, finalmente, é presa na massa m_1. Outra polia com a massa m_2 anexada a ela passa sobre o fio, puxando-o para baixo, entre A e B. Calcule a distância x_1 quando o sistema estiver em equilíbrio e determine se o equilíbrio é estável ou instável. As massas das polias são desprezíveis.

Solução. Podemos resolver esse exemplo utilizando as forças (isto é, quando $\ddot{x}_1 = 0 = \dot{x}_1$) ou a energia. Escolhemos o método da energia, pois, no equilíbrio, a energia cinética será zero e precisaremos lidar apenas com a energia potencial quando a Equação 2.100 for aplicável.

Consideremos $U = 0$ ao longo da linha AB.

$$U = -m_1 g x_1 - m_2 g(x_2 + c) \tag{2.104}$$

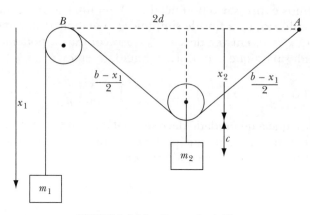

FIGURA 2.15 Exemplo 2.12.

Supomos que a massa m_2 pendente na polia é pequena, de modo que podemos desprezar o raio da polia. A distância c na Figura 2.15 é constante.

$$x_2 = \sqrt{[(b-x_1)^2/4] - d^2}$$
$$U = -m_1 g x_1 - m_2 g \sqrt{[(b-x_1)^2/4] - d^2} - m_2 g c$$

Definindo dU/dx_1, podemos determinar a posição de equilíbrio $(x_1)_0 \equiv x_0$:

$$\left(\frac{dU}{dx_1}\right)_0 = -m_1 g + \frac{m_2 g(b-x_0)}{4\sqrt{[(b-x_0)^2/4] - d^2}} = 0$$

$$4m_1 \sqrt{[(b-x_0)^2/4] - d^2} = m_2(b-x_0)$$

$$(b-x_0)^2(4m_1^2 - m_2^2) = 16 m_1^2 d^2$$

$$x_0 = b - \frac{4 m_1 d}{\sqrt{4m_1^2 - m_2^2}} \tag{2.105}$$

Observe que existe uma solução real somente quando $4m_1^2 > m_2^2$.

Sob quais circunstâncias a massa m_2 puxará a massa m_1 para cima até a polia B (isto é, $x_1 = 0$)? Podemos utilizar a Equação 2.103 para determinar se o equilíbrio é estável ou instável:

$$\frac{d^2 U}{dx_1^2} = \frac{-m_2 g}{4\{[(b-x_1)^2/4] - d^2\}^{1/2}} + \frac{m_2 g(b-x_1)^2}{16\{[(b-x_1)^2/4] - d^2\}^{3/2}}$$

Insira agora $x_1 = x_0$.

$$\left(\frac{d^2 U}{dx_1^2}\right)_0 = \frac{g(4m_1^2 - m_2^2)^{3/2}}{4 m_2^2 d}$$

A condição de equilíbrio (movimento real) era previamente para $4m_1^2 > m_2^2$, de modo que o equilíbrio, quando existir, será estável, pois $(d^2 U/dx^2)_0 > 0$.

EXEMPLO 2.13

Considere o potencial unidimensional.

$$U(x) = \frac{-Wd^2(x^2 + d^2)}{x^4 + 8d^4} \qquad (2.106)$$

Faça um gráfico do potencial e discuta o movimento nos vários valores de x. O movimento é limitado ou não tem limitação? Onde estão os valores de equilíbrio? Eles são estáveis ou instáveis? Encontre os pontos de reversão para $E = -W/8$. O valor de W é uma constante positiva.

Solução. Reescreva o potencial como

$$Z(y) = \frac{U(x)}{W} = \frac{-(y^2 + 1)}{y^4 + 8} \qquad \text{onde} \quad y = \frac{x}{d} \qquad (2.107)$$

Em primeiro lugar, encontre os pontos de equilíbrio, que ajudarão a nos guiar no gráfico do potencial.

$$\frac{dZ}{dy} = \frac{-2y}{y^4 + 8} + \frac{4y^3(y^2 + 1)}{(y^4 + 8)^2} = 0$$

Podemos reduzir essa expressão para

$$y(y^4 + 2y^2 - 8) = 0$$
$$y(y^2 + 4)(y^2 - 2) = 0$$
$$y_0^2 = 2, 0$$

desse modo,

$$\left.\begin{array}{l} x_{01} = 0 \\ x_{02} = \sqrt{2}d \\ x_{03} = -\sqrt{2}d \end{array}\right\} \qquad (2.108)$$

Existem três pontos de equilíbrio. O gráfico de $U(x)/W$ *versus* x/d é mostrado na Figura 2.16. O equilíbrio é estável em x_{02} e x_{03}, mas é instável em x_{01}. O movimento é limitado para todas as energias $E < 0$. Podemos determinar os pontos de reversão para qualquer energia E, definindo $E = U(x)$.

$$E = -\frac{W}{8} = U(y) = \frac{-W(y^2 + 1)}{y^4 + 8} \qquad (2.109)$$

$$y^4 + 8 = 8y^2 + 8$$

$$y^4 = 8y^2$$

$$y = \pm 2\sqrt{2}, 0 \qquad (2.110)$$

Os pontos de reversão para $E = -W/8$ são $x = -2\sqrt{2}d$ e $+2\sqrt{2}d$, bem como $x = 0$, que é o ponto de equilíbrio instável.

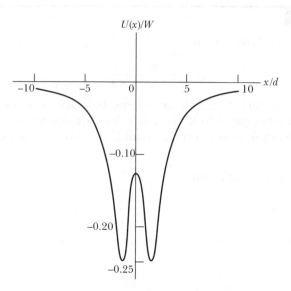

FIGURA 2.16 Exemplo 2.13. Gráfico de $U(x)/W$.

2.7 Limitações da mecânica newtoniana

Neste capítulo, apresentaremos conceitos como posição, tempo, quantidade de movimento e energia. Temos concluído que todas essas quantidades são mensuráveis e podem ser especificadas com qualquer posição desejada, dependendo somente do grau de sofisticação de nossos instrumentos de medição. Na realidade, essa implicação parece ser comprovada por nossa experiência com todos os objetos macroscópicos. Por exemplo, em qualquer instante de tempo podemos medir com grande precisão a posição, digamos, de um planeta em órbita em torno do Sol. Uma série dessas medições nos permite determinar (também com grande precisão) a velocidade do planeta em qualquer posição especificada.

Entretanto, quando tentamos efetuar medidas precisas em objetos mcroscópicos, encontramos uma limitação natural na precisão dos resultados. Por exemplo, podemos medir de forma concebível a posição de um elétron por meio do espalhamento de um fóton de luz a partir desse elétron. A característica ondulatória do fóton impede uma medição *exata* e podemos determinar a posição do elétron dentro de alguma incerteza Δx relacionada à *extensão* (isto é, ao comprimento de onda) do fóton. Entretanto, o próprio procedimento de medição induz uma mudança no estado do elétron, pois o espalhamento do fóton fornece quantidade de movimento ao elétron. Essa quantidade de movimento apresenta uma incerteza da ordem de Δp. O produto $\Delta x\, \Delta p$ é uma medição da precisão com a qual podemos determinar simultaneamente a posição e a quantidade de movimento do elétron; $\Delta x \to 0$, $\Delta p \to 0$ implica uma medição com toda a precisão imaginável. O físico alemão Werner Heisenberg (1901–1976) demonstrou em 1927 que esse produto deve sempre ser maior do que um certo valor mínimo.[19] Então, não podemos especificar simultaneamente a posição *e a* quantidade de movimento de um elétron com precisão infinita, pois se $\Delta x \to 0$, devemos ter $\Delta p \to \infty$ para satisfazer o **princípio da incerteza de Heisenberg**.

O valor mínimo de $\Delta x\, \Delta p$ é da ordem de 10^{-34} J · s. Ele é extremamente pequeno para padrões macroscópicos e, desse modo, não existe nenhuma dificuldade prática na realização

---

[19] Este resultado também se aplica à medição em um tempo específico, no qual o produto das incertezas é $\Delta E\, \Delta t$ (que tem as mesmas dimensões que $\Delta x\, \Delta p$).

CAPÍTULO 2 – Mecânica Newtoniana – partícula única   **79**

de medições simultâneas de posição e quantidade de movimento para objetos em escala de laboratório. As leis de Newton podem, portanto, ser aplicadas se a posição e a quantidade de movimento forem precisamente definidas. Porém, por causa do princípio da incerteza, a mecânica newtoniana não pode ser aplicada aos sistemas microscópicos. Para superar essas dificuldades fundamentais no sistema newtoniano, um novo método para tratar os fenômenos microscópicos foi desenvolvido a partir de 1926. O trabalho de Erwin Schrödinger (1887–1961), Heisenberg, Max Born (1872–1970), Paul Dirac (1902–1984), e outros, colocou essa disciplina sobre bases firmes. A mecânica newtoniana é então perfeitamente adequada para a descrição de fenômenos em grande escala. Porém, precisamos da nova mecânica (quântica) para analisar os processos no domínio atômico. À medida que o tamanho do sistema aumenta, a mecânica quântica muda para a forma limitadora da mecânica newtoniana.

Além das limitações fundamentais da mecânica newtoniana quando aplicada a objetos microscópicos, existe uma outra dificuldade inerente no esquema newtoniano – que repousa no conceito de tempo. Na visão newtoniana, o tempo é *absoluto*, ou seja, supõe-se que sempre será possível determinar de forma não ambígua se dois eventos ocorrerem simultaneamente ou se um precedeu o outro. Para decidir sobre a sequência temporal de eventos, os dois observadores dos eventos deverão estar em comunicação simultânea, seja através de algum sistema de sinais ou pelo acerto de dois relógios exatamente sincronizados nos pontos de observação. Porém, o ajuste de dois relógios em sincronismo exato requer o conhecimento do tempo de trânsito de um sinal *em um sentido* de um observador a outro. (Podemos conseguir isso se já tivermos dois relógios sincronizados, porém, este é um argumento circular.) Entretanto, quando realmente medimos as velocidades do sinal, sempre obtemos uma velocidade *média* de propagação em sentidos opostos. Além disso, a preparação de um experimento para medir a velocidade em somente *uma* direção leva inevitavelmente à introdução de alguma nova suposição que não pode ser comprovada antes do experimento.

Sabemos que a comunicação simultânea por meio de sinalização é impossível: As interações entre os corpos materiais se propagam com velocidade finita e uma interação de algum tipo deverá ocorrer para a transmissão de um sinal. A velocidade *máxima* com a qual qualquer sinal pode ser propagado é aquela da luz no espaço livre: $c \cong 3 \times 10^8$ m/s.[20]

As dificuldades para se estabelecer uma escala de tempo entre dois pontos separados nos levam a acreditar que o tempo, afinal, não é absoluto, e que o espaço e o tempo estão de alguma forma intimamente relacionados. A solução do dilema foi encontrada nos anos 1904–1905 por Hendrik Lorenz (1853–1928), Henri Poincaré (1854–1912) e Albert Einstein (1879–1955) e está incorporada na **teoria especial da relatividade** (veja o Capítulo 14).

Portanto, a mecânica newtoniana está sujeita a limitações fundamentais quando pequenas distâncias ou altas velocidades são encontradas. As dificuldades com a mecânica newtoniana também podem ocorrer quando envolvemos objetos de grandes massas ou distâncias enormes. Uma limitação prática também ocorre quando o número de corpos que constitutuem o sistema é grande. No Capítulo 8, veremos que não é possível obter uma solução geral na forma fechada para o movimento de um sistema com mais de dois corpos interagindo, mesmo para o caso relativamente simples da interação gravitacional. Para calcular o movimento em um sistema de três corpos, devemos recorrer a um procedimento de aproximação numérica. Apesar desse método ser, em princípio, capaz de obter qualquer precisão desejada, o trabalho envolvido é considerável. O movimento de sistemas ainda mais complexos (por exemplo, o sistema composto por todos os principais objetos no sistema solar) pode ser calculado de forma similar, porém o procedimento se torna rapidamente incontrolável para ser muito utilizável em qualquer sistema de maior porte. O cálculo do movimento das moléculas individuais, digamos, em um centímetro cúbico de gás contendo $\approx 10^{19}$ está claramente fora de questão. Um método

---

[20] A velocidade da luz foi agora definida como sendo 299.792.458,0 m/s para comparações de outras medições mais padronizadas. O metro é agora definido como a distância percorrida pela luz no vácuo durante um intervalo de tempo de 1/299.792.458 de segundo

80 Dinâmica clássica de partículas e sistemas

bem-sucedido de cálculo das propriedades *médias* desses sistemas foi desenvolvido no final do século 19 por Boltzmann, Maxwell, Gibbs, Liouville e outros. Esses procedimentos permitiram o cálculo da dinâmica dos sistemas com base na teoria da probabilidade, evoluindo para uma *mecânica estatística*. Alguns comentários relativos aos conceitos estatísticos na mecânica são encontrados na Seção 7.13.

PROBLEMAS

2.1. Suponha que a força atuando sobre uma partícula seja fatorável em uma das formas abaixo:
(a) $F(x_i, t) = f(x_i)g(t)$ (b) $F(\dot{x}_i, t) = f(\dot{x}_i)g(t)$ (c) $F(x_i, \dot{x}_i) = f(x_i)g(\dot{x}_i)$
Para quais casos as equações de movimento são integráveis?

2.2. Uma partícula de massa m tem seu movimento restrito sobre a superfície de uma esfera de raio R por uma força aplicada $\mathbf{F}(\theta, \phi)$. Escreva a equação de movimento.

2.3. Se um projétil é disparado da origem do sistema de coordenadas com uma velocidade inicial v_0, em uma direção que faz um ângulo α com a horizontal, calcule o tempo necessário para que o projétil cruze uma linha que passa pela origem e faz um ângulo $\beta < \alpha$ com a horizontal.

2.4. Um palhaço faz malabarismo com quatro bolas simultaneamente. Os alunos utilizam uma gravação em vídeo para determinar que o palhaço leva 0,9 s para trocar cada bola entre suas mãos (inclui pegar, transferir e lançar) e estar pronto para pegar a próxima bola. Qual é a velocidade vertical mínima que o palhaço deve utilizar para lançar cada bola para cima?

2.5. Um piloto de jato sabe que é capaz de suportar uma aceleração de $9g$ antes de perder os sentidos. Ele aponta sua aeronave verticalmente para baixo voando em velocidade Mach 3 e pretende arremeter em uma manobra circular antes de colidir com o solo. (a) Onde ocorre a aceleração máxima na manobra? (b) Qual é o raio mínimo que o piloto pode utilizar?

2.6. Na nevasca de 88, uma fazendeira foi forçada a lançar fardos de feno de um avião para alimentar seu gado. A aeronave voou horizontalmente a 160 km/h e jogou os fardos de uma altura de 80 m sobre a pastagem plana. (a) Ela queria que os fardos aterrissassem 30 m atrás dos animais para não atingi-los. Onde ela deveria empurrar os fardos para fora do avião? (b) Para não atingir os animais, qual é o maior erro de tempo que ela poderia cometer ao empurrar os fardos para fora da aeronave? Ignore a resistência do ar.

2.7. Inclua a resistência do ar para os fardos de feno no problema anterior. Um fardo de feno tem massa aproximada de 30 kg e área de cerca de 0,2 m². Considere a resistência do ar proporcional ao quadrado da velocidade e faça $c_W = 0,8$. Faça um gráfico das trajetórias no computador se os fardos de feno aterrissarem atrás dos animais, para os casos com e sem resistência do ar. Se os fardos de feno fossem lançados ao mesmo tempo nos dois casos, qual seria a distância entre suas posições de aterrissagem?

2.8. Um projétil é disparado com velocidade v_0, de modo a passar entre dois pontos a uma distância h acima da horizontal. Mostre que, se a arma for ajustada para alcance máximo, a separação entre os pontos é

$$d = \frac{v_0}{g}\sqrt{v_0^2 - 4gh}$$

2.9. Considere um projétil disparado verticalmente em um campo gravitacional constante. Para as mesmas velocidades iniciais, compare os tempos necessários para que o projétil alcance sua altura máxima (a) para força resistiva zero, (b) para uma força resistiva proporcional à velocidade instantânea do projétil.

CAPÍTULO 2 – Mecânica Newtoniana – partícula única   **81**

2.10. Repita o Exemplo 2.4 efetuando um cálculo no computador para resolver a Equação 2.22. Use os valores a seguir: $m = 1$ kg, $v_0 = 10$ m/s, $x_0 = 0$ e $k = 0,1$ s^{-1}. Elabore gráficos de v *versus* t, x *versus* t e v *versus* x. Compare com os resultados do Exemplo 2.4 para verificar se os seus resultados são razoáveis.

2.11. Considere uma partícula de massa m cujo movimento inicia a partir do repouso em um campo gravitacional constante. Se uma força resistiva proporcional ao quadrado da velocidade (isto é, kmv^2) for encontrada, mostre que a distância s de queda da partícula na aceleração de v_0 a v_1 é fornecida por

$$s(v_0 \rightarrow v_1) = \frac{1}{2k} \operatorname{Em} \left[\frac{g - kv_0^2}{g - kv_1^2} \right]$$

2.12. Uma partícula é lançada verticalmente para cima em um campo gravitacional constante com velocidade inicial v_0. Demonstre que se existir uma força de retardo proporcional ao quadrado da velocidade instantânea, a velocidade da partícula ao retornar à posição inicial será

$$\frac{v_0 v_t}{\sqrt{v_0^2 + v_t^2}}$$

onde v_t é a velocidade terminal.

2.13. Uma partícula se move em um meio sob a influência de uma força de retardo igual a $mk(v^3 + a^2 v)$, onde k e a são constantes. Mostre que para qualquer valor de velocidade inicial, a partícula nunca se moverá por uma distância maior do que $\pi/2ka$ e que ela entra em repouso somente para $t \rightarrow \infty$.

2.14. Um projétil é disparado com velocidade inicial v_0 em um ângulo de elevação α para cima de uma colina com inclinação $\beta (\alpha > \beta)$.
(a) Qual será a distância de aterrissagem do projétil colina acima?
(b) Em qual ângulo α será obtido o alcance máximo?
(c) Qual é o alcance máximo?

2.15. Uma partícula de massa m desliza para baixo sobre um plano inclinado sob a influência da gravidade. Se o movimento estiver sujeito a uma força resistiva $f = kmv^2$, demonstre que o tempo necessário para sua movimentação por uma distância d a partir do repouso é

$$t = \frac{\cosh^{-1}(e^{kd})}{\sqrt{kg \operatorname{sen}\theta}}$$

onde θ é o ângulo de inclinação do plano.

2.16. Uma partícula é lançada com velocidade inicial v_0 para cima de uma rampa que faz um ângulo α com a horizontal. Suponha movimento sem atrito e determine o tempo necessário para que a partícula retorne à sua posição inicial. Determine o tempo para $v_0 = 2,4$ m/s e $\alpha = 26°$.

2.17. Um jogador de softball robusto bate na bola a uma altura de 0,7 m acima da base inicial. A bola é liberada do taco do jogador em um ângulo de elevação de 35° e se desloca até uma cerca com 2 m de altura a 60 m de distância no campo central. Qual deverá ser a velocidade inicial da bola para ultrapassar a cerca do campo central. Ignore a resistência do ar.

2.18. Inclua a resistência do ar proporcional ao quadrado da velocidade da bola no problema anterior. Considere o coeficiente de arrasto como sendo $c_W = 0,5$, o raio da bola igual a 5 cm e sua massa 200 g. **(a)** Determine a velocidade inicial da bola necessária para ultrapssar a cerca agora. **(b)** Para essa velocidade, determine o ângulo de elevação inicial que permite que a bola ultrapasse a cerca com maior facilidade. Nessa nova situação, em quanto a bola ultrapassará a cerca?

2.19. Se um projétil se move de forma que sua distância do ponto de lançamento é sempre crescente, encontre o ângulo máximo em relação à horizontal com o qual a partícula poderia ter sido lançada. (Despreze a resistência do ar.)

82   Dinâmica clássica de partículas e sistemas

2.20. Um canhão dispara um projétil de 10 kg para o qual as curvas da Figura 2.3 se aplicam. A velocidade na saída da boca do canhão é 140 m/s. Qual deverá ser o ângulo de elevação do cano para atingir um alvo no mesmo plano horizontal do canhão e a 1000 m de distância? Compare os resultados com aqueles do caso sem retardo.

2.21. Demonstre diretamente que a taxa de tempo de mudança da quantidade de movimento angular em torno da origem para um projétil disparado da origem (g constante) é igual ao momento de força (ou torque) em torno da origem.

2.22. O movimento de uma partícula carregada em um campo eletromagnético pode ser obtido pela **equação de Lorentz**[21] para a força sobre uma partícula nesse tipo de campo. Se o vetor do campo elétrico é **E** e o vetor do campo magnético é **B**, a força sobre uma partícula de massa m, com uma carga q e velocidade **v** é fornecida por

$$\mathbf{F} = q\mathbf{E} + q\mathbf{v} \times \mathbf{B}$$

onde supomos que $v \ll c$ (velocidade da luz).

(a) Se não existe nenhum campo elétrico e se a partícula adentra o campo magnético em uma direção perpendicular às linhas de fluxo magnético, mostre que a trajetória é um círculo com raio

$$r = \frac{mv}{qB} = \frac{v}{\omega_c}$$

onde $\omega_c \equiv qB/m$ é a *frequência do cíclotron*.

(b) Escolha o eixo z na direção de **B** e considere o plano contendo **E** e **B** como o plano yz. Desse modo,

$$\mathbf{B} = B\mathbf{k}, \quad \mathbf{E} = E_y\mathbf{j} + E_z\mathbf{k}$$

Demonstre que a componente z do movimento é fornecida por

$$z(t) = z_0 + \dot{z}_0 t + \frac{qE_z}{2m}t^2$$

onde

$$z(0) \equiv z_0 \quad \mathbf{e} \quad \dot{z}(0) \equiv \dot{z}_0$$

(c) Continue o cálculo e obtenha expressões para $\dot{x}(t)$ e $\dot{y}(t)$. Demonstre que as médias de tempo dessas componentes da velocidade são

$$\langle \dot{x} \rangle = \frac{E_y}{B}, \quad \langle \dot{y} \rangle = 0$$

(Mostre que o movimento é periódico e calcule a média sobre um período completo.)

(d) Integre as equações de velocidade encontradas em (c) e demonstre (com as condições iniciais $x(0) = -A/\omega_c$, $\dot{x}(0) = E_y/B$, $y(0) = 0$, $\dot{y}(0) = A$),

$$x(t) = \frac{-A}{\omega_c}\cos\omega_c t + \frac{E_y}{B}t, \quad y(t) = \frac{A}{\omega_c}\operatorname{sen}\omega_c t$$

Essas são as equações paramétricas de um trocoide. Faça um gráfico da projeção da trajetória no plano xy — para os casos (i) $A > |E_y/B|$, (ii) $A < E_y/B|$ e (iii) $A = E_y/B|$. (O último caso produz um cicloide.)

2.23. Uma partícula de massa $m = 1$ kg está sujeita a uma força unidimensional $F(t) = kte^{-\alpha t}$, onde $k = 1$ N/s e $\alpha = 0,5$ s^{-1}. Se a partícula estiver inicialmente em repouso, calcule e elabore um gráfico, com a ajuda de um computador, da posição, velocidade e aceleração da partícula como função do tempo.

---

[21] Veja, por exemplo, Heald e Marion, **Classical Electromagnetic Radiation** (95, Seção 1.7).

2.24. Um esquiador pesando 90 kg parte do repouso para descer uma encosta com inclinação de 17°. Ele desliza 100 m encosta abaixo e, a seguir, interrompe a impulsão ao longo de 70 m de neve nivelada até parar. Determine o coeficiente de atrito cinético entre os esquis e a neve. Qual velocidade o esquiador deverá alcançar na base da encosta?

2.25. Um bloco de massa $m = 1,62$ kg desliza para baixo sobre uma pista inclinada sem atrito (Figura 2.A). Ele é liberado a uma altura $h = 3,91$ m acima da base do loop.
(a) Qual é a força da pista inclinada sobre o bloco na base (ponto A)?
(b) Qual é a força da pista sobre o bloco no ponto B?
(c) Qual será a velocidade do bloco ao deixar a pista?
(d) A qual distância do ponto **A** o bloco aterrissará no chão?
(e) Elabore um gráfico da energia potencial $U(x)$ do bloco. Indique a energia total no gráfico.

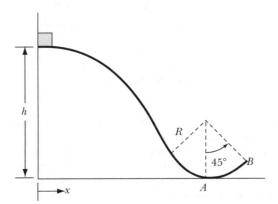

FIGURA 2.A Problema 2.25.

2.26. Uma criança desliza um bloco de massa 2 kg ao longo de um piso de cozinha liso. Se a velocidade inicial é 4 m/s e o bloco bate em uma mola com constante de mola 6 N/m, qual será a compressão máxima da mola? Qual será o resultado se o bloco deslizar por 2 m de piso áspero, com $\mu_k = 0,2$?

2.27. Uma corda com massa total 0,4 kg e comprimento total 4 m tem 0,6 m de seu comprimento pendente para fora de uma bancada de trabalho. Qual será o trabalho necessário para colocar toda a corda sobre a bancada?

2.28. Uma bola extremamente elástica de massa M e um bloco de mármore de massa m são liberados em queda de uma altura h com o bloco de mármore logo acima da bola. Uma bola desse tipo apresenta um coeficiente de restituição aproximadamente 1 (isto é, sua colisão é essencialmente elástica). Ignore os tamanhos da bola elástica e do bloco de mármore. A bola elástica colide com o chão, quica e bate no mármore, fazendo com que ele se movimente para cima. Qual é a altura do deslocamento do mármore se o movimento ocorrer totalmente na vertical? Qual é a altura atingida pela bola elástica?

2.29. Um motorista dirigindo um automóvel sobre um declive com 8% de inclinação efetua uma frenagem abrupta e "patina" por uma distância de 30 m antes de colidir com um carro estacionado. Um advogado contrata um especialista que mede o coeficiente de atrito cinético entre os pneus e a pista, obtendo um valor de $\mu_k = 0,45$. O advogado está correto ao acusar o motorista de ter excedido o limite de velocidade de 25 mph (40,23 km/h)? Explique.

2.30. Uma estudante deixa cair uma bexiga cheia de água da cobertura do prédio mais alto na cidade para atingir sua colega de quarto no chão (que é muito rápida). A primeira estudante se esconde, mas ouve o barulho do rompimento da bexiga no chão 4,021 s após a queda. Se a velocidade do som é 331 m/s, determine a altura do prédio, desprezando a resistência do ar.

2.31. No Exemplo 2.10, a velocidade inicial da partícula carregada entrante não tem nenhuma componente ao longo do eixo x. Demonstre que, mesmo se ela tivesse uma componente x, o movimento subsequente da partícula seria o mesmo, com alteração somente do raio da espiral.

2.32. Dois blocos de massas diferentes são conectados por um fio sobre uma polia lisa (Figura 2.B). Se o coeficiente de atrito cinético é μk, qual é o ângulo θ do plano inclinado que permite o movimento das massas em velocidade constante?

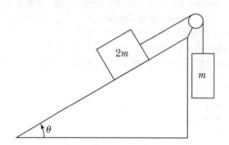

FIGURA 2.B   Problema 2.32.

2.33. Efetue um cálculo no computador para um objeto se movimentando verticalmente no ar sob a ação da gravidade e sujeito a uma força de retardo proporcional ao quadrado da velocidade do objeto (veja a Equação 2.21). Use as variáveis m para massa e r para o raio do objeto. Todos os objetos são liberados em queda da cobertura de um edifício com 100 m de altura. Use um valor de $c_W = 0{,}5$ e gere gráficos no computador para altura y, velocidade v e aceleração a versus t sob as condições a seguir e responda às questões:
(a) Uma bola de beisebol de massa $m = 0{,}145$ kg e raio $r = 0{,}0366$ m.
(b) Uma bola de pingue-pongue de massa $m = 0{,}0024$ kg e raio $r = 0{,}019$ m.
(c) Uma gota de chuva de raio $r = 0{,}003$ m.
(d) Todos os objetos alcançam suas velocidades terminais? Discuta os valores das velocidades terminais e explique suas diferenças.
(e) Por que uma bola de beisebol pode ser lançada mais longe do que uma bola de pingue-pongue, mesmo com a bola de beisebol tendo uma massa maior?
(f) Discuta as velocidades terminais de gotas de chuva grandes e pequenas. Quais serão as velocidades terminais de gotas de chuva com raios 0,002 m e 0,004 m?

2.34. Uma partícula é liberada do repouso ($y = 0$) e cai sob a influência da gravidade e da resistência do ar. Determine o relacionamento entre v e a distância de queda y quando a resistência do ar for igual a **(a)** αv e **(b)** βv^2.

2.35. Efetue os cálculos numéricos do Exemplo 2.7 para os valores fornecidos na Figura 2.8. Elabore os gráficos das Figuras 2.8 e 2.9. Não duplique a solução no Apêndice H; elabore sua própria solução.

2.36. Um canhão se localiza sobre uma elevação de altura h sobre o vale de um rio. Se a velocidade de disparo na boca do canhão é v_0, determine a expressão para o alcance em função do ângulo de elevação da arma. Resolva numericamente para o alcance máximo no vale para uma determinada altura h e v_0.

2.37. Uma partícula de massa m tem velocidade $v = \alpha/x$, onde x é o seu deslocamento. Determine a força $F(x)$ responsável.

2.38. A velocidade de uma partícula de massa m varia com a distância x conforme $v(x) = \alpha x^{-n}$. Suponha $v(x = 0) = 0$ em $t = 0$. **(a)** Determine a força $F(x)$ responsável. **(b)** Determine $x(t)$ e **(c)** $F(t)$.

2.39. Um barco com velocidade inicial é empurrado em um lago. Ele é tem a sua velocidade reduzida pela água por uma força $F = -\alpha e^{\beta v}$. **(a)** Determine uma expressão para a velocidade $v(t)$. **(b)** Determine o tempo e **(c)** a distância percorrida pelo barco até parar.

2.40. Uma partícula se move em órbita bidimensional definida por

$$x(t) = A(2\alpha t - \text{sen } \alpha t)$$
$$y(t) = A(1 - \cos \alpha t)$$

(a) Determine a aceleração tangencial a_t e a aceleração normal a_n como uma função do tempo, onde as componentes tangencial e normal são consideradas em relação à velocidade.
(b) Determine em quais tempos a órbita atingirá seu ponto máximo.

2.41. Um trem se move ao longo da via em velocidade constante u. Uma mulher no trem arremessa uma bola de massa m em linha reta para frente, com velocidade v em relação a ela mesma. **(a)** Qual é o ganho de energia cinética da bola, medido por uma pessoa no trem? **(b)** por uma pessoa em pé ao lado da via férrea? **(c)** Qual será o trabalho efetuado pela mulher que arremessa a bola e **(d)** pelo trem?

2.42. Um cubo sólido de densidade uniforme e lados com dimensão b se encontra em equilíbrio na parte superior de um cilindro de raio R (Figura 2.C). Os planos dos quatro lados do cubo são paralelos ao eixo do cilindro. O contato entre o cubo e o cilindro é perfeitamente áspero. Sob quais condições o equilíbrio é estável ou não estável?

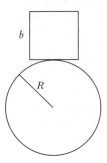

FIGURA 2.C Problema 2.42.

2.43. Uma partícula se encontra sob a influência de uma força $F = -kx + kx^3/\alpha^2$, onde k e α são constantes e k é positivo. Determine $U(x)$ e discuta o movimento. O que ocorre quando $E = (1/4)\,k\alpha^2$?

2.44. Resolva o Exemplo 2.12 utilizando forças em vez de energia. Como é possível determinar se o equilíbrio do sistema é estável ou instável?

2.45. Descreva como determinar se um equilíbrio é estável ou instável quando (d^2U/dx^2).

2.46. Escreva os critérios para determinar se um equilíbrio é estável ou instável quando todas as derivadas até a ordem $n, (d^2U/dx^2)_0 = 0$.

2.47. Considere uma partícula se movendo na região $x > 0$ sob influência do potencial

$$U(x) = U_0\left(\frac{a}{x} + \frac{x}{a}\right)$$

onde $U_0 = 1$ J e $a = 2$ m. Faça o gráfico do potencial, determine os pontos de equilíbrio e se eles são máximos ou mínimos.

86 Dinâmica clássica de partículas e sistemas

2.48. Duas estrelas ligadas gravitacionalmente com massas iguais m, separadas por uma distância d, giram ao redor do seu centro de massa em órbitas circulares. Demonstre que o período τ é proporcional a $d^{3/2}$ (Terceira Lei de Kepler) e determine a constante de proporcionalidade.

2.49. Duas estrelas ligadas gravitacionalmente com massas diferentes m_1 e m_2, separadas por uma distância d, giram ao redor do seu centro de massa em órbitas circulares. Demonstre que o período τ é proporcional a $d^{3/2}$ (Terceira Lei de Kepler) e determine a constante de proporcionalidade.

2.50. De acordo com a relatividade especial, uma partícula de massa m_0 em repouso, acelerada em uma dimensão por uma força F, obedece a equação de movimento $dp/dt = F$. Nesse caso, $p = m_0 v / (1 - v^2/c^2)$ é a quantidade de movimento relativístico, que se reduz a $m_0 v$ para $v^2/c^2 \ll 1$. **(a)** Para o caso de F constante e condições iniciais $x(0) = 0 = v(0)$, determine $x(t)$ e $v(t)$. **(b)** Faça um gráfico do seu resultado para $v(t)$. **(c)** Suponha que $F/m_0 = 10$ m/s^2 ($\approx g$ na Terra). Qual será o tempo necessário para que a partícula alcance metade da velocidade da luz e 99% da velocidade da luz?

2.51. Façamos a suposição (não realista) de que um barco de massa m, movendo-se com velocidade inicial v_0 na água, tenha sua velocidade reduzida por uma força de retardo viscosa de magnitude bv^2, onde b é uma constante. **(a)** Determine e faça um gráfico para $v(t)$. Qual será o tempo necessário para que o barco alcance uma velocidade de $v_0/1000$? **(b)** Determine $x(t)$. Qual será a distância percorrida pelo barco nesse tempo? Considere $m = 200$ kg, $v_0 = 2$ m/s e $b = 0,2$ Nm^{-2}s^2.

2.52. Uma partícula de massa m se movimentando em uma dimensão tem energia potencial $U(x) = U_0[2(x/a)^2 - (x/a)^4]$, onde U_0 e a são constantes positivas. **(a)** Determine a força $F(x)$ atuando sobre a partícula. **(b)** Faça um gráfico de $U(x)$. Determine as posições de equilíbrio estável e instável. **(c)** Qual será a frequência angular ω das oscilações em torno do ponto de equilíbrio? **(d)** Qual será a velocidade mínima que a partícula deverá ter na origem para escapar para o infinito? **(e)** Em $t = 0$, a partícula encontra-se na origem e sua velocidade é positiva e igual em magnitude à velocidade do item **(d)**. Determine $x(t)$ e faça um gráfico do resultado.

2.53. Quais das forças a seguir são conservativas? No caso de serem conservativas, determine a energia potencial $U(\mathbf{r})$. **(a)** $F_x = ayz + bx + c$, $F_y = axz + bz$, $F_y = axy + by$. **(b)** $F_x = -ze^{-x}$, $F_y = \text{In } z$, $F_z = e^{-x} + y/z$. **(c)** $\mathbf{F} = \mathbf{e}_r a/r (a, b, c$ são constantes).

2.54. Uma batata de massa 0,5 kg se move sob a gravidade da Terra, com uma força resistiva do ar igual a $-kmv$. **(a)** Determine a velocidade terminal caso a batata seja liberada do repouso e $k = 0,01$ s^{-1}. **(b)** Determine a altura máxima da batata se ela tem o mesmo valor de k, porém é lançada inicialmente para cima com uma "pistola de batata" feita por um aluno, com uma velocidade inicial de 120 m/s.

2.55. Uma abóbora de massa 5 kg, lançada de um "canhão" feito por um aluno sob pressão atmosférica, em um ângulo de elevação de 45°, caiu a uma distância de 142 m do canhão. Os alunos utilizaram feixes de luz e fotocélulas para medir a velocidade inicial de $F = -kmv$. Qual era o valor de k?

CAPÍTULO 3

Oscilações

3.1 Introdução

Começamos pela consideração do movimento oscilatório de uma partícula restrita a se mover em uma dimensão. Supomos que a posição de equilíbrio estável existe para a partícula e que designamos este ponto como a origem (veja a Seção 2.6). Se a partícula é deslocada a partir da origem (em qualquer direção), uma determinada força tende a restaurar a partícula para a sua posição original. Um exemplo é um átomo em uma longa cadeia molecular. Em geral, a força de restauração é uma função um pouco complexa do deslocamento e talvez da velocidade da partícula, ou até de alguma derivada temporal de mais alta ordem da coordenada de posição. Consideramos aqui apenas os casos nos quais a força de restauração F é uma função somente do deslocamento: $F = F(x)$.

Supomos que a função $F(x)$ que descreve a força de restauração possui derivadas contínuas de todas as ordens de modo que a função possa ser expandida em uma série de Taylor:

$$F(x) = F_0 + x\left(\frac{dF}{dx}\right)_0 + \frac{1}{2!}\, x^2\left(\frac{d^2F}{dx^2}\right)_0 + \frac{1}{3!}\, x^3\left(\frac{d^3F}{dx^3}\right)_0 + \cdots \qquad (3.1)$$

onde F_0 é o valor de $F(x)$ na origem ($x = 0$) e $(d^nF/dx^n)_0$ é o valor da n-ésima derivada na origem. Como a origem é definida como sendo o ponto de equilíbrio, F_0 deve ser anulada, pois, caso contrário, a partícula se afastaria do ponto de equlíbrio e não retornaria. Então, se concentrarmos nossa atenção nos deslocamentos suficientemente pequenos da partícula, poderemos normalmente desprezar todos os termos envolvendo x_2 e potências mais altas de x. Portanto, temos a relação aproximada

$$\boxed{F(x) = -kx} \qquad (3.2)$$

onde substituímos $k \equiv -(dF/dx)_0$. Uma vez que a força de restauração está sempre direcionada no sentido da posição de equlíbrio (a origem), a derivada $(dF/dx)_0$ é negativa e, portanto, k é uma constante positiva. Somente a primeira potência do deslocamento ocorre em $F(x)$, de modo que a força de restauração nessa aproximação é uma força *linear*.

Os sistemas físicos descritos nos termos da Equação 3.2 obedecem a **Lei de Hooke**.[1] Uma das classes de processos físicos que pode ser tratada pela aplicação da Lei de Hooke é aquela que envolve as deformações elásticas. Enquanto os deslocamentos são pequenos e os limites elásticos não são excedidos, uma força de restauração linear poderá ser utilizada em problemas

---

[1] Robert Hooke (1635 − 1703). O equivalente dessa lei de força foi originalmente anunciado por Hooke em 1676 na forma de um criptograma em latim: CEIIINOSSSTTUV. Hooke forneceu posteriormente uma tradução: *ut tensio sic vis* [o alongamento é proporcional à força].

88 Dinâmica clássica de partículas e sistemas

de molas estendidas, molas elásticas, vigas flexionadas e problemas similares. Porém, devemos enfatizar que esses cálculos são somente aproximados, pois todas as forças reais de restauração na natureza são essencialmente mais complicadas do que a força simples da Lei de Hooke. As forças lineares constituem apenas aproximações úteis e sua validade se limita aos casos nos quais as amplitudes das oscilações são pequenas (porém, veja o Problema 3.8).

Oscilações amortecidas, normalmente resultantes do atrito, são quase sempre o tipo de oscilações que ocorrem na natureza. Aprenderemos neste capítulo como projetar um sistema eficientemente amortecido. Esse amortecimento das oscilações pode ser neutralizado se algum mecanismo fornecer ao sistema a energia de uma fonte externa em uma taxa igual àquela absorvida pelo meio de amortecimento. Movimentos desse tipo são denominados oscilações **impelidas** (ou **forçadas**). Elas são normalmente senoidais e têm aplicações importantes em vibrações mecânicas, bem como em sistemas elétricos.

A discussão abrangente de sistemas oscilatórios lineares é garantida pela grande importância dos fenômenos oscilatórios em muitas áreas da física e da engenharia. Com frequência, permite-se a utilização da aproxiamção linear na análise desses sistemas. A utilidade dessas análises se deve, em grande parte, ao fato de que podemos normalmente utilizar métodos *analíticos*.

Quando observamos os sistemas físicos com mais cuidado, percebemos que um grande número deles é *não linear* em geral. Discutiremos sistemas não lineares no Capítulo 4.

3.2 Oscilador harmônico simples

A equação de movimento do oscilador harmônico simples pode ser obtida substituindo-se a força da Lei de Hooke na equação newtoniana $F = ma$. Desse modo,

$$-kx = m\ddot{x} \tag{3.3}$$

Se definirmos

$$\omega_0^2 \equiv k/m \tag{3.4}$$

a Equação 3.3 se torna

$$\boxed{\ddot{x} + \omega_0^2 x = 0} \tag{3.5}$$

De acordo com os resultados do Apêndice C, a solução dessa equação pode ser expressa de duas formas

$$x(t) = A\,\text{sen}(\omega_0 t - \delta) \tag{3.6a}$$

$$x(t) = A\cos(\omega_0 t - \phi) \tag{3.6b}$$

onde as fases[2] δ e ϕ diferem entre si por $\pi/2$. (Uma alteração do ângulo da fase corresponde a uma mudança do instante que designamos como $t = 0$, a origem da escala de tempos.) As Equações 3.6a e b exibem o bem conhecido comportamento senoidal do deslocamento do oscilador harmônico simples.

---

[2] O símbolo δ é com frequência utilizado para representar o ângulo de fase e seu valor é atribuído ou determinado no contexto de uma aplicação. Tome cuidado ao utilizar as equações neste capítulo, pois δ em uma aplicação pode não ser o mesmo δ em outra. Pode ser prudente atribuir subscritos, por exemplo, δ_1 e δ_2 ao utilizar diferentes equações.

Podemos obter o relacionamento entre a energia total do oscilador e a amplitude de seu movimento como segue. Utilizando a Equação 3.6a para $x(t)$, encontramos para a energia cinética,

$$T = \frac{1}{2}\, m\dot{x}^2 = \frac{1}{2}\, m\omega_0^2 A^2 \cos^2(\omega_0 t - \delta)$$

$$= \frac{1}{2}\, kA^2 \cos^2(\omega_0 t - \delta) \tag{3.7}$$

A energia potencial pode ser obtida por meio do cálculo do trabalho necessário para deslocar a partícula por uma distância x. O valor incremental de trabalho dW necessário para movimentar a partícula por um valor dx contra a força de restauração F é

$$dW = -F\, dx = kx\, dx \tag{3.8}$$

Integrando de 0 a x e fazendo o trabalho realizado sobre a partícula igual à energia potencial, temos

$$U = \frac{1}{2}\, kx^2 \tag{3.9}$$

Então,

$$U = \frac{1}{2}\, kA^2 \operatorname{sen}^2(\omega_0 t - \delta) \tag{3.10}$$

Combinando as expressões para T e U para determinar a energia total E, temos

$$E = T + U = \frac{1}{2}\, kA^2[\cos^2(\omega_0 t - \delta) + \operatorname{sen}^2(\omega_0 t - \delta)]$$

$$\boxed{E = T + U = \frac{1}{2}\, kA^2} \tag{3.11}$$

de modo que a energia total é proporcional ao *quadrado da amplitude*. Esse é um resultado geral para sistemas lineares. Observe também que E é independente do tempo; ou seja, a energia é conservada. (A conservação de energia é garantida, pois temos considerado um sistema sem perdas por atrito ou outras forças externas.)

O período τ_0 do movimento é definido como sendo o intervalo de tempo entre repetições sucessivas da posição da partícula e do sentido de movimento. Esse intervalo ocorre quando o argumento do seno na Equação 3.6a aumenta por 2π:

$$\omega_0 \tau_0 = 2\pi \tag{3.12}$$

ou

$$\tau_0 = 2\pi \sqrt{\frac{m}{k}} \tag{3.13}$$

Considerando essa expressão, bem como a Equação 3.6, deveria ficar claro que ω_0 representa a **frequência angular** do movimento, que é relacionada com a **frequência** v_0 por[3]

$$\boxed{\omega_0 = 2\pi v_0 = \sqrt{\frac{k}{m}}} \tag{3.14}$$

$$\boxed{v_0 = \frac{1}{\tau_0} = \frac{1}{2\pi}\sqrt{\frac{k}{m}}} \tag{3.15}$$

---

[3] Desse ponto em diante, indicaremos as frequências angulares por ω (unidades: radianos por unidade de tempo) e as frequências por v (unidades: vibrações por unidade de tempo ou Hertz, Hz). Algumas vezes, ω será indicado como "frequência" para simplificação, subentendendo "frequência angular".

90 Dinâmica clássica de partículas e sistemas

Observe que o período do oscilador harmônico simples independe da amplitude (ou energia total). Um sistema que exibe essa propriedade é chamado **isócrono.**

Para muitos problemas, entre os quais o pêndulo simples é o melhor exemplo, a equação do movimento resulta em $\ddot{\theta} + \omega_0^2 \,\text{sen}\, \theta = 0$, onde θ é o ângulo de deslocamento a partir do equilíbrio, e $\omega_0 = \sqrt{g/\ell}$, onde ℓ é o comprimento do braço do pêndulo. Podemos fazer com que essa equação diferencial descreva o movimento harmônico simples com base na premissa da **oscilação pequena**. Se as oscilações em torno do ponto de equilíbrio forem pequenas, expandimos sen θ e cos θ em uma série de potências (veja o Apêndice A) e mantemos apenas os termos mais baixos em termos de importância. Isso normalmente significa que sen $\theta \simeq \theta$ e cos $\theta \simeq 1 - \theta^2/2$, onde θ é medido em radianos. Se utilizarmos a aproximação da oscilação pequena para o pêndulo simples, a equação de movimento acima se torna $\ddot{\theta} + \omega_0^2 \theta = 0$, uma equação que não representa o movimento harmônico simples. Com frequência, deveremos nos basear nessa premissa ao longo de todo esse texto e em seus problemas.

EXEMPLO 3.1

Determine a velocidade angular e o período de oscilação de uma esfera sólida de massa m e raio R sobre um ponto de sua superfície. Veja a Figura 3.1.

Solução. Consideremos a inércia rotacional da esfera como sendo I em torno do ponto em giro. Em física elementar, aprendemos que o valor da inércia rotacional em torno de um eixo que passa pelo centro da esfera é $2/5\, mR^2$. Se utilizarmos o teorema do eixo paralelo, a inércia rotacional em torno do ponto em giro sobre a superfície é $2/5\, mR^2 + mR^2 = 7/5\, mR^2$. A posição de equlíbrio da esfera ocorre quando o centro de massa (centro da esfera) se encontra suspenso logo abaixo do ponto de giro. A força gravitacional $F = mg$ puxa a esfera de volta no sentido da posição de equilíbrio, à medida que a esfera balança para trás e para frente com ângulo θ. O torque na esfera é $N = I\alpha$, onde $\alpha = \ddot{\theta}$ é a aceleração angular. O torque também é $\mathbf{N} = \mathbf{R} \times \mathbf{F}$, com $N = RF\,\text{sen}\,\theta = Rmg\,\text{sen}\,\theta$. Para pequenas oscilações, temos $N = Rmg\,\theta$. Devemos ter $I\ddot{\theta} = -Rmg\,\theta$ para a equação de movimento nesse caso, pois à medida que θ aumenta, $\ddot{\theta}$ é negativo. Precisamos resolver a equação de movimento para θ.

$$\ddot{\theta} + \frac{Rmg}{I}\theta = 0$$

Essa equação é similar à Equação 3.5 e tem soluções para a frequência angular e para o período a partir das Equações 3.14 e 3.15,

$$\omega = \sqrt{\frac{Rmg}{I}} = \sqrt{\frac{Rmg}{\frac{7}{5}mR^2}} = \sqrt{\frac{5g}{7R}}$$

e

$$\tau = 2\pi\sqrt{\frac{I}{Rmg}} = 2\pi\sqrt{\frac{\frac{7}{5}mR^2}{Rmg}} = 2\pi\sqrt{\frac{7R}{5g}}$$

Observe que a massa m não entra. Somente a distância R até o centro de massa determina a frequência de oscilação.

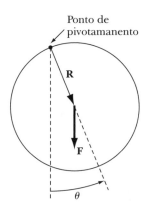

FIGURA 3.1 Exemplo 3.1. O pêndulo físico (esfera).

3.3 Oscilações harmônicas em duas dimensões

Vamos considerar o movimento de uma partícula com dois graus de liberdade. Consideramos a força de restauração proporcional à distância da partícula de um centro de força localizado na origem e a ser direcionada no sentido da origem:

$$\mathbf{F} = -k\mathbf{r} \tag{3.16}$$

que pode ser resolvida em coordenadas polares nas componentes

$$\left. \begin{array}{l} F_x = -kr\cos\theta = -kx \\ F_y = -kr\operatorname{sen}\theta = -ky \end{array} \right\} \tag{3.17}$$

As equações de movimento são

$$\left. \begin{array}{l} \ddot{x} + \omega_0^2 x = 0 \\ \ddot{y} + \omega_0^2 y = 0 \end{array} \right\} \tag{3.18}$$

onde, como antes, $\omega_0^2 = k/m$. As soluções são

$$\left. \begin{array}{l} x(t) = A\cos(\omega_0 t - \alpha) \\ y(t) = B\cos(\omega_0 t - \beta) \end{array} \right\} \tag{3.19}$$

Desse modo, o movimento é uma oscilação harmônica simples nas duas direções, com ambas as oscilações tendo a mesma frequência, porém possivelmente diferindo em termos de amplitude e fase. Podemos obter a equação do caminho da partícula, eliminando o tempo t entre as duas equações (Equação 3.19). Inicialmente, escrevemos

$$\begin{aligned} y(t) &= B\cos[\omega_0 t - \alpha + (\alpha - \beta)] \\ &= B\cos(\omega_0 t - \alpha)\cos(\alpha - \beta) - B\operatorname{sen}(\omega_0 t - \alpha)\operatorname{sen}(\alpha - \beta) \end{aligned} \tag{3.20}$$

Definindo $\delta \equiv \alpha - \beta$ e observando que $\cos(\omega_0 t - \alpha) = x/A$, temos

$$y = \frac{B}{A} x \cos\delta - B\sqrt{1 - \left(\frac{x^2}{A^2}\right)} \operatorname{sen}\delta$$

ou

$$Ay - Bx\cos\delta = -B\sqrt{A^2 - x^2}\operatorname{sen}\delta \tag{3.21}$$

Elevando ao quadrado, essa equação se torna

$$A^2y^2 - 2ABxy \cos \delta + B^2x^2 \cos^2\delta = A^2B^2 \operatorname{sen}^2\delta - B^2x^2 \operatorname{sen}^2\delta$$

de modo que

$$B^2x^2 - 2ABxy \cos \delta + A^2y^2 = A^2B^2 \operatorname{sen}^2\delta \qquad (3.22)$$

Se δ é definido como $\pm \pi/2$, essa equação fica reduzida à equação facilmente reconhecida de uma elipse:

$$\frac{x^2}{A^2} + \frac{y^2}{B^2} = 1, \quad \delta = \pm \pi/2 \qquad (3.23)$$

Se as amplitudes forem iguais, $A = B$ e, se $\delta = \pm \pi/2$, temos o caso especial de movimento circular:

$$x^2 + y^2 = A^2, \quad \text{para } A = B \text{ e } \delta = \pm \pi/2 \qquad (3.24)$$

Outro caso especial resulta no caso de anulação da fase δ; então, temos

$$B^2x^2 - 2ABxy + A^2y^2 = 0, \quad \delta = 0$$

Fatorando,

$$(Bx - Ay)^2 = 0$$

que é a equação de uma linha reta:

$$y = \frac{B}{A}x, \quad \delta = 0 \qquad (3.25)$$

De modo similar, a fase $\delta = \pm \pi$ produz a linha reta com inclinação oposta:

$$y = -\frac{B}{A}x, \quad \delta = \pm \pi \qquad (3.26)$$

As curvas da Figura 3.2 ilustram a Equação 3.22 para o caso $A = B$; $\delta = 90°$ ou $270°$ produz um círculo e $\delta = 180°$ ou $360°$ ($0°$) produz uma linha reta. Todos os outros valores de δ produzem elipses.

No caso *geral* de oscilações bidimensionais, as frequências angulares dos movimentos nas direções x e y não precisam ser iguais, de modo que a Equação 3.19 se torna

$$\left.\begin{array}{l} x(t) = A \cos(\omega_x t - \alpha) \\ y(t) = B \cos(\omega_y t - \beta) \end{array}\right\} \qquad (3.27)$$

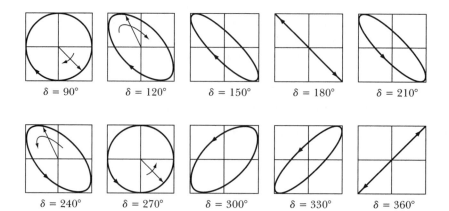

FIGURA 3.2 Movimento de oscilação harmônica para vários ângulos de fase $\delta = \alpha - \beta$.

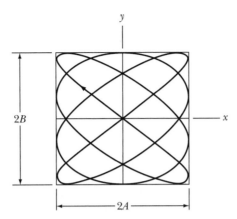

FIGURA 3.3 O movimento oscilatório bidimensional fechado (denominado *curvas de Lissajous*) ocorre sob certas condições das coordenadas x e y.

A trajetória do movimento não é mais uma elipse, mas sim uma **curva de Lissajous**.[4] Essa curva será *fechada* se o movimento se repete em intervalos regulares de tempo. Isso será possível somente se as frequências angulares forem *comensuráveis*, ou seja, se for uma fração racional. Esse caso é mostrado na Figura 3.3, na qual $\omega_y = \frac{3}{4}\omega_x$ (também $\alpha = \beta$). Se a relação entre as frequências angulares não é uma fração racional, a curva será *aberta*, ou seja, a partícula em movimento nunca passará duas vezes pelo mesmo ponto com a mesma velocidade. Nesse caso, quando um tempo suficientemente grande tiver decorrido, a curva passará de forma arbitrária próxima a qualquer ponto determinado sobre o retângulo $2A \times 2B$ e, portanto, "preencherá" o retângulo.[5]

O oscilador bidimensional é um exemplo de sistema no qual uma mudança infinitesimal pode resultar em um tipo de movimento qualitativamente diferente. O movimento se dará ao longo de um caminho fechado se as duas frequências angulares forem comensuráveis. Porém, se a relação entre as frequências angulares divergir de uma fração racional, mesmo por uma quantia infinitesimal, o caminho não será mais fechado e "preencherá" o retângulo. Para que o caminho seja fechado, a reação entre as frequências angulares deverá ser conhecida como sendo uma fração racional com precisão infinita.

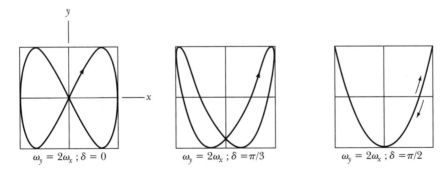

FIGURA 3.4 As curvas de Lissajous dependem bastante das diferenças de fase do ângulo δ.

---

[4] O físico francês Jules Lissajous (1822–1880) demonstrou isso em 1857 e geralmente recebe o crédito, apesar de Nathaniel Bowditch aparentemente ter reportado em 1815 duas oscilações mutuamente ortogonais exibindo o mesmo movimento (Cr81).

[5] Uma prova é fornecida, por exemplo, por Haag (Ha62, p. 36).

94 Dinâmica clássica de partículas e sistemas

Se as frequências angulares dos movimentos nas direções x e y forem diferentes, a forma da curva de Lissajous resultante dependerá da diferença de fase $\delta \equiv \alpha - \beta$. A Figura 3.4 mostra os resultados para o caso $\omega_y = 2\omega_x$, para diferenças de fase 0, $\pi/3$ e $\pi/2$.

3.4 Diagramas de fase

O estado de movimento de um oscilador unidimensional, como aquele discutido na Seção 3.2, será totalmente especificado como uma função do tempo se *duas* quantidades forem fornecidas em um instante de tempo, ou seja, as condições iniciais $x(t_0)$ e $\dot{x}(t_0)$. (As duas quantidades são necessárias pelo fato de a equação diferencial do movimento ser de segunda ordem.) Podemos considerar as quantidades $x(t)$ e $\dot{x}(t)$ como sendo as coordenadas de um ponto em um espaço bidimensional, denominado **espaço de fase**. (Em duas dimensões, o espaço de fase é um *plano* de fase. Porém, para um oscilador geral com n graus de liberdade, o espaço de fase é um espaço $2n$ dimensional). À medida que o tempo varia, o ponto $p(x, \dot{x})$ que descreve o estado da partícula oscilatória se moverá ao longo de um determinado caminho de fase no plano de fase. Para condições iniciais diferentes do oscilador, o movimento será descrito por diferentes caminhos de fase. Qualquer caminho fornecido representa o histórico temporal completo do oscilador para um determinado conjunto de condições iniciais. A totalidade de todos os caminhos de fase possíveis constitui o **retrato da fase** ou **diagrama de fase** do oscilador.[6]

De acordo com os resultados da seção precedente, temos, para o oscilador harmônico simples,

$$x(t) = A \operatorname{sen}(\omega_0 t - \delta) \tag{3.28a}$$

$$\dot{x}(t) = A\omega_0 \cos(\omega_0 t - \delta) \tag{3.28b}$$

Se eliminarmos t dessas equações, encontraremos para a equação do caminho

$$\frac{x^2}{A^2} + \frac{\dot{x}^2}{A^2\omega_0^2} = 1 \tag{3.29}$$

Esta equação representa uma família de elipses,[7] várias das quais mostradas na Figura 3.5. Sabemos que a energia total E do oscilador é $\frac{1}{2}kA^2$ (Equação 3.11) e, pelo fato de $\omega_0^2 = k/m$, a Equação 3.29 pode ser expressa como

$$\frac{x^2}{2E/k} + \frac{\dot{x}^2}{2E/m} = 1 \tag{3.30}$$

Então, cada caminho de fase corresponde à energia total definida do oscilador. Este resultado é esperado, pois o sistema é conservativo (isto é, $E = $ const.).

Dois caminhos de fase do oscilador não podem se cruzar. Caso contrário, isto implicaria que, para um determinado conjunto de condições iniciais $x(t_0)$, $\dot{x}(t_0)$ (isto é, as coordenadas do ponto de cruzamento), o movimento poderia ocorrer ao longo de caminhos de fase diferentes. Porém, isto é impossível, pois a solução da equação diferencial é única.

---

[6] Essas considerações não se restringem a partículas oscilatórias ou sistema oscilatórios. O conceito de espaço de fase se aplica de forma abrangente aos vários campos da física, particularmente na mecânica estatística.

[7] A ordenada do plano de fase é, algumas vezes, escolhida como sendo $\dot{x}/\omega_0$ em vez de $\dot{x}$; os caminhos de fase são então círculos.

Se os eixos de coordenadas do plano de fase forem escolhidos como na Figura 3.5, o movimento do **ponto representativo** $p(x, \dot{x})$ será sempre em um sentido horário, pois para $x > 0$, a velocidade $\dot{x}$ será sempre decrescente e para $x < 0$, a velocidade será sempre crescente.

Para obter as Equações 3.28 para $x(t)$ e $\dot{x}(t)$, devemos integrar a Equação 3.5, uma equação diferencial de segunda ordem:

$$\frac{d^2x}{dt^2} + \omega_0^2 x = 0 \qquad (3.31)$$

Entretanto, podemos obter a equação do caminho de fase por meio de um procedimento mais simples, pois a Equação 3.31 pode ser substituída pelo par de equações

$$\frac{dx}{dt} = \dot{x}, \quad \frac{d\dot{x}}{dt} = -\omega_0^2 x \qquad (3.32)$$

Se dividirmos a segunda dessas equações pela primeira, obtemos

$$\frac{d\dot{x}}{dx} = -\omega_0^2 \frac{x}{\dot{x}} \qquad (3.33)$$

Esta é uma equação diferencial de primeira ordem para $\dot{x} = \dot{x}(x)$, cuja solução é justamente a Equação 3.29. Para o oscilador harmônico simples, não existe nenhuma dificuldade em obter a solução geral para o movimento, resolvendo a equação de segunda ordem. Porém, em situações mais complicadas, algumas vezes é consideravelmente mais fácil determinar diretamente a equação do caminho de fase $\dot{x} = \dot{x}(x)$ sem efetuar o cálculo de $x(t)$.

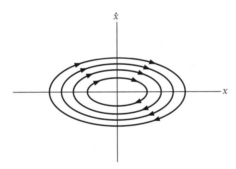

FIGURA 3.5 Diagrama de fase de um oscilador harmônico simples para uma variedade de energias totais E.

3.5 Oscilações amortecidas

O movimento representado pelo oscilador harmônico simples é denominado como **oscilação livre**, sendo que, uma vez em oscilação, o movimento nunca cessará. Esse fato simplifica muito o caso físico real, no qual as forças de dissipação ou atrito irão finalmente amortecer o movimento até o ponto no qual nenhuma oscilação ocorrerá mais. Nesse caso, podemos analisar o movimento incorporando na equação diferencial um termo representativo da força de amortecimento. Não parece razoável que a força de amortecimento deva, em geral, depender do deslocamento, mas ela poderia ser uma função da velocidade, ou talvez de alguma derivada temporal do deslocamento de ordem mais alta. Com frequência adota-se a premissa de que a força é uma função linear da velocidade vetorial, $\mathbf{F}_d = \alpha \mathbf{v}$.[8] Consideramos aqui apenas oscilações amortecidas unidimensionais, de modo que podemos representar o termo de amortecimento por $-b\dot{x}$.

---

[8] Veja a Seção 2.4 para obter uma discussão sobre a dependência da velocidade das forças resistivas.

O parâmetro b deverá ser *positivo* para que a força seja, na realidade, *resistiva*. (Uma força $-b\dot{x}$ com $b < 0$ atuaria para *aumentar* a velocidade em vez de diminuí-la, como qualquer força resistiva faria). Desse modo, se uma partícula de massa m se move sob a influência combinada de uma força de restauração linear $-kx$ e uma força resistiva $-b\dot{x}$, a equação diferencial que descreve o movimento é

$$m\ddot{x} + b\dot{x} + kx = 0 \tag{3.34}$$

que podemos escrever como

$$\boxed{\ddot{x} + 2\beta\dot{x} + \omega_0^2 x = 0} \tag{3.35}$$

Nessa equação, $\beta \equiv b/2m$ é o **parâmetro de amortecimento** e $\omega_0 = \sqrt{k/m}$ é a frequência angular característica na ausência de amortecimento. As raízes da equação auxiliar são (veja a Equação C.8, Apêndice C)

$$\left.\begin{array}{l} r_1 = -\beta + \sqrt{\beta^2 - \omega_0^2} \\ r_2 = -\beta - \sqrt{\beta^2 - \omega_0^2} \end{array}\right\} \tag{3.36}$$

Portanto, a solução geral da Equação 3.35 é

$$\boxed{x(t) = e^{-\beta t}\left[A_1 \exp(\sqrt{\beta^2 - \omega_0^2}\,t) + A_2 \exp(-\sqrt{\beta^2 - \omega_0^2}\,t)\right]} \tag{3.37}$$

Existem três casos gerais de interesse:

Subamortecimento: $\quad \omega_0^2 > \beta^2$

Amortecimento crítico: $\quad \omega_0^2 = \beta^2$

Sobreamortecimento: $\quad \omega_0^2 < \beta^2$

O movimento dos três casos é mostrado esquematicamente na Figura 3.6 para condições iniciais específicas. Veremos que somente o caso de subamortecimento resulta em movimento oscilatório. Estes três casos são discutidos separadamente.

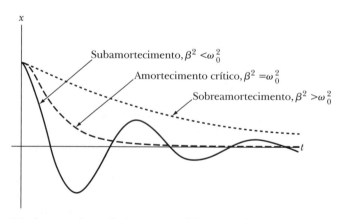

FIGURA 3.6 Movimento do oscilador amortecido para três casos de amortecimento.

Movimento subamortecido

Para o caso de movimento subamortecido, é conveniente definir

$$\omega_1^2 \equiv \omega_0^2 - \beta^2 \tag{3.38}$$

onde $\omega_1^2 > 0$. Os expoentes entre os colchetes da Equação 3.37 são imaginários e a solução se torna

$$x(t) = e^{-\beta t}\left[A_1 e^{i\omega_1 t} + A_2 e^{-i\omega_1 t}\right] \tag{3.39}$$

A Equação 3.39 pode ser reescrita como[9]

$$x(t) = A e^{-\beta t} \cos(\omega_1 t - \delta) \tag{3.40}$$

Chamamos a quantidade ω_1 de *frequência angular* do oscilador amortecido. De forma mais precisa, não podemos definir uma frequência com a presença de amortecimento, pois o movimento não é periódico — ou seja, o oscilador nunca passa duas vezes em um determinado ponto com a mesma velocidade vetorial. Entretanto, pelo fato de $\omega_1 = 2\pi/(2T_1)$, onde T_1 é o tempo entre cruzamentos do eixo x adjacentes a zero, a frequência angular ω_1 tem sentido para um determinado período de tempo. Observe que $2T_1$ será o "período" nesse caso, e não T_1. Para fins de simplicidade, chamamos ω_1 de "frequência angular" do oscilador amortecido e observamos que esta quantidade é menor do que a frequência do oscilador na ausência de amortecimento (isto é, $\omega_1 < \omega_0$). Se o amortecimento é pequeno, então

$$\omega_1 = \sqrt{\omega_0^2 - \beta^2} \cong \omega_0$$

de modo que o termo *frequência* angular pode ser usado. Porém, o significado não é preciso, exceto $\beta = 0$.

A amplitude máxima do oscilador amortecido diminui com o tempo por causa do fator $e(-\beta t)$, onde $\beta > 0$ e o envoltório da curva deslocamento *versus* tempo é fornecido por

$$x_{en} = \pm A e^{-\beta t} \tag{3.41}$$

Este envoltório e a curva de deslocamento são mostrados na Figura 3.7 para o caso $\delta = 0$. A curva senoidal do movimento não amortecido ($\beta = 0$) também é mostrada nesta figura. Uma comparação próxima das duas curvas indica que a frequência no caso amortecido é *menor* (isto é, o período é *maior*) do que aquele para o caso não amortecido.

A relação entre as amplitudes da oscilação em dois pontos máximos sucessivos é

$$\frac{A e^{-\beta T}}{A e^{-\beta(T+\tau_1)}} = e^{\beta \tau_1} \tag{3.42}$$

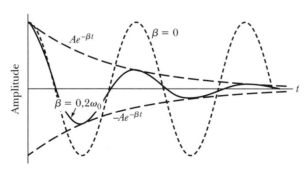

FIGURA 3.7 O movimento subamortecido (linha cheia) é um movimento oscilatório (traços curtos) que diminui com o envoltório exponencial (traços longos).

---

[9] Veja o Exercício D.6, Apêndice D.

onde o primeiro de todos os pares de pontos máximos ocorre em $t = T$, e onde $\tau_1 = 2\pi/\omega_1$. A quantidade $e(-\beta\tau_1)$ é denominada **decremento** do movimento. O logaritmo de $e-\beta\tau_1$, ou seja, $\beta\tau_1$, é conhecido como o **decremento logarítmico** do movimento.

Ao contrário do oscilador harmônico simples discutido anteriormente, a energia do oscilador amortecido não é constante no tempo. Em vez disso, a energia é continuamente fornecida ao meio de amortecimento e dissipada como calor (ou, talvez, como radiação na forma de ondas de fluido). A taxa de perda de energia é proporcional ao quadrado da velocidade vetorial (veja o Problema 3.11), de modo que a diminuição da energia não ocorre uniformemente. A taxa de perda será máxima quando a partícula atinge sua velocidade vetorial máxima próximo (mas não exatamente na) à posição de equíbrio e será instantaneamente anulada quando a partícula estiver em sua amplitude máxima e com velocidade zero. A Figura 3.8 mostra a energia total e a taxa de perda de energia do oscilador amortecido.

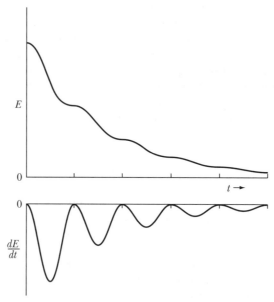

FIGURA 3.8 Energia total e a taxa de perda de energia do oscilador amortecido.

EXEMPLO 3.2

Construa analiticamente um diagrama de fase geral para o oscilador amortecido. A seguir, utilizando um computador, elabore um gráfico para x e $\dot{x}$ *versus* t e um diagrama de fase para os valores a seguir: $A = 1$ cm, $\omega_0 = 1$ rad/s, $\beta = 0,2$ s^{-1} e $\delta = \pi/2$ rad.

Solução. Em primeiro lugar, escrevemos as expressões para o deslocamento e a velocidade:

$$x(t) = Ae^{-\beta t}\cos(\omega_1 t - \delta)$$
$$\dot{x}(t) = -Ae^{-\beta t}[\beta\cos(\omega_1 t - \delta) + \omega_1\operatorname{sen}(\omega_1 t - \delta)]$$

Essas equações podem ser convertidas em uma forma mais facilmente reconhecível por meio da introdução de uma mudança de variáveis, de acordo com as transformações lineares a seguir:

$$u = \omega_1 x, \quad w = \beta x + \dot{x}$$

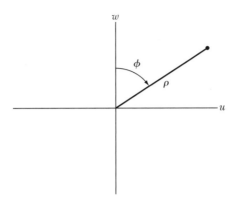

FIGURA 3.9 Exemplo 3.2.

Então,

$$u = \omega_1 A e^{-\beta t} \cos(\omega_1 t - \delta)$$
$$w = -\omega_1 A e^{-\beta t} \operatorname{sen}(\omega_1 t - \delta)$$

Se representarmos u e w em coordenadas polares (Figura 3.9), temos

$$\rho = \sqrt{u^2 + w^2}, \quad \phi = \omega_1 t$$

Desse modo,

$$\rho = \omega_1 A e^{-(\beta/\omega_1)\phi}$$

que é a equação de uma espiral logarítmica. Pelo fato de a transformação de x, $\dot{x}$ para u, w ser linear, o caminho da fase tem basicamente a mesma forma no plano u-w (Figura 3.10a) e no plano $\dot{x}$-x (Figura 3.10b). Ambos mostram um caminho de fase espiral do oscilador subamortecido. A magnitude continuamente decrescente do vetor do raio para um ponto representativo no plano de fase indica sempre um movimento amortecido do oscilador.

O cálculo real utilizando números pode ser efetuado de várias formas com um computador. Decidimos usar um dos programas numéricos comercialmente disponíveis, que tem um bom resultado gráfico. Escolhemos os valores $A = 1$, $\beta = 0{,}2$, $k = 1$, $m = 1$ e $\delta = \pi/2$ nas unidades apropriadas para produzir a Figura 3.10. Para o valor particular de δ escolhido, a amplitude tem $x = 0$ em $t = 0$, porém $\dot{x}$ tem um grande valor positivo que faz x aumentar até um valor máximo de cerca de 0,7 m em 2 s (Figura 3.10c). O parâmetro de amortecimento fraco β permite que o sistema oscile em torno de zero várias vezes (Figura 3.10c) antes de o sistema finalmente efetuar um caminho espiral descendente até zero. O sistema cruza a linha $x = 0$ onze vezes antes de x decrescer finalmente até menos de 10^{-3} de sua amplitude máxima. O diagrama de fase da Figura 3.10b exibe o caminho real.

Movimento criticamente amortecido

Se a força de amortecimento é suficientemente grande (isto é, se $\beta^2 > \omega_0^2$), o sistema é impedido de realizar movimento oscilatório. Se ocorrer a velocidade inicial zero, o deslocamento diminui monotonicamente de seu valor inicial até a posição de equilíbrio ($x = 0$). O caso de **amortecimento crítico** ocorre quando β^2 é justamente igual a ω_0^2. As raízes da equação auxiliar são então iguais e a função x deverá ser escrita como (veja a Equação C.11, Apêndice C)

$$x(t) = (A + Bt)e^{-\beta t} \tag{3.43}$$

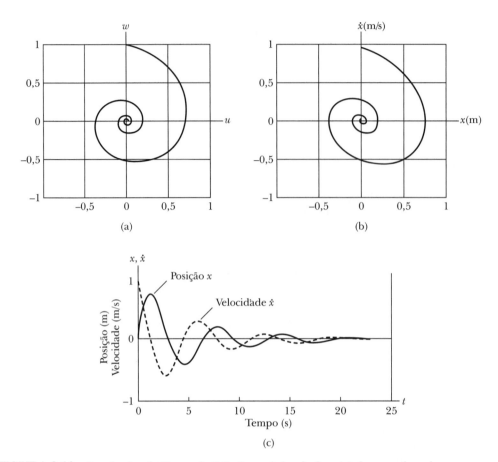

FIGURA 3.10 Resultados do Exemplo 3.2. O caminho de fase (a) das coordenadas w, u e (b) das coordenadas $\dot{x}$, x e (c) um cálculo numérico da posição e velocidade *versus* tempo. A trajetória espiral é característica do oscilador subamortecido.

Esta curva de deslocamento para o amortecimento crítico é mostrada na Figura 3.6 para o caso de velocidade inicial zero. Para um determinado conjunto de condições iniciais, um oscilador criticamente amortecido se aproximará do equilíbrio a uma taxa mais rápida do que aquela de um oscilador sobreamortecido ou subamortecido. Esta característica é importante no projeto de alguns sistemas oscilatórios práticos (ex. galvanômetros) quando o sistema deverá retornar ao equilíbrio o mais rápido possível. Um sistema de fechamento de porta pneumático é um bom exemplo de um dispositivo que deveria ser criticamente amortecido. Se o fechamento fosse subamortecido, a porta fecharia com muita força como as outras portas com molas sempre parecem fazer. Se fosse sobreamortecido, a porta levaria um tempo demasiadamente longo para fechar.

Movimento sobreamortecido

Se o parâmetro de amortecimento β for ainda maior do que ω_0, isto resultará em sobreamortecimento. Pelo fato de $\beta^2 > \omega_0^2$, os expoentes entre colchetes da Equação 3.37 tornam-se quantidades reais:

$$x(t) = e^{-\beta t}[A_1 e^{\omega_2 t} + A_2 e^{-\omega_2 t}] \tag{3.44}$$

onde

$$\omega_2 = \sqrt{\beta^2 - \omega_0^2} \tag{3.45}$$

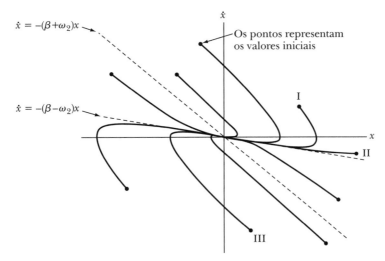

FIGURA 3.11 Os caminhos de fase do movimento sobreamortecido são mostrados para vários valores iniciais de (x $\dot{x}$). Examinamos mais de perto os caminhos rotulados como I, II e III.

Observe que ω_2 não representa uma frequência angular, pois o movimento não é periódico. O deslocamento se aproxima assintoticamente da posição de equilíbrio (Figura 3.6).

O sobreamortecimento resulta em uma diminuição da amplitude até zero que pode ter algum comportamento estranho, como mostra o diagrama de espaço de fase da Figura 3.11. Observe que para todos os caminhos de fase das posições iniciais mostradas, os caminhos assintóticos em tempos maiores se encontram ao longo da curva tracejada. Somente um caso especial (veja o Problema 3.22) tem um caminho de fase ao longo da outra curva tracejada. Dependendo dos valores iniciais de posição e velocidade, pode ocorrer uma mudança no sinal de x e $\dot{x}$. Por exemplo, veja o caminho de fase rotulado como III na Figura 3.11. A Figura 3.12 exibe x e $\dot{x}$ como uma função do tempo para os três caminhos de fase rotulados I, II e III na Figura 3.11. Todos os três casos têm deslocamentos iniciais positivos, $x(0) \equiv x_0 > 0$. Cada um dos três caminhos de fase tem um comportamento interessante, dependendo do valor inicial, $\dot{x}(0) \equiv \dot{x}_0$, da velocidade:

I. $\dot{x}_0 > 0$, de modo que $x(t)$ alcance um valor máximo em algum tempo $t > 0$ antes de se aproximar de zero. A velocidade $\dot{x}$ diminui, torna-se negativa e, em seguida, aproxima-se de zero.

II. $\dot{x}_0 < 0$, com $x(t)$ e $\dot{x}(t)$ aproximando monotonicamente de zero.

III. $\dot{x}_0 < 0$, porém abaixo da curva $\dot{x} = -(\beta + \omega_2)x$, de modo que $x(t)$ se torne negativo antes de se aproximar de zero, e $\dot{x}(t)$ se torne positivo antes de se aproximar de zero. Nesse caso, o movimento poderá ser considerado oscilatório.

Os pontos iniciais entre as duas curvas tracejadas na Figura 3.11 parecem ter caminhos de fase diminuindo monotonicamente até zero, ao passo que aqueles fora dessas duas linhas não parecem ter. O amortecimento crítico tem caminhos de fase similares às curvas de sobreamortecimento mostradas na Figura 3.11 (veja o Problema 3.21) em vez dos caminhos espirais da Figura 3.10b.

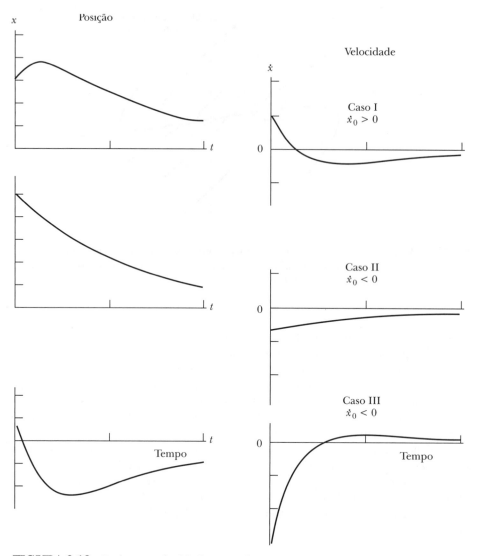

FIGURA 3.12 Posição e velocidade como funções do tempo para os caminhos de três fases, rotulados I, II e III mostrados na Figura 3.11.

EXEMPLO 3.3

Considere um pêndulo de comprimento ℓ e um prumo de massa m em sua extremidade (Figura 3.13) se movendo em óleo com θ decrescente. O prumo pesado efetua pequenas oscilações, porém o óleo retarda o movimento do prumo com força resistiva proporcional à velocidade com $F_{res} = 2m\sqrt{g/\ell}\,(\ell\dot{\theta})$. O prumo é inicialmente puxado para trás em $t = 0$ com $\theta = \alpha$ e $\dot{\theta} = 0$. Determine o deslocamento angular θ e a velocidade $\dot{\theta}$ como função do tempo.

Desenhe o diagrama de fase se $\sqrt{g/\ell} = 10\ \text{s}^{-1}$ e $\alpha = 10^{-2}$ rad.

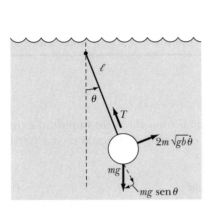

FIGURA 3.13 Exemplo 3.3. O prumo se move com θ decrescente.

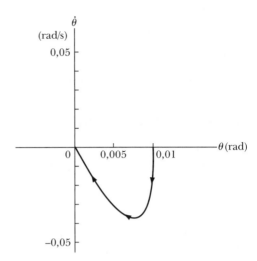

FIGURA 3.14 Diagrama de fase do Exemplo 3.3.

Solução. A gravidade produz a força de restauração e a componente que puxa o prumo de volta ao equilíbrio é mg sen θ. A segunda Lei de Newton se torna

$$\text{Força} = m(\ell \ddot{\theta}) = \text{Força de restauração} + \text{Força resistiva}$$

$$m\ell\ddot{\theta} = -mg \text{ sen } \theta - 2m\sqrt{g/\ell}\,\dot{\theta} \qquad (3.46)$$

Verifique se o sentido da força está correto, dependendo dos sinais de θ e $\dot{\theta}$. Para pequenas oscilações sen $\theta \approx \theta$, a Equação 3.46 se torna

$$\ddot{\theta} + 2\sqrt{g/\ell}\,\dot{\theta} + \frac{g}{\ell}\theta = 0 \qquad (3.47)$$

A comparação desta equação com a Equação 3.35 revela que $\omega_0^2 = g/\ell$, e $\beta^2 = g/\ell$. Portanto, $\omega_0^2 = \beta^2$ e o pêndulo será criticamente amortecido. Após ser puxado inicialmente para trás e liberado, o pêndulo acelera e, a seguir, desacelera à medida que θ se aproxima de zero. O pêndulo se move somente em uma direção à medida que retorna à sua posição de equilíbrio.

A solução da Equação 3.47 é a Equação 3.43. Podemos determinar os valores de A e B, substituindo a Equação 3.43 na Equação 3.47 utilizando as condições iniciais.

$$\theta(t) = (A + Bt)e^{-\beta t}$$
$$\theta(t=0) = \alpha = A$$
$$\dot{\theta}(t) = Be^{-\beta t} - \beta(A + Bt)e^{-\beta t}$$
$$\dot{\theta}(t=0) = 0 = B - \beta A$$
$$B = \beta A = \beta\alpha \qquad (3.48)$$

$$\theta(t) = \alpha(1 + \sqrt{g/\ell}\,t)e^{-\sqrt{g/\ell}\,t} \qquad (3.49)$$

$$\dot{\theta}(t) = \frac{-\alpha g}{\ell}te^{-\sqrt{g/\ell}\,t} \qquad (3.50)$$

104 Dinâmica clássica de partículas e sistemas

Se calcularmos $\theta(t)$ e $\dot{\theta}(t)$ para vários valores de tempo até cerca de 0,5 s, podemos desenhar o diagrama de fase da Figura 3.14. Observe que a Figura 3.14 é consistente com os caminhos típicos mostrados na Figura 3.11. A velocidade angular é sempre negativa após o início do retorno do prumo ao equilíbrio. O prumo acelera rapidamente e, a seguir, desacelera.

3.6 Forças senoidais de impulsão

O caso mais simples de oscilação impelida é aquele no qual uma força de impulsão externa, variando harmonicamente com o tempo, é aplicada ao oscilador. A força total na partícula é então

$$F = -kx - b\dot{x} + F_0 \cos \omega t \tag{3.51}$$

onde consideramos uma força de restauração linear e uma força de amortecimento viscoso adicional à força de impulsão. A equação do movimento se torna

$$m\ddot{x} + b\dot{x} + kx = F_0 \cos \omega t \tag{3.52}$$

ou, utilizando nossa notação anterior,

$$\boxed{\ddot{x} + 2\beta\dot{x} + \omega_0^2 x = A \cos \omega t} \tag{3.53}$$

onde $A = F_0/m$ e ω é a frequência angular da força de impulsão. A solução da Equação 3.53 consiste de duas partes, uma **função complementar** $x_c(t)$, que é a solução da Equação 3.53 com o lado direito igualado a zero, e uma **solução particular** $x_p(t)$, que reproduz o lado direito. A solução complementar é a mesma que aquela fornecida na Equação 3.37 (veja o Apêndice C):

$$x_c(t) = e^{-\beta t}\left[A_1 \exp(\sqrt{\beta^2 - \omega_0^2}\, t) + A_2 \exp(-\sqrt{\beta^2 - \omega_0^2}\, t) \right] \tag{3.54}$$

Para a solução particular, tentamos

$$x_p(t) = D \cos(\omega t - \delta) \tag{3.55}$$

Substituindo $x_p(t)$ na Equação 3.53 e expandindo $\cos(\omega t - \delta)$ e $\mathrm{sen}(\omega t - \delta)$, obtemos

$$\left\{ A - D\left[(\omega_0^2 - \omega^2)\cos \delta + 2\omega\beta \,\mathrm{sen}\, \delta \right] \right\} \cos \omega t$$
$$- \left\{ D\left[(\omega_0^2 - \omega^2)\sin \delta - 2\omega\beta \cos \delta \right] \right\} \mathrm{sen}\, \omega t = 0 \tag{3.56}$$

Pelo fato de sen ωt e cos ωt serem funções linearmente independentes, esta equação pode ser satisfeita em geral somente se o coeficiente de cada termo for anulado de forma idêntica. A partir do termo sen ωt, temos

$$\mathrm{tg}\ \delta = \frac{2\omega\beta}{\omega_0^2 - \omega^2} \tag{3.57}$$

portanto, podemos escrever

$$\left. \begin{aligned} \mathrm{sen}\, \delta &= \frac{2\omega\beta}{\sqrt{(\omega_0^2 - \omega^2)^2 + 4\omega^2\beta^2}} \\[2mm] \cos \delta &= \frac{\omega_0^2 - \omega^2}{\sqrt{(\omega_0^2 - \omega^2)^2 + 4\omega^2\beta^2}} \end{aligned} \right\} \tag{3.58}$$

CAPÍTULO 3 – Oscilações **105**

E do coeficiente do termo cos ωt, temos

$$D = \frac{A}{(\omega_0^2 - \omega^2)\cos\delta + 2\omega\beta\,\text{sen}\,\delta}$$

$$= \frac{A}{\sqrt{(\omega_0^2 - \omega^2)^2 + 4\omega^2\beta^2}}$$

(3.59)

Desse modo, a integral particular é

$$\boxed{x_p(t) = \frac{A}{\sqrt{(\omega_0^2 - \omega^2)^2 + 4\omega^2\beta^2}}\cos(\omega t - \delta)}$$

(3.60)

com

$$\boxed{\delta = \text{tg}^{-1}\left(\frac{2\omega\beta}{\omega_0^2 - \omega^2}\right)}$$

(3.61)

A quantidade δ representa a diferença de fase entre a força de impulsão e o movimento resultante. Um atraso real ocorre entre a ação da força de impulsão e a resposta do sistema. Para um ω_0 fixo, à medida que ω aumenta a partir de 0, a fase aumenta de $\delta = 0$ em $\omega = 0$ até $\delta = \pi/2$ em $\omega = \omega_0$ e até π à medida que $\omega \to \infty$. A variação de δ com ω é mostrada mais adiante na Figura 3.16.

A solução geral é

$$x(t) = x_c(t) + x_p(t)$$

(3.62)

Porém $x_c(t)$ aqui representa efeitos *transitórios* (isto é, efeitos que se extinguem) e os termos contidos nessa solução são amortecidos com o tempo por causa do fator $e(-\beta t)$. O termo $x_p(t)$ representa os efeitos do estado estacionário e contém todas as informações para t grande comparado com $1/\beta$. Assim,

$$x(t \gg 1/\beta) = x_p(t)$$

A solução do estado estacionário é importante em muitas aplicações e problemas (veja a Seção 3.7).

Os detalhes do movimento durante o período anterior ao desaparecimento dos efeitos transitórios (isto é, $t \leq 1/\beta$) dependem fortemente das condições do oscilador no tempo em que a força de impulsão é primeiramente aplicada e também das magnitudes relativas da frequência de impulsão ω e da frequência de amortecimento $\sqrt{\omega_0^2 - \beta^2}$ no caso de oscilações subamortecidas sem impulsão. Isto pode ser demonstrado numericamente calculando $x_p(t)$, $x_c(t)$ e a soma $x(t)$ (veja a Equação 3.62) para diferentes valores de β e ω como fizemos para a Figura 3.15. O aluno pode se beneficiar da resolução dos Problemas 3.24 (subamortecida) e 3.25 (criticamente amortecida) onde esse procedimento é sugerido. A Figura 3.15 ilustra o movimento transitório de um oscilador subamortecido quando frequências de impulsão menores e maiores do que $\omega_1 = \sqrt{\omega_0^2 - \beta^2}$ são aplicadas. Se $\omega < \omega_1$ (Figura 3.15a), a resposta transitória do oscilador distorce bastante a forma senoidal da função de força durante o intervalo de tempo imediatamente após a aplicação da força de impulsão, ao passo que, se $\omega > \omega_1$ (Figura 3.15b), o efeito será uma modulação da função de força com pequena distorção das oscilações senoidais de altas frequências.

A solução do estado estacionário (x_p) é amplamente estudada em muitas aplicações e problemas (veja a Seção 3.7). Os efeitos transitórios (x_c), apesar de talvez não serem tão importantes no geral, deverão ser entendidos e considerados em muitos casos, especialmente em certos tipos de circuitos elétricos.

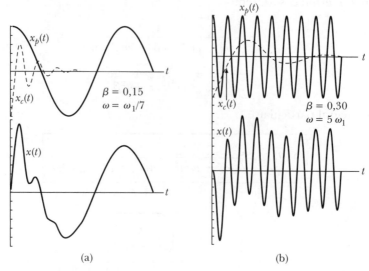

FIGURA 3.15 Exemplos de um movimento oscilatório senoidal impelido com amortecimento. A solução do estado estacionário x_p, a solução temporária x_c e a soma x são mostradas em (a) para frequência de impulsão ω maior que a frequência de amortecimento ω_1 ($\omega > \omega_1$) e em (b) para $\omega < \omega_1$.

Fenômeno da ressonância

Para determinar a frequência angular na qual a amplitude D (Equação 3.59) encontra-se em um valor máximo (isto é, a **frequência de ressonância da amplitude**), definimos

$$\left.\frac{dD}{d\omega}\right|_{\omega=\omega_R} = 0$$

Efetuando a diferenciação, obtemos

$$\omega_R = \sqrt{\omega_0^2 - 2\beta^2} \tag{3.63}$$

Desse modo, a frequência de ressonância ω_R é reduzida à medida que o coeficiente de amortecimento β aumenta. Nenhuma ressonância ocorre se $\beta > \omega_0/\sqrt{2}$, para o qual ω_R é imaginário e D decresce monotonicamente com o aumento de ω.

Podemos agora comparar as frequências de oscilação para os vários casos considerados:

1. Oscilações livres, sem amortecimento (Equação 3.4):

$$\omega_0^2 = \frac{k}{m}$$

2. Oscilações livres, com amortecimento (Equação 3.38):

$$\omega_1^2 = \omega_0^2 - \beta^2$$

3. Oscilações impelidas, com amortecimento (Equação 3.63):

$$\omega_R^2 = \omega_0^2 - 2\beta^2$$

e observamos que $\omega_0 > \omega_1 > \omega_R$.

Normalmente, descrevemos o grau de amortecimento de um sistema oscilatório em termos do "fator de qualidade" Q do sistema:

$$Q \equiv \frac{\omega_R}{2\beta} \qquad (3.64)$$

Se um pequeno amortecimento ocorrer, Q será muito grande e a forma da curva de ressonância se aproxima daquela de um oscilador não amortecido. Porém, a ressonância pode ser totalmente destruída se o amortecimento for grande e Q for muito pequeno. A Figura 3.16 mostra as curvas de ressonância e fase para vários valores diferentes de Q. Essas curvas indicam a redução da frequência de ressonância com uma diminuição em Q (isto é, com um aumento do coeficiente de amortecimento β). Entretanto, o efeito não é muito grande, o desvio da frequência é menor do que 3% mesmo para Q tão pequeno como 3 e é cerca de 18% para $Q = 1$.

Para um oscilador ligeiramente amortecido, podemos demonstrar (veja o Problema 3.19) que

$$Q \cong \frac{\omega_0}{\Delta\omega} \qquad (3.65)$$

onde $\Delta\omega$ representa o intervalo de frequências entre os pontos na curva de ressonância da amplitude que são $1/\sqrt{2} = 0{,}707$ da amplitude máxima.

Os valores de Q encontrados nas situações físicas reais variam bastante. Nos sistemas mecânicos normais (ex. alto-falantes), os valores podem ficar na faixa algumas unidades a 100 ou algo em torno desse valor. Os osciladores de cristal de quartzo ou os diapasões podem ter Qs de 10^4. Circuitos elétricos altamente sintonizados, incluindo cavidades ressonantes, podem ter valores variando de 10^4 a 10^5. Podemos também definir Qs para alguns sistemas atômicos. De acordo com o quadro clássico, a oscilação de elétrons dentro dos átomos leva à radiação ótica. A precisão das linhas espectrais é limitada pela perda de energia por radiação (**amortecimento por radiação**). A largura mínima de uma linha pode ser calculada classicamente e é[10] $\Delta\omega \cong 2 \times 10^{-8}\omega$. O valor Q desse tipo de oscilador é, portanto, aproximadamente 5×10^7. Ressonâncias com os maiores Qs conhecidos ocorrem na radiação dos lasers a gás. As medições com esses dispositivos têm produzido Qs de aproximadamente 10^{14}.

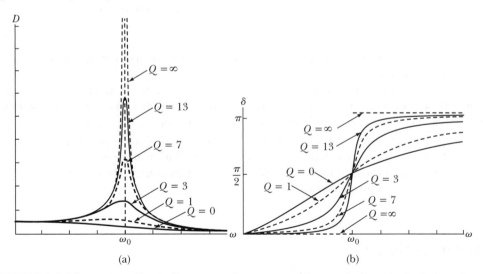

FIGURA 3.16 (a) A amplitude D é mostrada como uma função da frequência de impulsão ω para vários valores do fator de qualidade Q. Também mostra (b) o ângulo de fase δ, que é o ângulo de fase entre a força de impulsão e o movimento resultante.

---

[10] Veja Marion e Heald (Ma80).

108 Dinâmica clássica de partículas e sistemas

A Equação 3.63 fornece a frequência de ressonância da **amplitude**. Vamos agora calcular a frequência de ressonância da *energia cinética* − ou seja, o valor de ω para o qual o valor de T é máximo. A energia cinética é fornecida por $T = \frac{1}{2}m\dot{x}^2$, e, calculando $\dot{x}$ da Equação 3.60, temos

$$\dot{x} = \frac{-A\omega}{\sqrt{(\omega_0^2 - \omega^2)^2 + 4\omega^2\beta^2}}\,\text{sen}(\omega t - \delta) \tag{3.66}$$

de modo que a energia cinética se torna

$$T = \frac{mA^2}{2} \cdot \frac{\omega^2}{(\omega_0^2 - \omega^2)^2 + 4\omega^2\beta^2}\,\text{sen}^2(\omega t - \delta) \tag{3.67}$$

Para obter um valor de T independente do tempo, calculamos a média de T em um período completo de oscilação:

$$\langle T \rangle = \frac{mA^2}{2} \cdot \frac{\omega^2}{(\omega_0^2 - \omega^2)^2 + 4\omega^2\beta^2}\,\langle \text{sen}^2(\omega t - \delta) \rangle \tag{3.68}$$

O valor médio do quadrado da função seno calculado sobre um período é[11]

$$\langle \text{sen}^2(\omega t - \delta) \rangle = \frac{\omega}{2\pi}\int_0^{2\pi/\omega} \text{sen}^2(\omega t - \delta)\,dt = \frac{1}{2} \tag{3.69}$$

Portanto,

$$\langle T \rangle = \frac{mA^2}{4} \cdot \frac{\omega^2}{(\omega_0^2 - \omega^2)^2 + 4\omega^2\beta^2} \tag{3.70}$$

O valor de ω para (T) um máximo é rotulado como ω_E e obtido de

$$\left.\frac{d\langle T \rangle}{d\omega}\right|_{\omega = \omega_E} = 0 \tag{3.71}$$

Diferenciando a Equação 3.70 e igualando o resultado a zero, encontramos

$$\omega_E = \omega_0 \tag{3.72}$$

de modo que a ressonância da energia cinética ocorre na frequência natural do sistema de oscilações não amortecidas.

Portanto, vemos que a ressonância da amplitude ocorre a uma frequência , $\sqrt{\omega_0^2 - 2\beta^2}$, ao passo que a ressonância da energia cinética ocorre em ω_0. Pelo fato de a energia potencial ser proporcional ao quadrado da amplitude, a ressonância da energia potencial deverá também ocorrer em $\sqrt{\omega_0^2 - 2\beta^2}$. A constatação de que as energias cinética e potencial ressonam em frequências diferentes é um resultado do fato de que o oscilador amortecido não é um sistema conservativo. A energia é continuamente trocada com o mecanismo de impulsão e está sendo transferida ao meio de amortecimento.

3.7 Sistemas físicos

Afirmamos na introdução deste capítulo que as oscilações lineares se aplicam a mais sistemas do que somente às pequenas oscilações da massa − mola e do pêndulo simples. A mesma formulação matemática se aplica a um conjunto inteiro de sistemas físicos. Os sistemas mecânicos incluem

---

[11] O leitor deverá comprovar o importante resultado de que a média sobre um período completo de $\text{sen}^2\omega t$ ou $\cos^2\omega t$ é igual a $\frac{1}{2}$: $\langle \text{sen}^2\omega t \rangle = \langle \cos^2\omega t \rangle = \frac{1}{2}$.

o pêndulo de torção, corda ou membrana vibratórias e vibrações elásticas de barras ou placas. Esses sistemas podem ter sobretons[12] e cada sobretom pode ser tratado em grande parte do mesmo modo que fizemos na discussão anterior.

Podemos aplicar nosso sistema mecânico de forma análoga aos sistemas acústicos. Nesse caso, as moléculas de ar vibram. Podemos ter ressonâncias que dependem das propriedades e das dimensões do meio. Vários fatores provocam o amortecimento, incluindo o atrito e a radiação das ondas de rádio. A força de impulsão pode ser um diapasão ou corda vibrando, entre muitas fontes de som.

Os sistemas atômicos também podem ser representados classicamente como osciladores lineares. Quando a luz (consistindo de radiação eletromagnética de alta frequência) incide sobre o material, ela provoca a vibração de átomos e moléculas. Quando a luz, tendo uma das frequências ressonantes do sistema atômico ou molecular, incide sobre o material, a energia eletromagnética é absorvida, provocando a oscilação dos átomos e moléculas com grande amplitude. Grandes campos magnéticos da mesma frequência são produzidos pelas cargas elétricas oscilantes. A mecânica ondulatória (ou a mecânica quântica) utiliza a teoria dos osciladores lineares para explicar muitos dos fenômenos associados à absorção, dispersão e radiação da luz.

A teoria dos osciladores lineares é utilizada até para descrever os núcleos. Um dos modos de excitação dos núcleos é a excitação coletiva. Nêutrons e prótons vibram em vários movimentos coletivos. As ressonâncias ocorrem e o amortecimento existe. A analogia da mecânica clássica é muito útil na descrição do movimento.

Entretanto, os circuitos elétricos são os exemplos mais observados de oscilações não mecânicas. Na verdade, por causa de sua grande importância prática, o exemplo elétrico foi tão extensamente investigado que a situação é, com frequência, invertida e as vibrações mecânicas são analisadas em termos do "circuito elétrico equivalente". Dedicamos dois exemplos aos circuitos elétricos.

EXEMPLO 3.4

Encontre o circuito elétrico equivalente ao sistema de massa – mola suspenso, mostrado na Figura 3.17a, e determine a dependência do tempo da carga q no sistema.

Solução. Vamos primeiro considerar as quantidades análogas nos sistemas mecânicos e elétricos. A força F ($= mg$ no caso mecânico) é análoga à força eletromotriz (fem) $\mathcal{E}$. O parâmetro de amortecimento b tem a resistência elétrica análoga R, que não está presente nesse caso.

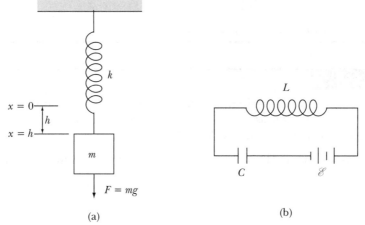

FIGURA 3.17 Exemplo 3.4 (a) sistema de massa–mola suspenso; (b) circuito elétrico equivalente.

---

[12] Sobretom não deve ser confundido com harmônica. (N.R.T.)

110 Dinâmica clássica de partículas e sistemas

O deslocamento x tem a carga elétrica análoga q. Mostramos outras quantidades na Tabela 3.1. Se examinarmos a Figura 3.17a, temos $1/k \to C$, $m \to L$, $F \to \mathcal{E}$, $x \to q$, e $\dot{x} \to I$. Sem o peso da massa, a posição de equilíbrio será em $x = 0$. A adição da força gravitacional estende a mola por um valor $h = mg/k$ e desloca a posição de equilíbrio para $x = h$. A equação do movimento se torna

$$m\ddot{x} + k(x - h) = 0 \tag{3.73}$$

ou

$$m\ddot{x} + kx = kh$$

com solução

$$x(t) = h + A \cos \omega_0 t \tag{3.74}$$

onde escolhemos as condições iniciais $x(t = 0) = h + A$ e $\dot{x}(t = 0) = 0$.

TABELA 3.1   Quantidades mecânicas e elétricas ANÁLOGAS

Mecânicas		Elétricas	
x	Deslocamento	q	Carga
$\dot{x}$	Velocidade vetorial	$\dot{q} = I$	Corrente
m	Massa	L	Indutância
b	Resistência de amortecimento	R	Resistência
$1/k$	Conformidade mecânica	C	Capacitância
F	Amplitude da força aplicada	$\mathcal{E}$	Amplitude da força eletromotriz (emf) aplicada

Desenhamos o circuito elétrico equivalente na Figura 3.17b. A equação de Kirchoff em torno do circuito se torna

$$L\frac{dI}{dt} + \frac{1}{C} \int I \, dt = \mathcal{E} = \frac{q_1}{C} \tag{3.75}$$

onde q_1 representa a carga que deve ser aplicada a C para produzir uma tensão $\mathcal{E}$. Se utilizarmos $I = q$, temos

$$L\ddot{q} + \frac{q}{C} = \frac{q_1}{C} \tag{3.76}$$

Se $q = q_0$ e $I = 0$ em $t = 0$, a solução é

$$q(t) = q_1 + (q_0 - q_1) \cos \omega_0 t \tag{3.77}$$

que é a analogia elétrica exata da Equação 3.74.

EXEMPLO 3.5

Considere o circuito RLC em série mostrado na Figura 3.18, impelido por uma força eletromotriz (fem) de valor E_0 sen ωt. Determine a corrente, a tensão V_L através do indutor e a frequência angular ω na qual V_L tem valor máximo.

Solução. As tensões através de cada um dos elementos do circuito na Figura 3.18 são

$$V_L = L\frac{dI}{dt} = L\ddot{q}$$

$$V_R = RI = R\frac{dq}{dt} = R\dot{q}$$

$$V_C = \frac{q}{C}$$

de modo que as quedas de tensão em torno do circuito tornam-se

$$L\ddot{q} + R\dot{q} + \frac{q}{C} = E_0 \operatorname{sen}\omega t$$

Identificamos esta equação como similar à Equação 3.53, a qual já resolvemos. Além das relações na Tabela 3.1, temos também $\beta = b/2m \to R/2L$, $\omega_0 = \sqrt{k/m} \to 1/\sqrt{LC}$, e $A = F_0/m \to E_0/L$. A solução para a carga q é fornecida pela transcrição da Equação 3.60 e a equação da corrente I é fornecida pela transcrição da Equação 3.66, que nos permite escrever

$$I = \frac{-E_0}{\sqrt{R^2 + \left(\dfrac{1}{\omega C} - \omega L\right)^2}} \operatorname{sen}(\omega t - \delta)$$

onde δ pode ser determinado pela transcrição da Equação 3.61.

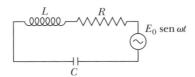

FIGURA 3.18   Exemplo 3.5. Circuito RLC com fem alternada.

A tensão através do indutor é encontrada a partir da derivada da corrente.

$$V_L = L\frac{dI}{dt} = \frac{-\omega L E_0}{\sqrt{R^2 + \left(\dfrac{1}{\omega C} - \omega L\right)^2}} \cos(\omega t - \delta)$$

$$= V(\omega) \cos(\omega t - \delta)$$

Para determinar a frequência de impulsão ω_{max}, que faz V_L atingir o valor máximo, devemos utilizar a derivada de V_L em relação a ω e igualar o resultado a zero. Precisamos somente considerar a amplitude $V(\omega)$ e não a dependência do tempo.

$$\frac{dV(\omega)}{d\omega} = \frac{LE_0\left(R^2 - \dfrac{2L}{C} + \dfrac{2}{\omega^2 C^2}\right)}{\left[R^2 + \left(\dfrac{1}{\omega C} - \omega L\right)^2\right]^{3/2}}$$

Saltamos alguns passos intermediários para chegar a esse resultado. Determinamos o valor ω_{max} buscando igualar o termo entre parênteses no numerador a zero. Efetuando essa igualdade e resolvendo para ω_{max}, temos

$$\omega_{max} = \frac{1}{\sqrt{LC - \dfrac{R^2 C^2}{2}}}$$

que é o resultado necessário. Observe a diferença entre esta frequência e aquelas fornecidas pela frequência natural, $\omega_0 = 1/\sqrt{LC}$, e a frequência de ressonância da carga (fornecida pela transcrição da Equação 3.63), $\sqrt{1/LC - R^2/2L^2}$.

112   Dinâmica clássica de partículas e sistemas

3.8 Princípio da sobreposição – Séries de Fourier

As oscilações que temos discutido obedecem a uma equação diferencial da forma

$$\left(\frac{d^2}{dt^2} + a\frac{d}{dt} + b\right)x(t) = A\cos\omega t \tag{3.78}$$

A quantidade entre parênteses no lado esquerdo é um **operador linear**, que podemos representar por **L**. Se generalizarmos a função de força dependente do tempo no lado direito, podemos escrever a equação de movimento como

$$\mathbf{L}x(t) = F(t) \tag{3.79}$$

Uma propriedade importante dos operadores lineares é que eles obedecem ao **princípio da sobreposição**. Esta propriedade resulta do fato de que os operadores lineares são distributivos, isto é,

$$\mathbf{L}(x_1 + x_2) = \mathbf{L}(x_1) + \mathbf{L}(x_2) \tag{3.80}$$

Portanto, se tivermos duas soluções, $x_1(t)$ e $x_2(t)$, para duas funções de força diferentes, $F_1(t)$ e $F_2(t)$,

$$\mathbf{L}x_1 = F_1(t), \quad \mathbf{L}x_2 = F_2(t) \tag{3.81}$$

podemos somar essas equações (multiplicadas por constantes arbitrárias α_1 e α_2) e obter

$$\mathbf{L}(\alpha_1 x_1 + \alpha_2 x_2) = \alpha_1 F_1(t) + \alpha_2 F_2(t) \tag{3.82}$$

Podemos estender este argumento para um conjunto de soluções $x_n(t)$, cada uma das quais apropriada a uma determinada $F_n(t)$:

$$\mathbf{L}\left(\sum_{n=1}^{N}\alpha_n x_n(t)\right) = \sum_{n=1}^{N}\alpha_n F_n(t) \tag{3.83}$$

Esta é justamente a Equação 3.79 se identificarmos as combinações lineares como

$$\begin{aligned}
x(t) &= \sum_{n=1}^{N}\alpha_n x_n(t) \\
F(t) &= \sum_{n=1}^{N}\alpha_n F_n(t)
\end{aligned} \tag{3.84}$$

Se cada uma das funções individuais $F_n(t)$ tiver uma dependência harmônica do tempo, como $\cos\omega_n t$, sabemos que a solução correspondente $x_n(t)$ será fornecida pela Equação 3.60. Desse modo, se $F(t)$ tem a forma

$$F(t) = \sum_{n}\alpha_n \cos(\omega_n t - \phi_n) \tag{3.85}$$

a solução do estado estacionário é

$$x(t) = \frac{1}{m}\sum_{n}\frac{\alpha_n}{\sqrt{(\omega_0^2 - \omega_n^2)^2 + 4\omega_n^2\beta^2}}\cos(\omega_n t - \phi_n - \delta_n) \tag{3.86}$$

onde

$$\delta_n = \operatorname{tg}^{-1}\left(\frac{2\omega_n\beta}{\omega_0^2 - \omega_n^2}\right) \tag{3.87}$$

CAPÍTULO 3 – Oscilações **113**

Podemos anotar soluções similares onde $F(t)$ é representada por uma série de termos, $(\omega_n t - \phi_n)$. Portanto, chegamos à importante conclusão de que, se alguma função de força arbitrária $F(t)$ pode ser expressa como uma série (finita ou infinita) de termos harmônicos, a solução completa também poderá ser escrita como uma série similar de termos harmônicos. Este é um resultado extremamente útil, pois, de acordo com o teorema de Fourier, *qualquer* função periódica arbitrária (sujeita a certas condições que não são muito restritivas) pode ser representada por uma série de termos harmônicos. Desse modo, no caso físico usual onde $F(t)$ é periódica, com período $\tau = 2\pi/\omega$,

$$F(t + \tau) = F(t) \tag{3.88}$$

temos então

$$F(t) = \frac{1}{2}a_0 + \sum_{n=1}^{\infty} (a_n \cos n\omega t + b_n \operatorname{sen} n\omega t) \tag{3.89}$$

onde

$$\left. \begin{array}{l} a_n = \dfrac{2}{\tau} \displaystyle\int_0^{\tau} F(t')\cos n\omega t'\, dt' \\[3mm] b_n = \dfrac{2}{\tau} \displaystyle\int_0^{\tau} F(t')\operatorname{sen} n\omega t'\, dt' \end{array} \right\} \tag{3.90}$$

ou, pelo fato de $F(t)$ ter um período τ, podemos substituir os limites da integral 0 e τ pelos limites $-\frac{1}{2}\tau = -\pi/\omega$ e $+\frac{1}{2}\tau = +\pi/\omega$:

$$\left. \begin{array}{l} a_n = \dfrac{\omega}{\pi} \displaystyle\int_{-\pi/\omega}^{+\pi/\omega} F(t')\cos n\omega t'\, dt' \\[3mm] b_n = \dfrac{\omega}{\pi} \displaystyle\int_{-\pi/\omega}^{+\pi/\omega} F(t')\operatorname{sen} n\omega t'\, dt' \end{array} \right\} \tag{3.91}$$

Antes de discutirmos a resposta dos sistemas amortecidos para funções de força arbitrárias (na próxima seção), damos um exemplo da representação de Fourier das funções periódicas.

EXEMPLO 3.6

Uma função de força de impulsão com forma de "dente de serra" é mostrada na Figura 3.19. Determine os coeficientes a_n e b_n e expresse $F(t)$ como uma série de Fourier.

Solução. Nesse caso, $F(t)$ é uma função *ímpar*, $F(-t) = -F(t)$, sendo expressa por

$$F(t) = A \cdot \frac{t}{\tau} = \frac{\omega A}{2\pi} t, \quad -\tau/2 < t < \tau/2 \tag{3.92}$$

Pelo fato de $F(t)$ ser ímpar, todos os coeficientes a_n se anulam de forma idêntica. Os b_n são fornecidos por

$$
\begin{aligned}
b_n &= \frac{\omega^2 A}{2\pi^2} \int_{-\pi/\omega}^{+\pi/\omega} t' \operatorname{sen} n\omega t'\, dt' \\[2mm]
&= \frac{\omega^2 A}{2\pi^2} \left[-\frac{t' \cos n\omega t'}{n\omega} + \frac{\operatorname{sen} n\omega t'}{n^2\omega^2} \right]\Bigg|_{-\pi/\omega}^{+\pi/\omega} \\[2mm]
&= \frac{\omega^2 A}{2\pi^2} \cdot \frac{2\pi}{n\omega^2} \cdot (-1)^{n+1} = \frac{A}{n\pi}(-1)^{n+1}
\end{aligned}
\tag{3.93}
$$

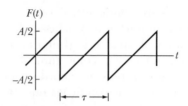

FIGURA 3.19 Exemplo 3.6. Uma função de força de impulsão com forma de dente de serra.

onde o termo $(-1)^{n+1}$ considera o fato de que

$$-\cos n\pi = \begin{cases} +1, & n \text{ ímpar} \\ -1, & n \text{ par} \end{cases} \quad (3.94)$$

Portanto, temos

$$F(t) = \frac{A}{\pi}\left[\operatorname{sen}\omega t - \frac{1}{2}\operatorname{sen}2\omega t + \frac{1}{3}\operatorname{sen}3\omega t - \cdots\right] \quad (3.95)$$

A Figura 3.20 mostra os resultados para dois termos, cinco termos e oito termos dessa expansão. A convergência para a função dente de serra não é tão rápida.

Devemos observar duas características da expansão. Nos pontos de descontinuidade ($t = \pm\tau/2$), a série produz o valor médio (zero) e, na região imediatamente adjacente aos pontos de descontinuidade, a expansão "excede" a função original. Este último efeito,

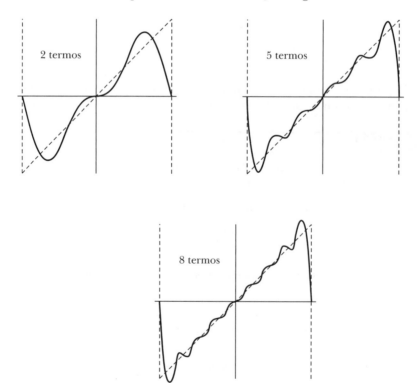

FIGURA 3.20 Resultados do Exemplo 3.6. Representação em série de Fourier da função da força de impulsão com forma de dente de serra.

conhecido como **fenômeno de Gibbs**,[13] ocorre em todas as ordens de aproximação. O excesso de Gibbs tem o valor aproximado de 9% em cada lado de *qualquer* descontinuidade, até no limite de uma série infinita.

3.9 Resposta dos osciladores lineares a funções de força de impulsão (Opcional)

Nas discussões anteriores, consideramos principalmente as oscilações no estado estacionário. Para muitos tipos de problemas físicos (particularmente aqueles que envolvem circuitos elétricos oscilantes), os efeitos transitórios são muito importantes. Na verdade, a solução temporária pode ser de grande interesse nesses casos. Nessa seção, examinaremos o comportamento temporário de um oscilador linear sujeito a uma força de impulsão com ação descontínua. Obviamente, uma força "descontínua" é uma idealização, pois a aplicação de uma força sempre leva um tempo finito. Porém, se o tempo de aplicação é pequeno quando comparado ao período natural do oscilador, o resultado do caso ideal é uma aproximação estreita com a situação física real.

A equação diferencial que descreve o movimento de um oscilador amortecido é

$$\ddot{x} + 2\beta\dot{x} + \omega_0^2 x = \frac{F(t)}{m} \tag{3.96}$$

A solução geral é composta das soluções complementares e particulares.

$$x(t) = x_c(t) + x_p(t) \tag{3.97}$$

Podemos escrever a solução complementar como

$$x_c(t) = e^{-\beta t}(A_1 \cos \omega_1 t + A_2 \operatorname{sen} \omega_1 t) \tag{3.98}$$

onde

$$\omega_1 \equiv \sqrt{\omega_0^2 - \beta^2} \tag{3.99}$$

A solução particular $x_p(t)$ depende da natureza da função de força $F(t)$.

Dois tipos de funções de força descontínuas idealizadas são de considerável interesse. Elas são a **função degrau** (ou **função de Heaviside**) e a **função de impulso**, mostradas nas Figuras 3.21a e b, respectivamente. A função degrau D é fornecida por

$$H(t_0) = \begin{cases} 0, & t < t_0 \\ a, & t > t_0 \end{cases} \tag{3.100}$$

onde a é uma constante com dimensões de aceleração e onde o argumento t_0 indica que o tempo de aplicação da força é $t = t_0$.

A função de impulso I é uma função degrau positiva aplicada em $t = t_0$, seguida por uma função degrau negativa aplicada em algum tempo posterior t_1. Desse modo,

$$I(t_0, t_1) = H(t_0) - H(t_1)$$

$$I(t_0, t_1) = \begin{cases} 0, & t < t_0 \\ a, & t_0 < t < t_1 \\ 0, & t > t_1 \end{cases} \tag{3.101}$$

---

[13] Josiah Willard Gibbs (1839–1903) descobriu esse efeito empiricamente em 1898. Uma discussão detalhada é fornecida, por exemplo, por Davis (Da63, p. 113–118). O valor do excesso é realmente 8,9490 ... %.

Apesar de escrevermos as funções de Heaviside e impulso como $H(t_0)$ e $I(t_0, t_1)$ para simplificar, essas funções dependem do tempo t e são mais apropriadamente expressas como $H(t; t_0)$ e $I(t; t_0, t_1)$.

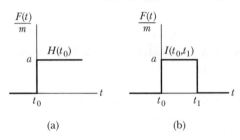

(a)   (b)

FIGURA 3.21 (a) Função degrau; (b) função de impulso.

Resposta a uma função degrau

Para funções degrau, a equação diferencial que descreve o movimento para $t > t_0$ é

$$\ddot{x} + 2\beta\dot{x} + \omega_0^2 x = a, \quad t > t_0 \tag{3.102}$$

Consideramos as condições iniciais como sendo $x(t_0) = 0$ e $\dot{x}(t_0) = 0$. A solução particular é justamente uma constante e a análise da Equação 3.102 mostra que ela deve ser a/ω_0^2. Assim, a solução geral para $t > t_0$ é

$$x(t) = e^{-\beta(t-t_0)}[A_1 \cos \omega_1(t - t_0) + A_2 \operatorname{sen} \omega_1(t - t_0)] + \frac{a}{\omega_0^2} \tag{3.103}$$

A aplicação das condições iniciais produz

$$A_1 = -\frac{a}{\omega_0^2}, \quad A_2 = -\frac{\beta a}{\omega_1 \omega_0^2} \tag{3.104}$$

Portanto, para $t > t_0$, temos

$$x(t) = \frac{a}{\omega_0^2}\left[1 - e^{-\beta(t-t_0)} \cos \omega_1(t - t_0) - \frac{\beta e^{-\beta(t-t_0)}}{\omega_1} \operatorname{sen} \omega_1(t - t_0)\right] \tag{3.105}$$

e $x(t) = 0$ para $t < t_0$.

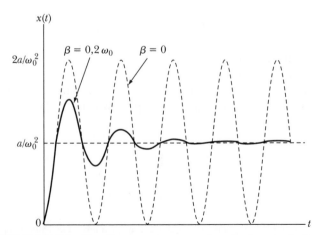

FIGURA 3.22 Função resposta para a função degrau da força.

CAPÍTULO 3 – Oscilações **117**

Se, para simplificar, consideramos $t_0 = 0$, a solução poderá ser expressa como

$$x(t) = \frac{H(0)}{\omega_0^2}\left[1 - e^{-\beta t}\cos\omega_1 t - \frac{\beta e^{-\beta t}}{\omega_1}\,\text{sen}\,\omega_1 t\right]$$ (3.106)

Essa função resposta é mostrada na Figura 3.22 para o caso $\beta = 0{,}2\omega_0$. Deve ficar claro que a condição final do oscilador (isto é, a condição do estado estacionário) é simplesmente um deslocamento por um valor de a/ω_0^2.

Se nenhum amortecimento ocorrer, $\beta = 0$ e $\omega_1 = \omega_0$. Então, para $t_0 = 0$, temos

$$x(t) = \frac{H(0)}{\omega_0^2}[1 - \cos\omega_0 t], \quad \beta = 0$$ (3.107)

Desse modo, a oscilação é senoidal com extremos de amplitude $x = 0$ e $x = 2a/\omega_0^2$ (veja a Figura 3.22).

Resposta a uma função impulso

Se considerarmos a função impulso como a diferença entre duas funções degrau separadas por um tempo $t_1 - t_0 = \tau$, então, pelo fato de o sistema ser linear, a solução geral para $t > t_1$ é fornecida pela sobreposição das soluções (Equação 3.105) das duas funções degrau tomadas individualmente:

$$x(t) = \frac{a}{\omega_0^2}\left[1 - e^{-\beta(t-t_0)}\cos\omega_1(t - t_0) - \frac{\beta e^{-\beta(t-t_0)}}{\omega_1}\,\text{sen}\,\omega_1(t - t_0)\right]$$

$$-\frac{a}{\omega_0^2}\left[1 - e^{-\beta(t-t_0-\tau)}\cos\omega_1(t - t_0 - \tau) - \frac{\beta e^{-\beta(t-t_0-\tau)}}{\omega_1}\,\text{sen}\,\omega_1(t - t_0 - \tau)\right]$$

$$= \frac{ae^{-\beta(t-t_0)}}{\omega_0^2}\left[e^{\beta\tau}\cos\omega_1(t - t_0 - \tau) - \cos\omega_1(t - t_0)\right.$$

$$\left. + \frac{\beta e^{\beta\tau}}{\omega_1}\,\text{sen}\,\omega_1(t - t_0 - \tau) - \frac{\beta}{\omega_1}\,\text{sen}\,\omega_1(t - t_0)\right], \quad t > t_1$$ (3.108)

A resposta *total* (isto é, as Equações 3.105 e 3.108) para uma função impulso com duração $\tau = 5 \times 2\pi/\omega_1$ aplicada em $t = t_0$ é mostrada na Figura 3.23 para $\beta = 0{,}2\omega_0$.

Se considerarmos a duração τ da função impulso se aproximando de zero, a função resposta se tornará tão pequena a ponto de ser anulada. Porém, se considerarmos $a \to \infty$ à medida que $\tau \to 0$ de modo que o produto $a\tau$ seja constante, a resposta será finita. Esse caso particular de limitação é consideravelmente importante, pois ele se aproxima da aplicação de uma força de impulsão que é um "pico" em $t = t_0$ (isto é, $\tau \ll 2\pi/\omega_1$).[14] Queremos expandir a Equação 3.108

---

[14] Um "pico" desse tipo é normalmente denominado como **função delta** e expresso como $\delta(t - t_0)$. A função delta tem a propriedade de que $\delta(t) = 0$ para $t \neq 0$ e $\delta(0) = \infty$, mas

$$\int_{-\infty}^{+\infty}\delta(t - t_0)\,dt = 1$$

Portanto, essa não é uma função apropriada no sentido matemático, mas pode ser definida como o limite de uma função bem comportada e altamente localizada (como uma função gaussiana) à medida que o parâmetro da largura se aproxima de zero. Veja também Marion e Heald (Ma80, Seção 1.11).

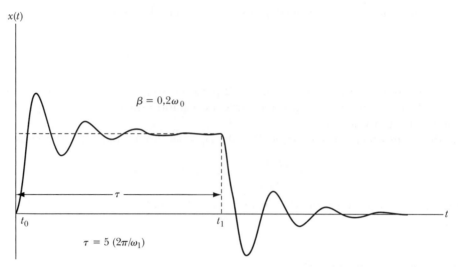

FIGURA 3.23 Função resposta para a função impulso da força.

fazendo $\tau \to 0$, porém, com $b = a\tau =$ constante. Considere $A = t - t_0$ e $B = t$ e, a seguir, use as Equações D.11 e D.12 (do Apêndice D) para obter

$$x(t) = \frac{ae^{-\beta(t-t_0)}}{\omega_0^2} \left\{ e^{\beta\tau}[\cos \omega_1(t - t_0)\cos \omega_1\tau + \mathrm{sen}\, \omega_1(t - t_0)\mathrm{sen}\, \omega_1\tau] \right.$$

$$- \cos \omega_1(t - t_0) + \frac{\beta e^{\beta\tau}}{\omega_1}[\mathrm{sen}\, \omega_1(t - t_0)\cos \omega_1\tau - \cos \omega_1(t - t_0)\mathrm{sen}\, \omega_1\tau]$$

$$\left. - \frac{\beta}{\omega_1}\mathrm{sen}\, \omega_1(t - t_0) \right\}, \quad t > t_0 \tag{3.109}$$

Pelo fato de τ ser pequeno, podemos expandir $e^{\beta\tau}$, $\cos \omega_1\tau$ e $\mathrm{sen}\, \omega_1\tau$ utilizando as Equações D.34, D.29 e D.28, mantendo somente os primeiros termos em cada uma. Após a multiplicação de todos os termos contendo τ, mantemos somente o termo de mais baixa ordem de τ.

$$\int_{-\infty}^{+\infty} \delta(t - t_0)\, dt = 1$$

Utilizando a Equação 3.99 para ω_0^2 e $\tau = b/a$ temos finalmente,

$$x(t) = \frac{ae^{-\beta(t-t_0)}}{\omega_0^2}\mathrm{sen}\, \omega_1(t - t_0)\left[\omega_1\tau + \frac{\beta^2\tau}{\omega_1}\right], \quad t > t_0 \tag{3.110}$$

Essa função resposta é mostrada na Figura 3.24 para o caso $\beta = 0{,}2\omega_0$. Observe que, à medida que t assume um valor grande, o oscilador retorna à sua posição original de equilíbrio.

O fato de que a resposta de um oscilador linear a uma força de impulsão pode ser representada na forma simples da Equação 3.110 leva a uma técnica poderosa para a manipulação de funções de força gerais, desenvolvida por Green.[15] O método de Green se baseia na representação de uma função de força arbitrária como uma série de impulsos, mostrada esquematicamente na Figura 3.25. Se o sistema de impulsão é linear, o princípio da sobreposição é

---

[15] George Green (1793 − 1841), um matemático inglês autodidata.

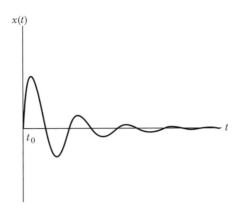

FIGURA 3.24 Solução da função resposta para um pico (ou função delta) da função de força.

válido e podemos expressar a parte não homogênea da equação diferencial como a soma das funções de forças individuais $F_n(t)/m$, as quais no método de Green são forças de impulso:

$$\ddot{x} + 2\beta\dot{x} + \omega_0^2 x = \sum_{n=-\infty}^{\infty} \frac{F_n(t)}{m} = \sum_{n=-\infty}^{\infty} I_n(t) \quad (3.111)$$

onde

$$I_n(t) = I(t_n, t_{n+1})$$

$$= \begin{cases} a_n(t_n), & t_n < t < t_{n+1} \\ 0, & \text{caso contrário} \end{cases} \quad (3.112)$$

O intervalo de tempo no qual I_n atua é $t_{n+1} - t_n = \tau$, e $\tau \ll 2\pi/\omega_1$. A solução para o n-ésimo impulso é, de acordo com a Equação 3.110,

$$x_n(t) = \frac{a_n(t_n)\tau}{\omega_1} e^{-\beta(t-t_n)} \text{sen } \omega_1(t-t_n), \quad t > t_n + \tau \quad (3.113)$$

e a solução para todos os impulsos até e incluindo, o N-ésimo impulso é

$$x(t) = \sum_{n=-\infty}^{N} \frac{a_n(t_n)\tau}{\omega_1} e^{-\beta(t-t_n)} \text{sen } \omega_1(t-t_n), \quad t_N < t < t_{N+1} \quad (3.114)$$

Se considerarmos o intervalo τ se aproximando de zero e escrevermos t_n como t', a soma se torna uma integral:

$$x(t) = \int_{-\infty}^{t} \frac{a(t')}{\omega_1} e^{-\beta(t-t')} \text{sen } \omega_1(t-t') \, dt' \quad (3.115)$$

Definimos

$$G(t, t') \equiv \begin{cases} \dfrac{1}{m\omega_1} e^{-\beta(t-t')} \text{sen } \omega_1(t-t'), & t \geq t' \\ 0, & t < t' \end{cases} \quad (3.116)$$

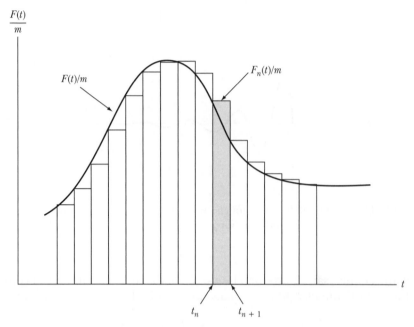

FIGURA 3.25 Uma função de força arbitrária pode ser representada como uma série de impulsos, um método conhecido como método de Green.

Então, pelo fato de

$$ma(t') = F(t') \tag{3.117}$$

temos

$$x(t) = \int_{-\infty}^{t} F(t')\, G(t, t')\, dt' \tag{3.118}$$

A função $G(t, t')$ é conhecida como **função de Green** para a equação do oscilador linear (Equação 3.96). A solução expressa pela Equação 3.118 é válida somente para um oscilador inicialmente em repouso em sua posição de equilíbrio, pois a solução que utilizamos para um único impulso (Equação 3.110) foi obtida somente para uma condição inicial desse tipo. Para outras condições iniciais, a solução geral pode ser obtida de forma análoga.

O método de Green é geralmente utilizado para a solução de equações diferenciais lineares não homogêneas. A principal vantagem do método reside no fato de que a função de Green $G(t, t')$, que é a solução da equação para um elemento infinitesimal da parte não homogênea, *já contém as condições iniciais* — portanto, a solução geral, expressa pela integral de $F(t')\, G(t, t')$, também contém automaticamente as condições iniciais.

EXEMPLO 3.7

Determine $x(t)$ para uma função de força de decaimento exponencial, começando em $t = 0$ e com a forma abaixo para $t > 0$:

$$F(t) = F_0 e^{-\gamma t}, \quad t > 0 \tag{3.119}$$

Solução. A solução para $x(t)$, de acordo com o método de Green, é

$$x(t) = \frac{F_0}{m\omega_1} \int_0^t e^{-\gamma t'} e^{-\beta(t-t')} \operatorname{sen} \omega_1(t-t') \, dt' \tag{3.120}$$

Alterando a variável para $z = \omega_1(t-t')$ temos

$$\begin{aligned} x(t) &= -\frac{F_0}{m\omega_1^2} \int_{\omega_1 t}^0 e^{-\gamma t} e^{[(\gamma-\beta)/\omega_1]z} \operatorname{sen} z \, dz \\ &= \frac{F_0/m}{(\gamma-\beta)^2 + \omega_1^2} \left[e^{-\gamma t} - e^{-\beta t} \left(\cos \omega_1 t - \frac{\gamma-\beta}{\omega_1} \operatorname{sen} \omega_1 t \right) \right] \end{aligned} \tag{3.121}$$

Esta função de resposta é ilustrada na Figura 3.26 para três combinações diferentes dos parâmetros de amortecimento β e γ. Quando γ é grande se comparado a β e se ambos forem pequenos se comparados a ω_0, a resposta se aproximará daquela para um "pico". Compare a Figura 3.24 com a curva superior na Figura 3.26. Quando γ é pequeno se comparado a β, a resposta se aproximará da forma da própria função de força, ou seja, um aumento inicial seguido por um decaimento exponencial. A curva inferior na Figura 3.26 mostra uma amplitude em decaimento, sobreposta por uma oscilação residual. Quando β e γ forem iguais, a Equação 3.121 se torna

$$x(t) = \frac{F_0}{m\omega_1^2} e^{-\beta t}(1 - \cos \omega_1 t), \quad \beta = \gamma \tag{3.122}$$

Desse modo, a resposta é oscilatória com "período" igual a $2\pi/\omega_1$, porém com uma amplitude decaindo exponencialmente, como mostrado na curva intermediária da Figura 3.26.

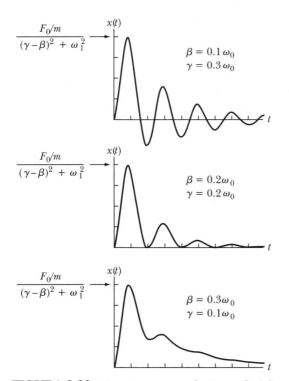

FIGURA 3.26 Função resposta do Exemplo 3.7.

122 Dinâmica clássica de partículas e sistemas

A resposta do tipo fornecido pela Equação 3.121 poderia resultar, por exemplo, se um circuito eletrônico em repouso, porém intrinsecamente oscilatório, fosse subitamente impulsionado pela tensão em decaimento de um capacitor.

PROBLEMAS

3.1. Um oscilador harmônico simples consiste de uma massa de 100 g presa a um fio cuja constante de força é 10^4 dinas/cm. A massa é deslocada em 3 cm e liberada do repouso. Calcule **(a)** a frequência natural v_0 e o período τ_0, **(b)** a energia total e **(c)** a velocidade máxima.

3.2. Considere o movimento no problema anterior ocorrendo em um meio resistivo. Após 10 s oscilando, a amplitude máxima se reduz à metade do valor inicial. Calcule **(a)** o parâmetro de amortecimento β, **(b)** a frequência v_1 (compare com a frequência não amortecida v_0) e **(c)** o decremento do movimento.

3.3. O oscilador do Problema 3-1 é colocado em movimento com velocidade inicial de 1 cm/s em sua posição de equilíbrio. Calcule **(a)** o deslocamento máximo e **(b)** a energia potencial máxima.

3.4. Considere um oscilador harmônico simples. Calcule as médias *temporais* das energias cinética e potencial em um ciclo e demonstre que essas quantidades são iguais. Por que este é um resultado razoável? A seguir, calcule as médias *espaciais* das energias cinética e potencial. Discuta os resultados.

3.5. Obtenha uma expressão para a fração de um período completo gasto por um oscilador harmônico simples em um pequeno intervalo Δx em uma posição x. Desenhe as curvas dessa função *versus* x para várias amplitudes diferentes. Discuta o significado físico dos resultados. Comente sobre as áreas sob as várias curvas.

3.6. Duas massas $m_1 = 100$ g e $m_2 = 200$ g deslizam livremente em uma pista horizontal sem atrito e são conectadas por uma mola cuja constante de força é $k = 0,5$ N/m. Determine a frequência do movimento oscilatório desse sistema.

3.7. Um corpo com área de seção transversal uniforme $A = 1,0$ cm^2 e densidade de massa $\rho = 0,8$ g/ cm^3 flutua em um líquido de densidade $\rho_0 = 1,0$ g/ cm^3 e, no equilíbrio, desloca um volume $V = 0,8$ cm^3. Demonstre que o período de pequenas oscilações em torno da posição de equilíbrio é fornecido por

$$\tau = 2\pi \sqrt{V/gA}$$

onde g é a intensidade do campo gravitacional. Determine o valor de τ.

3.8. Um pêndulo se encontra suspenso na cúspide de uma cicloide[16] em um suporte rígido (Figura 3.A). O caminho descrito pelo prumo do pêndulo é cicloidal e fornecido por

$$x = a(\phi - \text{sen } \phi), \quad y = a(\cos \phi - 1)$$

onde o comprimento do pêndulo é $l = 4a$ e onde ϕ é o ângulo de rotação do círculo gerador da cicloide. Demonstre que as oscilações são extamente isócronas com frequência $\omega_0 = \sqrt{g/l}$ independente da amplitude.

---

[16] O leitor não familiarizado com as propriedades das cicloides deverá consultar um texto sobre geometria analítica.

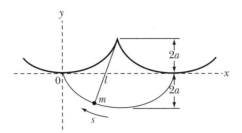

FIGURA 3.A Problema 3.8.

3.9. Uma partícula de massa m se encontra em repouso na extremidade de uma mola (constante de força $= k$) suspenso a partir de um suporte fixo. Em $t = 0$, uma força para baixo constante F é aplicada à massa e atua por um tempo t_0. Demonstre que, após a remoção da força, o deslocamento da massa a partir de sua posição de equilíbrio ($x = x_0$, onde x é para baixo) é

$$x - x_0 = \frac{F}{k}[\cos\omega_0(t - t_0) - \cos\omega_0 t]$$

onde $\omega_0^2 = k/m$.

3.10. Se a amplitude de um oscilador amortecido diminui para $1/e$ de seu valor inicial após n períodos, demonstre que a frequência do oscilador deverá ser aproximadamente $[1 - (8\pi^2 n^2)^{-1}]$ vezes a frequência do oscilador não amortecido correspondente.

3.11. Derive as expressões das curvas de energia e perda de energia mostradas na Figura 3.8 para o oscilador amortecido. Para um oscilador ligeiramente amortecido, calcule a *taxa média* na qual o oscilador amortecido perde energia (isto é, calcule uma média temporal sobre um ciclo).

3.12. Um pêndulo simples consiste de uma massa m suspensa a partir de um ponto fixo por uma haste de peso e extensão desprezíveis de comprimento l. Obtenha a equação de movimento e, na aproximação onde sen $\theta \cong \theta$, demonstre que a frequência natural é $\omega_0 = \sqrt{g/l}$, onde g é a intensidade do campo gravitacional. Discuta o movimento no caso de ele ocorrer em um meio viscoso com força de retardo $2m\sqrt{gl}\,\dot\theta$.

3.13. Demonstre que a Equação 3.43 é, na realidade, a solução para o amortecimento crítico, supondo uma solução da forma $x(t) = y(t)\exp(-\beta t)$ e determinando a função $y(t)$.

3.14. Expresse o deslocamento $x(t)$ e a velocidade (t) do oscilador sobreamortecido em termos de funções hiperbólicas.

3.15. Reproduza as Figuras 3.10b e c para os mesmos valores fornecidos no Exemplo 3.2, porém considere $\beta = 0,1$ s^{-1} e $\delta = \pi$ rad. Quantas vezes o sistema cruza a linha $x = 0$ antes de a amplitude finalmente cair abaixo de 10^{-2} de seu valor máximo? Qual gráfico, b ou c, é mais útil para determinar este número? Explique.

3.16. Discuta o movimento de uma partícula descrito pela Equação 3.34 no caso de $b < 0$ (isto é, a resistência de amortecimento é *negativa*).

3.17. Para um oscilador amortecido e impelido, demonstre que a energia cinética média é a mesma em uma frequência com um determinado número de oitavas[17] acima da ressonância da energia cinética, bem como a uma frequência com o mesmo número de oitavas abaixo da ressonância.

---

[17] Uma oitava é um intervalo de frequências no qual a frequência mais alta equivale justamente ao dobro da frequência mais baixa.

124 Dinâmica clássica de partículas e sistemas

3.18. Demonstre que, se um oscilador impelido é somente ligeiramente amortecido e impelido próximo à ressonância, o valor Q do sistema é aproximadamente

$$Q \cong 2\pi \times \left(\frac{\text{Energia total}}{\text{Energia perdida durante um período}} \right)$$

3.19. Para um oscilador ligeiramente amortecido, demonstre que $Q \cong \omega_0/\Delta\omega$ (Equação 3.65).

3.20. Desenhe uma curva de ressonância da *velocidade* para um oscilador impelido e amortecido com $Q = 6$ e demonstre que a largura total da curva entre os pontos correspondentes a $\dot{x}_{max}/\sqrt{2}$ é aproximadamente igual a $\omega_0/6$.

3.21. Use um computador para produzir um diagrama de espaço de fase similar à Figura 3.11 para o caso de amortecimento crítico. Demonstre analiticamente que a equação da linha da qual os caminhos de fase se aproximam assintoticamente é $\dot{x} = -\beta x$. Mostre que os caminhos de fase para, no mínimo, três posições iniciais acima e abaixo da linha.

3.22. Considere a posição e velocidade iniciais de um oscilador sobreamortecido e não impelido como sendo x_0 e v_0, respectivamente.

(a) Demonstre que os valores das amplitudes A_1 e A_2 na Equação 3.44 são $A_1 = \dfrac{\beta_2 x_0 + v_0}{\beta_2 - \beta_1}$ e $A_2 = -\dfrac{\beta_1 x_0 + v_0}{\beta_2 - \beta_1}$ onde $\beta_1 = \beta - \omega_2$ e $\beta_2 = \beta + \omega_2$.

(b) Demonstre que, quando $A_1 = 0$, os caminhos de fase da Figura 3.11 deverão estar ao longo da linha tracejada fornecida por $\dot{x} = -\beta_2 x$. Caso contrário, os caminhos assintóticos se encontram ao longo da outra curva tracejada, fornecida por $\dot{x} = -\beta_1 x$. *Sugestão*: Observe que $\beta_2 > \beta_1$ e determine os caminhos assintóticos quando $t \to \infty$.

3.23. Para melhor entender o movimento subamortecido, utilize um computador para elaborar um gráfico de $x(t)$ da Equação 3.40 (com $A = 1,0$ m) e de seus dois componentes $[e^{-\beta t}$ e cos $(\omega_1 t - \delta)]$ e das comparações (com $\beta = 0$) no mesmo gráfico, como na Figura 3.6. Considere rad/s e elabore gráficos separados para $\beta^2/\omega_0^2 = 0,1, 0,5,$ e $0,9$ e para δ (em radianos) $= 0, \pi/2,$ e π. Inclua somente um valor de δ e β em cada gráfico (isto é, nove gráficos). Discuta os resultados.

3.24. Para $\beta = 0,2$ s^{-1}, elabore gráficos no computador como aqueles mostrados na Figura 3.15 para um oscilador senoidal impelido e amortecido, onde $x_p(t)$, $x_c(t)$ e a soma $x(t)$ são mostrados. Considere $k = 1$ kg/s^2 e $m = 1$ kg. Produza esses gráficos para valores de ω/ω_1 iguais a 1/9, 1/3, 1,1, 3 e 6. Para a solução $x_c(t)$ (Equação 3.40), considere o ângulo de fase $\delta = 0$ e a amplitude $A = -1$ m. Para a $x_p(t)$ solução (Equação 3.60), considere $A = 1$ m/s^2, mas calcule δ. O que se observa em relação às amplitudes relativas das duas soluções à medida que ω aumenta? Por que isto ocorre? Para ω/ω_1, considere $A = 20$ m/s^2 para $x_p(t)$ e produza o gráfico novamente.

3.25. Para valores de $\beta = 1$ s^{-1}, $k = 1$ kg/s^2, e $m = 1$ kg, elabore gráficos no computador como aqueles mostrados na Figura 3.15 para um oscilador senoidal impelido e amortecido, onde $x_p(t)$, $x_c(t)$ e a soma $x(t)$ são mostrados. Gere esses gráficos para valores de ω/ω_1 1/9, 1/3, 1,1, 3 e 6. Para a solução criticamente $\delta = 0$ amortecida da Equação 3.43, considere $A = -1$ m e $B = 1$ m/s. Para a solução de $x_c(t)$ da Equação 3.60, considere $A = 1$ m/s^2 e calcule δ. O que se observa em relação às amplitudes relativas das duas soluções à medida que ω aumenta? Por que isto ocorre? Para $\omega/\omega_0 = 6$, considere $A = 20$ m/s^2 para $x_p(t)$ e produza o gráfico novamente.

3.26. A Figura 3.B ilustra uma massa impelida por uma força senoidal cuja frequência é ω. A massa m_1 é presa a um suporte rígido por meio de um fio de constante de força k e desliza sobre uma segunda massa m_2. A força de atrito entre m_1 e m_2 é representada pelo parâmetro de amortecimento b_1, e a força de atrito entre m_2 e o suporte é representada por b_2. Construa o análogo elétrico desse sistema e calcule a impedância.

FIGURA 3.B   Problema 3.26.

3.27. Demonstre que a série de Fourier da Equação 3.89 pode ser expressa como

$$F(t) = \frac{1}{2} a_0 + \sum_{n=1}^{\infty} c_n \cos(n\omega t - \phi_n)$$

Relacione os coeficientes c_n com a_n e b_n da Equação 3.90.

3.28. Obtenha a expansão de Fourier da função

$$F(t) = \begin{cases} -1, & -\pi/\omega < t < 0 \\ +1, & 0 < t < \pi/\omega \end{cases}$$

no intervalo $-\pi/\omega < t < \pi/\omega$. Considere $\omega = 1$ rad/s. No intervalo periódico, calcule e elabore o gráfico das somas dos dois primeiros termos, dos três primeiros termos e dos quatro primeiros termos para demonstrar a convergência da série.

3.29. Obtenha a série de Fourier representando a função

$$F(t) = \begin{cases} 0, & -2\pi/\omega < t < 0 \\ \text{sen}\,\omega t, & 0 < t < 2\pi/\omega \end{cases}$$

3.30. Obtenha a representação de Fourier da saída de um retificador de onda completa. Faça o gráfico dos três primeiros termos da expansão e compare com a função exata.

3.31. Um oscilador linear amortecido, originalmente no repouso em sua posição de equilíbrio, está sujeito a uma função de força conforme

$$\frac{F(t)}{m} = \begin{cases} 0, & t < 0 \\ a \times (t/\tau), & 0 < t < \tau \\ a, & t > \tau \end{cases}$$

Determine a função resposta. Considere $\tau \to 0$ e demonstre que a solução se torna aquela de uma função degrau.

3.32. Obtenha a resposta de um oscilador linear para uma função degrau e uma função de impulso (no limite $\tau \to 0$) para sobreamortecimento. Desenhe as funções resposta.

3.33. Calcule os valores máximos das amplitudes das funções respostas mostradas nas Figuras 3.22 e 3.24. Obtenha os valores numéricos para $\beta = 0{,}2\omega_0$ quando $a = 2$ m/s^2, $\omega_0 = 1$ rad/s, e $t_0 = 0$.

3.34. Considere um oscilador linear não amortecido com frequência natural $\omega_0 = 0{,}5$ rad/s e a função degrau $a = 1{,}0$ m/s^2. Calcule e desenhe a função resposta para uma função de força de impulso atuando durante um tempo $\tau = 2\pi/\omega_0$. Forneça uma interpretação física dos resultados.

3.35. Obtenha a resposta de um oscilador linear para a função de força

$$\frac{F(t)}{m} = \begin{cases} 0, & t < 0 \\ a\,\text{sen}\,\omega t, & 0 < t < \pi/\omega \\ 0, & t > \pi/\omega \end{cases}$$

126 Dinâmica clássica de partículas e sistemas

3.36. Derive uma expressão para o deslocamento de um oscilador linear análoga à Equação 3.110, porém para as condições iniciais $x(t_0) = x_0$ e $\dot{x}(t_0) = \dot{x}_0$.

3.37. Derive a solução do método de Green para a resposta causada por uma função de força arbitrária. Considere a função consistindo de uma série de funções degrau, ou seja, parta da Equação 3.105 em vez da Equação 3.110.

3.38. Use o método de Green para obter a resposta de um oscilador amortecido a uma função de força da forma

$$F(t) = \begin{cases} 0 & t < 0 \\ F_0 e^{-\gamma t}\,\mathrm{sen}\,\omega t & t > 0 \end{cases}$$

3.39. Considere a função periódica

$$F(t) = \begin{cases} \mathrm{sen}\,\omega t, & 0 < t < \pi/\omega \\ 0, & \pi/\omega < t < 2\pi/\omega \end{cases}$$

que representa as porções positivas de uma função seno. (Esse tipo de função representa, por exemplo, a saída de um circuito retificador de meia onda.) Determine a representação de Fourier e elabore o gráfico da soma dos primeiros quatro termos.

3.40. Um automóvel de massa 1000 kg, incluindo os passageiros, desce 1,0 cm mais próximo da pista para cada 100 kg adicionais de passageiros. Ele é conduzido com um componente horizontal constante da velocidade de 20 km/h sobre uma pista ondulada com lombadas senoidais. A amplitude e o comprimento de onda da curva senoidal são 5,0 cm e 2,0 cm, respectivamente. A distância entre as rodas dianteiras e traseiras é de 2,4 m. Determine a amplitude de oscilação do automóvel, supondo que ele se move verticalmente como um oscilador harmônico impelido e não amortecido. Despreze a massa das rodas e molas e suponha que as rodas estejam sempre em contato com a pista.

3.41. **(a)** Use as soluções gerais $x(t)$ da equação diferencial $d^2x/dt^2 + 2\beta dx/dt + \omega_0^2 x = 0$ para movimento subamortecido, criticamente amortecido e sobreamortecido e escolha as constantes de integração para satisfazer as condições iniciais $x = x_0$ e $v = v_0 = 0$ em $t = 0$. **(b)** Use um computador para elaborar o gráfico dos resultados para $x(t)/x_0$ como uma função de $\omega_0 t$ nos três casos $\beta = (1/2)\omega_0$, $\beta = \omega_0$, e $\beta = 2\omega_0$. Mostre todas as três curvas em um único gráfico.

3.42. Um oscilador harmônico não amortecido satisfaz a equação de movimento $m(d^2x/dt^2 + \omega_0^2 x) = F(t)$. A força de impulsão $F(t) = F_0\,\mathrm{sen}(\omega t)$ é aplicada em $t = 0$. **(a)** Determine $x(t)$ para $t > 0$ para as condições iniciais $x = 0$ e $v = 0$ em $t = 0$. **(b)** Determine $x(t)$ para $\omega = \omega_0$ considerando o limite $\omega \to \omega_0$ em seu resultado para a parte **(a)**. Desenhe o seu resultado para $x(t)$.
Sugestão: Na parte **(a)**, busque uma solução particular da equação diferencial na forma $x = A\,\mathrm{sen}(\omega t)$ e determine A. Adicione a solução da equação homogênea a essa solução para obter a solução geral da equação não homogênea.

3.43. Uma massa pontual m desliza sem atrito sobre uma mesa horizontal na extremidade de uma mola de massa desprezível com comprimento natural a e constante de mola k, como mostrado na Figura 3.C. A mola é presa na mesa de modo a girar livremente sem atrito. A força líquida sobre a massa é a força central $F(r) = -k(r - a)$. **(a)** Determine e desenhe a energia potencial $U(r)$ e o potencial efetivo $U_{\mathrm{ef}}(r)$. **(b)** Qual velocidade angular ω_0 é necessária para uma órbita circular com raio r_0? **(c)** Derive a frequência de oscilações pequenas ω em torno da órbita circular com raio r_0. Expresse suas respostas para **(b)** e **(c)** em termos de k, m, r_0 e a.

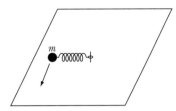

FIGURA 3.C Problema 3.43.

3.44. Considere um oscilador harmônico amortecido. Após quatro ciclos, a amplitude do oscilador caiu para $1/e$ de seu valor inicial. Determine a relação entre a frequência do oscilador amortecido e sua frequência natural.

3.45. Um relógio de parede do vovô tem um pêndulo de comprimento 0,7 m e prumo de massa 0,4 kg. Uma massa de 2 kg cai 0,8 m em sete dias para manter a amplitude (a partir do equilíbrio) de oscilação do pêndulo estacionária em 0,03 rad. Qual é o valor de Q do sistema?

CAPÍTULO 4

Oscilações não lineares e caos

4.1 Introdução

A discussão dos osciladores no Capítulo 3 se limitava a sistemas lineares. Ao ser pressionada para divulgar mais detalhes, entretanto, a natureza insiste em ser *não linear*; exemplos são as ondulações de uma bandeira ao vento, o gotejamento de uma torneira vazando e as oscilações de um pêndulo duplo. As técnicas aprendidas até agora para sistemas lineares podem não ser úteis para sistemas não lineares, mas um grande número de técnicas foram desenvolvidas para sistemas não lineares, algumas das quais abordamos neste capítulo. Utilizamos técnicas numéricas para resolver algumas das Equações não lineares neste capítulo.

A Equação de movimento para o oscilador amortecido e acionado do Capítulo 3, movendo-se somente em uma dimensão, pode ser formulada como

$$m\ddot{x} + f(\dot{x}) + g(x) = h(t) \tag{4.1}$$

Se $f(\dot{x})$ ou $g(x)$ contém potências de $\dot{x}$ ou x, respectivamente, mais altas que o linear, então o sistema físico é não linear. Soluções completas não estão sempre disponíveis para a Equação 4.1 e, às vezes, é necessário tratamento especial para resolver tais Equações. Por exemplo, podemos aprender muito sobre um sistema físico ao considerar o desvio de forças da linearidade e ao examinar diagramas de fase. Tal sistema é o pêndulo plano simples, um sistema que é linear somente quando oscilações pequenas são pressupostas.

No início do século 19, o famoso matemático francês Pierre Simon de Laplace defendeu a visão divulgada da posição e velocidade de todas as partículas no universo, o que nos levaria a conhecer o futuro o tempo todo. Esta é a visão *determinista* da natureza. Nos últimos anos, pesquisadores em várias disciplinas perceberam que conhecer as leis da natureza não é suficiente. Grande parte da natureza parece ser **caótica**. Neste caso, nos referimos ao **caos determinista**, em oposição à *aleatoriedade*, como sendo o movimento de um sistema *cuja evolução do tempo tenha uma dependência sensitiva em condições iniciais*. O desenvolvimento determinista refere-se ao modo que um sistema se desenvolve de um momento ao próximo, onde o sistema atual depende daquele que acabou de passar em um modo bem determinado por meio das leis físicas. Não estamos nos referindo ao processo aleatório no qual o sistema atual não possui conexão causal com o anterior (por exemplo, jogar uma moeda).

Medições feitas no estado de um sistema em um dado tempo podem não permitir que façamos predições da situação futura nem mesmo pouco adiante, independentemente do fato de as Equações governantes serem conhecidas exatamente. O caos determinista é sempre associado a um sistema não linear; a não linearidade é uma condição necessária para o caos, mas não suficiente. O caos ocorre quando um sistema depende, de um modo sensitivo, de seu estado anterior. Mesmo um efeito pequeno, como uma borboleta nas proximidades, pode ser suficiente para variar as condições de tal modo que o futuro é *inteiramente* diferente do que ele

129

130 Dinâmica clássica de partículas e sistemas

poderia ter sido, *não* somente um pouco diferente. O advento dos computadores permitiu que o caos fosse estudado porque nós, agora, temos a capacidade de executar cálculos da evolução do tempo de propriedades de um sistema que inclui estas pequenas variações nas condições iniciais. Sistemas caóticos podem *somente* ser solucionados numericamente, e não há modos simples, gerais, de prever quando um sistema irá exibir caos.

Fenômenos caóticos foram descobertos em praticamente todas as áreas da ciência e engenharia – em batimentos cardíacos irregulares; movimentos dos planetas em nosso sistema solar; água caindo de uma torneira; circuitos elétricos; padrões de tempo; epidemias; populações mutáveis de insetos, pássaros e animais; e o movimento dos elétrons nos átomos. Segue assim por diante. É geralmente dado crédito a Henri Poincaré[1] por ser o primeiro a reconhecer a existência do caos durante sua investigação da mecânica celestial no final do século 19. Ele chegou à percepção de que o movimento de sistemas aparentemente simples, como os planetas em nosso sistema solar, pode ser extremamente complicado. Embora vários investigadores também chegaram a entender a existência do caos, desenvolvimentos relevantes não aconteceram até a década de 1970, quando os computadores estavam disponíveis para calcular os históricos de longo prazo necessários para documentar o comportamento.

O estudo do caos se espalhou e somente abordaremos os aspectos rudimentares dos fenômenos. Livros especializados[2] no assunto se tornaram abundantes para aqueles que desejarem estudos mais profundos. Por exemplo, o espaço não nos permite discutir a área fascinante dos fractais, os padrões complicados que emergem dos processos caóticos.

4.2 Oscilações não lineares

Considere uma energia potencial de forma parabólica

$$U(x) = \frac{1}{2} k x^2 \tag{4.2}$$

Então, a força correspondente é

$$F(x) = -kx \tag{4.3}$$

Este é somente o caso do movimento harmônico simples discutido na Seção 3.2. Agora, suponha que uma partícula se mova em um poço potencial, que é uma função arbitrária da distância (como na Figura 4.1). Então, nas proximidades do mínimo do poço, geralmente se aproxima o potencial com uma parábola. Portanto, se a energia da partícula é somente um pouco superior a U_{min}, apenas amplitudes pequenas são possíveis e o movimento é aproximadamente harmônico simples. Se a energia é notadamente superior a U_{min}, de tal modo $U(x) \approx \frac{1}{2}kx^2$ que a amplitude do movimento não pode ser considerada pequena, então pode não ser mais suficientemente precisa para fazer a aproximação e devemos lidar com uma *força* não linear.

Em muitas situações físicas, o desvio da linearidade da força é *simétrica* em relação à posição de equilíbrio (que assumimos como estando em $x = 0$). Em tais casos, a *magnitude* da força exercida em uma partícula é a mesma em $-x$ como em x; a *direção* da força é oposta nos dois casos. Portanto, em uma situação simétrica, a primeira correção para uma força linear deve ser um tempo proporcional a x^3. Assim,

$$F(x) \cong -kx + \varepsilon x^3 \tag{4.4}$$

---

[1]Henri Poincaré (1854–1912) foi um matemático que também pode ser considerado um físico e filósofo. Sua carreira aconteceu na época que a mecânica clássica estava em seu auge, sendo logo superada pela relatividade e mecânica quântica. Ele buscou fórmulas matemáticas precisas que permitiram a ele compreender a estabilidade dinâmica dos sistemas.
[2]Livros especialmente úteis por Baker e Gollub (Ba96), Moon (Mo92), Hilborn (Hi00), e Strogatz (St94).

onde ε é geralmente uma quantidade pequena. O potencial correspondente a tal força é

$$U(x) = \frac{1}{2} kx^2 - \frac{1}{4} \varepsilon x^4 \tag{4.5}$$

Dependendo do sinal da quantidade ε, a força pode ser superior ou inferior à aproximação linear. Se $\varepsilon > 0$, então a força é inferior ao termo linear sozinho e o sistema é considerado *flexível*; se $\varepsilon < 0$, então a força é superior e o sistema é *rígido*. A Figura 4.2 mostra a forma da força e o potencial para um sistema flexível e um rígido.

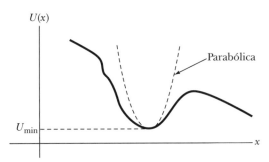

FIGURA 4.1 Potencial arbitrário $U(x)$ indicando uma região parabólica quando o movimento harmônico simples é aplicável.

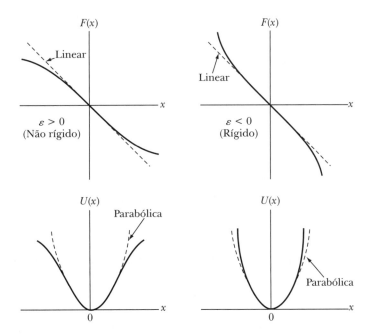

FIGURA 4.2 Força $F(x)$ e potencial $U(x)$ para um sistema rígido e flexível quando um termo x^3 é acrescentado à força.

EXEMPLO 4.1

Considere uma partícula de massa m suspensa entre duas molas idênticas (Figura 4.3). Mostre que o sistema é não linear. Encontre a solução de estado estável para uma força motora $F_0 \cos\omega t$.

Solução. Se ambas as molas estiverem em condições não estendidas (isto é, não há tensão, e, portanto, não há energia potencial, em ambas as molas) quando a partícula estiver na posição de equilíbrio – e se negligenciarmos as forças gravitacionais –, então, quando a partícula for deslocada do equilíbrio (Figura 4.3b), cada mola exerce uma força $-k(s-l)$ sobre a partícula (k é a constante de força em cada mola). A força líquida (horizontal) na partícula

$$F = -2k(s-l)\operatorname{sen}\theta \qquad (4.6)$$

Agora,

$$s = \sqrt{l^2 + x^2}$$

então

$$\operatorname{sen}\theta = \frac{x}{s} = \frac{x}{\sqrt{l^2 + x^2}}$$

Assim,

$$F = -\frac{2kx}{\sqrt{l^2 + x^2}} \cdot \left(\sqrt{l^2 + x^2} - l\right) = -2kx\left(1 - \frac{1}{\sqrt{1 + (x/l)^2}}\right) \qquad (4.7)$$

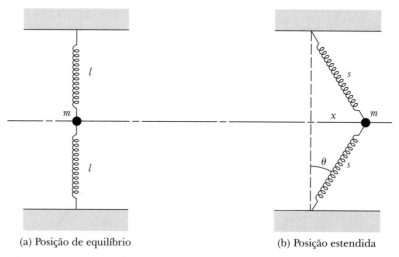

(a) Posição de equilíbrio (b) Posição estendida

FIGURA 4.3 Exemplo 4.1. Um sistema elástico duplo em (a) equilíbrio e (b) posições estendidas.

Se considerarmos x/l como sendo uma quantidade pequena e expandirmos o radical, descobrimos

$$F = -kl\left(\frac{x}{l}\right)^3\left[1 - \frac{3}{4}\left(\frac{x}{l}\right)^2 + \cdots\right]$$

Se negligenciarmos todos os termos exceto o termo principal, temos, aproximadamente,

$$F(x) \cong -(k/l^2)x^3 \qquad (4.8)$$

Portanto, mesmo se a amplitude do movimento estiver suficientemente restrita de modo que x/l seja uma quantidade pequena, a força ainda é proporcional a x^3. O sistema é, portanto, *intrinsecamente não linear*. Entretanto, se fosse necessário esticar cada mola a uma distância d para conexão com a massa na posição de equilíbrio, então descobriríamos, para a força (consulte o Problema 4.1):

$$F(x) \cong -2(kd/l)x - [k(l-d)/l^3]x^3 \qquad (4.9)$$

CAPÍTULO 4 – Oscilações não lineares e caos **133**

e um termo linear é introduzido. Para oscilações com amplitude pequena, o movimento é, aproximadamente, harmônico simples.

A partir da Equação 4.9, identificamos

$$\varepsilon' = -k(l - d)/l^3 < 0$$

Desse modo, o sistema é *rígido*.

Se tivermos uma força motora $F_0 \cos \omega t$, a Equação de movimento para a mola esticada (força da Equação 4.9) se torna

$$m\ddot{x} = -\frac{2kd}{l}x - \frac{k(l - d)}{l^3}x^3 + F_0 \cos \omega t \tag{4.10}$$

Sendo

$$\varepsilon = \frac{\varepsilon'}{m}, \quad a = \frac{2kd}{ml}, \quad \text{e} \quad G = \frac{F_0}{m} \tag{4.11}$$

então

$$\ddot{x} = -ax + \varepsilon x^3 + G \cos \omega t \tag{4.12}$$

A Equação 4.12 é uma Equação diferencial de difícil solução. Encontramos as características importantes da solução por um método de aproximações sucessivas (técnica de perturbação). Primeiro, tentamos uma solução $x_1 = A \cos \omega t$, e inserimos x_1 no lado direito da Equação 4.12, que se torna

$$\ddot{x}_2 = -aA \cos \omega t + \varepsilon A^3 \cos^3 \omega t + G \cos \omega t \tag{4.13}$$

onde a solução da Equação 4.13 é $x = x_2$. Esta Equação pode ser resolvida para x_2 utilizando a identidade

$$\cos^3 \omega t = \frac{3}{4} \cos \omega t + \frac{1}{4} \cos 3\omega t$$

Com a utilização desta Equação na Equação 4.13, temos

$$\ddot{x}_2 = -\left(aA - \frac{3}{4}\varepsilon A^3 - G\right)\cos \omega t + \frac{1}{4}\varepsilon A^3 \cos 3\omega t \tag{4.14}$$

Ao integrarmos duas vezes (com as constantes de integração estabelecidas como iguais a zero), temos

$$x_2 = \frac{1}{\omega^2}\left(aA - \frac{3}{4}\varepsilon A^3 - G\right)\cos \omega t - \frac{\varepsilon A^3}{36\omega^2} \cos 3\omega t \tag{4.15}$$

Esta já é uma solução complexa. Sob que condições para ε, a e x é x_2 uma solução adequada? Técnicas numéricas com um computador podem produzir rapidamente uma solução de perturbação razoavelmente precisa. Descobrimos que a amplitude depende da frequência de acionamento, mas que nenhuma ressonância ocorre na frequência natural do sistema.

Uma discussão mais aprofundada dos métodos de solução da Equação 4.12 nos distanciaria muito de nossa discussão atual. O resultado é que, para alguns valores da frequência de acionamento ω, três amplitudes diferentes podem ocorrer com "saltos" entre as amplitudes. A amplitude pode ter um diferente valor para um dado ω, dependendo se ω estiver aumentando ou diminuindo (histerese). Apresentamos um caso simples deste efeito na Seção 4.5.

Em situações físicas reais, estamos frequentemente preocupados com forças simétricas e potenciais. Porém, alguns casos têm formas assimétricas. Por exemplo,

$$F(x) = -kx + \lambda x^2 \tag{4.16}$$

O potencial para o qual é

$$U(x) = \frac{1}{2} kx^2 - \frac{1}{3} \lambda x^3 \tag{4.17}$$

Este caso é ilustrado na Figura 4.4 para $\lambda < 0$: o sistema é rígido para $x > 0$ e flexível para $x < 0$.

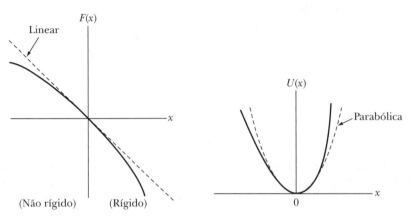

FIGURA 4.4 Exemplo de forças assimétricas e potenciais.

4.3 Diagramas de fase para sistemas não lineares

A construção de um diagrama de fase para um sistema não linear pode ser feita ao utilizar a Equação 2.97:

$$\dot{x}(x) \propto \sqrt{E - U(x)} \tag{4.18}$$

Quando $U(x)$ é conhecido, é relativamente fácil fazer um diagrama de fase para $\dot{x}(x)$. Computadores, com sua capacidade gráfica crescente, fazem essa tarefa tornar-se particularmente fácil. Entretanto, em muitos casos, é difícil obter $U(x)$ e devemos recorrer a procedimentos de aproximação para produzir, eventualmente, o diagrama de fase. Por outro lado, é relativamente fácil obter um retrato qualitativo do diagrama de fase para o movimento de uma partícula em um potencial arbitrário. Por exemplo, considere o potencial assimétrico mostrado na Figura 4.5a, que representa um sistema flexível para $x < 0$ e rígido para $x > 0$. Se não ocorrer amortecimento, então, porque $\dot{x}$ é proporcional a $\sqrt{E - U(x)}$, o diagrama de fase deve ser da forma mostrada na Figura 4.5b. Três dos caminhos de fase oval estão desenhados, correspondendo aos três valores da energia total indicada pelas linhas pontilhadas no diagrama de potencial. Para uma energia total somente um pouco superior àquela do mínimo do potencial, os caminhos de fase oval aproxima de elipses. Se o sistema estiver amortecido, então a partícula oscilante irá "descer em espiral no poço potencial" e eventualmente chega ao repouso na posição de equilíbrio, $x = 0$. O ponto de equilíbrio em $x = 0$ neste caso é chamado de **atrator**. Um atrator é um conjunto de pontos (ou um ponto) em espaço de fase na direção em que um sistema é "atraído" quando o amortecimento está presente.

Para o caso mostrado na Figura 4.5, se a energia total E da partícula é inferior à altura na qual o potencial se eleva em qualquer lado de $x = 0$, então a partícula é "encurralada" no poço potencial (cf., a região $x_a < x < x_b$ na Figura 2.14). O ponto $x = 0$ é uma posição de equilíbrio *estável*, porque $(d^2U(x)/dx^2)_0 > 0$ (consulte a Equação 2.103), e uma pequena perturbação resulta em um movimento localmente limitado.

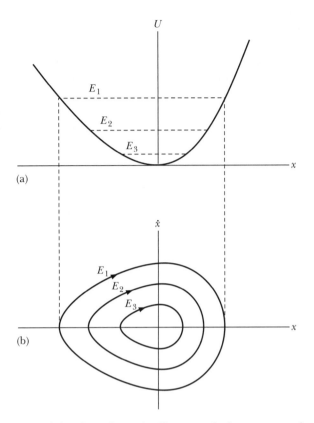

FIGURA 4.5 (a) Potencial assimétrico e (b) diagrama de fase para movimento limitado.

Nas proximidades do *máximo* de um potencial, um tipo qualitativamente diferente de movimento ocorre (Figura 4.6). Aqui o ponto $x = 0$ é de *equilíbrio* instável, porque, se uma partícula estiver em repouso neste ponto, então uma pequena perturbação resultará em movimento *localmente* ilimitado.[3] Do mesmo modo, $(d^2U(x)/dx^2)_0 < 0$ oferece equilíbrio instável.

Se o potencial na Figura 4.6a fosse parabólico – se $U(x) = -\frac{1}{2}kx^2$ –, os caminhos de fase correspondente à energia E_0 seriam linhas retas e aquelas correspondentes às energias E_1 e E_2 seriam hipérboles. Isto é, portanto, o limite para o qual os caminhos da fase da Figura 4.6 se aproximariam se o termo não linear na expressão para a força fosse feita para diminuir em magnitude.

Ao referir aos caminhos de fase para os potenciais mostrados nas Figuras 4.5 e 4.6, podemos rapidamente construir um diagrama de fase para qualquer potencial arbitrário (tal como na Figura 2.14).

Um tipo importante de Equação não linear foi extensivamente estudado por van der Pol em sua investigação de oscilações não lineares nos circuitos a válvulas dos primeiros rádios.[4] Esta equação tem a forma

$$\ddot{x} + \mu(x^2 - a^2)\dot{x} + \omega_0^2 x = 0 \tag{4.19}$$

---

[3]A definição de instabilidade deve ser feita em termos de movimento *localmente* ilimitado, uma vez que, se houver outras máximas de potencial superiores àquela mostrada em $x = 0$, o movimento será limitado por estas outras barreiras potenciais.

[4]B. van der Pol, *Phil. Mag.* **2**, 978 (1926). Tratamentos extensivos da Equação de van der Pol podem ser encontrados, por exemplo, em Minorsky (Mi47) ou em Andronow e Chaikin (An49); discussões breves são dadas por Lindsay (Li51, pp. 64–66) e Pipes (Pi46, pp. 606–610).

onde μ é um parâmetro pequeno e positivo. Um sistema descrito pela Equação de Van der Pol tem a seguinte propriedade interessante: se a amplitude $|x|$ exceder o valor crítico $|a|$, então o coeficiente de $\dot{x}$ é positivo e o sistema é amortecido. Mas se $|x|<|a|$, então um *amortecimento negativo* ocorre, isto é, a amplitude do movimento *aumenta*. Segue que deve haver alguma amplitude para a qual o movimento nem aumenta nem diminui com o tempo. Tal curva no plano da fase é chamada de **ciclo limite**[5] (Figura 4.7) e é o atrator para este sistema. Caminhos de fase fora do espiral do ciclo limite *para dentro*, e aqueles dentro do espiral do ciclo limite *para fora*. Na medida em que o ciclo limite define o movimento *localmente* limitado, podemos nos referir à situação que ela representa como *estável*.

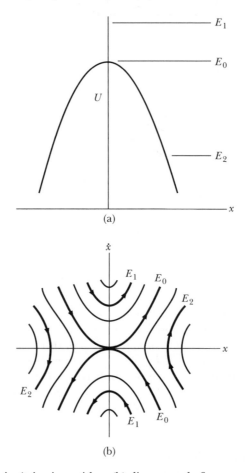

FIGURA 4.6 (a) Potencial assimétrico invertido e (b) diagrama de fase para movimento ilimitado.

Um sistema descrito pela Equação de van der Pol é *autolimitante*, isto é, uma vez colocado em movimento sob condições que levem a uma amplitude crescente, a amplitude é automaticamente impedida de crescer sem limite. O sistema tem esta propriedade se a amplitude inicial for superior ou inferior à amplitude crítica (limitante) x_0.

Vamos agora para o cálculo numérico da Equação de van der Pol (4.19). Para tornar o cálculo mais simples e para poder examinar o movimento do sistema, deixamos $a = 1$ e $\omega_0 = 1$ com unidades apropriadas. A Equação 4.19 se torna

$$\ddot{x} + \mu(x^2 - 1)\dot{x} + x = 0 \qquad (4.20)$$

---

[5]O termo foi introduzido por Poincaré e é frequentemente chamado *ciclo limite de Poincaré*.

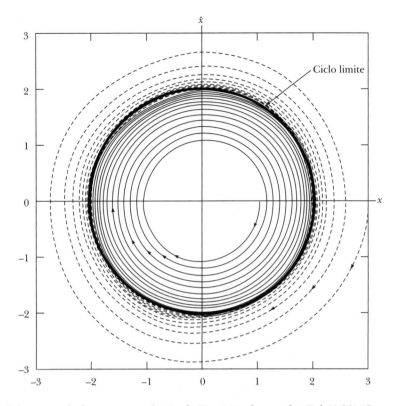

FIGURA 4.7 Diagrama de fase para a solução da Equação de van der Pol (4.20). O termo de amortecimento é $\mu = 0{,}05$ e a solução se aproxima lentamente do ciclo limite em 2. Ocorre amortecimento positivo e negativo, respectivamente, para $|x|$ valores fora e dentro do ciclo limite em 2. As linhas sólidas e pontilhadas têm valores iniciais $(x, \dot{x})$ de $(1{,}0, 0)$ e $(3{,}0, 0)$, respectivamente.

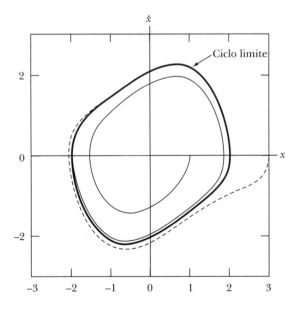

FIGURA 4.8 Cálculo semelhante para a Figura 4.7 para a solução da Equação de van der Pol (4.20). Neste caso o parâmetro de amortecimento $\mu = 0{,}5$. Note que a solução atinge o ciclo limite (agora inclinado) muito mais rapidamente.

Em nosso caso, utilizamos Matchcad para resolver esta Equação diferencial. Utilizamos o valor de $\mu = 0,05$, que dará um termo de amortecimento pequeno. Levará algum tempo para que a solução atinja o ciclo limite. Mostramos o cálculo para dois valores iniciais de x ($x_0 = 1,0$ e 3,0) na Figura 4.7; em ambos os casos, deixamos o valor inicial de $\dot{x} = 0$. Note que, neste caso, o ciclo limite é um círculo de raio 2. Em ambos os casos, quando os valores iniciais estão ambos dentro e fora do ciclo limite, os espirais de solução estão em direção ao ciclo limite. Se estabelecemos $x_0 = 2$ (com $\dot{x}_0 = 0$), o movimento permanece no ciclo limite. A solução do círculo neste caso é resultado de nossos valores especiais para a e ω_0 dados no parágrafo anterior. Se utilizarmos um termo com grande amortecimento, $\mu = 0,5$, a solução atinge o ciclo limite muito mais rapidamente, e o ciclo limite é distorcido como mostra a Figura 4.8. Para um pequeno valor de $\mu(0,05)$, os termos x e ω_0 são sinusoidais com o tempo mas, para valores maiores de $\mu(0,5)$, os formatos sinusoidais se tornam inclinados (consulte o Problema 4.26). O oscilador van der Pol é um bom sistema para estudar comportamento não linear e será examinado adiante nos problemas.

4.4 Pêndulo plano

As soluções de certos tipos de problemas de oscilação não linear podem ser expressos na forma fechada por integrais elípticas.[6] Um exemplo deste tipo é o **pêndulo plano**. Considere uma partícula de massa m restrita por uma barra sem peso, sem extensão para mover em um círculo vertical de raio l (Figura 4.9). A força gravitacional age para baixo, mas a componente desta força que influencia o movimento é *perpendicular* à barra de suporte. Esta componente de força, mostrada na Figura 4.10, é simplesmente $F(\theta) = -mg \operatorname{sen} \theta$. O pêndulo plano é um sistema não linear com uma força restauradora simétrica. É somente para desvios angulares pequenos que uma aproximação linear pode ser utilizada.

Obtemos a Equação do movimento para o pêndulo plano ao equacionar o torque sobre o eixo de suporte para o produto de aceleração angular e a inércia de rotação sobre o mesmo eixo:

$$I\ddot{\theta} = lF$$

ou porque $I = ml^2$ e $F = -mg \operatorname{sen} \theta$,

onde

$$\boxed{\ddot{\theta} + \omega_0^2 \operatorname{sen} \theta = 0} \quad (4.21)$$

$$\omega_0^2 \equiv \frac{g}{l} \quad (4.22)$$

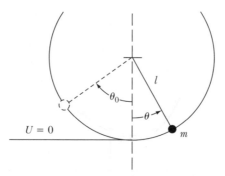

FIGURA 4.9 O pêndulo plano onde a massa m não é necessária para oscilar em pequenos ângulos. O ângulo $\theta > 0$ está na direção anti-horária de forma que $\theta_0 < 0$.

---

[6] Consulte o Apêndice B para uma lista de alguns integrais elípticos.

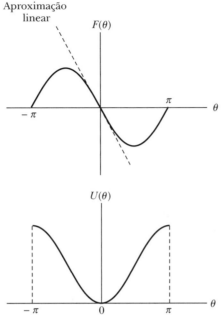

FIGURA 4.10 A componente da força, $F(\theta)$, e seu potencial associado que age no pêndulo plano. Note que a força é não linear.

Se a amplitude do movimento for pequena, podemos aproximar, e a Equação do movimento se torna idêntica àquela para o oscilador harmônico simples:

$$\ddot{\theta} + \omega_0^2 \theta = 0$$

Nesta aproximação, o período é dado pela expressão familiar

$$\tau \cong 2\pi \sqrt{\frac{l}{g}}$$

Se desejamos obter o resultado geral para o período no caso da amplitude ser finita, podemos iniciar com a Equação 4.21. Mas, porque o sistema é *conservador*, podemos utilizar o fato de que

$$T + U = E = \text{constante}$$

para obter uma solução ao considerar a energia do sistema ao invés de resolver a Equação de movimento.

Se o zero da energia potencial for considerado como o menor ponto no caminho circular descrito pelo peso do pêndulo (isto é, $\theta = 0$; veja a Figura 4.10), as energias cinética e potencial podem ser expressas como

$$\left. \begin{array}{l} T = \dfrac{1}{2} I\omega^2 = \dfrac{1}{2} m l^2 \dot{\theta}^2 \\ U = mgl(1 - \cos\theta) \end{array} \right\} \quad (4.23)$$

Se deixarmos $\theta = \theta_0$ no ponto mais alto do movimento, então

$$T(\theta = \theta_0) = 0$$
$$U(\theta = \theta_0) = E = mgl(1 - \cos\theta_0)$$

Ao utilizar a identidade trigonométrica

$$\cos\theta = 1 - 2\,\text{sen}^2(\theta/2)$$

140 Dinâmica clássica de partículas e sistemas

temos

$$E = 2mgl\,\text{sen}^2\,(\theta_0/2) \tag{4.24}$$

e

$$U = 2mgl\,\text{sen}^2\,(\theta/2) \tag{4.25}$$

Ao expressar a energia cinética como a diferença entre a energia total e a energia potencial, temos $T = E - U$,

$$\frac{1}{2}ml^2\dot{\theta}^2 = 2mgl\,[\text{sen}^2(\theta_0/2) - \text{sen}^2(\theta/2)]$$

ou

$$\dot{\theta} = 2\sqrt{\frac{g}{l}}\,[\text{sen}^2(\theta_0/2) - \text{sen}^2(\theta/2)]^{1/2} \tag{4.26}$$

da qual

$$dt = \frac{1}{2}\sqrt{\frac{l}{g}}\,[\text{sen}^2(\theta_0/2) - \text{sen}^2(\theta/2)]^{-1/2}\,d\theta$$

Esta Equação pode ser integrada para obter o período τ. Como o movimento é simétrico, a integral sobre θ de $\theta = 0$ para $\theta = \theta_0$ produz $\tau/4$. Assim

$$\tau = 2\sqrt{\frac{l}{g}}\int_0^{\theta_0}[\text{sen}^2(\theta_0/2) - \text{sen}^2(\theta/2)]^{-1/2}\,d\theta \tag{4.27}$$

Isso é, na verdade, uma *integral elíptica de primeiro grau*,[7] que pode ser visto mais claramente ao fazermos as substituições

$$z = \frac{\text{sen}(\theta/2)}{\text{sen}(\theta_0/2)}, \qquad k = \text{sen}(\theta_0/2)$$

Então

$$dz = \frac{\cos(\theta/2)}{2\,\text{sen}(\theta_0/2)}\,d\theta = \frac{\sqrt{1 - k^2z^2}}{2k}\,d\theta$$

da qual

$$\tau = 4\sqrt{\frac{l}{g}}\int_0^1[(1 - z^2)(1 - k^2z^2)]^{-1/2}\,dz \tag{4.28}$$

Valores numéricos para integrais deste tipo podem ser encontrados em várias tabelas.

Para o movimento oscilatório resultar, $|\theta_0| < \pi$ ou, de modo equivalente, sen $(\theta_0/2) = k$, onde $-1 < k < +1$. Para este caso, podemos avaliar a integral na Equação 4.28, ao expandir $(1 - k^2z^2)^{-1/2}$ em uma série de força:

$$(1 - k^2z^2)^{-1/2} = 1 + \frac{k^2z^2}{2} + \frac{3k^4z^4}{8} + \cdots$$

---

[7] Consulte a Equação B.2, Apêndice B.

CAPÍTULO 4 – Oscilações não lineares e caos **141**

Assim, a expressão para o período se torna

$$\tau = 4\sqrt{\frac{l}{g}}\int_0^1 \frac{dz}{(1-z^2)^{1/2}}\left[1 + \frac{k^2 z^2}{2} + \frac{3k^4 z^4}{8} + \cdots\right]$$

$$= 4\sqrt{\frac{l}{g}}\left[\frac{\pi}{2} + \frac{k^2}{2}\cdot\frac{1}{2}\cdot\frac{\pi}{2} + \frac{3k^4}{8}\cdot\frac{3}{8}\cdot\frac{\pi}{2} + \cdots\right]$$

$$= 2\pi\sqrt{\frac{l}{g}}\left[1 + \frac{k^2}{4} + \frac{9k^4}{64} + \cdots\right]$$

Se $|k|$ for grande (isto é, próximo a 1), serão necessários muitos termos para produzir um resultado razoavelmente preciso. Mas, para k pequeno, a expansão converge rapidamente. Uma vez que $k = \text{sen}\,(\theta_0/2)$, então $k \cong (\theta_0/2) - (\theta_0^3/48)$; o resultado, correto para quarta ordem, é

$$\tau \cong 2\pi\sqrt{\frac{l}{g}}\left[1 + \frac{1}{16}\theta_0^2 + \frac{11}{3072}\theta_0^4\right] \tag{4.29}$$

Portanto, embora o pêndulo plano não seja isócrono, é aproximadamente para pequenas amplitudes de oscilação.[8]

Podemos construir o diagrama de fase para o pêndulo plano na Figura 4.11 porque a Equação 4.26 oferece a relação necessária $\dot\theta = \dot\theta(\theta)$. O parâmetro θ_0 especifica a energia total por meio da Equação 4.24. Se θ e θ_0 forem pequenos ângulos, então a Equação 4.26 pode ser formulada como

$$\left(\sqrt{\frac{l}{g}}\,\dot\theta\right)^2 + \theta^2 \cong \theta_0^2 \tag{4.30}$$

Se as coordenadas do plano de fase forem θ e $\dot\theta/\sqrt{g/l}$, os caminhos de fase próximos a $\theta = 0$ serão aproximadamente círculos. Este resultado é esperado, porque, para θ_0 pequeno, o movimento é aproximadamente harmônico simples.

Para $-\pi < \theta < \pi$ e $E < 2mgl \equiv E_0$, a situação é equivalente a uma partícula limitada no poço potencial $U(\theta) = mgl(1 - \cos\theta)$ (consulte a Figura 4.10). Os caminhos de fase são, portanto, curvas fechadas para esta região e são dadas pela Equação 4.26. Como o potencial é periódico em θ, exatamente os mesmos caminhos de fase existem para as regiões $\pi < \theta < 3\pi$, $-3\pi < \theta < -\pi$ e assim por diante. Os pontos $\theta = \cdots, -2\pi, 0, 2\pi, \cdots$ ao longo do eixo θ são posições de equilíbrio *estável* e são os atratores quando o pêndulo não acionado é amortecido.

Para valores de energia total que excedam E_0, o movimento não é mais oscilatório, embora ainda seja periódico. Esta situação corresponde ao pêndulo executando revoluções completas sobre seu eixo de apoio. Normalmente, o diagrama de espaço de fase é representado graficamente para somente um ciclo completo ou uma "unidade de célula" – neste caso sobre o intervalo $-\pi < \theta < \pi$. Denotamos esta região na Figura 4.11 entre as linhas pontilhadas nos ângulos $-\pi$ e π. É possível seguir um caminho de fase ao perceber que o movimento que sai à esquerda da célula entra novamente à direita e vice-versa.

Se a energia total for igual a E_0, então a Equação 4.24 mostra que $\theta_0 = \pm\pi$. Neste caso, a Equação 4.26 reduz para

$$\dot\theta = \pm 2\sqrt{\frac{g}{l}}\cos(\theta/2) \tag{4.31}$$

então, os caminhos de fase para $E = E_0$ são somente funções cossenoidais (veja as curvas pesadas na Figura 4.11). Há duas extensões, dependendo da direção do movimento.

---

[8]Isso foi descoberto por Galileu na catedral de Pisa em 1581. A expressão para o período de pequenas oscilações foi dada por Christiaan Huygens (1629–1695) em 1673. Oscilações finitas foram tratadas primeiro por Euler em 1736.

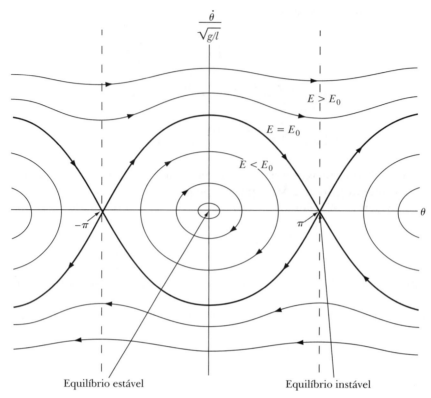

FIGURA 4.11 Diagrama de fase para o pêndulo plano. Observe os pontos de equilíbrio instável e as regiões de movimento limitado e ilimitado.

Os caminhos da fase para $E = E_0$ não representam, na verdade, movimentos contínuos possíveis do pêndulo. Se o pêndulo estivesse em repouso – por exemplo, $\theta = \pi$ (que é um ponto nos caminhos de fase $E = E_0$) –, então qualquer perturbação pequena faria com que o movimento seguisse *proximamente mas não exatamente em* um dos caminhos de fase que diverge de $\theta = \pi$, porque a energia total seria $E = E_0 + \delta$, onde δ é uma quantidade pequena mas *não zero*. Se o movimento estivesse ao longo de um dos $E = E_0$ caminhos de fase, o pêndulo atingiria um dos pontos $\theta = n\pi$ com velocidade exatamente zero, mas somente após um tempo infinito! (Isto pode ser verificado ao avaliar a Equação 4.27 para $\theta_0 = \pi$; o resultado é $\tau \to \infty$.)

Um caminho de fase que separa um movimento localmente limitado de um movimento localmente ilimitado (como o caminho para $E = E_0$ na Figura 4.11) é chamado de **separatriz**. Uma separatriz sempre passa por um ponto de equilíbrio instável. O movimento nas proximidades de tal separatriz é extremamente sensível às condições iniciais, porque os pontos, em qualquer lado da separatriz, possuem trajetórias muito diferentes.

4.5 Saltos, histerese e retardos de fase

No Exemplo 4.1, consideramos uma partícula de massa m suspensa entre duas molas. Mostramos que o sistema era não linear e mencionamos os fenômenos de saltos em efeito de amplitude e histerese. Agora, queremos examinar tais fenômenos mais cuidadosamente. Seguimos a descrição de Janssen e colegas[9] que desenvolveram um método simples para investigar tais efeitos.

---

[9] H. J. Janssen, et al., **Am. J. Phys.**, **51**, 655 (1983).

Considere um oscilador harmônico sujeito a uma força externa $F(t) = F_0 \cos \omega t$ e uma força viscosa resistente $-r\dot{x}$, onde r é uma constante. A Equação de movimento para uma partícula de massa m conectada a uma mola com constante elástica k é

$$m\ddot{x} = -r\dot{x} - kx + F_0 \cos \omega t \tag{4.32}$$

Uma solução para a Equação 4.32 é

$$x(t) = A(\omega) \cos[\omega t - \phi(\omega)] \tag{4.33}$$

onde

$$A(\omega) = \frac{F_0}{[(k - m\omega^2)^2 + (r\omega)^2]^{1/2}} \tag{4.34}$$

e

$$\text{tg n}[\phi(\omega)] = \frac{r\omega}{(k - m\omega^2)} \tag{4.35}$$

O leitor pode verificar que a Equação 4.33 é uma solução particular pela substituição da Equação 4.32.

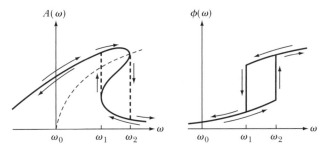

FIGURA 4.12 A amplitude $A(\omega)$ e o ângulo de fase $\phi(\omega)$ como função da frequência angular ω. Observe os "saltos" em ω_1 e ω_2 dependendo da direção de mudança de ω.

Se a constante elástica k depende de x como $k(x)$, então temos um oscilador não linear. Uma dependência frequentemente utilizada é

$$k(x) = (1 + \beta x^2)k_0 \tag{4.36}$$

e a Equação resultante do movimento na Equação 4.32 é conhecida como a *Equação de Duffing*. Foi amplamente estudado por meio de técnicas de perturbação com soluções semelhantes à Equação 4.33, mas com resultados complexos para $A(\omega)$ e $\phi(\omega)$ como mostra a Figura 4.12. Conforme ω aumenta, $A(\omega)$ aumenta até seu pico atingir $\omega = \omega_2$, onde a amplitude subitamente diminui por um fator grande. Conforme ω diminui de valores grandes, a amplitude lentamente aumenta até $\omega = \omega_1$, onde a amplitude dobra aproximadamente, de repente. Esses são os "saltos" mencionados anteriormente. A amplitude entre ω_1 e ω_2 depende se ω está aumentando ou diminuindo (efeito de histerese). Fenômenos estranhos semelhantes ocorrem para a fase $\phi(\omega)$ na Figura 4.12. A explicação física da Figura 4.12 não é transparente, o que nos leva a considerar uma dependência mais simples de k, como mostra a Figura 4.13.

$$\begin{aligned} F(x) &= -kx & x &\leq a \\ &\approx -k'x - c & x &\geq a \end{aligned} \tag{4.37}$$

A Equação de Duffing representa uma situação com vários valores de a, porque $k(x)$ varia continuamente na Equação 4.36. Nosso exemplo de um oscilador anarmônico permite matemática mais simples.

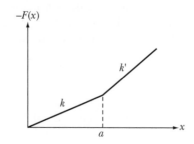

FIGURA 4.13 Uma dependência mais simples de $F(x)$ na constante elástica k que a da Equação 4.36.

A Figura 4.14 mostra as curvas de resposta harmônicas $A(\omega)$ para k e k' (com $k < k'$). Para valores muito grandes de $a(a \to \infty)$, temos um oscilador linear com constante de força k (porque $x < a$, veja a Figura 4.13) e uma frequência de ressonância $\omega_0 = (k/m)^{1/2}$. Para valores muito pequenos de $a(a \to 0)$, a constante de força é k' e $\omega'_0 = (k/m)^{1/2}$.

Desejamos considerar valores intermediários de a, onde tanto k quanto k' são efetivos. Consideramos a situação em que a é muito menor que a amplitude máxima de $A(\omega)$. Se iniciarmos em valores pequenos de ω, nosso sistema tem pequenas vibrações que seguem a curva de amplitude para k. A amplitude eleva a parte inferior da curva $A(\omega)$ para k, como mostra a Figura 4.15.

Entretanto, quando a amplitude de vibração $A(\omega)$ for maior que a amplitude crítica a, a constante de força k' é efetiva. Para estas amplitudes maiores, o sistema segue $A'(\omega)$ para constante de força k'. Isso é representado pela linha contínua em negrito de B a C na Figura 4.15.

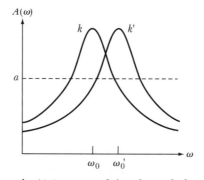

FIGURA 4.14 Os valores de $A(\omega)$ para os dois valores de k mostrados na Figura 4.12.

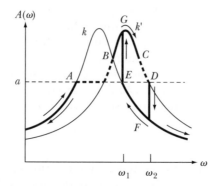

FIGURA 4.15 As linhas em negrito e setas ajudam a seguir o caminho conforme ω aumenta e diminui.

CAPÍTULO 4 – Oscilações não lineares e caos   **145**

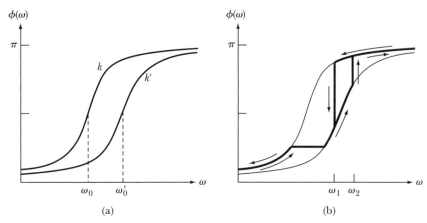

FIGURA 4.16 O ângulo de fase $\phi(\omega)$ para k e k' é mostrado em (a), e o caminho de sistema é mostrado em (b).

Entre A e B, conforme a frequência aumenta, o sistema segue o aumento da amplitude simplificada mostrado pela linha pontilhada na Figura 4.15. Ao continuar o aumento da frequência de acionamento ω em C, atingimos novamente a amplitude crítica a no ponto D. Se ω é pouco aumentada, o sistema deve seguir $A(\omega)$ para k, e a amplitude subitamente salta para baixo de $A'\omega$ no ponto D para $A(\omega)$ no ponto F em $\omega = \omega_2$. Conforme ω continua a crescer acima de ω_2, o sistema segue a curva $A(\omega)$.

Agora, vamos ver o que acontece se diminuirmos ω de valores altos. O sistema segue $A(\omega)$ até $\omega = \omega_1$, onde $A(\omega) = a$. Se ω for pouco aumentada, a amplitude aumenta acima de a, e o sistema deve seguir $A'(\omega)$. Portanto, a amplitude salta de E a G. Conforme ω continua a diminuir, ela segue um caminho semelhante ao anterior.

Um efeito de histerese ocorre porque o sistema se comporta de forma diferente dependendo se ω estiver aumentando ou diminuindo. Dois saltos de amplitude ocorrem, um para ω crescente e um para ω decrescente. Os caminhos do sistema são $ABGCDF$ (ω crescente) e $FEGBA$ (ω decrescente).

Fenômenos semelhantes ocorrem para o retardo de fase $\phi(\omega)$. A Figura 4.16a mostra as curvas de fase $\phi(\omega)$ e $\phi'(\omega)$ para osciladores harmônicos lineares. Ao utilizar os mesmos argumentos aplicados para $A(\omega)$, representamos os caminhos do sistema na Figura 4.16b por linhas em negrito e setas. Para um experimento que demonstra adequadamente esses fenômenos, consulte o artigo de Janssen et al.

4.6 Caos em um pêndulo

Utilizaremos o pêndulo amortecido e acionado para introduzir vários conceitos de caos. O movimento simples de um pêndulo é bem compreendido após centenas de anos de estudo, mas seu movimento caótico foi estudado extensivamente somente nos últimos anos. Entre os movimentos de pêndulos que foram descobertos como caóticos estão um pêndulo com um apoio forçado de oscilação como mostra a Figura 4.17a, o pêndulo duplo (Figura 4.17b), pêndulos conjugados (Figura 4.17c), e um pêndulo oscilando entre ímãs (Figura 4.17d). O pêndulo amortecido e acionado que iremos considerar é acionado em torno de um pivô, e a geometria é exibida na Figura 4.18.

O torque em torno do pivô pode ser formulado como

$$N = I\frac{d^2\theta}{dt^2} = I\ddot{\theta} = -b\dot{\theta} - mg\ell\sin\theta + N_d\cos\omega_d t \qquad (4.38)$$

onde I é o momento de inércia, b é o coeficiente de amortecimento, e N_d é o torque de acionamento de frequência angular ω_d. Se dividirmos por $I = m\ell^2$, temos

$$\ddot\theta = -\frac{b}{m\ell^2}\dot\theta - \frac{g}{\ell}\sin\theta + \frac{N_d}{m\ell^2}\cos\omega_d t \tag{4.39}$$

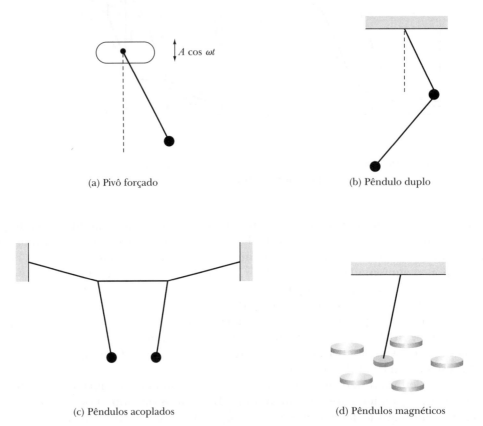

(a) Pivô forçado (b) Pêndulo duplo

(c) Pêndulos acoplados (d) Pêndulos magnéticos

FIGURA 4.17 Exemplos de pêndulos que possuem movimento caótico.

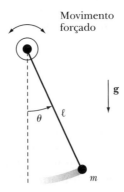

FIGURA 4.18 Um pêndulo amortecido é acionado sobre seu ponto pivô.

Iremos, eventualmente, lidar com esta Equação com um computador. Será bem mais fácil, nesse caso, utilizar parâmetros não dimensionados. Vamos dividir a Equação 4.39 por $\omega_0^2 = g/\ell$ e definir o tempo não dimensionado $t' = t/t_0$ com $t_0 = 1/\omega_0$ e a frequência não dimensionada de acionamento $\omega = \omega_d/\omega_0$. As novas variáveis e parâmetros não dimensionados são

$$x = \theta \qquad\qquad \text{variável oscilante} \qquad\qquad \textbf{(4.40a)}$$

$$c = \frac{b}{m\ell^2\omega_0} \qquad\qquad \text{coeficiente de amortecimento} \qquad\qquad \textbf{(4.40b)}$$

$$F = \frac{N_d}{m\ell^2\omega_0{}^2} = \frac{N_d}{mg\ell} \qquad\qquad \text{intensidade da força motora} \qquad\qquad \textbf{(4.40c)}$$

$$t' = \frac{t}{t_0} = \sqrt{\frac{g}{\ell}}\, t \qquad\qquad \text{tempo não dimensionado} \qquad\qquad \textbf{(4.40d)}$$

$$\omega = \frac{\omega_d}{\omega_0} = \sqrt{\frac{\ell}{g}}\,\omega_d \qquad\qquad \text{frequência angular de acionamento} \qquad\qquad \textbf{(4.40e)}$$

Perceba que

$$\dot{x} = \frac{dx}{dt'} = \frac{d\theta}{dt}\frac{dt}{dt'} = \frac{d\theta}{dt}\frac{1}{\omega_0}$$

$$\ddot{x} = \frac{d^2x}{dt'^2} = \frac{d^2\theta}{dt^2}\left(\frac{dt}{dt'}\right)^2 = \frac{d^2\theta}{dt^2}\frac{1}{\omega_0{}^2} = \frac{\ddot{\theta}}{\omega_0{}^2}$$

Ao utilizar essas variáveis e parâmetros, a Equação 4.39 se torna

$$\ddot{x} = -c\dot{x} - \operatorname{sen} x + F\cos \omega t' \qquad\qquad \textbf{(4.41)}$$

A Equação 4.41 é uma Equação não linear da forma primeiramente apresentada na Equação 4.1. Utilizamos métodos numéricos para resolver esta Equação para x, dados os parâmetros c, F e ω. As técnicas mencionadas no Capítulo 3 são utilizadas para resolver esta Equação, dependendo da precisão desejada e da velocidade do computador disponível, e programas de software comerciais estão disponíveis. Nós utilizamos o programa *Chaos Demonstrations* de Sprott e Rowlands (Sp92).

A Equação 4.41, uma Equação diferencial de segunda ordem, pode ser reduzida a duas Equações de primeira ordem ao fazer a substituição

$$y = \frac{dx}{dt'} \qquad\qquad \textbf{(4.42)}$$

A Equação 4.41 se torna uma Equação diferencial de primeira ordem

$$\frac{dy}{dt'} = -cy - \operatorname{sen} x + F\cos z \qquad\qquad \textbf{(4.43)}$$

onde também fizemos a substituição $z = \omega t'$. As Equações 4.42 e 4.43 são as Equações diferenciais de primeira ordem.

Apresentamos os resultados de soluções de métodos numéricos na Figura 4.19. Deixamos os parâmetros c e ω estabelecidos em 0,05 e 0,7, respectivamente, e variamos somente a força de acionamento F nos passos de 0,1 a 0,4 e a 1,0. Os resultados são que o movimento é periódico para F valores de 0,4, 0,5, 0,8, e 0,9, mas é caótico para 0,6, 0,7, e 1,0. Estes resultados indicam os belos e surpreendentes resultados obtidos da dinâmica não linear. O lado esquerdo da Figura 4.19 exibe $y = dx/dt'$ (velocidade angular) *versus* tempo muito após o movimento inicial (isto é, efeitos transientes desapareceram). O valor de $F = 0,4$ mostra o movimento harmônico simples, mas os resultados para 0,5, 0,8, e 0,9, embora periódicos, estão longe de serem simples.

Podemos aprender mais ao examinar os gráficos de espaço de fase, mostrados na coluna do meio da Figura 4.19 (observe que apresentamos somente uma unidade de célula do diagrama de fase de $-\pi$ a π). Como esperado, o resultado para $F = 0,4$ mostra os resultados vistos anteriormente no Capítulo 3 (Figura 3.5). O gráfico de fase para $F = 0,5$ mostra um

148 Dinâmica clássica de partículas e sistemas

ciclo longo que inclui duas revoluções completas e duas oscilações. Toda a área permitida no plano da fase é acessada caoticamente para $F = 0,6$ e $0,7$, mas para $F = 0,8$, o movimento se torna periódico novamente com uma revolução completa e uma oscilação. O resultado para $F = 0,9$ é interessante, porque parece haver duas revoluções diferentes em um ciclo, cada uma semelhante àquela para $F = 0,8$. Este resultado é chamado de *duplicação de período* (isto é, o período para $F = 0,9$ é duas vezes o período para $F = 0,8$). Após uma inspeção cuidadosa, este efeito também pode ser observado de d_x/d_t^1 *versus* gráfico de tempo, mostrado na coluna esquerda da Figura 4.19.

Seção de Poincaré

Henry Poincaré inventou uma técnica para simplificar as representações dos diagramas de espaço de fase, que podem se tornar bastante complicadas. É equivalente a assumir uma visão estroboscópica do diagrama de espaço de fase. Um diagrama de fase tridimensional representa $y(= \dot{x} = \dot{\theta})$ *versus* x ($= \theta$) *versus* $z(= \omega\, t')$. A coluna esquerda da Figura 4.19 é uma projeção deste gráfico em um plano y-z, mostrando pontos que correspondam a vários valores de ângulo de fase x. A coluna do meio da Figura 4.19 é uma projeção em um plano y-x, mostrando pontos que pertencem a vários valores de z. Na Figura 4.20 mostramos o diagrama de espaço de fase tridimensional com intersecção por um conjunto de planos y-x, perpendicular ao eixo z, em intervalos z iguais. Um *gráfico de Seção de Poincaré* é a sequência de pontos formados pelas interSeções do caminho de fase com estes planos paralelos em espaço de fase, projetados sobre um dos planos. O caminho de fase perfura os planos como uma função de velocidade angular($y = \dot{\theta}$), tempo ($z = \omega t'$) e ângulo de fase ($x = \theta$). Os pontos nas interSeções são classificados como A_1, A_2, A_3 etc. Este conjunto de pontos A_i forma um padrão quando projetado em um dos planos (Figura 4.20b) que às vezes será uma curva reconhecível, mas às vezes aparecerá irregular. Para movimento harmônico simples, como $F = 0,4$ na Figura 4.19, todos os pontos projetados são os mesmos (ou em uma curva suave, dependendo do espaçamento z dos planos y-x). Poincaré percebeu que as curvas simples representam movimento como possíveis soluções analíticas, mas as curvas muito complexas, aparentemente irregulares, representam o caos. A curva da Seção Poincaré reduz um diagrama dimensional N para dimensões $(N - 1)$ para fins gráficos e frequentemente ajuda a visualizar o movimento no espaço de fase.

Para o caso do pêndulo amortecido e acionado, a regularidade do movimento dinâmico é devida ao período de forçamento, e uma descrição completa do movimento dinâmico depende de três parâmetros. Podemos assumir esses parâmetros como sendo x (ângulo θ), $y = dx/dt'$ (frequência angular) e $z = \omega t'$ (fase da força motora). Uma descrição completa do movimento em espaço de fase necessitaria de diagramas de fase tridimensionais ao invés de exibir somente dois parâmetros como na Figura 4.19. Todos os valores de z estão incluídos na coluna do meio da Figura 4.19, por isso, escolhemos as Seções estroboscópicas do movimento somente para os valores de $z = 2n\pi$ ($n = 0, 1, 2, \ldots$), que está em uma frequência igual à da força motora.

Mostramos a Seção de Poincaré para o pêndulo na coluna direita da Figura 4.19 para os mesmos sistemas exibidos nas colunas esquerda e do meio. Para o movimento simples de $F = 0,4$, o sistema sempre retorna à mesma posição de (x, y) após z passar por 2π. Portanto, esperamos que a Seção de Poincaré mostre somente um ponto, e isto é o que encontramos na Figura superior da coluna direita da Figura 4.19. O movimento para $F = 0,8$ também mostra somente um ponto, mas $F = 0,5$ e $0,9$ mostram três e dois pontos, respectivamente, por causa do movimento mais complexo. O número de pontos n na Seção de Poincaré, aqui, mostra que o novo período $T = T_0 n/m$, onde $T_0 = 2\pi/\omega$ é o período da força acionada e m é um inteiro ($m = 2$ para o gráfico $F = 0,5$ e $m = 1$ para o gráfico $F = 0,9$). Os movimentos caóticos para $F = 0,6$, $0,7$ e $1,0$ exibem a variação complexa de pontos esperada para movimento caótico com um período $T \to \infty$. As Seções de Poincaré também são ricas em estrutura para movimento caótico.

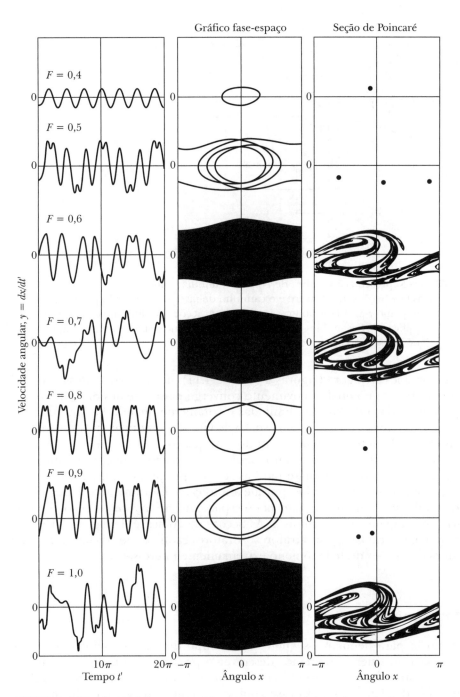

FIGURA 4.19 O pêndulo amortecido acionado por vários valores da força motora. A velocidade angular *versus* o tempo é mostrado à esquerda, e os diagramas de fase estão no centro. As Seções de Poincaré estão mostradas à direita. Note que o movimento é caótico para os valores de força motora F de 0,6, 0,7 e 1,0.

150 Dinâmica clássica de partículas e sistemas

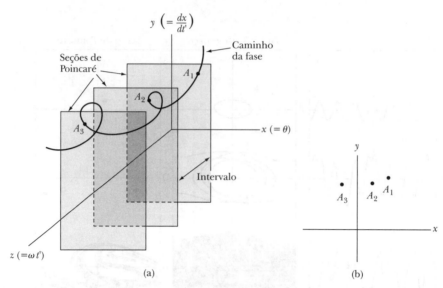

FIGURA 4.20 (a) Representação gráfica de Poincaré, um diagrama de fase tridimensional, mostrando as três Seções de Poincaré e o caminho de fase. As Seções são projeções ao longo do plano y-x. (b) Os pontos A_i são as interSeções de caminho com as representações gráficas de Seção. Eles são representados aqui no plano y-x para ajudar a visualizar o movimento no espaço de fase.

Em três ocasiões até agora (Figuras 4.5, 4.7 e 4.11), mostramos *atratores*, um conjunto de pontos (ou um ponto) no qual o movimento converge para sistemas dissipadores. As regiões atravessadas em espaço de fase são limitadas estritamente quando há um atrator. No movimento caótico, trajetórias próximas em espaço de fase são continuamente divergentes uma da outra, mas eventualmente retornam ao atrator. Porque os atratores nestes movimentos caóticos, chamados de *atratores estranhos* ou *caóticos*, estão necessariamente limitados no espaço de fase, os atratores devem retrair-se para as regiões próximas do espaço de fase. Atratores estranhos criam padrões intrincados, porque a retração e esticamento das trajetórias têm que ocorrer de modo que nenhuma trajetória no espaço de fase faça interSeção, o que é excluído pelo movimento dinâmico determinista. As Seções de Poincaré da Figura 4.19 revelam a estrutura retraída, em camadas dos atratores. Atratores caóticos são fractais, mas o espaço não permite mais discussões deste fenômeno extremamente interessante.

4.7 Mapeamento

Se utilizarmos n para denotar a sequência de tempo de um sistema e x para denotar um observável físico do sistema, podemos descrever o progresso de um sistema não linear em um momento específico ao investigar como o $(n + 1)$-ésimo estado (ou iteração) depende do enésimo estado. Um exemplo desse comportamento simples, não linear, é $x_{n+1} = (2x_n + 3)^2$. Esta relação, $x_{n+1} = f(x_n)$, é chamada **mapeamento** e é frequentemente utilizada para descrever o progresso do sistema. As representações gráficas da Seção de Poincaré são exemplos discutidos anteriormente de dois mapas bidimensionais. Um exemplo físico apropriado para mapeamento pode ser a temperatura do revestimento do ônibus espacial quando desce pela atmosfera. Após o ônibus espacial estar em solo há algum tempo, a temperatura T_{n+1} é a mesma que T_n, mas isso não é verdade enquanto a nave mergulha pela atmosfera de sua órbita terrestre. Fazer a modelagem das temperaturas do revestimento por meio de um modelo matemático é difícil, e pressupostos lineares são geralmente considerados nos cálculos com termos não lineares para realizar cálculos mais realistas.

Podemos formular uma *Equação de diferença* utilizando $f(\alpha, x_n)$ onde x_n é restrito a um número real no intervalo (0, 1) entre 0 e 1, e α é um parâmetro dependente do modelo.

$$x_{n+1} = f(\alpha, x_n) \tag{4.44}$$

A função $f(\alpha, x_n)$ gera o valor de x_{n+1} de x_n, e o agrupamento de pontos gerado é considerado como um **mapa** da função. As equações, frequentemente não lineares, são conformáveis a uma solução numérica por iteração, iniciando com x_1. Iremos nos restringir aqui a mapas unidimensionais, mas equações bidimensionais (e de alta ordem) são possíveis.

O mapeamento pode ser melhor compreendido por meio de um exemplo. Vamos considerar a Equação "logística", uma equação simples unidimensional dada por

$$f(\alpha, x) = \alpha x(1 - x) \tag{4.45}$$

de modo que a Equação iterativa se torne

$$x_{n+1} = \alpha x_n(1 - x_n) \tag{4.46}$$

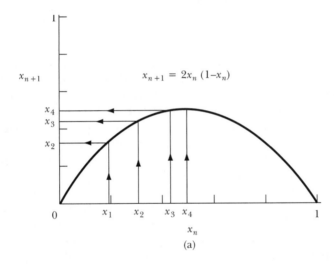

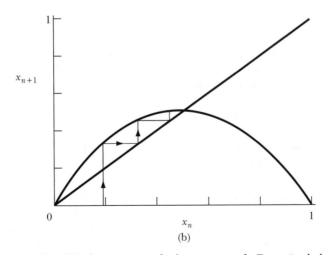

FIGURA 4.21 Técnicas para produzir um mapa de Equação da logística.

152 Dinâmica clássica de partículas e sistemas

Seguimos a discussão de Bessoir e Wolf (Be91), que utilizam a Equação da logística para um exemplo de aplicação biológica de estudo do crescimento populacional de peixes em um lago, onde o lago está isolado de efeitos externos como o tempo. As iterações, ou n valores, representam a população anual de peixes, onde x_1 é o número de peixes no lago no início do primeiro ano de estudos. Se x_1 for pequeno, a população de peixes pode crescer rapidamente nos primeiros anos devido aos recursos disponíveis, mas a superpopulação pode diminuir o número de peixes. A população x_n é escalonada de tal modo que este valor ajuste-se no intervalo (0, 1) entre 0 e 1. O fator α é um parâmetro dependente de modelo representando efeitos médios de fatores ambientais (por exemplo, pescadores, enchentes, seca, predadores) que podem afetar os peixes. O fator α pode variar como desejado no estudo, mas a experiência mostra que α deve ser limitado, neste exemplo, ao intervalo (0, 4) para impedir que a população de peixes se torne negativa ou infinita.

Os resultados da Equação logística são observados mais facilmente por meios gráficos em um mapa chamado *mapa logístico*. A iteração x_{n+1} é representada graficamente *versus* x_n na Figura 4.21a para um valor de $\alpha = 2,0$. Ao começar com um valor inicial x_1 no eixo eixo horizontal (x_n), aumentamos até fazer a interSeção com a curva $x_{n+1} = 2\,x_n(1 - x_n)$, e então movemos à esquerda, onde encontramos x_2 no eixo vertical (x_{n+1}). Iniciamos então com este valor de x_2 no eixo horizontal e repetimos o processo para achar x_3 no eixo vertical. Se fizermos isso em algumas iterações, convergimos o valor $x = 0,5$, e a população de peixes se estabiliza em metade de seu máximo. Chegamos a este resultado independentemente de nosso valor inicial de x_1, contanto que não seja 0 ou 1.

Um modo mais simples de seguir o processo é acrescentar 45° à linha de $x_{n+1} = x_n$ ao mesmo gráfico. Após fazer a interseção, inicialmente, da curva de x_1, mova-se horizontalmente para fazer a interseção com a linha de 45° para encontrar x_2 e, então, mover-se verticalmente para encontrar o valor iterativo seguinte de x_3. Este processo pode continuar e atingir o mesmo resultado que na Figura 4.21a. Mostramos o processo na Figura 4.21b para indicar que este método é mais simples de utilizar que aquele sem a linha de 45°.

Na prática, desejamos estudar o comportamento do sistema quando o parâmetro α do modelo varia. No caso atual, para valores de α inferiores a 3,0, irão resultar populações estáveis (Figura 4.22a). As soluções seguem um caminho espiral quadrado em relação ao valor central, final. Para valores de α pouco acima de 3,0, mais de uma solução para a população de peixes ocorre (Figura 4.22b). As soluções seguem um caminho similar à espiral quadrada, que converge aos dois pontos nos quais o quadrado faz a interSeção com a "linha de interação", ao invés de um ponto único Essa mudança no número de soluções para uma Equação, quando um parâmetro como α varia, é chamada **bifurcação**.

Obtemos uma visão mais geral do quadro global ao fazer a representação gráfica de um *diagrama de bifurcação*, que consiste de x_n, determinado após várias iterações para evitar efeitos iniciais, representados como uma função do parâmetro de modelo α. Vários efeitos novos interessantes surgem, indicando regiões e *janelas* de estabilidade, assim como da dinâmica caótica. Mostramos o diagrama de bifurcação na Figura 4.23 para a Equação da logística sobre a faixa de α valores de 2,8 a 4,0. Para o valor de $\alpha = 2,9$ mostrado na Figura 4.22a, observamos que, após algumas iterações, resulta uma conFiguração estável para $x = 0,655$. Um *ciclo* N é uma órbita que retorna a sua posição original após N iterações, isto é, $x_{N+i} = x_i$. O período para $\alpha = 2,9$ é, então, *um ciclo*. Para $\alpha = 3,1$ (Figura 4.22b), o valor de x oscila entre 0,558 e 0,765 (dois ciclos) após algumas iterações se desenvolverem. A bifurcação que ocorre em 3,0 é chamada *bifurcação de forquilha* por causa do formato óbvio do diagrama causado pela divisão. Em $\alpha = 3,1$, o efeito de duplicação de período tem $x_{n+2} = x_n$. Em $\alpha = 3,45$, a bifurcação de dois ciclos progride para quatro ciclos, e a duplicação de bifurcação e período continua até um número infinito de ciclos próximo a $\alpha = 3,57$. O caos ocorre para vários valores de α entre 3,57 e 4,0, mas há janelas com movimento periódico, com uma janela particularmente ampla em 3,84. Um comportamento interessante ocorre para $\alpha = 3,82831$ (Problema 4.11). Um ciclo periódico aparente de 3 anos parece ocorrer para vários períodos, mas ele muda

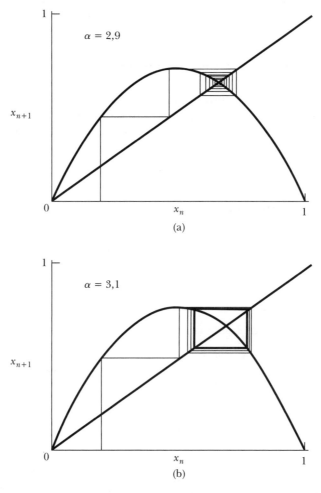

FIGURA 4.22 Mapa de Equação da logística para valores α de 2,9 e 3,1, que indicando populações estáveis em (a) e várias soluções possíveis para α > 3,0 em (b).

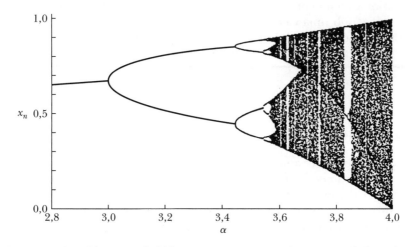

FIGURA 4.23 Diagrama de bifurcação para o mapa de Equação da logística.

154 Dinâmica clássica de partículas e sistemas

violenta e subitamente para alguns anos, e então retorna novamente ao ciclo de 3 anos. Este comportamento *intermitente* seria certamente devastador para um estudo biológico que operasse por vários anos ao se tornar caótico sem razão aparente.

EXEMPLO 4.2

Digamos que $\Delta\alpha_n = \alpha_n - \alpha_{n-1}$ seja a largura entre bifurcações de duplicação de período sucessivas do mapa logístico que discutimos. Por exemplo, da Figura 4.23, temos $\alpha_1 = 3,0$ onde a primeira bifurcação ocorre e $\alpha_2 = 3,449490$ onde a próxima ocorre. Vamos definir α_n como a razão

$$\delta_n = \frac{\Delta\alpha_n}{\Delta\alpha_{n+1}} \tag{4.47}$$

e $\delta_n \to \delta$ como $n \to \infty$. Encontre δ_n para as primeiras bifurcações e o limite δ.

Solução. Embora pudéssemos programar este cálculo numérico com um computador, iremos utilizar um programa de software disponível no mercado (Be91) para trabalhar com este exemplo. Criamos uma tabela de valores α_n utilizando o programa de computador, encontramos $\Delta\alpha_n$, e então determinamos alguns valores de α_n.

n	α_n	$\Delta\alpha$	δ_n
1	3,0		
2	3,449490	0,449490	4,7515
3	3,544090	0,094600	4,6562
4	3,564407	0,020317	4,6684
5	3,568759	0,004352	
∞	3,5699456		4,6692

Conforme α_n se aproxima do limite 3,5699456, o número de duplicações periódicas se aproxima da infinitude, e a razão δ_n, chamada *número de Feigenbaum*, se aproxima de 4,669202. Este resultado foi primeiramente atingido por Mitchell Feigenbaum nos anos 70, e ele descobriu que o limite δ era uma propriedade universal da rota de duplicação de período quando a função $f(\alpha, x)$ tem um máximo quadrático. É um fato notável que esta universalidade não esteja restrita a mapeamentos unidimensionais; é também verdadeira para mapas bidimensionais e foi confirmada para diversos casos. Feigenbaum alega ter chegado a este resultado utilizando uma calculadora portátil programável. O cálculo obviamente deve ser feito para vários números relevantes para estabelecer sua precisão, e este cálculo não era possível antes dessas calculadoras (ou computadores) estarem disponíveis.

4.8 Identificação do caos

Em nosso pêndulo acionado e amortecido, descobrimos que o movimento caótico ocorre para alguns valores dos parâmetros, mas não para outros. Quais são as características do caos e como identificá-las? O caos não representa movimento periódico, e seu movimento limitante não será periódico. O caos pode ser geralmente descrito como possuindo uma dependência sensível às condições iniciais. Podemos demonstrar este efeito pelo exemplo a seguir.

EXEMPLO 4.3

Considere a relação não linear $x_{n+1} = f(\alpha, x_n) = \alpha x_n (1 - x_n^2)$. Estabeleça $\alpha = 2,5$ e faça dois cálculos numéricos com valores iniciais de de 0,700000000 e 0,700000001. Represente os resultados e encontra a iteração n onde as soluções claramente divergiram.

Solução. A Equação iterativa que estamos considerando é

$$x_{n+1} = \alpha x_n (1 - x_n^2) \tag{4.48}$$

Executamos um cálculo numérico curto e representamos os resultados das iterações para os dois valores iniciais no mesmo gráfico. O resultado é mostrado na Figura 4.24 onde não há diferença observada para x_{n+1} até n atingir no mínimo 30. Por $n = 39$, a diferença nos dois resultados é marcada, apesar de os valores originais diferirem por somente uma parte em 10^8.

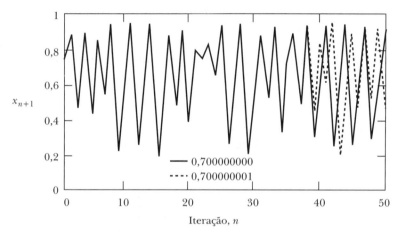

FIGURA 4.24 Exemplo 4.3. O estado iterativo $n + 1$ é representado graficamente *versus* o número de iterações e mostra dois resultados eventuais para condições iniciais levemente diferentes de x_1.

Se as computações forem feitas sem erros, e a diferença entre valores iterados dobrarem na média para cada iteração, então haverá um aumento exponencial tal como

$$2^n = e^{n \ln 2}$$

onde n é o número de iterações sofridas. Para as iterações serem separadas por ordem de unidade (o tamanho do atrator), teremos

$$2^n 10^{-8} \sim 1$$

que resulta em $n = 27$. Isto é, após 27 iterações, a diferença entre as duas iterações atinge a faixa máxima de x_n. Para que os resultados se diferenciem por unidade para $n = 40$ iterações, teríamos que saber os valores iniciais com uma precisão de 1 parte em 10^{12}!

O exemplo anterior indica a dependência sensível das condições iniciais, que é característica do caos. Os dois resultados podem ser determinados neste caso, mas é raro conhecer os valores iniciais a uma precisão de 10^{-8}. Se acrescentarmos outro fator de 10 à precisão de x_1, ganhamos somente quatro degraus interativos de concordância no cálculo. Devemos aceitar o fato de que o aumento das condições iniciais aumente apenas um pouco a precisão da medição final. O crescimento exponencial de um erro inicial irá impedir a previsão do resultado de uma medição.

156 Dinâmica clássica de partículas e sistemas

O efeito da dependência sensível das condições iniciais foi chamado de efeito "borboleta". Uma borboleta que se move no ar pode causar um efeito extremamente pequeno no fluxo de ar que irá impedir que nós façamos previsões sobre os padrões do tempo para a próxima semana. Interferências secundárias ou efeitos térmicos irão acrescentar incertezas maiores que as que discutimos aqui, e não podemos distinguir estes efeitos dos erros de medição. Simplesmente a força de redução não é possível para vários passos.

Expoentes de Lyapunov

Um método para quantificar a dependência sensível das condições iniciais para o comportamento caótico utiliza o *expoente característico de Lyapunov*. Ele foi assim chamado por causa do matemático russo A. M. Lyapunov (1857–1918). Há tantos expoentes de Lyapunov para um sistema específico quanto variáveis. Por isso nos limitaremos, primeiro, a considerar somente uma variável e, portanto, um expoente. Considere um sistema com dois estados iniciais que diferem por uma quantidade pequena; chamamos os estados iniciais x_0 e $x_0 + \varepsilon$. Desejamos investigar os valores eventuais de x_n após n iterações dos dois valores iniciais. O expoente de Lyapunov λ representa o coeficiente do crescimento exponencial *médio* por unidade de tempo entre os dois estados. Após n iterações, a diferença entre os dois valores é aproximadamente

$$d_n = \varepsilon e^{n\lambda} \tag{4.49}$$

A partir desta Equação, podemos ver que, se λ é negativo, as duas órbitas irão eventualmente convergir, mas se for positivo, as trajetórias próximas divergem e resultam em caos.

Vamos ver um mapa unidimensional descrito por $x_{n+1} = f(x_n)$. A diferença inicial entre os estados é $d_0 = \varepsilon$, e após uma iteração, a diferença d_1 é

$$d_1 = f(x_0 + \varepsilon) - f(x_0) \simeq \varepsilon \left. \frac{df}{dx} \right|_{x_0}$$

onde o último resultado no lado direito ocorre porque ε é muito pequeno. Após n iterações, a diferença d_n entre os dois estados inicialmente próximos é dada por

$$d_n = f^n(x + \varepsilon) - f^n(x_0) = \varepsilon e^{n\lambda} \tag{4.50}$$

onde indicamos a e*nésima* iteração do mapa $f(x)$ pelo n sobrescrito. Se dividirmos por ε e pegarmos os logaritmos de ambos os lados, temos

$$\mathrm{Em}\left(\frac{f^n(x + \varepsilon) - f^n(x_0)}{\varepsilon} \right) = \mathrm{Em}\left(e^{n\lambda} \right) = n\lambda$$

e porque ε é muito pequeno, temos para λ,

$$\lambda = \frac{1}{n} \mathrm{Em}\left(\frac{f^n(x + \varepsilon) - f^n(x_0)}{\varepsilon} \right) = \frac{1}{n} \mathrm{Em}\left| \left. \frac{df^n(x)}{dx} \right|_{x_0} \right| \tag{4.51}$$

O valor de $f^n(x_0)$ é obtido pela iteração da função $f(x_0)$ n vezes.

$$f^n(x_0) = f(f(\cdots(f(x_0))\cdots))$$

Usamos a regra de cadeia derivada da e*nésima* iteração para obter

$$\left. \frac{df^n(x)}{dx} \right|_{x_0} = \left. \frac{df}{dx} \right|_{x_{n-1}} \left. \frac{df}{dx} \right|_{x_{n-2}} \cdots \left. \frac{df}{dx} \right|_{x_0}$$

Assumimos o limite como $n \to \infty$ e finalmente obtemos

$$\lambda = \lim_{n\to\infty} \frac{1}{n} \sum_{i=0}^{n-1} \ln \left| \frac{df(x_i)}{dx} \right| \qquad (4.52)$$

Representamos o expoente de Lyapunov como uma função de α na Figura 4.25 para o mapa logístico. Percebemos a concordância do sinal de λ com a discussão de comportamento caótico na Seção 4.6. O valor de λ é zero quando ocorre a bifurcação, porque $|df/dx| = 1$, e a solução se torna instável (consulte o Problema 4.16). Um ponto superestável ocorre onde $df(x)/dx = 0$, e isto implica que $\lambda = -\infty$. Da Figura 4.25, conforme λ avança acima de 0, percebemos que há janelas onde λ retorna a λ < 0 e órbitas periódicas ocorrem dentro do comportamento caótico. A janela relativamente ampla pouco acima de 3,8 é aparente.

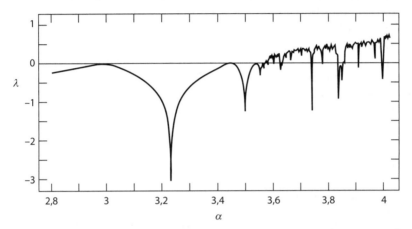

FIGURA 4.25 Expoente de Lyapunov como uma função de α para o mapa de Equação da logística. Um valor de λ > 0 indica o caos.

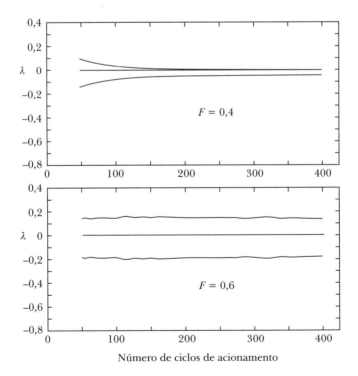

FIGURA 4.26 Os três expoentes de Lyapunov para o pêndulo amortecido e acionado. Os valores de λ são aqueles aproximados como $t \to \infty$ (número alto de ciclos).

158 Dinâmica clássica de partículas e sistemas

Lembre que, para n mapas dimensionais, haverá n expoentes de Lyapunov. Somente um deles precisa ser positivo para ocorrer o caos. Para sistemas dissipadores, o volume de espaço de fase irá aumentar com a passagem do tempo. Isto significa que a soma dos expoentes de Lyapunov será negativa.

O cálculo dos expoentes de Lyapunov para o pêndulo amortecido e acionado é difícil, por ter que lidar com soluções de Equações diferenciais ao invés de mapas como aqueles da Equação logística. Não obstante, esses cálculos foram feitos e mostramos na Figura 4.26 os expoentes de Lyapunov, três deles por causa das três dimensões (calculados utilizando o programa de Baker [Ba90]). Os parâmetros são os mesmos que aqueles discutidos na Seção 4.6: $c = 0,5$, $\omega = 0,7$, e $F = 0,4$ (periódico) e $F = 0,6$ (caótico). Em ambos os casos, devemos fazer pelo menos várias centenas de iterações para assegurar que os efeitos transientes desapareceram. Note que um dos expoentes de Lyapunov é zero, porque ele não contribui para a expansão ou contração do volume do espaço de fase. Para o caso de $F = 0,4$, nenhum dos expoentes de Lyapunov é superior a zero após 350 iterações, mas para o caso acionado $F = 0,6$, um dos expoentes ainda está bem acima de zero. O movimento é caótico para $F = 0,6$, como descobrimos anteriormente na Figura 4.19. Entretanto, devido ao movimento descrito na Figura 4.26 estar amortecido, a soma dos três expoentes de Lyapunov é negativa para ambos os casos, como deveria ser.

PROBLEMAS

4.1. Consulte o Exemplo 4.1. Em caso em que uma das molas deve ser esticada uma distância d para colocar a partícula na posição de equilíbrio (isto é, em sua posição de equilíbrio, a partícula está sujeita a duas forças iguais e diretamente opostas de magnitude kd), então mostre que o potencial no qual a partícula se move é aproximadamente

$$U(x) \cong (kd/l)x^2 + [k(l-d)/4l^3]x^4$$

4.2. Construa um diagrama de fase para o potencial na Figura 4.1.

4.3. Construa um diagrama de fase para o potencial $U(x) = -(\lambda/3)x^3$.

4.4. Lorde Rayleigh utilizou a Equação

$$\ddot{x} - (a - b\dot{x}^2)\dot{x} + \omega_0^2 x = 0$$

em sua discussão sobre os efeitos não lineares em fenômenos acústicos.[10] Mostre que, ao diferenciar esta Equação em relação ao tempo e ao fazer a substituição, $y = y_0\sqrt{3b/a}\dot{x}$ resulta na Equação de van der Pol:

$$\ddot{y} - \frac{a}{y_0^2}\left(y_0^2 - y^2\right)\dot{y} + \omega_0^2 y = 0$$

4.5. Resolva por procedimento de aproximação sucessiva e obtenha um resultado preciso para quatro números relevantes:

(a) $x + x^2 + 1 = \text{tg } x,$ $0 \le x \le \pi/2$
(b) $x(x + 3) = 10\,\text{sen } x,$ $x > 0$
(c) $1 + x + \cos x = e^x,$ $x > 0$

(Pode ser vantajoso fazer um gráfico simples para escolher uma primeira aproximação razoável.)

4.6. Derive a expressão para os caminhos de fase do pêndulo plano se a energia total for $E > 2mgl$. Note que este é somente o caso de uma partícula que se move em um potencial periódico $U(\theta) = mgl(1 - \cos \theta)$.

---

[10] J. W. S. Rayleigh, **Phil. Mag.** 15 (April 1883); consulte também Ra94, Seção 68a.

CAPÍTULO 4 – Oscilações não lineares e caos **159**

4.7. Considere o movimento livre de um pêndulo plano cuja amplitude não é pequena. Mostre que o *componente horizontal* do movimento pode ser representado pela expressão aproximada (componentes pela terceira ordem estão incluídos)

$$\ddot{x} + \omega_0^2\left(1 + \frac{x_0^2}{l^2}\right)x - \varepsilon x^3 = 0$$

onde $\omega_0^2 = g/l$ e $\varepsilon = 3g/2l^3$, com l igual ao comprimento da suspensão.

4.8. Uma massa m se move em uma dimensão e está sujeita a uma força constante $+F_0$ quando $x < 0$ e a uma força constante $-F_0$ quando $x > 0$. Descreva o movimento construindo um diagrama de fase. Calcule o período do movimento em termos de m, F_0, e a amplitude A (desconsidere o amortecimento).

4.9. Investigue o movimento de uma partícula não amortecido sujeito à força de forma

$$F(x) = \begin{cases} -kx, & |x| < a \\ -(k + \delta)x + \delta a, & |x| > a \end{cases}$$

onde k e δ são constantes positivas.

4.10. Os parâmetros $F = 0,7$ e $c = 0,05$ são fixados para Equação 4.43 descrevendo o pêndulo acionado, amortecido. Determine quais dos valores para ω $(0,1, 0,2, 0,3, \ldots, 1,5)$ produzem movimento caótico. Produza um gráfico de fase para $\omega = 0,3$. Faça este problema numericamente.

4.11. Uma situação realmente interessante ocorre para a Equação logística, a Equação 4.46, quando $\alpha = 3,82831$ e $x_1 = 0,51$. Mostre que três ciclos ocorrem com os valores aproximados de x 0,16, 0,52, e 0,96 para os primeiros 80 ciclos antes do comportamento aparentemente se tornar caótico. Descubra para qual iteração o próximo ciclo aparentemente periódico ocorre e para quantos ciclos ele permanece periódico.

4.12. Estabeleça o valor de α na equação da logística, a Equação 4.46, como igual a 0,9. Faça um mapa como o da Figura 4.21 quando $x_1 = 0,4$. Faça o gráfico para outros valores de x_1 para os quais $0 < x_1 < 1$.

4.13. Faça o cálculo numérico apresentado no Exemplo 4.3 e mostre que os dois cálculos divergem claramente por $n = 39$. Em seguida, faça com que o segundo valor inicial concorde com outro fator de 10 (isto é, 0,700 000 000 1), e confirme a afirmação no texto que somente mais quatro iterações são adquiridas na concordância entre os dois valores iniciais.

4.14. Utilize a função descrita no Exemplo 4.3, $x_{n+1} = \alpha x_n(1 - x_n^2)$ onde $\alpha = 2,5$. Considere dois valores iniciais de x_1 que sejam semelhantes, 0,900 000 0 e 0,900 000 1. Faça um gráfico de x_n *versus* n para dois valores iniciais e determine o menor valor de n para o qual os dois valores divergem em mais de 30%.

4.15. Utilize cálculo numérico direito para mostrar que o mapa $f(x) = \alpha$ sen πx também lidera a constante de Feigenbaum, onde x e α estão limitados ao intervalo $(0, 1)$.

4.16. A curva $x_{n+1} = f(x_n)$ faz a interSeção da curva $x_{n+1} = x_n$ em x_0. A expansão de x_{n+1} sobre x_0 é $x_{n+1} - x_0 = \beta(x_n - x_0)$ onde $\beta = (df/dx)$ em $x = x_0$.
(a) Descreva a sequência geométrica formada pelos valores sucessivos de $x_{n+1} - x_0$.
(b) Mostre que a interSeção é estável quando $|\beta| < 1$ e instável quando $|\beta| > 1$.

4.17. O mapa de *tenda* é representado pelas seguintes iterações:

$$\begin{aligned} x_{n+1} &= 2\alpha x_n & \text{para } 0 < x < 1/2 \\ x_{n+1} &= 2\alpha(1 - x_n) & \text{para } 1/2 < x < 1 \end{aligned}$$

160 Dinâmica clássica de partículas e sistemas

onde $0 < \alpha < 1$. Faça um mapa de até 20 iterações para $\alpha = 0,4$ e $0,7$ com $x_1 = 0,2$. Parece que qualquer um dos mapas representa comportamento caótico?

4.18. Represente graficamente o diagrama de bifurcação para o mapa de *tenda* do problema anterior. Discuta os resultados para as diversas regiões.

4.19. Mostre analiticamente que o expoente de Lyapunov para os mapas de *tenda* é $\lambda = \ln(2\alpha)$. Isto indica que o comportamento caótico ocorre para $\alpha > 1/2$.

4.20. Considere o mapa de Henon descrito por

$$x_{n+1} = y_n + 1 - ax_n^2$$
$$y_{n+1} = bx_n$$

Estabeleça $a = 1,4$ e $b = 0,3$, e utilize um computador para representar graficamente os primeiros 10.000 pontos (x_n, y_n) começando dos valores iniciais $x_0 = 0$, $y_0 = 0$. Escolha a região do gráfico como $-1,5 < x < 1,5$ e $-0,45 < y < 0,45$.

4.21. Faça um gráfico do mapa de Henon, desta vez começando pelos valores iniciais $x_0 = 0,63135448$, $y_0 = 0,18940634$. Compare o formato deste gráfico com o obtido no problema anterior. O formato das curvas é independente das condições iniciais?

4.22. Um circuito com um indutor não linear pode ser modelado pelas Equações diferenciais de primeira ordem.

$$\frac{dx}{dt} = y$$
$$\frac{dy}{dt} = -ky - x^3 + B\cos t$$

Oscilações caóticas para esta situação foram estudadas extensivamente. Utilize um computador para construir o gráfico da Seção de Poincaré para o caso $k = 0,1$ e $9,8 \leq B \leq 13,4$. Descreva o mapa.

4.23. O movimento de uma bola quicando, em quiques sucessivos, quando o piso oscila de modo sinusoidal, pode ser descrito pelo mapa de Chirikov:

$$p_{n+1} = p_n - K\operatorname{sen}q_n$$
$$q_{n+1} = q_n + p_{n+1}$$

onde $-\pi \leq p \leq \pi$ e $-\pi \leq q \leq \pi$.]. Faça mapas bidimensionais para $K = 0,8$, $3,2$ e $6,4$ iniciando com valores aleatórios de p e q fazendo a iteração deles. Utilize condições limítrofes periódicas, o que significa que, se os valores iterados de p ou q excederem π, um valor de 2π será subtraído e, quando forem inferiores a $-\pi$, um valor de 2π será adicionado. Examine os mapas após milhares de iterações e discuta as diferenças.

4.24. Suponha que $x(t) = b\cos(\omega_0 t) + u(t)$ é uma solução da Equação de van der Pol 4.19. Suponha que o parâmetro de amortecimento μ é pequeno e mantém os termos em $u(t)$ para primeira ordem em μ. Mostre que $b = 2a$ e $u(t) = -(\mu a^3/4\omega_0)\operatorname{sen}(3\omega_0 t)$ é uma solução. Produza um diagrama de fase de $\dot{x}$ *versus* x e produza gráficos de $x(t)$ e $\dot{x}(t)$ para valores de $a = 1$, $\omega_0 = 1$ e $\mu = 0,05$.

4.25. Utilize cálculos numéricos para encontrar a solução do oscilador de van der Pol da Equação 4.19. Estabeleça x_0 e ω_0 igual a 1 por simplicidade. Faça a representação gráfica do diagrama de fase, $x(t)$, e para as seguintes condições: **(a)** $\mu = 0,07$, $x_0 = 1,0$, $\dot{x}_0 = 0$ em $t = 0$; **(b)** $\mu = 0,7$, $x_0 = 3,0$, $\dot{x}_0 = 0$ em $t = 0$. Discuta o movimento: o movimento parece se aproximar do ciclo limite?

4.26. Repita o problema anterior com $\mu = 0,5$. Discuta também a aparência do ciclo limite, $x(t)$, e $\dot{x}(t)$.

CAPÍTULO 5

Gravitação

5.1 Introdução

Em 1666, Newton formulou e verificou numericamente a lei da gravitação, publicada mais tarde em seu livro *Principia* de 1687. Newton esperou quase 20 anos para publicar seus resultados porque ele não podia justificar seu método de cálculo numérico no qual considerava a Terra e a Lua como pontos de massas. Com a matemática formulada no cálculo (que Newton inventou mais tarde), provamos muito mais facilmente o problema com que Newton teve tantas dificuldades no século XVII.

A lei da gravitação universal afirma que *cada partícula de massa atrai outra partícula no universo com uma força que varia diretamente conforme o produto das duas massas e inversamente como o quadrado da distância entre elas.* Em forma matemática, escrevemos a lei como

$$\mathbf{F} = -G\frac{mM}{r^2}\mathbf{e}_r \tag{5.1}$$

onde a uma distância r de uma partícula de massa M uma segunda partícula de massa m experimenta uma força atrativa (consulte a Figura 5.1). O vetor de unidade aponta de M para m, e o sinal de menos assegura que a força é atrativa, isto é, que m é atraída em direção a M.

Uma verificação em laboratório da lei e uma determinação do valor de G foi feita em 1798 pelo físico inglês Henry Cavendish (1731–1810). O experimento de Cavendish, descrito em vários textos elementares de física, utilizou uma balança de torção com duas pequenas esferas fixadas nas extremidades de uma barra leve. As duas esferas foram atraídas a duas outras grandes esferas que poderiam ser colocadas em um dos lados das esferas pequenas. O valor oficial para G é $6,673 \pm 0,010 \times 10^{-11}$ N $\cdot$ m²/kg². É interessante notar que, embora G seja talvez a constante fundamental mais antiga conhecida, a conhecemos com menos precisão que outras constantes fundamentais modernas como e, c e $\hbar$. Há pesquisas importantes, hoje, para aumentar a precisão de G.

Na forma da Equação 5.1, a lei se aplica estritamente somente para *pontos materiais*. Se uma ou ambas as partículas forem substituídas por um corpo com uma certa extensão, devemos fazer uma hipótese adicional antes de calcularmos a força. Devemos pressupor que o campo de força gravitacional é um *campo linear*. Em outras palavras, pressupomos que é possível calcular a força gravitacional líquida em um partícula devido a várias outras partículas simplesmente tomando a soma de vetores de todas as forças individuais. Para um corpo consistindo de uma distribuição contínua de matéria, a soma se torna uma integral (Figura 5.2):

$$\mathbf{F} = -Gm\int_V \frac{\rho(\mathbf{r}')\mathbf{e}_r}{r^2}dv' \tag{5.2}$$

onde $\rho(\mathbf{r}')$ é a densidade de massa e dv' é o elemento de volume na posição definida pelo vetor $\mathbf{r}'$ da origem (arbitrária) ao ponto na distribuição de massa.

FIGURA 5.1 A partícula m sente uma força gravitacional em direção a M.

Se tanto o corpo da massa M quanto o corpo da massa m tiverem extensão finita, uma segunda integração sobre o volume de m será necessária para computar a força gravitacional total.

O **vetor do campo gravitacional g** é o que representa a força por unidade de massa exercida em uma partícula no campo de um corpo de massa M. Assim

$$\mathbf{g} = \frac{\mathbf{F}}{m} = -G\frac{M}{r^2}\mathbf{e}_r \tag{5.3}$$

ou

$$\boxed{\mathbf{g} = -G\int_V \frac{\rho(\mathbf{r}')\mathbf{e}_r}{r^2}dv'} \tag{5.4}$$

Note que a direção de $\mathbf{e}_r$ varia com r' (na Figura 5.2).

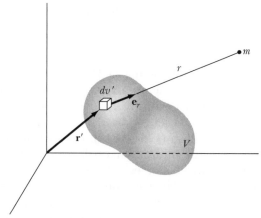

FIGURA 5.2 Para encontrar a força gravitacional entre uma massa pontual m e uma distribuição contínua de matéria, integramos a densidade da massa ao volume.

A quantidade **g** possui as dimensões de *força por unidade de massa*, também igual à *aceleração*. Na verdade, próximo à superfície da Terra, a magnitude de **g** é somente a quantidade que nós chamamos de **constante de aceleração gravitacional**. A medição com um pêndulo simples (ou alguma variação mais sofisticada) é suficiente para mostrar que $|\mathbf{g}|$ é aproximadamente 9,80 m/s^2 (ou 9,80 N/kg) na superfície da Terra.

5.2 Potencial gravitacional

O vetor de campo gravitacional **g** varia conforme $1/r^2$ e, portanto, satisfaz o requisito[1] que permite que **g** seja representado como o gradiente de uma função escalar. Desse modo, podemos escrever

---

[1] Isto é, $\nabla \times \mathbf{g} \equiv 0$.

$$\boxed{\mathbf{g} \equiv - \nabla \Phi} \tag{5.5}$$

onde Φ é chamado de **potencial gravitacional** e tem dimensões de (*força por unidade de massa*) $\times$ (*distância*) ou *energia por unidade de massa*.

Como $\mathbf{g}$ tem somente uma variação radial, o potencial Φ pode ter, no máximo, uma variação com r. Portanto, ao utilizar a Equação 5.3 para $\mathbf{g}$, temos

$$\nabla \Phi = \frac{d\Phi}{dr} \mathbf{e}_r = G \frac{M}{r^2} \mathbf{e}_r$$

Ao integrar, obtemos

$$\boxed{\Phi = - G \frac{M}{r}} \tag{5.6}$$

A possível constante de integração foi suprimida, porque o potencial é indeterminado em uma constante adicional, isto é, somente as *diferenças* em potencial são significativas, não valores particulares. Geralmente removemos a ambiguidade no valor do potencial ao exigir arbitrariamente $\Phi \to 0$ como $r \to \infty$; então, a Equação 5.6, corretamente, dá o potencial para essa condição.

O potencial devido a uma distribuição contínua de matéria é

$$\Phi = - G \int_V \frac{\rho(\mathbf{r}')}{r} \, dv' \tag{5.7}$$

Da mesma forma, se a massa é distribuída somente por uma camada fina (isto é, uma distribuição *superficial*), então

$$\Phi = - G \int_S \frac{\rho_s}{r} \, da' \tag{5.8}$$

onde ρ_s é a densidade de superfície da massa (ou *densidade de massa de área*).

Finalmente, se há uma *fonte de linha* com densidade de massa linear ρ_l, então

$$\Phi = - G \int_\Gamma \frac{\rho_l}{r} \, ds' \tag{5.9}$$

O significado físico da função potencial gravitacional se torna claro se considerarmos o trabalho por unidade de massa dW' que deve ser feito por um agente externo em um corpo em um campo gravitacional para deslocar o corpo a uma distância $d\mathbf{r}$. Nesse caso, o trabalho é igual ao produto escalar da força e do deslocamento. Portanto, para o trabalho feito *no* corpo por unidade de massa, temos

$$\begin{aligned} dW' &= -\mathbf{g} \cdot d\mathbf{r} = (\nabla \Phi) \cdot d\mathbf{r} \\ &= \sum_i \frac{\partial \Phi}{\partial x_i} \, dx_i = d\Phi \end{aligned} \tag{5.10}$$

porque Φ é uma função somente das coordenadas do ponto no qual é medido: $\Phi = \Phi(x_1, x_2, x_3) = \Phi(x_i)$. Portanto, a quantidade de trabalho por unidade de massa que deve ser feito em um corpo para movê-lo de uma posição para outra em um campo gravitacional é igual à diferença no potencial nos dois pontos.

Se a posição final estiver mais distante da fonte de massa M que a posição inicial, o trabalho foi feito *na* unidade de massa. As posições dos dois pontos são arbitrárias e podemos tomar um deles como estando no infinito. Se definimos o potencial como zero no infinito, podemos interpretar Φ em algum ponto como o trabalho por unidade de massa necessário para trazer

164 Dinâmica clássica de partículas e sistemas

o corpo do infinito até aquele ponto. A *energia potencial* é igual à massa do corpo multiplicada pelo potencial Φ. Se U for a energia potencial, então

$$U = m\Phi \tag{5.11}$$

e a força no corpo é dada pelo negativo do gradiente da energia potencial daquele corpo,

$$\mathbf{F} = -\nabla U \tag{5.12}$$

que é justamente a expressão que utilizamos anteriormente (Equação 2.88).

Percebemos que tanto o potencial quanto a energia potencial *aumentam* quando o trabalho é feito *no* corpo. (O potencial, de acordo com nossa definição, é sempre negativo e somente se aproxima de seu valor máximo, isto é, zero, conforme r tende ao infinito.)

Uma certa energia potencial existe quando um corpo é posicionado no campo gravitacional de uma massa fonte. Essa energia potencial reside no *campo*,[2] mas é comum, nessas circunstâncias, se referir à energia potencial "do corpo". Iremos continuar com essa prática aqui. Também podemos considerar a massa fonte como tendo uma energia potencial intrínseca. Essa energia potencial é igual à energia gravitacional liberada quando o corpo foi formado ou, reciprocamente, é igual à energia que deve ser fornecida (isto é, o trabalho que deve ser feito) para dispersar a massa sobre a esfera no infinito. Por exemplo, quando o gás interestelar se condensa para formar uma estrela, a energia gravitacional emitida é usada amplamente no aquecimento inicial da estrela. Conforme a temperatura aumenta, a energia é irradiada como radiação eletromagnética. Em todos os problemas de que tratamos, consideramos que a estrutura dos corpos permanece inalterada durante o processo que estamos estudando. Desse modo, não há mudança na energia potencial intrínseca e ela pode ser desconsiderada para os propósitos dos cálculos que estamos fazendo.

EXEMPLO 5.1

Qual é o potencial gravitacional tanto dentro quanto fora de uma camada esférica de raio interno b e raio externo a?

Solução. Um dos problemas importantes da teoria gravitacional está relacionado ao cálculo da força gravitacional devido à esfera homogênea. Este problema é um caso especial do cálculo mais geral para uma camada esférica homogênea. Uma solução para o problema da camada pode ser obtida por meio do cálculo direto da força em um objeto arbitrário da unidade de massa trazida a campo (veja o Problema 5.6), mas é mais fácil utilizar o método potencial.

Consideramos a camada mostrada na Figura 5.3 e calculamos o potencial no ponto P a uma distância R do centro da camada. Uma vez que o problema tem uma simetria sobre a linha que conecta o centro da esfera e o ponto de campo P, o ângulo azimutal ϕ não é mostrado na Figura 5.3 e podemos imediatamente integrar em $d\phi$ na expressão para o potencial. Assim,

$$\Phi = -G\int_V \frac{\rho(r')}{r}dv'$$
$$= -2\pi\rho G\int_b^a r'^2 dr' \int_0^\pi \frac{\operatorname{sen}\theta}{r}d\theta \tag{5.13}$$

onde pressupomos uma distribuição homogênea de massa para a camada, $\rho(r') = \rho$. De acordo com a lei dos cossenos,

$$r^2 = r'^2 + R^2 - 2r'R\cos\theta \tag{5.14}$$

---

[2] Consulte, entretanto, as observações no final da Seção 9.5 referentes à energia em um campo.

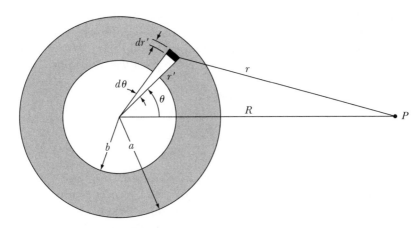

FIGURA 5.3 A geometria para encontrar o potencial gravitacional no ponto P devido a uma camada esférica de massa.

Como R é uma constante, para um dado r' podemos diferenciar essa equação e obter

$$2r\,dr = 2r'R\,\text{sen}\,\theta\,d\theta$$

ou

$$\frac{\text{sen}\,\theta}{r}d\theta = \frac{dr}{r'R} \tag{5.15}$$

Ao substituir essa expressão pela Equação 5.13, temos

$$\Phi = -\frac{2\pi\rho G}{R}\int_b^a r'\,dr'\int_{r_{\text{min}}}^{r_{\text{max}}} dr \tag{5.16}$$

Os limites na integral em dr dependem da localização do ponto P. Se P estiver *fora* da camada, então

$$\Phi(R > a) = -\frac{2\pi\rho G}{R}\int_b^a r'\,dr'\int_{R-r'}^{R+r'} dr$$

$$= -\frac{4\pi\rho G}{R}\int_b^a r'^2\,dr'$$

$$= -\frac{4}{3}\frac{\pi\rho G}{R}(a^3 - b^3) \tag{5.17}$$

Mas a massa M da camada é

$$M = \frac{4}{3}\pi\rho(a^3 - b^3) \tag{5.18}$$

então o potencial é

$$\boxed{\Phi(R > a) = -\frac{GM}{R}} \tag{5.19}$$

Se o ponto de campo estiver dentro da camada, temos

$$\Phi(R < b) = -\frac{2\pi\rho G}{R}\int_b^a r'\,dr'\int_{r'-R}^{r'+R} dr$$

$$= -4\pi\rho G\int_b^a r'\,dr'$$

$$= -2\pi\rho G(a^2 - b^2) \tag{5.20}$$

O potencial é, portanto, constante e independente da posição dentro da camada.

Finalmente, se desejamos calcular o potencial para pontos *na* camada, precisamos somente substituir o limite inferior da integração na expressão para $\Phi(R < b)$ pela variável R, substituir o limite superior da integração na expressão para $\Phi(R > a)$ por R e somar os resultados. Encontramos

$$\Phi(b < R < a) = -\frac{4\pi\rho G}{3R}(R^3 - b^3) - 2\pi\rho G(a^2 - R^2)$$

$$= -4\pi\rho G\left(\frac{a^2}{2} - \frac{b^3}{3R} - \frac{R^2}{6}\right) \quad (5.21)$$

Vemos que, se $R \to a$, então a Equação 5.21 produz o mesmo resultado que a Equação 5.19 para o mesmo limite. Do mesmo modo, as Equações 5.21 e 5.20 produzem o mesmo resultado para o limite $R \to b$. O potencial é, portanto, *contínuo*. Se o potencial não fosse contínuo em algum ponto, o gradiente do potencial — e, assim, a força — seria infinito naquele ponto. Uma vez que forças infinitas não representam realidade física, concluímos que funções potenciais realistas devem sempre ser contínuas.

Note que tratamos a camada da massa como homogênea. Para fazer cálculos para um corpo sólido, maciço, como um planeta que tenha uma distribuição de massa esfericamente simétrica, podemos adicionar algumas camadas ou, se preferirmos, podemos permitir que a densidade mude como uma função do raio.

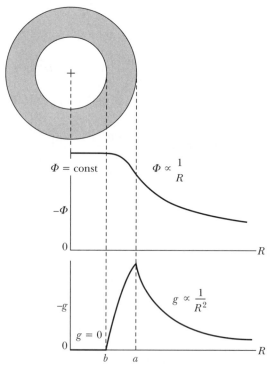

FIGURA 5.4 Os resultados do Exemplo 5.1 que indicam o potencial gravitacional e a magnitude do vetor de campo **g** (na verdade −**g**) como uma função da distância radial.

Os resultados do Exemplo 5.1 são muito importantes. A Equação 5.19 afirma que o potencial, em qualquer ponto, fora de uma distribuição esfericamente simétrica de matéria (camada ou sólido, porque sólidos são compostos de muitas camadas) é independente do tamanho da distribuição. Portanto, para calcular o potencial externo (ou a força), consideramos que toda a massa está concentrada no centro. A Equação 5.20 indica que o potencial é constante (e a força, zero) em qualquer lugar dentro de uma camada de massa esfericamente simétrica. E, finalmente, nos pontos dentro da camada de massa, o potencial dado pela Equação 5.21 é consistente com ambos os resultados anteriores.

A magnitude do vetor de campo **g** pode ser computada de $g = -d\Phi/dR$ para cada uma das três regiões. Os resultados são

$$\left. \begin{array}{l} g(R < b) = 0 \\ g(b < R < a) = \dfrac{4\pi\rho G}{3}\left(\dfrac{b^3}{R^2} - R\right) \\ g(R > a) = -\dfrac{GM}{R^2} \end{array} \right\} \quad (5.22)$$

Percebemos que não somente o potencial mas também o vetor de campo (e, portanto, a força) são contínuos. A *derivada* do vetor de campo, entretanto, não é contínua através das superfícies externa e interna da camada.

Todos esses resultados para o vetor potencial e o vetor de campo podem ser resumidos na Figura 5.4.

EXEMPLO 5.2

Medições astronômicas indicam que a velocidade orbital das massas em várias galáxias espirais em rotação em seus centros é aproximadamente constante como uma função da distância do centro da galáxia (como nossa própria Via Láctea e nossa vizinha mais próxima, Andrômeda), como mostra a Figura 5.5. Mostre que esse resultado experimental é inconsistente com o fato de a galáxia ter sua massa concentrada próxima ao seu centro e pode ser explicado se a massa da galáxia aumenta com a distância R.

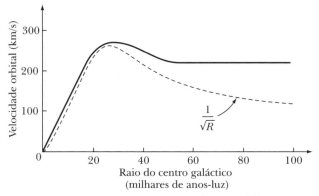

FIGURA 5.5 Exemplo 5.2. A linha contínua representa os dados para a velocidade orbital de massa como uma função de distância do centro da galáxia Andrômeda. A linha pontilhada representa o comportamento $1/\sqrt{R}$ esperado do resultado kepleriano das leis de Newton.

Solução. Podemos descobrir a velocidade orbital esperada v devido à massa da galáxia M que está dentro do raio R. Neste caso, entretanto, a distância R pode ser centenas de anos-luz. Só podemos pressupor que a distribuição de massa é esfericamente simétrica. A força gravitacional neste caso é igual à força centrípeta devido à massa m ter velocidade orbital v:

$$\frac{GMm}{r^2} = \frac{mv^2}{R}$$

Resolvemos essa equação para v:

$$v = \sqrt{\frac{GM}{R}}$$

Se fosse o caso, esperaríamos que a velocidade orbital diminuísse como $1/\sqrt{R}$ como mostrado pela linha pontilhada na Figura 5.5, onde o que é descoberto experimentalmente é que v é constante como uma função de R. Isso somente pode acontecer na equação anterior se a massa M da galáxia for uma função linear de R, $M(R) \propto R$. Os astrofísicos concluem desse resultado que, para muitas galáxias, tem de haver uma matéria além da observada, e que essa matéria não observada, frequentemente chamada "matéria escura", deve corresponder a mais de 90% da massa conhecida no universo. Esta área de pesquisa está na linha de frente da astrofísica hoje em dia.

EXEMPLO 5.3

Considere um anel circular uniforme fino de raio a e massa M. Uma massa m é posicionada no plano do anel. Encontre uma posição de equilíbrio e determine se ela é estável.

Solução. Da simetria, devemos acreditar que a massa m posicionada no centro do anel (Figura 5.6) deve estar em equilíbrio porque é uniformemente cercada pela massa. Coloque a massa m a uma distância do centro do anel e posicione o eixo x nessa direção.

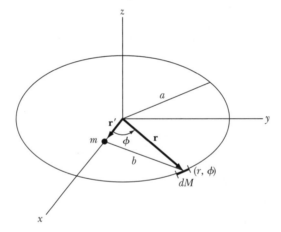

FIGURA 5.6   Exemplo 5.3. A geometria da massa pontual m e anel de massa M.

O potencial é dado pela Equação 5.7, onde $\rho = M/2\pi a$:

$$d\Phi = -G\frac{dM}{b} = -\frac{Ga\rho}{b}d\phi \tag{5.23}$$

onde b é a distância entre dM e m, e $dM = \rho a\, d\phi$. Temos $\mathbf{r}$ e $\mathbf{r}'$ como os vetores de posição de dM e m, respectivamente.

$$\begin{aligned}
b = |\mathbf{r} - \mathbf{r}'| &= |a\cos\phi\,\mathbf{e}_1 + a\,\text{sen}\,\phi\,\mathbf{e}_2 - r'\mathbf{e}_1| \\
&= |(a\cos\phi - r')\mathbf{e}_1 + a\,\text{sen}\,\phi\,\mathbf{e}_2| = [(a\cos\phi - r')^2 + a^2\text{sen}^2\phi]^{1/2} \\
&= (a^2 + r'^2 - 2ar'\cos\phi)^{1/2} = a\left[1 + \left(\frac{r'}{a}\right)^2 - \frac{2r'}{a}\cos\phi\right]^{1/2}
\end{aligned} \tag{5.24}$$

A integração da Equação 5.23 obtém

$$\Phi(r') = -G \int \frac{dM}{b} = -\rho aG \int_0^{2\pi} \frac{d\phi}{b}$$

$$= -\rho G \int_0^{2\pi} \frac{d\phi}{\left[1 + \left(\dfrac{r'}{a}\right)^2 - \dfrac{2r'}{a}\cos\phi\right]^{1/2}} \tag{5.25}$$

Integrar a Equação 5.25 é difícil, então vamos considerar posições próximas ao ponto de equilíbrio, $r' = 0$. Se $r' \ll a$, podemos expandir o denominador na Equação 5.25.

$$\left[1 + \left(\frac{r'}{a}\right)^2 - \frac{2r'}{a}\cos\phi\right]^{-1/2} = 1 - \frac{1}{2}\left[\left(\frac{r'}{a}\right)^2 - \frac{2r'}{a}\cos\phi\right]$$

$$+ \frac{3}{8}\left[\left(\frac{r'}{a}\right)^2 - \frac{2r'}{a}\cos\phi\right]^2 + \cdots$$

$$= 1 + \frac{r'}{a}\cos\phi + \frac{1}{2}\left(\frac{r'}{a}\right)^2(3\cos^2\phi - 1) + \cdots \tag{5.26}$$

A Equação 5.25 se torna

$$\Phi(r') = -\rho G \int_0^{2\pi}\left\{1 + \frac{r'}{a}\cos\phi + \frac{1}{2}\left(\frac{r'}{a}\right)^2(3\cos^2\phi - 1) + \cdots\right\}d\phi \tag{5.27}$$

que é facilmente integrada ao resultado

$$\Phi(r') = -\frac{MG}{a}\left[1 + \frac{1}{4}\left(\frac{r'}{a}\right)^2 + \cdots\right] \tag{5.28}$$

A energia potencial $U(r')$ vem da Equação 5.11, simplesmente

$$U(r') = m\Phi(r') = -\frac{mMG}{a}\left[1 + \frac{1}{4}\left(\frac{r'}{a}\right)^2 + \cdots\right] \tag{5.29}$$

A posição de equilíbrio é encontrada (da Equação 2.100) por

$$\frac{dU(r')}{dr'} = 0 = -\frac{mMG}{a}\frac{1}{2}\frac{r'}{a^2} + \cdots \tag{5.30}$$

então é um ponto de equilíbrio. Utilizamos a Equação 2.103 para determinar a estabilidade:

$$\frac{d^2U(r')}{dr'^2} = -\frac{mMG}{2a^3} + \cdots < 0 \tag{5.31}$$

então $r' = 0$ o ponto de equilíbrio é instável.

Este último resultado não é óbvio, porque podemos ser levados a acreditar que um pequeno deslocamento de $r' = 0$ ainda pode voltar a $r' = 0$ pelas forças gravitacionais de toda a massa no anel que o cerca.

Equação de Poisson

É útil comparar essas propriedades de campos gravitacionais com alguns resultados conhecidos de eletrostática que foram determinados na formulação das equações de Maxwell. Considere uma superfície arbitrária como na Figura 5.7 com uma massa m posicionada em algum lugar interno. Como no fluxo elétrico, vamos descobrir o fluxo gravitacional Φ_m que emana da massa m pela superfície arbitrária S.

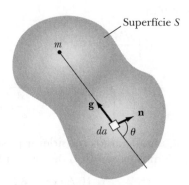

FIGURA 5.7 Uma superfície arbitrária com uma massa m posicionada em seu interior. O vetor de unidade **n** é normal à superfície na área diferencial da.

$$\Phi_m = \int_S \mathbf{n} \cdot \mathbf{g}\, da \tag{5.32}$$

onde a integral está sobre a superfície S e o vetor de unidade **n** está normal para a superfície na área diferencial da. Se substituirmos **g** da Equação 5.3 para o vetor de campo gravitacional para um corpo de massa m, teremos que, para o produto escalar $\mathbf{n} \cdot \mathbf{g}$,

$$\mathbf{n} \cdot \mathbf{g} = -Gm\frac{\cos\theta}{r^2}$$

onde θ é o ângulo entre **n** e **g**. Substituímos isso na Equação 5.32 e obtemos

$$\Phi_m = -Gm\int_S \frac{\cos\theta}{r^2}\, da$$

A integral está sobre um ângulo sólido da superfície arbitrária e tem o valor 4π esterradianos, que dá, para o fluxo de massa,

$$\Phi_m = \int_S \mathbf{n} \cdot \mathbf{g}\, da = -4\pi Gm \tag{5.33}$$

Note que é irrelevante onde a massa está localizada dentro da superfície S. Podemos generalizar esse resultado para muitas massas m_i dentro da superfície S ao somar essas massas.

$$\int_S \mathbf{n} \cdot \mathbf{g}\, da = -4\pi G \sum_i m_i \tag{5.34}$$

Se alterarmos para uma distribuição de massa contínua na superfície S, teremos

$$\int_S \mathbf{n} \cdot \mathbf{g}\, da = -4\pi G \int_V \rho\, dv \tag{5.35}$$

onde a integral no lado direito está sobre o volume V circundado por S, ρ é densidade da massa e dv é o volume diferencial. Utilizamos o teorema da divergência de Gauss para reescrever esse resultado. O teorema da divergência de Gauss, na Equação 1.130, onde $d\mathbf{a} = \mathbf{n}\, da$, é

$$\int_S \mathbf{n} \cdot \mathbf{g}\, da = \int_V \nabla \cdot \mathbf{g}\, dv \tag{5.36}$$

Se estabelecermos que os lados direitos das Equações 5.35 e 5.36 são iguais, teremos

$$\int_V (-4\pi G)\rho\, dv = \int_V \nabla \cdot \mathbf{g}\, dv$$

e como a superfície S e seu volume V são completamente arbitrários, as duas integrações têm de ser iguais.

$$\nabla \cdot \mathbf{g} = -4\pi G\rho \qquad (5.37)$$

Esse resultado é semelhante para a forma diferencial da lei de Gauss para o campo elétrico, $\nabla \cdot \mathbf{E} = \rho/\varepsilon$, onde ρ neste caso é a densidade de carga.

Inserimos $\mathbf{g} = -\nabla\Phi$ da Equação 5.5 no lado esquerdo da Equação 5.37 e obtemos $\nabla \cdot \mathbf{g} = -\nabla \cdot \nabla\Phi = -\nabla^2\Phi$. A Equação 5.37 se torna

$$\nabla^2\Phi = 4\pi G\rho \qquad (5.38)$$

que é conhecida como *equação de Poisson* e é útil em várias aplicações de teoria de potencial. Quando o lado direito da Equação 5.38 é zero, o resultado $\nabla^2\Phi = 0$ é uma equação mais conhecida, chamada *equação de Laplace*. A equação de Poisson é útil para desenvolver as funções de Green, onde frequentemente encontramos a equação de Laplace ao lidar com vários sistemas de coordenadas.

5.3 Linhas de força e superfícies equipotenciais

Vamos considerar uma massa que produza um campo gravitacional que possa ser descrito por um vetor de campo **g**. Vamos desenhar uma linha fora da superfície da massa tal que a direção da linha em cada ponto seja a mesma que a direção de **g** naquele ponto. Essa linha irá se estender da superfície da massa ao infinito. Essa linha é chamada **linha de força**.

Ao desenhar linhas semelhantes a partir de cada pequeno incremento da área de superfície da massa, podemos indicar a direção do campo de força em qualquer ponto arbitrário no espaço. As linhas de força de uma única massa pontual são todas linhas retas que se estendem da massa ao infinito. Definidas dessa forma, as linhas de força estão relacionadas somente

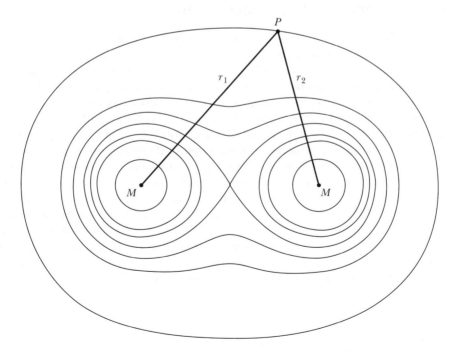

FIGURA 5.8   As superfícies equipotenciais para duas massas pontuais M.

172 Dinâmica clássica de partículas e sistemas

à *direção* do campo de força em qualquer ponto. Podemos considerar, entretanto, que a *densidade* dessas linhas — isto é, o número de linhas que passam por uma unidade de área perpendicular às linhas — é proporcional à *magnitude* da força naquela área. O quadro de linhas de força é, portanto, um modo conveniente de visualizar tanto a magnitude quanto a direção (isto é, a propriedade de *vetor*) do campo.

A função potencial é definida em todo ponto no espaço (exceto na posição de uma massa pontual). Portanto, a equação

$$\Phi = \Phi(x_1, x_2, x_3) = \text{constante} \tag{5.39}$$

define uma superfície na qual o potencial é constante. Essa superfície é chamada de **superfície equipotencial**. O vetor de campo **g** é igual ao gradiente de Φ, então **g** não pode ter componente *ao longo* da superfície equipotencial. Portanto, cada linha de força tem de ser normal para cada superfície equipotencial. Assim, o campo não age sobre um corpo que se move ao longo de uma superfície equipotencial. Uma vez que a função potencial possui valor único, duas superfícies equipotenciais não podem se interceptar ou se tocar. As superfícies de potencial igual que cercam uma massa pontual única e isolado (ou qualquer massa esfericamente simétrica) são todas esferas. Considere dois pontos de massa M que são separados por uma certa distância. Se r_1 é a distância de uma massa a um ponto no espaço e se r_2 é a distância da outra massa ao mesmo ponto, então

$$\Phi = -GM\left(\frac{1}{r_1} + \frac{1}{r_2}\right) = \text{constante} \tag{5.40}$$

define as superfícies equipotenciais. Várias dessas superfícies são mostradas na Figura 5.8 para esse sistema de duas partículas. Em três dimensões, as superfícies são geradas ao fazer a rotação desse diagrama em torno da linha que conecta as duas massas.

5.4 Quando o conceito de potencial é útil?

O uso de potenciais para descrever os efeitos de forças de "ação a distância" é uma técnica extremamente importante e poderosa. Não devemos, entretanto, esquecer o fato de que a justificativa para utilizar um potencial é oferecer um meio conveniente de calcular a força em um corpo (ou a energia do corpo no campo), pois é a *força* (e energia) e não o *potencial* que é a quantidade física relevante. Assim, em alguns problemas, pode ser mais fácil calcular a força diretamente, em vez de computar um potencial e então calcular o gradiente. A vantagem de utilizar o método potencial é que o potencial é uma quantidade *escalar*:[3] Não precisamos lidar com a complicação adicional de ordenar as componentes de um vetor até a operação de gradiente ser executada. Nos cálculos diretos da força, as componentes devem estar integradas por todo o cálculo. É necessário, então, alguma técnica ao escolher a abordagem específica a ser utilizada. Por exemplo, se um problema tem uma simetria específica que, por considerações físicas, permite determinar que a força tenha uma certa direção, então a escolha dessa direção como uma das direções de coordenada reduz o cálculo do vetor a um simples cálculo escalar. Nesse caso, o cálculo da força pode ser suficientemente direto para não haver necessidade de utilização do método potencial. Todos os problemas que necessitem de força devem ser examinados para descobrir o método mais fácil de cálculo.

---

[3] Veremos no Capítulo 7 outro exemplo de função escalar a partir da qual resultados de vetor podem ser obtidos. Essa é a **função lagrangiana**, que, para enfatizar a semelhança, é às vezes (principalmente em tratamentos mais antigos) chamada de *potencial cinético*.

EXEMPLO 5.4

Considere um disco uniforme fino de massa M e raio a. Encontre a força em uma massa m localizada ao longo do eixo do disco.

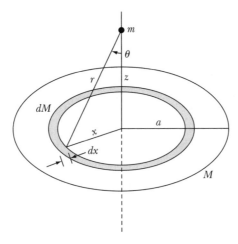

FIGURA 5.9 Exemplo 5.4. Utilizamos a geometria mostrada aqui para encontrar a força gravitacional em uma massa pontual m devido a um disco uniforme fino de massa M.

Solução. Resolvemos este problema utilizando tanto a abordagem potencial quanto a abordagem de força direta. Considere a Figura 5.9. O potencial diferencial $d\Phi$ a uma distância z é dado por

$$d\Phi = -G\frac{dM}{r} \tag{5.41}$$

A massa diferencial dM é um anel fino de largura dx, porque temos simetria azimutal.

$$dM = \rho dA = \rho 2\pi x\, dx \tag{5.42}$$

$$d\Phi = -2\pi\rho G \frac{x\, dx}{r} = -2\pi\rho G \frac{x\, dx}{(x^2 + z^2)^{1/2}}$$

$$\Phi(z) = -\pi\rho G \int_0^a \frac{2x\, dx}{(x^2 + z^2)^{1/2}} = -2\pi\rho G(x^2 + z^2)^{1/2}\Big|_0^a$$

$$= -2\pi\rho G[(a^2 + z^2)^{1/2} - z] \tag{5.43}$$

Encontramos a força em

$$\mathbf{F} = -\nabla U = -m\nabla \Phi \tag{5.44}$$

Da simetria, temos somente uma força na direção z,

$$F_z = -m\frac{\partial \Phi(z)}{\partial z} = +2\pi m\rho G\left[\frac{z}{(a^2 + z^2)^{1/2}} - 1\right] \tag{5.45}$$

Em nosso segundo método, calculamos a força diretamente utilizando a Equação 4.2:

$$d\mathbf{F} = -Gm\frac{dM'}{r^2}\mathbf{e}_r \tag{5.46}$$

onde dM' se refere à massa de uma área diferencial pequena mais semelhante a um quadrado que a um anel fino. Os vetores complicam as matérias. Como a simetria pode

174 Dinâmica clássica de partículas e sistemas

ajudar? Para cada dM' pequeno em um lado do anel fino de largura dx, outro dM' existe no outro lado que cancela exatamente a componente horizontal de $d\mathbf{F}$ em m. De modo semelhante, todas as componentes horizontais cancelam, e precisamos somente considerar a componente vertical de $d\mathbf{F}$ ao longo de z.

$$dF_z = \cos\theta\,|d\mathbf{F}| = -mG\frac{\cos\theta\,dM'}{r^2}$$

e, já que $\cos\theta = z/r$,

$$dF_z = -mG\frac{z\,dM'}{r^3}$$

Agora integramos sobre a massa $dM' = \rho 2\pi x\,dx$ em torno do anel e obtemos

$$dF_z = -mG\rho\frac{2\pi xz\,dx}{r^3}$$

e

$$
\begin{aligned}
F_z &= -\pi m\rho Gz\int_0^a \frac{2x\,dx}{(z^2+x^2)^{3/2}}\\[2mm]
&= -\pi m\rho Gz\left[\frac{-2}{(z^2+x^2)^{1/2}}\right]\Big|_0^a\\[2mm]
&= 2\pi m\rho G\left[\frac{z}{(a^2+z^2)^{1/2}}-1\right]
\end{aligned}
\tag{5.47}
$$

que é idêntica à Equação 5.45. Note que o valor de F_z é negativo, indicando que a força é descendente na Figura 5.9 e atrativa.

5.5 Marés oceânicas

As marés oceânicas têm atraído o interesse dos humanos há muito tempo. Galileu tentou, sem sucesso, explicar as marés oceânicas, mas não podia justificar o tempo de aproximadamente duas marés altas por dia. Newton finalmente chegou a uma explicação adequada. As marés são causadas pela atração gravitacional do oceano com relação à Lua e ao Sol, mas há vários fatores complicadores.

O cálculo é dificultado pelo fato de que a superfície da Terra não é um sistema inercial. A Terra e a Lua giram em torno de seu centro de massa (e se movem ao redor do Sol), então podemos considerar que a porção de água mais próxima da Lua está sendo afastada da Terra, e a Terra está sendo afastada da porção de água mais distante da Lua. Entretanto, a Terra gira enquanto a Lua gira ao redor da Terra. Vamos considerar, primeiro, somente o efeito da Lua, acrescentando o efeito do Sol mais tarde. Iremos pressupor um modelo simples onde a superfície da Terra está completamente coberta com água, e devemos acrescentar o efeito da rotação da Terra em um momento adequado. Estabelecemos um quadro inercial de referência como mostra a Figura 5.10a. Consideramos M_m a massa da Lua, r o raio da Terra circular e D a distância do centro da Lua para o centro da Terra. Consideramos o efeito tanto da atração gravitacional da Lua quanto da Terra em uma massa pequena m posicionada na superfície da Terra. Como mostra a Figura 5.10a, o vetor de posição de massa m da Lua é $\mathbf{R}$, do centro da Terra é $\mathbf{r}$ e de nosso sistema inercial é $\mathbf{r}'_m$. O vetor de posição do sistema inercial para o centro da Terra é $\mathbf{r}'_E$. Como medido do sistema inercial, a força em m, devido à Terra e à Lua, é

$$m\ddot{\mathbf{r}}'_m = -\frac{GmM_E}{r^2}\mathbf{e}_r - \frac{GmM_m}{R^2}\mathbf{e}_R \tag{5.48}$$

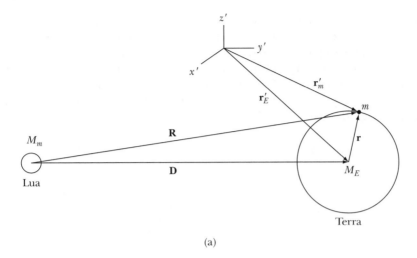

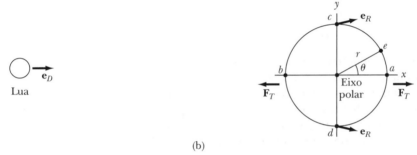

FIGURA 5.10 (a) Geometria para encontrar marés oceânicas na Terra devido à Lua.
(b) Visão polar com eixo polar ao longo do eixo z.

Do mesmo modo, a força no centro da massa da Terra causada pela Lua é

$$M_E \ddot{\mathbf{r}}'_E = -\frac{GM_E M_m}{D^2}\mathbf{e}_D \qquad (5.49)$$

Queremos descobrir a aceleração $\ddot{\mathbf{r}}$ como medida no sistema não inercial posicionado no centro da Terra. Portanto, queremos

$$\ddot{\mathbf{r}} = \ddot{\mathbf{r}}'_m - \ddot{\mathbf{r}}'_E = \frac{m\ddot{\mathbf{r}}'_m}{m} - \frac{M_E \ddot{\mathbf{r}}'_E}{M_E}$$

$$= -\frac{GM_E}{r^2}\mathbf{e}_r - \frac{GM_m}{R^2}\mathbf{e}_R + \frac{GM_m}{D^2}\mathbf{e}_D$$

$$= -\frac{GM_E}{r^2}\mathbf{e}_r - GM_m\left(\frac{\mathbf{e}_R}{R^2} - \frac{\mathbf{e}_D}{D^2}\right) \qquad (5.50)$$

A primeira parte é devido à Terra, e a segunda é a aceleração da força **das marés**, que é responsável por produzir as marés oceânicas. Esse fato é devido à diferença entre o empuxo gravitacional da Lua no centro da Terra e na superfície da Terra.

Encontramos o efeito da força das marés em vários pontos na Terra como mostra a Figura 5.10b. Mostramos uma visão polar da Terra com o eixo polar ao longo do eixo z. A força das marés $\mathbf{F}_T$ na massa m na superfície da Terra é

$$\mathbf{F}_T = -GmM_m\left(\frac{\mathbf{e}_R}{R^2} - \frac{\mathbf{e}_D}{D^2}\right) \qquad (5.51)$$

176 Dinâmica clássica de partículas e sistemas

onde utilizamos somente a segunda parte da Equação 5.50. Primeiro olhamos para o ponto a, o ponto mais longe na Terra a partir da Lua. Ambos os vetores de unidade $\mathbf{e}_R$ e $\mathbf{e}_D$ estão apontando na mesma direção para longe da Lua ao longo do eixo x. Como $R > D$, o segundo termo na Equação 5.51 predomina, e a força das marés está ao longo do eixo $+x$ como mostra a Figura 5.10b. Para o ponto b, $R < D$ e a força das marés tem aproximadamente a mesma magnitude que no ponto a porque $r/D \ll 1$, mas está ao longo do eixo $-x$. A magnitude da força das marés ao longo do eixo x, R_{Tx} é

$$F_{Tx} = -GmM_m\left(\frac{1}{R^2} - \frac{1}{D^2}\right) = -GmM_m\left(\frac{1}{(D+r)^2} - \frac{1}{D^2}\right)$$

$$= -\frac{GmM_m}{D^2}\left(\frac{1}{\left(1 + \dfrac{r}{D}\right)^2} - 1\right)$$

Expandimos o primeiro termo entre parênteses utilizando a expansão $(1 + x)^{-2}$ na Equação D.9.

$$F_{Tx} = -\frac{GmM_m}{D^2}\left[1 - 2\frac{r}{D} + 3\left(\frac{r}{D}\right)^2 - \cdots - 1\right] = +\frac{2GmM_mr}{D^3} \tag{5.52}$$

onde mantivemos somente o maior termo diferente de zero na expansão, porque $r/D = 0,02$.

Para o ponto c, o vetor de unidade $\mathbf{e}_R$ (Figura 5.10b) não está exatamente ao longo de $\mathbf{e}_D$, mas as componentes do eixo x cancelam aproximadamente, porque $R \simeq D$ e as componentes x de $\mathbf{e}_R$ e $\mathbf{e}_D$ são semelhantes. Há um componente pequeno de $\mathbf{e}_R$ ao longo do eixo y. Nós aproximamos o componente y de $\mathbf{e}_R$ por $(r/D)\mathbf{j}$, e a força das marés no ponto c, chamada de $\mathbf{F}_{Ty}$, está ao longo do eixo y e tem a magnitude

$$F_{Ty} = -GmM_m\left(\frac{1}{D^2}\frac{r}{D}\right) = -\frac{GmM_mr}{D^3} \tag{5.53}$$

Note que essa força está ao longo do eixo $-y$ em direção ao centro da Terra no ponto c. Encontramos, do mesmo modo, no ponto D a mesma magnitude, mas a componente de $\mathbf{e}_R$ estará ao longo do eixo $-y$, então a força, com o sinal da Equação 5.53, estará ao longo do eixo $+y$ em direção ao centro da Terra. Indicamos as forças das marés nos pontos a, b, c e d na Figura 5.11a.

Determinamos a força em um ponto arbitrário e ao notar que as componentes x e y da força das marés podem ser encontrados ao substituir x e y por r em F_{Tx} e F_{Ty}, respectivamente, nas Equações 5.52 e 5.53.

$$F_{Tx} = \frac{2GmM_mx}{D^3}$$

$$F_{Ty} = -\frac{GmM_my}{D^3}$$

Assim, em um ponto arbitrário como e, temos $x = r\cos\theta$ e $y = r\operatorname{sen}\theta$, então temos

$$F_{Tx} = \frac{2GmM_mr\cos\theta}{D^3} \tag{5.54a}$$

$$F_{Ty} = -\frac{GmM_mr\sin\theta}{D^3} \tag{5.54b}$$

As Equações 5.54a e b apresentam a força das marés ao redor da Terra para todos os ângulos θ. Note que eles apresentam os resultados corretos nos pontos a, b, c e d.

A Figura 5.11a oferece uma representação das forças das marés. Para nosso modelo simples, essas forças resultam no fato de a água ao longo do eixo y ser mais rasa que ao longo do eixo x. Mostramos um resultado exagerado na Figura 5.11b. Como a Terra faz uma revolução em torno de seu próprio eixo a cada 24 horas, observaremos duas marés altas por dia.

Um cálculo rápido mostra que a atração gravitacional do Sol é por volta de 175 vezes mais forte que a da Lua na superfície da Terra, então devemos esperar forças de marés a partir do Sol também. O cálculo da força das marés é semelhante ao que fizemos para a Lua. O resultado (Problema 5.18) é que a força das marés devida ao Sol é 0,46 vezes aquela devida à Lua, um efeito dimensionável. Apesar da atração mais forte vinda do Sol, o gradiente de força gravitacional na superfície da Terra é muito menor, por causa da distância muito maior para o Sol.

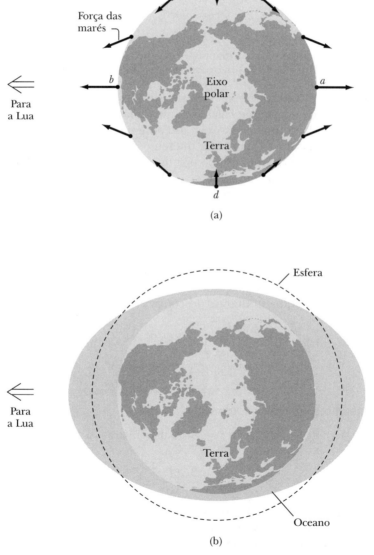

FIGURA 5.11 (a) As forças das marés são mostradas em vários locais da superfície terrestre, incluindo os pontos a, b, c e d da Figura 5.10. (b) Uma visão exagerada das marés oceânicas terrestres.

EXEMPLO 5.5

Calcule a alteração máxima de altura nas marés oceânicas causadas pela Lua.

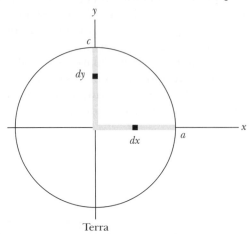

FIGURA 5.12 Exemplo 5.5. Calculamos o trabalho feito para mover uma massa pontual m do ponto c para o centro da Terra e então para o ponto a.

Solução. Continuamos a utilizar nosso modelo simples de oceano envolvendo a Terra. Newton propôs uma solução para este cálculo ao imaginar dois poços sendo cavados, um ao longo da direção da maré alta (nosso eixo x) e um ao longo da direção da maré baixa (nosso eixo y). Se a alteração da altura da maré que queremos determinar é h, então a diferença na energia potencial da massa m devido à diferença de altura é mgh. Vamos calcular a diferença no trabalho se movermos a massa m do ponto c na Figura 5.12 para o centro da Terra e então para o ponto a. Esse trabalho W feito pela gravidade deve ser igual à alteração de energia potencial mgh. O trabalho W é

$$W = \int_{r+\delta_1}^{0} F_{Ty} \, dy + \int_{0}^{r+\delta_2} F_{Tx} \, dx$$

onde utilizamos as forças de marés F_{Ty} e F_{Tx} das Equações 5.54. As pequenas distâncias δ_1 e δ_2 devem compreender as pequenas variações de uma Terra esférica, mas esses valores são tão pequenos que podem ser, daqui em diante, desconsiderados. O valor para W se torna

$$W = \frac{GmM_m}{D^3} \left[\int_{r}^{0} (-y) \, dy + \int_{0}^{r} 2x \, dx \right]$$

$$= \frac{GmM_m}{D^3} \left(\frac{r^2}{2} + r^2 \right) = \frac{3GmM_m r^2}{2D^3}$$

Uma vez que o trabalho é igual a mgh, temos

$$mgh = \frac{3GmM_m r^2}{2D^3}$$

$$h = \frac{3GM_m r^2}{2gD^3} \quad (5.55)$$

Note que a massa m cancela, e o valor de h não depende de m. Nem depende da substância. Então, dado que a Terra é plástica, efeitos semelhantes de maré deveriam ser (e são) observados para a superfície. Se inserimos os valores conhecidos das constantes na Equação 5.55, encontramos

$$h = \frac{3(6{,}67 \times 10^{-11} \, \text{m}^3/\text{kg} \cdot \text{s}^2)(7{,}350 \times 10^{22} \, \text{kg})(6{,}37 \times 10^6 \, \text{m})^2}{2(9{,}80 \, \text{m/s}^2)(3{,}84 \times 10^8 \, \text{m})^3} = 0{,}54 \, \text{m}$$

As marés mais altas (chamadas marés de *sizígia*) ocorrem quando a Terra, a Lua e o Sol estão alinhados (lua nova e lua cheia), e as marés menores (chamadas marés de *quadratura*) ocorrem nas luas crescente e minguante quando o Sol e a Lua estão em ângulos retos um em relação ao outro, cancelando parcialmente seus efeitos. A maré máxima, que ocorre a cada 2 semanas, deve ser $1,46h = 0,83$ m para as marés de sizígia.

Um observador que passa muito tempo próximo ao oceano percebe que as marés típicas da costa são maiores que aquelas calculadas no Exemplo 5.5. Vários outros efeitos entram em cena. A Terra não é coberta completamente por água, e os continentes assumem um papel importante, especialmente os recifes e estuários estreitos. Os efeitos locais podem ser dramáticos, levando a alterações em marés de vários metros. As marés meso-oceânicas, entretanto, são semelhantes às que calculamos. Ressonâncias podem afetar a oscilação natural dos corpos de água e causar alterações nas marés. A fricção de marés entre a água e a Terra causa uma perda significativa de energia na Terra. A Terra não é rígida e também é distorcida pelas forças das marés.

Além dos efeitos discutidos, lembre que, conforme a Terra gira, a Lua também orbita em torno da Terra. Isso leva ao fato de que não há exatamente duas marés altas por dia, porque elas ocorrem uma vez a cada 12 h e 26 min (Problema 5.19). O plano da órbita da Lua ao redor da Terra também não é perpendicular ao eixo de rotação da Terra. Isso faz com que uma maré alta a cada dia seja um pouco mais alta que a outra. A fricção das marés entre a água e a terra mencionada anteriormente também resulta no fato de que a Terra "arrasta" o oceano consigo conforme gira. Isso faz com que as marés altas não estejam bem ao longo do eixo Terra-Lua, mas vários graus separados como mostra a Figura 5.13.

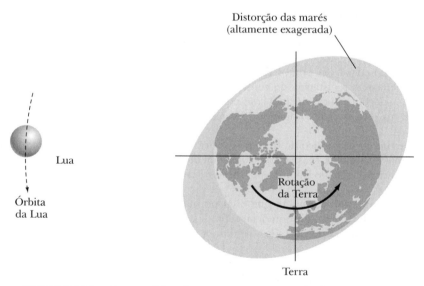

FIGURA 5.13 Alguns efeitos fazem com que as marés altas não fiquem exatamente ao longo do eixo Terra-Lua.

PROBLEMAS

5.1. Trace as superfícies equipotenciais e as linhas de força para dois pontos de massa separados por uma certa distância. A seguir, considere uma das massas como tendo uma massa negativa fictícia de $-M$. Trace as superfícies equipotenciais e as linhas de força para esse caso. Para que tipo de situação física este conjunto de equipotenciais e linhas de campo se aplica? (Note que as linhas de força têm *direção*; portanto, indique isso com setas apropriadas.)

180   Dinâmica clássica de partículas e sistemas

5.2. Se o vetor de campo for independente da distância radial em uma esfera, descubra a função que descreve a densidade $\rho = \rho(r)$ da esfera.

5.3. Supondo que a resistência do ar não é relevante, calcule a velocidade mínima que uma partícula deve ter na superfície da Terra para escapar do campo gravitacional da Terra. Obtenha um valor numérico para o resultado. (Essa velocidade é chamada de *velocidade de escape.*)

5.4. Uma partícula em repouso é atraída em direção a um centro de força de acordo com a relação $F = -mk^2/x^3$. Mostre que o tempo necessário para a partícula atingir o centro de força de uma distância d é d^2/k.

5.5. Uma partícula cai na Terra a partir do repouso a uma grande altura (várias vezes o raio da Terra). Desconsidere a resistência do ar e mostre que a partícula requer aproximadamente do tempo total de queda para percorrer a primeira metade da distância.

5.6. Calcule diretamente a força gravitacional em uma unidade de massa em um ponto exterior a uma esfera homogênea de matéria.

5.7. Calcule o potencial gravitacional devido a uma barra fina de comprimento l e massa M a uma distância R do centro da barra e a uma direção perpendicular a ela.

5.8. Calcule o vetor da força gravitacional devido a um cilindro homogêneo em pontos exteriores no eixo do cilindro. Faça o cálculo **(a)** computando a força diretamente e **(b)** computando o potencial primeiro.

5.9. Calcule o potencial devido a um anel circular fino de raio a e massa M para os pontos no plano do anel e exteriores a ele. O resultado pode ser expresso como uma integral elíptica.[4] Suponha que a distância do centro do anel para o ponto do campo é grande se comparada com o raio do anel. Expanda a expressão para o potencial e encontre o primeiro termo de correção.

5.10. Encontre o potencial em pontos fora do eixo devido a um anel circular de raio a e massa M. Considere R como a distância do centro do anel ao ponto de campo e θ como o ângulo entre a linha que conecta o centro do anel com o ponto de campo e o eixo do anel. Suponha que $R \gg a$ de forma que os termos de ordem $(a/R)^3$ e superior possam ser desconsiderados.

5.11. Considere um corpo maciço de formato arbitrário e uma superfície esférica que seja exterior ao corpo e não o contenha. Mostre que o valor médio do potencial devido ao corpo tomado pela superfície esférica é igual ao valor do potencial no centro da esfera.

5.12. No problema anterior, considere que o corpo maciço está dentro da superfície esférica. Agora, mostre que o valor médio do potencial sobre a superfície da esfera é igual ao valor do potencial que existiria na superfície da esfera se toda a massa do corpo estivesse concentrada no centro da esfera.

5.13. Um planeta de densidade ρ_1 (núcleo esférico, raio R_1) com uma nuvem de poeira esférica espessa (densidade ρ_2, raio R_2) é descoberto. Qual é a força na partícula de massa m posicionada na nuvem de poeira?

5.14. Mostre que a autoenergia gravitacional (energia de um conjunto por partes do infinito) de uma esfera uniforme de massa M e raio R é

$$U = -\frac{3}{5}\frac{GM^2}{R}$$

---

[4] Consulte o Apêndice B para uma lista de algumas integrais elípticas.

CAPÍTULO 5 – Gravitação   **181**

5.15. Uma partícula é jogada em um orifício feito diretamente através do centro da Terra. Ao desconsiderar efeitos de rotação, mostre que o movimento da partícula é harmônico simples se você pressupõe que a Terra possui densidade uniforme. Mostre que o período de oscilação é por volta de 84 min.

5.16. Uma esfera de massa uniformemente sólida M e raio R é fixada a uma distância h acima de uma folha fina infinita de densidade de massa p_s (massa/área). Com que força a esfera atrai a folha?

5.17. O modelo de Newton de altura das marés, utilizando os dois poços de água escavados no centro da Terra, baseou-se no fato de que a pressão na parte inferior dos poços deveria ser a mesma. Suponha que a água é incompressível e encontre a diferença de altura de marés h, Equação 5.55, devido à Lua, utilizando esse modelo. (*Dica*: $\int_0^{y_{max}} \rho g_y \, dy = \int_0^{x_{max}} \rho g_x \, dx$; $h = x_{max} - y_{max}$, onde $x_{max} + y_{max} = 2\,R_{\text{Terra}}$, e R_{Terra} é o raio mediano da Terra.)

5.18. Mostre que a razão das alturas máximas das marés devido à Lua e ao Sol é dada por

$$\frac{M_m}{M_s}\left(\frac{R_{Es}}{D}\right)^3$$

e que esse valor é 2,2. R_{Es} é a distância entre o Sol e a Terra e M_s é a massa do Sol.

5.19. A revolução orbital da Lua em torno da Terra leva por volta de 27,3 dias e segue a mesma direção da rotação da Terra (24 h). Utilize essa informação para mostrar que as marés altas ocorrem por todo lugar na Terra a cada 12 h e 26 min.

5.20. Um disco fino de massa M e raio R fica no plano (x, y) com o eixo z passando por seu centro. Calcule o potencial gravitacional $\Phi(z)$ e o campo gravitacional $\mathbf{g}(z) = -\nabla\Phi(z) = -\hat{\mathbf{k}}\,d\Phi(z)/dz$ no eixo z.

5.21. Um ponto de massa m está localizado a uma distância D da extremidade mais próxima de uma barra fina de massa M e comprimento L ao longo do eixo da barra. Encontre a força gravitacional exercida na massa pontual pela barra.

CAPÍTULO **6**

Alguns métodos de cálculo de variações

6.1 Introdução

Muitos problemas na mecânica newtoniana são analisados mais facilmente por meio de afirmações alternativas das leis, incluindo a **equação de Lagrange** e o **princípio de Hamilton**.[1] Como um prelúdio a essas técnicas, consideramos, neste capítulo, alguns princípios gerais das técnicas de cálculo de variações.

A ênfase será dada àqueles aspectos da teoria das variações que têm uma influência direta nos sistemas clássicos, omitindo algumas provas de existência. Nosso interesse primário aqui é determinar o caminho que leva a soluções de extremos, por exemplo, a distância mais curta (ou o tempo) entre dois pontos. Um exemplo bem conhecido de uso da teoria das variações é o **princípio de Fermat**: A luz viaja pelo caminho que leva a menor quantidade de tempo (consulte o Problema 6.7).

6.2 Formulação do problema

O problema básico do cálculo de variações é determinar a função $y(x)$ de tal modo que a integral

$$J = \int_{x_1}^{x_2} f\{y(x), y'(x); x\} \, dx \tag{6.1}$$

seja um *extremo* (isto é, um máximo ou um mínimo). Na Equação 6.1, $y'(x) \equiv dy/dx$ e o ponto-e-vírgula em f separa a variável independente x da variável dependente $y(x)$ e sua derivada. O funcional[2] J depende da função $y(x)$, e os limites de integração são fixados.[3] A função $y(x)$ é então variada até um valor extremo de J ser encontrado. Queremos dizer que, se uma função $y = y(x)$ der à integral J um valor mínimo, então, qualquer *função vizinha*, independentemente de quão próxima for a $y(x)$, deve fazer J aumentar. A definição de função vizinha pode ser feita como segue. Damos a todas as funções possíveis y uma representação paramétrica $y = y(\alpha, x)$ de modo que, para $\alpha = 0$, $y = y(0, x) = y(x)$ seja a função que produza uma extrema para J. Podemos, então, formular

$$y(\alpha, x) = y(0, x) + \alpha \eta(x) \tag{6.2}$$

---

[1] O desenvolvimento do cálculo de variações foi iniciado por Newton (1686) e ampliado por Johann e Jakob Bernoulli (1696) e por Euler (1744). Adrien Legendre (1786), Joseph Lagrange (1788), Hamilton (1833) e Jacobi (1837) fizeram contribuições importantes. Os nomes de Peter Dirichlet (1805–1859) e Karl Weierstrass (1815–1879) são especificamente associados com o estabelecimento da base matemática rigorosa para a matéria.

[2] A quantidade J é uma generalização de uma função chamada *funcional*, na verdade uma funcional integral, neste caso.

[3] Não é necessário que os limites de integração sejam considerados fixos. Se eles puderem variar, o problema aumenta para encontrar não somente $y(x)$ mas também x_1 e x_2 de modo que J seja um extremo.

183

onde $\eta(x)$ é alguma função de x que tem uma primeira derivada contínua e que desaparece em x_1 e x_2, porque a função variada $y(\alpha, x)$ deve ser idêntica a $y(x)$ nos pontos finais do caminho: $\eta(x_1) = \eta(x_2) = 0$. A situação é descrita esquematicamente na Figura 6.1.

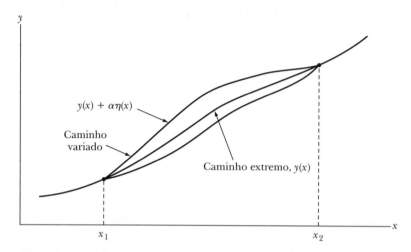

FIGURA 6.1 A função $y(x)$ é o caminho que faz do funcional J um extremo. As funções vizinhas $y(x) + \alpha \eta(x)$ desaparecem nos pontos finais e podem estar próximas a $y(x)$, mas não são o extremo.

Se funções do tipo dado pela Equação 6.2 forem consideradas, a integral J se torna um funcional de parâmetro α:

$$J(\alpha) = \int_{x_1}^{x_2} f\{y(\alpha, x), y'(\alpha, x); x\} dx \tag{6.3}$$

A condição que a integral tem um *valor estacionário* (isto é, que um extremo resulta) é que J seja independente de α na primeira ordem ao longo do caminho que resulta no extremo ($\alpha = 0$), ou, de modo equivalente, que

$$\left.\frac{\partial J}{\partial \alpha}\right|_{\alpha=0} = 0 \tag{6.4}$$

para todas as funções $\eta(x)$. Esta é somente uma condição *necessária*, não suficiente.

EXEMPLO 6.1

Considere a função $f = (dy/dx)^2$, onde $y(x) = x$. Acrescente a $y(x)$ a função $\eta(x) = \text{sen} x$ e encontre $J(\alpha)$ entre os limites de $x = 0$ e $x = 2\pi$. Mostre que o valor estacionário de $J(\alpha)$ ocorre para $\alpha = 0$.

Solução. Podemos construir caminhos vizinhos variados ao acrescentar para $y(x)$,

$$y(x) = x \tag{6.5}$$

a variação sinusoidal $\alpha \,\text{sen}\, x$,

$$y(\alpha, x) = x + \alpha \,\text{sen}\, x \tag{6.6}$$

Estes caminhos são ilustrados na Figura 6.2 para $\alpha = 0$ e para dois valores diferentes que não desaparecem de α. Claramente, a função $\eta(x) = \operatorname{sen} x$ obedece as condições de ponto final, isto é, $\eta(0) = 0 = \eta(2\pi)$. Para determinar $f(y, y'; x)$ primeiro determinamos

$$\frac{dy(\alpha, x)}{dx} = 1 + \alpha \cos x \tag{6.7}$$

então

$$f = \left(\frac{dy(\alpha, x)}{dx}\right)^2 = 1 + 2\alpha \cos x + \alpha^2 \cos^2 x \tag{6.8}$$

A Equação 6.3 agora se torna

$$J(\alpha) = \int_0^{2\pi} (1 + 2\alpha \cos x + \alpha^2 \cos^2 x) \, dx \tag{6.9}$$

$$= 2\pi + \alpha^2 \pi \tag{6.10}$$

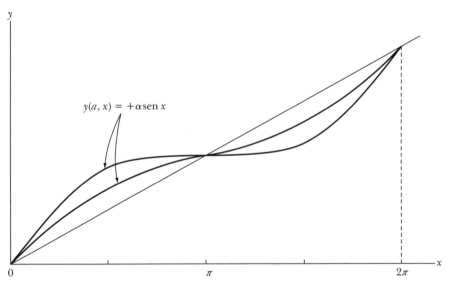

FIGURA 6.2 Exemplo 6.1. Os vários caminhos $y(\alpha, x) = x + \alpha \operatorname{sen} x$. O caminho extremo ocorre para $\alpha = 0$.

Assim, percebemos que o valor de $J(\alpha)$ é sempre superior a $J(0)$, independentemente de que valor (positivo ou negativo) escolhemos para α. A condição da Equação 6.4 também é satisfeita.

6.3 Equação de Euler

Para determinar o resultado da condição expressa pela Equação 6.4, executamos a diferenciação indicada na Equação 6.3:

$$\frac{\partial J}{\partial \alpha} = \frac{\partial}{\partial \alpha} \int_{x_1}^{x_2} f\{y, y'; x\} \, dx \tag{6.11}$$

186 Dinâmica clássica de partículas e sistemas

Uma vez que os limites da integração são fixados, a operação diferencial afeta somente a integração. Assim,

$$\frac{\partial J}{\partial \alpha} = \int_{x_1}^{x_2} \left(\frac{\partial f}{\partial y} \frac{\partial y}{\partial \alpha} + \frac{\partial f}{\partial y'} \frac{\partial y'}{\partial \alpha} \right) dx \tag{6.12}$$

A partir da Equação 6.2, temos

$$\frac{\partial y}{\partial \alpha} = \eta(x); \quad \frac{\partial y'}{\partial \alpha} = \frac{d\eta}{dx} \tag{6.13}$$

A Equação 6.12 se torna

$$\frac{\partial J}{\partial \alpha} = \int_{x_1}^{x_2} \left(\frac{\partial f}{\partial y} \eta(x) + \frac{\partial f}{\partial y'} \frac{d\eta}{dx} \right) dx \tag{6.14}$$

O segundo termo na integração pode ser integrado por partes:

$$\int u \, dv = uv - \int v \, du \tag{6.15}$$

$$\int_{x_1}^{x_2} \frac{\partial f}{\partial y'} \frac{d\eta}{dx} dx = \frac{\partial f}{\partial y'} \eta(x) \Big|_{x_1}^{x_2} - \int_{x_1}^{x_2} \frac{d}{dx} \left(\frac{\partial f}{\partial y'} \right) \eta(x) \, dx \tag{6.16}$$

O termo de integração desaparece porque $\eta(x_1) = \eta(x_2) = 0$. Portanto, a Equação 6.12 se torna

$$\frac{\partial J}{\partial \alpha} = \int_{x_1}^{x_2} \left[\frac{\partial f}{\partial y} \eta(x) - \frac{d}{dx} \left(\frac{\partial f}{\partial y'} \right) \eta(x) \right] dx$$

$$= \int_{x_1}^{x_2} \left(\frac{\partial f}{\partial y} - \frac{d}{dx} \frac{\partial f}{\partial y'} \right) \eta(x) \, dx \tag{6.17}$$

A integral na Equação 6.17 agora parece ser independente de α. Mas as funções y e y' com relação a que derivadas de f são tomadas ainda são funções de α. Uma vez que $(\partial J/\partial \alpha)|_{\alpha=0}$ deve desaparecer para o valor extremo e $\eta(x)$ é uma função arbitrária (sujeita às condições já colocadas), a integração na Equação 6.17 deve desaparecer para $\alpha = 0$:

$$\boxed{\frac{\partial f}{\partial y} - \frac{d}{dx} \frac{\partial f}{\partial y'} = 0} \qquad \text{Equação de Euler} \tag{6.18}$$

onde agora y e y' são as funções originais, independente de α. O resultado é conhecido como **equação de Euler**,[4] que é uma condição necessária para J ter um valor extremo.

EXEMPLO 6.2

Podemos utilizar o cálculo de variações para resolver um problema clássico na história da física: a *braquistócrona*.[5] Considere uma partícula que se move em um campo de força constante que inicia do repouso de algum ponto (x_1, y_1) a algum ponto mais inferior (x_2, y_2). Encontre o caminho que permite que a partícula atravesse o trânsito no menor tempo possível.

Solução. O sistema de coordenadas pode ser escolhido para que o ponto (x_1, y_1) esteja na origem. Além dos mais, faça com que o campo de força seja direcionado no eixo positivo x como na Figura 6.3. Já que a força na partícula é constante – e se ignorarmos a possibilidade da fricção – o campo é conservativo, e a energia total da partícula é $T + U = $ const.

---

[4] Derivada primeiro por Euler em 1744. Quando aplicada a sistemas mecânicos, é conhecida como *equação de Euler–Lagrange*.

[5] Resolvida primeiro por Johann Bernoulli (1667–1748) em 1696.

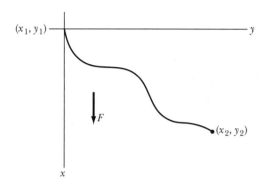

FIGURA 6.3 Exemplo 6.2. O problema da *braquistócrona* é encontrar o caminho de uma partícula que se move de (x_1, y_1) a (x_2, y_2) que ocorre no menor tempo possível. O campo de força que age na partícula é F, que é para baixo e constante.

Se medirmos o potencial do ponto $x = 0$ [isto é, $U(x = 0) = 0$], então a partícula que inicia o movimento do repouso será $T + U = 0$. A energia cinética é $T = \frac{1}{2}mv^2$, e a energia potencial é $U = -Fx = -mgx$, onde g é a aceleração transmitida pela força. Assim,

$$v = \sqrt{2gx} \tag{6.19}$$

O tempo necessário para a partícula atravessar o trânsito da origem para (x_2, y_2) é

$$t = \int_{(x_1,y_1)}^{(x_2,y_2)} \frac{ds}{v} = \int \frac{(dx^2 + dy^2)^{1/2}}{(2gx)^{1/2}}$$

$$= \int_{x_1=0}^{x_2} \left(\frac{1 + y'^2}{2gx}\right)^{1/2} dx \tag{6.20}$$

O tempo de trânsito é a quantidade para a qual o mínimo é desejado. Como a constante $(2g)^{-1/2}$ não afeta a equação final, a função f pode ser identificada como

$$f = \left(\frac{1 + y'^2}{x}\right)^{1/2} \tag{6.21}$$

E, por causa de $\partial f/\partial y = 0$, a equação de Euler (Equação 6.18) se torna

$$\frac{d}{dx}\frac{\partial f}{\partial y'} = 0$$

ou

$$\frac{\partial f}{\partial y'} = \text{constante} \equiv (2a)^{-1/2}$$

onde a é uma constante nova.

Ao executar a diferenciação $\partial f/\partial y'$ na Equação 6.21 e quadrando o resultado, temos

$$\frac{y'^2}{x(1 + y'^2)} = \frac{1}{2a} \tag{6.22}$$

Isto pode ser colocado na forma

$$y = \int \frac{x\,dx}{(2ax - x^2)^{1/2}} \tag{6.23}$$

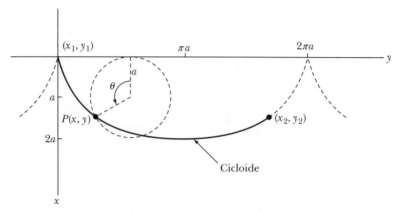

FIGURA 6.4 Exemplo 6.2. A solução do problema da braquistócrona é um cicloide.

Agora fazemos a seguinte alteração de variável:

$$x = a(1 - \cos \theta)$$
$$dx = a \operatorname{sen} \theta \, d\theta \qquad (6.24)$$

A integral na Equação 6.23 se torna, então

$$y = \int a(1 - \cos \theta) \, d\theta$$

e

$$y = a(\theta - \operatorname{sen} \theta) + \text{constante} \qquad (6.25)$$

As equações paramétricas para um *cicloide*[6] que passa pela origem são

$$\left. \begin{array}{l} x = a(1 - \cos \theta) \\ y = a(\theta - \operatorname{sen} \theta) \end{array} \right\} \qquad (6.26)$$

que é somente a solução descoberta, com a constante de integração estabelecida como igual a zero para se conformar ao requerimento que (0, 0) é o ponto inicial de movimento. O caminho é então como mostra a Figura 6.4, e a constante a deve ser ajustada para permitir que o cicloide passe pelo ponto especificado (x_2, y_2). A resolução do problema da braquistócrona resulta em um caminho que a partícula percorre em um tempo *mínimo*. Mas os procedimentos de cálculo operacional são projetados somente para produzir um extremo, mínimo ou máximo. É quase sempre o caso na dinâmica que desejamos (e encontramos) um mínimo para o problema.

EXEMPLO 6.3

Considere a superfície gerada ao girar a linha conectando dois pontos fixos (x_1, y_1) e (x_2, y_2) sobre um eixo coplanar com os pontos. Encontre a equação da linha conectando os pontos de modo que a área da superfície gerada pela revolução (isto é, a área da superfície da revolução) seja um mínimo.

Solução. Pressupomos que a curva que passa por (x_1, y_1) e (x_2, y_2) é girada pelo eixo y, coplanar com os dois pontos. Para calcular a área total da superfície da revolução, primeiro encontramos a área dA de uma faixa. Consulte a Figura 6.5.

---

[6] Um cicloide é uma curva traçada por um ponto em círculo rodando em um plano em uma linha no plano. Veja a esfera pontilhada rodando ao longo de $x = 0$ na Figura 6.4.

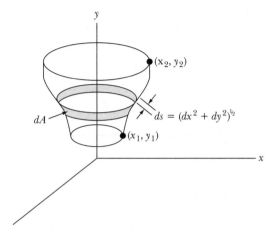

FIGURA 6.5 Exemplo 6.3. A geometria do problema e da área dA são indicados para minimizar a superfície de revolução em torno do eixo y.

$$dA = 2\pi x\, ds = 2\pi x(dx^2 + dy^2)^{1/2} \tag{6.27}$$

$$A = 2\pi \int_{x_1}^{x_2} x(1 + y'^2)^{1/2}\, dx \tag{6.28}$$

onde $y' = dy/dx$. Para encontrar o valor extremo, estabelecemos

$$f = x(1 + y'^2)^{1/2} \tag{6.29}$$

e inserimos na Equação 6.18:

$$\frac{\partial f}{\partial y} = 0$$

$$\frac{\partial f}{\partial y'} = \frac{xy'}{(1 + y'^2)^{1/2}}$$

portanto,

$$\frac{d}{dx}\left[\frac{xy'}{(1 + y'^2)^{1/2}}\right] = 0$$

$$\frac{xy'}{(1 + y'^2)^{1/2}} = \text{constante} \equiv a \tag{6.30}$$

A partir da Equação 6.30, determinamos

$$y' = \frac{a}{(x^2 - a^2)^{1/2}} \tag{6.31}$$

$$y = \int \frac{a\, dx}{(x^2 - a^2)^{1/2}} \tag{6.32}$$

A solução desta integração é

$$y = a \cosh^{-1}\left(\frac{x}{a}\right) + b \tag{6.33}$$

190 Dinâmica clássica de partículas e sistemas

onde a e b são constantes de integração determinados ao exigir que a curva passe pelos pontos (x_1, y_1) e (x_2, y_2). A Equação 6.33 também pode ser formulada como

$$x = a \cos h \left(\frac{y - b}{a} \right) \tag{6.34}$$

que é mais facilmente reconhecido como a equação de uma *catenária*, a curva de uma corda flexível suspensa livremente entre dois pontos.

Escolha dois pontos localizados em (x_1, y_1) e (x_2, y_2) reunidos por uma curva $y(x)$. Desejamos encontrar $y(x)$ de modo que, se girarmos a curva pelo eixo x, a área da superfície de revolução é um mínimo. Este é o problema da "película de sabão", porque uma película de sabão suspensa entre dois anéis de arame circulares assumem essa forma (Figura 6.6). Queremos minimizar a integral da área $dA = 2\pi y \, ds$ onde $ds = \sqrt{1 + y'^2} \, dx$ e $y' = dy/dx$.

$$A = 2\pi \int_{x_1}^{x_2} y\sqrt{1 + y'^2} dx \tag{6.35}$$

Encontramos o extremo ao estabelecer $f = y\sqrt{1 + y'^2}$ e inserir na Equação 6.18. As derivadas que precisamos são

$$\frac{\partial f}{\partial y} = \sqrt{1 + y'^2}$$

$$\frac{\partial f}{\partial y'} = \frac{yy'}{\sqrt{1 + y'^2}}$$

A Equação 6.18 se torna

$$\sqrt{1 + y'^2} = \frac{d}{dx}\left[\frac{yy'}{\sqrt{1 + y'^2}} \right] \tag{6.36}$$

A Equação 6.36 não parece ser simples de resolver para $y(x)$. Vamos parar e pensar se pode haver um método mais fácil de solução. Você pode ter percebido que este problema é como o Exemplo 6.3, mas naquele caso estávamos minimizando uma superfície de revolução sobre o eixo y ao invés do eixo x. A solução do problema da película de sabão deve ser idêntica à Equação 6.34 se permutarmos x e y. Mas como resolvemos uma equação tão complicada quanto a Equação 6.36? Escolhemos aleatoriamente x como a variável independente e decidimos descobrir a função $y(x)$. De fato, geralmente, podemos escolher a variável independente como sendo a que quisermos: x, θ, t ou mesmo y. Se escolhermos y como a variável independente, teríamos que permutar x e y em várias das equações anteriores que levaram à equação de Euler (Equação 6.18). Pode ser mais fácil, no início, simplesmente permutar as variáveis com as quais começamos (isto é, nomeie o eixo horizontal y na Figura 6.6 e estabeleça x como a variável independente). (Em um sistema de coordenadas do lado direito, a direção de x seria para baixo, mas isto não é uma dificuldade neste caso devido à simetria.) Independentemente do que façamos, a solução de nosso problema atual seria somente paralela ao Exemplo 6.3. Infelizmente, não é sempre possível fazer previsões quanto à melhor escolha para variável independente. Às vezes tem que proceder por tentativa e erro.

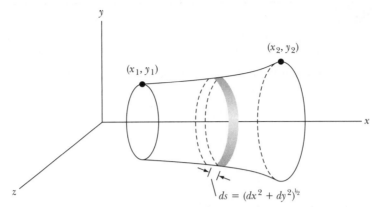

FIGURA 6.6 O problema da "película de sabão" no qual queremos minimizar a área da superfície de revolução em torno do eixo x.

6.4 A "segunda forma" da equação de Euler

Uma segunda equação pode ser derivada da equação de Euler que é conveniente para funções que não dependem explicitamente de $x: \partial f/\partial x = 0$. Primeiro observamos que, para qualquer função $f(y, y'; x)$, a derivada é uma soma de termos

$$\frac{df}{dx} = \frac{d}{dx}f\{y, y'; x\} = \frac{\partial f}{\partial y}\frac{dy}{dx} + \frac{\partial f}{\partial y'}\frac{dy'}{dx} + \frac{\partial f}{\partial x}$$

$$= y'\frac{\partial f}{\partial y} + y''\frac{\partial f}{\partial y'} + \frac{\partial f}{\partial x} \tag{6.37}$$

Também

$$\frac{d}{dx}\left(y'\frac{\partial f}{\partial y'}\right) = y''\frac{\partial f}{\partial y'} + y'\frac{d}{dx}\frac{\partial f}{\partial y'}$$

ou, substituindo da Equação 6.37 para $y''(\partial f/\partial y')$,

$$\frac{d}{dx}\left(y'\frac{\partial f}{\partial y'}\right) = \frac{df}{dx} - \frac{\partial f}{\partial x} - y'\frac{\partial f}{\partial y} + y'\frac{d}{dx}\frac{\partial f}{\partial y'} \tag{6.38}$$

Os últimos dois termos na Equação 6.38 podem ser formulados como

$$y'\left(\frac{d}{dx}\frac{\partial f}{\partial y'} - \frac{\partial f}{\partial y}\right)$$

que desaparece devido à equação de Euler (Equação 6.18). Portanto,

$$\boxed{\frac{\partial f}{\partial x} - \frac{d}{dx}\left(f - y'\frac{\partial f}{\partial y'}\right) = 0} \tag{6.39}$$

Podemos utilizá-la chamando-a de "segunda forma" da equação de Euler nos casos em que f não depende explicitamente de x, e $\partial f/\partial x = 0$. Então,

$$f - y'\frac{\partial f}{\partial y'} = \text{constante} \quad \left(\text{para } \frac{\partial f}{\partial x} = 0\right) \tag{6.40}$$

192   Dinâmica clássica de partículas e sistemas

EXEMPLO 6.4

Uma *geodésica* é uma linha que representa o caminho mais curto entre dois pontos quaisquer quando o caminho está restrito a uma superfície específica. Encontre a geodésica em uma esfera.

Solução. O elemento de comprimento na superfície de uma esfera de raio ρ é dada (consulte a Equação F.15 com $dr = 0$) por

$$ds = \rho(d\theta^2 + \text{sen}^2\,\theta\,d\phi^2)^{1/2} \tag{6.41}$$

A distância s entre os pontos 1 e 2 é, portanto,

$$s = \rho \int_1^2 \left[\left(\frac{d\theta}{d\phi}\right)^2 + \text{sen}^2\,\theta \right]^{1/2} d\phi \tag{6.42}$$

e, se s for um mínimo, f é identificado como

$$f = (\theta'^2 + \text{sen}^2\,\theta)^{1/2} \tag{6.43}$$

onde $\theta' \equiv d\theta/d\phi$. Como $\partial f/\partial \phi = 0$, podemos utilizar a segunda forma da equação de Euler (Equação 6.40), que resulta

$$(\theta'^2 + \text{sen}^2\,\theta)^{1/2} - \theta' \cdot \frac{\partial}{\partial \theta'}(\theta'^2 + \text{sen}^2\,\theta)^{1/2} = \text{constante} \equiv a \tag{6.44}$$

Ao diferenciar e multiplicar por f, temos

$$\text{sen}^2\,\theta = a(\theta'^2 + \text{sen}^2\,\theta)^{1/2} \tag{6.45}$$

Isto pode ser resolvido para $d\phi/d\theta = \theta'^{-1}$, com o resultado

$$\frac{d\phi}{d\theta} = \frac{a\,\csc^2\theta}{(1 - a^2\csc^2\theta)^{1/2}} \tag{6.46}$$

Ao resolver para ϕ, obtemos

$$\phi = \text{sen}^{-1}\left(\frac{\cot\theta}{\beta}\right) + \alpha \tag{6.47}$$

onde α é a constante de integração e $\beta^2 \equiv (1 - a^2)/a^2$. Reescrevendo, a Equação 6.47 produz

$$\cot\theta = \beta\,\text{sen}\,(\phi - \alpha) \tag{6.48}$$

Para interpretar este resultado, convertemos a equação para coordenadas retangulares ao multiplicar por $\rho\,\text{sen}\,\theta$ para obter, ao expandir $\text{sen}(\phi - \alpha)$,

$$(\beta\cos\alpha)\rho\,\text{sen}\,\theta\,\text{sen}\,\phi - (\beta\,\text{sen}\,\alpha)\rho\,\text{sen}\,\theta\,\cos\phi = \rho\cos\theta \tag{6.49}$$

Devido α e β serem constantes, podemos formulá-las como

$$\beta\cos\alpha \equiv A, \qquad \beta\,\text{sen}\,\alpha \equiv B \tag{6.50}$$

A Equação 6.49 se torna

$$A(\rho\,\text{sen}\,\theta\,\text{sen}\,\phi) - B(\rho\,\text{sen}\,\theta\,\cos\phi) = (\rho\cos\theta) \tag{6.51}$$

As quantidades entre parênteses são somente as expressões para y, x e z, respectivamente, em coordenadas esféricas (consulte a Figura F.3, Apêndice F); portanto, a Equação 6.51 pode ser formulada como

$$Ay - Bx = z \tag{6.52}$$

que é a equação de um plano que passa pelo centro da esfera. Assim, a geodésica em uma esfera é o caminho que o plano forma na interseção com a superfície da esfera – um *grande círculo*. Note que o grande círculo é a distância "em linha reta" máxima e também mínima entre dois pontos na superfície de uma esfera.

6.5 Funções com diversas variáveis dependentes

A equação de Euler derivada na seção anterior é a solução do problema de variação no qual se deseja encontrar a função única $y(x)$ de tal modo que a integral do funcional f seja um extremo. O caso mais comum encontrado na mecânica é aquele em que f é um funcional de diversas variáveis dependentes:

$$f = f\{y_1(x), y'_1(x), y_2(x), y'_2(x), \cdots; x\} \tag{6.53}$$

ou simplesmente

$$f = f\{y_i(x), y'_i(x); x\}, \quad i = 1, 2, \cdots, n \tag{6.54}$$

Em analogia com a Equação 6.2, formulamos

$$y_i(\alpha, x) = y_i(0, x) + \alpha \eta_i(x) \tag{6.55}$$

O desenvolvimento ocorre de modo análogo (cf. a Equação 6.17), que resulta em

$$\frac{\partial J}{\partial \alpha} = \int_{x_1}^{x_2} \sum_i \left(\frac{\partial f}{\partial y_i} - \frac{d}{dx} \frac{\partial f}{\partial y'_i} \right) \eta_i(x) \, dx \tag{6.56}$$

Como as variações individuais – $\eta_i(x)$ – são todas independentes, o desaparecimento da Equação 6.56, quando avaliada em $\alpha = 0$, requer o desaparecimento separado de *cada* expressão entre parênteses:

$$\boxed{\frac{\partial f}{\partial y_i} - \frac{d}{dx} \frac{\partial f}{\partial y'_i} = 0, \quad i = 1, 2, \cdots, n} \tag{6.57}$$

6.6 As equações de Euler quando condições auxiliares são impostas

Suponha que desejamos encontrar, por exemplo, o caminho mais curto entre dois pontos em uma superfície. Então, além das condições já discutidas, há a condição que o caminho tem que satisfazer a equação da superfície, digamos, $g\{y_i; x\}$. Essa equação estava implícita na solução do Exemplo 6.4 para a geodésica em uma esfera quando a condição era

$$g = \sum_i x_i^2 - \rho^2 = 0 \tag{6.58}$$

isto é,

$$r = \rho = \text{constante} \tag{6.59}$$

Mas, no caso geral, devemos fazer uso explícito da equação ou equações auxiliares. Essas equações também são chamadas de **equações de vínculo**. Considere o caso no qual

$$f = f\{y_i, y'_i; x\} = f\{y, y', z, z'; x\} \tag{6.60}$$

A equação correspondente à Equação 6.17 para o caso de *duas* variáveis é

$$\frac{\partial J}{\partial \alpha} = \int_{x_1}^{x_2} \left[\left(\frac{\partial f}{\partial y} - \frac{d}{dx} \frac{\partial f}{\partial y'} \right) \frac{\partial y}{\partial \alpha} + \left(\frac{\partial f}{\partial z} - \frac{d}{dx} \frac{\partial f}{\partial z'} \right) \frac{\partial z}{\partial \alpha} \right] dx \tag{6.61}$$

Mas, agora, também existe uma equação de restrição de forma

$$g\{y_i; x\} = g\{y, z; x\} = 0 \tag{6.62}$$

e as variações $\partial y/\partial \alpha$ e $\partial x/\partial \alpha$ não são mais independentes, então as expressões entre parênteses na Equação 6.61 não desaparecem separadamente em $\alpha = 0$.

194   Dinâmica clássica de partículas e sistemas

Ao diferenciar g da Equação 6.62, temos

$$dg = \left(\frac{\partial g}{\partial y}\frac{\partial y}{\partial \alpha} + \frac{\partial g}{\partial z}\frac{\partial z}{\partial \alpha}\right)d\alpha = 0 \tag{6.63}$$

onde nenhum termo em x aparece desde que $\partial x/\partial \alpha = 0$. Agora,

$$\left.\begin{aligned} y(\alpha, x) &= y(x) + \alpha\eta_1(x) \\ z(\alpha, x) &= z(x) + \alpha\eta_2(x) \end{aligned}\right\} \tag{6.64}$$

Portanto, ao determinar $\partial y/\partial \alpha$ e $\partial x/\partial \alpha$ α a partir da Equação 6.64 e inserir no termo entre parênteses da Equação 6.63, que, em geral, deve ser zero, obtemos

$$\frac{\partial g}{\partial y}\eta_1(x) = -\frac{\partial g}{\partial z}\eta_2(x) \tag{6.65}$$

A Equação 6.61 se torna

$$\frac{\partial J}{\partial \alpha} = \int_{x_1}^{x_2}\left[\left(\frac{\partial f}{\partial y} - \frac{d}{dx}\frac{\partial f}{\partial y'}\right)\eta_1(x) + \left(\frac{\partial f}{\partial z} - \frac{d}{dx}\frac{\partial f}{\partial z'}\right)\eta_2(x)\right]dx$$

Ao fazer a fatoração $\eta_1(x)$ fora dos colchetes e formular a Equação 6.65 como

$$\frac{\eta_2(x)}{\eta_1(x)} = -\frac{\partial g/\partial y}{\partial g/\partial z}$$

temos

$$\frac{\partial J}{\partial \alpha} = \int_{x_1}^{x_2}\left[\left(\frac{\partial f}{\partial y} - \frac{d}{dx}\frac{\partial f}{\partial y'}\right) - \left(\frac{\partial f}{\partial z} - \frac{d}{dx}\frac{\partial f}{\partial z'}\right)\left(\frac{\partial g/\partial y}{\partial g/\partial z}\right)\right]\eta_1(x)\,dx \tag{6.66}$$

Esta última equação agora contém a função única arbitrária $\eta_1(x)$, que não está, de nenhum modo, restrita pela Equação 6.64, e ao requerer a condição da Equação 6.4, a expressão nos colchetes deve desaparecer. Desse modo, temos

$$\left(\frac{\partial f}{\partial y} - \frac{d}{dx}\frac{\partial f}{\partial y'}\right)\left(\frac{\partial g}{\partial y}\right)^{-1} = \left(\frac{\partial f}{\partial z} - \frac{d}{dx}\frac{\partial f}{\partial z'}\right)\left(\frac{\partial g}{\partial z}\right)^{-1} \tag{6.67}$$

O lado esquerdo desta equação envolve somente derivadas de f e g em relação a y e y', e o lado direito envolve somente derivadas em relação a z e z'. Como y e z são ambas funções de x, os dois lados da Equação 6.67 podem ser estabelecidos como igual a uma função de x, que formulamos como $-\lambda(x)$:

$$\left.\begin{aligned} \frac{\partial f}{\partial y} - \frac{d}{dx}\frac{\partial f}{\partial y'} + \lambda(x)\frac{\partial g}{\partial y} &= 0 \\ \frac{\partial f}{\partial z} - \frac{d}{dx}\frac{\partial f}{\partial z'} + \lambda(x)\frac{\partial g}{\partial z} &= 0 \end{aligned}\right\} \tag{6.68}$$

A solução completa para o problema agora depende de encontrar *três* funções: $y(x)$, $z(x)$ e $\lambda(x)$. Mas há *três* relações que podem ser utilizadas: as duas equações (Equação 6.68) e a equação de restrição (Equação 6.62). Desse modo, há um número suficiente de relações que permitem uma solução completa. Note que, aqui $\lambda(x)$ é considerado *indeterminado*[7] e é obtido como parte da solução. A função $\lambda(x)$ é conhecida como **multiplicador indeterminado de Lagrange**.

Para o caso geral de diversas variáveis dependentes e várias condições auxiliares, temos o seguinte conjunto de equações:

---

[7] A função $\lambda(x)$ foi introduzida na *Mécanique analytique* de Lagrange (Paris, 1788).

$$\boxed{\frac{\partial f}{\partial y_i} - \frac{d}{dx}\frac{\partial f}{\partial y_i'} + \sum_j \lambda_j(x)\frac{\partial g_j}{\partial y_i} = 0} \tag{6.69}$$

$$\boxed{g_j\{y_i; x\} = 0} \tag{6.70}$$

Se $i = 1,2, \ldots, m$, e $j = 1,2, \ldots, n$, a Equação 6.69 representa m equações em $m + n$ incógnitas, mas também há n equações de restrição (Equação 6.70). Desse modo, há $m + n$ equações em $m + n$ incógnitas, e o sistema é solúvel.

A Equação 6.70 é equivalente ao conjunto de n equações diferenciais

$$\sum_i \frac{\partial g_j}{\partial y_i} dy_i = 0, \quad \begin{cases} i = 1, 2, \cdots, m \\ j = 1, 2, \cdots, n \end{cases} \tag{6.71}$$

Em problemas de mecânica, as equações de restrição são equações frequentemente diferenciais ao invés de equações de álgebra. Portanto, equações como a Equação 6.71 são, às vezes, mais úteis que as equações representadas pela Equação 6.70. (Consulte a Seção 7.5 para ampliar este ponto.)

EXEMPLO 6.5

Considere um disco rodando sem deslizamento em um plano inclinado (Figura 6.7). Determine a equação de restrição em termos das "coordenadas"[8] y e θ.

Solução. A relação entre as coordenadas (que não são independentes) é

$$y = R\theta \tag{6.72}$$

onde R é o raio do disco. Assim, a equação de restrição é

$$g(y, \theta) = y - R\theta = 0 \tag{6.73}$$

e

$$\frac{\partial g}{\partial y} = 1, \quad \frac{\partial g}{\partial \theta} = -R \tag{6.74}$$

são as quantidades associadas com λ, o multiplicador único indeterminado para este caso.

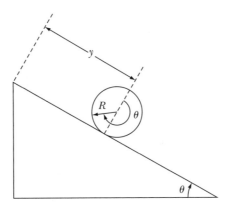

FIGURA 6.7 Exemplo 6.5. Um disco roda para baixo em um plano inclinado sem deslizar.

---

[8] Estas são, na verdade, ***coordenadas generalizadas*** discutidas na Seção 7.3; consulte também o Exemplo 7.9.

196　Dinâmica clássica de partículas e sistemas

A equação de restrição também pode aparecer em forma integral. Considere o problema isoperimétrico que é apresentado, para encontrar a curva $y = y(x)$ para o qual o funcional

$$J[y] = \int_a^b f\{y, y'; x\}dx \tag{6.75}$$

possui um extremo, e a curva $y(x)$ satisfaz condições de contorno $y(a) = A$ e $y(b) = B$ assim como o segundo funcional

$$K[y] = \int_a^b g\{y, y'; x\}dx \tag{6.76}$$

que possui um valor fixo para o comprimento da curva (ℓ). Este segundo funcional representa uma restrição de integral.

Do mesmo modo que fizemos anteriormente,[9] há uma constante λ tal que $y(x)$ seja a solução extrema do funcional

$$\int_a^b (f + \lambda g)\, dx. \tag{6.77}$$

A curva $y(x)$ então satisfará a equação diferencial

$$\frac{\partial f}{\partial y} - \frac{d}{dx}\frac{\partial f}{\partial y'} + \lambda\left(\frac{\partial g}{\partial y} - \frac{d}{dx}\frac{\partial g}{\partial y'}\right) = 0 \tag{6.78}$$

sujeita às restrições $y(a) = A$, $y(b) = B$ e $K[y] = \ell$. Iremos apresentar um exemplo do chamado *problema de Dido*.[10]

EXEMPLO 6.6

Uma versão do problema de Dido é encontrar a curva $y(x)$ de comprimento ℓ, limitada pelo eixo x na parte inferior que passa pelos pontos $(-a, 0)$ e $(a, 0)$ e circunda a área maior. O valor dos pontos finais a é determinada pelo problema.

Solução. Podemos utilizar as equações desenvolvidas para resolver este problema. Mostramos na Figura 6.8 que a área diferencial $dA = y\, dx$. Devemos maximizar a área, para que possamos encontrar a solução do extremo para a Equação 6.75, que se torna

$$J = \int_{-a}^a y\, dx \tag{6.79}$$

As equações de restrição são

$$y(x): y(-a) = 0, y(a) = 0 \quad e \quad K = \int d\ell = \ell. \tag{6.80}$$

O comprimento diferencial ao longo da curva $d\ell = (dx^2 + dy^2)^{1/2} = (1 + y'^2)^{1/2}\, dx$ onde $y' = dy/dx$. O funcional de restrição se torna

$$K = \int_{-a}^a [1 + y'^2]^{1/2}dx = \ell. \tag{6.81}$$

---

[9] Para uma prova, veja Ge63, p. 43.

[10] O problema isoperimétrico tornou-se famoso pelo poema de Virgílio, *Eneida*, que descrevia a Rainha Dido de Cartagena, que, em 900 a.C., recebeu de um rei local um terreno que seria do tamanho que ela pudesse circundar com o couro de um boi. Para maximizar aquilo que ela tinha direito, fez com que o couro fosse cortado em tiras pequenas e amarrou uma extremidade a outra. Ela, aparentemente, conhecia matemática bem o suficiente para saber que, para um perímetro de um comprimento dado, a área máxima circundada é um círculo.

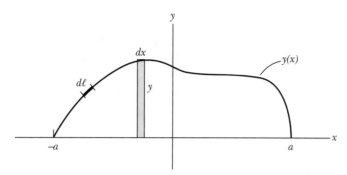

FIGURA 6.8 Exemplo 6.6. Queremos encontrar a curva $y(x)$ que maximiza a área acima da linha $y = 0$ consistente com um comprimento fixo de perímetro. A curva deve passar por $x = -a$ e a. A área diferencial $dA = ydx$, e o comprimento diferencial ao longo da curva é $d\ell$.

Agora temos $y(x) = y$ e $g(x) = \sqrt{1 + y'^2}$ e utilizamos estas funções na Equação 6.78.

$$\frac{\partial f}{\partial y} = 1, \quad \frac{\partial f}{\partial y'} = 0, \quad \frac{\partial g}{\partial y} = 0, \quad \frac{\partial g}{\partial y'} = \frac{y'}{(1 + y'^2)^{1/2}}$$

A Equação 6.78 se torna

$$1 - \lambda \frac{d}{dx}\left[\frac{y'}{(1 + y'^2)^{1/2}}\right] = 0 \tag{6.82}$$

Manipulamos a Equação 6.82 para descobrir

$$\frac{d}{dx}\left[\frac{y'}{(1 + y'^2)^{1/2}}\right] = \frac{1}{\lambda} \tag{6.83}$$

Integramos em x para descobrir

$$\frac{\lambda y'}{\sqrt{(1 + y'^2)}} = x - C_1$$

onde C_1 é uma constante de integração. Isto pode ser rearranjado como

$$dy = \frac{\pm(x - C_1)\,dx}{\sqrt{\lambda^2 - (x - C_1)^2}}$$

Esta equação é integrada para encontrar

$$y = \mp\sqrt{\lambda^2 - (x - C_1)^2} + C_2 \tag{6.84}$$

onde C_2 é outra constante de integração. Podemos reformular como a equação de um círculo de raio λ.

$$(x - C_1)^2 + (y - C_2)^2 = \lambda^2 \tag{6.85}$$

A área máxima é um semicírculo limitado pela linha $y = 0$. O semicírculo deve passar pelos pontos (x, y) de $(-a, 0)$ e $(a, 0)$, o que significa que o círculo deve ser centralizado na origem, para que $C_1 = 0 = C_2$, e o raio $= a = \lambda$. O perímetro da metade superior do semicírculo é o que chamamos ℓ, e o comprimento do perímetro de um meio-círculo πa. Portanto, temos $\pi a = \ell$ e $a = \ell/\pi$.

6.7 A notação δ

Em análises que utilizam o cálculo de variações, utilizamos rotineiramente uma notação simplificada para representar a variação. Desse modo, a Equação 6.17 que pode ser formulada como

$$\frac{\partial J}{\partial \alpha} d\alpha = \int_{x_1}^{x_2} \left(\frac{\partial f}{\partial y} - \frac{d}{dx} \frac{\partial f}{\partial y'} \right) \frac{\partial y}{\partial \alpha} d\alpha \, dx \tag{6.86}$$

pode ser expressada como

$$\delta J = \int_{x_1}^{x_2} \left(\frac{\partial f}{\partial y} - \frac{d}{dx} \frac{\partial f}{\partial y'} \right) \delta y \, dx \tag{6.87}$$

onde

$$\left. \begin{aligned} \frac{\partial J}{\partial \alpha} d\alpha &\equiv \delta J \\ \frac{\partial y}{\partial \alpha} d\alpha &\equiv \delta y \end{aligned} \right\} \tag{6.88}$$

A condição do extremo então se torna

$$\delta J = \delta \int_{x_1}^{x_2} f\{y, y'; x\} dx = 0 \tag{6.89}$$

Usando o símbolo de variação δ dentro da integral (porque, por hipótese, os limites de integração não são afetados pela variação), temos

$$\delta J = \int_{x_1}^{x_2} \delta f \, dx$$

$$= \int_{x_1}^{x_2} \left(\frac{\partial f}{\partial y} \delta y + \frac{\partial f}{\partial y'} \delta y' \right) dx \tag{6.90}$$

Mas

$$\delta y' = \delta \left(\frac{dy}{dx} \right) = \frac{d}{dx}(\delta y) \tag{6.91}$$

então

$$\delta J = \int_{x_1}^{x_2} \left(\frac{\partial f}{\partial y} \delta y + \frac{\partial f}{\partial y'} \frac{d}{dx} \delta y \right) dx \tag{6.92}$$

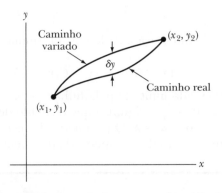

FIGURA 6.9 O caminho variado é um deslocamento virtual δy do caminho real consistente com todas as forças e restrições.

Ao integrar o segundo termo por partes como antes, encontramos

$$\delta J = \int_{x_1}^{x_2} \left(\frac{\partial f}{\partial y} - \frac{d}{dx} \frac{\partial f}{\partial y'} \right) \delta y \, dx \tag{6.93}$$

Como a variação δy é arbitrária, a condição do extremo $\delta J = 0$ requer que a integração desapareça, resultando, assim, na equação de Euler (Equação 6.18).

Embora a notação δ seja frequentemente utilizada, é importante entender que é somente uma expressão simplificada de quantidades diferenciais mais precisas. O caminho variado representado por δy pode ser pensado fisicamente como um deslocamento virtual do caminho real consistente com todas as forças e restrições (consulte a Figura 6.9). Esta variação δy se distingue de um deslocamento diferencial real dy pela condição que $dt = 0$ – isto é, que o tempo é fixo. O caminho variado δy, na verdade, não precisa corresponder a um caminho possível de movimento. A variação deve desaparecer nos pontos finais.

PROBLEMAS

6.1. Considere a linha que conecta $(x_1, y_1) = (0, 0)$ e $(x_2, y_2) = (1, 1)$. Mostre explicitamente que a função $y(x) = x$ produz um comprimento de caminho mínimo ao utilizar a função variada $y(\alpha, x) = x + \alpha \operatorname{sen} \pi(1 - x)$. Utilize os primeiros termos na expansão da integral elíptica resultante para mostrar o equivalente da Equação 6.4.

6.2. Mostre que a distância mais curta entre dois pontos em um plano é uma linha reta.

6.3. Mostre que a distância mais curta entre dois pontos em um espaço (tridimensional) é uma linha reta.

6.4. Mostre que a geodésica em uma superfície de um cilindro circular direito é um segmento de uma hélice.

6.5. Considere a superfície gerada ao girar a linha conectando dois pontos fixos (x_1, y_1) e (x_2, y_2) sobre um eixo coplanar com os pontos. Encontre a equação da linha conectando os pontos de modo que a área da superfície gerada pela revolução (isto é, a área da superfície da revolução) seja um mínimo. Obtenha a solução utilizando a Equação 6.39.

6.6. Reexamine o problema da braquistócrona (Exemplo 6.2) e mostre que o tempo necessário para uma partícula se mover (sem fricção) ao ponto *mínimo* do cicloide é $\pi\sqrt{a/g}$, *independentemente* do ponto inicial.

6.7. Considere a luz passando de um meio com índice de refração n_1 em outro meio com índice de refração n_2 (Figura 6.A). Utilize o princípio de Fermat para minimizar o tempo e derive a lei de refração: $n_1 \operatorname{sen} \theta_1 = n_2 \operatorname{sen} \theta_2$.

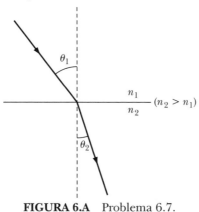

FIGURA 6.A Problema 6.7.

200 Dinâmica clássica de partículas e sistemas

6.8. Encontre as dimensões do paralelepípedo do volume máximo circunscrito por **(a)** uma esfera de raio R; **(b)** um elipsoide com semieixos a, b, c.

6.9. Encontre uma expressão que envolva a função $\phi(x_1, x_2, x_3)$ que tenha um valor médio mínimo do quadrado de seu gradiente em certo volume V de espaço.

6.10. Encontre a razão do raio R para a altura H de um cilindro circular direito de volume fixo V que minimize a área da superfície A.

6.11. Um disco de raio R roda sem deslizamento dentro da parábola $y = ax^2$. Encontre a equação de restrição. Expresse a condição que permite que o disco rode de modo que entre em contato com a parábola em um e somente em um ponto, independentemente de sua posição.

6.12. Repita o Exemplo 6.4 e encontre o caminho mais curto entre dois pontos quaisquer na superfície de uma esfera, mas utilize o método das equações de Euler com uma condição auxiliar imposta.

6.13. Repita o Exemplo 6.6, mas não utilize a restrição que a linha $y = 0$ está na parte inferior da área. Mostre que a curva do plano de um comprimento dado, que circunda uma área máxima, é um círculo.

6.14. Encontre o caminho mais curto entre os pontos (x, y, z) $(0, -1, 0)$ e $(0, 1, 0)$ na superfície cônica $z = 1 - \sqrt{x^2 + y^2}$. Qual o comprimento do caminho? Nota: este é o caminho mais curto da montanha ao redor de um vulcão.

6.15. **(a)** Encontre a curva $y(x)$ que passa pelos pontos finais $(0, 0)$ e $(1, 1)$ e minimize o funcional $I[y] = \int_0^1 [(dy/dx)^2 - y^2]dx$. **(b)** Qual é o valor mínimo da integral? **(c)** Avalie $I[y]$ para uma linha reta $y = x$ entre os pontos $(0, 0)$ e $(1, 1)$.

6.16. **(a)** Qual curva na superfície $z = x^{3/2}$ que une os pontos $(x, y, z) = (0, 0, 0)$ e $(1, 1, 1)$ tem o menor comprimento de arco? **(b)** Utilize um computador para produzir um gráfico que mostra a superfície e a curva menor em um gráfico único.

6.17. Os cantos de um retângulo ficam na elipse $(x/a)^2 + (y/b)^2 = 1$. **(a)** Onde os cantos devem estar localizados para maximizar a área do retângulo? **(b)** Que fração da área da elipse é coberta pelo retângulo com área máxima?

6.18. Uma partícula de massa m tem o movimento restringido sob gravidade sem fricção na superfície $xy = z$. Qual é a trajetória da partícula se ela iniciar do repouso em $(x, y, z) = (1, -1, -1)$ com o eixo vertical z?

CAPÍTULO 7

Princípio de Hamilton – Dinâmica de Lagrange e Hamilton

7.1 Introdução

A experiência mostrou que um movimento de partícula em um sistema de referência inercial é corretamente descrito pela equação newtoniana $\mathbf{F} = \dot{\mathbf{p}}$. Se não for necessário mover a partícula em algum modo complexo e se as coordenadas retangulares forem utilizadas para descreverem o movimento, então, geralmente, as equações de movimento são relativamente simples. Mas se alguma dessas restrições for removida, as equações podem se tornar bastante complexas e difíceis de manipular. Por exemplo, se uma partícula for limitada no movimento na superfície de uma esfera, as equações de movimento resultam da projeção da equação vetorial newtoniana naquela superfície. A representação do vetor de aceleração em coordenadas esféricas é uma expressão formidável, conforme o leitor que já trabalhou com o Problema 1.25 pode confirmar.

Além disso, se uma partícula tiver seu movimento restrito em uma superfície dada, certas forças devem existir (chamadas **forças de restrição**) que mantêm a partícula em contato com a superfície especificada. Para uma partícula que se move em uma superfície horizontal sem atrito, a força de restrição é simplesmente $\mathbf{F}_c = -m\mathbf{g}$. Mas, se uma partícula for, digamos, uma gota deslizando por um fio curvado, a força de restrição pode ser bastante complexa. De fato, em situações específicas, pode ser difícil ou mesmo impossível obter expressões explícitas para as forças de restrição. Mas, as resolver um problema ao utilizar o procedimento newtoniano, devemos conhecer *todas* as forças, porque a quantidade $\mathbf{F}$ que aparece na equação fundamental é a força *total* agindo em um corpo.

Para evitar algumas das dificuldades práticas que aparecem nas tentativas de aplicação das equações de Newton para problemas específicos, procedimentos alternativos podem ser desenvolvidos. Todas essas abordagens são, essencialmente, *a posteriori*, porque sabemos de antemão se um resultado equivalente pode ser obtido nas equações newtonianas. Portanto, para efetuar uma simplificação, não precisamos formular uma *nova* teoria da mecânica – a teoria newtoniana está bastante correta – mas somente criar um método alternativo de lidar com os problemas complexos de modo geral. Tal método está contido no **Princípio de Hamilton**, e as equações de movimento que resultam da aplicação deste princípio são chamadas **equações de Lagrange**.

Para as equações de Lagrange constituírem uma descrição apropriada da dinâmica de partículas, elas devem equivaler às equações de Newton. Por outro lado, o Princípio de Hamilton pode ser aplicado a uma faixa ampla de fenômenos físicos (particularmente aqueles que envolvem *campos*) que não são comumente associados às equações de Newton. Para certificar, cada um dos resultados que podem ser obtidos a partir do Princípio de Hamilton foi

201

202 Dinâmica clássica de partículas e sistemas

primeiro obtido como equações de Newton, pela correlação de fatos experimentais. O Princípio de Hamilton não nos ofereceu nenhuma teoria física nova, mas permitiu uma unificação satisfatória de várias teorias individuais por um único postulado básico simples. Este não é um exercício inútil em perspectiva, porque o objetivo da teoria física não é somente apresentar formulação matemática para fenômenos observados, mas também descrever estes efeitos com uma economia de postulados fundamentais e da maneira mais unificada possível. De fato, o Princípio de Hamilton é dos princípios mais elegantes e de longo alcance da teoria física.

Tendo em vista seu longo alcance de aplicabilidade (embora seja uma descoberta após o fato), é razoável afirmar que o **Princípio de Hamilton** é mais "fundamental" que as equações de Newton. Portanto, procedemos primeiro postulando o Princípio de Hamilton; então obtemos as equações de Lagrange e mostramos que são equivalentes a **equações de Newton**.

Como já discutimos (nos Capítulos 2, 3, e 4) fenômenos dissipadores com alguma profundidade, restringimos, daqui por diante, nossa atenção para sistemas *conservativos*. Consequentemente, não discutimos o conjunto mais geral das equações de Lagrange, que levam em conta os efeitos de forças não conservativas. A literatura referente a esses detalhes é citada ao leitor.[1]

7.2 Princípio de Hamilton

Princípios mínimos em física têm uma história longa e interessante. A busca por tais princípios é baseada na noção que a natureza sempre minimiza certas quantidades importantes quando um processo físico acontece. Os primeiros princípios mínimos foram desenvolvidos no campo da ótica. Heron de Alexandria, no século II a.C., descobriu que a lei que governa a reflexão da luz poderia ser obtida ao afirmar que um raio de luz, que viaja de um ponto para outro por uma reflexão de um espelho plano, sempre pega o menor caminho possível. Uma construção geométrica simples verifica que o princípio mínimo de fato leva à igualdade dos ângulos de incidência e reflexão para um raio de luz refletido de um espelho plano. O princípio de Heron do *caminho mais curto* não pode, entretanto, produzir uma lei correta para a *refração*. Em 1657, Fermat reformulou o princípio ao postular que um raio de luz sempre viaja de um ponto a outro em um meio por um caminho que requer o menor tempo.[2] O princípio de Fermat do *menor tempo* leva imediatamente, não somente à lei correta de reflexão, mas também à lei de Snell da refração (consulte o Problema 6.7).[3]

Princípios mínimos continuaram a ser buscados e, na última parte do século XVII, o início do cálculo de variações foi desenvolvido por Newton, Leibniz e os Bernoullis, quando problemas como a braquistócrona (consulte o Exemplo 6.2) e o formato da corrente suspensa (uma catenária) foram resolvidos.

A primeira aplicação de um princípio geral mínimo em mecânica foi feita em 1747 por Maupertuis, que afirmou que o movimento dinâmico acontece com ação mínima.[4] O **princípio da mínima ação** de Maupertuis se baseou em princípios teológicos (a ação é minimizada pela "sabedoria de Deus"), e seu conceito de "ação" era bastante vaga. (Lembre que a *ação* é uma quantidade com as dimensões de *comprimento* × *quantidade de movimento* ou *energia* × *tempo*.) Somente mais tarde uma base matemática sólida do princípio foi dada por Lagrange (1760). Embora seja uma forma útil a partir da qual é feita a transição da mecânica clássica para a

---

[1] Veja, por exemplo, Goldstein (Go80, Capítulo 2) ou, para uma discussão abrangente, Whittaker (Wh37, Capítulo 8).
[2] Pierre de Fermat (1601–1665), um advogado francês, linguista e matemático amador.
[3] Em 1661, Fermat deduziu corretamente a lei da refração, que havia sido descoberta experimentalmente por volta de 1621 por Willebrord Snell (1591–1626), um prodígio matemático holandês.
[4] Pierre-Louise-Moreau de Maupertuis (1698–1759), matemático e astrônomo francês. O primeiro uso para o qual Maupertuis coloca o princípio de menor ação foi para reafirmar a derivação de Fermat' da lei da refração (1744).

CAPÍTULO 7 – Princípio de Hamilton – Dinâmica de Lagrange e Hamilton   **203**

ótica e para a mecânica quântica, o princípio da ação mínima é menos geral que o Princípio de Hamilton e, de fato, pode derivar dele. Nós abdicamos de uma discussão deta-lhada aqui.[5]

Em 1828, Gauss desenvolveu um método de tratar a mecânica por seu princípio da **restrição mínima**; uma modificação foi feita mais tarde por Hertz e incorporada em seu princípio de **curvatura mínima**. Estes princípios[6] estão ligados proximamente ao Princípio de Hamilton e não acrescentam nada ao conteúdo da formulação mais geral de Hamilton: sua menção somente enfatiza o interesse contínuo com princípios mínimos na física.

Em dois artigos publicados em 1834 e 1835, Hamilton[7] anunciou o princípio dinâmico no qual é possível basear toda a mecânica e, na verdade, a maior parte da física clássica. O Princípio de Hamilton pode ser enunciado como a seguir:[8]

> *De todos os caminhos possíveis nos quais um sistema dinâmico pode se mover de um ponto a outro em um intervalo de tempo específico (consistente com quaisquer vínculos), o caminho real seguido é aquele que minimiza a integral temporal da diferença entre as energias cinética e potencial.*

Em termos do cálculo de variações, o Princípio de Hamilton se torna

$$\delta \int_{t_1}^{t_2} (T - U)\, dt = 0 \tag{7.1}$$

onde o símbolo δ é uma notação abreviada para descrever a variação discutida nas Seções 6.3 e 6.7. Esta afirmação de variações do princípio requer somente que a integral de $T - U$ seja um *extremo*, não necessariamente um *mínimo*. Mas em praticamente todas as aplicações importantes em dinâmica, a condição mínima ocorre.

A energia cinética de uma partícula expressa em coordenadas fixas, retangulares, é uma função somente de $\dot{x}_i$, e se a partícula se move em um campo de força conservativo, a energia potencial é uma função somente de x_i:

$$T = T(\dot{x}_i), \quad U = U(x_i)$$

Se definirmos a diferença dessas quantidades como sendo

$$L \equiv T - U = L(x_i, \dot{x}_i) \tag{7.2}$$

então a Equação 7.1 se torna

$$\delta \int_{t_1}^{t_2} L(x_i, \dot{x}_i)\, dt = 0 \tag{7.3}$$

A função L que aparece nesta expressão pode ser identificada com a função f da integral de variação (consulte a Seção 6.5),

$$\delta \int_{x_1}^{x_2} f\{y_i(x),\, y_i'(x)\,;\, x\}\, dx$$

se fizermos as transformações

$$x \rightarrow t$$
$$y_i(x) \rightarrow x_i(t)$$
$$y_i'(x) \rightarrow \dot{x}_i(t)$$
$$f\{y_i(x),\, y_i'(x)\,;\, x\} \rightarrow L(x_i, \dot{x}_i)$$

---

[5] Veja, por exemplo, Goldstein (Go80, pp. 365–371) ou Sommerfeld (So50, pp. 204–209).

[6] Veja, por exemplo, Lindsay e Margenau (Li36, pp. 112-120) ou Sommerfeld (So50, pp. 210–214).

[7] Sir William Rowan Hamilton (1805–1865), matemático e astrônomo irlandês e, mais tarde, Irish Astronomer Royal.

[8] O significado geral de "caminho de sistema" é esclarecido na Seção 7.3.

204 Dinâmica clássica de partículas e sistemas

As equações de Euler-Lagrange (Equação 6.57) que correspondem à Equação 7.3 são, portanto

$$\boxed{\frac{\partial L}{\partial x_i} - \frac{d}{dt}\frac{\partial L}{\partial \dot{x}_i} = 0, \quad i = 1, 2, 3}$$ Equações de movimento de Lagrange $\qquad$ **(7.4)**

Estas são as **equações de movimento de Lagrange** para a partícula, e a quantidade L é chamada de **função de Lagrange** ou **lagrangiana** para a partícula.

Como exemplo, vamos obter a equação de movimento de Lagrange para o oscilador harmônico unidimensional. Com as expressões comuns para as energias cinéticas e potenciais, temos

$$L = T - U = \frac{1}{2}m\dot{x}^2 - \frac{1}{2}kx^2$$

$$\frac{\partial L}{\partial x} = -kx$$

$$\frac{\partial L}{\partial \dot{x}} = m\dot{x}$$

$$\frac{d}{dt}\left(\frac{\partial L}{\partial \dot{x}}\right) = m\ddot{x}$$

A substituição destes resultados na Equação 7.4 leva a

$$m\ddot{x} + kx = 0$$

que é idêntica à equação de movimento obtida utilizando a mecânica newtoniana.

O procedimento de Lagrange parece desnecessariamente complexo uma vez que ele pode somente duplicar os resultados simples da teoria newtoniana. Entretanto, vamos continuar a ilustrar o método considerando o pêndulo plano (consulte a Seção 4.4). Ao utilizar a Equação 4.23 para T e U, temos, para a função de Lagrange

$$L = \frac{1}{2}ml^2\dot{\theta}^2 - mgl(1 - \cos\theta)$$

Agora, tratamos θ *como se fosse uma coordenada retangular* e aplicamos as operações especifica-das na Equação 7.4. Obtemos

$$\frac{\partial L}{\partial \theta} = -mgl\,\text{sen}\,\theta$$

$$\frac{\partial L}{\partial \dot{\theta}} = ml^2\dot{\theta}$$

$$\frac{d}{dt}\left(\frac{\partial L}{\partial \dot{\theta}}\right) = ml^2\ddot{\theta}$$

$$\ddot{\theta} + \frac{g}{l}\,\text{sen}\,\theta = 0$$

que, novamente, é idêntico ao resultado newtoniano (Equação 4.21). Este é um resultado notável; foi obtido ao calcular as energias cinética e potencial em termos de θ ao invés de x e então aplicar um conjunto de operações projetado para uso com coordenadas retangulares ao invés de angulares. Somos, portanto, levados a suspeitar que as equações de Lagrange são mais gerais e úteis que a forma da Equação 7.4 indicou. Abordamos este assunto na Seção 7.4.

Outra importante característica do método utilizado nos dois exemplos simples anterio-res é que, em nenhum ponto nos cálculos, havia qualquer afirmação a respeito de *força*. As equações de movimento foram obtidas somente ao especificar certas propriedades associadas *com a partícula* (as energias cinéticas e potenciais), e sem a necessidade de levar em conta explicitamente o fato que havia um agente externo que age *na partícula* (a força). Portanto,

CAPÍTULO 7 – Princípio de Hamilton – Dinâmica de Lagrange e Hamilton **205**

enquanto a *energia* pode ser definida independentemente dos conceitos newtonianos, o Princípio de Hamilton nos permite calcular as equações de movimento de um corpo completamente sem referência à teoria newtoniana. Iremos retornar a este ponto importante nas Seções 7.5 e 7.7.

7.3 Coordenadas generalizadas

Agora procuramos tirar vantagem da flexibilidade na especificação de coordenadas que os dois exemplos da seção anterior sugeriram ser inerente às equações de Lagrange.

Consideramos um sistema mecânico geral que consiste de uma coleção de n pontos materiais discretos, alguns dos quais podem ser conectados para formar corpos rígidos. Discutiremos esses sistemas de partículas no Capítulo 9 e corpos rígidos no Capítulo 11. Para especificar o estado desse sistema em um tempo dado, é necessário utilizar n vetores de posição. Uma vez que cada vetor de posição consiste de três números (por exemplo, as coordenadas retangulares), $3n$ quantidades devem ser especificadas para descrever as posições de todas as partículas. Se houver equações de vínculo que se relacionam a algumas dessas coordenadas a outras (como seria o caso, por exemplo, se algumas das partículas forem conectadas para formar corpos rígidos ou se o movimento forem vinculados ao longo de algum caminho ou em alguma superfície), então nem todas as $3n$ coordenadas são independentes. Na verdade, se há m equações de limitação, então $3n - m$ coordenadas são independentes, e o sistema é tido como possuindo $3n - m$ *graus de liberdade*.

É importante notar que se $s = 3n - m$ coordenadas foram necessárias em um dado caso, não precisamos escolher coordenadas retangulares s ou mesmo coordenadas curvilíneas s (por exemplo, esférica, cilíndrica). Podemos escolher quaisquer parâmetros s independentes para especificar completamente o estado do sistema. Estas s quantidades não precisam nem ter as dimensões de comprimento. Dependendo do problema, pode ser mais conveniente escolher alguns dos parâmetros com dimensões de *energia*, alguns com dimensões de *comprimento*, alguns que são *adimensionais* e assim por diante. No Exemplo 6.5, descrevemos um disco rodando para baixo em um plano inclinado em termos de uma coordenada que era o comprimento e uma que era um ângulo. Damos o nome de **coordenadas generalizadas** para qualquer conjunto de quantidades que especificam o estado de um sistema. As coordenadas generalizadas são costumeiramente formuladas como $q_1, q_2, \ldots$, ou simplesmente como q_j. Um conjunto de coordenadas generalizadas independentes cujo número iguala o número s de graus de liberdade e não está restrito pelos vínculos é chamado de um conjunto *apropriado* de coordenadas generalizadas. Em certos casos, pode ser vantajoso utilizar coordenadas generalizadas cujo número exceda o número de graus de liberdade e explicitamente levem em conta as relações de limitação por meio do uso dos multiplicadores indeterminados de Lagrange. Esse seria o caso, por exemplo, se desejarmos calcular as forças de vínculo (consulte o Exemplo 7.9).

A escolha de um conjunto de coordenadas generalizadas para descrever um sistema não é única; há, em geral, vários conjuntos de quantidades (na verdade, um número *infinito!*) que especificam completamente o estado de um dado sistema. Por exemplo, no problema do disco rodando para baixo no plano inclinado, podemos escolher como coordenadas a altura do centro da massa do disco acima de algum nível de referência e a distância através de algum ponto na margem que viajou desde o início do movimento. O teste definitivo da "adequação" de um conjunto específico de coordenadas generalizadas é se as equações resultantes do movimento são suficientemente simples para permitir uma interpretação direta. Infelizmente, não podemos enunciar regras gerais para selecionar o conjunto de coordenadas generalizadas "mais adequado" para um dado problema. Uma certa habilidade deve ser desenvolvida por meio da experiência, e apresentamos muitos exemplos neste capítulo.

206 Dinâmica clássica de partículas e sistemas

Além das coordenadas generalizadas, podemos definir um conjunto de quantidades que consiste das derivadas de tempo de $\dot{q}_j$: $\dot{q}_1, \dot{q}_2 \ldots$, ou simplesmente $\dot{q}_j$. Em analogia com a nomenclatura para coordenadas retangulares, chamamos $\dot{q}_j$ de **velocidades generalizadas**.

Se permitirmos a possibilidade das equações que conectam $x_{\alpha,i}$ e q_j explicitamente contenham o tempo, então o conjunto das equações de transformação é dado por[9]

$$x_{\alpha,i} = x_{\alpha,i}(q_1, q_2, \ldots, q_s, t), \quad \begin{cases} \alpha = 1, 2, \ldots, n \\ i = 1, 2, 3 \end{cases}$$

$$= x_{\alpha,i}(q_j, t), \qquad\qquad j = 1, 2, \ldots, s \qquad\qquad \textbf{(7.5)}$$

Em geral, as componentes retangulares das velocidades dependem das coordenadas generalizadas, das velocidades generalizadas e do tempo:

$$\dot{x}_{\alpha,i} = \dot{x}_{\alpha,i}(q_j, \dot{q}_j, t) \qquad\qquad \textbf{(7.6)}$$

Podemos também formular as transformações inversas como

$$q_j = q_j(x_{\alpha,i}, t) \qquad\qquad \textbf{(7.7)}$$

$$\dot{q}_j = \dot{q}_j(x_{\alpha,i}, \dot{x}_{\alpha,i}, t) \qquad\qquad \textbf{(7.8)}$$

Também, há $m = 3n - s$ equações de vínculo da forma

$$f_k(x_{\alpha,i}, t) = 0, \quad k = 1, 2, \ldots, m \qquad\qquad \textbf{(7.9)}$$

■ EXEMPLO 7.1

Encontre um conjunto adequado de coordenadas generalizadas para um ponto material que se move na superfície de um hemisfério de raio R cujo centro está na origem.

Solução. Como o movimento sempre acontece na superfície, temos

$$x^2 + y^2 + z^2 - R^2 = 0, \quad z \geq 0 \qquad\qquad \textbf{(7.10)}$$

Vamos escolher como nossas coordenadas generalizadas os cossenos dos ângulos entre os eixos x, y, e z e a linha que conecta a partícula com a origem. Portanto,

$$q_1 = \frac{x}{R}, \quad q_2 = \frac{y}{R}, \quad q_3 = \frac{z}{R} \qquad\qquad \textbf{(7.11)}$$

Mas a soma dos quadrados dos cossenos de direção de uma linha é igual à unidade. Assim,

$$q_1^2 + q_2^2 + q_3^2 = 1 \qquad\qquad \textbf{(7.12)}$$

Este conjunto de q_j não constitui um conjunto apropriado de coordenadas generalizadas, porque podemos formular q_3 como uma função de q_1 e q_2:

$$q_3 = \sqrt{1 - q_1^2 - q_2^2} \qquad\qquad \textbf{(7.13)}$$

Podemos, entretanto, escolher $q_1 = x/R$ e $q_2 = y/R$ como coordenadas generalizadas apropriadas, e estas quantidades, juntamente com a equação de restrição (Equação 7.13)

$$z = \sqrt{R^2 - x^2 - y^2} \qquad\qquad \textbf{(7.14)}$$

---

[9] Neste capítulo, tentamos simplificar a notação reservando o subscrito i à designação de eixos retangulares; portanto, sempre temos $i = 1, 2, 3$.

CAPÍTULO 7 – Princípio de Hamilton – Dinâmica de Lagrange e Hamilton **207**

são suficientes para especificar unicamente a posição da partícula. Isto deve ser um resultado óbvio, porque somente duas coordenadas (por exemplo, latitude e longitude) são necessárias para especificar um ponto na superfície de uma esfera. Mas o exemplo ilustra o fato de que as equações de restrição podem sempre ser utilizadas para reduzir um conjunto experimental de coordenadas a um conjunto apropriado de coordenadas generalizadas.

EXEMPLO 7.2

Utilize o sistema de coordenadas (x, y) da Figura 7.1 para descobrir a energia cinética T, energia potencial U e a lagrangiana L para um pêndulo simples (comprimento ℓ, peso da massa m) que se move no plano x, y. Determine as equações de transformação do sistema retangular (x, y) para a coordenada θ. Encontre a equação de movimento.

Solução. Já examinamos este problema geral nas Seções 4.4 e 7.1. Ao utilizar o método de Lagrange, é frequentemente útil começar com coordenadas retangulares e transformar para o sistema mais óbvio com as coordenadas generalizadas mais simples. Neste caso, as energias cinéticas e potenciais e de Lagrange se tornam

$$T = \frac{1}{2} m\dot{x}^2 + \frac{1}{2} m\dot{y}^2$$

$$U = mgy$$

$$L = T - U = \frac{1}{2} m\dot{x}^2 + \frac{1}{2} m\dot{y}^2 - mgy$$

A inspeção da Figura 7.1 revela que o movimento pode ser melhor descrita ao utilizar θ e $\dot{\theta}$. Vamos transformar x e y na coordenada θ e então encontrar L em termos de θ.

$$x = \ell \operatorname{sen} \theta$$
$$y = -\ell \cos \theta$$

Agora, encontramos, para $\dot{x}$ e $\dot{y}$

$$\dot{x} = \ell\dot{\theta} \cos \theta$$

$$\dot{y} = \ell\dot{\theta} \operatorname{sen} \theta$$

$$L = \frac{m}{2}(\ell^2\dot{\theta}^2 \cos^2 \theta + \ell^2\dot{\theta}^2 \operatorname{sen}^2 \theta) + mg\ell \cos \theta = \frac{m}{2} \ell^2\dot{\theta}^2 + mg\ell \cos \theta$$

A única coordenada generalizada no caso do pêndulo é o ângulo θ, e expressamos a lagrangiana em termos de θ, ao seguir um procedimento simples para encontrar L em termos de x e y, encontrar as equações de transformação e então inseri-las na expressão para L. Se fizermos como na seção anterior e tratarmos θ *como se fosse uma coordenada retangular*, podemos encontrar a equação de movimento como segue:

$$\frac{\partial L}{\partial \theta} = -mg\ell \operatorname{sen} \theta$$

$$\frac{\partial L}{\partial \dot{\theta}} = m\ell^2\dot{\theta}$$

$$\frac{d}{dt}\left(\frac{\partial L}{\partial \dot{\theta}}\right) = m\ell^2\ddot{\theta}$$

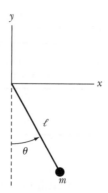

FIGURA 7.1 Exemplo 7.2. Um pêndulo simples de comprimento ℓ e peso de massa m.

Inserimos essas relações na Equação 7.4 para encontrar a mesma equação de movimento como anteriormente.

$$\ddot{\theta} + \frac{g}{\ell}\operatorname{sen}\theta = 0$$

O estado de um sistema consistindo de n partículas e sujeito a m restrições que conectam algumas das $3n$ coordenadas retangulares é completamente especificado pelas coordenadas generalizadas $s = 3n - m$. Podemos, portanto, representar o estado desse sistema por um ponto em um espaço dimensional s chamado **espaço de configuração**. Cada dimensão destes espaço corresponde a uma das coordenadas q_j. Podemos representar o histórico de tempo de um sistema por uma curva no espaço de configuração, cada ponto especificando a *configuração* do sistema em um instante específico. Através de cada ponto passa uma infinidade de curvas que representam os movimentos possíveis do sistema; cada curva corresponde a um conjunto específico de condições iniciais. Podemos, portanto, falar do "caminho" de um sistema conforme ele se "move" pelo espaço de configuração. Mas devemos ter cuidado para não confundir esta terminologia com a aplicada ao movimento de uma partícula ao longo de um espaço tridimensional comum.

Devemos também notar que um caminho dinâmico em um espaço de configuração consistindo de coordenadas generalizadas apropriadas é automaticamente consistente com as restrições no sistema, porque as coordenadas são escolhidas para corresponder somente aos movimentos realizáveis do sistema.

7.4 As equações de movimento de Lagrange em coordenadas generalizadas

Em vista das definições das seções anteriores, podemos agora reformular o Princípio de Hamilton como segue:

> *De todos os caminhos possíveis ao longo do qual um sistema dinâmico pode se mover de um ponto a outro no espaço de configuração em um intervalo de tempo específico, o caminho real seguido é aquele que minimiza a integral no tempo na função de Lagrange para o sistema.*

Para estabelecer a forma de variação do Princípio de Hamilton em coordenadas generalizadas, podemos tirar vantagem de uma propriedade importante da lagrangiana que não enfatizamos até agora. A lagrangiana para um sistema é definida como a diferença entre as energias cinética e potencial. Mas a *energia* é uma quantidade escalar e então a *lagrangiana é*

CAPÍTULO 7 – Princípio de Hamilton – Dinâmica de Lagrange e Hamilton **209**

uma função escalar. Desse modo, a lagrangiana deve ser *invariante em relação às transformações de coordenadas*. Entretanto, certas transformações que alteram a lagrangiana mas *deixam as equações de movimento inalteradas* são permitidas. Por exemplo, as equações de movimento são inalteradas se L for substituído por $L + d / dt \, [f \, (q_i, t)]$ para uma função $f(q_i, t)$ com segundas derivadas parciais contínuas. Enquanto definirmos a lagrangiana como a diferença entre as energias cinética e potencial, podemos utilizar diferentes coordenadas generalizadas. (A lagrangiana é, entretanto, indefinida para uma constante adicional na energia potencial U.) É, portanto, irrelevante se expressamos a lagrangiana em termos de $x_{\alpha,i}$ e $\dot{x}_{\alpha,i}$ ou q_1 e $\dot{q}_j$:

$$L = T(\dot{x}_{\alpha,i}) - U(x_{\alpha,i})$$
$$= T(q_j, \dot{q}_j, t) - U(q_j, t) \tag{7.15}$$

isto é,

$$L = L(q_1, q_2, \ldots, q_s; \dot{q}_1, \dot{q}_2, \ldots, \dot{q}_s; t)$$
$$= L(q_j, \dot{q}_j, t) \tag{7.16}$$

Assim, o Princípio de Hamilton se torna

$$\boxed{\delta \int_{t_1}^{t_2} L(q_j, \dot{q}_j, t) \, dt = 0} \qquad \text{Princípio de Hamilton} \tag{7.17}$$

Se nos referirmos às definições das quantidades na Seção 6.5 e fizermos as identificações

$$x \to t$$
$$y_i(x) \to q_j(t)$$
$$y_i'(x) \to \dot{q}_j(t)$$
$$f\{y_i, y_i'; x\} \to L(q_j, \dot{q}_j, t)$$

então as equações de Euler (Equação 6.57) que correspondem ao problema de variação postulado na Equação 7.17 se tornam

$$\boxed{\frac{\partial L}{\partial q_j} - \frac{d}{dt} \frac{\partial L}{\partial \dot{q}_j} = 0, \qquad j = 1, 2, \ldots, s} \tag{7.18}$$

Essas são as equações de Euler-Lagrange de movimento para o sistema (geralmente chamadas só de **equações de Lagrange**[10]). Há s dessas equações e, junto com as m equações de restrição e as condições iniciais que são impostas, elas descrevem completamente o movimento do sistema.[11]

É importante perceber que a validade das equações de Lagrange requerem as duas condições a seguir:

1. As forças que agem no sistema (menos quaisquer forças de restrição) devem ser deriváveis de um potencial (ou vários potenciais).

---

[10] Derivadas primeiro para um sistema mecânico (embora não utilizando o Princípio de Hamilton) por Lagrange e apresentadas em seu famoso tratado *Mécanique analytique* em 1788. Neste trabalho monumental, que engloba todas as fases da mecânica (estática, dinâmica, hidrostática e hidrodinâmica), Lagrange posicionou o sujeito em uma fundação matemática sólida e unificada. O tratado é matemática ao invés de físico; Lagrange se orgulhava do fato de que todo o trabalho não contém um único diagrama.

[11] Como há s equações diferenciais de segundo grau, $2s$ condições iniciais devem ser oferecidas para determinar o movimento unicamente.

210 Dinâmica clássica de partículas e sistemas

2. As equações de restrição devem ser relações que conectam as *coordenadas* das partículas e podem ser funções de tempo, isto é, devemos ter relações de restrição da forma dada pela Equação 7.9.

Se as restrições puderem ser expressas como na condição 2, elas são denominadas restrições **holonômicas**. Se as equações não contiverem explicitamente o tempo, as restrições são consideradas **fixas** ou **escleronômicas**; restrições móveis são **reonômicos**.

Aqui consideramos somente o movimento dos sistemas sujeito a forças conservadoras. Tais forças podem sempre ser derivadas de funções potenciais, de modo que a condição 1 seja satisfeita. Esta não é uma restrição necessária nem do Princípio de Hamilton nem das equações de Lagrange, a teoria pode prontamente ser estendida para a inclusão de forças não conservativas. De modo semelhante, podemos formular o Princípio de Hamilton para incluir certos tipos de restrições não holonômicas, mas o tratamento aqui está limitado a sistemas holonômicos. Retornaremos a restrições não holonômicas na Seção 7.5.

Agora iremos trabalhar com vários exemplos utilizando as equações de Lagrange. A experiência é a melhor maneira de determinar um conjunto de coordenadas generalizadas, encontrar as restrições e estabelecer a lagrangiana. Uma vez que isto estiver realizado, o restante do problema é, na maior parte, matemático.

EXEMPLO 7.3

Considere o caso do movimento de projéteis sob a gravidade em duas dimensões como discutido no Exemplo 2.6. Encontre as equações de movimento tanto nas coordenadas cartesia-nas quanto nas polares.

Solução. Utilizamos a Figura 2.7 para descrever o sistema. Nas coordenadas cartesianas, utilizamos x (horizontal) e y (vertical). Nas coordenadas polares, utilizamos r (na direção radial) e θ (ângulo de elevação da horizontal). Primeiro, nas coordenadas cartesianas, temos

$$\left. \begin{array}{l} T = \dfrac{1}{2}\, m\dot{x}^2 + \dfrac{1}{2}\, m\dot{y}^2 \\[2mm] U = mgy \end{array} \right\} \tag{7.19}$$

onde $U = 0$ em $y = 0$.

$$L = T - U = \frac{1}{2}\, m\dot{x}^2 + \frac{1}{2}\, m\dot{y}^2 - mgy \tag{7.20}$$

Encontramos as equações de movimento ao utilizar a Equação 7.18:

$x:$

$$\frac{\partial L}{\partial x} - \frac{d}{dt}\frac{\partial L}{\partial \dot{x}} = 0$$

$$0 - \frac{d}{dt}m\dot{x} = 0$$

$$\ddot{x} = 0 \tag{7.21}$$

$y:$

$$\frac{\partial L}{\partial y} - \frac{d}{dt}\frac{\partial L}{\partial \dot{y}} = 0$$

$$-mg - \frac{d}{dt}(m\dot{y}) = 0$$

$$\ddot{y} = -g \tag{7.22}$$

CAPÍTULO 7 – Princípio de Hamilton – Dinâmica de Lagrange e Hamilton **211**

Ao utilizar as condições iniciais, as Equações 7.21 e 7.22 podem ser integradas para determinar as equações apropriadas de movimento.

Nas coordenadas polares, temos

$$T = \frac{1}{2}m\dot{r}^2 + \frac{1}{2}m(r\dot{\theta})^2$$

$$U = mgr \operatorname{sen} \theta$$

onde $U = 0$ para $\theta = 0$.

$$L = T - U = \frac{1}{2}m\dot{r}^2 + \frac{1}{2}mr^2\dot{\theta}^2 - mgr \operatorname{sen} \theta \tag{7.23}$$

r:

$$\frac{\partial L}{\partial r} - \frac{d}{dt}\frac{\partial L}{\partial \dot{r}} = 0$$

$$mr\dot{\theta}^2 - mg \operatorname{sen} \theta - \frac{d}{dt}(m\dot{r}) = 0$$

$$r\dot{\theta}^2 - g \operatorname{sen} \theta - \ddot{r} = 0 \tag{7.24}$$

θ:

$$\frac{\partial L}{\partial \theta} - \frac{d}{dt}\frac{\partial L}{\partial \dot{\theta}} = 0$$

$$-mgr \cos \theta - \frac{d}{dt}(mr^2\dot{\theta}) = 0$$

$$-gr \cos \theta - 2r\dot{r}\dot{\theta} - r^2\ddot{\theta} = 0 \tag{7.25}$$

As equações de movimento expressas pelas Equações 7.21 e 7.22 são claramente mais simples que aquelas das Equações 7.24 e 7.25. Devemos escolher coordenadas cartesianas como as coordenadas generalizadas para resolver este problema. A chave para este reconhecimento foi que a energia potencial do sistema depende somente da coordenada y. Nas coordenadas polares, a energia potencial dependia tanto de r quanto de θ.

EXEMPLO 7.4

Uma partícula de massa m tem o movimento restringido na superfície interna de um cone liso de ângulo α (consulte a Figura 7.2). A partícula está sujeita a uma força gravitacional. Determine um conjunto de coordenadas e as restrições. Encontre as equações de movimento de Lagrange, Equação 7.18.

Solução. Faça com que o eixo do cone corresponda ao eixo z e que o ápice do cone se localize na origem. Se o problema possuir simetria cilíndrica, escolhemos r, θ e z como as coordenadas generalizadas. Temos, entretanto, a equação de restrição

$$z = r \cot \alpha \tag{7.26}$$

assim, só há dois graus de liberdade para o sistema e, portanto, somente duas coordenadas generalizadas apropriadas. Podemos utilizar a Equação 7.26 para eliminar a coordenada z ou r: escolhemos fazer o primeiro. Então, o quadrado da velocidade é

$$v^2 = \dot{r}^2 + r^2\dot{\theta}^2 + \dot{z}^2$$

$$= \dot{r}^2 + r^2\dot{\theta}^2 + \dot{r}^2 \cot^2 \alpha$$

$$= \dot{r}^2 \csc^2 \alpha + r^2\dot{\theta}^2 \tag{7.27}$$

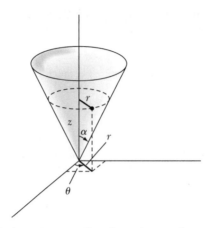

FIGURA 7.2 Exemplo 7.4. Um cone liso de meio ângulo α. Escolhemos r, θ e z como as coordenadas generalizadas.

A energia potencial (se escolhemos $U = 0$ em $z = 0$) é

$$U = mgz = mgr \cot \alpha$$

então a lagrangiana é

$$L = \frac{1}{2} m (\dot{r}^2 \csc^2 \alpha + r^2 \dot{\theta}^2) - mgr \cot \alpha \tag{7.28}$$

Percebemos primeiro que L não contém explicitamente θ. Portanto $\partial L/\partial \theta = 0$ e a equação de Lagrange para a coordenada θ é

$$\frac{d}{dt} \frac{\partial L}{\partial \dot{\theta}} = 0$$

Assim,

$$\frac{\partial L}{\partial \dot{\theta}} = mr^2 \dot{\theta} = \text{constante} \tag{7.29}$$

Mas $mr^2\dot{\theta} = mr^2\omega$ é somente a quantidade movimento angular sobre o eixo z. Portanto, a Equação 7.29 expressa a conservação da quantidade de movimento angular sobre o eixo de simetria do sistema.

A equação de Lagrange para r é

$$\frac{\partial L}{\partial r} - \frac{d}{dt} \frac{\partial L}{\partial \dot{r}} = 0 \tag{7.30}$$

Ao calcular as derivadas, encontramos

$$\ddot{r} - r\dot{\theta}^2 \operatorname{sen}^2 \alpha + g \operatorname{sen} \alpha \cos \alpha = 0 \tag{7.31}$$

que é a equação de movimento para a coordenada r.

Iremos retornar a este exemplo na Seção 8.10 e examinar o movimento mais detalhadamente.

EXEMPLO 7.5

O ponto de apoio de um pêndulo simples de comprimento b se move na margem sem massa de raio a em rotação com velocidade angular constante ω. Obtenha a expressão para as componentes cartesianos de velocidade e aceleração da massa m. Obtenha também a aceleração angular para o ângulo θ mostrado na Figura 7.3.

CAPÍTULO 7 – Princípio de Hamilton – Dinâmica de Lagrange e Hamilton   **213**

Solução. Escolhemos a origem de nosso sistema de coordenadas como estando no centro da margem em rotação. As componentes cartesianos de massa m se tornam

$$\left.\begin{array}{l} x = a \cos \omega t + b \operatorname{sen} \theta \\ y = a \operatorname{sen} \omega t - b \cos \theta \end{array}\right\} \tag{7.32}$$

As velocidades são

$$\left.\begin{array}{l} \dot{x} = -a\omega \operatorname{sen} \omega t + b\dot{\theta} \cos \theta \\ \dot{y} = a\omega \cos \omega t + b\dot{\theta} \operatorname{sen} \theta \end{array}\right\} \tag{7.33}$$

Retomar a derivada de tempo resulta na aceleração:

$$\ddot{x} = -a\omega^2 \cos \omega t + b(\ddot{\theta} \cos \theta - \dot{\theta}^2 \operatorname{sen} \theta)$$

$$\ddot{y} = -a\omega^2 \operatorname{sen} \omega t + b(\ddot{\theta} \operatorname{sen} \theta + \dot{\theta}^2 \cos \theta)$$

Deve ser claro agora que a coordenada simples generalizada é θ. As energias cinética e potencial são

$$T = \frac{1}{2}m(\dot{x}^2 + \dot{y}^2)$$

$$U = mgy$$

onde $U = 0$ em $y = 0$. A lagrangiana é

$$L = T - U = \frac{m}{2}[a^2\omega^2 + b^2\dot{\theta}^2 + 2b\dot{\theta}a\omega \operatorname{sen} (\theta - \omega t)]$$
$$- mg(a \operatorname{sen} \omega t - b \cos \theta) \tag{7.34}$$

As derivadas para a equação movimento de Lagrange para θ são

$$\frac{d}{dt}\frac{\partial L}{\partial \dot{\theta}} = mb^2\ddot{\theta} + mba\omega(\dot{\theta} - \omega) \cos(\theta - \omega t)$$

$$\frac{\partial L}{\partial \theta} = mb\dot{\theta}a\omega \cos(\theta - \omega t) - mgb \operatorname{sen} \theta$$

que resulta na equação de movimento (após a a solução para $\ddot{\theta}$)

$$\ddot{\theta} = \frac{\omega^2 a}{b} \cos(\theta - \omega t) - \frac{g}{b} \operatorname{sen} \theta \tag{7.35}$$

Note que este resultado reduz a equação bem conhecida de movimento para um pêndulo simples se $\omega = 0$.

EXEMPLO 7.6

Encontre a frequência de pequenas oscilações de um pêndulo simples posicionado em um carro ferroviário que tem uma aceleração constante a na direção x.

Solução. Um diagrama esquemático é mostrado na Figura 7.4a para o pêndulo de comprimento ℓ, massa m e ângulo de deslocamento θ. Escolhemos um sistema de coordenadas cartesianas fixas com $x = 0$ e $\dot{x} = v_0$ em $t = 0$. A posição e velocidade de m se tornam

$$x = v_0 t + \frac{1}{2}at^2 + \ell \operatorname{sen} \theta$$
$$y = -\ell \cos \theta$$
$$\dot{x} = v_0 + at + \ell\dot{\theta}\cos\theta$$
$$\dot{y} = \ell\dot{\theta}\operatorname{sen}\theta$$

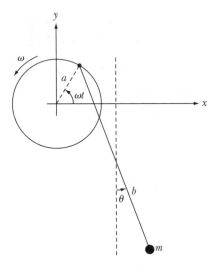

FIGURA 7.3 Exemplo 7.5. Um pêndulo simples é conectado a uma margem em rotação.

As energias cinética e potencial são

$$T = \frac{1}{2}m(\dot{x}^2 + \dot{y}^2) \quad U = -mg\ell\cos\theta$$

e a lagrangiana é

$$L = T - U = \frac{1}{2}m(v_0 + at + \ell\dot{\theta}\cos\theta)^2 + \frac{1}{2}m(\ell\dot{\theta}\operatorname{sen}\theta)^2 + mg\ell\cos\theta$$

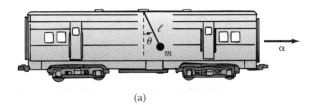

(a)

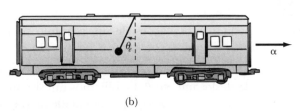

(b)

FIGURA 7.4 Exemplo 7.6. (a) Um pêndulo simples balança em um carro ferroviário em aceleração. (b) O ângulo θ_e é o ângulo de equilíbrio devido à aceleração do carro a e a aceleração da gravidade g.

CAPÍTULO 7 – Princípio de Hamilton – Dinâmica de Lagrange e Hamilton **215**

O ângulo θ é a única coordenada generalizada e, após tomar as derivadas para as equações de Lagrange e a coleção adequada dos termos, a equação de movimento se torna (Problema 7.2)

$$\ddot{\theta} = -\frac{g}{\ell}\,\text{sen}\,\theta - \frac{a}{\ell}\,\cos\theta \tag{7.36}$$

Determinamos o ângulo de equilíbrio $\theta = \theta_e$ ao estabelecer $\ddot{\theta} = 0$,

$$0 = g\,\text{sen}\,\theta_e + a\cos\theta_e \tag{7.37}$$

O ângulo de equilíbrio θ_e, mostrado na Figura 7.4b, é obtido por

$$\text{tg}\,\theta_e = -\frac{a}{g} \tag{7.38}$$

Como as oscilações são pequenas e estão sobre o ângulo de equilíbrio, temos $\theta = \theta_e + \eta$, onde η é um ângulo pequeno.

$$\ddot{\theta} = \ddot{\eta} = -\frac{g}{\ell}\,\text{sen}(\theta_e + \eta) - \frac{a}{\ell}\cos(\theta_e + \eta) \tag{7.39}$$

Expandimos os termos senoidais e cossenoidais e utilizamos a aproximação do pequeno ângulo para sen η e cos η, mantendo somente os primeiros termos nas expansões da série de Taylor.

$$\ddot{\eta} = -\frac{g}{\ell}(\text{sen}\,\theta_e\cos\eta + \cos\theta_e\,\text{sen}\,\eta) - \frac{a}{\ell}(\cos\theta_e\cos\eta - \text{sen}\,\theta_e\,\text{sen}\,\eta)$$

$$= -\frac{g}{\ell}(\text{sen}\,\theta_e + \eta\cos\theta_e) - \frac{a}{\ell}(\cos\theta_e - \eta\,\text{sen}\,\theta_e)$$

$$= -\frac{1}{\ell}[(g\,\text{sen}\,\theta_e + a\cos\theta_e) + \eta(g\cos\theta_e - a\,\text{sen}\,\theta_e)]$$

O primeiro termo entre parênteses é zero por causa da Equação 7.37, que deixa

$$\ddot{\eta} = -\frac{1}{\ell}(g\cos\theta_e - a\,\text{sen}\,\theta_e)\eta \tag{7.40}$$

Utilizamos a Equação 7.38 para determinar sen θ_e e cos θ_e e após uma pequena manipulação (Problema 7.2), a Equação 7.40 se torna

$$\ddot{\eta} = -\frac{\sqrt{a^2 + g^2}}{\ell}\eta \tag{7.41}$$

Uma vez que esta equação agora representa movimento harmônico simples, a frequência ω é determinada como sendo

$$\omega^2 = \frac{\sqrt{a^2 + g^2}}{\ell} \tag{7.42}$$

Este resultado parece plausível, porque $\omega \to \sqrt{g/\ell}$ para $a = 0$ quando o carro ferroviário estiver em repouso.

EXEMPLO 7.7

Uma gota desliza ao longo de um fio liso no formato da parábola $z = cr^2$ (Figura 7.5). A gota gira em um círculo de raio R quando o firo estiver em rotação sobre seu próprio eixo simétrico com velocidade angular ω. Encontre o valor de c.

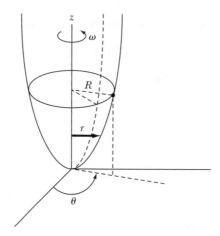

FIGURA 7.5 Exemplo 7.7. Uma gota desliza ao longo de um fio liso que gira sobre o eixo z.

Solução. Como o problema possui simetria cilíndrica, escolhemos r, θ e z como as coordenadas generalizadas. A energia cinética da gota é

$$T = \frac{m}{2}[\dot{r}^2 + \dot{z}^2 + (r\dot\theta)^2] \quad (7.43)$$

Se escolhemos $U = 0$ em $z = 0$, o termo de energia potencial é

$$U = mgz \quad (7.44)$$

Mas r, z e θ não são independentes. A equação de restrição para a parábola é

$$z = cr^2 \quad (7.45)$$

$$\dot z = 2c\dot r r \quad (7.46)$$

Também temos uma dependência explícita de tempo da rotação angular

$$\theta = \omega t$$

$$\dot\theta = \omega \quad (7.47)$$

Podemos agora construir a lagrangiana como dependente somente de r, porque não há dependência direta de θ.

$$L = T - U$$
$$= \frac{m}{2}(\dot r^2 + 4c^2 r^2 \dot r^2 + r^2\omega^2) - mgcr^2 \quad (7.48)$$

O problema afirmava que a gota se move no círculo de raio R. O leitor pode ser tentado neste ponto a ter $r = R =$ const. e $\dot r = 0$. Seria um erro fazer isto, agora, na lagrangiana. Primeiro, devemos encontrar o movimento para a variável r e então estabelecer $r = R$ como uma condição do movimento específico. Isto determina o valor específico de c necessário para $r = R$.

$$\frac{\partial L}{\partial \dot{r}} = \frac{m}{2}(2\dot{r} + 8c^2 r^2 \dot{r})$$

$$\frac{d}{dt}\frac{\partial L}{\partial \dot{r}} = \frac{m}{2}(2\ddot{r} + 16c^2 r \dot{r}^2 + 8c^2 r^2 \ddot{r})$$

$$\frac{\partial L}{\partial r} = m(4c^2 r \dot{r}^2 + r\omega^2 - 2gcr)$$

A equação de movimento de Lagrange se torna

$$\ddot{r}(1 + 4c^2 r^2) + \dot{r}^2(4c^2 r) + r(2gc - \omega^2) = 0 \tag{7.49}$$

o que é um resultado complexo. Se, por outro lado, a gota girar com $r = R$ = constante, então $\dot{r} = \ddot{r} = 0$, e a Equação 7.49 se torna

$$R(2gc - \omega^2) = 0$$

e

$$c = \frac{\omega^2}{2g} \tag{7.50}$$

é o resultado desejado.

EXEMPLO 7.8

Considere o sistema de polia dupla mostrado na Figura 7.6. Utilize as coordenadas indicadas e determine as equações de movimento.

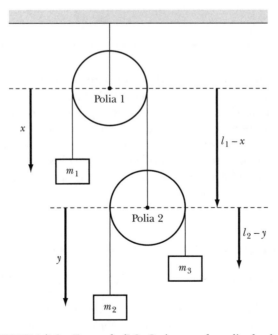

FIGURA 7.6   Exemplo 7.8. O sistema de polia dupla.

218 Dinâmica clássica de partículas e sistemas

Solução. Considere as polias como sem massa e estabeleça l_1 e l_2 como os comprimentos da corda livremente suspensa de cada uma das duas polias. As distâncias x e y são medidas do centro das duas polias.

m_1:

$$v_1 = \dot{x} \tag{7.51}$$

m_2:

$$v_2 = \frac{d}{dt}(l_1 - x + y) = -\dot{x} + \dot{y} \tag{7.52}$$

m_3:

$$v_3 = \frac{d}{dt}(l_1 - x + l_2 - y) = -\dot{x} - \dot{y} \tag{7.53}$$

$$T = \frac{1}{2}m_1 v_1^2 + \frac{1}{2}m_2 v_2^2 + \frac{1}{2}m_3 v_3^2$$

$$= \frac{1}{2}m_1 \dot{x}^2 + \frac{1}{2}m_2(\dot{y} - \dot{x})^2 + \frac{1}{2}m_3(-\dot{x} - \dot{y})^2 \tag{7.54}$$

Estabeleça a energia potencial $U = 0$ em $x = 0$.

$$U = U_1 + U_2 + U_3$$

$$= -m_1 gx - m_2 g(l_1 - x + y) - m_3 g(l_1 - x + l_2 - y) \tag{7.55}$$

Como T e U foram determinadas, as equações de movimento podem ser obtidas utilizando a Equação 7.18. Os resultados são

$$m_1 \ddot{x} + m_2(\ddot{x} - \ddot{y}) + m_3(\ddot{x} + \ddot{y}) = (m_1 - m_2 - m_3)g \tag{7.56}$$

$$-m_2(\ddot{x} - \ddot{y}) + m_3(\ddot{x} + \ddot{y}) = (m_2 - m_3)g \tag{7.57}$$

As Equações 7.56 e 7.57 podem ser resolvidas para $\ddot{x}$ e $\ddot{y}$.

Os Exemplos 7.2–7.8 indicam a facilidade e utilidade de utilizar as equações de Lagrange. Foi dito, provavelmente com injustiça, que as técnicas de Lagrange são simplesmente receitas a seguir. O argumento é que perdemos de vista a "física" por seu uso. Os métodos de Lagrange, pelo contrário, são extremamente poderosos e nos permitem resolver problemas que, de outro modo, levariam a complicações severas utilizando métodos newtonianos. Problemas simples podem, talvez, ser solucionados somente utilizando métodos newtonianos, mas as técnicas de Lagrange podem ser utilizadas para atacar uma faixa ampla de situações físicas complexas (incluindo as que ocorrem na mecânica quântica[12]).

7.5 Equações de Lagrange com multiplicadores indeterminados

As restrições que podem ser expressas como relações de álgebra entre as coordenadas são restrições holonômicas. Se um sistema estiver sujeito somente a essas restrições, podemos sempre encontrar um conjunto apropriado de coordenadas generalizadas em termos das quais as equações de movimento estejam livres de referência explícita para as restrições.

---

[12] Veja Feynman e Hibbs (Fe65).

CAPÍTULO 7 – Princípio de Hamilton – Dinâmica de Lagrange e Hamilton   **219**

Quaisquer restrições que possam ser expressas em termos de *velocidades* das partículas no sistema são de forma

$$f(x_{\alpha,i}, \dot{x}_{\alpha,i}, t) = 0 \tag{7.58}$$

e constituem restrições não holonômicas *a não ser que* as equações possam ser integradas para produzir relações entre as coordenadas.[13]

Considere uma relação de restrição de forma

$$\sum_i A_i \dot{x}_i + B = 0, \quad i = 1, 2, 3 \tag{7.59}$$

Em geral, esta equação é não integrável e, portanto, a restrição é não holonômica. Mas, se A_i e B tiverem as formas

$$A_i = \frac{\partial f}{\partial x_i}, \quad B = \frac{\partial f}{\partial t}, \quad f = f(x_i, t) \tag{7.60}$$

então, a Equação 7.59 pode ser formulada como

$$\sum_i \frac{\partial f}{\partial x_i} \frac{dx_i}{dt} + \frac{\partial f}{\partial t} = 0 \tag{7.61}$$

Mas isto é somente

$$\frac{df}{dt} = 0$$

que pode ser integrado para produzir

$$f(x_i, t) - \text{constante} = 0 \tag{7.62}$$

então a restrição é, na verdade, holonômica.

A partir da discussão anterior, concluímos que as restrições expressáveis na forma diferencial como

$$\sum_j \frac{\partial f_k}{\partial q_j} dq_j + \frac{\partial f_k}{\partial t} dt = 0 \tag{7.63}$$

são equivalentes àqueles que possuem a forma da Equação 7.9.

Se as relações de restrições para um problema são dadas em forma diferencial ao invés de como expressões de álgebra, podemos incorporá-las diretamente nas equações de Lagrange ao utilizar os multiplicadores indeterminados de Lagrange (consulte a Seção 6.6) sem executar primeiro as integrações, isto é, para restrições expressáveis como na Equação 6.71,

$$\sum_j \frac{\partial f_k}{\partial q_j} dq_j = 0 \quad \begin{cases} j = 1, 2, \ldots, s \\ k = 1, 2, \ldots, m \end{cases} \tag{7.64}$$

as equações de Lagrange (Equação 6.69) são

$$\boxed{\frac{\partial L}{\partial q_j} - \frac{d}{dt} \frac{\partial L}{\partial \dot{q}_j} + \sum_k \lambda_k(t) \frac{\partial f_k}{\partial q_j} = 0} \tag{7.65}$$

De fato, uma vez que o processo de variação envolvido no Princípio de Hamilton mantém o tempo constante nos pontos finais, podemos acrescentar à Equação 7.64 um termo $(\partial f_k/\partial t)dt$ sem afetar as equações de movimento. Desse modo, as restrições expressas pela Equação 7.63 também levam às equações de Lagrange dadas na Equação 7.65.

---

[13] Tais restrições são, às vezes, chamadas "semi-holonômicas".

220 Dinâmica clássica de partículas e sistemas

A grande vantagem da formulação de Lagrange da mecânica é que a inclusão explícita das forças de restrição não é necessária, isto é, a ênfase é colocada na dinâmica do sistema e não no cálculo das forças que agem sobre cada componente do sistema. Em certos casos, entretanto, pode ser recomendado conhecer as forças de restrição. Por exemplo, sob o ponto de vista da engenharia, deve ser útil conhecer as forças de restrição para fins de projeto. Vale a pena, portanto, apontar que, nas equações de Lagrange expressas como na Equação 7.65, **os multiplicadores indeterminados $\lambda_k(t)$ são relacionados proximamente às forças de restrição.**[14] As forças generalizadas de restrição Q_j são dadas por

$$Q_j = \sum_k \lambda_k \frac{\partial f_k}{\partial q_j} \tag{7.66}$$

EXEMPLO 7.9

Vamos considerar novamente o caso do disco rodando para baixo em um plano inclinado (consulte o Exemplo 6.5 e a Figura 6.7). Encontre as equações de movimento, a força de restrição e a aceleração angular.

Solução. A energia cinética pode ser separada em termos translacionais e rotacionais[15]

$$T = \frac{1}{2} M\dot{y}^2 + \frac{1}{2} I\dot{\theta}^2$$

$$= \frac{1}{2} M\dot{y}^2 + \frac{1}{4} MR^2 \dot{\theta}^2$$

onde M é a massa do disco e R é o raio; $I = \frac{1}{2} MR^2$ é o momento de inércia do disco sobre um eixo central. A energia potencial é

$$U = Mg(l - y)\ \text{sen}\ \alpha \tag{7.67}$$

onde l é o comprimento da superfície inclinada do plano e onde o disco é suposto como tendo energia potencial zero na parte inferior do plano. A lagrangiana é, portanto,

$$L = T - U$$

$$= \frac{1}{2}M\dot{y}^2 + \frac{1}{4}MR^2\dot{\theta}^2 + Mg(y - l)\ \text{sen}\ \alpha \tag{7.68}$$

A equação de restrição é

$$f(y, \theta) = y - R\theta = 0 \tag{7.69}$$

O sistema tem somente um grau de liberdade se insistirmos que a rodagem acontece somente sem deslizamento. Podemos, portanto, escolher y ou θ como a coordenada apropriada e utilizar a Equação 7.69 para eliminar a outra. Alternativamente, podemos continuar a considerar *tanto y* quanto θ como coordenadas generalizadas e utilizar o método de multiplicadores indeterminados. As equações de Lagrange, neste caso, são

---

[14] Veja, por exemplo, Goldstein (Go80, p. 47). Cálculos explícitos das forças de restrição em alguns problemas específicos são feitos por Becker (Be54, capítulos 11 e 13) e por Symon (Sy71, p. 372ff).

[15] Antecipamos, aqui, um resultado bastante conhecido da dinâmica de corpo rígido discutida no Capítulo 11.

CAPÍTULO 7 – Princípio de Hamilton – Dinâmica de Lagrange e Hamilton **221**

$$\left.\begin{array}{l} \dfrac{\partial L}{\partial y} - \dfrac{d}{dt}\dfrac{\partial L}{\partial \dot{y}} + \lambda\dfrac{\partial f}{\partial y} = 0 \\[3mm] \dfrac{\partial L}{\partial \theta} - \dfrac{d}{dt}\dfrac{\partial L}{\partial \dot{\theta}} + \lambda\dfrac{\partial f}{\partial \theta} = 0 \end{array}\right\} \tag{7.70}$$

Ao executar as diferenciações, obtemos, para as equações de movimento,

$$Mg\,\text{sen}\,\alpha - M\ddot{y} + \lambda = 0 \tag{7.71a}$$

$$-\frac{1}{2}MR^2\ddot{\theta} - \lambda R = 0 \tag{7.71b}$$

Também temos, a partir da equação de restrição

$$y = R\theta \tag{7.72}$$

Estas Equações (7.71 e 7.72) constituem um sistema resolvível para as três desconhecidas y, θ, λ. Ao diferenciar a equação de restrição (Equação 7.72), obtemos

$$\ddot{\theta} = \frac{\ddot{y}}{R} \tag{7.73}$$

Ao combinar as Equações 7.71b e 7.73, encontramos

$$\lambda = -\frac{1}{2}M\ddot{y} \tag{7.74}$$

e então, utilizando esta expressão na Equação 7.71a, resulta

$$\ddot{y} = \frac{2g\,\text{sen}\,\alpha}{3} \tag{7.75}$$

com

$$\lambda = -\frac{Mg\,\text{sen}\,\alpha}{3} \tag{7.76}$$

de modo que a Equação 7.71b resulta

$$\ddot{\theta} = \frac{2g\,\text{sen}\,\alpha}{3R} \tag{7.77}$$

Assim, temos três equações para as quantidades $\ddot{y}$, $\ddot{\theta}$ e λ que podem ser imediatamente integradas.

Notamos que, se o disco fosse deslizar sem fricção para baixo do plano, teríamos $\ddot{y} = g\,\text{sen}\,\alpha$. Portanto, a restrição de rodagem reduz a aceleração para $\frac{2}{3}$ do valor do deslizamento sem fricção. A magnitude da força de fricção que produz a restrição é somente λ, isto é, $(Mg/3)\,\text{sen}\,\alpha$.

As forças generalizadas de restrição, Equação 7.66, são

$$Q_y = \lambda\frac{\partial f}{\partial y} = \lambda = -\frac{Mg\,\text{sen}\,\alpha}{3}$$

$$Q_\theta = \lambda\frac{\partial f}{\partial \theta} = -\lambda R = \frac{MgR\,\text{sen}\,\alpha}{3}$$

Note que Q_y e Q_θ são uma força e um torque, respectivamente, e que são forças generalizadas de restrição necessárias para manter o disco rodando para baixo do plano sem deslizar.

Observe que podemos eliminar $\dot{\theta}$ da lagrangiana ao substituir $\dot{\theta} = \dot{y}/R$ da equação de restrição:

$$L = \frac{3}{4} M\dot{y}^2 + Mg(y - l)\operatorname{sen}\alpha \tag{7.78}$$

A lagrangiana é então expressa em termos de somente uma coordenada apropriada, e a equação única de movimento é imediatamente obtida da Equação 7.18:

$$Mg\operatorname{sen}\alpha - \frac{3}{2} M\ddot{y} = 0 \tag{7.79}$$

que é a mesma que na Equação 7.75. Embora este procedimento seja mais simples, ele não pode ser utilizado para obter uma força de restrição.

EXEMPLO 7.10

Uma partícula de massa m inicia em repouso no topo de uma hemisfério fixo liso de raio a. Encontre a força de restrição e determine o ângulo no qual a partícula deixa o hemisfério.

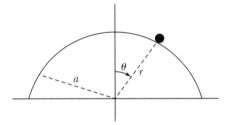

FIGURA 7.7 Exemplo 7.10. Uma partícula de massa m se move na superfície de um hemisfério liso fixo.

Solução. Consulte a Figura 7.7. Como estamos considerando a possibilidade de a partícula deixar o hemisfério, escolhemos as coordenadas gerais como sendo r e θ. A equação de restrição é

$$f(r, \theta) = r - a = 0 \tag{7.80}$$

A lagrangiana é determinada das energias cinética e potencial:

$$T = \frac{m}{2}(\dot{r}^2 + r^2\dot{\theta}^2)$$

$$U = mgr\cos\theta$$

$$L = T - U$$

$$L = \frac{m}{2}(\dot{r}^2 + r^2\dot{\theta}^2) - mgr\cos\theta \tag{7.81}$$

onde a energia potencial é zero na parte inferior do hemisfério. As equações de Lagrange, Equação 7.65, são

$$\frac{\partial L}{\partial r} - \frac{d}{dt}\frac{\partial L}{\partial \dot{r}} + \lambda\frac{\partial f}{\partial r} = 0 \tag{7.82}$$

$$\frac{\partial L}{\partial \theta} - \frac{d}{dt}\frac{\partial L}{\partial \dot{\theta}} + \lambda\frac{\partial f}{\partial \theta} = 0 \tag{7.83}$$

CAPÍTULO 7 – Princípio de Hamilton – Dinâmica de Lagrange e Hamilton **223**

A execução das diferenciações na Equação 7.80 resulta

$$\frac{\partial f}{\partial r} = 1, \quad \frac{\partial f}{\partial \theta} = 0 \tag{7.84}$$

As Equações 7.82 e 7.83 se tornam

$$mr\dot{\theta}^2 - mg\cos\theta - m\ddot{r} + \lambda = 0 \tag{7.85}$$

$$mgr\,\text{sen}\,\theta - mr^2\ddot{\theta} - 2mr\dot{r}\dot{\theta} = 0 \tag{7.86}$$

A seguir, aplicamos a restrição $r = a$ a estas equações de movimento:

$$r = a, \quad \dot{r} = 0 = \ddot{r}$$

As Equações 7.85 e 7.86 se tornam, então,

$$ma\dot{\theta}^2 - mg\cos\theta + \lambda = 0 \tag{7.87}$$

$$mga\,\text{sen}\,\theta - ma^2\ddot{\theta} = 0 \tag{7.88}$$

A partir da Equação 7.88, temos

$$\ddot{\theta} = \frac{g}{a}\,\text{sen}\,\theta \tag{7.89}$$

Podemos integrar a Equação 7.89 para determinar $\dot{\theta}^2$.

$$\ddot{\theta} = \frac{d}{dt}\frac{d\theta}{dt} = \frac{d\dot{\theta}}{dt} = \frac{d\dot{\theta}}{d\theta}\frac{d\theta}{dt} = \dot{\theta}\frac{d\dot{\theta}}{d\theta} \tag{7.90}$$

Integramos a Equação 7.89,

$$\int \dot{\theta}\,d\dot{\theta} = \frac{g}{a}\int \text{sen}\,\theta\,d\theta \tag{7.91}$$

que resulta em

$$\frac{\dot{\theta}^2}{2} = \frac{-g}{a}\cos\theta + \frac{g}{a} \tag{7.92}$$

onde a constante de integração é g/a, porque $\dot{\theta} = 0$ em $t = 0$ quando $\theta = 0$. A substituição $\dot{\theta}^2$ da Equação 7.92 pela Equação 7.87 produz, após a resolução para λ,

$$\lambda = mg(3\cos\theta - 2) \tag{7.93}$$

que é a força de restrição. A partícula cai do hemisfério no ângulo θ_0 quando $\lambda = 0$.

$$\lambda = 0 = mg(3\cos\theta_0 - 2) \tag{7.94}$$

$$\theta_0 = \cos^{-1}\left(\frac{2}{3}\right) \tag{7.95}$$

Para um verificação rápida, note que a força de restrição é $\lambda = mg$ em $\theta = 0$ quando a partícula é posicionada no topo do hemisfério.

A utilidade do método de multiplicadores indeterminados é dupla:

1. Os multiplicadores estão relacionados proximamente às forças de restrição que são frequentemente necessárias.

224 Dinâmica clássica de partículas e sistemas

2. Quando um conjunto apropriado de coordenadas generalizadas não é desejado ou é muito difícil de obter, o método pode ser utilizado para aumentar o número de coordenadas generalizadas ao incluir relações de restrição entre as coordenadas.

7.6 Equivalência das equações de Newton e Lagrange

Como enfatizamos desde o início, as formulações de Lagrange e Newton em mecânica são equivalentes: O ponto de vista é diferente, mas o conteúdo é o mesmo. Agora explicitamente demonstramos esta equivalência ao mostrar que os dois conjuntos de equações de movimento são, na verdade, os mesmos.

Na Equação 7.18, vamos escolher as coordenadas generalizadas como sendo as coordenadas retangulares. As equações de Lagrange (para uma partícula) se torna, então,

$$\frac{\partial L}{\partial x_i} - \frac{d}{dt}\frac{\partial L}{\partial \dot{x}_i} = 0, \qquad i = 1, 2, 3 \tag{7.96}$$

ou

$$\frac{\partial (T - U)}{\partial x_i} - \frac{d}{dt}\frac{\partial (T - U)}{\partial \dot{x}_i} = 0$$

Mas nas coordenadas retangulares e para um sistema conservador, temos $T = T\,(\dot{x}_i)$ e $U = U\,(x_i)$, então

$$\frac{\partial T}{\partial x_i} = 0 \ \text{ e } \ \frac{\partial U}{\partial \dot{x}_i} = 0$$

As equações de Lagrange, portanto, se tornam

$$-\frac{\partial U}{\partial x_i} = \frac{d}{dt}\frac{\partial T}{\partial \dot{x}_i} \tag{7.97}$$

Temos também (para um sistema conservador)

$$-\frac{\partial U}{\partial x_i} = F_i$$

e

$$\frac{d}{dt}\frac{\partial T}{\partial \dot{x}_i} = \frac{d}{dt}\frac{\partial}{\partial \dot{x}_i}\left(\sum_{j=1}^{3}\frac{1}{2}\,m\dot{x}_j^2\right) = \frac{d}{dt}\,(m\dot{x}_i) = \dot{p}_i$$

então, a Equação 7.97 produz as Equações newtonianas, como exigido:

$$F_i = \dot{p}_i \tag{7.98}$$

Assim, as equações de Lagrange e Newton são idênticas se as coordenadas generalizadas forem as coordenadas retangulares.

Agora vamos derivar as equações de movimento de Lagrange utilizando conceitos newtonianos. Considere somente uma partícula por simplicidade. Precisamos transformar das coordenadas x_i para as coordenadas generalizadas q_j. A partir da Equação 7.5, temos

$$x_i = x_i(q_j,\ t) \tag{7.99}$$

$$\dot{x}_i = \sum_j \frac{\partial x_i}{\partial q_j}\,\dot{q}_j + \frac{\partial x_i}{\partial t} \tag{7.100}$$

CAPÍTULO 7 – Princípio de Hamilton – Dinâmica de Lagrange e Hamilton **225**

e

$$\frac{\partial \dot{x}_i}{\partial \dot{q}_j} = \frac{\partial x_i}{\partial q_j} \tag{7.101}$$

Uma quantidade de movimento generalizada p_j associada com q_j é facilmente determinada por

$$p_j = \frac{\partial T}{\partial \dot{q}_j} \tag{7.102}$$

Por exemplo, para uma partícula que se move em coordenadas polares planas, $T = (\dot{r}^2 + r^2\dot{\theta}^2)$, temos $p_r = m\dot{r}$ para coordenada r e $p_\theta = mr^2\dot{\theta}$ para coordenada θ. Obviamente p_r é uma quantidade de movimento linear e p_θ é uma quantidade de movimento angular, então, nossa definição de quantidade de movimento generalizada parece consistente com os conceitos newtonianos.

Podemos determinar uma força generalizada ao considerar o trabalho *virtual* δW realizado por um caminho variado δx_i como descrito na Seção 6.7.

$$\delta W = \sum_i F_i \delta x_i = \sum_{i,j} F_i \frac{\partial x_i}{\partial q_j} \delta q_j \tag{7.103}$$

$$\equiv \sum_j Q_j \delta q_j \tag{7.104}$$

de modo que a força generalizada Q_j associada com q_j seja

$$Q_j = \sum_i F_i \frac{\partial x_i}{\partial q_j} \tag{7.105}$$

Da mesma maneira que trabalho é sempre energia, também o é o produto de Qq. Se q é o comprimento, Q é a força; se q é um ângulo, Q é o torque. Para um sistema conservador, Qj é derivável da energia potencial:

$$Q_j = -\frac{\partial U}{\partial q_j} \tag{7.106}$$

Agora estamos prontos para obter as equações de Lagrange:

$$p_j = \frac{\partial T}{\partial \dot{q}_j} = \frac{\partial}{\partial \dot{q}_j} \left(\sum_i \frac{1}{2} m \dot{x}_i^2 \right)$$

$$= \sum_i m \dot{x}_i \frac{\partial \dot{x}_i}{\partial \dot{q}_j}$$

$$p_j = \sum_i m \dot{x}_i \frac{\partial x_i}{\partial q_j} \tag{7.107}$$

onde utilizamos a Equação 7.101 para o último passo. Tomando a derivada de tempo da Equação 7.107 resulta

$$\dot{p}_j = \sum_i \left(m \ddot{x}_i \frac{\partial x_i}{\partial q_j} + m \dot{x}_i \frac{d}{dt} \frac{\partial x_i}{\partial q_j} \right) \tag{7.108}$$

A expansão do último termo resulta

$$\frac{d}{dt} \frac{\partial x_i}{\partial q_j} = \sum_k \frac{\partial^2 x_i}{\partial q_k \partial q_j} \dot{q}_k + \frac{\partial^2 x_i}{\partial q_j \partial t}$$

e a Equação 7.108 se torna

$$\dot{p}_j = \sum_i m \ddot{x}_i \frac{\partial x_i}{\partial q_j} + \sum_{i,k} m \dot{x}_i \frac{\partial^2 x_i}{\partial q_k \partial q_j} \dot{q}_k + \sum_i m \dot{x}_i \frac{\partial^2 x_i}{\partial q_j \partial t} \tag{7.109}$$

226 Dinâmica clássica de partículas e sistemas

O primeiro termo do lado direito da Equação 7.109 é somente $Q_j(F_i = m\ddot{x}_i$ e a Equação 7.105). A soma dos outros dois termos é $\partial T/\partial q_j$:

$$\frac{\partial T}{\partial q_j} = \sum_i m\dot{x}_i \frac{\partial \dot{x}_i}{\partial q_j}$$

$$= \sum_i m\dot{x}_i \frac{\partial}{\partial q_j}\left(\sum_k \frac{\partial x_i}{\partial q_k}\dot{q}_k + \frac{\partial x_i}{\partial t}\right) \tag{7.110}$$

onde utilizamos $T = \sum_i 1/2\ m\dot{x}_i^2$ e a Equação 7.100.

A Equação 7.109 agora pode ser formulada como

$$\dot{p}_j = Q_j + \frac{\partial T}{\partial q_j} \tag{7.111}$$

ou, ao utilizar as Equações 7.102 e 7.106,

$$\frac{d}{dt}\left(\frac{\partial T}{\partial \dot{q}_j}\right) - \frac{\partial T}{\partial q_j} = Q_j = -\frac{\partial U}{\partial q_j} \tag{7.112}$$

Uma vez que U não depende de velocidades generalizadas $\dot{q}_j$, a Equação 7.112 pode ser formulada

$$\frac{d}{dt}\left[\frac{\partial(T-U)}{\partial \dot{q}_j}\right] - \frac{\partial(T-U)}{\partial q_j} = 0 \tag{7.113}$$

e utilizando $L = T - U$,

$$\frac{d}{dt}\left(\frac{\partial L}{\partial \dot{q}_j}\right) - \frac{\partial L}{\partial q_j} = 0 \tag{7.114}$$

que são as equações de movimento de Lagrange.

7.7 A essência da dinâmica de Lagrange

Nas seções anteriores, fizemos várias afirmações gerais e importantes a respeito da formulação de Lagrange sobre a mecânica. Antes de prosseguir, devemos resumir esses pontos para enfatizar as diferenças entre os pontos de vista de Lagrange e de Newton.

Historicamente, as equações de movimento de Lagrange expressas em coordenadas generalizadas foram derivadas antes da formulação do Princípio de Hamilton.[16] Decidimos deduzir as equações de Lagrange postulando o Princípio de Hamilton porque esta é a abordagem mais direta e também é o método formal para unificar a dinâmica clássica.

Primeiro, devemos reiterar que a dinâmica de Lagrange não constitui uma teoria *nova* qualquer que seja o sentido da palavra. Os resultados da análise de Lagrange ou de Newton devem ser os mesmos para qualquer sistema mecânico dado. A única diferença é o método utilizado para obter estes resultados.

Enquanto a abordagem de Newton enfatiza um agente externo que age *em* um corpo (a *força*), o método de Lagrange lida somente com as quantidades associadas *com* o corpo (as *energias* cinética e potencial). Na verdade, em nenhum momento na formulação de Lagrange o conceito de *força* entra. Esta é uma propriedade particularmente importante – e por várias razões. Primeiro, uma vez que a energia é uma quantidade escalar, a função de Lagrange

---

[16] Equações de Lagrange, 1788; Princípio de Hamilton, 1834.

CAPÍTULO 7 – Princípio de Hamilton – Dinâmica de Lagrange e Hamilton **227**

para um sistema é invariável para transformações de coordenadas. De fato, tais transformações não estão restritas entre vários sistemas de coordenadas ortogonais no espaço comum; elas também podem ser transformações entre coordenadas *comuns* e *generalizadas*. Desse modo, é possível passar de um espaço comum (no qual as equações de movimento podem ser bastante complexas) para um espaço de configuração que pode ser escolhido para produzir máxima simplificação para um problema específico. Estamos acostumados a pensar em sistemas mecânicos em termos de quantidades de *vetor*, tais como força, velocidade, quantidade de movimento angular e torque. Mas, na formulação de Lagrange, as equações de movimento são obtidas inteiramente em termos de operações *escalares* no espaço de configuração.

Outro aspecto importante do ponto de vista força *versus* energia é que, em certas situações, pode até mesmo não ser possível afirmar explicitamente que todas as forças que agem em um corpo (como é o caso, às vezes, das forças de restrição), enquanto ainda é possível dar expressões para as energias cinética e potencial. É somente este fato que torna o Princípio de Hamilton útil para sistemas mecânicos-quânticos, onde normalmente conhecemos as energias, mas não as forças.

O enunciado diferencial da mecânica contido nas equações de Newton ou no enunciado integral incorporado no Princípio de Hamilton (e nas equações de Lagrange resultantes) foi demonstrado como inteiramente equivalente. Desse modo, não há distinção entre esses pontos de vista, que são baseados na descrição dos *efeitos físicos*. Mas, de um ponto de vista filosófico, podemos fazer uma distinção. Na formulação newtoniana, uma certa força em um corpo produz um movimento definido, isto é, nós sempre associamos um *efeito* definido com uma certa *causa*. De acordo como Princípio de Hamilton, contudo, o movimento de um corpo resulta da tentativa da natureza de atingir um certo *fim*, ou seja, minimizar a integral de tempo da diferença entre as energias cinética e potencial. A resolução operacional dos problemas na mecânica não depende da adoção de uma ou outra dessas visões. Mas, historicamente, tais considerações tiveram uma influência profunda no desenvolvimento da dinâmica (como, por exemplo, no princípio de Maupertuis, mencionado na Seção 7.2). O leitor que tiver interesse, pode consultar o excelente livro de Margenau para uma discussão desses assuntos.[17]

7.8   Um teorema relacionado à energia cinética

Se a energia cinética for expressa em coordenadas fixas, retangulares, o resultado é uma função quadrática de $\dot{x}_{\alpha,i}$:

$$T = \frac{1}{2} \sum_{\alpha=1}^{n} \sum_{i=1}^{3} m_{\alpha} \dot{x}_{\alpha,i}^{2} \tag{7.115}$$

Agora consideraremos, com mais detalhes, a dependência de T nas coordenadas generalizadas e velocidades. Para muitas partículas, as Equações 7.99 e 7.100 se tornam

$$x_{\alpha,i} = x_{\alpha,i}(q_j, t), \quad j = 1, 2, \ldots, s \tag{7.116}$$

$$\dot{x}_{\alpha,i} = \sum_{j=1}^{s} \frac{\partial x_{\alpha,i}}{\partial q_j} \dot{q}_j + \frac{\partial x_{\alpha,i}}{\partial t} \tag{7.117}$$

Ao avaliar o quadrado de $\dot{x}_{\alpha,i}$, obtemos

$$\dot{x}_{\alpha,i}^{2} = \sum_{j,k} \frac{\partial x_{\alpha,i}}{\partial q_j} \frac{\partial x_{\alpha,i}}{\partial q_k} \dot{q}_j \dot{q}_k + 2 \sum_{j} \frac{\partial x_{\alpha,i}}{\partial q_j} \frac{\partial x_{\alpha,i}}{\partial t} \dot{q}_j + \left(\frac{\partial x_{\alpha,i}}{\partial t}\right)^{2} \tag{7.118}$$

---

[17] Margenau (Ma77, capítulo 19).

228 **Dinâmica clássica de partículas e sistemas**

e a energia cinética se torna

$$T = \sum_{\alpha} \sum_{i,j,k} \frac{1}{2} m_{\alpha} \frac{\partial x_{\alpha,i}}{\partial q_j} \frac{\partial x_{\alpha,i}}{\partial q_k} \dot{q}_j \dot{q}_k + \sum_{\alpha} \sum_{i,j} m_{\alpha} \frac{\partial x_{\alpha,i}}{\partial q_j} \frac{\partial x_{\alpha,i}}{\partial t} \dot{q}_j + \sum_{\alpha} \sum_{i} \frac{1}{2} m_{\alpha} \left(\frac{\partial x_{\alpha,i}}{\partial t} \right)^2 \quad \textbf{(7.119)}$$

Desse modo, temos o resultado geral

$$T = \sum_{j,k} a_{jk} \dot{q}_j \dot{q}_k + \sum_{j} b_j \dot{q}_j + c \quad \textbf{(7.120)}$$

Um caso particularmente importante ocorre quando o sistema é *escleronômico*, de modo que o tempo não aparece explicitamente nas equações de transformação (Equação 7.116). As derivadas do tempo parcial desaparecem:

$$\frac{\partial x_{\alpha,i}}{\partial t} = 0, \qquad b_j = 0, \qquad c = 0$$

Portanto, sob estas condições, a energia cinética é uma *função quadrática homogênea* das velocidades generalizadas:

$$\boxed{T = \sum_{j,k} a_{jk} \dot{q}_j \dot{q}_k} \quad \textbf{(7.121)}$$

A seguir, diferenciamos a Equação 7.121 em relação a $\dot{q}_l$:

$$\frac{\partial T}{\partial \dot{q}_l} = \sum_{k} a_{lk} \dot{q}_k + \sum_{j} a_{jl} \dot{q}_j$$

Ao multiplicar esta equação por $\dot{q}_l$ e somar sobre l, temos

$$\sum_{l} \dot{q}_l \frac{\partial T}{\partial \dot{q}_l} = \sum_{k,l} a_{lk} \dot{q}_k \dot{q}_l + \sum_{j,l} a_{jl} \dot{q}_j \dot{q}_l$$

Neste caso, *todos* os índices são repetições, então ambos os termos do lado direito são idênticos:

$$\boxed{\sum_{l} \dot{q}_l \frac{\partial T}{\partial \dot{q}_l} = 2 \sum_{j,k} a_{jk} \dot{q}_j \dot{q}_k = 2T} \quad \textbf{(7.122)}$$

Este resultado importante é um caso especial do *teorema de Euler*, que afirma que se $f(y_k)$ é uma função homogênea de y_k, que é de grau n, temos

$$\sum_{k} y_k \frac{\partial f}{\partial y_k} = nf \quad \textbf{(7.123)}$$

7.9 Teoremas de conservação revistos

Conservação de energia

Vimos, nos argumentos anteriores,[18] que o *tempo* é homogêneo em um sistema de referência inercial. Portanto, a lagrangiana que descreve um *sistema fechado* (isto é, um sistema que não interage com nada fora do sistema) não pode depender explicitamente do tempo,[19] que é,

$$\frac{\partial L}{\partial t} = 0 \quad \textbf{(7.124)}$$

---

[18] Consulte a Seção 2.3.

[19] A lagrangiana é, do mesmo modo, independente do tempo, se o sistema existir em um campo de força uniforme.

CAPÍTULO 7 – Princípio de Hamilton – Dinâmica de Lagrange e Hamilton **229**

de modo que a derivada total da lagrangiana se torna

$$\frac{dL}{dt} = \sum_j \frac{\partial L}{\partial q_j} \dot{q}_j + \sum_j \frac{\partial L}{\partial \dot{q}_j} \ddot{q}_j \tag{7.125}$$

onde o termo usual, $\partial L/\partial t$, não aparece agora. Mas as equações de Lagrange são

$$\frac{\partial L}{\partial q_j} = \frac{d}{dt} \frac{\partial L}{\partial \dot{q}_j} \tag{7.126}$$

Ao utilizar a Equação 7.126 para substituir $\partial L/\partial q_j$ na Equação 7.125, temos

$$\frac{dL}{dt} = \sum_j \dot{q}_j \frac{d}{dt} \frac{\partial L}{\partial \dot{q}_j} + \sum_j \frac{\partial L}{\partial \dot{q}_j} \ddot{q}_j$$

ou

$$\frac{dL}{dt} - \sum_j \frac{d}{dt} \left(\dot{q}_j \frac{\partial L}{\partial \dot{q}_j} \right) = 0$$

de modo que

$$\frac{d}{dt} \left(L - \sum_j \dot{q}_j \frac{\partial L}{\partial \dot{q}_j} \right) = 0 \tag{7.127}$$

A quantidade em parênteses é, portanto, constante no tempo; denote esta constante por $-H$:

$$L - \sum_j \dot{q}_j \frac{\partial L}{\partial \dot{q}_j} = -H = \text{constante} \tag{7.128}$$

Se a energia potencial U não depender explicitamente das velocidades $\dot{x}_{\alpha,i}$ ou do tempo t, então $U = U(x_{\alpha,i})$. As relações que conectam as coordenadas retangulares e as coordenadas generalizadas são de forma $x_{\alpha,i} = x_{\alpha,i}(q_j)$ ou $q_j = q_j(x_{\alpha,i})$, onde excluímos a possibilidade de uma dependência explícita do tempo nas equações de transformação. Portanto, $U = U(q_j)$ e $\partial U/\partial \dot{q}_j = 0$. Assim,

$$\frac{\partial L}{\partial \dot{q}_j} = \frac{\partial (T - U)}{\partial \dot{q}_j} = \frac{\partial T}{\partial \dot{q}_j}$$

A Equação 7.128 pode, então, ser formulada como

$$(T - U) - \sum_j \dot{q}_j \frac{\partial T}{\partial \dot{q}_j} = -H \tag{7.129}$$

e, ao utilizar a Equação 7.122, temos

$$(T - U) - 2T = -H$$

ou

$$T + U = E = H = \text{constante} \tag{7.130}$$

A energia total E é uma constante de movimento para este caso.

A função H, chamada **hamiltoniana** do sistema, pode ser definida na Equação 7.128 (mas, consulte a Seção 7.10). É importante notar que a hamiltoniana H é igual à energia total E somente se as seguintes condições forem atendidas:

1. As equações de transformação que conectam as coordenadas retangulares e generalizadas (Equação 7.116) devem ser independentes do tempo, assegurando, desse modo, que a energia cinética seja uma função quadrática homogênea de $\dot{q}_j$.

230 Dinâmica clássica de partículas e sistemas

2. A energia potencial deve ser independente da velocidade, assim permitindo a eliminação dos termos $\partial U/\partial \dot{q}_j$ da equação para H (Equação 7.129).

As questões "$H = E$ para o sistema?" e "A energia é conservada para o sistema?" pertencem a dois *diferentes* aspectos do problema, e cada questão deve ser examinada separadamente. Podemos, por exemplo, ter casos em que a hamiltoniana não é igual à energia total, mas, mesmo assim, a energia é conservada. Desse modo, considere um sistema conservativo, e faça a descrição em termos das coordenadas generalizadas em movimento em relação aos eixos fixos, retangulares. As equações de transformação, então, contém o tempo, e a energia cinética *não* é uma função quadrática homogênea das velocidades generalizadas. A escolha de um conjunto matematicamente conveniente de coordenadas generalizadas não pode alterar o fato físico que a energia é conservada. Mas no sistema de coordenadas móveis, a hamiltoniana não é mais igual à energia total.

Conservação da quantidade de movimento linear

Como o espaço é homogêneo em um sistema de referência inercial, a lagrangiana de um sistema fechado não é afetado por uma translação do sistema inteiro no espaço. Considere uma translação infinitesimal de cada vetor de raio $\mathbf{r}_\alpha$ de modo que $\mathbf{r}_\alpha \to \mathbf{r}_\alpha + \delta\mathbf{r}$, o que equivale a transladar o sistema inteiro por $\delta\mathbf{r}$. Para simplificar, examinaremos um sistema que consiste de uma única partícula simples (ao incluir uma soma sobre α poderíamos considerar um sistema de n partículas de um modo inteiramente equivalente), e vamos escrever a lagrangiana em termos de coordenadas retangulares $L = L(x_i, \dot{x}_i)$. A alteração em L causada pelo deslocamento infinitesimal $\delta\mathbf{r} = \sum_i \delta x_i \mathbf{e}_i$ é

$$\delta L = \sum_i \frac{\partial L}{\partial x_i} \delta x_i + \sum_i \frac{\partial L}{\partial \dot{x}_i} \delta \dot{x}_i = 0 \tag{7.131}$$

Consideramos somente um *deslocamento* variado, de modo que δx_i não sejam funções explícitas ou implícitas do tempo. Assim,

$$\delta \dot{x}_i = \delta \frac{dx_i}{dt} = \frac{d}{dt} \delta x_i \equiv 0 \tag{7.132}$$

Portanto, δL se torna

$$\delta L = \sum_i \frac{\partial L}{\partial x_i} \delta x_i = 0 \tag{7.133}$$

Como cada ∂x_i é um deslocamento independente, δL desaparece identicamente somente se cada uma das derivadas parciais L desaparecer:

$$\frac{\partial L}{\partial x_i} = 0 \tag{7.134}$$

Então, de acordo com as equações de Lagrange,

$$\frac{d}{dt} \frac{\partial L}{\partial \dot{x}_i} = 0 \tag{7.135}$$

e

$$\frac{\partial L}{\partial \dot{x}_i} = \text{constante} \tag{7.136}$$

ou

$$\frac{\partial (T - U)}{\partial \dot{x}_i} = \frac{\partial T}{\partial \dot{x}_i} = \frac{\partial}{\partial \dot{x}_i}\left(\frac{1}{2} m \sum_j \dot{x}_j^2 \right)$$

$$= m \dot{x}_i = p_i = \text{constante} \tag{7.137}$$

CAPÍTULO 7 – Princípio de Hamilton – Dinâmica de Lagrange e Hamilton **231**

Assim, a homogeneidade do espaço implica que a quantidade de movimento linear **p** de um sistema fechado é constante no tempo.

Este resultado também pode ser interpretado de acordo com o seguinte enunciado: Se a lagrangiana de um sistema (não necessariamente *fechada*) é invariável em relação à translação em uma certa direção, então a quantidade de movimento linear do sistema naquela direção é constante no tempo.

Conservação da quantidade de movimento angular

Afirmamos na Seção 2.3 que uma característica de um sistema de referência inercial é que o espaço é *isotrópico*, isto é, que as propriedades mecânicas de um sistema fechado não são afetadas pela orientação do sistema. Em particular, a lagrangiana de um sistema fechado não muda se o sistema for girado por um ângulo infinitesimal.[20]

Se um sistema for girado por um certo eixo por um ângulo infinitesimal $\delta\theta$ (consulte a Figura 7.8), o vetor do raio **r** para um dado ponto muda para $\mathbf{r} + \delta\mathbf{r}$, onde (consulte a Equação 1.106)

$$\delta\mathbf{r} = \delta\boldsymbol{\theta} \times \mathbf{r} \tag{7.138}$$

Os vetores de velocidade também mudam na rotação do sistema e, como a equação de transformação para todos os vetores é o mesmo, temos

$$\delta\dot{\mathbf{r}} = \delta\boldsymbol{\theta} \times \dot{\mathbf{r}} \tag{7.139}$$

Consideramos somente uma única partícula e expressamos a lagrangiana em coordenadas retangulares. A alteração em L causada pela rotação infinitesimal é

$$\delta L = \sum_i \frac{\partial L}{\partial x_i} \delta x_i + \sum_i \frac{\partial L}{\partial \dot{x}_i} \delta \dot{x}_i = 0 \tag{7.140}$$

As Equações 7.136 e 7.137 mostram que as componentes retangulares do vetor de quantidade de movimento são dados por

$$p_i = \frac{\partial L}{\partial \dot{x}_i} \tag{7.141}$$

As equações de Lagrange podem, então, ser expressas por

$$\dot{p}_i = \frac{\partial L}{\partial x_i} \tag{7.142}$$

Assim, a Equação 7.140 se torna

$$\delta L = \sum_i \dot{p}_i \delta x_i + \sum_i p_i \delta \dot{x}_i = 0 \tag{7.143}$$

ou

$$\dot{\mathbf{p}} \cdot \delta\mathbf{r} + \mathbf{p} \cdot \delta\dot{\mathbf{r}} = 0 \tag{7.144}$$

Ao utilizar as Equações 7.138 e 7.139, esta equação pode ser formulada como

$$\dot{\mathbf{p}} \cdot (\delta\boldsymbol{\theta} \times \mathbf{r}) + \mathbf{p} \cdot (\delta\boldsymbol{\theta} \times \dot{\mathbf{r}}) = 0 \tag{7.145}$$

---

[20] Limitamos a rotação de um ângulo infinitesimal porque desejamos representar a rotação por um vetor; consulte a Seção 1.15.

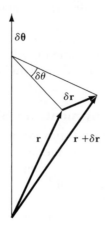

FIGURA 7.8 Um sistema é rotacionado por um ângulo infinitesimal $\delta\theta$.

Podemos permutar em ordem cíclica os fatores de um produto escalar triplo sem alterar o valor. Assim,

$$\delta\boldsymbol{\theta} \cdot (\mathbf{r} \times \dot{\mathbf{p}}) + \delta\boldsymbol{\theta} \cdot (\dot{\mathbf{r}} \times \mathbf{p}) = 0$$

ou

$$\delta\boldsymbol{\theta} \cdot [(\mathbf{r} \times \dot{\mathbf{p}}) + (\dot{\mathbf{r}} \times \mathbf{p})] = 0 \tag{7.146}$$

Os termos entre parênteses são somente os fatores que resultam da diferenciação em relação ao tempo de $\mathbf{r} \times \mathbf{p}$:

$$\delta\boldsymbol{\theta} \cdot \frac{d}{dt}(\mathbf{r} \times \mathbf{p}) = 0 \tag{7.147}$$

Como $\delta\boldsymbol{\theta}$ é arbitrária, devemos ter

$$\frac{d}{dt}(\mathbf{r} \times \mathbf{p}) = 0 \tag{7.148}$$

então

$$\mathbf{r} \times \mathbf{p} = \text{constante} \tag{7.149}$$

Mas $\mathbf{r} \times \mathbf{p} = \mathbf{L}$; a quantidade de movimento angular da partícula em um sistema fechado é, portanto, constante no tempo.

Um corolário importante deste teorema é o seguinte: considere um sistema em um campo externo de força. Se o campo possuir um eixo de simetria, então a lagrangiana do sistema é invariável com relação às rotações sobre o eixo de simetria. Assim, a quantidade de movimento angular sobre o eixo de simetria é constante no tempo. Este é exatamente o caso discutido no Exemplo 7.4 – a direção vertical foi um eixo de simetria do sistema, e a quantidade de movimento angular sobre aquele eixo é conservada.

A importância da conexão entre propriedades de *simetria* e a *invariância* das quantidades físicas não podem ser sobre-enfatizadas. A associação vai além da conservação da quantidade de movimento – de fato além de sistemas clássicos – e encontra ampla aplicação em teorias modernas de fenômenos de campo e partículas elementares.

Derivamos os teoremas de conservação para um sistema fechado simples considerando as propriedades de um sistema de referência inercial. Os resultados, resumidos na Tabela 7.1, são geralmente atribuídos a Emmy Noether.[21]

---

[21] Emmy Noether (1882–1935), uma das primeiras físicas matemáticas alemãs, sofreu um tratamento duro por parte dos matemáticos alemães no início de sua carreira. Ela é a criadora do teorema de Noether, que prova a relação entre o princípio de simetria e o de conservação.

CAPÍTULO 7 – Princípio de Hamilton – Dinâmica de Lagrange e Hamilton **233**

Há sete constantes (ou integrais) de movimento para um sistema fechado: energia total, quantidade de movimento linear (três componentes) e quantidade de movimento angular (três componentes). Essas e somente sete integrais têm a propriedade de serem *aditivas* para as partículas que compõem o sistema; elas possuem esta propriedade caso haja ou não uma interação entre as partículas.

TABELA 7.1

Característica do sistema inercial	Propriedade da lagrangiana	Quantidade conservada
Homogêneo no tempo	Sem função explícita de tempo	Energia total
Homogêneo no espaço	Invariável para translação	Quantidade de movimento linear
Isotrópico no espaço	Invariável para rotação	Quantidade de movimento angular

7.10 Equações canônicas de movimento – Dinâmica hamiltoniana

Na seção anterior, descobrimos que, se a energia potencial de um sistema é independente da velocidade, então as componentes da quantidade de movimento linear em coordenadas retangulares são dados por

$$p_i = \frac{\partial L}{\partial \dot{x}_i} \tag{7.150}$$

Por analogia, estendemos este resultado ao caso em que a lagrangiana é expressa em coordenadas generalizadas e definimos as **quantidades de movimento generalizadas**[22] de acordo com

$$\boxed{p_j \equiv \frac{\partial L}{\partial \dot{q}_j}} \tag{7.151}$$

(Infelizmente, as notações costumeiras para quantidade de movimento comum e generalizada são as mesmas, mesmo se as duas quantidades forem bem diferentes.) As equações de movimento de Lagrange são então expressas por

$$\boxed{\dot{p}_j = \frac{\partial L}{\partial q_j}} \tag{7.152}$$

Ao utilizar a definição de quantidades de movimentos generalizados, a Equação 7.128 para a hamiltoniana pode ser formulada como

$$H = \sum_j p_j \dot{q}_j - L \tag{7.153}$$

A lagrangiana é considerada como uma função de coordenadas generalizadas, velocidades generalizadas e possivelmente o tempo. A dependência de L no tempo pode surgir se as restrições forem dependentes do tempo ou se as equações de transformação que conectam as coordenadas retangulares e generalizadas contêm explicitamente o tempo. (Lembre que não

---

[22] Os termos *coordenadas generalizadas, velocidades generalizadas* e *quantidades de movimento generalizadas* foram introduzidos em 1867 por Sir William Thomson (mais tarde, Lord Kelvin) e P. G. Tait em seu famoso tratado *Natural Philosophy*.

234 Dinâmica clássica de partículas e sistemas

consideramos potenciais dependentes de tempos.) Podemos resolver a Equação 7.151 para as velocidades generalizadas e expressá-las como

$$\dot{q}_j = \dot{q}_j(q_k, p_k, t) \tag{7.154}$$

Assim, na Equação 7.153, podemos fazer uma mudança de variáveis do conjunto $(q_j, \dot{q}_j, t)$ para o conjunto (q_j, p_j, t)[23] e expressar a hamiltoniana como

$$H(q_k, p_k, t) = \sum_j p_j \dot{q}_j - L(q_k, \dot{q}_k, t) \tag{7.155}$$

Esta equação é formulada de modo a estressar o fato que *a hamiltoniana é sempre considerada uma função do conjunto (q_k, p_k, t) enquanto a lagrangiana é uma função do conjunto $(q_k, \dot{q}_k, t)$*:

$$H = H(q_k, p_k, t), \qquad L = L(q_k, \dot{q}_k, t) \tag{7.156}$$

O diferencial total de H é, portanto

$$dH = \sum_k \left(\frac{\partial H}{\partial q_k} dq_k + \frac{\partial H}{\partial p_k} dp_k \right) + \frac{\partial H}{\partial t} dt \tag{7.157}$$

De acordo com a Equação 7.155, também podemos formular

$$dH = \sum_k \left(\dot{q}_k dp_k + p_k d\dot{q}_k - \frac{\partial L}{\partial q_k} dq_k - \frac{\partial L}{\partial \dot{q}_k} d\dot{q}_k \right) - \frac{\partial L}{\partial t} dt \tag{7.158}$$

Ao utilizar as Equações 7.151 e 7.152 para substituir para $\partial L/\partial q_k$ e $\partial L/\partial \dot{q}_k$, o segundo e quarto termos entre parênteses na Equação 7.158 cancelam e permanece

$$dH = \sum_k (\dot{q}_k dp_k - \dot{p}_k dq_k) - \frac{\partial L}{\partial t} dt \tag{7.159}$$

Se identificarmos os coeficientes[24] de dq_k, dp_k e dt entre as Equações 7.157 e 7.159, temos

$$\dot{q}_k = \frac{\partial H}{\partial p_k} \tag{7.160}$$

Equações de movimento de Hamilton

$$-\dot{p}_k = \frac{\partial H}{\partial q_k} \tag{7.161}$$

e

$$-\frac{\partial L}{\partial t} = \frac{\partial H}{\partial t} \tag{7.162}$$

Além disso, ao utilizar as Equações 7.160 e 7.161 na Equação 7.157, o termo entre parênteses desaparece e segue que

$$\frac{dH}{dt} = \frac{\partial H}{\partial t} \tag{7.163}$$

---

[23] Esta mudança de variáveis é semelhante àquela frequentemente encontrada em termodinâmica e cai na classe geral das chamadas transformações de Legendre (utilizadas pelas primeira vez por Euler e talvez até mesmo por Leibniz). Uma discussão geral das transformações de Legendre com ênfase em sua importância para a mecânica é dada por Lanczos (La49, capítulo 6).

[24] As suposições implicitamente contidas neste procedimento são examinadas na seção a seguir.

CAPÍTULO 7 – Princípio de Hamilton – Dinâmica de Lagrange e Hamilton **235**

As Equações 7.160 e 7.161 são as **equações de movimento de Hamilton.**[25] Por causa de sua aparência simétrica, elas também são conhecidas como **equações de movimento canônicas**. A descrição do movimento por estas equações é denominada **dinâmica hamiltoniana**.

A Equação 7.163 expressa o fato de que, se H não contém explicitamente o tempo, então a hamiltoniana é uma quantidade conservada. Vimos anteriormente (Seção 7.9) que a hamiltoniana é igual à energia total $T + U$ se a energia potencial for independente da velocidade e as equações de transformação entre $x_{\alpha,i}$ e q_j não contiverem explicitamente o tempo. Sob estas condições, e se $\partial H / \partial t = 0$ então $H = E =$ constante.

Há $2s$ equações canônicas e eles substituem as equações de Lagrange s. (Lembre que $s = 3n - m$ é o número de graus de liberdade do sistema.) Mas as equações canônicas são equações diferenciais de *primeira ordem*, enquanto as equações de Lagrange são de *segunda ordem*.[26] Para utilizar as equações canônicas ao resolver um problema, devemos primeiro construir a hamiltoniana como uma função das coordenadas generalizadas e quantidades de movimento. Pode ser possível, em alguns casos, fazer isto diretamente. Em casos mais complexos, pode ser necessário primeiro estabelecer a lagrangiana e então calcular as quantidades de movimento generalizadas de acordo com a Equação 7.151. As equações de movimento são então dadas pelas equações canônicas.

EXEMPLO 7.11

Utilize o método hamiltoniano para encontrar as equações de movimento de uma partícula de massa m restringido para mover na superfície de um cilindro definido por $x^2 + y^2 = R$. A partícula está sujeita à força direcionada diretamente à origem e é proporcional à distância da partícula da origem: $\mathbf{F} = -k\,\mathbf{r}$.

Solução. A situação é ilustrada na Figura 7.9. O potencial que corresponde à força $\mathbf{F}$ é

$$U = \frac{1}{2}\,kr^2 = \frac{1}{2}k(x^2 + y^2 + z^2)$$
$$= \frac{1}{2}k(R^2 + z^2) \tag{7.164}$$

Podemos formular o quadrado da velocidade em coordenadas cilíndricas (consulte a Equação 1.101) como

$$v^2 = \dot{R}^2 + R^2\dot{\theta}^2 + \dot{z}^2 \tag{7.165}$$

Mas neste caso, R é uma constante, então a energia cinética é

$$T = \frac{1}{2}\,m(R^2\dot{\theta}^2 + \dot{z}^2) \tag{7.166}$$

Podemos escrever, agora, a lagrangiana como

$$L = T - U = \frac{1}{2}\,m(R^2\dot{\theta}^2 + \dot{z}^2) - \frac{1}{2}\,k(R^2 + z^2) \tag{7.167}$$

---

[25] Este conjunto de equações foi obtido primeiro por Lagrange em 1809, e Poisson também derivou equações semelhantes no mesmo ano. Mas nenhum deles reconhece as equações como um conjunto básico de equações de movimento; este ponto foi percebido primeiro por Cauchy em 1831. Hamilton foi o primeiro a derivar as equações em 1834 de um princípio de variação fundamental e tornou-as a base de uma teoria abrangente de dinâmica. Por isso, a designação equações de "Hamilton" é totalmente merecida.

[26] Este não é um resultado especial; qualquer conjunto de s equações de segunda ordem pode sempre ser substituído por um conjunto de $2s$ equações de primeira ordem.

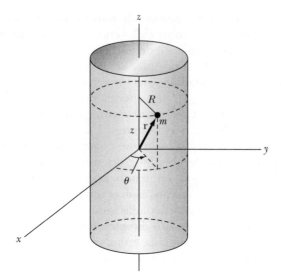

FIGURA 7.9 Exemplo 7.11. Uma partícula tem o movimento restringido na superfície de um cilindro.

As coordenadas generalizadas são θ e z, e as quantidades de movimento generalizadas são

$$p_\theta = \frac{\partial L}{\partial \dot\theta} = mR^2\dot\theta \tag{7.168}$$

$$p_z = \frac{\partial L}{\partial \dot z} = m\dot z \tag{7.169}$$

Como o sistema é conservador e as equações de transformação entre coordenadas retangulares e cilíndricas não envolvem explicitamente o tempo, a hamiltoniana H é somente a energia total expressa em termos das variáveis θ, p_θ, z, e p_z. Mas θ não ocorre explicitamente, então

$$H(z, p_\theta, p_z) = T + U$$
$$= \frac{p_\theta^2}{2mR^2} + \frac{p_z^2}{2m} + \frac{1}{2}kz^2 \tag{7.170}$$

onde o termo constante $\frac{1}{2}kR^2$ foi suprimido. As equações de movimento são, portanto, encontradas pelas equações canônicas:

$$\dot p_\theta = -\frac{\partial H}{\partial \theta} = 0 \tag{7.171}$$

$$\dot p_z = -\frac{\partial H}{\partial z} = -kz \tag{7.172}$$

$$\dot\theta = \frac{\partial H}{\partial p_\theta} = \frac{p_\theta}{mR^2} \tag{7.173}$$

$$\dot z = \frac{\partial H}{\partial p_z} = \frac{p_z}{m} \tag{7.174}$$

As Equações 7.173 e 1.174 simplesmente duplicam as Equações 7.168 e 7.169. As Equações 7.168 e 7.171 resultam

$$p_\theta = mR^2\dot\theta = \text{constante} \tag{7.175}$$

CAPÍTULO 7 – Princípio de Hamilton – Dinâmica de Lagrange e Hamilton **237**

A quantidade de movimento angular sobre o eixo z é, desse modo, uma constante de movimento. Este resultado é garantido porque o eixo z é o eixo de simetria do problema. Ao combinar as Equações 7.169 e 7.172, encontramos

$$\ddot{z} + \omega_0^2 z = 0 \tag{7.176}$$

onde

$$\omega_0^2 \equiv k/m \tag{7.177}$$

O movimento na direção z é, portanto, harmônico simples.

As equações de movimento para o problema anterior também podem ser encontradas pelo método de Lagrange utilizando a função L definidas pela Equação 7.167. Neste caso, as equações de movimento de Lagrange são mais fáceis de obter que as equações canônicas. De fato, é frequentemente verdade que o método de Lagrange leva mais prontamente para as equações de movimento que o método de Hamilton. Mas como temos maior liberdade para escolher a variável na formulação de Hamilton de um problema (q_k e p_k são independentes, enquanto q_k e $\dot{q}_k$ não são), ganhamos frequentemente vantagem prática ao utilizar o método de Hamilton. Por exemplo, em mecânica celeste – particularmente no caso de os movimentos estarem sujeitos a perturbações causadas pela influência de outros corpos –, é conveniente formular os problemas em termos da dinâmica hamiltoniana. Falando em geral, entretanto, a grande força da abordagem de Hamilton na dinâmica não se manifesta ao simplificar as soluções para problemas mecânicos; ao invés disso, ele oferece uma base que podemos estender a outros campos.

A coordenada generalizada q_k e a quantidade de movimento generalizada p_k são quantidades **canonicamente conjugadas**. De acordo com as Equações 7.160 e 7.161, se q_k não aparecer na hamiltoniana, então $\dot{p}_k = 0$, e a quantidade de movimento conjugado p_k é uma constante de movimento. As coordenadas que não aparecem explicitamente nas expressões para T e U são tidas como *cíclicas*. Uma cíclica coordenada em H também é cíclico em L. Mas, mesmo se q_k não aparecer em L, a velocidade generalizada $\dot{q}_k$ relacionada a esta coordenada está, em geral, ainda presente. Assim,

$$L = L(q_1, \ldots, q_{k-1}, q_{k+1}, \ldots, q_s, \dot{q}_1 \ldots, \dot{q}_s, t)$$

e não temos redução no número de graus de liberdade do sistema, mesmo se uma coordenada for cíclica; há ainda s equações de segunda ordem a serem resolvidas. Entretanto, na formulação canônica, se q_k for cíclico, p_k é constante, $q_k = \alpha_k$, e

$$H = H(q_1, \ldots, q_{k-1}, q_{k+1}, \ldots, q_s, p_1, \ldots, p_{k-1}, \alpha_k, p_{k+1}, \ldots, p_s, t)$$

Desse modo, há $2s - 2$ equações de primeira ordem a serem resolvidas, e o problema foi, de fato, reduzido em complexidade; há, na verdade, somente $s - 1$ graus de liberdade restantes. A coordenada q_k é completamente separada, e é *ignorável* no que diz respeito ao restante do problema. Calculamos a constante α_k ao aplicar as condições iniciais, e a equação de movimento para a coordenada cíclica é

$$\dot{q}_k = \frac{\partial H}{\partial \alpha_k} \equiv \omega_k \tag{7.178}$$

que pode ser imediatamente integrada para produzir

$$q_k(t) = \int \omega_k \, dt \tag{7.179}$$

A solução para uma coordenada cíclica é, portanto, trivial para reduzir para a quadratura. Consequentemente, a formulação canônica de Hamilton é particularmente bem adequada para lidar com problemas em que uma ou mais coordenadas são cíclicas. A solução mais simples possível para um problema resultaria se o problema pudesse ser formulado de modo que *todas* as coordenadas fossem cíclicas. Então, cada coordenada seria descrita de modo trivial como na Equação 7.179. É, de fato, possível encontrar transformações que fazem com que todas as coordenadas sejam cíclicas,[27] e estes procedimentos levam naturalmente a uma formulação da dinâmica particularmente útil ao construir teorias modernas da matéria. A discussão geral desses tópicos, entretanto, está além do escopo deste livro.[28]

EXEMPLO 7.12

Utilize o método de Hamilton para encontrar as equações de movimento para um pêndulo esférico de massa m e comprimento b (consulte a Figura 7.10).

Solução. As coordenadas generalizadas são θ e ϕ. A energia cinética é

$$T = \frac{1}{2} mb^2 \dot{\theta}^2 + \frac{1}{2} mb^2 \sin^2 \theta \dot{\phi}^2$$

A única força que age no pêndulo (além do ponto do suporte) é a gravidade, e definimos o potencial zero como estando no ponto de conexão do pêndulo.

$$U = -mgb \cos \theta$$

As quantidades de movimento generalizadas são, então

$$p_\theta = \frac{\partial L}{\partial \dot{\theta}} = mb^2 \dot{\theta} \tag{7.180}$$

$$p_\phi = \frac{\partial L}{\partial \dot{\phi}} = mb^2 \sin^2 \theta \dot{\phi} \tag{7.181}$$

Podemos resolver as Equações 7.180 e 7.181 para $\dot{\theta}$ e $\dot{\phi}$ em termos de p_θ e p_ϕ.

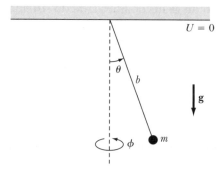

FIGURA 7.10 Exemplo 7.12. Um pêndulo esférico com coordenadas generalizadas θ e ϕ.

---

[27] Transformações deste tipo foram derivadas por Carl Gustav Jacob Jacobi (1804–1851). As investigações de Jacobi aumentaram muito a utilidade dos métodos de Hamilton, e estes desenvolvimentos são conhecidos como *teoria de Hamilton-Jacobi*.
[28] Veja, por exemplo, Goldstein (Go80, capítulo 10).

CAPÍTULO 7 – Princípio de Hamilton – Dinâmica de Lagrange e Hamilton **239**

Determinamos a hamiltoniana a partir da Equação 7.155 ou de $H = T + U$ (uma vez que as condições para a Equação 7.130 se aplicam).

$$H = T + U$$

$$= \frac{1}{2}mb^2 \frac{p_\theta^2}{(mb^2)^2} + \frac{1}{2}\frac{mb^2 \operatorname{sen}^2 \theta p_\phi^2}{(mb^2 \operatorname{sen}^2 \theta)^2} - mgb \cos \theta$$

$$= \frac{p_\theta^2}{2mb^2} + \frac{p_\phi^2}{2mb^2 \operatorname{sen}^2 \theta} - mgb \cos \theta$$

As equações de movimento são

$$\dot{\theta} = \frac{\partial H}{\partial p_\theta} = \frac{p_\theta}{mb^2}$$

$$\dot{\phi} = \frac{\partial H}{\partial p_\phi} = \frac{p_\phi}{mb^2 \operatorname{sen}^2 \theta}$$

$$\dot{p}_\theta = -\frac{\partial H}{\partial \theta} = \frac{p_\phi^2 \cos \theta}{mb^2 \operatorname{sen}^3 \theta} - mgb \operatorname{sen} \theta$$

$$\dot{p}_\phi = -\frac{\partial H}{\partial \phi} = 0$$

Porque ϕ é cíclico, a quantidade de movimento p_ϕ sobre o eixo de simetria é constante.

7.11 Alguns comentários a respeito de variáveis dinâmicas e cálculos de variação em física

Originalmente obtemos as equações de movimento de Lagrange ao enunciar o Princípio de Hamilton como uma integral de variação e então utilizando os resultados do capítulo anterior no cálculo de variações. Como o método e a aplicação foram assim separados, talvez valha a pena reafirmar o argumento de modo ordenado, porém abreviado.

O Princípio de Hamilton é expresso por

$$\delta \int_{t_1}^{t_2} L(q_j, \dot{q}_j, t) \, dt = 0 \tag{7.182}$$

Ao aplicar o procedimento de variação especificado na Seção 6.7, temos

$$\int_{t_1}^{t_2} \left(\frac{\partial L}{\partial q_j} \delta q_j + \frac{\partial L}{\partial \dot{q}_j} \delta \dot{q}_j \right) dt = 0$$

Em seguida, afirmamos que δq_j e $\delta \dot{q}_j$ *não* são independentes, então a operação de variação e a diferenciação de tempo podem ser intercambiadas:

$$\delta \dot{q}_j = \delta \left(\frac{dq_j}{dt} \right) = \frac{d}{dt} \delta q_j \tag{7.183}$$

A integral de variação se torna (após a integração em partes em que δq_j são estabelecidos como iguais a zero nos pontos finais)

240 Dinâmica clássica de partículas e sistemas

$$\int_{t_1}^{t_2} \left(\frac{\partial L}{\partial q_j} - \frac{d}{dt} \frac{\partial L}{\partial \dot{q}_j} \right) \delta q_j \, dt = 0 \qquad (7.184)$$

A exigência de que δq_j seja variações independentes leva imediatamente a equações de Lagrange.

No Princípio de Hamilton, expresso pela integral de variação na Equação 7.182, a lagrangiana é uma função das coordenadas e as velocidades generalizadas. Mas somente q_j são considerados variáveis independentes; as velocidades generalizadas são simplesmente as derivadas de tempo de q_j. Quando a integral for reduzida à forma dada pela Equação 7.184, afirmamos que δq_j têm variações independentes; desse modo a integração deve desaparecer identicamente, resultando nas equações de Lagrange. Podemos, portanto, apresentar esta questão: Como o movimento dinâmico do sistema é completamente determinado pelas condições iniciais, qual o significado das variações δq_j? Talvez uma resposta suficiente seja que as variáveis a serem consideradas geometricamente são possíveis dentro dos limites das restrições dadas – embora não sejam dinamicamente possíveis, isto é, ao utilizar um procedimento de variação para obter as equações de Lagrange, é conveniente ignorar temporariamente o fato que estamos lidando com um sistema físico cujo movimento é completamente determinado e sujeito a nenhuma variação e considerar, ao contrário, somente um certo problema matemático abstrato. De fato, este é o espírito em que qualquer cálculo de variação relacionado a um processo físico deve ser executado. Ao adotar tal ponto de vista, não devemos nos preocupar muito com o fato de que o procedimento de variação possa ser contrário a certas propriedades físicas conhecidas do sistema. (Por exemplo, a energia não é geralmente conservada ao passar de um caminho verdadeiro para um caminho variado.) Um cálculo de variação simplesmente testa várias soluções *possíveis* para um problema e prescreve um método para selecionar a solução *correta*.

As questões canônicas de movimento também podem ser obtidas diretamente de um cálculo de variação baseado no assim chamado **Princípio de Hamilton modificado**. A função de Lagrange pode ser expressa como (consulte a Equação 7.153):

$$L = \sum_j p_j \dot{q}_j - H(q_j, p_j, t) \qquad (7.185)$$

e o enunciado do Princípio de Hamilton contido na Equação 7.182 pode ser modificado para ser

$$\boxed{\delta \int_{t_1}^{t_2} \left(\sum_j p_j \dot{q}_j - H \right) dt = 0} \qquad (7.186)$$

Ao executar a variação no modo padrão, obtemos

$$\int_{t_1}^{t_2} \sum_j \left(p_j \delta \dot{q}_j + \dot{q}_j \delta p_j - \frac{\partial H}{\partial q_j} \delta q_j - \frac{\partial H}{\partial p_j} \delta p_j \right) dt = 0 \qquad (7.187)$$

Na formulação de Hamilton, q_j e p_j são considerados independentes: $\dot{q}_j$ são novamente não independentes de q_j, então a Equação 7.183 pode ser utilizada para expressar o primeiro termo na Equação 7.187 como

$$\int_{t_1}^{t_2} \sum_j p_j \delta \dot{q}_j \, dt = \int_{t_1}^{t_2} \sum_j p_j \frac{d}{dt} \delta q_j \, dt$$

Ao integrar por partes, o termo integrado desaparece e temos

$$\int_{t_1}^{t_2} \sum_j p_j \delta \dot{q}_j \, dt = - \int_{t_1}^{t_2} \sum_j \dot{p}_j \delta q_j \, dt \qquad (7.188)$$

Então, a Equação 7.187 se torna

CAPÍTULO 7 – Princípio de Hamilton – Dinâmica de Lagrange e Hamilton **241**

$$\int_{t_1}^{t_2} \sum_j \left\{ \left(\dot{q}_j - \frac{\partial H}{\partial p_j} \right) \delta p_j - \left(\dot{p}_j + \frac{\partial H}{\partial q_j} \right) \delta q_j \right\} dt = 0 \tag{7.189}$$

Se δq_j e δp_j representam *variações independentes*, os termos entre parênteses devem desaparecer separadamente resultando nas equações canônicas de Hamilton.

Na seção anterior, obtemos as equações canônicas ao formular as duas expressões diferentes para o diferencial total da hamiltoniana (Equações 7.157 e 7.159) e então equacionando os coeficientes de dq_j e dp_j. Este procedimento é válido se q_j e p_j forem variáveis independentes. Portanto, tanto na derivação anterior quanto no cálculo de variação anterior, obtemos as equações canônicas ao explorar a natureza independente das coordenadas e quantidades de movimento generalizadas.

As coordenadas e quantidades de movimento não são realmente "independentes" no sentido definitivo da palavra. Pois, se a dependência de tempo de cada uma das coordenadas for conhecida, $q_j = q_j(t)$, o problema é completamente resolvido. As velocidades generalizadas podem ser calculadas de

$$\dot{q}_j(t) = \frac{d}{dt} q_j(t)$$

e as quantidades de movimento generalizadas são

$$p_j = \frac{\partial}{\partial \dot{q}_j} L(q_j, \dot{q}_j, t)$$

O ponto essencial é que, enquanto q_j e $\dot{q}_j$ estão relacionados por uma derivada de tempo simples *independente da maneira como o sistema se comporta*, a conexão entre q_j e p_j são as *próprias equações de movimento*. A descoberta das relações que conectam q_j e p_j (e, assim, a eliminação da suposta independência dessas quantidades) é, portanto, equivalente a resolver o problema.

7.12 Espaço de fase e teorema de Liouville (opcional)

Apontamos, anteriormente, que as coordenadas generalizadas podem ser utilizadas para definir um *espaço de configuração* dimensional s, com cada ponto representando um certo estado do sistema. Do mesmo modo, as *quantidades de movimento generalizadas* definem um *espaço de quantidade de movimento* dimensional s, com cada ponto representando uma certa condição de movimento do sistema. Um dado ponto no espaço de configuração especifica somente a posição de cada partícula no sistema; nada pode ser inferido a respeito do movimento das partículas. O contrário é verdadeiro para o espaço da quantidade de movimento. No Capítulo 3, achamos melhor representar geometricamente a dinâmica de sistemas oscilatórios simples por diagramas de fase. Se utilizarmos este conceito com sistemas dinâmicos mais complexos, então um espaço dimensional $2s$ consistindo de q_j e p_j nos permite representar ambas as posições *e* as quantidades de movimento de todas as partículas. Esta generalização é chamada **espaço de fase hamiltoniano** ou, simplesmente, **espaço de fase**.[29]

EXEMPLO 7.13

Construa o diagrama de fases para a partícula no Exemplo 7.11.

Solução. A partícula tem dois graus de liberdade (θ, z), de modo que o espaço de fase para este exemplo é, na verdade, quadridimensional: θ, p_θ, z, p_z. Mas p_θ é constante e, portanto, pode ser suprimido. Na direção z, o movimento é harmônico simples, e a projeção no

---

[29] Anteriormente, representamos graficamente nos diagramas de fase a posição pela quantidade proporcional à velocidade. No espaço de fase hamiltoniano, esta última quantidade se torna a quantidade de movimento generalizada.

plano z-p_z do caminho de fase para qualquer energia total H é somente uma elipse. Como $\dot{\theta}$ = constante, o caminho de fase deve representar o movimento crescendo uniformemente com θ. Desse modo, o caminho de fase em qualquer superfície H = constante é uma **espira elíptica uniforme** (Figura 7.11).

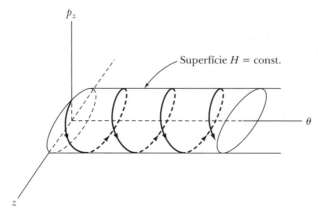

FIGURA 7.11 Exemplo 7.13. O diagrama de fases para a partícula no Exemplo 7.11.

Se, em um dado tempo, a posição e quantidade de movimento de todas as partículas em um sistema forem conhecidas, o movimento subsequente do sistema é completamente determinado, isto é, iniciando de um ponto $q_j(0)$, $p_j(0)$ no espaço de fase, o ponto representativo que descreve o sistema se move ao longo de um caminho único de fase. Em princípio, este procedimento pode sempre ser seguido e uma solução obtida. Mas, se o número de graus de liberdade do sistema for grande, o conjunto de equações de movimento pode ser complexo demais para ser resolvido em um tempo razoável. Além disso, para sistemas complexos, como a quantidade de gás, é praticamente impossível determinar as condições iniciais para cada módulo constituinte. Como não podemos identificar nenhum ponto específico no espaço de fase como representante das condições iniciais de qualquer tempo dado, devemos desenvolver uma abordagem alternativa para estudar a dinâmica de tais sistemas. Chegamos, portanto, ao ponto de partida da mecânica estatística. A formulação hamiltoniana da dinâmica é ideal para o estudo estatístico de sistemas complexos. Demonstramos isto em parte ao provar um teorema que é fundamental para essas investigações.

Para um conjunto amplo de partículas – digamos, moléculas de gás – somos incapazes de identificar o ponto particular no espaço de fase que representa o sistema. Mas podemos preencher o espaço de fase com um conjunto de pontos, cada um representando uma condição *possível* do sistema, isto é, imaginamos um número grande de sistemas (cada um consistente com as restrições conhecidas), sendo que qualquer um pode, concebivelmente, ser o sistema real. Como não podemos discutir os detalhes do movimento das partículas no sistema real, substituímos por uma discussão de um *grupo* de sistemas equivalentes. Cada ponto representativo no espaço de fase corresponde a um sistema único do conjunto, e o movimento de um ponto particular representa o movimento independente desse sistema. Desse modo, dois caminhos de fase não podem nunca fazer interseção.

Devemos considerar os pontos representativos como sendo suficientemente numerosos para que possamos definir uma *densidade no espaço de fase* ρ. Os elementos de volume do espaço de fase que definem a densidade devem ser suficientemente amplos para conter um número alto de pontos representativos, mas também devem ser suficientemente pequenos para que a densidade varie continuamente. O número N de sistema cujos pontos representativos estão em um volume dv de espaço de fase é

$$N = \rho\, dv \qquad (7.190)$$

onde

$$dv = dq_1\, dq_2 \cdots dq_s\, dp_1\, dp_2 \cdots dp_s \qquad (7.191)$$

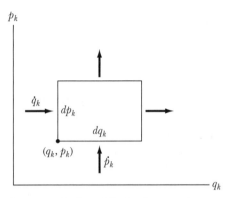

FIGURA 7.12 Um elemento de área $dA = dq_k\, dp_k$ no plano q_k–p_k no espaço de fase.

Como anteriormente, s é o número de graus de liberdade de cada sistema no grupo.

Considere um elemento de área no plano q_k–p_k no espaço de fase (Figura 7.12). O número de pontos representativos que se movem no canto esquerdo na área por unidade de tempo é

$$\rho\, \frac{dq_k}{dt}\, dp_k = \rho\, \dot{q}_k\, dp_k$$

e o número que se move pelo canto inferior na área por unidade de tempo é

$$\rho\, \frac{dp_k}{dt}\, dq_k = \rho\, \dot{p}_k\, dq_k$$

de modo que o número total de pontos representativos que se movem *na* área $dq_k\, dp_k$ por unidade de tempo é

$$\rho(\dot{q}_k\, dp_k + \dot{p}_k\, dq_k) \qquad (7.192)$$

Por uma série de expansão de Taylor, o número de pontos representativos que se movem *fora* da área por unidade de tempo é (aproximadamente)

$$\left[\rho \dot{q}_k + \frac{\partial}{\partial q_k}(\rho \dot{q}_k)\, dq_k\right] dp_k + \left[\rho \dot{p}_k + \frac{\partial}{\partial p_k}(\rho \dot{p}_k)\, dp_k\right] dq_k \qquad (7.193)$$

Desse modo, o aumento total na densidade em $dq_r\, dp_k$ por unidade de tempo é a diferença entre as Equações 7.192 e 7.193:

$$\frac{\partial \rho}{\partial t}\, dq_k\, dp_k = -\left[\frac{\partial}{\partial q_k}(\rho \dot{q}_k) + \frac{\partial}{\partial p_k}(\rho \dot{p}_k)\right] dq_k\, dp_k \qquad (7.194)$$

Após dividir por $dq_r\, dp_k$ e somar esta expressão por todos os valores possíveis de k, encontramos

$$\frac{\partial \rho}{\partial t} + \sum_{k=1}^{s} \left(\frac{\partial \rho}{\partial q_k}\dot{q}_k + \rho\frac{\partial \dot{q}_k}{\partial q_k} + \frac{\partial \rho}{\partial p_k}\dot{p}_k + \rho\frac{\partial \dot{p}_k}{\partial p_k}\right) = 0 \qquad (7.195)$$

Das equações de Hamilton (Equações 7.160 e 7.161), temos (se as segundas derivadas parciais de H forem contínuas)

$$\frac{\partial \dot{q}_k}{\partial q_k} + \frac{\partial \dot{p}_k}{\partial p_k} = 0 \qquad (7.196)$$

244 Dinâmica clássica de partículas e sistemas

então, a Equação 7.195 se torna

$$\frac{\partial \rho}{\partial t} + \sum_k \left(\frac{\partial \rho}{\partial q_k} \frac{dq_k}{dt} + \frac{\partial \rho}{\partial p_k} \frac{dp_k}{dt} \right) = 0 \tag{7.197}$$

Mas esta é somente a derivada de tempo total de ρ, então concluímos que

$$\boxed{\frac{d\rho}{dt} = 0} \tag{7.198}$$

Este resultado importante, conhecido como **teorema de Liouville**,[30] afirma que a densidade dos pontos representativos no espaço de fase que correspondem a um sistema de partículas permanece constante durante o movimento. Deve ser enfatizado que conseguimos estabelecer a não variação da densidade ρ somente porque o problema foi formulado no *espaço de fase*; um teorema equivalente para o espaço de configuração não existe. Desse modo, devemos utilizar a dinâmica de Hamilton (ao invés da dinâmica de Lagrange) para discutir grupos em mecânicas estatística.

O teorema de Liouville é importante não somente para agregados de partículas microscópicas, como na mecânica estatística de sistemas gasosos focando as propriedades de partículas carregadas em aceleradores de partículas, mas também em certos sistemas macroscópicos. Por exemplo, em dinâmica estelar, o problema é invertido e, ao estudar a função de distribuição ρ das estrelas na galáxia, o potencial U do campo gravitacional galáctico pode ser inferido.

7.13 Teorema do virial (opcional)

Outro resultado importante de natureza estatística deve ser mencionado. Considere um conjunto de partículas cujos vetores de posição $\mathbf{r}_\alpha$ e quantidades de movimento $\mathbf{p}_\alpha$ sejam ambos limitados (isto é, permanecem finitos para todos os valores de tempo). Defina uma quantidade

$$S \equiv \sum_\alpha \mathbf{p}_\alpha \cdot \mathbf{r}_\alpha \tag{7.199}$$

A derivada de tempo de S é

$$\frac{dS}{dt} = \sum_\alpha (\mathbf{p}_\alpha \cdot \dot{\mathbf{r}}_\alpha + \dot{\mathbf{p}}_\alpha \cdot \mathbf{r}_\alpha) \tag{7.200}$$

Se calcularmos o valor médio de dS/dt sobre um intervalo de tempo τ, encontramos

$$\left\langle \frac{dS}{dt} \right\rangle = \frac{1}{\tau} \int_0^\tau \frac{dS}{dt}\, dt = \frac{S(\tau) - S(0)}{\tau} \tag{7.201}$$

Se o movimento de sistema for periódico – e se τ for um múltiplo inteiro do período –, então $S(t) = S(0)$, e $\langle \dot{S} \rangle$ desaparece. Mas mesmo se o sistema não exibir nenhuma periodicidade – como S é, por hipótese, um movimento limitado – então, podemos tornar $\langle \dot{S} \rangle$ tão pequeno quanto necessário ao permitir que o tempo τ se torne suficientemente longo. Portanto, a média de tempo do lado direito da Equação 7.201 pode sempre ser feita para desaparecer (ou, pelo menos, se aproximar de zero). Desse modo, nesse limite, temos

$$\left\langle \sum_\alpha \mathbf{p}_\alpha \cdot \dot{\mathbf{r}}_\alpha \right\rangle = - \left\langle \sum_\alpha \dot{\mathbf{p}}_\alpha \cdot \mathbf{r}_\alpha \right\rangle \tag{7.202}$$

---

[30] Publicado em 1838 por Joseph Liouville (1809–1882).

No lado esquerdo dessa equação, $\mathbf{p}_\alpha \cdot \dot{\mathbf{r}}_\alpha$ é duas vezes a energia cinética. No lado direito, $\dot{\mathbf{P}}_\alpha$ é somente a força $\mathbf{F}_\alpha$ na partícula α. Assim,

$$\left\langle 2\sum_\alpha T_\alpha \right\rangle = -\left\langle \sum_\alpha \mathbf{F}_\alpha \cdot \dot{\mathbf{r}}_\alpha \right\rangle \tag{7.203}$$

A soma T_α sobre é a energia cinética total T do sistema, então temos o resultado geral

$$\langle T \rangle = -\frac{1}{2}\left\langle \sum_\alpha \mathbf{F}_\alpha \cdot \mathbf{r}_\alpha \right\rangle \tag{7.204}$$

O lado direito desta equação foi chamado por Clausius[31] o **virial** do sistema, e o **teorema do virial** afirma que *a energia cinética média de um sistema de partícula é igual a seu virial.*

EXEMPLO 7.14

Considere um gás ideal que contenha N átomos em um recipiente de volume V, pressão P e temperatura absoluta T_1 (não confunda com a energia cinética T). Utilize o teorema do virial para derivar a equação de estado para um gás perfeito.

Solução. De acordo como o teorema da equipartição, a energia cinética de cada átomo no gás ideal é $3/2\ kT_1$, onde k é a constante de Boltzmann. A energia cinética média total se torna

$$\langle T \rangle = \frac{3}{2}NkT_1 \tag{7.205}$$

O lado direito do teorema do virial (Equação 7.204) contém as forças $\mathbf{F}_\alpha$. Para um gás perfeito ideal, nenhuma força de interação ocorre entre os átomos. A única força é representada pela força de restrição das paredes. Os átomos saltam elasticamente das paredes, que exercem uma pressão nos átomos.

Como a pressão é a força por unidade de área, descobrimos que a força diferencial instantânea sobre uma área diferencial é

$$d\mathbf{F}_\alpha = -\mathbf{n}PdA \tag{7.206}$$

onde $\mathbf{n}$ é uma unidade vetorial normal para a superfície dA e aponta para fora. O lado direito do teorema do virial se torna

$$-\frac{1}{2}\left\langle \sum_\alpha \mathbf{F}_\alpha \cdot \mathbf{r}_\alpha \right\rangle = \frac{P}{2}\int \mathbf{n} \cdot \mathbf{r}\, dA \tag{7.207}$$

Utilizamos o teorema da divergência para relacionar a integral de superfície a uma integral de volume.

$$\int \mathbf{n} \cdot \mathbf{r}\, dA = \int \nabla \cdot \mathbf{r}\, dV = 3\int dV = 3V \tag{7.208}$$

O resultado do teorema do virial é

$$\frac{3}{2}NkT = \frac{3PV}{2}$$
$$NkT = PV \tag{7.209}$$

que é a lei do gás ideal.

---

[31] Rudolph Julius Emmanuel Clausius (1822–1888), físico alemão e um dos fundadores da termodinâmica.

246 Dinâmica clássica de partículas e sistemas

Se as forças $\mathbf{F}_\alpha$ puderem ser derivadas dos potenciais U_α, a Equação 7.204 pode ser reformulada como

$$\langle T \rangle = \frac{1}{2} \left\langle \sum_\alpha \mathbf{r}_\alpha \cdot \nabla U_\alpha \right\rangle \tag{7.210}$$

É de interesse especial o caso das duas partículas que interagem de acordo com uma força de lei de potência central: $F \propto r^n$. Então, o potencial é de forma

$$U = kr^{n+1} \tag{7.211}$$

Portanto,

$$\mathbf{r} \cdot \nabla U = \frac{dU}{dr} = k(n+1)r^{n+1} = (n+1)U \tag{7.212}$$

e o teorema do virial se torna

$$\langle T \rangle = \frac{n+1}{2} \langle U \rangle \tag{7.213}$$

Se as partículas têm uma interação gravitacional, então $n = -2$ e

$$\langle T \rangle = -\frac{1}{2} \langle U \rangle, \quad n = -2$$

Esta relação é útil ao calcular, por exemplo, a energia no movimento planetário.

PROBLEMAS

7.1. Um disco roda sem deslizar por um plano horizontal. O plano do disco permanece vertical, mas está livre para girar sobre um eixo vertical. Quais coordenadas generalizadas podem ser utilizadas para descrever o movimento? Formule uma equação diferencial que descreve uma restrição de rodagem. Esta equação é integrável? Justifique sua resposta com um argumento físico. A restrição é holonômica?

7.2. Desenvolva o Exemplo 7.6 mostrando todos os passos, especialmente aqueles que levam às Equações 7.36 e 7.41. Explique por que o sinal de aceleração a não pode afeta a frequência ω. Dê um argumento por que os sinais de a^2 e g^2 na solução de ω^2 na Equação 7.42 são os mesmos.

7.3. Uma esfera de raio ρ é restrita para rodar sem deslizamento na parte inferior da superfície interna de um cilindro oco de raio interno R. Determine a função de Lagrange, a equação de restrição e as equações de movimento de Lagrange. Encontre a frequência de pequenas oscilações.

7.4. Uma partícula se move em um plano sob a influência de uma força $f = -Ar^{\alpha-1}$ direcionada à origem; A e α (> 0) são constantes. Escolha as coordenadas generalizadas apropriadas e estabeleça a energia potencial como zero na origem. Encontre as equações de movimento de Lagrange. A quantidade de movimento angular sobre a origem é conservada? A energia total é conservada?

7.5. Considere uma plano vertical em um campo gravitacional constante. Estabeleça a origem de um sistema de coordenadas em algum ponto deste plano. Uma partícula de massa m se move em um plano vertical sob a influência da gravidade e sob a influência de uma força adicional $f = -Ar^{\alpha-1}$ direcionada à origem (r é a distância da origem; A e α [$\neq 0$ ou 1] são constantes). Escolha as coordenadas generalizadas apropriadas e encontre as equações de movimento de Lagrange. A quantidade de movimento angular sobre a origem é conservada? Explique.

CAPÍTULO 7 – Princípio de Hamilton – Dinâmica de Lagrange e Hamilton **247**

7.6. Um aro de massa m e raio R roda sem deslizar para baixo de um plano inclinado de massa M, que forma um ângulo α com a horizontal. Encontre as equações de Lagrange e as integrais de movimento se o plano puder deslizar sem fricção ao longo de uma superfície horizontal.

7.7. Um pêndulo duplo consiste de dois pêndulos simples, com um pêndulo suspenso do peso do outro. Se dois pêndulos tiverem comprimentos iguais e pesos de massa igual, e se ambos estiverem com movimentos restritos no mesmo plano, encontre as equações de movimento de Lagrange para o sistema. Não pressuponha ângulos pequenos.

7.8. Considere uma região de espaço dividida por um plano. A energia potencial da partícula na região 1 é U_1 e na região 2 é U_2. Se uma partícula de massa m e com velocidade v_1 na região 1 passar da região 1 para a região 2, de forma que seu caminho na região 1 forme um ângulo θ_1 com a normal ao plano de separação e um ângulo com o normal quando na região 2, demonstre que

$$\frac{\operatorname{sen} \theta_1}{\operatorname{sen} \theta_2} = \left(1 + \frac{U_1 - U_2}{T_1}\right)^{1/2}$$

onde $T_1 = \frac{1}{2}mv_1^2$. Qual é o análogo ótico deste problema?

7.9. Um disco de massa M e raio R roda sem deslizamento para baixo de um plano inclinado da horizontal por um ângulo α. O disco tem um eixo curto sem peso de raio irrelevante. A partir deste eixo, é suspenso um pêndulo simples de comprimento $l < R$ e cujo peso tem uma massa m. Considere que o movimento do pêndulo acontece no plano do disco e encontre as equações de Lagrange para o sistema.

7.10. Dois blocos, cada um com massa M, são conectados por um fio sem extensão, uniforme, de comprimento l. Um bloco é posicionado em uma superfície horizontal lisa, e o outro é suspenso pela lateral, e o fio passa por uma polia sem fricção. Descreva o movimento do sistema **(a)** quando a massa do fio for irrelevante e **(b)** quando o fio tiver uma massa m.

7.11. Uma partícula de massa m tem o movimento restrito em um círculo de raio R. O círculo gira no espaço sobre um ponto no círculo, que é fixo. A rotação acontece no plano do círculo e com velocidade angular constante ω. Na ausência de força gravitacional, demonstre que o movimento da partícula sobre uma extremidade de um diâmetro que passa pelo ponto pivô e pelo centro do círculo é o mesmo que o do pêndulo plano em um campo gravitacional uniforme. Explique por que este é um resultado razoável.

7.12. Uma partícula de massa m repousa em um plano liso. O plano é elevado a um ângulo de inclinação θ a uma taxa constante α ($\theta = 0$ em $t = 0$), fazendo com que a partícula se mova para baixo do plano. Determine o movimento da partícula.

7.13. Um pêndulo simples de comprimento b e peso com massa m é conectado a um suporte sem massa horizontalmente, com aceleração constante a. Determine **(a)** as equações de movimento e **(b)** o período para oscilações pequenas.

7.14. Um pêndulo simples de comprimento b e peso com massa m é conectado a um suporte sem massa movendo-se verticalmente para cima, com aceleração constante a. Determine **(a)** as equações de movimento e **(b)** o período para oscilações pequenas.

7.15. Um pêndulo consiste de uma massa m suspensa por uma mola sem massa de comprimento não estendido b e constante elástica k. Encontre as equações de movimento de Lagrange.

7.16. O ponto de suporte de um pêndulo simples de massa m e comprimento b é acionado horizontalmente por $x = a \operatorname{sen} \omega t$. Encontre a equação de movimento do pêndulo.

7.17. Uma partícula de massa m pode deslizar livremente ao longo de um fio AB cuja distância perpendicular até a origem O seja h (consulte a Figura 7.A). A linha OC gira sobre a origem a uma velocidade angular constante $\dot{\theta} = \omega$. A posição da partícula pode ser descrita em termos do ângulo θ e distância q até o ponto C. Se a partícula estiver sujeita a uma força gravitacional, e se as condições iniciais forem

$$\theta(0) = 0, \quad q(0) = 0, \quad \dot{q}(0) = 0$$

demonstre que a dependência de tempo da coordenada q é

$$q(t) = \frac{g}{2\omega^2}(\cosh \omega t - \cos \omega t)$$

Represente este resultado. Compute a hamiltoniana para o sistema e compare com a energia total. A energia total é conservada?

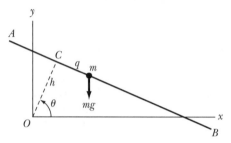

FIGURA 7.A Problema 7.17.

7.18. Um pêndulo é construído ao conectar uma massa m a um fio sem extensão de comprimento l. A extremidade superior do fio é conectada no ponto mais superior em um disco vertical de raio R ($R < l/\pi$) como na Figura 7.B. Obtenha a equação de movimento do pêndulo e encontre a frequência para pequenas oscilações. Encontre a linha sobre a qual o movimento angular se estende igualmente em qualquer direção (isto é, $\theta_1 = \theta_2$).

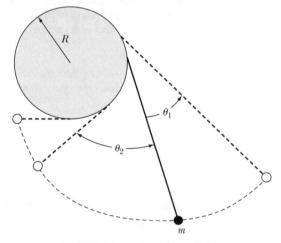

FIGURA 7.B Problema 7.18.

7.19. Duas massas m_1 e m_2 ($m_1 \neq m_2$) são conectadas por uma barra rígida de comprimento d e massa irrelevante. Um fio sem extensão de comprimento ℓ_1 é conectado a m_1 e a um ponto fixo de suporte P. De modo semelhante, um fio de comprimento ℓ_2 ($\ell_1 \neq \ell_2$) conecta m_2 e P. Obtenha a equação que descreve o movimento no plano de m_1, m_2 e P e encontre a frequência das oscilações pequenas sobre a posição de equilíbrio.

CAPÍTULO 7 – Princípio de Hamilton – Dinâmica de Lagrange e Hamilton   **249**

7.20. Um aro circular é suspenso em um plano horizontal por três fios, cada um com comprimento l, que são conectados simetricamente ao aro e aos pontos fixos dispostos em um plano sobre o aro. Em equilíbrio, cada fio é vertical. Demonstre que a frequência de oscilações rotacionais sobre o vertical através do centro do aro é a mesma que para um pêndulo simples de comprimento l.

7.21. Uma partícula tem o movimento restrito (sem fricção) em um fio circular que gira com velocidade angular constante ω sobre um diâmetro vertical. Encontre a posição de equilíbrio da partícula e calcule a frequência de oscilações pequenas sobre sua posição. Encontre e interprete fisicamente uma velocidade angular crítica $\omega = \omega_c$ que divide o movimento da partícula em dois tipos distintos. Construa diagramas de fase para os dois casos $\omega < \omega_c$ e $\omega > \omega_c$.

7.22. Uma partícula de massa m se move em uma dimensão sob a influência de uma força

$$F(x, t) = \frac{k}{x^2} e^{-(t/\tau)}$$

onde k e τ são constantes positivas. Compute as funções de Lagrange e Hamilton. Compare a hamiltoniana e a energia total e discuta a conservação de energia para o sistema.

7.23. Considere uma partícula de massa m que se move livremente em um campo de força conservativo cuja função potencial é U. Encontre a função de Hamilton e demonstre que as equações canônicas de movimento se reduzem a equações newtonianas. (Utilize coordenadas retangulares.)

7.24. Considere um pêndulo plano simples que consiste de uma massa m conectada a um fio de comprimento l. Após o pêndulo ser colocado em movimento, o comprimento do fio é encurtado a uma taxa constante

$$\frac{dl}{dt} = -\alpha = \text{constante}$$

O ponto de suspensão permanece fixo. Compute as funções de Lagrange e Hamilton. Compare a hamiltoniana e a energia total e discuta a conservação de energia para o sistema.

7.25. Uma partícula de massa m se move sob a influência da gravidade ao longo da hélice $z = k\theta$, $r = $ constante, onde k é uma constante e z é vertical. Obtenha as equações de movimento de Lagrange.

7.26. Determine a hamiltoniana e as equações de movimento de Hamilton para **(a)** um pêndulo simples e **(b)** uma máquina de Atwood simples (polia simples).

7.27. Uma mola sem massa de comprimento b e constante elástica k conecta duas partículas de massas m_1 e m_2. O sistema repousa em uma mesa lisa e pode oscilar e girar.
(a) Determine as equações de movimento de Lagrange.
(b) Quais são as quantidades de movimento generalizadas associadas com quaisquer coordenadas cíclicas?
(c) Determine as equações de movimento de Hamilton.

7.28. Uma partícula de massa m é atraída para um centro de força com força de magnitude k/r^2. Utilize coordenadas polares planas e encontre as equações de movimento de Hamilton.

7.29. Considere o pêndulo descrito no Problema 7.15. O ponto de suporte do pêndulo se ergue verticalmente com aceleração constante a.
(a) Utilize o método de Lagrange para encontrar as equações de movimento.
(b) Determine a hamiltoniana e as equações de movimento de Hamilton.
(c) Qual é o período para pequenas oscilações?

7.30. Considere duas funções contínuas quaisquer de coordenadas e quantidades de movimento generalizadas $g(q_k, p_k)$ e $h(q_k, p_k)$. Os **parênteses de Poisson** são definidos por

$$[g, h] \equiv \sum_k \left(\frac{\partial g}{\partial q_k} \frac{\partial h}{\partial p_k} - \frac{\partial g}{\partial p_k} \frac{\partial h}{\partial q_k} \right)$$

Verifique as seguintes propriedades dos parênteses de Poisson:

(a) $\dfrac{dg}{dt} = [g, H] + \dfrac{\partial g}{\partial t}$ (b) $\dot{q}_j = [q_i, H]$, $\dot{p}_j = [p_j, H]$

(c) $[p_l, p_j] = 0$, $[q_l, q_j] = 0$ (d) $[q_l, p_j] = \delta_{lj}$

onde H é a hamiltoniana. Se os parênteses de Poisson de duas quantidades desaparecer, as quantidades são consideradas como *comutando*. Se os parênteses de Poisson de duas quantidades for igual à unidade, as quantidades são consideradas como *canonicamente conjugadas*. (e) Demonstre que qualquer quantidade que não depende explicitamente do tempo e que comuta com a hamiltoniana é uma constante de movimento do sistema. O formalismo dos parênteses de Poisson é de considerável importância na mecânica quântica.

7.31. Um pêndulo esférico consiste de um peso de massa m conectado a uma barra sem peso, sem extensão, de comprimento l. A extremidade da barra oposta ao peso faz o pivô livremente (em todas as direções) sobre algum ponto fixo. Estabeleça a função hamiltoniana em coordenadas esféricas. (Se $p_\phi = 0$, o resultado é o mesmo que o do pêndulo plano.) Combine o termo que depende de p_ϕ com o termo de energia potencial comum para definir como potencial *efetivo* $V(\theta, p_\phi)$. Represente V como uma função de θ para diversos valores de p_ϕ, incluindo $p_\phi = 0$. Discuta as características do movimento, apontando as diferenças entre $p_\phi = 0$ e $p_\phi \neq 0$. Discuta o caso limite do pêndulo cônico (θ = constante) em relação ao diagrama V-θ.

7.32. Uma partícula se move em um campo de força esfericamente simétrico com energia potencial dada por $U(r) = -k/r$. Calcule a função hamiltoniana em coordenadas esféricas e obtenha as equações canônicas de movimento. Represente o caminho que um ponto representativo para o sistema seguiria em uma superfície H = constante em espaço de fase. Comece mostrando que o movimento deve estar em um plano de modo que o espaço de fase seja quadridimensional (r, θ, p_r, p_ϕ, mas somente os três primeiros são não triviais). Calcule a projeção do caminho de fase no plano r-p_r, e em seguida leve em consideração a variação com θ.

7.33. Determine a hamiltoniana e as equações de movimento de Hamilton para a máquina dupla de Atwood do Exemplo 7.8.

7.34. Uma partícula de massa m desliza para baixo de um cunha circular de massa M como mostra a Figura 7.C. A cunha repousa em uma mesa horizontal lisa. Encontre (a) a equação de movimento de m e M e (b) a reação da cunha em m.

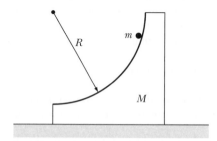

FIGURA 7.C Problema 7.34.

7.35. Quatro partículas são direcionadas para cima em um campo gravitacional uniforme com as seguintes condições iniciais:

(1) $z(0) = z_0$; $p_z(0) = p_0$
(2) $z(0) = z_0 + \Delta z_0$; $p_z(0) = p_0$
(3) $z(0) = z_0$; $p_z(0) = p_0 + \Delta p_0$
(4) $z(0) = z_0 + \Delta z_0$; $p_z(0) = p_0 + \Delta p_0$

Mostre, por cálculo direto, que os pontos representativos correspondentes a essas partículas sempre definem uma área em espaço de fase igual a $\Delta z_0 \, \Delta p_0$. Represente os caminhos de fase e mostre, para os diversos tempos $t > 0$, a forma da região cuja área permanece constante.

7.36. Discuta as implicações do teorema de Liouville ao focar em feixes de partículas carregadas, considerando o seguinte caso simples a seguir. Um feixe de elétrons de seção transversal circular (raio R_0) é direcionada ao longo do eixo z. A densidade de elétrons pelo feixe é constante, mas as componentes da quantidade de movimento transversais ao feixe (p_x e p_y) são distribuídos uniformemente sobre um círculo de raio p_0 em espaço de quantidade de movimento. Se algum sistema de foco reduzir o raio do feixe de R_0 para R_1, encontre a distribuição resultante das componentes da quantidade de movimento transversais. Qual é o significado físico deste resultado? (Considere a divergência angular do feixe.)

7.37. Utilize o método de multiplicadores indeterminados de Lagrange para descobrir as tensões em ambos os fios da máquina dupla de Atwood do Exemplo 7.8.

7.38. O potencial para um oscilador anarmônico é $U = kx^2/2 + bx^4/4$ onde k e b são constantes. Encontre as equações de movimento de Hamilton.

7.39. Uma corda extremamente flexível de densidade uniforme de massa, massa m e comprimento total b é disposta em uma mesa de comprimento z suspensa sobre a extremidade da mesa. Somente a gravidade age na corda. Encontre a equação de movimento de Lagrange.

7.40. Um pêndulo duplo é conectado a um carro de massa $2m$ que se move sem fricção em uma superfície horizontal. Consulte a Figura 7.D. Cada pêndulo tem comprimento b e massa m. Encontre as equações de movimento.

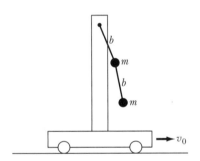

FIGURA 7.D Problema 7.40.

7.41. Um pêndulo de comprimento b e peso de massa m está oscilando em pequenos ângulos, quando o comprimento do fio do pêndulo é encurtado a uma velocidade de α ($db/dt = -\alpha$). Encontre as equações de movimento de Lagrange.

CAPÍTULO **8**

Movimento sob uma força central

8.1 Introdução

O movimento de um sistema que é formado por dois corpos afetados por uma força direcionada ao longo da linha que conecta os centros dos dois corpos (isto é, uma *força central*) constitui um problema físico muito importante, que podemos resolver completamente. A importância desse tipo de problema reside em grande parte em dois domínios muito diferentes da física: O movimento dos corpos celestes – planetas, luas, cometas, estrelas duplas e similares – e certas interações nucleares envolvendo dois corpos, como o espalhamento de partículas α pelos núcleos. Nos tempos da mecânica pré-quântica, os físicos também descreviam o átomo de hidrogênio sob o ponto de vista de uma força clássica central entre dois corpos. Apesar dessa descrição ainda ser útil em termos qualitativos, a abordagem da teoria quântica deve ser utilizada para se obter uma descrição detalhada. Além de algumas considerações gerais em relação ao movimento em campos de força central, discutimos neste e no próximo capítulo vários problemas de dois corpos encontrados na mecânica celeste e em física nuclear e de partículas.

8.2 Massa reduzida

A descrição de um sistema formado por duas partículas requer a especificação de seis quantidades, por exemplo, as três componentes de cada um dos dois vetores $\mathbf{r}_1$ e $\mathbf{r}_2$ das partículas.[1] Como alternativa, podemos escolher as três componentes do vetor de centro de massa $\mathbf{R}$ e as três componentes de $\mathbf{r} \equiv \mathbf{r}_1 - \mathbf{r}_2$ (veja a Figura 8.1a). Nesse ponto, concentramos nossa atenção nos sistemas sem perdas por atrito e para os quais a energia potencial é uma função somente de $r = |\mathbf{r}_1 - \mathbf{r}_2|$. A lagrangiana para esse tipo de sistema pode ser escrita como

$$L = \frac{1}{2} m_1 |\dot{\mathbf{r}}_1|^2 + \frac{1}{2} m_2 |\dot{\mathbf{r}}_2|^2 - U(r) \tag{8.1}$$

Pelo fato de o movimento de translação do sistema como um todo não ser de interesse do ponto de vista das órbitas das partículas entre si, podemos escolher a origem do sistema de coordenadas como sendo o centro de massa das partículas, ou seja, $\mathbf{R} \equiv 0$ (veja a Figura 8.1b). Desse modo (veja a Seção 9.2),

$$m_1 \mathbf{r}_1 + m_2 \mathbf{r}_2 = 0 \tag{8.2}$$

---

[1] Supõe-se que a orientação das partículas não seja importante, ou seja, elas são esfericamente simétricas (ou são partículas pontuais).

253

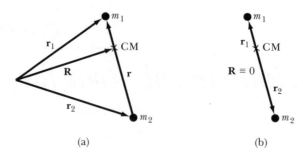

FIGURA 8.1 Dois métodos para descrever a posição das duas partículas. (a) A partir de um sistema arbitrário de coordenadas e (b) a partir do centro de massa. Os vetores de posição são $\mathbf{r}_1$ e $\mathbf{r}_2$, o vetor de centro de massa é $\mathbf{R}$ e o vetor relativo $\mathbf{r} = \mathbf{r}_1 - \mathbf{r}_2$.

Esta equação, combinada com $\mathbf{r} = \mathbf{r}_1 - \mathbf{r}_2$, fornece

$$\left.\begin{aligned}\mathbf{r}_1 &= \frac{m_2}{m_1 + m_2}\mathbf{r} \\ \mathbf{r}_2 &= -\frac{m_1}{m_1 + m_2}\mathbf{r}\end{aligned}\right\} \tag{8.3}$$

Substituindo a Equação 8.3 na expressão da lagrangiana, temos

$$\boxed{L = \frac{1}{2}\mu|\dot{\mathbf{r}}|^2 - U(r)} \tag{8.4}$$

onde μ é a **massa reduzida**,

$$\boxed{\mu \equiv \frac{m_1 m_2}{m_1 + m_2}} \tag{8.5}$$

Portanto, reduzimos formalmente o problema do movimento de dois corpos para um *problema de um corpo equivalente*, no qual devemos determinar somente o movimento de uma "partícula" de massa μ no campo central descrito pela função do potencial $U(r)$. Uma vez obtida a solução para $\mathbf{r}(t)$ aplicando as equações de Lagrange na Equação 8.4, podemos encontrar os movimentos individuais das partículas, $\mathbf{r}_1(t)$ e $\mathbf{r}_2(t)$ utilizando a Equação 8.3. Esse último passo não será necessário se somente as órbitas relativas entre as duas partículas forem necessárias.

8.3 Teoremas da conservação – Primeiras integrais do movimento

O sistema que desejamos discutir consiste de uma partícula de massa μ se movimentando em um campo de força central descrito pela função do potencial $U(r)$. Uma vez que a energia potencial depende somente da distância da partícula da força central e não da orientação, o sistema possui **simetria esférica**, ou seja, a rotação do sistema em torno de qualquer eixo fixo que passa no centro da força não pode afetar as equações de movimento. Já demonstramos (veja a Seção 7.9) que, sob certas condições, a quantidade de movimento angular do sistema é conservada:

$$\mathbf{L} = \mathbf{r} \times \mathbf{p} = \text{constante} \tag{8.6}$$

Usando esta relação, fica claro que o vetor do raio e o vetor da quantidade de movimento linear da partícula sempre se encontram em um plano normal ao vetor da quantidade de movimento angular **L**, que é fixo no espaço (veja a Figura 8.2). Portanto, temos somente um problema bidimensional e a lagrangiana pode então ser convenientemente expressa em cooordenadas polares planas.

$$L = \frac{1}{2}\mu(\dot{r}^2 + r^2\dot{\theta}^2) - U(r) \tag{8.7}$$

Como a lagrangiana é cíclica em θ, a quantidade de movimento angular conjugada à coordenada θ é conservada:

$$\dot{p}_\theta = \frac{\partial L}{\partial \theta} = 0 = \frac{d}{dt}\frac{\partial L}{\partial \dot{\theta}} \tag{8.8}$$

ou

$$p_\theta \equiv \frac{\partial L}{\partial \dot{\theta}} = \mu r^2 \dot{\theta} = \text{constante} \tag{8.9}$$

Portanto, a simetria do sistema nos permitiu integrar imediatamente uma das equações do movimento. A quantidade p_θ é uma *primeira integral* do movimento e indicamos seu valor constante pelo símbolo l:

$$l \equiv \mu r^2 \dot{\theta} = \text{constante} \tag{8.10}$$

Observe que l pode ser negativo ou positivo. O fato de l ser constante tem uma interpretação geométrica simples. Considerando a Figura 8.3, vemos que, na descrição do caminho **r**(*t*), o vetor do raio "varre" uma área $\frac{1}{2}r^2 d\theta$ em um intervalo de tempo dt:

$$dA = \frac{1}{2} r^2 d\theta \tag{8.11}$$

Dividindo pelo intervalo de tempo, demonstra-se que a **velocidade vetorial areal**[2] é

$$\frac{dA}{dt} = \frac{1}{2}r^2\frac{d\theta}{dt} = \frac{1}{2}r^2\dot{\theta}$$

$$= \frac{l}{2\mu} = \text{constante} \tag{8.12}$$

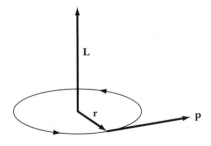

FIGURA 8.2 O movimento de uma partícula de massa μ se movendo em um campo de força central é descrito pelo vetor de posição **r**, a quantidade de movimento linear **p**, e a quantidade de movimento angular constante **L**.

---

[2] Área varrida pelo raio vetor que une o planeta ao Sol. (N.R.T.)

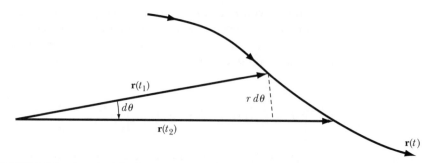

FIGURA 8.3 A trajetória de uma partícula é descrita por **r**(t). O vetor do raio varre uma área $dA = \frac{1}{2}r^2 d\theta$ em um intervalo de tempo dt.

Desse modo, a velocidade vetorial areal é constante no tempo. Este resultado foi obtido empiricamente por Kepler para o movimento dos planetas e é conhecido como a **Segunda Lei de Kepler**.[3] É importante observar que a conservação da velocidade vetorial areal não se limita à força da lei do inverso do quadrado (o caso do movimento planetário), mas é um resultado geral do movimento de força central.

Já que eliminamos da consideração o movimento uniforme sem interesse do centro de massa do sistema, a conservação da quantidade de movimento linear não acrescenta nada de novo à descrição do movimento. Portanto, a conservação da energia é a única primeira integral restante do problema. A conservação da energia total E é automaticamente garantida pelo fato de termos limitado a discussão aos sistemas não dissipativos. Assim,

$$T + U = E = \text{constante} \tag{8.13}$$

e

$$E = \frac{1}{2}\mu(\dot{r}^2 + r^2\dot{\theta}^2) + U(r)$$

ou

$$\boxed{E = \frac{1}{2}\mu\dot{r}^2 + \frac{1}{2}\frac{l^2}{\mu r^2} + U(r)} \tag{8.14}$$

8.4 Equações de movimento

Quando $U(r)$ é especificado, a Equação 8.14 descreve totalmente o sistema e a integração dessa equação fornece a solução geral do problema em termos dos parâmetros E e l. Resolvendo a Equação 8.14 para $\dot{r}$, temos

$$\dot{r} = \frac{dr}{dt} = \pm\sqrt{\frac{2}{\mu}(E - U) - \frac{l^2}{\mu^2 r^2}} \tag{8.15}$$

Esta equação pode ser resolvida para dt e integrada para fornecer a solução $t = t(r)$. Uma inversão desse resultado fornece então a equação de movimento na forma padrão $r = r(t)$. Entretanto, estamos interessados nesse momento na equação do caminho em termos de r e θ.

---

[3] Publicada por Johannes Kepler (1571–1630) em 1609 após um exaustivo estudo das compilações efetuadas por Tycho Brahe (1546–1601) das posições do planeta Marte. A Primeira Lei de Kepler lida com a forma das órbitas planetárias (veja a Seção 8.7).

CAPÍTULO 8 – Movimento sob uma força central **257**

Podemos escrever

$$d\theta = \frac{d\theta}{dt}\frac{dt}{dr}dr = \frac{\dot{\theta}}{\dot{r}}dr \qquad (8.16)$$

Nessa relação, podemos substituir $\dot{\theta} = l/\mu r^2$ (Equação 8.10) e a expressão $\dot{r}$ da Equação 8.15. Integrando, temos

$$\theta(r) = \int \frac{\pm(l/r^2)\,dr}{\sqrt{2\mu\left(E - U - \dfrac{l^2}{2\mu r^2}\right)}} \qquad (8.17)$$

Adicionalmente, pelo fato de l ser constante no tempo, $\dot{\theta}$ não pode mudar de sinal e, portanto, $\theta(t)$ deverá aumentar ou diminuir monotonicamente com o tempo.

Apesar de termos reduzido o problema à avaliação formal de uma integral, a solução real somente poderá ser obtida para algumas formas específicas da lei da força. Se a força é proporcional a alguma potência da distância radial, $F(r) \propto r^n$, a solução poderá ser expressa em termos de integrais elípticas para alguns valores inteiros e fracionários de n. Somente para $n = 1$, -2 e -3, as soluções podem ser expressas em termos de funções circulares (senos e cossenos).[4] O caso $n = 1$ é justamente aquele do oscilador harmônico (veja o Capítulo 3) e o caso $n = -2$ é a importante força da lei do inverso do quadrado, tratada nas Seções 8.6 e 8.7. Esses dois casos, $n = 1$, -2, são de fundamental importância nas situações físicas. Os detalhes de alguns outros casos de interesse serão encontrados nos problemas no final deste capítulo.

Portanto, resolvemos o problema de um modo formal, combinando as equações que expressam a conservação da energia e da quantidade de movimento angular em um único resultado, o que fornece a equação da órbita $\theta = \theta(r)$. Podemos também resolver o problema utilizando a equação de Lagrange para a coordenada r:

$$\frac{\partial L}{\partial r} - \frac{d}{dt}\frac{\partial L}{\partial \dot{r}} = 0$$

Utilizando a Equação 8.7 para L, encontramos

$$\mu(\ddot{r} - r\dot{\theta}^2) = -\frac{\partial U}{\partial r} = F(r) \qquad (8.18)$$

A Equação 8.18 pode ser apresentada em uma forma mais adequada para certos tipos de cálculos, efetuando-se uma simples mudança de variável:

$$u \equiv \frac{1}{r}$$

Em primeiro lugar, calculamos

$$\frac{du}{d\theta} = -\frac{1}{r^2}\frac{dr}{d\theta} = -\frac{1}{r^2}\frac{dr}{dt}\frac{dt}{d\theta} = -\frac{1}{r^2}\frac{\dot{r}}{\dot{\theta}}$$

Porém, da Equação 8.10, $\dot{\theta} = l/\mu r^2$, desse modo

$$\frac{du}{d\theta} = -\frac{\mu}{l}\dot{r}$$

Em seguida, escrevemos

$$\frac{d^2u}{d\theta^2} = \frac{d}{d\theta}\left(-\frac{\mu}{l}\dot{r}\right) = \frac{dt}{d\theta}\frac{d}{dt}\left(-\frac{\mu}{l}\dot{r}\right) = -\frac{\mu}{l\dot{\theta}}\ddot{r}$$

---

[4] Veja, por exemplo, Goldstein (Go80, pp. 88-90).

258 Dinâmica clássica de partículas e sistemas

e, com a mesma substituição para $\dot{\theta}$, temos

$$\frac{d^2 u}{d\theta^2} = -\frac{\mu^2}{l^2} r^2 \ddot{r}$$

Portanto, resolvendo para $\ddot{r}$ e $r\dot{\theta}^2$ em termos de u, encontramos

$$\left.\begin{array}{c} \ddot{r} = -\dfrac{l^2}{\mu^2} u^2 \dfrac{d^2 u}{d\theta^2} \\[12pt] r\dot{\theta}^2 = \dfrac{l^2}{\mu^2} u^3 \end{array}\right\} \tag{8.19}$$

Substituindo a Equação 8.19 na Equação 8.18, obtemos a equação transformada do movimento:

$$\frac{d^2 u}{d\theta^2} + u = -\frac{\mu}{l^2} \frac{1}{u^2} F(1/u) \tag{8.20}$$

que também pode ser escrita como

$$\boxed{\frac{d^2}{d\theta^2}\left(\frac{1}{r}\right) + \frac{1}{r} = -\frac{\mu r^2}{l^2} F(r)} \tag{8.21}$$

Esta forma da equação de movimento é particularmente útil se desejamos encontrar a lei da força que fornece uma órbita particular conhecida $r = r(\theta)$.

EXEMPLO 8.1

Determine a lei da força para um campo de força central que permite o movimento de uma partícula em uma órbita espiral logarítmica fornecida por $r = ke^{\alpha\theta}$, onde k e α são constantes.

Solução. Utilizamos a Equação 8.21 para determinar a lei da força $F(r)$. Em primeiro lugar, determinamos

$$\frac{d}{d\theta}\left(\frac{1}{r}\right) = \frac{d}{d\theta}\left(\frac{e^{-\alpha\theta}}{k}\right) = \frac{-\alpha e^{-\alpha\theta}}{k}$$

$$\frac{d^2}{d\theta^2}\left(\frac{1}{r}\right) = \frac{\alpha^2 e^{-\alpha\theta}}{k} = \frac{\alpha^2}{r}$$

A partir da Equação 8.21, podemos agora determinar $F(r)$.

$$F(r) = \frac{-l^2}{\mu r^2}\left(\frac{\alpha^2}{r} + \frac{1}{r}\right)$$

$$F(r) = \frac{-l^2}{\mu r^3}(\alpha^2 + 1) \tag{8.22}$$

Desse modo, a lei da força é do tipo atrativa com o inverso do cubo.

CAPÍTULO 8 – Movimento sob uma força central   **259**

EXEMPLO 8.2

Determine $r(t)$ e $\theta(t)$ para o problema no Exemplo 8.1.

Solução.   Da Equação 8.10, temos

$$\dot{\theta} = \frac{l}{\mu r^2} = \frac{l}{\mu k^2 e^{2\alpha\theta}} \tag{8.23}$$

Rearranjando a Equação 8.23, temos

$$e^{2\alpha\theta} d\theta = \frac{l}{\mu k^2} dt$$

e a integração fornece

$$\frac{e^{2\alpha\theta}}{2\alpha} = \frac{lt}{\mu k^2} + C'$$

onde C' é uma constante de integração. Multiplicando por 2α e fazendo $C = 2\alpha C'$, temos

$$e^{2\alpha\theta} = \frac{2\alpha lt}{\mu k^2} + C \tag{8.24}$$

Resolvemos para $\theta(t)$ utilizando o logaritmo natural da Equação 8.24:

$$\theta(t) = \frac{1}{2\alpha} \ln\left(\frac{2\alpha lt}{\mu k^2} + C\right) \tag{8.25}$$

De modo similar, podemos resolver para $r(t)$, examinando as Equações 8.23 e 8.24:

$$\frac{r^2}{k^2} = e^{2\alpha\theta} = \frac{2\alpha lt}{\mu k^2} + C$$

$$r(t) = \left[\frac{2\alpha l}{\mu} t + k^2 C\right]^{1/2} \tag{8.26}$$

A constante de integração C e a quantidade de movimento angular l necessárias para as Equações 8.25 e 8.26 são determinadas a partir das condições iniciais.

EXEMPLO 8.3

Qual é a energia total da órbita nos dois exemplos precedentes?

Solução.   A energia é determinada a partir da Equação 8.14. Em particular, precisamos de $\dot{r}$ e $U(r)$.

$$U(r) = -\int F\,dr = \frac{+l^2}{\mu}(\alpha^2 + 1)\int r^{-3} dr$$

$$U(r) = -\frac{l^2(\alpha^2 + 1)}{2\mu}\frac{1}{r^2} \tag{8.27}$$

onde fizemos $U(\infty) = 0$.

Reescrevemos a Equação 8.10 para determinar $\dot{r}$:

$$\dot{\theta} = \frac{d\theta}{dt} = \frac{d\theta}{dr}\frac{dr}{dt} = \frac{l}{\mu r^2}$$

$$\dot{r} = \frac{dr}{d\theta}\frac{l}{\mu r^2} = \alpha k e^{\alpha\theta}\frac{l}{\mu r^2} = \frac{\alpha l}{\mu r} \tag{8.28}$$

Substituindo as Equações 8.27 e 8.28 na Equação 8.14, temos

$$E = \frac{1}{2}\mu\left(\frac{\alpha l}{\mu r}\right)^2 + \frac{l^2}{2\mu r^2} - \frac{l^2(\alpha^2 + 1)}{2\mu r^2}$$

$$E = 0 \tag{8.29}$$

A energia total da órbita é zero se $U(r = \infty) = 0$.

8.5 Órbitas em um campo central

A velocidade vetorial radial de uma partícula em movimento em um campo central é fornecida pela Equação 8.15. Esta equação indica que se anula nas raízes do radical, ou seja, nos pontos para os quais

$$E - U(r) - \frac{l^2}{2\mu r^2} = 0 \tag{8.30}$$

A anulação $\dot{r}$ implica que um *ponto de volta* no movimento foi alcançado (veja a Seção 2.6). Em geral, a Equação 8.30 possui duas raízes: r_{max} e r_{min}. Portanto, o movimento da partícula fica confinado à região anular especificada por $r_{max} \geq r \geq r_{min}$. Algumas combinações da função do potencial $U(r)$ e os parâmetros E e l produzem somente uma única raiz para a Equação 8.30. Nesse caso, $\dot{r} = 0$ para todos os valores de tempo e, dessa forma, $r = $ constante e a órbita é circular.

Se o movimento de uma partícula no potencial $U(r)$ é periódico, a órbita será *fechada*; ou seja, após um número finito de excursões entre os limites radiais r_{min} e r_{max}, o movimento se repete exatamente. Porém, se a órbita não se fechar após um número finito de oscilações, ela é dita como sendo *aberta* (Figura 8.4). Da Equação 8.17, podemos calcular a variação no ângulo θ que resulta de um trânsito completo de r a partir de r_{min} até r_{max} e de volta a r_{min}. Como o movimento é simétrico no tempo, esta variação angular é equivalente a duas vezes àquela que resultaria da passagem de r_{min} para r_{max}:

$$\Delta\theta = 2\int_{r_{min}}^{r_{max}} \frac{(l/r^2)\,dr}{\sqrt{2\mu\left(E - U - \frac{l^2}{2\mu r^2}\right)}} \tag{8.31}$$

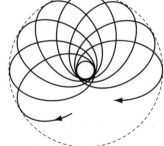

FIGURA 8.4 Uma órbita que não se fecha após um número finito de oscilações é dita como sendo *aberta*.

CAPÍTULO 8 – Movimento sob uma força central **261**

O caminho será fechado somente se $\Delta\theta$ for uma fração racional de 2π, ou seja, se $\Delta\theta = 2\pi \cdot (a/b)$, onde a e b são inteiros. Sob essas condições, após b períodos, o vetor do raio da partícula terá efetuado a revoluções completas e retornará à sua posição original. Podemos demonstrar (veja o Problema 8.35) que, se o potencial varia com alguma potência inteira da distância radial, $U(r) \propto r^{n+1}$, um caminho não circular fechado poderá resultar *somente*[5] se $n = -2$ ou $+1$. O caso $n = -2$ corresponde a uma força da lei do inverso do quadrado – por exemplo, a força gravitacional ou a força eletrostática. O caso $n = +1$ corresponde ao potencial do oscilador harmônico. Para o caso bidimensional discutido na Seção 3.4, concluímos que um caminho fechado resultaria para o movimento se a razão entre as frequências angulares dos movimentos x e y fosse racional.

8.6 Energia centrífuga e potencial efetivo

Nas expressões precedentes para $\dot{r}$, $\Delta\theta$, e assim por diante, um termo comum é o radical

$$\sqrt{E - U - \frac{l^2}{2\mu r^2}}$$

O último termo no radical tem as dimensões de energia e, de acordo com a Equação 8.10, também pode ser escrito como

$$\frac{l^2}{2\mu r^2} = \frac{1}{2}\mu r^2 \dot{\theta}^2$$

Se interpretarmos essa quantidade como "energia potencial",

$$U_c \equiv \frac{l^2}{2\mu r^2} \tag{8.32}$$

a "força" que deve estar associada com U_c é

$$F_c = -\frac{\partial U_c}{\partial r} = \frac{l^2}{\mu r^3} = \mu r \dot{\theta}^2 \tag{8.33}$$

Essa quantidade é tradicionalmente denominada como **força centrífuga**,[6] apesar de não constituir uma força no sentido comum da palavra.[7] Entretanto, devemos continuar a utilizar essa terminologia lamentável, pois ela é de uso costumeiro e conveniente.

Vemos que o termo $l^2/2\mu r^2$ pode ser interpretado como a *energia potencial centrífuga* da partícula e, desse modo, poderá ser incluído com $U(r)$ em uma *energia potencial efetiva* definida por

$$\boxed{V(r) \equiv U(r) + \frac{l^2}{2\mu r^2}} \tag{8.34}$$

---

[5] Alguns valores fracionários de n também levam a órbitas fechadas, mas, em geral, esses casos não têm interesse de um ponto de vista físico.

[6] A expressão é mais prontamente reconhecida na forma $F_c = mr\omega^2$. A primeira apreciação real da força centrífuga foi feita por Huygens, que realizou um exame detalhado em seu estudo do pêndulo cônico em 1659.

[7] Veja a Seção 10.3 para obter uma discussão mais crítica da força centrífuga.

Portanto, $V(r)$ é um potencial *fictício* que combina a função do potencial real $U(r)$ com o termo de energia associado ao movimento angular em torno do centro de força. Para o caso do movimento de força central da lei do inverso do quadrado, a força é fornecida por

$$F(r) = -\frac{k}{r^2} \tag{8.35}$$

da qual

$$U(r) = -\int F(r)\,dr = -\frac{k}{r} \tag{8.36}$$

Assim, a função do potencial efetivo para a atração gravitacional é

$$V(r) = -\frac{k}{r} + \frac{l^2}{2\mu r^2} \tag{8.37}$$

Este potencial efetivo e suas componentes são mostrados na Figura 8.5. O valor do potencial é arbitrariamente considerado como sendo zero em $r = \infty$. (Isso fica implícito na Equação 8.36, onde omitimos a constante de integração.)

Podemos agora tirar conclusões similares àquelas da Seção 2.6 sobre o movimento de uma partícula em um poço de potencial arbitrário. Se fizermos um gráfico da energia total E da partícula em um diagrama similar à Figura 8.5, poderemos identificar três regiões de interesse (veja a Figura 8.6). Se a energia total é positiva ou zero (por exemplo, $E_1 \geq 0$), o movimento não será limitado; a partícula se moverá em direção ao centro da força (localizado em $r = 0$) de uma distância infinitamente afastada até "colidir" com a barreira de potencial no *ponto de volta* $r = r_1$ e ser refletida de volta em direção a um r infinitamente grande. Observe que a altura da linha de energia total constante acima de $V(r)$ em qualquer r, como r_5 na Figura 8.6, é igual a $\frac{1}{2}\mu \dot{r}^2$. Desse modo, a velocidade vetorial radial $\dot{r}$ é anulada e muda de sinal no(s) ponto(s) de volta.

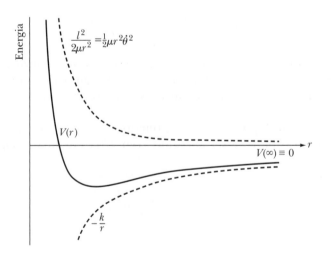

FIGURA 8.5 O potencial efetivo da atração gravitacional $V(r)$ é composto pelo termo do potencial real $-k/r$ e da energia potencial centrífuga $l^2/2\mu r^2$.

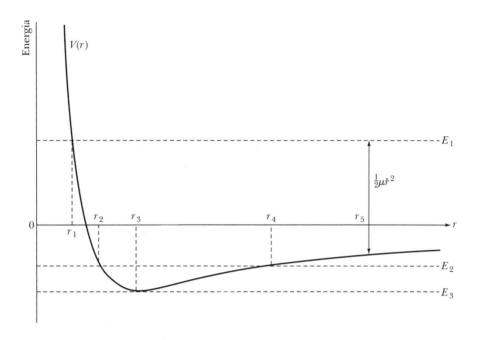

FIGURA 8.6 Podemos comentar muito acerca do movimento observando a energia total E em um gráfico da energia potencial. Por exemplo, para a energia E_1 o movimento da partícula não tem limitação. Para a energia E_2 a partícula é limitada com $r_2 \leq r \leq r_4$. Para a energia E_3 o movimento tem $r = r_3$ e é circular.

Se a energia total é negativa[8] e se encontra entre zero e o valor mínimo de $V(r)$, como E_2, o movimento será limitado, com $r_2 \leq r \leq r_4$. Os valores r_2 e r_4 são pontos de volta ou **distâncias apsidais**,[9] da órbita. Se E é igual ao valor mínimo da energia potencial efetiva (veja E_3 na Figura 8.6), o raio da trajetória da partícula fica limitado ao valor único r_3 e então $\dot{r} = 0$ para todos os valores do tempo. Desse modo, o movimento é circular.

Valores de E menores do que $V_{\min} = -(\mu k^2/2l^2)$ não resultam em movimento fisicamente real. Para esses casos, $\dot{r}^2 < 0$ e a velocidade é imaginária.

Os métodos discutidos nesta seção são utilizados com frequência em pesquisas atuais em diversos campos, especialmente em física atômica, molecular e nuclear. Por exemplo, a Figura 8.7 mostra os potenciais totais efetivos núcleo-núcleo para o espalhamento de ^{28}Si e ^{12}C. O potencial total inclui as contribuições eletrostática (coulomb), nuclear e centrífuga. O potencial para $l = 0\hbar$ indica o potencial sem nenhum termo centrífugo. Para um valor relativo de quantidade de movimento angular de $l = 20\hbar$, existe um "bolsão" onde os dois núcleos do espalhamento podem se ligar (mesmo que por um breve período de tempo). Para $l = 25\hbar$, a "barreira" centrífuga é dominante e os núcleos não podem formar nenhum estado de ligação.

---

[8] Observe que valores negativos da energia total aparecem somente por causa da escolha arbitrária de $V(r) = 0$ em $r = \infty$.

[9] É a denominação dada a pontes, ou posições, de maior ou menor afastamento de um movimento confinado. (N.R.T.)

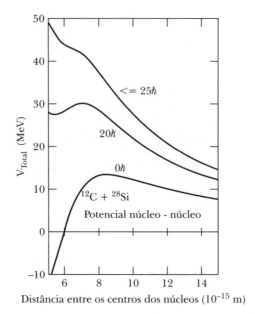

FIGURA 8.7 O potencial total (eletrostática (coulomb), nuclear e centrífuga) do espalhamento de núcleos de ^{28}Si por ^{12}C para vários valores da quantidade de movimento angular l como uma função da distância entre os núcleos. Para $l = 20\hbar$ existe um bolsão raso onde os dois núcleos podem estar ligados por um breve período de tempo. Para $l = 25\hbar$ os núcleos não se ligam.

8.7 Movimento planetário – Problema de Kepler

A equação da trajetória de uma partícula se movendo sob a influência de uma força central cuja magnitude é inversamente proporcional ao quadrado da distância entre a partícula e o centro da força pode ser obtida (veja a Equação 8.17) de

$$\theta(r) = \int \frac{(l/r^2)\,dr}{\sqrt{2\mu\left(E + \frac{k}{r} - \frac{l^2}{2\mu r^2}\right)}} + \text{constante} \quad (8.38)$$

A integral pode ser calculada se a variável é alterada para $u \equiv l/r$ (veja o Problema 8.2). Se definirmos a origem de θ de modo que o valor mínimo de r ocorra em $\theta = 0$, obtemos

$$\cos\theta = \frac{\dfrac{l^2}{\mu k}\cdot\dfrac{1}{r} - 1}{\sqrt{1 + \dfrac{2El^2}{\mu k^2}}} \quad (8.39)$$

Vamos agora definir as constantes a seguir:

$$\left.\begin{array}{l} \alpha \equiv \dfrac{l^2}{\mu k} \\[2mm] \varepsilon \equiv \sqrt{1 + \dfrac{2El^2}{\mu k^2}} \end{array}\right\} \quad (8.40)$$

A Equação 8.39 agora pode ser expressa como

$$\frac{\alpha}{r} = 1 + \varepsilon \cos \theta \tag{8.41}$$

Esta é a equação de uma seção cônica com um foco na origem.[10] A quantidade ε é denominada **excentricidade**, e 2α é denominado como **latus rectum** da órbita. As seções cônicas são formadas pela interseção entre um plano e um cone. Uma seção cônica é formada pelos conjuntos (loci) de pontos (formado em um plano), onde a razão entre a distância a um ponto fixo (o foco) e uma linha fixa (denominada diretriz) é uma constante. A diretriz da parábola é mostrada na Figura 8.8 pela linha vertical tracejada, desenhada de modo que $r/r' = 1$.

O valor mínimo de r na Equação 8.41 ocorre quando $\theta = 0$, ou quando $\cos \theta$ assume um valor máximo. Desse modo, a escolha da constante de integração na Equação 8.38 corresponde à medição de θ a partir de r_{min}, cuja posição é denominada como o **pericentro**: r_{max} corresponde ao **apocentro**. O termo geral para denominar os pontos de volta é **ápsides**. Os termos correspondentes para o movimento em torno do Sol são *periélio* e *afélio*, e para o movimento em torno da Terra, *perigeu* e *apogeu*.

Vários valores de excentricidade (e, portanto, da energia E) classificam as órbitas de acordo com as diferentes seções cônicas (veja a Figura 8.8):

$$\varepsilon > 1, \qquad E > 0 \qquad \text{Hipérbole}$$
$$\varepsilon = 1, \qquad E = 0 \qquad \text{Parábola}$$
$$0 < \varepsilon < 1, \qquad V_{min} < E < 0 \qquad \text{Elipse}$$
$$\varepsilon = 0, \qquad E = V_{min} \qquad \text{Círculo}$$

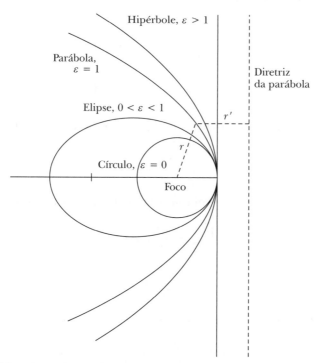

FIGURA 8.8 As órbitas das várias seções cônicas são mostradas juntamente com suas excentricidades ε.

---

[10] Johann Bernoulli (1667–1748) parece ter sido a primeira pessoa a provar que **todas** as órbitas possíveis de um corpo se movendo em um potencial proporcional a $1/r$ são seções cônicas (1710).

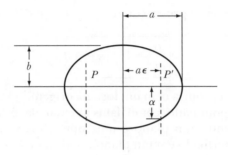

FIGURA 8.9 A geometria das órbitas elípticas é mostrada em termos dos parâmetros α, ε, a e b. P e P' são os focos.

No caso do movimento planetário, as órbitas são elipses com os eixos maior e menor (iguais a $2a$ e $2b$, respectivamente) fornecidos por

$$a = \frac{\alpha}{1 - \varepsilon^2} = \frac{k}{2|E|} \tag{8.42}$$

$$b = \frac{\alpha}{\sqrt{1 - \varepsilon^2}} = \frac{l}{\sqrt{2\mu|E|}} \tag{8.43}$$

Desse modo, o eixo maior depende somente da energia da partícula, ao passo que o eixo menor é uma função de ambas as primeiras integrais do movimento, E e l. A geometria das órbitas elípticas em termos dos parâmetros α, ε, a e b é mostrada na Figura 8.9; P e P' são os focos. Com base nesse diagrama, vemos que as distâncias apsidais ($r_{\min}$ e $r_{\max}$ medidas a partir dos focos da órbita) são fornecidas por

$$\left.\begin{array}{l} r_{\min} = a(1 - \varepsilon) = \dfrac{\alpha}{1 + \varepsilon} \\[6pt] r_{\max} = a(1 + \varepsilon) = \dfrac{\alpha}{1 - \varepsilon} \end{array}\right\} \tag{8.44}$$

Para determinar o período do movimento elíptico, reescrevemos a Equação 8.12 para a velocidade areal como

$$dt = \frac{2\mu}{l} dA$$

Como toda a área A da elipse é varrida em um período completo τ, temos

$$\int_0^\tau dt = \frac{2\mu}{l} \int_0^A dA$$

$$\tau = \frac{2\mu}{l} A \tag{8.45}$$

A área da elipse é obtida por $A = \pi ab$ e, utilizando a e b das Equações 8.42 e 8.43, temos

$$\tau = \frac{2\mu}{l} \cdot \pi ab = \frac{2\mu}{l} \cdot \pi \cdot \frac{k}{2|E|} \cdot \frac{l}{\sqrt{2\mu|E|}}$$

$$= \pi k \sqrt{\frac{\mu}{2}} \cdot |E|^{-3/2} \tag{8.46}$$

CAPÍTULO 8 – Movimento sob uma força central **267**

Observamos também, das Equações 8.42 e 8.43, que o semieixo menor[11] pode ser expresso como

$$b = \sqrt{\alpha a} \tag{8.47}$$

Portanto, pelo fato de $\alpha = l^2/\mu k$, o período τ também pode ser expresso como

$$\tau^2 = \frac{4\pi^2\mu}{k} a^3 \tag{8.48}$$

Este resultado, indicando que o quadrado do período é proporcional ao cubo do semieixo maior da órbita elíptica, é conhecido como **Terceira Lei de Kepler**.[12] Observe que este resultado se relaciona ao problema equivalente de um corpo; desse modo, é preciso considerar o fato de que ele é a massa *reduzida* μ que ocorre na Equação 8.48. Na realidade, Kepler concluiu que os quadrados dos períodos dos planetas eram proporcionais aos cubos dos eixos maiores de suas órbitas – com a mesma constante de proporcionalidade para todos os planetas. Nesse sentido, a afirmação é apenas parcialmente correta, pois a massa reduzida é diferente para cada planeta. Em particular, pelo fato de a força gravitacional ser obtida por

$$F(r) = -\frac{Gm_1 m_2}{r^2} = -\frac{k}{r^2}$$

identificamos $k = Gm_1 m_2$. Portanto, a expressão para o quadrado do período se torna

$$\tau^2 = \frac{4\pi^2 a^3}{G(m_1 + m_2)} \cong \frac{4\pi^2 a^3}{Gm_2}, \qquad m_1 \ll m_2 \tag{8.49}$$

e a afirmação de Kepler é correta apenas se a massa m_1 de um planeta puder ser desprezada em relação à massa m_2 do Sol. (Porém, observe, por exemplo, que a massa de Júpiter é cerca de 1/1000 da massa do Sol, de modo que não é difícil perceber o afastamento da lei aproximada nesse caso.)

Podemos agora sumarizar as leis de Kepler:

I. *Os planetas se movem em órbitas elípticas em torno do Sol, com o Sol ocupando um dos focos.*

II. *A área por unidade de tempo varrida por um vetor de raio do Sol até o planeta é constante.*

III. *O quadrado do período de um planeta é proporcional ao cubo do eixo maior da órbita do planeta.*

Veja a Tabela 8.1 para obter algumas propriedades dos principais objetos no sistema solar.

TABELA 8.1   Algumas propriedades dos principais objetos no sistema solar

Nome	Semieixo maior da órbita (em unidades astronômicas[a])	Período (anos)	Excentricidade	Massa (em unidades de massa da Terra[b])
Sol	—	—	—	332,830
Mercúrio	0,3871	0,2408	0,2056	0,0552
Vênus	0,7233	0,6152	0,0068	0,814

---

[11] As quantidades a e b são denominadas como **semieixo maior** e **semieixo menor**, respectivamente.

[12] Publicada por Kepler em 1619. A Segunda Lei de Kepler é enunciada na Seção 8.3. A Primeira Lei (1609) dita que os planetas se movem em órbitas elípticas com o Sol em um dos focos. O trabalho de Kepler precedeu em quase 80 anos o enunciado das leis gerais do movimento por Newton. Na realidade, as conclusões de Newton foram baseadas em grande parte nos estudos pioneiros de Kepler (e nos trabalhos de Galileu e Huygens).

268 Dinâmica clássica de partículas e sistemas

TABELA 8.1 Algumas propriedades dos principais objetos no sistema solar (continuação)

Nome	Semieixo maior da órbita (em unidades astronômicas[a])	Período (anos)	Excentricidade	Massa (em unidades de massa da Terra[b])
Terra	1,0000	1,0000	0,0167	1,000
Eros (asteroide)	1,4583	1,7610	0,2229	2×10^{-9} (?)
Marte	1,5237	1,8809	0,0934	0,1074
Ceres (asteroide)	c	4,6035	0,0789	1/8000 (?)
Júpiter	5,2028	c	0,0483	317,89
Saturno	9,5388	29,456	0,0560	c
Urano	19,191	84,07	0,0461	14,56
Netuno	30,061	164,81	0,0100	17,15
Plutão	39,529	248,53	0,2484	0,002
Halley (cometa)	18	76	0,967	$\sim 10^{-10}$

[a] Uma unidade astronômica (A.U.) é o comprimento do semieixo maior da órbita da Terra. Uma A.U. $\cong 1,495 \times 10^{11}$ m $\cong 92,8 \times 10^6$ milhas.

[b] A massa da Terra é aproximadamente $5,976 \times 10^{24}$ kg.

[c] Veja o Problema 8.19.

EXEMPLO 8.4

O cometa Halley, que passou próximo ao Sol no início de 1986, move-se em uma órbita altamente elíptica com excentricidade 0,967 e período de 76 anos. Calcule suas distâncias mínima e máxima do Sol.

Solução. A Equação 8.49 relaciona o período do movimento com os semieixos maiores. Como m (cometa Halley) $\ll m_{\text{Sol}}$.

$$a = \left(\frac{G m_{\text{Sol}} \, \tau^2}{4\pi^2} \right)^{1/3}$$

$$= \left[\frac{\left(6,67 \times 10^{-11} \dfrac{\text{Nm}^2}{\text{kg}^2}\right)(1,99 \times 10^{30} \text{ kg})\left(76\text{anos} \dfrac{365_{\text{dias}}}{\text{anos}} \dfrac{24_{\text{horas}}}{\text{dias}} \dfrac{3600 \text{ s}}{\text{horas}}\right)^2}{4\pi^2} \right]^{1/3}$$

$$a = 2,68 \times 10^{12} \text{ m}$$

Utilizando a Equação 8.44, podemos determinar r_{min} e r_{max}.

$$r_{\text{min}} = 2,68 \times 10^{12} \text{ m}(1 - 0,967) = 8,8 \times 10^{10} \text{ m}$$
$$r_{\text{max}} = 2,68 \times 10^{12} \text{ m}(1 + 0,967) = 5,27 \times 10^{12} \text{ m}$$

Esta órbita leva o cometa para dentro da trajetória de Vênus, quase na órbita de Mercúrio; para fora, até após a órbita de Netuno; e, algumas vezes, até a órbita moderadamente excêntrica de Plutão. Edmond Halley recebe geralmente o crédito por despertar a atenção do mundo sobre o trabalho de Newton sobre as forças gravitacional e central. Halley ficou interessado após observar pessoalmente a passagem do cometa em 1682. Como um resultado parcial de uma aposta entre Christopher Wren e Robert Hooke, Halley perguntou a Newton em 1684 sobre quais trajetórias os planetas devem seguir se o Sol os atraísse com uma força inversamente proporcional ao quadrado de suas distâncias. Para surpresa de Halley, Newton respondeu "Elipses, é claro, por quê?". Newton tinha trabalhado sobre esse assunto durante os 20 anos anteriores, porém ainda não havia publicado o resultado. Com um esforço cuidadoso, Halley foi capaz em 1705 de prever a aparição posterior do cometa, que agora leva o seu nome, em 1758.

8.8 Dinâmica orbital

Em nenhum outro lugar a utilização do movimento de força central é mais útil, importante e interessante do que na dinâmica espacial. Apesar de a dinâmica espacial ser, na realidade, muito complexa em decorrência da atração gravitacional entre uma espaçonave e os vários corpos e o movimento orbital envolvidos, examinaremos dois aspectos muito simples: uma viagem proposta à Marte e os voos que passam por cometas e planetas.

As órbitas são alteradas por meio de um ou vários empuxos dos motores do foguete. A manobra mais simples é um único empuxo aplicado no plano orbital que não altera o sentido da quantidade de movimento angular, mas altera a excentricidade e a energia simultaneamente. O método mais econômico de transferência interplanetária é formado por um movimento de uma órbita circular heliocêntrica (movimento orientado pelo Sol) para outra no mesmo plano. Este tipo de sistema é razoavelmente bem representado pela Terra e por Marte, e uma transferência de Hohmann (Figura 8.10) representa a trajetória de gasto mínimo de energia total.[13] Dois acionamentos dos motores são necessários: (1) o primeiro remove a espaçonave da órbita circular da Terra e a insere em uma órbita elíptica que intercepta a órbita de Marte; (2) o segundo acionamento transfere a espaçonave da órbita elíptica para a órbita de Marte.

Podemos calcular as mudanças de velocidade necessárias para uma transferência de Hohmann, calculando a velocidade de uma espaçonave se movendo na órbita da Terra em torno do Sol (r_1 na Figura 8.10) e a velocidade vetorial necessária para "empurrá-la" para uma órbita de transferência elíptica que pode alcançar a órbita de Marte. Estamos considerando somente a atração gravitacional do Sol e não a da Terra e Marte.

Para círculos e elipses, temos, da Equação 8.42,

$$E = -\frac{k}{2a}$$

Para uma trajetória circular em torno do Sol, essa equação se torna

$$E = -\frac{k}{2r_1} = \frac{1}{2}mv_1^2 - \frac{k}{r_1} \tag{8.50}$$

onde temos $E = T + U$. Resolvemos a Equação 8.50 para v_1:

$$v_1 = \sqrt{\frac{k}{mr_1}} \tag{8.51}$$

Indicamos o semieixo maior da elipse de transferência por a_t:

$$2a_t = r_1 + r_2$$

Se calcularmos a energia para a elipse de transferência no periélio, temos

$$E_t = \frac{-k}{r_1 + r_2} = \frac{1}{2}mv_{t1}^2 - \frac{k}{r_1} \tag{8.52}$$

onde v_{t1} é a velocidade de transferência do periélio. O sentido de v_{t1} é ao longo de $\mathbf{v}_1$ na Figura 8.10. Resolvendo a Equação 8.52 para v_{t1}, temos

$$v_{t1} = \sqrt{\frac{2k}{mr_1}\left(\frac{r_2}{r_1 + r_2}\right)} \tag{8.53}$$

---

[13] Veja Kaplan (Ka76, Capítulo 3) para obter a prova. Walter Hohmann, um pioneiro alemão na pesquisa de viagens espaciais, propôs em 1925 o método mais eficiente em termos de energia de transferência entre órbitas elípticas (planetárias) no mesmo plano, utilizando somente duas alterações de velocidade vetorial.

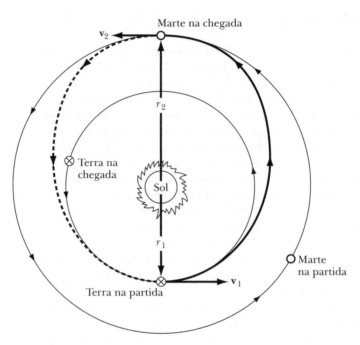

FIGURA 8.10 A transferência de Hohmann para uma viagem de ida e volta entre Terra e Marte. Ela representa o menor gasto de energia.

A velocidade de transferência Δv_1 necessária é justamente

$$\Delta v_1 = v_{t1} - v_1 \tag{8.54}$$

De modo similar, para a transferência da elipse para a órbita circular de raio r_2, temos

$$\Delta v_2 = v_2 - v_{t2} \tag{8.55}$$

onde

$$v_2 = \sqrt{\frac{k}{m r_2}} \tag{8.56}$$

e

$$\left. \begin{array}{l} v_{t2} = \sqrt{\dfrac{2}{m}\left(E_t + \dfrac{k}{r_2}\right)} \\[1em] v_{t2} = \sqrt{\dfrac{2k}{m r_2}\left(\dfrac{r_1}{r_1 + r_2}\right)} \end{array} \right\} \tag{8.57}$$

O sentido de v_{t2} é ao longo de $\mathbf{v}_2$ na Figura 8.10. O incremento total da velocidade pode ser determinado pela adição das mudanças de velocidade, $\Delta v = \Delta v_1 + \Delta v_2$.

O tempo total necessário para efetuar a transferência T_t é um meio-período da órbita de transferência. A partir da Equação 8.48, temos

$$T_t = \frac{\tau_t}{2}$$

$$T_t = \pi \sqrt{\frac{m}{k}} a_t^{3/2} \tag{8.58}$$

CAPÍTULO 8 – Movimento sob uma força central **271**

EXEMPLO 8.5

Calcule o tempo necessário para que uma espaçonave efetue uma transferência de Hohmann da Terra para Marte e a velocidade de transferência heliocêntrica, supondo que os planetas estejam em órbitas coplanares.

Solução. Precisamos inserir as constantes apropriadas na Equação 8.58.

$$\frac{m}{k} = \frac{m}{GmM_{Sol}} = \frac{1}{GM_{Sol}}$$

$$= \frac{1}{(6,67 \times 10^{-11}\,\text{m}^3/\text{s}^2 \cdot \text{kg})(1,99 \times 10^{30}\,\text{kg})}$$

$$= 7,53 \times 10^{-21}\,\text{s}^2/\text{m}^3 \tag{8.59}$$

Uma vez que k/m ocorre com frequência nos cálculos do sistema solar, expressamos também essa ocorrência.

$$\frac{k}{m} = 1,33 \times 10^{20}\,\text{m}^3/\text{s}^2$$

$$a_t = \frac{1}{2}(r_{\text{Terra} - \text{Sol}} + r_{\text{Marte} - \text{Sol}})$$

$$= \frac{1}{2}(1,50 \times 10^{11}\,\text{m} + 2,28 \times 10^{11}\,\text{m})$$

$$= 1,89 \times 10^{11}\,\text{m}$$

$$T_t = \pi(7,53 \times 10^{-21}\,\text{s}^2/\text{m}^3)^{1/2}(1,89 \times 10^{11}\,\text{m})^{3/2}$$

$$= 2,24 \times 10^{7}\,\text{s}$$

$$= 259 \text{ dias} \tag{8.60}$$

A velocidade heliocêntrica necessária para a transferência é fornecida na Equação 8.53.

$$v_{t1} = \left[\frac{2(1,33 \times 10^{20}\,\text{m}^3/\text{s}^2)(2,28 \times 10^{11}\,\text{m})}{(1,50 \times 10^{11}\,\text{m})(3,78 \times 10^{11}\,\text{m})} \right]^{1/2}$$

$$= 3,27 \times 10^{4}\,\text{m/s} = 32,7\,\text{km/s}$$

Podemos comparar v_{t1} com a velocidade orbital da Terra (Equação 8.51).

$$v_1 = \left[\frac{1,33 \times 10^{20}\,\text{m}^3/\text{s}^2}{1,50 \times 10^{11}\,\text{m}} \right]^{1/2} = 29,8\,\text{km/s}$$

Para transferências aos planetas em órbitas mais externas, a espaçonave deverá ser lançada na direção da órbita da Terra de modo a ganhar a velocidade vetorial orbital da Terra. Para transferência aos planetas em órbitas mais internas (por exemplo, Vênus), a espaçonave deverá ser lançada em movimento oposto ao da Terra. Em cada caso, o que importa para a espaçonave é a velocidade vetorial relativa Δv_1 (isto é, em relação à Terra).

Apesar de a trajetória da transferência de Hohmann representar o menor gasto de energia, ela não representa o menor tempo. Para uma viagem de ida e volta da Terra a Marte, a espaçonave terá que permanecer naquele planeta durante 460 dias até que Terra e Marte estejam posicionados corretamente para a viagem de regresso (veja a Figura 8.11a). O tempo total de viagem provavelmente seria muito longo (259 + 460 + 259 = 978 dias = 2,7 anos). Outros esquemas utilizam mais combustível para ganhar velocidade (Figura 8.11b) ou utilizam o efeito "estilingue" de voos. Uma missão de voo desse tipo passando por Vênus

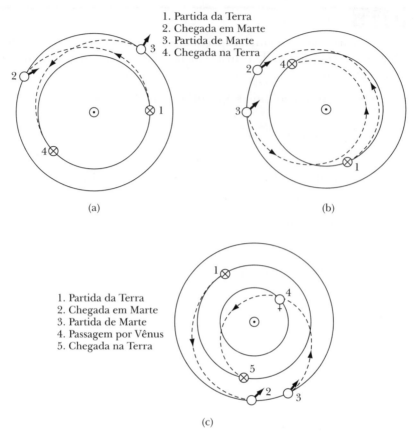

FIGURA 8.11 Viagens de ida e volta da Terra a Marte. (a) A missão de menor energia (transferência de Hohmann) requer uma longa estadia em Marte antes do retorno à Terra. (b) Uma missão mais curta para Marte requer mais combustível e uma órbita mais próxima ao Sol. (c) O combustível necessário para a missão mais curta de (b) pode ser melhorado ainda mais se Vênus estiver posicionado para uma assistência da gravidade durante o vôo.

(veja a Figura 8.11c) poderia ser efetuada em menos de 2 anos com somente algumas poucas semanas nas proximidades de (ou em) Marte.

Nos últimos anos, várias espaçonaves escaparam da atração gravitacional da Terra para exploração do nosso sistema solar. Esse tipo de **transferência interplanetária** pode ser dividido em três segmentos: (1) escape da Terra, (2) transferência heliocêntrica para a área de interesse e (3) encontro com outro corpo – mais distante, como um planeta ou cometa. O combustível necessário para essas missões pode ser enorme; porém, um truque inteligente tem sido planejado para "roubar" energia de outros corpos do sistema solar. Como a massa de uma espaçonave é mutíssimo menor que a dos planetas (ou de suas luas), a perda de energia do corpo celeste é desprezível.

Examinaremos uma versão simples desse voo ou efeito estilingue assistido pela gravidade. Uma espaçonave vindo do infinito se aproxima de um corpo (rotulado como B), interage com B e se afasta. A trajetória é de uma hipérbole (Figura 8.12). As velocidades vetoriais inicial e final, *em relação a B*, são indicadas por v'_i e v'_f, respectivamente. O efeito líquido sobre a espaçonave é um ângulo de deflexão δ em relação a B.

Se examinarmos o sistema em algum sistema de referência inercial no qual ocorre o movimento de B, as velocidades vetoriais da espaçonave podem ser muito diferentes *por causa do movimento de B*. A velocidade vetorial inicial v_i é mostrada na Figura 8.13a e v_i e v_f são mostrados na Figura 8.13b. Observe que a espaçonave aumentou sua velocidade e mudou sua direção. Um aumento na velocidade vetorial ocorre quando a espaçonave passa *por trás da direção do movimento de B*. De modo similar, uma diminuição na velocidade vetorial ocorre quando a espaçonave passa *na frente* do movimento de *B*.

Durante os anos 1970, os cientistas no Laboratório de Propulsão a Jato da NASA (Administração Nacional de Aeronáutica e Espaço) perceberam que os quatro maiores planetas de nosso sistema solar estariam em uma posição favorável para permitir que uma espaçonave em missão passasse por eles e por muitas de suas 32 luas conhecidas, em uma única "Grande Excursão" relativamente curta, utilizando o método assistido pela gravidade que acabamos de discutir.

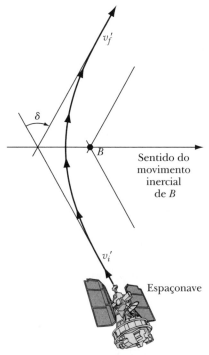

FIGURA 8.12 Uma espaçonave voa próximo de um grande corpo *B* (como um planeta) e ganha velocidade ao voar por trás do sentido de movimento de *B*. De modo similar, a espaçonave perde velocidade ao passar na frente do sentido de movimento de *B*. A direção da espaçonave também muda.

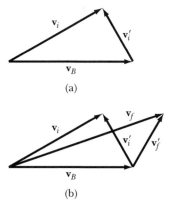

FIGURA 8.13 Os vetores $\mathbf{v}'_i$ e $\mathbf{v}'_f$ indicam as velocidades vetoriais inicial e final da espaçonave em relação a *B*. Os vetores v_i e v_f ndicam as velocidades vetoriais em um sistema de referência inercial. (a) $\mathbf{v}_i = \mathbf{v}_B + \mathbf{v}'_i$. (b) $\mathbf{v}_f = \mathbf{v}_B + \mathbf{v}'_f$.

Esta oportunidade de alinhamento de planetas só ocorreria novamente em 175 anos. Por causa de restrições orçamentárias, não houve tempo para desenvolver a tecnologia necessária e somente uma missão de 4 anos para visitar Júpiter e Saturno foi aprovada e planejada. Nenhum equipamento especial foi colocado a bordo das espaçonaves gêmeas *Voyager* para um encontro com Urano e Netuno. As *Voyagers 1* e *2* foram lançadas em 1977 para visitas a Júpiter em 1979 e Saturno em 1980 (*Voyager 1*) e em 1981 (*Voyager 2*). Em decorrência do sucesso dessas visitas a Júpiter e Saturno, recursos financeiros foram aprovados posteriormente para estender a missão da *Voyager 2* para incluir Urano e Netuno. As *Voyagers* agora se encontram em uma trajetória para fora do nosso sistema solar.

A trajetória da *Voyager 2* é mostrada na Figura 8.14. O efeito estilingue da gravidade permitiu o redirecionamento da trajetória da *Voyager 2*, por exemplo, na direção de Urano quando ela passasse por Saturno, utilizando o método mostrado na Figura 8.12. A atração gravitacional de Saturno foi utilizada para puxar a espaçonave para fora de sua trajetória em linha reta e redirecioná-la em um ângulo diferente. O efeito do movimento orbital de Saturno permite um aumento na velocidade da espaçonave. Foi somente graças a esta técnica assistida pela gravidade que se tornou possível a espetacular missão da *Voyager 2* em um breve período de apenas 12 anos. A *Voyager 2* passou por Urano em 1986 e por Netuno em 1989 antes de seguir em direção ao espaço interestelar em uma das missões mais bem-sucedidas já realizadas. A maioria das missões planetárias agora se beneficia da assistência gravitacional. Por exemplo, o satélite *Galileo*, que fotografou as espetaculares colisões do cometa Shoemaker-Levy com Júpiter em 1994 e que alcançou este planeta em 1995, foi lançado em 1989, porém se reaproximou da Terra duas vezes (1990 e 1992) e também de Vênus (1990) para ganhar velocidade e se redirecionar.

Uma exibição espetacular em termos de voo ocorreu entre os anos 1982-1995 por uma espaçonave inicialmente chamada de Sun-Earth Explorer 3 (*ISEE-3*). Lançada em 1978, sua missão consistia no monitoramento do vento solar entre o Sol e a Terra. Durante 4 anos, a espaçonave circulou no plano da elíptica a cerca 3,2 milhões de quilômetros da Terra. Em 1982 – uma vez que os Estados Unidos decidiram por não participar de uma investigação do cometa Halley com uma espaçonave com a colaboração conjunta da Europa, do Japão e da Rússia em 1986 –, a NASA decidiu reprogramar a *ISEE-3*, rebatizando-a como *International Cometary Explorer* (*ICE*), e enviá-la na direção do cometa Giacobini-Zinner em setembro de 1985, seis meses antes do voo da outra espaçonave com o cometa Halley. A jornada subsequente de três anos do *ICE* foi espetacular (Figura 8.15). A trajetória do *ICE* incluiu duas excursões próximas à Terra e cinco voos em torno da Lua ao longo de sua viagem de milhões de quilômetros até o cometa. Durante um dos voos, o satélite se aproximou 120 km da superfície lunar. A trajetória completa pode ser planejada com precisão, pois se conhece muito bem a lei da força. A interação subsequente com o cometa, a 70,8 milhões de quilômetros da Terra, incluiu uma excursão de 20 minutos através da trajetória do cometa – a cerca de 8.000 quilômetros atrás de seu núcleo.

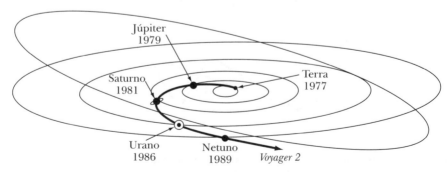

FIGURA 8.14 A *Voyager 2* foi lançada em 1977 e passou por Júpiter, Saturno, Urano e Netuno. Assistências gravitacionais foram utilizadas na missão.

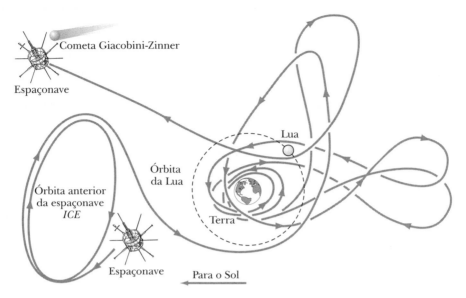

FIGURA 8.15 A espaçonave da NASA inicialmente batizada como *ISEE-3* foi reprogramada como International Cometary Explorer e enviada em uma espetacular jornada de três anos, utilizando assistências gravitacionais em seu caminho até o cometa Giacobini-Zinner.

8.9 Angulos apsidais e precessão (opcional)

Se uma partícula executa um movimento não circular limitado em um campo de força central, a distância radial do centro da força até a partícula deverá estar sempre na faixa $r_{max} \geq r \geq r_{min}$, ou seja, r deverá estar limitado pelas distâncias apsidais. A Figura 8.6 indica que somente *duas* distâncias apsidais existem para o movimento não circular limitado. Porém, ao executar uma revolução completa em θ, a partícula não poderá retornar à sua posição original (veja a Figura 8.4). A separação angular entre dois valores sucessivos de $r = r_{max}$ depende da natureza exata da força. O ângulo entre dois ápsides quaisquer consecutivos é chamado de **ângulo apsidal**, pois, uma vez que uma órbita fechada deve ser simétrica em torno de qualquer ápside, conclui-se que todos os ângulos apsidais desse movimento devem ser iguais. O ângulo apsidal do movimento elíptico, por exemplo, é justamente π. Se a órbita não é fechada, a partícula alcança as distâncias apsidais em pontos diferentes em cada revolução. Desse modo, o ângulo apsidal não é uma fração racional de 2π, como exigido para uma órbita fechada. Se a órbita é *quase* fechada, os ápsides entram em *precessão*, ou giram lentamente no plano do movimento. Este efeito é exatamente análogo à rotação lenta do movimento elíptico de um oscilador harmônico bidimensional cujas frequências naturais para os movimentos de x e y são quase iguais (veja a Seção 3.3).

Como a força da lei do inverso do quadrado exige que todas as órbitas elípticas sejam exatamente fechadas, os ápsides deverão permanecer fixos no espaço o tempo todo. Entretanto, se os ápsides se movem com o tempo lentamente, isto indica que a lei da força sob a qual o corpo se move não varia exatamente conforme o inverso do quadrado da distância. Este fato importante foi percebido por Newton, que indicou que qualquer avanço ou regressão do periélio de um planeta iria requerer que a dependência radial da lei da força fosse ligeiramente diferente de $1/r^2$. Desse modo, argumentou Newton, a observação da dependência do tempo dos periélios dos planetas seria um teste sensível da validade da forma da lei de gravitação universal.

276 Dinâmica clássica de partículas e sistemas

Na realidade, para o movimento planetário dentro do sistema solar, espera-se que, em decorrência das perturbações introduzidas pela existência de todos os outros planetas, a força experimentada por qualquer planeta não varia exatamente conforme $\frac{1}{r^2}$, caso r seja medido a partir do Sol. Entretanto, esse efeito é pequeno e somente ligeiras variações dos periélios planetários têm sido observadas. Por exemplo, o periélio de Mercúrio, que mostra o maior efeito, avança somente cerca de $574''$ de arco por século.[14] Os cálculos detalhados da influência dos outros planetas no movimento de Mercúrio predizem que a taxa de avanço do periélio deverá ser de aproximadamente $531''$ de arco por século. As incertezas nesse cálculo são consideravelmente menores do que a diferença de $43''$ entre a observação e o cálculo[15] e, por um tempo considerável, esta discrepância foi a dificuldade não resolvida mais marcante na teoria newtoniana. Sabemos agora que a modificação introduzida na equação de movimento de um planeta pela teoria geral da relatividade leva em conta quase de forma exata a diferença de $43''$. Este resultado é um dos maiores triunfos da teoria da relatividade.

A seguir, indicaremos a forma pela qual o avanço do periélio pode ser calculado a partir da equação modificada do movimento. Para realizar esse cálculo, é conveniente utilizar a equação do movimento na forma da Equação 8.20. Se utilizarmos a lei da gravitação universal para $F(r)$, podemos escrever

$$\frac{d^2u}{d\theta^2} + u = -\frac{m}{l^2}\frac{1}{u^2}F(1/u)$$

$$= \frac{Gm^2M}{l^2} \tag{8.61}$$

onde consideramos o movimento de um corpo de massa m no campo gravitacional de um corpo de massa M. Portanto, a quantidade u é a recíproca da distância entre m e M.

A modificação da lei da força gravitacional requerida pela teoria geral da relatividade insere um pequeno componente na força que varia conforme $1/r^4 (= u^4)$. Assim, temos

$$\frac{d^2u}{d\theta^2} + u = \frac{Gm^2M}{l^2} + \frac{3GM}{c^2}u^2 \tag{8.62}$$

onde c é a velocidade vetorial de propagação da interação gravitacional, sendo identificada com a velocidade vetorial da luz.[16] Para simplificar a notação, definimos

$$\left.\begin{array}{l} \dfrac{1}{\alpha} \equiv \dfrac{Gm^2M}{l^2} \\[3mm] \delta \equiv \dfrac{3GM}{c^2} \end{array}\right\} \tag{8.63}$$

---

[14] Esta precessão é adicional à precessão geral do equinócio em relação às estrelas "fixas", totalizando 5025, 645" $\pm 0,050$" por século.

[15] Em 1845, o astrônomo francês Urbain Jean Joseph Le Verrier (1811–1877) chamou a atenção pela primeira vez sobre a irregularidade do movimento de Mercúrio. Estudos similares efetuados por Le Verrier e pelo astrônomo inglês John Couch Adams sobre as irregularidades do movimento de Urano levaram à descoberta do planeta Netuno em 1846. Um relato interessante desse episódio é fornecido por Turner (Tu04, Capítulo 2). Em relação a esse tema, devemos observar que as perturbações podem ser *periódicas* ou *seculares* (isto é, sempre aumentando com o tempo). Laplace demonstrou em 1773 (publicação em 1776) que qualquer perturbação do movimento médio de um planeta, provocada pela atração de outro planeta, deve ser periódica, apesar de que o período pode ser extremamente longo. Este é o caso de Mercúrio. A precessão de por século é periódica, porém o período é tão longo que a alteração de século a século é pequena quando comparada ao efeito residual de $43''$.

[16] Metade do termo relativístico resulta de efeitos compreensíveis em termos da relatividade especial, convém ver, dilatação do tempo (1/3) e efeito da quantidade de movimento relativístico (1/6). A velocidade vetorial é a mais alta no periélio e mínima no afélio (veja o Capítulo 14). A outra metade do termo aparece em decorrência dos efeitos relativísticos e está associada ao tempo finito de propagação das interações gravitacionais. Desse modo, a concordância entre teoria e experimentação confirma a previsão de que a velocidade vetorial de propagação gravitacional é a mesma que a velocidade da luz.

CAPÍTULO 8 – Movimento sob uma força central   **277**

e podemos expressar a Equação 8.62 como

$$\frac{d^2u}{d\theta^2} + u = \frac{1}{\alpha} + \delta u^2 \tag{8.64}$$

Esta é uma equação não linear e utilizamos um procedimento de aproximação sucessiva para obter uma solução. Escolhemos a primeira solução como sendo a solução da Equação 8.64 no caso do termo δu^2 ser desprezado:[17]

$$u_1 = \frac{1}{\alpha}(1 + \varepsilon \cos\theta) \tag{8.65}$$

Este é o resultado familiar da força pura da lei do inverso do quadrado (veja a Equação 8.41). Observe que α aqui é o mesmo termo definido na Equação 8.40, exceto pelo fato de que μ foi substituído por m. Se substituirmos esta expressão no lado direito da Equação 8.64, encontramos

$$\frac{d^2u}{d\theta^2} + u = \frac{1}{\alpha} + \frac{\delta}{\alpha^2}[1 + 2\varepsilon\cos\theta + \varepsilon^2\cos^2\theta]$$

$$= \frac{1}{\alpha} + \frac{\delta}{\alpha^2}\left[1 + 2\varepsilon\cos\theta + \frac{\varepsilon^2}{2}(1 + \cos 2\theta)\right] \tag{8.66}$$

onde $\cos^2\theta$ foi expandido em termos de $\cos 2\theta$. A primeira função tentativa, quando substituída no lado esquerdo da Equação 8.64, reproduz somente o primeiro termo no lado direito: $1/\alpha$. Portanto, podemos elaborar uma segunda tentativa de função, adicionando em μ_1 um termo que reproduza o restante do lado direito (na Equação 8.66). Podemos verificar que essa integral particular é

$$u_p = \frac{\delta}{\alpha^2}\left[\left(1 + \frac{\varepsilon^2}{2}\right) + \varepsilon\theta\,\text{sen}\,\theta - \frac{\varepsilon^2}{6}\cos 2\theta\right] \tag{8.67}$$

Desse modo, a segunda tentativa de função é

$$u_2 = u_1 + u_p$$

Se interrompermos o procedimento de aproximção nesse ponto, temos

$$u \cong u_2 = u_1 + u_p$$

$$= \left[\frac{1}{\alpha}(1 + \varepsilon\cos\theta) + \frac{\delta\varepsilon}{\alpha^2}\theta\,\text{sen}\,\theta\right]$$

$$+ \left[\frac{\delta}{\alpha^2}\left(1 + \frac{\varepsilon^2}{2}\right) - \frac{\delta\varepsilon^2}{6\alpha^2}\cos 2\theta\right] \tag{8.68}$$

onde reagrupamos os termos em u_1 e u_p.

Considere os termos no segundo conjunto de colchetes na Equação 8.68: o primeiro deles é somente uma constante e o segundo é somente uma pequena perturbação periódica do movimento kepleriano normal. Portanto, em uma escala mais longa de tempo, nenhum desses termos contribui, na média, com qualquer mudança nas posições dos ápsides. Porém, no primeiro conjunto de colchetes, o termo proporcional a θ produz efeitos seculares e, desse modo, observáveis. Vamos considerar o primeiro conjunto de colchetes:

$$u_{\text{secular}} = \frac{1}{\alpha}\left[1 + \varepsilon\cos\theta + \frac{\delta\varepsilon}{\alpha}\theta\,\text{sen}\,\theta\right] \tag{8.69}$$

---

[17] Eliminamos a necessidade de inserir uma fase arbitrária no argumento do termo do cosseno, escolhendo a medição de θ a partir da posição do periélio, isto é, u_1 tem o valor máximo (e, desse modo, r_1 tem valor mínimo) em $\theta = 0$.

278 Dinâmica clássica de partículas e sistemas

A seguir, podemos expandir a quantidade

$$1 + \varepsilon \cos\left(\theta - \frac{\delta}{\alpha}\theta\right) = 1 + \varepsilon\left(\cos\theta\cos\frac{\delta}{\alpha}\theta + \operatorname{sen}\theta\operatorname{sen}\frac{\delta}{\alpha}\theta\right)$$

$$\cong 1 + \varepsilon\cos\theta + \frac{\delta\varepsilon}{\alpha}\theta\operatorname{sen}\theta \qquad (8.70)$$

onde utilizamos o fato de que δ é pequeno para aproximar

$$\cos\frac{\delta}{\alpha}\theta \cong 1, \quad \operatorname{sen}\frac{\delta}{\alpha}\theta \cong \frac{\delta}{\alpha}\theta$$

Desse modo, podemos escrever u_{secular} como

$$u_{\text{secular}} \cong \frac{1}{\alpha}\left[1 + \varepsilon\cos\left(\theta - \frac{\delta}{\alpha}\theta\right)\right] \qquad (8.71)$$

Decidimos medir θ a partir da posição do periélio em $t = 0$. Aparições sucessivas no periélio resultam quando o argumento do termo do cosseno em u_{secular} aumenta para 2π, $4\pi,...$, e assim por diante. Porém, um aumento do argumento por 2π exige que

$$\theta - \frac{\delta}{\alpha}\theta = 2\pi$$

ou

$$\theta = \frac{2\pi}{1 - (\delta/\alpha)} \cong 2\pi\left(1 + \frac{\delta}{\alpha}\right)$$

Portanto, o efeito do termo relativístico na lei da força é deslocar o periélio em cada revolução por um valor

$$\Delta \cong \frac{2\pi\delta}{\alpha} \qquad (8.72a)$$

ou seja, os ápsides giram lentamente no espaço. Se consultarmos as definições de α e δ (Equações 8.63), encontramos

$$\Delta \cong 6\pi\left(\frac{GmM}{cl}\right)^2 \qquad (8.72b)$$

Das Equações 8.40 e 8.42, podemos escrever $l^2 = \mu ka(1 - \varepsilon^2)$: então, pelo fato de $k = GmM$ e $\mu \cong m$, temos

$$\boxed{\Delta \cong \frac{6\pi GM}{ac^2(1 - \varepsilon^2)}} \qquad (8.72c)$$

Portanto, vemos que o efeito é ampliado se o semieixo maior a for pequeno e se a excentricidade for grande. Mercúrio, que é o planeta mais próximo do Sol e que tem a órbita mais excêntrica do que qualquer outro planeta, fornece o teste mais sensível da teoria.[18] O valor calculado da taxa de precessão de Mercúrio é $43,03'' \pm 0,03''$ de arco por século. O valor observado (corrigido para a influência dos outros planetas) é $43,11'' \pm 0,45''$,[19] de modo que a previsão da teoria da relatividade se confirma de modo contundente. As taxas de precessão para alguns planetas são fornecidas na Tabela 8.2.

---

[18] Como alternativa, podemos afirmar que o avanço relativístico do periélio tem valor máximo para Mercúrio em decorrência de a velocidade vetorial orbital ser mais alta para Mercúrio e o parâmetro relativístico v/c mais alto.
[19] R. L. Duncombe, *Astron. J.* **61**, 174 (1956); veja também G. M. Clemence, *Rev. Mod. Phys.* **19**, 361 (1947).

TABELA 8.2   Taxas de precessão dos periélios de alguns planetas

| Planeta | Taxa de precessão (segundos de arco/século) | |
	Calculada	Observada
Mercúrio	$43,03 \pm 0,03$	$43,11 \pm 0,45$
Vênus	8,63	$8,4 \pm 4,8$
Terra	3,84	$5,0 \pm 1,2$
Marte	1,35	—
Júpiter	0,06	—

8.10 Estabilidade de órbitas circulares (opcional)

Na Seção 8.6, indicamos que a órbita será circular se a energia total é igual ao valor mínimo da energia potencial efetiva, $E = V_{min}$. Entretanto, de forma mais geral, uma órbita circular é permitida para *qualquer* potencial atrativo, pois a força de atração pode *sempre* ter um valor suficiente para equilibrar a força centrífuga pela escolha apropriada da velocidade vetorial radial. Apesar de as órbitas circulares serem, desse modo, sempre possíveis em um campo de força central atrativa, elas não são necessariamente estáveis. Uma órbita circular em $r = \rho$ existe se $\dot{r}|_{r=\rho} = 0$ para todos os t. Isto é possível se $(\partial V/\partial r)|_{r=\rho} = 0$. Porém, a estabilidade é obtida somente se o potencial efetivo tiver um valor *verdadeiramente mínimo*. Todas as outras órbitas circulares em equilíbrio são instáveis.

Vamos considerar uma força central atrativa com a forma

$$F(r) = -\frac{k}{r^n} \tag{8.73}$$

O potencial dessa força é

$$U(r) = -\frac{k}{n-1} \cdot \frac{1}{r^{(n-1)}} \tag{8.74}$$

e a função do potencial efetivo é

$$V(r) = -\frac{k}{n-1} \cdot \frac{1}{r^{(n-1)}} + \frac{l^2}{2\mu r^2} \tag{8.75}$$

As condições para se obter um mínimo de $V(r)$ e, desse modo, para se obter uma órbita circular estável com raio ρ, são

$$\left. \frac{\partial V}{\partial r} \right|_{r=\rho} = 0 \qquad e \qquad \left. \frac{\partial^2 V}{\partial r^2} \right|_{r=\rho} > 0 \tag{8.76}$$

Aplicando esses critérios ao potencial efetivo da Equação 8.75, temos

$$\left. \frac{\partial V}{\partial r} \right|_{r=\rho} = \frac{k}{\rho^n} - \frac{l^2}{\mu\rho^3} = 0$$

ou

$$\rho^{(n-3)} = \frac{\mu k}{l^2} \tag{8.77}$$

280 Dinâmica clássica de partículas e sistemas

e

$$\left.\frac{\partial^2 V}{\partial r^2}\right|_{r=\rho} = -\frac{nk}{\rho^{(n+1)}} + \frac{3l^2}{\mu\rho^4} > 0$$

então

$$-\frac{nk}{\rho^{(n-3)}} + \frac{3l^2}{\mu} > 0 \tag{8.78}$$

Substituindo $\rho^{(n-3)}$ da Equação 8.77 na Equação 8.78, temos

$$(3 - n)\frac{l^2}{\mu} > 0 \tag{8.79}$$

A condição para existir uma órbita circular estável é, portanto, $n < 3$.

A seguir, aplicaremos um procedimento mais geral e examinaremos a frequência de oscilação em torno de uma órbita circular em um campo de força geral. Expressamos a força como

$$F(r) = -\mu g(r) = -\frac{\partial U}{\partial r} \tag{8.80}$$

A Equação 8.18 pode ser agora escrita como

$$\ddot{r} - r\dot{\theta}^2 = -g(r) \tag{8.81}$$

Substituindo para $\dot{\theta}$ da Equação 8.10,

$$\ddot{r} - \frac{l^2}{\mu^2 r^3} = -g(r) \tag{8.82}$$

Consideraremos agora a partícula como estando inicialmente em uma órbita circular com raio ρ e aplicaremos uma perturbação na forma $r \rightarrow \rho + x$, onde x é pequeno. Como $\rho =$ constante, temos também $\ddot{r} \rightarrow \ddot{x}$. Desse modo,

$$\ddot{x} - \frac{l^2}{\mu^2 \rho^3 [1 + (x/\rho)]^3} = -g(\rho + x) \tag{8.83}$$

Porém, pela hipótese $(x/\rho) \ll 1$, podemos expandir a quantidade:

$$[1 + (x/\rho)]^{-3} = 1 - 3(x/\rho) + \cdots \tag{8.84}$$

Supomos também que $g(r) = g(\rho + x)$ pode ser expandida em uma série de Taylor em torno do ponto $r = \rho$:

$$g(\rho + x) = g(\rho) + xg'(\rho) + \cdots \tag{8.85}$$

onde

$$g'(\rho) \equiv \left.\frac{dg}{dr}\right|_{r=\rho}$$

Se desprezarmos todos os termos em x^2 e as potências superiores, a substituição das Equações 8.84 e 8.85 na Equação 8.83 produz

$$\ddot{x} - \frac{l^2}{\mu^2 \rho^3}[1 - 3(x/\rho)] \cong -[g(\rho) + xg'(\rho)] \tag{8.86}$$

CAPÍTULO 8 – Movimento sob uma força central **281**

Lembre-se de que partimos da premissa de que a partícula estava inicialmente em uma órbita circular com $r = \rho$. Sob essa condição, nenhum movimento radial ocorre, ou seja, $\dot{r}|_{r=\rho} = 0$. Desse modo, temos também, $\ddot{r}|_{r=\rho} = 0$. Portanto, calculando a Equação 8.82 em $r = \rho$, temos

$$g(\rho) = \frac{l^2}{\mu^2 \rho^3} \tag{8.87}$$

Substituindo essa relação na Equação 8.86, temos aproximadamente

$$\ddot{x} - g(\rho)[1 - 3(x/\rho)] \cong -[g(\rho) + xg'(\rho)]$$

ou

$$\ddot{x} + \left[\frac{3g(\rho)}{\rho} + g'(\rho)\right]x \cong 0 \tag{8.88}$$

Se definirmos

$$\omega_0^2 \equiv \frac{3g(\rho)}{\rho} + g'(\rho) \tag{8.89}$$

a Equação 8.88 se torna a equação familiar do oscilador harmônico não amortecido.

$$\ddot{x} + \omega_0^2 x = 0 \tag{8.90}$$

A solução dessa equação é

$$x(t) = Ae^{+i\omega_0 t} + Be^{-i\omega_0 t} \tag{8.91}$$

Se $\omega_0^2 < 0$, de modo que ω_0 seja imaginário, o segundo termo se torna $B \exp(|\omega_0| t)$, que claramente cresce sem limitação à medida que o tempo aumenta. Portanto, a condição de oscilação é $\omega_0^2 > 0$, ou

$$\frac{3g(\rho)}{\rho} + g'(\rho) > 0 \tag{8.92a}$$

Pelo fato de $g(\rho) > 0$ (veja a Equação 8.87), podemos dividir por $g(\rho)$ e expressar essa desigualdade como

$$\frac{g'(\rho)}{g(\rho)} + \frac{3}{\rho} > 0 \tag{8.92b}$$

ou, pelo fato de $g(r)$ e $F(r)$ estarem relacionados por meio de um fator multiplicativo constante, haverá estabilidade se

$$\boxed{\frac{F'(\rho)}{F(\rho)} + \frac{3}{\rho} > 0} \tag{8.93}$$

Vamos agora comparar a condição imposta sobre a lei da força pela Equação 8.93 com aquela obtida para uma força da lei da potência:

$$F(r) = -\frac{k}{r^n} \tag{8.94}$$

282 Dinâmica clássica de partículas e sistemas

A Equação 8.93 se torna

$$\frac{nk\rho^{-(n+1)}}{-k\rho^{-n}} + \frac{3}{\rho} > 0$$

ou

$$(3 - n) \cdot \frac{1}{\rho} > 0 \qquad (8.95)$$

e somos levados à mesma condição de antes, ou seja, $n < 3$. (Entretanto, devemos observar que o caso $n = 3$ precisa de um exame adicional; veja o Problema 8.22).

EXEMPLO 8.6

Examine a estabilidade de órbitas circulares em um campo de força descrito pela função de potencial

$$U(r) = \frac{-k}{r} e^{-(r/a)} \qquad (8.96)$$

onde $k > 0$ e $a > 0$.

Solução. Este potencial é chamado de **potencial de Coulomb blindado** (quando $k = Ze^2/4\pi\varepsilon_0$, onde Z é o número atômico e e é a carga do elétron), pois ele decresce com a distância mais rapidamente do que $1/r$ e, portanto, aproxima-se do potencial eletrostático do núcleo atômico nas proximidades do núcleo, considerando-se o "cancelamento" ou a "blindagem" parcial da carga nuclear pelos elétrons do átomo. A força é obtida a partir de

$$F(r) = -\frac{\partial U}{\partial r} = -k \left(\frac{1}{ar} + \frac{1}{r^2} \right) e^{-(r/a)}$$

e

$$\frac{\partial F}{\partial r} = k \left(\frac{1}{a^2 r} + \frac{2}{ar^2} + \frac{2}{r^3} \right) e^{-(r/a)}$$

A condição de estabilidade (veja a Equação 8.93) é

$$3 + \rho \frac{F'(\rho)}{F(\rho)} > 0$$

Portanto,

$$3 + \frac{\rho k \left(\dfrac{1}{a^2 \rho} + \dfrac{2}{a\rho^2} + \dfrac{2}{\rho^3} \right)}{-k \left(\dfrac{1}{a\rho} + \dfrac{1}{\rho^2} \right)} > 0$$

que pode ser simplificada para

$$a^2 + a\rho - \rho^2 > 0$$

Podemos expressar essa relação como

$$\frac{a^2}{\rho^2} + \frac{a}{\rho} - 1 > 0$$

Desse modo, a estabilidade ocorre para todos os $q \equiv a/\rho$ que excedem o valor que satisfaz a equação

$$q^2 + q - 1 = 0$$

A solução positiva (e, portanto, a única fisicamente significativa) é

$$q = \frac{1}{2}(\sqrt{5} - 1) \cong 0{,}62$$

Então, se a quantidade de movimento angular e a energia permitem uma órbita circular em $r = \rho$, o movimento será estável se

$$\frac{a}{\rho} \gtrsim 0{,}62$$

ou

$$\rho \lesssim 1{,}62a \tag{8.97}$$

A condição de estabilidade para órbitas em um potencial blindado é ilustrada graficamente na Figura 8.16, que mostra o potencial $V(r)$ para vários valores de ρ/a. A constante de força k é a mesma para todas as curvas, porém $l^2/2\mu$ foi ajustada para manter o valor mínimo do potencial no mesmo valor do raio à medida que a é alterado. Para $\rho/a < 1{,}62$, existirá um valor mínimo verdadeiro para o potencial, indicando que a órbita circular é estável em relação às pequenas oscilações. Para $\rho/a > 1{,}62$, não existirá nenhum valor mínimo, de modo que as órbitas circulares não podem existir. Para $\rho/a > 1{,}62$ o potencial tem inclinação zero na posição que seria ocupada por uma órbita circular. A órbita é instável nessa posição, pois ω_0^2 é zero na Equação 8.90 e o deslocamento x cresce linearmente com o tempo.

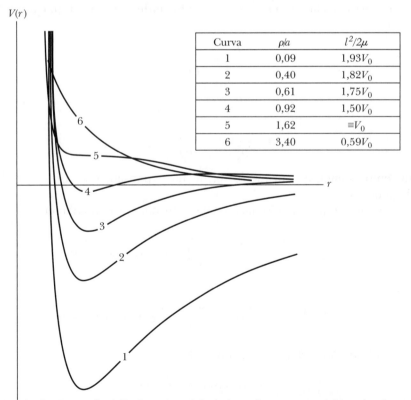

FIGURA 8.16 Exemplo 8.7. Os potenciais 1-4 produzem uma órbita circular estável para valores de $\rho/a \lesssim 1{,}62$.

284 Dinâmica clássica de partículas e sistemas

Uma característica interessante dessa função de potencial é que, sob certas condições, poderão existir órbitas limitadas para as quais a energia total é positiva (veja, por exemplo, a curva 4 na Figura 8.16).

EXEMPLO 8.7

Determine se uma partícula que se move no interior de um cone sob a influência da gravidade (veja o Exemplo 7.4) pode manter uma órbita circular estável.

Solução. No Exemplo 7.4, determinamos que a quantidade de movimento angular sobre o eixo z era uma constante do movimento:

$$l = m r^2 \dot\theta = \text{constante}$$

Também determinamos a equação de movimento para a coordenada r:

$$\ddot{r} - r\dot\theta^2 \operatorname{sen}^2 \alpha + g \operatorname{sen} \alpha \cos \alpha = 0 \qquad (8.98)$$

Se as condições iniciais forem selecionadas de forma apropriada, a partícula poderá se mover em uma órbita circular sobre o eixo vertical com o plano da órbita em uma altura constante z_0 sobre o plano horizontal que passa através do vértice do cone. Embora esse problema não envolva uma força central, alguns aspectos do movimento são os mesmos do caso da força central. Podemos discutir, por exemplo, a estabilidade de órbitas circulares da partícula. Para isso, efetuamos um cálculo da perturbação.

Em primeiro lugar, supomos que uma órbita circular existe para $r = \rho$. Em seguida, aplicamos a perturbação $r \rightarrow \rho + x$. A quantidade $r\dot\theta^2$ na Equação 8.98 pode ser expressa como

$$r\dot\theta^2 = r \cdot \frac{l^2}{m^2 r^4} = \frac{l^2}{m^2 r^3}$$

$$= \frac{l^2}{m^2}(\rho + x)^{-3} = \frac{l^2}{m^2 \rho^3}\left(1 + \frac{x}{\rho}\right)^{-3}$$

$$\cong \frac{l^2}{m^2 \rho^3}\left(1 - 3\frac{x}{\rho}\right)$$

onde mantivemos somente o primeiro termo na expansão, pois x/ρ é, por hipótese, uma quantidade pequena.

Então, pelo fato de $\ddot\rho = 0$, a Equação 8.98 se torna, aproximadamente,

$$\ddot{x} - \frac{l^2 \operatorname{sen}^2 \alpha}{m^2 \rho^3}\left(1 - 3\frac{x}{\rho}\right) + g \operatorname{sen} \alpha \cos \alpha = 0$$

ou

$$\ddot{x} + \left(\frac{3l^2 \operatorname{sen}^2 \alpha}{m^2 \rho^4}\right)x - \frac{l^2 \operatorname{sen} \alpha}{m^2 \rho^3} + g \operatorname{sen} \alpha \cos \alpha = 0 \qquad (8.99)$$

Se avaliarmos a Equação 8.98 em $r = \rho$, então $\ddot{r} = 0$ e temos

$$g \operatorname{sen} \alpha \cos \alpha = \rho\dot\theta^2 \operatorname{sen}^2 \alpha$$

$$= \frac{l^2}{m^2 \rho^3} \operatorname{sen}^2 \alpha$$

CAPÍTULO 8 – Movimento sob uma força central **285**

Em vista desse resultado, os últimos dois termos na Equação 8.99 se cancelam, restando

$$\ddot{x} + \left(\frac{3l^2 \text{sen}^2\,\alpha}{m^2\rho^4}\right)x = 0 \qquad (8.100)$$

A solução dessa equação é justamente uma oscilação harmônica com frequência ω, onde

$$\omega = \frac{\sqrt{3}\,l}{m\rho^2}\,\text{sen}\,\alpha \qquad (8.101)$$

Desse modo, a órbita circular é estável.

PROBLEMAS

8.1. Na Seção 8.2, mostramos que o movimento de dois corpos que interagem entre si por meio de forças centrais podia ser reduzido ao problema equivalente de um corpo. Demonstre por meio de cálculo explícito que essa redução também é possível para corpos em movimento em um campo gravitacional externo uniforme.

8.2. Efetue a integração da Equação 8.38 para obter a Equação 8.39.

8.3. Uma partícula se move em uma órbita circular em um campo de força definido por

$$F(r) = -k/r^2$$

Demonstre que, se k diminuir repentinamente para metade de seu valor original, a órbita da partícula se torna parabólica.

8.4. Efetue um cálculo explícito da média temporal (isto é, a média sobre um período completo) da energia potencial para uma partícula que se move em uma órbita elíptica em um campo de força da lei do inverso do quadrado. Expresse o resultado em termos da constante de força do campo e do semieixo maior da elipse. Efetue cálculo similar para a energia cinética. Compare os resultados e, por meio deles, verifique o teorema do virial para este caso.

8.5. Duas partículas que se movem sob a influência de sua força gravitacional mútua descrevem órbitas circulares em torno uma da outra com um período τ. Se elas forem subitamente paradas em suas órbitas e deixadas para gravitar em direção uma da outra, demonstre que elas colidirão após um tempo $\tau/4\sqrt{2}$.

8.6. Duas massas sob força gravitacional m_1 e $m_2(m_1 + m_2 = M)$ são separadas por uma distância r_0 e liberadas a partir do repouso. Demonstre que, quando a separação é de $r(< r_0)$, as velocidades serão

$$v_1 = m_2\sqrt{\frac{2G}{M}\left(\frac{1}{r} - \frac{1}{r_0}\right)}, \qquad v_2 = m_1\sqrt{\frac{2G}{M}\left(\frac{1}{r} - \frac{1}{r_0}\right)}$$

8.7. Demonstre que a velocidade vetorial areal é constante para uma partícula em movimento sob a influência de uma força atrativa expressa por $F(r) = -kr$. Calcule as médias temporais das energias cinética e potencial e compare com os resultados do teorema do virial.

8.8. Examine o movimento de uma partícula *repelida* por um centro de força de acordo com a lei $F(r) = kr$. Demonstre que a órbita somente poderá ser hiperbólica.

286 Dinâmica clássica de partículas e sistemas

8.9. Um satélite de comunicações se encontra em órbita circular em torno da Terra, com um raio R e velocidade vetorial v. Um dos seus foguetes é acionado acidentalmente, dando ao foguete uma velocidade vetorial radial para fora da órbita v em adição à sua velocidade vetorial original.
(a) Calcule a razão entre a nova energia e a nova quantidade de movimento angular e as anteriores.
(b) Descreva o movimento subsequente do satélite e elabore o gráfico de $T(r)$, $V(r)$, $U(r)$ e $E(r)$ após o acionamento do foguete.

8.10. Suponha a órbita da Terra como sendo circular e que a massa do Sol se reduza subitamente à metade de seu valor. Qual será a nova órbita da Terra? A Terra escapará para o sistema solar?

8.11. Uma partícula se move sob a influência de uma força central expressa por $F(r) = -k/r^n$. Se a órbita da partícula é circular e passa através do centro de força, demonstre que $n = 5$.

8.12. Considere um cometa se movendo em órbita parabólica no plano da órbita terrestre. Se a distância de maior aproximação do cometa em relação ao Sol é βr_E, onde r_E é o raio da (suposta) órbita circular da Terra e onde $\beta < 1$, demonstre que o tempo gasto pelo cometa na órbita da Terra é fornecido por

$$\sqrt{2(1 - \beta)} \cdot (1 + 2\beta)/3\pi \times 1\,\text{ano}$$

Se o cometa se aproximar do Sol a uma distância equivalente ao periélio de Mercúrio, quantos dias ele ficará na órbita da Terra?

8.13. Discuta o movimento de uma partícula em um campo de força central da lei do inverso do quadrado para uma força sobreposta cuja magnitude é inversamente proporcional ao cubo da distância entre a partícula e o centro de força, ou seja,

$$F(r) = -\frac{k}{r^2} - \frac{\lambda}{r^3} \quad k, \lambda > 0$$

Demonstre que o movimento é descrito por uma elipse em precessão. Considere os casos $\lambda < l^2/\mu$, $\lambda = l^2/\mu$, e $\lambda > l^2/\mu$.

8.14. Determine a lei da força para um campo de força central que permita o movimento de uma partícula em uma órbital espiral fornecida por $r = k\theta^2$, onde k é uma constante.

8.15. Uma partícula de massa unitária se move do infinito ao longo de uma linha reta, que, em caso de prosseguimento, permitirá sua passagem a uma distância $b\sqrt{2}$ de um ponto P. Se a partícula for atraída na direção de P com uma força variando conforme k/r^5, e se a quantidade de movimento angular sobre o ponto P é $\sqrt{k}/b$, demonstre que a trajetória é fornecida por

$$r = b \coth(\theta/\sqrt{2})$$

8.16. Uma partícula executa movimento elíptico (porém quase circular) sobre um centro de força. Em algum ponto na órbita um impulso *tangencial* é aplicado sobre a partícula, alterando sua velocidade vetorial de v para $v + \delta v$. Demonstre que a mudança relativa resultante nos eixos maior e menor da órbita é duas vezes a mudança relativa na velocidade vetorial e que os eixos *aumentam* se $\delta v > 0$.

8.17. Uma partícula se move em órbita elíptica em um campo de força central da lei do inverso do quadrado. Se a razão entre as velocidades vetorias angulares máxima e mínima da partícula em sua órbita é n, demonstre que a excentricidade da órbita é

$$\varepsilon = \frac{\sqrt{n} - 1}{\sqrt{n} + 1}$$

CAPÍTULO 8 – Movimento sob uma força central   **287**

8.18. Utilize os resultados de Kepler (isto é, suas primeira e segunda leis) para demonstrar que a força gravitacional deverá ser central e que a dependência radial deverá ser $1/r^2$. Desse modo, efetue uma derivação indutiva da lei da força gravitacional.

8.19. Calcule as entradas faltantes indicadas por c na Tabela 8.1.

8.20. Para uma partícula que se move em órbita elíptica com semieixo maior a e excentricidade ε, demonstre que

$$\langle (a/r)^4 \cos \theta \rangle = \varepsilon/(1 - \varepsilon^2)^{5/2}$$

onde os delimitadores angulares indicam uma média temporal sobre um período completo.

8.21. Considere a família de órbitas em um potencial central para o qual a energia total é uma constante. Demonstre que, se existir uma órbita circular estável, a quantidade de movimento angular associada com esta órbita será maior do que aquela de qualquer outra órbita da família.

8.22. Discuta o movimento de uma partícula em um campo de força atrativa central descrito por $F(r) = -k/r^3$.[20] Desenhe algumas das órbitas para diferentes valores de energia total. Uma órbita circular pode ser estável nesse campo de força?

8.23. Um satélite da Terra se move em órbita elíptica com período τ, excentricidade ε e semieixo maior a. Demonstre que a velocidade vetorial radial máxima do satélite é $2\pi a \varepsilon/(\tau \sqrt{1 - \varepsilon^2})$.

8.24. Um satélite da Terra tem perigeu de 300 km e apogeu de 3.500 km sobre a superfície do planeta. Qual será a distância do satélite acima da Terra quando **(a)** ele tiver girado 90° em torno da Terra a partir do perigeu e quando **(b)** ele tiver se movido meio caminho entre o perigeu e o apogeu?

8.25. Um satélite da Terra tem uma velocidade de 28.070 km/h quando em seu perigeu de 220 km acima da superfície do planeta. Determine a distância do apogeu, sua velocidade no apogeu e seu período de revolução.

8.26. Demonstre que a forma mais eficiente de alterar a energia de uma órbita elíptica em um único empuxo breve do motor é por meio do acionamento do foguete ao longo do sentido de deslocamento no perigeu.

8.27. Uma espaçonave em órbita sobre a Terra tem velocidade de 10.160 m/s em um perigeu de 6.680 km do centro da Terra. Qual velocidade a espaçonave terá no apogeu de 42.200 km?

8.28. Qual é a velocidade vetorial mínima de escape de uma espaçonave na lua?

8.29. As velocidades vetoriais mínima e máxima de uma lua orbitando ao redor de Urano são $v_{min} = v - v_0$ e $v_{max} = v + v_0$. Determine a excentricidade em termos de v e v_0.

8.30. Uma espaçonave é colocada em órbita circular a 200 km acima da Terra. Calcule a velocidade mínima de escape da Terra. Desenhe a trajetória de escape, mostrando a Terra e a órbita circular. Qual será a trajetória da espaçonave em relação à Terra?

8.31. Considere uma lei de força na forma

$$F(r) = -\frac{k}{r^2} - \frac{k'}{r^4}$$

Demonstre que, se $\rho^2 k > k'$, uma partícula poderá se mover em uma órbita circular estável em $r = \rho$.

---

[20] Esta lei de força particular foi extensivamente investigada por Roger Cotes (1682–1716) e as órbitas são conhecidas como **espirais de Cotes**.

288 Dinâmica clássica de partículas e sistemas

8.32. Considere uma lei de força na forma $F(r) = -(k/r^2)\exp(-r/a)$. Investigue a estabilidade de órbitas circulares nesse campo de força.

8.33. Considere uma partícula de massa m com movimento restrito à superfície de uma paraboloide cuja equação (em coordenadas cilíndricas) é $r^2 = 4az$. Se a partícula estiver sujeita a uma força gravitacional, demonstre que a frequência de oscilações pequenas sobre uma órbita circular com raio $\rho = \sqrt{4az_0}$ é

$$\omega = \sqrt{\frac{2g}{a + z_0}}$$

8.34. Considere o problema da partícula se movendo sobre a superfície de um cone, conforme discutido nos Exemplos 7.4 e 8.7. Demonstre que o potencial efetivo é

$$V(r) = \frac{l^2}{2mr^2} + mgr \cot \alpha$$

(Observe que, aqui, r é a distância radial em coordenadas cilíndricas, e não coordenadas esféricas; veja a Figura 7.2). Demonstre que os pontos de volta do movimento podem ser obtidos da solução de uma equação cúbica em r. Demonstre também que somente duas das raízes são fisicamente significativas, de modo que o movimento fica confinado entre dois planos horizontais que cortam o cone.

8.35. Uma órbita quase circular (isto é, $\varepsilon \ll 1$) pode ser considerada como uma órbita circular na qual foi aplicada uma pequena perturbação. Desse modo, a frequência do movimento radial é fornecida pela Equação 8.89. Considere um caso no qual a lei da força é $F(r) = -k/r^n$ (onde n é um inteiro) e demonstre que o ângulo apsidal é $\pi/\sqrt{3-n}$. Portanto, demonstre que uma órbita fechada geralmente ocorre somente para a força do oscilador harmônico e a força da lei do inverso do quadrado (se os valores de n iguais ou menores do que -6 forem excluídos).

8.36. Uma partícula se move em uma órbita quase circular em um campo de força descrito por $F(r) = -(k/r^2)\exp(-r/a)$. Demonstre que os ápsides avançam por um valor aproximadamente igual a $\pi\rho/a$ em cada revolução, onde ρ é o raio da órbita circular e onde $\rho \ll a$.

8.37. Um satélite de comunicação se encontra em uma órbita circular em torno da Terra, a uma distância acima dela equivalente ao raio do planeta. Determine a velocidade vetorial mínima Δv necessária para dobrar a altura do satélite e colocá-lo em outra órbita circular.

8.38. Calcule o valor mínimo de Δv necessário para colocar um satélite que já se encontra em órbita heliocêntrica da Terra (supostamente circular) na órbita de Vênus (também supostamente circular e coplanar com a da Terra). Considere somente a atração gravitacional do Sol. Quanto tempo de voo tal viagem levaria?

8.39. Supondo que um motor de foguete possa ser acionado somente uma vez a partir de uma órbita baixa da Terra, um voo para Marte ou Vênus necessita de um valor maior de Δv? Explique.

8.40. Uma espaçonave está sendo projetada para descarte de lixo nuclear fora do sistema solar ou por colisão no Sol. Suponha que nenhum voo planetário seja permitido e que os empuxos ocorram somente no plano orbital. Qual missão irá exigir a menor energia? Explique.

8.41. Uma espaçonave é "estacionada" em órbita circular a 200 km acima da superfície da Terra. Queremos utilizar uma transferência de Hohmann para enviar a espaçonave para a órbita da Lua. Quais serão o valor total de Δv e o tempo de transferência necessários?

8.42. Uma espaçonave de massa 10.000 kg é "estacionada" em órbita circular a 200 km acima da superfície da Terra. Qual é a energia mínima requerida (despreze a massa do combustível queimado) para colocar o satélite em órbita síncrona (isto é, $\tau = 24h$)?

CAPÍTULO 8 – Movimento sob uma força central **289**

8.43. Um satélite se move em órbita circular de raio R sobre a Terra. Por qual fração sua velocidade vetorial v deverá ser aumentada para que o satélite fique em uma órbita elíptica com $r_{min} = R$ e $r_{max} = 2R$?

8.44. O potencial de Yukawa adiciona um termo exponencial ao potencial de Coulomb de longo alcance, encurtando bastante a faixa do potencial de Coulomb. Ele tem grande utilidade em cálculos atômicos e nucleares.

$$V(r) = \frac{V_0 r_0}{r} e^{-r/r_0} = -\frac{k}{r} e^{-r/a}$$

Determine a trajetória de uma partícula em órbita limitada do potencial de Yukawa para primeira ordem em r/a.

8.45. Uma partícula de massa m se move em um campo de força central que tem uma magnitude constante F_0, porém sempre apontando na direção da origem. **(a)** Determine a velocidade vetorial angular ω_ϕ necessária para que a partícula se mova em uma órbita circular de raio r_0. **(b)** Determine a frequência ω_r das pequenas oscilações radiais sobre a órbita circular. Ambas as respostas deverão ser fornecidas em termos de F_0, m e r_0.

8.46. Duas estrelas duplas de mesma massa que o Sol giram sobre seu centro de massa comum. Elas estão separadas por 4 anos-luz. Qual é o seu período de revolução?

8.47. Duas estrelas duplas, uma com massa $1,0\ M_{sol}$ e a outra com $3,0\ M_{sol}$, giram sobre seu centro de massa comum. Elas estão separadas por 6 anos-luz. Qual é o seu período de revolução?

CAPÍTULO 9

Dinâmica de um sistema de partículas

9.1 Introdução

Até agora, tratamos nossos problemas dinâmicos basicamente em termos de partículas isoladas. Mesmo que tenhamos considerado objetos extensos, como projéteis e planetas, fomos capazes de tratá-los como partículas isoladas. Geralmente, não tivemos de lidar com as interações internas entre as muitas partículas que compõem o corpo extenso.

Mais adiante, quando tratarmos a dinâmica de corpos rígidos, deveremos descrever os movimentos de rotação e translação. Precisamos preparar as técnicas que nos permitirão fazer isso.

Em primeiro lugar, ampliaremos nossa discussão para descrever o sistema de n partículas. Essas partículas podem formar um agregado frouxo – como uma pilha de pedras ou um volume de moléculas de gás – ou formar um corpo rígido no qual as partículas constituintes têm seu movimento restrito umas em relação às outras. Dedicamos a última parte do capítulo a um estudo da interação entre duas partículas ($n = 2$). Para o problema de três corpos ($n = 3$), as soluções tornam-se formidáveis. Com frequência, utilizam-se técnicas de perturbação, apesar do grande progresso que tem sido obtido com a utilização de métodos numéricos com a ajuda de computadores de alta velocidade. Finalmente, examinaremos o movimento de foguetes.

A Terceira Lei de Newton desempenha um papel importante na dinâmica de um sistema de partículas em decorrência das forças internas entre as partículas no sistema. Precisamos fazer duas suposições em relação às forças internas:

1. As forças exercidas por duas partículas α e β entre si são iguais em magnitude e em sentidos opostos. Consideremos $\mathbf{f}_{\alpha\beta}$ para representar a força sobre a α-ésima partícula por causa da β-ésima partícula. A chamada forma "fraca" da Terceira Lei de Newton é

$$\mathbf{f}_{\alpha\beta} = -\mathbf{f}_{\beta\alpha} \tag{9.1}$$

2. As forças exercidas por duas partículas α e β entre si, além de serem iguais e opostas, deverão se encontrar sobre a linha reta que liga as duas partículas. Essa forma mais restritiva da Terceira Lei de Newton, frequentemente chamada de forma "forte", é mostrada na Figura 9.1.

Devemos ter o cuidado de lembrar quando aplicar cada forma da Terceira Lei de Newton. Lembramos, da Seção 2.2, que a Terceira Lei não é sempre válida para partículas carregadas em movimento, pois as forças eletromagnéticas são *dependentes da velocidade*. Por exemplo, as forças magnéticas, exercidas sobre uma carga q em movimento em um campo magnético $\mathbf{B}$ ($\mathbf{F} = q\mathbf{v} \times \mathbf{B}$), obedecem à forma fraca, porém não à forma forte, da Terceira Lei.

291

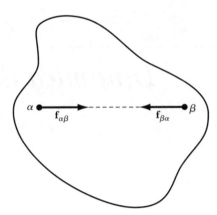

FIGURA 9.1 Exemplo da forma forte da Terceira Lei de Newton, onde as forças iguais e opostas entre duas partículas deverão estar ao longo de uma linha reta ligando as duas. A força é atrativa, como na atração molecular em um sólido.

9.2 Centro de massa

Considere um sistema composto de n partículas, no qual a massa de cada partícula é descrita por m_α e onde α é um índice variando de $\alpha = 1$ a $\alpha = n$. A massa total do sistema é indicada por M,

$$M = \sum_\alpha m_\alpha \tag{9.2}$$

onde a somatória sobre α (como todas as somatórias efetuadas sobre índices representados por caracteres do alfabeto grego) varia de $\alpha = 1$ a $\alpha = n$. Esse tipo de sistema é mostrado na Figura 9.2.

Se o vetor que conecta a origem com a α-ésima partícula é $\mathbf{r}_\alpha$, o vetor que define a posição do centro de massa do sistema é

$$\mathbf{R} = \frac{1}{M} \sum_\alpha m_\alpha \mathbf{r}_\alpha \tag{9.3}$$

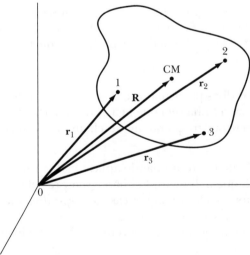

FIGURA 9.2 Os vetores de posição das partículas 1, 2 e 3 no corpo estão indicados juntamente com o vetor de posição do centro de massa $\mathbf{R}$.

Para uma distribuição contínua de massa, a soma é substituída por uma integral,

$$\mathbf{R} = \frac{1}{M} \int \mathbf{r}\, dm \qquad (9.4)$$

A localização do centro de massa de um corpo é definida de forma única, porém o vetor de posição **R** depende do sistema de coordenadas escolhido. Se a origem na Figura 9.2 fosse escolhida em qualquer outro local, o vetor **R** seria diferente.

EXEMPLO 9.1

Determine o centro de massa de um hemisfério sólido de densidade constante.

Solução. Considere a densidade como sendo ρ, a massa hemisférica como M e o raio como a.

$$\rho = \frac{M}{\frac{2}{3}\pi a^3}$$

Queremos escolher a origem de nosso sistema de coordenadas com cuidado (Figura 9.3) para simplificar o problema o máximo possível. As coordenadas de posição de R são (X, Y, Z). Considerando a simetria, $X = 0$, $Z = 0$. Essa conclusão deve ser óbvia com base na Equação 9.4,

$$X = \frac{1}{M} \int_{-a}^{a} x\, dm$$

$$Z = \frac{1}{M} \int_{-a}^{a} z\, dm$$

pois estamos integrando sobre uma potência ímpar de uma variável com limites simétricos. Entretanto, para Y, os limites são assimétricos.

$$Y = \frac{1}{M} \int_{0}^{a} y\, dm$$

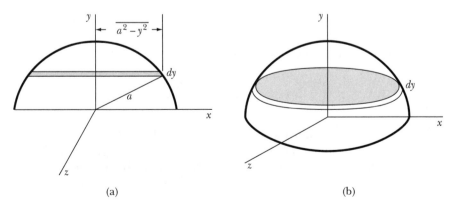

(a) (b)

FIGURA 9.3 Exemplo 9.1. (a) Escolhemos uma fatia fina dy de um hemisfério sólido de densidade constante para determinar o valor da posição do centro de massa Y. (b) A área da fatia dy é circular.

294 Dinâmica clássica de partículas e sistemas

Desenvolva dm de modo a colocá-la em um valor constante de y. Uma fatia circular perpendicular ao eixo y é suficiente (veja a Figura 9.3).

$$dm = \rho \, dV = \rho \pi (a^2 - y^2) \, dy$$

$$Y = \frac{1}{M} \int_0^a \rho \pi y (a^2 - y^2) \, dy$$

$$Y = \frac{\pi \rho a^4}{4M} = \frac{3a}{8}$$

A posição do centro de massa é $(0, 3a/8, 0)$.

9.3 Quantidade de movimento linear do sistema

Se um certo grupo de partículas constitui um *sistema*, a força resultante que atua sobre uma partícula no sistema (digamos, a α-ésima partícula) é, em geral, composta por duas partes. Uma parte é a resultante de todas as forças cuja origem se encontra fora do sistema. Ela é chamada de **força externa, $\mathbf{F}_\alpha^{(e)}$**. A outra parte é a resultante das forças decorrentes da interação de todas as outras $n - 1$ partículas com a α-ésima partícula. Ela é chamada de **força interna, $\mathbf{f}_\alpha$**. A força $\mathbf{f}_\alpha$ é fornecida pela soma vetorial de todas as forças individuais $\mathbf{f}_{\alpha\beta}$,

$$\mathbf{f}_\alpha = \sum_\beta \mathbf{f}_{\alpha\beta} \tag{9.5}$$

onde $\mathbf{f}_{\alpha\beta}$ representa a força sobre a α-ésima partícula por causa da β-ésima partícula. Portanto, a força total atuando sobre a α-ésima partícula é

$$\mathbf{F}_\alpha = \mathbf{F}_\alpha^{(e)} + \mathbf{f}_\alpha \tag{9.6}$$

Além disso, de acordo com o enunciado fraco da Terceira Lei de Newton, temos

$$\mathbf{f}_{\alpha\beta} = -\mathbf{f}_{\beta\alpha} \tag{9.1}$$

A Segunda Lei de Newton para a α-ésima partícula pode ser escrita como

$$\dot{\mathbf{p}}_\alpha = m_\alpha \ddot{\mathbf{r}}_\alpha = \mathbf{F}_\alpha^{(e)} + \mathbf{f}_\alpha \tag{9.7}$$

ou

$$\frac{d^2}{dt^2} (m_\alpha \mathbf{r}_\alpha) = \mathbf{F}_\alpha^{(e)} + \sum_\beta \mathbf{f}_{\alpha\beta} \tag{9.8}$$

Efetuando a somatória dessa expressão sobre α, temos

$$\frac{d^2}{dt^2} \sum_\alpha m_\alpha \mathbf{r}_\alpha = \sum_\alpha \mathbf{F}_\alpha^{(e)} + \sum_{\substack{\alpha \\ \alpha \neq \beta}} \sum_\beta \mathbf{f}_{\alpha\beta} \tag{9.9}$$

onde os termos $\alpha = \beta$ não entram na segunda soma no lado direito, pois $\mathbf{f}_{\alpha\alpha} \equiv 0$. A somatória no lado esquerdo resulta em $M\mathbf{R}$ (veja a Equação 9.3) e a segunda derivada temporal é $M\ddot{\mathbf{R}}$. O primeiro termo no lado direito é a soma de todas as forças externas e pode ser expresso como

$$\sum_\alpha \mathbf{F}_\alpha^{(e)} \equiv \mathbf{F} \tag{9.10}$$

CAPÍTULO 9 – Dinâmica de um sistema de partículas   **295**

O segundo termo no lado direito na Equação 9.9 pode ser expresso[1] como

$$\sum_{\substack{\alpha \ \beta \\ \alpha \neq \beta}} \mathbf{f}_{\alpha\beta} \equiv \sum_{\alpha,\beta \neq \alpha} \mathbf{f}_{\alpha\beta} = \sum_{\alpha < \beta} (\mathbf{f}_{\alpha\beta} + \mathbf{f}_{\beta\alpha})$$

que se anula[2] conforme a Equação 9.1. Desse modo, temos o primeiro resultado importante

$$M\ddot{\mathbf{R}} = \mathbf{F} \tag{9.11}$$

que pode ser expresso como segue:

I. *O centro de massa de um sistema se move como se fosse uma única partícula de massa igual à massa total do sistema, sob ação da força total externa, independente da natureza das forças internas (enquanto elas seguirem* $\mathbf{f}_{\alpha\beta} = -\mathbf{f}_{\beta\alpha}$, *a forma fraca da Terceira Lei de Newton).*

A quantidade de movimento linear total do sistema é

$$\mathbf{P} = \sum_{\alpha} m_{\alpha} \dot{\mathbf{r}}_{\alpha} = \frac{d}{dt} \sum_{\alpha} m_{\alpha} \mathbf{r}_{\alpha} = \frac{d}{dt}(M\mathbf{R}) = M\dot{\mathbf{R}} \tag{9.12}$$

e

$$\dot{\mathbf{P}} = M\ddot{\mathbf{R}} = \mathbf{F} \tag{9.13}$$

Desse modo, a quantidade de movimento linear total do sistema será conservada se não houver nenhuma força externa. Das Equações 9.12 e 9.13, observamos nossos segundo e terceiro resultados importantes:

II. *A quantidade de movimento linear do sistema é a mesma de uma única partícula de massa* M *localizada na posição do centro de massa e se movendo da mesma maneira que o centro de massa.*

III. *A quantidade de movimento linear total de um sistema livre de forças externas é constante e igual à quantidade de movimento linear do centro de massa* (lei da conservação da quantidade de movimento linear de um sistema).

Todas as medições deverão ser efetuadas em um sistema de referência inercial. Um exemplo da quantidade de movimento linear de um sistema é fornecido pela explosão de um cartucho de artilharia acima do solo. Como a explosão é um efeito interno, a única força externa que afeta a velocidade do centro de massa resulta da gravidade. O centro de massa dos fragmentos do cartucho de artilharia imediatamente após a explosão deverá prosseguir com a velocidade do cartucho imediatamente antes da explosão.

---

[1] Esta equação pode ser verificada por meio do cálculo explícito em ambos os lados para um caso simples (por exemplo, $n = 3$).

[2] O último símbolo de somatória significa "somar sobre todos α e β sujeitos às restrições $\alpha < \beta$". Observe que podemos provar a anulação de

$$\sum_{\substack{\alpha \ \beta \\ \alpha \neq \beta}} \mathbf{f}_{\alpha\beta}$$

apelando ao argumento a seguir. Uma vez que as somatórias são efetuadas sobre α e β, esses índices são falsos; em particular, podemos trocar α e β sem afetar a soma. Utilizando a notação mais compacta, temos

$$\sum_{\alpha,\beta \neq \alpha} \mathbf{f}_{\alpha\beta} = \sum_{\beta,\alpha \neq \beta} \mathbf{f}_{\beta\alpha}$$

Porém, por hipótese, $\mathbf{f}_{\alpha\beta} = -\mathbf{f}_{\beta\alpha}$, de modo que

$$\sum_{\alpha,\beta \neq \alpha} \mathbf{f}_{\alpha\beta} = -\sum_{\alpha,\beta \neq \alpha} \mathbf{f}_{\alpha\beta}$$

e se uma quantidade é igual à sua negativa, ela deverá se anular identicamente.

EXEMPLO 9.2

Uma corrente de densidade linear de massa uniforme ρ, comprimento b e massa M ($\rho = M/b$) se encontra suspensa, como mostra a Figura 9.4. No tempo $t = 0$, as extremidades A e B são adjacentes, porém a extremidade B é solta. Determine a tensão na corrente no ponto A após a extremidade B ter caído por uma distância x (a) supondo queda livre e (b) utilizando a conservação de energia.

Solução. (a) No caso de queda livre, vamos supor que as únicas forças atuando sobre o sistema no tempo t são a tensão T atuando verticalmente para cima no ponto A e a força gravitacional Mg puxando a corrente para baixo. A quantidade de movimento do centro de massa reage a essas forças, de modo que

$$\dot{P} = Mg - T \qquad (9.14)$$

O lado direito da corrente, com massa $\rho(b - x)/2$, move-se com velocidade $\dot{x}$, e o lado esquerdo da corrente não se move. Portanto, a quantidade de movimento total do sistema é

$$P = \rho\left(\frac{b-x}{2}\right)\dot{x}$$

e

$$\dot{P} = \frac{\rho}{2}[-\dot{x}^2 + \ddot{x}(b-x)] \qquad (9.15)$$

Para a queda livre, temos $x = gt^2/2$, de modo que

$$\dot{x} = gt = \sqrt{2gx}$$
$$\ddot{x} = g$$

e

$$\dot{P} = \frac{\rho}{2}(gb - 3gx) = Mg - T$$

e, finalmente,

$$T = \frac{Mg}{2}\left(\frac{3x}{b} + 1\right) \qquad (9.16)$$

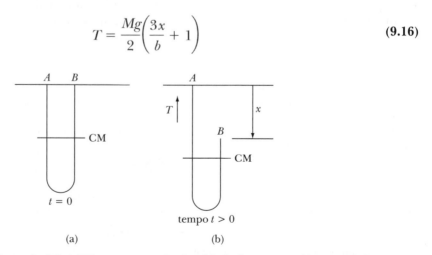

FIGURA 9.4 Exemplo 9.2. (a) Uma corrente de densidade de massa uniforme pende nos pontos A e B antes de B ser solta no tempo $t = 0$. (b) No tempo t a ponta B caiu por uma distância x.

CAPÍTULO 9 – Dinâmica de um sistema de partículas **297**

(b) Calkin e March (*Am. J. Phys.* **57,** 154 [1989]) chegaram à conclusão de que correntes atuam de forma muito similar a uma corda perfeitamente flexível e inextensível que conserva a energia em quedas, sem mecanismo dissipativo. Tratamos a corrente como um movimento unidimensional, ignorando o pequeno movimento horizontal. Considere a energia potencial U sendo medida em relação à ponta fixa da corrente, de modo que a energia potencial inicial $U(t = 0) = U_0 = -\rho g b^2/4$. Uma construção geométrica cuidadosa mostra que a energia potencial após a queda da corrente por uma distância x é

$$U = -\frac{1}{4}\rho g(b^2 + 2bx - x^2)$$

A energia cinética (onde utilizamos K em vez de T para evitar confusão com a tensão) é determinada a partir da velocidade $\dot{x}$ do lado direito da corrente, de modo que

$$K = \frac{\rho}{4}(b - x)\dot{x}^2$$

Já que a energia é conservada, devemos ter $K + U = U_0$.

$$\frac{\rho}{4}(b - x)\dot{x}^2 - \frac{1}{4}\rho g(b^2 + 2bx - x^2) = -\frac{1}{4}\rho g b^2$$

Resolvemos para $\dot{x}^2$ para obter

$$\dot{x}^2 = \frac{g(2bx - x^2)}{b - x} \tag{9.17}$$

Para calcular a tensão a partir das Equações 9.14 e 9.15, precisamos determinar $\ddot{x}$. Usando a derivada da Equação 9.17, encontramos

$$\ddot{x} = g + \frac{g(2bx - x^2)}{2(b - x)^2}$$

Inserimos agora $\dot{x}^2$ e $\ddot{x}$ das duas equações anteriores na Equação 9.15 para determinar $\dot{P}$ e inserir esse valor de $\dot{P}$ na Equação 9.14. Após a coleta dos termos e a solução para T, obtemos

$$T = \frac{Mg}{4b}\frac{1}{(b - x)}(2b^2 + 2bx - 3x^2) \tag{9.18}$$

Observe a diferença entre os dois resultados, Equações 9.16 e 9.18, para os métodos de queda livre e conservação de energia. Deverá ser muito fácil determinar qual resultado está correto por meio de experimentação, pois o último resultado apresenta um aumento drástico da tensão $(T \to \infty)$ na extremidade quando $x \to b$. Experimentos conduzidos por Calkin e March confirmam que a tensão aumenta rapidamente na extremidade até um valor máximo de aproximadamente 25 vezes o peso da corrente, e as observações como uma função de x concordam com os cálculos. As correntes reais não podem ter uma tensão infinita.

Para o caso de queda livre, a tensão na corrente é descontínua em cada lado da curva inferior; a tensão é $T_1 = \rho\dot{x}^2/2$ no lado fixo e $T_2 = 0$ no lado livre. Para o caso de conservação da energia, a tensão T_2 no lado livre não é zero, e essa tensão ajuda a gravidade a puxar a corrente para baixo. O resultado é que a corrente cai cerca de 15% mais rápido do que o calculado no caso de queda livre. Para correntes com conservação de energia, a tensão é contínua: $T_1 = T_2 = \rho\dot{x}^2/4$. Examinaremos outras propriedades da corrente em queda nos problemas.

9.4 Quantidade de movimento angular do sistema

Com frequência, é conveniente descrever um sistema por meio de um vetor de posição em relação ao centro de massa. O vetor de posição $\mathbf{r}_\alpha$ no sistema de referência inercial (veja a Figura 9.5) se torna

$$\mathbf{r}_\alpha = \mathbf{R} + \mathbf{r}'_\alpha \tag{9.19}$$

onde $\mathbf{r}'_\alpha$ é o vetor de posição da partícula α em relação ao centro de massa. A quantidade de movimento angular da α-ésima partícula sobre α origem é fornecida pela Equação 2.81:

$$\mathbf{L}_\alpha = \mathbf{r}_\alpha \times \mathbf{p}_\alpha \tag{9.20}$$

Efetuando a somatória dessa expressão sobre α e utilizando a Equação 9.19, temos

$$\begin{aligned}\mathbf{L} = \sum_\alpha \mathbf{L}_\alpha &= \sum_\alpha (\mathbf{r}_\alpha \times \mathbf{p}_\alpha) = \sum_\alpha (\mathbf{r}_\alpha \times m_\alpha \dot{\mathbf{r}}_\alpha) \\ &= \sum_\alpha (\mathbf{r}'_\alpha + \mathbf{R}) \times m_\alpha(\dot{\mathbf{r}}'_\alpha + \dot{\mathbf{R}}) \\ &= \sum_\alpha m_\alpha [(\mathbf{r}'_\alpha \times \dot{\mathbf{r}}'_\alpha) + (\mathbf{r}'_\alpha \times \dot{\mathbf{R}}) + (\mathbf{R} \times \dot{\mathbf{r}}'_\alpha) + (\mathbf{R} \times \dot{\mathbf{R}})]\end{aligned} \tag{9.21}$$

Os dois termos intermediários podem ser expressos como

$$\left(\sum_\alpha m_\alpha \mathbf{r}'_\alpha\right) \times \dot{\mathbf{R}} + \mathbf{R} \times \frac{d}{dt}\left(\sum_\alpha m_\alpha \mathbf{r}'_\alpha\right)$$

que é anulada, pois

$$\sum_\alpha m_\alpha \mathbf{r}'_\alpha = \sum_\alpha m_\alpha (\mathbf{r}_\alpha - \mathbf{R}) = \sum_\alpha m_\alpha \mathbf{r}_\alpha - \mathbf{R} \sum_\alpha m_\alpha$$

$$\sum_\alpha m_\alpha \mathbf{r}'_\alpha = M\mathbf{R} - M\mathbf{R} \equiv 0 \tag{9.22}$$

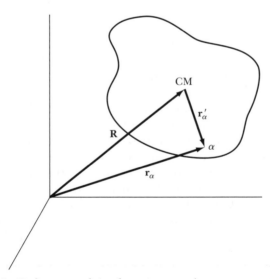

FIGURA 9.5 Podemos também descrever um sistema por meio de vetores de posição $\mathbf{r}'_\alpha$ em relação ao centro de massa.

CAPÍTULO 9 – Dinâmica de um sistema de partículas **299**

Isso indica que $\sum_\alpha m_\alpha \mathbf{r}'_\alpha$ especifica a posição do centro de massa no sistema de coordenadas de centro de massa, sendo, portanto, um vetor nulo. Desse modo, a Equação 9.21 se torna

$$\mathbf{L} = M\mathbf{R} \times \dot{\mathbf{R}} + \sum_\alpha \mathbf{r}'_\alpha \times \mathbf{p}'_\alpha = \mathbf{R} \times \mathbf{P} + \sum_\alpha \mathbf{r}'_\alpha \times \mathbf{p}'_\alpha \qquad (9.23)$$

Nosso quarto resultado importante é

IV. *A quantidade de movimento angular total sobre uma origem é a soma da quantidade de movimento angular do centro de massa sobre aquela origem e a quantidade de movimento angular do sistema sobre a posição do centro de massa.*

A derivada temporal da quantidade de movimento angular da α-ésima partícula é, a partir da Equação 2.83,

$$\dot{\mathbf{L}}_\alpha = \mathbf{r}_\alpha \times \dot{\mathbf{p}}_\alpha \qquad (9.24)$$

e, utilizando as Equações 9.7 e 9.8, temos

$$\dot{\mathbf{L}}_\alpha = \mathbf{r}_\alpha \times \left(\mathbf{F}^{(e)}_\alpha + \sum_\beta \mathbf{f}_{\alpha\beta} \right) \qquad (9.25)$$

Efetuando a somatória dessa expressão sobre α, temos

$$\dot{\mathbf{L}} = \sum_\alpha \dot{\mathbf{L}}_\alpha = \sum_\alpha \left(\mathbf{r}_\alpha \times \mathbf{F}^{(e)}_\alpha \right) + \sum_{\alpha, \beta \neq \alpha} (\mathbf{r}_\alpha \times \mathbf{f}_{\alpha\beta}) \qquad (9.26)$$

O último termo pode ser escrito como

$$\sum_{\alpha, \beta \neq \alpha} (\mathbf{r}_\alpha \times \mathbf{f}_{\alpha\beta}) = \sum_{\alpha < \beta} [(\mathbf{r}_\alpha \times \mathbf{f}_{\alpha\beta}) + (\mathbf{r}_\beta \times \mathbf{f}_{\beta\alpha})]$$

O vetor que conecta a α-ésima e β-ésima partículas (veja a Figura 9.6) é definido como sendo

$$\mathbf{r}_{\alpha\beta} \equiv \mathbf{r}_\alpha - \mathbf{r}_\beta \qquad (9.27)$$

e então, pelo fato de $\mathbf{f}_{\alpha\beta} = -\mathbf{f}_{\beta\alpha}$, temos

$$\sum_{\alpha, \beta \neq \alpha} (\mathbf{r}_\alpha \times \mathbf{f}_{\alpha\beta}) = \sum_{\alpha < \beta} (\mathbf{r}_\alpha - \mathbf{r}_\beta) \times \mathbf{f}_{\alpha\beta}$$

$$= \sum_{\alpha < \beta} (\mathbf{r}_{\alpha\beta} \times \mathbf{f}_{\alpha\beta}) \qquad (9.28)$$

Desejamos agora limitar a discussão às forças centrais internas e aplicar a versão "forte" da Terceira Lei de Newton. Desse modo, $\mathbf{f}_{\alpha\beta}$ se encontra ao longo da mesma direção que $\pm\mathbf{r}_{\alpha\beta}$ e

$$\mathbf{r}_{\alpha\beta} \times \mathbf{f}_{\alpha\beta} \equiv 0 \qquad (9.29)$$

e

$$\dot{\mathbf{L}} = \sum_\alpha \left[\mathbf{r}_\alpha \times \mathbf{F}^{(e)}_\alpha \right] \qquad (9.30)$$

O lado direito dessa expressão é justamente a soma de todos os torques externos:

$$\dot{\mathbf{L}} = \sum_\alpha \mathbf{N}^{(e)}_\alpha = \mathbf{N}^{(e)} \qquad (9.31)$$

Isso leva ao nosso próximo resultado importante:

V. *Se os torques externos líquidos resultantes sobre um determinado eixo se anulam, a quantidade de movimento angular total do sistema sobre aquele eixo permanece constante no tempo.*

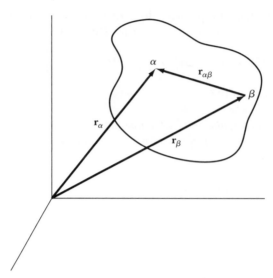

FIGURA 9.6 O vetor da β-ésima partícula até a α-ésima partícula no sistema é representado por $\mathbf{r}_{\alpha\beta}$.

Observe também que o termo

$$\sum_{\beta} \mathbf{r}_{\alpha} \times \mathbf{f}_{\alpha\beta} \tag{9.32}$$

é o torque sobre a α-ésima partícula para todas as forças internas, ou seja, ele é o *torque interno*. Uma vez que a somatória dessa quantidade sobre todas as partículas α se anula (veja a Equação 9.28),

$$\sum_{\alpha,\beta \neq \alpha} (\mathbf{r}_{\alpha} \times \mathbf{f}_{\alpha\beta}) = \sum_{\alpha<\beta} (\mathbf{r}_{\alpha\beta} \times \mathbf{f}_{\alpha\beta}) = 0 \tag{9.33}$$

o torque interno total deverá se anular, o qual podemos declarar como

VI. *O torque interno total deverá se anular caso as forças internas sejam centrais, ou seja, se* $\mathbf{f}_{\alpha\beta} = -\mathbf{f}_{\beta\alpha}$, *e a quantidade de movimento angular de um sistema isolado não pode ser alterada sem a aplicação de forças externas.*

EXEMPLO 9.3

Um fio leve de comprimento a tem prumos de massas m_1 e $m_2 (m_2 > m_1)$ em suas extremidades. A extremidade com m_1 é segurada e m_2 é girada vigorosamente com a mão acima da cabeça no sentido anti-horário (olhando de cima para baixo) e, a seguir, liberada. Descreva o movimento subsequente e determine a tensão sobre o fio após a liberação.

Solução. O sistema é mostrado na Figura 9.7. O centro de massa se encontra a uma distância de $b = [m_1/(m_1 + m_2)]$ da massa m_2. Após a liberação, as únicas forças no sistema são as forças gravitacionais sobre m_1 e m_2. Suponha que $\mathbf{v}_0$ seja a velocidade inicial do centro de massa CM. O CM continuará em uma trajetória parabólica sob a influência da gravidade como se toda a massa $(m_1 + m_2)$ estivesse concentrada nele. Porém, quando liberada, a massa m_2 está girando rapidamente em torno de m_1. Pelo fato de não existir nenhum torque externo, o sistema continuará a girar. Porém, agora m_1 e m_2 giram em torno de CM e a quantidade de movimento angular é conservada. Se a massa m_2 estiver se deslocando com a velocidade linear $\mathbf{v}_2$

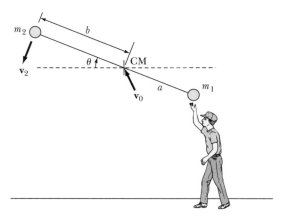

FIGURA 9.7 Exemplo 9.3. Um fio leve com massas m_1 e m_2 em suas pontas é girado com a mão sobre a cabeça e, em seguida, solto.

quando liberada, deveremos ter $v_2 = b\dot{\theta}$ [de modo similar, $v_1 = (a-b)\dot{\theta}$]. Entretanto, a tensão no fio, em decorrência da reação centrífuga das massas em giro, que é, neste caso,

$$\text{Força centrífuga} = \frac{m_2(b\dot{\theta})^2}{b} = \text{Tensão}$$

$$\text{Tensão} = m_2 b \dot{\theta}^2 = m_2 \left(\frac{m_1 a}{m_1 + m_2}\right)\dot{\theta}^2 = \frac{m_1 m_2 a \dot{\theta}^2}{m_1 + m_2}$$

9.5 Energia do sistema

O teorema da conservação final da energia pode ser derivado para um sistema de partículas, como segue. Considere o trabalho efetuado no sistema para movê-lo de uma Configuração 1, na qual todas as coordenadas $\mathbf{r}_\alpha$ são especificadas, para uma Configuração 2, na qual as coordenadas $\mathbf{r}_\alpha$ têm alguma especificação diferente. (Observe que as partículas individuais podem ser rearranjadas nesse tipo de processo, e que, por exemplo, a posição do centro de massa poderá permanecer estacionária.) Em analogia com a Equação 2.84, escrevemos

$$W_{12} = \sum_\alpha \int_1^2 \mathbf{F}_\alpha \cdot d\mathbf{r}_\alpha \tag{9.34}$$

onde $\mathbf{F}_\alpha$ é a força líquida resultante sobre a partícula α. Utilizando um procedimento similar àquele usado para obter a Equação 2.86, temos

$$W_{12} = \sum_\alpha \int_1^2 d\left(\frac{1}{2} m_\alpha v_\alpha^2\right) = T_2 - T_1 \tag{9.35}$$

onde

$$T = \sum_\alpha T_\alpha = \sum_\alpha \frac{1}{2} m_\alpha v_\alpha^2 \tag{9.36}$$

Utilizando a relação (veja a Equação 9.19)

$$\dot{\mathbf{r}}_\alpha = \dot{\mathbf{r}}'_\alpha + \dot{\mathbf{R}} \tag{9.37}$$

302 Dinâmica clássica de partículas e sistemas

temos

$$\dot{\mathbf{r}}_\alpha \cdot \dot{\mathbf{r}}_\alpha = v_\alpha^2 = (\dot{\mathbf{r}}_\alpha' + \dot{\mathbf{R}}) \cdot (\dot{\mathbf{r}}_\alpha' + \dot{\mathbf{R}})$$

$$= (\dot{\mathbf{r}}_\alpha' \cdot \dot{\mathbf{r}}_\alpha') + 2(\dot{\mathbf{r}}_\alpha' \cdot \dot{\mathbf{R}}) + (\dot{\mathbf{R}} \cdot \dot{\mathbf{R}})$$

$$= v_\alpha'^2 + 2(\dot{\mathbf{r}}_\alpha' \cdot \dot{\mathbf{R}}) + V^2$$

onde $\mathbf{v}' \equiv \dot{\mathbf{r}}'$ e onde v é a velocidade do centro de massa. Então

$$T = \sum_\alpha \frac{1}{2} m_\alpha v_\alpha^2$$

$$= \sum_\alpha \frac{1}{2} m_\alpha v_\alpha'^2 + \sum_\alpha \frac{1}{2} m_\alpha V^2 + \dot{\mathbf{R}} \cdot \frac{d}{dt} \sum_\alpha m_\alpha \mathbf{r}_\alpha' \tag{9.38}$$

Porém, pelo argumento anterior, $\sum_\alpha m_\alpha \mathbf{r}_\alpha' = 0$, e o último termo se anula. Assim,

$$\boxed{T = \sum \frac{1}{2} m_\alpha v_\alpha'^2 + \frac{1}{2} M V^2} \tag{9.39}$$

que pode ser enunciado como:

VII. *A energia cinética total do sistema é igual à soma da energia cinética de uma partícula de massa M movendo-se com a velocidade do centro de massa e da energia cinética do movimento das partículas individuais em relação ao centro de massa.*

Em seguida, a força total na Equação 9.34 pode ser separada como na Equação 9.6:

$$W_{12} = \sum_\alpha \int_1^2 \mathbf{F}_\alpha^{(e)} \cdot d\mathbf{r}_\alpha + \sum_{\alpha,\beta \neq \alpha} \int_1^2 \mathbf{f}_{\alpha\beta} \cdot d\mathbf{r}_\alpha \tag{9.40}$$

Se as forças $\mathbf{F}_\alpha^{(e)}$ e $\mathbf{f}_{\alpha\beta}$ forem conservativas, elas são deriváveis a partir de funções de potencial e podemos escrever

$$\left. \begin{array}{l} \mathbf{F}_\alpha^{(e)} = -\nabla_\alpha U_\alpha \\ \mathbf{f}_{\alpha\beta} = -\nabla_\alpha \overline{U}_{\alpha\beta} \end{array} \right\} \tag{9.41}$$

onde U_α e $\overline{U}_{\alpha\beta}$ são as funções do potencial, mas não têm necessariamente a mesma forma. A notação ∇_α significa que a operação do gradiente é realizada em relação às coordenadas da α-ésima partícula.

O primeiro termo na Equação 9.40 se torna

$$\sum_\alpha \int_1^2 \mathbf{F}_\alpha^{(e)} \cdot d\mathbf{r}_\alpha = -\sum_\alpha \int_1^2 (\nabla_\alpha U_\alpha) \cdot d\mathbf{r}_\alpha$$

$$= -\sum_\alpha U_\alpha \Big|_1^2 \tag{9.42}$$

CAPÍTULO 9 – Dinâmica de um sistema de partículas **303**

O segundo termo[3] na Equação 9.40 é

$$\sum_{\alpha,\beta \neq \alpha} \int_1^2 \mathbf{f}_{\alpha\beta} \cdot d\mathbf{r}_\alpha = \sum_{\alpha < \beta} \int_1^2 (\mathbf{f}_{\alpha\beta} \cdot d\mathbf{r}_\alpha + \mathbf{f}_{\beta\alpha} \cdot d\mathbf{r}_\beta)$$

$$= \sum_{\alpha < \beta} \int_1^2 \mathbf{f}_{\alpha\beta} \cdot (d\mathbf{r}_\alpha - d\mathbf{r}_\beta) = \sum_{\alpha < \beta} \int_1^2 \mathbf{f}_{\alpha\beta} \cdot d\mathbf{r}_{\alpha\beta} \tag{9.43}$$

onde, seguindo a definição na Equação 9.27, $d\mathbf{r}_{\alpha\beta} = d\mathbf{r}_\alpha - d\mathbf{r}_\beta$.

Como $\overline{U}_{\alpha\beta}$ é uma função somente da distância entre m_α e m_β, ela dependerá, portanto, das seis quantidades, ou seja, as três coordenadas de m_α ($x_{\alpha,i}$) e as três coordenadas de m_β ($x_{\beta,i}$). Portanto, a derivada total de $\overline{U}_{\alpha\beta}$ é a soma das seis derivadas parciais e é fornecida por

$$d\overline{U}_{\alpha\beta} = \sum_i \left(\frac{\partial \overline{U}_{\alpha\beta}}{\partial x_{\alpha,i}} dx_{\alpha,i} + \frac{\partial \overline{U}_{\alpha\beta}}{\partial x_{\beta,i}} dx_{\beta,i} \right) \tag{9.44}$$

onde $x_{\beta,i}$ são mantidos constantes no primeiro termo e $x_{\alpha,i}$ são mantidos constantes no segundo. Assim,

$$d\overline{U}_{\alpha\beta} = (\boldsymbol{\nabla}_\alpha \overline{U}_{\alpha\beta}) \cdot d\mathbf{r}_\alpha + (\boldsymbol{\nabla}_\beta \overline{U}_{\alpha\beta}) \cdot d\mathbf{r}_\beta \tag{9.45}$$

Agora

$$\boldsymbol{\nabla}_\alpha \overline{U}_{\alpha\beta} = -\mathbf{f}_{\alpha\beta} \tag{9.46}$$

porém, $\overline{U}_{\alpha\beta} = \overline{U}_{\beta\alpha}$, desse modo,

$$\boldsymbol{\nabla}_\beta \overline{U}_{\alpha\beta} = \boldsymbol{\nabla}_\beta \overline{U}_{\beta\alpha} = -\mathbf{f}_{\beta\alpha} = \mathbf{f}_{\alpha\beta} \tag{9.47}$$

Portanto,

$$d\overline{U}_{\alpha\beta} = -\mathbf{f}_{\alpha\beta} \cdot (d\mathbf{r}_\alpha - d\mathbf{r}_\beta)$$

$$= -\mathbf{f}_{\alpha\beta} \cdot d\mathbf{r}_{\alpha\beta} \tag{9.48}$$

Utilizando esse resultado na Equação 9.43, temos

$$\sum_{\alpha,\beta \neq \alpha} \int_1^2 \mathbf{f}_{\alpha\beta} \cdot d\mathbf{r}_\alpha = -\sum_{\alpha < \beta} \int_1^2 d\overline{U}_{\alpha\beta} = -\sum_{\alpha < \beta} \overline{U}_{\alpha\beta} \Big|_1^2 \tag{9.49}$$

Combinando as Equações 9.42 e 9.49 para avaliar W_{12} na Equação 9.40, encontramos

$$W_{12} = -\sum_\alpha U_\alpha \Big|_1^2 - \sum_{\alpha < \beta} \overline{U}_{\alpha\beta} \Big|_1^2 \tag{9.50}$$

Obtivemos essa equação supondo que as forças externas e internas eram deriváveis dos potenciais. Nesse caso, a *energia potencial total* (interna e externa) do sistema pode ser expressa como

$$U = \sum_\alpha U_\alpha + \sum_{\alpha < \beta} \overline{U}_{\alpha\beta} \tag{9.51}$$

---

[3] Observe que, ao contrário do termo $\sum_{\alpha,\beta \neq \alpha} \mathbf{f}_{\alpha\beta}$ que aparece na Equação 9.9, o termo

$$\sum_{\alpha,\beta \neq \alpha} \int_1^2 \mathbf{f}_{\alpha\beta} \cdot d\mathbf{r}_\alpha$$

não é antissimétrico em α e β e, portanto, não se anula em geral.

304 Dinâmica clássica de partículas e sistemas

Então,

$$W_{12} = -U\big|_1^2 = U_1 - U_2 \tag{9.52}$$

Combinando esse resultado com a Equação 9.35, temos

$$T_2 - T_1 = U_1 - U_2$$

ou

$$T_1 + U_1 = T_2 + U_2$$

de modo que

$$\boxed{E_1 = E_2} \tag{9.53}$$

que expressa a conservação de energia do sistema. Esse resultado é válido para um sistema no qual todas as forças são deriváveis dos potenciais que não dependem explicitamente do tempo. Dizemos que esse tipo de sistema é *conservativo*.

VIII. *A energia total de um sistema conservativo é constante.*

Na Equação 9.51, o termo

$$\sum_{\alpha < \beta} \overline{U}_{\alpha\beta}$$

representa a **energia potencial interna** do sistema. Se o sistema é um corpo rígido com as partículas constituintes restritas para manter suas posições relativas, então, em qualquer processo que envolva o corpo, a energia potencial interna permanece constante. Nesse tipo de caso, a energia potencial interna pode ser ignorada no cálculo da energia potencial total do sistema. Ela se soma simplesmente para redefinir a posição da energia potencial zero, mas essa posição é escolhida de modo arbitrário, ou seja, somente a *diferença* na energia potencial é fisicamente significativa. O valor absoluto da energia potencial é uma quantidade arbitrária.

EXEMPLO 9.4

Um projétil de massa M explode em voo em três fragmentos (Figura 9.8). Uma massa ($m_1 = M/2$) se desloca no sentido original do projétil, a massa $m_2 \, (= M/6)$ se desloca no sentido oposto e a massa $m_3 \, (= M/3)$ fica em repouso. A energia E liberada na explosão é igual a cinco vezes a energia cinética do projétil no momento da explosão. Quais são as velocidades?

Solução. Considere a velocidade do projétil de massa M como sendo **v**. Os três fragmentos têm as massas e velocidades abaixo:

$$m_1 = \frac{M}{2}, \quad \mathbf{v}_1 = k_1\mathbf{v} \qquad \text{Direção para frente, } k_1 > 0$$

$$m_2 = \frac{M}{6}, \quad \mathbf{v}_2 = -k_2\mathbf{v} \quad \text{Direção oposta, } k_2 > 0$$

$$m_3 = \frac{M}{3}, \quad \mathbf{v}_3 = 0 \qquad \text{Em repouso}$$

A conservação da quantidade de movimento linear e energia fornece

$$Mv = \frac{M}{2}k_1v - \frac{M}{6}k_2v \tag{9.54}$$

$$E + \frac{1}{2}Mv^2 = \frac{1}{2}\frac{M}{2}(k_1v)^2 + \frac{1}{2}\frac{M}{6}(k_2v)^2 \tag{9.55}$$

A partir da Equação 9.54, $k_2 = 3k_1 - 6$, que podemos inserir na Equação 9.55:

$$5\left(\frac{1}{2}Mv^2\right) + \frac{1}{2}Mv^2 = \frac{Mv^2}{4}k_1^2 + \frac{Mv^2}{12}(3k_1 - 6)^2$$

que se reduz a $k_1^2 - 3k_1 = 0$, dando os resultados $k_1 = 0$ e $k_1 = 3$. Para $k_1 = 0$, o valor de $k_2 = -6$, o qual é inconsistente com $k_2 > 0$. Para $k_1 = 3$, o valor de $k_2 = 3$. As velocidades se tornam

$$\mathbf{v}_1 = 3\mathbf{v}$$

$$\mathbf{v}_2 = -3\mathbf{v}$$

$$\mathbf{v}_3 = 0$$

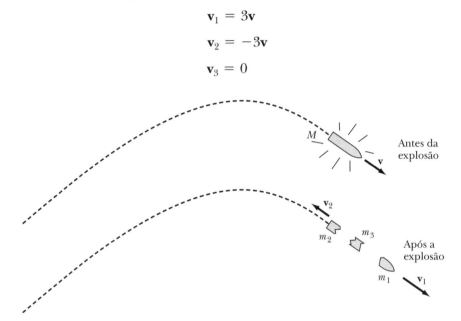

FIGURA 9.8 Exemplo 9.4. Um projétil de massa M explode em voo em três fragmentos de massas m_1, m_2 e m_3.

EXEMPLO 9.5

Uma corda de densidade linear uniforme ρ e massa m é enrolada com uma volta completa em torno de um cilindro vazado de massa M e raio R. O cilindro gira livremente em torno de seu eixo à medida que a corda desenrola (Figura 9.9). As pontas da corda se encontram em $x = 0$ (uma fixa, uma solta) quando o ponto P está em $\theta = 0$, e o sistema é ligeiramente deslocado do equilíbrio no repouso. Determine a velocidade angular como uma função do deslocamento angular θ do cilindro.

Solução. A gravidade realizou trabalho sobre o sistema para desenrolar a corda. Considere uma seção dx da corda localizada a uma distância x do ponto onde ela desenrola. A massa dessa seção é $\rho\,dx$. Se fôssemos realizar trabalho, alcançando e enrolando essa ponta solta da corda no cilindro, qual seria a distância realmente percorrida pela seção dx para cima? A distância x estaria sobre a circunferência do cilindro (veja a Figura 9.9), e dx ficaria $R\,\text{sen}\,(x/R)$ abaixo de $x = 0$. A distância total que a seção dx percorreria para cima é

$$\text{Distância } dx \text{ movimento} = x - R\,\text{sen}\left(\frac{x}{R}\right)$$

$$\text{Trabalho realizado} = (\rho\,dx)g\left[x - R\,\text{sen}\left(\frac{x}{R}\right)\right] \tag{9.56}$$

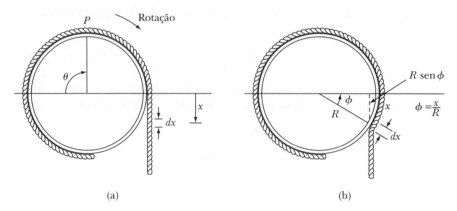

FIGURA 9.9 Exemplo 9.5. (a) Uma corda é enrolada em torno de um cilindro. Ambas as pontas se encontram em $x=0$ quando $\theta = 0$. (b) O trabalho é realizado para colocar a seção dx de volta, próximo ao cilindro.

Portanto, o trabalho total realizado pela gravidade para desenrolar a corda por um ângulo θ é

$$W = \int_0^{R\theta} \rho g \left[x - R\, \text{sen}\left(\frac{x}{R}\right) \right] dx$$

$$W = \rho g R^2 \left(\frac{\theta^2}{2} + \cos\theta - 1 \right)$$

(9.57)

O trabalho realizado pela gravidade deverá ser igual à energia cinética adquirida pela corda e pelo cilindro.

$$T = \frac{1}{2} m (R\dot\theta)^2 + \frac{1}{2} M (R\dot\theta)^2$$

(9.58)

Pelo fato de $W = T$ e $\rho = m/(2\pi R)$,

$$\frac{mgR}{2\pi}\left[\frac{\theta^2}{2} + \cos\theta - 1\right] = \frac{1}{2}(m+M)R^2\dot\theta^2$$

e

$$\dot\theta^2 = \frac{mg(\theta^2 + 2\cos\theta - 2)}{2\pi R(m+M)}$$

(9.59)

9.6 Colisões elásticas de duas partículas

Para as próximas seções, aplicaremos as leis de conservação na interação entre duas partículas. Quando duas partículas interagem, o movimento de uma partícula em relação à outra é regido pela lei da força que descreve a interação. Essa interação pode resultar de contato real, como na colisão de duas bolas de bilhar, ou pode ocorrer por meio da intermediação de um campo de força. Por exemplo, um objeto *livre* (isto é, não ligado em uma órbita solar) pode ser

CAPÍTULO 9 – Dinâmica de um sistema de partículas **307**

"espalhado" a partir do sol por uma interação gravitacional, ou uma partícula α pode ser espalhada pelo campo elétrico de um núcleo atômico. Demonstramos no capítulo anterior que, uma vez conhecida a lei da força, o problema dos dois corpos pode ser totalmente resolvido. Porém, mesmo que a força de interação entre as partículas não seja conhecida, podemos aprender muito sobre o movimento relativo utilizando somente os resultados da conservação da quantidade de movimento e energia. Desse modo, se o estado inicial do sistema é conhecido (isto é, se o vetor velocidade de cada uma das partículas é especificado), as leis de conservação nos permitem obter informações a respeito dos vetores velocidade no estado final.[4]

Somente com base nos teoremas da conservação, não é possível prever, por exemplo, o ângulo entre os vetores de velocidade inicial e final de uma das partículas. É preciso conhecer a lei da força para obter esses detalhes. Nesta seção e na próxima, derivamos as relações que requerem somente a conservação da quantidade de movimento e energia. A seguir, examinamos as características do processo de colisão, que exigem a especificação da lei da força. Limitaremos nossa discussão basicamente às colisões elásticas, pois as características essenciais da cinemática de duas partículas são demonstradas adequadamente por meio desse tipo de colisões. Os resultados obtidos somente sob a premissa da conservação da quantidade de movimento e energia são válidos (na região de velocidades não relativísticas), mesmo para sistemas mecânicos quânticos, pois esses teoremas da conservação se aplicam tanto aos sistemas quânticos como aos clássicos.

Demonstramos em várias ocasiões que a descrição de muitos processos físicos é simplificada de forma considerável se escolhemos sistemas de coordenadas em repouso em relação ao centro de massa do sistema. No problema que agora discutiremos – a colisão elástica de duas partículas –, a situação normal (e na qual concentraremos nossa atenção) é aquela onde a colisão ocorre entre uma partícula em movimento e uma partícula em repouso.[5] Apesar de ser realmente mais simples descrever os efeitos da colisão em um sistema de coordenadas no qual o *centro de massa se encontra em repouso*, as medições reais são efetuadas no **sistema de coordenadas do laboratório**, no qual o observador se encontra em repouso. Nesse sistema, uma das partículas está normalmente se movendo e a partícula-alvo da colisão se encontra geralmente em repouso. Indicaremos aqui esses dois sistemas de coordenadas simplesmente como sistemas **CM** e **LAB**.

Desejamos tirar vantagem das simplificações resultantes da descrição de uma colisão elástica no sistema CM. Portanto, é necessário derivar as equações que conectam os sistemas CM e LAB.

Utilizaremos as notações a seguir:

$$m_1 = \text{Massa da partícula} \quad \left\{ \begin{array}{l} \text{Em movimento} \\ \text{colidida} \end{array} \right\} \text{partícula}$$
$$m_2 = $$

Em geral, as quantidades dimensionais se referem ao sistema CM:

$$\mathbf{u}_1 = \text{Inicial} \quad \left. \right\} \text{velocidade de } m_1 \text{ no sistema LAB}$$
$$\mathbf{v}_1 = \text{Final}$$

---

[4] O "estado inicial" do sistema é a condição das partículas quando não estão suficientemente próximas para interagir de forma apreciável. O "estado final" é a condição após a interação ter ocorrido. Para uma interação de contato, essas condições são óbvias. Porém, para uma interação que ocorre por meio de um campo de força, a taxa de diminuição da força com a distância deverá ser considerada na especificação dos estados inicial e final.

[5] Uma colisão é elástica se não ocorrer nenhuma alteração na energia interna das partículas. Desse modo, a conservação da energia pode ser aplicada sem considerar a energia interna. Observe que pode haver geração de calor quando dois corpos mecânicos colidem inelasticamente. O calor é uma manifestação da agitação das partículas constituintes de um corpo e pode, portanto, ser considerado como uma parte da energia interna. As leis que regem a colisão elástica de dois corpos foram primeiramente examinadas por John Wallis (1668), Wren (1668) e Huygens (1669).

$$\left.\begin{array}{l}\mathbf{u}_1' = \text{Inicial} \\ \mathbf{v}_1' = \text{Final}\end{array}\right\} \text{velocidade de } m_1 \text{ no sistema CM}$$

e, de forma similar, para $\mathbf{u}_2$, $\mathbf{v}_2$, $\mathbf{u}_2'$, e $\mathbf{v}_2'$ (mas $\mathbf{u}_2 = 0$):

$$\left.\begin{array}{l}T_0 = \\ T_0' = \end{array}\right\} \text{Energia cinética inicial no sistema} \left\{\begin{array}{l}\text{LAB} \\ \text{CM}\end{array}\right\}$$

$$\left.\begin{array}{l}T_1 = \\ T_1' = \end{array}\right\} \text{Energia cinética final no sistema} \left\{\begin{array}{l}\text{LAB} \\ \text{CM}\end{array}\right\}$$

e, de forma similar, para T_2 e T_2',

$\mathbf{V}$ = velocidade do centro de massa no sistema LAB
ψ = ângulo pelo qual m_1 é defletido no sistema LAB
ζ = ângulo pelo qual m_2 é defletido no sistema LAB
θ = ângulo pelo qual m_1 e m_2 são defletidos no sistema CM

A Figura 9.10 ilustra a geometria de uma colisão elástica[6] nos sistemas LAB e CM. O estado final nos sistemas LAB e CM para a partícula espalhada m_1 pode ser convenientemente resumido pelos diagramas na Figura 9.11. Podemos interpretar esses diagramas como segue. Para a velocidade $\mathbf{V}$ em CM, podemos adicionar a velocidade final em CM $\mathbf{v}_1'$ da partícula espalhada. Dependendo do ângulo θ no qual o espalhamento ocorre, os vetores possíveis $\mathbf{v}_1'$

Sistema do laboratório   Sistema do centro de massa

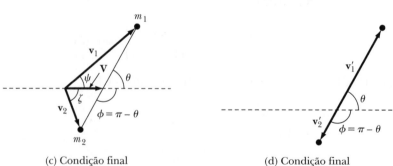

FIGURA 9.10 Geometria e notações de uma colisão elástica nos sistemas LAB e CM. (a) Condição inicial com $\mathbf{u}_2=0$ no sistema LAB, (b) condição inicial no sistema CM, (c) condição final no sistema LAB e (d) condição final no sistema CM. Observe com cuidado os ângulos de espalhamento.

---

[6] Supomos que o espalhamento é axialmente simétrico de modo que não requer a introdução de nenhum ângulo azimutal. Entretanto, a simetria axial não é sempre encontrada em problemas de espalhamento. Isso é particularmente verdadeiro em alguns sistemas mecânicos quânticos.

se encontram no círculo de raio v'_1 cujo centro está na extremidade do vetor **V**. A velocidade em LAB e o ângulo de espalhamento em LAB ψ são então obtidos por meio da conexão do ponto de origem de **V** com a extremidade de $\mathbf{v}'_1$.

Se $V < v'_1$, somente uma relação possível existe entre **V**, $\mathbf{v}_1$, $\mathbf{v}'_1$ e θ (veja a Figura 9.11a). Porém, se $V > v'_1$, então, para cada conjunto **V**, $\mathbf{v}'_1$, existem dois ângulos de espalhamento e duas velocidades de laboratório possíveis: $\mathbf{v}_{1,b}$, θ_b e $\mathbf{v}_{1,f}$, θ_f (veja a Figura 9.11b), onde as designações b e f indicam *para trás* e *para frente*. Essa situação resulta do fato de que a velocidade final em CM $\mathbf{v}'_1$ é insuficiente para superar a velocidade **V** do centro de massa. Então, mesmo se m_1 é espalhada para trás no sistema CM ($\theta > \pi/2$), a partícula aparecerá em um ângulo para frente no sistema LAB ($\psi < \pi/2$). Desse modo, para $V > v'_1$, a velocidade $\mathbf{v}_1$ no sistema LAB é uma função com dois possíveis valores de $\mathbf{v}'_1$. Em um experimento, medimos normalmente ψ, não o *vetor* velocidade $\mathbf{v}_1$, de modo que um valor único de ψ pode corresponder a dois valores diferentes de θ. Entretanto, observe que uma especificação dos vetores **V** e $\mathbf{v}'_1$ sempre leva a uma combinação única $\mathbf{v}_1$, θ; porém, uma especificação de **V** e somente da *direção* de $\mathbf{v}_1$ (isto é, ψ) permite a possibilidade de dois vetores finais, $\mathbf{v}_{1,b}$ e $\mathbf{v}_{1,f}$, se $V > v'_1$.

Uma vez obtida uma descrição qualitativa do processo de espalhamento, podemos agora obter algumas das equações relacionando as várias quantidades.

De acordo com a definição do centro de massa (Equação 9.3), temos

$$m_1 \mathbf{r}_1 + m_2 \mathbf{r}_2 = M\mathbf{R} \tag{9.60}$$

Diferenciando em relação ao tempo, encontramos

$$m_1 \mathbf{u}_1 + m_2 \mathbf{u}_2 = M\mathbf{V} \tag{9.61}$$

Porém, $\mathbf{u}_2 = 0$ e $M = m_1 + m_2$; Portanto, o centro de massa deve estar se movendo (no sistema LAB) em direção a m_2 com velocidade

$$\mathbf{V} = \frac{m_1 \mathbf{u}_1}{m_1 + m_2} \tag{9.62}$$

Utilizando o mesmo raciocínio, pelo fato de m_2 estar inicialmente em repouso, a velocidade inicial em CM de m_2 deverá ser igual a V:

$$u'_2 = V = \frac{m_1 u_1}{m_1 + m_2} \tag{9.63}$$

Entretanto, observe que o movimento e as velocidades são opostos em direção e que, vetorialmente, $\mathbf{u}'_2 = -\mathbf{V}$.

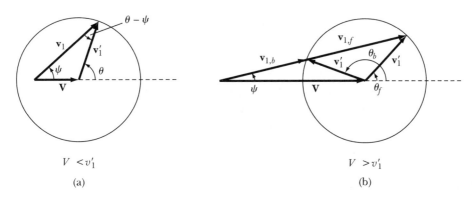

FIGURA 9.11 O estado final da massa para a colisão elástica de duas partículas para o caso (a) $V < v'_1$ no qual existe uma trajetória, e (b) $V > v'_1$ no qual existem duas trajetórias possíveis (b significa para trás e f para frente).

310 Dinâmica clássica de partículas e sistemas

A grande vantagem da utilização do sistema de coordenadas CM se deve ao fato de que a quantidade de movimento linear total nesse tipo de sistema é zero, de modo que, antes da colisão, as partículas se movem diretamente uma em direção à outra e, após a colisão, elas se movem em direções exatamente opostas. Se a colisão é elástica, como especificamos, as massas não mudam e a conservação da quantidade de movimento linear e da energia cinética é suficiente para indicar que as velocidades em CM antes e após a colisão são iguais:

$$u_1' = v_1', \quad u_2' = v_2' \tag{9.64}$$

O termo u_1 é a velocidade *relativa* das duas partículas no sistema CM ou LAB, $u_1 = u_1' + u_2'$. Portanto, temos, para as velocidades finais em CM,

$$v_2' = \frac{m_1 u_1}{m_1 + m_2} \tag{9.65a}$$

$$v_1' = u_1 - u_2' = \frac{m_2 u_1}{m_1 + m_2} \tag{9.65b}$$

Temos (veja a Figura 9.11a)

$$v_1' \operatorname{sen} \theta = v_1 \operatorname{sen} \psi \tag{9.66a}$$

e

$$v_1' \cos \theta + V = v_1 \cos \psi \tag{9.66b}$$

Dividindo a Equação 9.66a pela Equação 9.66b,

$$\operatorname{tg} \psi = \frac{v_1' \operatorname{sen} \theta}{v_1' \cos \theta + V} = \frac{\operatorname{sen} \theta}{\cos \theta + (V/v_1')} \tag{9.67}$$

De acordo com as Equações 9.62 e 9.65b, V/v'_1 é fornecido por

$$\frac{V}{v_1'} = \frac{m_1 u_1/(m_1 + m_2)}{m_2 u_1/(m_1 + m_2)} = \frac{m_1}{m_2} \tag{9.68}$$

Desse modo, a razão m_1/m_2 vigora se a Figura 9-11a ou a Figura 9.11b descreve o processo de espalhamento:

$$\text{Figura 9.11a:} \quad V < v_1', \quad m_1 < m_2$$

$$\text{Figura 9.11b:} \quad V > v_1', \quad m_1 > m_2$$

Se combinarmos as Equações 9.67 e 9.68 e escrevermos

$$\boxed{\operatorname{tg} \psi = \frac{\operatorname{sen} \theta}{\cos \theta + (m_1/m_2)}} \tag{9.69}$$

veremos que, se $m_1 \ll m_2$, os ângulos de espalhamento em LAB e CM são aproximadamente iguais, ou seja, a partícula m_2 é pouco afetada pela colisão com m_1 e atua essencialmente como um centro de espalhamento fixo. Desse modo,

$$\boxed{\psi \cong \theta, \quad m_1 \ll m_2} \tag{9.70}$$

Entretanto, se $m_1 = m_2$, então

$$\operatorname{tg} \psi = \frac{\operatorname{sen} \theta}{\cos \theta + 1} = \operatorname{tg} \frac{\theta}{2}$$

de modo que

$$\psi = \frac{\theta}{2}, \quad m_1 = m_2 \qquad (9.71)$$

e o ângulo de espalhamento em LAB é metade do ângulo de espalhamento em CM. Uma vez que o valor máximo de θ é 180°, a Equação 9.71 indica que para $m_1 = m_2$, poderá não haver ne-nhum espalhamento no sistema LAB em ângulos maiores do que 90°.

Vamos agora consultar a Figura 9.10c e construir um diagrama para a partícula de rebote similar à Figura 9.11a. A situação é ilustrada na Figura 9.12, da qual encontramos

$$v_2 \operatorname{sen} \zeta = v_2' \operatorname{sen} \theta \qquad (9.72a)$$

$$v_2 \cos \zeta = V - v_2' \cos \theta \qquad (9.72b)$$

Dividindo a Equação 9.72a pela Equação 9.72b, temos

$$\operatorname{tg} \zeta = \frac{v_2' \operatorname{sen} \theta}{V - v_2' \cos \theta} = \frac{\operatorname{sen} \theta}{(V/v_2') - \cos \theta}$$

Porém, de acordo com as Equações 9.63 e 9.65a, V e v_2' são iguais. Portanto,

$$\operatorname{tg} \zeta = \frac{\operatorname{sen} \theta}{1 - \cos \theta} = \cot \frac{\theta}{2} \qquad (9.73)$$

que pode ser escrita como

$$\operatorname{tg} \zeta = \operatorname{tg} \left(\frac{\pi}{2} - \frac{\theta}{2} \right)$$

Assim,

$$2\zeta = \pi - \theta = \phi \qquad (9.74)$$

Para partículas com massas iguais, $m_1 = m_2$, temos $\theta = 2\psi$. Combinando esse resultado na Equação 9.74, temos

$$\zeta + \psi = \frac{\pi}{2}, \quad m_1 = m_2 \qquad (9.75)$$

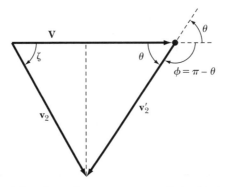

FIGURA 9.12 Estado final de rebote da massa m_2 na colisão elástica de duas partículas.

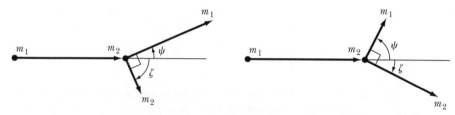

FIGURA 9.13 Para o espalhamento elástico de duas partículas de mesma massa ($m_1 = m_2$) com uma delas inicialmente em repouso no sistema LAB, as velocidades (trajetórias) finais das duas massas estão em ângulos retos entre si. Duas possibilidades são mostradas.

Portanto, o espalhamento de partículas com massas iguais sempre produzirá um estado final no qual os vetores velocidade das partículas formam ângulos retos se uma das partículas estiver inicialmente em repouso (veja a Figura 9.13).[7]

EXEMPLO 9.6

Qual é o ângulo máximo que ψ pode atingir no caso $V > v_1'$? Qual é ψ_{max} para $m_1 \gg m_2$ e $m_1 = m_2$?

Solução. Para o caso de ψ_{max}, a Figura 9.11b transforma-se na Figura 9.14. O ângulo entre $\mathbf{v}_1'$ e $\mathbf{v}_1$ é 90° para que ψ alcance um valor máximo.

$$\operatorname{sen} \psi_{max} = \frac{v_1'}{V} \tag{9.76}$$

De acordo com a Equação 9.68, essa relação é simplesmente

$$\operatorname{sen} \psi_{max} = \frac{m_2}{m_1}$$

da qual

$$\psi_{max} = \operatorname{sen}^{-1}\left(\frac{m_2}{m_1}\right) \tag{9.77}$$

Para $m_1 \gg m_2$, $\psi_{max} = 0$ (sem espalhamento), e para $m_1 = m_2$, $\psi_{max} = 90°$. Geralmente, para $m_1 > m_2$, nenhum espalhamento de m1 para trás de 90° pode ocorrer.

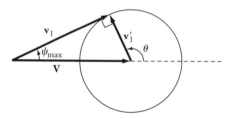

FIGURA 9.14 Exemplo 9.6. O caso da Figura 9.11b é mostrado para ψ_{max}.

---

[7] Este resultado é válido somente no limite não relativístico. Veja a Equação 14.131 para obter a expressão relativística que governa esse caso.

CAPÍTULO 9 – Dinâmica de um sistema de partículas

9.7 Cinemática das colisões elásticas

As relações envolvendo as energias das partículas podem ser obtidas como segue. Em primeiro lugar, temos simplesmente

$$T_0 = \frac{1}{2} m_1 u_1^2 \qquad (9.78)$$

e, no sistema CM,

$$T_0' = \frac{1}{2} \left(m_1 u_1'^2 + m_2 u_2'^2 \right)$$

o qual, ao utilizarmos as Equações 9.65a e 9.65b, se torna

$$T_0' = \frac{1}{2} \frac{m_1 m_2}{m_1 + m_2} u_1^2 = \frac{m_2}{m_1 + m_2} T_0 \qquad (9.79)$$

Esse resultado mostra que a energia cinética inicial no sistema CM T_0' será sempre uma fração $m_2/(m_1 + m_2) < 1$ da energia inicial em LAB. Para as energias finais em CM, encontramos

$$T_1' = \frac{1}{2} m_1 v_1'^2 = \frac{1}{2} m_1 \left(\frac{m_2}{m_1 + m_2} \right)^2 u_1^2 = \left(\frac{m_2}{m_1 + m_2} \right)^2 T_0 \qquad (9.80)$$

e

$$T_2' = \frac{1}{2} m_2 v_2'^2 = \frac{1}{2} m_2 \left(\frac{m_1}{m_1 + m_2} \right)^2 u_1^2 = \frac{m_1 m_2}{(m_1 + m_2)^2} T_0 \qquad (9.81)$$

Para obter T_1 em termos de T_0, escrevemos

$$\frac{T_1}{T_0} = \frac{\frac{1}{2} m_1 v_1^2}{\frac{1}{2} m_1 u_1^2} = \frac{v_1^2}{u_1^2} \qquad (9.82)$$

Consultando a Figura 9.11a e utilizando a lei do cosseno, podemos escrever

$$v_1'^2 = v_1^2 + V^2 - 2 v_1 V \cos \psi$$

ou

$$\frac{T_1}{T_0} = \frac{v_1^2}{u_1^2} = \frac{v_1'^2}{u_1^2} - \frac{V^2}{u_1^2} + 2 \frac{v_1 V}{u_1^2} \cos \psi \qquad (9.83)$$

Das definições anteriores, temos

$$\frac{v_1'}{u_1} = \frac{m_2}{m_1 + m_2} \quad \text{e} \quad \frac{V}{u_1} = \frac{m_1}{m_1 + m_2} \qquad (9.84)$$

Os quadrados dessas quantidades fornecem as expressões desejadas para os primeiros dois termos no lado direito da Equação 9.83. Para avaliar o terceiro termo, escrevemos, utilizando a Equação 9.66a.

$$2 \frac{v_1 V}{u_1^2} \cos \psi = 2 \left(v_1' \frac{\text{sen } \theta}{\text{sen } \psi} \right) \cdot \frac{V}{u_1^2} \cos \psi \qquad (9.85)$$

314 Dinâmica clássica de partículas e sistemas

A quantidade de $v_1' V/u_1^2$ pode ser obtida do produto das equações na Equação 9.84 e, utilizando a Equação 9.69, temos

$$\frac{\text{sen } \theta \cos \psi}{\text{sen } \psi} = \frac{\text{sen } \theta}{\text{tg } \psi} = \cos \theta + \frac{m_1}{m_2}$$

de modo que

$$2\frac{v_1 V}{u_1^2} \cos \psi = \frac{2 m_1 m_2}{(m_1 + m_2)^2}\left(\cos \theta + \frac{m_1}{m_2}\right) \tag{9.86}$$

Substituindo as Equações 9.84 e 9.86 na Equação 9.83, obtemos

$$\frac{T_1}{T_0} = \left(\frac{m_2}{m_1 + m_2}\right)^2 - \left(\frac{m_1}{m_1 + m_2}\right)^2 + \frac{2 m_1 m_2}{(m_1 + m_2)^2}\left(\cos \theta + \frac{m_1}{m_2}\right)$$

que pode ser simplificada para

$$\frac{T_1}{T_0} = 1 - \frac{2 m_1 m_2}{(m_1 + m_2)^2}(1 - \cos \theta) \tag{9.87a}$$

De forma similar, podemos também obter a razão T_1/T_0 em termos do ângulo de espalhamento em LAB ψ:

$$\frac{T_1}{T_0} = \frac{m_1^2}{(m_1 + m_2)^2}\left[\cos \psi \pm \sqrt{\left(\frac{m_2}{m_1}\right)^2 - \text{sen }^2\psi}\right]^2 \tag{9.87b}$$

onde o sinal de mais ($+$) do radical é para ser utilizado, exceto se $m_1 > m_2$ – nesse caso o resultado terá um valor dobrado, e a Equação 9.77 especifica o valor máximo permitido para ψ.

A energia em LAB da partícula de rebote m_2 pode ser calculada de

$$\frac{T_2}{T_0} = 1 - \frac{T_1}{T_0} = \frac{4 m_1 m_2}{(m_1 + m_2)^2}\cos^2 \zeta, \qquad \zeta \leq \pi/2 \tag{9.88}$$

Se $m_1 = m_2$, temos a relação simples

$$\boxed{\frac{T_1}{T_0} = \cos^2 \psi, \qquad m_1 = m_2} \tag{9.89a}$$

com a restrição observada na discussão após a Equação 9.71 de $\psi \leq 90°$. Além disso,

$$\boxed{\frac{T_2}{T_0} = \text{sen }^2 \psi, \qquad m_1 = m_2} \tag{9.89b}$$

As várias relações posteriores são

$$\text{sen } \zeta = \sqrt{\frac{m_1 T_1}{m_2 T_2}}\, \text{sen } \psi \tag{9.90}$$

$$\text{tg } \psi = \frac{\text{sen } 2\zeta}{(m_1/m_2) - \cos 2\zeta} \tag{9.91}$$

$$\text{tg } \psi = \frac{\text{sen } \phi}{(m_1/m_2) - \cos \phi} \tag{9.92}$$

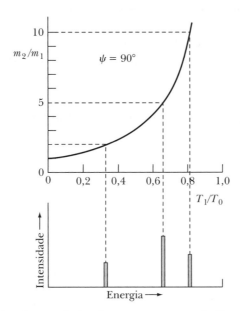

FIGURA 9.15 Resultados das partículas de massa m_1 e energia T_0 sendo espalhadas por partículas de várias massas m_2 em um ângulo $\psi = 90°$. Parte inferior: Histograma do número de partículas detectadas dentro de um intervalo de energias ΔT. Parte superior: Curva exibindo a energia espalhada T_1 em termos de T_0 como uma função da razão de massa m_2/m_1.

Como um exemplo da aplicação das relações cinemáticas que derivamos, considere a situação a seguir. Suponha que temos um feixe de projéteis, todos eles com massa m_1 e energia T_0. Orientamos esse feixe em direção a um alvo que consiste de um grupo de partículas cujas massas m_2 podem não ser todas iguais. Algumas das partículas incidentes interagem com as partículas-alvo e são espalhadas. Todas as partículas incidentes se movem na mesma direção em um feixe de pequena área de seção transversal, e supomos que as partículas-alvo estejam localizadas no espaço de modo que as partículas espalhadas emergem de uma pequena região. Se posicionarmos um detector, digamos, a 90° em relação ao feixe incidente e medirmos com esse detector as energias das partículas espalhadas, poderemos exibir os resultados como mostra a parte inferior da Figura 9.15. Este gráfico é um **histograma** que representa o número de partículas detectadas em uma faixa de energias ΔT na energia T. Esse histograma de partículas mostra que foram observados três grupos de energia nas partículas detectadas em $\psi = 90°$. A parte superior da figura mostra uma curva que fornece a energia espalhada T_1 em termos de T_0 como uma função da relação entre massas m_2/m_1 (Equação 9.87b). A curva pode ser utilizada para determinar a massa m_2 da partícula a partir da qual uma das partículas incidentes foi espalhada para entrar em um dos três grupos de energias. Desse modo, o grupo de energia com $T_1 \cong 0{,}8T_0$ resulta do espalhamento pelas partículas-alvo com massa $m_2 = 10m_1$, e os outros dois grupos resultam das massas-alvo $5m_1$ e $2m_1$.

A medição das energias das partículas espalhadas é, portanto, um método de *análise qualitativa* do material-alvo. Na realidade, esse método é útil na prática quando o feixe incidente consiste de partículas (digamos, prótons) que atingiram altas velocidades em algum tipo de acelerador. Se o detector for capaz de efetuar medições precisas de energias, o método produzirá informações precisas sobre a composição do alvo. A **análise quantitativa** também poderá ser efetuada a partir das intensidades dos grupos, se as seções transversais forem conhecidas (veja a próxima seção). A aplicação dessa técnica tem sido útil na determinação da composição da poluição do ar.

316 Dinâmica clássica de partículas e sistemas

EXEMPLO 9.7

Em uma colisão elástica frontal de duas partículas com massas m_1 e m_2, as velocidades iniciais são $\mathbf{u}_1$ e $\mathbf{u}_2 = \alpha\mathbf{u}_1 (\alpha > 0)$. Se as energias cinéticas das duas partículas forem iguais no sistema LAB, determine as condições em u_1/u_2 e m_1/m_2 de modo que m_1 ficará em repouso no sistema LAB após a colisão. Veja a Figura 9.16.

Solução. Como as energias cinéticas iniciais são iguais, temos

$$\frac{1}{2}m_1 u_1^2 = \frac{1}{2}m_2 u_2^2 = \frac{1}{2}\alpha^2 m_2 u_1^2$$

ou

$$\frac{m_1}{m_2} = \alpha^2 \tag{9.93}$$

Se m_1 fica em repouso após a colisão, a conservação da energia requer

$$\frac{1}{2}m_1 u_1^2 + \frac{1}{2}m_2 u_2^2 = \frac{1}{2}m_2 v_2^2$$

ou

$$m_1 u_1^2 = \frac{1}{2}m_2 v_2^2 \tag{9.94}$$

A conservação da quantidade de movimento linear afirma que

$$m_1\mathbf{u}_1 + m_2\mathbf{u}_2 = (m_1 + \alpha m_2)\mathbf{u}_1 = m_2\mathbf{v}_2 \tag{9.95}$$

Substituindo da Equação 9.95 na Equação 9.94, temos

$$m_1 u_1^2 = \frac{1}{2}m_2\left(\frac{m_1 + \alpha m_2}{m_2}\right)^2 u_1^2$$

ou

$$m_1 = \frac{1}{2}m_2\left(\frac{m_1}{m_2} + \alpha\right)^2 \tag{9.96}$$

Substituindo $m_1/m_2 = \alpha^2$ da Equação 9.93, temos

$$2\alpha^2 = (\alpha^2 + \alpha)^2$$

com o resultado

$$\alpha = \sqrt{2} - 1 = 0{,}414$$

$$\alpha^2 = 0{,}172$$

de modo que

$$\frac{m_1}{m_2} = \alpha^2 = 0{,}172$$

e

$$\frac{u_2}{u_1} = \alpha = 0{,}414$$

CAPÍTULO 9 – Dinâmica de um sistema de partículas   **317**

Pelo fato de $\alpha > 0$, ambas as partículas estão se deslocando na mesma direção. A colisão é mostrada na Figura 9.16.

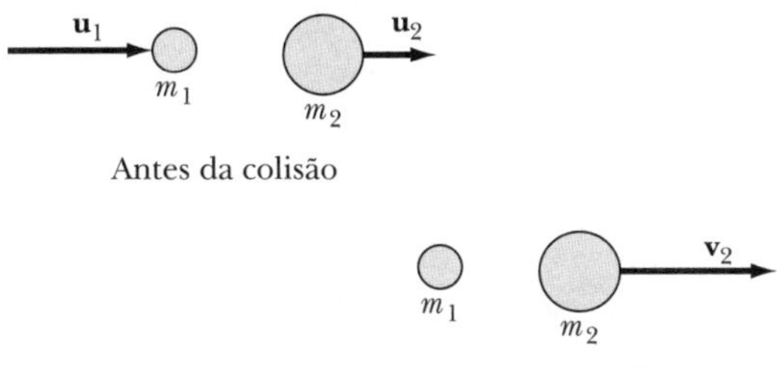

Antes da colisão

Após a colisão

FIGURA 9.16   Exemplo 9.7. As velocidades estão indicadas para duas partículas de massas diferentes antes e após uma colisão elástica frontal.

EXEMPLO 9.8

Partículas de massa m_1 são espalhadas elasticamente por partículas de massa m_2 no repouso. (a) Em qual ângulo em LAB um espectrômetro magnético deverá ser ajustado para detectar as partículas que perdem um terço de sua quantidade de movimento? (b) Em qual faixa m_1/m_2 isso é possível? (c) Calcule o ângulo de espalhamento para $m_1/m_2 = 1$.

Solução.   Temos

$$m_1 v_1 = \frac{2}{3} m_1 u_1 \text{ e } v_1 = \frac{2}{3} u_1$$

Utilizando as Equações 9.82 e 9.87a, temos

$$\frac{T_1}{T_0} = \frac{v_1^2}{u_1^2} = \left(\frac{2}{3}\right)^2 = 1 - \frac{2 m_1 m_2}{(m_1 + m_2)^2}(1 - \cos\theta) \tag{9.97}$$

Essa equação pode ser resolvida para $\cos\theta$, resultando em

$$\cos\theta = 1 - \frac{5(m_1 + m_2)^2}{18 m_1 m_2} = 1 - y \tag{9.98}$$

onde

$$y = \frac{5(m_1 + m_2)^2}{18 m_1 m_2} \tag{9.99}$$

Porém, precisamos do valor de ψ, que pode ser obtido da Equação 9.69.

$$\text{tg } \psi = \frac{\text{sen } \theta}{\cos\theta + m_1/m_2} = \frac{\sqrt{2y - y^2}}{1 - y + m_1/m_2} \tag{9.100}$$

onde utilizamos a Equação 9.98 para $\cos\theta$ e encontramos $\text{sen } \theta = \sqrt{2y - y^2}$.

318 Dinâmica clássica de partículas e sistemas

Uma vez que tg ψ deve ser um número real, somente os valores para m_1/m_2 onde $2 - y \geq 0$ são possíveis. Portanto,

$$2 - \frac{5(m_1 + m_2)^2}{18m_1 m_2} \geq 0 \tag{9.101}$$

que pode ser reduzida para

$$-5\left(\frac{m_1}{m_2}\right)^2 + 26\left(\frac{m_1}{m_2}\right) - 5 \geq 0$$

ou

$$-5x^2 + 26x - 5 \geq 0 \tag{9.102}$$

onde $x = m_1/m_2$. As soluções de x quando a Equação 9.102 é igual a zero são $x = 1/5, 5$. A substituição mostra que

$$\frac{1}{5} \leq \frac{m_1}{m_2} \leq 5$$

satisfaz a Equação 9.101, porém os valores de m_1/m_2 fora dessa faixa não satisfazem.

Substituindo $m_1/m_2 = 1$ na Equação 9.99, temos

$$y = \frac{5(m_1 + m_2)^2}{18m_1 m_2} = \frac{5\left(\dfrac{m_1}{m_2} + 1\right)^2}{18m_1/m_2}$$

$$= \frac{5(1 + 1)^2}{18} = \frac{10}{9}$$

e a substituição de y na Equação 9.100 fornece $\psi = 48°$.

9.8 Colisões inelásticas

Quando duas partículas interagem, muitos resultados são possíveis, dependendo das forças envolvidas. Nas duas seções anteriores, nos concentramos nas colisões elásticas. Contudo, em geral, várias partículas podem ser produzidas se grandes variações de energia estiverem envolvidas. Por exemplo, quando um próton colide com alguns núcleos, pode haver liberação de energia. Além disso, o próton pode ser absorvido e a colisão poderá produzir um nêutron ou uma partícula alfa em seu lugar. Todas essas possibilidades são tratadas utilizando os mesmos métodos: conservação de energia e quantidade de movimento linear. Continuaremos a limitar nossas considerações às mesmas partículas no sistema final que foram consideradas no sistema inicial. Em geral, a conservação da energia é

$$Q + \frac{1}{2}m_1 u_1^2 + \frac{1}{2}m_2 u_2^2 = \frac{1}{2}m_1 v_1^2 + \frac{1}{2}m_2 v_2^2 \tag{9.103}$$

onde Q é denominado de valor Q e representa a perda ou ganho de energia na colisão.

$Q = 0$: Colisão elástica, a energia cinética é conservada
$Q > 0$: Colisão exoérgica, ganho de energia cinética
$Q < 0$: Colisão endoérgica, perda de energia cinética

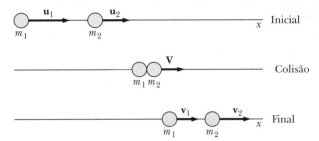

FIGURA 9.17 Colisão direta frontal entre dois corpos, indicando as condições iniciais, a colisão e a situação resultante.

Uma colisão inelástica é um exemplo de uma colisão endoérgica. A energia cinética pode ser convertida em massa-energia, como, por exemplo, em uma colisão nuclear. Ou pode haver perda na forma de energia calorífica, como, por exemplo, por causa de forças de atrito em uma colisão. As colisões de todos os corpos macroscópicos são endoérgicas (inelásticas) em algum grau. Duas bolas de massa de silicone com massas e velocidades iguais colidindo frontalmente podem parar completamente, constituindo uma colisão totalmente inelástica. Até duas bolas de bilhar não conservam completamente a energia cinética quando colidem, pois alguma pequena fração da energia cinética inicial é convertida em calor.

Uma medição da inelasticidade de dois corpos em colisão pode ser considerada em relação à colisão direta frontal (veja a Figura 9.17), na qual nenhuma rotação está envolvida (somente energia cinética de translação). Newton determinou experimentalmente que a razão entre as velocidades iniciais relativas e as velocidades finais relativas era aproximadamente constante para dois corpos quaisquer. Essa razão, denominada **coeficiente de restituição** (ε), é definida por

$$\varepsilon = \frac{|v_2 - v_1|}{|u_2 - u_1|} \qquad (9.104)$$

Ela é algumas vezes chamada de regra de Newton. Para uma colisão perfeitamente elástica, $\varepsilon = 1$; e para uma colisão totalmente inelástica, $\varepsilon = 0$. Os valores de ε se encontram entre os limites 0 e 1.

Devemos tomar cuidado ao aplicar a Equação 9.104 em colisões oblíquas, pois a regra de Newton se aplica somente às componentes de velocidade ao longo da normal (aa') ao plano de contato (bb') entre os dois corpos, como mostra a Figura 9.18. Para superfícies lisas, as componentes de velocidade ao longo do plano de contato dificilmente se alteram com a colisão.

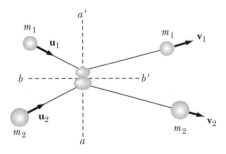

FIGURA 9.18 Colisão oblíqua entre dois corpos. Para superfícies lisas, as componentes da velocidade ao longo do plano de contato bb' dificilmente são alteradas pela colisão.

320 Dinâmica clássica de partículas e sistemas

EXEMPLO 9.9

Para uma colisão elástica frontal descrita nas Seções 9.6 e 9.7, demonstre que $\varepsilon = 1$. A massa m_2 se encontra inicialmente em repouso.

Solução. Uma vez que as velocidades finais se encontram ao longo da mesma direção como $\mathbf{u}_1$, enunciamos a conservação da quantidade de movimento linear e energia como

$$m_1 u_1 = m_1 v_1 + m_2 v_2 \tag{9.105}$$

$$\frac{1}{2}m_1 u_1^2 = \frac{1}{2}m_1 v_1^2 + \frac{1}{2}m_2 v_2^2 \tag{9.106}$$

Resolvemos a Equação 9.105 para v_2 e substituímos na equação para ε

$$\varepsilon = \frac{v_2 - v_1}{u_1} = \frac{\dfrac{m_1 u_1 - m_1 v_1}{m_2} - v_1}{u_1} = \frac{m_1}{m_2} - \frac{m_1}{m_2}\frac{v_1}{u_1} - \frac{v_1}{u_1} \tag{9.107}$$

Podemos determinar a razão v_1/u_1 a partir da Equação 9.106 após substituir para v_2 da Equação 9.105:

$$\frac{1}{2}m_1 u_1^2 = \frac{1}{2}m_1 v_1^2 + \frac{1}{2}m_2 \left(\frac{m_1 u_1 - m_1 v_1}{m_2}\right)^2$$

$$m_1 u_1^2 = m_1 v_1^2 + \frac{m_1^2}{m_2}(u_1^2 + v_1^2 - 2u_1 v_1)$$

Dividindo por $m_1 u_1^2$ e considerando $x = v_1/u_1$, temos

$$1 = x^2 + \frac{m_1}{m_2}(1 + x^2 - 2x)$$

Juntando os termos,

$$\left(1 + \frac{m_1}{m_2}\right)x^2 - \frac{2m_1}{m_2}x + \left(\frac{m_1}{m_2} - 1\right) = 0$$

Utilizando a equação quadrática para resolver em x, encontramos

$$x = 1$$

e

$$x = \frac{\dfrac{m_1}{m_2} - 1}{\dfrac{m_1}{m_2} + 1}$$

A solução $x = 1$ é trivial $(v_1 = u_1, v_2 = 0)$, de modo que substituímos a outra solução para x na Equação 9.107:

$$\varepsilon = \frac{m_1}{m_2} - \frac{\dfrac{m_1}{m_2}\left(\dfrac{m_1}{m_2} - 1\right)}{\dfrac{m_1}{m_2} + 1} + \frac{\left(\dfrac{m_1}{m_2} - 1\right)}{\dfrac{m_1}{m_2} + 1}$$

$$\varepsilon = \frac{\dfrac{m_1^2}{m_2^2} + \dfrac{m_1}{m_2} - \dfrac{m_1^2}{m_2^2} + \dfrac{m_1}{m_2} - \dfrac{m_1}{m_2} + 1}{\dfrac{m_1}{m_2} + 1} = 1$$

Durante uma colisão (elástica ou inelástica), as forças envolvidas podem atuar sobre um curto período de tempo e são chamadas de **forças de impulsão**. Um martelo batendo um prego e a colisão de duas bolas de bilhar constituem exemplos de forças de impulsão. A Segunda Lei de Newton ainda é válida em todo o período de tempo Δt da colisão:

$$\mathbf{F} = \frac{d}{dt}(m\mathbf{v}) \tag{9.108}$$

Após multiplicar por dt e integrar, temos

$$\int_{t_1}^{t_2} \mathbf{F}\, dt \equiv \mathbf{P} \tag{9.109}$$

onde $\Delta t = t_2 - t_1$. A Equação 9.109 define o termo **impulso P**. O impulso pode ser medido experimentalmente pela alteração da quantidade de movimento. Um impulso ideal representado pela ausência de deslocamento durante a colisão será causado por uma força infinita atuando durante um tempo infinitesimal.

EXEMPLO 9.10

Considere uma corda de massa ρ por unidade de comprimento e comprimento a suspensa logo acima de uma mesa, como mostra a Figura 9.19. Se a corda é solta do repouso na parte superior, determine a força sobre a mesa quando um comprimento x da corda tiver caído sobre ela.

Solução. Temos uma força gravitacional de $mg = \rho x g$, pois a corda fica sobre a mesa, mas precisamos considerar também a força de impulsão.

$$F = \frac{dp}{dt} \tag{9.110}$$

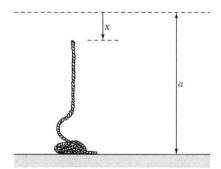

FIGURA 9.19 Exemplo 9.10. Uma corda de comprimento a é solta quando suspensa sobre uma mesa. Queremos determinar a força F sobre a mesa após a corda ter caído por uma distância x.

322 Dinâmica clássica de partículas e sistemas

Durante o intervalo de tempo dt, a massa da corda igual a $\rho(v\,dt)$ cai sobre a mesa. A alteração na quantidade de movimento fornecida à mesa é

$$dp = (\rho v\,dt)v = \rho v^2\,dt$$

e

$$\frac{dp}{dt} = \rho v^2 = F_{\text{impulso}} \tag{9.111}$$

A velocidade v está relacionada a x no tempo t por $v^2 = 2gx$, pois cada parte da corda remanescente se encontra sob aceleração constante g.

$$F_{\text{impulso}} = \rho v^2 = 2\rho xg \tag{9.112}$$

A força total é a somatória das forças gravitacional e de impulsão:

$$F = F_g + F_{\text{impulso}} = 3\rho xg \tag{9.113}$$

a qual é equivalente ao peso de um comprimento $3x$ da corda.

9.9 Seções transversais de espalhamento

Nas seções precedentes, derivamos várias relações que conectam o estado inicial de uma partícula em movimento com os estados finais da partícula original e de uma partícula atingida. Somente relações cinemáticas estavam envolvidas, ou seja, nenhuma tentativa foi feita para *prever* um ângulo de espalhamento ou uma velocidade final – somente as equações que *conectam* essas quantidades foram obtidas. Vamos agora analisar mais de perto o processo de colisão e investigar o espalhamento no caso das partículas interagirem com um campo de força especificado. Considere a situação mostrada na Figura 9.20, que ilustra esse tipo de colisão no sistema de coordenadas LAB quando existe uma força de repulsão entre m_1 e m_2. A partícula m_1 se aproxima das vizinhanças de m_2 de forma que, se não houver nenhuma força atuando entre as partículas, passaria com uma distância de aproximação mais próxima b. A quantidade b é denominada **parâmetro de impacto**. Se a velocidade de m_1 é u_1, o parâmetro de impacto b determina a quantidade de movimento angular l da partícula m_1 sobre m_2:

$$l = m_1 u_1 b \tag{9.114}$$

Podemos expressar μ_1 em termos da energia incidente T_0 utilizando a Equação 9.78:

$$l = b\sqrt{2m_1 T_0} \tag{9.115}$$

Evidentemente, para uma determinada energia T_0, a quantidade de movimento angular e, consequentemente, o ângulo de espalhamento θ (ou ψ) é especificada de forma única pelo parâmetro de impacto b se a lei da força é conhecida. No espalhamento de partículas atômicas ou nucleares, não podemos escolher nem medir diretamente o parâmetro de impacto. Portanto, em tais situações, ficamos restritos a falar em termos da probabilidade de espalhamento em vários ângulos θ.

   Consideramos agora a distribuição dos ângulos de espalhamento que resultam das colisões com vários parâmetros de impacto. Para isso, vamos supor que temos um feixe estreito de partículas, cada qual com massa m_1 e energia T_0. Orientamos o feixe em direção a uma pequena região do espaço que contém um conjunto de partículas, cada qual com massa m_2 e em repouso (no sistema LAB). Definimos a **intensidade** (ou **densidade de fluxo**) I das partículas incidentes

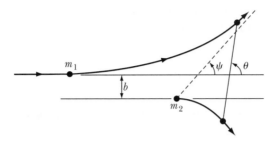

FIGURA 9.20 A partícula m_1 se aproxima de m_2, inicialmente em repouso, no sistema LAB, e a força repulsiva entre as partículas resulta em espalhamento. Se m_1 tivesse continuado em linha reta, sua distância mais próxima de m_2 teria sido b, o parâmetro de impacto.

como o número de partículas que passam por unidade de tempo através de uma área unitária perpendicular à direção do feixe. Se partimos da premissa de que a lei da força entre m_1 e m_2 decresce suficientemente rápido com a distância, então, após um encontro, o movimento da partícula espalhada se aproxima assintoticamente de uma linha reta com ângulo θ bem definido entre as direções inicial e final do movimento. Vamos agora definir uma **seção transversal de espalhamento diferencial** $\sigma(\theta)$ no sistema CM para o espalhamento em um elemento de ângulo sólido em um ângulo particular θ em CM:

$$\sigma(\theta) = \frac{\left(\begin{array}{c}\text{Número de interações por partícula-alvo que}\\ \text{levam ao espalhamento em } d\Omega' \text{ no ângulo } \theta\end{array}\right)}{\text{Número de partículas incidentes por área unitária}} \quad (9.116)$$

Se dN é o número de partículas espalhadas em $d\Omega'$ por unidade de tempo, a probabilidade de espalhamento em $d\Omega'$ por unidade de área do feixe incidente é

$$\sigma(\theta)d\Omega' = \frac{dN}{I} \quad (9.117a)$$

Algumas vezes escrevemos, de forma alternativa,

$$\sigma(\theta) = \frac{d\sigma}{d\Omega'} = \frac{1}{I}\frac{dN}{d\Omega'} \quad (9.117b)$$

O fato de que $\sigma(\theta)$ tem as dimensões de *área* por esterorradiano produz o termo **seção transversal**. Se o espalhamento tiver simetria axial (como nas forças centrais), podemos efetuar imediatamente a integração sobre o ângulo azimutal para obter 2π e, a seguir, o elemento de ângulo sólido $d\Omega'$ é fornecido por

$$d\Omega' = 2\pi \operatorname{sen} \theta \, d\theta \quad (9.118)$$

Se retornarmos momentaneamente ao problema equivalente de um corpo discutido no capítulo precedente, poderemos considerar o espalhamento de uma partícula de massa μ por um centro de força. Para esse caso, a Figura 9.21 mostra que o número de partículas com parâmetros de impacto em uma faixa db a uma distância b deve corresponder ao número de partículas espalhadas dentro do intervalo angular $d\theta$ em um ângulo θ. Portanto,

$$I \cdot 2\pi b \, db = -I \cdot \sigma(\theta) \cdot 2\pi \operatorname{sen} \theta \, d\theta \quad (9.119)$$

onde $db/d\theta$ é negativo, pois partimos da premissa de que a lei da força é de tal forma que o valor da deflexão angular diminui (monotonicamente) com o aumento do parâmetro de impacto. Assim,

$$\sigma(\theta) = \frac{b}{\operatorname{sen}\theta}\left|\frac{db}{d\theta}\right| \tag{9.120}$$

Podemos obter a relação entre o parâmetro de impacto b e o ângulo de espalhamento θ utilizando a Figura 9.22. No capítulo anterior, determinamos (na Equação 8.31) que a variação em um ângulo para uma partícula de massa μ se movendo em um campo de força central era fornecida por

$$\Delta\Theta = \int_{r_{min}}^{r_{max}} \frac{(l/r^2)\,dr}{\sqrt{2\mu[E - U - (l^2/2\mu r^2)]}} \tag{9.121}$$

O movimento de uma partícula em um campo de força central é simétrico sobre o ponto de maior aproximação ao centro de força (veja o ponto A na Figura 9.22). Portanto, os ângulos α e β são iguais e, na realidade, iguais a Θ. Desse modo,

$$\theta = \pi - 2\Theta \tag{9.122}$$

Para o caso onde $r_{max} = \infty$, o ângulo Θ é fornecido por

$$\Theta = \int_{r_{min}}^{\infty} \frac{(b/r^2)\,dr}{\sqrt{1 - (b^2/r^2) - (U/T_0')}} \tag{9.123}$$

onde utilizamos o equivalente de um corpo da Equação 9.115:

$$l = b\sqrt{2\mu T_0'}$$

onde, como na Equação 9.79, $T_0' = \frac{1}{2}\mu u_1^2$. Também utilizamos $E = T_0'$, pois a energia total E deve ser igual à energia cinética T_0' em $r = \infty$, onde $U = 0$. O valor de r_{min} é uma raiz do radical no denominador nas Equações 9.121 ou 9.123 – ou seja, r_{min} é um ponto de volta do movimento e corresponde à distância da maior aproximação da partícula em relação ao centro de força. Desse modo, as Equações 9.122 e 9.123 fornecem a dependência do ângulo de espalhamento θ no parâmetro de impacto b. Uma vez conhecido $b = b(\theta)$ para um determinado potencial $U(r)$ e fornecido o valor de T_0', calculamos a seção transversal de espalhamento diferencial da Equação 9.120. Esse procedimento leva à seção transversal do espalhamento no sistema CM, pois consideramos m_2 como um centro de força fixo. Se $m_2 \gg m_1$, a seção transversal assim obtida é muito próxima à seção transversal do sistema LAB; porém, se m_1 não pode ser considerada desprezível se comparada com m_2, a transformação apropriada de ângulos sólidos deverá ser efetuada. Vamos obter agora as relações gerais.

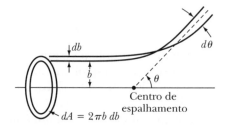

FIGURA 9.21 O problema equivalente de um corpo tem massa μ espalhada por uma força central no sistema CM. As partículas em um intervalo db em torno do parâmetro de impacto b se espalham no intervalo angular $d\theta$ no ângulo θ.

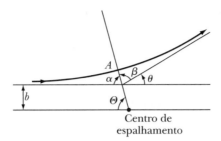

FIGURA 9.22 A geometria do espalhamento das partículas em um campo de força central. O ponto A é a distância da maior aproximação.

Uma vez que o número total de partículas espalhadas em um ângulo sólido deve ser o mesmo nos sistemas LAB e CM, temos

$$\sigma(\theta)\,d\Omega' = \sigma(\psi)\,d\Omega$$

$$\sigma(\theta) \cdot 2\pi \operatorname{sen}\theta\,d\theta = \sigma(\psi) \cdot 2\pi \operatorname{sen}\psi\,d\psi \tag{9.124}$$

onde θ e ψ representam o *mesmo* ângulo de espalhamento, porém medido no sistema CM ou LAB, respectivamente, e onde $d\Omega'$ e $d\Omega$ representam o *mesmo* elemento de ângulo sólido, porém medido no sistema CM ou LAB, respectivamente. Portanto, $\sigma(\theta)$ e $\sigma(\psi)$ são as seções transversais diferenciais do espalhamento nos sistemas CM e LAB, respectivamente. Desse modo,

$$\sigma(\psi) = \sigma(\theta) \cdot \frac{\operatorname{sen}\theta}{\operatorname{sen}\psi}\frac{d\theta}{d\psi} \tag{9.125}$$

A derivada $d\theta/d\psi$ pode ser avaliada consultando-se primeiro a Figura 9.11a e escrevendo, da lei do seno (e utilizando as Equações 9.63 e 9.65b),

$$\frac{\operatorname{sen}(\theta - \psi)}{\operatorname{sen}\psi} = \frac{m_1}{m_2} \equiv x \tag{9.126}$$

Definimos o diferencial $dx = 0$ e encontramos

$$dx = 0 = \frac{\partial x}{\partial \psi}d\psi + \frac{\partial x}{\partial \theta}d\theta$$

o que fornece, após calcular as derivadas parciais e juntar os termos,

$$\frac{d\theta}{d\psi} = \frac{\operatorname{sen}(\theta - \psi)\cos\psi}{\cos(\theta - \psi)\operatorname{sen}\psi} + 1$$

Expandindo $\operatorname{sen}(\theta - \psi)$ e simplificando, temos

$$\frac{d\theta}{d\psi} = \frac{\operatorname{sen}\theta}{\cos(\theta - \psi)\operatorname{sen}\psi}$$

e, portanto,

$$\sigma(\psi) = \sigma(\theta) \cdot \frac{\operatorname{sen}^2\theta}{\cos(\theta - \psi)\operatorname{sen}^2\psi} \tag{9.127}$$

Multiplicando ambos os lados da Equação 9.126 por $\cos\psi$ e, a seguir, adicionando $\cos(\theta - \psi)$ em ambos os lados, temos

$$\frac{\operatorname{sen}(\theta - \psi)\cos\psi}{\operatorname{sen}\psi} + \cos(\theta - \psi) = x\cos\psi + \cos(\theta - \psi)$$

326 Dinâmica clássica de partículas e sistemas

Expandindo $\text{sen}(\theta - \psi)$ e $\cos(\theta - \psi)$ no lado esquerdo, obtemos

$$\frac{\text{sen }\theta}{\text{sen }\psi} = x\cos\psi + \cos(\theta - \psi)$$

Substituindo esse resultado na Equação 9.127,

$$\sigma(\psi) = \sigma(\theta) \cdot \frac{[x\cos\psi + \cos(\theta - \psi)]^2}{\cos(\theta - \psi)}, \quad (x < 1) \tag{9.128}$$

E da Equação 9.126, temos

$$\cos(\theta - \psi) = \sqrt{1 - x^2\text{sen}^2\,\psi}$$

Assim,

$$\sigma(\psi) = \sigma(\theta) \cdot \frac{\left[x\cos\psi + \sqrt{1 - x^2\text{sen}^2\,\psi}\,\right]^2}{\sqrt{1 - x^2\text{sen}^2\,\psi}} \tag{9.129}$$

A Equação 9.126 pode ser utilizada para expressar

$$\theta = \text{sen}^{-1}(x\,\text{sen}\,\psi) + \psi \tag{9.130}$$

Portanto, as Equações 9.129 e 9.130 especificam a seção transversal inteiramente em termos do ângulo ψ.[8] Para o caso geral (isto é, para um valor arbitrário de x), a avaliação de $\sigma(\psi)$ é complexa. Entretanto, existem tabelas para facilitar o cálculo de casos particulares.[9]

A transformação representada pelas Equações 9.129 e 9.130 assume uma forma simples para dois casos. Para $x = m_1/m_2 = 1$, temos, da Equação 9.71, $\theta = 2\psi$, e a Equação 9.129 se torna

$$\sigma(\psi) = \sigma(\theta)\big|_{\theta=2\psi} \cdot 4\cos\psi, \quad m_1 = m_2 \tag{9.131}$$

e para $m_1 \ll m_2$, $x \cong 0$ e $\theta \cong \psi$, de modo que

$$\sigma(\psi) \cong \sigma(\theta)\big|_{\theta=\psi}, \quad m_1 \ll m_2 \tag{9.132}$$

EXEMPLO 9.11

Considere moléculas de raio R_1 se movendo para a direita com velocidades idênticas, espalhando a partir de partículas de poeira de raio R_2 que se encontram em repouso. Considere ambas como esferas rígidas e determine as seções transversais diferenciais e totais.

Solução. As partículas de poeira se encontram em repouso e vamos resolver esse problema de espalhamento no sistema LAB. Considere a geometria de espalhamento na Figura 9.23. As partículas com parâmetro de impacto b serão espalhadas em um ângulo ψ. De modo similar à Equação 9.119, as partículas incidentes entrando em um intervalo de parâmetros de impacto db são espalhadas em uma faixa angular $d\psi$, e temos

$$2\pi b\,db = -\sigma(\psi) \cdot 2\pi\,\text{sen}\,\psi\,d\psi \tag{9.133}$$

---

[8] Essas equações se aplicam não somente às colisões elásticas, mas também às colisões inelásticas (nas quais a energia potencial interna de uma ou ambas as partículas é alterada como resultado de uma interação) se o parâmetro x é expresso como V/v_1' em vez de m_1/m_2 (veja a Equação 9.68). Observe que as equações precedentes se referem somente ao caso usual $x < 1$.

[9] Veja, por exemplo, as tabelas de Marion et al. (Ma59).

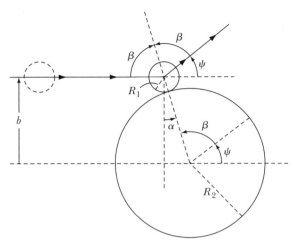

FIGURA 9.23 Uma molécula de raio R_1 se aproxima de uma partícula de poeira de raio vindo da esquerda e é espalhada em um ângulo ψ.

Para determinar a seção transversal diferencial $\sigma(\psi)$, temos que determinar a relação entre o parâmetro de impacto b e o ângulo de espalhamento ψ. Vemos da Figura 9.23 que $b = (R_1 + R_2)\cos\alpha$, de modo que precisamos primeiro determinar a relação entre os ângulos α e ψ.

Observe atentamente a Figura 9.23 para ver que $2\beta + \psi = \pi$, $\alpha = \psi + \beta - \pi/2$, e

$$\alpha = \psi + \left(\frac{\pi}{2} - \frac{\psi}{2}\right) - \frac{\pi}{2} = \frac{\psi}{2} \tag{9.134}$$

Antes de utilizar a Equação 9.133, precisamos determinar o diferencial db. Temos

$$b = (R_1 + R_2)\cos\alpha = (R_1 + R_2)\cos\frac{\psi}{2}$$

e

$$db = -\frac{(R_1 + R_2)}{2}\operatorname{sen}\frac{\psi}{2}\,d\psi.$$

Inserimos agora os termos na Equação 9.133 para encontrar

$$-\frac{2\pi}{2}(R_1 + R_2)^2 \cos\frac{\psi}{2}\operatorname{sen}\frac{\psi}{2}\,d\psi = -\sigma(\psi)\cdot 2\pi\operatorname{sen}\psi\,d\psi$$

Se utilizarmos a identidade, sen $\psi = 2$ sen(ψ/2)cos(ψ/2), finalmente encontraremos

$$\sigma(\psi) = \frac{1}{4}(R_1 + R_2)^2 \tag{9.135}$$

Observe primeiro que a seção transversal diferencial de espalhamento é *isotrópica*, o espalhamento é o mesmo em todas as direções. Essa conclusão é um pouco surpreendente, pois as seções transversais diferenciais de espalhamento normalmente têm uma dependência angular.

Discutiremos a seção transversal total na próxima seção, porém, em poucas palavras, ela é proporcional à probabilidade de ocorrência de qualquer espalhamento. Para determinar a

328 Dinâmica clássica de partículas e sistemas

seção transversal total, devemos integrar a Equação 9.135 sobre todos os ψ possíveis. Observe que já fizemos isso sobre o ângulo azimutal para determinar a Equação 9.118. Temos

$$\sigma_t = \int \frac{d\sigma}{d\psi} d\Omega = \int \sigma(\psi) \, d\Omega$$

$$= \int_0^\pi \frac{1}{4}(R_1 + R_2)^2 \, 2\pi \, \text{sen } \psi \, d\psi$$

$$= \frac{\pi}{2}(R_1 + R_2)^2 \int_0^\pi \text{sen } \psi \, d\psi = -\frac{\pi}{2}(R_1 + R_2)^2 \cos \psi \Big|_0^\pi$$

$$\sigma_t = \pi(R_1 + R_2)^2$$

Isso é precisamente o que deveríamos esperar da seção transversal total para o espalhamento de duas esferas rígidas. A área máxima ocorre quando a molécula e a partícula de poeira sofrem uma colisão oblíqua, com ângulo $\alpha = 0$. O parâmetro de impacto será simplesmente $b = R_1 + R_2$, e a área é πb^2.

9.10 Fórmula de espalhamento de Rutherford[10]

Um dos problemas mais importantes que utiliza as fórmulas desenvolvidas na seção precedente é o espalhamento de partículas carregadas em um campo de Coulomb ou eletrostático. O potencial nesse caso é

$$U(r) = \frac{k}{r} \tag{9.136}$$

onde $k = q_1 q_2 / 4\pi\varepsilon_0$, com q_1 e q_2 sendo as quantidades de carga das duas partículas (k pode ser positiva ou negativa, dependendo se as cargas têm o mesmo sinal ou sinais opostos; $k > 0$ corresponde a uma força repulsiva e $k < 0$ a uma força atrativa). Então, a Equação 9.123 se torna

$$\Theta = \int_{r_{\min}}^\infty \frac{(b/r) \, dr}{\sqrt{r^2 - (k/T_0')r - b^2}} \tag{9.137}$$

que pode ser integrada para obter (veja a integração da Equação 8.38):

$$\cos \Theta = \frac{(\kappa/b)}{\sqrt{1 + (\kappa/b)^2}} \tag{9.138}$$

onde

$$\kappa \equiv \frac{k}{2T_0'}$$

A Equação 9.138 pode ser reescrita como

$$b^2 = \kappa^2 \, \text{tg}^2\Theta$$

---

[10] E. Rutherford, *Phil. Mag.* **21**, 669 (1911).

CAPÍTULO 9 – Dinâmica de um sistema de partículas **329**

Porém, a Equação 9.122 indica que $\Theta = \pi/2 - \theta/2$, de modo que

$$b = \kappa \cot(\theta/2) \tag{9.139}$$

Desse modo,

$$\frac{db}{d\theta} = -\frac{\kappa}{2} \frac{1}{\operatorname{sen}^2(\theta/2)}$$

a Equação 9.120 se torna

$$\sigma(\theta) = \frac{\kappa^2}{2} \cdot \frac{\cot(\theta/2)}{\operatorname{sen}\theta \operatorname{sen}^2(\theta/2)}$$

Agora,

$$\operatorname{sen}\theta = 2\operatorname{sen}(\theta/2)\cos(\theta/2)$$

Assim,

$$\sigma(\theta) = \frac{\kappa^2}{4} \cdot \frac{1}{\operatorname{sen}^4(\theta/2)}$$

ou

$$\boxed{\sigma(\theta) = \frac{k^2}{(4T_0')^2} \cdot \frac{1}{\operatorname{sen}^4(\theta/2)}} \tag{9.140}$$

que é a fórmula de espalhamento de Rutherford[11] e demonstra a dependência da seção transversal de espalhamento em CM no inverso da quarta potência de sen $(\theta/2)$. Observe que $\sigma(\theta)$ é independente do sinal de k, de modo que a forma da distribuição do espalhamento é a mesma para uma força atrativa ou repulsiva. Também é bastante notável que o tratamento do espalhamento de Coulomb pela mecânica quântica leva exatamente ao mesmo resultado que o da derivação clássica.[12] Na realidade, essa é uma circunstância afortunada, pois, se fosse de outro modo, a discordância nesse estágio inicial entre a teoria clássica e a experimentação poderia ter atrasado seriamente o avanço da física nuclear.

Para o caso $m_1 = m_2$, a Equação 9.79 indica que $T_0' = \frac{1}{2}T_0$, portanto

$$\sigma(\theta) = \frac{k^2}{4T_0^2} \cdot \frac{1}{\operatorname{sen}^4(\theta/2)}, \qquad m_1 = m_2 \tag{9.141}$$

Ou, da Equação 9.131,

$$\sigma(\psi) = \frac{k^2}{T_0^2} \frac{\cos\psi}{\operatorname{sen}^4\psi}, \qquad m_1 = m_2 \tag{9.142}$$

Toda a discussão precedente se aplica ao cálculo de seções transversais *diferenciais* de espalhamento. Se for desejado conhecer a probabilidade de que *qualquer* interação ocorra, é necessário integrar $\sigma(\theta)$ [ou $\sigma(\psi)$] sobre todos os ângulos de espalhamento possíveis. A quantidade resultante

---

[11] Essa forma da lei do espalhamento foi verificada na interação entre partículas α e núcleos pesados pelos experimentos de H. Geiger e E. Marsden, **Phil. Mag. 25**, 605 (1913).

[12] N. Bohr demonstrou que a identidade dos resultados é uma consequência da natureza $1/r^2$ da força; ela não pode ser esperada para nenhum outro tipo de lei de força.

330   Dinâmica clássica de partículas e sistemas

é denominada **seção transversal total de espalhamento** (σ_t) e é igual à área efetiva da partícula-
-alvo para produzir um evento de espalhamento:

$$\sigma_t = \int_{4\pi} \sigma(\theta)\, d\Omega' = 2\pi \int_0^{\pi} \sigma(\theta)\, \text{sen}\,\theta\, d\theta \qquad (9.143)$$

onde a integração sobre θ se estende de 0 a π. A seção transversal *total* é a mesma nos sistemas
LAB e CM. Se desejamos expressar a seção transversal total em termos de uma integração
sobre as quantidades em LAB,

$$\sigma_t = \int \sigma(\psi)\, d\Omega$$

então, se $m_1 < m_2$, ψ também se estende de 0 a π. Se $m_1 \geq m_2$, ψ se estende somente até
ψ_{max} (fornecido pela Equação 9.77) e temos

$$\sigma_t = 2\pi \int_0^{\psi_{\text{max}}} \sigma(\psi)\, \text{sen}\,\psi\, d\psi \qquad (9.144)$$

Se tentarmos calcular σ_t para o caso do espalhamento de Rutherford, verificamos que o
resultado é infinito. Isso ocorre porque o potencial de Coulomb, que varia como $1/r$, decresce
tão lentamente que, à medida que o parâmetro de impacto b se torna indefinidamente grande,
a redução no ângulo de espalhamento é muito lenta para evitar a divergência da integral.
Entretanto, apontamos no Exemplo 8.6 que o campo de Coulomb de um núcleo atômico real
é blindado pelos elétrons ao seu redor, de modo que o potencial é efetivamente cortado em
grandes distâncias. A avaliação da seção transversal de espalhamento para um potencial de
Coulomb blindado de acordo com a teoria clássica é muito complexa e não será discutida aqui.
O tratamento da mecânica quântica é realmente mais fácil para este caso.

9.11 Movimento de foguetes

O movimento de um foguete simples é uma aplicação interessante da dinâmica elementar de
Newton e pode já ter sido abordado no Capítulo 2. Entretanto, queremos incluir foguetes mais
complexos com massas de exaustão e vários estágios e, desse modo, postergamos a discussão
para este capítulo sobre sistemas de partículas. Os dois casos que examinamos se referem ao
movimento de foguetes no espaço livre e a ascensão vertical de foguetes sob a ação da gravidade. O primeiro caso requer a aplicação da conservação da quantidade de movimento linear.
O segundo caso requer uma aplicação mais complexa da Segunda Lei de Newton.

Movimento de foguetes no espaço livre

Vamos supor aqui que o foguete (espaçonave) se move sem influência de nenhuma força externa. Escolhemos um sistema fechado no qual a Segunda Lei de Newton pode ser aplicada.
No espaço exterior, o movimento da espaçonave vai depender inteiramente de sua própria
energia. Ela se move por meio da reação da ejeção de massa em altas velocidades. Para con-
servar a quantidade de movimento linear, a espaçonave terá de se mover na direção oposta.
O diagrama do movimento da espaçonave é mostrado na Figura 9.24. Em algum tempo t, a
massa total instantânea da espaçonave é m e a sua velocidade instantânea é v em relação a
um sistema de referência inercial. Supomos que todo o movimento é efetuado na direção x
e eliminamos a notação vetorial. Durante um intervalo de tempo dt, uma massa positiva dm'
é ejetada do motor do foguete com velocidade $-u$ em relação à espaçonave. Imediatamente

CAPÍTULO 9 – Dinâmica de um sistema de partículas   **331**

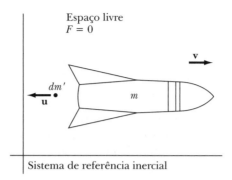

FIGURA 9.24 Um foguete se move no espaço livre com velocidade **v**. No intervalo de tempo dt, uma massa dm' é ejetada do motor do foguete com velocidade **u** em relação à espaçonave.

após a ejeção da massa dm', a massa e a velocidade da espaçonave são $m - dm'$ e $v + dv$, respectivamente.

$$\text{Quantidade de movimento inicial} = mv \quad (\text{no tempo } t) \tag{9.145}$$

$$\text{Quantidade de movimento final} = (m - dm')(v + dv) + dm'(v - u) \ (\text{no tempo } t + dt)$$

$$\textit{espaçonave menos } dm' \quad \textit{exaustão do foguete } dm' \tag{9.146}$$

Observe que a velocidade da massa ejetada dm' em relação ao sistema de referência é $v - u$. A conservação da quantidade de movimento linear requer que as Equações 9.145 e 9.146 sejam iguais. Não há nenhuma força externa ($F_{\text{ext}} = 0$).

$$p_{\text{inicial}} = p_{\text{final}}$$
$$p(t) = p(t + dt)$$
$$mv = (m - dm')(v + dv) + dm'(v - u) \tag{9.147}$$
$$mv = mv + m\,dv - v\,dm' - dm'\,dv + v\,dm' - u\,dm'$$
$$m\,dv = u\,dm'$$
$$dv = u\frac{dm'}{m} \tag{9.148}$$

onde desprezamos o produto dos dois diferenciais $dm'\,dv$. Consideramos dm' como sendo uma massa positiva ejetada da espaçonave. A variação na massa da própria espaçonave é dm, onde

$$dm = -dm' \tag{9.149}$$

e

$$dv = -u\frac{dm}{m} \tag{9.150}$$

pois dm deve ser negativo. Consideramos m_0 e v_0 como sendo a massa e a velocidade iniciais da espaçonave, respectivamente, e integramos a Equação 9.150 para seus valores finais m e v.

$$\int_{v_0}^{v} dv = -u\int_{m_0}^{m}\frac{dm}{m}$$

$$v - v_0 = u \ln \left(\frac{m_0}{m} \right) \qquad (9.151)$$

$$v = v_0 + u \ln \left(\frac{m_0}{m} \right) \qquad (9.152)$$

Supomos que a velocidade de exaustão u seja constante. Portanto, para maximizar a velocidade da espaçonave, precisamos maximizar a velocidade de exaustão u e a razão m_0/m.

Como a velocidade terminal está limitada pela razão m_0/m, os engenheiros têm construído foguetes com vários estágios. A massa mínima (menos combustível) da espaçonave é limitada pelo material estrutural. Entretanto, se o tanque de combustível é ejetado após a queima de todo o seu combustível, a massa da espaçonave restante é ainda menor. A espaçonave pode conter dois ou mais tanques de combustível, e cada um deles pode ser ejetado.

Por exemplo, considere

$m_0 = $ Massa inicial total da espaçonave

$m_1 = m_a + m_b$

$m_a = $ Massa da carga útil do primeiro estágio

$m_b = $ Massa dos tanques de combustível do primeiro estágio etc.

$v_1 = $ Velocidade terminal do primeiro estágio de "queima"
após a queima de todo o combustível

$$v_1 = v_0 + u \ln \left(\frac{m_0}{m_1} \right) \qquad (9.153)$$

Na queima, a velocidade terminal v_1 do primeiro estágio é alcançada e a massa m_b é liberada no espaço. Em seguida, o segundo estágio é acionado com a mesma velocidade de exaustão e temos

$m_a = $ Massa inicial total do segundo estágio da espaçonave

$m_2 = m_c + m_d$

$m_c = $ Massa da carga útil do segundo estágio

$m_d = $ Massa do tanque de combustível do segundo estágio etc.

$v_1 = $ Velocidade inicial do segundo estágio

$v_2 = $ Velocidade terminal do segundo estágio no final da queima

$$v_2 = v_1 + u \ln \left(\frac{m_a}{m_2} \right) \qquad (9.154)$$

$$v_2 = v_0 + u \ln \left(\frac{m_0 \, m_a}{m_1 \, m_2} \right) \qquad (9.155)$$

O produto $(m_0 m_a / m_1 m_2)$ pode ficar muito maior do que simplesmente m_0/m_1. Foguetes com vários estágios são mais comumente utilizados para subida sob gravidade do que no espaço livre.

Vimos que a espaçonave é propelida como resultado da conservação da quantidade de movimento linear. Porém, os engenheiros e cientistas gostam de se referir ao termo força como o "empuxo" do foguete. Se multiplicarmos a Equação 9.150 por m e dividirmos por dt, teremos

$$m\frac{dv}{dt} = -u\frac{dm}{dt} \qquad (9.156)$$

Como o lado esquerdo dessa equação "aparece" como ma(força), o lado direito é chamado de empuxo:

$$\text{Empuxo} \equiv -u\frac{dm}{dt} \qquad (9.157)$$

Uma vez que dm/dt é negativo, o empuxo é, na verdade, positivo.

Ascensão vertical sob gravidade

O movimento real de um foguete tentando deixar o campo gravitacional da Terra é muito complexo. Para fins de análise, começaremos fazendo várias suposições. O foguete terá somente movimento vertical, sem nenhuma componente horizontal. Desprezamos a resistência do ar e supomos que a aceleração da gravidade é constante com a altura. Também partimos da premissa de que a taxa de queima do combustível é constante. Todos esses fatores desprezados podem ser razoavelmente incluídos com uma análise numérica por computador.

Podemos utilizar os resultados do caso precedente do movimento do foguete no espaço livre, porém, não temos mais $F_{ext} = 0$. A geometria é mostrada na Figura 9.25. Mais uma vez, temos dm' como positivo, com $dm = -dm'$. A força externa F_{ext} é

$$F_{ext} = \frac{d}{dt}(mv)$$

ou

$$F_{ext}dt = d(mv) = dp = p(t+dt) - p(t) \qquad (9.158)$$

sobre um pequeno diferencial de tempo.

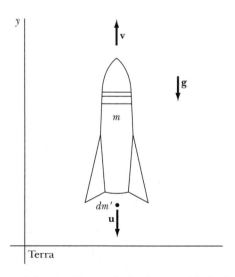

FIGURA 9.25 Um foguete em ascensão vertical sob a gravidade da Terra. A massa dm' é ejetada do motor do foguete com velocidade **u** em relação à espaçonave.

334 Dinâmica clássica de partículas e sistemas

Para o sistema da espaçonave, determinamos as quantidades de movimento inicial e final nas Equações 9.145-9.150. Utilizaremos agora os resultados que levam à Equação 9.150 para obter

$$p(t + dt) - p(t) = m\,dv + u\,dm \tag{9.159}$$

No espaço livre, $F_{ext} = 0$, porém, em ascensão, $F_{ext} = -mg$. Combinando as Equações 9.158 e 9.159, temos

$$F_{ext}dt = -mg\,dt = m\,dv + u\,dm$$

$$-mg = m\dot{v} + u\dot{m} \tag{9.160}$$

Uma vez que a taxa de queima de combustível é constante, consideramos

$$\dot{m} = \frac{dm}{dt} = -\alpha, \qquad \alpha > 0 \tag{9.161}$$

e a Equação 9.160 se torna

$$dv = \left(-g + \frac{\alpha}{m}\,u\right)dt$$

Entretanto, essa equação tem três incógnitas (v, m, t); desse modo, utilizaremos a Equação 9.161 para eliminar o tempo, obtendo

$$dv = \left(\frac{g}{\alpha} - \frac{u}{m}\right)dm \tag{9.162}$$

Suponha que os valores inicial e final da velocidade sejam 0 e v, respectivamente, e da massa m_0 e m, respectivamente, de modo que

$$\int_0^v dv = \int_{m_0}^m \left(\frac{g}{\alpha} - \frac{u}{m}\right)dm$$

$$v = -\frac{g}{\alpha}(m_0 - m) + u\,\ln\left(\frac{m_0}{m}\right) \tag{9.163}$$

Podemos integrar a Equação 9.161 para determinar o tempo:

$$\int_{m_0}^m dm = -\alpha \int_0^t dt$$

$$m_0 - m = \alpha t \tag{9.164}$$

A Equação 9.163 se torna

$$v = -gt + u\,\ln\left(\frac{m_0}{m}\right) \tag{9.165}$$

Poderíamos continuar com a Equação 9.163 e integrar mais uma vez para determinar a altura do foguete, porém deixamos essas tarefas para o Exemplo 9.13 e os problemas. Essas integrações são tediosas e o problema é tratado com maior facilidade por meio de métodos computacionais. Mesmo ao final da queima, o foguete continuará subindo, pois ele ainda tem uma velocidade para cima. Finalmente, com as suposições precedentes, a força gravitacional irá parar o foguete (pois assumimos uma constante g não decrescente com a altura).

Uma situação interessante ocorre se a velocidade de exaustão u não é suficientemente grande para tornar v positivo na Equação 9.165. Nesse caso, o foguete permaneceria no solo. Essa situação ocorre por causa dos limites de integração que assumimos e que levaram à

CAPÍTULO 9 – Dinâmica de um sistema de partículas   **335**

Equação 9.163. Precisaríamos queimar combustível suficiente antes de o foguete ser lançado para fora do solo (veja o Problema 9.59). Obviamente, foguetes não são projetados desse modo: eles são feitos para serem lançados ao alcançarem uma taxa de queima total.

EXEMPLO 9.12

Considere o primeiro estágio de um foguete *Saturno V* utilizado no programa lunar Apollo. A massa inicial é $2,8 \times 10^6$ kg e a massa do combustível do primeiro estágio é $2,1 \times 10^6$ kg. Suponha um empuxo médio de 37×10^6 N. A velocidade de exaustão é 2.600 m/s. Calcule a velocidade final do primeiro estágio ao final da queima. Utilizando o resultado do Problema 9.57 (Equação 9.166), calcule também a altura vertical ao final da queima.

Solução. Do empuxo (Equação 9.157), podemos determinar a taxa de queima de combustível:

$$\frac{dm}{dt} = \frac{\text{empuxo}}{-u} = \frac{37 \times 10^6 \,\text{N}}{-2600 \,\text{m/s}} = -1,42 \times 10^4 \,\text{kg/s}$$

A massa final do foguete é ($2,8 \times 10^6$ kg $- 2,1 \times 10^6$ kg) ou $0,7 \times 10^6$ kg. Podemos determinar a velocidade do foguete ao final da queima (v_b) utilizando a Equação 9.163.

$$v_b = -\frac{9,8 \,\text{m/s}^2 (2,1 \times 10^6 \,\text{kg})}{1,42 \times 10^4 \,\text{kg/s}} + (2600 \,\text{m/s}) \, \ln \left[\frac{2,8 \times 10^6 \,\text{kg}}{0,7 \times 10^6 \,\text{kg}}\right]$$

$$v_b = 2,16 \times 10^3 \,\text{m/s}$$

O tempo até o final da queima t_b, da Equação 9.164, é

$$t_b = \frac{m_0 - m}{\alpha} = \frac{2,1 \times 10^6 \,\text{kg}}{1,42 \times 10^4 \,\text{kg/s}} = 148 \,\text{s}$$

ou cerca de 2,5 min.

Utilizamos o resultado do Problema 9.57 para obter a altura ao final da queima y_b:

$$y_b = u t_b - \frac{1}{2} g t_b^2 - \frac{mu}{\alpha} \, \ln \left(\frac{m_0}{m}\right) \tag{9.166}$$

$$y_b = (2600 \,\text{m/s})(148 \,\text{s}) - \frac{1}{2}(9,8 \,\text{m/s}^2) \cdot (148 \,\text{s})^2$$

$$- \frac{(0,7 \times 10^6 \,\text{kg}) \cdot (2600 \,\text{m/s})}{1,42 \times 10^4 \,\text{kg/s}} \, \ln \left(\frac{2,8 \times 10^6 \,\text{kg}}{0,7 \times 10^6 \,\text{kg}}\right)$$

$$y_b = 9,98 \times 10^4 \,\text{m} \approx 100 \,\text{km}$$

A altura real é cerca de dois terços desse valor.

EXEMPLO 9.13

Um grande foguete deixa a superfície da Terra sob gravidade, normalmente em uma direção vertical, e retorna à Terra. A velocidade de exaustão é u e a taxa constante de queima de combustível é α. Considere a massa inicial como sendo m_0 e a massa na queima final do combustível como sendo m_f. Calcule a altitude e a velocidade do foguete ao final da queima de combustível em termos de u, α, m_f, m_0 e g.

Solução. Determinamos o tempo T ao final da queima da Equação 9.164, $T = (m_0 - m_f)/\alpha$. Integramos sobre a velocidade, Equação 9.165, para determinar H_{bo}, a altura ao final da queima do combustível.

$$H_{bo} = \int_0^T v \, dt = \int_0^T \left[-gt + u \ln\left(\frac{m_0}{m}\right) \right] dt$$

Utilizamos a Equação 9.161, $dt = -(dm)/\alpha$, para a última integral e integramos sobre dm.

$$H_{bo} = -g \int_0^T t \, dt + \frac{u}{\alpha} \int_{m_0}^{m_f} \ln\left(\frac{m}{m_0}\right) dm$$

Integramos o último termo utilizando a integral definida, $\int \ln x \, dx = x \ln x - x$, para obter, após juntar os termos,

$$H_{bo} = -\frac{g(m_0 - m_f)^2}{2\alpha^2} + \frac{u}{\alpha}\left[m_f \ln\left(\frac{m_f}{m_0}\right) + m_0 - m_f \right] \quad (9.167)$$

Se inserirmos os números do último exemplo, encontraremos a mesma resposta para a altura ao final da queima.

A velocidade ao final da queima pode ser determinada diretamente a partir da Equação 9.165.

$$v_{bo} = -gT + u \ln\left(\frac{m_0}{m_f}\right)$$

$$= -\frac{g(m_0 - m_f)}{\alpha} + u \ln\left(\frac{m_0}{m_f}\right) \quad (9.168)$$

PROBLEMAS

9.1. Determine o centro de massa de uma calota hemisférica de densidade constante, raio interno r_1 e raio externo r_2.

9.2. Determine o centro de massa de um cone uniformemente sólido com diâmetro da base $2a$ e altura h.

9.3. Determine o centro de massa de um cone uniformemente sólido com diâmetro da base $2a$, altura h e um hemisfério sólido de raio a, onde as duas bases se tocam.

9.4. Determine o centro de massa de um fio uniforme que subtende um arco θ se o raio do arco circular é a, como mostra a Figura 9.A.

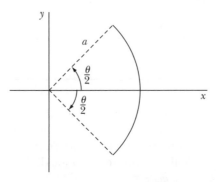

FIGURA 9.A Problema 9.4.

9.5. O centro de gravidade de um sistema de partículas é o ponto sobre o qual as forças gravitacionais externas não exercem nenhum torque líquido. Para uma força gravitacional uniforme, demonstre que o centro de gravidade é idêntico ao centro de massa para o sistema de partículas.

9.6. Considere duas partículas de massas iguais a m. As forças atuando sobre as partículas são $\mathbf{F}_1 = 0$ e $\mathbf{F}_2 = F_0 \mathbf{i}$. Se elas estiverem inicialmente em repouso na origem, qual será a posição, velocidade e aceleração do centro de massa?

9.7. Um modelo da molécula de água H_2O é mostrado na Figura 9.B. Onde se encontra o centro de massa?

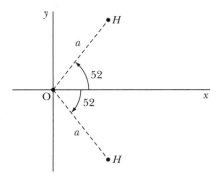

FIGURA 9.B   Problema 9.7.

9.8. Onde se encontra o centro de massa do triângulo retângulo isósceles de densidade areal uniforme mostrado na Figura 9.C?

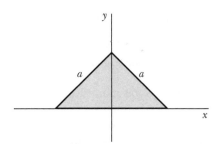

FIGURA 9.C   Problema 9.8.

9.9. Um projétil é disparado em um ângulo de 45° com energia cinética inicial E_0. No topo de sua trajetória, ele explode com energia adicional E_0 em dois fragmentos. Um fragmento de massa m_1 se desloca em linha reta para baixo. Qual é a velocidade (magnitude e direção) do segundo fragmento de massa m_2 e a velocidade do primeiro? Qual é a razão de m_1/m_2 quando m_1 tem um valor máximo?

9.10. Um canhão instalado em um forte com visão do mar dispara um projétil de massa M em um ângulo de elevação θ e velocidade na boca do canhão v_0. No ponto mais alto, o projétil explode em dois fragmentos (massas $m_1 + m_2 = M$), com energia adicional E, deslocando-se na direção horizontal original. Determine a distância que separa os dois fragmentos quando eles tocam o mar. Para simplificar, suponha que o canhão se encontra no nível do mar.

9.11. Verifique que o segundo termo do lado direito da Equação 9.9 realmente se anula para o caso de $n = 3$.

9.12. O astronauta Stumblebum perambulou para muito longe da espaçonave orbital (ônibus espacial) ao efetuar um reparo em um satélite de comunicações avariado. Ele percebe que a espaçonave

orbital está se afastando dele a 3 m/s. Stumblebum e sua unidade de manobra têm uma massa de 100 kg, incluindo um tanque pressurizado de massa 10 kg. O tanque contém somente 2 kg de gás a ser utilizado para a sua propulsão no espaço. O gás escapa com velocidade constante de 100 m/s.
(a) Stumblebum ficará sem gás antes de alcançar a nave orbital?
(b) Com qual velocidade Stumblebum terá de descartar o tanque vazio no espaço para alcançar a nave orbital?

9.13. Mesmo que a força total de um sistema de partículas (Equação 9.9) seja zero, o torque líquido pode não ser zero. Demonstre que o torque líquido tem o mesmo valor em qualquer sistema de coordenadas.

9.14. Considere um sistema de partículas interagindo por meio de forças magnéticas. As Equações 9.11 e 9.31 são válidas? Explique.

9.15. Uma corda lisa é colocada sobre um furo em uma mesa (Figura 9.D). Uma ponta da corda cai através do furo em $t = 0$, puxando continuamente o restante da corda. Determine a velocidade e a aceleração da corda como função da distância até a ponta da corda x. Ignore qualquer atrito. O comprimento total da corda é L.

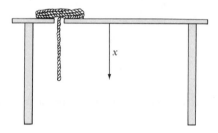

FIGURA 9.D Problema 9.15.

9.16. Para o caso de conservação da energia da corrente em queda no Exemplo 9.2, demonstre que a tensão em qualquer lado da curva inferior é igual e tem o valor de $\rho \dot{x}^2/4$.

9.17. Integre a Equação 9.17 no Exemplo 9.2 numericamente e elabore um gráfico da velocidade *versus* tempo utilizando parâmetros adimensionais, $\dot{x}/\sqrt{2gb}$ vs. $t/\sqrt{2b/g}$ onde $\sqrt{2b/g}$ é o tempo de queda livre, $t_{\text{queda livre}}$. Determine o tempo necessário para que a ponta solta alcance a parte inferior. Defina as unidades naturais pelas quais $\tau \equiv t\sqrt{g/2b}$, $\alpha \equiv x/2b$ e integre $d\tau/d\alpha$ a partir de $\alpha = \varepsilon$ (algum número pequeno maior do que 0) para $\alpha = 1/2$. Não é possível integrar numericamente a partir de $\alpha = 0$ por causa de uma singularidade em $d\tau/d\alpha$. A expressão $d\tau/d\alpha$ é

$$\frac{d\tau}{d\alpha} = \sqrt{\frac{1 - 2\alpha}{2\alpha(1 - \alpha)}}$$

9.18. Utilize um computador para elaborar um gráfico da tensão versus tempo da corrente em queda no Exemplo 9.2. Utilize parâmetros adimensionais (T/Mg) *versus* $t_{\text{queda livre}}$, onde $t_{\text{queda livre}} = \sqrt{2b/g}$. Pare o gráfico antes de T/Mg se tornar maior do que 50.

9.19. Uma corrente como aquela no Exemplo 9.2 (com os mesmos parâmetros) de comprimento b e massa ρb se encontra suspensa por uma ponta em um ponto a uma altura b acima de uma mesa, de modo que a ponta solta quase não toca o tampo da mesa. No tempo $t = 0$, a ponta fixa da corrente é solta. Determine a força exercida pelo tampo da mesa sobre a corrente após a queda da ponta originalmente fixa por uma distância x.

9.20. Uma corda uniforme de comprimento total $2a$ pende em equilíbrio sobre um prego liso. Um pequeno impulso faz com que ela se desenrole lentamente do prego. Determine a velocidade da corda no momento em que ela se solta totalmente do prego. Suponha que a corda não pode se elevar ao sair do prego e que esteja em queda livre.

9.21. Uma corda flexível com comprimento de 1,0 m desliza sobre um tampo de mesa sem atrito, como mostra a Figura 9.E. Ela é inicialmente liberada do repouso com 30 cm pendendo da borda da mesa. Determine o tempo no qual a ponta esquerda da corda alcança a borda da mesa.

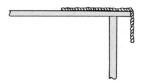

FIGURA 9.E   Problema 9.21.

9.22. Um dêuteron (núcleo do átomo de deutério consistindo de um próton e um nêutron) com velocidade de 14,9 km/s colide elasticamente com um nêutron em repouso. Utilize a aproximação de que o dêuteron tem duas vezes a massa do nêutron. **(a)** Se o dêuteron for espalhado através de um ângulo $\psi = 10°$ em LAB, quais serão as velocidades finais do dêuteron e do nêutron? **(b)** Qual é o ângulo de espalhamento em LAB do nêutron? **(c)** Qual é o ângulo máximo de espalhamento possível do dêuteron?

9.23. Uma partícula de massa m_1 e velocidade u_1 colide com uma partícula de massa m_2 em repouso. As duas partículas aderem uma à outra. Qual fração da energia cinética original é perdida na colisão?

9.24. Uma partícula de massa m na ponta de um fio leve é enrolada em torno de um cilindro vertical fixo de raio a (Figura 9.F). Todo o movimento ocorre no plano horizontal (despreze a ação da gravidade). A velocidade angular do fio é ω_0 quando a distância da partícula ao ponto de contato entre o fio e o cilindro é b. Determine a velocidade angular e a tensão no fio após este ter se enrolado por um ângulo adicional θ.

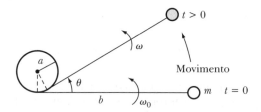

FIGURA 9.F   Problema 9.24.

9.25. Nêutrons em movimento lento têm um taxa de absorção muito maior no ^{235}U do que os nêutrons rápidos produzidos pela fissão do ^{235}U* em um reator nuclear. Por esse motivo, os reatores contêm moderadores para desacelerar os nêutrons por meio de colisões elásticas. Quais elementos são melhores para o uso como moderadores? Explique.

9.26. A força de atração entre duas partículas é fornecida por

$$\mathbf{f}_{12} = k\left[(\mathbf{r}_2 - \mathbf{r}_1) - \frac{r}{v_0}(\dot{\mathbf{r}}_2 - \dot{\mathbf{r}}_1)\right]$$

onde k é uma constante, v_0 é uma velocidade constante e $r \equiv |\mathbf{r}_2 - \mathbf{r}_1|$. Calcule o torque interno do sistema. Por que essa quantidade não se anula? O sistema é conservativo?

9.27. Derive a Equação 9.90.

9.28. Uma partícula de massa m_1 colide elasticamente com uma partícula de massa m_2 em repouso. Qual é a fração máxima da perda de energia cinética para m_1? Descreva a reação.

9.29. Derive a Equação 9.91.

9.30. Um tenista rebate uma bola de tênis de massa 60 g como mostra a Figura 9.G. A velocidade de aproximação da bola é $v_i = 8$ m/s, e a velocidade de retorno após a rebatida com a raquete é $v_f = 16$ m/s.
(a) Qual foi o impulso fornecido à bola de tênis?
(b) Se o tempo da colisão foi 0,01 s, qual foi a força média exercida pela raquete de tênis?

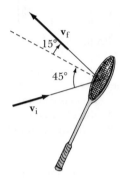

FIGURA 9.G   Problema 9.30.

9.31. Derive a Equação 9.92.

9.32. Uma partícula de massa m e velocidade u_1 colide frontalmente com outra partícula de massa $2m$ em repouso. Se o coeficiente de restituição tem um valor suficiente para produzir máxima perda de energia cinética total, quais são as velocidades v_1 e v_2 após a colisão?

9.33. Demonstre que T_1/T_0 pode ser expresso em termos de $m_2/m_1 \equiv \alpha$ e $\cos \psi \equiv y$ como

$$\frac{T_1}{T_0} = (1 + \alpha)^{-2} \left(2y^2 + \alpha^2 - 1 + 2y \sqrt{\alpha^2 + y^2 - 1}\right)$$

Elabore um gráfico de T_1/T_0 como uma função de ψ para $\alpha = 1, 2, 4$ e 12. Esses gráficos correspondem às energias de prótons e nêutrons após o espalhamento de hidrogênio ($\alpha = 1$), deutério ($\alpha = 2$), hélio ($\alpha = 4$) e carbono ($\alpha = 12$), ou de partículas alfa espalhadas no hélio ($\alpha = 1$), oxigênio ($\alpha = 4$) e assim por diante.

9.34. Uma bola de bilhar com velocidade inicial colide com outra bola de bilhar (mesma massa) inicialmente em repouso. A primeira bola se move a $\psi = 45°$ após a colisão. Para uma colisão elástica, quais são as velocidades de ambas as bolas após a colisão? Com qual ângulo em LAB a segunda bola se move?

9.35. Uma partícula de massa m_1 com velocidade inicial no laboratório de u_1 colide com uma partícula de massa m_1 em repouso no sistema LAB. A partícula m_1 é espalhada em um ângulo de ψ em LAB e apresenta velocidade final de v_1, onde $v_1 = v_1(\psi)$. Determine a superfície para que o tempo de percurso da partícula espalhada do ponto de colisão até a superfície seja independente do ângulo de espalhamento. Considere os casos (a) $m_2 = m_1$, (b) $m_2 = 2m_1$ e (c) $m_2 = \infty$. Sugira uma aplicação desse resultado em termos de um detector de partículas nucleares.

9.36. Em uma colisão elástica entre duas partículas com massas m_1 e m_2 as velocidades iniciais são $\mathbf{u}_1$ e $\mathbf{u}_2 = \alpha \mathbf{u}_1$. Se as energias cinéticas iniciais das duas partículas forem iguais, determine as condições em u_1/u_2 e m_1/m_2 de modo que m_1 permaneça em repouso após a colisão. Examine ambos os casos para o sinal de α.

9.37. Quando uma bala é disparada de uma arma, a explosão declina rapidamente. Suponha que a força sobre a bala seja $F = (360 - 10^7\, t^2\, \text{s}^{-2})$ N até que a força se torne zero (e permaneça em zero). A massa da bala é 3 g.
(a) Qual é o impulso que atua sobre a bala?
(b) Qual é a velocidade na boca da arma?

9.38. Demonstre que

$$\frac{T_1}{T_0} = \frac{m_1^2}{(m_1 + m_2)^2} \cdot S^2$$

onde

$$S \equiv \cos\psi + \frac{\cos(\theta - \psi)}{\left(\dfrac{m_1}{m_2}\right)}$$

9.39. Uma partícula de massa m colide contra uma parede lisa em um ângulo θ em relação à normal. O coeficiente de restituição é ε. Determine a velocidade e o ângulo de rebote da partícula após deixar a parede.

9.40. Uma partícula de massa m_1 e velocidade u_1 colide frontalmente com uma partícula de massa m_2 em repouso. O coeficiente de restituição é ε. A partícula m_2 está amarrada em um ponto a uma distância a, como mostra a Figura 9.H. Determine a velocidade (magnitude e direção) de m_1 e m_2 após a colisão.

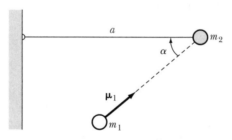

FIGURA 9.H Problema 9.40.

9.41. Uma bola de borracha é deixada cair do repouso em um piso de linóleo a uma distância de h_1. A bola rebate de volta a uma altura h_2. Qual é o coeficiente de restituição? Qual fração da energia cinética original é perdida em termos de ε?

9.42. Uma bola de aço com velocidade de 5 m/s colide contra uma chapa de aço lisa e pesada em um ângulo de 30° em relação à normal. Se o coeficiente de restituição é 0,8, em qual ângulo e velocidade a bola de aço é rebatida da chapa?

9.43. Um próton (massa m) com energia cinética T_0 colide com um núcleo de hélio (massa $4m$) em repouso. Determine o ângulo de rebote do hélio se $\psi = 45°$ e a colisão inelástica tiver $Q = -T_0/6$.

9.44. Uma corda uniformemente densa de comprimento b e densidade de massa μ se encontra enrolada sobre uma mesa lisa. Uma das pontas é levantada com a mão com velocidade constante v_0. Determine a força da corda segura pela mão quando ela estiver a uma distância a acima da mesa $(b > a)$.

342 Dinâmica clássica de partículas e sistemas

9.45. Demonstre que a equivalente da Equação 9.129, expressa em termos de θ em vez de ψ, é

$$\sigma(\theta) = \sigma(\psi) \cdot \frac{1 + x \cos \theta}{(1 + 2x \cos \theta + x^2)^{3/2}}$$

9.46. Calcule a seção transversal diferencial $\sigma(\theta)$ e a seção transversal total σ_t do espalhamento elástico de uma partícula a partir de uma esfera impenetrável; o potencial é expresso por

$$U(r) = \begin{cases} 0, & r > a \\ \infty, & r < a \end{cases}$$

9.47. Demonstre que a seção transversal do espalhamento de Rutherford (para o caso $m_1 = m_2$) pode ser expresso em termos do ângulo de rebote como

$$\sigma_{\text{LAB}}(\zeta) = \frac{k^2}{T_0^2} \cdot \frac{1}{\cos^3 \zeta}$$

9.48. Considere o caso do espalhamento de Rutherford quando $m_1 \gg m_2$. Obtenha uma expressão aproximada da seção transversal diferencial no sistema de coordenadas LAB.

9.49. Considere o caso do espalhamento de Rutherford quando $m_2 \gg m_1$. Obtenha uma expressão da seção transversal diferencial no sistema CM que esteja correta até a primeira ordem na quantidade m_1/m_2. Compare este resultado com a Equação 9.140.

9.50. Um centro de força fixo espalha uma partícula de massa m de acordo com a lei da força $F(r) = k/r^3$. Se a velocidade inicial da partícula é u_0, demonstre que a seção transversal de espalhamento é

$$\sigma(\theta) = \frac{k\pi^2(\pi - \theta)}{mu_0^2\theta^2(2\pi - \theta)^2 \operatorname{sen} \theta}$$

9.51. É demonstrado experimentalmente que, no espalhamento elástico de nêutrons por prótons $(m_n \cong m_p)$ em energias relativamente baixas, a distribuição de energia dos prótons rebatidos no sistema LAB é constante até uma energia máxima, que é a energia dos nêutrons incidentes. Qual é a distribuição angular do espalhamento no sistema CM?

9.52. Demonstre que a distribuição de energia das partículas rebatidas em uma colisão elástica é sempre diretamente proporcional à seção transversal diferencial de espalhamento no sistema CM.

9.53. As partículas α com maior energia disponíveis para Ernest Rutherford e seus colegas no famoso experimento de espalhamento de Rutherford eram da ordem de 7,7 MeV. Para o espalhamento de partículas α de 7,7 MeV do ^{238}U (inicialmente em repouso) em um ângulo de espalhamento no laboratório de 90° (todos os cálculos são efetuados no sistema LAB, exceto se informado de outra forma), determine:
   (a) o ângulo de espalhamento de rebote do ^{238}U.
   (b) os ângulos de espalhamento da partícula α e do ^{238}U no sistema CM.
   (c) as energias cinéticas das partículas α espalhadas e do ^{238}U.
   (d) o parâmetro de impacto b.
   (e) a distância da maior aproximação r_{min}.
   (f) a seção transversal diferencial a 90°.
   (g) a razão entre as probabilidades de espalhamento a 90° e 5°.

9.54. Um foguete parte do repouso no espaço livre por meio da emissão de massa. Em qual fração da massa inicial a quantidade de movimento terá um valor máximo?

9.55. Um foguete extremamente bem construído tem uma razão de massa (m_0/m) de 10. Um novo combustível é desenvolvido com uma velocidade de exaustão de 4.500 m/s. O combustível queima

CAPÍTULO 9 – Dinâmica de um sistema de partículas **343**

a uma taxa constante durante 300 s. Calcule a velocidade máxima desse foguete de um estágio, supondo aceleração da gravidade constante. Se a velocidade de escape de uma partícula da Terra é 11,3 km/s, é possível construir um foguete similar de um estágio e com a mesma razão de massa e velocidade de exaustão para chegar até a Lua?

9.56. Uma gotícula de água caindo na atmosfera é esférica. Suponha que ela atravesse uma nuvem e adquira uma massa a uma taxa igual a kA, onde k é uma constante (> 0) e A é a área de sua seção transversal. Considere uma gotícula de raio inicial v_0 que entra em uma nuvem com velocidade v_0. Suponha que nenhuma força resistiva existe e demonstre **(a)** que o raio aumenta linearmente com o tempo, e **(b)** que, se v_0 for tão pequeno que possa ser desprezado, a velocidade aumentará linearmente com o tempo dentro da nuvem.

9.57. Um foguete no espaço exterior em um campo gravitacional desprezível parte do repouso e acelera de forma uniforme em a até atingir a velocidade final v. A massa inicial do foguete é m_0. Qual é o trabalho a ser realizado pelo motor do foguete?

9.58. Considere um foguete de um estágio lançado da Terra. Demonstre que a altura alcançada pelo foguete ao final da queima é fornecida pela Equação 9.166. Qual será a altura máxima atingida pelo foguete ao final da queima de todo o combustível?

9.59. Um foguete tem massa inicial m e taxa de queima de combustível α (Equação 9.161). Qual é a velocidade de exaustão mínima que permitirá o lançamento do foguete imediatamente após a ignição do motor?

9.60. Um foguete tem massa inicial de 7×10^4 kg e, na ignição, queima combustível a uma taxa de 250 kg/s. A velocidade de exaustão é 2.500 m/s. Se o foguete tiver uma ascensão vertical partindo do repouso na Terra, depois de quanto tempo após a ignição dos motores o foguete se levantará? O que há de errado no projeto desse foguete?

9.61. Considere um foguete de n estágios, cada um com velocidade de exaustão u. Cada estágio do foguete tem a mesma razão de massa ao final da queima $(k = m_i/m_f)$. Demonstre que a velocidade final do n-ésimo estágio é $nu \ln k$.

9.62. Para efetuar um resgate, uma nave de pouso lunar precisa pairar logo acima da superfície da Lua, que tem uma aceleração gravitacional de $g/6$. A velocidade de exaustão é 2.000 m/s, mas o volume de combustível que poderá ser utilizado é de apenas 20 por cento da massa total. Qual é a extensão que pode ser sobrevoada pela nave?

9.63. Um novo lançador de projéteis é desenvolvido em 2023, capaz de lançar um projétil esférico de 10^4 kg com velocidade inicial de 6.000 m/s. Para fins de teste, os objetos são lançados verticalmente.
   (a) Despreze a resistência do ar e suponha que a aceleração da gravidade é constante. Determine a altura que pode ser alcançada pelo objeto lançado acima da superfície da Terra.
   (b) Se o objeto tiver um raio de 20 cm e a resistência do ar for proporcional ao quadrado da velocidade do objeto com $c_w = 0,2$, determine a altura máxima alcançada. Suponha que a densidade do ar é constante.
   (c) Inclua agora o fato de que a aceleração da gravidade decresce à medida que o objeto sobrevoa a Terra. Determine a altura alcançada.
   (d) Acrescente os efeitos do decréscimo da densidade do ar com a altitude no cálculo. Podemos representar de forma aproximada a densidade do ar por $\log_{10}(\rho) = -0,05h + 0,11$, onde ρ é a densidade do ar em kg/m^3 e h é a altitude acima da Terra em km. Determine a altura agora alcançada pelo objeto.

9.64. Um novo foguete de um estágio é desenvolvido em 2023 com uma velocidade de exaustão de 4.000 m/s. A massa total do foguete é 10^5 kg, com 90% de sua massa sendo constituída por combustível. O combustível é queimado rapidamente durante 100 s em taxa constante. Para fins de testes, o foguete é lançado verticalmente a partir do repouso na superfície da Terra. Responda os itens **(a)** a **(d)** do problema anterior.

344 Dinâmica clássica de partículas e sistemas

9.65. Em um modelo de foguete típico (Estes Alpha III), o motor Estes C6 de combustível sólido fornece empuxo total de 8,5 N-s. Suponha que a massa total do foguete no lançamento seja 54 g e que ele tenha um motor com massa 20 g que queima combustível uniformemente durante 1,5 s. O diâmetro do foguete é 24 mm. Suponha taxa de queima constante da massa do propelente (11 g), velocidade de exaustão do foguete de 800 m/s, ascensão vertical e coeficiente de arrasto $c_w = 0,75$. Determine:

(a) A velocidade e altitude ao final da queima do motor,

(b) Altura máxima atingida e tempo no qual ela ocorre,

(c) Aceleração máxima,

(d) Tempo total de voo e

(e) Velocidade no impacto com o solo.

Elabore um gráfico da altura e velocidade *versus* tempo. Para fins de simplificação e pelo fato de a massa de propelente ser apenas 20% da massa total, suponha massa constante durante a queima do foguete.

9.66. No problema anterior, considere a variação da massa do foguete com o tempo e omita o efeito da gravidade. (a) Determine a velocidade do foguete ao final da queima. (b) Qual foi a distância percorrida pelo foguete até aquele momento?

9.67. Faça a derivação para a altura ao final da queima H_{bo} no Exemplo 9.13. Utilize os números do foguete *Saturno V* no Exemplo 9.12 e use as Equações 9.167 e 9.168 para determinar a altura e velocidade no final da queima.

CAPÍTULO 10

Movimento em um sistema de referência não inercial

10.1 Introdução

A vantagem de escolher um sistema de referência não inercial para descrever os processos dinâmicos ficou evidente nas discussões nos Capítulos 2 e 7. Sempre é possível expressar as equações do movimento para um sistema em um sistema de referência não inercial. Porém, existem alguns tipos de problemas para os quais essas equações serão extremamente complexas e será mais fácil tratar o movimento em um sistema de referência não inercial.

Por exemplo, para descrever o movimento de uma partícula na superfície da Terra ou próximo a ela, podemos por à prova esse método, escolhendo um sistema de coordenadas fixo em relação à Terra. Entretanto, sabemos que a Terra executa um movimeno complexo, composto por várias rotações (e, portanto, acelerações) diferentes em relação a um sistema de referência inercial, identificado com as estrelas "fixas". Portanto, o sistema de coordenadas da Terra é um sistema de referência *não inercial* e, embora as soluções de muitos problemas possam ser obtidas com o grau desejado de precisão ignorando-se essa distinção, muitos efeitos importantes resultam da natureza não inercial do sistema de coordenadas da Terra.

Na realidade, já estudamos sistemas não inerciais quando examinamos as marés oceânicas (Seção 5.5). As forças das marés resultantes das órbitas da Terra-Lua e Sol-Terra são observadas na superfície da Terra, que é um sistema não inercial. O espaço aqui disponível não nos permite o estudo desse assunto interessante neste capítulo, porém considerações razoáveis podem ser encontradas em outras fontes.[1]

Ao analisarmos o movimento dos corpos rígidos no próximo capítulo, veremos também a conveniência de utilizar sistemas de referência não inerciais e, portanto, utilizaremos boa parte dos desenvolvimentos apresentados neste capítulo.

10.2 Sistemas de coordenadas em rotação

Vamos considerar dois conjuntos de eixos de coordenadas. Consideremos um deles como o sistema "fixo" ou inercial de eixos e o outro como sendo um conjunto arbitrário que pode estar em movimento em relação ao sistema inercial. Designaremos esses eixos como "fixos" e "em rotação", respectivamente. Utilizamos x_i' como coordenadas no sistema fixo e x_i como coordenadas no sistema em rotação. Se escolhemos algum ponto P, como na Figura 10.1,

---

[1]Veja, por exemplo, Knudsen e Hjorth (Kn00, Capítulo 6) e M. S. Tiersten e H. Soodak, *Am. J. Phys.* **68,** 129 (2000).

345

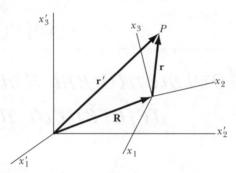

FIGURA 10.1 x'_i são coordenadas no sistema fixo e x_i são coordenadas no sistema em rotação. O vetor **R** localiza a origem do sistema em rotação no sistema fixo.

temos

$$\mathbf{r}' = \mathbf{R} + \mathbf{r} \tag{10.1}$$

onde $\mathbf{r}'$ é o vetor do raio de P no sistema fixo e $\mathbf{r}$ é o vetor do raio de P no sistema em rotação. O vetor **R** localiza a origem do sistema em rotação no sistema fixo.

Podemos sempre representar um deslocamento arbitrário infinitesimal por uma simples rotação em torno de algum eixo denominado **eixo instantâneo de rotação**. Por exemplo, o movimento instantâneo de um disco rolando para baixo sobre um plano inclinado pode ser descrito como uma rotação em torno do ponto de contato entre o disco e o plano. Portanto, se o sistema x_i efetua uma rotação infinitesimal $\delta\boldsymbol{\theta}$, correspondendo a algum deslocamento arbitrário infinitesimal, o movimento de P (o qual, para o momento, consideraremos como estando em repouso no sistema x_i) pode ser descrito em termos da Equação 1.106 como

$$(d\mathbf{r})_{\text{fixo}} = d\boldsymbol{\theta} \times \mathbf{r} \tag{10.2}$$

onde a designação "fixo" está explicitamente incluída para indicar que a quantidade $d\mathbf{r}$ é medida no sistema de coordenadas x'_i, ou *fixo*. Dividindo essa equação por dt, o intervalo de tempo no qual a rotação infinitesimal ocorre, obtemos a taxa temporal de variação de $\mathbf{r}$, medida no sistema de coordenadas fixo:

$$\left(\frac{d\mathbf{r}}{dt}\right)_{\text{fixo}} = \frac{d\boldsymbol{\theta}}{dt} \times \mathbf{r} \tag{10.3}$$

ou, pelo fato de a velocidade angular da rotação ser

$$\boldsymbol{\omega} \equiv \frac{d\boldsymbol{\theta}}{dt} \tag{10.4}$$

Temos

$$\left(\frac{d\mathbf{r}}{dt}\right)_{\text{fixo}} = \boldsymbol{\omega} \times \mathbf{r} \quad (\text{para } P \text{ fixo no sistema } x_i) \tag{10.5}$$

Esse mesmo resultado foi determinado na Seção 1.15.

Se permitirmos que o ponto P tenha uma velocidade $(d\mathbf{r}/dt)_{\text{em rotação}}$ em relação ao sistema x_i, essa velocidade deverá ser adicionada a $\boldsymbol{\omega} \times \mathbf{r}$ para obter a taxa temporal de variação de $\mathbf{r}$ no sistema fixo:

$$\left(\frac{d\mathbf{r}}{dt}\right)_{\text{fixo}} = \left(\frac{d\mathbf{r}}{dt}\right)_{\text{em rotação}} + \boldsymbol{\omega} \times \mathbf{r} \tag{10.6}$$

EXEMPLO 10.1

Considere um vetor $\mathbf{r} = x_1 \mathbf{e}_1 + x_2 \mathbf{e}_2 + x_3 \mathbf{e}_3$ no sistema em rotação. Considere os sistemas fixo e em rotação como tendo a mesma origem. Determine $\dot{\mathbf{r}}'$ no sistema fixo por meio da diferenciação direta caso a velocidade angular do sistema em rotação seja $\boldsymbol{\omega}$ no sistema fixo.

Solução. Começaremos pela utilização direta da derivada temporal

$$\left(\frac{d\mathbf{r}}{dt}\right)_{\text{fixo}} = \frac{d}{dt}\left(\sum_i x_i \mathbf{e}_i\right)$$

$$= \sum_i (\dot{x}_i \mathbf{e}_i + x_i \dot{\mathbf{e}}_i) \tag{10.7}$$

O primeiro termo é simplesmente $\dot{\mathbf{r}}_r$ no sistema em rotação. Porém, o que são $\dot{\mathbf{e}}_i$?

$$\dot{\mathbf{r}}_r = \left(\frac{d\mathbf{r}}{dt}\right)_{\text{em rotação}}$$

$$\left(\frac{d\mathbf{r}}{dt}\right)_{\text{fixo}} = \dot{\mathbf{r}}_r + \sum_i x_i \dot{\mathbf{e}}_i \tag{10.8}$$

Observe a Figura 10.2 e examine quais componentes de ω_i tendem a girar $\mathbf{e}_1$. Vemos que ω_2 tende a girar $\mathbf{e}_2$ na direção de $-\mathbf{e}_3$ e que ω_3 tende a girar $\mathbf{e}_1$ na direção de $+\mathbf{e}_2$. Temos, portanto,

$$\frac{d\mathbf{e}_1}{dt} = \omega_3 \mathbf{e}_2 - \omega_2 \mathbf{e}_3 \tag{10.9a}$$

De forma similar, temos

$$\frac{d\mathbf{e}_2}{dt} = -\omega_3 \mathbf{e}_1 + \omega_1 \mathbf{e}_3 \tag{10.9b}$$

$$\frac{d\mathbf{e}_3}{dt} = \omega_2 \mathbf{e}_1 - \omega_1 \mathbf{e}_2 \tag{10.9c}$$

Em cada caso, a direção da derivada temporal do vetor unitário deverá ser perpendicular ao vetor unitário de modo a não alterar sua magnitude.

As Equações 10.9a-c podem ser expressas como

$$\dot{\mathbf{e}}_i = \boldsymbol{\omega} \times \mathbf{e}_i \tag{10.10}$$

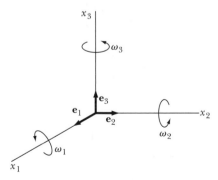

FIGURA 10.2 As componentes da velocidade angular ω_i giram o sistema em torno do eixo $\mathbf{e}_i$, de modo que, por exemplo, ω_3 tende a girar $\mathbf{e}_1$ na direção $+\mathbf{e}_2$.

348 Dinâmica clássica de partículas e sistemas

e a Equação 10.8 se torna

$$\left(\frac{d\mathbf{r}}{dt}\right)_{\text{fixo}} = \dot{\mathbf{r}}_r + \sum_i \boldsymbol{\omega} \times x_i \mathbf{e}_i$$

$$= \dot{\mathbf{r}}_r + \boldsymbol{\omega} \times \mathbf{r} \tag{10.11}$$

que é o mesmo resultado obtido na Equação 10.6.

Apesar de escolhermos o vetor de deslocamento $\mathbf{r}$ para a derivação da Equação 10.6, a validade dessa expressão não se limita ao vetor $\mathbf{r}$. Na realidade, para um vetor arbitrário $\mathbf{Q}$, temos

$$\boxed{\left(\frac{d\mathbf{Q}}{dt}\right)_{\text{fixo}} = \left(\frac{d\mathbf{Q}}{dt}\right)_{\text{em rotação}} + \boldsymbol{\omega} \times \mathbf{Q}} \tag{10.12}$$

A Equação 10.12 é um resultado importante.

Observamos, por exemplo, que a aceleração angular $\dot{\boldsymbol{\omega}}$ é a mesma nos sistemas fixo e em rotação:

$$\left(\frac{d\boldsymbol{\omega}}{dt}\right)_{\text{fixo}} = \left(\frac{d\boldsymbol{\omega}}{dt}\right)_{\text{em rotação}} + \boldsymbol{\omega} \times \boldsymbol{\omega} \equiv \dot{\boldsymbol{\omega}} \tag{10.13}$$

pois $\boldsymbol{\omega} \times \boldsymbol{\omega}$ se anula e $\dot{\boldsymbol{\omega}}$ designa o valor comum nos dois sistemas.

A Equação 10.12 pode agora ser utilizada para obter as expressões da velocidade do ponto P, medida no sistema de coordenadas fixo. A partir da Equação 10.1, temos

$$\left(\frac{d\mathbf{r}'}{dt}\right)_{\text{fixo}} = \left(\frac{d\mathbf{R}}{dt}\right)_{\text{fixo}} + \left(\frac{d\mathbf{r}}{dt}\right)_{\text{fixo}} \tag{10.14}$$

de modo que

$$\left(\frac{d\mathbf{r}'}{dt}\right)_{\text{fixo}} = \left(\frac{d\mathbf{R}}{dt}\right)_{\text{fixo}} + \left(\frac{d\mathbf{r}}{dt}\right)_{\text{em rotação}} + \boldsymbol{\omega} \times \mathbf{r} \tag{10.15}$$

Se definimos

$$\mathbf{v}_f \equiv \dot{\mathbf{r}}_f \equiv \left(\frac{d\mathbf{r}'}{dt}\right)_{\text{fixo}} \tag{10.16a}$$

$$\mathbf{V} \equiv \dot{\mathbf{R}}_f \equiv \left(\frac{d\mathbf{R}}{dt}\right)_{\text{fixo}} \tag{10.16b}$$

$$\mathbf{v}_r \equiv \dot{\mathbf{r}}_r \equiv \left(\frac{d\mathbf{r}}{dt}\right)_{\text{em rotação}} \tag{10.16c}$$

podemos escrever

$$\boxed{\mathbf{v}_f = \mathbf{V} + \mathbf{v}_r + \boldsymbol{\omega} \times \mathbf{r}} \tag{10.17}$$

onde

$$\mathbf{v}_f = \text{Velocidade relativa aos eixos fixos}$$

CAPÍTULO 10 – Movimento em um sistema de referência não inercial **349**

$\mathbf{V}$ = Velocidade linear da origem em movimento

$\mathbf{v}_r$ = Velocidade relativa aos eixos em rotação

$\boldsymbol{\omega}$ = Velocidade angular dos eixos em rotação

$(\boldsymbol{\omega} \times \mathbf{r})$ = Velocidade devida à rotação dos eixos em movimento

10.3 Forças centrífugas e forças de Coriolis

Vimos que a equação de Newton $\mathbf{F} = m\,\mathbf{a}$ é válida somente em um sistema de referência inercial. A expressão da força sobre uma partícula pode, portanto, ser obtida de

$$\mathbf{F} = m\mathbf{a}_f = m\left(\frac{d\mathbf{v}_f}{dt}\right)_{\text{fixo}} \tag{10.18}$$

onde a diferenciação deve ser efetuada em relação ao sistema fixo. Diferenciando a Equação 10.17, temos

$$\left(\frac{d\mathbf{v}_f}{dt}\right)_{\text{fixo}} = \left(\frac{d\mathbf{V}}{dt}\right)_{\text{fixo}} + \left(\frac{d\mathbf{v}_r}{dt}\right)_{\text{fixo}} + \dot{\boldsymbol{\omega}} \times \mathbf{r} + \boldsymbol{\omega} \times \left(\frac{d\mathbf{r}}{dt}\right)_{\text{fixo}} \tag{10.19}$$

Indicamos o primeiro termo por $\ddot{\mathbf{R}}_f$:

$$\ddot{\mathbf{R}}_f \equiv \left(\frac{d\mathbf{V}}{dt}\right)_{\text{fixo}} \tag{10.20}$$

O segundo termo pode ser avaliado substituindo $\mathbf{v}_r$ por $\mathbf{Q}$ na Equação 10.12:

$$\left(\frac{d\mathbf{v}_r}{dt}\right)_{\text{fixo}} = \left(\frac{d\mathbf{v}_r}{dt}\right)_{\text{em rotação}} + \boldsymbol{\omega} \times \mathbf{v}_r$$

$$= \mathbf{a}_r + \boldsymbol{\omega} \times \mathbf{v}_r \tag{10.21}$$

onde $\mathbf{a}_r$ é a aceleração no sistema de coordenadas em rotação. O último termo na Equação 10.19 pode ser obtido diretamente da Equação 10.6:

$$\boldsymbol{\omega} \times \left(\frac{d\mathbf{r}}{dt}\right)_{\text{fixo}} = \boldsymbol{\omega} \times \left(\frac{d\mathbf{r}}{dt}\right)_{\text{em rotação}} + \boldsymbol{\omega} \times (\boldsymbol{\omega} \times \mathbf{r})$$

$$= \boldsymbol{\omega} \times \mathbf{v}_r + \boldsymbol{\omega} \times (\boldsymbol{\omega} \times \mathbf{r}) \tag{10.22}$$

Combinando as Equações 10.18-10.22, obtemos

$$\mathbf{F} = m\mathbf{a}_f = m\ddot{\mathbf{R}}_f + m\mathbf{a}_r + m\dot{\boldsymbol{\omega}} \times \mathbf{r} + m\boldsymbol{\omega} \times (\boldsymbol{\omega} \times \mathbf{r}) + 2m\boldsymbol{\omega} \times \mathbf{v}_r \tag{10.23}$$

Entretanto, para um observador no sistema de coordenadas em rotação, a força efetiva sobre a partícula é fornecida por[2]

$$\mathbf{F}_{\text{eff}} \equiv m\mathbf{a}_r \tag{10.24}$$

$$= \mathbf{F} - m\ddot{\mathbf{R}}_f - m\dot{\boldsymbol{\omega}} \times \mathbf{r} - m\boldsymbol{\omega} \times (\boldsymbol{\omega} \times \mathbf{r}) - 2m\boldsymbol{\omega} \times \mathbf{v}_r \tag{10.25}$$

---

[2] Este resultado foi publicado por G. G. Coriolis em 1835. A teoria da composição das acelerações foi um desenvolvimento natural do estudo das rodas de água por Coriolis.

O primeiro termo, **F**, é a soma das forças atuando sobre a partícula, medidas no sistema fixo inercial. O segundo $(-m\ddot{\mathbf{R}}_f)$ e o terceiro $(-m\dot{\boldsymbol{\omega}} \times \mathbf{r})$ termos resultam da aceleração translacional e da aceleração angular, respectivamente, do sistema de coordenadas móvel em relação ao sistema fixo.

A quantidade $-m\boldsymbol{\omega} \times (\boldsymbol{\omega} \times \mathbf{r})$ é o termo da *força centrífuga* normal e se reduz para $m\omega^2 r$ no caso onde $\boldsymbol{\omega}$ é normal ao vetor do raio. Observe que o sinal de menos implica que a força centrífuga está direcionada *para fora* a partir do centro de rotação (Figura 10.3).

O último termo na Equação 10.25 é uma quantidade totalmente nova que surge do movimento da partícula no sistema de coordenadas em rotação. Esse termo é denominado **força de Coriolis**. Observe que, na realidade, a força de Coriolis surge do *movimento* da partícula, pelo fato de a força ser proporcional a v_r e, dessa forma, se anula no caso de não existir nenhum movimento.

Uma vez que utilizamos (em várias ocasiões) o termo *força centrífuga* e agora apresentamos a força de Coriolis, devemos examinar o significado físico dessas quantidades. É importante perceber que as forças centrífuga e de Coriolis não constituem forças no sentido normal da palavra. Elas foram introduzidas de forma artificial, como resultado de nosso requisito arbitrário de que somos capazes de escrever uma equação que lembre a equação de Newton e que seja ao mesmo tempo válida em um sistema de referência não inercial, ou seja, a equação

$$\mathbf{F} = m\mathbf{a}_f$$

é válida somente em um sistema de referência inercial. Em um sistema de referência em rotação, se desejamos escrever (considere $\ddot{\mathbf{R}}_f$ e $\dot{\boldsymbol{\omega}}$ como sendo zero para fins de simplificação)

$$\mathbf{F}_{\text{eff}} = m\mathbf{a}_r$$

então podemos expressar essa equação em termos da força real $m\mathbf{a}_f$ como

$$\mathbf{F}_{\text{eff}} = m\mathbf{a}_f + (\text{termos não inerciais})$$

onde os "termos não inerciais" são identificados como "forças" centrífugas e de Coriolis. Desse modo, por exemplo, se um corpo gira sobre um centro de força fixo, a única força real sobre o corpo é a força de atração na direção do centro de força (ocasionando o surgimento da aceleração *centrípeta*). Entretanto, um observador em movimento com o corpo em rotação mede essa força central e também observa que o corpo não cai na direção do centro de força.

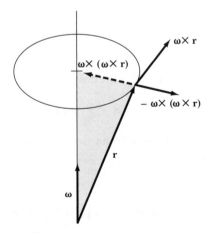

FIGURA 10.3 Diagrama indicando que o vetor $-\boldsymbol{\omega} \times (\boldsymbol{\omega} \times \mathbf{r})$ aponta para fora, afastando-se do eixo de rotação ao longo de $\boldsymbol{\omega}$. O termo $-m\boldsymbol{\omega} \times (\boldsymbol{\omega} \times \mathbf{r})$ é a força centrífuga normal.

CAPÍTULO 10 – Movimento em um sistema de referência não inercial **351**

Para reconciliar esse resultado com o requisito de que a força líquida sobre o corpo se anula, o observador deverá postular uma força adicional – a força centrífuga. Porém, o "requisito" é artificial: ele surge somente de uma tentativa de estender a forma da equação de Newton para um sistema não inercial, e isso pode ser efetuado somente pela introdução de uma "força corretiva" fictícia. Os mesmos comentários se aplicam à força de Coriolis. Essa "força" surge quando se faz uma tentativa de descrever o movimento em relação ao corpo em rotação.

Apesar de sua artificialidade, os conceitos das forças centrífuga e de Coriolis são úteis. A descrição do movimento de uma partícula relativo a um corpo em rotação em um sistema de referência inercial é uma tarefa complexa. Porém, o problema pode ser relativamente facilitado pelo simples recurso de introduzir as "forças não inerciais", permitindo a utilização de uma equação de movimento parecida com a equação de Newton.

EXEMPLO 10.2

Um aluno efetua medições com um disco de hóquei sobre um grande carrossel com uma superfície plana horizontal e lisa (sem atrito). O carrossel tem velocidade angular constante ω e gira no sentido anti-horário quando visto de cima. (a) Determine a força efetiva que atua sobre o disco de hóquei após ele ter recebido um impulso. (b) Elabore o gráfico da trajetória para várias direções e velocidades iniciais do disco quando observado pela pessoa no carrossel que empurra o disco.

Solução. Os três primeiros termos de $\mathbf{F}_{\text{eff}}$ na Equação 10.25 são zero, de modo que a força efetiva observada pela pessoa no carrossel é

$$\mathbf{F}_{\text{eff}} = -m\boldsymbol{\omega} \times (\boldsymbol{\omega} \times \mathbf{r}) - 2m\boldsymbol{\omega} \times \mathbf{v}_r \tag{10.26}$$

Consideramos a força de atrito como sendo zero. Lembre que $\mathbf{v}_r$ é a velocidade medida pelo observador na superfície em rotação. A aceleração efetiva é

$$\mathbf{a}_{\text{eff}} = \frac{\mathbf{F}_{\text{eff}}}{m} = -\boldsymbol{\omega} \times (\boldsymbol{\omega} \times \mathbf{r}) - 2\boldsymbol{\omega} \times \mathbf{v}_r \tag{10.27}$$

A velocidade e a posição são obtidas pela integração, em ordem sucessiva, da aceleração.

$$\mathbf{v}_{\text{eff}} = \int \mathbf{a}_{\text{eff}}\, dt \tag{10.28a}$$

$$\mathbf{r}_{\text{eff}} = \int \mathbf{v}_{\text{eff}}\, dt \tag{10.28b}$$

Colocamos a origem de nosso sistema de coordenadas no centro do carrossel. Precisaremos das posições e velocidades iniciais do disco para elaborar o gráfico do movimento. Nesse exemplo, consideramos o raio do carrossel como sendo R e as velocidades em unidades de ωR. A posição inicial do disco estará sempre em uma posição (x, y) de $(-0,5R, 0)$.

Efetuamos um cálculo numérico para determinar o movimento e demonstrar os resultados para várias direções e valores da velocidade inicial na Figura 10.4. Para fins de cálculo, consideremos $\omega = 1$ rad/s e $R = 1$ m, de modo que as unidades de v_0 (velocidade inicial) e T (tempo para que o disco deslize para fora da superfície) mostrados na Figura 10.4 estejam em m/s e s, respectivamente. Para as partes (a)−(d), a velocidade inicial se encontra na direção $+y$ e diminui em cada vista sucessiva. Em (a), o disco desliza rapidamente para fora. Em (b) e (d), o disco desliza para fora em posições similares; porém, observe as diferenças nas velocidades iniciais, bem como o tempo que o disco leva para alcançar a borda. Para uma velocidade intermediária entre essas duas, como visto em (c), o disco poderá percorrer várias trajetórias em torno do carrossel; em alguma velocidade, o disco deverá permanecer sobre ele. As duas últimas vistas mostram a velocidade inicial em um ângulo de 45° em relação ao eixo x. Em (e), o disco dá uma volta em sua trajetória ao longo do caminho para sair do carrossel e, em (f), ele muda de direção repentinamente.

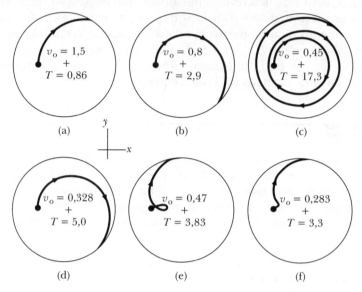

FIGURA 10.4 O movimento do disco de hóquei do Exemplo 10.2 como observado no sistema em rotação para várias direções e velocidades iniciais v_0 nos tempos T observados. A velocidade angular ω (1 rad/s) é para fora da página.

O desafio real é realizar esses experimentos para comparar as trajetórias reais nos sistemas de coordenadas fixo e em rotação com cálculos efetuados em computador. Em cada um dos casos acima, o disco se moverá em linha reta no sistema fixo, pois não existe nenhum atrito ou força externa no plano.

10.4 Movimento em relação à Terra

O movimento da Terra em relação a um sistema de referência inercial é dominado pela rotação da Terra em torno de seu eixo. Os efeitos de outros movimentos (por exemplo, a revolução em torno do Sol e o movimento do sistema solar em relação à galáxia local) são comparativamente pequenos. Se colocarmos o sistema inercial fixo $x'y'z'$ no centro da Terra e o sistema de referência móvel xyz sobre a superfície da Terra, poderemos descrever o movimento de um objeto próximo à superfície da Terra como mostra a Figura 10.5. A seguir, aplicamos a Equação 10.25 para o movimento dinâmico. Indicamos as forças medidas no sistema fixo inercial como $\mathbf{F} = \mathbf{S} + m\mathbf{g}_0$, onde $\mathbf{S}$ representa a soma das forças externas (por exemplo, de impulso, eletromagnéticas, de atrito) além da gravitação e $m\mathbf{g}_0$ representa a atração gravitacional à Terra. Nesse caso, $\mathbf{g}_0$ representa o vetor do campo gravitacional da Terra (Equação 5.3),

$$\mathbf{g}_0 = -G\frac{M_E}{R^2}\mathbf{e}_R \tag{10.29}$$

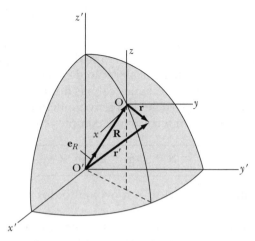

FIGURA 10.5 Para estudar o movimento de um objeto próximo à superfície da Terra, colocamos um sistema de referência inercial fixo $x'y'z'$ no centro da Terra e o sistema de referência móvel xyz na superfície da Terra.

onde M_E é a massa da Terra, R é seu raio e o vetor unitário $\mathbf{e}_R$ se estende ao longo da direção de $\mathbf{R}$ na Figura 10.5. Supomos que a Terra é esférica e isotrópica e que $\mathbf{R}$ se origina no centro da Terra. A aceleração da gravidade varia sobre a superfície da Terra em decorrência de sua forma oblonga (achatada nos polos), densidade não uniforme e altitude. Nesse momento, optamos por não acrescentar essa complexidade ao movimento em relação à Terra, porém indicamos anteriormente o fato de que efeitos desse tipo podem ser considerados no devido curso, efetuando-se cálculos computacionais.

A força efetiva $\mathbf{F}_{\text{eff}}$ medida no sistema em movimento colocado na superfície da Terra se torna, com base na Equação 10.25,

$$\mathbf{F}_{\text{eff}} = \mathbf{S} + m\mathbf{g}_0 - m\ddot{\mathbf{R}}_f - m\dot{\boldsymbol{\omega}} \times \mathbf{r} - m\boldsymbol{\omega} \times (\boldsymbol{\omega} \times \mathbf{r}) - 2m\boldsymbol{\omega} \times \mathbf{v}_r \quad (10.30)$$

Consideramos a velocidade angular da Terra $\boldsymbol{\omega}$ ao longo da direção z' do sistema inercial ($\mathbf{e}'_z$). O valor de ω é $7{,}3 \times 10^{-5}$ rad/s, configurando uma rotação relativamente lenta; porém, ela é 365 vezes maior do que a frequência de rotação da Terra em torno do Sol. O valor de $\mathbf{v}$ é praticamente constante no tempo e o termo $\dot{\boldsymbol{\omega}} \times \mathbf{r}$ será desprezado.

De acordo com a Equação 10.12, temos, para o terceiro termo acima,

$$\ddot{\mathbf{R}}_f = \boldsymbol{\omega} \times \dot{\mathbf{R}}_f$$

$$\ddot{\mathbf{R}}_f = \boldsymbol{\omega} \times (\boldsymbol{\omega} \times \mathbf{R}) \quad (10.31)$$

A Equação 10.30 agora se torna

$$\mathbf{F}_{\text{eff}} = \mathbf{S} + m\mathbf{g}_0 - m\boldsymbol{\omega} \times [\boldsymbol{\omega} \times (\mathbf{r} + \mathbf{R})] - 2m\boldsymbol{\omega} \times \mathbf{v}_r \quad (10.32)$$

O segundo e o terceiro termos (divididos por m) são aqueles que experimentamos (e medimos) sobre a superfície da Terra como a aceleração efetiva $\mathbf{g}$ e, desse modo, indicaremos esses termos como $\mathbf{g}$. Seu valor é

$$\mathbf{g} = \mathbf{g}_0 - \boldsymbol{\omega} \times [\boldsymbol{\omega} \times (\mathbf{r} + \mathbf{R})] \quad (10.33)$$

O segundo termo da Equação 10.33 é a força centrífuga. Pelo fato de estarmos limitando nossa consideração atual ao movimento próximo à superfície da Terra, temos $r \ll R$ e o termo $\boldsymbol{\omega} \times (\boldsymbol{\omega} \times \mathbf{R})$ domina totalmente a força centrífuga. Para situações muito distantes da superfície da Terra, teremos de considerar a variação de g com a altitude, bem como o termo $\boldsymbol{\omega} \times (\boldsymbol{\omega} \times \mathbf{r})$. A força centrífuga é responsável pela forma oblonga da Terra. A Terra não é, na verdade, um esferoide sólido: ela se parece muito mais com um líquido viscoso com uma crosta sólida. Por causa de sua rotação, a Terra se deformou a ponto de o raio equatorial ser 21,4 km maior do que o raio polar, e a aceleração da gravidade é 0,052 m/s^2 maior nos polos do que no equador. A superfície das águas calmas dos oceanos é perpendicular a $\mathbf{g}$, em vez de $\mathbf{g}_0$ e, na média, o plano da superfície da Terra também é perpendicular a $\mathbf{g}$.

Reescrevemos a Equação 10.32 em termos mais simples como

$$\mathbf{F}_{\text{eff}} = \mathbf{S} + m\mathbf{g} - 2m\boldsymbol{\omega} \times \mathbf{v}_r \tag{10.34}$$

É essa equação que usaremos para discutir o movimento dos objetos próximos à superfície da Terra.

No entanto, em primeiro lugar, vamos retornar à aceleração efetiva $\mathbf{g}$ da Equação 10.33. O período de um pêndulo determina a magnitude de $\mathbf{g}$ e a direção de um fio de prumo em equilíbrio determina a direção de $\mathbf{g}$. O valor de $\omega^2 R$ é 0,034 m/s^2, que é um valor significativo o suficiente (0,35%) da magnitude de $\mathbf{g}$ a ser considerada. Determinamos a direção do termo centrífugo $-\boldsymbol{\omega} \times (\boldsymbol{\omega} \times \mathbf{R})$ na Figura 10.3 (onde $\mathbf{r}$ é nosso $\mathbf{r}'$ da Figura 10.5). A direção do termo centrífugo $-\boldsymbol{\omega} \times [\boldsymbol{\omega} \times (\mathbf{r} + \mathbf{R})]$ é para fora do eixo de rotação da Terra. A direção do fio de prumo incluirá o termo centrífugo. Por isso, a direção de $\mathbf{g}$ em um determinado ponto é, em geral, ligeiramente diferente da direção vertical verdadeira (definida como a direção da linha que conecta o ponto ao centro da Terra; veja o Problema 10.12). A situação é representada esquematicamente (com um considerável exagero) na Figura 10.6.

Efeitos da força de Coriolis

O vetor de velocidade angular $\boldsymbol{\omega}$, que representa a rotação da Terra em torno de seu eixo, é direcionado no sentido norte. Portanto, no Hemisfério Norte, $\boldsymbol{\omega}$ tem uma componente ω_z direcionada *para fora* ao longo da vertical local. Se uma partícula está projetada em um plano horizontal (no sistema local de coordenadas na superfície da Terra) com velocidade $\mathbf{v}_r$, a força de Coriolis $-2m\boldsymbol{\omega} \times \mathbf{v}_r$ tem uma componente no plano de magnitude $2m\omega_z v_r$ direcionada à *direita* do movimento da partícula (veja a Figura 10.7), resultando em uma deflexão a partir da direção original de movimento.[3]

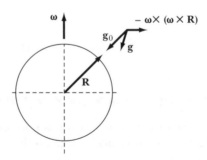

FIGURA 10.6 Próximo à superfície da Terra, os termos $\mathbf{g}_0$ (vetor do campo gravitacional da Terra) e $-\boldsymbol{\omega} \times (\boldsymbol{\omega} \times \mathbf{R})$ (termo centrífugo principal) compõem $\mathbf{g}$ efetivo (outros termos menores foram desprezados). O efeito do termo centrífugo sobre $\mathbf{g}$ está exagerado aqui.

---

[3]Poisson discutiu o desvio no movimento de projéteis em 1837.

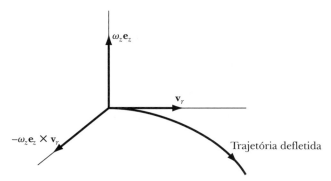

FIGURA 10.7 No Hemisfério Norte, uma partícula projetada em um plano horizontal será direcionada para a direita do movimento da partícula. No Hemisfério Sul, a direção será para a esquerda.

Pelo fato de a magnitude da componente horizontal da força de Coriolis ser proporcional à componente vertical de **ω**, a porção da força de Coriolis que produz deflexões depende da latitude, com valor máximo no Polo Norte e zero no equador. No Hemisfério Sul, a componente ω_z está direcionada *para dentro* ao longo da vertical local e, portanto, todas as deflexões se encontram no sentido oposto daquelas no Hemisfério Norte.[4]

Talvez o efeito mais perceptível da força de Coriolis é aquele das massas de ar. À medida que o ar flui das regiões de alta pressão para baixa pressão, a força de Coriolis deflete o ar para a direita no Hemisfério Norte, produzindo movimento ciclônico (Figura 10.8). O ar entra em rotação com alta pressão à direita e baixa pressão à esquerda. A alta pressão evita que a força de Coriolis provoque a deflexão das massas de ar mais para a direita, resultando em um fluxo de ar no sentido anti-horário. Nas regiões temperadas, o fluxo de ar não tende a ficar ao longo dos gradientes de pressão, mas ao longo das linhas isobáricas de pressão por causa da força de Coriolis e da força centrífuga associada à rotação.

Próximo às regiões equatoriais, o aquecimento da superfície da Terra pela radiação solar faz com que o ar quente superficial se eleve. No Hemisfério Norte, isso resulta em um ar mais frio se movimentando para o sul em direção ao equador. A força de Coriolis deflete esse ar em movimento para a direita, resultando nos *ventos alísios*, que produzem uma brisa na direção sudoeste no Hemisfério Norte e na direção noroeste no Hemisfério Sul. Observe que esse efeito particular não ocorre no *equador* por causa das direções de **ω** e de **v** superficial do ar.

O movimento real das massas de ar é muito mais complexo do que o simples quadro aqui descrito; porém, as características qualitativas do movimento ciclônico e os ventos alísios são fornecidos corretamente pela consideração dos efeitos da força de Coriolis. O movimento da água nos redemoinhos é (no mínimo em princípio) uma situação semelhante, mas, na realidade, outros fatores (várias perturbações e quantidade de movimento angular residual) dominam a força de Coriolis, e os redemoinhos são encontrados em ambas as direções de fluxo. Mesmo em condições de laboratório, é extremamente difícil isolar o efeito de Coriolis. (Relatos de circulação de água no sentido oposto em vasos sanitários e banheiras a bordo de navios de cruzeiro que cruzam o equador provavelmente são extremamente exagerados.)

---

[4] Durante o combate naval próximo às Ilhas Falkland no início da Primeira Guerra Mundial, os artilheiros ingleses ficaram surpresos ao constatar que as suas salvas de artilharia caíam a 100 jardas (aproximadamente 91,5 m) à esquerda dos navios alemães. Os projetistas do mecanismos de mira conheciam muito bem a deflexão de Coriolis e levaram esse efeito cuidadosamente em conta, mas aparentemente ficaram com a impressão de que todas as batalhas navais ocorreram próximo à latitude 50°N e nunca próximo à latitude 50°S. Portanto, os disparos ingleses caíam a uma distância dos alvos equivalente a **duas vezes** a deflexão de Coriolis.

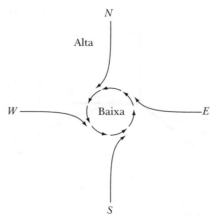

FIGURA 10.8 A força de Coriolis deflete o ar no Hemisfério Norte para a direita, produzindo movimento ciclônico.

EXEMPLO 10.3

Determine a deflexão horizontal da linha de prumo provocada pela força de Coriolis atuando sobre uma partícula em queda livre no campo gravitacional da Terra de uma altura h acima da superfície terrestre.

Solução. Utilizamos a Equação 10.34 com as forças aplicadas $\mathbf{S} = 0$. Se definimos $\mathbf{F}_{eff} = m\mathbf{a}_r$, é possível resolver para a aceleração da partícula no sistema de coordenadas em rotação fixo na Terra.

$$\mathbf{a}_r = \mathbf{g} - 2\boldsymbol{\omega} \times \mathbf{v}_r$$

A aceleração por causa da gravidade $\mathbf{g}$ é a efetiva e se encontra ao longo da linha de prumo. Escolhemos um eixo z direcionado verticalmente para fora (ao longo de $-\mathbf{g}$) da superfície da Terra. Com essa definição de $\mathbf{e}_z$, completamos a construção de um sistema de coordenadas à direita, especificando que $\mathbf{e}_x$ esteja em uma direção sul e $\mathbf{e}_y$ em uma direção leste, como mostra a Figura 10.9. Fazemos a aproximação de que a distância da queda é suficientemente pequena de modo que g permanece constante durante o processo.

Como escolhemos a origem O do sistema de coordenadas em rotação no Hemisfério Norte, temos

$$\omega_x = -\omega \cos \lambda$$
$$\omega_y = 0$$
$$\omega_z = \omega \operatorname{sen} \lambda$$

Apesar de a força de Coriolis produzir componentes pequenas de velocidade nas direções $\mathbf{e}_x$ e $\mathbf{e}_y$, podemos certamente desprezar $\dot{x}$ e $\dot{y}$ quando comparadas a $\dot{z}$, a velocidade vertical. Então, aproximadamente,

$$\dot{x} \cong 0$$
$$\dot{y} \cong 0$$
$$\dot{z} \cong -gt$$

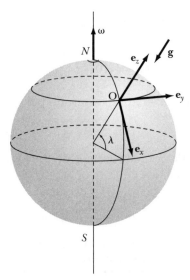

FIGURA 10.9 Sistema de coordenadas na superfície da Terra para localização da deflexão horizontal de uma partícula em queda em relação à linha de prumo, provocada pela força de Coriolis. O vetor e_x está na direção sul e e_y está na direção leste.

onde obtemos $\dot{z}$ considerando uma queda a partir do repouso. Desse modo, temos

$$\boldsymbol{\omega} \times \mathbf{v}_r \cong \begin{vmatrix} \mathbf{e}_x & \mathbf{e}_y & \mathbf{e}_z \\ -\omega \cos \lambda & 0 & \omega \operatorname{sen} \lambda \\ 0 & 0 & -gt \end{vmatrix}$$

$$\cong -(\omega g t \cos \lambda)\mathbf{e}_y$$

As componentes de **g** são

$$g_x = 0$$
$$g_y = 0$$
$$g_z = -g$$

de modo que as equações das componentes de $\mathbf{a}_r$ (desprezando os termos[5] em ω^2; veja o Problema 10.13) se tornam

$$(\mathbf{a}_r)_x = \ddot{x} \cong 0$$

$$(\mathbf{a}_r)_y = \ddot{y} \cong 2\omega g t \cos \lambda$$

$$(\mathbf{a}_r)_z = \ddot{z} \cong -g$$

Portanto, o efeito da força de Coriolis é produzir uma aceleração na direção $\mathbf{e}_y$ ou leste. Integrando $\ddot{y}$ duas vezes, temos

$$y(t) \cong \frac{1}{3}\omega g t^3 \cos \lambda$$

---

[5] Conforme M. S. Tiersten e H. Soodak, *Am. J. Phys.* **68**, 129 (2000), a deflexão para o sul é milhões de vezes menor do que a deflexão para o leste para uma queda de aproximadamente 100 m, e não existe nenhuma evidência confiável de que a deflexão para o sul tenha sido medida corretamente, apesar das muitas tentativas.

358 Dinâmica clássica de partículas e sistemas

onde $y = 0$ e $\dot{y} = 0$ em $t = 0$. A integração de $\dot{z}$ produz o resultado familiar para a distância da queda,

$$z(t) \cong z(0) - \frac{1}{2}gt^2$$

e o tempo de queda de uma altura $h = z(0)$ é fornecido por

$$t \cong \sqrt{2h/g}$$

Desse modo, o resultado da deflexão para leste d de uma partícula que cai do repouso em uma altura h e em uma latitude norte λ é[6]

$$d \cong \frac{1}{3}\,\omega\cos\lambda\sqrt{\frac{8h^3}{g}} \tag{10.35}$$

Um objeto que cai de uma altura de 100 m na latitude 45° é defletido em aproximadamente 1,55 cm (desprezando os efeitos da resistência do ar).

EXEMPLO 10.4

Para demonstrar a força do método de Coriolis na obtenção de equações de movimento em um sistema de referência não inercial, trabalhe novamente com o último exemplo, porém, utilize somente o formalismo previamente desenvolvido – a teoria do movimento de força central.

Solução. Se liberarmos uma partícula de massa pequena de uma torre com altura h acima da superfície da Terra, a trajetória da partícula descreverá uma seção cônica – uma elipse com $\varepsilon \cong 1$ e com um foco muito próximo ao centro da Terra. Se R é o raio da Terra e λ a latitude (norte), então, no momento da liberação, a partícula tem uma velocidade horizontal na direção leste:

$$v_{\text{hor}} = r\omega\cos\lambda = (R + h)\omega\cos\lambda$$

e a quantidade de movimento angular em torno do eixo polar é

$$l = mrv_{\text{hor}} = m(R + h)^2\omega\cos\lambda \tag{10.36}$$

A equação da trajetória é[7]

$$\frac{\alpha}{r} = 1 - \varepsilon\cos\theta \tag{10.37}$$

Se medimos **u** a partir da posição inicial da partícula (veja a Figura 10.10). Em $t = 0$, temos

$$\frac{\alpha}{R + h} = 1 - \varepsilon$$

---

[6]A deflexão para o leste foi prevista por Newton (1679), e vários experimentos (especialmente aqueles de Robert Hooke) pareceram confirmar os resultados. As medições mais cuidadosas foram provavelmente as de F. Reich (1831; publicadas em 1833), que deixou cair bolas em um poço de mina com 188 m de profundidade e observou uma deflexão de 28 mm. Esse valor é menos do que o calculado com a Equação 10.35, com a redução decorrente dos efeitos da resistência do ar. Em todos os experimentos, uma pequena componente para o sul da deflexão foi observada – e permaneceu sem ser considerada até a avaliação do teorema de Coriolis (veja os Problemas 10.13 e 10.14).

[7] Observe que existe uma mudança de sinal entre a Equação 10.37 e a Equação 8.41 por causa das origens diferentes de θ nos dois casos.

CAPÍTULO 10 – Movimento em um sistema de referência não inercial

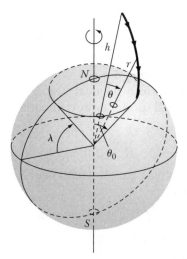

FIGURA 10.10 A geometria um tanto complexa para descrever o movimento de uma partícula em queda em um sistema não inercial, utilizando o movimento de força central.

de modo que a Equação 10.37 pode ser escrita como

$$r = \frac{(1 - \varepsilon)(R + h)}{1 - \varepsilon \cos \theta} \tag{10.38}$$

Da Equação 8.12 para a velocidade real, podemos escrever

$$\frac{1}{2} r^2 \frac{d\theta}{dt} = \frac{l}{2m}$$

Desse modo, o tempo t necessário para descrever um ângulo θ é

$$t = \frac{m}{l} \int_0^\theta r^2 d\theta$$

Substituindo nessa expressão o valor de l da Equação 10.36 e r da Equação 10.38, encontramos

$$t = \frac{1}{\omega \cos \lambda} \int_0^\theta \left(\frac{1 - \varepsilon}{1 - \varepsilon \cos \theta} \right)^2 d\theta \tag{10.39}$$

Se consideramos $\theta = \theta_0$ quando a partícula alcançou a superfície da Terra ($r = R$), então a Equação 10.38 se torna

$$\frac{R}{R + h} = \frac{1 - \varepsilon}{1 - \varepsilon \cos \theta_0}$$

ou, invertendo,

$$1 + \frac{h}{R} = \frac{1 - \varepsilon \cos \theta_0}{1 - \varepsilon}$$

$$= \frac{1 - \varepsilon[1 - 2 \operatorname{sen}^2 (\theta_0/2)]}{1 - \varepsilon}$$

$$= 1 + \frac{2\varepsilon}{1 - \varepsilon} \operatorname{sen}^2 \frac{\theta_0}{2} \tag{10.40}$$

360 Dinâmica clássica de partículas e sistemas

a partir da qual temos

$$\frac{h}{R} = \frac{2\varepsilon}{1 - \varepsilon} \operatorname{sen}^2 \frac{\theta_0}{2}$$

Como a trajetória descrita pela partícula é quase vertical, o ângulo θ sofrerá pouca alteração entre a posição de liberação e o ponto no qual a partícula alcança a superfície da Terra. Portanto, θ_0 é pequeno e sen $(\theta_0/2)$ pode ser aproximado pelo seu argumento:

$$\frac{h}{R} \cong \frac{\varepsilon \theta_0^2}{2(1 - \varepsilon)} \qquad (10.41)$$

Se expandirmos o integrando na Equação 10.39 pelo mesmo método utilizado para obter a Equação 10.40, encontraremos

$$t = \frac{1}{\omega \cos \lambda} \int_0^\theta \frac{d\theta}{\left\{1 + [2\varepsilon/(1 - \varepsilon)] \operatorname{sen}^2 (\theta/2)\right\}^2}$$

e, pelo fato de θ ser pequeno, temos

$$t \cong \frac{1}{\omega \cos \lambda} \int_0^\theta \frac{d\theta}{[1 + \varepsilon \theta^2/2(1 - \varepsilon)]^2}$$

Substituindo por $\varepsilon/2(1 - \varepsilon)$ da Equação 10.41 e escrevendo $t(\theta = \theta_0) = T$ para o tempo total de queda, obtemos

$$T \cong \frac{1}{\omega \cos \lambda} \int_0^{\theta_0} \frac{d\theta}{[1 + (h\theta^2/R\theta_0^2)]^2}$$

$$\cong \frac{1}{\omega \cos \lambda} \int_0^{\theta_0} \left(1 - \frac{2h}{R\theta_0^2} \theta^2\right) d\theta$$

$$= \frac{1}{\omega \cos \lambda} \left(1 - \frac{2h}{3R}\right) \theta_0$$

Resolvendo para θ_0, encontramos

$$\theta_0 \cong \frac{\omega T \cos \lambda}{1 - 2h/3R} \cong \omega T \cos \lambda \left(1 + \frac{2h}{3R}\right)$$

Durante o tempo de queda T, a Terra gira por um ângulo ωT, de modo que o ponto na Terra diretamente abaixo da posição inicial da partícula se move na direção leste por um valor de $R\omega T \cos \lambda$. Durante o mesmo tempo, a partícula é defletida na direção leste por um valor de $R\theta_0$. Desse modo, o desvio líquido d na direção leste é

$$d = R\theta_0 - R\omega T \cos \lambda$$

$$= \frac{2}{3} h\omega T \cos \lambda$$

e, utilizando $T \cong \sqrt{2h/g}$ como no exemplo anterior, temos, finalmente,

$$d \cong \frac{1}{3} \omega \cos \lambda \sqrt{\frac{8h^3}{g}}$$

que é idêntico ao resultado obtido anteriormente (Equação 10.35).

CAPÍTULO 10 – Movimento em um sistema de referência não inercial   **361**

EXEMPLO 10.5

O efeito da força de Coriolis sobre o movimento de um pêndulo produz uma *precessão*, ou rotação, com o tempo do plano de oscilação. Descreva o movimento desse sistema, denominado *pêndulo de Foucault*.[8]

Solução. Para descrever esse efeito, vamos selecionar um conjunto de eixos de coordenadas com origem no ponto de equilíbrio do pêndulo e com o eixo z ao longo da vertical local. Estamos interessados somente na rotação do plano de oscilação, ou seja, queremos considerar o movimento do prumo do pêndulo no plano x-y (o plano horizontal). Portanto, limitamos o movimento às oscilações de pequena amplitude, com as excursões horizontais pequenas se comparadas ao comprimento do pêndulo. Sob essa condição, $\dot{z}$ é pequeno se comparado a $\dot{x}$ e $\dot{y}$ e pode ser desprezado.

A equação do movimento é

$$\mathbf{a}_r = \mathbf{g} + \frac{\mathbf{T}}{m} - 2\boldsymbol{\omega} \times \mathbf{v}_r \tag{10.42}$$

onde $\mathbf{T}/m$ é a aceleração produzida pela força de tensão $\mathbf{T}$ na suspensão do pêndulo (Figura 10.11). Temos, portanto, aproximadamente,

$$\left. \begin{aligned} T_x &= -T \cdot \frac{x}{l} \\ T_y &= -T \cdot \frac{y}{l} \\ T_z &\cong T \end{aligned} \right\} \tag{10.43}$$

Como antes,

$$g_x = 0$$
$$g_y = 0$$
$$g_z = -g$$

e

$$\omega_x = -\omega \cos \lambda$$
$$\omega_y = 0$$
$$\omega_z = \omega \operatorname{sen} \lambda$$

com

$$(\mathbf{v}_r)_x = \dot{x}$$
$$(\mathbf{v}_r)_y = \dot{y}$$
$$(\mathbf{v}_r)_z = \dot{z} \cong 0$$

---

[8]Concebido em 1851 pelo físico francês Jean-Bernard-Léon Foucault, pronuncia-se Foo-cō (1819-1868).

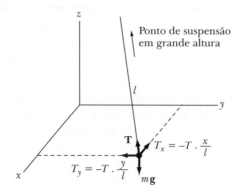

FIGURA 10.11 Geometria do pêndulo de Foucault. O vetor de aceleração **g** está ao longo da direção $-z$ e a tensão **T** está decomposta nas componentes x, y e z.

Portanto,

$$\boldsymbol{\omega} \times \mathbf{v} \cong \begin{vmatrix} \mathbf{e}_x & \mathbf{e}_y & \mathbf{e}_z \\ -\omega \cos \lambda & 0 & \omega \operatorname{sen} \lambda \\ \dot{x} & \dot{y} & 0 \end{vmatrix}$$

de modo que

$$\left.\begin{aligned} (\boldsymbol{\omega} \times \mathbf{v}_r)_x &\cong -\dot{y}\,\omega \operatorname{sen} \lambda \\ (\boldsymbol{\omega} \times \mathbf{v}_r)_y &\cong \dot{x}\,\omega \operatorname{sen} \lambda \\ (\boldsymbol{\omega} \times \mathbf{v}_r)_z &\cong -\dot{y}\,\omega \cos \lambda \end{aligned}\right\} \quad (10.44)$$

Desse modo, as equações de interesse são

$$\left.\begin{aligned} (\mathbf{a}_r)_x = \ddot{x} &\cong -\frac{T}{m}\cdot\frac{x}{l} + 2\dot{y}\omega \operatorname{sen} \lambda \\ (\mathbf{a}_r)_y \cong \ddot{y} &\cong -\frac{T}{m}\cdot\frac{y}{l} - 2\dot{x}\omega \operatorname{sen} \lambda \end{aligned}\right\} \quad (10.45)$$

Para pequenos deslocamentos, $T \cong mg$. Definindo $\alpha^2 \equiv T/ml \cong g/l$ e escrevendo $\omega_z = \operatorname{sen} \lambda$, temos

$$\left.\begin{aligned} \ddot{x} + \alpha^2 x &\cong 2\omega_z \dot{y} \\ \ddot{y} + \alpha^2 y &\cong -2\omega_z \dot{x} \end{aligned}\right\} \quad (10.46)$$

Observamos que a equação para $\ddot{x}$ contém um termo em $\dot{y}$ e que a equação para $\ddot{y}$ contém um termo em $\dot{x}$. Essas equações são denominadas **equações acopladas**. Uma solução para esse par de equações acopladas pode ser encontrada por meio da adição da primeira das equações acima com i vezes a segunda:

$$(\ddot{x} + i\ddot{y}) + \alpha^2(x + iy) \cong -2\omega_z(i\dot{x} - \dot{y}) = -2i\omega_z(\dot{x} + i\dot{y})$$

Se escrevemos

$$q \cong x + iy$$

temos, então,

$$\ddot{q} + 2i\omega_z \dot{q} + \alpha^2 q \cong 0$$

CAPÍTULO 10 – Movimento em um sistema de referência não inercial **363**

Essa equação é idêntica à equação que descreve as oscilações amortecidas (Equação 3.35), exceto que aqui o termo correspondente ao fator de amortecimento é puramente imaginário. A solução (veja a Equação 3.37) é

$$q(t) \cong \exp[-i\omega_z t]\left[A\exp(\sqrt{-\omega_z^2 - \alpha^2}\, t) + B\exp(-\sqrt{-\omega_z^2 - \alpha^2}\, t)\right] \quad \textbf{(10.47)}$$

Se a Terra não estivesse girando, de modo que $\omega_z = 0$, a equação de q se tornaria

$$\ddot{q}' + \alpha^2 q' \cong 0, \qquad \omega_z = 0$$

da qual podemos observar que α corresponde à frequência de oscilação do pêndulo. Essa frequência é claramente muito maior do que a frequência angular de rotação da Terra. Portanto, $\alpha \gg \omega_z$, e a equação de $q(t)$ se torna

$$q(t) \cong e^{-i\omega_z t}(Ae^{i\alpha t} + Be^{-i\alpha t}) \quad \textbf{(10.48)}$$

Poderemos interpretar essa equação mais facilmente se observarmos que a equação de q' tem a solução

$$q'(t) = x'(t) + iy'(t) = Ae^{i\alpha t} + Be^{-i\alpha t}$$

Desse modo,

$$q(t) = q'(t) \cdot e^{-i\omega_z t}$$

ou

$$
\begin{aligned}
x(t) + iy(t) &= [(x'(t) + iy'(t)] \cdot e^{-i\omega_z t} \\
&= (x' + iy')(\cos \omega_z t - i\,\text{sen}\,\omega_z t) \\
&= (x'\cos \omega_z t + y'\,\text{sen}\,\omega_z t) + i(-x'\,\text{sen}\,\omega_z t + y'\cos \omega_z t)
\end{aligned}
$$

Igualando as partes real e imaginária,

$$
\left.
\begin{aligned}
x(t) &= x'\cos \omega_z t + y'\,\text{sen}\,\omega_z t \\
y(t) &= -x'\,\text{sen}\,\omega_z t + y'\cos \omega_z t
\end{aligned}
\right\}
$$

Podemos escrever essas equações em forma matricial como

$$
\begin{pmatrix} x(t) \\ y(t) \end{pmatrix} = \begin{pmatrix} \cos \omega_z t & \text{sen}\,\omega_z t \\ -\,\text{sen}\,\omega_z t & \cos \omega_z t \end{pmatrix} \begin{pmatrix} x'(t) \\ y'(t) \end{pmatrix} \quad \textbf{(10.49)}
$$

de onde (x, y) pode ser obtido de (x', y'), aplicando-se uma matriz de rotação da forma familiar

$$
\boldsymbol{\lambda} = \begin{pmatrix} \cos \theta & \text{sen}\,\theta \\ -\,\text{sen}\,\theta & \cos \theta \end{pmatrix} \quad \textbf{(10.50)}
$$

Assim, o ângulo de rotação é $\theta = \omega_z t$ e o plano de oscilação do pêndulo gira, portanto, com frequência $\omega_z = \omega\,\text{sen}\,\lambda$. A observação dessa rotação fornece uma demonstração clara da rotação da Terra.[9]

---

[9]Vincenzo Viviani (1622-1703), um aluno de Galileu, observou em torno de 1650 que um pêndulo faz uma rotação lenta, mas não há nenhuma evidência de que tenha interpretado corretamente o fenômeno. A invenção de Foucault do giroscópio no ano seguinte à demonstração de seu pêndulo forneceu uma prova visual mais contundente da rotação da Terra.

364 Dinâmica clássica de partículas e sistemas

PROBLEMAS

10.1. Calcule a aceleração centrífuga, por causa da rotação da Terra, de uma partícula na superfície terrestre, no equador. Compare esse resultado com a aceleração gravitacional. Calcule também a aceleração centrífuga em decorrência do movimento da Terra em torno do Sol e justifique o comentário feito no texto de que essa aceleração pode ser desprezada se comparada à aceleração causada pela rotação axial.

10.2. Um piloto de corrida tipo dragster dirige um carro com aceleração a e velocidade instantânea v. Os pneus (de raio r_0) não estão derrapando. Determine qual ponto sobre o pneu tem a maior aceleração em relação à pista. Qual é essa aceleração?

10.3. No Exemplo 10.2, suponha que o coeficiente de atrito estático entre o disco de hóquei e uma superfície áspera horizontal (no carrossel) seja μ_s. A qual distância do centro do carrossel o disco de hóquei pode ser colocado sem deslizar?

10.4. No Exemplo 10.2, para qual velocidade e direção iniciais no sistema em rotação o disco de hóquei parecerá estar subsequentemente sem movimento no sistema fixo? Qual será o movimento no sistema em rotação? Considere a posição inicial igual àquela no Exemplo 10.2. Você pode optar por fazer um cálculo numérico.

10.5. Efetue um cálculo numérico utilizando os parâmetros no Exemplo 10.2 e na Figura 10.4e, determinando a velocidade para a qual a trajetória de movimento passa de volta pela posição inicial no sistema em rotação. Em que tempo o disco sai do carrossel?

10.6. Um balde de água é mantido em giro sobre seu eixo de simetria. Determine a forma da água no balde.

10.7. Determine qual é o aumento na intensidade do campo gravitacional g no polo em relação ao equador. Suponha que a Terra é esférica. Se a diferença real medida é $\Delta g = 52$ mm/s^2, explique a diferença. Como é possível calcular essa diferença entre o resultado medido e o seu cálculo?

10.8. Se uma partícula é projetada verticalmente para cima a uma altura de h acima de um ponto na superfície da Terra, em uma latitude λ norte, demonstre que ela toca o solo em um ponto $\frac{4}{3} \omega \cos \lambda \cdot \sqrt{8h^3/g}$ para a direção oeste. (Despreze a resistência do ar e considere somente alturas verticais pequenas.)

10.9. Se um projétil é disparado na direção leste de um ponto na superfície da Terra na latitude λ norte, com velocidade de magnitude V_0 e em um ângulo de inclinação α em relação à horizontal, demonstre que a deflexão lateral quando o projeto atinge a Terra é

$$d = \frac{4 V_0^3}{g^2} \cdot \omega \operatorname{sen}\lambda \cdot \operatorname{sen}^2\alpha \, \cos \alpha$$

onde ω é a frequência de rotação da Terra.

10.10. No problema precedente, se o alcance do projétil é R_0' para o caso de $\omega = 0$, demonstre que mudança no alcance por causa da rotação da Terra é

$$\Delta R' = \sqrt{\frac{2 R_0'^3}{g}} \cdot \omega \, \cos \lambda \left(\cot^{1/2}\alpha - \frac{1}{3} \, \operatorname{tg}^{3/2}\alpha \right)$$

10.11. Obtenha uma expressão do desvio angular de uma partícula projetada do Polo Norte em uma trajetória que fica próxima à Terra. O desvio é significativo para um míssil em um voo de 4.800 km em 10 minutos? Qual é a "distância de erro" se o míssil é direcionado diretamente ao alvo? A distância de erro é maior para um voo de 19.300 km na mesma velocidade?

CAPÍTULO 10 – Movimento em um sistema de referência não inercial **365**

10.12. Demonstre que o pequeno desvio angular ε de uma linha de prumo em relação à vertical verdadeira (isto é, em direção ao centro da Terra) em um ponto na superfície da Terra em uma latitude λ é

$$\varepsilon = \frac{R\omega^2 \operatorname{sen} \lambda \cos \lambda}{g_0 - R\omega^2 \cos^2 \lambda}$$

onde R é o raio da Terra. Qual é o valor (em segundos de arco) do desvio máximo? Observe que todo o denominador na resposta é, na verdade, a componente gravitacional g efetiva e g_0 que indica a componente gravitacional pura.

10.13. Consulte o Exemplo 10.3 relativo à deflexão da linha de prumo de uma partícula em queda no campo gravitacional da Terra. Considere g como sendo definido no nível do solo e utilize o resultado de ordem zero para o tempo de queda, $T = \sqrt{2h/g}$. Efetue um cálculo com aproximação de segundo (isto é, mantenha os termos em ω^2) e calcule a deflexão para o *sul*. Existem três componentes a considerar: **(a)** Força de Coriolis para a segunda ordem (C_1), **(b)** variação da força centrífuga com altura (C_2) e **(c)** variação da força gravitacional com altura (C_3). Demonstre que cada um desses componentes fornece um resultado igual a

$$C_i \frac{h^2}{g} \omega^2 \operatorname{sen} \lambda \cos \lambda$$

com $C_1 = 2/3$, $C_2 = 5/6$ e $C_3 = 5/2$. A deflexão total para o sul é, portanto, $(4h^2\omega^2 \operatorname{sen} \lambda \cos \lambda)/g$.

10.14. Consulte o Exemplo 10.3 e o problema anterior, contudo, deixe a partícula cair na superfície da Terra, em um poço de mina com profundidade h. Demonstre que, nesse caso, não existe nenhuma deflexão para o sul em decorrência da variação da gravidade e que a deflexão total na direção sul é somente

$$\frac{3}{2} \frac{h^2 \omega^2}{g} \operatorname{sen} \lambda \cos \lambda$$

10.15. Considere uma partícula se movendo em um potencial $U(\mathbf{r})$. Reescreva a lagrangiana em termos de um sistema de coordenadas em rotação uniforme em relação a um sistema de referência inercial. Calcule a hamiltoniana e determine se $H = E$. H é uma constante do movimento? Se E não é uma constante de movimento, qual é o motivo? A expressão da hamiltoniana assim obtida é a fórmula padrão $1/2 \ mv^2 + U$ mais um termo adicional. Demonstre que o termo extra é a *energia potencial centrífuga*. Use a lagrangiana obtida para reproduzir as equações de movimento fornecidas na Equação 10.25 (sem o segundo e o terceiro termos).

10.16. Considere o Problema 9-63, porém inclua os efeitos da força de Coriolis sobre o projétil. O projétil é lançado em uma latitude de 45° diretamente para cima. Determine a deflexão horizontal no projétil em sua altura máxima para cada parte do Problema 9.63.

10.17. Aproxime a forma do Lago Superior por um círculo de raio 162 km em uma latitude de 47°. Suponha a água em repouso em relação à Terra e determine a profundidade da depressão no centro em relação às margens por causa da força centrífuga.

10.18. Um navio de combate inglês dispara um projétil na direção sul próximo às Ilhas Falkland durante a Primeira Guerra Mundial em uma latitude 50°S. Se os projéteis são disparados em uma elevação de 37° com velocidade de 800 m/s, qual é o erro em relação aos seus alvos e em qual direção? Ignore a resistência do ar.

10.19. Determine a força de Coriolis sobre um automóvel de massa 1.300 kg sendo conduzido para o norte, próximo a Fairbanks, Alasca (latitude 65°N) a uma velocidade de 100 km/h.

366 Dinâmica clássica de partículas e sistemas

10.20. Calcule o vetor do campo gravitacional efetivo **g** na superfície da Terra, nos polos e no equador. Leve em consideração a diferença no raio equatorial (6.378 km) em relação ao raio polar (6.357 km), bem como a força centrífuga. Qual é o grau de concordância do resultado com a diferença calculada com o resultado $g = 9,780356[1 + 0,0052885 \text{ sen}^2 \lambda - 0,00000059 \text{ sen}^2 (2\lambda)]\text{m/s}^2$, onde λ é a latitude?

10.21. A água sendo desviada durante uma inundação em Helsinki, Finlândia (latitude 60°N), flui ao longo de um canal de desvio de 47 m de largura na direção sul, com velocidade de 3,4 m/s. Em qual lado a água é mais alta (do ponto de vista de sistemas não inerciais) e por quanto?

10.22. As torres de munição eram populares nos séculos 18 e 19 para a queda de chumbo derretido dentro de torres altas para a formação de esferas para balas. O chumbo solidificava durante a queda e, normalmente, caía na água para esfriar. Muitas dessas torres foram construídas no estado de Nova York. Suponha que uma torre de munição foi construída na latitude 42°N e que o chumbo caia por uma distância de 27 m. Em qual direção as balas aterrisavam e a que distância da vertical direta?

CAPÍTULO 11

Dinâmica de corpos rígidos

11.1 Introdução

Definimos um corpo rígido como um conjunto de partículas cujas distâncias relativas são restritas de modo a permanecerem absolutamente fixas. Esse tipo de corpo não existe na natureza, pois as partículas finais (átomos) que compõem cada corpo estão sempre em algum tipo de movimento relativo, como as vibrações. Entretanto, esse movimento é microscópico e, portanto, pode ser ignorado ao descrevermos o movimento macroscópico do corpo. No entanto, pode ocorrer deslocamento macroscópico dentro do corpo (como as deformações elásticas). Para muitos corpos de interesse, podemos seguramente desprezar as mudanças de tamanho e forma provocadas por essas deformações e obter equações de movimento válidas com alto grau de precisão.

Utilizaremos neste capítulo o conceito idealizado de um corpo rígido como um conjunto de partículas discretas ou uma distribuição contínua de matéria intercambiável. A única mudança é a substituição de somatórias sobre as partículas por integrações sobre as distribuições de densidade de massa. As equações de movimento são igualmente válidas sob qualquer ponto de vista.

Temos estudado os corpos rígidos na física introdutória e já vimos exemplos neste livro de aros e cilindros rolando sobre planos inclinados. Também sabemos determinar o centro de massa de vários objetos rígidos (Seção 9.2). Esses problemas podem ser tratados com os conceitos já apresentados, incluindo inércia, velocidade vetorial angular, quantidade de movimento e torque. Podemos utilizar essas técnicas na solução de vários problemas, como alguns exemplos simples de movimento planar na Seção 11.2. Quando permitimos um movimento tridimensional completo, a complexidade matemática aumenta de forma considerável. Obviamente, o exemplo clássico é aquele do gato, que invariavelmente sempre cai em pé em uma queda (sob uma situação experimental cuidadosamente controlada), com os seus pés inicialmente voltados para cima.

Aprendemos como descrever o movimento de um corpo por meio da soma de dois movimentos independentes – uma translação linear de algum ponto do corpo mais uma rotação em torno daquele ponto.[1] Se o ponto é escolhido como sendo o centro de massa do corpo, uma separação do movimento em duas partes permitirá a utilização do desenvolvimento no Capítulo 9, que indica que a quantidade de movimento angular (veja a Equação 9.39) pode ser separada em partes relativas ao movimento *do* centro de massa e ao movimento *em torno* do centro de massa.

---

[1] *O Teorema de Chasles*, que é ainda mais geral do que este enunciado (ele afirma que a linha de translação e o eixo de rotação podem ser definidos para coincidirem), foi provado pelo matemático francês Michel Chasles (1793–1880) em 1830. A prova é fornecida, por exemplo, por E. T. Whittaker (Wh37, p. 4). Neste capítulo, utilizamos a designação *sistema de corpo* em vez do termo sistema em rotação utilizado no capítulo anterior. O termo *sistema fixo* será mantido.

É a rotação geral que aumenta a complexidade. Veremos a utilidade de contar com dois sistemas de coordenadas, um deles inercial (fixo) e o outro como um sistema fixo de coordenadas em relação ao corpo. Seis quantidades deverão ser especificadas para indicar a posição do corpo. Normalmente, utilizamos três coordenadas para descrever a posição do centro de massa (que pode com frequência ser escolhido para coincidir com a origem do sistema de coordenadas do corpo) e três ângulos independentes que fornecem a orientação do sistema de coordenadas do corpo em relação ao sistema fixo (ou inercial). Os três ângulos independentes são normalmente considerados como sendo os **ângulos de Euler**, descritos na Seção 11.8.

Infelizmente, o nível matemático aumenta neste capítulo. Veremos que é prudente introduzir a álgebra tensorial e matricial para discutir o movimento completo de sistemas dinâmicos aparentemente simples, como sistemas giratórios (livres ou em um campo gravitacional), halteres, giroscópios, volantes de motor e rodas de automóvel desbalanceadas. Utilizaremos o halteres por causa de sua simplicidade, como nosso sistema de interesse à medida que introduzimos a matemática necessária.

11.2 Movimento planar simples

Já resolvemos o problema de um disco rolando sobre um plano inclinado (veja os Exemplos 6.5 e 7.9 e a Figura 6.7). Vários problemas no final do Capítulo 7 trabalharam com corpos rígidos simples. Discutimos o centro de massa na Seção 9.2, a quantidade de movimento angular de partículas na Seção 9.4 e a energia do sistema na Seção 9.5. Nesta seção, vamos nos restringir ao movimento de um corpo rígido em um plano e apresentar exemplos como revisão de nossa física introdutória.

EXEMPLO 11.1

Um fio preso no teto está enrolado em torno de um cilindro homogêneo de massa M e raio R (veja a Figura 11.1). No tempo $t = 0$, o cilindro é liberado em queda do repouso e gira à medida que o fio desenrola. Determine a tensão T no fio, as acelerações linear e angular do cilindro e a velocidade vetorial angular em torno do centro do cilindro.

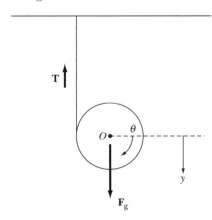

FIGURA 11.1 Exemplo 11.1. Um fio conectado ao teto está enrolado em torno de um cilindro. O cilindro é liberado do repouso.

Solução. O centro de massa se move em decorrência da soma das forças, que estão todas na direção vertical. Consideremos que y aponte para baixo.

$$M\ddot{y} = F_g - T = Mg - T, \tag{11.1}$$

onde a aceleração do centro de massa é $\ddot{y}$, e utilizamos $F_g = Mg$. A rotação em torno do centro de massa do cilindro em O se deve à tensão T.

$$\tau = RT = I\ddot{\theta} \tag{11.2}$$

onde τ é o torque em torno de O e I é a inércia rotacional do cilindro $(MR^2/2)$. Consideremos $y = 0$ e $u = 0$ em $t = 0$ quando o cilindro é liberado. Então, teremos $y = R\theta$, $\dot{y} = V = R\dot{\theta}$ e $\ddot{y} = R\ddot{\theta}$. Podemos combinar essas relações com as Equações 11.1 e 11.2 para determinar a aceleração.

$$\ddot{y} = g - \frac{T}{M} = g - \frac{I\ddot{\theta}}{MR} = g - \frac{MR^2 \ddot{y}}{2MR^2} = g - \frac{\ddot{y}}{2}$$

que fornece $\ddot{y} = 2g/3$ para a aceleração e aceleração angular, $\alpha = \ddot{\theta} = \ddot{y}/R = 2g/3R$.

A tensão T é então determinada pela Equação 11.2 como sendo

$$T = \frac{I\ddot{\theta}}{R} = \frac{MR^2 \ddot{y}}{2R^2} = \frac{M}{2}\frac{2g}{3} = Mg/3 \tag{11.3}$$

A velocidade vetorial angular é $\omega = \dot{\theta} = V/R$. Integramos para obter $\ddot{y}$ e $V = \ddot{y} = 2gt/3$ e $\omega = 2gt/3R$.

EXEMPLO 11.2

Um pêndulo *físico* ou *composto* é um corpo rígido que oscila em decorrência de seu próprio peso em torno de um eixo horizontal que não passa através do centro de massa do corpo (Figura 11.2). Para oscilações pequenas, determine a frequência e o período de oscilação se a massa do corpo é M e o *raio de giro* é k.

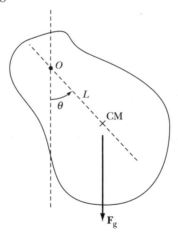

FIGURA 11.2 Exemplo 11.2. Pêndulo físico ou composto. O corpo gira em torno de um eixo que passa por O. O corpo gira por causa da força gravitacional que atua no centro de massa.

Solução. Utilizamos o método lagrangiano para resolver este exemplo, apesar de que poderíamos resolver facilmente para o torque de modo a encontrar a equação de movimento. O eixo de rotação passa através do ponto O do corpo. O raio de giro é definido de modo que a inércia de rotação I em torno do eixo de rotação fornecido (O nesse caso) é fornecido por $I = Mk^2$.

370 Dinâmica clássica de partículas e sistemas

A energia cinética de rotação e a energia potencial são

$$T = \frac{1}{2}I\dot{\theta}^2$$

$$U = -MgL\,\cos\theta = -MgL\left(1 - \frac{\theta^2}{2}\right)$$

onde definimos o zero da energia potencial como sendo o ponto O e utilizamos a aproximação de ângulo pequeno para cos θ. Determinamos a função lagrangiana e calculamos as derivadas para formar a equação de movimento de Lagrange. A coordenada generalizada é claramente θ.

$$L = T - U = \frac{1}{2}I\dot{\theta}^2 + MgL\left(1 - \frac{\theta^2}{2}\right)$$

$$\frac{\partial L}{\partial \theta} = -MgL\theta$$

$$\frac{\partial L}{\partial \dot{\theta}} = I\dot{\theta}$$

$$\frac{d}{dt}\frac{\partial L}{\partial \dot{\theta}} = I\ddot{\theta}$$

A equação de Lagrange de movimento é

$$\ddot{\theta} + \frac{MgL}{I}\theta = 0$$

Vimos essa equação várias vezes e a frequência angular é fornecida por $\omega^2 = MgL/I$. A partir dessa relação, encontramos a frequência ν e o período T,

$$\nu = \frac{\omega}{2\pi} = \frac{1}{2\pi}\sqrt{\frac{MgL}{I}} = \frac{1}{2\pi}\sqrt{\frac{MgL}{Mk^2}} = \frac{1}{2\pi}\sqrt{\frac{gL}{k^2}}$$

$$T = \frac{1}{\nu} = 2\pi\sqrt{\frac{k^2}{gL}}$$

Agora que fizemos uma breve revisão do nosso estudo anterior sobre movimento de corpos rígidos, vamos continuar com os casos mais gerais. Para isso, precisaremos do *tensor de inércia*.

11.3 Tensor de inércia

Vamos agora concentrar nossa atenção sobre um corpo rígido composto por n partículas de massas m_α, $\alpha = 1, 2, 3,..., n$. Se o corpo gira com velocidade vetorial angular instantânea $\boldsymbol{\omega}$ em torno de algum ponto fixo em relação ao sistema de coordenadas do corpo e, se este ponto se move com velocidade vetorial linear instantânea $\mathbf{V}$ em relação ao sistema de coordenadas fixa, a velocidade vetorial instantânea da α-ésima partícula pode ser obtida utilizando-se a Equação 10.17. Porém, estamos considerando agora um corpo rígido, desse modo

$$\mathbf{v}_r = \left(\frac{d\mathbf{r}}{dt}\right)_{\text{rotação}} \equiv 0$$

Portanto,

$$\boxed{\mathbf{v}_\alpha = \mathbf{V} + \boldsymbol{\omega} \times \mathbf{r}_\alpha} \qquad (11.4)$$

onde o subscrito f, indicando o sistema de coordenadas fixo, foi excluído da velocidade $\mathbf{v}_\alpha$, e agora estamos entendendo que todas as velocidades vetoriais são medidas no sistema fixo. Todas as velocidades vetoriais em relação aos sistemas em rotação ou corpos agora se anulam, pois o corpo é *rígido*.

Como a energia cinética da α-ésima partícula é fornecida por

$$T_\alpha = \frac{1}{2} m_\alpha v_\alpha^2$$

temos, para a energia cinética total,

$$T = \frac{1}{2} \sum_\alpha m_\alpha (\mathbf{V} + \boldsymbol{\omega} \times \mathbf{r}_\alpha)^2$$

Expandindo o termo ao quadrado, encontramos

$$T = \frac{1}{2} \sum_\alpha m_\alpha V^2 + \sum_\alpha m_\alpha \mathbf{V} \cdot \boldsymbol{\omega} \times \mathbf{r}_\alpha + \frac{1}{2} \sum_\alpha m_\alpha (\boldsymbol{\omega} \times \mathbf{r}_\alpha)^2 \qquad (11.5)$$

Esta é uma expressão geral da energia cinética, sendo válida para qualquer escolha de origem a partir da qual os vetores $\mathbf{r}_\alpha$ são medidos. Porém, se fizermos a origem do sistema de coordenadas do corpo coincidir com o centro de massa do objeto, obteremos uma simplificação considerável. Em primeiro lugar, observamos que, no segundo termo no lado direito dessa equação, nem $\mathbf{V}$ nem $\boldsymbol{\omega}$ formam uma característica da α-ésima partícula e, portanto, essas quantidades podem ser removidas da somatória:

$$\sum_\alpha m_\alpha \mathbf{V} \cdot \boldsymbol{\omega} \times \mathbf{r}_\alpha = \mathbf{V} \cdot \boldsymbol{\omega} \times \left(\sum_\alpha m_\alpha \mathbf{r}_\alpha \right)$$

Porém, o termo

$$\sum_\alpha m_\alpha \mathbf{r}_\alpha = M\mathbf{R}$$

é o vetor do centro de massa (veja a Equação 9.3), que se anula no sistema do corpo, pois os vetores são medidos a partir do centro de massa. A energia cinética pode ser expressa como

$$T = T_{\text{trans}} + T_{\text{rot}}$$

onde

$$\boxed{\begin{aligned} T_{\text{trans}} &= \frac{1}{2} \sum_\alpha m_\alpha V^2 = \frac{1}{2} M V^2 \\[2mm] T_{\text{rot}} &= \frac{1}{2} \sum_\alpha m_\alpha (\boldsymbol{\omega} \times \mathbf{r}_\alpha)^2 \end{aligned}}$$

$$(11.6a)$$

$$(11.6b)$$

372 Dinâmica clássica de partículas e sistemas

T_{trans} e T_{rot} designam respectivamente as energias cinéticas de translação e rotação. Desse modo, a energia cinética pode ser separada em duas partes independentes. O termo da energia cinética rotacional pode ser avaliado, observando que

$$(\mathbf{A} \times \mathbf{B})^2 = (\mathbf{A} \times \mathbf{B}) \cdot (\mathbf{A} \times \mathbf{B})$$
$$= A^2 B^2 - (\mathbf{A} \cdot \mathbf{B})^2$$

Portanto,

$$T_{\text{rot}} = \frac{1}{2} \sum_{\alpha} m_{\alpha} \left[\omega^2 r_{\alpha}^2 - (\boldsymbol{\omega} \cdot \mathbf{r}_{\alpha})^2 \right] \qquad (11.7)$$

Expressamos T_{rot} agora utilizando as componentes ω_i e $r_{\alpha,i}$ dos vetores $\boldsymbol{\omega}$ e $\mathbf{r}_{\alpha}$. Observamos também que $r_{\alpha} = (x_{\alpha 1}, x_{\alpha 2}, x_{\alpha 3})$ no sistema do corpo, pode ser escrito $r_{\alpha,i} = x_{\alpha,i}$. Desse modo,

$$T_{\text{rot}} = \frac{1}{2} \sum_{\alpha} m_{\alpha} \left[\left(\sum_i \omega_i^2 \right) \left(\sum_k x_{\alpha,k}^2 \right) - \left(\sum_i \omega_i x_{\alpha,i} \right) \left(\sum_j \omega_j x_{\alpha,j} \right) \right] \qquad (11.8)$$

Agora podemos escrever $\omega_i = \sum_j \omega_j \delta_{ij}$, de modo que

$$T_{\text{rot}} = \frac{1}{2} \sum_{\alpha} \sum_{i,j} m_{\alpha} \left[\omega_i \omega_j \delta_{ij} \left(\sum_k x_{\alpha,k}^2 \right) - \omega_i \omega_j x_{\alpha,i} x_{\alpha,j} \right] \qquad (11.9)$$

$$= \frac{1}{2} \sum_{i,j} \omega_i \omega_j \sum_{\alpha} m_{\alpha} \left(\delta_{ij} \sum_k x_{\alpha,k}^2 - x_{\alpha,i} x_{\alpha,j} \right)$$

Se definirmos o ij-ésimo elemento da soma sobre α como sendo I_{ij},

$$\boxed{I_{ij} \equiv \sum_{\alpha} m_{\alpha} \left(\delta_{ij} \sum_k x_{\alpha,k}^2 - x_{\alpha,i} x_{\alpha,j} \right)} \qquad (11.10)$$

temos então

$$\boxed{T_{\text{rot}} = \frac{1}{2} \sum_{i,j} I_{ij} \omega_i \omega_j} \qquad (11.11)$$

Esta equação em sua forma mais restrita se torna

$$T_{\text{rot}} = \frac{1}{2} I \omega^2 \qquad (11.12)$$

onde I é a inércia rotacional (escalar) (momento de inércia) em torno do eixo de rotação. Esta equação será reconhecida como a expressão familiar da energia cinética rotacional fornecida nos tratamentos elementares.

Os nove termos I_{ij} constituem os elementos de uma quantidade que designamos por $\{\mathbf{I}\}$. Na forma, $\{\mathbf{I}\}$ é similar a uma matriz 3 X 3. Ele é o fator de proporcionalidade entre a energia cinética rotacional e a velocidade vetorial angular e tem as dimensões (massa) X (comprimento)^2. Uma vez que $\{\mathbf{I}\}$ está relacionado a duas quantidades físicas muito diferentes, esperamos que ele seja um membro de uma classe um pouco mais alta de funções do que as encontradas até agora. Na realidade, $\{\mathbf{I}\}$ é um tensor, conhecido como **tensor de inércia**.[2]

---

[2] O teste real de um tensor reside em seu comportamento sob uma transformação de coordenadas (veja a Seção 11.7).

Entretanto, observe que T_{rot} pode ser calculado sem levar em conta nenhuma propriedade especial dos tensores, utilizando a Equação 11.9, que especifica totalmente as operações necessárias.

Os elementos de $\{\mathbf{I}\}$ podem ser obtidos diretamente da Equação 11.10. Escrevemos os elementos em um arranjo 3 X 3 para fins de clareza:

$$\{\mathbf{I}\} = \begin{Bmatrix} \sum_\alpha m_\alpha (x_{\alpha,2}^2 + x_{\alpha,3}^2) & -\sum_\alpha m_\alpha x_{\alpha,1} x_{\alpha,2} & -\sum_\alpha m_\alpha x_{\alpha,1} x_{\alpha,3} \\ -\sum_\alpha m_\alpha x_{\alpha,2} x_{\alpha,1} & \sum_\alpha m_\alpha (x_{\alpha,1}^2 + x_{\alpha,3}^2) & -\sum_\alpha m_\alpha x_{\alpha,2} x_{\alpha,3} \\ -\sum_\alpha m_\alpha x_{\alpha,3} x_{\alpha,1} & -\sum_\alpha m_\alpha x_{\alpha,3} x_{\alpha,2} & \sum_\alpha m_\alpha (x_{\alpha,1}^2 + x_{\alpha,2}^2) \end{Bmatrix} \tag{11.13a}$$

A Equação 11.10 é uma forma compacta para expressar as componentes do tensor de inércia, porém a Equação 11.13a é uma equação impositiva. Utilizando as componentes (x_α, y_α, z_α) em vez de ($x_{\alpha,1}$, $x_{\alpha,2}$, $x_{\alpha,3}$) e considerando $r_\alpha^2 = x_\alpha^2 + y_\alpha^2 + z_\alpha^2$, a Equação 11.13a pode ser expressa como

$$\{\mathbf{I}\} = \begin{Bmatrix} \sum_\alpha m_\alpha (r_\alpha^2 - x_\alpha^2) & -\sum_\alpha m_\alpha x_\alpha y_\alpha & -\sum_\alpha m_\alpha x_\alpha z_\alpha \\ -\sum_\alpha m_\alpha y_\alpha x_\alpha & \sum_\alpha m_\alpha (r_\alpha^2 - y_\alpha^2) & -\sum_\alpha m_\alpha y_\alpha z_\alpha \\ -\sum_\alpha m_\alpha z_\alpha x_\alpha & -\sum_\alpha m_\alpha z_\alpha y_\alpha & \sum_\alpha m_\alpha (r_\alpha^2 - z_\alpha^2) \end{Bmatrix} \tag{11.13b}$$

que é menos impositiva e mais reconhecível. Entretanto, continuamos com a notação $x_{a,i}$ por causa de sua utilidade.

Os elementos diagonais I_{11}, I_{22} e I_{33} são chamados de **momento de inércia** em torno dos eixos x_1, x_2, e x_3, respectivamente, e as negativas dos elementos fora da diagonal, e assim por diante, são denominadas **produtos de inércia**.[3] Deve estar claro que o tensor de inércia é simétrico, ou seja,

$$I_{ij} = I_{ji} \tag{11.14}$$

e, portanto, existem somente seis elementos independentes em $\{\mathbf{I}\}$. Além disso, o tensor de inércia é composto por elementos aditivos; o tensor de inércia de um corpo pode ser considerado como a somatória dos tensores para as várias partes do corpo. Portanto, se considerarmos um corpo como uma distribuição contínua de matéria com densidade de massa $\rho = \rho(\mathbf{r})$, então

$$\boxed{I_{ij} = \int_V \rho(\mathbf{r}) \left(\delta_{ij} \sum_k x_k^2 - x_i x_j \right) dv} \tag{11.15}$$

onde $dv = dx_1 dx_2 dx_3$ é o elemento de volume na posição definida pelo vetor r, e onde V é o volume do corpo.

EXEMPLO 11.3

Calcule o tensor de inércia de um cubo homogêneo de densidade ρ, massa M e comprimento do lado b. Considere um vértice na origem e três lados adjacentes repousando ao longo dos eixos de coordenadas (Figura 11.3). (Para esta escolha dos eixos de coordenadas, fica óbvio que a origem não se localiza no centro de massa; retornaremos a esse ponto mais adiante).

---

[3] Apresentado por Huygens em 1673; Euler cunhou o nome.

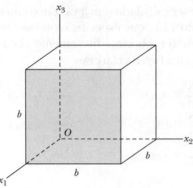

FIGURA 11.3 Exemplo 11.3. Um cubo homogêneo de lados b com a origem em um vértice.

Solução. De acordo com a Equação 11.15, temos

$$I_{11} = \rho \int_0^b dx_3 \int_0^b dx_2 (x_2^2 + x_3^2) \int_0^b dx_1$$

$$= \frac{2}{3}\rho b^5 = \frac{2}{3} Mb^2$$

$$I_{12} = -\rho \int_0^b x_1 dx_1 \int_0^b x_2 dx_2 \int_0^b dx_3$$

$$= -\frac{1}{4}\rho b^5 = -\frac{1}{4} Mb^2$$

Deve ser fácil perceber que todos os elementos da diagonal são iguais e, além disso, todos os elementos fora da diagonal são também iguais. Se definirmos $\beta \equiv Mb^2$, temos

$$\left. \begin{array}{l} I_{11} = I_{22} = I_{33} = \dfrac{2}{3}\beta \\[6pt] I_{12} = I_{13} = I_{23} = -\dfrac{1}{4}\beta \end{array} \right\}$$

O tensor do momento de inércia torna-se então

$$\{\mathbf{I}\} = \begin{Bmatrix} \dfrac{2}{3}\beta & -\dfrac{1}{4}\beta & -\dfrac{1}{4}\beta \\[6pt] -\dfrac{1}{4}\beta & \dfrac{2}{3}\beta & -\dfrac{1}{4}\beta \\[6pt] -\dfrac{1}{4}\beta & -\dfrac{1}{4}\beta & \dfrac{2}{3}\beta \end{Bmatrix}$$

Vamos continuar a investigação do tensor de momento de inércia do cubo nas seções mais adiante.

11.4 Momento angular

Em relação a algum ponto O fixo no sistema de coordenadas do corpo, o momento angular do corpo é

$$\mathbf{L} = \sum_\alpha \mathbf{r}_\alpha \times \mathbf{p}_\alpha \tag{11.16}$$

CAPÍTULO 11 – Dinâmica de corpos rígidos **375**

A opção mais conveniente para a posição do ponto O depende do problema específico. Somente duas opções são importantes: (a) se um ou mais pontos do corpo forem fixos (no sistema de coordenadas fixo), O será escolhido para coincidir com um desses pontos (como no caso do pião em giro, Seção 11.11); (b) se nenhum ponto do corpo estiver fixo, O será escolhido como sendo o centro de massa.

Em relação ao sistema de coordenadas do corpo, a quantidade de movimento linear do corpo $\mathbf{p}_\alpha$ aqui é

$$\mathbf{p}_\alpha = m_\alpha \mathbf{v}_\alpha = m_\alpha \boldsymbol{\omega} \times \mathbf{r}_\alpha$$

Logo, a velocidade angular do corpo é

$$\mathbf{L} = \sum_\alpha m_\alpha \mathbf{r}_\alpha \times (\boldsymbol{\omega} \times \mathbf{r}_\alpha) \tag{11.17}$$

O vetor identidade

$$\mathbf{A} \times (\mathbf{B} \times \mathbf{A}) = A^2 \mathbf{B} - \mathbf{A}(\mathbf{A} \cdot \mathbf{B})$$

pode ser utilizado para expressar $\mathbf{L}$:

$$\boxed{\mathbf{L} = \sum_\alpha m_\alpha \left[r_\alpha^2 \boldsymbol{\omega} - \mathbf{r}_\alpha (\mathbf{r}_\alpha \cdot \boldsymbol{\omega}) \right]} \tag{11.18}$$

A mesma técnica que utilizamos para expressar T_{rot} na forma de tensor pode ser aplicada aqui. Porém, a quantidade de movimento angular é um vetor, de modo que, para a i-ésima componente, escrevemos

$$\begin{aligned}
L_i &= \sum_\alpha m_\alpha \left(\omega_i \sum_k x_{\alpha,k}^2 - x_{\alpha,i} \sum_j x_{\alpha,j} \omega_j \right) \\
&= \sum_\alpha m_\alpha \sum_j \left(\omega_j \delta_{ij} \sum_k x_{\alpha,k}^2 - \omega_j x_{\alpha,i} x_{\alpha,j} \right) \\
&= \sum_j \omega_j \sum_\alpha m_\alpha \left(\delta_{ij} \sum_k x_{\alpha,k}^2 - x_{\alpha,i} x_{\alpha,j} \right)
\end{aligned} \tag{11.19}$$

A somatória em α pode ser reconhecida (veja a Equação 11.10) com o ij-ésimo elemento do tensor de inércia. Portanto,

$$\boxed{L_i = \sum_j I_{ij} \omega_j} \tag{11.20a}$$

ou, em notação de tensor,

$$\mathbf{L} = \{\mathbf{I}\} \cdot \boldsymbol{\omega} \tag{11.20b}$$

Desse modo, o tensor de inércia se relaciona a uma *somatória* sobre as componentes do vetor de velocidade vetorial angular para a i-ésima componente do vetor de quantidade de movimento angular. Isto pode à primeira vista parecer um resultado inesperado, pois, se consideramos um corpo rígido para o qual o tensor de inércia tem elementos fora da diagonal que não se anulam, então, mesmo que $\boldsymbol{\omega}$ esteja orientado ao longo da direção x_1, $\boldsymbol{\omega} = (\omega_1, 0, 0)$, o vetor de quantidade de movimento angular tem, em geral, componentes que não se anulam em todas as três direções: $\mathbf{L} = (L_1, L_2, L_3)$, ou seja, o vetor de quantidade de movimento angular não terá, em geral, a mesma direção que o o vetor de velocidade vetorial angular. (Deve-se enfatizar que esta afirmação depende de $I_{ij} \neq 0$ para $i \neq j$; retornaremos a este ponto na próxima seção.)

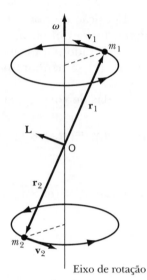

FIGURA 11.4 Um haltere conectado por massas m_1 e m_2 nas extremidades de seu eixo. Observe que **ω** não está direcionado ao longo do eixo e que **ω** e **L** não são colineares.

Como um exemplo de **ω** e **L** não sendo colineares, considere os halteres em rotação na Figura 11.4. (Consideramos o eixo que conecta m_1 e m_2 como sendo de peso e extensão desprezíveis). A relação que conecta $\mathbf{r}_\alpha$, $\mathbf{v}_\alpha$ e **ω** é

$$\mathbf{v}_\alpha = \boldsymbol{\omega} \times \mathbf{r}_\alpha$$

e a relação que conecta $\mathbf{r}_\alpha$, $\mathbf{v}_\alpha$ e **L** é

$$\mathbf{L} = \sum_\alpha m_\alpha \mathbf{r}_\alpha \times \mathbf{v}_\alpha$$

Fica claro que **ω** é direcionado ao longo do eixo de rotação e que **L** é perpendicular à linha que conecta m_1 e m_2.

Para este exemplo, observamos que o vetor da quantidade de movimento angular **L** não permanece constante no tempo, porém gira com velocidade vetorial angular ω de uma tal forma que traça um cone cujo eixo é o eixo de rotação. Portanto $\dot{\mathbf{L}} \neq 0$. Porém, a Equação 9.31 afirma que

$$\dot{\mathbf{L}} = \mathbf{N} \tag{11.21}$$

onde **N** é o torque externo aplicado ao corpo. Desse modo, para manter os halteres girando como na Figura 11.4, devemos aplicar um torque constantemente.

Podemos obter outro resultado da Equação 11.20a multiplicando L_i por $\frac{1}{2}\omega_i$ e somando sobre i:

$$\frac{1}{2}\sum_i \omega_i L_i = \frac{1}{2}\sum_{i,j} I_{ij}\omega_i\omega_j = T_{\text{rot}} \tag{11.22a}$$

onde a segunda igualdade é justamente a Equação 11.11. Desse modo,

$$\boxed{T_{\text{rot}} = \frac{1}{2}\boldsymbol{\omega}\cdot\mathbf{L}} \tag{11.22b}$$

As Equações 11.20b e 11.22b ilustram duas propriedades importantes dos tensores. O produto entre um tensor e um vetor resulta em um vetor, como em

$$L = \{I\} \cdot \omega$$

e o produto entre um tensor e dois vetores produz um escalar, como em

$$T_{rot} = \frac{1}{2}\omega \cdot L = \frac{1}{2}\omega \cdot \{I\} \cdot \omega$$

Entretanto, não devemos ter ocasião para a utilização de equações de tensores nessa forma. Utilizamos somente as expressões de somatórias (ou integrais) como nas Equações 11.11, 11.15 e 11.20a.

EXEMPLO 11.4

Considere o pêndulo mostrado na Figura 11.5, composto por uma haste rígida de comprimento b com uma massa m_1 em sua extremidade. Outra massa (m_2) é colocada a meio caminho haste abaixo. Determine a frequência das pequenas oscilações se o pêndulo balançar em um plano.

Solução. Utilizamos os métodos deste capítulo para analisar o sistema. Considere os sistemas fixo e do corpo com sua origem no ponto de pivotamento do pêndulo. Considere e_1 como estando ao longo da haste, e_2 no plano e e_3 fora do plano (Figura 11.5). A velocidade vetorial angular é

$$\omega = \omega_3 e_3 = \dot{\theta} e_3 \quad (11.23)$$

Utilizamos a Equação 11.10 para encontrar o tensor de inércia. Toda a massa se encontra ao longo de e_1, com $x_{1,1} = b$ e $x_{2,1} = b/2$. Todos as outras componentes de $x_{a,k}$ são iguais a zero.

$$I_{ij} = m_1(\delta_{ij} x_{1,1}^2 - x_{1,i} x_{1,j}) + m_2(\delta_{ij} x_{2,1}^2 - x_{2,i} x_{2,j}) \quad (11.24)$$

O tensor de inércia, Equação 11.13a, torna-se

$$\{I\} = \begin{Bmatrix} 0 & 0 & 0 \\ 0 & m_1 b^2 + m_2 \dfrac{b^2}{4} & 0 \\ 0 & 0 & m_1 b^2 + m_2 \dfrac{b^2}{4} \end{Bmatrix} \quad (11.25)$$

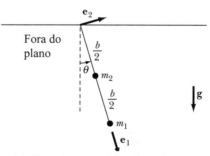

FIGURA 11.5 Exemplo 11.4. Uma haste rígida girando como um pêndulo tem uma massa m_1 em sua extremidade e outra massa m_2 a meio caminho.

378 Dinâmica clássica de partículas e sistemas

Determinamos a quantidade de movimento angular da Equação 11.20a:

$$\left.\begin{array}{l} L_1 = 0 \\ L_2 = 0 \\ L_3 = I_{33}\,\omega_3 = \left(m_1 b^2 + m_2 \dfrac{b^2}{4}\right)\dot{\theta} \end{array}\right\} \tag{11.26}$$

A única força externa é a gravidade, que produz um torque $\mathbf{N}$ no sistema. Pelo fato de $\dot{\mathbf{L}} = \mathbf{N}$, temos

$$\left(m_1 b^2 + m_2 \frac{b^2}{4}\right)\ddot{\theta}\mathbf{e}_3 = \sum_\alpha \mathbf{r}_\alpha \times \mathbf{F}_i \tag{11.27}$$

Como a força gravitacional está direcionada para baixo,

$$\mathbf{g} = g\,cos\,\theta\,\mathbf{e_1} - g\,sen\,\theta\,\mathbf{e_2}$$

Desse modo,

$$\mathbf{r}_1 \times \mathbf{F}_1 = b\mathbf{e}_1 \times (\,cos\,\theta\mathbf{e}_1 - sen\,\theta\mathbf{e}_2)\,m_1 g = -m_1 gb\,sen\,\theta\mathbf{e}_3$$

$$\mathbf{r}_2 \times \mathbf{F}_2 = \frac{b}{2}\,\mathbf{e}_1 \times (\,cos\,\theta\mathbf{e}_1 - sen\,\theta\mathbf{e}_2)\,m_2 g = -m_2 g\frac{b}{2}\,sen\,\theta\mathbf{e}_3$$

a Equação 11.27 se torna

$$b^2\left(m_1 + \frac{m_2}{4}\right)\ddot{\theta} = -bg\,sen\,\theta\left(m_1 + \frac{m_2}{2}\right) \tag{11.28}$$

e a frequência para pequenas oscilações é

$$\omega_0^2 = \frac{m_1 + \dfrac{m_2}{2}}{m_1 + \dfrac{m_2}{4}}\,\frac{g}{b} \tag{11.29}$$

Podemos verificar a Equação 11.29 observando que $\omega_0^2 \approx g/b$ para $m_1 \gg m_2$ e $\omega_0^2 \approx 2g/b$ para $m_2 \gg m_1$ como deveria ser.

Este exemplo poderia simplesmente ter sido resolvido facilmente determinando-se a energia cinética da Equação 11.22a e utilizando as equações de movimento de Lagrange. Teríamos

$$T_{\text{rot}} = \frac{1}{2}\,\omega_3 L_3 = \frac{1}{2}\,\omega_3^2 I_{33} \tag{11.30}$$

$$= \frac{1}{2}\left(m_1 b^2 + m_2 \frac{b^2}{4}\right)\dot{\theta}^2$$

$$U = -m_1 gb\,cos\,\theta - m_2 g\frac{b}{2}\,cos\,\theta \tag{11.31}$$

Onde $U = 0$ na origem. A equação de movimento (Equação 11.28) é obtida diretamente por meio da aplicação direta da técnica lagrangiana.

11.5 Eixos de inércia principais[4]

Deve estar claro que uma simplificação considerável nas expressões de T e $\mathbf{L}$ resultaria caso o tensor de inércia fosse formado somente de elementos diagonais. Se pudéssemos escrever

$$I_{ij} = I_i \delta_{ij} \qquad (11.32)$$

o tensor de inércia seria

$$\{\mathbf{I}\} = \begin{Bmatrix} I_1 & 0 & 0 \\ 0 & I_2 & 0 \\ 0 & 0 & I_3 \end{Bmatrix} \qquad (11.33)$$

Teríamos então

$$L_i = \sum_j I_i \delta_{ij} \omega_j = I_i \omega_i \qquad (11.34)$$

e

$$T_{\text{rot}} = \frac{1}{2} \sum_{i,j} I_i \delta_{ij} \omega_i \omega_j = \frac{1}{2} \sum_i I_i \omega_i^2 \qquad (11.35)$$

Desse modo, a condição de que $\{\mathbf{I}\}$ tenha somente elementos diagonais fornece expressões muito simples para a quantidade de movimento angular e a energia cinética rotacional. Determinamos agora as condições sob as quais a Equação 11.32 se torna a descrição do tensor de inércia. Isso envolve a determinação de um conjunto de eixos do corpo para o qual os produtos de inércia (isto é, os elementos de $\{\mathbf{I}\}$ fora da diagonal) se anulam. Denominamos esses eixos de **eixos de inércia principais**.

Se um corpo gira em torno de um eixo principal, a velocidade vetorial angular e a quantidade de movimento angular estão, de acordo com a Equação 11.34, direcionadas ao longo desse eixo. Então, se I é a inércia rotacional (momento de inércia) em torno do eixo, podemos escrever

$$\mathbf{L} = I \omega \qquad (11.36)$$

Igualando as componentes de $\mathbf{L}$ nas Equações 11.20a e 11.36, temos

$$\left. \begin{aligned} L_1 &= I\omega_1 = I_{11}\omega_1 + I_{12}\omega_2 + I_{13}\omega_3 \\ L_2 &= I\omega_2 = I_{21}\omega_1 + I_{22}\omega_2 + I_{23}\omega_3 \\ L_3 &= I\omega_3 = I_{31}\omega_1 + I_{32}\omega_2 + I_{33}\omega_3 \end{aligned} \right\} \qquad (11.37)$$

Ou, juntando os termos, obtemos

$$\left. \begin{aligned} (I_{11} - I)\omega_1 + I_{12}\omega_2 + I_{13}\omega_3 &= 0 \\ I_{21}\omega_1 + (I_{22} - I)\omega_2 + I_{23}\omega_3 &= 0 \\ I_{31}\omega_1 + I_{32}\omega_2 + (I_{33} - I)\omega_3 &= 0 \end{aligned} \right\} \qquad (11.38)$$

A condição de que essas equações tenham uma solução não trivial é que o determinante dos coeficientes se anulem:

$$\begin{vmatrix} (I_{11} - I) & I_{12} & I_{13} \\ I_{21} & (I_{22} - I) & I_{23} \\ I_{31} & I_{32} & (I_{33} - I) \end{vmatrix} = 0 \qquad (11.39)$$

---

[4] Descobertos por Euler em 1750.

380 Dinâmica clássica de partículas e sistemas

A expansão desse determinante leva à equação **secular** ou **característica**[5] para **I**, que é cúbica. Cada uma das três raízes corresponde a um momento de inércia em torno de um dos eixos principais. Esses valores I_1, I_2 ,e I_3, são chamados de **momentos de inércia principais**. Se o corpo gira em torno do eixo correspondente ao momento principal I_1, a Equação 11.36 se torna $\mathbf{L} = I_1\boldsymbol{\omega}$ – ou seja, $\boldsymbol{\omega}$ e **L** estão direcionados ao longo desse eixo. A direção de $\boldsymbol{\omega}$ em relação ao sistema de coordenadas é então a mesma que a direção do eixo principal correspondente a I_1. Portanto, podemos determinar a direção desse eixo principal substituindo I_1 para I na Equação 11.38 e determinando as razões entre as componentes do vetor de velocidade vetorial angular: $\omega_1{:}\omega_2{:}\omega_3$. Portanto, determinamos os cossenos da direção do eixo em torno do qual o momento de inércia é I_1. As direções correspondentes a I_2 e I_3 podem ser determinadas de modo similar. Que os eixos principais determinados dessa maneira são de fato *reais* e *ortogonais* está provado na Seção 11.7; esses resultados também são obtidos das considerações mais gerais fornecidos na Seção 12.4.

O fato de que o procedimento de diagonalização descrito produz somente as razões entre as componentes $\boldsymbol{\omega}$ não conta, pois as razões determinam totalmente a direção de cada um dos eixos principais e somente as direções desses eixos são necessárias. Na realidade, não esperaríamos que as *magnitudes* de ω_i sejam determinadas, pois a taxa real do movimento angular do corpo não pode ser especificada somente pela geometria. Estamos livres para aplicar sobre o corpo qualquer magnitude de velocidade vetorial angular desejada.

Para a maioria dos problemas encontrados na dinâmica de corpos rígidos, os corpos têm alguma forma regular, de modo que podemos determinar os eixos principais simplesmente examinando a simetria do corpo. Por exemplo, qualquer corpo que seja um sólido em revolução (por exemplo, uma haste cilíndrica) tem um eixo principal ao longo do eixo de simetria (por exemplo, a linha central da haste cilíndrica), e os dois outros eixos se encontram em um plano perpendicular ao eixo de simetria. Deve ficar óbvio que, pelo fato de o corpo ser simétrico, a escolha da colocação angular desses outros dois eixos é arbitrária. Se o momento de inércia ao longo do eixo de simetria é I_1, então $I_2 = I_3$ para um sólido em revolução, ou seja, a equação secular tem duas raízes.

Se um corpo tem $I_1 = I_2 = I_3$, ele é chamado **pião esférico**; se $I_1 = I_2 \neq I_3$, ele é chamado **pião simétrico**; se os momentos de inércia principais forem todos diferentes, ele é chamado **pião assimétrico**. Se um corpo tem $I_1 = 0$, $I_2 = I_3$, como, por exemplo, duas massas pontuais conectadas a um eixo de peso desprezível, ou uma molécula diatômica, ele é chamado **rotor**.

EXEMPLO 11.5

Determine os momentos de inércia principais e os eixos principais do cubo no Exemplo 11.3.

Solução. No Exemplo 11.3, determinamos que o tensor do momento de inércia de um cubo (com origem em um vértice) tinha elementos fora da diagonal diferentes de zero. Evidentemente, os eixos de coordenadas escolhidos para aquele cálculo não eram os eixos principais. Se, por exemplo, o cubo gira em torno do eixo x_3, então $\boldsymbol{\omega} = \omega_3 e_3$ e o vetor do momento angular **L** (veja a Equação 11.37) tem as componentes

$$L_1 = -\frac{1}{4}\beta\omega_3$$

$$L_2 = -\frac{1}{4}\beta\omega_3$$

$$L_3 = \frac{2}{3}\beta\omega_3$$

---

[5] Assim chamada porque uma equação similar descreve as perturbações seculares na mecânica celeste. A terminologia matemática é *polinomial característica*.

Desse modo,

$$\mathbf{L} = Mb^2\omega_3\left(-\frac{1}{4}\,\mathbf{e}_1 - \frac{1}{4}\,\mathbf{e}_2 + \frac{2}{3}\,\mathbf{e}_3\right)$$

que não está na mesma direção de $\boldsymbol{\omega}$.

Para determinar os principais momentos de inércia, devemos resolver a equação secular

$$\begin{vmatrix} \frac{2}{3}\beta - I & -\frac{1}{4}\beta & -\frac{1}{4}\beta \\[2mm] -\frac{1}{4}\beta & \frac{2}{3}\beta - I & -\frac{1}{4}\beta \\[2mm] -\frac{1}{4}\beta & -\frac{1}{4}\beta & \frac{2}{3}\beta - I \end{vmatrix} = 0 \tag{11.40}$$

O valor de um determinante não é afetado pela adição (ou subtração) de qualquer linha (ou coluna) a partir de qualquer outra linha (ou coluna). A Equação 11.40 pode ser resolvida mais facilmente se subtrairmos a primeira linha da segunda:

$$\begin{vmatrix} \frac{2}{3}\beta - I & -\frac{1}{4}\beta & -\frac{1}{4}\beta \\[2mm] -\frac{11}{12}\beta + I & \frac{11}{12}\beta - I & 0 \\[2mm] -\frac{1}{4}\beta & -\frac{1}{4}\beta & \frac{2}{3}\beta - I \end{vmatrix} = 0$$

Podemos fatorar $(\frac{11}{12}\beta - I)$ a partir da segunda linha:

$$\left(\frac{11}{12}\beta - I\right)\begin{vmatrix} \frac{2}{3}\beta - I & -\frac{1}{4}\beta & -\frac{1}{4}\beta \\[2mm] -1 & 1 & 0 \\[2mm] -\frac{1}{4}\beta & -\frac{1}{4}\beta & \frac{2}{3}\beta - I \end{vmatrix} = 0$$

Expandindo, temos que

$$\left(\frac{11}{12}\beta - I\right)\left[\left(\frac{2}{3}\beta - I\right)^2 - \frac{1}{8}\beta^2 - \frac{1}{4}\beta\left(\frac{2}{3}\beta - I\right)\right] = 0$$

que pode ser fatorada para se obter,

$$\left(\frac{1}{6}\beta - I\right)\left(\frac{11}{12}\beta - I\right)\left(\frac{11}{12}\beta - I\right) = 0$$

Desse modo, temos as raízes a seguir, que fornecem os momentos de inércia principais:

$$I_1 = \frac{1}{6}\beta, \quad I_2 = \frac{11}{12}\beta, \quad I_3 = \frac{11}{12}\beta$$

382 Dinâmica clássica de partículas e sistemas

O tensor do momento de inércia diagonalizado se torna

$$\{\mathbf{I}\} = \begin{Bmatrix} \dfrac{1}{6}\beta & 0 & 0 \\[2ex] 0 & \dfrac{11}{12}\beta & 0 \\[2ex] 0 & 0 & \dfrac{11}{12}\beta \end{Bmatrix} \tag{11.41}$$

Como as duas raízes são idênticas, $I_2 = I_3$, o eixo I_1 principal deverá ser um eixo de simetria.

Para determinar a direção do eixo principal associado com I_1, substituímos para I na Equação 11.38 o valor $I = I_1 = \frac{1}{6}\beta$:

$$\left.\begin{aligned} \left(\frac{2}{3}\beta - \frac{1}{6}\beta\right)\omega_{11} - \frac{1}{4}\beta\omega_{21} - \frac{1}{4}\beta\omega_{31} &= 0 \\[1ex] -\frac{1}{4}\beta\omega_{11} + \left(\frac{2}{3}\beta - \frac{1}{6}\beta\right)\omega_{21} - \frac{1}{4}\beta\omega_{31} &= 0 \\[1ex] -\frac{1}{4}\beta\omega_{11} - \frac{1}{4}\beta\omega_{21} + \left(\frac{2}{3}\beta - \frac{1}{6}\beta\right)\omega_{31} &= 0 \end{aligned}\right\}$$

onde o segundo subscrito 1 em ω_i significa que estamos considerando o eixo principal associado com I_1. Dividindo a primeira dessas duas equações por $\beta/4$, temos

$$\left.\begin{aligned} 2\omega_{11} - \omega_{21} - \omega_{31} &= 0 \\ -\omega_{11} + 2\omega_{21} - \omega_{31} &= 0 \end{aligned}\right\} \tag{11.42}$$

Subtraindo a segunda dessas equações da primeira, encontramos $\omega_{11} = \omega_{21}$. Utilizando esse resultado em qualquer uma das Equações 11.42, obtemos $\omega_{11} = \omega_{21} = \omega_{31}$, e as razões desejadas são,

$$\omega_{11}:\omega_{21}:\omega_{31} = 1:1:1$$

Portanto, quando o cubo gira em torno de um eixo que tem um momento de inércia associado $I_1 = \frac{1}{6}\beta = \frac{1}{6}Mb^2$, as projeções de $\boldsymbol{\omega}$ sobre os três eixos de coordenadas são todas iguais. Desse modo, este eixo principal corresponde à diagonal do cubo.

Uma vez que os momentos I_2 e I_3 são iguais, a orientação dos eixos principais associados a esses momentos é arbitrária: eles precisam somente repousar em um plano normal à diagonal do cubo.

11.6 Momentos de inércia de corpos em sistemas de coordenadas diferentes

Para que a energia cinética seja separada em partes de translação e rotação (veja a Equação 11.6), em geral, é necessário escolher um sistema de coordenadas do corpo cuja origem é o centro de massa do corpo. Para algumas formas geométricas, nem sempre pode ser conveniente calcular os elementos do tensor de inércia utilizando esse sistema de coordenadas. Portanto, consideramos algum outro conjunto de eixos de coordenadas X_i, também fixo em relação ao corpo e tendo a mesma orientação que a dos eixos, mas com uma origem Q não correspondendo à origem O (localizada no centro de massa do sistema de coordenadas do corpo). A origem Q pode estar localizada dentro ou fora do corpo em consideração.

CAPÍTULO 11 – Dinâmica de corpos rígidos

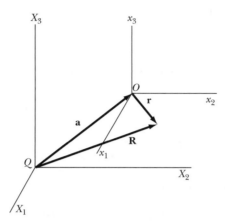

FIGURA 11.6 Os eixos de coordenadas X_i são fixos no corpo e têm a mesma orientação que os eixos x_i, porém sua origem Q não se localiza na origem O (no centro de massa do sistema do corpo).

Os elementos do tensor de inércia relativos aos eixos x_i podem ser expressos como

$$J_{ij} = \sum_{\alpha} m_\alpha \left(\delta_{ij} \sum_k X_{\alpha,k}^2 - X_{\alpha,i} X_{\alpha,j} \right) \tag{11.43}$$

Se o vetor que conecta Q com O é **a**, o vetor geral **R** (Figura 11.6) pode ser escrito como

$$\mathbf{R} = \mathbf{a} + \mathbf{r} \tag{11.44}$$

com componentes

$$X_i = a_i + x_i \tag{11.45}$$

Utilizando a Equação 11.45, o elemento do tensor se torna

$$J_{ij} = \sum_{\alpha} m_\alpha \left(\delta_{ij} \sum_k (x_{\alpha,k} + a_k)^2 - (x_{\alpha,i} + a_i)(x_{\alpha,j} + a_j) \right)$$

$$= \sum_{\alpha} m_\alpha \left(\delta_{ij} \sum_k x_{\alpha,k}^2 - x_{\alpha,i} x_{\alpha,j} \right)$$

$$+ \sum_{\alpha} m_\alpha \left(\delta_{ij} \sum_k (2 x_{\alpha,k} a_k + a_k^2) - (a_i x_{\alpha,j} + a_j x_{\alpha,i} + a_i a_j) \right) \tag{11.46}$$

Identificando a primeira somatória como I_{ij}, temos, no reagrupamento,

$$J_{ij} = I_{ij} + \sum_{\alpha} m_\alpha \left(\delta_{ij} \sum_k a_k^2 - a_i a_j \right) + \sum_{\alpha} m_\alpha \left(2\delta_{ij} \sum_k x_{\alpha,k} a_k - a_i x_{\alpha,j} - a_j x_{\alpha,i} \right) \tag{11.47}$$

Porém, cada termo na última somatória envolve uma somatória da forma,

$$\sum_{\alpha} m_\alpha x_{\alpha,k}$$

Entretanto, sabemos que, pelo fato de O estar localizado no centro de massa,

$$\sum_{\alpha} m_\alpha \mathbf{r}_\alpha = 0$$

ou, para a k-ésima componente,

$$\sum_\alpha m_\alpha x_{\alpha,k} = 0$$

Portanto, todos esses termos na Equação 11.47 se anulam e temos

$$J_{ij} = I_{ij} + \sum_\alpha m_\alpha \left(\delta_{ij} \sum_k a_k^2 - a_i a_j \right) \quad (11.48)$$

Contudo,

$$\boxed{\sum_\alpha m_\alpha = M} \quad \text{e} \quad \boxed{\sum_k a_k^2 \equiv a^2}$$

Resolvendo para I_{ij}, temos o resultado

$$\boxed{I_{ij} = J_{ij} - M(a^2 \delta_{ij} - a_i a_j)} \quad (11.49)$$

o que permite o cálculo dos elementos I_{ij} do tensor de inércia desejado (com origem no centro de massa) uma vez conhecidos aqueles em relação aos eixos X_i. O segundo termo no lado direito da Equação 11.49 é o tensor de inércia relativo à origem Q para uma massa pontual M.

A Equação 11.49 é a forma geral do **Teorema do eixo paralelo de Steiner**,[6] cuja forma simplificada é fornecida em tratamentos elementares. Considere, por exemplo, a Figura 11.7. O elemento I_{11} é

$$I_{11} = J_{11} - M[(a_1^2 + a_2^2 + a_3^2)\delta_{11} - a_1^2]$$

$$= J_{11} - M(a_2^2 + a_3^2)$$

que afirma que a diferença entre os elementos é igual à massa do corpo multiplicada pelo quadrado da distância entre os eixos paralelos (nesse caso, entre os eixos x_1 e x_2).

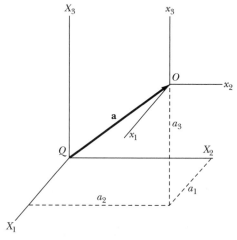

FIGURA 11.7 Os elementos I_{ij} nos eixos se relacionam àqueles nos eixos por meio da Equação 11.49. O vetor **a** conecta a origem Q à origem O.

EXEMPLO 11.6

Determine o tensor de inércia do cubo no Exemplo 11.3 em um sistema de coordenadas com origem no centro de massa.

---

[6] Jacob Steiner (1796–1863).

Solução. No Exemplo 11.3, com a origem no vértice do cubo, determinamos o tensor de inércia como sendo

$$\{\mathbf{J}\} = \begin{Bmatrix} \dfrac{2}{3}Mb^2 & -\dfrac{1}{4}Mb^2 & -\dfrac{1}{4}Mb^2 \\ -\dfrac{1}{4}Mb^2 & \dfrac{2}{3}Mb^2 & -\dfrac{1}{4}Mb^2 \\ -\dfrac{1}{4}Mb^2 & -\dfrac{1}{4}Mb^2 & \dfrac{2}{3}Mb^2 \end{Bmatrix} \quad (11.50)$$

Podemos agora utilizar a Equação 11.49 para obter o tensor de inércia $\{\mathbf{I}\}$ referente a um sistema de coordenadas com origem no centro de massa. Em conformidade com a notação dessa seção, chamamos os novos eixos x_i com origem O e chamamos os eixos precedentes X_i com origem Q em um vértice do cubo (Figura 11.8).

O centro de massa do cubo se encontra no ponto $(b/2, b/2, b/2)$ no sistema de coordenadas X_i e as componentes do vetor **a** são, portanto,

$$a_1 = a_2 = a_3 = b/2$$

Da Equação 11.50, temos

$$\left. \begin{array}{l} J_{11} = J_{22} = J_{33} = \dfrac{2}{3}Mb^2 \\ J_{12} = J_{13} = J_{23} = -\dfrac{1}{4}Mb^2 \end{array} \right\}$$

E aplicando a Equação 11.49, encontramos

$$\begin{aligned} I_{11} &= J_{11} - M(a^2 - a_1^2) \\ &= J_{11} - M(a_2^2 + a_3^2) \\ &= \dfrac{2}{3}Mb^2 - \dfrac{1}{2}Mb^2 = \dfrac{1}{6}Mb^2 \end{aligned}$$

e

$$\begin{aligned} I_{12} &= J_{12} - M(-a_1 a_2) \\ &= -\dfrac{1}{4}Mb^2 + \dfrac{1}{4}Mb^2 = 0 \end{aligned}$$

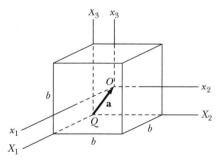

FIGURA 11.8 Exemplo 11.6. Os eixos X_i têm sua origem Q em um vértice de um cubo de lados b. O sistema tem sua origem O no centro de massa do cubo.

386 Dinâmica clássica de partículas e sistemas

Desenvolvendo as expressões anteriores, temos,

$$I_{11} = I_{22} = I_{33} = \frac{1}{6}\,Mb^2$$

$$I_{12} = I_{13} = I_{23} = 0$$

Portanto, o tensor de inércia é a diagonal:

$$\{I\} = \begin{Bmatrix} \dfrac{1}{6}\,Mb^2 & 0 & 0 \\[2mm] 0 & \dfrac{1}{6}\,Mb^2 & 0 \\[2mm] 0 & 0 & \dfrac{1}{6}\,Mb^2 \end{Bmatrix} \tag{11.51}$$

Se fatorarmos o termo comum $\frac{1}{6}Mb^2$ dessa expressão, podemos escrever

$$\{I\} = \tfrac{1}{6}Mb^2\{\mathbf{1}\}$$

(11.52)

onde $\{\mathbf{1}\}$ é o **tensor unitário**:

$$\{\mathbf{1}\} \equiv \begin{Bmatrix} 1 & 0 & 0 \\ 0 & 1 & 0 \\ 0 & 0 & 1 \end{Bmatrix} \tag{11.53}$$

Desse modo, determinamos que, para a escolha da origem no centro de massa do cubo, os eixos principais são perpendiculares às faces do cubo. Como, sob um ponto de vista físico, nada distingue nenhum desses eixos do outro, os momentos de inércia principais são todos iguais nesse caso. Além disso, observamos que, enquanto mantivermos a origem no centro de massa, o tensor de inércia é o mesmo para *todas* as orientações dos eixos de coordenadas e esses eixos são os principais igualmente válidos.[7]

11.7 Propriedades adicionais do tensor de inércia

Antes de abordar os problemas da dinâmica de corpos rígidos obtendo as equações gerais de movimento, devemos considerar a importância fundamental de algumas das operações que estivermos discutindo. Vamos começar examinando as propriedades do tensor de inércia sob transformações de coordenadas.[8]

Já obtivemos a relação fundamental que conecta o tensor de inércia e os vetores de quantidade de movimento angular e velocidade vetorial angular (Equação 11.20), que podemos expressar como

$$L_k = \sum_l I_{kl}\omega_l \tag{11.54a}$$

Uma vez que essa é uma equação vetorial em um sistema de coordenadas girado em relação ao sistema para o qual a Equação 11.54a se aplica, devemos ter uma relação inteiramente análoga,

---

[7] A esse respeito, o cubo é similar a uma esfera em termos do tensor de inércia (isto é, para uma origem no centro de massa, a estrutura dos elementos do tensor de inércia não é suficiente para diferenciar entre um cubo e uma esfera).

[8] Concentramos nossa atenção nos sistemas de coordenadas retangulares de modo que podemos ignorar algumas das propriedades mais complexas dos tensores que se manifestam em coordenadas curvilíneares gerais.

$$L'_i = \sum_j I'_{ij} \omega'_j \tag{11.54b}$$

onde as quantidades dimensionais se referem todas ao sistema rotacionado. Tanto L como $\boldsymbol{\omega}$ obedecem à equação de transformação padrão de vetores (Equação 1.8):

$$x_i = \sum_j \lambda^t_{ij} x'_j = \sum_j \lambda_{ji} x'_j$$

Por isso, podemos escrever

$$L_k = \sum_m \lambda_{mk} L'_m \tag{11.55a}$$

e

$$\omega_l = \sum_j \lambda_{jl} \omega'_j \tag{11.55b}$$

Se substituirmos as Equações 11.55a e b na Equação 11.54a, obtemos

$$\sum_m \lambda_{mk} L'_m = \sum_l I_{kl} \sum_j \lambda_{jl} \omega'_j \tag{11.56}$$

A seguir, multiplicamos ambos os lados dessa equação por λ_{ik} e somamos sobre k:

$$\sum_m \left(\sum_k \lambda_{ik} \lambda_{mk} \right) L'_m = \sum_j \left(\sum_{k,l} \lambda_{ik} \lambda_{jl} I_{kl} \right) \omega'_j \tag{11.57}$$

O termo entre parênteses no lado esquerdo é justamente δ_{im}, de modo que, efetuando a somatória sobre m, obtemos

$$L'_i = \sum_j \left(\sum_{k,l} \lambda_{ik} \lambda_{jl} I_{kl} \right) \omega'_j \tag{11.58}$$

Para esta equação ser idêntica à Equação 11.54b, devemos ter

$$I'_{ij} = \sum_{k,l} \lambda_{ik} \lambda_{jl} I_{kl} \tag{11.59}$$

Esta é, portanto, a regra que o tensor de inércia deverá obedecer sob uma transformação de coordenadas. A Equação 11.59 é, de fato, a *regra geral* especificando a forma na qual qualquer tensor de segundo lugar deverá se transformar. Para um tensor {**T**} de classificação arbitrária, o enunciado é [9]

$$T'_{abcd\ldots} = \sum_{i,j,k,l,\ldots} \lambda_{ai} \lambda_{bj} \lambda_{ck} \lambda_{dl} \ldots T_{ijkl\ldots} \tag{11.60}$$

Observe que podemos expressar a Equação 11.59 como

$$\boxed{I'_{ij} = \sum_{k,l} \lambda_{ik} I_{kl} \lambda^t_{lj}} \tag{11.61}$$

---

[9] Observe que um tensor da *primeira classificação* transforma como

$$T'_a = \sum_i \lambda_{ai} T_i$$

Esse tipo de tensor é de fato um *vetor*. Um tensor de classificação zero implica que $T' = T$, ou que tal tensor é um escalar. As propriedades das quantidades que transformam nesse modo foram primeiramente discutidas por C. Niven em 1874. A aplicação do termo *tensor* a tais quantidades podem ser creditadas a J. Willard Gibbs.

388 Dinâmica clássica de partículas e sistemas

Apesar de as matrizes e os tensores constituírem tipos diferentes de objetos matemáticos, a manipulação de tensores é, em muitos aspectos, igual à manipulação de matrizes. Desse modo, a Equação 11.61 pode ser expressa como uma equação matricial:

$$\mathbf{I}' = \lambda \mathbf{I} \lambda^t \tag{11.62}$$

onde entendemos $\mathbf{I}$ como sendo a matriz consistindo dos elementos do tensor $\{\mathbf{I}\}$. Pelo fato de estarmos considerando somente matrizes de transformação ortogonal, a transposta de λ é igual à sua inversa, de modo que podemos expressar a Equação 11.62 como

$$\boxed{\mathbf{I}' = \lambda \mathbf{I} \lambda^{-1}} \tag{11.63}$$

Uma transformação desse tipo geral é denominada **transformação de similaridade** ($\mathbf{I}'$ é similar a $\mathbf{I}$).

EXEMPLO 11.7

Demonstre a assertiva declarada no Exemplo 11.6 de que o tensor de inércia de um cubo (com origem no centro de massa) é independente da orientação dos eixos.

Solução. A mudança no tensor de inércia sob uma rotação dos eixos de coordenadas pode ser calculada efetuando-se uma transformação de similaridade. Desse modo, se a rotação é descrita pela matriz λ, temos

$$\mathbf{I}' = \lambda \mathbf{I} \lambda^{-1} \tag{11.64}$$

Porém, a matriz $\mathbf{I}$, que é derivada dos elementos do tensor $\{\mathbf{I}\}$ (Equação 11.52 do Exemplo 11.4), é justamente a matriz identidade $\mathbf{1}$ multiplicada por uma constante:

$$\mathbf{I} = \frac{1}{6} Mb^2 \begin{pmatrix} 1 & 0 & 0 \\ 0 & 1 & 0 \\ 0 & 0 & 1 \end{pmatrix} = \frac{1}{6} Mb^2 \mathbf{1} \tag{11.65}$$

Portanto, as operações especificadas na Equação 11.64 são triviais:

$$\mathbf{I}' = \frac{1}{6} Mb^2 \lambda \mathbf{1} \lambda^{-1} = \frac{1}{6} Mb^2 \lambda \lambda^{-1} = \frac{1}{6} Mb^2 \mathbf{1} = \mathbf{I} \tag{11.66}$$

Desse modo, o tensor de inércia transformado é idêntico ao tensor original, independente dos detalhes da rotação.

Vamos agora determinar qual condição deverá ser atendida se considerarmos um tensor de inércia arbitrário e efetuarmos uma rotação de coordenadas de modo que o vetor de inércia transformado seja diagonal. Essa operação implica que a quantidade I'_{ij} na Equação 11.59 deve satisfazer (veja a Equação 11.32) a relação

$$I'_{ij} = I_i \delta_{ij} \tag{11.67}$$

Desse modo,

$$I_i \delta_{ij} = \sum_{k,l} \lambda_{ik} \lambda_{jl} I_{kl} \tag{11.68}$$

Se multiplicarmos ambos os lados dessa equação por λ_{im} e somarmos sobre i, obtemos

$$\sum_i I_i \lambda_{im} \delta_{ij} = \sum_{k,l} \left(\sum_i \lambda_{im} \lambda_{ik} \right) \lambda_{jl} I_{kl} \tag{11.69}$$

CAPÍTULO 11 – Dinâmica de corpos rígidos   **389**

O termo entre parênteses é justamente δ_{mk}, de modo que a somatória sobre i no lado esquerdo da equação e a somatória sobre k no lado direito da equação produzem

$$I_j \lambda_{jm} = \sum_l \lambda_{jl} I_{ml} \tag{11.70}$$

Agora o lado esquerdo dessa equação pode ser expresso como

$$I_j \lambda_{jm} = \sum_l I_j \lambda_{jl} \delta_{ml} \tag{11.71}$$

assim, a Equação 11.70 se torna

$$\sum_l I_j \lambda_{jl} \delta_{ml} = \sum_l \lambda_{jl} I_{ml} \tag{11.72a}$$

ou

$$\sum_l (I_{ml} - I_j \delta_{ml}) \lambda_{jl} = 0 \tag{11.72b}$$

Este é um conjunto de equações algébricas lineares simultâneas. Para cada valor de j existem três equações desse tipo, uma para cada um dos três valores possíveis de m. Para que exista uma solução não trivial, o determinante dos coeficientes deverá se anular, de modo que os momentos de inércia principais, I_1, I_2 e I_3 sejam obtidos como raízes do determinante secular de I:

$$\boxed{|I_{ml} - I\delta_{ml}| = 0} \tag{11.73}$$

Esta é justamente a Equação 11.39. Ela é uma equação cúbica que resulta nos principais momentos de inércia.

Desse modo, para qualquer tensor de inércia, cujos elementos são calculados para uma determinada origem, é possível efetuar uma rotação dos eixos de coordenadas em torno daquela origem de forma a tornar o tensor de inércia diagonal. Os novos eixos de coordenadas serão então os eixos principais do corpo e os novos momentos serão os momentos de inércia principais. Desse modo, para qualquer corpo e qualquer origem escolhida, existe sempre um conjunto de eixos principais.

EXEMPLO 11.8

Para o cubo do Exemplo 11.3, diagonalize o tensor de inércia por meio da rotação dos eixos.

Solução. Escolhemos a origem em um vértice e efetuamos a rotação de modo que o eixo x_1 seja girado para a diagonal original do cubo. Essa rotação poderá ser convenientemente efetuada em dois passos: primeiro, giramos por um ângulo de $45°$ em torno do eixo x_3; segundo, giramos em torno de um ângulo de $-\cos^{-1}(\sqrt{\frac{2}{3}})$ aproximadamente em torno do eixo x_2'. A primeira matriz de rotação é

$$\lambda_1 = \begin{pmatrix} \dfrac{1}{\sqrt{2}} & \dfrac{1}{\sqrt{2}} & 0 \\[2mm] -\dfrac{1}{\sqrt{2}} & \dfrac{1}{\sqrt{2}} & 0 \\[2mm] 0 & 0 & 1 \end{pmatrix} \tag{11.74}$$

390 Dinâmica clássica de partículas e sistemas

e a segunda matriz de rotação é

$$\boldsymbol{\lambda}_2 = \begin{pmatrix} \sqrt{\dfrac{2}{3}} & 0 & \dfrac{1}{\sqrt{3}} \\ 0 & 1 & 0 \\ -\dfrac{1}{\sqrt{3}} & 0 & \sqrt{\dfrac{2}{3}} \end{pmatrix} \tag{11.75}$$

A matriz de rotação completa é

$$\boldsymbol{\lambda} = \boldsymbol{\lambda}_2\boldsymbol{\lambda}_1 = \begin{pmatrix} \dfrac{1}{\sqrt{3}} & \dfrac{1}{\sqrt{3}} & \dfrac{1}{\sqrt{3}} \\ -\dfrac{1}{\sqrt{2}} & \dfrac{1}{\sqrt{2}} & 0 \\ -\dfrac{1}{\sqrt{6}} & -\dfrac{1}{\sqrt{6}} & \sqrt{\dfrac{2}{3}} \end{pmatrix} = \dfrac{1}{\sqrt{3}}\begin{pmatrix} 1 & 1 & 1 \\ -\sqrt{\dfrac{3}{2}} & \sqrt{\dfrac{3}{2}} & 0 \\ -\dfrac{1}{\sqrt{2}} & -\dfrac{1}{\sqrt{2}} & \sqrt{2} \end{pmatrix} \tag{11.76}$$

A forma matricial do tensor de inércia transformado (veja a Equação 11.62) é

$$\mathbf{I}' = \boldsymbol{\lambda}\mathbf{I}\boldsymbol{\lambda}^t \tag{11.77}$$

ou, fatorando β fora de $\mathbf{I}$,

$$\mathbf{I}' = \dfrac{\beta}{3}\begin{pmatrix} 1 & 1 & 1 \\ -\sqrt{\dfrac{3}{2}} & \sqrt{\dfrac{3}{2}} & 0 \\ -\dfrac{1}{\sqrt{2}} & -\dfrac{1}{\sqrt{2}} & \sqrt{2} \end{pmatrix}\begin{pmatrix} \dfrac{2}{3} & -\dfrac{1}{4} & -\dfrac{1}{4} \\ -\dfrac{1}{4} & \dfrac{2}{3} & -\dfrac{1}{4} \\ -\dfrac{1}{4} & -\dfrac{1}{4} & \dfrac{2}{3} \end{pmatrix}\begin{pmatrix} 1 & -\sqrt{\dfrac{3}{2}} & -\dfrac{1}{\sqrt{2}} \\ 1 & \sqrt{\dfrac{3}{2}} & -\dfrac{1}{\sqrt{2}} \\ 1 & 0 & \sqrt{2} \end{pmatrix}$$

$$\mathbf{I}' = \dfrac{\beta}{3}\begin{pmatrix} 1 & 1 & 1 \\ -\sqrt{\dfrac{3}{2}} & \sqrt{\dfrac{3}{2}} & 0 \\ -\dfrac{1}{\sqrt{2}} & -\dfrac{1}{\sqrt{2}} & \sqrt{2} \end{pmatrix}\begin{pmatrix} \dfrac{1}{6} & -\dfrac{11}{12}\sqrt{\dfrac{3}{2}} & -\dfrac{11}{12}\dfrac{\sqrt{2}}{2} \\ \dfrac{1}{6} & \dfrac{11}{12}\sqrt{\dfrac{3}{2}} & -\dfrac{11}{12}\dfrac{\sqrt{2}}{2} \\ \dfrac{1}{6} & 0 & \dfrac{11}{12}\sqrt{2} \end{pmatrix}$$

$$= \begin{pmatrix} \dfrac{1}{6}\beta & 0 & 0 \\ 0 & \dfrac{11}{12}\beta & 0 \\ 0 & 0 & \dfrac{11}{12}\beta \end{pmatrix} \tag{11.78}$$

A Equação 11.78 é justamente a forma matricial do tensor de inércia encontrada pelo procedimento de diagonalização utilizando o determinante secular (Equação 11.41 do Exemplo 11.5).

CAPÍTULO 11 – Dinâmica de corpos rígidos **391**

Demonstramos dois procedimentos gerais para diagonalizar o tensor de inércia. Indicamos anteriormente que esses métodos não se limitam ao tensor de inércia, mas são válidos de forma geral. Os dois procedimentos podem ser muito complexos. Por exemplo, se desejarmos utilizar o procedimento de rotação no caso mais geral, devemos primeiro construir uma matriz que descreva a rotação arbitrária. Ela permite três rotações separadas, uma em torno de cada um dos eixos de coordenadas. A matriz de rotação deverá então ser aplicada ao tensor em uma transformação de similaridade. Os elementos fora da diagonal da matriz resultante[10] deverão então ser examinados e os valores dos ângulos de rotação deverão ser determinados de modo a anular esses elementos fora da diagonal. A utilização real desse tipo de procedimento poderá testar os limites da paciência humana, porém, em algumas situações simples, este método de diagonalização poderá ser utilizado com proveito. Isso é particularmente verdadeiro se a geometria do problema indica que somente uma rotação simples em torno dos eixos de coordenadas é necessária. O ângulo de rotação poderá então ser avaliado sem dificuldade (veja, por exemplo, os Problemas 11.16, 11.18 e 11.19).

Na prática, existem procedimentos sistemáticos para a determinação dos momentos e eixos principais de qualquer tensor de inércia. Programas genéricos de computador e métodos com calculadora de mão estão disponíveis para a determinação das n raízes de um polinômio de n-ésima ordem e para a diagnolização de uma matriz. Quando os momenos principais são conhecidos, os eixos principais serão facilmente encontrados.

O exemplo do cubo ilustra o ponto importante de que os elemenos do tensor de inércia, os valores dos momentos de inércia principais e a orientação dos eixos principais de um corpo rígido dependerão da escolha da origem do sistema. Entretanto, lembre-se que, para separar a energia cinética em partes translacionais e rotacionais, a origem do sistema de coordenadas do corpo deverá, em geral, ser escolhida para coincidir com o centro de massa do corpo. No entanto, para qualquer escolha da origem de qualquer corpo, sempre existe uma orientação dos eixos que diagonaliza o tensor de inércia. Desse modo, esses eixos se tornam os eixos principais para aquela origem particular.

Em seguida, vamos provar que os eixos principais realmente formam um conjunto ortogonal. Vamos supor que tenhamos resolvido a equação secular e determinado os momentos de inércia principais, todos eles distintos. Sabemos que, para cada momento principal, existe um eixo principal correspondente com a propriedade de que, se o vetor da velocidade vetorial angular $\boldsymbol{\omega}$ se encontra ao longo desse eixo, o vetor da quantidade de movimento angular $\mathbf{L}$ terá orientação similar, ou seja, para cada I_j corresponde uma velocidade vetorial angular ω_j com componentes ω_{1j}, ω_{2j} e ω_{3j}. (Utilizamos o subscrito no vetor $\boldsymbol{\omega}$ e o segundo subscrito nas componentes de ω para designar o momento principal no qual estamos interessados.) Para o m-ésimo momento principal, temos

$$L_{im} = I_m \omega_{im} \tag{11.79}$$

Em termos dos elementos do tensor de momento de inércia, também temos

$$L_{im} = \sum_k I_{ik} \omega_{km} \tag{11.80}$$

Combinando essas duas relações, temos

$$\sum_k I_{ik} \omega_{km} = I_m \omega_{im} \tag{11.81a}$$

De modo similar, podemos escrever para o n-ésimo momento principal:

$$\sum_i I_{ki} \omega_{in} = I_n \omega_{kn} \tag{11.81b}$$

---

[10] Uma *grande* folha de papel deverá ser utilizada!

392 Dinâmica clássica de partículas e sistemas

Se multiplicarmos a Equação 11.81a por ω_{in} e somar sobre i e, a seguir, multiplicar a Equação 11.81b por ω_{km} e somar sobre k, temos

$$\left.\begin{array}{l} \sum_{i,k} I_{ik}\,\omega_{km}\,\omega_{in} = \sum_i I_m\,\omega_{im}\,\omega_{in} \\[2mm] \sum_{i,k} I_{ki}\,\omega_{in}\,\omega_{km} = \sum_k I_n\,\omega_{kn}\,\omega_{km} \end{array}\right\} \qquad (11.82)$$

Os lados esquerdos dessas equações são idênticos, pelo fato de o tensor de inércia ser simétrico ($I_{ik} = I_{ki}$). Portanto, ao subtrair a segunda equação da primeira, temos

$$I_m \sum_i \omega_{im}\,\omega_{in} - I_n \sum_k \omega_{km}\,\omega_{kn} = 0 \qquad (11.83)$$

Pelo fato de i e k serem ambos índices falsos, podemos substituí-los por l e obter

$$(I_m - I_n)\sum_l \omega_{lm}\,\omega_{ln} = 0 \qquad (11.84)$$

Por hipótese, os momentos principais são distintos, de modo que $I_m \neq I_n$. Portanto, a Equação 11.84 poderá ser satisfeita somente se

$$\sum_l \omega_{lm}\,\omega_{ln} = 0 \qquad (11.85)$$

Porém, esta somatória é justamente a definição do produto escalar dos vetores $\boldsymbol{\omega}_m$ e $\boldsymbol{\omega}_n$. Assim,

$$\boldsymbol{\omega}_m \cdot \boldsymbol{\omega}_n = 0 \qquad (11.86)$$

Uma vez que os momentos principais I_m e I_n tenham sido escolhidos de forma arbitrária do conjunto de três momentos, concluímos que cada par de eixos principais é perpendicular. Portanto, os três eixos principais constituem um conjunto ortogonal.

Se existirem duas raízes da equação secular, de modo que os momentos principais sejam I_1, $I_2 = I_3$, a análise precedente mostra que os vetores de velocidade vetorial angular satisfazem as relações,

$$\boldsymbol{\omega}_1 \perp \boldsymbol{\omega}_2, \qquad \boldsymbol{\omega}_1 \perp \boldsymbol{\omega}_3$$

porém nada pode ser dito em relação ao ângulo entre $\boldsymbol{\omega}_2$ e $\boldsymbol{\omega}_3$. Apenas o fato de que implica que o corpo possui um eixo de simetria $I_2 = I_3$. Portanto, $\boldsymbol{\omega}_1$ se encontra ao longo do eixo de simetria, e $\boldsymbol{\omega}_2$ e $\boldsymbol{\omega}_3$ só precisam repousar no plano perpendicular a $\boldsymbol{\omega}_1$. Consequentemente, não existe nenhuma perda de generalidade se também escolhermos $\boldsymbol{\omega}_2 \perp \boldsymbol{\omega}_3$.. Desse modo, os eixos principais de um corpo rígido com um eixo de simetria também podem ser escolhidos como sendo um conjunto ortogonal.

Demonstramos anteriormente que os momentos de inércia principais são obtidos como as raízes da equação secular – uma equação cúbica. Matematicamente, no mínimo uma das raízes de uma equação cúbica deverá ser real, porém, podem existir duas raízes imaginárias. Se os procedimentos de diagonalização do tensor de inércia devem ser fisicamente significativos, devemos sempre obter somente valores reais para os momentos principais. Podemos demonstrar da forma a seguir que este é um resultado geral. Em primeiro lugar, suponha que as raízes são complexas e utilize um procedimento similar àquele utilizado na prova precedente. Porém, agora devemos também permitir que as quantidades ω_{km} se tornem complexas. Não existe nenhum motivo matemático para que não façamos isso e não estamos interessados em nenhuma interpretação física dessas quantidades. Portanto, escrevemos a Equação 11.81a como antes, mas extraímos os conjugados dos números complexos da Equação 11.81b:

CAPÍTULO 11 – Dinâmica de corpos rígidos   **393**

$$\left.\begin{array}{l} \sum_k I_{ik}\omega_{km} = I_m\omega_{im} \\ \sum_i I_{ki}^*\omega_{in}^* = I_n^*\omega_{kn}^* \end{array}\right\} \tag{11.87}$$

A seguir, multiplicamos a primeira dessas equações por ω_{im}^* e somamos sobre i, e multiplicamos a segunda por ω_{km} e somamos sobre k. O tensor de inércia é simétrico e seus elementos são todos reais, de modo que $I_{ik} = I_{ki}^*$. Portanto, subtraindo a segunda dessas equações da primeira, encontramos

$$(I_m - I_n^*)\sum_l \omega_{lm}\omega_{ln}^* = 0 \tag{11.88}$$

Para o caso $m = n$, temos

$$(I_m - I_m^*)\sum_l \omega_{lm}\omega_{lm}^* = 0 \tag{11.89}$$

A soma é justamente a definição do produto escalar $\boldsymbol{\omega}_m$ entre $\boldsymbol{\omega}_m^*$:

$$\boldsymbol{\omega}_m \cdot \boldsymbol{\omega}_m^* = |\boldsymbol{\omega}_m|^2 \geq 0 \tag{11.90}$$

Portanto, a magnitude ao quadrado de ω_m é, em geral, positiva, e $I_m - I_n^*$ deve ser verdadeira para satisfazer a Equação 11.89. Se uma quantidade e seu conjugado de número complexo forem iguais, as partes imaginárias deverão se anular identicamente. Desse modo, os momentos de inércia principais são todos reais. Pelo fato de $\{I\}$ ser real, os vetores $\boldsymbol{\omega}_m$ também deverão ser reais.

Se $m \neq n$ na Equação 11.88 e se $I_m \neq I_n$, a equação poderá ser satisfeita somente se $\boldsymbol{\omega}_m \cdot \boldsymbol{\omega}_n = 0$, ou seja, esses vetores são ortogonais, como antes.

Em todas as demonstrações efetuadas nesta seção, fizemos referência ao tensor de inércia. Porém, o exame dessas demonstrações revela que somente as propriedades do tensor de inércia que realmente foram utilizadas são os fatos de que o tensor é simétrico e os elementos são reais. Portanto, podemos concluir que qualquer tensor[11] simétrico real tem as propriedades abaixo:

1. A diagonalização poderá ser obtida por meio de rotação apropriada dos eixos, ou seja, uma transformação de similaridade.
2. Os autovalores[12] são obtidos como raízes do determinante secular e são reais.
3. Os autovetores são reais e ortogonais.

11.8 Ângulos de Euler

A transformação de um sistema de coordenadas em outro pode ser representada por uma equação matricial da forma

$$\mathbf{x} = \boldsymbol{\lambda}\mathbf{x}'$$

Se identificarmos o sistema fixo com $\mathbf{x}'$ e o sistema do corpo com $\mathbf{x}$, a matriz de rotação $\boldsymbol{\lambda}$ descreverá totalmente a orientação relativa dos dois sistemas. A matriz de rotação $\boldsymbol{\lambda}$ contém

---

[11] Para sermos mais precisos, precisamos somente que os elementos do tensor obedeçam a relação $I_{ik} = I_{ki}^*$; desse modo, permitimos a possibilidade de quantidades complexas. Tensores (e matrizes) com essa propriedade são denominados **Hermitianos**.
[12] Os termos autovalores e autovetores são os nomes genéricos das quantidades, que, no caso do tensor de inércia, constituem os momentos principais e os eixos principais, respectivamente. Reencontraremos esses termos na discussão de pequenas oscilações no Capítulo 12.

três ângulos independentes. Existem muitas opções possíveis para esses ângulos. Achamos conveniente utilizar os **ângulos de Euler**[13] ϕ, θ, e ψ.

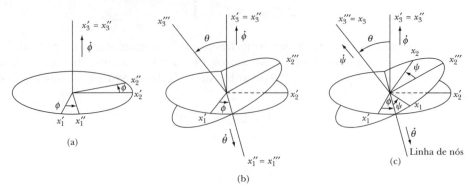

FIGURA 11.9 Os ângulos de Euler são utilizados para girar do sistema x_i' para o sistema x_i. (a) A primeira rotação é no sentido anti-horário por um ângulo ϕ em torno do eixo x_3'. (b) A segunda rotação é no sentido anti-horário por um ângulo θ em torno do eixo x_1. (c) A terceira rotação é no sentido anti-horário por um ângulo ψ em torno do eixo x_3'''.

Os ângulos de Euler são gerados nas séries de rotações a seguir, que levam o sistema x_i' para o sistema x_i.[14]

1. A primeira rotação é no sentido anti-horário por um ângulo ϕ em torno do eixo x_3' (Figura 11.9a) para transformar x_i' em x_i''. Pelo fato de a rotação ocorrer no plano x_2'-x_3', a matriz de transformação é

$$\boldsymbol{\lambda}_\phi = \begin{pmatrix} \cos\phi & \sen\phi & 0 \\ -\sen\phi & \cos\phi & 0 \\ 0 & 0 & 1 \end{pmatrix} \quad (11.91)$$

e

$$\mathbf{x}'' = \boldsymbol{\lambda}_\phi \mathbf{x}' \quad (11.92)$$

2. A segunda rotação é no sentido anti-horário por um ângulo θ em torno do eixo x_i'' (Figura 11.9ab) para transformar x_i'' em x_i'''. Como a rotação ocorre agora no plano x_2'-x_3', a matriz de transformação é

$$\boldsymbol{\lambda}_\theta = \begin{pmatrix} 1 & 0 & 0 \\ 0 & \cos\theta & \sen\theta \\ 0 & -\sen\theta & \cos\theta \end{pmatrix} \quad (11.93)$$

e

$$\mathbf{x}''' = \boldsymbol{\lambda}_\theta \mathbf{x}'' \quad (11.94)$$

3. A terceira rotação é no sentido anti-horário por um ângulo ψ em torno do eixo x_3''' (Figura 11.9c) para transformar x_i''' em x_i. A matriz de transformação é

$$\boldsymbol{\lambda}_\psi = \begin{pmatrix} \cos\psi & \sen\psi & 0 \\ -\sen\psi & \cos\psi & 0 \\ 0 & 0 & 1 \end{pmatrix} \quad (11.95)$$

---

[13] O esquema de rotação de Euler foi primeiramente publicado em 1776.
[14] Não existe uma concordância universal sobre as designações dos ângulos de Euler e a forma na qual eles são gerados. Portanto, deve-se tomar algum cuidado na comparação de quaisquer resultados de fontes diferentes. A notação aqui utilizada é a mais comumente encontrada em textos modernos.

e

$$\mathbf{x} = \boldsymbol{\lambda}_\psi \mathbf{x}'' \tag{11.96}$$

A linha comum aos planos contendo os eixos x_1 e x_2, e os eixos x_1' e x_2', é chamada de **linha de nós**. A transformação completa do sistema x_i' para o sistema x_i é fornecida por

$$\mathbf{x} = \boldsymbol{\lambda}_\psi \mathbf{x}''' = \boldsymbol{\lambda}_\psi \boldsymbol{\lambda}_\theta \mathbf{x}''$$
$$= \boldsymbol{\lambda}_\psi \boldsymbol{\lambda}_\theta \boldsymbol{\lambda}_\phi \mathbf{x}' \tag{11.97}$$

e a matriz de rotação $\boldsymbol{\lambda}$ é

$$\boldsymbol{\lambda} = \boldsymbol{\lambda}_\psi \boldsymbol{\lambda}_\theta \boldsymbol{\lambda}_\phi \tag{11.98}$$

As componentes dessa matriz são

$$\left.\begin{aligned}
\lambda_{11} &= \cos\psi\cos\phi - \cos\theta\,\text{sen}\,\phi\,\text{sen}\,\psi \\
\lambda_{21} &= -\text{sen}\,\psi\cos\phi - \cos\theta\,\text{sen}\,\phi\cos\psi \\
\lambda_{31} &= \text{sen}\,\theta\,\text{sen}\,\phi \\
\lambda_{12} &= \cos\psi\,\text{sen}\,\phi + \cos\theta\cos\phi\,\text{sen}\,\psi \\
\lambda_{22} &= -\text{sen}\,\psi\,\text{sen}\,\phi + \cos\theta\cos\phi\cos\psi \\
\lambda_{32} &= -\text{sen}\,\theta\cos\phi \\
\lambda_{13} &= \text{sen}\,\psi\,\text{sen}\,\theta \\
\lambda_{23} &= \cos\psi\,\text{sen}\,\theta \\
\lambda_{33} &= \cos\theta
\end{aligned}\right\} \tag{11.99}$$

(As componentes λ_{ij} estão deslocadas em relação à equação precedente para ajudar na visualização da matriz $\boldsymbol{\lambda}$ inteira.)

Pelo fato de podermos associar um vetor a uma rotação infinitesimal, é possível associar as derivadas temporais desses ângulos de rotação com as componentes do vetor de velocidade vetorial angular $\boldsymbol{\omega}$. Desse modo,

$$\left.\begin{aligned}
\omega_\phi &= \dot\phi \\
\omega_\theta &= \dot\theta \\
\omega_\psi &= \dot\psi
\end{aligned}\right\} \tag{11.100}$$

As equações de movimento do corpo rígido são mais convenientemente expressas no sistema de coordenadas do corpo (isto é, o sistema x_i) e, portanto, devemos expressar as componentes de $\boldsymbol{\omega}$ nesse sistema. Observe que, na Figura 11.9, as velocidades vetoriais angulares $\dot\phi$, $\dot\theta$ e $\dot\psi$ são direcionadas ao longo dos eixos a seguir:

$\dot\phi$ ao longo do eixo x_3' (fixo),

$\dot\theta$ ao longo da linha de nós,

$\dot\psi$ ao longo do eixo x_3 (corpo)

As componentes dessas velocidades vetoriais angulares ao longo dos eixos de coordenadas do corpo são

$$\left.\begin{aligned}
\dot\phi_1 &= \dot\phi\,\text{sen}\,\theta\,\text{sen}\,\psi \\
\dot\phi_2 &= \dot\phi\,\text{sen}\,\theta\cos\psi \\
\dot\phi_3 &= \dot\phi\cos\theta
\end{aligned}\right\} \tag{11.101a}$$

$$\left.\begin{array}{l}\dot{\theta}_1 = \dot{\theta}\cos\psi \\ \dot{\theta}_2 = -\dot{\theta}\,\text{sen}\,\psi \\ \dot{\theta}_3 = 0\end{array}\right\} \quad (11.101b)$$

$$\left.\begin{array}{l}\dot{\psi}_1 = 0 \\ \dot{\psi}_2 = 0 \\ \dot{\psi}_3 = \dot{\psi}\end{array}\right\} \quad (11.101c)$$

Juntando as componentes individuais de **ω**, temos, finalmente,

$$\boxed{\begin{array}{l}\omega_1 = \dot{\phi}_1 + \dot{\theta}_1 + \dot{\psi}_1 = \dot{\phi}\,\text{sen}\,\theta\,\text{sen}\,\psi + \dot{\theta}\cos\psi \\ \omega_2 = \dot{\phi}_2 + \dot{\theta}_2 + \dot{\psi}_2 = \dot{\phi}\,\text{sen}\,\theta\cos\psi - \dot{\theta}\,\text{sen}\,\psi \\ \omega_3 = \dot{\phi}_3 + \dot{\theta}_3 + \dot{\psi}_3 = \dot{\phi}\cos\theta + \dot{\psi}\end{array}} \quad (11.102)$$

Essas relações serão utilizadas posteriormente na expressão das componentes da quantidade de movimento angular no sistema de coordenadas do corpo.

EXEMPLO 11.9

Usando os ângulos de Euler, determine a transformação que move o eixo original x_1' - para o plano x_2' - x_3' a meio caminho entre x_2' e x_3', e move x_2' perpendicular ao plano x_2' - x_3' (Figura 11.10).

Solução. A chave das transformações utilizando ângulos de Euler é a segunda rotação em torno da linha de nós, pois esta única rotação deverá mover x_3' para x_3. Do enunciado do problema, x_3 deve estar no plano x_2' - x_3', rotacionado por 45° a partir de x_3'. A primeira rotação deverá mover x_1' para x_1'' para obter a posição correta para girar $x_3' = x_3''$ para $x_3'''' = x_3$.

Nesse caso, $x_3' = x_3''$ é girado por $\theta = 45°$ em torno do eixo original $x_1' = x_1''$, de modo que $\phi = 0$ e

$$\boldsymbol{\lambda}_\phi = 1 \quad (11.103)$$

$$\boldsymbol{\lambda}_\theta = \begin{pmatrix} 1 & 0 & 0 \\ 0 & 1/\sqrt{2} & 1/\sqrt{2} \\ 0 & -1/\sqrt{2} & 1/\sqrt{2} \end{pmatrix} \quad (11.104)$$

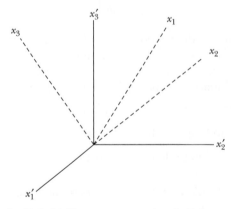

FIGURA 11.10 Exemplo 11.9. Utilizamos os ângulos de Euler para girar o sistema x_i' para o sistema x_i.

CAPÍTULO 11 – Dinâmica de corpos rígidos **397**

A última rotação, $\psi = 90°$, move $x_1' = x_1'' = x_1'''$ para x_1 até a posição desejada no plano x_2-x_3 original.

$$\boldsymbol{\lambda}_\psi = \begin{pmatrix} 0 & 1 & 0 \\ -1 & 0 & 0 \\ 0 & 0 & 1 \end{pmatrix} \tag{11.105}$$

A matriz de transformação $\boldsymbol{\lambda}$ é $\boldsymbol{\lambda} = \boldsymbol{\lambda}_\psi \boldsymbol{\lambda}_\theta \boldsymbol{\lambda}_\phi = \boldsymbol{\lambda}_\psi \boldsymbol{\lambda}_\theta$:

$$\boldsymbol{\lambda} = \begin{pmatrix} 0 & 1 & 0 \\ -1 & 0 & 0 \\ 0 & 0 & 1 \end{pmatrix} \begin{pmatrix} 1 & 0 & 0 \\ 0 & 1/\sqrt{2} & 1/\sqrt{2} \\ 0 & -1/\sqrt{2} & 1/\sqrt{2} \end{pmatrix}$$

$$\boldsymbol{\lambda} = \begin{pmatrix} 0 & 1/\sqrt{2} & 1/\sqrt{2} \\ -1 & 0 & 0 \\ 0 & -1/\sqrt{2} & 1/\sqrt{2} \end{pmatrix} \tag{11.106}$$

A comparação de direção entre os eixos x_1 e x_1' mostra que $\boldsymbol{\lambda}$ representa uma única rotação descrevendo a transformação.

11.9 Equações de Euler para um corpo rígido

Vamos considerar primeiro o movimento livre de força de um corpo rígido. Nesse caso, a energia potencial U se anula e a lagrangiana L torna-se idêntica à energia cinética rotacional T.[15] Se escolhermos os eixos x_i para corresponder aos eixos principais do corpo, então, da Equação 11.35, temos

$$T = \frac{1}{2} \sum_i I_i \omega_i^2 \tag{11.107}$$

Se escolhermos os ângulos de Euler como coordenadas generalizadas, a equação de Lagrange para a coordenada ψ é

$$\frac{\partial T}{\partial \psi} - \frac{d}{dt} \frac{\partial T}{\partial \dot{\psi}} = 0 \tag{11.108}$$

que pode ser expressa como

$$\sum_i \frac{\partial T}{\partial \omega_i} \frac{\partial \omega_i}{\partial \psi} - \frac{d}{dt} \sum_i \frac{\partial T}{\partial \omega_i} \frac{\partial \omega_i}{\partial \dot{\psi}} = 0 \tag{11.109}$$

Se diferenciarmos as componentes de $\boldsymbol{\omega}$ (Equação 11.102) em relação a ψ e $\dot{\psi}$, temos

$$\left. \begin{aligned} \frac{\partial \omega_1}{\partial \psi} &= \dot{\phi} \operatorname{sen} \theta \cos \psi - \dot{\theta} \operatorname{sen} \psi = \omega_2 \\ \frac{\partial \omega_2}{\partial \psi} &= -\dot{\phi} \operatorname{sen} \theta \operatorname{sen} \psi - \dot{\theta} \cos \psi = -\omega_1 \\ \frac{\partial \omega_3}{\partial \psi} &= 0 \end{aligned} \right\} \tag{11.110}$$

---

[15] Devido ao movimento livre, a energia cinética de translação não é importante para o nosso objetivo. Nós podemos sempre transformar para um sistema de coordenadas na qual o centro de massa está referenciado.

398 Dinâmica clássica de partículas e sistemas

e

$$\left.\begin{array}{l} \dfrac{\partial \omega_1}{\partial \dot{\psi}} = \dfrac{\partial \omega_2}{\partial \dot{\psi}} = 0 \\[3mm] \dfrac{\partial \omega_3}{\partial \dot{\psi}} = 1 \end{array}\right\} \tag{11.111}$$

Da Equação 11.107, temos

$$\frac{\partial T}{\partial \omega_i} = I_i \omega_i \tag{11.112}$$

Portanto, a Equação 11.109 se torna

$$I_1 \omega_1 \omega_2 + I_2 \omega_2 (-\omega_1) - \frac{d}{dt} I_3 \omega_3 = 0$$

ou

$$(I_1 - I_2)\omega_1 \omega_2 - I_3 \dot{\omega}_3 = 0 \tag{11.113}$$

Uma vez que a designação de qualquer eixo particular como o eixo é inteiramente arbitrário, a Equação 11.113 pode ser permutada para se obter relações para $\dot{\omega}_1$ e $\dot{\omega}_2$:

$$\left.\begin{array}{l} (I_2 - I_3)\omega_2 \omega_3 - I_1 \dot{\omega}_1 = 0 \\ (I_3 - I_1)\omega_3 \omega_1 - I_2 \dot{\omega}_2 = 0 \\ (I_1 - I_2)\omega_1 \omega_2 - I_3 \dot{\omega}_3 = 0 \end{array}\right\} \tag{11.114}$$

As Equações 11.114 são chamadas de **equações de Euler** para movimento livre de força.[16] Deve-se observar que, apesar da Equação 11.113 para $\dot{\omega}_3$ ser de fato a equação de Lagrange para a coordenada ψ, as equações de Euler para $\dot{\omega}_1$ e $\dot{\omega}_2$ não são as equações de Lagrange para θ e ϕ.

Para se obter as equações de Euler do movimento em um campo de força, podemos começar com a relação fundamental (veja a Equação 2.83) do torque $\mathbf{N}$:

$$\left(\frac{d\mathbf{L}}{dt}\right)_{\text{fixo}} = \mathbf{N} \tag{11.115}$$

onde a designação "fixo" foi explicitamente anexada em $\dot{\mathbf{L}}$ porque esta relação deriva da equação de Newton, sendo, portanto, válida somente em um sistema de referência inercial. Da Equação 10.12, temos

$$\left(\frac{d\mathbf{L}}{dt}\right)_{\text{fixo}} = \left(\frac{d\mathbf{L}}{dt}\right)_{\text{corpo}} + \boldsymbol{\omega} \times \mathbf{L} \tag{11.116}$$

ou

$$\left(\frac{d\mathbf{L}}{dt}\right)_{\text{corpo}} + \boldsymbol{\omega} \times \mathbf{L} = \mathbf{N} \tag{11.117}$$

A componente dessa equação ao longo do eixo x_3 (observe que este é um eixo do *corpo*) é

$$\dot{L}_3 + \omega_1 L_2 - \omega_2 L_1 = N_3 \tag{11.118}$$

Porém, já que escolhemos os eixos para coincidirem com os eixos principais do corpo, temos, da Equação 11.34,

$$L_i = I_i \omega_i$$

---

[16] Leonard Euler, 1758.

de modo que,

$$I_3\dot{\omega}_3 - (I_1 - I_2)\omega_1\omega_2 = N_3 \tag{11.119}$$

Permutando os subscritos, podemos expressar as três componentes de **N**:

$$\left.\begin{array}{l} I_1\dot{\omega}_1 - (I_2 - I_3)\omega_2\omega_3 = N_1 \\ I_2\dot{\omega}_2 - (I_3 - I_1)\omega_3\omega_1 = N_2 \\ I_3\dot{\omega}_3 - (I_1 - I_2)\omega_1\omega_2 = N_3 \end{array}\right\} \tag{11.120}$$

Utilizando o símbolo da permutação, podemos escrever, em geral

$$\boxed{(I_i - I_j)\omega_i\omega_j - \sum_k (I_k\dot{\omega}_k - N_k)\varepsilon_{ijk} = 0} \tag{11.121}$$

As Equações 11.120 e 11.121 são as equações de Euler desejadas para o movimento de um corpo rígido em um campo de força.

O movimento de um corpo rígido depende da estrutura do corpo somente por três números I_1, I_2 e I_3, ou seja, os momentos de inércia principais. Desse modo, quaisquer dois corpos com os mesmos momentos principais se movem exatamente da mesma maneira, independente do fato de terem eventualmente formas muito diferentes. (Entretanto, efeitos como o retardo por atrito podem depender da forma de um corpo.) A forma geométrica mais simples que um corpo com três momentos principais pode ter é a de uma elipsoide homogênea. O movimento de qualquer corpo rígido pode, portanto, ser representado pelo movimento da **elipsoide equivalente**.[17] O tratamento da dinâmica de corpos rígidos sob este ponto de vista foi desenvolvido por Poinsot em 1834. A **construção de Poinsot** é algumas vezes útil para ilustrar geometricamente o movimento de um corpo rígido.[18]

EXEMPLO 11.10

Considere os halteres da Seção 11.4. Determine a quantidade de movimento angular do sistema e o torque necessário para manter o movimento mostrado nas Figuras 11.4 e 11.11.

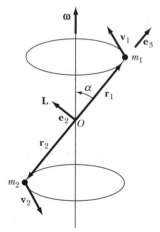

FIGURA 11.11 Exemplo 11.10. Os halteres com massas m_1 e m_2 nas extremidades de seus eixos têm uma quantidade de movimento angular **L** perpendicular ao eixo e **L** gira em torno de **ω**. O eixo mantém um ângulo α com **ω**.

---

[17] A elipsoide de momento foi introduzida pelo matemático francês Baron Augustin Louis Cauchy (1789–1857) em 1827.
[18] Veja, por exemplo, Goldstein (Go80, p. 205).

400 Dinâmica clássica de partículas e sistemas

Solução. Considere $|\mathbf{r}_1| = |\mathbf{r}_2| = b$. Considere que o sistema de coordenadas fixas do corpo tem sua origem em O e que o eixo de simetria x_3 esteja ao longo do eixo de peso desprezível, na direção de m_1.

$$L = \sum_\alpha m_\alpha \mathbf{r}_\alpha \times \mathbf{v}_\alpha \tag{11.122}$$

Como $\mathbf{L}$ é perpendicular ao eixo e gira em torno de $\boldsymbol{\omega}$ à medida que o eixo gira, considere como $\mathbf{e}_2$ estando ao longo de $\mathbf{L}$:

$$\mathbf{L} = L_2\mathbf{e}_2 \tag{11.123}$$

Se α é o ângulo entre $\boldsymbol{\omega}$ e o eixo, as componentes de $\boldsymbol{\omega}$ são

$$\left.\begin{aligned} \omega_1 &= 0 \\ \omega_2 &= \omega \operatorname{sen}\alpha \\ \omega_3 &= \omega \cos\alpha \end{aligned}\right\} \tag{11.124}$$

Os principais eixos são x_1, x_2 e x_3, e os momentos de inércia principais são, da Equação 11.13a,

$$\left.\begin{aligned} I_1 &= (m_1 + m_2)b^2 \\ I_2 &= (m_1 + m_2)b^2 \\ I_3 &= 0 \end{aligned}\right\} \tag{11.125}$$

Combinando as Equações 11.124 e 11.125

$$\left.\begin{aligned} L_1 &= I_1\omega_1 = 0 \\ L_2 &= I_2\omega_2 = (m_1 + m_2)b^2\omega \operatorname{sen}\alpha \\ L_3 &= I_3\omega_3 = 0 \end{aligned}\right\} \tag{11.126}$$

o que concorda com a Equação 11.123.

Utilizando as equações de Euler (Equação 11.120) e $\dot{\omega} = 0$, as componentes do torque são

$$\left.\begin{aligned} N_1 &= -(m_1 + m_2)b^2\omega^2 \operatorname{sen}\alpha \cos\alpha \\ N_2 &= 0 \\ N_3 &= 0 \end{aligned}\right\} \tag{11.127}$$

O torque necessário para manter o movimento se $\dot{\omega} = 0$ estiver direcionado ao longo do eixo x_1.

11.10 Movimento livre de força de um pião simétrico

Se considerarmos um pião simétrico, ou seja, um corpo rígido com $I_1 = I_2 \neq I_3$, as equações de Euler livres de força (Equação 11.114) se tornam

$$\left.\begin{aligned} (I_1 - I_3)\omega_2\omega_3 - I_1\dot{\omega}_1 &= 0 \\ (I_3 - I_1)\omega_3\omega_1 - I_1\dot{\omega}_2 &= 0 \\ I_3\dot{\omega}_3 &= 0 \end{aligned}\right\} \tag{11.128}$$

onde I_1 foi substituído por I_2. Pelo fato de o movimento livre de força do centro de massa do corpo estar em repouso ou em movimento uniforme em relação ao sistema de referência fixa ou inercial, podemos, sem perda de generalidade, especificar que o centro de massa do corpo

CAPÍTULO 11 – Dinâmica de corpos rígidos **401**

está em repouso e localizado na origem do sistema de coordenadas fixa. Consideramos o caso no qual o vetor da velocidade vetorial angular **ω** não se encontra ao longo de um eixo principal do corpo; caso contrário, o movimento será trivial.

O primeiro resultado do movimento decorre da terceira parte das Equações 11.128, $\dot{\omega}_3 = 0$, ou

$$\omega_3(t) = \text{const.} \tag{11.129}$$

As primeiras duas partes da Equação 11.128 podem ser expressas como

$$\left.\begin{array}{l} \dot{\omega}_1 = -\left(\dfrac{I_3 - I_1}{I_1}\omega_3\right)\omega_2 \\[3mm] \dot{\omega}_2 = \left(\dfrac{I_3 - I_1}{I_1}\omega_3\right)\omega_1 \end{array}\right\} \tag{11.130}$$

Uma vez que os termos entre parênteses são idênticos e compostos por constantes, podemos definir

$$\Omega \equiv \frac{I_3 - I_1}{I_1}\omega_3 \tag{11.131}$$

de modo que

$$\left.\begin{array}{l} \dot{\omega}_1 + \Omega\omega_2 = 0 \\[2mm] \dot{\omega}_2 - \Omega\omega_1 = 0 \end{array}\right\} \tag{11.132}$$

Essas são equações acopladas de forma familiar e podemos obter uma solução multiplicando a segunda equação por i e adicionando na primeira:

$$(\dot{\omega}_1 + i\dot{\omega}_2) - i\Omega(\omega_1 + i\omega_2) = 0 \tag{11.133}$$

Se definimos

$$\eta \equiv \omega_1 + i\omega_2 \tag{11.134}$$

então

$$\dot{\eta} - i\Omega\eta = 0 \tag{11.135}$$

com solução[19]

$$\eta(t) = Ae^{i\Omega t} \tag{11.136}$$

Desse modo,

$$\omega_1 + i\omega_2 = A\cos\Omega t + iA\,\text{sen}\,\Omega t \tag{11.137}$$

e, portanto,

$$\left.\begin{array}{l} \omega_1(t) = A\cos\Omega t \\[2mm] \omega_2(t) = A\,\text{sen}\,\Omega t \end{array}\right\} \tag{11.138}$$

Pelo fato de $\omega_3 =$ constante, observamos que a magnitude de **ω** também é constante:

$$|\boldsymbol{\omega}| = \omega = \sqrt{\omega_1^2 + \omega_2^2 + \omega_3^2} = \sqrt{A^2 + \omega_3^2} = \text{constante} \tag{11.139}$$

---

[19] Em geral, o coeficiente constante é complexo, de modo que teremos que expressar A exp($i\delta$) de forma apropriada. Entretanto, para fins de simplicidade, definimos a fase δ igual a zero. Isso poderá sempre ser feito escolhendo-se um instante apropriado para chamar $t = 0$.

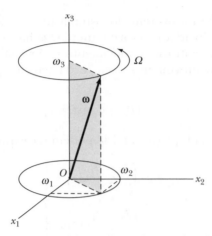

FIGURA 11.12 A velocidade vetorial angular **ω** de um pião simétrico livre de força efetua precessão com velocidade vetorial angular constante Ω em torno do eixo simétrico x_3 do corpo. Desse modo, **ω** traça um cone em torno do eixo simétrico do corpo.

As Equações 11.138 são as equações paramétricas de um círculo, de modo que a projeção do vetor **ω** (que é de magnitude constante) sobre o plano x_1-x_2 descreve um círculo com o tempo (Figura 11.12).

O eixo x_3 é o eixo de simetria do corpo, de modo que determinamos que o vetor da velocidade vetorial angular **ω** gira ou efetua *precessão* em torno do eixo x_3 do corpo, com frequência angular constante Ω. Desse modo, para um observador no sistema de coordenadas do corpo, **ω** traça um cone em torno do eixo de simetria do corpo, denominado **cone do corpo**.

Como estamos considerando o movimento livre de força, o vetor da quantidade de movimento angular **L** é estacionário no sistema de coordenadas fixa e constante no tempo. Uma constante adicional do movimento para o caso livre de força é a energia cinética ou, em particular, pelo fato de o centro de massa do corpo se encontrar fixo, a energia cinética *rotacional* é constante:

$$T_{\text{rot}} = \frac{1}{2}\, \boldsymbol{\omega} \cdot \mathbf{L} = \text{constante} \tag{11.140}$$

Porém, temos **L** = constante, de modo que **ω** deverá se mover de tal forma que sua projeção no vetor estacionário da quantidade de movimento é constante. Desse modo, **ω** efetua precessão em torno de **L** e faz um ângulo constante com o vetor **L**. Nesse caso, **L**, **ω** e o eixo x_3 (corpo) (isto é, o vetor unitário $\mathbf{e}_3$) repousam em um *plano*. Podemos demonstrar isso provando que: $\mathbf{L} \cdot (\boldsymbol{\omega} \times \mathbf{e}_3) = 0$. Em primeiro lugar, $\boldsymbol{\omega} \times \mathbf{e}_3 = \omega_2 \mathbf{e}_1 - \omega_1 \mathbf{e}_2$. Se considerarmos o produto escalar deste resultado com **L**, temos $\mathbf{L} \cdot (\boldsymbol{\omega} \times \mathbf{e}_3) = I_1 \omega_1 \omega_2 - I_2 \omega_1 \omega_2 = 0$, pois $I_1 = I_2$ para o pião simétrico. Portanto, se designarmos o eixo x_3' no sistema de coordenadas fixo para coincidir com **L**, então, para um observador no sistema fixo, ω traçará um cone em torno do eixo fixo x_3', denominado **cone de espaço**. A situação é então descrita (Figura 11.13) por um cone rolando sobre outro, de modo que **ω** efetua precessão em torno do eixo x_3 no sistema do corpo e em torno do eixo x_3' (ou **L**) no sistema fixo no espaço.

A taxa na qual **ω** efetua precessão em torno do eixo de simetria é fornecida pela Equação 11.131:

$$\Omega = \frac{I_3 - I_1}{I_1}\, \omega_3$$

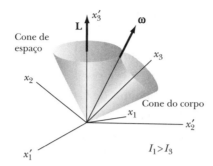

FIGURA 11.13 Consideremos a quantidade de movimento angular **L** como sendo ao longo do eixo fixo x_3'. A velocidade vetorial angular **ω** traça o **cone do corpo** à medida que efetua a precessão em torno do eixo x_3 no sistema do corpo, e traça o **cone de espaço** à medida que eftua a precessão em torno do eixo x_3' no sistema fixo do espaço. Podemos imaginar o cone do corpo rolando em torno do cone de espaço.

Se $I_1 \cong I_3$,, então Ω se torna muito pequeno se comparado com ω_3. A Terra é ligeiramente achatada nas proximidades dos polos,[20] de modo que sua forma pode ser aproximada de uma esferoide oblonga com $I_1 \cong I_3$, mas com $I_3 > I_1$. Se considerarmos a Terra como sendo um corpo rígido, os momentos I_1 e I_3 terão valores de tal forma que $\Omega \cong \omega_3/300$. Pelo fato do período de rotação da Terra ser $2\pi/\Omega$ = um dia e como $\omega_3 \cong \omega$, o período previsto para a precessão do eixo de rotação é $2\pi/\Omega \cong 300$ dias. A precessão observada tem um período irregular aproximadamente 50% maior do que o previsto na base dessa teoria simples. O desvio é atribuído aos fatos de que a (1) Terra não é um corpo rígido e (2) a forma não é exatamente aquela de uma esferoide oblonga, mas ela tem uma deformação de alta ordem e realmente lembra o formato de uma pera achatada.

O "abaulamento" equatorial da Terra combinado ao fato de que o eixo de rotação da Terra tem uma inclinação em ângulo aproximado de 23,5° em relação ao plano da órbita da Terra em torno do Sol (o **plano da eclíptica**) produz um torque gravitacional (provocado pelo Sol e pela Lua), que produz uma precessão lenta do eixo da Terra. O período desse movimento de precessão é de aproximadamente 26.000 anos. Desse modo, em épocas diferentes, diferentes estrelas se tornam a "estrela polar".[21]

EXEMPLO 11.11

Demonstre que o movimento ilustrado na Figura 11.13 realmente se relaciona ao movimento de um objeto prolato, como uma haste alongada ($I_1 > I_3$), ao passo que, para um disco chato ($I_3 > I_1$), o cone de espaço estaria dentro do cone do corpo, e não fora dele.

Solução. Se **L** se encontra ao longo de x_3', o ângulo de Euler θ (entre os eixos x_3 e x_3') é o ângulo entre **L** e o eixo x_3. Em um determinado instante, alinhamos e_2 para ficar no plano definido por **L**, **ω** e e_3. Então, nesse mesmo instante,

$$\left. \begin{array}{l} L_1 = 0 \\ L_2 = L \operatorname{sen} \theta \\ L_3 = L \cos \theta \end{array} \right\} \qquad (11.141)$$

---

[20] O achatamento nos polos foi demonstrado por Newton como sendo provocado pela rotação da Terra. O movimento de precessão resultante foi primeiramente calculado por Euler.
[21] Essa precessão dos equinócios foi aparentemente descoberta pelo astrônomo babilônico Cidenas em torno de 343 a.C.

Considere α como sendo o ângulo entre **ω** e o eixo x_3. Então, nesse mesmo instante, temos

$$\left. \begin{array}{l} \omega_1 = 0 \\ \omega_2 = \omega \operatorname{sen} \alpha \\ \omega_3 = \omega \cos \alpha \end{array} \right\} \quad (11.142)$$

Podemos também determinar as componentes de **L** da Equação 11.34:

$$\left. \begin{array}{l} L_1 = I_1 \omega_1 = 0 \\ L_2 = I_1 \omega_2 = I_1 \omega \operatorname{sen} \alpha \\ L_3 = I_3 \omega_3 = I_3 \omega \cos \alpha \end{array} \right\} \quad (11.143)$$

Podemos obter a razão L_2/L_3 das Equações 11.141 e 11.143,

$$\frac{L_2}{L_3} = \operatorname{tg} \ \theta = \frac{I_1}{I_3} \operatorname{tg} \ \alpha \quad (11.144)$$

de modo que temos

Esferoide prolata[22]

$$I_1 > I_3, \quad \theta > \alpha \quad (11.145a)$$

Esferoide oblonga

$$I_3 > I_1, \quad \alpha > \theta \quad (11.145b)$$

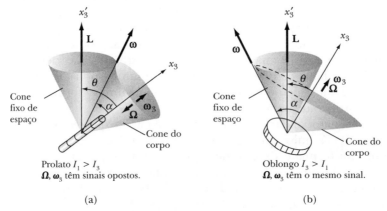

FIGURA 11.14 Exemplo 11.11. (a) Quando o corpo é prolato ($I_1 > I_3$), temos a situação aqui e na Figura 11.13. (b) Quando o corpo é oblongo ($I_3 > I_1$), o interior do cone do corpo gira em torno do lado externo do cone de espaço. O cone de espaço se encontra em repouso nos dois casos.

Os dois casos são mostrados na Figura 11.14. Da Equação 11.131, determinamos que Ω e ω_3 têm o mesmo sinal se $I_3 > I_1$, mas têm sinais opostos se $I_1 > I_3$. Desse modo, o sentido da precessão é oposto nos dois casos. Esse fato e a Equação 11.145 podem ser conciliados somente se o cone de espaço estiver fora do cone do corpo no caso do objeto prolato, mas dentro do cone no caso do objeto oblongo. A velocidade vetorial angular **ω** define ambos os cones à medida que gira em torno de **L** (cone de espaço) e do eixo de simetria x_3 (cone do corpo). A linha de contato entre os cones de espaço e do corpo é o eixo de rotação instantâneo (ao longo de **ω**). Em qualquer instante, este eixo se encontra em repouso, de modo que o cone rola em torno do cone de espaço sem escorregar. Em ambos os casos, o cone de espaço é fixo, pois **L** é constante.

---

[22] Forma de um esferoide gerado pela rotação de uma elipse em torno de um eixo. (N.R.T.)

CAPÍTULO 11 – Dinâmica de corpos rígidos **405**

EXEMPLO 11.12

Com qual velocidade vetorial angular o eixo de simetria (x_3) e $\boldsymbol{\omega}$ giram em torno da quantidade de movimento angular fixo $\mathbf{L}$?

Solução. Pelo fato de $\mathbf{e}_3$, $\boldsymbol{\omega}$ e $\mathbf{L}$ estarem no mesmo plano, $\mathbf{e}_3$ e $\boldsymbol{\omega}$ efetuam precessão em torno de $\mathbf{L}$ com a mesma velocidade vetorial angular. Na Seção 11.8, aprendemos que $\dot{\phi}$ é a velocidade vetorial angular ao longo do eixo x_3'. Se utilizarmos o mesmo instante de tempo considerado no exemplo anterior (quando $\mathbf{e}_2$ estava no plano de $\mathbf{e}_3$, $\boldsymbol{\omega}$ e $\mathbf{L}$), o ângulo de Euler $\psi = 0$, e, da Equação 11.102

$$\omega_2 = \dot{\phi}\,\mathrm{sen}\,\theta$$

e

$$\dot{\phi} = \frac{\omega_2}{\mathrm{sen}\,\theta} \tag{11.146}$$

Substituindo para ω_2 da Equação 9.126, temos

$$\dot{\phi} = \frac{\omega\,\mathrm{sen}\,\alpha}{\mathrm{sen}\,\theta} \tag{11.147}$$

Podemos reescrever $\dot{\phi}$ substituindo sen α da Equação 11.143 e sen θ da Equação 11.141:

$$\dot{\phi} = \omega\,\frac{L_2}{I_1\omega}\frac{L}{L_2} = \frac{L}{I_1} \tag{11.148}$$

11.11 Movimento de um pião simétrico com um ponto fixo

Considere um pião simétrico com a ponta mantida fixa,[23] girando em um campo gravitacional. No desenvolvimento anterior, podemos separar a energia cinética em partes translacionais e rotacionais, considerando o centro de massa do corpo como estando na origem do sistema de coordenadas em rotação ou no corpo. Como alternativa, se pudermos escolher as origens dos sistemas de coordenadas fixas e do corpo para coincidirem, a energia cinética translacional será anulada, pois $\mathbf{V} = \dot{\mathbf{R}} = 0$. Essa escolha é bastante conveniente para a discussão do pião, pois a ponta estacionária pode então ser considerada como a origem de ambos os sistemas de coordenadas. A Figura 11.15 mostra os ângulos de Euler para esta situação. O eixo x_3' (fixo) corresponde ao sentido vertical e escolhemos o eixo x_3 (corpo) como sendo o eixo de simetria do pião. A distância entre a ponta fixa e o centro de massa é h, e a massa do pião é M.

Como temos um pião simétrico, os momentos de inércia principais em torno dos eixos x_1 e x_2 são iguais: $I_1 = I_2$. Supomos $I_3 \neq I_1$. A energia cinética é então fornecida por

$$T = \frac{1}{2}\sum_i I_i\omega_i^2 = \frac{1}{2}I_1(\omega_1^2 + \omega_2^2) + \frac{1}{2}I_3\omega_3^2 \tag{11.149}$$

De acordo com a Equação 11.102, temos

$$\omega_1^2 = (\dot{\phi}\,\mathrm{sen}\,\theta\,\mathrm{sen}\,\psi + \dot{\theta}\,\cos\psi)^2$$

$$= \dot{\phi}^2\mathrm{sen}^2\,\theta\,\mathrm{sen}^2\,\psi + 2\dot{\phi}\dot{\theta}\,\mathrm{sen}\,\theta\,\mathrm{sen}\,\psi\,\cos\psi + \dot{\theta}^2\,\cos^2\psi$$

$$\omega_2^2 = (\dot{\phi}\,\mathrm{sen}\,\theta\,\cos\psi - \dot{\theta}\,\mathrm{sen}\,\psi)^2$$

$$= \dot{\phi}^2\mathrm{sen}^2\,\theta\,\cos^2\psi - 2\dot{\phi}\dot{\theta}\,\mathrm{sen}\,\theta\,\mathrm{sen}\,\psi\,\cos\psi + \dot{\theta}^2\mathrm{sen}^2\,\psi$$

---

[23] Este problema foi primeiramente resolvido em detalhes por Lagrange na obra *Mécanique analytique*.

de modo que,
$$\omega_1^2 + \omega_2^2 = \dot{\phi}^2 \operatorname{sen}^2 \theta + \dot{\theta}^2 \quad (11.150\text{a})$$

e
$$\omega_3^2 = (\dot{\phi} \cos \theta + \dot{\psi})^2 \quad (11.150\text{b})$$

Portanto,
$$T = \frac{1}{2} I_1 (\dot{\phi}^2 \operatorname{sen}^2 \theta + \dot{\theta}^2) + \frac{1}{2} I_3 (\dot{\phi} \cos \theta + \dot{\psi})^2 \quad (11.151)$$

Uma vez que a energia potencial é $Mgh \cos \theta$, a lagrangiana se torna
$$L = \frac{1}{2} I_1 (\dot{\phi}^2 \operatorname{sen}^2 \theta + \dot{\theta}^2) + \frac{1}{2} I_3 (\dot{\phi} \cos \theta + \dot{\psi})^2 - Mgh \cos \theta \quad (11.152)$$

A lagrangiana é cíclica em ambas as coordenadas ϕ e ψ. Os conjugados das quantidades de movimento para essas coordenadas são, portanto, as constantes de movimento:

$$p_\phi = \frac{\partial L}{\partial \dot{\phi}} = (I_1 \operatorname{sen}^2 \theta + I_3 \cos^2 \theta) \dot{\phi} + I_3 \dot{\psi} \cos \theta = \text{constante} \quad (11.153)$$

$$p_\psi = \frac{\partial L}{\partial \dot{\psi}} = I_3 (\dot{\psi} + \dot{\phi} \cos \theta) = \text{constante} \quad (11.154)$$

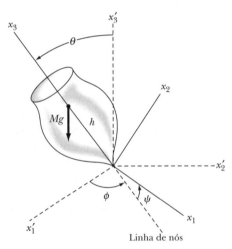

FIGURA 11.15 Um pião simétrico com sua ponta inferior fixa gira em um campo gravitacional. Os ângulos de Euler relacionam os eixos x_i' (fixos) com os eixos x_i (corpo). O ângulo ψ representa a rotação em torno do eixo de simetria x_3.

Como as coordenadas cíclicas são *ângulos*, os conjugados das quantidades de movimento são as quantidades de *movimento angular* — as quantidades de movimento angular ao longo dos eixos para os quais ϕ e ψ são os ângulos de rotação, ou seja, o eixo x_3' (ou vertical) e o eixo x_3 (ou de simetria do corpo), respectivamente. Observe que este resultado é garantido pela construção mostrada na Figura 11.15, pois o torque gravitacional é direcionado ao longo da linha de nós. Desse modo, o torque pode não ter nenhum componente ao longo do eixo x_3' ou x_3, ambos são perpendiculares à linha de nós. Desse modo, as quantidades de movimento angular ao longo desses eixos são as constantes do movimento.

CAPÍTULO 11 – Dinâmica de corpos rígidos **407**

As Equações 11.153 e 11.154 podem ser resolvidas para $\dot{\phi}$ e $\dot{\psi}$ em termos de θ. Da Equação 11.154, podemos escrever

$$\dot{\psi} = \frac{p_\psi - I_3\,\dot{\phi}\cos\theta}{I_3} \tag{11.155}$$

e substituindo esse resultado na Equação 11.153, obtemos

$$(I_1\text{sen}^2\,\theta + I_3\cos^2\theta)\dot{\phi} + (p_\psi - I_3\dot{\phi}\cos\theta)\cos\theta = p_\phi$$

ou

$$(I_1\text{sen}^2\,\theta)\dot{\phi} + p_\psi\cos\theta = p_\phi$$

de modo que

$$\dot{\phi} = \frac{p_\phi - p_\psi\cos\theta}{I_1\text{sen}^2\,\theta} \tag{11.156}$$

Utilizando essa expressão $\dot{\phi}$ na Equação 11.155, temos

$$\dot{\psi} = \frac{p_\psi}{I_3} - \frac{(p_\phi - p_\psi\cos\theta)\cos\theta}{I_1\text{sen}^2\,\theta} \tag{11.157}$$

Por hipótese, o sistema que estamos considerando é conservativo. Portanto, temos a propriedade adicional de que a energia total é uma constante do movimento:

$$E = \frac{1}{2}\,I_1(\dot{\phi}^2\text{sen}^2\,\theta + \dot{\theta}^2) + \frac{1}{2}\,I_3\omega_3^2 + Mgh\cos\theta = \text{constante} \tag{11.158}$$

Utilizando a expressão para ω_3 (veja, por exemplo, a Equação 11.102), observamos que a Equação 11.154 pode ser escrita como

$$p_\psi = I_3\omega_3 = \text{constante} \tag{11.159a}$$

ou

$$I_3\omega_3^2 = \frac{p_\psi^2}{I_3} = \text{constante} \tag{11.159b}$$

Portanto, E não é somente uma constante do movimento, mas é $E - \frac{1}{2}I_3\omega_3^2$; portanto, consideramos esta quantidade E' como sendo:

$$E' \equiv E - \frac{1}{2}\,I_3\omega_3^2 = \frac{1}{2}\,I_1(\dot{\phi}^2\text{sen}^2\,\theta + \dot{\theta}^2) + Mgh\cos\theta = \text{constante} \tag{11.160}$$

Substituindo nessa equação a expressão para $\dot{\phi}$ (Equação 11.156), temos

$$E' = \frac{1}{2}\,I_1\dot{\theta}^2 + \frac{(p_\phi - p_\psi\cos\theta)^2}{2I_1\sin^2\theta} + Mgh\cos\theta \tag{11.161}$$

que podemos escrever como

$$E' = \frac{1}{2}\,I_1\dot{\theta}^2 + V(\theta) \tag{11.162}$$

onde $V(\theta)$ é um "potencial efetivo" fornecido por

$$V(\theta) \equiv \frac{(p_\phi - p_\psi\cos\theta)^2}{2I_1\sin^2\theta} + Mgh\cos\theta \tag{11.163}$$

A Equação 11.162 pode ser resolvida para produzir $t(\theta)$:

$$t(\theta) = \int \frac{d\theta}{\sqrt{(2/I_1)[E' - V(\theta)]}} \tag{11.164}$$

Esta integral pode (no mínimo, formalmente) ser invertida para obter $\theta(t)$, o qual, por sua vez, pode ser substituído nas Equações 11.156 e 11.157 para produzir $\phi(t)$ e $\psi(t)$. Como os ângulos de Euler θ, ϕ, ψ especificam totalmente a orientação do pião, os resultados para $\theta(t)$, $\phi(t)$, e $\psi(t)$ constituem uma solução completa do problema. Deve ficar claro que esse procedimento é complexo e não muito esclarecedor. Porém, podemos obter algumas características qualitativas do movimento, examinando as equações precedentes de forma análoga àquela utilizada para o tratamento do movimento de uma partícula em um campo de força central (veja a Seção 8.6).

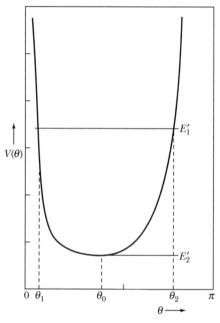

FIGURA 11.16 O potencial efetivo $V(\theta)$ do pião em rotação da Figura 11.15 está colocado em um gráfico *versus* o ângulo θ. Podemos estudar os limites angulares da inclinação do pião conhecendo a energia modificada E'.

A Figura 11.16 mostra a forma do potencial efetivo $V(\theta)$ no intervalo $0 \leq \theta \leq \pi$, que é claramente a região fisicamente limitada para θ. Esse diagrama de energia indica que, para todos os valores de E' (como, por exemplo, o valor representado por E_1'), o movimento será limitado por dois valores extremos de θ, ou seja, θ_1 e θ_2, correspondendo aos pontos de volta do problema da força central e às raízes do denominador na Equação 11.164. Desse modo, determinamos que a inclinação do pião em rotação se encontra, em geral, confinada à região $\theta_1 \leq \theta \leq \theta_2$. Para o caso no qual $E' = E_2' = V_{\min}$, θ se limita ao único valor θ_0 e o movimento é uma precessão estacionária em um ângulo de inclinação fixo. Esse movimento é similar à ocorrência de órbitas circulares no problema de força central.

O valor θ_0 pode ser obtido igualando-se a derivada de $V(\theta)$ a zero. Desse modo,

$$\left.\frac{\partial V}{\partial \theta}\right|_{\theta=\theta_0} = \frac{-\cos\theta_0(p_\phi - p_\psi \cos\theta_0)^2 + p_\psi \operatorname{sen}^2\theta_0(p_\phi - p_\psi \cos\theta_0)}{I_1 \operatorname{sen}^3\theta_0} - Mgh\operatorname{sen}\theta_0 = 0$$

$$\tag{11.165}$$

CAPÍTULO 11 – Dinâmica de corpos rígidos   **409**

Se definirmos

$$\beta \equiv p_\phi - p_\psi \cos \theta_0 \tag{11.166}$$

então a Equação 11.165 se torna

$$(\cos \theta_0)\beta^2 - (p_\psi \mathrm{sen}^2\, \theta_0)\beta + (MghI_1\mathrm{sen}^4\, \theta_0) = 0 \tag{11.167}$$

Esta equação é quadrática em β e pode ser resolvida com o resultado

$$\beta = \frac{p_\psi \mathrm{sen}^2\, \theta_0}{2 \cos \theta_0} \left(1 \pm \sqrt{1 - \frac{4MghI_1 \cos \theta_0}{p_\psi^2}} \right) \tag{11.168}$$

Pelo fato de que β deve ser uma quantidade real, o radicando na Equação 11.168 deverá ser positivo. Se $\theta_0 < \pi/2$, temos

$$p_\psi^2 \geq 4MghI_1 \cos \theta_0 \tag{11.169}$$

Porém, da Equação 11.159a, $p_\psi = I_3\omega_3$; desse modo,

$$\omega_3 \geq \frac{2}{I_3}\sqrt{MghI_1 \cos \theta_0} \tag{11.170}$$

Portanto, podemos concluir que uma precessão estacionária poderá ocorrer no ângulo fixo de inclinação θ_0 somente se a velocidade vetorial angular de giro for maior do que o valor-limite fornecido pela Equação 11.170.

Da Equação 11.156, observamos que podemos escrever (para $\theta = \theta_0$)

$$\dot\phi_0 = \frac{\beta}{I_1\mathrm{sen}^2\, \theta_0} \tag{11.171}$$

Portanto, temos dois valores possíveis da velocidade vetorial angular de precessão $\dot\phi_0$, um para cada um dos valores β fornecidos pela Equação 11.168:

$$\dot\phi_{0(+)} \to \text{Rápida precessão}$$

e

$$\dot\phi_{0(-)} \to \text{Lenta precessão}$$

Se ω_3 (ou p_ψ) é grande (um pião rápido), o segundo termo no radicando da Equação 11.168 será pequeno e podemos expandir o radical. Retendo somente o primeiro termo não anulável em cada caso, encontramos

$$\left.\begin{aligned} \dot\phi_{0(+)} &\cong \frac{I_3\omega_3}{I_1 \cos \theta_0} \\[2mm] \dot\phi_{0(-)} &\cong \frac{Mgh}{I_3\omega_3} \end{aligned}\right\} \tag{11.172}$$

Normalmente, a menor de duas velocidades vetoriais angulares de precessão possíveis, $\dot\phi_{0(-)}$, será observada.

Os resultados precedentes se aplicam se $\theta_0 < \pi/2$; porém se[24] $\theta_0 > \pi/2$, o radicando na Equação 11.168 será sempre positivo e não existe nenhuma condição limitante em ω_3. Uma vez que o radical é maior do que a unidade, nesse caso, os valores de $\dot\phi_0$ para as precessões rápida e lenta têm sinais opostos, ou seja, para $\theta_0 > \pi/2$, a precessão rápida é na mesma direção que aquela de $\theta_0 < \pi/2$, porém, a precessão lenta ocorre no sentido oposto.

---

[24] Se $\theta_0 > \pi/2$, a ponta fixa do pião se encontra em uma posição acima do centro de massa. Esse movimento é possível, por exemplo, com um pião giroscópico cuja ponta é na realidade uma esfera e apoiada em uma xícara fixa no topo de um pedestal.

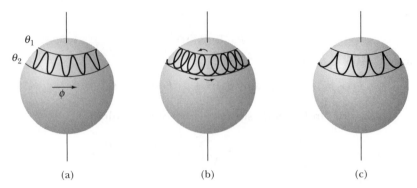

FIGURA 11.17 O pião em rotação também nuta entre os ângulos de limite θ_1 e θ_2. Em (a) $\dot{\phi}$ não muda de sinal. Em (b) $\dot{\phi}$ muda de sinal e observamos movimento de laço. Em (c) as condições iniciais incluem $\dot{\theta} = \dot{\phi} = 0$; este é o movimento tipo cúspide normal quando giramos um pião e o soltamos.

Para o caso geral, no qual $\theta_1 < \theta < \theta_2$, a Equação 11.156 indica que $\dot{\phi}$ pode ou não ocorrer mudança de sinal à medida que θ varia entre seus limites – dependendo dos valores de $p\phi$ e $p\psi$. Se o sinal $\dot{\phi}$ não muda, o pião efetua precessão monotônica em torno do eixo x_3' (veja a Figura 11.15), e o eixo x_3 (ou de simetria) oscila entre $\theta = \theta_1$ e $\theta = \theta_2$. Este fenômeno é chamado de **nutação**: o caminho descrito pela projeção do eixo de simetria do corpo em uma esfera unitária no sistema fixo é mostrado na Figura 11.17a.

Se $\dot{\phi}$ não mudar de sinal entre os valores limites de θ, a velocidade vetorial angular de precessão deverá ter sinais opostos em $\theta = \theta_2$ e $\theta = \theta_1$. Desse modo, o movimento precessional de nutação produz o movimento de laço do eixo de simetria ilustrado na Figura 11.17b.

Finalmente, se os valores de p_ϕ e p_ψ forem de tal forma que

$$(p_\phi - p_\psi \cos \theta)|_{\theta = \theta_1} = 0 \tag{11.173}$$

então

$$\dot{\phi}|_{\theta = \theta_1} = 0, \qquad \dot{\theta}|_{\theta = \theta_1} = 0 \tag{11.174}$$

A Figura 11.17c mostra o movimento tipo cúspide resultante. É justamente esse caso que corresponde ao método normal de lançar um pião em giro. Em primeiro lugar, a parte superior é girada em torno do eixo; a seguir, um certo balanço inicial é fornecido e o pião é solto. Desse modo, as condições iniciais são $\theta = \theta_1$ e $\dot{\theta} = 0 = \dot{\phi}$. Como o primeiro movimento da parte superior é o início da queda no campo gravitacional, as condições são exatamente aquelas da Figura 11.17c e o movimento tipo cúspide segue. As Figuras 11.17a e 11.17b correspondem ao movimento no caso de existir uma velocidade vetorial angular inicial na direção da $\dot{\phi}$, ou em oposição da direção de precessão.

11.12 Estabilidade das rotações de corpos rígidos

Vamos agora considerar um corpo rígido sob rotação livre de força em torno de um de seus eixos principais e analisar se tal movimento é estável. "Estabilidade" aqui significa, como antes (veja a Seção 8.10), que, se uma pequena perturbação é aplicada ao sistema, o movimento retornará ao seu modo inicial ou executará pequenas oscilações em torno dele.

CAPÍTULO 11 – Dinâmica de corpos rígidos   **411**

Escolhemos para a nossa discussão um corpo rígido geral para o qual todos os momentos de inércia principais são distintos e os rotulamos de modo que $I_3 > I_2 > I_1$. Consideremos os eixos do corpo coincidindo com os eixos principais e começamos com o corpo girando em torno do eixo x_1, ou seja, em torno do eixo principal associado ao momento de inércia I_1. Então,

$$\boldsymbol{\omega} = \omega_1 \mathbf{e}_1 \tag{11.175}$$

Se aplicarmos uma pequena perturbação, o vetor de velocidade vetorial angular assume a forma

$$\boldsymbol{\omega} = \omega_1 \mathbf{e}_1 + \lambda \mathbf{e}_2 + \mu \mathbf{e}_3 \tag{11.176}$$

onde λ e μ são pequenas quantidades e correspondem aos parâmetros utilizados previamente em expansões de outras perturbações. (λ e μ são suficientemente pequenas para que possamos desprezar seu produto quando comparado a todas as outras quantidades de interesse na discussão.)

As Equações de Euler (veja a Equação 11.114) se tornam

$$\left.\begin{array}{r} (I_2 - I_3)\lambda\mu - I_1\dot{\omega}_1 = 0 \\ (I_3 - I_1)\mu\omega_1 - I_2\dot{\lambda} = 0 \\ (I_1 - I_2)\lambda\omega_1 - I_3\dot{\mu} = 0 \end{array}\right\} \tag{11.177}$$

Pelo fato de $\lambda\mu \approx 0$, a primeira dessas equações requer $\dot{\omega}_1 = 0$, ou $\omega_1 = $ constante. Resolvendo as outras duas equações para $\dot{\lambda}$ e $\dot{\mu}$, encontramos

$$\dot{\lambda} = \left(\frac{I_3 - I_1}{I_2}\omega_1\right)\mu \tag{11.178}$$

$$\dot{\mu} = \left(\frac{I_1 - I_2}{I_3}\omega_1\right)\lambda \tag{11.179}$$

onde os termos entre parênteses são ambos constantes. Essas são equações acopladas, porém elas não podem ser resolvidas pelo método utilizado na Seção 11.10, pois as constantes nas duas equações são diferentes. A solução pode ser obtida primeiramente pela diferenciação da equação para $\dot{\lambda}$:

$$\ddot{\lambda} = \left(\frac{I_3 - I_1}{I_2}\omega_1\right)\dot{\mu} \tag{11.180}$$

A expressão para $\dot{\mu}$ pode agora ser substituída nessa equação:

$$\ddot{\lambda} + \left(\frac{(I_1 - I_3)(I_1 - I_2)}{I_2 I_3}\omega_1^2\right)\lambda = 0 \tag{11.181}$$

A solução dessa equação é

$$\lambda(t) = A e^{i\Omega_{1\lambda}t} + B e^{-i\Omega_{1\lambda}t} \tag{11.182}$$

onde

$$\Omega_{1\lambda} \equiv \omega_1\sqrt{\frac{(I_1 - I_3)(I_1 - I_2)}{I_2 I_3}} \tag{11.183}$$

e onde os subscritos 1 e λ indicam que estamos considerando a solução para λ quando a rotação é em torno do eixo x_1.

Por hipótese, $I_1 < I_3$ e $I_1 < I_2$, de modo que $\Omega_{1\lambda}$ é real. A solução para $\lambda(t)$ representa, portanto, movimento oscilatório com frequência $\Omega_{1\lambda}$. De modo similar, podemos investigar $\mu(t)$, com o resultado de que $\Omega_{1\mu} = \Omega_{1\lambda} \equiv \Omega_1$. Assim, as pequenas perturbações introduzidas, forçando

412 Dinâmica clássica de partículas e sistemas

componentes x_2 e x_3 pequenas em ω a não aumentar com o tempo, oscilam em torno dos valores de equilíbrio $\lambda = 0$ e $\mu = 0$. Consequentemente, a rotação em torno do eixo x_1 é estável.

Se considerarmos rotações em torno dos eixos x_2 e x_3, podemos obter expressões para Ω_2 e Ω_3 da Equação 11.183 por meio de permutação:

$$\Omega_1 = \omega_1 \sqrt{\frac{(I_1 - I_3)(I_1 - I_2)}{I_2 I_3}} \tag{11.184a}$$

$$\Omega_2 = \omega_2 \sqrt{\frac{(I_2 - I_1)(I_2 - I_3)}{I_1 I_3}} \tag{11.184b}$$

$$\Omega_3 = \omega_3 \sqrt{\frac{(I_3 - I_2)(I_3 - I_1)}{I_1 I_2}} \tag{11.184c}$$

Porém, pelo fato de $I_1 < I_2 < I_3$, temos

$$\Omega_1, \Omega_3 \text{ real}, \qquad \Omega_2 \text{ imaginário}$$

Desse modo, quando a rotação ocorre em torno dos eixos x_1 ou x_3, a perturbação produz movimento oscilatório e a rotação será estável. Entretanto, quando a rotação ocorre em torno de x_2, o fato de que os resultados imaginários Ω_2 na perturbação aumentam com o tempo sem limitação, tal movimento é instável.

Como partimos da premissa de um corpo rígido totalmente arbitrário para esta discussão, concluímos que a rotação em torno do eixo principal correspondente ao maior ou ao menor momento de inércia será estável e a rotação em torno do eixo principal correspondendo ao momento intermediário será instável. Podemos demonstrar esse efeito com um livro (mantido fechado por uma fita ou um elástico). Se jogarmos o livro no ar com uma velocidade vetorial angular em torno de um dos eixos principais, o movimento será instável para rotação em torno do eixo intermediário e estável para os outros dois eixos.

Se dois dos momentos de inércia forem iguais ($I_1 = I_2$, por exemplo), o coeficiente de λ na Equação 11.179 se anula, e temos $\dot{\mu} = 0$ ou $\mu(t) = $ constante. A Equação 11.178 para λ pode, portanto, ser integrada para produzir

$$\lambda(t) = C + Dt \tag{11.185}$$

e a perturbação aumenta linearmente com o tempo. O movimento em torno do eixo x_1 é, portanto, instável. Encontramos um resultado similar para o movimento em torno do eixo x_2. A estabilidade existe somente para o eixo x_3, independente de I_3 ser maior ou menor do que $I_1 = I_2$.

Um bom exemplo da estabilidade de objetos em rotação é observada pelos satélites colocados no espaço por ônibus espacial. Quando os satélites são ejetados do compartimento de carga, eles estão normalmente girando em uma configuração estável. Em maio de 1992, quando os astronautas tentaram capturar no espaço o satélite *Intelsat* (que originalmente apresentou falha para entrar na órbita desejada) para conectar um foguete que o inseriria em órbita geossíncrona, o satélite em rotação foi desacelerado e parado antes de o astronauta tentar conexão com um acessório de captura para trazê-lo até o compartimento de carga. Após cada tentativa sem sucesso, quando o acessório de captura falhava, o satélite tombava ainda mais. Após passar dois dias tentando conectar o acessório de captura sem sucesso, os astronautas cancelaram novas tentativas por causa do maior tombamento. Os controladores de terra gastaram algumas horas para reestabilizar o satélite utilizando foguetes de empuxo. O satélite foi deixado em uma configuração estável de giro lento em torno de seu eixo de simetria cilíndrico (um eixo principal) até a próxima tentativa de recuperação. Finalmente, no terceiro dia, três astronautas saíram da nave orbital, capturaram o satélite em ligeira rotação, pararam seu movimento e o colocaram no compartimento de carga, onde a saia do foguete foi

CAPÍTULO 11 – Dinâmica de corpos rígidos **413**

conectada. O satélite *Intelsat* foi finalmente colocado em órbita com sucesso em tempo para a transmissão dos Jogos Olímpicos de Verão de Barcelona em 1992.

PROBLEMAS

11.1. Calcule os momentos de inércia I_1, I_2 e I_3 para uma esfera homogênea de raio R e massa M. (Escolha a origem no centro da esfera.)

11.2. Calcule os momentos de inércia I_1, I_2 e I_3 para um cone homogêneo de massa M cuja altura é h e cuja base tem um raio R. Escolha o eixo x_3 ao longo do eixo de simetria do cone. Escolha a origem do vértice do cone e calcule os elementos do tensor de inércia. A seguir, faça uma transformada de modo que o centro de massa do cone se torne a origem e determine os momentos de inércia principais..

11.3. Calcule os momentos de inércia, I_1, I_2 e I_3 para uma elipsoide homogênea de massa M com comprimentos de eixos $2a > 2b > 2c$.

11.4. Considere uma haste fina de comprimento l e massa m que pivota em torno de uma extremidade. Calcule o momento de inércia. Determine o ponto no qual, se toda a massa estivesse concentrada, o momento de inércia em torno do eixo de pivotamento seria o mesmo que o momento de inércia real. A distância desse ponto ao pivô é denominada **raio de giração**.

11.5. **(a)** Determine a altura na qual uma bola de bilhar deveria bater de modo a rolar sem nenhum escorregamento inicial. **(b)** Calcule a altura ideal da borda de uma mesa de bilhar. Sobre qual base o cálculo é proposto?

11.6. Duas esferas têm o mesmo diâmetro e a mesma massa, porém uma é sólida e a outra é uma casca oca. Descreva em detalhes um experimento não destrutivo para determinar qual delas é sólida e qual é oca.

11.7. Um disco homogêneo de raio R e massa M rola sem escorregar sobre uma superfície horizontal e é atraído para um ponto a uma distância d abaixo do plano. Se a força de atração é proporcional à distância do centro de massa do disco ao centro de força, determine a frequência de oscilações em torno da posição de equilíbrio.

11.8. Uma porta é fabricada com uma fina chapa homogênea de material: ela tem largura de 1 m. Se a porta é aberta em ângulo de 90°, constata-se que, ao ser liberada, ela fecha sozinha em 2 s. Suponha que as dobradiças não tenham atrito e demonstre que a linha de dobradiças deverá fazer um ângulo de aproximadamente 3° com a direção vertical.

11.9. Uma chapa homogênea de espessura a é colocada sobre um cilindro fixo de raio R cujo eixo é horizontal. Demonstre que a condição de equilíbrio estável da chapa, supondo a ausência de escorregamento, é $R > a/2$. Qual será a frequência das pequenas oscilações? Desenhe um gráfico da energia potencial U como função do deslocamento angular θ. Demonstre que existe um mínimo em $\theta = 0$ para $R > a/2$, mas não para $R < a/2$.

11.10. Uma esfera sólida de massa M e raio R gira livremente no espaço com velocidade vetorial angular ω em torno de um diâmetro fixo. Uma partícula de massa m, inicialmente em um polo, se move com velocidade vetorial constante v ao longo de um grande círculo da esfera. Demonstre que, quando a partícula alcança o outro polo, a rotação da esfera terá sido retardada por um ângulo

$$\alpha = \omega T \left(1 - \sqrt{\frac{2M}{2M + 5m}} \right)$$

onde T é o tempo total necessário para a partícula se movimentar de um polo a outro.

414 Dinâmica clássica de partículas e sistemas

11.11. Um cubo homogêneo, do qual cada borda tem um comprimento l, está inicialmente em uma posição de equilíbrio instável com uma borda de contato com um plano horizontal. O cubo é então submetido a um pequeno deslocamento e liberado em queda. Demonstre que a velocidade vetorial angular do cubo quando uma face colide com o plano é fornecida por

$$\omega^2 = A \frac{g}{l} \left(\sqrt{2} - 1 \right)$$

onde $A = 3/2$ se a borda não puder deslizar sobre o plano, e $A = 12/5$ se o deslizamento puder ocorrer sem atrito.

11.12. Demonstre que nenhum dos momentos de inércia principais pode exceder a soma dos outros dois.

11.13. Um sistema de três partículas consiste de massas m_i e coordenadas (x_1, x_2, x_3) como segue:

$$m_1 = 3m, \quad (b, 0, b)$$

$$m_2 = 4m, \quad (b, b, -b)$$

$$m_3 = 2m, \quad (-b, b, 0)$$

Determine o tensor de inércia, os eixos principais e os momentos de inércia principais.

11.14. Determine os eixos e os momentos de inércia principais de um hemisfério uniformemente sólido de raio b e massa m em torno de seu centro de massa.

11.15. Se um pêndulo físico tem o mesmo período de oscilação quando pivotado sobre qualquer um de dois pontos a distâncias diferentes do centro de massa, demonstre que o comprimento do pêndulo simples com o mesmo período é igual à soma das separações entre os pontos de pivotamento e o centro de massa. Esse tipo de pêndulo físico, denominado **pêndulo reversível de Kater**, foi durante algum tempo a forma mais precisa (cerca de 1 parte em 10^5) de medição da aceleração da gravidade.[25] Discuta as vantagens do pêndulo de Kater em relação a um pêndulo simples para esse fim.

11.16. Considere o tensor de inércia a seguir:

$$\{ \mathbf{I} \} = \begin{Bmatrix} \frac{1}{2}(A + B) & \frac{1}{2}(A - B) & 0 \\ \frac{1}{2}(A - B) & \frac{1}{2}(A + B) & 0 \\ 0 & 0 & C \end{Bmatrix}$$

Efetue uma rotação do sistema de coordenadas por um ângulo θ em torno do eixo x_3. Avalie os elementos do tensor transformado e demonstre que a opção $\theta = \pi/4$ produz a diagonal do tensor de inércia com os elementos A, B e C.

11.17. Considere uma placa fina homogênea que repousa no plano x_1-x_2. Demonstre que o tensor de inércia assume a forma

$$\{ \mathbf{I} \} = \begin{Bmatrix} A & -C & 0 \\ -C & B & 0 \\ 0 & 0 & A + B \end{Bmatrix}$$

---

[25] Utilizado primeiramente em 1818 pelo Capitão Henry Kater (1777–1835). Porém, o método foi aparentemente sugerido algum tempo antes por Bohnenberger. A teoria do pêndulo de Kater foi tratada em detalhes por Friedrich Wilhelm Bessel (1784–1846) em 1826.

CAPÍTULO 11 – Dinâmica de corpos rígidos **415**

11.18. No problema anterior, se os eixos de coordenadas girarem por um ângulo θ em torno do eixo x_3, demonstre que o novo tensor de inércia é

$$\{\mathbf{I}\} = \begin{Bmatrix} A' & -C' & 0 \\ -C' & B' & 0 \\ 0 & 0 & A' + B' \end{Bmatrix}$$

onde

$$A' = A\cos^2\theta - C\operatorname{sen}2\theta + B\operatorname{sen}^2\theta$$

$$B' = A\operatorname{sen}^2\theta + C\operatorname{sen}2\theta + B\cos^2\theta$$

$$C' = C\cos 2\theta - \frac{1}{2}(B - A)\operatorname{sen}2\theta$$

e, dessa forma, demonstre que os eixos x_1 e x_2 se tornam os eixos principais se o ângulo de rotação é

$$\theta = \frac{1}{2}\operatorname{tg}^{-1}\left(\frac{2C}{B - A}\right)$$

11.19. Considere uma placa plana homogênea de densidade ρ limitada pela espiral logarítmica $r = ke^{\alpha\theta}$ e raios $\theta = 0$ e $\theta = \pi$. Obtenha o tensor de inércia para a origem em $r = 0$ caso a placa esteja no plano x_1-x_2. Efetue uma rotação dos eixos de coordenadas para obter os momentos de inércia principais e utilize os resultados do problema anterior para demonstrar que eles são

$$I_1' = \rho k^4 P(Q - R), \quad I_2' = \rho k^4 P(Q + R), \quad I_3' = I_1' + I_2'$$

onde

$$P = \frac{e^{4\pi\alpha} - 1}{16(1 + 4\alpha^2)}, \quad Q = \frac{1 + 4\alpha^2}{2\alpha}, \quad R = \sqrt{1 + 4\alpha^2}$$

11.20. Uma haste uniforme de comprimento b se encontra em posição vertical sobre um piso áspero e então tomba. Qual é a velocidade vetorial angular da haste ao atingir o piso?

11.21. A demonstração representada pelas Equações 11.54–11.61 é expressa inteiramente na convenção de somatória. Reescreva essa demonstração em notação matricial.

11.22. O **traço** de um tensor é definido como a soma dos elementos da diagonal:

$$\operatorname{tr}\{\mathbf{I}\} \equiv \sum_k I_{kk}$$

Demonstre, efetuando uma transformação de similaridade, que o traço é uma quantidade invariante. Em outras palavras, demonstre que

$$\operatorname{tr}\{\mathbf{I}\} = \operatorname{tr}\{\mathbf{I}'\}$$

onde $\{\mathbf{I}\}$ é o tensor em um sistema de coordenadas e $\{\mathbf{I}\}'$ é o tensor em um sistema de coordenadas girado em relação ao primeiro sistema. Verifique este resultado para as diferentes formas do tensor de inércia para um cubo fornecido nos vários exemplos no texto.

11.23. Demonstre pelo método utilizado no problema anterior que o *determinante* dos elementos de um tensor é uma quantidade invariante sob uma transformação de similaridade. Verifique este resultado também para o caso do cubo.

11.24. Determine a frequência das pequenas oscilações de uma placa fina homogênea caso o movimento ocorra no plano da placa e caso a placa tenha a forma de um triângulo equilátero e se encontre suspensa **(a)** pelo ponto médio de um lado e **(b)** por um vértice.

416 Dinâmica clássica de partículas e sistemas

11.25. Considere um disco fino composto por duas metades homogêneas conectadas ao longo de um diâmetro do disco. Se uma metade tiver densidade ρ e a outra tiver densidade 2ρ, determine a expressão da lagrangiana quando o disco rola sem escorregar ao longo de uma superfície horizontal. (A rotação ocorre no plano do disco.)

11.26. Obtenha as componentes do vetor de velocidade vetorial angular $\boldsymbol{\omega}$ (veja a Equação 11.102) diretamente da matriz de transformação $\boldsymbol{\lambda}$ (Equação 11.99).

11.27. Um corpo simétrico se move sem influência de forças ou torques. Considere que o eixo x_3 de simetria do corpo e $\mathbf{L}$ estejam ao longo de x_3'. O ângulo entre $\boldsymbol{\omega}$ e x_3 é α. Considere $\boldsymbol{\omega}$ e $\mathbf{L}$ inicialmente no plano x_2-x_3. Qual é a velocidade vetorial angular do eixo de simetria em torno de $\mathbf{L}$ em termos de I_1, I_3, ω e α?

11.28. Demonstre da Figura 11.9c que as componentes de $\boldsymbol{\omega}$ ao longo dos eixos fixos (x_i') são

$$\omega_1' = \dot\theta \cos\phi + \dot\psi \operatorname{sen}\theta \operatorname{sen}\phi$$

$$\omega_2' = \dot\theta \operatorname{sen}\phi - \dot\psi \operatorname{sen}\theta \cos\phi$$

$$\omega_3' = \dot\psi \cos\theta + \dot\phi$$

11.29. Examine o movimento do pião simétrico discutido na Seção 11.11 para o caso do eixo de rotação ser vertical (isto é, se os eixos x_3' e x_3 coincidem). Demonstre que o movimento é estável ou instável dependendo da quantidade $4 I_1 Mhg / I_3^2 \omega_3^2$ ser menor ou maior do que a unidade. Desenhe o gráfico do potencial efetivo $V(\theta)$ para os dois casos e indique as características dessas curvas que determinam se o movimento é estável. Se o pião é mantido em giro na configuração estável, qual será o efeito à medida que o atrito reduz gradualmente o valor de ω_3? (Este é o caso do "pião adormecido".)

11.30. Consulte a discussão do pião simétrico na Seção 11.11. Examine a equação para os pontos de volta do movimento nutacional, ajustando $\dot\theta = 0$ na Equação 11.162. Demonstre que a equação resultante é cúbica em $\cos\theta$ e tem duas raízes reais e uma raiz imaginária para θ.

11.31. Considere uma placa homogênea com momento de inércia principal,

$$I_1 \quad \text{junto ao eixo principal } x_1$$

$$I_2 > I_1 \quad \text{junto ao eixo principal } x_2$$

$$I_3 = I_1 + I_2 \quad \text{junto ao eixo principal } x_3$$

considere as origens dos sistemas x_i e x_i' coincidindo e localizadas no centro de massa O da placa. No momento $t = 0$, a placa é rotacionada de um modo livre de força com velocidade vetorial angular Ω em torno de um eixo inclinado em um ângulo α em relação ao plano da placa e perpendicular ao eixo x_2. Se $I_1/I_2 \equiv \cos 2\alpha$, demonstre que no tempo t, a velocidade vetorial angular em torno do eixo x_2 é

$$\omega_2(t) = \Omega \cos\alpha \operatorname{tgh} (\Omega t \operatorname{sen}\alpha)$$

11.32. Resolva o Exemplo 11.2 para o caso no qual o pêndulo físico não efetue pequenas oscilações. O pêndulo é liberado do repouso a $67°$ no tempo $t = 0$. Determine a velocidade vetorial angular quando o ângulo do pêndulo estiver em $1°$. A massa do pêndulo é 340 g, a distância L é 13 cm e o raio de giração k é 17 cm.

11.33. Faça uma pesquisa na literatura e explique como um gato pode sempre aterrissar sobre suas patas ao cair de uma posição no repouso com suas patas apontando para cima. Estime a altura mínima de queda necessária para que essa manobra seja executada.

11.34. Considere um corpo rígido simétrico girando livremente em torno de seu centro de massa. Um torque de atrito ($N_f = -b\omega$) atua para desacelerar a rotação. Determine a componente da velocidade vetorial angular ao longo do eixo de simetria em função do tempo.

CAPÍTULO 12

Oscilações acopladas

12.1 Introdução

No Capítulo 3, examinamos o movimento de um oscilador submetido a uma força acionadora externa. A discussão limitou-se ao caso em que a força acionadora é periódica, isto é, o acionador é ele mesmo um oscilador harmônico. Consideramos a ação do acionador sobre o oscilador, mas não incluímos o efeito de retorno do oscilador sobre o acionador. Em vários exemplos ignorar este efeito não é importante, mas se dois (ou vários) osciladores estão conectados de tal maneira que a energia pode ser transferida para trás e para frente entre eles, a situação torna-se o caso mais complicado de **oscilações acopladas**.[1] Movimentos deste tipo podem ser bastante complexos (o movimento pode nem ser periódico), mas sempre conseguimos descrever o movimento de qualquer sistema oscilatório em termos de **coordenadas normais**, que possuem a propriedade de que cada uma oscila com uma frequência simples e bem-definida, isto é, as coordenadas normais são construídas de tal maneira que nenhum acoplamento ocorre entre elas, mesmo que haja um acoplamento entre as coordenadas ordinárias (retangulares) que descrevem a posição das partículas. As condições iniciais sempre podem ser descritas para o sistema para que no movimento subsequente apenas uma coordenada normal varie com o tempo. Nestas circunstâncias, dizemos que um dos **modos normais** do sistema foi excitado. Se o sistema possui n graus de liberdade (por exemplo, n osciladores de uma dimensão acoplados ou $n/3$ osciladores de três dimensões acoplados), há em geral n modos normais, alguns dos quais podem ser idênticos. O movimento geral do sistema é uma sobreposição complicada de todos os modos normais de oscilação, mas sempre podemos encontrar as condições iniciais tais que qualquer um dos modos normais fornecidos seja excitado de maneira independente. Identificar cada um dos modos normais do sistema nos permite construir uma imagem reveladora do movimento, embora o movimento *geral* do sistema seja uma combinação complicada de todos os modos normais.

É relativamente fácil demonstrar alguns dos fenômenos do oscilador acoplado descritos neste capítulo. Por exemplo, dois pêndulos acoplados por uma mola entre a massa de suas cabeças ou dois pêndulos pendurados por uma corda e massas conectadas por molas podem ser examinados experimentalmente em sala de aula. De maneira similar, a molécula triatômica discutida aqui é uma descrição razoável de CO_2. Modelos similares podem aproximar outras moléculas.

No capítulo seguinte, vamos continuar o desenvolvimento iniciado aqui e discutir o movimento de cordas vibratórias. Este exemplo não esgota de nenhuma forma a utilidade do método de modo normal para a descrição de sistema oscilatórios; na verdade, aplicações podem ser encontradas em diversas áreas da física matemática, como movimentos microscópicos em sólidos cristalinos e a oscilação do campo magnético.

---

[1] A teoria geral do movimento oscilatório de um sistema de partículas com um número finito de graus de liberdade foi formulada por Lagrange durante o período de 1762 a 1765, mas o trabalho pioneiro foi feito em 1753 por Daniel Bernoulli (1700–1782).

12.2 Dois osciladores harmônicos acoplados

Um exemplo físico de um sistema acoplado é um sólido no qual os átomos interagem por forças elásticas entre si e oscilam em torno de suas posições de equilíbrio. Molas entre os átomos representam as forças elásticas. Uma molécula composta por alguns destes átomos interativos seria um modelo ainda mais simples. Começamos considerando um sistema similar de movimento acoplado em uma dimensão: duas massas conectadas por uma mola entre si e também por molas a posições fixas (Figura 12.1). Retornaremos a este exemplo durante todo o capítulo conforme descrevemos diversos casos de movimento acoplado.

Deixamos cada uma das molas do oscilador com uma constante de força[2] κ: a constante de força da mola de acoplamento é κ_{12}. Restringimos o movimento à linha que conecta as massas para que o sistema possua apenas dois graus de liberdade, representados pelas coordenadas x_1 e x_2. Cada coordenada é medida a partir de sua posição de equilíbrio.

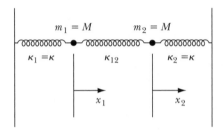

FIGURA 12.1 Duas massas conectadas por uma mola entre si e também por molas a posições fixas. Este é um sistema de movimento acoplado em uma dimensão.

Se m_1 e m_2 são deslocados de suas posições de equilíbrio por valores x_1 e x_2, respectivamente, a força em m_1 é $-\kappa x_1 - \kappa_{12}(x_1 - x_2)$, e a força em m_2 é $-\kappa x_2 - \kappa_{12}(x_2 - x_1)$. Portanto, as equações de movimento são

$$\left.\begin{array}{l} M\ddot{x}_1 + (\kappa + \kappa_{12})x_1 - \kappa_{12}x_2 = 0 \\ M\ddot{x}_2 + (\kappa + \kappa_{12})x_2 - \kappa_{12}x_1 = 0 \end{array}\right\} \quad (12.1)$$

Como esperamos que o movimento seja oscilatório, tentamos uma solução da forma

$$\left.\begin{array}{l} x_1(t) = B_1 e^{i\omega t} \\ x_2(t) = B_2 e^{i\omega t} \end{array}\right\} \quad (12.2)$$

onde a frequência ω é determinada e as amplitudes B_1 e B_2 podem ser complexas.[3] Estas soluções teste são funções complexas. Assim, na etapa final da solução, as partes reais de $x_1(t)$ e $x_2(t)$ serão tomadas, porque a parte real é tudo o que é fisicamente significativo. Utilizamos este método de solução por causa de sua grande eficiência e o utilizaremos novamente adiante, deixando de fora a maioria dos detalhes. Substituindo os deslocamentos por essas expressões nas equações de movimento, encontramos

$$\left.\begin{array}{l} -M\omega^2 B_1 e^{i\omega t} + (\kappa + \kappa_{12})B_1 e^{i\omega t} - \kappa_{12}B_2 e^{i\omega t} = 0 \\ -M\omega^2 B_2 e^{i\omega t} + (\kappa + \kappa_{12})B_2 e^{i\omega t} - \kappa_{12}B_1 e^{i\omega t} = 0 \end{array}\right\} \quad (12.3)$$

---

[2] Daqui em diante, denotaremos constantes de força por κ em vez de k como anteriormente. O símbolo k é reservado para um contexto completamente diferente (começando no Capítulo 13).
[3] Como uma amplitude complexa possui uma *magnitude* e uma *fase*, temos as duas constantes arbitrárias necessárias na solução da equação diferencial de segunda ordem, isto é, podemos escrever igualmente $x(t) = \exp[i(\omega t - \delta)]$ ou $x(t) = \cos(\omega t - \delta)$, como na Equação 3.6b. Mais tarde (veja a Equação 12.9), vamos achar isso de uso mais conveniente para distinguir amplitudes *reais* e os fatores que variam com o tempo $\exp(i\omega t)$ e $\exp(-i\omega t)$. Essas diversas formas de solução são todas completamente equivalentes.

CAPÍTULO 12 – Oscilações acopladas **421**

Reunindo os termos e cancelando o fator exponencial comum, obtemos

$$\left.\begin{array}{l}(\kappa + \kappa_{12} - M\omega^2)B_1 - \kappa_{12}B_2 = 0 \\ -\kappa_{12}B_1 + (\kappa + \kappa_{12} - M\omega^2)B_2 = 0\end{array}\right\} \tag{12.4}$$

Para que haja uma solução não trivial para este par de equações simultâneas, o determinante dos coeficientes de B_1 e B_2 precisa desaparecer:

$$\begin{vmatrix} \kappa + \kappa_{12} - M\omega^2 & -\kappa_{12} \\ -\kappa_{12} & \kappa + \kappa_{12} - M\omega^2 \end{vmatrix} = 0 \tag{12.5}$$

A expansão para esse produto determinante secular

$$(\kappa + \kappa_{12} - M\omega^2)^2 - \kappa_{12}^2 = 0 \tag{12.6}$$

Consequentemente,

$$\kappa + \kappa_{12} - M\omega^2 = \pm \kappa_{12}$$

Resolvendo para ω, obtemos

$$\omega = \sqrt{\frac{\kappa + \kappa_{12} \pm \kappa_{12}}{M}} \tag{12.7}$$

Temos portanto duas **frequências características** (ou **autofrequências**[4]) para o sistema:

$$\omega_1 = \sqrt{\frac{\kappa + 2\kappa_{12}}{M}}, \qquad \omega_2 = \sqrt{\frac{\kappa}{M}} \tag{12.8}$$

Assim, a solução geral para o problema é

$$\left.\begin{array}{l} x_1(t) = B_{11}^+ e^{i\omega_1 t} + B_{11}^- e^{-i\omega_1 t} + B_{12}^+ e^{i\omega_2 t} + B_{12}^- e^{-i\omega_2 t} \\ x_2(t) = B_{21}^+ e^{i\omega_1 t} + B_{21}^- e^{-i\omega_1 t} + B_{22}^+ e^{i\omega_2 t} + B_{22}^- e^{-i\omega_2 t} \end{array}\right\} \tag{12.9}$$

onde escrevemos explicitamente as frequências positivas e negativas, porque os radicais nas Equações 12.7 e 12.8 podem levar ambos os sinais.

Na Equação 12.9, as amplitudes não são todas independentes, como podemos verificar substituindo ω_1 e ω_2 na Equação 12.4. Encontramos

$$w = \omega_1: \quad B_{11} = -B_{21}$$
$$w = \omega_2: \quad B_{12} = B_{22}$$

Os únicos subscritos necessários nos B são os que indicam a autofrequência particular (isto é, os subscritos de *segundo*). Podemos portanto escrever a solução geral como

$$\left.\begin{array}{l} x_1(t) = B_1^+ e^{i\omega_1 t} + B_1^- e^{-i\omega_1 t} + B_2^+ e^{i\omega_2 t} + B_2^- e^{-i\omega_2 t} \\ x_2(t) = -B_1^+ e^{i\omega_1 t} - B_1^- e^{-i\omega_1 t} + B_2^+ e^{i\omega_2 t} + B_2^- e^{-i\omega_2 t} \end{array}\right\} \tag{12.10}$$

Assim, temos *quatro* constantes arbitrárias na solução geral – assim como esperado – já que temos *duas* equações de movimento que são de *segunda* ordem.

Mencionamos anteriormente que sempre podemos definir um conjunto de coordenadas que possui uma dependência simples de tempo e que corresponde à excitação de diversos modos de oscilação do sistema. Examinemos o par de coordenadas definida por

$$\left.\begin{array}{l} \eta_1 \equiv x_1 - x_2 \\ \eta_2 \equiv x_1 + x_2 \end{array}\right\} \tag{12.11}$$

---

[4] A literatura também trata como automaior. (N.R.T.)

ou

$$\left.\begin{array}{l}x_1 = \dfrac{1}{2}(\eta_2 + \eta_1)\\[4pt]x_2 = \dfrac{1}{2}(\eta_2 - \eta_1)\end{array}\right\} \quad (12.12)$$

Substituindo estas expressões com x_1 e x_2 na Equação 12.1, encontramos

$$\begin{aligned}M(\ddot{\eta}_1 + \ddot{\eta}_2) + (\kappa + 2\kappa_{12})\eta_1 + \kappa\eta_2 = 0\\M(\ddot{\eta}_1 - \ddot{\eta}_2) + (\kappa + 2\kappa_{12})\eta_1 - \kappa\eta_2 = 0\end{aligned} \quad (12.13)$$

que podem ser resolvidas (somando e subtraindo) para o produto

$$\left.\begin{array}{r}M\ddot{\eta}_1 + (\kappa + 2\kappa_{12})\eta_1 = 0\\M\ddot{\eta}_2 + \kappa\eta_2 = 0\end{array}\right\} \quad (12.14)$$

As coordenadas η_1 e η_2 são agora *desacopladas* e, portanto, *independentes*. As soluções são

$$\left.\begin{array}{l}\eta_1(t) = C_1^+ e^{i\omega_1 t} + C_1^- e^{-i\omega_1 t}\\\eta_2(t) = C_2^+ e^{i\omega_2 t} + C_2^- e^{-i\omega_2 t}\end{array}\right\} \quad (12.15)$$

onde as frequências ω_1 e ω_2 são fornecidas pelas Equações 12.8. Assim, η_1 e η_2 são as *coordenadas normais* do problema. Na seção posterior, estabelecemos um método geral para obter as coordenadas normais.

Se impormos as condições inicias especiais $x_1(0) = -x_2(0)$ e $\dot{x}_1(0) = -\dot{x}_2(0)$, encontramos $\eta_2(0) = 0$ e $\dot{\eta}_2(0) = 0$, o que leva a $C_2^+ = C_2^- = 0$, isto é, $\eta_2(t) \equiv 0$ para todos os valores de t. Assim, as partículas oscilam sempre *fora de fase* e com frequência ω_1; este é o modo **antissimétrico** de oscilação. Entretanto, se começarmos com $x_1(0) = x_2(0)$ e $\dot{x}_1(0) = \dot{x}_2(0)$, encontramos $\eta_1(t) \equiv 0$, e as partículas oscilam *em fase* e com frequência ω_2; este é o modo **simétrico** de oscilação. Esses resultados são ilustrados de maneira esquemática na Figura 12.2. O movimento geral do sistema é uma combinação linear dos modos simétrico e antissimétrico.

O fato de que o modo simétrico possui a maior frequência e o modo simétrico a menor frequência é na verdade um resultado geral. Em um sistema complexo de osciladores acoplados linearmente, o modo que possui o maior grau de simetria possui a menor frequência. Se a simetria for destruída, então as molas tem de "trabalhar mais" nos modos antissimétricos, e a frequência é aumentada.

Observe que se fôssemos manter m_2 fixo e permitir que m_1 oscile, a frequência seria $\sqrt{(\kappa + \kappa_{12})/M}$. Obteríamos o mesmo resultado para a frequência de oscilação de m_2 se m_1 fosse mantido fixo. Os osciladores são idênticos e na falta de acoplamento possuem a mesma frequência oscilatória. O efeito de acoplamento é a separação da frequência comum, com uma frequência característica se tornando maior e outra menor que a frequência para o movimento desacoplado. Se denotarmos a frequência para movimento desacoplado por ω_0,

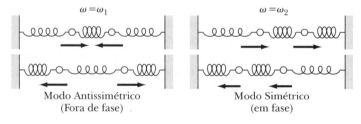

FIGURA 12.2 As duas frequências características são indicadas esquematicamente. Um é o modo antissimétrico (as massas estão fora de fase) e o outro é o modo simétrico (as massas estão em fase).

então $\omega_1 > \omega_0 > \omega_2$, e podemos indicar de maneira esquemática o efeito do acoplamento como na Figura 12.3a. A solução para as frequências características no problema de três massas idênticas acopladas é ilustrada na Figura 12.3b. Novamente, temos uma divisão das frequências características, com uma menor e outra maior que ω_0. Este é um resultado geral: Para um número par n de osciladores acoplados vizinhos idênticos mais próximos, $n/2$ frequências características são maiores que ω_0, e $n/2$ frequências características são menores que ω_0. Se n for ímpar, uma frequência característica é igual a ω_0, e as $n-1$ frequências características são distribuídas simetricamente acima e abaixo de ω_0. O leitor familiar com o fenômeno do efeito de Zeeman em espectros atômicos apreciará a similaridade com este resultado: Em cada caso, há uma divisão simétrica da frequência causada pela introdução de uma interação (em um caso pela aplicação de um campo magnético e em outro pelo acoplamento de partículas pela intermediária das molas).

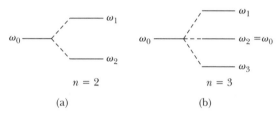

FIGURA 12.3 (a) O acoplamento separa a frequência comum de duas massas idênticas, com uma frequência característica sendo maior e outra menor que a frequência ω_0 para movimento desacoplado. (b) Para as três massas idênticas acopladas, uma frequência característica é menor que ω_0 e outra é maior. Para n (número de osciladores) ímpar, uma frequência característica é igual a ω_0. As separações são apenas esquemáticas.

12.3 Acoplamento fraco

Alguns dos casos mais interessantes das oscilações acopladas ocorrem quando o acoplamento é *fraco* – isto é, quando a constante de força da mola de acoplamento é pequena se comparada à força das molas do oscilador $\kappa_{12} \ll \kappa$. Segundo as Equações 12.8, as frequências ω_1 e ω_2 são

$$\omega_1 = \sqrt{\frac{\kappa + 2\kappa_{12}}{M}}, \qquad \omega_2 = \sqrt{\frac{\kappa}{M}} \tag{12.16}$$

Se o acoplamento é fraco, podemos expandir a expressão para ω_1:

$$\omega_1 = \sqrt{\frac{\kappa}{M}} \sqrt{1 + \frac{2\kappa_{12}}{\kappa}} = \sqrt{\frac{\kappa}{M}} \sqrt{1 + 4\varepsilon}$$

onde

$$\varepsilon \equiv \frac{\kappa_{12}}{2\kappa} \ll 1 \tag{12.17}$$

A frequência ω_1 se reduz então a

$$\omega_1 \cong \sqrt{\frac{\kappa}{M}}(1 + 2\varepsilon) \tag{12.18}$$

424 Dinâmica clássica de partículas e sistemas

A frequência natural de um dos osciladores, quanto o outro é mantido fixo, é

$$\omega_0 = \sqrt{\frac{\kappa + \kappa_{12}}{M}} \cong \sqrt{\frac{\kappa}{M}}\,(1 + \varepsilon) \tag{12.19}$$

ou

$$\sqrt{\frac{\kappa}{M}} \cong \omega_0(1 - \varepsilon) \tag{12.20}$$

Portanto, as duas frequências características são fornecidas aproximadamente por

$$\left. \begin{aligned} \omega_1 &\cong \sqrt{\frac{\kappa}{M}}\,(1 + 2\varepsilon), \qquad \omega_2 = \sqrt{\frac{\kappa}{M}} \\ &\cong \omega_0(1 - \varepsilon)(1 + 2\varepsilon) \qquad \cong \omega_0(1 - \varepsilon) \\ &\cong \omega_0(1 + \varepsilon) \end{aligned} \right\} \tag{12.21}$$

Podemos examinar agora a maneira com que o sistema acoplado se comporta. Se deslocarmos o oscilador 1 a uma distância D e o liberarmos do descanso, as condições iniciais do sistema serão

$$x_1(0) = D, \quad x_2(0) = 0, \quad \dot{x}_1(0) = 0, \quad \dot{x}_2(0) = 0 \tag{12.22}$$

Se substituirmos $x_1(t)$ e $x_2(t)$ por estas condições iniciais na Equação 12.10, descobrimos que as amplitudes são

$$B_1^+ = B_1^- = B_2^+ = B_2^- = \frac{D}{4} \tag{12.23}$$

Então, $x_1(t)$ se torna

$$\begin{aligned} x_1(t) &= \frac{D}{4}[(e^{i\omega_1 t} + e^{-i\omega_1 t}) + (e^{i\omega_2 t} + e^{-i\omega_2 t})] \\ &= \frac{D}{2}(\cos \omega_1 t + \cos \omega_2 t) \\ &= D \cos\left(\frac{\omega_1 + \omega_2}{2}\,t\right)\cos\left(\frac{\omega_1 - \omega_2}{2}\,t\right) \end{aligned} \tag{12.24}$$

Mas, segundo a Equação 12.21,

$$\frac{\omega_1 + \omega_2}{2} = \omega_0; \quad \frac{\omega_1 - \omega_2}{2} = \varepsilon\omega_0 \tag{12.25}$$

Portanto,[5]

$$x_1(t) = (D \cos \varepsilon\omega_0 t)\cos \omega_0 t \tag{12.26a}$$

De maneira similar,

$$x_2(t) = (D \operatorname{sen} \varepsilon\omega_0 t)\operatorname{sen} \omega_0 t \tag{12.26b}$$

Porque ε é menor, as quantidades $D \cos \varepsilon\omega_0 t$ e $D \operatorname{sen} \varepsilon\omega_0 t$ variam devagar com o tempo. Portanto, $x_1(t)$ e $x_2(t)$ são essencialmente funções sinusoidais com amplitudes variando devagar. Embora apenas x_1 seja inicialmente diferente de zero, conforme o tempo aumenta, a amplitude de x_1 diminui devagar com o tempo, e a amplitude de x_2 aumenta devagar de zero. Consequentemente, energia é transferida do primeiro oscilador para o segundo. Quando

---

[5] Observe que, neste caso fortuito, x_1 e x_2 sempre foram reais, então a parte real não precisa ser tomada explicitamente no passo final como descrito depois da Equação 12.2.

$t = \pi/2\varepsilon\omega_0$, então $D\cos\varepsilon\omega_0 t = 0$, e toda a energia foi transferida. Conforme o tempo aumenta mais, a energia é transferida de volta para o primeiro oscilador. Este é o fenômeno familiar de *batimentos* e é ilustrado na Figura 12.4 (No caso ilustrado, $\varepsilon = 0{,}08$.)

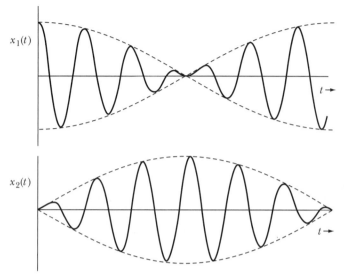

FIGURA 12.4 As soluções para $x_1(t)$ e $x_2(t)$ possuem um componente de alta frequência (ω_0) que oscila dentro de um componente que varia vagarosamente ($\varepsilon\omega_0$). A energia é transferida para frente e para trás entre os osciladores.

12.4 Problema geral de oscilações acopladas

Nas seções anteriores, descobrimos que o efeito do acoplamento em um sistema simples com dois graus de liberdade produziu duas frequências características e dois modos de oscilação. Dirigimos nossa atenção agora ao problema geral de oscilações acopladas. Vamos considerar um sistema conservador descrito nos termos de um conjunto de coordenadas generalizadas q_k e o tempo t. Se o sistema possui n graus de liberdade, então $k = 1, 2, \ldots, n$. Especificamos que uma configuração de equilíbrio estável existe para o sistema e que, em equilíbrio as coordenadas generalizadas possuem valores q_{k0}. Em tal configuração, as equações de Lagrange são satisfeitas por

$$q_k = q_{k0}, \quad \dot{q}_k = 0, \quad \ddot{q}_k = 0, \quad k = 1, 2, \ldots, n$$

Todo termo diferente de zero da forma $(d/dt)(\partial L/\partial \dot{q}_k)$ precisa conter no mínimo $\dot{q}_k$ ou $\ddot{q}_k$, para que todos esses termos desapareçam em equilíbrio. A partir da equação de Lagrange, temos, portanto

$$\left.\frac{\partial L}{\partial q_k}\right|_0 = \left.\frac{\partial T}{\partial q_k}\right|_0 - \left.\frac{\partial U}{\partial q_k}\right|_0 = 0 \tag{12.27}$$

onde o subscrito 0 designa que a quantidade é avaliada em equilíbrio.

Assumimos que as equações que ligam as coordenadas generalizadas e as coordenadas retangulares não contêm explicitamente o tempo, isto é, temos

$$x_{\alpha,i} = x_{\alpha,i}(q_j) \quad \text{ou} \quad q_j = q_j(x_{\alpha,i})$$

426 Dinâmica clássica de partículas e sistemas

A energia cinética é portanto uma função quadrática homogênea das velocidades generalizadas (veja a Equação 7.121):

$$T = \frac{1}{2} \sum_{j,k} m_{jk} \dot{q}_j \dot{q}_k \tag{12.28}$$

Portanto, em geral,

$$\left. \frac{\partial T}{\partial q_k} \right|_0 = 0, \quad k = 1, 2, \ldots, n \tag{12.29}$$

e consequentemente, da Equação 12.27, temos

$$\left. \frac{\partial U}{\partial q_k} \right|_0 = 0, \quad k = 1, 2, \ldots, n \tag{12.30}$$

Podemos especificar melhor que as coordenadas generalizadas q_k sejam medidas a partir das posições de equilíbrio. isto é, escolhemos $q_{k0} = 0$. (Se tivéssemos escolhido originalmente um conjunto de equações q'_k tal que $q'_{k0} \neq 0$, sempre poderíamos efetuar uma transformação linear simples da forma $q_k = q'_k + \alpha_k$ tal que $q_{k0} = 0$.)

A expansão da energia potencial em uma série de Taylor em torno dos produtos de configuração de equilíbrio

$$U(q_1, q_2, \ldots, q_n) = U_0 + \sum_k \left. \frac{\partial U}{\partial q_k} \right|_0 q_k + \frac{1}{2} \sum_{j,k} \left. \frac{\partial^2 U}{\partial q_j \partial q_k} \right|_0 q_j q_k + \cdots \tag{12.31}$$

O segundo termo na expansão desaparece em vista da Equação 12.30 e – sem perda de generalidade – podemos escolher medir U de tal maneira que $U_0 \equiv 0$. Então, se restringirmos o movimento das coordenadas generalizadas para que sejam pequenos, podemos desprezar todos os termos na expansão que contenham produtos de q_k de grau maior que o segundo. Isto é equivalente a restringir nossa atenção a oscilações harmônicas simples; em tal caso apenas termos quadráticos nas coordenadas aparecem. Assim,

$$U = \frac{1}{2} \sum_{j,k} A_{jk} q_j q_k \tag{12.32}$$

onde definimos

$$A_{jk} \equiv \left. \frac{\partial^2 U}{\partial q_j \partial q_k} \right|_0 \tag{12.33}$$

Como a ordem de diferenciação é imaterial (se U possui contínuas derivadas parciais de segundo) a quantidade A_{jk} é simétrica, isto é, $A_{jk} = A_{kj}$.

Especificamos que o movimento do sistema acontece na vizinhança da configuração de equilíbrio e mostramos (Equação 12.30) que U precisa possuir um valor mínimo quando o sistema está em tal configuração. Como escolhemos $U = 0$ em equilíbrio, precisamos ter, em geral, $U \geq 0$. Deve ficar claro que também devemos ter $T \geq 0.$[6]

As Equações 12.28 e 12.32 são de forma similar:

$$\boxed{\begin{aligned} T &= \frac{1}{2} \sum_{j,k} m_{jk} \dot{q}_j \dot{q}_k \\ U &= \frac{1}{2} \sum_{j,k} A_{jk} q_j q_k \end{aligned}} \tag{12.34}$$

---

[6] Isto é, U e T são quantidades *definidas positivas*, que estão sempre positivas ao menos que as coordenadas (no caso de U) ou as velocidades (no caso de T) sejam zero, caso em que elas desaparecem.

CAPÍTULO 12 – Oscilações acopladas **427**

As quantidades A_{jk} são apenas números (veja a Equação 12.33), mas os m_{jk} podem ser funções das coordenadas (veja a Equação 7.119):

$$m_{jk} = \sum_\alpha m_\alpha \sum_i \frac{\partial x_{\alpha,i}}{\partial q_j} \frac{\partial x_{\alpha,i}}{\partial q_k}$$

Podemos expandir o m_{jk} em torno da posição do equilíbrio com o resultado

$$m_{jk}(q_1, q_2, \ldots, q_n) = m_{jk}(q_{l0}) + \sum_l \left. \frac{\partial m_{jk}}{\partial q_l} \right|_0 q_l + \cdots \tag{12.35}$$

Gostaríamos de reter apenas o primeiro termo que não desaparece nesta expansão, mas, diferentemente da energia potencial (Equação 12.31), não podemos escolher como zero o termo da constante $m_{jk}(q_{l0})$, então este primeiro termo se torna o valor de constante de m_{jk} nesta aproximação. Esta é a mesma ordem de aproximação usada para U, porque o próximo termo de ordem maior em T envolveria a quantidade cúbica $\dot{q}_j \dot{q}_k q_l$ e o próximo termo de ordem maior em U conteria $q_j q_k q_l$. Na aproximação de oscilação pequena, T deve ser tratado de maneira similar a U, e assim como U normalmente é expandido para a ordem q^2, precisamos expandir T para a ordem $\dot{q}^2$, e m_{jk} é avaliado em equilíbrio. Assim, na Equação 12.34, A_{jk} e m_{jk} são matrizes $n \times n$ de *números* especificando como os movimentos de várias coordenadas são acoplados. Por exemplo, se $m_{rs} \neq 0$ para $r \neq s$, então a energia cinética contém um termo proporcional a $\dot{q}_r \dot{q}_s$, e existe um acoplamento entre a r-ésima e a s-ésima coordenadas. Se, no entanto, m_{jk} for *diagonal*, tal que[7] $m_{jk} \neq 0$ para $j = k$, desaparecendo caso contrário, então a energia cinética é de forma

$$T = \frac{1}{2} \sum_r m_r \dot{q}_r^2$$

onde m_{rr} foi abreviado para m_r. Assim, a energia cinética é uma simples soma das energias cinéticas associadas com as diversas coordenadas. Como vemos abaixo, se, além disso, A_{jk} for diagonal para que U também seja a simples soma das energias potenciais individuais, então cada coordenada se comportará de maneira inexplicável, sofrendo oscilações com uma frequência simples e bem-definida. O problema é portanto encontrar uma transformação de coordenada que diagonalize simultaneamente m_{jk} e A_{jk} e através disso torne o sistema descritível nos termos mais simples possíveis. Tais coordenadas são as *coordenadas normais*.

A equação de movimento do sistema com energias potenciais e cinéticas fornecidas pela Equação 12.34 são obtidas a partir das equação de Lagrange

$$\frac{\partial L}{\partial q_k} - \frac{d}{dt} \frac{\partial L}{\partial \dot{q}_k} = 0$$

Mas como T é uma função apenas das velocidades generalizadas e U é uma função das coordenadas generalizadas, a equação de Lagrange para a k-ésima coordenada torna-se

$$\frac{\partial U}{\partial q_k} + \frac{d}{dt} \frac{\partial T}{\partial \dot{q}_k} = 0 \tag{12.36}$$

A partir das Equações 12.34, avaliamos as derivativas:

$$\left. \begin{array}{l} \dfrac{\partial U}{\partial q_k} = \sum_j A_{jk} q_j \\[2mm] \dfrac{\partial T}{\partial \dot{q}_k} = \sum_j m_{jk} \dot{q}_j \end{array} \right\} \tag{12.37}$$

---

[7] Se um elemento diagonal de m_{jk} (digamos, m_{rr}) desaparecer, então o problema pode ser reduzido a um dos $n - 1$ graus de liberdade.

428 Dinâmica clássica de partículas e sistemas

As equações de movimento então se tornam

$$\sum_j (A_{jk}q_j + m_{jk}\ddot{q}_j) = 0$$

(12.38)

Este é um conjunto de n equações diferenciais homogêneas lineares de segunda ordem com coeficientes constantes. Como estamos lidando com um sistema oscilatório, esperamos uma solução da forma

$$q_j(t) = a_j e^{i(\omega t - \delta)}$$

(12.39)

onde os a_j são amplitudes reais e onde a fase δ foi incluída para fornecer as duas constantes arbitrárias (a_j e δ) exigidas pela natureza de segunda ordem das equações diferenciais.[8] (Apenas a parte real do lado direito é considerada.) A frequência ω e a fase δ são determinadas pelas equações de movimento. Se ω for uma quantidade real, então a solução (Equação 12.39) representa o movimento oscilatório. Pode-se ver pelo seguinte argumento físico que ω é de fato real. Suponha que ω contenha uma parte imaginária (na qual ω_i é real). Isto produz termos da forma $e^{\omega_i t}$ e $e^{-\omega_i t}$ na expressão de q_j. Assim, quando a energia total do sistema é calculada, $T + U$ contém fatores que aumentam ou diminuem monotonicamente com o tempo. Mas isso viola a premissa de que estamos lidando com um sistema conservador: portanto, a frequência ω deve ser uma quantidade real.

Com uma solução da forma fornecida pela Equação 12.39, as equações de movimento se tornam

$$\sum_j (A_{jk} - \omega^2 m_{jk})\, a_j = 0$$

(12.40)

onde o fator comum $\exp[i(\omega t - \delta)]$ foi cancelado. Esse é um conjunto de n equações *algébricas*, homogêneo-lineares que a_j deve satisfazer. Para que haja uma solução não trivial, o determinante dos coeficientes deve desaparecer:

$$|A_{jk} - \omega^2 m_{jk}| = 0$$

(12.41)

Para ser mais explícito, esse é um determinante $n \times n$ da forma

$$\begin{vmatrix} A_{11} - \omega^2 m_{11} & A_{12} - \omega^2 m_{12} & A_{13} - \omega^2 m_{13} \cdots \\ A_{12} - \omega^2 m_{12} & A_{22} - \omega^2 m_{22} & A_{23} - \omega^2 m_{23} \cdots \\ A_{13} - \omega^2 m_{13} & A_{23} - \omega^2 m_{23} & A_{33} - \omega^2 m_{33} \cdots \\ \vdots & \vdots & \vdots \end{vmatrix} = 0$$

(12.42)

onde a simetria de A_{jk} e m_{jk} foi incluída de forma explícita.

A equação representada por este determinante é chamada de **equação característica** ou **equação secular** do sistema e é uma equação de grau n em ω^2. Há, em geral, n raízes que podemos rotular de ω_r^2. Os ω_r são chamados de **frequências características** ou **autofrequência** do sistema. (Em algumas situações, dois ou mais ω_r podem ser iguais: este é o fenômeno da **degeneração** e é discutido posteriormente.) Assim como nos procedimentos para determinar as direções dos eixos principais para um corpo rígido, cada uma das raízes da equação característica pode ser substituída na Equação 12.40 para determinar as razões $a_1:a_2:a_3:\dots:a_n$ para cada valor de ω_r. Como há n valores de ω_r, podemos construir n conjuntos de razões de a_j. Cada um dos conjuntos define as componentes de um vetor n-dimensional $\boldsymbol{a}_r$ chamado de **autovetor** do sistema. Assim $\mathbf{a}_r$ é o autovetor associado à autofrequência ω_r. Designamos por a_{jr} a j-ésima componente do r-ésimo autovetor.

---

[8] Isso é completamente equivalente ao procedimento anterior de escrever $x(t) = B \exp(i\omega t)$ (veja as Equações 12.2) com B permitido a ser complexo. Nas Equações 12.9, exibimos as constantes arbitrárias necessárias como amplitudes reais utilizando $\exp(i\omega t)$ e $\exp(-i\omega t)$ em vez de incorporar um fator de fase como na Equação 12.39.

CAPÍTULO 12 – Oscilações acopladas **429**

Como o princípio de sobreposição se aplica à equação diferencial (Equação 12.38), devemos escrever a solução geral para q_j como uma combinação linear das soluções para cada um dos n valores de r:

$$q_j(t) = \sum_r a_{jr} e^{i(\omega_r t - \delta_r)} \tag{12.43}$$

Como apenas a parte *real* de $q_j(t)$ é fisicamente significativa, temos na verdade[9]

$$q_j(t) = \text{Re}\sum_r a_{jr} e^{i(\omega_r t - \delta_r)} = \sum_r a_{jr} \cos(\omega_r t - \delta_r) \tag{12.44}$$

O movimento da coordenada $q_j(t)$ é composto portanto de movimentos com cada um dos n valores das frequências ω_r. Os q_j evidentemente não são coordenadas normais que simplificam o problema. Continuaremos a busca por coordenadas normais na Seção 12.6.

EXEMPLO 12.1

Encontre as frequências características para o caso de duas massas conectadas por molas da Seção 12.2 por meio do formalismo geral que acabou de ser desenvolvido.

Solução. A situação é mostrada na Figura 12.1. A energia potencial do sistema é

$$U = \frac{1}{2}\kappa x_1^2 + \frac{1}{2}\kappa_{12}(x_2 - x_1)^2 + \frac{1}{2}\kappa x_2^2$$

$$= \frac{1}{2}(\kappa + \kappa_{12})x_1^2 + \frac{1}{2}(\kappa + \kappa_{12})x_2^2 - \kappa_{12}x_1 x_2 \tag{12.45}$$

O termo proporcional a $x_1 x_2$ é o fator que expressa o acoplamento no sistema. Calculando o A_{jk}, encontramos

$$\left.\begin{aligned} A_{11} &= \left.\frac{\partial^2 U}{\partial x_1^2}\right|_0 = \kappa + \kappa_{12} \\[1em] A_{12} &= \left.\frac{\partial^2 U}{\partial x_1 \partial x_2}\right|_0 = -\kappa_{12} = A_{21} \\[1em] A_{22} &= \left.\frac{\partial^2 U}{\partial x_2^2}\right|_0 = \kappa + \kappa_{12} \end{aligned}\right\} \tag{12.46}$$

A energia cinética do sistema é

$$T = \frac{1}{2}M\dot{x}_1^2 + \frac{1}{2}M\dot{x}_2^2 \tag{12.47}$$

Segundo a Equação 12.28,

$$T = \frac{1}{2}\sum_{j,k} m_{jk}\dot{x}_j\dot{x}_k \tag{12.48}$$

Identificando os termos entre essas duas expressões para T, encontramos

$$\left.\begin{aligned} m_{11} &= m_{22} = M \\ m_{12} &= m_{21} = 0 \end{aligned}\right\} \tag{12.49}$$

---

[9] Observe aqui, diferentemente do acoplamento fraco descrito na Seção 12.3 (Equação 12.26), que a parte real de $q_j(t)$ precisa ser tomada explicitamente para que $q_j(t)$ na Equação 12.44 não seja o mesmo $q_j(t)$ na Equação 12.43. Mas aqui em outros casos, por causa de sua relação próxima, utilizamos o mesmo símbolo (por exemplo, $q_j(t)$) por conveniência.

430 Dinâmica clássica de partículas e sistemas

Assim, o determinante secular (Equação 12.42) se torna

$$\begin{vmatrix} \kappa + \kappa_{12} - M\omega^2 & -\kappa_{12} \\ -\kappa_{12} & \kappa + \kappa_{12} - M\omega^2 \end{vmatrix} = 0 \qquad (12.50)$$

Isso é exatamente a Equação 12.5, então as soluções são as mesmas (veja as Equações 12.7 e 12.8) como antes:

$$\omega = \sqrt{\frac{\kappa + \kappa_{12} \pm \kappa_{12}}{M}}$$

As autofrequências são

$$\omega_1 = \sqrt{\frac{\kappa + 2\kappa_{12}}{M}}, \qquad \omega_2 = \sqrt{\frac{\kappa}{M}}$$

Os resultados dos dois procedimentos são idênticos.

12.5 Ortogonalidade dos autovetores (opcional)[10]

Gostaríamos agora de mostrar que os autovetores formam um conjunto ortogonal. Reescrevendo a Equação 12.40 para a s-ésima raiz da equação secular, temos

$$\omega_s^2 \sum_k m_{jk} a_{ks} = \sum_k A_{jk} a_{ks} \qquad (12.51)$$

Depois, escrevemos uma equação comparável para a r-ésima raiz substituindo r por s e intercambiando j e k:

$$\omega_r^2 \sum_j m_{jk} a_{jr} = \sum_j A_{jk} a_{jr} \qquad (12.52)$$

onde havíamos utilizado a simetria de m_{jk} e A_{jk}. Multiplicamos agora a Equação 12.51 por a_{jr}, somamos sobre j e multiplicamos também a Equação 12.52 por a_{ks} e somamos sobre k:

$$\left. \begin{array}{l} \omega_s^2 \sum_{j,k} m_{jk} a_{jr} a_{ks} = \sum_{j,k} A_{jk} a_{jr} a_{ks} \\ \omega_r^2 \sum_{j,k} m_{jk} a_{jr} a_{ks} = \sum_{j,k} A_{jk} a_{jr} a_{ks} \end{array} \right\} \qquad (12.53)$$

O lado direito das Equações 12.53 são agora iguais; então subtraindo a primeira destas equações da segunda, temos

$$(\omega_r^2 - \omega_s^2) \sum_{j,k} m_{jk} a_{jr} a_{ks} = 0 \qquad (12.54)$$

Examinamos agora as duas possibilidades $r = s$ e $r \neq s$. Para $r \neq s$, o termo $(\omega_r^2 - \omega_s^2)$ é, em geral, diferente de zero. (O caso de degeneração, ou raízes múltiplas, é discutido posteriormente.) Portanto a soma deve desaparecer de forma idêntica:

$$\sum_{j,k} m_{jk} a_{jr} a_{ks} = 0, \quad r \neq s \qquad (12.55)$$

---

[10] A Seção 12.5 pode ser omitida sem a perda da compreensão física. A seção altamente matemática é incluída para completude. O método aqui utilizado é uma generalização dos passos utilizados na Seção 11.6 para o tensor de inércia.

CAPÍTULO 12 – Oscilações acopladas **431**

Para o caso $r = s$, o termo $(\omega_r^2 - \omega_s^2)$ desaparece e a soma é indeterminada. A soma, entretanto, não pode desaparecer de maneira idêntica. Para mostrar isso, escrevemos a energia cinética para o sistema e substituímos $\dot{q}_j$ e $\dot{q}_k$ pelas expressões da Equação 12.44:

$$T = \frac{1}{2} \sum_{j,k} m_{jk} \dot{q}_j \dot{q}_k$$

$$= \frac{1}{2} \sum_{j,k} m_{jk} \left[\sum_r \omega_r a_{jr} \, \text{sen}(\omega_r t - \delta_r) \right] \left[\sum_s \omega_s a_{ks} \, \text{sen}(\omega_s t - \delta_s) \right]$$

$$= \frac{1}{2} \sum_{r,s} \omega_r \omega_s \, \text{sen}(\omega_r t - \delta_r) \, \text{sen}(\omega_s t - \delta_s) \sum_{j,k} m_{jk} a_{jr} a_{ks}$$

Assim, para $r = s$, a energia cinética se torna

$$T = \frac{1}{2} \sum_r \omega_r^2 \, \text{sen}^2(\omega_r t - \delta_r) \sum_{j,k} m_{jk} a_{jr} a_{kr} \tag{12.56}$$

Observamos primeiro que

$$\omega_r^2 \, \text{sen}^2(\omega_r t - \delta_r) \geq 0$$

Observamos também que T é positivo e pode se tornar zero apenas se todas as velocidades desaparecerem de maneira idêntica. Portanto,

$$\sum_{j,k} m_{jk} a_{jr} a_{kr} \geq 0$$

Assim, a soma é, em geral, positiva e pode desaparecer apenas na situação trivial em que o sistema não está em movimento, isto é, que velocidades desaparecem identicamente $T \equiv 0$.

Observamos anteriormente que apenas as razões de a_{jr} são determinadas quando ω_r são substituídos nas Equação 12.40. Removemos agora esta indeterminância impondo uma condição adicional sobre a_{jr}. Exigimos que

$$\sum_{j,k} m_{jk} a_{jr} a_{kr} = 1 \tag{12.57}$$

Sabe-se que a_{jr} são ditos *normalizados*. Combinando as Equações 12.55 e 12.57, podemos escrever

$$\boxed{\sum_{j,k} m_{kj} a_{jr} a_{ks} = \delta_{rs}} \tag{12.58}$$

Uma vez que a_{jr} é a j-ésima componente do r-ésimo autovetor, representamos $\mathbf{a}_r$ por

$$\mathbf{a}_r = \sum_j a_{jr} \mathbf{e}_j \tag{12.59}$$

Os vetores $\boldsymbol{a}_r$ definidos desta maneira constituem um conjunto **ortonormal**, isto é, eles são *ortogonais* de acordo com o resultado fornecido pela Equação 12.55 e foram *normalizados* colocando a soma na Equação 12.57 igual à unidade.

Toda a discussão anterior traz uma semelhança marcante com o procedimento fornecido no Capítulo 11 para determinar os momentos principais de inércia e os eixos principais para um corpo rígido. De fato, os problemas são matematicamente idênticos, exceto que agora estamos lidando com um sistema com n graus de liberdade. As quantidades m_{jk} e A_{jk} são na verdade elementos tensores, porque m e A são agrupamentos de duas dimensões que relacionam diferentes características físicas[11] e, como tal, escrevêmo-los como $\{\mathbf{m}\}$ e $\{\mathbf{A}\}$. A equa-

---

[11] Veja a discussão na Seção 11.7 tratando da definição matemática de tensor.

432 Dinâmica clássica de partículas e sistemas

ção secular para determinar as autofrequências é a mesma que a da obtenção dos momentos principais de inércia, e os autovetores correspondem aos eixos principais. De fato, a prova da ortogonalidade dos autovetores é meramente uma generalização da prova dada na Seção 11.6 da ortogonalidade dos eixos principais. Embora tenhamos construído um argumento físico em relação à realidade das autofrequências, podemos efetuar uma prova matemática utilizando o mesmo procedimento utilizado para mostrar que os momentos principais de inércia são reais.

12.6 Coordenadas normais

Como vimos (Equação 12.43), a solução geral para o movimento da coordenada q_j deve ser uma soma sobre os termos, cada um dos quais depende de uma autofrequência individual. Na seção anterior, mostramos que os vetores $\mathbf{a}_r$ são ortogonais (Equação 12.55) e, como questão de conveniência, até normalizamos suas componentes a_{jr} (Equação 12.57) para chegar à Equação 12.58, isto é, removemos toda a ambiguidade na solução para q_j, então não é mais possível especificar um deslocamento arbitrário para uma partícula. Como tal restrição não é importante fisicamente, devemos introduzir um fator de escala constante α_r (que depende das condições iniciais do problema) para dar conta da perda de generalidade introduzida pela normalização arbitrária. Assim,

$$q_j(t) = \sum_r \alpha_r a_{jr} e^{i(\omega_r t - \delta_r)} \tag{12.60}$$

Para simplificar a notação, escrevemos

$$q_j(t) = \sum_r \beta_r a_{jr} e^{i\omega_r t} \tag{12.61}$$

onde as quantidades β_r são novos fatores de escala[12] (agora complexos) que incorporam as fases de δ_r.

Definimos agora uma quantidade η_r,

$$\boxed{\eta_r(t) \equiv \beta_r e^{i\omega_r t}} \tag{12.62}$$

para que

$$\boxed{q_j(t) = \sum_r a_{jr}\eta_r(t)} \tag{12.63}$$

Os η_r, por definição, são quantidades que sofrem oscilação em apenas uma frequência. Elas podem ser consideradas como novas coordenadas, chamadas *coordenadas normais* para o sistema. O η satisfaz as equações da forma

$$\ddot{\eta}_r + \omega_r^2\eta_r = 0 \tag{12.64}$$

Há n de tais equações independentes, então as equações de movimento expresso em coordenadas normais tornam-se completamente separadas.

EXEMPLO 12.2

Derive as Equações 12.64 diretamente utilizando as equações de movimento de Lagrange.

---

[12] Há uma certa vantagem na normalização de a_{jr} à unidade e na introdução dos fatores de escala α_r e β_r em vez de deixar a normalização inespecífica. Os a_{jr} são então independentes das condições iniciais e resulta uma equação simples de ortonormalidade.

CAPÍTULO 12 – Oscilações acopladas **433**

Solução. Observamos que a Equação 12.63

$$\dot{q}_j = \sum_j a_{jr}\dot{\eta}_r$$

e da Equação 12.34 temos, para a energia cinética,

$$T = \frac{1}{2}\sum_{j,k} m_{jk}\dot{q}_j\dot{q}_k$$

$$= \frac{1}{2}\sum_{j,k} m_{jk}\left(\sum_r a_{jr}\dot{\eta}_r\right)\left(\sum_s a_{ks}\dot{\eta}_s\right)$$

$$= \frac{1}{2}\sum_{r,s}\left(\sum_{j,k} m_{jk}a_{jr}a_{ks}\right)\dot{\eta}_r\dot{\eta}_s$$

A soma nos parênteses é apenas δ_{rs}, segundo a condição de ortogonalidade (Equação 12.58). Portanto,

$$T = \frac{1}{2}\sum_{r,s}\dot{\eta}_r\dot{\eta}_s\delta_{rs} = \frac{1}{2}\sum_r \dot{\eta}_r^2 \tag{12.65}$$

De maneira similar, das Equações 12.34 para a energia potencial temos,

$$U = \frac{1}{2}\sum_{j,k} A_{jk}q_jq_k$$

$$= \frac{1}{2}\sum_{r,s}\left(\sum_{j,k} A_{jk}a_{jr}a_{ks}\right)\eta_r\eta_s$$

A primeira equação na Equação 12.53 é

$$\sum_{j,k} A_{jk}a_{jr}a_{ks} = \omega_s^2\sum_{j,k} m_{jk}a_{jr}a_{ks}$$

$$= \omega_s^2\delta_{rs}$$

então a energia potencial se torna

$$U = \frac{1}{2}\sum_{r,s}\omega_s^2\eta_r\eta_s\delta_{rs} = \frac{1}{2}\sum_r \omega_r^2\eta_r^2 \tag{12.66}$$

Utilizando as Equações 12.65 e 12.66, a lagrangiana é

$$L = \frac{1}{2}\sum_r(\dot{\eta}_r^2 - \omega_r^2\eta_r^2) \tag{12.67}$$

e as equações de Lagrange são

$$\frac{\partial L}{\partial \eta_r} - \frac{d}{dt}\frac{\partial L}{\partial \dot{\eta}_r} = 0$$

ou

$$\ddot{\eta}_r + \omega_r^2\eta_r = 0$$

como encontrado na Equação 12.64.

Assim, quando a configuração de um sistema é expresso em coordenadas normais, as energias cinética e potencial tornam-se simultaneamente diagonais. Como são os elementos fora da diagonal de $\{\mathbf{m}\}$ e $\{\mathbf{A}\}$ que dão crescimento ao acoplamento dos movimentos das partículas, deve ficar evidente que uma escolha de coordenadas que tornam estes tensores

434 Dinâmica clássica de partículas e sistemas

diagonais, desacopla as coordenadas e torna o problema completamente separável em movimentos independentes das coordenadas normais, cada um com sua frequencia normal particular.[13]

O que acabamos de mostrar foi uma descrição matemática dos métodos utilizados para determinar as frequências características ω_r e descrever as coordenadas η_r do movimento de modo normal. A aplicação real do método pode ser resumida por diversas afirmações:

1. Escolha coordenadas generalizadas e encontre T e U no método lagrangiano normal. Isso corresponde à utilização das Equações 12.34.
2. Represente A_{jk} e m_{jk} como tensores em matrizes $n \times n$ e utilize a Equação 12.42 para determinar os n valores de autofrequências ω_r.
3. Para cada valor de ω_r, determine as razões $a_{1r}: a_{2r}: a_{3r}: ...: a_{nr}$ substituindo nas Equações 12.40:

$$\sum_j (A_{jk} - \omega_r^2 m_{jk}) a_{jr} = 0 \tag{12.68}$$

4. Se necessário, determine os fatores de escala β_r (Equação 12.60) das condições iniciais.
5. Determine as coordenadas normais η por combinações lineares apropriadas das coordenadas q_j que exibem oscilações na autofrequência simples ω_r. A descrição de movimento para esta coordenada normal simples η_r é chamada de um modo normal. O movimento geral (Equação 12.63) do sistema é uma sobreposição complicada dos modos normais.

Aplicaremos agora estes passos em diversos exemplos.

EXEMPLO 12.3

Determine as autofrequências, autovetores e coordenadas normais do exemplo massa-mola na Seção 12.2 utilizando o procedimento que acaba de ser descrito. Assuma $\kappa_{12} \approx \kappa$.

Solução. As autofrequências foram determinadas no Exemplo 12.1, onde encontramos T e U (passo 1). Podemos encontrar as componentes para A_{jk} diretamente da Equação 12.46 ou pela inspeção da Equação 12.45, certificando-se que A_{jk} é simétrico.

$$\{\mathbf{A}\} = \begin{Bmatrix} \kappa + \kappa_{12} & -\kappa_{12} \\ -\kappa_{12} & \kappa + \kappa_{12} \end{Bmatrix} \tag{12.69}$$

O agrupamento m_{jk} pode ser facilmente determinado a partir da Equação 12.47:

$$\{\mathbf{m}\} = \begin{Bmatrix} M & 0 \\ 0 & M \end{Bmatrix} \tag{12.70}$$

Utilizamos as Equações 12.42 para determinar as autofrequências ω_r.

$$\begin{vmatrix} \kappa + \kappa_{12} - M\omega^2 & -\kappa_{12} \\ -\kappa_{12} & \kappa + \kappa_{12} - M\omega^2 \end{vmatrix} = 0$$

que é idêntica à Equação 12.50 com os resultados da Equação 12.8 para ω_1 e ω_2.

Utilizamos a Equação 12.68 para determinar as componentes do autovetor a_{jr}. Temos duas equações para cada valor de r, mas porque podemos determinar apenas as razões a_{1r}/a_{2r}, uma equação para cada r é suficiente. Para $r = 1$, $k = 1$, temos

$$(A_{11} - \omega_1^2 m_{11}) a_{11} + (A_{21} - \omega_1^2 m_{21}) a_{21} = 0 \tag{12.71}$$

---

[13] O matemático alemão Karl Weierstrass (1815–1897) mostrou em 1858 que o movimento de um sistema dinâmico pode sempre ser expresso em termos de coordenadas normais.

CAPÍTULO 12 – Oscilações acopladas **435**

ou, inserindo os valores para A_{11}, A_{21}, ω_1^2 e m_{11} e utilizando a simplificação que $\kappa_{12} \approx \kappa$,

$$\left(2\kappa - \frac{3\kappa}{M} \cdot M\right)a_{11} - \kappa a_{21} = 0$$

com o resultado

$$a_{11} = -a_{21} \tag{12.72}$$

Para $r = 2$, $k = 1$, temos

$$\left(2\kappa - \frac{\kappa}{M} \cdot M\right)a_{12} - \kappa a_{22} = 0$$

com o resultado

$$a_{12} = a_{22} \tag{12.73}$$

O movimento geral (Equação 12.63) torna-se

$$\left.\begin{array}{l} x_1 = a_{11}\eta_1 + a_{12}\eta_2 \\ x_2 = a_{21}\eta_1 + a_{22}\eta_2 \end{array}\right\} \tag{12.74}$$

Utilizando as Equações 12.72 e 12.73, isso se torna

$$\left.\begin{array}{l} x_1 = a_{11}\eta_1 + a_{22}\eta_2 \\ x_2 = -a_{11}\eta_1 + a_{22}\eta_2 \end{array}\right\} \tag{12.75}$$

Adicionando x_1 e x_2, temos

$$\eta_2 = \frac{1}{2a_{22}}(x_1 + x_2) \tag{12.76}$$

Subtraindo x_2 de x_1, temos

$$\eta_1 = \frac{1}{2a_{11}}(x_1 - x_2) \tag{12.77}$$

A coordenada normal η_2 pode ser determinada encontrando-se as condições quando a outra coordenada normal η_1 permanece igual a zero. Da Equação 12.77, $\eta_1=0$ quando $x_1=x_2$. Assim, para o modo normal 2(η_2), as duas massas oscilam *em fase* (o modo simétrico). A distância entre as partículas é sempre a mesma e elas oscilam como se a mola que as liga fosse uma haste rígida e sem peso.

De maneira similar, conseguimos encontrar as condições para a coordenada normal η_1 determinando quando $\eta_2 = 0$ ($x_2 = -x_1$). Em modo normal 1 (η_1), as partículas oscilam fora de fase (o modo antissimétrico).

Esta análise (resumida na Tabela 12.1) confirma nossos resultados anteriores (Seção 12.2), e o movimento da partícula é como aparece na Figura 12.2. Tais movimentos são comuns para átomos em moléculas. Lembre-se de que deixamos $\kappa = \kappa_{12}$ durante este exemplo.

TABELA 12.1 **Movimentos dos modos normais**

Modo normal	Autofrequência	Oscilação das partículas	Velocidades das partículas
1	$\omega_1 = \sqrt{\dfrac{3\kappa}{M}}$	Fora de fase	Igual mas oposto
2	$\omega_2 = \sqrt{\dfrac{\kappa}{M}}$	Em fase	Igual

Podemos determinar as componentes dos autovetores (Equação 12.59),

$$\left.\begin{array}{ll}\omega_1: & \mathbf{a}_1 = a_{11}\mathbf{e}_1 + a_{21}\mathbf{e}_2 \\ \omega_2: & \mathbf{a}_2 = a_{12}\mathbf{e}_1 + a_{22}\mathbf{e}_2\end{array}\right\} \quad (12.78)$$

utilizando as Equações 12.72 e 12.73.

$$\left.\begin{array}{l}\mathbf{a}_1 = a_{11}(\mathbf{e}_1 - \mathbf{e}_2) \\ \mathbf{a}_2 = a_{22}(\mathbf{e}_1 + \mathbf{e}_2)\end{array}\right\} \quad (12.79)$$

Embora normalmente não exigido, podemos determinar os valores de a_{11} e a_{22} da condição de ortonormalidade da Equação 12.58 com o resultado.

$$\left.\begin{array}{l}a_{11} = -a_{21} = \dfrac{1}{\sqrt{2M}} \\ a_{12} = a_{22} = \dfrac{1}{\sqrt{2M}}\end{array}\right\} \quad (12.80)$$

Neste exemplo, não era necessário determinar os fatores de escala β_r nem escrever a solução completa porque as condições iniciais não foram fornecidas.

EXEMPLO 12.4

Determine as autofrequências e descreva o movimento de modo normal para os dois pêndulos de comprimentos iguais b e massas iguais m conectados por uma mola de constante de força κ como mostra a Figura 12.5. A mola não está esticada na posição de equilíbrio.

Solução. Escolhemos θ_1 e θ_2 (Figura 12.5) como as coordenadas generalizadas. A energia potencial é escolhida como zero na posição de equilíbrio. As energias potencial e cinética do sistema são, para pequenos ângulos,

$$T = \frac{1}{2}m(b\dot{\theta}_1)^2 + \frac{1}{2}m(b\dot{\theta}_2)^2 \quad (12.81)$$

$$U = mgb(1 - \cos\theta_1) + mgb(1 - \cos\theta_2) + \frac{1}{2}\kappa(b\operatorname{sen}\theta_1 - b\operatorname{sen}\theta_2)^2 \quad (12.82)$$

Utilizando a premissa de pequena oscilação sen $\theta \approx \theta$ e $\cos\theta \approx 1 - \theta^2/2$, podemos escrever

$$U = \frac{mgb}{2}(\theta_1^2 + \theta_2^2) + \frac{\kappa b^2}{2}(\theta_1 - \theta_2)^2 \quad (12.83)$$

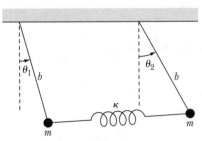

FIGURA 12.5 Exemplo 12.4. Dois pêndulos de comprimentos iguais possuindo massa iguais são conectados por uma mola.

CAPÍTULO 12 – Oscilações acopladas **437**

As componentes de {**A**} w {**m**} são

$$\{\mathbf{m}\} = \begin{Bmatrix} mb^2 & 0 \\ 0 & mb^2 \end{Bmatrix} \tag{12.84}$$

$$\{\mathbf{A}\} = \begin{Bmatrix} mgb + \kappa b^2 & -\kappa b^2 \\ -\kappa b^2 & mgb + \kappa b^2 \end{Bmatrix} \tag{12.85}$$

O determinante necessário para encontrar as autofrequências ω é

$$\begin{vmatrix} mgb + \kappa b^2 - \omega^2 mb^2 & -\kappa b^2 \\ -\kappa b^2 & mgb + \kappa b^2 - \omega^2 mb^2 \end{vmatrix} = 0 \tag{12.86}$$

o que fornece a equação característica

$$b^2(mg + \kappa b - \omega^2 mb)^2 - (\kappa b^2)^2 = 0$$

$$(mg + \kappa b - \omega^2 mb)^2 = (\kappa b)^2$$

ou

$$mg + \kappa b - \omega^2 mb = \pm \kappa b \tag{12.87}$$

Tomando o sinal de mais, $\omega = \omega_1$,

$$mg + \kappa b - \omega_1^2 mb = \kappa b$$

$$\omega_1^2 = \frac{g}{b} \tag{12.88}$$

Tomando o sinal de menos na Equação 12.87, $\omega = \omega_2$,

$$mg + \kappa b - \omega_2^2 mb = -\kappa b$$

$$\omega_2^2 = \frac{g}{b} + \frac{2\kappa}{m} \tag{12.89}$$

Colocando os valores de ω_1 e ω_2 na Equação 12.40, temos, para $k = 1$,

$$(mgb + \kappa b^2 - \omega_r^2 mb^2)a_{1r} - \kappa b^2 a_{2r} = 0 \tag{12.90}$$

Se $r = 1$, então

$$\left(mgb + \kappa b^2 - \frac{g}{b}mb^2 \right)a_{11} - \kappa b^2 a_{21} = 0$$

e

$$a_{11} = a_{21} \tag{12.91}$$

Se $r = 2$, então

$$\left(mgb + \kappa b^2 - \frac{g}{b}mb^2 - \frac{2\kappa}{m}mb^2 \right)a_{12} - \kappa b^2 a_{22} = 0$$

e

$$a_{12} = -a_{22} \tag{12.92}$$

Escrevemos as coordenadas θ_1 e θ_2 nos termos das coordenadas normais por

$$\left. \begin{aligned} \theta_1 &= a_{11}\eta_1 + a_{12}\eta_2 \\ \theta_2 &= a_{21}\eta_1 + a_{22}\eta_2 \end{aligned} \right\} \tag{12.93}$$

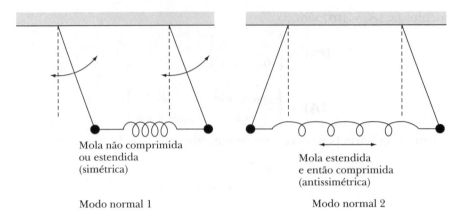

Modo normal 1   Modo normal 2

FIGURA 12.6   Exemplo 12.4. Os dois movimentos de modo normal são exibidos.

Utilizando as Equações 12.91 e 12.92, as Equações 12.93 se tornam

$$\left.\begin{array}{l}\theta_1 = a_{11}\eta_1 - a_{22}\eta_2 \\ \theta_2 = a_{11}\eta_1 + a_{22}\eta_2\end{array}\right\} \quad (12.94)$$

Os modos normais são facilmente determinados, adicionando e subtraindo θ_1 e θ_2, para se ter

$$\left.\begin{array}{l}\eta_1 = \dfrac{1}{2a_{11}}(\theta_1 + \theta_2) \\ \eta_2 = \dfrac{1}{2a_{22}}(\theta_2 - \theta_1)\end{array}\right\} \quad (12.95)$$

Como a coordenada normal η_1 ocorre quando $\eta_2 = 0$, então $\theta_2 = \theta_1$ para o modo normal 1 (simétrico). De maneira similar, a coordenada normal η_2 ocorre quando $\eta_1 = 0$ ($\theta_1 = -\theta_2$), e o modo normal 2 é antissimétrico. Os movimentos de modo normal são mostrados na Figura 12.6. Observe que para o modo 1, a mola não é comprimida nem estendida. Os dois pêndulos apenas oscilam em uníssono com suas frequências naturais ($\omega_1 = \omega_0 = \sqrt{g/b}$). Estes movimentos podem ser facilmente demonstrados no laboratório ou em sala de aula. A maior frequência do modo normal 2 é facilmente exibida para uma mola rígida.

12.7 Vibrações moleculares

Mencionamos anteriormente que as vibrações moleculares são bons exemplos das aplicações das pequenas oscilações discutidas neste capítulo. Um molécula contendo n átomos geralmente possui $3n$ graus de liberdade. Três destes graus de liberdade são necessários para descrever o movimento translacional e, geralmente, são necessário três para descrever as rotações. Assim, há $3n - 6$ graus de liberdade vibracional. Para moléculas com átomos lineares, existem somente dois graus de liberdade rotacionais possíveis porque a rotação em torno do eixo pelos átomos é insignificante. Neste caso, há $3n - 5$ graus de liberdade para vibrações.

Queremos considerar apenas as vibrações que ocorrem em um plano. Eliminamos os graus de liberdade de rotação e translação através de transformações apropriadas e escolha de sistemas de coordenadas. Para o movimento em um plano, há $2n$ graus de liberdade. Como dois são de translação e um de rotação, geralmente $2n - 3$ vibrações normais ocorrem no plano [deixando $(3n - 6) - (2n - 3) = n - 3$ graus de liberdade para vibrações de átomos fora do plano].

Moléculas lineares podem ter vibrações transversais e longitudinais. As vibrações longitudinais ocorrem ao longo da linha de átomos. Para n átomos, há n graus de liberdade ao longo da linha,

CAPÍTULO 12 – Oscilações acopladas   **439**

mas um deles corresponde à translação. Assim, há $n - 1$ vibrações possíveis na direção longitudinal para n átomos em uma molécula linear. Se existir um total de $3n - 5$ graus de liberdade vibracionais para uma molécula linear, deve haver $(3n - 5) - (n - 1) = 2n - 4$ vibrações transversais causando a vibração dos átomos perpendiculares à linha de átomos. Mas a partir da simetria, duas direções mutuamente perpendiculares quaisquer são suficientes, para que haja realmente apenas metade do número de frequências transversais, ou $n - 2$.

EXEMPLO 12.5

Determine as autofrequências e descreva o movimento de modo normal de uma molécula triatômica linear simétrica (Figura 12.7) similar a CO_2. O átomo central (carbono) possui massa M e os átomos simétricos (oxigênio) possuem massas m. Tanto vibrações transversais como longitudinais são possíveis.

Solução. Para três átomos, a análise anterior indica que temos dois graus de liberdade longitudinais e um transversal se eliminarmos os graus de liberdade de rotação e translação.

Podemos solucionar os movimentos transversal e longitudinal separadamente porque eles são independentes. Na Figura 12.7b, representamos os deslocamentos atômicos do equilíbrio por x_1, x_2, x_3. As forças elásticas entre os átomos são representadas por molas de constante de força κ_1. Temos três variáveis longitudinais, mas apenas dois graus de liberdade. Devemos eliminar a possibilidade translacional exigindo que o centro de massa seja constante durante as vibrações. Isto é satisfeito se

$$m(x_1 + x_3) + M(x_2) = 0 \tag{12.96}$$

Portanto, podemos eliminar a variável x_2:

$$x_2 = -\frac{m}{M}(x_1 + x_3) \tag{12.97}$$

A energia cinética se torna

$$T = \frac{1}{2}m\dot{x}_1^2 + \frac{1}{2}m\dot{x}_3^2 + \frac{1}{2}M\dot{x}_2^2$$

$$= \frac{1}{2}\,m\dot{x}_1^2 + \frac{1}{2}\,m\dot{x}_3^2 + \frac{1}{2}\frac{m^2}{M}\,(\dot{x}_3^2 + \dot{x}_1^2 + 2\dot{x}_3\dot{x}_1) \tag{12.98}$$

Ter o termo de acoplamento $\dot{x}_3\dot{x}_1$ na energia cinética (chamado de "acoplamento dinâmico") pode ser inconveniente quando da solução da Equação 12.42 para as autofrequências. Utilizamos uma transformação para eliminar o acoplamento dinâmico.

$$\left.\begin{array}{l} q_1 = x_3 + x_1 \\ q_2 = x_3 - x_1 \end{array}\right\} \tag{12.99a}$$

Então

$$\left.\begin{array}{l} x_3 = \dfrac{1}{2}(q_1 + q_2) \\[2ex] x_1 = \dfrac{1}{2}(q_1 - q_2) \\[2ex] x_2 = -\dfrac{m}{M}q_1 \end{array}\right\} \tag{12.99b}$$

e

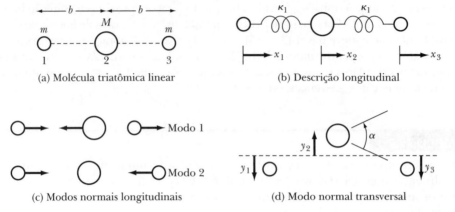

FIGURA 12.7 Exemplo 12.5. (a) Uma molécula linear triatômica (por exemplo, CO_2 com massa central M e massas simétricas m). (b) As forças elásticas entre os átomos são representadas por molas; os deslocamentos atômicos do equilíbrio são x_1, x_2 e x_3. (c) Os dois modos normais longitudinais. (d) O modo normal transverso.

e a energia cinética (Equação 12.98) torna-se

$$T = \frac{m}{4}\dot{q}_2^2 + \frac{(mM + 2m^2)}{4M}\dot{q}_1^2 \tag{12.100}$$

A energia potencial é

$$U = \frac{1}{2}\kappa_1(x_2 - x_1)^2 + \frac{1}{2}\kappa_1(x_3 - x_2)^2 \tag{12.101}$$

e com a transformações (Equações 12.99), E a energia potencial se torna (após uma redução considerável)

$$U = \left(\frac{2m + M}{2M}\right)^2 \kappa_1 q_1^2 + \frac{1}{4}\kappa_1 q_2^2 \tag{12.102}$$

As autofrequências são determinadas por inspeção, usando a Equação 12.42

$$\begin{vmatrix} \frac{1}{2}\left(\frac{2m+M}{M}\right)^2 \kappa_1 - \omega^2\left(\frac{mM+2m^2}{2M}\right) & 0 \\ 0 & \frac{\kappa_1}{2} - \omega^2 \frac{m}{2} \end{vmatrix} = 0 \tag{12.103}$$

para serem

$$\left.\begin{array}{c} \omega_1^2 = \dfrac{(2m+M)}{mM}\kappa_1 \\ \omega_2^2 = \dfrac{\kappa_1}{m} \end{array}\right\} \tag{12.104}$$

Como o tensor formado pelos coeficientes da Equação 12.40 já é diagonal, as variáveis q_1 e q_2 representam as coordenadas normais (não normalizadas).

$$\left.\begin{array}{c} q_1 = a_{11}\eta_1 + a_{12}\eta_2 \\ q_2 = a_{21}\eta_1 + a_{22}\eta_2 \end{array}\right\} \tag{12.105}$$

Mas

$$a_{12} = 0 \text{ e } a_{21} = 0$$

$$q_1 = a_{11}\eta_1$$

$$q_2 = a_{22}\eta_2$$

Como sempre, determinamos o movimento de um modo normal quando o outro é zero. As descrições do movimento de modo normal longitudinal são fornecidos na Tabela 12.2. O modo normal 1 possui os átomos finais em movimento simétrico, mas o átomo central (da Equação 12.97) se move de forma oposta a x_1 e x_3. O modo normal 2 possui os átomos vibrando de forma antissimétrica, mas o átomo central está em descanso. Este movimento é exibido na Figura 12.7c.

TABELA 12.2   Movimentos dos modos normais longitudinais

Modo	Autofrequências	Variável	Movimento
1	$\sqrt{\dfrac{(2m + M)}{mM}\kappa_1}$	$q_1 = x_3 + x_1$	$x_3 = x_1 \ (q_2 = 0)$
			$x_2 = -\dfrac{2m}{M}x_1$
2	$\sqrt{\dfrac{\kappa_1}{m}}$	$q_2 = x_3 - x_1$	$x_3 = -x_1 \ (q_1 = 0)$
			$x_2 = 0$

Como eliminamos as rotações em nosso sistema, as vibrações transversais devem estar como mostra a Figura 12.7d, com os átomos finais se movendo em fase ($y_1 = y_2$) oposta à de y_2. Uma equação similar à Equação 12.97 relaciona y_2 a y_1 e y_3 para manter o centro de massa constante.

$$m(y_1 + y_3) + M(y_2) = 0 \tag{12.106}$$

$$y_2 = -\frac{m}{M}(y_1 + y_3) \tag{12.107}$$

Representamos o único grau de liberdade para vibração transversal pelo ângulo α representando o encurvamento da linha de átomos. Assumimos que α é pequeno.

$$\alpha = \frac{(y_1 - y_2) + (y_3 - y_2)}{b}$$

A energia cinética para o modo transverso é

$$T = \frac{1}{2}m(\dot{y}_1^2 + \dot{y}_3^2) + \frac{1}{2}M\dot{y}_2^2$$

Como $y_1 = y_3$ e utilizando a Equação 12.107, α e T se tornam

$$\alpha = \frac{2y_1}{bM}(2m + M) \tag{12.108}$$

$$T = \frac{m}{M}(M + 2m)\dot{y}_1^2$$

$$T = \frac{mMb^2}{4(2m + M)}\dot{\alpha}^2 \tag{12.109}$$

442 Dinâmica clássica de partículas e sistemas

A energia potencial representa a ligação da linha de átomos. Assumimos que a força de restauração é proporcional ao desvio total de uma linha reta $(b\alpha)$, então a energia potencial é

$$U = \frac{1}{2}\kappa_2(b\alpha)^2 \tag{12.110}$$

As Equações 12.109 e 12.110 são similares àquelas para a massa-mola, com a frequência vibracional determinada em

$$\omega_3^2 = \frac{2(M + 2m)}{mM}\kappa_2 \tag{12.111}$$

O modo normal transverso é representado por

$$y_1 = y_3 \tag{12.112}$$

$$y_2 = -\frac{m}{M}(y_1 + y_3) \tag{12.113}$$

como já discutido e mostrado pela Figura 12.7d.

A molécula de CO_2 é um exemplo de molécula linear simétrica que acabamos de discutir. A radiação eletromagnética resultante do primeiro e terceiro modos normais é observada porque o centro elétrico da molécula se desvia do centro da massa (m: O^-; M: C^{++}). Mas nenhuma radiação emana do modo normal 2 porque o centro elétrico coincide com o centro de massa e assim o sistema não possui momento dipolo.[14]

12.8 Três pêndulos planos linearmente acoplados – um exemplo de degeneração

EXEMPLO 12.6

Considere três pêndulos idênticos suspensos por um suporte pouco resistente. Como o suporte não é rígido, um acoplamento ocorre entre os pêndulos e a energia pode ser transferida de um pêndulo para o outro. Encontre as autofrequências e autovetores e descreva o movimento de modo normal. A Figura 12.8 mostra a geometria do problema.

Solução. Para simplificar a notação, adotamos um sistema de unidades (por vezes chamado de *unidades naturais*) no qual todos os comprimentos são medidos em unidades de comprimento dos pêndulos l, todas as massas em unidades de massas de pêndulos M, e acelerações e unidades de g. Portanto, em nossas equações, os valores das quantidades M, l e g são numericamente iguais à unidade. Se o acoplamento entre cada par de pêndulos for o mesmo, temos

$$\left.\begin{array}{l} T = \dfrac{1}{2}(\dot{\theta}_1^2 + \dot{\theta}_2^2 + \dot{\theta}_3^2) \\[2mm] U = \dfrac{1}{2}(\theta_1^2 + \theta_2^2 + \theta_3^2 - 2\varepsilon\theta_1\theta_2 - 2\varepsilon\theta_1\theta_3 - 2\varepsilon\theta_2\theta_3) \end{array}\right\} \tag{12.114}$$

Assim, o tensor $\{\mathbf{m}\}$ é diagonal,

$$\{\mathbf{m}\} = \begin{Bmatrix} 1 & 0 & 0 \\ 0 & 1 & 0 \\ 0 & 0 & 1 \end{Bmatrix} \tag{12.115}$$

---

[14] Para uma discussão interessante sobre moléculas poliatômicas, veja D. M. Dennison, *Rev. Mod. Phys.* **3**, 280 (1931).

mas {**A**} possui a forma

$${\bf \{A\}} = \begin{Bmatrix} 1 & -\varepsilon & -\varepsilon \\ -\varepsilon & 1 & -\varepsilon \\ -\varepsilon & -\varepsilon & 1 \end{Bmatrix} \quad (12.116)$$

O determinante secular é

$$\begin{vmatrix} 1-\omega^2 & -\varepsilon & -\varepsilon \\ -\varepsilon & 1-\omega^2 & -\varepsilon \\ -\varepsilon & -\varepsilon & 1-\omega^2 \end{vmatrix} = 0 \quad (12.117)$$

Expandindo, temos

$$(1-\omega^2)^3 - 2\varepsilon^3 - 3\varepsilon^2(1-\omega^2) = 0$$

que pode ser fatorado a

$$(\omega^2 - 1 - \varepsilon)^2(\omega^2 - 1 + 2\varepsilon) = 0$$

e consequentemente as raízes são

$$\left.\begin{matrix} \omega_1 = \sqrt{1+\varepsilon} \\ \omega_2 = \sqrt{1+\varepsilon} \\ \omega_3 = \sqrt{1-2\varepsilon} \end{matrix}\right\} \quad (12.118)$$

Observe que temos uma *raiz dupla*: $\omega_1 = \omega_2 = \sqrt{1+\varepsilon}$. Os modos normais correspondentes destas frequências são portanto *degenerados*, isto é, estes dois modos são não são distinguíveis.

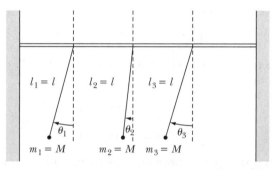

FIGURA 12.8 Exemplo 12.6. Três pêndulos idênticos estão suspensos por um suporte levemente rígido que permite que a energia seja transferida entre os pêndulos. Tal experimento é fácil de se estabelecer e demonstrar.

Avaliamos agora as quantidades a_{jr}, começando com a_{j3}. Novamente observamos que, como as equações de movimento determinam apenas as razões, precisamos considerar duas das três equações disponíveis, pois assim a terceira equação é automaticamente satisfeita. Usando a equação

$$\sum_j (A_{jk} - \omega_3^2 m_{jk}) a_{j3} = 0$$

encontramos

$$\left.\begin{matrix} 2\varepsilon a_{13} - \varepsilon a_{23} - \varepsilon a_{33} = 0 \\ -\varepsilon a_{13} + 2\varepsilon a_{23} - \varepsilon a_{33} = 0 \end{matrix}\right\} \quad (12.119)$$

o produto das Equações 12.119

$$a_{13} = a_{23} = a_{33} \quad (12.120)$$

444 Dinâmica clássica de partículas e sistemas

e da condição de normalização temos

$$a_{13}^2 + a_{23}^2 + a_{33}^2 = 1$$

ou

$$a_{13} = a_{23} = a_{33} = \frac{1}{\sqrt{3}} \tag{12.121}$$

Assim, descobrimos que para $r = 3$ não há problema na avaliação das componentes do autovetor $\mathbf{a}_3$. (Esta é uma regra geral: Não há indefinição na avaliação das componentes de autovetor para um modo não degenerado.) Como todos as componentes de $\mathbf{a}_3$ são iguais, isso corresponde ao modo no qual todos os três pêndulos oscilam em fase.

Vamos tentar avaliar a_{j1} e a_{j2}. Das seis equações de movimento possíveis (três valores de j e dois valores de r), obtemos apenas duas relações diferentes:

$$\varepsilon(a_{11} + a_{21} + a_{31}) = 0 \qquad \text{*(12.122)}$$

$$\varepsilon(a_{12} + a_{22} + a_{32}) = 0 \qquad \text{*(12.123)}$$

A equação de ortogonalidade é

$$\sum_{j,k} m_{jk} a_{jr} a_{ks} = 0, \qquad r \neq s$$

mas, como $m_{jk} = \delta_{jk}$, isso se torna

$$\sum_{j} a_{jr} a_{js} = 0, \qquad r \neq s \tag{12.124}$$

o que leva apenas a uma equação nova:

$$a_{11} a_{12} + a_{21} a_{22} + a_{31} a_{32} = 0 \qquad \text{*(12.125)}$$

(As outras duas equações possíveis são idênticas às Equações 12.122 e 12.123 acima.) Por fim, o produto das condições de normalização

$$a_{11}^2 + a_{21}^2 + a_{31}^2 = 1 \qquad \text{*(12.126)}$$

$$a_{12}^2 + a_{22}^2 + a_{32}^2 = 1 \qquad \text{*(12.127)}$$

Assim, temos um total de apenas *cinco* equações (marcadas com asterisco*) para as seis incógnitas a_{j1} e a_{j2}. Esta indefinição nos autovetores que correspondem a uma raiz dupla é exatamente a mesma que a encontrada na construção dos eixos principais para um corpo rígido com um eixo de simetria: os dois eixos principais equivalentes podem ser colocados em qualquer direção, contanto que o conjunto de três eixos seja ortogonal. Portanto, temos liberdade para especificar arbitrariamente os autovetores $\mathbf{a}_1$ e $\mathbf{a}_2$, contanto que a ortogonalidade e as relações de normalização sejam satisfeitas. Para um sistema simples como o que estamos discutindo, não deve ser difícil construir tais vetores. Portanto, não fornecemos nenhuma regra geral aqui.

Se escolhermos arbitrariamente $a_{31} = 0$, a indefinição é removida. Encontramos então

$$\mathbf{a}_1 = \frac{1}{\sqrt{2}}(1, -1, 0), \quad \mathbf{a}_2 = \frac{1}{\sqrt{6}}(1, 1, -2) \tag{12.128}$$

do que podemos verificar que as relações marcadas com asterisco estão todas satisfeitas.

Lembre-se que o modo não degenerativo corresponde à oscilação na fase de todos os três pêndulos:

$$\mathbf{a}_3 = \frac{1}{\sqrt{3}}(1, 1, 1) \tag{12.129}$$

CAPÍTULO 12 – Oscilações acopladas **445**

Vemos agora que cada um dos modos degenerados corresponde à oscilação fora de fase. Por exemplo, $\mathbf{a}_2$ na Equação 12.128 representa dois pêndulos que oscilam juntos com uma certa amplitude, enquanto o terceiro está fora de fase e possui o dobro da amplitude. De maneira similar, $\mathbf{a}_1$ na Equação 12.128 representa um pêndulo estacionário e os outros dois em oscilação fora de fase. Os autovetores $\mathbf{a}_1$ e $\mathbf{a}_2$ já fornecidos são apenas um conjunto de uma infinidade de conjuntos que satisfazem as condições do problema. Mas todos esses autovetores representam algum tipo de oscilação fora de fase. (Mais detalhes deste exemplo são examinados nos Problemas 12.19 e 12.20.)

12.9 O fio carregado[15]

Consideramos agora um sistema mais complexo consistindo em um fio não elástico (ou uma mola) no qual um número de partículas idênticas está colocado em intervalos regulares. As extremidades do fio são forçadas a permanecerem imóveis. Vamos deixar a massa de cada uma das n partículas em m e o espaçamento entre as partículas em equilíbrio em d. Assim, o comprimento do fio é $L = (n + 1)d$. A situação de equilíbrio é mostrada na Figura 12.9.

Desejamos tratar o caso de pequenas oscilações transversas das partículas em torno de suas posições de equilíbrio. Primeiro, consideramos os deslocamentos verticais das massas numeradas $j - 1, j$ e $j + 1$ (Figura 12.10). Se os deslocamentos verticais q_{j-1} e q_{j+1} forem pequenos, então a tensão τ no fio é aproximadamente constante e igual a seu valor de equilíbrio. Para pequenos deslocamentos, a seção do fio entre qualquer par de partículas forma apenas pequenos ângulos com a linha de equilíbrio. Aproximando os senos destes ângulos pelas tangentes, a expressão para a força que tende a restaurar a j-ésima partícula a sua posição de equilíbrio é

$$F_j = -\frac{\tau}{d}(q_j - q_{j-1}) - \frac{\tau}{d}(q_j - q_{j+1}) \tag{12.130}$$

A força F_j é, de acordo com a lei de Newton, igual a $m\ddot{q}_j$; a Equação 12.130 pode portanto ser escrita como

$$\ddot{q}_j = \frac{\tau}{md}(q_{j-1} - 2q_j + q_{j+1}) \tag{12.131}$$

que é a equação de movimento para a j-ésima partícula. O sistema é acoplado porque a força sobre a j-ésima partícula depende das posições da $(j - 1)$-ésima e $(j + 1)$-ésima partículas; este portanto é um exemplo da interação de *vizinho mais próximo*, na qual o acoplamento é apenas para as partículas adjacentes. Não é necessário que a interação seja confinada aos vizinhos mais próximos. Se a força entre os pares de partículas fosse eletrostática, por exemplo, então cada partícula seria acoplada a *todas* as outras partículas. O problema pode então se tornar bastante complicado. Mas mesmo se a força for eletrostática, a dependência sobre a distância $1/r^2$ nos permite frequentemente desprezar as interações a distâncias maiores que um espaçamento interpartículas para que a simples expressão para a força dada na Equação 12.130 esteja aproximadamente correta.

---

[15] O primeiro ataque sobre o problema do fio carregado (ou gelosia de uma dimensão) foi de Newton (nos *Principia*, 1687). O trabalho foi continuado por Johann Bernoulli e seu filho Daniel, começando em 1727 e culminando nas últimas formulações do princípio de sobreposição em 1753. É deste ponto que o tratamento teórico da física de *sistemas* (como distinto de *partículas*) tem início.

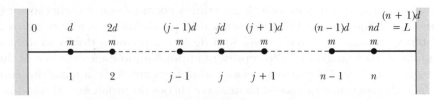

FIGURA 12.9 Um esquema do fio carregado. No equilíbrio, massas idênticas são espaçadas de forma equidistante. As extremidades do fio são fixas.

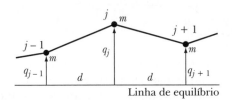

FIGURA 12.10 Deslocamentos verticais (q_{j-1}, q_j, e q_{j+1}) de massas sobre o fio carregado.

Consideramos apenas o movimento perpendicular à linha do fio: oscilações transversas. É fácil mostrar que acontece exatamente da mesma forma para os resultados das equações de movimento se considerarmos as vibrações longitudinais, isto é, os movimentos ao longo da linha do fio. Neste caso, o fator τ/d é substituído por κ, a constante de força da mola (veja o Problema 12.24).

Embora tenhamos utilizado a equação de Newton para obter as equações de movimento (Equação 12.131), podemos utilizar igualmente bem o método lagrangiano. A energia potencial decorre do trabalho realizado para esticar os $n + 1$ segmentos[16] do fio:

$$U = \frac{\tau}{2d} \sum_{j=1}^{n+1} (q_{j-1} - q_j)^2 \qquad (12.132)$$

onde q_0 e q_{n+1} são zero pois essas posições correspondem a extremidades fixas do fio. Observamos que a Equação 12.132 produz uma expressão para a força sobre a j-ésima partícula que é igual ao resultado anterior (Equação 12.130):

$$F_j = -\frac{\partial U}{\partial q_j} = -\frac{\tau}{2d} \frac{\partial}{\partial q_j} [(q_{j-1} - q_j)^2 + (q_j - q_{j+1})^2]$$

$$= \frac{\tau}{d}(q_{j-1} - 2q_j + q_{j+1}) \qquad (12.133)$$

A energia cinética é fornecida pela soma das energias cinéticas das n partículas individuais:

$$T = \frac{1}{2} m \sum_{j=1}^{n} \dot{q}_j^2 \qquad (12.134)$$

Como $\dot{q}_{n+1} \equiv 0$, podemos estender a soma na Equação 12.134 para $j = n + 1$ para que a faixa de j seja a mesma que a da expressão para a energia potencial. Então, a lagrangiana se torna

$$L = \frac{1}{2} \sum_{j=1}^{n+1} \left[m\dot{q}_j^2 - \frac{\tau}{d}(q_{j-1} - q_j)^2 \right] \qquad (12.135)$$

---

[16] Consideramos a energia potencial como apenas a energia elástica no fio, isto é, não consideramos que as massas individuais tenham alguma energia potencial gravitacional (ou qualquer outra).

CAPÍTULO 12 – Oscilações acopladas **447**

Deveria ser óbvio que a equação de movimento para a j-ésima partícula deve resultar apenas dos termos na lagrangiana que contêm q_r ou $\dot{q}_j$. Se expandirmos a soma em L, encontramos

$$L = \; \cdots \; + \frac{1}{2}m\dot{q}_j^2 - \frac{1}{2}\frac{\tau}{d}(q_{j-1} - q_j)^2 - \frac{1}{2}\frac{\tau}{d}(q_j - q_{j+1})^2 - \cdots \qquad (12.136)$$

onde escrevemos apenas os termos que contêm q_r ou $\dot{q}_j$. Aplicando a equação de Lagrange para a coordenada q_j, temos

$$m\ddot{q}_j - \frac{\tau}{d}(q_{j-1} - 2q_j + q_{j+1}) = 0 \qquad (12.137)$$

Assim, o resultado é o mesmo que o obtido utilizando o método de Newton.

Para resolver as equações de movimento, substituímos, como de costume,

$$q_j(t) = a_j e^{i\omega t} \qquad (12.138)$$

onde a_j pode ser *complexo*. Substituindo estas expressões com $q_j(t)$ na Equação 12.137, encontramos

$$-\frac{\tau}{d}a_{j-1} + \left(2\frac{\tau}{d} - m\omega^2\right)a_j - \frac{\tau}{d}a_{j+1} = 0 \qquad (12.139)$$

onde $j = 1, 2,\ldots, n$, mas como as extremidades do fio são fixas, devemos ter $a_0 = a_{n+1} = 0$.

A Equação 12.139 representa uma **equação diferencial linear** que pode ser resolvida para as autofrequências ω_r colocando o determinante dos coeficientes iguais a zero. Temos portanto o seguinte determinante secular:

$$\begin{vmatrix} \lambda & -\dfrac{\tau}{d} & 0 & 0 & 0 & \cdots \\[2mm] -\dfrac{\tau}{d} & \lambda & -\dfrac{\tau}{d} & 0 & 0 & \cdots \\[2mm] 0 & -\dfrac{\tau}{d} & \lambda & -\dfrac{\tau}{d} & 0 & \cdots \\[2mm] 0 & 0 & -\dfrac{\tau}{d} & \lambda & -\dfrac{\tau}{d} & \cdots \\[2mm] 0 & 0 & 0 & \cdot & \cdot & \\[1mm] \vdots & \vdots & \vdots & \vdots & \vdots & \end{vmatrix} = 0 \qquad (12.140)$$

onde utilizamos

$$\lambda \equiv 2\frac{\tau}{d} - m\omega^2 \qquad (12.141)$$

Este determinante secular é um caso especial do determinante geral (Equação 12.42) que resulta se o tensor **m** for diagonal e o tensor **A** envolver um acoplamento somente entre as partículas adjacentes. Assim, a Equação 12.140 consiste apenas nos elementos diagonais mais os elementos que foram removidos uma vez da diagonal

Para o caso $n = 1$ (isto é, uma massa simples suspensa entre duas molas idênticas), temos $\lambda = 0$, ou

$$\omega = \sqrt{\frac{2\tau}{md}}$$

Podemos adaptar este resultado ao caso do movimento longitudinal substituindo τ/d por κ; obtemos então a expressão famíliar,

$$\omega = \sqrt{\frac{2\kappa}{m}}$$

448 Dinâmica clássica de partículas e sistemas

Para o caso $n = 2$, e com τ/d substituído por κ, temos $\lambda^2 = \kappa^2$, ou

$$\omega = \sqrt{\frac{2\kappa \pm \kappa}{m}}$$

que são as mesmas frequências que as encontradas na Seção 12.2 para duas massas acopladas (Equação 12.8).

A equação secular deve ser relativamente fácil de solucionar diretamente para valores pequenos de n, mas a solução se torna bastante complicada para valores grandes de n. Em tais casos é mais simples utilizar o método a seguir. Tentamos uma solução da forma

$$a_j = ae^{i(j\gamma - \delta)} \tag{12.142}$$

onde a é *real*. O uso deste dispositivo é justificado se pudermos encontrar uma quantidade γ e uma fase δ tal que as condições do problema sejam todas satisfeitas. Substituindo a_j nesta forma na Equação 12.139 e cancelando o fator de fase, encontramos

$$-\frac{\tau}{d} e^{-i\gamma} + \left(2\frac{\tau}{d} - m\omega^2\right) - \frac{\tau}{d} e^{i\gamma} = 0$$

Resolvendo para ω^2, obtemos

$$\left.\begin{aligned} \omega^2 &= \frac{2\tau}{md} - \frac{\tau}{md}(e^{i\gamma} + e^{-i\gamma}) \\ &= \frac{2\tau}{md}(1 - \cos\gamma) \\ &= \frac{4\tau}{md}\operatorname{sen}^2\frac{\gamma}{2} \end{aligned}\right\} \tag{12.143}$$

Como sabemos que o determinante secular é de ordem n e portanto produz exatamente n valores para ω^2, podemos escrever

$$\omega_r = 2\sqrt{\frac{\tau}{md}}\operatorname{sen}\frac{\gamma_r}{2}, \qquad r = 1, 2, \ldots, n \tag{12.144}$$

Avaliamos agora a quantidade γ_r e a fase δ aplicando a condição de contorno que faça as extremidades do fio permanecerem fixas. Assim, temos

$$a_{jr} = a_r e^{i(j\gamma_r - \delta_r)} \tag{12.145}$$

ou, porque isso é apenas a parte real que é fisicamente significante,

$$a_{jr} = a_r \cos(j\gamma_r - \delta_r) \tag{12.146}$$

A condição de contorno é

$$a_{0r} = a_{(n+1)r} \equiv 0 \tag{12.147}$$

Para a Equação 12.146 produzir $a_{jr} = 0$ para $j = 0$, deve ficar claro que δ_r precisa ser $\pi/2$ (ou algum múltiplo inteiro ímpar). Consequentemente,

$$\begin{aligned} a_{jr} &= a_r \cos\left(j\gamma_r - \frac{\pi}{2}\right) \\ &= a_r \operatorname{sen} j\gamma_r \end{aligned} \tag{12.148}$$

Para $j = n + 1$, temos

$$a_{(n+1)r} = 0 = a_r \operatorname{sen}(n+1)\gamma_r$$

Portanto,

$$(n + 1)\gamma_r = s\pi, \quad s = 1, 2, \ldots$$

ou

$$\gamma_r = \frac{s\pi}{n + 1}, \quad s = 1, 2, \ldots$$

Mas há apenas n valores distintos de γ_r porque a Equação 12.144 exige n valores distintos de ω_r. Portanto, o índice s vai de 1 a n. Como há um correspondência de um para um entre os valores de s e os valores de r, podemos simplesmente substituir s nesta última expressão pelo índice r:

$$\gamma_r = \frac{r\pi}{n + 1}, \quad r = 1, 2, \ldots, n \tag{12.149}$$

E a_{jr} (Equação 12.148) torna-se então

$$\boxed{a_{jr} = a_r \operatorname{sen}\left(j \frac{r\pi}{n + 1}\right)} \tag{12.150}$$

A solução geral para q_j (veja a Equação 12.61) é

$$\begin{aligned}
q_j &= \sum_r \beta'_r a_{jr} e^{i\omega_r t} \\
&= \sum_r \beta'_r a_r \operatorname{sen}\left(j \frac{r\pi}{n + 1}\right) e^{i\omega_r t} \\
&= \sum_r \beta_r \operatorname{sen}\left(j \frac{r\pi}{n + 1}\right) e^{i\omega_r t}
\end{aligned} \tag{12.151}$$

onde escrevemos $\beta_r \equiv \beta'_r a_r$. Além disso, para a frequência temos

$$\boxed{\omega_r = 2 \sqrt{\frac{\tau}{md}} \operatorname{sen}\left(\frac{r\pi}{2(n + 1)}\right)} \tag{12.152}$$

Observamos que esta expressão produz os mesmos resultados para o caso de dois osciladores acoplados (Equação 12.8) quando inserimos $n = 2$, $r = 1, 2$ e substituímos τ/d por $\kappa(=\kappa_{12})$.

Observe também que se $r = 0$ ou $r = n + 1$ for substituído na Equação 12.150, então todos os fatores de amplitude a_{jr} desaparecem de forma idêntica. Esses valores de r portanto se referem aos *modos nulos*. Além disso, se r assume os valores $n + 2, n + 3, \ldots, 2n + 1$, então a_{jr} são os mesmos (exceto por uma mudança de sinal trivial e em ordem reversa) que para $r = 1$, $2, \ldots, n$; também, $r = 2n + 2$ produz o próximo modo nulo. Concluímos portanto que há de fato apenas n modos distintos e que, aumentando r além de n, simplesmente se duplicam os modos para n menores. (Um argumento similar se aplica para $r < 0$.) Essas conclusões são ilustradas na Figura 12.11 para o caso $n = 3$. Os modos distintos são especificados por $r = 1, 2, 3$; $r = 4$ é um modo nulo. Os padrões de deslocamento são duplicados para $r = 7, 6, 5, 8$, mas com uma mudança no sinal. Na Figura 12.11, as curvas pontilhadas representam simplesmente o comportamento sinusoidal dos fatores de amplitude a_{jr} para vários valores de r; as únicas características fisicamente significantes dessas curvas são os valores nas posições ocupadas pelas partículas ($j = 1, 2, 3$). A "alta frequência" das curvas de seno para $r = 5, 6, 7, 8$ portanto não se relaciona com a frequência dos movimentos da partículas; estas últimas frequências são as mesmas que para $r = 1, 2, 3, 4$.

As coordenadas normais do sistema (Equação 12.62) são

$$\eta_r(t) \equiv \beta_r e^{i\omega_r t} \tag{12.153}$$

para que

$$q_j(t) = \sum_r \eta_r \operatorname{sen}\left(j\frac{r\pi}{n+1}\right) \tag{12.154}$$

Esta equação para q_j é similar à expressão anterior (Equação 12.63) exceto que as quantidades a_{jr} são agora substituídas pelo sen $[j(n\pi)/(n+1)]$.

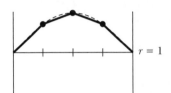
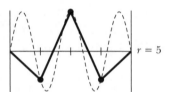
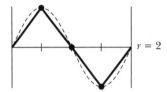
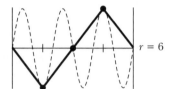
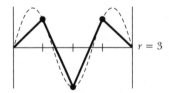
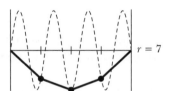
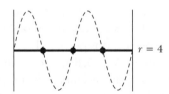
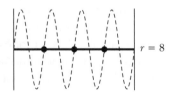

FIGURA 12.11 O movimento de modo normal para o caso das massas $n = 3$. Apenas $r = 1, 2, 3$ são modos distintos, como $r = 4$ é um modo nulo e $r = 7, 6, 5, 8$ são duplicatas de 1, 2, 3, e 4, respectivamente, com uma mudança no sinal. As curvas pontilhadas representam o comportamento sinusoidal dos fatores de amplitude a_{jr} e não são características fisicamente significantes do movimento.

CAPÍTULO 12 – Oscilações acopladas   **451**

Como β_r pode ser complexo, escrevemos para a parte real de q_j,

$$real: \quad q_j(t) = \sum_r \operatorname{sen}\left(j\frac{r\pi}{n+1}\right)(\mu_r \cos \omega_r t - \nu_r \operatorname{sen} \omega_r t) \tag{12.155}$$

onde

$$\beta_r = \mu_r + i\nu_r \tag{12.156}$$

O valor inicial de $q_j(t)$ pode ser obtido da Equação 12.155:

$$q_j(0) = \sum_r \mu_r \operatorname{sen}\left(j\frac{r\pi}{n+1}\right) \tag{12.157}$$

$$\dot{q}_j(0) = -\sum_r \omega_r \nu_r \operatorname{sen}\left(j\frac{r\pi}{n+1}\right) \tag{12.158}$$

Se multiplicarmos a Equação 12.157 pelo sen $[\,j\,(s\pi)/(n+1)]$ e somarmos j, encontramos

$$\sum_j q_j(0) \operatorname{sen}\left(j\frac{s\pi}{n+1}\right) = \sum_{j,r} \mu_r \operatorname{sen}\left(j\frac{r\pi}{n+1}\right) \operatorname{sen}\left(j\frac{s\pi}{n+1}\right) \tag{12.159}$$

Uma relação na forma de uma identidade trigonométrica está disponível para os termos do seno:

$$\sum_{j=1}^{n} \operatorname{sen}\left(j\frac{r\pi}{n+1}\right) \operatorname{sen}\left(j\frac{s\pi}{n+1}\right) = \frac{n+1}{2}\delta_{rs}, \quad r, s = 1, 2, \ldots, n \tag{12.160}$$

para que a Equação 12.159 se torne

$$\sum_j q_j(0) \operatorname{sen}\left(j\frac{s\pi}{n+1}\right) = \sum_r \mu_r \frac{n+1}{2}\delta_{rs}$$

$$= \frac{n+1}{2}\mu_s$$

ou

$$\mu_s = \frac{2}{n+1}\sum_j q_j(0) \operatorname{sen}\left(j\frac{s\pi}{n+1}\right) \tag{12.161a}$$

Um procedimento similar para ν_s produz

$$\nu_s = -\frac{2}{\omega_s(n+1)}\sum_j \dot{q}_j(0) \operatorname{sen}\left(j\frac{s\pi}{n+1}\right) \tag{12.161b}$$

Assim, avaliamos todas as quantidades necessárias, e a descrição das vibrações de um fio carregado está portanto completa.

Devemos observar o segundo ponto em relação aos procedimentos de normalização aqui utilizados. Primeiro, na Equação 12.57, normalizamos arbitrariamente a_{jr} à unidade. Assim, é *necessário* que sejam independentes das condições iniciais impostas sobre o sistema. Os fatores de escala α_r e β_r permitiram então que a magnitude das oscilações variasse pela seleção das condições iniciais. Depois, no problema do fio carregado, descobrimos que, no lugar das quantidades a_{jr}, resultaram as funções de seno sen $[j(r\pi)/(n+1)]$, e que estas funções possuem uma propriedade de normalização (Equação 12.160) que é especificada por identidades trigonométricas. Portanto, neste caso, não é possível impor arbitrariamente uma condição de normalização: somos automaticamente apresentados com a condição. Mas isso não é uma restrição. Significa apenas que os fatores β_r de escala para este caso possuem uma forma levemente diferente. Assim, há certas constantes que ocorrem nos dois problemas que, por conveniência, são separados de maneiras diferentes nos dois casos.

452 Dinâmica clássica de partículas e sistemas

EXEMPLO 12.7

Considere um fio carregado consistindo em três partículas espaçadas regularmente sobre o fio. Em $t = 0$, a partícula do centro (somente) é deslocada em uma distância a e liberada do descanso. Descreva o movimento subsequente.

Solução. As condições iniciais são

$$\left. \begin{array}{l} q_2(0) = a, \quad q_1(0) = q_3(0) = 0 \\ \dot{q}_1(0) = \dot{q}_2(0) = \dot{q}_3(0) = 0 \end{array} \right\} \tag{12.162}$$

Como as velocidade iniciais são zero, os v_r desaparecem. Os μ_r são fornecidos por (Equação 12.161a):

$$\mu_r = \frac{2}{n+1} \sum_j q_j(0) \operatorname{sen}\left(j\,\frac{r\pi}{n+1} \right)$$

$$= \frac{1}{2} a \operatorname{sen}\left(\frac{r\pi}{2} \right) \tag{12.163}$$

Porque apenas o termo $j = 2$ contribui com a soma. Assim,

$$\mu_1 = \frac{1}{2}a, \qquad \mu_2 = 0, \qquad \mu_3 = -\frac{1}{2}a \tag{12.164}$$

As quantidades sen $[j(r\pi)/(n+1)]$ que aparecem na expressão para $q_t(t)$ são (Equação 12.155)

$$\begin{array}{c|ccc} & r=1 & 2 & 3 \\ \hline j= & & & \\ 1 & \dfrac{\sqrt{2}}{2} & 1 & \dfrac{\sqrt{2}}{2} \\ 2 & 1 & 0 & -1 \\ 3 & \dfrac{\sqrt{2}}{2} & -1 & \dfrac{\sqrt{2}}{2} \end{array} \tag{12.165}$$

Os deslocamentos das três partículas são portanto

$$\left. \begin{array}{l} q_1(t) = \dfrac{\sqrt{2}}{4} a(\cos \omega_1 t - \cos \omega_3 t) \\[2mm] q_2(t) = \dfrac{1}{2} a(\cos \omega_1 t + \cos \omega_3 t) \\[2mm] q_3(t) = \dfrac{\sqrt{2}}{4} a(\cos \omega_1 t - \cos \omega_3 t) = q_1(t) \end{array} \right\} \tag{12.166}$$

onde as frequências características são fornecidas pela Equação 12.152:

$$\omega_r = 2\sqrt{\frac{\tau}{md}} \operatorname{sen}\left(\frac{r\pi}{8} \right), \quad r = 1, 2, 3 \tag{12.167}$$

Observe que, como a partícula *do meio* estava inicialmente deslocada, nenhum modo de vibração ocorre no qual esta partícula esteja em descanso, isto é, o modo 2 com frequência ω_2 (veja a Figura 12.11) está ausente.

PROBLEMAS

12.1. Reconsidere o problema dos dois osciladores acoplados discutidos na Seção 12.2 no caso em que todas as três molas tenham diferentes constantes de força. Encontre as duas frequências características e compare as magnitudes com as frequências naturais dos dois osciladores na falta de acoplamento.

12.2. Continue o Problema 12.1 e investigue o caso do acoplamento fraco: $\kappa_{12} \ll \kappa_1, \kappa_2$. Mostre que o fenômeno dos batimentos ocorre, mas que o processo de transferência de energia está completo.

12.3. Dois osciladores harmônicos idênticos (com massas M e frequências naturais ω_0) estão acoplados tal que, se adicionamos ao sistema uma massa m comum aos dois osciladores, as equações de movimento se tornam

$$\ddot{x}_1 + (m/M)\ddot{x}_2 + \omega_0^2 x_1 = 0$$

$$\ddot{x}_2 + (m/M)\ddot{x}_1 + \omega_0^2 x_2 = 0$$

Resolva este par de equações acopladas e obtenha as frequências dos modos normais do sistema.

12.4. Consulte o problema dos dois osciladores acoplados discutido na Seção 12.2. Mostre que a energia total do sistema é constante. (Calcule a energia cinética de cada uma das partículas e a energia potencial armazenada em cada uma das três molas e some os resultados). Observe que os termos das energias potencial e cinética que têm κ_{12} como coeficiente dependem de C_1 e ω_1 mas não de C_2 ou ω_2. Por que este é um resultado a ser esperado?

12.5. Encontre as coordenadas normais para o problema discutido na Seção 12.2 e no Exemplo 12.1 se as duas massas forem diferentes, $m_1 \neq m_2$. Você deve assumir novamente que todos os κ são iguais.

12.6. Dois osciladores harmônicos idênticos são posicionados de tal maneira que as duas massas deslizem uma contra a outra, como na Figura 12.A. A força de atrito proporciona um acoplamento dos movimentos proporcional à velocidade relativa instantânea. Discuta as oscilações acopladas do sistema.

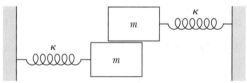

FIGURA 12.A Problema 12.6.

12.7. Uma partícula de massa m está ligada a um suporte rígido por uma mola com constante de força κ. Em equilíbrio, a mola se pendura verticalmente para baixo. A esta combinação massa-mola é ligado um oscilador idêntico, sendo que a mola deste último está conectada à massa do primeiro Calcule as frequências características para oscilações verticais de uma dimensão e compare com as frequências quando uma partícula ou outra se mantiver fixa enquanto as outras oscilam. Descreva os modos normais de movimento para o sistema.

12.8. Um pêndulo simples consiste em uma cabeça de massa m suspensa por um fio inextensível (e sem massa) de comprimento l. Da cabeça deste pêndulo, um segundo pêndulo idêntico é suspenso. Considere o caso das oscilações pequenas (para que $\sin \theta \cong \theta$) e calcule as frequências características. Descreva também os modos normais do sistema (consulte o Problema 7.7).

12.9. O movimento de um par de osciladores acoplados pode ser descrito pelo uso de um método similar ao utilizado na construção de um diagrama de fase para um oscilador simples (Seção 3.4). Para osciladores acoplados, as duas posições $x_1(t)$ e $x_2(t)$ podem ser representadas por um ponto (o *ponto do sistema*) no *espaço de configuração* de duas dimensões x_1–x_2. Conforme t aumenta, o local de todos estes pontos define uma certa curva. Os locais da projeção dos pontos do sistema nos eixos x_1 e x_2 representam os movimentos de m_1 e m_2, respectivamente. No caso geral, $x_1(t)$ e $x_2(t)$ são funções complicadas e, portanto, a curva também é complicada. Mas é sempre possível rotacionar os eixos x_1–x_2 para um novo conjunto x'_1–x'_2 de tal forma que a projeção do ponto do sistema em cada um dos novos eixos seja *harmônica simples*. Os movimentos projetados ao longo dos novos eixos acontecem com as frequências características e correspondem aos modos normais do sistema. Os novos eixos são chamados de *eixos normais*. Encontre os eixos normais para o problema discutido na Seção 12.2 e verifique as afirmações anteriores em relação ao movimento relativo a este sistema coordenado.

12.10. Considere dois osciladores acoplados idênticos (como na Figura 12.1). Deixe cada um dos osciladores ser amortecido e com o mesmo parâmetro de amortecimento β. Uma força $F_0 \cos \omega t$ é aplicada a m_1. Escreva o par de equações diferenciais acopladas que descreve o movimento. Obtenha a solução expressando as equações diferenciais nos termos das coordenadas normais fornecidas pela Equação 12.11 e comparando estas equações com a Equação 3.53. Mostre que as coordenadas normais η_1 e η_2 exibem os picos de ressonância nas frequências características ω_1 e ω_2, respectivamente.

12.11. Considere o circuito elétrico na Figura 12.B. Utilize os desenvolvimentos da Seção 12.2 para encontrar as frequências características nos termos de capacitância C, indutância L e indutância mútua M. As equações de circuito Kirchhoff são

$$L\dot{I}_1 + \frac{q_1}{C} + M\dot{I}_2 = 0$$

$$L\dot{I}_2 + \frac{q_2}{C} + M\dot{I}_1 = 0$$

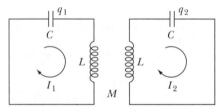

FIGURA 12.B Problema 12.11.

12.12. Mostre que as equações no Problema 12.11 podem ser colocadas na mesma forma da Equação 12.1, solucionando-se a segunda equação acima para $\ddot{I}_2$ e substituindo o resultado na primeiro equação. De maneira similar, substitua $\ddot{I}_1$ na segunda equação. As frequências características podem então ser escritas imediatamente em analogia com a Equação 12.8.

12.13. Encontre as frequências características dos circuitos acoplados da Figura 12.C.

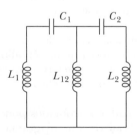

FIGURA 12.C Problema 12.13.

12.14. Discuta os modos normais do sistema mostrado na Figura 12.D.

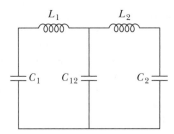

FIGURA 12.D Problema 12.14.

12.15. Na Figura 12.C, substitua L_{12} por um resistor e analise as oscilações.

12.16. Um arco fino de raio R e massa M oscila em seu próprio plano pendurado por um único ponto fixo. Ligada ao aro está uma pequena massa M restringida ao movimento (sem atrito) ao longo do aro. Considere apenas pequenas oscilações e mostre que as autofrequências são

$$\omega_1 = \sqrt{2}\sqrt{\frac{g}{R}}, \quad \omega_2 = \frac{\sqrt{2}}{2}\sqrt{\frac{g}{R}}$$

Encontre os dois conjuntos de condições iniciais que permitem ao sistema oscilar em seus modos normais. Descreva a situação física para cada modo.

12.17. Encontre as autofrequências e descreva os modos normais para um sistema igual ao discutido na Seção 12.2, mas com três massas iguais m e quatro molas (todas com constantes de força iguais) com o sistema fixo nas extremidades.

12.18. Uma massa M se move horizontalmente ao longo de um trilho liso. Um pêndulo está pendurado de M com uma haste sem peso e massa m em sua extremidade. Encontre as frequências e descreva os modos normais.

12.19. No problema dos três pêndulos acoplados, considere as três constantes de acoplamento distintas para que a energia potencial possa ser escrita.

$$U = \frac{1}{2}\left(\theta_1^2 + \theta_2^2 + \theta_3^2 - 2\varepsilon_{12}\theta_1\theta_2 - 2\varepsilon_{13}\theta_1\theta_3 - 2\varepsilon_{23}\theta_2\theta_3\right)$$

com ε_{12}, ε_{13}, ε_{23} todos diferentes. Mostre que nenhuma degeneração ocorre neste sistema. Mostre também que a degeneração pode ocorrer *apenas* se $\varepsilon_{12} = \varepsilon_{13} = \varepsilon_{23}$.

12.20. Construa os autovetores possíveis para os modos degenerados no caso dos três pêndulos acoplados exigindo $a_{11} = 2a_{21}$. Interprete esta situação fisicamente.

12.21. Três osciladores de massas iguais m são acoplados tal que a energia potencial do sistema é fornecida por

$$U = \frac{1}{2}\left[\kappa_1(x_1^2 + x_3^2) + \kappa_2 x_2^2 + \kappa_3(x_1 x_2 + x_2 x_3)\right]$$

onde $\kappa_3 = \sqrt{2\kappa_1\kappa_2}$. Encontre as autofrequências solucionando a equação secular. Qual é a interpretação física do modo de frequência zero?

12.22. Considere uma placa fina homogênea de massa M que fica no plano x_1–x_2 com seu centro na origem. Deixe o comprimento da placa em $2A$ (na direção x_2) e a largura em $2B$ (na direção x_1). A placa é suspensa por um suporte fixo por quatro molas de constante de força iguais κ nos quatro cantos da placa. A placa é livre para oscilar mas com a restrição de que seu centro deve permanecer no eixo x_3. Assim, temos três graus de liberdade: (1) o movimento vertical, com o centro da placa se movendo ao longo do eixo x_3; (2) um movimento de inclinação perpendicular, com o eixo x_1 servindo como um eixo de rotação (escolha um ângulo θ para descrever o movimento); e (3) um movimento de inclinação lateral, com o eixo x_2 servindo como um eixo de rotação (escolha um ângulo ϕ para descrever o movimento). Assuma somente pequenas oscilações e mostre que a equação secular possui uma raiz dupla e, consequentemente, o sistema é degenerado. Discuta os modos normais do sistema (Avaliando a_{jk} para modos degenerados, coloque arbitrariamernte um dos a_{jk} igual a zero para remover a indefinição). Mostre que a degeneração pode ser removida pela adição à placa de uma barra fina de massa m e cumprimento $2A$ situada (em equilíbrio) ao longo dos eixos x_2. Encontre as novas autofrequências do sistema.

12.23. Avalie a energia total associada ao modo normal e mostre que ela é constante com o tempo. Mostre-a explicitamente para o caso do Exemplo 12.3.

12.24. Mostre que as equações de movimento para as vibrações *longitudinais* de um fio carregado são exatamente da mesma forma das equações para o movimento transverso (Equação 12.131), exceto que o fator τ/d deve ser substituído por κ, a constante de força do fio.

12.25. Retrabalhe o problema no Exemplo 12.7 assumindo que as três partículas são deslocadas a uma distância a e liberadas do descanso.

12.26. Considere três pêndulos idênticos em vez dos dois mostrados na Figura 12.5 com uma mola de constante 0,20 N/m entre o pêndulo central e cada um dos laterais. A massas das cabeças são de 250g e o comprimento dos pêndulos é 47 cm. Encontre as frequências normais.

12.27. Considere o caso de um pêndulo duplo mostrado na Figura 12.E onde o pêndulo superior possui o comprimento L_1, o comprimento do inferior é de L_2 e, de maneira similar, as massas das cabeças são m_1 e m_2. O movimento acontece somente no plano. Encontre e descreva os modos e coordenadas normais. Assuma pequenas oscilações.

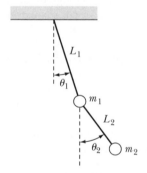

FIGURA 12.E Problema 12.27.

12.28. Encontre os modos normais para os pêndulos acoplados na Figura 12.5 quando o pêndulo à esquerda possui cabeça de massa $m_1 = 300$ g e o da direita possui cabeça de massa $m_2 = 500$ g. O comprimento de ambos os pêndulos é de 40 cm e a constante da mola é 0,020 N/m. Quando o pêndulo da esquerda é inicialmente puxado de volta a $\theta_1 = -7°$ e liberado do descanso quando $\theta_2 = \dot{\theta}_2 = 0$, qual é o ângulo máximo que θ_2 se alcança? Utilize a aproximação do ângulo pequeno.

CAPÍTULO 13

Sistemas contínuos; ondas

13.1 Introdução

Até agora consideramos partículas, sistemas de partículas ou corpos rígidos. Agora, queremos considerar corpos que não são rígidos (gases, líquidos ou sólidos), isto é, corpos cujas partículas se movimentam (mesmo que levemente) umas em relação às outras. O estudo geral de tais corpos é bastante complexo. Entretanto, um aspecto desses corpos *contínuos* é bastante importante em toda a física – a habilidade de transmitir movimento de onda. Um distúrbio em uma parte do corpo pode ser transmitido por propagação de onda por todo o corpo.

O exemplo mais simples de tais fenômenos é um fio vibratório esticado sob tensão uniforme entre dois suportes fixos. Como sempre, este simples exemplo representa vários dos resultados importantes necessários para entender outros exemplos físicos, como membranas esticadas e ondas em sólidos. As ondas podem ser transversais ou longitudinais. Um exemplo de onda longitudinal é a vibração de moléculas ao longo da direção de propagação de uma onda se movendo em uma haste sólida. As ondas longitudinais ocorrem em fluidos e sólidos e são de grande importância para a acústica.

Considerando que as ondas transversais e longitudinais podem ocorrer em sólidos, somente ondas longitudinais ocorrem dentro de fluidos, nos quais forças de cisalhamento não são possíveis. Já consideramos (Capítulo 12) os dois tipos de vibrações para um sistema de partículas. Um estudo detalhado do fio vibratório transversal é importante por diversas razões. Um estudo de um modelo de uma dimensão de tais vibrações do fio propicia uma solução matemática com resultados que são aplicáveis a problemas mais complexos de duas ou três dimensões. Os modos de oscilação são similares. Em especial, a aplicação de condições de contorno (extremidades fixas), que são de extrema importância em diversas áreas da física, é mais fácil em problemas de uma dimensão. As condições de contorno possuem um papel no uso de equações diferenciais parciais similar ao papel que as condições iniciais exercem nas equações diferenciais ordinárias utilizando as técnicas de Newton ou Lagrange.

Neste capítulo, estenderemos a discussão das vibrações de um fio carregado apresentada no Capítulo 12 examinando as consequências de permitir que o número de partículas no fio se torne infinito (enquanto mantém uma densidade de massa linear constante). Dessa forma, passamos ao caso de um **fio contínuo**. Todos os resultados de interesse para tal fio podem ser obtidos por esse processo de limitação, incluindo a derivação da importante **equação de onda**, uma das equações verdadeiramente fundamentais da física matemática.

As soluções da equação de onda são em geral submetidas a limitações impostas por certas restrições físicas próprias a um dado problema. Essas limitações frequentemente assumem a forma de condições sobre a solução que deve ser alcançada nos extremos dos intervalos de espaço e tempo que são de interesse físico. Devemos portanto lidar com um **problema de valor de contorno** envolvendo uma equação parcial diferencial. Na verdade, tal descrição caracteriza essencialmente o todo que chamamos *física matemática*.

458 Dinâmica clássica de partículas e sistemas

Aqui nos restringimos à solução para uma equação de onda de uma dimensão. Tais ondas podem descrever uma onda de duas dimensões em duas dimensões e podem descrever, por exemplo, o movimento de um fio vibratório. As ondas de compressão (ou som) que podem ser transmitidas através de um meio elástico, como um gás, também podem ser aproximadas como ondas de uma dimensão se o meio for grande o suficiente para que os efeitos da borda não sejam significativos. Em tal caso, a condição do meio é aproximadamente a mesma em todos os pontos em um plano, e as propriedades do movimento da onda são funções somente da distância ao longo de uma linha perpendicular ao plano. Tal onda em um meio estendido, chamada de *onda plana*, é matematicamente idêntica às ondas de uma dimensão tratadas aqui.

13.2 Fio contínuo como um caso limitante do fio carregado

No capítulo anterior, consideramos um conjunto de massas pontuais igualmente espaçadas suspensas por um fio. Desejamos agora que o número de massas torne-se infinito para que tenhamos um fio contínuo. Para isso, conforme $n \to \infty$, consideramos, simultaneamente, que a massa de cada partícula e a distância entre cada partícula se aproximam de zero ($m \to 0, d \to 0$) de tal modo que a razão m/d permaneça constante. Observamos que $m/d \equiv \rho$ é apenas a densidade de massa linear de um fio. Assim, temos

$$\left. \begin{array}{lll} n \to \infty, & d \to 0, & \text{tal que} \quad (n + 1)d = L \\[2mm] m \to 0, & d \to 0, & \text{tal que} \quad \dfrac{m}{d} = \rho = \text{constante} \end{array} \right\} \tag{13.1}$$

Da Equação 12.154, temos

$$q_j(t) = \sum_r \eta_r(t) \, \text{sen}\left(j \frac{r\pi}{n + 1} \right) \tag{13.2}$$

Podemos agora escrever

$$j \frac{r\pi}{n + 1} = r\pi \frac{jd}{(n + 1)d} = r\pi \frac{x}{L} \tag{13.3}$$

onde $jd = x$ especifica agora a distância ao longo do fio contínuo. Assim, $q_j(t)$ se torna uma função contínua das variáveis x e t:

$$q(x, t) = \sum_r \eta_r(t) \, \text{sen}\left(\frac{r\pi x}{L} \right) \tag{13.4}$$

ou

$$q(x, t) = \sum_r \beta_r e^{i\omega_r t} \, \text{sen}\left(\frac{r\pi x}{L} \right) \tag{13.5}$$

No caso de um fio carregado contendo n partículas, há n graus de liberdade de movimento e, portanto, n modos normais e n frequências características Assim, na Equação 12.154 (ou Equação 13.2), a soma está acima da faixa de $r = 1$ a $r = n$. Mas agora o número de partículas é infinito, então há um conjunto infinito de modos normais e a soma nas Equações 13.4 e 13.5 vai de $r = 1$ a $r = \infty$. Há, então, um número infinito de constantes (as partes real e imaginária de β_r) que devem ser avaliadas para especificar completamente o movimento do fio contínuo. Essa é exatamente a situação encontrada na representação de algumas funções como uma série de Fourier: um número infinito constante é especificado por certas integrais

CAPÍTULO 13 – Sistemas contínuos; ondas **459**

envolvendo a função original (veja as Equações 3.91). Podemos visualizar a situação de outra maneira: há um número infinito de constantes arbitrárias na solução da equação de movimento, mas há também um número infinito de condições iniciais disponíveis para sua avaliação, a saber, as funções contínuas $q(x, 0)$ e $\dot{q}(x, 0)$. As partes real e imaginária de β_r podem assim ser obtidas nos termos das condições iniciais por um procedimento análogo ao utilizado na Seção 12.9. Utilizando $\beta_r = \mu_r + i\nu_r$, temos, da Equação 13.5,

$$q(x, 0) = \sum_r \mu_r \operatorname{sen}\left(\frac{r\pi x}{L}\right) \tag{13.6a}$$

$$\dot{q}(x, 0) = -\sum_r \omega_r \nu_r \operatorname{sen}\left(\frac{r\pi x}{L}\right) \tag{13.6b}$$

Depois, multiplicamos cada uma dessas equações por $\operatorname{sen}(s\,\pi x/L)$ e integramos de $x = 0$ para $x = L$. Podemos fazer uso da relação trigonométrica

$$\int_0^L \operatorname{sen}\left(\frac{r\pi x}{L}\right)\operatorname{sen}\left(\frac{s\pi x}{L}\right)dx = \frac{L}{2}\delta_{rs} \tag{13.7}$$

da qual obtemos

$$\mu_r = \frac{2}{L}\int_0^L q(x, 0)\operatorname{sen}\left(\frac{r\pi x}{L}\right)dx \tag{13.8a}$$

$$\nu_r = -\frac{2}{\omega_r L}\int_0^L \dot{q}(x, 0)\operatorname{sen}\left(\frac{r\pi x}{L}\right)dx \tag{13.8b}$$

A frequência característica ω_r também pode ser obtida como o valor limitante do resultado do fio carregado. Da Equação 12.152, temos

$$\omega_r = 2\sqrt{\frac{\tau}{md}}\operatorname{sen}\left[\frac{r\pi}{2(n+1)}\right] \tag{13.9}$$

que pode ser escrito como

$$\omega_r = \frac{2}{d}\sqrt{\frac{\tau}{\rho}}\operatorname{sen}\left(\frac{r\pi d}{2L}\right) \tag{13.10}$$

Quando $d \to 0$, podemos aproximar o termo do seno por seu argumento, com o resultado

$$\omega_r = \frac{r\pi}{L}\sqrt{\frac{\tau}{\rho}} \tag{13.11}$$

EXEMPLO 13.1

Encontre o deslocamento $q(x, t)$ para um fio "preso na extremidades", onde um ponto do fio é deslocado (tal que o fio assume uma forma triangular) e então liberado do descanso. Considere o caso mostrado na Figura 13.1, no qual o centro do fio é deslocado em uma distância h.

Solução. As condições iniciais são

$$q(x, 0) = \begin{cases} \dfrac{2h}{L}x, & 0 \le x \le L/2 \\[2mm] \dfrac{2h}{L}(L - x), & L/2 \le x \le L \end{cases} \tag{13.12}$$

$$\dot{q}(x, 0) = 0$$

Como o fio é liberado do descanso, todos os v_r desaparecem. Os μ_r são fornecidos por

$$\mu_r = \frac{4h}{L^2}\int_0^{L/2} x \operatorname{sen}\left(\frac{r\pi x}{L}\right)dx + \frac{4h}{L^2}\int_{L/2}^L (L-x)\operatorname{sen}\left(\frac{r\pi x}{L}\right)dx$$

Integrando,

$$\mu_r = \frac{8h}{r^2\pi^2}\operatorname{sen}\frac{r\pi}{2}$$

para que

$$\mu_r = \begin{cases} 0, & r \text{ par} \\ \dfrac{8h}{r^2\pi^2}(-1)^{\frac{1}{2}(r-1)}, & r \text{ ímpar} \end{cases}$$

Portanto,

$$q(x,t) = \frac{8h}{\pi^2}\left[\operatorname{sen}\left(\frac{\pi x}{L}\right)\cos\omega_1 t - \frac{1}{9}\operatorname{sen}\left(\frac{3\pi x}{L}\right)\cos\omega_3 t + \cdots\right] \qquad (13.13)$$

onde os ω_r são proporcionais a r e são fornecidos pela Equação 13.11.

Da Equação 13.13, vemos que o modo fundamental (com frequência ω_1) e todas as harmônicas *ímpares* (com frequências ω_3, ω_5 etc.) são excitadas, mas que nenhuma das harmônicas *pares* estão envolvidas no movimento. Como o deslocamento inicial era simétrico, o movimento subsequente também deve ser simétrico, para que nenhum dos modos pares (para os quais a posição central do fio é um nó) seja excitado. Em geral, se o fio é deslocado em algum ponto arbitrário, nenhuma das harmônicas com nós naquele ponto será excitada.

Como provaremos na próxima seção, a energia em cada um dos modos excitados é proporcional ao quadrado do coeficiente do termo correspondente na Equação 13.13. Assim, as razões de energia para a fundamental, terceira harmônica, quinta harmônica e assim por diante são $1:\frac{1}{81}:\frac{1}{625}:\cdots$. Portanto a energia no sistema (ou a intensidade do som emitido) é dominada pela fundamental. A terceira harmônica está 19 dB[1] abaixo da fundamental e a quinta está 28 dB abaixo.

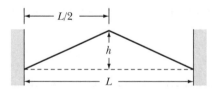

FIGURA 13.1 Exemplo 13.1. Um fio é "deslocado" quando se puxa seu centro a uma distância h do equilíbrio para que tenha uma forma triangular. O fio é liberado do descanso nesta posição.

---

[1] O *decibel* (dB) é uma unidade de intensidade relativa do som (ou energia acústica). A razão de intensidade de um som com intensidade I a um som com intensidade I_0 é fornecida por $10\log(I/I_0)$ dB. Assim, para a fundamental (I_0) e terceira harmônica (I), temos $10\log(1/81) = -19{,}1$ dB ou "19 dB abaixo" de intensidade. Uma razão de 3 dB corresponde aproximadamente a um fator de dois em intensidade relativa.

13.3 Energia de um fio vibratório

Como fizemos a suposição de que as forças de atrito não estão presentes, a energia total de um fio vibratório deve permanecer constante. Mostraremos isso agora de forma explícita e, além disso, mostraremos que a energia do fio é expressa simplesmente como a soma das contribuições de cada um dos modos normais. Segundo a Equação 13.4, o deslocamento do fio é fornecido por

$$q(x, t) = \sum_r \eta_r(t) \operatorname{sen}\left(\frac{r\pi x}{L}\right) \tag{13.14}$$

onde as coordenadas normais são

$$\eta_r(t) = \beta_r e^{i\omega_r t} \tag{13.15}$$

Como sempre, os β_r são quantidades complexas e as coordenadas normais fisicamente significantes são obtidas tomando a *parte real* da Equação 13.15.

A energia cinética do fio é obtida pelo cálculo da energia cinética de um elemento do fio, $\frac{1}{2}(\rho\,dx)\dot{q}^2$, e depois integrando sobre o comprimento. Assim,

$$T = \frac{1}{2}\rho \int_0^L \left(\frac{\partial q}{\partial t}\right)^2 dx \tag{13.16}$$

ou, utilizando a Equação 13.14,

$$T = \frac{1}{2}\rho \int_0^L \left[\sum_r \dot{\eta}_r \operatorname{sen}\left(\frac{r\pi x}{L}\right)\right]^2 dx \tag{13.17}$$

O quadrado da série pode ser expresso como uma soma dupla. Essa técnica garante que todos os termos cruzados sejam incluídos adequadamente:

$$T = \frac{1}{2}\rho \sum_{r,s} \dot{\eta}_r \dot{\eta}_s \int_0^L \operatorname{sen}\left(\frac{r\pi x}{L}\right)\operatorname{sen}\left(\frac{s\pi x}{L}\right) dx \tag{13.18}$$

A integral é agora a mesma que a da Equação 13.7. Então,

$$T = \frac{\rho L}{4} \sum_{r,s} \dot{\eta}_r \dot{\eta}_s \delta_{rs}$$

$$= \frac{\rho L}{4} \sum_r \dot{\eta}_r^2 \tag{13.19}$$

Na avaliação da energia cinética, devemos ser cuidadosos para tomar o produto de quantidades reais. Devemos portanto calcular o quadrado da parte real de $\dot{\eta}_r$:

$$(\operatorname{Re} \dot{\eta}_r)^2 = \left(\operatorname{Re} \frac{d}{dt}\left[(\mu_r + i\nu_r)(\cos \omega_r t + i \operatorname{sen} \omega_r t)\right]\right)^2$$

$$= (-\omega_r \mu_r \operatorname{sen} \omega_r t - \omega_r \nu_r \cos \omega_r t)^2$$

A energia cinética do fio é, portanto,

$$T = \frac{\rho L}{4} \sum_r \omega_r^2 (\mu_r \operatorname{sen} \omega_r t + \nu_r \cos \omega_r t)^2 \tag{13.20}$$

A energia potencial do fio pode ser calculada facilmente escrevendo a expressão para o fio carregado e então passando ao limite de um fio contínuo. (Lembre-se de que consideramos a energia potencial somente como a energia elástica no fio.) Para o fio carregado,

462 Dinâmica clássica de partículas e sistemas

$$U = \frac{1}{2}\frac{\tau}{d}\sum_j (q_{j-1} - q_j)^2$$

Multiplicando e dividindo por d,

$$U = \frac{1}{2}\tau\sum_j \left(\frac{q_{j-1} - q_j}{d}\right)^2 d$$

Passando ao limite, $d \to 0$, o termo entre parênteses se torna apenas a derivativa parcial de $q(x, t)$ em relação a x, e a soma (incluindo o fator d) torna-se uma integral:

$$U = \frac{1}{2}\tau\int_0^L \left(\frac{\partial q}{\partial x}\right)^2 dx \tag{13.21}$$

Utilizando a Equação 13.14, temos

$$\frac{\partial q}{\partial x} = \sum_r \frac{r\pi}{L}\eta_r \cos\left(\frac{r\pi x}{L}\right) \tag{13.22}$$

para que

$$U = \frac{1}{2}\tau\int_0^L \left[\sum_r \frac{r\pi}{L}\eta_r \cos\left(\frac{r\pi x}{L}\right)\right]^2 dx \tag{13.23}$$

Novamente, o termo quadrado pode ser escrito como uma soma dupla e, como a relação trigonométrica (Equação 13.7) se aplica tanto aos senos como aos cossenos, temos

$$U = \frac{\tau}{2}\sum_{r,s}\frac{r\pi}{L}\frac{s\pi}{L}\eta_r\eta_s\int_0^L \cos\left(\frac{r\pi x}{L}\right)\cos\left(\frac{s\pi x}{L}\right)dx$$

$$= \frac{\tau}{2}\sum_{r,s}\frac{r\pi}{L}\frac{s\pi}{L}\eta_r\eta_s\cdot\frac{L}{2}\delta_{rs}$$

$$= \frac{\tau}{2}\sum_r \frac{r^2\pi^2}{L^2}\cdot\frac{L}{2}\eta_r^2$$

$$= \frac{\rho L}{4}\sum_r \omega_r^2\eta_r^2 \tag{13.24}$$

onde a Equação 13.11 foi utilizada na última linha para expressar o resultado em termos de ω_r^2. Avaliando o quadrado da parte real de η_r, temos, finalmente,

$$U = \frac{\rho L}{4}\sum_r \omega_r^2(\mu_r \cos \omega_r t - \nu_r \,\text{sen}\, \omega_r t)^2 \tag{13.25}$$

A energia total agora é obtida pela adição das Equações 13.20 e 13.25, nas quais os termos cruzados se cancelam e os termos quadrados se somam à unidade:

$$E = T + U$$

$$= \frac{\rho L}{4}\sum_r \omega_r^2(\mu_r^2 + \nu_r^2) \tag{13.26a}$$

ou

$$E = \frac{\rho L}{4}\sum_r \omega_r^2|\beta_r|^2 \tag{13.26b}$$

CAPÍTULO 13 – Sistemas contínuos; ondas **463**

A energia total é portanto constante no tempo e, além disso, é fornecida por uma soma das contribuições de cada um dos modos normais.

As energias potencial e cinética variam com o tempo. Por isso, às vezes é útil calcular as energias potencial e cinética em *média de tempo*, isto é, as médias sobre um período completo da vibração fundamental $r = 1$:

$$\langle T \rangle = \frac{\rho L}{4} \sum_r \omega_r^2 \langle (\mu_r \,\text{sen}\, \omega_r t + \nu_r \cos \omega_r t)^2 \rangle \tag{13.27}$$

onde os suportes inclinados denotam um média sobre o intervalo de tempo $2\pi/\omega_1$. As médias de $\text{sen}^2 \omega_1 t$ ou $\cos^2 \omega_1 t$ sobre esse intervalo são iguais a $\frac{1}{2}$. De maneira similar, as médias de $\text{sen}^2 \omega_r t$ e $\cos \omega_1^2 t$ para $r \geq 2$ também são $\frac{1}{2}$, porque o período da vibração fundamental é sempre algum número inteiro vezes o período de uma vibração harmônica mais alta. As médias dos termos cruzados, $\cos \omega_r t \,\text{sen}\, \omega_r t$, desaparecem. Portanto,

$$\langle T \rangle = \frac{\rho L}{8} \sum_r \omega_r^2 (\mu_r^2 + \nu_r^2)$$

$$= \frac{\rho L}{8} \sum_r \omega_r^2 |\beta_r|^2 \tag{13.28}$$

Para a energia potencial em média de tempo, temos um resultado similar:

$$\langle U \rangle = \frac{\rho L}{4} \sum_r \omega_r^2 \langle (\mu_r \cos \omega_r t - \nu_r \,\text{sen}\, \omega_r t)^2 \rangle$$

$$= \frac{\rho L}{8} \sum_r \omega_r^2 (\mu_r^2 + \nu_r^2)$$

$$= \frac{\rho L}{8} \sum_r \omega_r^2 |\beta_r|^2 \tag{13.29}$$

Temos portanto o resultado importante de que *a energia cinética média de um fio vibratório é igual à energia potencial média*.[2]

$$\langle T \rangle = \langle U \rangle \tag{13.30}$$

Observe a simplificação que resulta do uso de coordenadas normais: $\langle T \rangle$ e $\langle U \rangle$ são somas simples das contribuições de cada um dos modos normais.

13.4 Equação de onda

Nosso procedimento até agora foi o de descrever o movimento de um fio contínuo como o caso limitante do fio carregado para o qual possuímos uma solução completa; ainda não escrevemos a equação fundamental de movimento para o caso contínuo. Podemos conseguir isso retornando ao fio carregado e novamente utilizando a técnica de limite – mas agora sobre a equação de movimento em vez de sobre a solução. A Equação 12.131 pode ser expressa como

$$\frac{m}{d} \ddot{q}_j = \frac{\tau}{d} \left(\frac{q_{j-1} - q_j}{d} \right) - \frac{\tau}{d} \left(\frac{q_j - q_{j+1}}{d} \right) \tag{13.31}$$

Conforme d se aproxima de zero, temos

$$\frac{q_j - q_{j+1}}{d} \rightarrow \frac{q(x) - q(x+d)}{d} \rightarrow -\left.\frac{\partial q}{\partial x}\right|_{x+d/2}$$

---

[2] Este resultado também segue do teorema do virial.

que é a derivativa em $x + d/2$. Para o outro termo na Equação 13.31, temos

$$\frac{q_{j-1} - q_j}{d} \rightarrow \frac{q(x-d) - q(x)}{d} \rightarrow -\frac{\partial q}{\partial x}\bigg|_{x-d/2}$$

que é a derivativa em $x - d/2$. O valor limitante do lado direito da Equação 13.31 é, portanto,

$$\lim_{d \to 0} \tau \left(\frac{\frac{\partial q}{\partial x}\big|_{x+d/2} - \frac{\partial q}{\partial x}\big|_{x-d/2}}{d} \right) = \tau \frac{\partial^2 q}{\partial x^2}\bigg|_x = \tau \frac{\partial^2 q}{\partial x^2}$$

Também no limite, m/d se torna ρ, por isso a equação de movimento é

$$\rho \ddot{q} = \tau \frac{\partial^2 q}{\partial x^2} \tag{13.32}$$

ou

$$\boxed{\frac{\partial^2 q}{\partial x^2} = \frac{\rho}{\tau} \frac{\partial^2 q}{\partial t^2}} \tag{13.33}$$

Essa é a **equação de onda** em uma dimensão. Na Seção 13.6, vamos discutir as soluções para essa equação.

Queremos agora mostrar que a Equação 13.33 também pode ser facilmente obtida considerando as forças em um fio contínuo. São consideradas somente ondas transversais. Uma porção do fio fixo em ambas as extremidades, como discutido até agora neste capítulo, é mostrada na Figura 13.2.

Assumimos que o fio possui uma densidade de massa constante ρ (massa/comprimento).

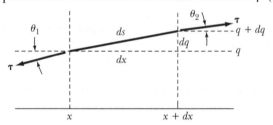

FIGURA 13.2 Uma porção, comprimento ds, de um fio fixo em ambas as extremidades é mostrada. O deslocamento do equilíbrio é q à esquerda e $q + dq$ à direita. As tensões τ em cada extremidade são iguais em magnitude, mas não em direção. São consideradas somente ondas transversais.

Consideramos um comprimento ds do fio descrito por $s(x, t)$. As tensões τ em cada extremidade do fio são iguais em magnitude, mas não em direção. Esse desequilíbrio leva a uma força e assim a uma aceleração do sistema. Assumimos que o deslocamento q (perpendicular a x) é pequeno. A massa dm do comprimento do fio ds é $\rho\, ds$. Os componentes horizontais de tensão são aproximadamente iguais e opostos, por isso desprezamos o movimento do fio na direção x. A força na direção q é

$$\Delta F = \rho\, ds\, \frac{\partial^2 q}{\partial t^2} \tag{13.34}$$

onde ΔF representa a diferença em tensão em x e $x + dx$. Utilizamos derivativas parciais para descrever a aceleração, $\partial^2 q/\partial t^2$, porque não estamos considerando a dependência x do deslocamento $q(x, t)$.

CAPÍTULO 13 – Sistemas contínuos; ondas **465**

A força pode ser encontrada a partir da diferença nas componentes y da tensão.

$$(\Delta F)_y = -\tau \operatorname{sen} \theta_1 + \tau \operatorname{sen} \theta_2$$

$$= -\tau \ \operatorname{tg} \ \theta_1 + \tau \ \operatorname{tg} \ \theta_2$$

$$= -\tau \left(\frac{\partial q}{\partial x}\right)\bigg|_x + \tau \left(\frac{\partial q}{\partial x}\right)\bigg|_{x+dx}$$

$$= \tau \frac{\partial^2 q}{\partial x^2} dx \tag{13.35}$$

onde consideramos sen $\theta \approx$ tg θ porque os ângulos θ são pequenos para deslocamentos pequenos.

Estabelecemos agora as Equações 13.34 e 13.35 como iguais, considerando $ds \approx dx$:

$$\tau \frac{\partial^2 q}{\partial x^2} dx = \rho \, dx \frac{\partial^2 q}{\partial t^2}$$

$$\frac{\partial^2 q}{\partial x^2} = \frac{\rho}{\tau} \frac{\partial^2 q}{\partial t^2} \tag{13.36}$$

A Equação 13.36 é idêntica à Equação 13.33, mas não fornece a informação útil obtida anteriormente pelo método da coordenada normal.

13.5 Movimento forçado e amortecido

Conseguimos facilmente determinar a equação de Lagrange para o fio vibratório utilizando a energia cinética da Equação 13.19 e a energia potencial da Equação 13.24:

$$L = T - U$$

$$= \frac{\rho b}{4} \sum_r \dot{\eta}_r^2 - \frac{\rho b}{4} \sum_r \omega_r^2 \eta_r^2$$

$$= \frac{\rho b}{4} \sum_r (\dot{\eta}_r^2 - \omega_r^2 \eta_r^2) \tag{13.37}$$

onde o comprimento do fio foi estabelecido como igual a b para evitar confusões entre os L s. A facilidade da coordenada normal é aparente. As equações de movimento da Equação 13.37:

$$\ddot{\eta}_r + \omega_r^2 \eta_r = 0 \tag{13.38}$$

Depois, adicionamos um força por comprimento de unidade $F(x, t)$ atuando ao longo do fio. Adicionamos também uma força de amortecimento proporcional à velocidade. A equação de onda (Equação 13.33) agora se torna

$$\rho \frac{\partial^2 q}{\partial t^2} + D \frac{\partial q}{\partial t} - \tau \frac{\partial^2 q}{\partial x^2} = F(x, t) \tag{13.39}$$

onde cada termo representa um força por comprimento de unidade e D é o termo de amortecimento (resistivo). A Equação 13.39 é solucionada utilizando as coordenadas normais. Como fizemos na Seção 13.2, utilizamos uma solução

$$q(x, t) = \sum_r \eta_r(t) \operatorname{sen} \left(\frac{r \pi x}{b}\right) \tag{13.40}$$

466 Dinâmica clássica de partículas e sistemas

A substituição da Equação 13.40 na Equação 13.39 fornece a equação de movimento de Lagrange – similar à Equação 13.38, mas com os termos de amortecimento e forçado adicionados:

$$\sum_{r=1}^{\infty}\left[\left(\rho\ddot{\eta}_r + D\dot{\eta}_r + \frac{r^2\pi^2\tau}{b^2}\,\eta_r\right)\operatorname{sen}\left(\frac{r\pi x}{b}\right)\right] = F(x, t) \tag{13.41}$$

A soma sobre r é novamente de 1 a ∞ porque estamos considerando um fio contínuo. A solução da Equação 13.41 corresponde à da Seção 13.2 (que não repetimos aqui em detalhes) pela comparação dos componentes real e imaginário. Multiplicamos cada lado da Equação 13.41 por sen $(s\,\pi x/b)$ e integramos sobre dx de 0 a b (lembre-se de que $b = L$ = comprimento do fio). Utilizando a Equação 13.7, temos

$$\sum_{r=1}^{\infty}\left(\rho\ddot{\eta}_r + D\dot{\eta}_r + \frac{r^2\pi^2\tau}{b^2}\,\eta_r\right)\frac{b}{2}\delta_{rs} = \int_0^b F(x, t)\operatorname{sen}\left(\frac{s\pi x}{b}\right)dx \tag{13.42}$$

que se torna

$$\ddot{\eta}_s + \frac{D}{\rho}\dot{\eta}_s + \frac{s^2\pi^2\tau}{\rho b^2}\,\eta_s = \frac{2}{\rho b}\int_0^b F(x, t)\operatorname{sen}\left(\frac{s\pi x}{b}\right)dx \tag{13.43}$$

Consideramos agora que $f_s(t)$ é o coeficiente de Fourier da expansão de Fourier de $F(x, t)$, que está do lado direito da Equação 13.43:

$$f_s(t) = \int_0^b F(x, t)\operatorname{sen}\left(\frac{s\pi x}{b}\right)dx \tag{13.44}$$

Em termos de coordenada normal, a Equação 13.43 simplesmente se torna

$$\ddot{\eta}_s + \frac{D}{\rho}\dot{\eta}_s + \frac{s^2\pi^2\tau}{\rho b^2}\,\eta_s = \frac{2}{\rho b}f_s(t) \tag{13.45}$$

Agora fica aparente que $f_s(t)$ é o componente de $F(x, t)$ eficaz em conduzir a coordenada normal s.

EXEMPLO 13.2

Reconsidere o Exemplo 13.1. Uma força motriz sinusoidal de frequência angular ω conduz o fio a $x = b/2$. Encontre o deslocamento.

Solução. A força motriz por comprimento unitário é

$$\left.\begin{aligned} F(x, t) &= F_0 \cos \omega t, & x &= b/2 \\ &= 0. & x &\neq b/2 \end{aligned}\right\} \tag{13.46}$$

O coeficiente de Fourier acionador se torna

$$f_s(t) = F_0 \cos \omega t \operatorname{sen} \frac{s\pi}{2} \tag{13.47}$$

Observe que $f_s(t) = 0$ para valores pares de s. Somente os termos ímpares são acionados.

Se incluímos um pequeno termo de amortecimento, a Equação 13.45 se torna

$$\ddot{\eta}_s + \frac{D}{\rho}\dot{\eta}_s + \frac{s^2\pi^2\tau}{\rho b^2}\,\eta_s = \frac{2}{\rho b}F_0 \cos \omega t \operatorname{sen} \frac{s\pi}{2} \tag{13.48}$$

Com o termo de amortecimento eficaz, não determinamos uma solução complementar, que será amortecida. Precisamos apenas encontrar uma solução particular (estado permanente), como foi feito na Seção 3.6. A Equação 13.48 pode ser comparada com a Equação 3.53, onde

CAPÍTULO 13 – Sistemas contínuos; ondas   **467**

$$\left.\begin{array}{c} \dfrac{D}{\rho} = 2\beta \\[3mm] \dfrac{s^2\pi^2\tau}{\rho b^2} = \omega_0^2 \\[3mm] \dfrac{2F_0\,\mathrm{sen}\,(s\pi/2)}{\rho b} = A \end{array}\right\}$$ (13.49)

A solução (veja a Equação 3.60) para $\eta(t)$ se torna

$$\eta_s(t) = \dfrac{2F_0\,\mathrm{sen}\,(s\pi/2)\,\cos(\omega t - \delta)}{\rho b\sqrt{\left(\dfrac{s^2\pi^2\tau}{\rho b^2} - \omega^2\right)^2 + \dfrac{D^2}{\rho^2}\omega^2}}$$ (13.50)

onde

$$\delta = \mathrm{tg}^{-1}\left[\dfrac{D\omega}{\rho\left(\dfrac{s^2\pi^2\tau}{\rho b^2} - \omega^2\right)}\right]$$ (13.51)

e o deslocamento de $q(x, t)$ é

$$q(x, t) = \sum_r \dfrac{2F_0\,\mathrm{sen}\,\dfrac{r\pi}{2}\,\cos(\omega t - \delta)\,\mathrm{sen}\left(\dfrac{r\pi x}{b}\right)}{\rho b\sqrt{\left(\dfrac{r^2\pi^2\tau}{\rho b^2} - \omega^2\right)^2 + \dfrac{D^2}{\rho^2}\omega^2}}$$ (13.52)

onde desprezamos a parte da solução que é amortecida. A Equação 13.52 representa várias das características discutidas anteriormente. Dependendo da frequência de acionamento, apenas algumas das coordenadas podem dominar, por causa dos efeitos de ressonância inerentes no denominador. Se o termo de amortecimento for desprezível, os termos da coordenada normal dominante são

$$r^2 = \dfrac{\omega^2\rho b^2}{\pi^2\tau}$$ (13.53)

e por causa do termo sen $(r\pi/2)$ da Equação 13.52, apenas valores ímpares de r são eficazes.

13.6 Soluções gerais da equação de onda

A equação de onda de uma dimensão para um fio vibratório (veja a Equação 13.33) é[3]

$$\dfrac{\partial^2\Psi}{\partial x^2} - \dfrac{\rho}{\tau}\dfrac{\partial^2\Psi}{\partial t^2} = 0$$ (13.54)

onde ρ é a densidade de massa linear do fio, τ é a tensão e Ψ é chamado de **função de onda**. As dimensões de ρ são $[ML^{-1}]$ e as dimensões de τ são as da força, a saber, $[MLT^{-2}]$.

---

[3]Utilizamos a notação $\Psi = \Psi(x, t)$ para denotar uma função de onda *dependente do tempo* e $\psi = \psi(x)$ para denotar uma função de onda *independente do tempo*.

468 Dinâmica clássica de partículas e sistemas

As dimensões de ρ/τ são, portanto, $[T^2 L^{-2}]$, isto é, as dimensões da recíproca de uma velocidade quadrada. Se escrevemos $\sqrt{\tau/\rho} = v$, a equação de onda se torna

$$\boxed{\frac{\partial^2 \Psi}{\partial x^2} - \frac{1}{v^2}\frac{\partial^2 \Psi}{\partial t^2} = 0}$$

(13.55)

Uma das nossas tarefas é fornecer uma interpretação física da velocidade v, já que não é suficiente dizer que v é a "velocidade de propagação" da onda.

Para mostrar que a Equação 13.55 representa de fato um movimento de onda geral, introduzimos duas novas variáveis,

$$\left.\begin{array}{l} \xi \equiv x + vt \\ \eta \equiv x - vt \end{array}\right\}$$

(13.56)

Avaliando as derivadas de $\Psi = \Psi(x, t)$, que aparecem na Equação 13.55, temos

$$\frac{\partial \Psi}{\partial x} = \frac{\partial \Psi}{\partial \xi}\frac{\partial \xi}{\partial x} + \frac{\partial \Psi}{\partial \eta}\frac{\partial \eta}{\partial x} = \frac{\partial \Psi}{\partial \xi} + \frac{\partial \Psi}{\partial \eta}$$

(13.57)

Então,

$$\begin{aligned}
\frac{\partial^2 \Psi}{\partial x^2} &= \frac{\partial}{\partial x}\frac{\partial \Psi}{\partial x} = \frac{\partial}{\partial x}\left(\frac{\partial \Psi}{\partial \xi} + \frac{\partial \Psi}{\partial \eta}\right) \\
&= \frac{\partial}{\partial \xi}\left(\frac{\partial \Psi}{\partial \xi} + \frac{\partial \Psi}{\partial \eta}\right)\frac{\partial \xi}{\partial x} + \frac{\partial}{\partial \eta}\left(\frac{\partial \Psi}{\partial \xi} + \frac{\partial \Psi}{\partial \eta}\right)\frac{\partial \eta}{\partial x} \\
&= \frac{\partial^2 \Psi}{\partial \xi^2} + 2\frac{\partial^2 \Psi}{\partial \xi \partial \eta} + \frac{\partial^2 \Psi}{\partial \eta^2}
\end{aligned}$$

(13.58)

De maneira similar, encontramos

$$\frac{1}{v}\frac{\partial \Psi}{\partial t} = \frac{\partial \Psi}{\partial \xi} - \frac{\partial \Psi}{\partial \eta}$$

(13.59)

e

$$\begin{aligned}
\frac{1}{v^2}\frac{\partial^2 \Psi}{\partial t^2} &= \frac{1}{v}\frac{\partial}{\partial t}\left(\frac{1}{v}\frac{\partial \Psi}{\partial t}\right) = \frac{1}{v}\frac{\partial}{\partial t}\left(\frac{\partial \Psi}{\partial \xi} - \frac{\partial \Psi}{\partial \eta}\right) \\
&= \frac{\partial^2 \Psi}{\partial \xi^2} - 2\frac{\partial^2 \Psi}{\partial \xi \partial \eta} + \frac{\partial^2 \Psi}{\partial \eta^2}
\end{aligned}$$

(13.60)

Mas, segundo a Equação 13.55, os lados direito das Equações 13.58 e 13.60 devem ser iguais. Isso somente pode ser verdade se

$$\frac{\partial^2 \Psi}{\partial \xi \partial \eta} \equiv 0$$

(13.61)

A expressão mais geral para Ψ que pode satisfazer essa equação é uma soma de dois termos, um dos quais depende apenas de ξ e o outro apenas de η; nenhuma outra função complicada de ξ e η permite que a Equação 13.61 seja válida. Assim,

$$\Psi = f(\xi) + g(\eta)$$

(13.62a)

ou, substituindo para ξ e η,

$$\Psi = f(x + vt) + g(x - vt) \tag{13.62b}$$

onde f e g são funções *arbitrárias* das variáveis $x + vt$ e $x - vt$, respectivamente, que não são necessariamente de uma natureza periódica, embora possam ser.

Conforme o tempo aumenta, o valor de x também deve aumentar para manter um valor constante para $x - vt$. A função g retém, portanto, sua forma original à medida que o tempo aumenta se trocamos nosso ponto de vista ao longo da direção x (em um sentido positivo) com uma velocidade v. Assim, a função g deve representar um distúrbio que se move para a direita (isto é, para valores maiores de x) com uma velocidade v, ao passo que f representa a propagação de um distúrbio à esquerda. Concluímos, portanto, que a Equação 13.55 descreve de fato o movimento de onda e, em geral, uma onda **viajante** (ou **propagadora**).

Vamos tentar agora interpretar a Equação 13.62b em termos do movimento de um fio esticado. No tempo $t = 0$, o deslocamento do fio é descrito por

$$q(x, 0) = f(x) + g(x)$$

Se tomarmos formas triangulares idênticas para $f(x)$ e $g(x)$, a forma do fio em $t = 0$ será como mostra a parte superior da Figura 13.3. Conforme o tempo aumenta, o distúrbio representado por $f(x + vt)$ se propaga para a *esquerda*, ao passo que o distúrbio representado por $g(x - vt)$ se propaga para a *direita*. Essa propagação dos distúrbios individuais para a esquerda e para a direita é ilustrada na parte inferior da Figura 13.3.

Considere a seguir somente o distúrbio para a esquerda. Se fixarmos o fio (em $x = 0$), prendendo-o a um suporte rígido, encontraremos o fenômeno da **reflexão**. Como o suporte é *rígido*, precisamos ter $f(vt) \equiv 0$ para todos os valores de tempo. Essa condição não pode ser atendida somente pela função f (a menos que desapareça trivialmente). Poderemos satisfazer a condição em $x = 0$ se considerarmos, além de $f(x + vt)$, um distúrbio imaginário, $-f(-x + vt)$, que se aproxima do ponto-limite a partir da esquerda, como na Figura 13.4. O distúrbio $f(x + vt)$ continua a se propagar para a esquerda, mesmo na seção imaginária do fio ($x < 0$), enquanto o distúrbio $-f(-x + vt)$ se propaga através do limite e ao longo do fio real. O efeito líquido é que o distúrbio original é refletido no suporte e dali em diante se propaga para a direita.

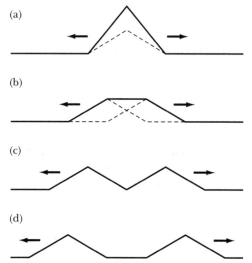

FIGURA 13.3 A propagação de um fio é mostrada como uma função de tempo de (a) a (d). No tempo $t = 0$, o fio é descrito como $f(x) + g(x)$ como mostra (a). Conforme o tempo aumenta, o distúrbio $f(x + vt)$ se propaga à esquerda e $g(x - vt)$ se propaga à direita.

Se o fio for fixado em suportes rígidos em $x = 0$ e também em $x = L$, o distúrbio se propagará periodicamente para trás e para frente com um período $2L/v$.

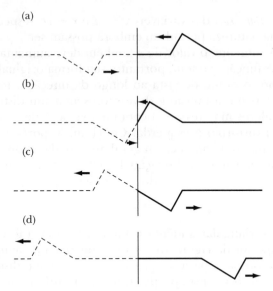

FIGURA 13.4 Considere somente o distúrbio de movimento à esquerda da Figura 13.3. A extremidade do fio é fixa e a onda reflete, porque $f(vt) = 0$ sempre está na extremidade. Podemos visualizar o movimento como se um distúrbio imaginário (linha pontilhada) estivesse se movendo da esquerda para a direita conforme o tempo procede de (a) a (d).

13.7 Separação da equação de onda

Se exigirmos uma solução geral da equação de onda que seja harmônica (quanto ao fio vibratório ou, para esta questão, para um número maior de problemas de interesse físico), poderemos escrever

$$\Psi(x, t) = \psi(x) e^{i\omega t} \quad (13.63)$$

para que a equação de onda de uma dimensão (Equação 13.55) se torne

$$\frac{\partial^2 \psi}{\partial x^2} + \frac{\omega^2}{v^2}\psi = 0 \quad (13.64)$$

onde ψ é agora um função somente de x.

O movimento de onda geral de um sistema não é restrito a um única frequência ω. Para um sistema com n graus de liberdade, há n frequências características possíveis e, para um fio contínuo, há um conjunto infinito de frequências.[4] Se designamos a r-enésima frequência por ω_r, a função de onda correspondente a essa frequência é

$$\Psi_r(x, t) = \psi_r(x) e^{i\omega_r t} \quad (13.65)$$

A função de onda completa é uma sobreposição (lembre-se de que estamos lidando com um sistema *linear*) de todas as funções de onda particulares (ou *modos*).

---

[4] Um conjunto infinito de frequências existiria para um fio verdadeiramente contínuo, mas como um fio real é composto fundamentalmente de átomos, há um limite superior para ω (veja a Seção 13.8).

CAPÍTULO 13 – Sistemas contínuos; ondas **471**

Assim

$$\Psi(x,\ t) = \sum_r \Psi_r(x,\ t) = \sum_r \psi_r(x) e^{i\omega_r t} \tag{13.66}$$

Na Equação 13.63, *assumimos* que a função de onda era periódica no tempo. Mas agora vemos que essa suposição não impõe nenhuma restrição real (fora as suposições usuais em relação à continuidade das funções e à convergência das séries), porque a soma da Equação 13.66 fornece na verdade uma representação de Fourier da função de onda e, portanto, é a expressão mais geral para a verdadeira função de onda.[5]

Desejamos agora mostrar que a Equação 13.65 resulta naturalmente de um método poderoso que pode ser frequentemente utilizado para obter soluções de equações diferenciais parciais – o método da **separação de variáveis**. Primeiro, expressamos a solução como

$$\Psi(x,\ t) \equiv \psi(x) \cdot \chi(t) \tag{13.67}$$

isto é, assumimos que as variáveis são *separáveis* e, portanto, a função de onda completa pode ser expressa como o produto de duas funções, uma das quais é apenas uma função espacial e a outra é apenas uma função temporal. Não é garantido que sempre acharemos tais funções, mas várias das equações diferenciais parciais encontradas em problemas físicos são separáveis em pelo menos um sistema de coordenadas; algumas (como as que envolvem o operador de Laplace) são separáveis em vários sistemas de coordenadas. Resumidamente, a justificativa do método de separação de variáveis, como no caso de muitas suposições na física, tem sucesso em produzir soluções matematicamente aceitáveis para um problema que eventualmente pode descrever uma situação física adequadamente, isto é, são "experimentalmente verificáveis".

Substituindo $\Psi = \psi\chi$ na Equação 13.55, temos

$$\chi \frac{d^2\psi}{dx^2} - \frac{\psi}{v^2} \frac{d^2\chi}{dt^2} = 0$$

ou

$$\frac{v^2}{\psi} \frac{d^2\psi}{dx^2} = \frac{1}{\chi} \frac{d^2\chi}{dt^2} \tag{13.68}$$

Mas, em vista das definições de $\psi(x)$ e $\chi(t)$, o lado esquerdo da Equação 13.68 é somente uma função de x, ao passo que o lado direito é somente uma função de t. Essa situação é possível somente se cada parte da equação for igual à mesma constante. Para sermos consistentes com nossa observação anterior, escolhemos essa constante como $-\omega^2$. Assim, temos

$$\frac{d^2\psi}{dx^2} + \frac{\omega^2}{v^2}\psi = 0 \tag{13.69a}$$

e

$$\frac{d^2\chi}{dt^2} + \omega^2\chi = 0 \tag{13.69b}$$

Essas equações são de uma forma familiar, e sabemos que as soluções são

$$\psi(x) = Ae^{i(\omega/v)x} + Be^{-i(\omega/v)x} \tag{13.70a}$$

$$\chi(t) = Ce^{i\omega t} + De^{-i\omega t} \tag{13.70b}$$

---

[5] Euler provou em 1748 que a equação de onda para um fio contínuo é satisfeita por uma função arbitrária de $x \pm vt$, e Daniel Bernoulli mostrou em 1753 que o movimento de um fio é uma sobreposição de suas frequências características. Esses dois resultados, tomados juntos, indicaram que uma função arbitrária podia ser descrita por uma sobreposição de funções trigonométricas. Euler não podia acreditar nisso e então (assim como Lagrange) rejeitou o princípio de sobreposição de Bernoulli. O matemático francês Alexis Claude Clairaut (1713.1765) forneceu uma prova em um trabalho obscuro em 1754 de que os resultados de Euler e Bernoulli eram na verdade consistentes, mas não foi considerada, até que Fourier forneceu sua famosa prova em 1807 de que a questão estava resolvida.

472 Dinâmica clássica de partículas e sistemas

onde as constantes A, B, C, D são determinadas pelas condições de contorno. Podemos escrever a solução $\Psi(x, t)$ de maneira abreviada como

$$\Psi(x, t) = \psi(x)\chi(t) \sim \exp[\pm i(\omega/v)x]\exp[\pm i\omega t]$$
$$\sim \exp[\pm i(\omega/v)(x \pm vt)] \qquad (13.71)$$

Essa notação significa que a função Ψ varia como uma *combinação linear* dos termos

$$\exp[i(\omega/v)(x + vt)]$$
$$\exp[i(\omega/v)(x - vt)]$$
$$\exp[-i(\omega/v)(x + vt)]$$
$$\exp[-i(\omega/v)(x - vt)]$$

A *constante de separação* para a Equação 13.68 foi escolhida como $-\omega^2$. Não há nada na matemática do problema que indique que há um valor único de ω; por isso, deve existir um conjunto[6] de frequências igualmente aceitáveis ω_r. Para cada um dessas frequências, há uma função de onda correspondente:

$$\Psi_r(x, t) \sim \exp[\pm i(\omega_r/v)(x \pm vt)]$$

A solução geral é, portanto, não apenas uma combinação linear dos termos harmônicos, mas também uma soma de todas as frequências possíveis:

$$\Psi(x, t) \sim \sum_r a_r\Psi_r$$
$$\sim \sum_r a_r \exp[\pm i(\omega_r/v)(x \pm vt)] \qquad (13.72)$$

A solução geral da equação de onda leva, portanto, a uma função de onda muito complicada. Há, na verdade, um número infinito de constantes arbitrárias a_r. Esse é um resultado geral para equações diferenciais parciais, mas essa infinidade de constantes deve satisfazer os requisitos físicos do problema (as condições de contorno) e, portanto, podem ser avaliadas da mesma maneira que os coeficientes de uma expansão infinita de Fourier podem ser avaliados.

Para a maior parte de nossa discussão, é suficiente considerar somente uma das quatro combinações possíveis expressas pela Equação 13.71; isto é, selecionamos uma onda que se propaga em uma direção particular e com uma fase particular. Então, podemos escrever, por exemplo,

$$\Psi_r(x, t) \sim \exp[-i(\omega_r/v)(x - vt)]$$

Esse é o r-ésimo componente de Fourier da função de onda, e a solução geral é uma soma de todos esses componentes. A forma funcional de cada componente é, entretanto, a mesma, e por isso eles podem ser discutidos separadamente. Assim, vamos escrever normalmente, por simplicidade,

$$\Psi(x, t) \sim \exp[-i(\omega/v)(x - vt)] \qquad (13.73)$$

Uma solução geral deve ser obtida por uma soma de todas as frequências que são permitidas pela situação física particular.

---

[6]Nesta etapa do desenvolvimento, o conjunto é na verdade infinito, porque nenhuma frequência ainda havia sido eliminada por condições de contorno.

CAPÍTULO 13 – Sistemas contínuos; ondas **473**

É de costume escrever a equação diferencial para $\psi(x)$ como

$$\boxed{\frac{d^2\psi}{dx^2} + k^2\psi = 0}$$ (13.74)

que é a forma dependente do tempo da equação de onda de uma dimensão, também chamada de **equação Helmholtz**,[7] e onde

$$k^2 \equiv \frac{\omega^2}{v^2}$$ (13.75)

A quantidade k, chamada de **constante de propagação** ou **número de onda** (isto é, proporcional ao número de comprimentos de onda por comprimento unitário), possui as dimensões $[L^{-1}]$. O comprimento de onda λ é a distância exigida para uma vibração completa da onda,

$$\lambda = \frac{v}{\nu} = \frac{2\pi v}{\omega}$$

e, assim, a relação[8] entre k e λ é

$$k = \frac{2\pi}{\lambda}$$

Podemos, portanto, escrever, em geral,

$$\boldsymbol{\Psi}_r(x,\, t) \sim e^{\pm ik_r(x \pm vt)}$$

ou, para a função de onda simplificada,

$$\boldsymbol{\Psi}(x,\, t) \sim e^{-ik(x-vt)} = e^{i(\omega t - kx)}$$ (13.76)

Se sobrepusermos duas ondas do tipo fornecido pela Equação 13.76 e se essas ondas forem de magnitudes (amplitudes) iguais, mas se moverem em direções opostas, então

$$\boldsymbol{\Psi} = \boldsymbol{\Psi}_+ + \boldsymbol{\Psi}_- = Ae^{-ik(x+vt)} + Ae^{-ik(x-vt)}$$ (13.77)

ou

$$\boldsymbol{\Psi} = Ae^{-ikx}(e^{i\omega t} + e^{-i\omega t})$$

$$= 2Ae^{-ikx}\cos \omega t$$

cuja parte real é

$$\boldsymbol{\Psi} = 2A\cos kx \cos \omega t$$ (13.78)

Tal onda não possui mais a propriedade que propagava: a forma da onda não se move para frente com o tempo. Há, na verdade, certas posições em que não há movimento. Essas posições, os **nós**, resultam do cancelamento completo de uma onda por outra. Os nós da função de onda fornecida pela Equação 13.78 ocorrem em $x = (2n + 1)\pi/2k$, onde n é um número inteiro. Como há posições fixas em ondas desse tipo, elas são chamadas **ondas estacionárias**. As soluções do problema do fio vibratório são dessa forma (mas com um fator de fase ligado ao termo kx tal que o cosseno é transformado em uma função de seno que satisfaz as condições de contorno).

---

[7] Hermann von Helmholtz (1821-1894) utilizou essa forma de equação de onda em seu tratamento de ondas acústicas em 1859.

[8] De maneira mais adequada, o número de onda deve ser definido como $k = 1/\lambda$ em vez de $2\pi/\lambda$, porque $1/\lambda$ é o número de comprimentos de onda por distância unitária. Entretanto, $k = 2\pi/\lambda$ é mais comumente utilizado em física teórica e empregamos este uso aqui.

474 Dinâmica clássica de partículas e sistemas

EXEMPLO 13.3

Considere um fio que consiste de duas densidades, ρ_1 na região 1, onde $x < 0$, e ρ_2 na região 2, onde $x > 0$. Um trem de ondas contínuo incide da esquerda (isto é, de valores negativos de x). Quais são as razões do quadrado das magnitudes de amplitude para as ondas refletidas e transmitidas para a onda incidente?

Solução. As ondas serão refletidas e transmitidas em $x = 0$, onde a descontinuidade da densidade de massa ocorre. Portanto, na região 1 temos a sobreposição das ondas incidentes e refletidas, e na região 2 temos apenas a onda transmitida. Se a onda incidente é $Ae^{i(\omega t - k_1 x)}$, então temos, para as ondas $\Psi_1(x, t)$ e $\Psi_2(x, t)$ nas regiões 1 e 2, respectivamente (veja a Equação 13.77),

$$\left.\begin{aligned} \Psi_1(x, t) &= \Psi_{\text{inc}} + \Psi_{\text{refl}} = Ae^{i(\omega t - k_1 x)} + Be^{i(\omega t + k_1 x)} \\ \Psi_2(x, t) &= \Psi_{\text{trans}} = Ce^{i(\omega t - k_2 x)} \end{aligned}\right\} \tag{13.79}$$

Na Equação 13.79, consideramos explicitamente o fato de que as ondas em ambas as regiões possuem a mesma frequência. Mas como a velocidade da onda em um fio é fornecida por

$$v = \sqrt{\frac{\tau}{\rho}}$$

temos $v_1 \neq v_2$ e, portanto, $k_1 \neq k_2$. Temos também

$$k = \frac{\omega}{v} = \omega \sqrt{\frac{\rho}{\tau}} \tag{13.80}$$

então, em termos de número de ondas da onda incidente,

$$k_2 = k_1 \sqrt{\frac{\rho_2}{\rho_1}} \tag{13.81}$$

A amplitude A da onda incidente (veja a Equação 13.79) é fornecida e real. Devemos então obter as amplitudes B e C das ondas refletidas e transmitidas para completar a solução do problema. Aqui ainda não há restrições em B e C, e eles podem ser quantidades complexas.

Os requisitos físicos no problema podem ser afirmados de acordo com as condições de contorno. Elas afirmam, simplesmente, que a função de onda total $\Psi = \Psi_1 + \Psi_2$ e sua derivativa devem ser contínuas em todo o contorno. A continuidade de Ψ resulta do fato de que o fio é contínuo. A condição sobre a derivada evita a ocorrência de uma "torsão" no fio, para se $\partial\Psi/\partial x_{0+} \neq \partial\Psi/\partial x_{0-}$, então $\partial^2\Psi/\partial x^2$ é infinito em $x = 0$. Porém, a equação de onda relaciona $\partial^2\Psi/\partial x^2$ e $\partial^2\Psi/\partial t^2$; e se o anterior for infinito, isso implica uma aceleração infinita, que não é permitida pela situação física. Temos, portanto, para todos os valores de tempo t,

$$\boxed{\Psi_1\big|_{x=0} = \Psi_2\big|_{x=0}} \tag{13.82a}$$

$$\boxed{\frac{\partial\Psi_1}{\partial x}\bigg|_{x=0} = \frac{\partial\Psi_2}{\partial x}\bigg|_{x=0}} \tag{13.82b}$$

Das Equações 13.79 e 13.82a, temos

$$A + B = C \tag{13.83a}$$

e das Equações 13.79 e 13.82b obtemos

$$-k_1 A + k_1 B = -k_2 C \tag{13.83b}$$

CAPÍTULO 13 – Sistemas contínuos; ondas **475**

A solução desse par de equações produz

$$B = \frac{k_1 - k_2}{k_1 + k_2}A \tag{13.84a}$$

e

$$C = \frac{2k_1}{k_1 + k_2}A \tag{13.84b}$$

Os números de onda k_1 e k_2 são ambos reais, então as amplitudes B e C são também reais. Além disso, k_1, k_2 e A são todos positivos, então C é sempre positivo. Assim, a onda transmitida está sempre em fase com a onda incidente. De maneira similar, se $k_1 > k_2$, então as ondas refletidas e as incidentes estão em fase, mas estão fora da fase para $k_2 > k_1$, isto é, para $\rho_2 > \rho_1$.

O **coeficiente de reflexão** R é definido como a razão das magnitudes de amplitudes quadradas das ondas refletidas e incidentes:

$$R \equiv \frac{|B|^2}{|A|^2} = \left(\frac{k_1 - k_2}{k_1 + k_2}\right)^2 \tag{13.85}$$

Como o conteúdo da energia da onda é proporcional ao quadrado da amplitude da função de onda, R representa a razão da energia refletida para a energia incidente. A quantidade $|B|^2$ representa a *intensidade* da onda refletida.

Nenhuma energia pode ser armazenada na junção de dois fios, então a energia incidente precisa ser igual à soma das energias transmitidas e refletidas, isto é, $R + T = 1$. Assim,

$$T = 1 - R = \frac{4k_1k_2}{(k_1 + k_2)^2} \tag{13.86}$$

ou

$$T = \frac{k_2}{k_1}\frac{|C|^2}{|A|^2} \tag{13.87}$$

No estudo da reflexão e transmissão das ondas eletromagnéticas, encontramos expressões bastante similares para R e T.

13.8 Velocidade de fase, dispersão e atenuação

Vimos nas Equações 13.71 que a solução geral para a equação de onda produz, mesmo no caso de uma dimensão, um sistema complicado de fatores exponenciais. Para os propósitos da discussão adiante, restringimos nossa atenção para a combinação particular.

$$\boxed{\Psi(x, t) = Ae^{i(\omega t - kx)}} \tag{13.88}$$

Essa equação descreve a propagação para a direita (x maior) de uma onda que possui uma frequência angular bem-definida ω. Certas situações físicas podem ser aproximadas de forma bastante adequada por uma função de onda desse tipo – por exemplo, a propagação de uma onda de luz monocromática no espaço ou a propagação de uma onda sinusoidal em um fio longo (estritamente, infinitamente longo).

476 Dinâmica clássica de partículas e sistemas

Se o argumento do exponencial na Equação 13.88 permanece constante, então a função de onda $\Psi(x, t)$ também permanece constante. O argumento do exponencial é chamado de **fase ϕ** da onda,

$$\phi \equiv \omega t - kx \tag{13.89}$$

Se movemos nosso ponto de vista ao longo do eixo x a uma velocidade tal que a fase em todos os pontos seja a mesma, sempre veremos uma onda estacionária de mesma forma. A velocidade V com a qual devemos mover, chamada de **velocidade de fase** da onda, corresponde à velocidade com a qual a **forma da onda** se propaga. Para garantir $\phi =$ constante, estabelecemos

$$d\phi = 0 \tag{13.90}$$

ou

$$\omega \, dt = k \, dx$$

do qual

$$V = \frac{dx}{dt} = \frac{\omega}{k} = v \tag{13.91}$$

para que a velocidade de fase neste caso seja apenas a quantidade originalmente introduzida como a velocidade. É possível falar de uma velocidade de fase somente quando a função de onda possui a mesma forma por todo seu comprimento. Essa condição é necessária para que possamos medir o comprimento de onda tomando a distância entre *quaisquer* duas cristas de ondas sucessivas (ou entre *quaisquer* dois pontos correspondentes sucessivos na onda). Se a forma da onda fosse mudar como uma função de tempo ou distância ao longo da onda, essas medidas nem sempre produziriam os mesmo resultados. O comprimento da onda não é uma função de tempo ou espaço (isto é, que ω é *puro*) somente se o trem de ondas possui comprimento infinito. Se o trem de ondas possui comprimento finito, deve haver um espectro de frequências presente na onda, cada uma com sua própria velocidade de fase. Atribuiremos uma frequência única e velocidade de fase a uma onda de comprimento infinito como um aproximação conveniente.

Vamos retornar ao exemplo do fio carregado e examinar as propriedades da velocidade de fase nesse caso. Descobrimos previamente (Equação 12.152) que a frequência para o r-ésimo modo do fio carregado quando finalizado em ambas as extremidades é fornecida por

$$\omega_r = 2\sqrt{\frac{\tau}{md}} \operatorname{sen}\left[\frac{r\pi}{2(n+1)}\right] \tag{13.92}$$

onde a notação é a mesma que a do Capítulo 12. Lembre-se de que tomamos somente valores positivos para as frequências. Quando $r = 1$, há um nó em cada extremidade, e nenhum entre elas. Consequentemente, o comprimento do fio é metade de um comprimento de onda. De maneira similar, quando $r = 2$, então $L = \lambda$ e, em geral, $\lambda_r = 2L/r$. Portanto,

$$\frac{r\pi}{2(n+1)} = \frac{r\pi d}{2d(n+1)} = \frac{r\pi d}{2L} = \frac{\pi d}{\lambda_r} = \frac{k_r d}{2} \tag{13.93}$$

e

$$\omega_r = 2\sqrt{\frac{\tau}{md}} \operatorname{sen}\left(\frac{k_r d}{2}\right) \tag{13.94}$$

Como essa expressão não contém mais n ou L, ela se aplica igualmente bem para um fio carregado finalizado ou infinito.

CAPÍTULO 13 – Sistemas contínuos; ondas **477**

Para estudar a propagação de uma onda em um fio carregado, iniciamos um distúrbio forçando, por exemplo, uma das partículas a *zero*, para nos mover de acordo com

$$q_0(t) = Ae^{i\omega t} \tag{13.95}$$

Se o fio contém várias partículas,[9] então qualquer frequência angular menor que $2\sqrt{\tau/md}$ é uma frequência permitida (na verdade uma autofrequência), satisfazendo a Equação 13.95. Depois que os efeitos transientes retrocederam e as condições de estado-permanente foram atingidas, a velocidade de fase da onda é fornecida por[10]

$$V = \frac{\omega}{k} = \sqrt{\frac{\tau d}{m}} \, \frac{|\text{sen}(kd/2)|}{kd/2} = V(k) \tag{13.96}$$

Assim, a velocidade de fase é uma função do número de onda, isto é, V é dependente da frequência. Quando $V = V(k)$ para um dado meio, diz-se que este meio é **dispersivo**, e a onda exibe **dispersão**. O exemplo mais conhecido deste fenômeno é o prisma óptico simples. O índice de refração do prisma depende do comprimento de onda da luz incidente (isto é, o prisma é um meio dispersivo para a luz óptica); passando pelo prisma, a luz se separa em um espectro de comprimento de onda (isto é, a onda de luz é dispersada).

Para uma onda longitudinal que se propaga para baixo em uma haste longa e delgada, a maior parte da energia é associada à direção da propagação da onda longitudinal. Há, entretanto, um pequena quantidade de energia dissipada em uma onda transversal que se move em ângulos retos. Esse distúrbio lateral causa um decréscimo na velocidade de fase da onda longitudinal, e o efeito depende do comprimento de onda. Para comprimentos de onda longos, o efeito é pequeno; para comprimentos de onda curtos, especialmente os que se aproximam do raio da haste, a dispersão de velocidade é nítida.

Da Equação 13.96, vemos que, conforme o comprimento de onda se torna muito longo ($\lambda \to \infty$ ou $k \to 0$), a velocidade de fase se aproxima do valor constante

$$V(\lambda \to \infty) = \sqrt{\frac{\tau d}{m}} \tag{13.97}$$

De outra maneira, $V = V(k)$, e a onda é dispersiva. Observamos que a velocidade de fase para o fio contínuo (veja a Equação 13.55) é

$$V_{\text{cont.}} = v = \sqrt{\frac{\tau}{\rho}} \tag{13.98}$$

e porque m/d para o fio carregado corresponde a ρ para o fio contínuo, as velocidades de fase para os dois casos são iguais no limite de comprimento de onda longo (mas *somente* neste limite). Este é um resultado razoável porque, conforme λ torna-se grande se comparado com d, as propriedades da onda ficam menos sensíveis ao espaçamento entre as partículas e, no limite, d pode desaparecer sem afetar a velocidade de fase.

Na Equação 13.94, a restrição sobre r é $1 \leq r \leq n$. Portanto, em razão de $k_r = r\pi/L$, vemos que o valor do qual maximiza a Equação 13.94 é

$$k_{\text{max}} = \pi/d \tag{13.99}$$

---

[9] Estritamente, precisamos de um número infinito de partículas para este tipo de análise, mas podemos nos aproximar das condições ideais tanto quanto desejado aumentando o número finito de partículas.

[10] Na Equação 13.92, exige-se que os valores de r sejam $\leq n$ (veja a Equação 12.144), então teríamos automaticamente $\omega_r \geq 0$ porque seno $[r\pi/2(n+1)] \geq 0$ para $0 \leq r \leq n$. Não teremos mais tal restrição em kd, então seno $(kd/2)$ pode se tornar negativo. Continuamos a considerar somente frequências positivas sempre que tomamos apenas a magnitude de seno $(kd/2)$.

Este resultado foi obtido por Baden-Powell em 1841, mas William Thomson (Lord Kelvin) (1824-1907) percebeu o significado completo somente em 1881.

A frequência correspondente, da Equação 13.96, é $2\sqrt{\tau/md}$. Qual é o resultado de forçar o fio para que vibre a uma frequência *maior* que $2\sqrt{\tau/md}$? Para esse propósito, permitimos que k torne-se complexo e investigamos as consequências:

$$k \equiv \kappa - i\beta, \qquad \kappa, \beta > 0 \tag{13.100}$$

A expressão para ω (Equação 13.94) torna-se então

$$\omega = 2\sqrt{\frac{\tau}{md}} \operatorname{sen}\left[\frac{d}{2}(\kappa - i\beta)\right]$$

$$= 2\sqrt{\frac{\tau}{md}}\left(\operatorname{sen}\frac{d\kappa}{2}\cos\frac{i\beta d}{2} - \cos\frac{\kappa d}{2}\operatorname{sen}\frac{i\beta d}{2}\right)$$

$$= 2\sqrt{\frac{\tau}{md}}\left(\operatorname{sen}\frac{\kappa d}{2}\cosh\frac{\beta d}{2} - i\cos\frac{\kappa d}{2}\operatorname{senh}\frac{\beta d}{2}\right) \tag{13.101}$$

Se a frequência angular é uma quantidade real, a parte imaginária dessa expressão deve desaparecer. Assim, podemos ter $\cos(\kappa d/2) = 0$ ou $\operatorname{senh}(\beta d/2) = 0$. Mas a última escolha exige $\beta = 0$, contrário à exigência de que k seja complexo. Temos, portanto,

$$\cos\frac{\kappa d}{2} = 0 \tag{13.102}$$

Para este caso, devemos ter também

$$\operatorname{sen}\frac{\kappa d}{2} = 1 \tag{13.103}$$

A expressão para a frequência angular se torna

$$\omega = 2\sqrt{\frac{\tau}{md}}\cosh\frac{\beta d}{2} \tag{13.104}$$

Assim, temos o resultado de que, para $\omega \leq 2\sqrt{\tau/md}$, o número de onda k é real e a relação entre ω e k é fornecida pela Equação 13.94; ao passo que, para $\omega > 2\sqrt{\tau/md}$, k é complexo com a parte real κ fixada pela Equação 13.102 no valor $\kappa = \pi/d$ e com a parte imaginária β fornecida pela Equação 13.104. A situação é mostrada na Figura 13.5.

Qual é o significado físico de um número de onda complexo? Nossa função de onda original era da forma

$$\Psi = Ae^{i(\omega t - kx)}$$

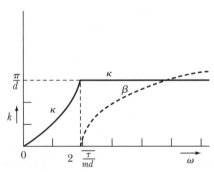

FIGURA 13.5 No caso do fio carregado, o número de onda k é real para frequências angulares $\omega \leq 2\sqrt{\tau/md}$. Para $\omega > 2\sqrt{\tau/md}$, o número de onda k é complexo ($\kappa - i\beta$) com a parte real denotada por κ (exibido como fixo em π/d) e a parte imaginária denotada por β (linha pontilhada).

CAPÍTULO 13 – Sistemas contínuos; ondas **479**

mas, se $k = \kappa - i\beta$, então Ψ pode ser escrita como

$$\Psi = Ae^{-\beta x}e^{i(\omega t - \kappa x)} \tag{13.105}$$

e o fator $\exp(-\beta x)$ representa um amortecimento ou *atenuação* da onda com a distância crescente x. Concluímos, portanto, que a onda se propaga sem a atenuação para $\omega \le 2\sqrt{\tau/md}$ (essa região é chamada de *banda de passagem* de frequências), e essa atenuação se estabelece em $\omega_c = 2\sqrt{\tau/md}$ (chamada frequência *crítica* ou *frequência de corte*[11]) e aumenta com frequência crescente.

O significado físico das partes real e imaginária de k agora fica aparente: β é o coeficiente de atenuação[12] (e existe somente se $\omega > \omega_c$), ao passo que κ é o número de onda no sentido que a velocidade de fase V' é fornecida por

$$V' = \frac{\omega}{\kappa} = \frac{\omega}{\text{Re } k} \tag{13.106}$$

em vez de por $V = \omega/k$. Se k é real, essas expressões para V e V' são idênticas.

Esse exemplo acentua o fato de que a definição fundamental da velocidade de fase é baseada na exigência da constância da fase e *não* na razão ω/k. Assim, em geral, a velocidade de fase V e a chamada velocidade de onda v são quantidades distintas. Observamos também que se ω é real e se o número de onda k é complexo, então a *velocidade de onda v* também deve ser complexa para que o produto kv produza uma quantidade real para a frequência através da relação $\omega = kv$. Por outro lado, a *velocidade de fase*, que decorre da exigência de que ϕ seja constante, é necessariamente sempre uma quantidade real.

Na discussão anterior, consideramos o sistema como conservador e argumentamos que isso exigia que ω fosse uma quantidade real.[13] Descobrimos que se ω excede a frequência crítica ω_c, os resultados de atenuação e o número de onda se tornam complexos. Se relaxamos a condição de que o sistema seja conservador, a frequência pode então ser complexa e o número de onda real. Em tal caso, a onda é amortecida no *tempo* em vez de *espaço* (veja o Problema 13.13). A atenuação espacial (ω real, k complexo) é de significado particular para ondas viajantes, ao passo que a atenuação temporal (ω complexo, k real) é importante para ondas estacionárias.

Embora a atenuação ocorra no fio carregado se $\omega > \omega_c$, o sistema ainda é conservador e nenhuma energia é perdida. Essa situação aparentemente anormal acontece porque a força aplicada à partícula na tentativa de iniciar uma onda viajante é (depois que uma condição de estado estável de uma onda atenuada é criada) exatamente $90°$ fora de fase com a velocidade da partícula, então a energia transferida, $P = \mathbf{F} \cdot \mathbf{v}$, é zero.

Neste tratamento do fio carregado, assumimos tacitamente uma situação ideal, isto é, assumimos que o sistema não teria perdas. Como resultado, descobrimos que havia atenuação para $\omega > \omega_c$, mas nenhuma para $\omega < \omega_c$. Entretanto, todo sistema real está submetido a perda, então, na verdade, há alguma atenuação mesmo para $\omega < \omega_c$.

13.9 Velocidade de grupo e pacotes de ondas

Foi demonstrado na Seção 3.9 que a sobreposição de várias soluções de uma equação diferencial linear ainda é uma solução para a equação. Na verdade, formamos uma solução geral para o problema das pequenas oscilações (veja a Equação 12.43) somando todas as soluções

---

[11] A ocorrência de uma frequência de corte foi descoberta por Lord Kelvin em 1881.

[12] A razão para escrever $k = \kappa - i\beta$ em vez de $k = \kappa + i\beta$ na Equação 13.100 agora está clara: se $\beta > 0$ para a última escolha, então a amplitude da onda aumenta sem limite em vez de cair em direção a zero.

[13] Veja a discussão na Seção 12.4, no parágrafo seguinte à Equação 12.29.

particulares. Vamos assumir, portanto, que temos duas soluções quase iguais para a equação de onda representada pelas funções de onda Ψ_1 e Ψ_2, cada uma das quais possui a mesma amplitude,

$$\left.\begin{array}{l}\Psi_1(x,t) = Ae^{i(\omega t - kx)} \\ \Psi_2(x,t) = Ae^{i(\Omega t - Kx)}\end{array}\right\} \quad (13.107)$$

mas cujas frequências e números de onda diferem apenas por pequenas quantidades:

$$\left.\begin{array}{l}\Omega = \omega + \Delta\omega \\ K = k + \Delta k\end{array}\right\} \quad (13.108)$$

Formando a solução que consiste na soma Ψ_1 e Ψ_2, temos

$$\begin{aligned}\Psi(x,t) = \Psi_1 + \Psi_2 &= A[\exp(i\omega t)\exp(-ikx) \\ &\quad + \exp\{i(\omega + \Delta\omega)t\}\exp\{-i(k+\Delta k)x\}] \\ &= A\left[\exp\left\{i\left(\omega + \frac{\Delta\omega}{2}\right)t\right\}\exp\left\{-i\left(k + \frac{\Delta k}{2}\right)x\right\}\right] \\ &\quad \cdot \left[\exp\left\{-i\left(\frac{(\Delta\omega)t - (\Delta k)x}{2}\right)\right\} + \exp\left\{i\left(\frac{(\Delta\omega)t - (\Delta k)x}{2}\right)\right\}\right]\end{aligned}$$

O segundo colchete é apenas duas vezes o cosseno do argumento do exponencial e a parte real do primeiro colchete também é um cosseno. Assim, a parte real da função de onda é

$$\Psi(x,t) = 2A\cos\left[\frac{(\Delta\omega)t - (\Delta k)x}{2}\right]\cos\left[\left(\omega + \frac{\Delta\omega}{2}\right)t - \left(k + \frac{\Delta k}{2}\right)x\right] \quad (13.109)$$

Essa expressão é similar à obtida no problema dos osciladores fracamente acoplados (veja a Seção 12.3), nos quais encontramos uma amplitude que varia vagarosamente, correspondendo ao termo

$$2A\cos\left[\frac{(\Delta\omega)t - (\Delta k)x}{2}\right]$$

que modula a função de onda. A oscilação primária acontece a uma frequência $\omega + (\Delta\omega/2)$, que, segundo nossa suposição de que $\Delta\omega$ é pequeno, difere de forma desprezível de ω. A amplitude variante dá origem a **batimentos** (Figura 13.6).

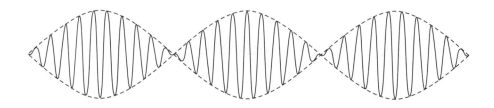

FIGURA 13.6 Quando duas funções de onda com frequências muito próximas são consideradas, o fenômeno dos batimentos (amplitude variando devagar) é observado.

CAPÍTULO 13 – Sistemas contínuos; ondas **481**

A velocidade U (chamada de **velocidade de grupo**[14]) com a qual as modulações (ou grupos de ondas) se propagam é fornecida pela exigência de que a fase do termo de amplitude seja constante. Assim,

$$U = \frac{dx}{dt} = \frac{\Delta\omega}{\Delta k} \tag{13.110}$$

Em um meio não dispersivo, $\Delta\omega/\Delta k = V$, então as velocidades de grupo e de fase são idênticas.[15] Se a dispersão está presente, entretanto, U e V são distintos.

Até aqui, consideramos apenas a sobreposição de duas ondas. Se desejarmos sobrepor um sistema de n ondas, deveremos escrever

$$\Psi(x, t) = \sum_{r=1}^{n} A_r \exp[i(\omega_r t - k_r x)] \tag{13.111a}$$

onde A_r representa as amplitudes de ondas individuais. No caso em que n se torne muito grande (estritamente infinito), as frequências são continuamente distribuídas e podemos substituir a soma por uma integração, obtendo[16]

$$\Psi(x, t) = \int_{-\infty}^{+\infty} A(k) e^{i(\omega t - kx)} dk \tag{13.111b}$$

onde o fator $A(k)$ representa as amplitudes de distribuição das ondas componentes com frequências diferentes, isto é, a **distribuição em espectros** das ondas. Os casos mais interessantes ocorrem quando $A(k)$ possui um valor significativo somente na vizinhança de um número de onda particular (digamos, k_0) e se torna muito pequena para k fora de uma pequena faixa, denotada por $k_0 \pm \Delta k$. Em tal caso, a função de onda pode ser escrita como

$$\Psi(x, t) = \int_{k_0 - \Delta k}^{k_0 + \Delta k} A(k) e^{i(\omega t - kx)} dk \tag{13.112}$$

Uma função desse tipo é chamada de um **pacote de onda**.[17] O conceito de velocidade de grupo pode ser aplicado somente aos casos que podem ser representados por um pacote de onda, ou seja, para funções de onda contendo uma pequena faixa (ou *banda*) de frequências.

Para o caso do pacote de onda representado pela Equação 13.112, as frequências contribuintes são restritas àquelas que estão próximas a $\omega(k_0)$. Podemos, portanto, expandir $\omega(k)$ em torno de $k = k_0$::

$$\omega(k) = \omega(k_0) + \left(\frac{d\omega}{dk}\right)_{k=k_0} \cdot (k - k_0) + \cdots \tag{13.113a}$$

que podemos abreviar como

$$\omega = \omega_0 + \omega_0'(k - k_0) + \cdots \tag{13.113b}$$

O argumento do exponencial na integral do pacote de onda se torna, aproximadamente,

$$\omega t - kx = (\omega_0 t - k_0 x) + \omega_0'(k - k_0)t - (k - k_0)x$$

---

[14] O conceito de velocidade de grupo é devido a Hamilton, 1839; a discussão entre velocidade de fase e de grupo foi esclarecida por Lord Rayleigh (*Theory of Sound*, 1ª edição, 1877; veja Ra94).

[15] Esta identidade é mostrada de forma explícita na Equação 13.117.

[16] Fizemos previamente a suposição tácita de que $k \geq 0$. Entretanto, k é definido por $x^2 = \omega^2/v^2$ (veja a Equação 13.75), então não há razão matemática para não termos também $k < 0$. Podemos, portanto, estender a região de integração para incluir $-\infty < k < 0$ sem dificuldade matemática. Este procedimento permite a identificação da representação integral de $\Psi(x, t)$ como uma integral de Fourier.

[17] O termo *pacote de onda* é devido a Erwin Schrödinger.

482 Dinâmica clássica de partículas e sistemas

onde adicionamos e subtraímos o termo k_0x. Assim,

$$\omega t - kx = (\omega_0 t - k_0 x) + (k - k_0)(\omega_0' t - x) \qquad \textbf{(13.114)}$$

e a Equação 13.112 se torna

$$\Psi(x, t) = \int_{k_0 - \Delta k}^{k_0 + \Delta k} A(k)\exp[i(k - k_0)(\omega_0' t - x)]\exp[i(\omega_0 t - k_0 x)]\,dk \qquad \textbf{(13.115)}$$

O pacote de ondas, expresso dessa forma, pode ser interpretado da seguinte maneira. A quantidade

$$A(k)\exp[i(k - k_0)(\omega_0' t - x)]$$

constitui uma amplitude eficaz que, por causa da quantidade pequena $(k - k_0)$ no exponencial, varia devagar com o tempo e descreve o movimento do pacote de ondas (ou envolve um grupo de ondas) da mesma maneira que o termo

$$2A\cos\left[\frac{(\Delta\omega)t - (\Delta k)x}{2}\right]$$

descreve a propagação do pacote formado por duas ondas sobrepostas. A exigência de fase constante para o termo de amplitude leva a

$$U = \omega_0' = \left(\frac{d\omega}{dk}\right)_{k=k_0} \qquad \textbf{(13.116)}$$

para a velocidade de grupo. Como afirmado anteriormente, somente se o meio for dispersivo, U difere da velocidade de fase V. Para mostrar isso de forma explícita, escrevemos a Equação 13.116 como

$$\frac{1}{U} = \left(\frac{dk}{d\omega}\right)_0$$

onde o subscrito zero significa "avaliada em $k = k_0$ ou, de forma equivalente, em $\omega = \omega_0$". Porque $k = \omega/v$,

$$\frac{1}{U} = \left[\frac{d}{d\omega}\left(\frac{\omega}{v}\right)\right]_0 = \frac{v_0 - (\omega\,dv/d\omega)_0}{v_0^2}$$

Assim,

$$U = \frac{v_0}{1 - \dfrac{\omega_0}{v_0}\left(\dfrac{dv}{d\omega}\right)_0} \qquad \textbf{(13.117)}$$

Se o meio não for dispersivo, $v = V = $ constante, então $dv/d\omega = 0$ (veja a Equação 13.91); desse modo, $U = v_0 = V$.

A quantidade restante na Equação 13.115, $[i(\omega_0 t - k_0 x)]$, varia rapidamente com o tempo; e se ela fosse o único fator em Ψ, iria descrever um trem de onda infinito oscilando à frequência de ω_0 e viajando com a velocidade de fase $V = \psi_0/k_0$.

Devemos observar que um trem de ondas infinito de uma dada frequência não pode transmitir um sinal ou carregar informações de um ponto a outro. Tal transmissão pode ser realizada somente iniciando e parando o trem de ondas e com isso imprimindo um sinal sobre a onda – em outras palavras, formando um pacote de ondas. Como consequência desse

CAPÍTULO 13 – Sistemas contínuos; ondas   **483**

fato, é a velocidade de grupo, não a velocidade de fase, que corresponde à velocidade na qual um sinal pode ser transmitido.[18]

PROBLEMAS

13.1. Discuta o movimento de um fio contínuo quando as condições iniciais forem $\dot{q}(x, 0) = 0$, $\dot{q}(x, 0) = A$ sen $(3\pi x/L)$. Resolva a solução em modos normais.

13.2. Trabalhe novamente com o problema no Exemplo 13.1 no caso de o ponto arrancado estar a uma distância $L/3$ de uma extremidade. Comente sobre a natureza dos modos permitidos.

13.3. Consulte o Exemplo 13.1. Mostre por um cálculo numérico que o deslocamento inicial do fio está bem representado pelos três primeiros termos da série na Equação 13.13. Esboce a forma do fio em intervalos de tempo de $\frac{1}{8}$ de um período.

13.4. Discuta o movimento de um fio quando as condições iniciais forem $q(x, 0) = 4x(L - x)/L^2$, $\dot{q}(x, 0) = 0$. Encontre as frequências características e calcule a amplitude do n-ésimo modo.

13.5. Um fio sem deslocamento inicial é colocado em movimento sendo atingido a um comprimento de $2s$ de seu centro. Para essa seção central é fornecida uma velocidade inicial. Descreva o movimento subsequente.

13.6. Um fio é colocado em movimento sendo atingido em um ponto $L/4$ a partir de uma extremidade por um martelo triangular. A velocidade inicial é maior em $x = L/4$ e diminui linearmente a zero em $x = 0$ e $x = L/2$. A região $L/2 \leq x \leq L$ inicialmente não está perturbada. Determine o movimento subsequente do fio. Por que a quarta, a oitava e as harmônicas relacionadas não estão presentes? Quantos decibéis abaixo do fundamental estão a segunda e a terceira harmônicas?

13.7. Um fio é puxado para o lado a um distância h em um ponto $3L/7$ a partir de uma extremidade. Em um ponto $3L/7$ da outra extremidade, o fio é puxado para o lado a uma distância h na direção oposta. Discuta as vibrações em termos de modos normais.

13.8. Compare, traçando um gráfico, as frequências características ω_r como uma função do número de modo r para um fio carregado de 3, 5 e 10 partículas e para um fio contínuo com os mesmos valores de τ e $m/d = \rho$. Comente os resultados.

13.9. No Exemplo 13.2, a solução complementar (parte transiente) foi omitida. Se efeitos transientes forem incluídos, quais são as condições apropriadas para movimento sobreamortecido, com amortecimento crítico e subamortecido? Encontre o deslocamento $q(x, t)$ que ocorre quando o movimento subamortecido é incluído no Exemplo 13.2 (considere que o movimento é subamortecido para todos os modos normais).

13.10. Considere o fio do Exemplo 13.1. Mostre que se um fio é conduzido a um ponto arbitrário, nenhum dos modos normais com nós no ponto de condução será excitado.

---

[18] A velocidade de grupo corresponde à velocidade do sinal apenas em meios não dispersivos (neste caso, as velocidades de sinal, grupo e fase são todas iguais) e em meios de dispersão normal (neste caso, a velocidade de fase excede as velocidades de sinal e de grupo). Em meios com dispersão anormal, a velocidade de grupo pode exceder a velocidade de sinal (e, de fato, pode até se tornar negativa ou infinita). Precisamos apenas observar que um meio no qual o número de onda k é complexo apresenta atenuação e diz-se que a dispersão é *anormal*. Se k é real, não há atenuação e a dispersão é *normal*. O que se chama de dispersão anormal (devido a um erro de concepção histórico) é, na verdade, normal (isto é, frequente), e a chamada dispersão normal é anormal (isto é, rara). Efeitos dispersivos são bastante importantes em fenômenos eletromagnéticos e ópticos.

Análises detalhadas de inter-relação entre as velocidades de sinal, grupo e fase foram feitas por Arnold Sommerfeld e Léon Brillouin em 1914. Traduções desses trabalhos são fornecidas no livro de Brillouin (Br60).

484 Dinâmica clássica de partículas e sistemas

13.11. Quando uma força motriz particular é aplicada a um fio, observa-se que a vibração do fio é puramente da n-ésima harmônica. Encontre a força motriz.

13.12. Determine a solução complementar para o Exemplo 13.2.

13.13. Considere a função de onda simplificada

$$\Psi(x,\ t) = Ae^{i(\omega t - kx)}$$

Considere que ω e v são quantidades complexas e que k é real:

$$\omega = \alpha + i\beta$$

$$v = u + iw$$

Mostre que a onda é amortecida em tempo. Utilize o fato de que $k^2 = \omega^2/v^2$ para obter expressões para α e β nos termos de u e w. Encontre a velocidade de fase para este caso.

13.14. Considere uma linha de transmissão elétrica que possui indutância uniforme por comprimento unitário L e uma capacitância uniforme por comprimento unitário C. Mostre que uma corrente alternada I em tal linha obedece a equação de onda

$$\frac{\partial^2 I}{\partial x^2} - LC\frac{\partial^2 I}{\partial t^2} = 0$$

para que a velocidade da onda seja $v = 1/\sqrt{LC}$.

13.15. Considere a sobreposição de dois trens de onda infinitamente longos com quase a mesma frequência, mas com diferentes amplitudes. Mostre que o fenômeno dos batimentos ocorre, mas que as ondas nunca batem à amplitude zero.

13.16. Considere uma onda $g(x - vt)$ se propagando na direção $+x$ com velocidade v. Um muro rígido está localizado em $x = x_0$. Descreva o movimento da onda para $x < x_0$.

13.17. Trate o problema da propagação de onda ao longo de um fio carregado com partículas de duas massas diferentes, m' e m'', que se alternam em localização, isto é,

$$m_j = \begin{cases} m', & \text{para } j \text{ par} \\ m'', & \text{para } j \text{ ímpar} \end{cases}$$

Mostre que a curva $\omega - k$ possui duas seções neste caso e mostre que há atenuação para frequências entre as seções assim como para as frequências acima da seção superior.

13.18. Esboce a velocidade de fase $V(k)$ e a velocidade de grupo $U(k)$ para a propagação de ondas ao longo de um fio carregado na faixa de números de onda $0 \le k \le \pi/d$. Mostram que $U(\pi/d) = 0$, enquanto $V(\pi/d)$ não desaparece. Qual é a interpretação deste resultado no que se refere ao comportamento das ondas?

13.19. Considere um fio contínuo infinitamente longo com densidade de massa linear ρ_1 para $x < 0$ e para $x > L$, mas densidade $\rho_2 > \rho_1$ para $0 < x < L$. Se um trem de ondas oscilando com uma frequência angular ω incide da esquerda na seção de alta-densidade do fio, encontre as intensidades refletidas e transmitidas para as várias porções do fio. Encontre um valor de L que permita uma transmissão máxima através da seção de alta-tensão. Discuta brevemente a relação deste problema com a aplicação de revestimentos não refletivos em lentes ópticas.

13.20. Considere um fio contínuo infinitamente longo com tensão τ. Uma massa M está ligada ao fio em $x = 0$. Se um trem de onda com velocidade ω/k incide da esquerda, mostre que a reflexão e a transmissão ocorrem em $x = 0$ e que os coeficientes R e T são fornecidos por

$$R = \text{sen}^2\ \theta,\ \ T = \cos^2\ \theta$$

CAPÍTULO 13 – Sistemas contínuos; ondas **485**

onde

$$\text{tg } \theta = \frac{M\omega^2}{2k\tau}$$

Considere cuidadosamente a condição de contorno sobre as derivadas das funções de onda em $x = 0$. Quais são as mudanças de fase para as ondas refletidas e transmitidas?

13.21. Considere um pacote de ondas no qual a distribuição da amplitude é fornecida por

$$A(k) = \begin{cases} 1, & |k - k_0| < \Delta k \\ 0, & \text{de outra forma} \end{cases}$$

Mostre que as funções de onda são

$$\Psi(x, t) = \frac{2 \operatorname{sen}\left[(\omega_0' t - x)\Delta k\right]}{\omega_0' t - x} e^{i(\omega_0 t - k_0 x)}$$

Esboce a forma do pacote de ondas (escolha $t = 0$ por simplicidade).

13.22. Considere um pacote de ondas com uma distribuição de amplitude de Gausiano

$$A(k) = B \exp\left[-\sigma(k - k_0)^2\right]$$

onde $2/\sqrt{\sigma}$ é igual a $1/e$ largura[19] do pacote. Utilizando essa função para $A(k)$, mostre que

$$\Psi(x, 0) = B \int_{-\infty}^{+\infty} \exp\left[-\sigma(k - k_0)^2\right]\exp(-ikx)\,dk$$

$$= B \sqrt{\frac{\pi}{\sigma}} \exp(-x^2/4\sigma)\exp(-ik_0 x)$$

Esboce a forma desse pacote de ondas. Depois, expanda $\omega(k)$ em uma série de Taylor, retenha os primeiros dois termos e integre a equação do pacote de ondas para obter o resultado geral

$$\Psi(x, t) = B \sqrt{\frac{\pi}{\sigma}} \exp\left[-(\omega_0' t - x)^2/4\sigma\right]\exp\left[i(\omega_0 t - k_0 x)\right]$$

Por fim, tome um termo adicional na expressão da série de Taylor de $\omega(k)$ e mostre que σ é agora substituído por uma quantidade complexa. Encontre a expressão para a largura $1/e$ do pacote como uma função de tempo para este caso e mostre que o pacote se move com a mesma velocidade de grupo que antes, mas aumenta em largura conforme se move. Esboce este resultado.

---

[19] Nos pontos $k = k_0 \pm 1/\sqrt{\sigma}$, a distribuição de amplitude é $1/e$ de seu valor máximo $A(k_0)$. Assim, $2/\sqrt{\sigma}$ é a largura da curva na altura $1/e$.

CAPÍTULO 14

Teoria especial da relatividade

14.1 Introdução

Na Seção 2.7, foi apontado que a ideia newtoniana da separabilidade completa do espaço e do tempo e o conceito de poder absoluto do tempo se tornam ineficazes quando são submetidos a uma análise crítica. A queda final do sistema newtoniano como a descrição final da dinâmica foi o resultado de várias experiências cruciais, culminando com o trabalho de Michelson e Morley em 1881-1887. Os resultados desses experimentos indicam que a velocidade da luz é independente de qualquer movimento relativo uniforme entre a fonte e o observador. Este fato, juntamente com a velocidade finita da luz, exigiu uma reorganização fundamental da estrutura da dinâmica. Isso foi providenciado durante o período de 1904-1905 por H. Poincaré, H. A. Lorentz e A. Einstein,[1] que formulou a **teoria da relatividade** a fim de fornecer uma descrição consistente dos fatos experimentais. A base da teoria da relatividade está contida em dois postulados:

I. *As leis dos fenômenos físicos são as mesmas em todos os sistemas de referência inerciais (isto é, somente o movimento relativo dos sistemas inerciais pode ser medido. O conceito de movimento relativo para "repouso absoluto" não faz sentido).*

II. *A velocidade da luz (em espaço livre) é uma constante universal, independente de qualquer movimento relativo da fonte e do observador.*

Usando esses postulados como uma fundação, Einstein foi capaz de construir uma bela teoria, logicamente precisa. Uma grande variedade de fenômenos que ocorrem em alta velocidade e não podem ser interpretados no esquema newtoniano estão corretamente descritos pela teoria da relatividade.

---

[1] Apesar de Albert Einstein (1879-1955) receber o crédito para a formulação da teoria da relatividade (consulte, contudo, Wh53, Capítulo 2), o formalismo *de base* tinha sido descoberto por Poincaré e Lorentz em 1904. Einstein não tinha conhecimento de alguns destes trabalhos anteriores na época (1905) da publicação do seu primeiro trabalho sobre a relatividade. (Os amigos de Einstein frequentemente afirmavam que "ele leu pouco, mas pensou muito".) A importante contribuição de Einstein para a teoria especial de relatividade foi a substituição das muitas suposições *ad hoc* feitas por Lorentz e outros, com exceção de dois postulados básicos dos quais todos os resultados poderiam ser derivados. [A questão da precedência na teoria da relatividade é discutida por G. Holton, *Am. J. Phys.* **28**, 627 (1960); consulte também Am63.] Além disso, Einstein mais tarde forneceu a contribuição fundamental para a formulação da teoria *geral* da relatividade em 1916. A sua primeira publicação sobre um tópico de importância na relatividade geral – especulações sobre a influência da gravidade sobre a luz – foi em 1907. É interessante observar que o Prêmio Nobel de 1921 de Einstein foi concedido não pelas contribuições à teoria da relatividade, mas pelo seu trabalho sobre o efeito fotoelétrico.

488 Dinâmica clássica de partículas e sistemas

O Postulado I, que Einstein chamou de *princípio da relatividade*, é a base fundamental para a teoria da relatividade. O Postulado II, a lei da propagação da luz, segue a partir do Postulado I se aceitamos, como Einstein fez, que as equações de Maxwell são leis fundamentais da física. As equações de Maxwell preveem a velocidade da luz no vácuo como sendo c, e Einstein acreditava que este era o caso em todos os sistemas de referência inerciais.

Não tentamos aqui dar o contexto experimental para a teoria da relatividade. Estas informações podem ser encontradas em praticamente todos os livros didáticos sobre física moderna e em muitos outros sobre eletrodinâmica.[2] Em vez disso, simplesmente aceitamos como corretos os dois postulados acima e calculamos algumas de suas consequências para a área de mecânica.[3] A discussão aqui se limita ao caso da **relatividade especial**, em que consideramos apenas os sistemas de referência inerciais, ou seja, os sistemas que estão em movimento uniforme um em relação ao outro. O tratamento mais geral dos sistemas de referência acelerados é o tema da **teoria geral da relatividade**.

14.2 Invariância de Galileu

Na mecânica newtoniana, os conceitos de espaço e tempo são completamente separados. Além disso, o tempo é considerado como uma quantidade absoluta suscetível de definição precisa independente do sistema de referência. Essas suposições levam à invariância das leis da mecânica sob transformações de coordenadas do seguinte tipo. Considere dois sistemas de referência inerciais K e K', que se deslocam ao longo de seus eixos x_1 e x'_1 com uma velocidade vetorial relativa uniforme v (Figura 14.1). A transformação das coordenadas de um ponto de um sistema para o outro é claramente da forma

$$\left.\begin{array}{l} x'_1 = x_1 - vt \\ x'_2 = x_2 \\ x'_3 = x_3 \end{array}\right\} \qquad (14.1a)$$

Também, temos

$$t' = t \qquad (14.1b)$$

As Equações 14.1 definem uma **transformação de Galileu**. Além disso, o elemento de comprimento nos dois sistemas é o mesmo e é dado por

$$\begin{aligned} ds^2 &= \sum_j dx_j^2 \\ &= \sum_j dx_j'^2 = ds'^2 \end{aligned} \qquad (14.2)$$

O fato de que as leis de Newton são invariantes com relação às transformações de Galileu é denominado de **princípio da relatividade newtoniana** ou **invariância de Galileu**. As equações de movimento de Newton nos dois sistemas são

$$\begin{aligned} F_j &= m\ddot{x}_j \\ &= m\ddot{x}'_j = F'_j \end{aligned} \qquad (14.3)$$

A forma da lei de movimento é então *invariante* a uma transformação de Galileu. Os termos individuais não são invariantes, contudo, mas eles se transformam de acordo com o mesmo esquema e são ditos *covariantes*.

---

[2] Uma boa discussão da necessidade experimental para a teoria da relatividade pode ser encontrada em Panofsky e Phillips (Pa62, Capítulo 15).

[3] Efeitos relativísticos em eletrodinâmica são discutidos em Heald e Marion (He95, Capítulo 14).

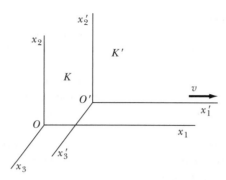

FIGURA 14.1 Dois sistemas de referência inerciais K e K' se deslocam ao longo de seus eixos x_1 e x_2 com uma velocidade vetorial relativa uniforme v.

Podemos facilmente demonstrar que a transformação galileana é inconsistente com o Postulado II. Considere um pulso de luz que emana de uma lâmpada de magnésio posicionado no sistema K'. A transformação da velocidade vetorial é encontrada na Equação 14.1a, onde consideramos o pulso de luz somente ao longo de x_1:

$$\dot{x}'_1 = \dot{x}_1 - v \tag{14.4}$$

No sistema K', a velocidade vetorial é medida como $\dot{x}'_1 = c$; a Equação 14.4, portanto, indica que a velocidade escalar do pulso de luz é $\dot{x}_1 = c + v$, claramente violando o Postulado II.

14.3 Transformação de Lorentz

O princípio da invariância de Galileu prevê que a velocidade da luz é diferente em dois sistemas de referência inerciais que estão em movimento relativo. Este resultado está em contradição com o segundo postulado da relatividade. Portanto, uma nova lei da transformação que torna as leis da física *relativisticamente* covariantes deve ser encontrada. Tal lei da transformação é a **transformação de Lorentz**. O uso original da transformação de Lorentz precedeu o desenvolvimento da teoria da relatividade einsteiniana,[4] mas também decorre dos postulados básicos da relatividade, que derivamos sobre esta base na discussão a seguir.

Se um pulso de luz de uma lâmpada de magnésio for emitido da origem comum dos sistemas K e K' (consulte a Figura 14.1) quando são coincidentes, então, de acordo com o Postulado II, as frentes de onda observadas nos dois sistemas devem ser descritas[5] por

$$\left. \begin{array}{l} \sum_{j=1}^{3} x_j^2 - c^2 t^2 = 0 \\ \sum_{j=1}^{3} x_j'^2 - c^2 t'^2 = 0 \end{array} \right\} \tag{14.5}$$

Já podemos ver que as Equações 14.5, consistentes com os dois postulados da teoria da relatividade, não podem ser reconciliadas com as transformações galileanas das Equações 14.1. A transformação galileana permite uma frente de onda de luz esférica em um sistema, mas exige o centro da frente de onda esférica no segundo sistema para deslocar a uma

---

[4] A transformação foi originalmente postulada por Hendrik Anton Lorentz (1853-1928) em 1904 para explicar determinados fenômenos eletromagnéticos, mas as fórmulas foram criadas antes, em 1900, por J. J. Larmor. A completa generalidade da transformação não foi realizada até o resultado *derivado* de Einstein. W. Voigt foi, na verdade, o primeiro a utilizar as equações em uma discussão de fenômenos oscilatórios em 1887.

[5] Consulte o Apêndice G.

490 Dinâmica clássica de partículas e sistemas

velocidade vetorial v em relação ao primeiro sistema. A interpretação das Equações 14.5, de acordo com o Postulado II, é que cada observador considera que a sua frente de onda esférica tem o seu centro fixo em sua própria origem da coordenada à medida que a frente de onda se expande.

Estamos confrontados com um dilema. Devemos abandonar os dois postulados de relatividade ou a transformação galileana. Muitas evidências experimentais, incluindo o experimento de Michelson-Morley e a aberração da luz das estrelas, exigem os dois postulados. No entanto, a crença na transformação galileana está enraizada em nossas mentes pela nossa experiência cotidiana. A transformação galileana trouxe resultados satisfatórios durante séculos, incluindo aqueles dos capítulos anteriores deste livro. A grande contribuição de Einstein foi perceber que a transformação galileana foi *aproximadamente* correta, mas precisávamos reavaliar nossos conceitos de espaço e tempo.

Repare que não consideramos $t = t'$ nas Equações 14.5. Cada sistema, K e K', possui seus próprios relógios, e consideramos que um relógio pode estar localizado em qualquer ponto no espaço. Esses relógios são todos idênticos, funcionam da mesma forma e estão sincronizados. Em decorrência do fato de que a lâmpada de magnésio se apaga quando as origens são coincidentes e os sistemas se deslocam somente na direção x_1 com relação um ao outro, através da observação direta, temos

$$\left. \begin{array}{l} x_2' = x_2 \\ x_3' = x_3 \end{array} \right\} \tag{14.6}$$

No tempo $t = t' = 0$, quando a lâmpada de magnésio se apaga, o movimento da origem O' de K' é medido em K como sendo

$$x_1 - vt = 0 \tag{14.7}$$

e no sistema K', o movimento de O' é

$$x_1' = 0 \tag{14.8}$$

No tempo $t = t' = 0$, temos $x_1' = x_1 - vt$, mas sabemos que a Equação 14.1a está incorreta. Vamos supor que a próxima transformação é mais simples, isto é,

$$x_1' = \gamma \, (x_1 - vt) \tag{14.9}$$

onde γ é uma constante que pode depender de v e algumas constantes, mas não das coordenadas x_1, x_1', t ou t'. A Equação 14.9 é uma equação linear e nos garante que cada evento em K corresponde a um e somente um evento em K'. Essa hipótese adicional em nossa derivação será sustentada se pudermos produzir uma transformação que seja consistente com *todos* os resultados experimentais. Observe que γ deve ser normalmente muito próximo de 1 para ser consistente com os resultados clássicos discutidos nos capítulos anteriores.

Podemos utilizar os argumentos anteriores para descrever o movimento da origem O do sistema K tanto em K como em K' para também determinar

$$x_1 = \gamma' (x_1' + vt') \tag{14.10}$$

onde só temos que mudar as velocidades relativas dos dois sistemas.

O Postulado I exige que as leis da física sejam as mesmas em ambos os sistemas de referência, tal que $\gamma = \gamma'$. Substituindo x_1' da Equação 14.9 na Equação 14.10, podemos resolver a equação restante para t':

$$t' = \gamma t + \frac{x_1}{\gamma v} (1 - \gamma^2) \tag{14.11}$$

O Postulado II exige que a velocidade da luz seja medida para ser a mesma em ambos os sistemas. Portanto, em ambos os sistemas, temos equações similares para a posição do pulso da luz da lâmpada de magnésio:

$$\left.\begin{array}{l} x_1 = ct \\ x_1' = ct' \end{array}\right\}$$ (14.12)

A manipulação algébrica das Equações 14.9-14.12 resulta em (consulte o Problema 14.1)

$$\gamma = \frac{1}{\sqrt{1 - v^2/c^2}}$$ (14.13)

As equações de transformação completas agora podem ser escritas como

$$\left.\begin{array}{l} x_1' = \dfrac{x_1 - vt}{\sqrt{1 - v^2/c^2}} \\[2ex] x_2' = x_2 \\[1ex] x_3' = x_3 \\[2ex] t' = \dfrac{t - \dfrac{vx_1}{c^2}}{\sqrt{1 - v^2/c^2}} \end{array}\right\}$$ (14.14)

Essas equações são conhecidas como a transformação de Lorentz (ou Lorentz-Einstein) em homenagem ao físico holandês H. A. Lorentz, que demonstrou primeiro que as equações são necessárias para que as leis de eletromagnetismo tenham a mesma forma em todos os sistemas de referência inerciais. Einstein demonstrou que essas equações são necessárias para todas as leis da física.

A transformação inversa pode ser facilmente obtida, substituindo v por $-v$ e trocando as quantidades dimensionais e não dimensionais nas Equações 14.14.

$$\left.\begin{array}{l} x_1 = \dfrac{x_1' + vt'}{\sqrt{1 - v^2/c^2}} \\[2ex] x_2 = x_2' \\[1ex] x_3 = x_3' \\[2ex] t = \dfrac{t' + \dfrac{vx_1'}{c^2}}{\sqrt{1 - v^2/c^2}} \end{array}\right\}$$ (14.15)

Conforme a necessidade, essas equações reduzem para as equações galileanas (Equações 14.1) quando $v \to 0$ (ou quando $c \to \infty$).

Em eletrodinâmica, os campos se propagam à velocidade da luz, assim as transformações galileanas nunca são permitidas. Na verdade, o fato de que as equações de campo eletrodinâmico (**equações de Maxwell**) não são covariantes para as transformações galileanas foi um fator principal na percepção da necessidade de uma nova teoria. Parece-nos extraordinário que as equações de Maxwell, que são um conjunto completo de equações para o campo eletrodinâmico e são *covariantes para as transformações de Lorentz*, foram deduzidas da experiência muito antes do advento da teoria da relatividade.

As velocidades medidas em cada um dos sistemas são indicadas por u.

$$\left.\begin{array}{l} u_i = \dfrac{dx_i}{dt} \\[2ex] u_i' = \dfrac{dx_i'}{dt'} \end{array}\right\}$$ (14.16)

492 Dinâmica clássica de partículas e sistemas

Utilizando as Equações 14.14, determinamos

$$u_1' = \frac{dx_1'}{dt'} = \frac{dx_1 - v\,dt}{dt - \dfrac{v}{c^2}dx_1}$$

$$u_1' = \frac{u_1 - v}{1 - \dfrac{u_1 v}{c^2}}$$

(14.17a)

De forma similar, determinamos

$$u_2' = \frac{u_2}{\gamma\left(1 - \dfrac{u_1 v}{c^2}\right)}$$

(14.17b)

$$u_3' = \frac{u_3}{\gamma\left(1 - \dfrac{u_1 v}{c^2}\right)}$$

(14.17c)

Agora podemos determinar se o Postulado II é satisfeito diretamente. Um observador no sistema K mede a velocidade do pulso de luz da lâmpada de magnésio como sendo $u_1 = c$ na direção x_1. Da Equação 14.17a, um observador em K' mede

$$u_1' = \frac{c - v}{1 - \dfrac{v}{c}} = c\left(\frac{c - v}{c - v}\right) = c$$

conforme exigido pelo Postulado II, independentemente da velocidade escalar relativa do sistema v.

EXEMPLO 14.1

Determine a contração relativística do comprimento[6] usando a transformação de Lorentz.

Solução. Considere uma haste de comprimento l colocada ao longo do eixo x_1 de um sistema inercial K. Um observador no sistema K' se deslocando com velocidade escalar uniforme v ao longo do eixo x_1 (como na Figura 14.1) mede o comprimento da haste no próprio sistema de coordenadas do observador, estabelecendo *em um determinado instante de tempo* t' a diferença nas coordenadas das extremidades da haste, $x_1'(2) - x_1'(1)$. De acordo com as equações de transformação (Equações 14.14),

$$x_1'(2) - x_1'(1) = \frac{[x_1(2) - x_1(1)] - v[t(2) - t(1)]}{\sqrt{1 - v^2/c^2}}$$

(14.18)

onde $x_1(2) - x_1(1) = l$. Observe que os tempos $t(2)$ e $t(1)$ são os tempos no sistema K em que as observações são feitas. Elas não correspondem aos instantes em K' nos quais o observador mede a haste. De fato, como $t'(2) = t'(1)$, as Equações 14.14 fornecem

$$t(2) - t(1) = [x_1(2) - x_1(1)]\frac{v}{c^2}$$

O comprimento l' conforme medido no sistema K' é portanto

$$l' = x_1'(2) - x_1'(1)$$

---

[6] A contração do comprimento na direção do movimento foi proposta por G. F. FitzGerald (1851-1901) em 1892 como uma possível explicação da experiência do vento de éter de Michelson-Morley. Essa hipótese foi adotada quase que imediatamente por Lorentz, que começou a aplicá-la em sua teoria da eletrodinâmica.

A Equação 14.18 agora se torna

$$\text{contração do comprimento} \quad \boxed{l' = l\sqrt{1 - v^2/c^2}} \quad (14.19)$$

e, para um observador estacionário em K, os objetos em K' também aparecem contraídos. Assim, para um observador em movimento em relação a um objeto, as dimensões dos objetos são contraídas por um fator $\sqrt{1 - \beta^2}$ na direção do movimento, em que $\beta \equiv v/c$.

Uma consequência interessante da contração do comprimento de FitzGerald-Lorentz foi relatada em 1959 por James Terrell.[7] Considere um cubo de lado l se deslocando a uma velocidade vetorial uniforme **v** em relação a um observador a uma determinada distância. A Figura 14.2a mostra a projeção do cubo sobre o plano contendo o vetor velocidade **v** e o observador. O cubo se desloca com o seu lado AB perpendicular à linha de visão do observador. Queremos determinar o que o observador "vê", ou seja, em um determinado instante do tempo no sistema de referência em repouso do observador, queremos determinar a orientação relativa dos cantos A, B, C e D. A visão tradicional (que foi incontestada por mais de 50 anos!) era de que o único efeito é uma figura de dimensões reduzidas dos lados AB e CD tais que o observador vê um tubo deformado de altura l mas de comprimento $l\sqrt{1 - \beta^2}$. Terrell assinalou que essa interpretação ignora determinados fatos: Para que a luz dos cantos A e D alcance o observador no mesmo instante, a luz de D, que deve percorrer uma distância l maior do que a de A, deve ter sido emitida quando o canto D estava na posição E. O comprimento DE é igual a $(l/c)v = l\beta$. Portanto, o observador não vê apenas a face AB, que é perpendicular à linha de visão, mas também a face AD, que é *paralela* à linha de visão. Além disso, o comprimento do lado AB é reduzido na forma normal para $l\sqrt{1 - \beta^2}$. O resultado líquido (Figura 14.2b) corresponde exatamente à visão que o observador teria se o cubo fosse rodado por um ângulo $\text{sen}^{-1}\beta$. Portanto, o cubo não é deformado. Ele sofre uma rotação *aparente*. Da mesma forma, a declaração habitual[8] de que uma esfera em movimento parece com um

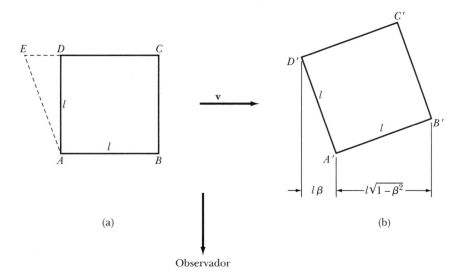

FIGURA 14.2 (a) Um observador de longe vê um cubo de lados l em repouso no sistema K. (b) Terrell assinalou que, surpreendentemente, o mesmo cubo parece estar girado se ele estiver se deslocando para a direita com velocidade vetorial **v** em relação ao sistema K.

---

[7] J. Terrell, *Phys. Rev.* **116**, 1041 (1959).
[8] Consulte, por exemplo, Joos e Freeman (Jo50, p. 242).

elipsoide é incorreta. Ela parece ainda com uma esfera.[9] Computadores podem ser utilizados para mostrar resultados extremamente interessantes do tipo[10] que estamos discutindo (Figura 14.3).

 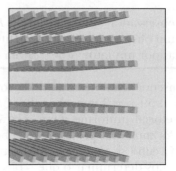

FIGURA 14.3 Um arranjo de barras retangulares é visto de cima em repouso na figura à esquerda. Na figura à direita, as barras estão se deslocando para a direita com $v = 0{,}9c$. As barras parecem contrair e girar. Citado por P.-K. Hsiung e R.H.P. Dunn, consulte **Science News 137**, 232 (1990).

EXEMPLO 14.2

Use a transformação de Lorentz para determinar o efeito da dilatação do tempo.

Solução. Considere um relógio fixo em uma determinada posição (x_1) no sistema K que produz indicações de sinal com o intervalo

$$\Delta t = t(2) - t(1)$$

De acordo com a transformação de Lorentz (Equações 14.14), um observador no sistema K' em movimento mede um intervalo de tempo $\Delta t'$ (no mesmo relógio) de

$$\Delta t' = t'(2) - t'(1)$$

$$= \frac{\left[t(2) - \dfrac{vx_1(2)}{c^2} \right] - \left[t(1) - \dfrac{vx_1(1)}{c^2} \right]}{\sqrt{1 - v^2/c^2}}$$

Porque $x_1(2) = x_1(1)$ e porque o relógio é fixado no sistema K, temos

$$\Delta t' = \frac{t(2) - t(1)}{\sqrt{1 - v^2/c^2}}$$

$$\boxed{\Delta t' = \frac{\Delta t}{\sqrt{1 - v^2/c^2}}} \qquad (14.20)$$

Assim, para um observador em movimento em relação ao relógio, os intervalos de tempo parecem ser prolongados. Essa é a origem da frase "relógios em movimento andam mais devagar". Como o intervalo de tempo medido no relógio em movimento é prolongado, o relógio

---

[9] Uma discussão interessante de rotações aparentes em alta velocidade é dada por V. F. Weisskopf, *Phys. Today* **13**, n° 9, 24 (1960), reimpresso em Am63.
[10] Consulte também um site interessante na Australian National University: <www.anu.edu.au/Physics/Searle/index.html>, Antony C. Searle (2003) e um artigo de M. C. Chang, F. Lai e W. C. Chen, *ACM Transactions on Graphics* **15**, n° 4, 265 (1996).

CAPÍTULO 14 – Teoria especial da relatividade **495**

realmente anda mais devagar. Observe que o relógio é fixado no sistema K, $x_1(1) = x_1(2)$, mas não no sistema K', $x'_1(1) \neq x'_1(2)$.

O argumento do exemplo anterior pode ser revertido e o relógio fixado no sistema K'. O mesmo resultado ocorre, ou seja, relógios em movimento andam mais devagar. O efeito é chamado de **dilatação do tempo**. É importante notar que o sistema físico não é importante. O mesmo efeito ocorre para um diapasão, uma ampulheta, um cristal de quartzo e um batimento cardíaco. O problema é de simultaneidade. Eventos simultâneos em um sistema podem não ser simultâneos em outro em movimento em relação ao primeiro. O mesmo relógio pode ser visualizado a partir de n sistemas de referência diferentes e estar funcionando em n taxas diferentes, simultaneamente. O espaço e o tempo estão intimamente entrelaçados. Voltaremos a abordar este ponto mais adiante.

O tempo medido em um relógio fixado em um sistema presente em dois eventos é chamado de **tempo adequado** e é usado o símbolo τ. Por exemplo, $\Delta t = \Delta \tau$ quando um relógio fixado no sistema K estiver presente em ambos os eventos, $x_i(1)$ e $x_i(2)$. A Equação 14.20 se torna

$$\Delta t' = \gamma \Delta \tau \tag{14.21}$$

Observe que o tempo adequado é sempre a diferença do tempo mínimo mensurável entre dois eventos. Os observadores em movimento sempre medem um período de tempo maior.

14.4 Verificação experimental da teoria especial

A teoria especial da relatividade explica as dificuldades existentes antes de 1900 com a óptica e o eletromagnetismo. Por exemplo, os problemas com aberração estelar e o experimento de Michelson-Morley são resolvidos desconsiderando o éter, mas exigindo a transformação de Lorentz.

Mas e quanto às novas previsões surpreendentes da teoria especial – contração do comprimento e dilatação do tempo? Esses temas são abordados todos os dias nos laboratórios do acelerador de física nuclear e de partículas, onde partículas são aceleradas a velocidades escalares próximas à da luz, e a relatividade deve ser considerada. Outros experimentos podem ser realizados com os fenômenos da natureza. Examinamos dois deles.

Decaimento de múons

Quando os raios cósmicos entram na atmosfera mais externa da Terra, eles interagem com as partículas e criam chuveiros cósmicos. Muitas das partículas desses chuveiros são mésons π, que decaem para outras partículas chamadas de múons. Os múons também são instáveis e decaem de acordo com a lei de decaimento radioativo, $N = N_0 \exp(-0,693\, t/t_{1/2})$, onde N_0 e N são o número de múons no tempo $t = 0$ e t, respectivamente, e $t_{1/2}$ é a meia-vida. No entanto, múons suficientes atingem a superfície da Terra e podemos detectá-los facilmente.

Vamos supor que montamos um detector no topo de uma montanha de 2.000 metros e contamos o número de múons que se deslocam a uma velocidade escalar próxima a $v = 0,98c$. Durante um determinado período de tempo, contamos 10^3 múons. A meia-vida de múons é conhecida por ser $1,52 \times 10^{-6}$ s em seu próprio sistema de referência em repouso (sistema K'). Deslocamos o nosso detector ao nível do mar e medimos o número de múons (sendo $v = 0,98c$) detectados durante um período igual de tempo. O que podemos esperar?

Determinados classicamente, os múons que se movimentam em uma velocidade escalar de 0,98c percorrem os 2.000 metros em $6,8 \times 10^{-6}$ s, e 45 múons devem sobreviver ao voo de 2.000 m ao nível do mar de acordo com a lei de decaimento radioativo. Mas a medida experimental indica que 542 múons sobrevivem, um fator de aproximadamente 12.

496 Dinâmica clássica de partículas e sistemas

Este fenômeno deve ser tratado relativisticamente. Os múons em decaimento estão se deslocando em alta velocidade escalar em relação aos experimentadores fixos na Terra. Observamos, portanto, que o relógio de múons está funcionando mais devagar. No sistema de referência em repouso de múons, o período de tempo do voo de múons não é $\Delta t = 6,8 \times 10^{-6}$ s mas sim $\Delta t / \gamma$. Para $v = 0,98c$, $\gamma = 5$, então medimos o tempo de voo em um relógio em repouso no sistema de múons como sendo $1,36 \times 10^{-6}$ s. A lei de decaimento radioativo prevê que 538 múons sobrevivam, muito mais perto de nossa medida e dentro das incertezas experimentais. Um experimento semelhante a este verificou as previsões de dilatação do tempo.[11]

EXEMPLO 14.3

Examine o decaimento de múons discutido do ponto de vista de um observador se deslocando com o múon.

Solução. A meia-vida do múon, de acordo com o seu próprio relógio, é $1,52 \times 10^{-6}$ s. Mas um observador em movimento com o múon não mediria a distância do topo da montanha ao nível do mar como sendo 2.000 m. De acordo com esse observador, a distância seria apenas 400 m. A uma velocidade escalar de $0,98c$, o múon leva apenas $1,36 \times 10^{-6}$ s para percorrer 400 m. Um observador no sistema do múon preveria que 538 múons iriam sobreviver, de acordo com um observador na Terra.

O decaimento de múons é um excelente exemplo de um fenômeno natural que pode ser descrito em dois sistemas que se deslocam um em relação ao outro. Um observador vê o tempo dilatado e o outro observador vê o comprimento contraído. Cada um, porém, prevê um resultado de acordo com o experimento.

Medições do tempo em um relógio atômico

Uma confirmação ainda mais direta da relatividade especial foi relatada por dois físicos americanos, J. C. Hafele e Richard E. Keating, em 1972.[12] Eles usaram quatro relógios atômicos de césio extremamente precisos. Dois relógios foram levados com regularidade em aviões comer-ciais a jato ao redor do mundo, um no sentido leste e um no sentido oeste. Os outros dois relógios de referência ficaram fixados na Terra no Observatório Naval dos EUA. Uma transição hiperfina bem-definida no estado fundamental do átomo ^{133}Cs tem uma frequência de 9.192.631.770 Hz e pode ser usada como uma medida precisa de um período de tempo.

O tempo medido nos dois relógios em movimento foi comparado com o tempo dos dois relógios de referência. A viagem para o leste durou 65,4 horas com 41,2 horas de voo. A viagem para o oeste, uma semana depois, levou 80,3 horas com 48,6 horas de voo. As previsões são dificultadas pela rápida rotação da Terra e por um efeito gravitacional da teoria geral da relatividade.

Podemos obter alguma percepção do efeito esperado, desprezando as correções e calculando a diferença de tempo como se a Terra não estivesse girando. A circunferência da Terra é de cerca de 4×10^7 m, e uma velocidade escalar típica de avião a jato é de cerca de 300 m/s. Um relógio fixado no solo mede um tempo de voo T_0 de

$$T_0 = \frac{4 \times 10^7 \, \text{m}}{300 \, \text{m/s}} = 1,33 \times 10^5 \, \text{s} (\approx 37 \, \text{h}) \tag{14.22}$$

---

[11] O experimento foi relatado por B. Rossi e D. B. Hall em *Phys. Rev.*, **59**, 223 (1941). Um filme intitulado "Dilatação do tempo. Consulte também D. H. Frisch e J. H. Smith, **Am. J. Phys.**, **31**, 342 (1963).

[12] Consulte J. C. Hafele e Richard E. Keating, *Science*, **177**, 166-170 (1972).

CAPÍTULO 14 – Teoria especial da relatividade **497**

Como o relógio em movimento funciona mais devagar, o observador na Terra diria que o relógio em movimento só mede $T = T_0\sqrt{1 - \beta^2}$. A diferença de tempo é

$$\Delta T = T_0 - T = T_0(1 - \sqrt{1 - \beta^2})$$
$$\approx \frac{1}{2}\beta^2 T_0 \tag{14.23}$$

onde somente a primeira e a segunda partes da expansão da série de potência para $\sqrt{1 - \beta^2}$ são mantidas porque β^2 é muito pequena.

$$\Delta T = \frac{1}{2}\left(\frac{300 \text{ m/s}}{3 \times 10^8 \text{ m/s}}\right)^2 (1,33 \times 10^5 \text{ s})$$
$$= 6,65 \times 10^{-8} \text{s} = 66,5 \text{ ns} \tag{14.24}$$

Essa diferença de tempo é maior do que a incerteza da medição. Observe que, neste caso, o relógio deixado na Terra realmente mede mais tempo em segundos do que o relógio em movimento. Isso parece estar em contradição com os nossos comentários anteriores (consulte a Equação 14.21 e a discussão). Mas o período de tempo referido na Equação 14.21 é o tempo entre duas batidas, neste caso, uma transição em ^{133}Cs, que medimos em segundos. É fácil lembrar que os relógios em movimento funcionam mais lentamente, de modo que, em segundos, a diferença de tempo medido envolve menos batidas e, de acordo com a definição de um segundo, menos segundos.

As previsões e observações reais para a diferença de tempo são

Percurso	Previsto	Observado
Leste	-40 ± 23 ns	-59 ± 10 ns
Oeste	275 ± 21 ns	273 ± 7 ns

Novamente, a teoria especial da relatividade é verificada dentro das incertezas experimentais. Um sinal negativo indica que o tempo no relógio em movimento é menor do que o relógio de referência da Terra. Os relógios em movimento perderam tempo (funcionaram de forma mais lenta) durante a viagem para o leste e ganharam tempo (funcionaram mais rápido) durante a viagem para o oeste. Essa diferença é causada pela rotação da Terra, indicando que os relógios voadores de fato bateram mais rápido ou mais devagar que os relógios de referência na Terra. A diferença de tempo positivo total é um resultado do efeito potencial gravitacional (que não discutimos aqui).

Descrevemos brevemente dois dos vários experimentos que têm verificado a teoria especial da relatividade. Não há medidas experimentais conhecidas que são inconsistentes com a teoria especial da relatividade. O trabalho de Einstein a esse respeito resistiu até agora ao teste de tempo.

14.5 Efeito Doppler relativístico

O efeito Doppler do som é representado por um aumento da altura do som à medida que uma fonte se aproxima de um receptor e por uma diminuição da altura à medida que a fonte se afasta. A mudança da frequência do som depende do movimento da fonte ou do receptor. Esse efeito parece violar o Postulado I da teoria da relatividade até percebermos que há um sistema especial para as ondas de som porque há um meio (por exemplo, ar ou água) no qual as ondas se movem. No caso da luz, no entanto, não há tal meio. Somente o movimento relativo do som e do receptor é significativo neste contexto, e devemos esperar, portanto, algumas diferenças no efeito Doppler relativístico para a luz a partir do efeito Doppler normal do som.

Considere uma fonte de luz (por exemplo, uma estrela) e um receptor se aproximando um do outro com velocidade escalar relativa v (Figura 14.4a). Primeiro, considere o receptor fixo no sistema K e a fonte de luz no sistema K' se movimentando em direção ao receptor com velocidade escalar v. Durante o tempo Δt, do ponto de vista do receptor, a fonte emite n ondas. Durante este tempo Δt, a distância total entre a dianteira e a traseira das ondas é

$$\text{comprimento do trem de ondas} = c\Delta t - v\Delta t \tag{14.25}$$

O comprimento da onda é então

$$\lambda = \frac{c\Delta t - v\Delta t}{n} \tag{14.26}$$

e a frequência é

$$\nu = \frac{c}{\lambda} = \frac{cn}{c\Delta t - v\Delta t} \tag{14.27}$$

De acordo com a fonte, ela emite n ondas de frequência ν_0 durante o tempo adequado $\Delta t'$:

$$n = \nu_0 \Delta t' \tag{14.28}$$

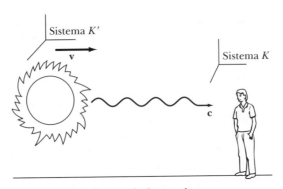

(a) Aproximação da fonte e do receptor

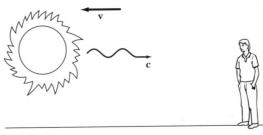

(b) Afastamento da fonte e do receptor

FIGURA 14.4 (a) Um observador no sistema K vê a luz proveniente de uma fonte fixada no sistema K. O sistema K' está se deslocando em direção ao observador com velocidade escalar **v**. A frequência da luz observada em K aumenta em relação ao valor observado em K'. (b) Quando o sistema K' está se afastando do observador, a frequência da luz diminui (o comprimento da onda aumenta). Essa é a origem do termo *red shifted (deslocado para o vermelho)*.

CAPÍTULO 14 – Teoria especial da relatividade **499**

Este tempo adequado $\Delta t'$ medido por meio do relógio do sistema da fonte está relacionado com o tempo Δt medido por meio do relógio fixado no sistema K do receptor por

$$\Delta t' = \frac{\Delta t}{\gamma} \tag{14.29}$$

O relógio em movimento com a fonte mede o tempo adequado, porque ele está presente no início e no final das ondas.

Substituindo a Equação 14.29 na Equação 14.28, que por sua vez é substituída por n na Equação 14.27, temos

$$\nu = \frac{1}{(1 - v/c)} \frac{\nu_0}{\gamma}$$

$$= \frac{\sqrt{1 - v^2/c^2}}{1 - v/c} \nu_0 \tag{14.30}$$

que pode ser escrito como

$$\nu = \frac{\sqrt{1 + \beta}}{\sqrt{1 - \beta}} \nu_0 \quad \text{aproximação da fonte e do receptor} \tag{14.31}$$

É deixado para o leitor (Problema 14.14) mostrar que a Equação 14.31 também é válida quando a fonte está fixada e o receptor se aproxima com velocidade escalar v.

Em seguida, consideramos o caso em que a fonte e o receptor recuam um do outro com velocidade vetorial v (Figura 14.4b). A derivação é semelhante ao que acaba de ser apresentado, com uma pequena exceção. Na Equação 14.25, a distância entre o início e o fim das ondas se torna

$$\text{comprimento do trem de ondas } = c\Delta t + v\Delta t \tag{14.32}$$

Essa mudança de sinal é propagada pelas Equações 14.30 e 14.31, resultando em

$$\nu = \frac{\sqrt{1 - v^2/c^2}}{1 + v/c} \nu_0$$

$$\nu = \frac{\sqrt{1 - \beta}}{\sqrt{1 + \beta}} \nu_0 \quad \text{afastamento da fonte e do receptor} \tag{14.33}$$

As Equações 14.31 e 14.33 podem ser combinadas em uma equação,

$$\nu = \frac{\sqrt{1 + \beta}}{\sqrt{1 - \beta}} \nu_0 \quad \text{efeito Doppler relativístico} \tag{14.34}$$

se concordamos com o uso de um sinal + para $\beta (+v/c)$ quando a fonte e o receptor estão se aproximando um do outro e um sinal − para β quando eles estão se afastando.

O efeito Doppler relativístico é importante na astronomia. A Equação 14.34 indica que, se a fonte estiver se afastando em alta velocidade escalar de um observador, então uma menor frequência (ou comprimento de onda maior) será observada para determinadas linhas espectrais ou frequências características. Essa é a origem do temo *red shift (deslocado para o vermelho)*. Os comprimentos de ondas de luz visível são desviados para os comprimentos de onda mais longos (vermelhos) se a fonte estiver se afastando de nós. As observações astronômicas indicam que o universo está se expandindo. Quanto mais longe uma estrela está, mais rápido ela parece estar se afastando (ou maior o seu deslocamento para o vermelho). Esses dados são

500 Dinâmica clássica de partículas e sistemas

consistentes com a teoria do big-bang sobre a origem do universo, que se estima ter ocorrido cerca de 13 bilhões de anos atrás.

EXEMPLO 14.4

Durante um voo espacial para uma estrela distante, uma astronauta e seu irmão gêmeo na Terra emitem sinais de rádio entre si em intervalos anuais. Qual é a frequência dos sinais de rádio que cada gêmeo recebe do outro durante o voo para a estrela se a astronauta está em movimento a $v = 0,8c$? Qual é a frequência durante o voo de volta na mesma velocidade escalar?

Solução. Vamos usar a Equação 14.34 para determinar a frequência dos sinais de rádio que cada um recebe do outro. A frequência $\nu_0 = 1$ sinal/ano. No trecho da viagem longe da Terra, $\beta = -0,8$ e a Equação 14.34 resulta em

$$\nu = \frac{\sqrt{1 - 0,8}}{\sqrt{1 + 0,8}} \nu_0$$
$$= \frac{\nu_0}{3}$$

Os sinais de rádio são recebidos uma vez a cada 3 anos.

Na viagem de volta, no entanto, $\beta = +0,8$ e a Equação 14.34 resulta em $v = 3\nu_0$. Assim, os sinais de rádio são recebidos a cada 4 meses. Desta forma, o gêmeo na Terra pode monitorar o progresso de sua irmã gêmea astronauta.

14.6 Paradoxo dos gêmeos

Considere os gêmeos que escolhem carreiras diferentes. Mary se torna uma astronauta e Frank decide ser um corretor da bolsa de valores. Aos 30 anos, Mary sai em missão para um planeta próximo ao sistema estrelar. Mary terá de viajar em alta velocidade escalar para chegar até o planeta e voltar. Segundo Frank, o relógio biológico de Mary baterá mais lentamente durante a viagem, assim ela envelhecerá mais devagar. Ele espera que Mary aparente ser mais jovem do que ele quando ela voltar. Segundo Mary, no entanto, Frank parecerá estar se deslocando rapidamente em relação ao seu sistema, e ela pensa que Frank estará mais jovem quando ela voltar. Este é o paradoxo. Qual dos gêmeos estará mais jovem quando Mary (a gêmea em movimento) voltar para a Terra onde Frank (o gêmeo fixo) permaneceu? Como as duas expectativas são tão contraditórias, a Natureza não tem uma forma de provar que eles terão a mesma idade?

Esse paradoxo existe praticamente desde que Einstein publicou pela primeira vez a sua teoria especial da relatividade. Variações da discussão foram apresentadas várias vezes. A resposta correta é que Mary, a astronauta, voltará mais jovem do que seu irmão gêmeo, Frank, que permanece ocupado em Wall Street. A análise correta é como segue. De acordo com Frank, a espaçonave de Mary é lançada e rapidamente atinge uma velocidade escalar de navegação de $v = 0,8c$, percorre uma distância de 8 al (anos-luz) (al = um ano-luz, a distância percorrida pela luz em 1 ano) até o planeta e rapidamente desacelera para uma curta visita ao planeta. Os tempos de aceleração e desaceleração são desprezíveis em comparação com o tempo total de viagem de 10 anos para o planeta. A viagem de volta também leva 10 anos. Assim, no retorno de Mary à Terra, Frank estará com $30 + 10 + 10 = 50$ anos de idade. Frank calcula que o relógio de Mary está batendo mais devagar e que cada trecho da viagem dura somente $10\sqrt{1 - 0.8^2} = 6$ anos. Mary, portanto, estará com apenas $30 + 6 + 6 = 42$ anos de idade quando voltar. O relógio de Frank está (quase) em um sistema inercial.

Quando Mary realiza as medições de tempo em seu relógio, elas podem estar inválidas de acordo com a teoria especial porque seu sistema não está em um sistema inercial de referência que se desloca em uma velocidade escalar constante em relação à Terra. Ela acelera e desacelera em ambos, a Terra e o planeta, e para fazer medidas de tempo válidas para comparar com o relógio de Frank, ela deve considerar essa aceleração e desaceleração. A taxa instantânea do relógio de Mary ainda é dada pela Equação 14.20, porque a taxa instantânea é determinada pela velocidade escalar instantânea v.[13] Assim, não há paradoxo se obedecemos os dois postulados da teoria especial. Também é claro qual gêmeo está no sistema de referência inercial. Mary realmente sentirá as forças de aceleração e desaceleração. Frank não sente tais forças. Quando Mary voltar para a casa, seu irmão gêmeo terá investido seus 20 anos de salário, tornando-a uma mulher rica aos 42 anos de idade. Ela recebeu 20 anos de salário por um trabalho que levou apenas 12 anos!

EXEMPLO 14.5

Mary e Frank enviaram sinais de rádio entre si em intervalos de 1 ano após ela ter deixado a Terra. Analise os tempos de recepção das mensagens de rádio.

Solução. Na Equação 14.4, calculamos que os sinais de rádio são recebidos a cada 3 anos na viagem para fora e a cada $\frac{1}{3}$ ano na viagem de volta. Primeiro, vamos examinar os sinais que Mary recebe de Frank. Durante a viagem de 6 anos para o planeta, Mary recebe somente duas mensagens de rádio, mas na viagem de volta de 6 anos, ela recebe dezoito sinais, então ela conclui corretamente que o seu irmão gêmeo Frank envelheceu 20 anos e agora está com 50 anos de idade.

No sistema de Frank, a viagem de Mary para o planeta dura 10 anos. Até o momento em que Mary chegar ao planeta, Frank terá recebido 10/3 sinais (ou seja, três sinais mais um terço do tempo do próximo sinal). No entanto, Frank continua a receber um sinal a cada 3 anos pelos 8 anos que leva o último sinal que Mary envia quando ela alcança o planeta para chegar a Frank. Assim, Frank recebe sinais a cada 3 anos por mais 8 anos (total de 18 anos) para um total de seis sinais de rádio a partir do período de viagem para o planeta. Frank não tem como saber que Mary parou e voltou até que a mensagem de rádio, que dura 8 anos, ser recebida. Dos 2 anos restantes da jornada de Mary segundo Frank ($20 - 18 = 2$), ele recebe sinais a cada $\frac{1}{3}$ ano, ou mais seis sinais. Frank conclui corretamente que Mary envelheceu $6 + 6 = 12$ anos durante a sua jornada porque ele recebeu um total de 12 sinais.

Assim, ambos os gêmeos concordam acerca de suas próprias idades e da idade do outro. Mary está com 42 e Frank está com 50 anos de idade.

14.7 Quantidade de movimento relativístico

A segunda lei de Newton, $\mathbf{F} = d\mathbf{p}/dt$, é covariante sob uma transformação de Galileu. Portanto, não esperamos que ela mantenha sua forma sob uma transformação de Lorentz. Podemos prever dificuldades com as leis de Newton e com as leis de conversão, a menos que façamos algumas alterações necessárias. De acordo com a segunda lei de Newton, por exemplo, uma aceleração em alta velocidade escalar pode fazer com que a velocidade vetorial de uma partícula ultrapasse c, uma condição impossível de acordo com a teoria especial da relatividade.

---

[13] Consulte a hipótese do relógio de W. Rindler (Ri82, p. 31).

502 Dinâmica clássica de partículas e sistemas

Começamos por analisar a conservação da quantidade de movimento linear em uma colisão livre de forças (sem forças externas). Não existem acelerações. O observador A em repouso no sistema K segura uma bola de massa m, assim como faz o observador B no sistema K' se deslocando para a direita com velocidade escalar relativa v em relação ao sistema K, como na Figura 14.1. Os dois observadores jogam as suas bolas (idênticas) ao longo de seus respectivos eixos x_2, o que resulta em uma colisão perfeitamente elástica. A colisão, de acordo com os observadores dos dois sistemas, é mostrada na Figura 14.5. Cada observador mede a velocidade escalar de sua bola como sendo u_0.

Primeiro, vamos examinar a conservação da quantidade de movimento de acordo com o sistema K. A velocidade vetorial da bola lançada pelo observador A tem os componentes

$$\left. \begin{array}{l} u_{A1} = 0 \\ u_{A2} = u_0 \end{array} \right\} \tag{14.35}$$

A quantidade de movimento da bola A está na direção x_2:

$$p_{A2} = mu_0 \tag{14.36}$$

A colisão é perfeitamente elástica, então a bola volta para baixo com velocidade escalar. A mudança na quantidade de movimento observada no sistema K é

$$\Delta p_{A2} = -2mu_0 \tag{14.37}$$

A Equação 14.37 também representa a mudança na quantidade de movimento da bola lançada pelo observador B no sistema de movimento K'? Usamos a transformação da velocidade vetorial inversa das Equações 14.17 (ou seja, trocamos as dimensionais e não dimensionais e consideramos $v \rightarrow -v$) para determinar

$$\left. \begin{array}{l} u_{B1} = v \\ u_{B2} = -u_0\sqrt{1 - v^2/c^2} \end{array} \right\} \tag{14.38}$$

onde $u'_{B1} = 0$ e $u'_{B2} = -u_0$. A quantidade de movimento da bola B e sua mudança na quantidade de movimento durante a colisão se torna

$$p_{B2} = -mu_0\sqrt{1 - v^2/c^2} \tag{14.39}$$

$$\Delta p_{B2} = +2mu_0\sqrt{1 - v^2/c^2} \tag{14.40}$$

As Equações 14.37 e 14.40 não se anulam: *A quantidade de movimento linear não é conservada de acordo com a teoria especial se usamos as convenções para a quantidade de movimento da física clássica.* Em vez de abandonar a lei de conservação da quantidade de movimento, vamos buscar uma solução que nos permita manter tanto essa lei quanto a segunda lei de Newton.

Assim como fizemos para a transformação de Lorentz, consideramos a mudança mais simples possível. Vamos supor que a forma clássica da quantidade de movimento $m\mathbf{u}$ seja multiplicada por uma constante que pode depender da velocidade escalar $k(u)$:

$$\mathbf{p} = k(u)\,m\mathbf{u} \tag{14.41}$$

No Exemplo 14.6, mostramos que o valor

$$k(u) = \frac{1}{\sqrt{1 - u^2/c^2}} \tag{14.42}$$

nos permite manter a conservação da quantidade de movimento linear. Observe que a *forma* da Equação 14.42 é a mesma encontrada para a transformação de Lorentz. Na verdade, à constante $k(u)$ é dado o mesmo rótulo: γ. No entanto, este γ contém a velocidade escalar da partícula u, enquanto a transformação de Lorentz contém a velocidade escalar relativa v entre os dois sistemas de referência inerciais. Esta distinção deve ser lembrada, pois muitas vezes causa confusão.

Podemos fazer um cálculo plausível para a quantidade de movimento relativístico se usamos o tempo adequado τ (consulte a Equação 14.21) em vez do tempo normal t. Neste caso,

$$\mathbf{p} = m\frac{d\mathbf{x}}{d\tau} = m\frac{d\mathbf{x}}{dt}\frac{dt}{d\tau} \tag{14.43}$$

$$= m\frac{d\mathbf{x}}{dt}\frac{1}{\sqrt{1-u^2/c^2}} \tag{14.44}$$

$$\boxed{\mathbf{p} = \frac{m\mathbf{u}}{\sqrt{1-u^2/c^2}} = \gamma m\mathbf{u}} \quad \text{quantidade de movimento relativístico} \tag{14.45}$$

onde mantemos $\mathbf{u} = d\mathbf{x}/dt$ como classicamente usado. Embora os observadores não concordem com $d\mathbf{x}/dt$, eles concordam com $d\mathbf{x}/d\tau$, onde o tempo adequado $d\tau$ é medido pelo próprio objeto em movimento. A relação $dt/d\tau$ é obtida da Equação 14.21, onde a velocidade escalar u foi utilizada em γ para representar a velocidade escalar de um sistema de referência fixo no objeto que está se deslocando em relação a um sistema fixo.

A Equação 14.45 é a nossa nova definição de quantidade de movimento, chamada de **quantidade de movimento relativístico**. Observe que ela reduz ao resultado clássico para valores pequenos de u/c. Era comum nos últimos anos chamar a massa da Equação 14.45 de **massa de repouso** m_0 e chamar o termo

$$m = \frac{m_0}{\sqrt{1-u^2/c^2}} \quad \text{(notação antiga)} \tag{14.46}$$

a **massa relativística**. O termo *massa de repouso* resultou da Equação 14.46 quando $u = 0$, e a forma clássica da quantidade de movimento foi assim mantida: $\mathbf{p} = m\mathbf{u}$. Os cientistas falaram do aumento da massa em altas velocidades escalares. Preferimos manter o conceito de massa como uma propriedade intrínseca e invariante de um objeto. A utilização dos dois termos *relativístico* e *massa de repouso* agora é considerada antiquada, embora os termos ainda sejam

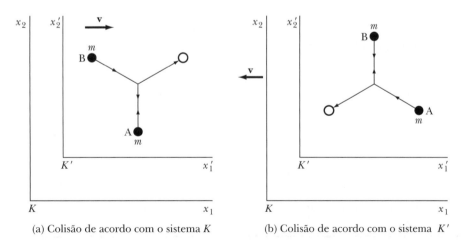

(a) Colisão de acordo com o sistema K (b) Colisão de acordo com o sistema K'

FIGURA 14.5 Observador A, em repouso no sistema fixo K, lança uma bola para cima no sistema K. Observador B, em repouso no sistema K', que está se deslocando para a direita com velocidade vetorial **v**, lança uma bola para baixo de modo que as duas bolas colidem. (a) A colisão de acordo com o observador A no sistema K. (b) A colisão de acordo com o observador B no sistema K'. Cada observador mede a velocidade escalar de sua bola como sendo μ_0. Examinamos a quantidade de movimento linear da bola.

504 Dinâmica clássica de partículas e sistemas

utilizados algumas vezes. *Vamos sempre nos referir à massa m, que é a mesma massa de repouso.* A utilização de massa relativística conduz muitas vezes a erros ao usar expressões clássicas.

EXEMPLO 14.6

Mostre que a quantidade de movimento linear é conservada na direção x_2 para a colisão mostrada na Figura 14.5 se a quantidade de movimento relativístico é usada.

Solução. Podemos modificar as expressões clássicas para a quantidade de movimento já obtida para as duas bolas. A quantidade de movimento para a bola A se torna (a partir da Equação 14.36)

$$p_{A2} = \frac{mu_0}{\sqrt{1 - u_0^2/c^2}} \qquad (14.47)$$

e

$$\Delta p_{A2} = \frac{-2mu_0}{\sqrt{1 - u_0^2/c^2}} \qquad (14.48)$$

Antes de modificar a Equação 14.39 para a quantidade de movimento da bola B, primeiro devemos encontrar a velocidade escalar da bola B conforme medido no sistema K. Vamos utilizar a Equação 14.38 para determinar

$$u_B = \sqrt{u_{B1}^2 + u_{B2}^2}$$
$$= \sqrt{v^2 + u_0^2(1 - v^2/c^2)} \qquad (14.49)$$

A quantidade de movimento p_{B2} é encontrada por meio da modificação da Equação 14.39:

$$p_{B2} = -mu_0\gamma\sqrt{1 - v^2/c^2}$$

onde

$$\gamma = \frac{1}{\sqrt{1 - u_B^2/c^2}}$$

$$p_{B2} = \frac{-mu_0\sqrt{1 - v^2/c^2}}{\sqrt{1 - u_B^2/c^2}} \qquad (14.50)$$

Usando u_B da Equação 14.49, temos

$$p_{B2} = \frac{-mu_0\sqrt{1 - v^2/c^2}}{\sqrt{(1 - u_0^2/c^2)(1 - v^2/c^2)}}$$
$$= \frac{-mu_0}{\sqrt{1 - u_0^2/c^2}} \qquad (14.51)$$

$$\Delta p_{B2} = \frac{+2mu_0}{\sqrt{1 - u_0^2/c^2}} \qquad (14.52)$$

As Equações 14.48 e 14.52 se anulam, conforme necessário para a conservação da quantidade de movimento linear.

14.8 Energia

Com uma nova definição da quantidade de movimento linear (Equação 14.45) em mãos, voltamos nossa atenção para a energia e força. Manteremos nossa definição anterior (Equação 2.86) da energia cinética como sendo o trabalho realizado em uma partícula. O trabalho realizado é definido na Equação 2.84 como sendo

$$W_{12} = \int_{1}^{2} \mathbf{F} \cdot d\mathbf{r} = T_2 - T_1 \tag{14.53}$$

A Equação 2.2 para a segunda lei de Newton é modificada para explicar a nova definição da quantidade de movimento linear:

$$\mathbf{F} = \frac{d\mathbf{p}}{dt} = \frac{d}{dt}(\gamma m \mathbf{u}) \tag{14.54}$$

Se iniciarmos a partir do repouso, $T_1 = 0$ e a velocidade vetorial $\mathbf{u}$ estará inicialmente ao longo da direção da força.

$$W = T = \int \frac{d}{dt}(\gamma m \mathbf{u}) \cdot \mathbf{u} \, dt \tag{14.55}$$

$$= m \int_{0}^{u} u \, d(\gamma u) \tag{14.56}$$

A Equação 14.56 é integrada por partes para obter

$$T = \gamma m u^2 - m \int_{0}^{u} \frac{u\,du}{\sqrt{1 - u^2/c^2}}$$

$$= \gamma m u^2 + mc^2 \sqrt{1 - u^2/c^2} \; \Big|_{0}^{u}$$

$$= \gamma m u^2 + mc^2 \sqrt{1 - u^2/c^2} - mc^2 \tag{14.57}$$

Com a manipulação algébrica, a Equação 14.57 se torna

$$\boxed{T = \gamma mc^2 - mc^2} \quad \text{energia cinética relativística} \tag{14.58}$$

A Equação 14.58 não parece se assemelhar em nada ao nosso resultado anterior para a energia cinética, $T = \frac{1}{2}mu^2$. No entanto, a Equação 14.58 deve reduzir para $\frac{1}{2}mu^2$ para valores pequenos de velocidade vetorial.

EXEMPLO 14.7

Mostre que a Equação 14.58 reduz ao resultado clássico para velocidades escalares pequenas, $u \ll c$.

Solução. O primeiro termo da Equação 14.58 pode ser expandido em uma série de potências:

$$T = mc^2(1 - u^2/c^2)^{-1/2} - mc^2$$

$$= mc^2 \left(1 + \frac{1}{2}\frac{u^2}{c^2} + \cdots \right) - mc^2 \tag{14.59}$$

onde todos os termos de potência $(u/c)^4$ ou maiores são desprezados porque $u \ll c$.

$$T = mc^2 + \frac{1}{2}mu^2 - mc^2$$

506 Dinâmica clássica de partículas e sistemas

$$= \frac{1}{2} mu^2 \qquad (14.60)$$

que é o resultado clássico.

É importante notar que nem $\frac{1}{2} mu^2$ nem $\frac{1}{2}\gamma mu^2$ fornece o valor relativístico correto para a energia cinética.

O termo mc^2 na Equação 14.58 é chamado de **energia de repouso** e é denotado por E_0.

$$\boxed{E_0 \equiv mc^2} \quad \text{energia de repouso} \qquad (14.61)$$

A Equação 14.58 é reescrita

$$\gamma mc^2 = T + mc^2$$

Desse modo,

$$E = T + E_0 \qquad (14.62)$$

onde

$$\boxed{E \equiv \gamma mc^2 = T + E_0} \quad \text{energia total} \qquad (14.63)$$

A energia total, $E = \gamma mc^2$, é definida como a soma da energia cinética e da energia de repouso. As Equações 14.58-14.63 são a origem do famoso resultado relativístico de Einstein da equivalência da massa e da energia (energia = mc^2). Essas equações são consistentes com esta interpretação. Observe que quando um corpo não está em movimento ($u = 0 = T$), a Equação 14.63 indica que a energia total é igual à energia de repouso.

Se a massa é simplesmente outra forma de energia, então devemos combinar as leis de conservação clássicas da massa e da energia em uma lei de conservação de massa-energia representada pela Equação 14.63. Essa lei é facilmente demonstrada no núcleo atômico, onde a massa das partículas constituintes é convertida para a energia que liga as partículas individuais umas com as outras.

EXEMPLO 14.8

Use as massas atômicas das partículas envolvidas para calcular a energia de ligação de um deutério.

Solução. Um deutério é composto por um nêutron e um próton. Usamos as massas atômicas, porque as massas de elétrons se anulam.

$$
\begin{aligned}
\text{massa do nêutron} \quad &= \quad 1{,}008665 \text{ u} \\
\text{massa do próton } (^1\text{H}) \quad &= \quad \underline{1{,}007825 \text{ u}} \\
\text{soma} \quad &= \quad 2{,}016490 \text{ u} \\
\text{massa do deutério } (^2\text{H}) \quad &= \quad 2{,}014102 \text{ u} \\
\text{diferença} \quad &= \quad 0{,}002388 \text{ u}
\end{aligned}
$$

Essa diferença de massa-energia é igual à energia de ligação que mantém o nêutron e o próton juntos como um deutério. As unidades de massa são unidades de massa atômica (u), que podem ser convertidas para quilogramas se necessário. No entanto, a conversão de massa para energia é facilitada pela relação bem conhecida entre a massa e a energia:

$$1 \text{ u}c^2 = 931{,}5 \text{ MeV} \qquad (14.64)$$

A energia de ligação do deutério é, portanto,

$$0,002388 \; \mathrm{u}c^2 \times 931,5 \frac{\mathrm{MeV}}{\mathrm{u}c^2} = 2,22 \; \mathrm{MeV}$$

Os experimentos nucleares da forma $\gamma + {}^2\mathrm{H} \to \mathrm{n} + \mathrm{p}$ indicam que os raios gama de energia superiores a 2,22 MeV são necessários para dividir o deutério em um nêutron e um próton. Reciprocamente, quando um nêutron e um próton se juntam em repouso para formar um deutério, 2,22 MeV de energia são liberados na forma de energia cinética do deutério e do raio gama.

Pelo fato de os físicos acreditarem que a quantidade de movimento é um conceito mais fundamental do que energia cinética (por exemplo, não há lei geral de conservação de energia cinética), gostaríamos de uma relação para massa-energia que incluísse a quantidade de movimento em vez de energia cinética. Começamos com a Equação 14.45 para a quantidade de movimento:

$$p = \gamma m u$$
$$p^2 c^2 = \gamma^2 m^2 u^2 c^2$$
$$= \gamma^2 m^2 c^4 \left(\frac{u^2}{c^2} \right) \tag{14.65}$$

É fácil mostrar que

$$\frac{u^2}{c^2} = 1 - \frac{1}{\gamma^2} \tag{14.66}$$

assim, a Equação 14.65 se torna

$$p^2 c^2 = \gamma^2 m^2 c^4 \left(1 - \frac{1}{\gamma^2} \right)$$
$$= \gamma^2 m^2 c^4 - m^2 c^4$$
$$= E^2 - E_0^2$$

$$\boxed{E^2 = p^2 c^2 + E_0^2} \tag{14.67}$$

A Equação 14.67 é uma relação cinemática muito útil. Ela relaciona a energia total de uma partícula à sua quantidade de movimento e energia de repouso.

Observe que um fóton não tem massa, de modo que a Equação 14.67 fornece

$$E = pc \quad \text{fóton} \tag{14.68}$$

Não existe fóton em repouso.

14.9 Espaço-tempo e quadrivetores

Na Seção 14.3 (Equação 14.5), observamos que as quantidades

$$\left. \begin{array}{c} \sum\limits_{j=1}^{3} x_j^2 - c^2 t^2 = 0 \\[2ex] \sum\limits_{j=1}^{3} x_j'^2 - c^2 t'^2 = 0 \end{array} \right\}$$

508 Dinâmica clássica de partículas e sistemas

são invariantes porque a velocidade da luz é a mesma em todos os sistemas inerciais em movimento relativo. Considere dois eventos separados por espaço e tempo. No sistema K,

$$\Delta x_i = x_i(\text{evento 2}) - x_i (\text{evento 1})$$

$$\Delta t = t (\text{evento 2}) - t (\text{evento 1})$$

O intervalo Δs^2 é invariante em todos os sistemas inerciais em movimento relativo (consulte o Problema 14.34):

$$\Delta s^2 = \sum_{j=1}^{3} (\Delta x_j)^2 - c^2 \Delta t^2 \tag{14.69}$$

$$\Delta s^2 = \Delta s'^2 = \sum_{j=1}^{3} (\Delta x_j')^2 - c^2 \Delta t'^2 \tag{14.70}$$

A Equação 14.69 pode ser escrita como uma equação diferencial:

$$ds^2 = dx_1^2 + dx_2^2 + dx_3^2 - c^2 dt^2 \tag{14.71}$$

Considere o sistema K', onde a partícula está em repouso instantaneamente. Porque $dx_1' = dx_2' = dx_3' = 0$ neste caso, $dt' = d\tau$, o intervalo de tempo adequado discutido acima (Equação 14.21). A Equação 14.70 se torna

$$-c^2 d\tau^2 = dx_1^2 + dx_2^2 + dx_3^2 - c^2 dt^2 \tag{14.72}$$

Usando a transformação de Lorentz, a Equação 14.72 fornece um resultado semelhante à Equação 14.21:

$$d\tau = \frac{dt}{\gamma} \tag{14.73}$$

O tempo adequado τ é, juntamente com a quantidade de comprimento Δs^2, outra quantidade invariante de Lorentz.

Um conceito útil na relatividade especial é a de **cone da luz**. O comprimento invariante Δs^2 sugere a adição de ct como uma quarta dimensão às três dimensões espaciais x_1, x_2 e x_3. Na Figura 14.6, plotamos ct *versus* uma das coordenadas espaciais euclidianas. A origem de (x, ct) é o presente $(0, 0)$. As linhas contínuas representam os caminhos percorridos no passado e no futuro pela luz. Uma partícula que percorre o caminho de A a B é considerada como estando em movimento ao longo de sua **linha mundial**. Para o tempo $t < 0$, a partícula estava na parte inferior do cone, o passado. Da mesma forma, para $t > 0$, a partícula se deslocará na parte superior do cone, o futuro. Não é possível sabermos sobre os eventos fora do cone de luz. Esta região, chamada de "outros lugares", exige que $v > c$.

Existem duas possibilidades em relação ao valor de Δs^2. Se $\Delta s^2 > 0$, os dois eventos terão um **intervalo tipo-espaço**. É sempre possível encontrar um sistema inercial que se move com $v < c$ tal que os dois eventos ocorram em coordenadas de espaço diferentes, mas ao mesmo tempo. Quando $\Delta s^2 < 0$, os dois eventos são considerados como tendo um **intervalo tipo-tempo**. É sempre possível encontrar um sistema inercial adequado em que os eventos ocorram no mesmo ponto no espaço, mas em momentos diferentes. No caso $\Delta s^2 = 0$, os dois eventos são separados por um raio de luz.

Somente os eventos separados por um intervalo tipo-tempo podem ser conectados de forma causal. O evento presente no cone de luz pode ser relacionado de forma causal somente aos eventos na região passada do cone de luz. Os eventos com um intervalo tipo-espaço não podem ser conectados de forma causal. O espaço e o tempo, embora distintos, estão todavia complexamente relacionados.

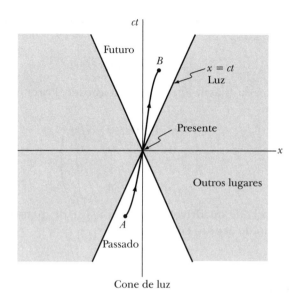

FIGURA 14.6 A variável ct é plotada *versus* x com a origem sendo o presente. As linhas contínuas mais grossas indicam os caminhos do passado e do futuro da luz e formam um *cone de luz*. Os espaços à direita e à esquerda dessas linhas são considerados "outros lugares", porque não podemos chegar a esta região a partir do presente. O caminho de A a B representa uma *linha mundial*, um caminho que podemos tomar viajando a velocidades escalares inferiores ou iguais à da luz.

A discussão anterior do espaço e do tempo sugere o uso de ct como um quarto parâmetro dimensional. Continuamos nesta linha de pensamento, definindo $x_4 \equiv ict$ e $x'_4 \equiv ict'$. O uso do número imaginário $i(= \sqrt{-1})$ não indica que este componente seja imaginário. O número imaginário simplesmente nos permite representar as relações de forma concisa, matemática. O restante desta seção poderia simplesmente ser realizada também sem o uso de i (por exemplo, $x_4 = ct$) mas a matemática seria mais complicada. Os resultados úteis são em termos de quantidades reais, físicas.

Usando $x_4 = ict$ e $x'_4 = ict'$, podemos escrever as Equações 14.5 como[14]

$$\left. \begin{array}{l} \sum_{\mu=1}^{4} x_\mu^2 = 0 \\ \sum_{\mu=1}^{4} x'^2_\mu = 0 \end{array} \right\} \quad (14.74)$$

A partir dessas equações, é claro que as duas somas devem ser proporcionais e, tendo em vista que o movimento é simétrico entre os sistemas, a constante de proporcionalidade é unitária.[15] Assim,

$$\sum_\mu x_\mu^2 = \sum_\mu x'^2_\mu \quad (14.75)$$

Esta relação é análoga às rotações tridimensionais, que preservam a distância, e ortogonais que estudamos anteriormente (consulte a Seção 1.4) e indica que a transformação de Lorentz corresponde a uma rotação em um espaço *quadridimensional* (chamado de **espaço geodésico**

---

[14] De acordo com a convenção padrão, usamos índices gregos (geralmente μ ou ν) para indicar os somatórios que vão de 1 a 4. Na teoria da relatividade, os índices latinos são normalmente reservados para os somatórios que vão de 1 a 3.

[15] Uma "prova" é dada no Apêndice G.

510 Dinâmica clássica de partículas e sistemas

ou **espaço de Minkowski**[16]). As transformações de Lorentz são, então, transformações ortogonais no espaço de Minkowski:

$$x'_\mu = \sum_\nu \lambda_{\mu\nu} x_\nu \tag{14.76}$$

onde $\lambda_{\mu\nu}$ são os elementos da matriz da transformação de Lorentz. A partir das Equações 14.14, a transformação $\boldsymbol{\lambda}$ é

$$\boldsymbol{\lambda} = \begin{pmatrix} \gamma & 0 & 0 & i\beta\gamma \\ 0 & 1 & 0 & 0 \\ 0 & 0 & 1 & 0 \\ -i\beta\gamma & 0 & 0 & \gamma \end{pmatrix} \tag{14.77}$$

A quantidade é chamada de **quadrivetor** se ela consiste de quatro componentes, cada um dos quais se transformando de acordo com a relação[17]

$$A'_\mu = \sum_\nu \lambda_{\mu\nu} A_\nu \tag{14.78}$$

onde $\lambda_{\mu\nu}$ define uma transformação de Lorentz. Quadrivetor[18] é

$$\mathbb{X} = (x_1, x_2, x_3, ict) \tag{14.79a}$$

ou

$$\boxed{\mathbb{X} = (\mathbf{x}, ict)} \tag{14.79b}$$

onde a notação da última linha significa que os três primeiros componentes (espaciais) de $\mathbb{X}$ definem o vetor da posição tridimensional ordinária $\mathbf{x}$ e que o quarto componente é ict. Da mesma forma, o diferencial de $\mathbb{X}$ é um quadrivetor:

$$d\mathbb{X} = (d\mathbf{x}, ic\, dt) \tag{14.80}$$

No espaço de Minkowski, o elemento de comprimento quadridimensional é invariante. Sua magnitude não é afetada por uma transformação de Lorentz, e essa quantidade é chamada de **quatro-escalares** ou **grandeza escalar mundial**. A Equação 14.71 pode ser escrita como

$$ds = \sqrt{\sum_\mu dx_\mu^2} \tag{14.81}$$

e a Equação 14.72 como

$$d\tau = \frac{i}{c}\sqrt{\sum_\mu dx_\mu^2} = \frac{i}{c}\, ds \tag{14.82}$$

O tempo adequado $d\tau$ é invariante porque é simplesmente i/c vezes o elemento de comprimento ds. A razão do quadrivetor $d\mathbb{X}$ para o invariante $d\tau$ é também, portanto, um quadrivetor, chamado de velocidade vetorial do quadrivetor:

$$\boxed{\mathbb{V} = \frac{d\mathbb{X}}{d\tau} = \left(\frac{d\mathbf{x}}{d\tau}, ic\frac{dt}{d\tau}\right)} \tag{14.83}$$

---

[16] Herman Minkowski (1864-1909) fez contribuições importantes para a teoria matemática da relatividade e apresentou como um quarto componente.

[17] Não fazemos distinção aqui entre os componentes do vetor *covariante* e *contravariante*. Consulte, por exemplo, Bergmann (Be46, Capítulo 5).

[18] Quadrivetores são denotados exclusivamente por letras maiúsculas com tipo openface.

Os componentes da velocidade vetorial ordinária **u** são

$$u_j = \frac{dx_j}{dt}$$

assim, usando as Equações 14.71 e 14.82, $d\tau$ pode ser expresso como

$$d\tau = dt \sqrt{1 - \frac{1}{c^2} \sum_j \frac{dx_j^2}{dt^2}}$$

ou

$$d\tau = dt \sqrt{1 - \beta^2} \tag{14.84}$$

como encontramos na Equação 14.73. A velocidade vetorial do quadrivetor pode ser escrita como

$$\mathbb{V} = \frac{1}{\sqrt{1 - \beta^2}} (\mathbf{u}, ic) \tag{14.85}$$

onde **u** representa os três componentes espaciais da velocidade vetorial ordinária, u_1, u_2, u_3. (Lembre-se de que a velocidade vetorial da partícula é agora denotada por **u** para distingui-la da velocidade vetorial do sistema em movimento **v**.) A quantidade de movimento do quadrivetor agora é simplesmente a massa vezes a velocidade vetorial do quadrivetor,[19] pois a massa é invariante:

$$\mathbb{P} = m\mathbb{V} \tag{14.86}$$

$$\mathbb{P} = \left(\frac{m\mathbf{u}}{\sqrt{1 - \beta^2}}, ip_4 \right) \tag{14.87}$$

onde

$$p_4 \equiv \frac{mc}{\sqrt{1 - \beta^2}} \tag{14.88}$$

Os três primeiros componentes da quantidade de movimento do quadrivetor $\mathbb{P}$ são os componentes da quantidade de movimento relativístico (Equação 14.45):

$$P_j = p_j = \gamma m u_j, \quad j = 1, 2, 3 \tag{14.89}$$

Usando a Equação 14.63, o quarto componente da quantidade de movimento está relacionado à energia total E:

$$p_4 = \gamma mc = \frac{E}{c} \tag{14.90}$$

A quantidade de movimento do quadrivetor, portanto, pode ser escrita como

$$\mathbb{P} = \left(\mathbf{p}, i\frac{E}{c} \right) \tag{14.91}$$

onde **p** representa os três componentes espaciais da quantidade de movimento. Assim, na teoria da relatividade, a quantidade de movimento e a energia são ligadas de forma semelhante

---

[19] Um quadrivetor multiplicado por um quatro-escalar também é um quadrivetor.

às que unem os conceitos de espaço e tempo. Se aplicarmos a matriz de transformação de Lorentz (Equação 14.77) para a quantidade de movimento $\mathbb{P}$, teremos

$$\begin{aligned} p_1' &= \frac{p_1 - (v/c^2)E}{\sqrt{1-\beta^2}} \\ p_2' &= p_2 \\ p_3' &= p_3 \\ E' &= \frac{E - vp_1}{\sqrt{1-\beta^2}} \end{aligned} \quad (14.92)$$

EXEMPLO 14.9

Usando os métodos desta seção, derive a Equação 14.67.

Solução. Se colocarmos a origem do sistema em movimento K' fixo na partícula, teremos $u = v$. O quadrado da velocidade vetorial do quadrivetor (Equação 14.85) é invariante:

$$\mathbb{V}^2 = \sum_\mu V_\mu^2 = \frac{v^2 - c^2}{1 - \beta^2} = -c^2 \quad (14.93)$$

Desse modo, o quadrado da quantidade de movimento do quadrivetor também é invariante:

$$\mathbb{P}^2 = \sum_\mu P_\mu^2 = m^2 \mathbb{V}^2 = -m^2 c^2 \quad (14.94)$$

A partir da Equação 14.91, temos também, usando $\mathbf{p} \cdot \mathbf{p} = p^2 = p_1^2 + p_2^2 + p_3^2$,

$$\mathbb{P}^2 = p^2 - \frac{E^2}{c^2} \quad (14.95)$$

Combinando as duas últimas equações, temos a Equação 14.67.

$$E^2 = p^2 c^2 + m^2 c^4 = p^2 c^2 + E_0^2$$

Se definimos um ângulo ϕ tal que $\beta = \operatorname{sen} \phi$, as relações relativísticas entre velocidade vetorial, quantidade de movimento e energia podem ser obtidas por meio das relações trigonométricas envolvendo o tão chamado "triângulo relativístico" (Figura 14.7).

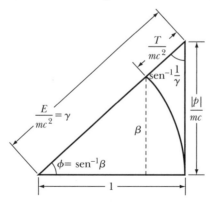

FIGURA 14.7 O triângulo relativístico nos permite encontrar as relações entre velocidade vetorial, quantidade de movimento e energia por meio do uso das relações trigonométricas.

CAPÍTULO 14 – Teoria especial da relatividade **513**

EXEMPLO 14.10

Derive a regra de adição de velocidade vetorial.

Solução. Suponhamos que existam três sistemas de referência inerciais, K, K' e K'', que estão em movimento colinear ao longo de seus respectivos eixos x_1. Considere que a velocidade vetorial de K' em relação à de K é v_1 e a velocidade vetorial de K'' em relação à de K' é v_2. A velocidade escalar de K'' em relação à de K não pode ser $v_1 + v_2$, porque deve ser possível propagar um sinal entre dois sistemas inerciais, e se ambas v_1 e v_2 forem superiores a $c/2$ (mas inferiores a c), então $v_1 + v_2 > c$. Portanto, a regra para a adição de velocidades vetoriais na relatividade deve ser diferente daquela na teoria galileana. A regra da adição da velocidade vetorial relativística pode ser obtida considerando-se a matriz de transformação de Lorentz, conectando K e K''. As matrizes da transformação individual são

$$
\boldsymbol{\lambda}_{K' \to K} = \begin{pmatrix} \gamma_1 & 0 & 0 & i\beta_1\gamma_1 \\ 0 & 1 & 0 & 0 \\ 0 & 0 & 1 & 0 \\ -i\beta_1\gamma_1 & 0 & 0 & \gamma_1 \end{pmatrix}
$$

$$
\boldsymbol{\lambda}_{K'' \to K'} = \begin{pmatrix} \gamma_2 & 0 & 0 & i\beta_2\gamma_2 \\ 0 & 1 & 0 & 0 \\ 0 & 0 & 1 & 0 \\ -i\beta_2\gamma_2 & 0 & 0 & \gamma_2 \end{pmatrix}
$$

A transformação a partir de K'' para K é apenas o produto dessas duas transformações:

$$
\boldsymbol{\lambda}_{K'' \to K} = \boldsymbol{\lambda}_{K'' \to K'}\boldsymbol{\lambda}_{K' \to K} = \begin{pmatrix} \gamma_1\gamma_2(1 + \beta_1\beta_2) & 0 & 0 & i\gamma_1\gamma_2(\beta_1 + \beta_2) \\ 0 & 1 & 0 & 0 \\ 0 & 0 & 1 & 0 \\ -i\gamma_1\gamma_2(\beta_1 + \beta_2) & 0 & 0 & \gamma_1\gamma_2(1 + \beta_1\beta_2) \end{pmatrix}
$$

A fim de que os elementos desta matriz correspondam aos da matriz normal de Lorentz (Equação 14.77), devemos identificar β e γ para a transformação de $K'' \to K$ como

$$
\left. \begin{array}{l} \gamma = \gamma_1\gamma_2(1 + \beta_1\beta_2) \\ \beta\gamma = \gamma_1\gamma_2(\beta_1 + \beta_2) \end{array} \right\} \tag{14.96}
$$

a partir da qual obtemos

$$
\beta = \frac{\beta_1 + \beta_2}{1 + \beta_1\beta_2} \tag{14.97}
$$

Se multiplicarmos essa última expressão por c, obteremos a forma usual da regra da adição da velocidade vetorial (velocidade escalar):

$$
\boxed{v = \frac{v_1 + v_2}{1 + (v_1 v_2/c^2)}} \tag{14.98}
$$

Consequentemente, se $v_1 < c$ e $v_2 < c$, então $v < c$ também.

Mesmo que as velocidades vetoriais de *sinal* nunca possam ultrapassar c, existem outros tipos de velocidade vetorial que podem ser superiores a c. Por exemplo, a *velocidade vetorial de fase* de uma onda de luz em um meio para o qual o índice de refração é inferior à unidade é superior a c, mas a velocidade vetorial de fase não corresponde à velocidade vetorial de sinal em tal meio. A velocidade vetorial de sinal é na verdade inferior a c. Ou considere um canhão de elétrons que emite um feixe de elétrons. Se o canhão é girado, o feixe de elétrons traça um determinado caminho em uma tela colocada a uma distância adequada. Se a velocidade vetorial angular do canhão e a distância para a tela forem suficientemente grandes, então a velocidade vetorial do ponto que percorre toda a tela pode ser *qualquer* velocidade vetorial, arbitrariamente grande. Assim, a *velocidade escalar de gravação* de um osciloscópio pode ultrapassar c, mas, novamente, a velocidade escalar de gravação não corresponde à velocidade vetorial do sinal, ou seja, a informação não pode ser transmitida de um ponto na tela para outro por meio do feixe de elétrons. Neste dispositivo, um sinal pode ser transmitido apenas a partir do canhão para a tela, e essa transmissão ocorre na velocidade vetorial dos elétrons no feixe (ou seja, $< c$).

EXEMPLO 14.11

Derive o efeito Doppler relativístico se o ângulo entre a fonte de luz e a direção do movimento relativo do observador for θ (Figura 14.8).

Solução. Este exemplo pode ser facilmente resolvido usando o quadrivetor quantidade de movimento-energia, por meio do tratamento da luz como um fóton com energia total $E = h\nu$. A fonte de luz está em repouso no sistema K e emite uma frequência única ν_0.

$$E = h\nu_0 \tag{14.99}$$

$$p = \frac{E}{c} = \frac{h\nu_0}{c} \tag{14.100}$$

O observador que se desloca para a direita no sistema K' mede a energia E' para um fóton de frequência ν'. Da Equação 14.92, temos

$$E' = \gamma(h\nu_0 - vp_1) \tag{14.101}$$

$$h\nu' = \gamma\left(h\nu_0 - \frac{vh\nu_0}{c}\cos\theta\right) \tag{14.102}$$

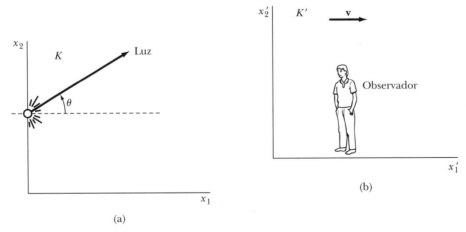

FIGURA 14.8 Uma fonte de luz fixa no sistema K emite luz em frequência única ν_0. Um observador no sistema K', se deslocando para a direita a uma velocidade vetorial **v** em relação a K, mede a frequência da luz como sendo ν'.

onde $p_1 = p \cos\theta$. A Equação 14.102 se reduz a

$$\nu' = \gamma\nu_0(1 - \beta\cos\theta) \tag{14.103}$$

que é equivalente à Equação 14.34, dependendo do valor de θ. No começo, o observador está muito para a esquerda da fonte, e à medida que o observador se aproxima da fonte $(\theta = \pi)$,

$$\nu' = \nu_0 \frac{\sqrt{1 + \beta}}{\sqrt{1 - \beta}} \quad \text{observador se aproxima da fonte} \tag{14.104}$$

como na Equação 14.31. Num momento muito mais tarde, o observador está se afastando $(\theta = 0)$ e

$$\nu' = \nu_0 \frac{\sqrt{1 - \beta}}{\sqrt{1 + \beta}} \quad \text{observador se afasta da fonte} \tag{14.105}$$

como na Equação 14.33. Quando o observador só passa a fonte $(\theta = \pi/2)$,

$$\nu' = \frac{\nu_0}{\sqrt{1 - \beta^2}} \quad \text{observador passa a fonte} \tag{14.106}$$

Podemos também considerar o caso em que o observador esteja em repouso e a fonte em movimento (consulte o Problema 14.18). Continuamos a obter as Equações 14.104-14.106 porque, de acordo com o princípio da relatividade, não é possível distinguir entre o movimento do observador e o movimento da fonte.

14.10 Função lagrangiana na relatividade especial

As dinâmicas lagrangiana e hamiltoniana (discutidas no Capítulo 7) devem ser ajustadas em face dos novos conceitos apresentados aqui. Podemos estender o formalismo lagrangiano na esfera da relatividade especial da forma descrita a seguir. Para uma única (não relativística) partícula que se desloca em um potencial de velocidade vetorial independente, os componentes da quantidade de movimento retangular (consulte a Equação 7.150) podem ser escritos como

$$p_i = \frac{\partial L}{\partial u_i} \tag{14.107}$$

De acordo com a Equação 14.87, a expressão relativística para o componente da quantidade de movimento ordinário (isto é, espaço) é

$$p_i = \frac{mu_i}{\sqrt{1 - \beta^2}} \tag{14.108}$$

Agora, precisamos que a lagrangiana *relativística*, quando diferenciada em relação a u_i como na Equação 14.107, produza os componentes da quantidade de movimento fornecidos pela Equação 14.108:

$$\frac{\partial L}{\partial u_i} = \frac{mu_i}{\sqrt{1 - \beta^2}} \tag{14.109}$$

Esta exigência envolve apenas a *velocidade vetorial* da partícula. Assim, esperamos que a parte da velocidade vetorial *independente* da lagrangiana relativística mantenha-se inalterada do

516   Dinâmica clássica de partículas e sistemas

caso não relativístico. A parte da velocidade vetorial *dependente*, entretanto, pode não ser mais igual à energia cinética. Por isso, escrevemos

$$L = T^* - U \tag{14.110}$$

onde $U = U(x_i)$ e $T^* = T^*(u_i)$. A função T^* deve satisfazer a relação

$$\frac{\partial T^*}{\partial u_i} = \frac{mu_i}{\sqrt{1 - \beta^2}} \tag{14.111}$$

Verifica-se facilmente que uma expressão adequada para T^* (além de uma possível constante de integração que pode ser suprimida) é

$$T^* = -mc^2\sqrt{1 - \beta^2} \tag{14.112}$$

Consequentemente, a lagrangiana relativística pode ser escrita como

$$\boxed{L = -mc^2\sqrt{1 - \beta^2} - U} \tag{14.113}$$

e as equações de movimento são obtidas na forma padrão a partir das equações de Lagrange.

Observe que a lagrangiana *não* é dada por $T - U$, porque a expressão relativística para a energia cinética (Equação 14.58) é

$$T = \frac{mc^2}{\sqrt{1 - \beta^2}} - mc^2 \tag{14.114}$$

A hamiltoniana (consulte a Equação 7.153) pode ser calculada a partir de

$$H = \sum_i u_i p_i - L$$

$$= \sum_i \frac{p_i^2 c^2}{\gamma mc^2} + \frac{mc^2}{\gamma} + U$$

onde usamos as Equações 14.108 e 14.113 e mudamos para $\sqrt{1 - \beta^2}$ para γ^{-1}. Desse modo,

$$H = \frac{p^2 c^2}{\gamma mc^2} + \frac{mc^2}{\gamma} + U = \frac{1}{\gamma mc^2}(p^2 c^2 + m^2 c^4) + U$$

$$= \frac{E^2}{\gamma mc^2} + U$$

$$= E + U = T + U + E_0 \tag{14.115}$$

A hamiltoniana relativística é igual à energia total definida na Seção 14.8 *mais* a energia potencial. Ela difere da energia total utilizada anteriormente no Capítulo 7 até agora, incluindo a energia de repouso.

14.11   Cinemática relativística

No caso em que as velocidades vetoriais em um processo de colisão não são desprezíveis em relação à velocidade da luz, torna-se necessário usar a cinemática *relativística*. Na discussão do Capítulo 9, aproveitamos as propriedades do sistema de coordenada do centro de massa na derivação de muitas das relações cinemáticas. Como a massa e a energia são interligadas na teoria da relatividade, já não faz mais sentido falar do sistema de "centro de massa". Em cinemática relativística, usa-se um sistema de coordenada "centro da quantidade de movimento" como alternativa. Esse sistema possui a mesma propriedade essencial do sistema do centro de massa utilizado anteriormente – a quantidade de movimento linear total no sistema é zero. Portanto, se uma partícula de massa m_1 colidir elasticamente com uma partícula de massa m_2, então, no sistema do centro de quantidade de movimento, teremos

$$p'_1 = p'_2 \tag{14.116}$$

Usando a Equação 14.87, os componentes de espaço do quadrivetor da quantidade de movimento podem ser escritos como

$$m_1 u'_1 \gamma'_1 = m_2 u'_2 \gamma'_2 \tag{14.117}$$

onde, como antes, $\gamma \equiv 1/\sqrt{1 - \beta^2}$ e $\beta \equiv u/c$.

Em um problema de colisão, é conveniente associar o sistema de coordenadas de laboratório com o sistema inercial K e o sistema do centro de quantidade de movimento com K' (consulte a Figura 14-9). Uma simples transformação de Lorentz, então, conecta os dois sistemas. Para derivar as expressões cinemáticas relativísticas, o procedimento é obter as relações do centro de quantidade de movimento e, em seguida, executar a transformação de Lorentz de volta ao sistema de laboratório. Escolhemos os eixos de coordenadas de modo que M_1 se desloca ao longo do eixo x em K com velocidade escalar u_1. Porque m_2 está inicialmente em repouso em $u_2 = 0$. Em K', m_2 se desloca com velocidade escalar u'_2 e assim se desloca em relação a K também com velocidade escalar u'_2 e na mesma direção do movimento inicial de m_1.

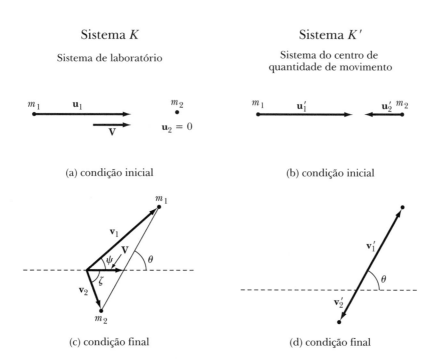

FIGURA 14.9 A colisão elástica esquemática da Figura 9.10 é reexibida com os sistemas K e K' indicados.

518   Dinâmica clássica de partículas e sistemas

Partindo do fato de que $\beta\gamma = \sqrt{\gamma^2 - 1}$, temos

$$
\begin{aligned}
p'_1 &= m_1 u'_1 \gamma'_1 = m_1 c \beta'_1 \gamma'_1 \\
&= m_1 c \sqrt{\gamma'^2_1 - 1} = m_2 c \sqrt{\gamma'^2_2 - 1} \\
&= p'_2
\end{aligned}
\tag{14.118}
$$

que expressa a igualdade das quantidades de movimento no sistema do centro de quantidade de movimento.

De acordo com a Equação 14.92, a transformação da quantidade de movimento (de K a K') é

$$
p'_1 = \left(p_1 - \frac{u'_2}{c^2} E_1 \right) \gamma'_2
\tag{14.119}
$$

Temos também

$$
\left.
\begin{aligned}
p_1 &= m_1 u_1 \gamma_1 \\
E_1 &= m_1 c^2 \gamma_1
\end{aligned}
\right\}
\tag{14.120}
$$

assim, a Equação 14.118 pode ser utilizada para obter

$$
\begin{aligned}
m_1 c \sqrt{\gamma'^2_1 - 1} &= (m_1 c \beta_1 \gamma_1 - \beta'_2 m_1 c \gamma_1) \gamma'_2 \\
&= m_1 c (\gamma'_2 \sqrt{\gamma^2_1 - 1} - \gamma_1 \sqrt{\gamma'^2_2 - 1}) \\
&= m_2 c \sqrt{\gamma'^2_2 - 1}
\end{aligned}
\tag{14.121}
$$

Essas equações podem ser revolvidas para γ'_1 e γ'_2 em termos de γ_1:

$$
\gamma'_1 = \frac{\gamma_1 + \dfrac{m_1}{m_2}}{\sqrt{1 + 2\gamma_1\left(\dfrac{m_1}{m_2}\right) + \left(\dfrac{m_1}{m_2}\right)^2}}
\tag{14.122a}
$$

$$
\gamma'_2 = \frac{\gamma_1 + \dfrac{m_2}{m_1}}{\sqrt{1 + 2\gamma_1\left(\dfrac{m_2}{m_1}\right) + \left(\dfrac{m_2}{m_1}\right)^2}}
\tag{14.122b}
$$

Em seguida, escrevemos as equações de transformação dos componentes de quantidade de movimento a partir de K' de volta para K após o espalhamento. Temos agora os dois componentes x e y:

$$
\begin{aligned}
p_{1,x} &= \left(p'_{1,x} + \frac{u'_2}{c^2} E'_1 \right) \gamma'_2 \\
&= (m_1 c \beta'_1 \gamma'_1 \cos\theta + m_1 c \beta'_2 \gamma'_1) \gamma'_2 \\
&= m_1 c \gamma'_1 \gamma'_2 (\beta'_1 \cos\theta + \beta'_2)
\end{aligned}
\tag{14.123a}
$$

(Observe que, porque a transformação é de K' a K, um sinal de mais aparece antes do segundo termo, em contraste com a Equação 14.119.). Além disso,

$$
p_{1,y} = m_1 c \beta'_1 \gamma'_1 \operatorname{sen}\theta
\tag{14.123b}
$$

CAPÍTULO 14 – Teoria especial da relatividade **519**

A tangente do ângulo de espalhamento de laboratório ψ é dada por $p_{1,y}/p_{1,x}$. Portanto, dividindo a Equação 14.123b pela Equação 14.123a, obtemos

$$\operatorname{tg}\,\psi = \frac{1}{\gamma_2'}\frac{\operatorname{sen}\theta}{\cos\theta + (\beta_2'/\beta_1')}$$

Usando a Equação 14.117 para expressar β_2'/β_1', o resultado é

$$\operatorname{tg}\,\psi = \frac{1}{\gamma_2'}\frac{\operatorname{sen}\theta}{\cos\theta + (m_1\gamma_1'/m_2\gamma_2')} \tag{14.124}$$

Para a partícula de recuo, temos

$$
\begin{aligned}
p_{2,x} &= \left(p_{2,x}' + \frac{u_2'}{c^2}E_2'\right)\gamma_2'\\
&= (-m_2c\beta_2'\gamma_2'\cos\theta + m_2c\beta_2'\gamma_2')\gamma_2'\\
&= m_2c\beta_2'\gamma_2'^2(1 - \cos\theta) \tag{14.125a}
\end{aligned}
$$

onde um sinal de menos aparece no primeiro termo porque $p_{2,x}'$ é direcionado para o lado oposto de $p_{1,x}$. Além disso,

$$p_{2,y} = -m_2c\beta_2'\gamma_2'\operatorname{sen}\theta \tag{14.125b}$$

Como antes, a tangente do ângulo de recuo de laboratório ζ é dada por $p_{2,y}/p_{2,x}$:

$$\operatorname{tg}\,\zeta = -\frac{1}{\gamma_2'}\frac{\operatorname{sen}\theta}{1 - \cos\theta} \tag{14.126}$$

O sinal de menos em geral indica que se m_1 for espalhado para valores positivos de ψ, então m_2 recua na direção negativa de ζ.

Um caso de interesse especial é aquele em que $m_1 = m_2$. Das Equações 14.122, temos

$$\gamma_1' = \gamma_2' = \sqrt{\frac{1 + \gamma_1}{2}}, \qquad m_1 = m_2 \tag{14.127}$$

As tangentes dos ângulos de espalhamento se tornam

$$\operatorname{tg}\,\psi = \sqrt{\frac{2}{1 + \gamma_1}}\cdot\frac{\operatorname{sen}\theta}{1 + \cos\theta} \tag{14.128}$$

$$\operatorname{tg}\,\zeta = -\sqrt{\frac{2}{1 + \gamma_1}}\cdot\frac{\operatorname{sen}\theta}{1 - \cos\theta} \tag{14.129}$$

Portanto, o produto é

$$\operatorname{tg}\,\psi\,\operatorname{tg}\,\zeta = -\frac{2}{1 + \gamma_1}, \qquad m_1 = m_2 \tag{14.130}$$

(O sinal de menos não é de importância fundamental. Ele apenas indica que ψ e ζ são medidos em direções opostas.)

Descobrimos anteriormente que no limite não relativístico havia sempre um ângulo reto entre os vetores velocidade final no espalhamento de partículas de igual massa. De fato, no limite $\gamma_1 \to 1$, as Equações 14.128 e 14.129 se tornam iguais às Equações 9.69 e 9.73, respectivamente, e assim $\psi + \zeta = \pi/2$. A Equação 14.130, no entanto, mostra o caso relativístico

$\psi + \zeta < \pi/2$. Assim, o ângulo formado no espalhamento é sempre menor do que no limite não relativístico. Para espalhamento e ângulos de recuo iguais ($\psi = \zeta$), a Equação 14.130 se torna

$$\operatorname{tg} \psi = \left(\frac{2}{1+\gamma_1}\right)^{1/2}, \qquad m_1 = m_2$$

e o ângulo formado entre as direções das partículas espalhadas e de recuo é

$$\phi = \psi + \zeta = 2\psi$$

$$= 2 \operatorname{tg}^{-1}\left(\frac{2}{1+\gamma_1}\right)^{1/2}, \qquad m_1 = m_2 \qquad (14.131)$$

A Figura 14.10 mostra ϕ como uma função de γ_1 até $\gamma_1 = 20$. Em $\gamma_1 = 10$, o ângulo formado é de aproximadamente 46°. Este valor de γ_1 corresponde a uma velocidade vetorial inicial que é 99,5% da velocidade da luz. De acordo com a Equação 14.58, a energia cinética é dada por $T_1 = m_1 c^2 (\gamma_1 - 1)$. Portanto, um próton com $\gamma_1 = 10$ teria uma energia cinética de aproximadamente 8,4 GeV, enquanto um elétron com a mesma velocidade vetorial teria $T_1 \cong 4,6$ MeV.[20]

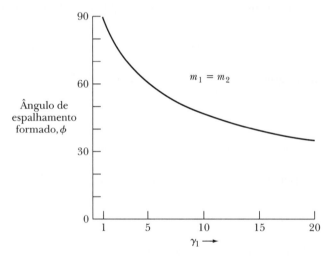

FIGURA 14.10 O ângulo de espalhamento formado, $\phi = \psi + \zeta$, é mostrado como uma função do parâmetro relativístico γ_1 para $m_1 = m_2$. Para espalhamento não relativístico ($\gamma_1 = 1$), este ângulo é sempre 90°.

Usando as propriedades de transformação do quarto componente do quadrivetor de quantidade de movimento (ou seja, a energia total), é possível obter os análogos relativísticos de todas as equações de energia que já derivamos anteriormente no limite não relativístico.

PROBLEMAS

14.1. Prove a Equação 14.13 usando as Equações 14.9 a 14.12.

---

[20] Essas unidades de energia são definidas no Problema 14.39: 1 GeV = 10^3 MeV = 10^9 eV = $1,602 \times 10^{-3}$ erg = $1,602 \times 10^{-10}$ J.

CAPÍTULO 14 – Teoria especial da relatividade **521**

14.2. Mostre que as equações de transformação que ligam os sistemas K' e K (Equações 14.14) podem ser expressadas como

$$x_1' = x_1 \cosh \alpha - ct \operatorname{senh} \alpha$$
$$x_2' = x_2, \quad x_3' = x_3$$
$$t' = t \cosh \alpha - \frac{x_1}{c} \operatorname{sen h} \alpha$$

onde $\tanh \alpha = v/c$. Mostre que a transformação de Lorentz corresponde a uma rotação por um ângulo $i\alpha$ no espaço quadridimensional.

14.3. Mostre que a equação

$$\nabla^2 \Psi - \frac{1}{c^2} \frac{\partial^2 \Psi}{\partial t^2} = 0$$

é invariante sob uma transformação de Lorentz, mas não sob uma transformação de Galileu. (Esta é a equação de onda que descreve a propagação das ondas de luz em espaço livre).

14.4. Mostre que a expressão para a contração de FitzGerald-Lorentz (Equação 14.19) também pode ser obtida se o observador no sistema K' medir o tempo necessário para a haste passar por um ponto fixo nesse sistema e, em seguida, multiplicar o resultado por v.

14.5. Qual é a forma aparente de um cubo em movimento com uma velocidade vetorial uniforme diretamente *em direção a* ou *longe de* um observador?

14.6. Considere dois eventos que ocorrem em pontos diferentes no sistema K no mesmo instante t. Se esses dois pontos estão separados por uma distância Δx, mostre que no sistema K' os eventos não são simultâneos, mas estão separados por um intervalo de tempo $\Delta t' = -v\gamma \Delta x/c^2$.

14.7. Dois relógios localizados nas origens dos sistemas K e K' (que têm uma velocidade escalar relativa v) estão sincronizados quando as origens coincidem. Depois de um tempo t, um observador na origem do sistema K observa o relógio K' por meio de um telescópio. Qual é a leitura do relógio K'?

14.8. Em seu artigo de 1905 (consulte a tradução em Lo23), Einstein afirma: "Concluímos que o relógio em equilíbrio no equador deve andar mais devagar, por uma diferença muito pequena, que um relógio precisamente semelhante situado em um dos polos sob condições contrárias idênticas". Despreze o fato de que o relógio do equador não sofre movimento uniforme e mostre que, depois de um século, os relógios se diferenciarão em aproximadamente 0,0038 s.

14.9. Considere um foguete relativístico cuja velocidade vetorial em relação a um determinado sistema inercial seja v e cujos gases de escape sejam emitidos a uma velocidade vetorial constante V em relação ao foguete. Mostre que a equação de movimento é

$$m \frac{dv}{dt} + V \frac{dm}{dt} (1 - \beta^2) = 0$$

onde $m = m(t)$ é a massa do foguete em seu sistema de referência em repouso e $\beta = v/c$.

14.10. Mostre pelos métodos algébricos que as Equações 14.15 decorrem das Equações 14.14.

14.11. Uma vara de comprimento l é fixada em um ângulo θ do seu eixo x_1 em seu próprio sistema em repouso K. Qual é o comprimento e a orientação da vara do ponto de vista de um observador em movimento ao longo de x_1 com velocidade v?

14.12. Um piloto que tenta quebrar o recorde de velocidade escalar em terra passa como um foguete por dois marcadores espaçados a 100 m de distância na terra, em um tempo de 0,4 μs do ponto

522 Dinâmica clássica de partículas e sistemas

de vista de um observador na terra. Qual é a distância entre os dois marcadores que aparece para o piloto? Qual é o tempo decorrido que o piloto mede? Quais são as velocidades escalares que o piloto e o observador na terra medem?

14.13. Um múon está em movimento com velocidade escalar $v = 0{,}999c$ verticalmente para baixo através da atmosfera. Se sua meia-vida em seu próprio sistema de referência em repouso é 1,5 μs, qual é a sua meia-vida do ponto de vista de um observador na Terra?

14.14. Mostre que a Equação 14.31 é válida quando um receptor se aproxima de uma fonte de luz fixa com velocidade v.

14.15. É sabido que uma estrela se afasta da Terra a uma velocidade escalar de 4×10^4 m/s. Esta velocidade escalar é determinada pela medição da mudança da linha H_α ($\lambda = 656{,}3$ nm). De quanto e em que direção é a mudança do comprimento de onda da linha H_α?

14.16. Um fóton é emitido em um ângulo θ' por uma estrela (sistema K') e, em seguida, recebido em um ângulo θ na Terra (sistema K). Os ângulos são medidos a partir de uma linha entre a estrela e a Terra. A estrela está se afastando a uma velocidade escalar v em relação à Terra. Encontre a relação entre θ e θ'. Este efeito é chamado de *aberração da luz*.

14.17. Descobriu-se que o comprimento de onda de uma linha espectral medido como sendo λ na Terra aumenta em 50% em uma galáxia distante. Qual é a velocidade escalar da galáxia em relação à Terra?

14.18. Resolva o Exemplo 14.11 no caso de o observador estar em repouso e a fonte em movimento. Mostre que os resultados são os mesmos indicados no Exemplo 14.11.

14.19. A Equação 14.34 indica que um desvio para o vermelho (azul) ocorre quando uma fonte e o observador estão se afastando (aproximando) em relação um ao outro em movimento puramente radial (ou seja, $\beta = \beta_r$). Mostre que, se também houver uma velocidade escalar tangencial relativa β_t, a Equação 14.34 se torna

$$\frac{\lambda_0}{\lambda} = \frac{\nu}{\nu_0} = \frac{\sqrt{1 - \beta_r^2 - \beta_t^2}}{1 - \beta_r}$$

e que a condição para ter sempre um deslocamento para o vermelho (ou seja, nenhum deslocamento para o azul), $\lambda > \lambda_0$ ou $\nu < \nu_0$, é[21]

$$\beta_t^2 > 2\beta_r(1 - \beta_r)$$

14.20. Um astronauta viaja para o sistema estelar mais próximo, a 4 anos-luz de distância, e volta a uma velocidade escalar de $0{,}3c$. Quantos anos o astronauta envelheceu em relação às pessoas que permaneceram na Terra?

14.21. A expressão para a força ordinária é

$$\mathbf{F} = \frac{d}{dt}\left(\frac{m\mathbf{u}}{\sqrt{1 - \beta^2}}\right)$$

Considere $\mathbf{u}$ como estando na direção x_1 e calcule os componentes de força. Demonstre que

$$F_1 = m_l \dot{u}_1, \quad F_2 = m_t \dot{u}_2, \quad F_3 = m_t \dot{u}_3$$

onde m_l e m_t são, respectivamente, a *massa longitudinal* e a *massa transversal*:

$$m_l = \frac{m}{(1 - \beta^2)^{3/2}}, \quad m_t = \frac{m}{\sqrt{1 - \beta^2}}$$

---

[21] Consulte J. J. Dykla, *Am. J. Phys.* **47**, 381 (1979).

CAPÍTULO 14 – Teoria especial da relatividade **523**

14.22. A taxa média na qual a energia radiante solar atinge a Terra é de aproximadamente $1,4 \times 10^3$ W/m^2. Suponhamos que toda essa energia resulte da conversão de massa para energia. Calcule a taxa na qual a massa solar está sendo perdida. Se essa taxa for mantida, calcule o tempo de vida restante do Sol. (Os dados numéricos pertinentes podem ser encontrados na Tabela 8.1.)

14.23. Mostre que a quantidade de movimento e a energia cinética de uma partícula são relacionadas por $p^2 c^2 = 2 T m c^2 + T^2$.

14.24. Qual é a energia mínima de próton necessária em um acelerador para produzir antiprótons $\bar{p}$ pela reação

$$p + p \rightarrow p + p + (p + \bar{p})$$

A massa de um próton e antipróton é m_p.

14.25. Uma partícula de massa m, energia cinética T e carga q está em movimento perpendicular a um campo magnético B como em um ciclotron. Encontre a relação para o raio r do caminho da partícula em termos de m, T, q e B.

14.26. Mostre que um fóton isolado não pode ser convertido em um par de elétron-pósitron, $\gamma \rightarrow e^- + e^+$. (As leis de conservação permitem que isto aconteça apenas perto de outro objeto.)

14.27. Os elétrons e pósitrons colidem de frente vindos de direções opostas com as mesmas energias em um anel de armazenamento para produzir prótons pela reação

$$e^- + e^+ \rightarrow p + \bar{p}$$

A energia em repouso de um próton e antipróton é 938 MeV. Qual é a energia cinemática mínima para cada partícula produzir essa reação?

14.28. Calcule a faixa de velocidades escalares para uma partícula de massa m em que a relação clássica para a energia cinética, $\frac{1}{2} m v^2$, esteja dentro de um por cento do valor relativístico correto. Encontre os valores para um elétron e um próton.

14.29. O Acelerador Linear Stanford de 2 milhas de comprimento acelera elétrons a 50 GeV (50×10^9 e V). Qual é a velocidade escalar dos elétrons no final?

14.30. Um nêutron livre é instável e decai em um próton e um elétron. Quanta energia além das energias em repouso do próton e do elétron está disponível se um nêutron em repouso decai? Este é um exemplo de decaimento beta nuclear. Outra partícula, chamada neutrino – na verdade um antineutrino $\bar{\nu}$ também é produzida.

14.31. Um píon neutro π^0 em movimento a uma velocidade escalar $v = 0,98c$ decai em voo em dois fótons. Se os dois fótons surgem em cada lado da direção do píon com ângulos iguais θ, encontre o ângulo θ e as energias dos fótons. A energia em repouso de π^0 é 135 MeV.

14.32. Em física nuclear e de partículas, a quantidade de movimento é normalmente dada em MeV/c para facilitar os cálculos. Calcule a energia cinética de um elétron e próton se cada um tiver uma quantidade de movimento de 1.000 MeV/c.

14.33. Um nêutron ($m_n = 939,6$ MeV/c^2) em repouso decai em um próton ($m_p = 938,3$ MeV/c^2), um elétron ($m_e = 0,5$ MeV/c^2), e um antineutrino ($m_{\bar{\nu}} \approx 0$). As três partículas surgem em ângulos simétricos em um plano, 120° separados. Encontre a quantidade de movimento e a energia cinética de cada partícula.

14.34. Mostre que Δs^2 é invariante em todos os sistemas inerciais que se deslocam a velocidades relativas um em relação ao outro.

524 Dinâmica clássica de partículas e sistemas

14.35. Uma nave espacial passa por Saturno a uma velocidade escalar de $0,9c$ em relação a Saturno. Observa-se que uma segunda nave espacial passa a primeira (indo para a mesma direção) a uma velocidade escalar relativa de $0,2c$. Qual é a velocidade escalar da segunda nave espacial em relação a Saturno?

14.36. Definimos a força de quadrivetor $\mathbb{F}$ (chamada de força de Minkowski) diferenciando a quantidade de movimento do quadrivetor em relação ao tempo adequado.

$$\mathbb{F} = \frac{d\mathbb{P}}{d\tau}$$

Mostre que a transformação da força de quadrivetor é

$$F_1' = \gamma(F_1 + i\beta F_4)$$
$$F_2' = F_2$$
$$F_3' = F_3$$
$$F_4' = \gamma(F_4 - i\beta F_1)$$

14.37. Considere um oscilador harmônico relativístico unidimensional para o qual a lagrangiana é

$$L = mc^2\left(1 - \sqrt{1 - \beta^2}\right) - \frac{1}{2}kx^2$$

Obtenha a equação de movimento de Lagrange e mostre que ela pode ser integrada para produzir

$$E = mc^2 + \frac{1}{2}ka^2$$

onde a é a amplitude máxima a partir do equilíbrio da partícula oscilante. Mostre que o período

$$\tau = 4\int_{x=0}^{x=a} dt$$

pode ser expressado como

$$\tau = \frac{2a}{\kappa c}\int_0^{\pi/2} \frac{1 + 2\kappa^2\cos^2\phi}{\sqrt{1 + \kappa^2\cos^2\phi}}\, d\phi$$

Amplie o integrando em potências de $\kappa \equiv (a/2)\sqrt{k/mc^2}$ e mostre que, para a primeira ordem em κ,

$$\tau \cong \tau_0\left(1 + \frac{3}{16}\frac{ka^2}{mc^2}\right)$$

onde τ_0 é o período não relativístico para pequenas oscilações, $2\pi\sqrt{m/k}$.

14.38. Mostre que a forma relativística da segunda lei de Newton se torna

$$F = m\frac{du}{dt}\left(1 - \frac{u^2}{c^2}\right)^{-3/2}$$

14.39. A unidade comum de energia usada em física atômica e nuclear é o elétron volt (eV), a energia adquirida por um elétron em queda por uma diferença de potencial de um volt: $1\,\text{MeV} = 10^6\,\text{eV} = 1{,}602 \times 10^{-13}\,\text{J}$. Nessas unidades, a massa de um elétron é $m_e c^2 = 0{,}511\,\text{MeV}$ e a de um próton é $m_p c^2 = 938\,\text{MeV}$. Calcule a energia cinética e as quantidades β e γ para um elétron e para um próton, cada um tendo uma quantidade de movimento de $100\,\text{MeV}/c$. Mostre que o elétron é "relativístico", enquanto o próton é "não relativístico".

14.40. Considere um sistema inercial K que contenha um número de partículas com massas m_α, componentes de quantidade de movimento ordinários $p_{\alpha,j}$ e as energias totais E_α. O sistema do centro de massa de tal grupo de partículas é definido como sendo aquele sistema em que a quantidade

CAPÍTULO 14 – Teoria especial da relatividade **525**

de movimento ordinário líquido é zero. Mostre que os componentes de velocidade vetorial do sistema do centro de massa em relação a K são dados por

$$\frac{v_j}{c} = \frac{\sum_\alpha p_{\alpha,j} c}{\sum_\alpha E_\alpha}$$

14.41. Mostre que a expressão relativística para a energia cinética de uma partícula espalhada através de um ângulo ψ por uma partícula alvo de igual massa é

$$\frac{T_1}{T_0} = \frac{2\cos^2\psi}{(\gamma_1 + 1) - (\gamma_1 - 1)\cos^2\psi}$$

A expressão, evidentemente, se reduz à Equação 9.89a no limite não relativístico $\gamma_1 \to 1$. Faça um esboço $T_1(\psi)$ para o espalhamento de nêutron-próton para as energias de nêutron incidentes de 100 MeV, 1 GeV e 10 GeV.

14.42. A energia de um quantum de luz (ou fóton) é expressa por $E = h\nu$, onde h é a constante de Planck e ν é a frequência do fóton. A quantidade de movimento do fóton é $h\nu/c$. Mostre que, se o fóton espalha a partir de um elétron livre (de massa m_e), o fóton espalhado tem uma energia

$$E' = E\left[1 + \frac{E}{m_e c^2}(1 - \cos\theta)\right]^{-1}$$

onde θ é o ângulo por meio do qual o fóton espalha. Mostre também que o elétron adquire uma energia cinética

$$T = \frac{E^2}{m_e c^2}\left[\frac{1 - \cos\theta}{1 + \dfrac{E}{m_e c^2}(1 - \cos\theta)}\right]$$

"Melhor é o fim de uma coisa do que seu início." – Eclesiastes

APÊNDICE $\mathbf{A}$

Teorema de Taylor

Um teorema de suma importância em física matemática é o **Teorema de Taylor**,[1] que se refere à expansão de uma função arbitrária em uma série de potência. Em muitos casos, é necessário utilizar este teorema para simplificar um problema para uma forma tratável.

Considere uma função $f(x)$ com derivadas contínuas de todas as ordens dentro de um determinado intervalo da variável independente x. Se esse intervalo incluir $x_0 \leq x \leq + h$, podemos escrever

$$I \equiv \int_{x_0}^{x_0 + h} f'(x)\,dx = f(x_0 + h) - f(x_0) \tag{A.1}$$

onde $f'(x)$ é a derivada de $f(x)$ em relação a x. Se fizermos a mudança de variável

$$x = x_0 + h - t \tag{A.2}$$

teremos

$$I = \int_0^h f'(x_0 + h - t)\,dt \tag{A.3}$$

Integrando por partes

$$I = tf'(x_0 + h - t)\Big|_0^h + \int_0^h tf''(x_0 + h - t)\,dt$$

$$= hf'(x_0) + \int_0^h tf''(x_0 + h - t)\,dt \tag{A.4}$$

Integrando o segundo termo por partes, encontramos

$$I = hf'(x_0) + \frac{h^2}{2!}f''(x_0) + \int_0^h \frac{t^2}{2!}f'''(x_0 + h - t)\,dt \tag{A.5}$$

Continuando este processo, geramos uma série infinita para I. A partir da definição de I, teremos então

$$\boxed{f(x_0 + h) = f(x_0) + hf'(x_0) + \frac{h^2}{2!}f''(x_0) + \cdots} \tag{A.6}$$

---

[1] Publicado pela primeira vez em 1715 pelo matemático inglês Brook Taylor (1685-1731).

APÊNDICE A – Teorema de Taylor **527**

Esta é a expansão em série de Taylor[2] da função $f(x_0 + h)$. Uma forma mais comum da série resulta se definirmos $x_0 = 0$ e $h = x$ [ou seja, a função $f(x)$ é expandida em torno da origem]:

$$f(x) = f(0) + xf'(0) + \frac{x^2}{2!}f''(0) + \frac{x^3}{3!}f'''(0) + \cdots + \frac{x^n}{n!}f^{(n)}(0) + \cdots \tag{A.7}$$

onde

$$f^{(n)}(0) \equiv \frac{d^n}{dx^n}f(x)\bigg|_{x=0} \tag{A.8}$$

A Equação A.7 é normalmente chamada de **série de Maclaurin**[3] para a função $f(x)$.

As expansões em série definidas nas Equações A.6 e A.7 possuem duas propriedades importantes. Sob condições muito gerais, elas podem ser diferenciadas ou integradas termo por termo, e a série resultante converge para a derivada ou para a integral da função original.

EXEMPLO A.1

Encontre a expansão em série de Taylor de e^x.

Solução. Tendo em vista que a derivada de $\exp(x)$ de qualquer ordem é apenas $\exp(x)$, a série exponencial é

$$e^x = 1 + x + \frac{x^2}{2!} + \frac{x^3}{3!} + \cdots \tag{A.9}$$

Este resultado é de suma importância e será utilizado com frequência.

EXEMPLO A.2

Encontre a expansão em série de Taylor de sen x.

Solução. Para expandir $f(x) = \operatorname{sen} x$, precisamos

$$\begin{aligned}
f(x) &= \operatorname{sen} x, & f(0) &= 0 \\
f'(x) &= \cos x, & f'(0) &= 1 \\
f''(x) &= -\operatorname{sen} x, & f''(0) &= 0 \\
f'''(x) &= -\cos x, & f'''(0) &= -1
\end{aligned}$$

Portanto,

$$\operatorname{sen} x = x - \frac{x^3}{3!} + \frac{x^5}{5!} - \cdots \tag{A.10}$$

---

[2] O termo *remanescente* de uma série que é terminada após um número finito de termos é discutido, por exemplo, por Kaplan (Ka84).

[3] Descoberto por James Stirling em 1717 e publicado por Colin Maclaurin em 1742.

528 Dinâmica clássica de partículas e sistemas

Da mesma forma,

$$\cos x = 1 - \frac{x^2}{2!} + \frac{x^4}{4!} - \cdots \qquad \text{(A.11)}$$

EXEMPLO A.3

Use a expansão em série de Taylor de $(1 + t)^{-1}$ para integrar

$$\int_0^x \frac{dt}{1 + t}$$

Solução. Uma expansão em série pode muitas vezes ser utilizada de forma proveitosa na avaliação de uma integral definida. (Isto é especificamente verdadeiro para aqueles casos em que a integral indefinida não pode ser encontrada na forma fechada.)

$$\int_0^x \frac{dt}{1 + t} = \int_0^x (1 - t + t^2 - t^3 + \cdots)\, dt, \quad |t| < 1$$

Integrando termo por termo, encontramos

$$\int_0^x \frac{dt}{1 + t} = x - \frac{x^2}{2} + \frac{x^3}{3} - \cdots \qquad \text{(A.12)}$$

Pois

$$\frac{d}{dx} \ln(1 + x) = \frac{1}{1 + x} \qquad \text{(A.13)}$$

Temos também o resultado

$$\ln(1 + x) = x - \frac{x^2}{2} + \frac{x^3}{3} - \cdots \qquad \text{(A.14)}$$

EXEMPLO A.4

A série de Taylor pode ser utilizada para reestruturar uma função, bem como para aproximá-la. Para algumas aplicações, esta reestruturação pode ser mais útil para se trabalhar. Podemos, por exemplo, querer expandir o polinômio $f(x) = 4 + 6x + 3x^2 + 2x^3 + x^4$ em torno de $x = 2$ em vez de $x = 0$.

Solução. Primeiro, computamos as diferentes derivadas e avaliamos estas em $x = 2$:

$$f(2) = 60$$
$$f'(2) = (6 + 6x + 6x^2 + 4x^3)\big|_{x=2} = 74$$
$$f''(2) = (6 + 12x + 12x^2)\big|_{x=2} = 78$$
$$f'''(2) = (12 + 24x)\big|_{x=2} = 60$$
$$f^{\mathrm{iv}}(2) = 24$$
$$f^{\mathrm{v}}(2) = 0$$

APÊNDICE A – Teorema de Taylor **529**

Usando a Equação A.6 sendo $h = (x - 2)$

$$f(x) = 60 + 74(x - 2) + 39(x - 2)^2 + 10(x - 2)^3 + (x - 2)^4 \qquad \text{(A.15)}$$

EXEMPLO A.5

Há um grande número de integrais importantes decorrentes da física que não pode ser integrado na forma fechada, isto é, em termos de funções elementares (polinomiais, exponenciais, logaritmos, funções trigonométricas e seus inversos). Integrais com integrandos

$$e^{-x^2}, \quad \frac{e^{-x}}{x}, \quad x \ \text{tg} \ x, \quad \text{sen} \ x^2, \quad 1/\ln x, \quad (\text{sen} \ x)/x, \quad \text{ou} \quad 1/\sqrt{1 - x^3}$$

são alguns exemplos do tipo. No entanto, os valores das integrais ou boas aproximações de seus valores são necessários. Uma expansão em série de Taylor de todo ou parte do integrando seguido por uma integração termo a termo da série resultante produz uma resposta tão precisa como se deseja. Como um exemplo, resolva a seguinte integral:

$$\int_1^x \frac{e^t}{t} dt \qquad \text{(A.16)}$$

Solução. Usando a Equação A.9,

$$\int_1^x \frac{e^t}{t} dt = \int_1^x \frac{\left(1 + t + \dfrac{t^2}{2!} + \dfrac{t^3}{3!} + \cdots \right)dt}{t} \qquad \text{(A.17)}$$

$$= \int_1^x \frac{dt}{t} + \int_1^x dt + \int_1^x \frac{t}{2!} dt + \int_1^x \frac{t^2}{3!} dt + \cdots$$

$$= \ln x - (x - 1) + \frac{1}{4}(x^2 - 1) + \frac{1}{18}(x^3 - 1) + \cdots \qquad \text{(A.18)}$$

PROBLEMAS

A.1. Mostre pela divisão e pela expansão direta em uma série de Taylor que

$$\frac{1}{1 - x} = 1 + x + x^2 + x^3 + \cdots + x^n + \cdots$$

Para qual intervalo de x a série é válida?

A.2. Expanda $\cos x$ em torno do ponto $x = \pi/4$.

A.3. Use uma expansão em série para mostrar que

$$\int_0^1 \frac{e^x - e^{-x}}{x} dx = 2{,}1145 \ldots .$$

530 Dinâmica clássica de partículas e sistemas

A.4. Use uma série de Taylor para expandir $\mathrm{sen}^{-1} x$. Verifique o resultado pela expansão da integral na relação

$$\mathrm{sen}^{-1} x = \int_0^x \frac{dt}{\sqrt{1 - t^2}}$$

A.5. Avalie até três casas decimais:

$$\int_0^1 \exp(-x^2/2)\, dx$$

Compare o resultado com o determinado a partir de tabelas de integral de probabilidade.

A.6. Mostre que se $f(x) = (1 + x)^n$ (sendo $|x| < 1$) for expandido em uma série de Taylor, o resultado será o mesmo que uma expansão binomial.

APÊNDICE **B**

Integrais elípticas

Há uma classe extensa e importante de integrais chamada **integrais elípticas** que não pode ser avaliada de forma fechada em termos de funções elementares. As integrais elípticas ocorrem em várias situações físicas (veja, por exemplo, a solução exata para o pêndulo plano na Seção 4.4.) Toda integral da forma

$$\int (a \operatorname{sen} \theta + b \cos \theta + c)^{\pm 1/2} \, d\theta, \quad \text{ou} \quad \int R(x, \sqrt{y}) dx \tag{B.1}$$

onde R é uma função racional, $y = ax^4 + bx^3 + cx^2 + dx + e$, com fatores lineares distintos e a, b, c, d e e constantes (não com as duas a, b zero) é uma integral elíptica. É comum, no entanto, transformar todas as integrais elípticas em uma ou mais das três formas padrão. Essas formas padrão têm sido muito estudadas e organizadas em forma de tabelas. Vários manuais estão disponíveis com tabelas de valores para elas[1]

B.1 Integrais elípticas de primeiro tipo

$$F(k, \phi) = \int_0^\phi \frac{d\theta}{\sqrt{1 - k^2 \operatorname{sen}^2 \theta}}, \quad k^2 < 1 \tag{B.2a}$$

ou se $z = \operatorname{sen} \theta$

$$\overline{F}(k, x) = \int_0^x \frac{dz}{\sqrt{(1 - z^2)(1 - k^2 z^2)}}, \quad k^2 < 1 \tag{B.2b}$$

B.2 Integrais elípticas de segundo tipo

$$E(k, \phi) = \int_0^\phi \sqrt{1 - k^2 \operatorname{sen}^2 \theta} \, d\theta, \quad k^2 < 1 \tag{B.3a}$$

ou se $z = \operatorname{sen} \theta$

$$\overline{E}(k, x) = \int_0^x \sqrt{\frac{1 - k^2 z^2}{1 - z^2}} \, dz, \quad k^2 < 1 \tag{B.3b}$$

---

[1] Um dos melhores destes é o Abramowitz e Stegun (Ab65). Veja também as tabelas numéricas extensas de Adams e Hippisley (Ad22) e as tabelas pequenas de Dwight (Dw61).

B.3 Integrais elípticas de terceiro tipo

$$\Pi(n, k, \phi) = \int_0^{\phi} \frac{d\theta}{(1 + n\,\text{sen}^2\,\theta)\,\sqrt{1 - k^2\,\text{sen}^2\,\theta}} \tag{B.4a}$$

ou se $z = \text{sen}\,\theta$

$$\overline{\Pi}(n, k, x) = \int_0^{x} \frac{dz}{(1 + n z^2)\,\sqrt{(1 - z^2)(1 - k^2 z^2)}} \tag{B.4b}$$

Essas formas padrão obedecem as seguintes identidades, que são muitas vezes úteis:

$$\left.\begin{array}{l} F(k, \phi) = F(k, \pi) - F(k, \pi - \phi) \\ E(k, \phi) = E(k, \pi) - E(k, \pi - \phi) \end{array}\right\} \tag{B.5}$$

e

$$\left.\begin{array}{l} F(k, m\pi + \phi) = mF(k, \pi) + F(k, \phi) \\ E(k, m\pi + \phi) = mE(k, \pi) + E(k, \phi) \end{array}\right\} \tag{B.6}$$

onde m é um inteiro.

Se as tabelas não forem úteis ou se ϕ ou x for necessário como uma variável, as integrais padrão serão aproximadas por meio da expansão, integrando em uma série infinita e integrando termo por termo. Por exemplo, considere

$$E(k, \phi) = \int_0^{\phi} \sqrt{1 - k^2\,\text{sen}^2\,\theta}\; d\theta$$

Usando o teorema binomial no integrando

$$(1 - k^2\,\text{sen}^2\,\theta)^{1/2} = 1 - \frac{1}{2}\, k^2\,\text{sen}^2\,\theta - \frac{1}{8}\, k^4\,\text{sen}^4\,\theta - \cdots$$

desse modo,

$$\begin{aligned} E(k, \phi) &= \int_0^{\phi} \left[1 - \frac{1}{2}\, k^2\,\text{sen}^2\,\theta - \frac{1}{8}\, k^4\,\text{sen}^4\,\theta - \cdots \right. \\ &\qquad \left. - \frac{1 \cdot 3 \cdot 5 \cdots (2n - 3)}{2 \cdot 4 \cdot 6 \cdots (2n)} k^{2n}\,\text{sen}^{2n}\,\theta - \cdots \right] d\theta \\ &= \phi - \frac{k^2}{2} \int_0^{\phi} \text{sen}^2\,\theta\, d\theta - \cdots - \frac{1 \cdot 3 \cdot 5 \cdots (2n - 3)}{2 \cdot 4 \cdot 6 \cdots (2n)} k^{2n} \\ &\qquad \times \int_0^{\phi} \text{sen}^{2n}\,\theta\; d\theta - \cdots \end{aligned} \tag{B.7}$$

Da mesma forma, o teorema binomial pode ser utilizado para expandir $(1 - k^2\,\text{sen}^2\,\theta)^{-1/2}$ para gerar

$$\begin{aligned} F(k, \phi) &= \phi + \frac{1}{2}\, k^2 \int_0^{\phi} \text{sen}^2\,\theta\, d\theta + \frac{3}{8}\, k^4 \int_0^{\phi} \text{sen}^4\,\theta\, d\theta + \cdots \\ &\qquad + \frac{1 \cdot 3 \cdot 5 \cdots (2n - 1)}{2 \cdot 4 \cdot 6 \cdots (2n)}\, k^{2n} \int_0^{\phi} \text{sen}^{2n}\,\theta\, d\theta + \cdots \end{aligned} \tag{B.8}$$

APÊNDICE B – Integrais elípticas **533**

EXEMPLO B.1

Coloque a integral $\int_{\phi_1}^{\phi_2} \sqrt{1 - k^2 \operatorname{sen}^2 \theta} \, d\theta$ em forma padrão.

Solução. Lembre-se do cálculo que para qualquer integral $\int_a^b f(x) \, dx$ é possível escrever

$$\int_a^b f(x) \, dx = \int_a^c f(x) \, dx + \int_c^b f(x) \, dx$$

desse modo,

$$\int_{\phi_1}^{\phi_2} \sqrt{1 - k \operatorname{sen}^2 \theta} \, d\theta = \int_{\phi_1}^{0} \sqrt{1 - k^2 \operatorname{sen}^2 \theta} \, d\theta + \int_{0}^{\phi_2} \sqrt{1 - k^2 \operatorname{sen}^2 \theta} \, d\theta$$

Mas há outra propriedade de integrais:

$$\int_a^b f(x) \, dx = -\int_b^a f(x) \, dx$$

desse modo,

$$\int_{\phi_1}^{\phi_2} \sqrt{1 - k^2 \operatorname{sen}^2 \theta} \, d\theta = \int_{0}^{\phi_2} \sqrt{1 - k^2 \operatorname{sen}^2 \theta} \, d\theta - \int_{0}^{\phi_1} \sqrt{1 - k^2 \operatorname{sen}^2 \theta} \, d\theta$$

ou

$$\int_{\phi_1}^{\phi_2} \sqrt{1 - k^2 \operatorname{sen}^2 \theta} \, d\theta = E(k, \phi_2) - E(k, \phi_1) \tag{B.9}$$

Os termos à direita podem ser vistos em um manual.

EXEMPLO B.2

Transforme a integral elíptica

$$\int_0^{\phi} \frac{d\theta}{\sqrt{1 - n^2 \operatorname{sen}^2 \theta}}, \quad \text{onde} \quad n^2 > 1$$

em uma forma padrão.

Solução. Para reduzir essa integral para a forma padrão, o radical deve ser transformado para $\sqrt{1 - k^2 \operatorname{sen}^2 \theta}$, sendo $k^2 < 1$. Para fazer isso, considere a transformação $n \operatorname{sen} \theta = \operatorname{sen} \beta$. Diferenciando, temos

$$n \cos \theta \, d\theta = \cos \beta \, d\beta$$

desse modo,

$$d\theta = \frac{\cos \beta \, d\beta}{n \cos \theta}$$

534 Dinâmica clássica de partículas e sistemas

Usando a identidade $\operatorname{sen}^2 \theta + \cos^2 \theta = 1$ resulta em

$$\cos \theta = \sqrt{1 - \operatorname{sen}^2 \theta} = \sqrt{1 - \left(\frac{\operatorname{sen} \beta}{n}\right)^2}$$

Além disso, $\cos \beta = \sqrt{1 - \operatorname{sen}^2 \beta}$ e $\sqrt{1 - n^2 \operatorname{sen}^2 \theta} = \sqrt{1 - \operatorname{sen}^2 \beta}$. Consequentemente, a integral se torna

$$\int_0^\phi \frac{d\theta}{\sqrt{1 - n^2 \operatorname{sen}^2 \theta}} = \int_0^{\operatorname{sen}^{-1}(n \operatorname{sen} \phi)} \frac{\sqrt{1 - \operatorname{sen}^2 \beta}}{n \sqrt{1 - \left(\frac{\operatorname{sen} \beta}{n}\right)^2} \sqrt{1 - \operatorname{sen}^2 \beta}} \, d\beta$$

$$= \frac{1}{n} \int_0^{\operatorname{sen}^{-1}(n \operatorname{sen} \phi)} \frac{d\beta}{\sqrt{1 - \left(\frac{1}{n^2}\right) \operatorname{sen}^2 \beta}}$$

desse modo,

$$\int_0^\phi \frac{d\theta}{\sqrt{1 - n^2 \operatorname{sen}^2 \theta}} = \frac{1}{n} \int_0^{\operatorname{sen}^{-1}(n \operatorname{sen} \phi)} \frac{d\beta}{\sqrt{1 - \left(\frac{1}{n^2}\right) \operatorname{sen}^2 \beta}} \tag{B.10}$$

onde $1/n^2 < 1$. A integral à direita está agora em forma padrão.

EXEMPLO B.3

Transforme a integral elíptica

$$\int_0^\phi \frac{d\theta}{\sqrt{\cos 2\theta}}$$

em uma forma padrão.

Solução. Considere $\mu = \operatorname{sen} \theta$; então $d\mu = \cos \theta \, d\theta$. Como $\cos^2 \theta + \operatorname{sen}^2 \theta = 1$, $\cos \theta = \sqrt{1 - \operatorname{sen}^2 \theta} = \sqrt{1 - \mu^2}$, desse modo $d\theta = d\mu / \sqrt{1 - \mu^2}$. Por meio de outra identidade trigonométrica, $\cos 2\theta = 1 - 2 \operatorname{sen}^2 \theta = 1 - 2\mu^2$. Assim, $\sqrt{\cos 2\theta} = \sqrt{1 - 2\mu^2}$, e

$$\int_0^\phi \frac{d\theta}{\sqrt{\cos 2\theta}} = \int_0^{\operatorname{sen} \phi} \frac{d\mu}{\sqrt{1 - \mu^2} \sqrt{1 - 2\mu^2}}$$

Considere $z = \sqrt{2} \, \mu$; então $dz = \sqrt{2} \, d\mu$, assim

$$\int_0^\phi \frac{d\theta}{\sqrt{\cos 2\theta}} = \frac{1}{\sqrt{2}} \int_0^{\sqrt{2} \operatorname{sen} \phi} \frac{dz}{\sqrt{(1 - z^2)\left(1 - \frac{1}{2}z^2\right)}} \tag{B.11}$$

A integral à direita está em forma padrão.

PROBLEMAS

B.1. Avalie as seguintes integrais usando um conjunto de tabelas.
   (a) $F(0,27, \pi/3)$ (b) $E(0,27, \pi/3)$
   (c) $F(0,27, 7\pi/4)$ (d) $E(0,27, 7\pi/4)$

B.2. Reduza para a forma padrão:

   (a) $\displaystyle\int_0^{\pi/6} \frac{d\theta}{\sqrt{1 - 4\,\mathrm{sen}^2\,\theta}}$ (b) $\displaystyle\int_{-1/4}^{3/4} \sqrt{\frac{25 - 4z^2}{1 - z^2}}\, dz$

B.3. Determine a expansão binomial de $(1 - k^2\,\mathrm{sen}\,\theta)^{-1/2}$ e então derive a Equação B.8.

APÊNDICE C

Equações diferenciais ordinárias de segunda ordem[1]

C.1 Equações lineares homogêneas

De longe, o tipo de equação diferencial ordinária mais importante encontrada nos problemas de física matemática é a equação linear de segunda ordem com coeficientes constantes. As equações deste tipo têm a forma

$$\frac{d^2y}{dx^2} + a\frac{dy}{dx} + by = f(x) \tag{C.1a}$$

ou, denotando derivadas por linhas**

$$y'' + ay' + by = f(x) \tag{C.1b}$$

Uma classe especialmente importante de tais equações são aquelas para as quais $f(x) = 0$. Essas equações (chamadas de **equações homogêneas**) são importantes não apenas por si mesmas mas também como equações *reduzidas* na solução do tipo mais geral de equação (Equação C.1).

Primeiro, vamos considerar a equação linear homogênea de segunda ordem com coeficientes constantes.[2]

$$y'' + ay' + by = 0 \tag{C.2}$$

Estas equações têm as seguintes propriedades importantes:

a. Se $y_1(x)$ for uma solução da Equação C.2, então $c_1 y_1(x)$ também será uma solução.
b. Se $y_1(x)$ e $y_2(x)$ forem soluções, então $y_1(x) + y_2(x)$ também será uma solução (princípio de *superposição*).
c. Se $y_1(x)$ e $y_2(x)$ forem soluções *linearmente* independentes, então a solução *geral* para a equação será dada por $c_1 y_1(x) + c_2 y_2(x)$. (A solução geral sempre contém duas constantes arbitrárias.)

---

[1] Um tratado padrão sobre equações diferenciais é o de Ince (In27). Uma listagem com vários tipos de equações e suas soluções é fornecida por Murphy (Mu60). Um ponto de vista moderno pode ser encontrado no livro de Hochstadt (Ho64).

As notações mais conhecidas são: notação de Leibniz $\left(\frac{dy}{dx}\right)$, notação linha ($y'$), notação ponto de Newton (y) e notação subscrito (μxx) (N.R.T.).

[2] A primeira solução publicada de uma equação deste tipo foi por Euler em 1743, mas a solução parece ter sido descoberta por Daniel e Johann Bernoulli em 1739.

536

APÊNDICE C – Equações diferenciais ordinárias de segunda ordem **537**

As funções $y_1(x)$ e $y_2(x)$ são **linearmente independentes** se e somente se a equação

$$\lambda y_1(x) + \mu y_2(x) \equiv 0 \qquad \text{(C.3)}$$

for atendida apenas por $\lambda = \mu = 0$. Se a Equação C.3 puder ser atendida sendo λ e μ diferentes de zero, então $y_1(x)$ e $y_2(x)$ serão considerados como sendo **linearmente dependentes**.

A condição geral (ou seja, a condição necessária e suficiente) para que um conjunto de funções $y_1, y_2, y_3, \dots$ seja linearmente dependente é que o **determinante de Wronskian** dessas funções desapareça de forma idêntica.

$$W = \begin{vmatrix} y_1 & y_2 & y_3 & \cdots & y_n \\ y_1' & y_2' & y_3' & \cdots & y_n' \\ y_1'' & y_2'' & y_3'' & \cdots & y_n'' \\ \vdots & & & & \\ y_1^{(n-1)} & y_2^{(n-1)} & y_3^{(n-1)} & \cdots & y_n^{(n-1)} \end{vmatrix} = 0 \qquad \text{(C.4)}$$

onde $y^{(n)}$ é a enésima derivada de y em relação a x.

As propriedades (a) e (b) da página anterior podem ser verificadas por substituição direta, mas (c) só é afirmada aqui para produzir a solução geral. Essas propriedades se aplicam *somente* a equação homogênea (Equação C.2) e *não* a equação geral (Equação C.1).

As equações do tipo C.2 são reduzíveis por meio da substituição

$$y = e^{rx} \qquad \text{(C.5)}$$

Agora

$$y' = re^{rx}, \quad y'' = r^2 e^{rx} \qquad \text{(C.6)}$$

Usando estas expressões para y' e y'' na Equação C.2, temos uma equação algébrica chamada **equação auxiliar**:

$$r^2 + ar + b = 0 \qquad \text{(C.7)}$$

A solução desta equação quadrática de r é

$$r = -\frac{a}{2} \pm \frac{1}{2}\sqrt{a^2 - 4b} \qquad \text{(C.8)}$$

Primeiro, presume-se que as duas raízes, denotadas por r_1 e r_2, não sejam idênticas e escrevemos a equação como

$$y = e^{r_1 x} + e^{r_2 x} \qquad \text{(C.9)}$$

Como o determinante wronskiano de $\exp(r_1 x)$ e $\exp(r_2 x)$ não desaparecem, essas funções são linearmente independentes. Assim, a solução geral é

$$\boxed{y = c_1 e^{r_1 x} + c_2 e^{r_2 x}, \quad r_1 \neq r_2} \qquad \text{(C.10)}$$

Se acontecer que $r_1 = r_2 = r$, então pode-se verificar pela substituição direta que $x \exp(rx)$ também é uma solução, e tendo em vista que $\exp(rx)$ e $x \exp(rx)$ são linearmente independentes, a solução geral para as raízes idênticas será dada por

$$\boxed{y = c_1 e^{rx} + c_2 x e^{rx}, \quad r_1 = r_2 \equiv r} \qquad \text{(C.11)}$$

538 Dinâmica clássica de partículas e sistemas

EXEMPLO C.1

Resolva a equação

$$y'' - 2y' - 3y = 0 \qquad \text{(C.12)}$$

Solução. A equação auxiliar é

$$r^2 - 2r - 3 = (r - 3)(r + 1) = 0 \qquad \text{(C.13)}$$

As raízes são

$$r_1 = 3, \quad r_2 = -1 \qquad \text{(C.14)}$$

Portanto, a solução geral é

$$y = c_1 e^{3x} + c_2 e^{-x} \qquad \text{(C.15)}$$

EXEMPLO C.2

Resolva a equação

$$y'' + 4y' + 4y = 0 \qquad \text{(C.16)}$$

Solução. A equação auxiliar é

$$r^2 + 4r + 4 = (r + 2)^2 = 0 \qquad \text{(C.17)}$$

As raízes são iguais, são $r = -2$. Portanto, a solução geral é

$$y = c_1 e^{-2x} + c_2 x e^{-2x} \qquad \text{(C.18)}$$

Se as raízes r_1 e r_2 da equação auxiliar forem imaginárias, as soluções dadas por $c_1 \exp(r_1 x)$ e $c_2 \exp(r_2 x)$ ainda estarão corretas.

Para fornecer as soluções inteiramente em termos de quantidades reais, utilizamos as relações de Euler para expressar os exponenciais. Então,

$$\left. \begin{array}{l} e^{r_1 x} = e^{\alpha x} e^{i\beta x} = e^{\alpha x}(\cos \beta x + i \operatorname{sen} \beta x) \\ e^{r_2 x} = e^{\alpha x} e^{-i\beta x} = e^{\alpha x}(\cos \beta x - i \operatorname{sen} \beta x) \end{array} \right\} \qquad \text{(C.19)}$$

e a solução geral é

$$\begin{aligned} y &= c_1 e^{r_1 x} + c_2 e^{r_2 x} \\ &= e^{\alpha x}[(c_1 + c_2)\cos \beta x + i(c_1 - c_2)\operatorname{sen} \beta x] \end{aligned} \qquad \text{(C.20)}$$

Agora c_1 e c_2 são arbitrárias, mas estas constantes podem ser complexas. No entanto, não todos os quatro elementos podem ser independentes (pois não haveria *quatro* constantes arbitrárias em vez de *duas*). O número de elementos independentes pode ser reduzido para os *dois* necessários, tornando c_1 e c_2 conjugados complexos. Em seguida, as combinações $A \equiv c_1 + c_2$ e $B \equiv i(c_1 - c_2)$ se tornam um par arbitrário de constantes reais. Usando estas equações na solução, temos

$$y = e^{\alpha x}(A \cos \beta x + B \operatorname{sen} \beta x) \qquad \text{(C.21)}$$

APÊNDICE C – Equações diferenciais ordinárias de segunda ordem 539

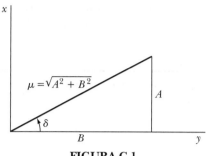

FIGURA C.1

A equação C.21 pode ser colocada em uma forma que às vezes é mais conveniente, por meio da multiplicação e divisão por $\mu = \sqrt{A^2 + B^2}$:

$$y = \mu e^{\alpha x}[(A/\mu)\cos\beta x + (B/\mu)\sen\beta x] \tag{C.22}$$

Depois, definimos um ângulo δ (veja a Figura C-1) tal que

$$\sen\delta = A/\mu, \quad \cos\delta = B/\mu, \quad \tg\delta = A/B \tag{C.23}$$

Então, a solução se torna

$$y = \mu e^{\alpha x}(\sen\delta\cos\beta x + \cos\delta\sen\beta x)$$

$$= \mu e^{\alpha x}\sen(\beta x + \delta)$$

Dependendo da definição exata da fase δ, podemos escrever a solução, de forma alternativa, como

$$y = \mu e^{\alpha x}\sen(\beta x + \delta) \tag{C.24a}$$

$$y = \mu e^{\alpha x}\cos(\beta x + \delta) \tag{C.24b}$$

EXEMPLO C.3

Resolva a equação

$$y'' + 2y' + 4y = 0 \tag{C.25}$$

Solução. A equação auxiliar é

$$r^2 + 2r + 4 = 0 \tag{C.26}$$

sendo

$$r = \frac{-2 \pm \sqrt{4 - 16}}{2} = -1 \pm i\sqrt{3} \tag{C.27}$$

Desse modo,

$$\alpha = -1, \quad \beta = \sqrt{3} \tag{C.28}$$

e a solução geral é

$$y = e^{-x}(c_1\cos\sqrt{3}x + c_2\sen\sqrt{3}x) \tag{C.29}$$

ou

$$y = \mu e^{-x}\sen[(\sqrt{3}x + \delta)] \tag{C.30}$$

540 Dinâmica clássica de partículas e sistemas

Resumindo, há três tipos possíveis de soluções gerais para equações homogêneas diferenciais de segunda ordem, como indicado na Tabela C.1.

TABELA C.1

Raízes das equações auxiliares	Solução geral
Real, desigual ($r_1 \neq r_2$)	$c_1 e^{r_1 x} + c_2 e^{r_2 x}$
Real, igual ($r_1 = r_2 \equiv r$)	$c_1 e^{rx} + c_2 x e^{rx}$
Imaginário ($\delta \pm i\beta$)	$e^{\alpha x}(c_1 \cos \beta x + c_2 \operatorname{sen} \beta x)$
	ou
	$\mu e^{\alpha x} \operatorname{sen}(\beta x + \delta)$

C.2 Equações lineares não homogêneas

Para resolver a equação diferencial linear geral de segunda ordem (ou seja, não homogêneo), considere o seguinte: $y = u$ como sendo a *solução geral* de

$$y'' + ay' + by = 0 \tag{C.31}$$

e $y = v$ como sendo *qualquer* solução de

$$y'' + ay' + by = f(x) \tag{C.32}$$

Então, $y = u + v$ é uma solução de Equação C.32, pois

$$y'' + ay' + by = (u'' + au' + bu) + (v'' + av' + bv)$$

$$= 0 + f(x)$$

Tendo em vista que u contém duas constantes arbitrárias c_1 e c_2, as combinações $u + v$ atendem as exigências de solução geral para a Equação C.32. A função u é a **função complementar** e v é a **integral específica** da equação. Pelo fato do método geral de encontrar u ter sido fornecido acima, resta encontrar, por meio de inspeção e por meio de prova, alguma função v que atenda

$$v'' + av' + bv = f(x) \tag{C.33}$$

EXEMPLO C.4

Resolva a equação

$$y'' + 5y' + 6y = x^2 + 2x \tag{C.34}$$

Solução. A equação auxiliar é

$$r^2 + 5r + 6 = (r + 3)(r + 2) = 0 \tag{C.35}$$

$$r_1 = -3, \quad r_2 = -2 \tag{C.36}$$

assim a função complementar é

$$u = c_1 e^{-3x} + c_2 e^{-2x} \tag{C.37}$$

APÊNDICE C – Equações diferenciais ordinárias de segunda ordem **541**

Tendo em vista que o lado direito da equação original é um polinômio de segundo grau, supomos uma integral específica de forma

$$v = Ax^2 + Bx + C \qquad \text{(C.38)}$$

Então,

$$v' = 2Ax + B \qquad \text{(C.39)}$$

$$v'' = 2A \qquad \text{(C.40)}$$

Substituindo na equação diferencial, temos

$$2A + 5(2Ax + B) + 6(Ax^2 + Bx + C) = x^2 + 2x \qquad \text{(C.41)}$$

ou

$$(6A)x^2 + (10A + 6B)x + (2A + 5B + 6C) = x^2 + 2x \qquad \text{(C.42)}$$

Igualando coeficientes de potências similares de x:

$$\left.\begin{array}{r} 6A = 1 \\ 10A + 6B = 2 \\ 2A + 5B + 6C = 0 \end{array}\right\} \qquad \text{(C.43)}$$

Resolvendo,

$$A = \frac{1}{6}, \quad B = \frac{1}{18}, \quad C = -\frac{11}{108} \qquad \text{(C.44)}$$

Desse modo,

$$\begin{aligned} v &= \frac{1}{6}x^2 + \frac{1}{18}x - \frac{11}{108} \\ &= \frac{18x^2 + 6x - 11}{108} \end{aligned} \qquad \text{(C.45)}$$

Portanto, a solução geral é

$$y = u + v = c_1 e^{-3x} + c_2 e^{-2x} + \frac{18x^2 + 6x - 11}{108} \qquad \text{(C.46)}$$

O tipo de solução demonstrado nesse exemplo é chamado de **método de coeficientes a determinar**.

EXEMPLO C.5

Resolva a equação

$$y'' + 4y = 3x \cos x \qquad \text{(C.47)}$$

Solução. A equação auxiliar é

$$r^2 + 4 = (r + 2i)(r - 2i) = 0 \qquad \text{(C.48)}$$

542 Dinâmica clássica de partículas e sistemas

sendo as raízes

$$\left.\begin{array}{l} r_1 = \alpha + i\beta = 0 + 2i \\ r_2 = \alpha - i\beta = 0 - 2i \end{array}\right\} \tag{C.49}$$

desse modo,

$$\alpha = 0, \quad \beta = 2 \tag{C.50}$$

e a função complementar é

$$u = e^{\alpha x}(c_1 \cos \beta x + c_2 \operatorname{sen} \beta x)$$
$$= c_1 \cos 2x + c_2 \operatorname{sen} 2x \tag{C.51}$$

Para encontrar uma integral específica, nota-se que a partir de $x \cos x$ e suas derivadas, é possível gerar somente termos envolvendo as seguintes funções:

$$x \cos x, \quad x \operatorname{sen} x, \quad \cos x, \quad \operatorname{sen} x$$

Assim, em decorrência dessas funções serem linearmente independentes, a integral específica da prova é

$$v = Ax \cos x + Bx \operatorname{sen} x + C \cos x + D \operatorname{sen} x \tag{C.52}$$
$$v' = A(\cos x - x \operatorname{sen} x) + B(\operatorname{sen} x + x \cos x)$$
$$- C \operatorname{sen} x + D \cos x \tag{C.53}$$
$$v'' = -A(2 \operatorname{sen} x + x \cos x) + B(2 \cos x - x \operatorname{sen} x)$$
$$- C \cos x - D \operatorname{sen} x \tag{C.54}$$

Substituindo na equação diferencial original,

$$(3D - 2A)\operatorname{sen} x + (2B + 3C)\cos x + 3(A - 1)x \cos x + (3B)x \operatorname{sen} x = 0 \tag{C.55}$$

O coeficiente de cada termo deve desaparecer (por causa da independência linear dos termos):

$$3D = 2A, \quad 2B = -3C, \quad A = 1, \quad 3B = 0 \tag{C.56}$$

do qual

$$A = 1, \quad B = 0, \quad C = 0, \quad D = \frac{2}{3} \tag{C.57}$$

Portanto, a solução geral é

$$y = c_1 \operatorname{sen} 2x + c_2 \cos 2x + x \cos x + \frac{2}{3} \operatorname{sen} x \tag{C.58}$$

Se o lado direito, $f(x)$, da equação geral (Equação C.1 ou C.32) for tal que $f(x)$ e suas duas primeiras derivadas (somente as equações de segunda ordem estão sendo consideradas) contiverem apenas funções linearmente independentes, então uma combinação linear dessas funções constituirão a integral específica da prova. No caso em que a função da prova contiver um termo que já aparece na função complementar, use o termo multiplicado por x. Se esta combi-

APÊNDICE C – Equações diferenciais ordinárias de segunda ordem **543**

nação também aparecer na função complementar, use o termo multiplicado por x^2. Nenhuma potência superior é necessária, pois somente equações de segunda ordem estão sendo consideradas e somente exp (rx) ou x exp (rx) ocorrem como soluções para a equação reduzida; (x^2) exp (rx) nunca ocorre.

PROBLEMAS

C.1. Resolva as seguintes equações homogêneas de segunda ordem:

(a) $y'' + 2y' - 3y = 0$ (b) $y'' + y = 0$
(c) $y'' - 2y' + 2y = 0$ (d) $y'' - 2y' + 5y = 0$

C.2. Resolva as seguintes equações não homogêneas pelo método de coeficientes a determinar:

(a) $y'' + 2y' - 8y = 16x$ (b) $y'' - 2y' + y = 2e^{2x}$
(c) $y'' + y = \operatorname{sen} x$ (d) $y'' - 2y' + y = 3xe^x$
(e) $y'' - 4y' + 5y = e^{2x} + 4\operatorname{sen} x$

C.3. Use uma expansão em série de Taylor para obter a solução de

$$y'' + y^2 = x^2$$

que atenda as condições $y(0) = 1$ e $y'(0) = 0$. (Diferencie sucessivamente a equação para obter as derivadas que ocorrem na série de Taylor.)

APÊNDICE D

Fórmulas úteis[1]

D.1 Expansão binomial

$$(1 + x)^n = 1 + nx + \frac{n(n - 1)}{2!} x^2 + \frac{n(n - 1)(n - 2)}{3!} x^3$$

$$+ \cdots + \binom{n}{r} x^r + \cdots, \quad |x| < 1 \tag{D.1}$$

$$(1 - x)^n = 1 - nx + \frac{n(n - 1)}{2!} x^2 - \frac{n(n - 1)(n - 2)}{3!} x^3$$

$$+ \cdots + (-1)^r \binom{n}{r} x^r + \cdots, \quad |x| < 1 \tag{D.2}$$

onde o **coeficiente binomial** é

$$\binom{n}{r} \equiv \frac{n!}{(n - r)!\, r!} \tag{D.3}$$

Alguns casos especialmente úteis do exposto acima são

$$(1 \pm x)^{1/2} = 1 \pm \frac{1}{2} x - \frac{1}{8} x^2 \pm \frac{1}{16} x^3 - \cdots \tag{D.4}$$

$$(1 \pm x)^{1/3} = 1 \pm \frac{1}{3} x - \frac{1}{9} x^2 \pm \frac{5}{81} x^3 - \cdots \tag{D.5}$$

$$(1 \pm x)^{-1/2} = 1 \mp \frac{1}{2} x + \frac{3}{8} x^2 \mp \frac{5}{16} x^3 + \cdots \tag{D.6}$$

$$(1 \pm x)^{-1/3} = 1 \mp \frac{1}{3} x + \frac{2}{9} x^2 \mp \frac{14}{81} x^3 + \cdots \tag{D.7}$$

$$(1 \pm x)^{-1} = 1 \mp x + x^2 \mp x^3 + \cdots \tag{D.8}$$

$$(1 \pm x)^{-2} = 1 \mp 2x + 3x^2 \mp 4x^3 + \cdots \tag{D.9}$$

---

[1] Uma extensa lista pode ser encontrada, por exemplo, em Dwight (Dw61).

APÊNDICE D – Fórmulas úteis **545**

$$(1 \pm x)^{-3} = 1 \mp 3x + 6x^2 \mp 10x^3 + \cdots \tag{D.10}$$

Para convergência de *todas* as séries acima, devemos ter $|x| < 1$.

D.2 Relações trigonométricas

$$\operatorname{sen}(A \pm B) = \operatorname{sen} A \cos B \pm \cos A \operatorname{sen} B \tag{D.11}$$

$$\cos(A \pm B) = \cos A \cos B \mp \operatorname{sen} A \operatorname{sen} B \tag{D.12}$$

$$\operatorname{sen} 2A = 2 \operatorname{sen} A \cos A = \frac{2 \operatorname{tg} A}{1 + \operatorname{tg}^2 A} \tag{D.13}$$

$$\cos 2A = 2 \cos^2 A - 1 \tag{D.14}$$

$$\operatorname{sen}^2 \frac{A}{2} = \frac{1}{2}(1 - \cos A) \tag{D.15}$$

$$\cos^2 \frac{A}{2} = \frac{1}{2}(1 + \cos A) \tag{D.16}$$

$$\operatorname{sen}^2 A = \frac{1}{2}(1 - \cos 2A) \tag{D.17}$$

$$\operatorname{sen}^3 A = \frac{1}{4}(3 \operatorname{sen} A - \operatorname{sen} 3A) \tag{D.18}$$

$$\operatorname{sen}^4 A = \frac{1}{8}(3 - 4 \cos 2A + \cos 4A) \tag{D.19}$$

$$\cos^2 A = \frac{1}{2}(1 + \cos 2A) \tag{D.20}$$

$$\cos^3 A = \frac{1}{4}(3 \cos A + \cos 3A) \tag{D.21}$$

$$\cos^4 A = \frac{1}{8}(3 + 4 \cos 2A + \cos 4A) \tag{D.22}$$

$$\operatorname{tg}(A + B) = \frac{\operatorname{tg} A + \operatorname{tg} B}{1 - \operatorname{tg} A \operatorname{tg} B} \tag{D.23}$$

$$\operatorname{tg}^2 \frac{A}{2} = \frac{1 - \cos A}{1 + \cos A} \tag{D.24}$$

$$\operatorname{sen} x = \frac{e^{ix} - e^{-ix}}{2i} \tag{D.25}$$

$$\cos x = \frac{e^{ix} + e^{-ix}}{2} \qquad (D.26)$$

$$e^{ix} = \cos x + i\operatorname{sen} x \qquad (D.27)$$

D.3 Séries trigonométricas

$$\operatorname{sen} x = x - \frac{x^3}{3!} + \frac{x^5}{5!} - \frac{x^7}{7!} + \cdots \qquad (D.28)$$

$$\cos x = 1 - \frac{x^2}{2!} + \frac{x^4}{4!} - \frac{x^6}{6!} + \cdots \qquad (D.29)$$

$$\operatorname{tg} x = x + \frac{x^3}{3} + \frac{2}{15}x^5 + \cdots, \qquad |x| < \pi/2 \qquad (D.30)$$

$$\operatorname{sen}^{-1} x = x + \frac{x^3}{6} + \frac{3}{40}x^5 + \cdots, \qquad \begin{cases} |x| < 1 \\ |\operatorname{sen}^{-1} x| < \pi/2 \end{cases} \qquad (D.31)$$

$$\cos^{-1} x = \frac{\pi}{2} - x - \frac{x^3}{6} - \frac{3}{40}x^5 - \cdots, \qquad \begin{cases} |x| < 1 \\ 0 < \cos^{-1} x < \pi \end{cases} \qquad (D.32)$$

$$\operatorname{tg}^{-1} x = x - \frac{x^3}{3} + \frac{x^5}{5} - \frac{x^7}{7} + \cdots, \qquad |x| < 1 \qquad (D.33)$$

D.4 Série exponencial e logarítmica

$$e^x = 1 + x + \frac{x^2}{2!} + \frac{x^3}{3!} + \cdots = \sum_{n=0}^{\infty} \frac{x^n}{n!} \qquad (D.34)$$

$$\ln(1 + x) = x - \frac{x^2}{2} + \frac{x^3}{3} - \frac{x^4}{4} + \cdots, \qquad |x| < 1, \quad x = 1 \qquad (D.35)$$

$$\ln[\sqrt{(x^2/a^2) + 1} + (x/a)] = \operatorname{senh}^{-1} x/a \qquad (D.36)$$

$$= -\ln[\sqrt{(x^2/a^2) + 1} - (x/a)] \qquad (D.37)$$

D.5 Quantidades complexas

Forma cartesiana: $z = x + iy$, conjugado complexo $z^* = x - iy$, $i = \sqrt{-1}$ $\qquad (D.38)$

Forma polar:

$$z = |z| e^{i\theta} \qquad \text{(D.39)}$$

$$z^* = |z| e^{-i\theta} \qquad \text{(D.40)}$$

$$zz^* = |z|^2 = x^2 + y^2 \qquad \text{(D.41)}$$

Parte real de z:

$$\text{Re } z = \frac{1}{2}(z + z^*) = x \qquad \text{(D.42)}$$

Parte imaginária de z:

$$\text{Im } z = -\frac{1}{2}(z - z^*) = y \qquad \text{(D.43)}$$

Fórmula de Euler:

$$e^{i\theta} = \cos\theta + i\,\text{sen}\,\theta \qquad \text{(D.44)}$$

D.6 Funções hiperbólicas

$$\text{senh } x = \frac{e^x - e^{-x}}{2} \qquad \text{(D.45)}$$

$$\cosh x = \frac{e^x + e^{-x}}{2} \qquad \text{(D.46)}$$

$$\text{tgh } x = \frac{e^{2x} - 1}{e^{2x} + 1} \qquad \text{(D.47)}$$

$$\text{sen } ix = i\,\text{senh } x \qquad \text{(D.48)}$$

$$\cos ix = \cosh x \qquad \text{(D.49)}$$

$$\text{senh } ix = i\,\text{sen } x \qquad \text{(D.50)}$$

$$\cosh ix = \cos x \qquad \text{(D.51)}$$

$$\text{senh}^{-1} x = \text{tgh}^{-1}\left(\frac{x}{\sqrt{x^2 + 1}}\right) \qquad \text{(D.52)}$$

$$= \ln(x + \sqrt{x^2 + 1}) \qquad \text{(D.53)}$$

$$= \cosh^{-1}(\sqrt{x^2 + 1}), \quad \begin{cases} > 0, & x > 0 \\ < 0, & x < 0 \end{cases} \qquad \text{(D.54)}$$

$$\cosh^{-1} x = \pm\, \text{tgh}^{-1}\left(\frac{\sqrt{x^2 - 1}}{x}\right), \quad x > 1 \qquad \text{(D.55)}$$

$$= \pm \ln(x + \sqrt{x^2 - 1}), \quad x > 1 \qquad \text{(D.56)}$$

$$\cosh^{-1} x = \pm\,\text{senh}^{-1}(\sqrt{x^2 - 1}), \quad x > 1 \qquad \text{(D.57)}$$

548 Dinâmica clássica de partículas e sistemas

$$\frac{d}{dy}\operatorname{senh} y = \cosh y \tag{D.58}$$

$$\frac{d}{dy}\cosh y = \operatorname{senh} y \tag{D.59}$$

$$\operatorname{senh}(x_1 + x_2) = \operatorname{senh} x_1 \cosh x_2 + \cosh x_1 \operatorname{senh} x_2 \tag{D.60}$$

$$\cosh(x_1 + x_2) = \cosh x_1 \cosh x_2 + \operatorname{senh} x_1 \operatorname{senh} x_2 \tag{D.61}$$

$$\cosh^2 x - \operatorname{senh}^2 x = 1 \tag{D.62}$$

PROBLEMAS

D.1. É possível atribuir um significado para a desigualdade $z_1 < z_2$? Explique. Será que a desigualdade $|z_1| < |z_2|$ tem um significado diferente?

D.2. Resolva as seguintes equações:

(a) $z^2 + 2z + 2 = 0$ (b) $2z^2 + z + 2 = 0$

D.3. Represente o seguinte na forma polar:

(a) $z_1 = i$ (b) $z_2 = -1$

(c) $z_3 = 1 + i\sqrt{3}$ (d) $z_4 = 1 + 2i$

(e) Encontre o produto z_1, z_2 (f) Encontre o produto z_1, z_3

(g) Encontre o produto z_3, z_4

D.4. Represente $(z^2 - 1)^{-1/2}$ na forma polar.

D.5. Se a função $w = \operatorname{sen}^{-1} z$ for definida como o inverso de $z = \operatorname{sen} w$, use então a relação de Euler para sen w para encontrar uma equação para exp (iw). Resolva essa equação e obtenha o resultado

$$w = \operatorname{sen}^{-1} z = -i \ln\left(iz + \sqrt{1 - z^2}\right)$$

D.6. Demonstre que

$$y = Ae^{ix} + Be^{-ix}$$

pode ser escrito como

$$y = C \cos(x - \delta)$$

onde A e B são *complexos* mas onde C e δ são *reais*.

D.7. Demonstre que

(a) $\operatorname{senh}(x_1 + x_2) = \operatorname{senh} x_1 \cosh x_2 + \cosh x_1 \operatorname{senh} x_2$

(b) $\cosh(x_1 + x_2) = \cosh x_1 \cosh x_2 + \operatorname{senh} x_1 \operatorname{senh} x_2$

APÊNDICE **E**

Integrais úteis[1]

E.1 Funções algébricas

$$\int \frac{dx}{a^2 + x^2} = \frac{1}{a} \, \mathrm{tg}^{-1}\left(\frac{x}{a}\right), \qquad \left| \mathrm{tg}^{-1}\left(\frac{x}{a}\right) \right| < \frac{\pi}{2} \qquad \text{(E.1)}$$

$$\int \frac{x\,dx}{a^2 + x^2} = \frac{1}{2} \ln(a^2 + x^2) \qquad \text{(E.2)}$$

$$\int \frac{dx}{x(a^2 + x^2)} = \frac{1}{2a^2} \ln\left(\frac{x^2}{a^2 + x^2}\right) \qquad \text{(E.3)}$$

$$\int \frac{dx}{a^2 x^2 - b^2} = \frac{1}{2ab} \ln\left(\frac{ax - b}{ax + b}\right) \qquad \text{(E.4a)}$$

$$= -\frac{1}{ab} \coth^{-1}\left(\frac{ax}{b}\right), \qquad a^2 x^2 > b^2 \qquad \text{(E.4b)}$$

$$= -\frac{1}{ab} \, \mathrm{tgh}^{-1}\left(\frac{ax}{b}\right), \qquad a^2 x^2 < b^2 \qquad \text{(E.4c)}$$

$$\int \frac{dx}{\sqrt{a + bx}} = \frac{2}{b}\sqrt{a + bx} \qquad \text{(E.5)}$$

$$\int \frac{dx}{\sqrt{x^2 + a^2}} = \ln(x + \sqrt{x^2 + a^2}) \qquad \text{(E.6)}$$

$$\int \frac{x^2\,dx}{\sqrt{a^2 - x^2}} = -\frac{x}{2}\sqrt{a^2 - x^2} + \frac{a^2}{2}\mathrm{sen}^{-1}\frac{x}{a} \qquad \text{(E.7)}$$

$$\int \frac{dx}{\sqrt{ax^2 + bx + c}} = \frac{1}{\sqrt{a}} \ln(2\sqrt{a}\sqrt{ax^2 + bx + c} + 2ax + b), \quad a > 0 \qquad \text{(E.8a)}$$

---

[1] Esta lista está limitada aos integrais (não triviais) que surgem no texto e nos problemas. As compilações extremamente úteis são, por exemplo, Perce e Foster (Pi57) e Dwight (Dw61).

549

550 Dinâmica clássica de partículas e sistemas

$$= \frac{1}{\sqrt{a}} \operatorname{senh}^{-1}\left(\frac{2ax + b}{\sqrt{4ac - b^2}}\right), \quad \begin{cases} a > 0 \\ 4ac > b^2 \end{cases} \tag{E.8b}$$

$$= -\frac{1}{\sqrt{-a}} \operatorname{sen}^{-1}\left(\frac{2ax + b}{\sqrt{b^2 - 4ac}}\right), \quad \begin{cases} a < 0 \\ b^2 > 4ac \\ |2ax + b| < \sqrt{b^2 - 4ac} \end{cases} \tag{E.8c}$$

$$\int \frac{x\, dx}{\sqrt{ax^2 + bx + c}} = \frac{1}{a}\sqrt{ax^2 + bx + c} - \frac{b}{2a}\int \frac{dx}{\sqrt{ax^2 + bx + c}} \tag{E.9}$$

$$\int \frac{dx}{x\sqrt{ax^2 + bx + c}} = -\frac{1}{\sqrt{c}}\operatorname{senh}^{-1}\left(\frac{bx + 2c}{|x|\sqrt{4ac - b^2}}\right), \quad \begin{cases} c > 0 \\ 4ac > b^2 \end{cases} \tag{E.10a}$$

$$= \frac{1}{\sqrt{-c}}\operatorname{sen}^{-1}\left(\frac{bx + 2c}{|x|\sqrt{b^2 - 4ac}}\right), \quad \begin{cases} c < 0 \\ b^2 > 4ac \end{cases} \tag{E.10b}$$

$$= -\frac{1}{\sqrt{c}}\ln\left(\frac{2\sqrt{c}}{x}\sqrt{ax^2 + bx + c} + \frac{2c}{x} + b\right), \quad c > 0 \tag{E.10c}$$

$$\int \sqrt{ax^2 + bx + c}\, dx = \frac{2ax + b}{4a}\sqrt{ax^2 + bx + c} + \frac{4ac - b^2}{8a}\int \frac{dx}{\sqrt{ax^2 + bx + c}} \tag{E.11}$$

E.2 Funções trigonométricas

$$\int \operatorname{sen}^2 x\, dx = \frac{x}{2} - \frac{1}{4}\operatorname{sen} 2x \tag{E.12}$$

$$\int \cos^2 x\, dx = \frac{x}{2} + \frac{1}{4}\operatorname{sen} 2x \tag{E.13}$$

$$\int \frac{dx}{a + b\operatorname{sen} x} = \frac{2}{\sqrt{a^2 - b^2}}\operatorname{tg}^{-1}\left[\frac{a\, \operatorname{tg}(x/2) + b}{\sqrt{a^2 - b^2}}\right], \quad a^2 > b^2 \tag{E.14}$$

$$\int \frac{dx}{a + b\cos x} = \frac{2}{\sqrt{a^2 - b^2}}\operatorname{tg}^{-1}\left[\frac{(a - b)\, \operatorname{tg}(x/2)}{\sqrt{a^2 - b^2}}\right], \quad a^2 > b^2 \tag{E.15}$$

$$\int \frac{dx}{(a + b\cos x)^2} = \frac{b\operatorname{sen} x}{(b^2 - a^2)(a + b\cos x)} - \frac{a}{b^2 - a^2}\int \frac{dx}{a + b\cos x} \tag{E.16}$$

$$\int \operatorname{tg} x\, dx = -\ln|\cos x| \tag{E.17a}$$

$$\int \operatorname{tgh} x\, dx = \ln \cosh x \tag{E.17b}$$

$$\int e^{ax}\operatorname{sen} x\, dx = \frac{e^{ax}}{a^2 + 1}(a\operatorname{sen} x - \cos x) \tag{E.18a}$$

$$\int e^{ax}\,\text{sen}^2\,x\,dx = \frac{e^{ax}}{a^2 + 4}\left(a\,\text{sen}^2\,x - 2\,\text{sen}\,x\,\cos\,x + \frac{2}{a}\right) \tag{E.18b}$$

$$\int_{-\infty}^{\infty} e^{-ax^2}\,dx = \sqrt{\pi/a} \tag{E.18c}$$

E.3 Funções gama

$$\Gamma(n) = \int_0^{\infty} x^{n-1}e^{-x}\,dx \tag{E.19a}$$

$$= \int_0^1 [\ln(1/x)]^{n-1}\,dx \tag{E.19b}$$

$$\Gamma(n) = (n-1)!, \quad \text{para } n = \text{inteiro positivo} \tag{E.19c}$$

$$n\Gamma(n) = \Gamma(n+1) \tag{E.20}$$

$$\Gamma\left(\frac{1}{2}\right) = \sqrt{\pi} \tag{E.21}$$

$$\Gamma(1) = 1 \tag{E.22}$$

$$\Gamma\left(1\frac{1}{4}\right) = 0{,}906 \tag{E.23}$$

$$\Gamma\left(1\frac{3}{4}\right) = 0{,}919 \tag{E.24}$$

$$\Gamma(2) = 1 \tag{E.25}$$

$$\int_0^1 \frac{dx}{\sqrt{1 - x^n}} = \frac{\sqrt{\pi}}{n}\frac{\Gamma\left(\dfrac{1}{n}\right)}{\Gamma\left(\dfrac{1}{n} + \dfrac{1}{2}\right)} \tag{E.26}$$

$$\int_0^1 x^m(1 - x^2)^n\,dx = \frac{\Gamma(n+1)\Gamma\left(\dfrac{m+1}{2}\right)}{2\Gamma\left(n + \dfrac{m+3}{2}\right)} \tag{E.27a}$$

$$\int_0^{\pi/2} \cos^n x\,dx = \frac{\sqrt{\pi}}{2}\frac{\Gamma\left(\dfrac{n+1}{2}\right)}{\Gamma\left(\dfrac{n}{2} + 1\right)}, \quad n > -1 \tag{E.27b}$$

APÊNDICE **F**

Relações diferenciais em sistemas de coordenadas diferentes

F.1 Coordenadas retangulares

$$\mathbf{grad}\, U = \nabla U = \sum_i \mathbf{e}_i \frac{\partial U}{\partial x_i} \tag{F.1}$$

$$\mathrm{div}\, \mathbf{A} = \nabla \cdot \mathbf{A} = \sum_i \frac{\partial A_i}{\partial x_i} \tag{F.2}$$

$$\mathbf{rotA} = \nabla \times \mathbf{A} = \sum_{i,j,k} \varepsilon_{ijk} \frac{\partial A_k}{\partial x_j} \mathbf{e}_i \tag{F.3}$$

$$\nabla^2 U = \nabla \cdot \nabla U = \sum_i \frac{\partial^2 U}{\partial x_i^2} \tag{F.4}$$

F.2 Coordenadas cilíndricas

Consulte as Figuras F.1 e F.2.

$$x_1 = r \cos \phi, \quad x_2 = r \,\mathrm{sen}\, \phi, \quad x_3 = z \tag{F.5}$$

$$r = \sqrt{x_1^2 + x_2^2}, \quad \phi = \mathrm{tg}^{-1} \frac{x_2}{x_1}, \quad z = x_3 \tag{F.6}$$

$$ds^2 = dr^2 + r^2 d\phi^2 + dz^2 \tag{F.7}$$

$$dv = r\, dr\, d\phi\, dz \tag{F.8}$$

$$\mathbf{grad}\, \psi = \nabla \psi = \mathbf{e}_r \frac{\partial \psi}{\partial r} + \mathbf{e}_\phi \frac{1}{r} \frac{\partial \psi}{\partial \phi} + \mathbf{e}_z \frac{\partial \psi}{\partial z} \tag{F.9}$$

$$\mathrm{div}\, \mathbf{A} = \frac{1}{r} \frac{\partial}{\partial r} (rA_r) + \frac{1}{r} \frac{\partial A_\phi}{\partial \phi} + \frac{\partial A_z}{\partial z} \tag{F.10}$$

APÊNDICE F – Relações diferenciais em sistemas de coordenadas diferentes

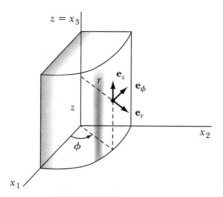

FIGURA F.1

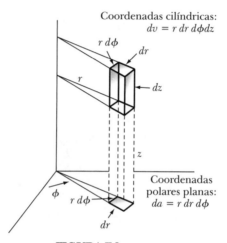

FIGURA F.2

$$\mathbf{rotA} = \mathbf{e}_r \left(\frac{1}{r} \frac{\partial A_z}{\partial \phi} - \frac{\partial A_\phi}{\partial z} \right) + \mathbf{e}_\phi \left(\frac{\partial A_r}{\partial z} - \frac{\partial A_z}{\partial r} \right) + \mathbf{e}_z \left(\frac{1}{r} \frac{\partial}{\partial r}(rA_\phi) - \frac{1}{r} \frac{\partial A_r}{\partial \phi} \right) \qquad \text{(F.11)}$$

$$\nabla^2 \psi = \frac{1}{r} \frac{\partial}{\partial r}\left(r \frac{\partial \psi}{\partial r} \right) + \frac{1}{r^2} \frac{\partial^2 \psi}{\partial \phi^2} + \frac{\partial^2 \psi}{\partial z^2} \qquad \text{(F.12)}$$

F.3   Coordenadas esféricas

Consulte as Figuras F.3 e F.4.

$$x_1 = r \operatorname{sen} \theta \cos \phi, \quad x_2 = r \operatorname{sen} \theta \operatorname{sen} \phi, \quad x_3 = r \cos \theta \qquad \text{(F.13)}$$

$$r = \sqrt{x_1^2 + x_2^2 + x_3^2}, \quad \theta = \cos^{-1} \frac{x_3}{r}, \quad \phi = \operatorname{tg}^{-1} \frac{x_2}{x_1} \qquad \text{(F.14)}$$

$$ds^2 = dr^2 + r^2 d\theta^2 + r^2 \operatorname{sen}^2 \theta \, d\phi^2 \qquad \text{(F.15)}$$

$$dv = r^2 \operatorname{sen} \theta \, dr \, d\theta \, d\phi \tag{F.16}$$

$$\mathbf{grad}\,\psi = \nabla \psi = \mathbf{e}_r \frac{\partial \psi}{\partial r} + \mathbf{e}_\theta \frac{1}{r} \frac{\partial \psi}{\partial \theta} + \mathbf{e}_\phi \frac{1}{r \operatorname{sen} \theta} \frac{\partial \psi}{\partial \phi} \tag{F.17}$$

$$\operatorname{div}\mathbf{A} = \frac{1}{r^2} \frac{\partial}{\partial r}(r^2 A_r) + \frac{1}{r \operatorname{sen} \theta} \frac{\partial}{\partial \theta}(A_\theta \operatorname{sen} \theta) + \frac{1}{r \operatorname{sen} \theta} \frac{\partial A_\phi}{\partial \phi} \tag{F.18}$$

$$\mathbf{rot}\mathbf{A} = \mathbf{e}_r \frac{1}{r \operatorname{sen} \theta}\left[\frac{\partial}{\partial \theta}(A_\phi \operatorname{sen} \theta) - \frac{\partial A_\theta}{\partial \phi}\right]$$
$$+ \mathbf{e}_\theta \frac{1}{r \operatorname{sen} \theta}\left[\frac{\partial A_r}{\partial \phi} - \operatorname{sen} \theta \frac{\partial}{\partial r}(rA_\phi)\right] + \mathbf{e}_\phi \frac{1}{r}\left[\frac{\partial}{\partial r}(rA_\theta) - \frac{\partial A_r}{\partial \theta}\right] \tag{F.19}$$

$$\nabla^2 \psi = \frac{1}{r^2} \frac{\partial}{\partial r}\left(r^2 \frac{\partial \psi}{\partial r}\right) + \frac{1}{r^2 \operatorname{sen} \theta} \frac{\partial}{\partial \theta}\left(\operatorname{sen}\theta \frac{\partial \psi}{\partial \theta}\right) + \frac{1}{r^2 \operatorname{sen}^2 \theta} \frac{\partial^2 \psi}{\partial \phi^2} \tag{F.20}$$

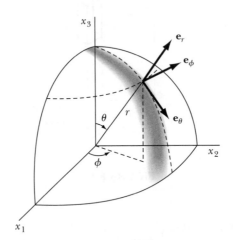

FIGURA F.3

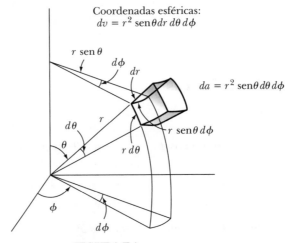

FIGURA F.4

APÊNDICE G

Uma "prova" da relação

$$\sum_{\mu} x_{\mu}^2 = \sum_{\mu} x_{\mu}'^2$$

Considere os dois sistemas inerciais K e K' que estejam se movendo um em relação ao outro com uma velocidade v. No instante em que as duas origens coincidirem ($t = 0$, $t' = 0$), deixe um pulso de luz ser emitido a partir da origem comum. As equações que descrevem a propagação das frentes de onda são necessárias, pelo segundo postulado de Einstein, para ser da mesma forma nos dois sistemas:

$$\sum_{j} x_{j}^2 - c^2 t^2 = \sum_{\mu} x_{\mu}^2 \equiv s^2 = 0, \quad \text{em } K \qquad \text{(G.1a)}$$

$$\sum_{j} x_{j}'^2 - c^2 t'^2 = \sum_{\mu} x_{\mu}'^2 \equiv s'^2 = 0, \quad \text{em } K' \qquad \text{(G.1b)}$$

Essas equações indicam que o desaparecimento do intervalo quadrimensional entre dois eventos em um sistema de referência inercial implica o desaparecimento do intervalo entre estes mesmos dois eventos em qualquer outro sistema de referência inercial. Mas precisamos mais do que isso, devemos demonstrar de fato que em geral $s^2 = s'^2$.

Se exigirmos que o movimento de uma partícula observada como sendo *linear* no sistema K sendo também linear no sistema K', então as equações de transformação que conectam x_{μ} e x'_{μ} deverão ser lineares. Nesse caso, as formas quadráticas s^2 e s'^2 podem ser ligadas, no máximo, por um fator de proporcionalidade:

$$s'^2 = \kappa s^2 \qquad \text{(G.2a)}$$

De maneira concebível, o fator κ pode depender das coordenadas, do tempo e da velocidade relativa dos dois sistemas. Como foi salientado na Seção 2.3, o espaço e o tempo associados a um sistema de referência inercial são *homogêneos*, assim a relação entre s^2 e s'^2 não pode ser diferente em pontos diferentes no espaço e nem em diferentes instantes de tempo. Portanto, o fator κ não pode depender das coordenadas e nem do tempo. Uma dependência de v ainda é permitida de qualquer maneira, mas a *isotropia* do espaço impede uma dependência da *direção* de v. Por isso, reduzimos a possível dependência de s'^2 sobre s^2 para um fator que envolve no máximo a magnitude da velocidade v, isto é, temos

$$s'^2 = \kappa(v) s^2 \qquad \text{(G.2b)}$$

Se fizermos a transformação a partir de K' de volta para K, obtemos o resultado

$$s^2 = \kappa(-v) s'^2$$

555

556 Dinâmica clássica de partículas e sistemas

onde $-v$ ocorre porque a velocidade de K em relação a K' é a negativa da velocidade de K' em relação a K. Mas já provamos que o fator κ pode depender somente da *magnitude* de v. Temos, portanto, as duas equações

$$\left.\begin{array}{c} s'^2 = \kappa(v)\,s^2 \\ s^2 = \kappa(v)\,s'^2 \end{array}\right\} \tag{G.3}$$

Combinando essas equações, podemos concluir que $\kappa^2 = 1$ ou $\kappa(v) = \pm 1$. O valor de $\kappa(v)$ não deve ser uma função descontínua de v, isto é, se mudarmos v numa determinada razão, κ não poderá saltar repentinamente de $+1$ para -1. No limite de velocidade zero, os sistemas K e K' se tornam idênticos, de modo que $\kappa(v = 0) = +1$. Desse modo,

$$\kappa = +1 \tag{G.4}$$

para todos os níveis de velocidade, e obtemos, finalmente,

$$s^2 = s'^2 \tag{G.5}$$

Este resultado importante indica que o intervalo quadrimensional entre dois eventos é o mesmo em todos os sistemas de referência inercial.

APÊNDICE H

Solução numérica para o Exemplo 2.7

Neste apêndice, demonstramos a solução MathCad que resultou nas Figuras 2.8 e 2.9 para o Exemplo 2.7. Este programa foi escrito para MathCad para Windows, versão 4.0.

$g := 9,8$ aceleração de gravidade

$th := 60 \cdot \left(\dfrac{\pi}{180}\right)$ ângulo inicial

$vo := 600$

$u := vo \cdot \cos(th)$ velocidade inicial

$v := vo \cdot \sin(th)$ velocidade horizontal inicial

$i := 1 .. 6$ velocidade vertical inicial

$k_i :=$

0,0000001
0,01
0,02
0,04
0,08
0,005

tabela de coeficientes de arrasto

$t := 0, 1 .. 130$ intervalo de valores de tempo

$x(t, K) := \left(\left(\dfrac{u}{K}\right)\right) \cdot (1 - \exp(-K \cdot t))$ calcula a posição horizontal

$y(t, K) := -g \cdot \dfrac{t}{K} + \dfrac{K \cdot v + g}{(K)^2} \cdot (1 - \exp(-K \cdot t))$ calcula a posição vertical

Agora, estabeleça uma equação para resolver a Equação 2.45 para *T* para qualquer valor da constante da força de retardo k.

$$f(k, T) := \text{raíz}\left[T - \frac{k \cdot v + g}{g \cdot k} \cdot (1 - \exp(-k \cdot T)), T\right] \tag{2.45}$$

[Agora plotamos y(t,k_j) por x(t,k_j) para produzir a Figura 2-8.]

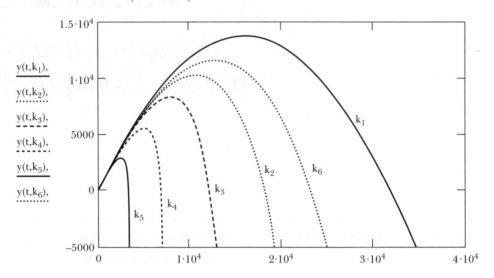

FIGURA 2.8

$j := 1, 2 .. 81$ — Estabeleça o intervalo de valores para calcular 80 valores.

$K_j := -0{,}001 + 0{,}001 \cdot j + 0{,}00000001$ — Isso nos permitirá calcular, durante um intervalo de k, valores de 0 a 0,08.

$Tr_0 := 100$ — O valor de tempo para k = 0 é 106 s. Isto é uma suposição para dar início aos cálculos.

$Tr_1 := 106{,}074$ — Agora, determinamos a solução para o tempo T para todos os valores de k. Resolva a Equação 2.45.

$Tr_j := f(K_j, Tr_{j-1})$ — Este é o valor de T para k1. Não se preocupe em calcular todos os outros aqui.

Agora queremos calcular o intervalo R para todos os valores de T (como uma função de k) que acabamos de encontrar. Para fazer isso, precisamos resolver a Equação 2.43 para cada um dos valores de k e t = T que acabamos de encontrar.

$x := 100$ — Esta é a suposição para o primeiro valor de x. O valor real da suposição não importa.

$f(k, T) := \text{raíz}\left[x - \dfrac{u}{k} \cdot (1 - \exp(-k \cdot T)), x\right]$ — Esta é a Equação 2.43 que precisamos resolver para encontrar o intervalo R.

$R_j := f(K_j, Tr_j)$ — Agora calcule o intervalo R para todos os valores.

APÊNDICE H – Solução numérica para o Exemplo 2.7   **559**

$R_1 = 3{,}182 \cdot 10^4$ Apenas listamos o primeiro valor e plotamos o restante. Este é o intervalo sem a resistência do ar, isto é k = 0.

Agora, vamos calcular e plotar o intervalo determinado a partir do cálculo aproximado. Calcule a Equação 2.55.

$$Rp_j := R_1 \cdot \left(1 - \frac{4 \cdot K_j \cdot v}{3 \cdot g}\right)$$

[Agora plote R_j e R_{pj} versus K_j para produzir a Figura 2-9].

Soluções de plotagem aproximada e numéricas. Figura 2-9.

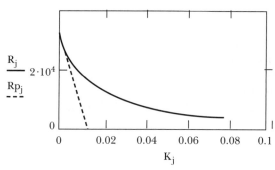

FIGURA 2.9

Referências selecionadas

Os textos que seguem são especialmente recomendados como fontes gerais de material de leitura de apoio.

A. Física geral teórica

Blass (B162), *Theoretical Physics*.
Lindsay e Margenau (Li36), *Foundations of Physics*.
Wangsness (Wa63), *Introduction to Theoretical Physics*.

B. Mecânica básica

Baierlein (Ba83), *Newtonian Dynamics*.
Barger e Olsson (Ba73), *Classical Mechanics*.
Davis (Da86), *Classical Mechanics*.
Fowles e Cassiday (Fo99), *Analytical Mechanics*.
French (Fr71), *Newtonian Mechanics*.
Knudsen e Hjorth (Kn00), *Elements of Newtonian Mechanics*.
McCall (Mc01), *Classical Mechanics*.
Rossberg (Ro83), *Analytical Mechanics*.

C. Mecânica intermediária

Arya (Ar98), *Introduction to Classical Dynamics*.
Becker (Be54), *Introduction to Theoretical Mechanics*.
Lindsay (Li61), *Physical Mechanics*.
Scheck(Sc99), *Mechanics*.
Slater e Frank (Sl47), *Mechanics*.
Symon (Sy71), *Mechanics*.

D. Mecânica avançada

Baruh (Ba99), *Analytical Dynamics*.
Goldstein (Go80), *Classical Mechanics*.
Landau e Lifshitz (La76), *Mechanics*.
McCuskey (Mc59), *An Introduction to Advanced Dynamics*.

E. Métodos matemáticos

Abramowitz e Stegun (Ab65), *Handbook of Mathematical Functions*.
Arfken (Ar85), *Mathematical Methods for Physicists*.
Byron e Fuller (By69), *Mathematics of Classical and Quantum Physics*.

Churchill (Ch78), *Fourier Series and Boundary Value Problems*.
Davis (Da61), *Introduction to Vector Analysis*.
Dennery e Krzywicki (De67), *Mathematics for Physicists*.
Dwight (Dw61), *Tables of Integrals and Other Mathematical Data*.
Kaplan (Ka84), *Advanced Calculus*.
Mathews e Walker (Ma70), *Mathematical Methods of Physics*.
Pipes e Harvill (Pi70), *Applied Mathematics for Engineers and Physicists*.

F. Relatividade especial

Einstein (Ei61), *Relativity*.
French (Fr68), *Special Relativity*.
Resnick (Re72), *Basic Concepts in Relativity and Early Quantum Theory*.
Rindler (Ri82), *Introduction to Special Relativity*.
Taylor e Wheeler (Ta66), *Spacetime Physics*.

G. Caos

Baker e Gollub (Ba90), *Chaotic Dynamics*.
Bessoir e Wolf (Be91), *Chaos Simulations*.
Hilborn (Hi94), *Chaos and Nonlinear Dynamics*.
Moon (Mo92), *Chaotic and Fractal Dynamics*.
Rasband (Ra90), *Chaotic Dynamics of Nonlinear Systems*.
Rollins (Ro90), *Chaotic Dynamics Workbench*.
Sprott e Rowlands (Sp92), *Chaos Demonstrations*.
Strogatz (St94), *Nonlinear Dynamics and Chaos*.

H. Métodos numéricos

DeJong (De91), *Introduction to Computational Physics*.
Johnson e Reiss (Jo82), *Numerical Analysis*.
Press, Teukolsky, Vetterling e Flannery (Pr92), *Numerical Recipes*.

Referências bibliográficas

Ab65   M. Abramowitz e I. Stegun, *Handbook of Mathematical Functions*. Dover, New York, E.U.A., 1965.

Ad22   E. P. Adams e R. L. Hippisley, *Smithsonian Mathematical Formulae and Tables of Elliptical Functions*. Smithsonian Institution, Washington, D. C., E.U.A., 1922.

Am63   American Association of Physics Teachers, *Special Relativity Theory, Selected Reprints*. American Institute of Physics, New York, E.U.A., 1963.

An49   A. A. Andronow e C. E. Chaikin, *Theory of Oscillations*, tradução da edição russa de 1937, Princeton University Press, Princeton, New Jersey, E.U.A., 1949.

Ar85   G. Arfkin, *Mathematical Methods for Physicists*, 3ª ed. Academic Press, Orlando, Florida, E.U.A., 1985.

Ar98   A. P. Arya, *Introduction to Classical Mechanics* 2ª ed. Prentice-Hall, Englewood Cliffs, New Jersey, E.U.A., 1998.

Ba73   V. Barger e M. Olsson, *Classical Mechanics*. McGraw-Hill, New York, E.U.A., 1973.

Ba83   R. Baierlein, *Newtonian Dynamics*. McGraw-Hill, New York, E.U.A., 1983.

Ba96   G. L. Baker e J. P. Gollub, *Chaotic Dynamics*, 2ª ed. Cambridge, New York, E.U.A., 1996.

Ba99   H. Baruh, *Analytical Dynamics*, WCB/McGraw-Hill, Boston, E.U.A., 1999.

Be46   P. G. Bergman, *Introduction to the Theory of Relativity*, Prentice-Hall, Englewood Cliffs, Nova Jersey, 1946 (reimpresso por Dover, New York, E.U.A., 1976).

Be54   R. A. Becker, *Introduction to Theoretical Mechanics*. McGraw-Hill, New York, E.U.A., 1954.

Be91   T. Bessoir e A. Wolf, *Chaos Simulations*. American Institute of Physics, College Park, 1991. Disponível na Physics Academic Software, Box 8202, North Carolina State University, Raleigh, North Carolina, 27695-8202, E.U.A.

Bl62   G. A. Blass, *Theoretical Physics*. Appleton-Century-Crofts, New York, E.U.A., 1962.

Br60   L. Brillouin, *Wave Propagation and Group Velocity*. Academic Press, New York, E.U.A., 1960.

Br68   T. C. Bradbury, *Theoretical Mechanics*. Wiley, New York, E.U.A., 1968 (reimpresso por Krieger, Melbourne, Florida, E.U.A., 1981).

By69   F. Byron and R. Fuller, *Mathematics of Classical and Quantum Physics*. Addison-Wesley, Reading, Massachusetts, E.U.A., 1969.

Ch78   R. V. Churchill, *Fourier Series and Boundary Value Problems*, 3ª ed. McGraw-Hill, New York, E.U.A., 1978.

Co53   R. Courant e D. Hilbert, *Methods of Mathematical Physics*, Vol. 1. Wiley (Interscience), New York, E.U.A., 1953.

Co60   H. C. Corben e P. Stehle, *Classical Mechanics*, 2ª ed. Wiley, New York, E.U.A., 1960.

Cr81   A. D. Crowell, *Am. J. Phys.* **49**, 452 (1981).

Da61   H. F. Davis, *Introduction to Vector Analysis*. Allyn & Bacon, Boston, E.U.A., 1961.

Da63   H. F. Davis, *Fourier Series and Orthogonal Functions*. Allyn & Bacon, Boston, E.U.A., 1963.

Da86   A. D. Davis, *Classical Mechanics*. Academic Press, Orlando, Florida, E.U.A., 1986.

Referências bibliográficas **563**

De62   J. W. Dettman, *Mathematical Methods in Physics and Engineering*. McGraw-Hill, New York, E.U.A., 1962.

De67   P. Dennery and A. Krzywicki, *Mathematics for Physicists*. Harper & Row, New York, E.U.A., 1967.

De82   E. A. Desloge, *Classical Mechanics*, Vols. 1 e 2. Wiley, New York, E.U.A., 1982.

De91   M. L. DeJong, *Introduction to Computational Physics*. Addison-Wesley, Reading, Massachusetts, E.U.A., 1991.

Dw61   H. B. Dwight, *Tables of Integrals and Other Mathematical Data*, 4^a ed. Macmillan, New York, E.U.A., 1961.

Ed30   Sir A. S. Eddington, *The Nature of the Physical World*. Macmillan, New York, E.U.A., 1930.

Ei61   A. Einstein, *Relativity*, 15^a ed. Crown, New York, E.U.A., 1961.

Fe59   N. Feather, *The Physics of Mass, Length, and Time*. Edinburgh University Press, Edinburgh, E.U.A., 1959.

Fe65   R. P. Feynman and A. R. Hibbs, *Quantum Mechanics and Path Integrals*. McGraw-Hill, New York, E.U.A., 1965.

Fo99   G. R. Fowles and G. L. Cassiday, *Analytical Mechanics*, 6^a ed. Harcourt, Philadelphia, E.U.A., 1999.

Fr68   A. P. French, *Special Relativity*. W. W. Norton, New York, E.U.A., 1968.

Fr71   A. P. French, *Newtonian Mechanics*. W. W. Norton, New York, E.U.A., 1971.

Ge63   I. M. Gelfand e S. V. Fomin, *Calculus of Variations*, Prentice-Hall, Englewood Cliffs, New Jersey, E.U.A., 1963.

Go80   H. Goldstein, *Classical Mechanics*, 2^a ed. Addison-Wesley, Reading, Massachusetts, E.U.A., 1980.

Ha62   J. Haag, *Oscillatory Motions*. Wadsworth, Belmont, California, E.U.A., 1962.

He95   M. Heald e J. B. Marion, *Classical Electromagnetic Radiation*, 3^a ed. Saunders, New York, E.U.A., 1995.

Hi00   R. C. Hilborn, *Chaos and Nonlinear Dynamics*, 2^a ed. Oxford, New York, E.U.A., 2000.

Ho64   H. Hochstadt, *Differential Equations – A Modern Approach*. Holt, New York, E.U.A., 1964.

In27   E. L. Ince, *Ordinary Differential Equations*. Longmans, Green, New York, E.U.A., 1927 (reimpresso por Dover, New York, E.U.A., 1944).

Jo50   G. Joos e I. M. Freeman, *Theoretical Physics*, 2^a ed. Hafner, New York, E.U.A., 1950.

Jo82   Lee W. Johnson e R. Dean Reiss, *Numerical Analysis*. Addison-Wesley, Reading, Massachusetts, E.U.A., 1982.

Ka76   M. Kaplan, *Modern Spacecraft Dynamics and Control*. Wiley, New York, E.U.A., 1976.

Ka84   W. Kaplan, *Advanced Calculus*, 3^a ed. Addison-Wesley, Reading, Massachusetts, E.U.A., 1984.

Kn00   J. M. Knudsen e P. G. Hjorth, *Elements of Newtonian Mechanics*, 3^a ed. Springer-Verlag, Berlin, E.U.A., 2000.

La49   C. Lanczos, *The Variational Principles of Mechanics*. University of Toronto Press, Toronto, Canadá, 1949.

La76   L. D. Landau e E. M. Lifshitz, *Mechanics*, 3^a ed. Pergammon, New York, E.U.A., 1976.

Li36   R. B. Lindsay e H. Margenau, *Foundations of Physics*. Wiley, New York, 1936 (reimpresso por Dover, New York, E.U.A., 1957; reimpresso por Ox Bow, Woodbridge, Connecticut, E.U.A., 1981).

Li51   R. B. Lindsay, *Concepts and Methods of Theoretical Physics*. Van Nostrand, Princeton, New Jersey, E.U.A., 1951.

Li61   R. B. Lindsay, *Physical Mechanics*, 3^a ed. Van Nostrand, Princeton, New Jersey, E.U.A., 1961.

564 Dinâmica clássica de partículas e sistemas

Lo23   H. A. Lorentz, A. Einstein, H. Minowski e H. Weyl, *The Principle of Relativity*, documentos originais. Traduzido em 1923; reimpresso por Dover, New York, E.U.A., 1952.

Ma59   J. B. Marion, T. I. Arnette e H. C. Owens, "Tables for the Transformation Between the Laboratory and Center-of-mass Coordinate Systems and for the Calculation of the Energies of Reaction Products." Oak Ridge National Lab. Rept. ORNL-2574, 1959.

Ma60   E. Mach, *The Science of Mechanics*, 6ª ed. americana, Open Court, LaSalle, Illinois, E.U.A., 1960 (edição original alemã publicada em 1883).

Ma65   J. B. Marion, *Principles of Vector Analysis*. Academic Press, New York, E.U.A., 1965.

Ma70   J. Matthews e R. Walker, *Mathematical Methods of Physics*, 2ª ed. Benjamin, New York, E.U.A., 1970.

Ma77   H. Margenau, *The Nature of Physical Reality*, 2ª ed. McGraw-Hill, New York, E.U.A., 1977.

Mc59   S. W. McCuskey, *An Introduction to Advanced Dynamics*. Addison-Wesley, Reading, Massachusetts, E.U.A., 1959.

Mc01   M. W. McCall, *Classical Mechanics*. John Wiley, Chichester, Inglaterra, 2001.

Mi47   N. Minorsky, *Introduction to Non-linear Mechanics*. Edwards, Ann Arbor, Michigan, E.U.A., 1947.

Mo53   P. M. Morse e H. Feshbach, *Methods of Theoretical Physics*, 2 vols. McGraw-Hill, New York, E.U.A., 1953.

Mo53a   P. Morrison, "A Survey of Nuclear Reactions," in *Experimental Nuclear Physics* (E. Segré, ed.), Vol. II. Wiley, New York, E.U.A., 1953.

Mo58   F. R. Moulton, *An Introduction to Celestial Mechanics*, 2ª ed. Macmillan, New York, E.U.A., 1958.

Mo92   Frances Moon, *Chaotic and Fractal Dynamics*. Wiley, New York, E.U.A., 1992.

Mu60   G. M. Murphy, *Ordinary Different Equations and Their Solutions*. Van Nostrand, Princeton, New Jersey, E.U.A., 1960.

Ob83   J. E. Oberg, *Mission to Mars*. New American, New York, E.U.A., 1983.

Pa62   W. K. H. Panofsky e M. Phillips, *Classical Electricity and Magnetism*, 2ª ed. Addison-Wesley, Reading, Massachusetts, E.U.A., 1962.

Pi57   B. O. Pierce e R. M. Foster, *A Short Table of Integrals*, 4ª ed. Ginn, Boston, E.U.A., 1957.

Pi70   L. Pipes e L. Harvill, *Applied Mathematics for Engineers and Physicists*. McGraw-Hill, New York, E.U.A., 1970.

Pr92   W. H. Press, S. A. Teukolsky, W. T. Vetterling e B. P. Flannery, *Numerical Recipes*, 2ª ed. Cambridge, New York, E.U.A., 1992.

Ra90   S. N. Rasband, *Chaotic Dynamics of Nonlinear Systems*. Wiley, New York, E.U.A., 1990.

Ra94   J. W. S. Rayleigh, *The Theory of Sound*, 2ª ed., 2 vols. Macmillan, London, Inglaterra, 1894 (reimpresso por Dover, New York, E.U.A., 1945).

Re72   R. Resnick, *Basic Concepts in Relativity and Early Quantum Theory*. Wiley, New York, E.U.A., 1972.

Rh82   Rheinmetall GmbH, *Handbook on Weaponry*. Düsseldorf, Alemanha, 1982.

Ri82   W. Rindler, *Introduction to Special Relativity*. Clarendon, Oxford, Inglaterra, 1982.

Ro83   K. Rossberg, *Analytical Mechanics*. Wiley, New York, E.U.A., 1983.

Ro90   R. W. Rollins, *Chaotic Dynamics Workbench*. American Institute of Physics, College Park, 1990. Disponível da Physics Academic Software, Box 8202, North Carolina State University, Raleigh, North Carolina, 27695-8202, E.U.A.

Sc99   F. Scheck, *Mechanics*, 3ª ed. Springer-Verlag, Berlin, Alemanha, 1999.

Se58   F. W. Sears, *Mechanics, Wave Motion, and Heat*. Addison-Wesley, Reading, Massachusetts, E.U.A., 1958.

Sl47   J. C. Slater e N. H. Frank, *Mechanics*. McGraw-Hill, New York, E.U.A., 1947.

So50   A. Sommerfeld, *Mechanics*. Academic Press, New York, E.U.A., 1950.

Referências bibliográficas **565**

Sp92   J. C. Sprott e G. Rowlands, *Chaos Demonstrations*. American Institute of Physics, College Park, 1992. Disponível da Physics Academic Software, Box 8202, North Carolina State University, Raleigh, North Carolina, 27695-8202, E.U.A.

St94   S. H. Strogatz, *Nonlinear Dynamics and Chaos*. Perseus Books, E.U.A., 1994.

Sy71   K. R. Symon, *Mechanics*, 3ª ed. Addison-Wesley, Reading, Massachusetts, E.U.A., 1971.

Ta66   E. F. Taylor e J. A. Wheeler, *Spacetime Physics*. Freeman, San Francisco, E.U.A., 1966.

Tr68   C. Truesdell, *Essays in the History of Mechanics*. Springer-Verlag, New York, E.U.A., 1968.

Tu04   H. H. Turner, *Astronomical Discovery*, Arnold, London, Inglaterra, 1904 (reimpresso pela University of California Press, Berkeley, California, E.U.A., 1963).

Wa63   R. K. Wangsness, *Introduction to Theoretical Physics*. Wiley, New York, E.U.A., 1963.

We61   J. Weber, *General Relativity and Gravitational Waves*. Wiley (Interscience), New York, E.U.A., 1961.

Wh37   E. T. Whittaker, *A Treatise on the Analytical Dynamics of Particles and Rigid Bodies*, 4ª ed. Cambridge University Press, London e New York, Ingalterra e E.U.A., respectivamente, 1937 (reimpresso por Dover, New York, E.U.A., 1944).

Wh53   E. T. Whittaker, *A History of the Theories of Aether and Electricity; Vol. II: The Modern Theories*. Nelson, London, Inglaterra, 1953 (reimpresso por Harper and Bros., New York, E.U.A., 1960).

Respostas aos problemas de numeração par

Capítulo 1

10. (a) $\mathbf{v} = 2b\omega \cos \omega t\,\mathbf{i} - b\omega \,\text{sen}\, \omega t\,\mathbf{j}$ (b) $90°$

$\mathbf{a} = -\omega^2\mathbf{r}$

$|\mathbf{v}| = b\omega[3 \cos^2 \omega t + 1]^{\frac{1}{2}}$

12. $h = \dfrac{|\mathbf{a} \cdot \mathbf{b} \times \mathbf{c}|}{|\mathbf{a} \times \mathbf{b} + \mathbf{b} \times \mathbf{c} + \mathbf{c} \times \mathbf{a}|}$

$A = \dfrac{1}{2}|(\mathbf{b} - \mathbf{a}) \times (\mathbf{c} - \mathbf{b})| = \dfrac{1}{2}|(\mathbf{a} - \mathbf{c}) \times (\mathbf{b} - \mathbf{a})|$

$= \dfrac{1}{2}|(\mathbf{c} - \mathbf{b}) \times (\mathbf{a} - \mathbf{c})|$

14. (a) -104 (b) $\begin{pmatrix} 9 & 7 \\ 13 & 9 \\ 5 & 2 \end{pmatrix}$ (c) $\begin{pmatrix} -5 & -5 \\ 3 & -5 \\ 25 & 14 \end{pmatrix}$ (d) $\begin{pmatrix} 0 & -3 & -4 \\ 3 & 0 & 6 \\ 4 & -6 & 0 \end{pmatrix}$

26. $\mathbf{a} \cdot \mathbf{e}_r = -\dfrac{3}{4}\dfrac{v^2}{k}$; $|\mathbf{a}| = \dfrac{3}{4}\dfrac{v^2}{k} \cdot \sqrt{\dfrac{2}{1 + \cos \theta}}$; $\dot{\theta} = \dfrac{v}{\sqrt{2kr}}$

34. $\displaystyle\int (\mathbf{A} \times \ddot{\mathbf{A}})\,dt = (\mathbf{A} \times \dot{\mathbf{A}}) + \mathbf{C}$, onde $\mathbf{C}$ é um vetor constante

36. $\pi c^2 d$

38. $-\pi$

40. (a) $x = -2$ m, $y = 3$ m, $z_{\max} = 72$ m; (c) SE

Capítulo 2

2. $F_\theta = mR(\ddot{\theta} - \dot{\phi}^2 \,\text{sen}\, \theta \cos \theta)$

$F_\phi = mR(2\dot{\theta}\,\dot{\phi} \cos \theta + \ddot{\phi}\,\text{sen}\,\theta)$

4. $13{,}2 \text{ m} \cdot \text{s}^{-1}$

6. (a) 210 m   atrás   (b) não pode estar mais do que $0{,}68$ s atrasado

14. (a) $d = \dfrac{2v_0^2 \cos \alpha \,\text{sen}(\alpha - \beta)}{g \cos^2 \beta}$ (b) $\dfrac{\pi}{4} + \dfrac{\beta}{2}$ (c) $d_{\max} = \dfrac{v_0^2}{g(1 + \text{sen}\,\beta)}$

16. $\dfrac{2v_0}{g \, \text{sen} \, \alpha}$

18. (a) $35{,}2 \text{ m} \cdot \text{s}^{-1}$ (b) $40{,}7°; 1{,}1 \text{ m}$

20. $17{,}4°$

22. (c) $\dot{x}(t) = C_1 \cos \omega_c t + C_2 \, \text{sen} \, \omega_c t + \dfrac{E_y}{B}$
$\dot{y}(t) = -C_1 \, \text{sen} \, \omega_c t + C_2 \cos \omega_c t$

24. $\mu_k = 0{,}18; \; v_B = 15{,}6 \text{ m/s}$

26. $2{,}3 \text{ m}; 1{,}1 \text{ m}$

28. $h_{\text{mármore}} = h \left(\dfrac{3 - a}{1 + a} \right)^2; \; h_{\text{superbola}} = h \left(\dfrac{1 - 3a}{1 + a} \right)^2$ onde $a = m/M$

30. 71 m

32. $\text{sen} \, \theta_0 = \dfrac{1 \pm \mu_k \sqrt{3 + 4\mu_k^2}}{2(1 + \mu_k^2)}$

34. (a) $y = -\dfrac{m}{\alpha} \left[v + \dfrac{mg}{\alpha} \ln \left(1 - \dfrac{\alpha v}{mg} \right) \right]$ (b) $y = -\dfrac{m}{2\beta} \ln \left(1 - \dfrac{\beta v^2}{mg} \right)$

36. $R = \dfrac{v_0^2}{g} \cos \theta \left(\text{sen} \, \theta + \sqrt{\text{sen}^2 \, \theta + \dfrac{2gh}{v_0^2}} \right)$

38. (a) $F(x) = -mna^2 x^{-(2n+1)}$

(b) $x(t) = [(n + 1)at]^{\frac{1}{n+1}}$

(c) $F(t) = -mna^2 [(n + 1)at]^{-(2n+1)/(n+1)}$

40. (a) $a_t = \dfrac{2A\alpha^2 \, \text{sen} \, \alpha t}{\sqrt{5 - 4 \cos \alpha t}}; \; a_n = \dfrac{A\alpha^2 |2 \cos \alpha t - 1|}{\sqrt{5 - 4 \cos \alpha t}}$

(b) $\dfrac{n\pi}{\alpha}$ onde $n = \text{inteiro}$

42. Estável se $R > b/2$; instável se $R \leq b/2$

48. $\tau = \pi d^{3/2} \sqrt{\dfrac{2}{mG}}$

50. (a) $x(t) = \dfrac{c^2}{F} \left(\sqrt{m_0^2 + \dfrac{F^2 t^2}{c^2}} - m_0 \right), \; v(t) = \dfrac{Ft}{\sqrt{m_0^2 + \dfrac{F^2 t^2}{c^2}}}$

(c) $t(v = c/2) = 0{,}55 \text{ anos}; t(v = 0{,}99c) = 6{,}67 \text{ anos}.$

52. (a) $F(x) = -\dfrac{4U_0 x}{a^2} \left(1 - \dfrac{x^2}{a^2} \right), \;$ (c) $\omega = \sqrt{\dfrac{4U_0}{ma^2}}, \;$ (d) $v_{\min} = \sqrt{\dfrac{2U_0}{m}}$

(e) $x(t) = \dfrac{a [\exp(t\sqrt{8U_0/ma^2}) - 1]}{[\exp(t\sqrt{8U_0/ma^2}) + 1]}$

54. (a) $v = g/k = 1000 \text{ m/s}, \;$ (b) $altura = \dfrac{v_0}{k} + \dfrac{g}{k^2} \ln \left(\dfrac{g}{g + kv_0} \right) = 680 \text{ m}$

568 Dinâmica clássica de partículas e sistemas

Capítulo 3

2. (a) $6,9 \times 10^{-2}\,\mathrm{s}^{-1}$ (b) $\dfrac{10}{2\pi}(1 - 2,40 \times 10^{-5})\,\mathrm{s}^{-1}$ (c) $1,0445$

4. $<T> = <U> = \dfrac{mA^2\omega_0^2}{4}$ $\overline{U} = \dfrac{1}{2}$ $\overline{T} = \dfrac{mA^2\omega_0^2}{6}$

6. $2,74\ \mathrm{rad\cdot s^{-1}}$

12. $\ddot{\theta} = -\dfrac{g}{l}\,\mathrm{sen}\,\theta$

14. $x(t) = (\cosh \beta t - \mathrm{senh}\ \beta t)\,[(A_1 + A_2)\cosh \omega_2 t + (A_1 - A_2)\,\mathrm{senh}\ \omega_2 t]$

$\dot{x}(t) = (\cosh \beta t - \mathrm{senh}\ \beta t)\,[(A_1\omega_2 - A_1\beta)(\cosh \omega_2 t + \mathrm{senh}\ \omega_2 t)$

$\qquad - (A_2\beta + A_2\omega_2)(\cosh \omega_2 t - \mathrm{senh}\ \omega_2 t)]$

26. $\dfrac{R_1\big[R_2(R_2 + R_1) + \omega^2 L_2^2\big] + i\big[R_1\omega L_2 + (\omega L_1 - 1/\omega C)((R_1 + R_2)^2 + \omega^2 L_2^2)\big]}{(R_1 + R_2)^2 + \omega^2 L_2^2}$

28. $F(t) = \dfrac{4}{\pi}\,\mathrm{sen}\ t + \dfrac{4}{3\pi}\,\mathrm{sen}\ 3t + \dfrac{4}{5\pi}\,\mathrm{sen}\ 5t + \cdots$

30. $F(t) = \dfrac{2}{\pi} - \dfrac{4}{3\pi}\cos 2\omega t - \dfrac{4}{15\pi}\cos 4\omega t - \cdots$

32. (a) $x(t) = \dfrac{H(0)}{\omega_0^2}\left(1 - e^{-\beta t}\cosh \omega_2 t - \dfrac{\beta e^{-\beta t}}{\omega_2}\,\mathrm{senh}\ \omega_2 t\right)$

  (b) $x(t) = \dfrac{b}{\omega_2}\,e^{-\beta t}\,\mathrm{senh}\ \omega_2 t;\ t > 0$

34. $x(t) = \begin{cases} 0 & t < 0 \\ 4[1 - \cos(0{,}5t)]\ \mathrm{m} & 0 < t < 4\pi \\ 0 & t > 4\pi \end{cases}$

36. $x(t) = e^{-\beta(t - t_0)}\left[x_0 \cos \omega_1(t - t_0) + \left(\dfrac{\dot{x}_0}{\omega_1} + \dfrac{\beta x_0}{\omega_1} + \dfrac{b}{\omega_1}\right)\mathrm{sen}\ \omega_1(t - t_0)\right];\ \ t > t_0$

38. $x(t) = \dfrac{F_0}{m}\dfrac{\omega}{[(\beta - \gamma)^2 + (\omega + \omega_1)^2][(\beta - \gamma)^2 + (\omega - \omega_1)^2]}$

$\qquad \times \left[e^{-\gamma t}\left[2(\gamma - \beta)\cos \omega t + ([\beta - \gamma]^2 + \omega_1^2 - \omega^2)\dfrac{\mathrm{sen}\ \omega t}{\omega}\right]\right.$

$\qquad \left. + e^{-\beta t}\left[2(\beta - \gamma)\cos \omega_1 t + ([\beta - \gamma]^2 + \omega^2 - \omega_1^2)\dfrac{\mathrm{sen}\ \omega_1 t}{\omega_1}\right]\right]$

40. Amplitude $= -0{,}16$ mm, sinal negativo indica que a mola está comprimida

42. (a) $x(t) = \dfrac{F}{m\omega_0}\dfrac{1}{(\omega_0 + \omega)(\omega_0 - \omega)}(\omega_0\,\mathrm{sen}\ \omega t - \omega\,\mathrm{sen}\ \omega_0 t)$.   (b) $x(t) = \dfrac{F_0 t^3 \omega_0}{6m}$

44. $\dfrac{\omega_1}{\omega_0} = \dfrac{8\pi}{\sqrt{64\pi^2 + 1}}$

Capítulo 4

6. $\dot{\theta} = \sqrt{\dfrac{2}{ml^2}}\, [E - mgl(1 - \cos\theta)]^{1/2}$

8. $\tau = 4\sqrt{\dfrac{2mA}{F_0}}$

10. Somente 0,6 e 0,7 são caóticos

14. $n = 30$

22. Transições em $B_1 = 9{,}8 - 9{,}9$, $B_2 = 11{,}6 - 11{,}7$ e $B_3 = 13{,}3 - 13{,}4$. Comportamento: (i) um período por três ciclos quando $B < B_1$, (ii) caótico quando $B_1 < B < B_2$, (iii) ciclo misto caótico/um período por ciclo (dependendo das condições iniciais) quando $B_2 < B < B_3$, e (iv) um período por ciclo quando $B > B_3$

Capítulo 5

2. $\rho = \dfrac{C}{2\pi Gr}$ onde $C = \dfrac{\partial\phi}{\partial r} = $ const.

6. $\mathbf{g} = -\dfrac{GM}{r^2}\,\mathbf{e}_r$

8. $g_z = -2\pi G\rho\left(\sqrt{a^2 + (z_0 - l)^2} - \sqrt{a^2 + z_0^2} + l\right)$

10. $\phi(R) \cong -\dfrac{GM}{R}\left[1 - \dfrac{1}{2}\dfrac{a^2}{R^2}\left(1 - \dfrac{3}{2}\mathrm{sen}^2\theta\right)\right]$

16. $F_z = 2\pi\rho_s GM$

20. $\Phi(z) = -\dfrac{2GM}{R^2}\left(\sqrt{z^2 + R^2} - z\right)$, $g(z) = -\mathbf{k}\dfrac{2GM}{R^2}\left(\dfrac{\sqrt{z^2 + R^2} - z}{\sqrt{z^2 + R^2}}\right)$

Capítulo 6

8. (a) $a_1 = b_1 = c_1 = \dfrac{2}{\sqrt{3}}R$ (b) $a_1 = a\dfrac{2}{\sqrt{3}}$; $b_1 = b\dfrac{2}{\sqrt{3}}$; $c_1 = c\dfrac{2}{\sqrt{3}}$

10. $R = \dfrac{1}{2}H$

14. comprimento $= 2\sqrt{2}\,\mathrm{sen}\dfrac{\pi}{2\sqrt{2}}$

16. $y(x) = \dfrac{8}{13^{3/2} - 8}\left[\left(1 + \dfrac{9x}{4}\right)^{3/2} - 1\right]$ e $z = x^{3/2}$

18. $x = -y = \sqrt{-z}$ onde $x > 0, y < 0, z < 0$. Linha parabólica.

570 Dinâmica clássica de partículas e sistemas

Capítulo 7

4. $m\ddot{r} - mr\dot{\theta}^2 + Ar^{\alpha-1} = 0; \quad \dfrac{d}{dt}(mr^2\dot{\theta}) = 0; \quad \text{sim; sim}$

6. $2m\ddot{S} + m\ddot{\xi}\cos\alpha - mg\,\text{sen}\,\alpha = 0$

$\quad (m+M)\ddot{\xi} + m\ddot{S}\cos\alpha = 0$

10. (a) $y(t) = -\dfrac{g}{4}t^2$ (b) $y(t) = \dfrac{Ml}{m}(1 - \cosh\gamma t)$

12. $r(t) = r_0\cosh\alpha t + \dfrac{g}{2\alpha^2}(\text{sen}\,\alpha t - \text{senh}\,\alpha t)$

14. (a) $\ddot{\theta} + \dfrac{a+g}{b}\,\text{sen}\,\theta = 0$ (b) $2\pi\sqrt{\dfrac{b}{a+g}}$

16. $\ddot{\theta} + \dfrac{g}{b}\,\text{sen}\,\theta - \dfrac{a}{b}\omega^2\,\text{sen}\,\omega t\cos\theta = 0$

18. $\omega = \sqrt{\dfrac{g\,\text{sen}\,\theta_0}{l - R\theta_0}}; \quad \theta_0 = \dfrac{\pi}{2}$

22. $L = \dfrac{1}{2}m\dot{x}^2 - \dfrac{k}{x}e^{-t/\tau}; \quad H = \dfrac{p_x^2}{2m} + \dfrac{k}{x}e^{-t/\tau}$

24. $L = \dfrac{1}{2}m(\alpha^2 + l^2\dot{\theta}^2) + mgl\cos\theta$

$\quad H = \dfrac{p_\theta^2}{2ml^2} - \dfrac{1}{2}m\alpha^2 - mgl\cos\theta$

26. (a) $H = \dfrac{p_\theta^2}{2ml^2} - mgl\cos\theta; \quad \dot{\theta} = \dfrac{p_\theta}{ml^2}; \quad \dot{p}_\theta = -mgl\,\text{sen}\,\theta$

$\quad$ (b) $H = \dfrac{p_x^2}{2(m_1 + m_2 + I/a^2)} - m_1gx - m_2g(l - x)$

$\qquad p_x = \left(m_1 + m_2 + \dfrac{l}{a^2}\right)\dot{x}$

$\qquad \dot{p}_x = g(m_1 - m_2)$

28. $p_r = m\dot{r}; \quad \dot{p}_r = \dfrac{p_\theta^2}{mr^3} - \dfrac{k}{r^2}; \quad p_\theta = mr^2\dot{\theta}; \quad \dot{p}_\theta = 0$

32. $H = \dfrac{1}{2m}\left(p_r^2 + \dfrac{p_\theta^2}{r^2} + \dfrac{p_\phi^2}{r^2\,\text{sen}^2\,\theta}\right) - \dfrac{k}{r}; \quad \dot{p}_r = -\dfrac{k}{r^2} + \dfrac{p_\theta^2}{mr^3} + \dfrac{p_\phi^2}{mr^3\,\text{sen}^2\,\theta};$

$\quad \dot{p}_\theta = \dfrac{p_\phi^2\cot\theta}{mr^2\,\text{sen}^2\,\theta}; \quad \dot{p}_\phi = 0$

34. (a) $\ddot{x} = aR(\ddot{\theta}\,\text{sen}\,\theta + \dot{\theta}^2\cos\theta); \quad \ddot{\theta} = \dfrac{\ddot{x}\,\text{sen}\,\theta + g\cos\theta}{R}; \quad \text{onde}\quad a \equiv \dfrac{m}{M+m}$

$\quad$ (b) $\lambda = -\dfrac{mMg(3\,\text{sen}\,\theta - a\,\text{sen}^3\,\theta - 2\,\text{sen}\,\theta_0)}{(M+m)(1 - a\,\text{sen}^2\,\theta)^2}$

38. $\dfrac{dx}{dt} = \dfrac{\partial H}{\partial p} = \dfrac{p}{m}, \ \dfrac{dp}{dt} = -\dfrac{\partial H}{\partial x} = -(kx + bx^3)$

40. $0 = 4\dfrac{d^2x}{dt^2} + b\left(2\dfrac{d^2\theta_1}{dt^2}\cos\theta_1 + \dfrac{d^2\theta_2}{dt^2}\cos\theta_2\right) - b\left(2\left(\dfrac{d\theta_1}{dt}\right)^2 \operatorname{sen}\theta_1 + \left(\dfrac{d\theta_2}{dt}\right)^2 \operatorname{sen}\theta_2\right)$

$$-2g\operatorname{sen}\theta_1 = 2b\dfrac{d^2\theta_1}{dt^2} + 2\dfrac{d^2x}{dt^2}\cos\theta_1 + b\dfrac{d^2\theta_2}{dt^2}\cos(\theta_1 - \theta_2)$$

$$+ b\left(\dfrac{d\theta_2}{dt}\right)^2 \operatorname{sen}(\theta_1 - \theta_2)$$

$$-g\operatorname{sen}\theta_2 = b\dfrac{d^2\theta_2}{dt^2} + \dfrac{d^2x}{dt^2}\cos\theta_2 + b\dfrac{d^2\theta_1}{dt^2}\cos(\theta_1 - \theta_2)$$

$$- b\left(\dfrac{d\theta_1}{dt}\right)^2 \operatorname{sen}(\theta_1 - \theta_2)$$

Capítulo 8

4. $<U> = -\dfrac{k}{a}; \quad <T> = \dfrac{k}{2a}$

10. Parábola; sim

12. 76 dias

14. $F(r) = -\dfrac{l^2}{\mu}\left(\dfrac{6k}{r^4} + \dfrac{1}{r^3}\right)$

22. Não

24. (a) 1590 km   (b) 1900 km

28. 2380 m/s

30. $\Delta v = 3{,}23$ km/s; parábola

32. Estável se $r < a$

38. $\Delta v = 5275$ m/s (oposto à direção do movimento); 146 dias

40. Transporte de resíduos para fora do sistema solar requer menos energia do que batê-los contra o sol

42. $2{,}57 \times 10^{11}\,\text{J}$

44. $\dfrac{\alpha}{r} = 1 + \varepsilon\cos\theta, \quad \text{onde} \quad \alpha = \dfrac{\ell^2}{\mu k}, \ \varepsilon = \sqrt{1 + \dfrac{2\ell^2}{\mu k^2}\left(E - \dfrac{k}{a}\right)}$

Se $0 < \varepsilon < 1$ a órbita for elipsoide. Se $\varepsilon = 0$, a órbita será circular

46. $T = 9 \times 10^7$ anos

572 Dinâmica clássica de partículas e sistemas

Capítulo 9

2. Sobre o eixo; $\dfrac{3}{4}h$ a partir da vértice

4. $\bar{x} = \dfrac{2a}{\theta}\,\text{sen}\,\dfrac{\theta}{2}; \quad \bar{y} = 0$

6. $\mathbf{r}_{\text{cm}} = \dfrac{F_0}{4m}t^2\mathbf{i}; \quad \mathbf{v}_{\text{cm}} = \dfrac{F_0}{2m}t\mathbf{i}; \quad \mathbf{a}_{\text{cm}} = \dfrac{F_0}{2m}\mathbf{i}$

8. $\bar{x} = 0; \quad \bar{y} = \dfrac{a}{3\sqrt{2}}$

10. $\dfrac{v_0}{g}\,\text{sen}\,\theta\sqrt{\dfrac{2E}{m_1 + m_2}}\left(\sqrt{\dfrac{m_1}{m_2}} + \sqrt{\dfrac{m_2}{m_1}}\right)$

12. (a) sim (b) 11 m/s

14. Não

20. $\sqrt{ga}$

22. (a) dois conjuntos de soluções: $v_n = 5{,}18$ km/s, $v_d = 14{,}44$ km/s e $v_n = 19{,}79$ km/s, $v_d = 5{,}12$ km/s. (b) $74{,}8°$ e $5{,}2°$. (c) $30°$

24. $\omega = \dfrac{\omega_0}{1 - \dfrac{a}{b}\theta}; \quad T = mb\omega_0\omega$

26. $\mathbf{N} = \dfrac{kr}{v_0}\,(\mathbf{r}_1 - \mathbf{r}_2) \times (\dot{\mathbf{r}}_1 - \dot{\mathbf{r}}_2)$

28. $\dfrac{4m_1 m_2}{(m_1 + m_2)^2}$

30. (a) $(-0{,}09\,\mathbf{i} + 1{,}27\,\mathbf{j})\,\text{N}\cdot\text{s}$ (b) $(-9\mathbf{i} + 127\mathbf{j})\,\text{N}$

32. $v_1 = v_2 = \dfrac{u_1}{3}$

34. $v_1 = v_2 = \dfrac{u_1}{\sqrt{2}}; \quad \theta = 45°$

36. $\dfrac{m_1}{m_2} = 3 \pm 2\sqrt{2}; \quad \dfrac{u_2}{u_1} = -(1\pm\sqrt{2}) \qquad \text{com}\begin{cases} +: \alpha < 0 \\ -: \alpha > 0 \end{cases}$

40. $v_1 = \dfrac{u_1(m_1\,\text{sen}^2\,\alpha - \varepsilon m_2)}{m_1\,\text{sen}^2\,\alpha + m_2}; \qquad \text{ao longo } \mu_1$

$\quad\;\; v_2 = \dfrac{(\varepsilon + 1)m_1 u_1\,\text{sen}\,\alpha}{m_1\,\text{sen}^2\,\alpha + m_2}; \qquad \text{para cima}$

42. 4,3 m/s, $36°$ do normal

44. $\mu ag\left(1 + \dfrac{u_1^2}{ag}\right)$

Respostas aos problemas de numeração par **573**

46. $\sigma(\theta) = \dfrac{a^2}{4};\ \sigma_t = \pi a^2$

48. $\sigma_{\mathrm{LAB}}(\psi) \cong \dfrac{\left(\dfrac{m_1^2 k}{2 m_2^2 T_0}\right)^2}{\left[1 - \sqrt{1 - \left(\dfrac{m_1}{m_2}\psi\right)^2}\right]^2 \sqrt{1 - \left(\dfrac{m_1}{m_2}\psi\right)^2}}$

54. e^{-1}

58. $\dfrac{v_B^2}{2g}$

60. 25 s

62. 273 s

64. (a) 3700 km (b) 890 km (c) 950 km (d) 8900 km

66. (a) 131 m/s. (b) 108 m

Capítulo 10

2. A posição é dada por tg $\theta = \dfrac{ar_0}{v^2}$, onde θ é o ângulo entre o raio e a horizontal;

$$|\mathbf{a}_f| = a + \sqrt{a^2 + \dfrac{v^4}{r_0^2}}$$

4. $v_0 = 0{,}5\,\omega R$, na direção y; um ciclo

6. paraboloide $\left(z = \dfrac{\omega^2}{2g}\,r^2 + \text{const.}\right)$

12. 0,0018 rad = 6 min

16. (a) 77 km (b) 8,9 km (c) 10 km (d) 160 km (todos para o oeste)

18. 260 m para a esquerda

20. $g(\text{polos}) = 9{,}832$ m/s^2, $g(\text{equador}) = 9{,}780$ m/s^2

22. 2,26 mm para a direita

Capítulo 11

2. $I_1 = I_2 = \dfrac{3}{20}M(R^2 + 4h^2);\ I_3 = \dfrac{3}{10}MR^2;$

$I_1' = I_2' = \dfrac{3}{20}M\left(R^2 + \dfrac{1}{4}h^2\right);\ I_3' = I_3$

4. $I = \dfrac{1}{3}ml^2;\ a = \dfrac{\ell}{\sqrt{3}}$

14. $I_1 = I_2 = \dfrac{83}{320}Mb^2;\ I_3 = \dfrac{2}{5}Mb^2$

574 Dinâmica clássica de partículas e sistemas

20. $\sqrt{\dfrac{3g}{b}}$

24. (a) $\sqrt{\sqrt{3}\,\dfrac{g}{a}}$ (b) $\sqrt{\dfrac{12}{5\sqrt{3}}\,\dfrac{g}{a}}$

32. 53,7 rad/s

34. $\omega_x = \omega_{x_0}\exp(-bt/I_x)$

Capítulo 12

8. $\omega_1 = \sqrt{2 + \sqrt{2}}\,\sqrt{\dfrac{g}{l}}$; $\omega_2 = \sqrt{2 - \sqrt{2}}\,\sqrt{\dfrac{g}{l}}$

10. $m\ddot{x}_1 + b\dot{x}_1 + (\kappa + \kappa_{12})x_1 - \kappa_{12}x_2 = F_0 \cos \omega t$

$m\ddot{x}_2 + b\dot{x}_2 + (\kappa + \kappa_{12})x_2 - \kappa_{12}x_1 = 0$

16. $\theta_0 = -\dfrac{1}{2}\,\phi_0$, Modo 1; $\theta_0 = \phi_0$, Modo 2

18. $\omega_1 = 0$; $\omega_2 = \sqrt{\dfrac{g}{Mb}(M + m)}$

20. $\mathbf{a}_1 = \left(\dfrac{2}{\sqrt{14}}, \dfrac{1}{\sqrt{14}}, -\dfrac{3}{\sqrt{14}}\right)$; $\mathbf{a}_2 = \left(\dfrac{4}{\sqrt{42}}, -\dfrac{5}{\sqrt{42}}, \dfrac{1}{\sqrt{42}}\right)$

22. $\omega_1 = 2\sqrt{\dfrac{\kappa}{M}}$; $\omega_2 = 2\sqrt{\dfrac{3\kappa}{M + m}}$; $\omega_3 = 2\sqrt{\dfrac{3\kappa}{M}}$

26. 4,57, 4,64, 4,81 rad/s

28. $\theta_{2,\text{max}} = 0{,}96$ rad (mas nesse ângulo, a aproximação em pequeno ângulo não é completamente válida, então esta é uma estimativa aproximada)

Capítulo 13

4. $\omega_n = \dfrac{n\pi}{L}\sqrt{\dfrac{\tau}{\rho}}$

A amplitude do e-nésimo modo é dado por $\mu_n = \begin{cases} 0, & n \text{ par} \\ \dfrac{32}{n^3\pi^3}, & n \text{ ímpar} \end{cases}$

6. O segundo harmônico está abaixo de 4,4 dB; o terceiro, 13,3 dB

12. $\eta_s(t) = e^{-Dt/2\rho}\left[A_1 \exp\left(\sqrt{\dfrac{D^2}{4\rho^2} - \dfrac{s^2\pi^2\tau}{\rho b}}\,t\right) + A_2 \exp\left(-\sqrt{\dfrac{D^2}{4\rho^2} - \dfrac{s^2\pi^2\tau}{\rho b}}\,t\right)\right]$

20. $\phi_{B_1} - \phi_{A_1} = \text{tg}^{-1}(\cot \theta)$ $\phi_{A_2} - \phi_{A_1} = -\theta$

Respostas aos problemas de numeração par **575**

Capítulo 14

12. $55,3$ m; $0,22$ μs; $2,5 \times 10^8$ m/s; $2,5 \times 10^8$ m/s

16. $\cos \theta = \dfrac{\cos \theta' - \beta}{1 - \beta \cos \theta'}$

20. O astronauta tem idade de 25,4 anos, enquanto o da Terra tem idade de 26,7 anos.

22. $4,4 \times 10^9$ kg/s; $1,4 \times 10^{13}$ anos

24. $7m_p c^2$, incluindo a massa de repouso do próton (a energia cinética é $6\ m_p c^2$)

28. $v \leq 0,115c$

30. $0,8$ MeV

32. $T_{\text{elétron}} = 999,5$ MeV
$T_{\text{próton}} = 433$ MeV

Índice remissivo

Observação: Números de página seguidos por **n** indicam notas de rodapé.

A

Ação, 202
  centrípeta, 350
  força e, 49-52
Aceleração centrípeta, 350
Aceleração, 27-30
Adams, John Couch, 276n
Afélio, 265
Amortecimento
  crítico, 99
  negativo, 136
  por radiação, 107, 109
Análise
  qualitativa, 315
  quantitativa, 315
Ângulo
  apsidal, 275
  de espalhamento, 308-311, 322-330
  de fase, 88n
Ângulos de Euler, 368
  para corpo rígido, 393-397
Apocentro, 265
Apogeu, 265
Apsides, 265, 275, 277, 278
Arrasto, 52, 58-63
Átomos, oscilação dos, 109
Atratores, 134, 136, 150
  caóticos, 150
  estranhos, 150
Atrito
  de deslizamento (cinético), 51-52
  de marés, 179
  estático, 51
Autofrequências, para oscilações acopladas, 421-423, 430, 432, 434-438
Autovalores, 393
Autovetores, 393
  ortagonalidade dos, 430-432
  ortonormais, 431
  para oscilações acopladas, 430-432, 434-438

B

Baden-Powell, G., 477n
Batimentos, 425, 480
Bernoulli
  Daniel, 419n, 471n, 537n
  Jakob, 183n
  Johann, 52n, 186n, 265n, 445n, 537n
Bessel, F. W., 414n
Bifurcação de forquilha, 152
Boltzmann, L., 80
Bowditch, Nathaniel, 93n
Brahe, Tyco, 256n
Brillouin, Léon, 483n

C

Cálculo de variações, 183-199, 239-241
  com condições auxiliares, 193-197
  com diversas variáveis dependentes, 193
  equação de Euler em, 185-186, 193-197
    segunda forma de, 191-192
  equações de restrição em, 193-196
  notação δ em, 198-199
  para geodésica na esfera, 192
  princípio de Hamilton em, 202-205
  problema básico em, 183-185
  problema da braquistócrona e, 186-188
  problema da película de sabão e, 190-191
  problema de Dido e, 196-197
  soluções extremas e, 183-185
Cálculo variacional. *Veja* Cálculo de variações
Calor, como energia, 73
Campo eletromagnético, movimento da partícula em, 65-68, 72
Campo magnético, movimento da partícula em, 65-68, 72
Canonicamente conjugadas, 237
Caos, 129-158. *Veja também* Oscilações/sistemas não lineares
  condições iniciais e, 129, 155
  determinista, 129
  efeito borboleta e, 156
  em pêndulo, 145-150
  identificação de, 154-158

I-2 Dinâmica clássica de partículas e sistemas

Catenária, 190
Cauchy, August Louis, 399n
Cavendish, Henry, 161
Cayley, A., 8n
Centro de massa, em sistema de partículas, 292-294, 295, 367-368
  vetores posição para, 298-299
Ceres (asteroide), 268
Ciclo limite, 136
Cicloide, 188n
Cidenas, 403n
Cinemática relativística, 516-520
Circuitos elétricos equivalentes, 108-111
Circuitos elétricos, oscilações em, 108-111
Clausius, R. J. E., 245n
Coeficiente de reflexão, 475
Coeficiente de restituição, 319
Colisão exoérgica, 318
Colisões. *Veja também* Espalhamento
  ângulos de espalhamento para, 322-328
  elásticas, 306-318
    cinemática de, 313-318
    em sistema de coordenada do laboratório, 307
    geometria de, 308
    no sistema de coordenadas do centro de massa, 307-318
    teoremas de conservação para, 307-312
    vetores de velocidade para, 307, 312
  endoérgicas, 319
  exoérgicas, 319
  forças de impulsão em, 321
  fórmula de espalhamento de Rutherford para, 328-330
  inelásticas, 318-322
  oblíquas, 319
  parâmetro de impacto para, 322
  relativista, 516-520
  valor Q de, 318
Cometa
  Giacobini-Zinner, 274, 275
  Halley, 268, 274
  órbita de, 268
  Shoemaker-Levy, 274
Condição de ortogonalidade, 7
Cone
  de espaço, 402
  de luz, 508, 509
  do corpo, 402
Constante
  de aceleração gravitacional, 162
  de propagação, 473
Construção de Poinsot, 399
Contração
  do comprimento de FitzGerald-Lorentz, 493
  relativística do comprimento, 492-493
Coordenadas
  cíclicas, 237

cilíndricas, 27-30, 553-554
em rotação, 47-48, 345-349
esféricas, 27-30, 554-555
polares, 27-30
polares planas, 27-29
retangulares, 2-8
Coordenadas generalizadas, 195n, 205-218, 241
  adequação das, 205
  apropriado, 205
  definição de, 205
  equações de Lagrange em, 208-218
Coordenadas normais
  definição de, 419
  para oscilações acopladas, 422, 427, 434-438
Coordenadas, em rotação, 47-48, 345-349
Corpo livre (partícula), 44
  corpo rígido como, 367. *Veja também* Corpo rígido
Corpo rígido, 367-413. *Veja também* Sistema de partículas
  ângulos de Euler para, 393-397
  centro de massa de, 301-304, 367-368
  construção de Poinsot para, 399
  definição de, 367
  eixos de inércia principais para, 379-386, 391-392
  elipsoide equivalente para, 399
  em campo de força uniforme, 405-410
  energia cinética de, 371-372, 391
  equações de movimento para, 395-396
  estabilidade das rotações, 410-413
  momentos de inércia principais para, 373, 379-386, 392-393, 399
  movimento livre de força da, 400-405
  movimento planar simples de, 368
  nutação de, 410
  pião assimétrico, 380
  pião esférico como, 380
  pião simétrico como, 380
  potencial efetivo de, 407, 408
  precessão de, 402-404, 408-410
  quantidade de movimento angular de, 374-380, 405
  rotor como, 380
  tensor de inércia de, 370-393. *Veja também* Tensor de inércia
Cosseno diretor, 4, 5
Cotes, Roger, 287n
Cowan, C. L., 72
Curva de Lissajous, 93

D
Decaimento de múons, 495-496
Decaimento ß, 72
Decibel, 460n
Decremento do movimento, 98
Decremento logarítmico do movimento, 98

Definições, vs. leis físicas, 46
Deformações elásticas, forças de restauração para, 87
Degeneração, 442-445
Densidade de fluxo, 322
Densidade de Levi-Civita, 22
Deslocado para o vermelho, 499
Determinismo, 129-130
  wronskiano, 538
Dêuteron, 339
  energia de ligação de, 507
Diagrama de bifurcação, 152, 153
Diagramas de fase, 94-95
  para oscilações harmônicas, 94-95
  para oscilações não lineares, 134-138
  para pêndulo plano, 141-142
  seção de Poincaré em, 148-150
Dilatação do tempo, 495-498
  paradoxo dos gêmeos e, 500-501
Dinâmica hamiltoniana, 235-244
Dinâmica orbital, 269-275
Dirac, Paul, 79
Dirichlet, Peter, 183n
Dispersão, 477
  anormal, 483n
  normal, 483n
Distâncias apsidais, 263, 275
Divergente, de vetor, 33
Duplicação de período, 148

E
Eddington, Arthur, 44
Efeito
  borboleta, 129, 156
  Doppler relativístico, 497-500, 514-515
Efeitos transitórios, 105, 115
Einstein, Albert, 79, 487n, 489n, 491
Eixo instantâneo de rotação, 30, 346
Eixos de inércia principais, 379-386, 391-392
Elipsoide
  de momento, 399n
  equivalente, 399
Energia, 73-78
  calor como, 73
  centrífuga, 261-264
  conservação de, 68-78, 228-230, 233,
          256, 301-306
  de colisões elásticas, 313-318
  de fio vibratório, 461-463
  de repouso, 506
  do sistema de partículas, 301-306
  gravitacional, 164
  massa e, 505-507
  potencial externa, 303
  potencial gravitacional, 164, 169-170
  potencial interna, 304
  potencial. *Veja* Energia potencial
  relatividade especial e, 504-507
  total. *Veja* Energia total

Energia cinética de rotação, 391
  de corpo rígido, 370-372, 391
Energia cinética translacional, 391
  de corpo rígido, 370-374, 391
Energia cinética, 69-72, 227-228, 245, 302.
  Veja também Energia
  de colisões elásticas, 313-318
  de corpo rígido, 370-372, 391
  de sistemas escleronômicos, 228
  de translação, 370-372, 391
  de um fio vibratório, 461
  do sistema de partículas, 302, 313-318
  do sistema do centro de massa, 313
  média de tempo, 463
  relatividade especial e, 504-507
  rotacional, 370-372, 391
  virial e, 245
Energia potencial, 70-71, 164. *Veja também* Energia
  centrífuga, 261-264
  de fio vibratório, 461-462
  do corpo, 164
  do sistema de partículas, 303-306
  externa, 303
  gravitacional, 163
  interna, 304
  média de tempo, 463
  total, 304
Energia total, 71. *Veja também* Energia
  do fio vibratório, 463
  do sistema de partículas, 301-306
  relatividade especial e, 501-503
Eötvös, Roland von, 46
Equação(ões)
  acoplada, 362
  auxiliar, 538
  canônicas de movimento, 233-241
  característica (secular)
      para momento de inércia, 380
      para oscilações acopladas, 428
  de diferença, 151
  de Duffing, 143
  de Euler. *Veja* Equação de Euler
  de Euler-Lagrange, 186n, 204, 209
  de Lagrange, 201, 204-227
  de Laplace, 171
  de Lorentz, 82
  de Maxwell, 488, 491
  de movimento de Hamilton, 233-241
  de Poisson, 169-171, 235n
  de Van der Pol, 135-138
  diferenciais de primeira ordem, 235
  diferencial de segunda ordem, 235
  diferencial linear, 447
  diferencial parcial, separação de variáveis para, 471
  Helmholtz, 473
  linear
      homogêneas, 537-541
      não homogêneas, 541-544

I-4 Dinâmica clássica de partículas e sistemas

logística, mapa de, 151-154
restrição, 193-196
de onda, 463-483
Equação característica
para momento de inércia, 380
para oscilações acopladas, 428
Equação de Euler, 185-191, 193-197
com condições auxiliares, 193-197
com diversas variáveis dependentes, 193
para campo de força, 398
para corpo rígido, 397-400
para movimento livre de força, 398, 400-402
segunda forma de, 191-192
Equação de onda, 457, 463-465
condições de contorno para, 472
função de onda em, 467-468
separação de, 470-475
soluções gerais da, 467-470
uma dimensão, 458
Equação secular
para momento de inércia, 379
para oscilações acopladas, 425, 428
Equação(ões) de movimento
canônica, 233-239
de Lagrange, 201, 204-227, 235n, 237
dinâmica hamiltoniana, 233-239
para fio vibratório, 465
para órbita, 256-260, 276-277
para oscilações acopladas, 427-429
para oscilações amortecidas, 96, 129
para oscilações harmônicas, 88-89
para oscilações não lineares, 133
para partícula, 48-68
para pêndulo plano, 138-139, 204
para sistema de referência não inercial, 350,
358-360, 361
para sistemas de dois corpos, 256-260
princípio de Hamilton e, 204-205
Equações de movimento de Lagrange, 201, 204-
227, 235n, 237. *Veja também* Equação(ões)
de movimento
com multiplicadores indeterminados, 218-224
de variação, 239-241
em coordenadas generalizadas, 208-218
equações de Hamilton e, 208, 220-221, 233-
241
equações de Newton e, 224-227
princípio de Hamilton e, 226, 227, 239-240
restrições escleronômicas em, 210
restrições holonômicas em, 210-218
restrições não holonômicas em, 218-220
restrições reonômicas em, 210
utilizar, 219
Equações diferenciais
parcial, separação de variáveis para, 471
primeira ordem, 235
segunda ordem, 235
Equações lineares

homogêneas, 537-541
não homogêneas, 541-544
Equilíbrio
estável, 134
instável, 135
Equilíbrio instável, movimento ilimitado e, 134-135
Equinócio, precessão de, 276n, 403n
Equivalência massa-energia
energia cinética e, 506
quantidade de movimento e, 507
Eros (asteroide), 268
Escalares
definição de, 2, 18
mundial, 510
Espaço
de configuração, 208, 241
de Minkowski, 510
fase, 94, 241-244
geodésico, 509-510
homogeneidade do, 228-229, 231
isotrópico, 231, 233
quantidades de movimento, 241
Espaço de fase, 94
densidade da partícula em, 241-244
Espaçonave *Voyager*, 274-275
Espaço-tempo, 507-520
Espalhamento, 306-307. *Veja também* Colisões
axialmente simétrico, 308n
de Coulomb, 328-330
eletrostático, 328-330
em campo de força, 306-307
histograma para, 315
intensidade de fluxo (densidade) em, 322-323
Rutherford, 328-330
Espirais de Cotes, 287n
Euler, Leonhard, 43n, 183n, 373n, 379n, 398n,
537n
Excentricidade, orbital, 265
Experimento de Michelson-Morley, 490, 492n,
495
Expoentes de Lyapunov, 156-158

F
Fase (ϕ), 476
Fenômeno de Gibbs, 115
Fermat, Pierre de, 202n
Fermi, Enrico, 72
Fio carregado, 445-452, 458-479
amortecido, 465-467
contínuo, 458-460, 471n
deslocado, 459-460
energia do, 461-463
equação de movimento para, 447, 465
velocidade de fase v, 475-479
Física matemática, 457
FitzGerald, G. F., 492n

Fluxo gravitacional, 169-171
Foguetes. *Veja também* Viagem espacial
   ascensão vertical sob gravidade de, 333-336
   dinâmica orbital e, 305-311
   em espaço livre, 330-333
Força, 48-68
   aceleração e, 49-52
   ascensional, 53
   assimétrica, 134
   central, 45
   centrífuga, 261-264
   conservativa, 72
   das marés, 175-179
   de atrito, 51-52
   de Coriolis, 349-352, 354-363
   de impulsão descontínua, 115-122
   de impulsão, 321
   de restauração, 87-88
   de restrição. *Veja* Restrições
   de retardo, 52-63
   definição de, 44
   dependente da velocidade vetorial, 45
   elástica, 45
   externa, 294
   externa, em sistema de partículas, 294
   gravitacional, 49, 52, 161, 162, 171-174
   interna, 294
   interna, em sistema de partículas, 294
   linhas de, 171
   momento da, 68
   na mecânica lagrangiana, 226-227
   na segunda lei de Newton, 44, 45
   na terceira lei de Newton, 45, 46
   não lineares, 130-131
   no sistema de partículas, 294-295
   restauradora, 87-88
   total, 69
   vs. potencial, 171-172
   zero, 44
Força centrífuga, 261-264, 349-352
   sobre a Terra, 353-354
Força gravitacional, 49, 52
   cálculo da, 161-162, 172-174
   linhas de, 171-172
   magnitude da, 171-172
Forças
   assimétricas/potenciais, 134
   centrais, 45
   de Coriolis, 349-352, 354-363
   de impulsão, 321
   de impulsão com forma de dente de serra, 113-114
   de impulsão descontínuas, 115-122
   elásticas, 45
   senoidais de impulsão, 104-108
Forças de retardo, 52-63
   método da perturbação para, 59-61
   método numérico para, 61-62
Forma da onda, 476

Fórmula de espalhamento de Rutherford, 328-330
Fórmulas de expansão binomial, 545-546
Foucault, J. L., 361n, 363n
Frequência
   característica, de condições acopladas, 421-423,
        424, 428, 432-438
   crítica, 479
   de corte (crítica), 479
   de corte, 479
   de oscilações amortecidas, 95-99, 106-108
   de oscilações elétricas, 109-111
   de oscilações harmônicas, 88
   de ressonância da amplitude, 106-108
Frequência angular
   de oscilações amortecidas, 96, 97
   de oscilações harmônicas, 89
Frequências características, de oscilações
        acopladas, 421-423, 424, 428, 432-438
Função
   complementar, 104, 541
   de Green, 120, 171
   de Heaviside, 1n, 115-117
   de onda dependente do tempo, 467n
   de onda independente do tempo, 467n
   degrau, 115-117
   delta, 117n
   escalar, gradiente de, 34-35
   gaussiana, 117n
   homogênea, teorema de Euler da, 228
   impulso, 117-122
   vizinha, 183
Função de onda, 467
   dependente do tempo, 467n
   independente do tempo, 467n
   nós da, 473
Função hamiltoniana, 229
   função lagrangiana e, 208-209, 230, 233-241
   relativística, 516
Função lagrangiana, 172n, 204
   como função escalar, 209, 227
   hamiltoniana e, 208, 229, 233-239
   invariância de, 228-233
   relativista, 515
Funcional, 183n
Funções
   algébricas, 550-551
   gama, 552
   hiperbólicas, 548-549
   linearmente dependentes, 538
   linearmente independentes, 538
   periódicas, Teorema de Fourier e, 113
   trigonométricas, 551-552

G
Galáxia, velocidade escalar orbital na, 167-168
Galáxias espirais, velocidade orbital em, 167-168
Galileo (satélite), 274
Galileu, 44n, 46, 141n, 174, 363n, 488-489

I-6   Dinâmica clássica de partículas e sistemas

Geodésica, 192
Gibbs, J. W., 1n, 80, 115n, 387n
Grad, 33
Gradiente, 33
Grande círculo, 192
Grandeza escalar mundial, 510
Gravitação, 161-179
   em sistema de referência não inercial, 352-354
   foguete em subida vertical e, 333-336
   marés oceânicas e, 174-179
Green, George, 118n

H
Hafele, J. C., 496
Hamilton, William Rowan, 8n, 35n, 183n,
   203n, 481n
Hamiltoniana relativística, 516
Heisenberg, Max Born, 78, 79
Helmholtz, Hermann von, 73, 473n
Heron de Alexandria, 202
Histerese, 145
Histograma, 315
Hohmann, Walter, 269n
Hooke, Robert, 268, 358n
Huygens, Christiaan, 141n, 261n, 307n, 373n

I
Impulso, 321
Instabilidade, movimento ilimitado e, 135
Integral(is), 550-552
   elíptica, 532-535
   específica, 541
   linha, 37
Intensidade, de partículas espalhadas, 322-323
International Cometary Explorer, 274, 275
Intervalo tipo-tempo, 508
Invariância galileana, 47, 488-489
Inversão, 15, 17

J
Jacobi, C. G. S., 183n, 238n
Joule, James Prescott, 73
Júpiter
   dados para, 268
   precessão de, 279
   viagem para, 274

K
Kater, Henry, 414n
Keating, Richard, 496
Kelvin, Lord, 233n, 477n, 479n
Kepler, Johannes, 256n

L
Lagrange, Joseph, 183n, 194n, 209n, 226n, 235n,
   405n, 419n

Lagrangiana relativística, 515-516
Laplace, Pierre Simon de, 35n, 129
Larmor, J. J., 489n
Latus rectum, 265
Le Verrier, Urbain J. J., 276n
Legendre, Adrien, 183n
Lei(s)
   afirmações alternativas de. *Veja* Cálculo
      de variações
   conservação, vs. postulados, 72
   de gravitação universal, 161-162
   de Hooke, 88
   de Kepler, 256, 267
   de refração, 202
   de resistência de Stokes, 52n
   de Snell da refração, 202
   físicas, 1, 43, 44
   primeira de Newton, 44-47
   segunda de Newton, 44-47
   terceira de Newton, 44-47
   de Kepler, 256, 267
Leis físicas, 1, 43, 44
   vs. definições, 44
Linha(S)
   de força, 171-172
   de nós, 395
   mundial, 508
Liouville, J., 80
Lorentz, Hendrik A., 79, 487n, 489n, 491, 492n
Lua, marés e, 174-179
Luz
   oscilações e, 109
   velocidade da, 79n

M
Mach, Ernest, 43n
Maclaurin, Colin, 528n
Mapa logístico, 152-154
Mapeamento, 150-154
   logístico, 152-154
Máquina de Atwood, 64-65
Marés, 174-179
   como sistema não inercial, 345
   de quadratura, 179
   de sizígia, 179
Marés oceânicas, 174-179
   como sistema não inercial, 345
   sizígia, 179
Margenau, H., 227
Marte
   dados para, 268
   precessão de, 279
   viagem a, 271
Massa
   centro de
      no sistema de partículas, 292-294, 295, 367-368

vetores posição para, 298-299
de repouso, 503
gravitacional, 46
inercial, 46
na terceira lei de Newton, 44-46
reduzida, 253-256, 267
relativística, 503
unitária, 45
Massas de ar, movimento de, 354-356
Matéria escura, 168
Matriz, 4
adição de, 12
coluna, 8
identidade, 11
inversa, 12, 15, 17
linha, 8
multiplicação de, 8-10
ortogonalidade de, 7, 16-17
propriedades de, 5-8
quadrada, 8
rotação (transformação), 3-18
rotação de, 12-18
significado geométrico de, 12-18
tensores e, 388
transposta, 11, 16-17
Matriz de transformação, 4-18. *Veja também* Matriz
adição de, 12
coluna, 8
definição de, 4
identidade, 11
inversa de, 12, 17
linha, 8
multiplicação de, 8-10
ortogonalidade de, 7, 20
propriedades de, 5-8
quadrada, 8
rotação de, 12-18
significado geométrico de, 12-18
transposta, 11, 16
Maupertuis, P. L. M. de, 202, 227
Maxwell, James Clerk, 71, 80
Mecânica
estatística, 80
lagrangiana, 204-227
newtoniana, 43-80
quântica, 79
Mecânica lagrangiana
energia vs. força em, 226-227
mecânica newtoniana e, 224-227
operações escalares em, 227
teoremas de conservação em, 228-233
Mecânica newtoniana, 43-80
energia em, 73-78
equação de movimento para partícula em, 48-68
lei de gravitação universal em, 161-162
limitações de, 78-80
mecânica lagrangiana e, 224-227

mecânica quântica e, 79
primeira lei de, 44
segunda lei de, 44
sistemas de referência para, 47-48
tamanho do sistema e, 79
tempo em, 79
teoremas de conservação em, 68-73
terceira lei de, 44-47
forma forte da, 291, 292
forma fraca da, 291
Mécanique analytique (Lagrange), 194n, 209n
Mercúrio, 268
precessão de, 279
Método
de coeficientes a determiner, 542
numérico, para forças de retardo, 61-62
Método (técnica) de perturbação
para forças de retardo, 59-61
para forças não lineares, 133
Minkowski, Herman, 510
Momento da força, 68
Momento de inércia, 373, 380-382
em sistemas de coordenadas diferentes, 382-386
equação secular (característica) para, 428
principal, 379-386, 391-392, 399
Momento inercial. *Veja* Momento de inércia
Momentos principais de inércia, 373, 379-386, 392, 399
Movimento
de partícula, 48-68
em campo eletromagnético, 65-68, 72
energia e, 73-78
forças resistivas em, 52-63
na máquina de Atwood, 64-65
teoremas de conservação para, 68-73
decremento do, 98
decremento logarítmico de, 98
em sistemas complexos, 79-80
ilimitado, 135
Movimento sob uma força central, 253-285
ângulo apsidal e, 275
ápside e, 263, 265, 275
velocidade areal e, 255
elíptico, 265-267
em sistema de referência não inercial, 350, 358-360
energia centrífuga e, 261-264
equação de movimento para, 256-260
Lagrangiana para, 255
Leis de Kepler e, 256, 267
massa reduzida e, 253-254
na dinâmica orbital, 269-275
orbital, 260-261, 264-285. *Veja também* Órbita(s)
potencial efetivo e, 261-264
primeira integral de, 255
problema de um corpo equivalente para, 253-254
teoremas da conservação para, 254-256
Multiplicador indeterminado de Lagrange, 195

I-8 Dinâmica clássica de partículas e sistemas

N
Natural Philosophy (Thomson & Tait), 233n
Netuno
dados para, 268
viagem para, 274
Newton, Isaac, 44-45, 46, 52n, 161, 174, 183n,
268, 445n
Niven, C., 387n
Nós
da função de onda, 473
linha de, 395
Notação $\square$, 198-199
Núcleos, excitação coletiva de, 109
Número de Feigenbaum, 154
Número de onda, 473
complexo, 478
Nutação, de corpo rígido, 410

O
Onda
amortecida (atenuada), 479
dispersão de, 475
estacionária, 473
fase(ϕ) de, 476
longitudinal, 457, 527
plana, 458
propagadora, 469
transversal, 457, 527
velocidade de fase da, 476
viajante (propagadora), 469
Operações matriciais, 8-10
Operador gradiente, 33-35
Operador laplaciano, 35
Operador linear, 112
Operadores diferenciais vetoriais, 33-35
Órbita circular, 265
estabilidade de, 279-285
Órbita(s)
aberta, 260
ângulo apsidal de, 275
apocentro de, 265
circulares, 265
estabilidade de, 279-285
de foguete, 269-275
distâncias apsidais de, 266, 275
do cometa, 268
eixos maior e menor, 266
elíptica, 266-268
em campo central, 260-261
equações de movimento para, 256-260, 276
espirais de Cotes, 287n
excentricidade, 300
fechada, 260, 275
hiperbólica, 265
lactus rectum de, 265

parabólica, 265
pericentro de, 265
período de, 267
planetário, 266-268
pontos de volta (ápside) de, 260, 263, 265
seções cônicas de, 265
taxa de precessão para, 275-279
Ortogonalidade, da matriz de rotação, 7, 17
Oscilações, 87-158
acopladas, 419-451. *Veja também* Oscilações
acopladas
amortecidas, 88, 95-104. *Veja também* Oscilações
amortecidas
antissimétricas, 422
em sistemas acústicos, 109
em sistemas atômicos, 109
em sistemas de estado estável, 88-115
em sistemas mecânicos, 109
fenômeno da ressonância e, 106-108
forças de restauração para, 87-88
frequência de ressonância de amplitude das,
106-108
funções de força de impulsão e, 115-122
harmônicas, 88-122. *Veja também* Oscilações
harmônicas
impelidas (forçadas), 88
dente de serra, 113-115
descontínuas, 115-122
senoidais, 104-108
lineares, 87-122
livres, 95
longitudinais, 439-442
marés oceânicas e, 179
moleculares, 109, 438-442
não lineares, 129-158
nos circuitos elétricos, 108-111
princípio da sobreposição e, 112-115
ressonância da energia potencial das, 108
ressonância de energia cinética das, 108
simétricas, 422
transversais, 439-442
Oscilações acopladas, 419-452
acoplamento fraco, 423-425
amortecidas, 465-467
antissimétricas, 422
autovetores para, 428-432, 434-438
batimentos e, 425
coordenadas normais para, 419, 421-422, 427,
432-438
de corda vibratória, 445-452, 458-479
de três pêndulos planos linearmente acoplados,
442-445
degeneração da, 442-445
equação de onda para, 463-483
forçadas, 465-467
frequências características (autofrequências)
para, 421-423, 424, 428, 432-438

harmônicas, 420-430
interação de vizinho mais próximo de, 445
problema geral de, 425-430
simétricas, 422
vibrações moleculares como, 438-442
Oscilações amortecidas, 88, 95-104. *Veja também*
    Oscilações
  acopladas, 465-467
  amplitude das, 97
  criticamente amortecido, 99-100
  decremento do movimento para, 98
  decremento logarítmico do movimento para, 98
  energia total de, 98
  equação de movimento para, 96, 129
  fenômeno da ressonância e, 106-108
  força de amortecimento e, 95
  forças senoidais de impulsão, 104-108
  frequência angular das, 96, 97
  frequência de ressonância da amplitude das,
    106-108
  nos circuitos elétricos, 108-111
  parâmetro de amortecimento para, 96
  princípio da sobreposição e, 112-115
  ressonância da energia cinética das, 108
  ressonância da energia potencial das, 108
  sobreamortecido, 100
  subamortecimento e, 97-99
Oscilações forçadas, 88
  acopladas, 465-467
  dente de serra, 113-114
  descontínuas, 115-122
  sinusoidais, 104-108
Oscilações harmônicas, 88-122. *Veja também*
    Oscilações
  acopladas, 420-430. *Veja também* Oscilações
    acopladas
  amortecidas, 88, 95-104. *Veja também* Oscilações
    amortecidas
  amplitude das, 89, 90
  diagrama de fase para, 94-95
  em duas dimensões, 91-94
  em sistema isócrono, 90
  em sistemas acústicos, 109
  em sistemas atômicos, 109
  em sistemas mecânicos, 108-109
  energia total de, 89
  equação de movimento para, 88
  equações de movimento de Lagrange
    para, 204
  fenômeno da ressonância e, 106-109
  força de restauração para, 87-88
  frequência angular das, 89
  frequência de ressonância de amplitude das,
    106-108
  funções de força de impulsão e, 115-122
  impelidas (forçadas), 88
    acopladas, 465-467

dente de serra, 113-115
descontínuas, 115-122
sinusoidais, 104-108
lineares, 87-122
livres, 95
nos circuitos elétricos, 108-111
período do movimento em, 89, 97
ponto representativo para, 95
premissa da oscilação pequena para, 90
princípio da sobreposição e, 112-115
ressonância da energia cinética das, 108
ressonância da energia potencial das, 108
simples, 88-91
Oscilações impelidas, 88
  acopladas, 465-467
  dente de serra, 113-114
  descontínuas, 115-122
  senoidais, 104-108
Oscilações/sistemas não lineares
  amplitude de, 133
  atrator para, 134, 136
  autolimitante, 136
  caos determinista e, 129
  ciclo limite para, 136
  diagramas de fase para, 134-138
  equação de movimento para, 133
  equação de Van der Pol para, 135-138
  expoentes de Lyapunov para, 156-158
  flexível, 131, 134
  histerese em, 145
  mapeamento e, 150-154
  natureza caótica de, 129. *Veja também* Caos
  pêndulo plano como, 138-142
  progresso das, 150-154
  retardo de fase em, 145
  rígido, 130-131, 133, 134
  saltos em, 143-145
  separatriz em, 142

P

Pacote de onda, 481
Paradoxo dos gêmeos, 500-501
Parâmetro
  de amortecimento, 96
  de impacto, 322
Parênteses de Poisson, 249, 250
Pauli, Wolfgang, 72
Pêndulo(s)
  acoplado, 146, 442-445
  como sistema não linear, 138-142
  composto, 369-370
  de Foucault, 361-364
  de pivô forçado, 145-146
  diagrama de fase para, 141-142, 148
  duplo, 146
  expoentes de Lyapunov para, 156-158
  físico, 369-370

I-10 Dinâmica clássica de partículas e sistemas

magnético, 146
movimento caótico de, 145-150
plano, 138-142
  equação de movimento para, 138-138, 204
reversível de Kater, 414
Pêndulo plano, 138-142. *Veja também* Pêndulo(s)
  equação de movimento para, 139
  três acoplados linearmente, 442-445
Pericentro, 265
Periélio, 265
  precessão de, 275-279
Perigeu, 265
Período, orbital, 266-267
Pião simétrico, 380
  em campo de força uniforme, 405-410
  movimento livre de força de um, 400-405
Pião. *Veja também* Corpo rígido
  assimétrico, 380
  esférico, 380
  simétrico, 380
    em campo uniforme, 405-410
    movimento livre de força de, 400-405
Planetas
  dados para, 267-268
  massa reduzida dos, 267
  movimento dos, 264-268, 275-279. *Veja também*
    Movimento sob uma força central;
    Órbita(s)
  viagem para, 271-275
Plano da eclíptica, 403
Plano de fase, 94
Plutão, 268
Poincaré, Henri, 79, 130n, 148, 487n
Poisson, S. D., 169, 235n, 354n
Polias, na máquina de Atwood, 64-65
Polinomial característica, 380n
Polos, precessão dos, 403, 403n
Ponto de equilíbrio, 74
Ponto representativo, 95
pontos de volta (ápside), 260, 265, 275-277, 288
Posição
  na mecânica newtoniana, 43-47, 78
  quantidade de movimento e, 78-80
Potencial
  assimétrico, 134
  cinético, 172n
  Coulomb blindado, 282
  efetivo, 261-264
    de corpo rígido, 408
  gravitacional, 162-174, 262. *Veja também*
    Potencial gravitacional
Potencial efetivo, 261-264
  de corpo rígido, 407-408
Potencial gravitacional, 162-174
  anel fino, 168-169, 173-174
  como quantidade escalar, 172
  contínuo, 166

de camada esférica, 164-166
equação de Laplace e, 171
equação de Poisson e, 169-17
linha de força e, 171
superfícies equipotenciais, 171-172
velocidade orbital e, 167-168
Precessão
  de corpo rígido, 402-404
  de equinócio, 276n, 403n
  definição de, 275
  dos planetas, 275-279
  dos polos, 403, 403n
  força de Coriolis e, 361-363
Premissa da e oscilação pequena, 90
Principia (Newton), 44n, 52n, 161, 445n
Princípio(s)
  da curvatura mínima, 203
  da equivalência, 46
  da incerteza de Heisenberg, 78
  da mínima ação, 202
  da relatividade newtoniana, 47, 488
  da relatividade, 488
  da restrição mínima, 203
  da sobreposição, 112-115, 118, 429, 445n
  de ação mínima de Maupertuis, 202, 227
  de Fermat, 183, 202
  de Hamilton, 202-205, 208-210, 226-227,
    239-241
  de restrição mínima, 203
  mínimo, 202-205
Princípio de Hamilton, 202-205, 239-241
  equações de Lagrange e, 226-227
  mecânica newtoniana e, 226-227
  modificado, 240
  variação do, 208-210
Problema
  da braquistócrona, 186-188
  da película de sabão, 190-191
  de Dido, 196-197
  de valor de contorno, 457
  do fio carregado, 445-452
Produto cruzado, 22-25
Produto vetorial, 22-25
  derivativas de, 27-30
  produto escalar e, 24-25
Produtos de inércia, 373

Q
Quadrivetor, 510-512
Quantidade(s)
  complexas, 547-548
  de movimento relativístico, 501-504
  de movimento generalizadas, 233
  definidas positivas, 426n
  mecânicas, quantidades elétricas análogas e,
    109, 110
Quantidade de momento angular

Índice remissivo **I-11**

conservação da, 69, 231-233, 254-256
de corpo rígido, 374-378
no sistema de partículas, 298-301
Quantidade de movimento
angular. *Veja* Quantidade de momento angular
conservação da, 46
definição de, 44
generalizada, 233
linear. *Veja* Quantidade de movimento linear
massa-energia e, 507
posição e, 78-79
quadrivetor, 510-512
relativístico, 501-504
Quantidade de movimento linear
conservação de, 46, 230-231, 256
no sistema de partículas, 294-301
para foguete em espaço livre, 330-333
relatividade especial e, 501-504
Quatro-escalares, 510

R
Raio de giração, 313
Rayleigh, Lord, 481n
Refração, lei de Snell de, 202
Regra
da mão direita, 12n
de adição de velocidade vetorial, 513-514
de Newton, 319
Reich, F., 358n
Reines, F., 72
Relações trigonométricas, 546-547
Relatividade newtoniana, 488
princípio da, 47
Relatividade, 487
equivalência de massa-energia em, 506
geral, 487n, 488
newtoniana, 488
princípio da, 487
teoria da, 487
teoria especial da, 79, 487-520
Relógio atômico, 496-497
Resistência do ar, 52-53, 58-64
Ressonância
amplitude, 106-108, 109
energia cinética, 108
energia potencial, 108
Restrições, 201
cálculo de, 402-403
escleronômicas, 210
holonômicas, 210-218
multiplicadores indeterminados e, 220
não holonômicas, 218-220
reonômicas, 210
semi-holonômicas, 219n
Retardo de fase, 145
Rotação
apropriada, 17

eixo instantâneo de, 30
finita, 31
inapropriada, 17
infinitesimal, 30-32
sentido de, 12n
Rotor, 380
Rumford, Conde de, 73

S
Saltos, 142-145
Satélite *Intelsat*, 412, 413
Satélites, estabilidade rotacional de, 412
Saturno
dados para, 268
viagem para, 274
Schrödinger, Erwin, 79, 481n
Seção de Poincaré, 148-150
Seção transversal de espalhamento, 322-330
diferencial, 327
isotrópica, 327
total, 328, 330
Semieixo maior, da órbita, 267
Separação de variáveis, 471
Separatriz, 142
Série
de Maclaurin, 528
exponencial, 547
logarítmica, 547
de Fourier, 112-115
trigonométricas, 547
Símbolo
de permutação, 22
delta de Kronecker, 7
Simetria esférica, 254
Sistema
autolimitante, 136
conservativo, 304
de centro de quantidade de movimento, 516-520
de coordenadas do laboratório, 306-318
Sistema de coordenadas do centro de massa, 306-312
colisões elásticas em, 306-318
sistema de coordenadas do laboratório e, 307
Sistema de dois corpos, 223-284, 307. *Veja também* Movimento sob uma força central; Órbita(s); Sistema de partículas
colisões em, 307-319
equações de movimento para, 256-260
problema de um corpo equivalente para, 254-255
simetria esférica em, 254
teoremas de conservação para, 254-256, 294-322
Sistema de partículas
análise qualitativa do, 315
análise quantitativa do, 315
centro de massa no, 292-294, 295, 301-302, 367-368

I-12 Dinâmica clássica de partículas e sistemas

vetores posição para, 298-299
colisões em, 306-322. *Veja também* Colisões
conservativo, 304
energia do, 301-306
equações de movimento para, 256-260
estado final do, 307, 307n
estado inicial do, 307, 307n
força externa no, 294
força interna no, 294
movimento sob uma força central em, 253-285
problema de um corpo equivalente para, 254
quantidade de movimento angular de, 298-301
quantidade de movimento linear do, 294-297
teoremas da conservação para, 254-256
torque externo no, 299-300
torque interno no, 300
Sistema de referência
das estrelas fixas, 47
inercial
intervalo quadrimensional entre dois eventos
em, 556-557
na mecânica lagrangiana, 228-233
na mecânica newtoniana, 47
não inercial, 345-363
Sistema de referência inercial
intervalo quadrimensional entre dois eventos
em, 556-557
na mecânica lagrangiana, 228-233
na mecânica newtoniana, 47-48
Sistema de referência não inercial, 345-363
coordenadas em rotação em, 345-349
força centrífuga em, 349-352, 353-354
força de Coriolis em, 349-352, 354-358
marés como, 345
movimento em relação à Terra em, 352-363
Terra como, 345, 352-363
Sistema flexível, 131, 134
Sistema isócrono, 90
Sistema rígido, 131, 133, 134
Sistema solar
movimento orbital no. *Veja* Órbita(s)
objetos no, dados para, 267-268
Sistemas acústicos, oscilação em, 109
Sistemas contínuos, 457-483
Sistemas de coordenadas, 2-5
centro de massa, 307-312
cíclicos, 237-239
cilíndricas, 27-30, 553-554
em sistema de referência inercial, 47-48
em sistema de referência não inercial, 345-363
esféricas, 27-29, 554-555
generalizadas, 195n, 205-218, 241
laboratório, 307-318
momentos de inércia em, 382-386
na mecânica lagrangiana, 226-227
normais, 419, 422, 427, 434-438
ortogonais, 7
para tensor de inércia, 382-386

polares planas, 27-30
relações diferenciais em, 553-555
retangulares, 2-8, 553
rotativas, 47-48, 345-349
transformação de, 2-18
Sistemas escleronômicos, energia cinética em, 228
Sistemas físicos, oscilação em, 108-110
Snell, Willebrord, 202n
Sobreamortecimento, 100
Sol
marés e, 177
massa do, 267
órbita em torno do, 265. *Veja também* Órbita(s)
Solução de estado estacionário, 105
Solução particular, 104
Soluções extremas, 183-185
Somas vetoriais, 18-20
derivativas de, 27-30
Sommerfeld, Arnold, 483n
Stirling, James, 528n
Subamortecimento, 97-99
Sun-Earth Explorer 3, 274
Superfície equipotencial, 172
Sylvester, J. J., 8n

T
Tait, P. G., 233n
Taylor, Brook, 527n
Técnicas de resolução de problemas, 49
Tempo
absoluto, 79
adequado, 495
homogeneidade do, 48, 230-231
na mecânica newtoniana, 79
na teoria especial da relatividade, 79
Tensor
de inércia, 370-393
hermitiano, 393n
matrizes e, 388
simétrico, 392
unitário, 386
como vetor, 387n
Tensor de inércia, 370-393
como matriz, 388
como vetor, 387n
diagonalização de, 389-391
eixos principais de, 379-386, 391-392
elementos de, 372-373
em sistemas de coordenadas diferentes, 382-386
momento de inércia, 373, 380-382, 392-393, 399
momentos principais de, 379-386, 392-393, 399
produtos de inércia, 373
quantidade de movimento angular e, 374-378
simétrico, 393
sob transformações de coordenadas, 386-388
transformação de, 386-393
unitário, 386

velocidade vetorial angular e, 375
Tensor do momento de inércia, 373, 379-382, 392-393
Teorema(s)
  de Chasles, 367n
  de conservação, 228-233, 254-256
  de Euler, 228
  de Fourier, 113
  de Gauss, 37-38
  de Liouville, 244
  de Stokes, 37-38
  de Taylor, 527
  do divergente, 37-38
  do eixo paralelo de Steiner, 384
  do virial, 244-246
Teoremas de conservação, 228-233
  como postulados vs. leis, 72
  na mecânica lagrangiana, 228-233
  para colisões, 306-313
  para energia, 69-72, 228-230, 256, 301-306
  para massa-energia, 506
  para movimento sob uma força central, 254-256
  para quantidade de movimento angular, 69, 231-233, 254-255
  para quantidade de movimento linear, 46, 68, 230-231, 233, 255, 294-301
    para foguete em espaço livre, 330-333
    relatividade especial e, 501-504
  para sistema de partículas, 254-256, 294-312
Teoria
  da probabilidade, 80
  das matrizes, desenvolvimento da, 8n
  de Hamilton-Jacobi, 238n
Teoria especial da relatividade, 79, 487-519
  cinemática em, 516-521
  colisão e, 516, 517
  cone de luz e, 508-509
  contração do comprimento e, 495-496
  covariância em, 488-495
  decaimento de múons e, 495-496
  dilatação do tempo e, 494-495, 496
  efeito Doppler e, 497-500, 514-515
  energia e, 504-507
  espaço geodésico e, 509-510
  espaço-tempo e, 507-517
  hamiltoniana em, 516
  intervalo tipo-espaço e, 508-509
  intervalo tipo-tempo e, 508
  invariância de Galileue, 488-489
  lagrangiana na, 515-516
  linha mundial e, 508
  massa e, 504
  paradoxo dos gêmeos e, 500-501
  quadrivetor e, 510-512
  quantidade de movimento e, 501-504
  regra da adição de velocidade vetorial para, 513
  sistema de centro de quantidade de movimento em, 516-519

verificação experimental da, 495-497
Terra
  como sistema de referência não inercial, 347
  dados para, 268
  força gravitacional sobre, 352-354
  Forças de Coriolis sobre, 349-352
  forma da, 403
  movimento em relação à, 352-363
  órbita em torno da, 265. *Veja também* Órbita(s)
  precessão da, 279, 402-404, 403n
Thomson, William, 233n, 477n
Torque, 68
  externo, 299-300
  interno, 300
Trabalho, 69
Transferência
  de Hohmann, 269-271
  interplanetária, 272
Transformação(ões)
  ângulos de Euler em, 368, 393-398
  de Galileu, 488-489, 490
  de Legendre, 234n
  de Lorentz, 489-495
  de tensor de inércia, 382-391
  ortogonal. *Veja* Transformações ortogonais
  similaridade, 388
Transformações ortogonais, 7, 16
  propriedade de preservação da distância de, 20
  propriedade de preservação do ângulo de, 20
  representação geométrica de, 12-18
Triângulo relativístico, 512

U
Urano
  dados para, 268
  viagem para, 274, 276

V
Valor Q, 318
Velocidade angular, 30-32
  tensor de inércia e, 375
Velocidade(s)
  areal, 255
  da luz, 79n
  de onda v, 479
  orbital, 167-168
  terminal v, 56
  vetoriais generalizadas, 206
  vetorial de fase, 477-479, 513
  vetorial de grupo, 479-483
  vetorial de sinal, 482-483, 514
Velocidade vetorial linear, 27-30
  direção de, 30
  magnitude de, 30
Velocidade vetorial, 27-31
  angular, 30-32
  areal, 255

I-14   Dinâmica clássica de partículas e sistemas

fase, 476, 513
força e, 45, 52
forças de retardo e, 52-68
generalizada, 205
grupo, 479-483
linear, 27-32
na mecânica quântica, 79
onda, 479
quadrivetor, 511
sinal, 482-483, 514
terminal, 56
Ventos alísios, 355
Vênus
dados para, 268
precessão de, 279
viagem a, 274
Vetor(es), 1, 21-37
aceleração, 27-30
adição de, 18-19
axial, 22n
campo gravitacional, 162
campo, 166-167
componentes de, 21-22, 28
cossenos diretores do, 19
definição de, 1, 18
diferenciação de, 25-26
divergente do, 33
integração de, 36-38

integral de linha de, 37
magnitude de, 19
multiplicação de, 18-21
operador gradiente do, 33-35
posição, 20, 27
propriedades de transformação de, 20, 31
rotação, 30-31
rotacional do, 33, 37, 70n
tensor como, 386n
unitário, 21-22
velocidade, 27-28
Viagem espacial
interplanetária, 269, 272
movimento sob uma força central
em, 269-275
transferência de Hohmann em, 269-275
Vibrações
de moléculas, 109, 438-442
longitudinais, 438-442
transversais, 438-442
Viviani, Vincenzo, 363n
Voigt, W., 489n
Voos, 271-275

W
Wallis, John, 307n
Weierstrass, Karl, 183n, 434n
Wren, Christopher, 268, 307n